소방승진

위험물 안전관리법

소방위·장 공통

SD에듀
(주)시대고시기획

2024 SD에듀 소방승진
위험물안전관리법

머리말

1998년 4월 21일 소방교, 2002년 7월 27일 소방장, 2002년 9월 5일 소방위 시험승진의 영광에서부터 상위 계급으로의 승진시험 실패(2004년 소방장 시험과 2005년 소방교 승진시험) 등 아픈 경험까지 얻는 동안 많은 수험서를 탐독하면서 시험에 대한 나름의 노하우를 터득할 수 있었다.

이러한 학습 노하우는 승진 소요년수에 도달하기 전의 2년 동안에 소방설비기사(기계/전기), 위험물기능장, 소방시설관리사 등 국가기술자격증을 취득할 수 있는 바탕이 되어 주었다.

위와 같이 그동안 승진시험과 국가기술자격을 준비하면서 겪은 수많은 예상(기출)문제풀이 경험, 출제위원의 출제성향 파악 경험 등을 바탕으로 수험자의 마음을 반영한 입장에서 최소의 노력으로 최대의 효과를 만들어 좋은 성과를 맺을 수 있도록 이 책의 집필에 중점을 두었다.

본 위험물안전관리법 기본서 구성은 법령의 구성에 맞게 체계적으로 정리하고 소단원별 핵심요약을 중간중간에 배치하였으며, 각 장마다 출제예상문제를 통하여 실력을 점검할 수 있도록 하여 본 기본서 한 권이면 완벽하게 준비될 수 있도록 구성하였다.

또한 바쁜 업무로 인하여 공부를 하지 못한 수험자나 시험 마지막 마무리를 위하여 빨리보는 간단한 키워드를 모아 핵심요약을 전면에 배치하여 학습효과를 극대화하고자 하였다.

이 책의 특징

❶ 법령의 원문에 충실하면서 하위법령과 다른 관계법령을 바로 배치하여 불필요한 시간을 줄였다.
❷ 도서 맨 앞에 빨리보는 간단한 키워드를 수록하여 복습효과가 될 수 있도록 하였다.
❸ 실무상 업무지침 등 해설을 달아 입법취지를 쉽게 알 수 있도록 하였다.
❹ 그림 · 사진 및 도면 등을 컬러로 수록하여 다른 수험서와 차별화를 두었다.
❺ 수험자들이 법령의 내용을 종합적으로 이해할 수 있도록(숲을 볼 수 있도록) 도표화하여, 전체 내용을 숙지할 수 있도록 하였다.
❻ 최근 제 · 개정된 법령을 빠짐없이 반영하였으며 소방학교 공통교재를 참고하여 실무내용도 완벽하게 반영하였다.

여러 번의 승진시험 경험을 바탕으로 수험자의 마음을 반영한 이 기본서로 준비한다면 각 계급 승진시험에서 좋은 성과가 있으리라 기대한다.

편저자 **문옥섭**

이 책의 구성과 특징

STEP 1 빨리보는 간단한 키워드 (핵심요약)

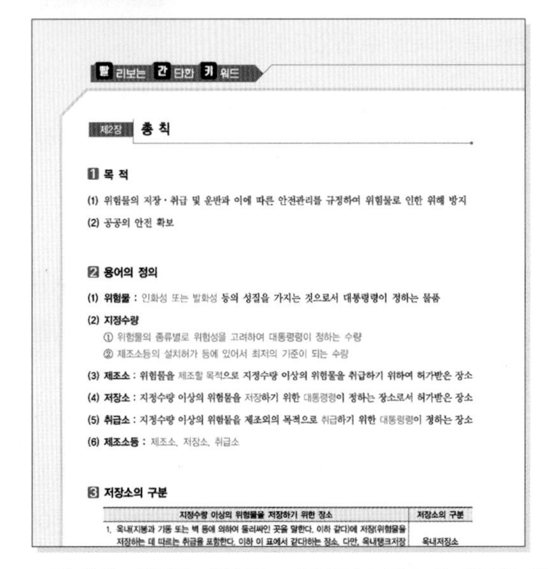

빨리보는 간단한 키워드

제2장 총 칙

1 목 적

(1) 위험물의 저장·취급 및 운반과 이에 따른 안전관리를 규정하여 위험물로 인한 위해 방지

(2) 공공의 안전 확보

2 용어의 정의

(1) 위험물 : 인화성 또는 발화성 등의 성질을 가지는 것으로서 대통령령이 정하는 물품

(2) 지정수량

① 위험물의 종류별로 위험성을 고려하여 대통령령이 정하는 수량

② 제조소등의 설치허가 등에 있어서 최저의 기준이 되는 수량

(3) 제조소 : 위험물을 제조할 목적으로 지정수량 이상의 위험물을 취급하기 위하여 허가받은 장소

(4) 저장소 : 지정수량 이상의 위험물을 저장하기 위한 대통령령이 정하는 장소로서 허가받은 장소

(5) 취급소 : 지정수량 이상의 위험물을 제조외의 목적으로 취급하기 위한 대통령령이 정하는 장소

(6) 제조소등 : 제조소, 저장소, 취급소

3 저장소의 구분

지정수량 이상의 위험물을 저장하기 위한 장소	저장소의 구분
1. 옥내(지붕과 기둥 또는 벽 등에 의하여 둘러싸인 곳을 말한다. 이하 같다)에 저장(위험물을 저장하는 데 따르는 취급을 포함한다. 이하 이 표에서 같다)하는 장소. 다만, 옥내탱크저장	옥내저장소

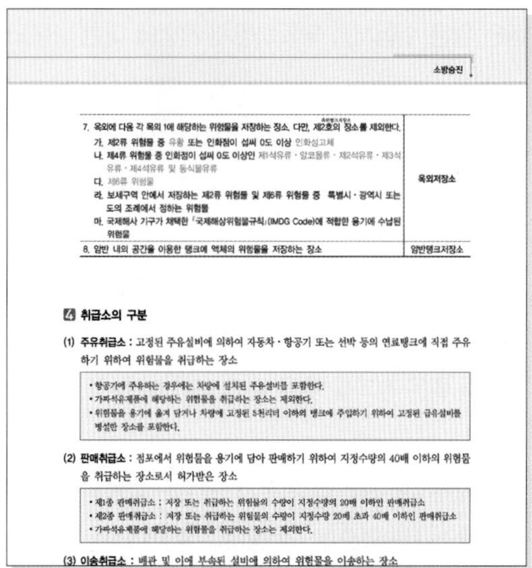

소방승진

지정수량 이상의 위험물을 저장하기 위한 장소	저장소의 구분
7. 옥외에 다음 각 목의 1에 해당하는 위험물을 저장하는 장소. 다만, 제2호의 장소를 제외한다. 가. 제2류 위험물 중 유황 또는 인화점이 섭씨 0도 이상 인화성고체 나. 제4류 위험물 중 인화점이 섭씨 0도 이상인 제1석유류·알코올류·제2석유류·제3석유류·제4석유류 및 동식물유류 다. 제6류 위험물 라. 보세구역 안에서 저장하는 제2류 위험물 및 제6류 위험물 중 특별시·광역시 또는 도의 조례에서 정하는 위험물 마. 국제해사 기구가 채택한 「국제해상위험물규칙」(IMDG Code)에 적합한 용기에 수납된 위험물	옥외저장소
8. 암반 내의 공간을 이용한 탱크에 액체의 위험물을 저장하는 장소	암반탱크저장소

4 취급소의 구분

(1) 주유취급소 : 고정된 주유설비에 의하여 자동차·항공기 또는 선박 등의 연료탱크에 직접 주유하기 위하여 위험물을 취급하는 장소

- 항공기에 주유하는 경우에는 차량에 설치된 주유설비를 포함한다.
- 가짜석유제품에 해당하는 위험물을 취급하는 장소는 제외한다.
- 위험물을 용기에 옮겨 담거나 차량에 고정된 5천리터 이하의 탱크에 주입하기 위하여 고정된 급유설비를 병설한 장소를 포함한다.

(2) 판매취급소 : 점포에서 위험물을 용기에 담아 판매하기 위하여 지정수량의 40배 이하의 위험물을 취급하는 장소로서 허가받은 장소

- 제1종 판매취급소 : 저장 또는 취급하는 위험물의 수량이 지정수량의 20배 이하인 판매취급소
- 제2종 판매취급소 : 저장 또는 취급하는 위험물의 수량이 지정수량 20배 초과 40배 이하인 판매취급소
- 가짜석유제품에 해당하는 위험물을 취급하는 장소는 제외한다.

(3) 이송취급소 : 배관 및 이에 부속된 설비에 의하여 위험물을 이송하는 장소

▸ 빨리보는 간단한 키워드는 가장 빈출도가 높은 이론을 핵심적으로 짚어줌으로써 본격적인 학습 전에 중요 키워드를 익혀 학습에 도움이 될 수 있게 하고, 시험 전에 간단하게 훑어봄으로써 시험에 대비할 수 있도록 하였습니다.

STEP 2 이 론

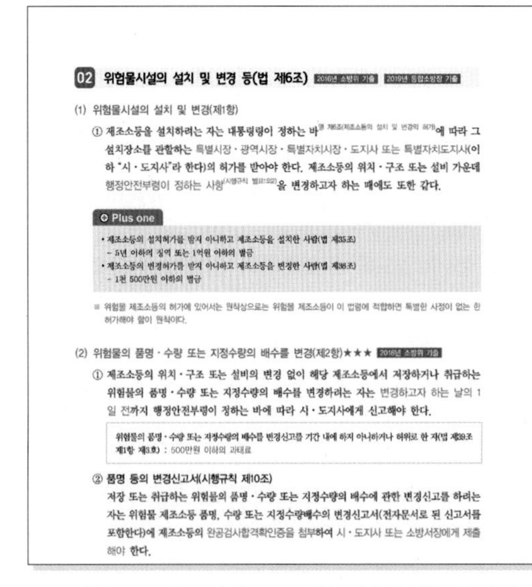

02 위험물시설의 설치 및 변경 등(법 제6조) 2016년 소방위 기출 2019년 통합소방장 기출

(1) 위험물시설의 설치 및 변경(제1항)

① 제조소등을 설치하려는 자는 대통령령이 정하는 바에 따라 그 설치장소를 관할하는 특별시장·광역시장·특별자치시장·도지사 또는 특별자치도지사(이하 "시·도지사"라 한다)의 허가를 받아야 한다. 제조소등의 위치·구조 또는 설비 가운데 행정안전부령이 정하는 사항을 변경하고자 하는 때에도 또한 같다.

Plus one

- 제조소등의 설치허가를 받지 아니하고 제조소등을 설치한 사람(법 제35조)
  - 5년 이하의 징역 또는 1억원 이하의 벌금
- 제조소등의 변경허가를 받지 아니하고 제조소등을 변경한 사람(법 제36조)
  - 1천 500만원 이하의 벌금

※ 위험물 제조소등의 허가에 있어서는 원칙상으로는 위험물 제조소등이 이 법령에 적합하면 특별한 사정이 없는 한 허가해야 함이 원칙이다.

(2) 위험물의 품명·수량 또는 지정수량의 배수를 변경(제2항)★★★ 2016년 소방위 기출

① 제조소등의 위치·구조 또는 설비의 변경 없이 해당 제조소등에서 저장하거나 취급하는 위험물의 품명·수량 또는 지정수량의 배수를 변경하려는 자는 변경하고자 하는 날의 1일 전까지 행정안전부령이 정하는 바에 따라 시·도지사에게 신고해야 한다.

위험물의 품명·수량 또는 지정수량의 배수를 변경신고를 기간 내에 하지 아니하거나 허위로 한 자(법 제39조 제1항 제3호) : 500만원 이하의 과태료

② 품명 등의 변경신고서(시행규칙 제10조)

저장 또는 취급하는 위험물의 품명·수량 또는 지정수량의 배수에 관한 변경신고를 하려는 자는 위험물 제조소등 품명, 수량 또는 지정수량배수의 변경신고서(전자문서로 된 신고서를 포함한다)에 제조소등의 완공검사합격확인증을 첨부하여 시·도지사 또는 소방서장에게 제출해야 한다.

(3) 설치허가 및 위험물의 품명·수량 등 변경신고 제외대상(제3항)★★★ 2019년 소방위 기출

① 허가 받지 않고 해당 제조소등을 설치하거나 위치, 구조 설비를 변경할 수 있으며, 신고를 하지 않고 품명, 수량, 지정수량의 배수를 변경할 수 있는 제조소등

㉠ 주택의 난방시설(공동주택의 중앙난방시설을 제외한다)을 위한 저장소 또는 취급소

㉡ 농예용·축산용 또는 수산용으로 필요한 난방시설 또는 건조시설을 위한 지정수량 20배 이하의 저장소

② 그러나 허가 및 신고사항은 아니지만 위험물을 저장 및 취급하는 경우에 있어서는 이 법령이 규정한 제조소등의 설치기준에 적합해야 한다.

③ 이는 위험물의 위해로부터 안전을 보장하되 허가 및 신고 등을 받지 않게 함으로써 불필요한 행정력의 낭비를 없애고 그 이용의 편의성을 극대화 하고자 함에 그 취지가 있다.

(4) 제조소등의 설치 및 변경허가(영 제6조 제1항)

제조소등의 설치허가 또는 변경허가를 받으려는 자는 설치허가 또는 변경허가신청서에 행정안전부령으로 정하는 서류를 첨부하여 특별시장·광역시장 또는 도지사(이하 "시·도지사"라 한다)에게 제출해야 한다.

(5) 제조소등 설치허가 신청 시 검토사항(영 제6조 제2항)★★★★ 2020년 소방위 기출

시·도지사는 (4)에 따른 제조소등의 설치허가 또는 변경허가 신청 내용이 다음 각 호의 기준에 적합하다고 인정하는 경우에는 허가를 해야 한다.

① 제조소등의 위치·구조 및 설비가 법 제5조 제4항에 따른 기술기준에 적합할 것

② 제조소등에서의 위험물의 저장 또는 취급이 공공의 안전유지 또는 재해의 발생방지에 지장을 줄 우려가 없다고 인정될 것

③ 아래 ㉠, ㉡ 제조소등은 한국소방산업기술원의 기술검토를 받고 그 결과가 행정안전부령으로 정하는 기준에 적합한 것으로 인정될 것

㉠ 지정수량의 1천배 이상의 위험물을 취급하는 제조소 또는 일반취급소 : 구조·설비에 관한 사항

㉡ 50만리터 이상의 옥외탱크저장소 또는 암반탱크저장소 : 위험물탱크의 기초·지반, 탱

▸ 소방학교 교재를 바탕으로 많은 기출문제를 분석하여 최적화된 이론을 수록하였고, 이론에 출제연도와 출제시험을 표기하여 실질적으로 빈출이론을 학습함으로써 효과적으로 합격에 이를 수 있도록 구성하였습니다.

STEP 3 출제예상문제

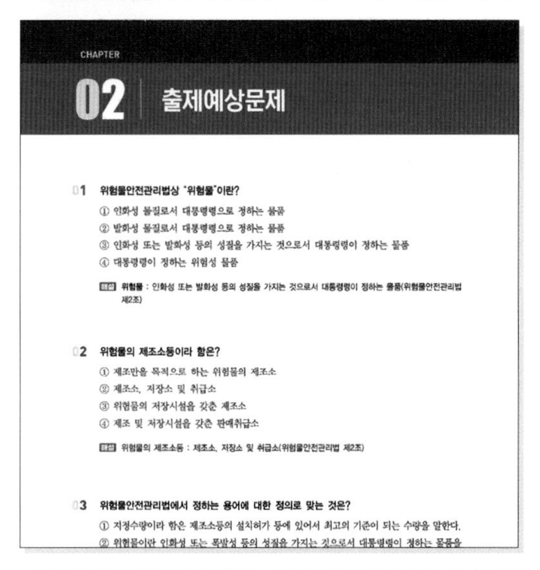

CHAPTER

02 출제예상문제

01 위험물안전관리법상 "위험물"이란?

① 인화성 물질로서 대통령령으로 정하는 물품
② 발화성 물질로서 대통령령으로 정하는 물품
③ 인화성 또는 발화성 등의 성질을 가지는 것으로서 대통령령이 정하는 물품
④ 대통령령이 정하는 위험성 물품

해설 위험물 : 인화성 또는 발화성 등의 성질을 가지는 것으로서 대통령령이 정하는 물품(위험물안전관리법 제2조)

02 위험물의 제조소등이라 함은?

① 제조만을 목적으로 하는 위험물의 제조소
② 제조소, 저장소 및 취급소
③ 위험물의 저장시설을 갖춘 제조소
④ 제조 및 저장시설을 갖춘 판매취급소

해설 위험물의 제조소등 : 제조소, 저장소 및 취급소(위험물안전관리법 제2조)

03 위험물안전관리법에서 정하는 용어에 대한 정의로 맞는 것은?

① 지정수량이라 함은 제조소등의 설치허가 등에 있어서 최고의 기준이 되는 수량을 말한다.
② 위험물이란 인화성 또는 폭발성 등의 성질을 가지는 것으로서 대통령령이 정하는 물품을

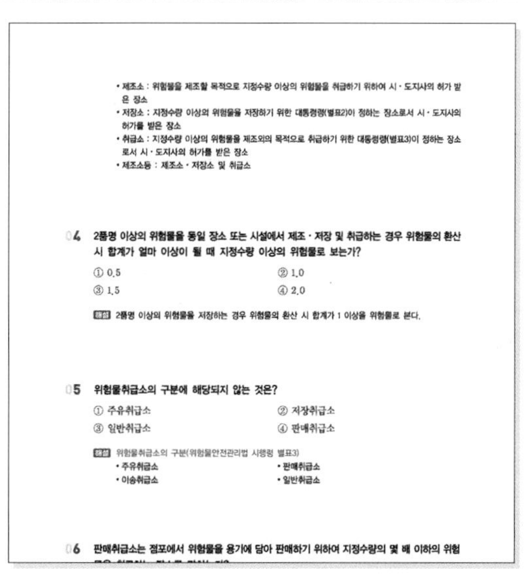

- 제조소 : 위험물을 제조할 목적으로 지정수량 이상의 위험물을 취급하기 위하여 시·도지사의 허가 받은 장소
- 저장소 : 지정수량 이상의 위험물을 저장하기 위한 대통령령(별표2)이 정하는 장소로서 시·도지사의 허가를 받은 장소
- 취급소 : 지정수량 이상의 위험물을 제조외의 목적으로 취급하기 위한 대통령령(별표3)이 정하는 장소로서 시·도지사의 허가를 받은 장소
- 제조소등 : 제조소·저장소 및 취급소

04 2품명 이상의 위험물을 동일 장소 또는 시설에서 제조·저장 및 취급하는 경우 위험물의 환산 시 합계가 얼마 이상이 될 때 지정수량 이상의 위험물로 보는가?

① 0.5 ② 1.0
③ 1.5 ④ 2.0

해설 2품명 이상의 위험물을 저장하는 경우 위험물의 환산 시 합계가 1 이상을 위험물로 본다.

05 위험물취급소의 구분에 해당되지 않는 것은?

① 주유취급소 ② 저장취급소
③ 일반취급소 ④ 판매취급소

해설 위험물취급소의 구분(위험물안전관리법 시행령 별표3)
- 주유취급소
- 판매취급소
- 이송취급소
- 일반취급소

06 판매취급소는 점포에서 위험물을 용기에 담아 판매하기 위하여 지정수량의 몇 배 이하의 위험

▸ 각 장별로 최근에 출제된 기출문제를 바탕으로 출제예상문제를 수록하였습니다. 더불어 상세한 해설을 통해서 이론의 재복습이 가능하도록 하였습니다. 출제예상문제를 통해 자신의 실력을 파악해 보세요.

STEP 4 최신 기출복원문제

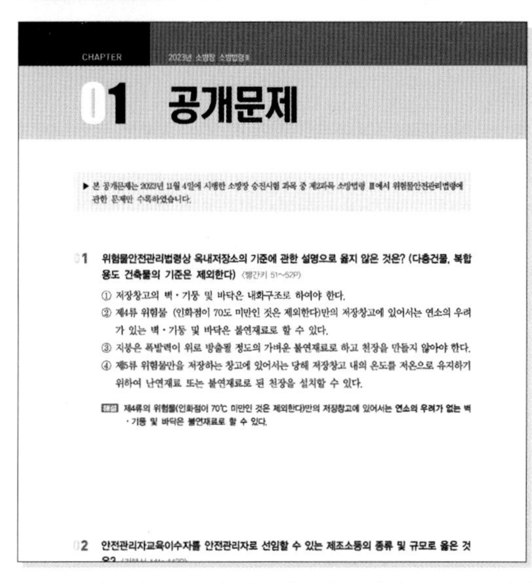

CHAPTER 2023년 소방장 소방법령Ⅲ

01 공개문제

▶ 본 공개문제는 2023년 11월 4일에 시행한 소방장 승진시험 과목 중 제2과목 소방법령 Ⅲ에서 위험물안전관리법령에 관한 문제만 수록하였습니다.

01 위험물안전관리법령상 옥내저장소의 기준에 관한 설명으로 옳지 않은 것은? (다층건물, 복합용도 건축물의 기준은 제외한다) 〈빨간키 51~52P〉

① 저장창고의 벽·기둥 및 바닥은 내화구조로 하여야 한다.
② 제4류 위험물 (인화점이 70도 미만인 것은 제외한다)만의 저장창고에 있어서는 연소의 우려가 있는 벽·기둥 및 바닥은 불연재료로 할 수 있다.
③ 지붕은 폭발력이 위로 방출될 정도의 가벼운 불연재료로 하고 천장을 만들지 않아야 한다.
④ 제5류 위험물만을 저장하는 창고에 있어서는 당해 저장창고 내의 온도를 저온으로 유지하기 위하여 난연재료 또는 불연재료로 된 천장을 설치할 수 있다.

해설 제4류의 위험물(인화점이 70℃ 미만인 것은 제외한다)만의 저장창고에 있어서는 연소의 우려가 없는 벽·기둥 및 바닥은 불연재료로 할 수 있다.

02 안전관리자교육이수자를 안전관리자로 선임할 수 있는 제조소등의 종류 및 규모로 옳은 것

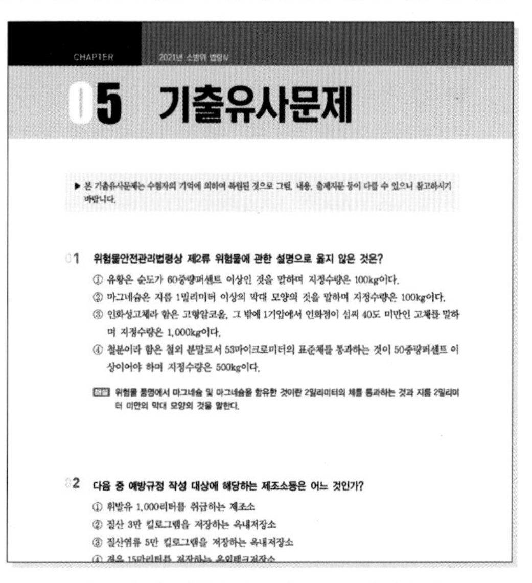

CHAPTER 2021년 소방위 법령Ⅳ

05 기출유사문제

▶ 본 기출유사문제는 수험자의 기억에 의하여 복원된 것으로 그림, 내용, 출제지문 등이 다를 수 있으니 참고하시기 바랍니다.

01 위험물안전관리법령상 제2류 위험물에 관한 설명으로 옳지 않은 것은?

① 유황은 순도가 60중량퍼센트 이상인 것을 말하며 지정수량은 100kg이다.
② 마그네슘은 지름 1밀리미터 이상의 막대 모양의 것을 말하며 지정수량은 100kg이다.
③ 인화성고체라 함은 고형알코올, 그 밖에 1기압에서 인화점이 섭씨 40도 미만인 고체를 말하며 지정수량은 1,000kg이다.
④ 철분이라 함은 철의 분말로서 53마이크로미터의 표준체를 통과하는 것이 50중량퍼센트 이상이어야 하며 지정수량은 500kg이다.

해설 위험물 품명에서 마그네슘 및 마그네슘을 함유한 것이란 2밀리미터의 체를 통과하는 것과 지름 2밀리미터 미만의 막대 모양의 것을 말한다.

02 다음 중 예방규정 작성 대상에 해당하는 제조소등은 어느 것인가?

① 휘발유 1,000리터를 취급하는 제조소
② 질산 3만 킬로그램을 저장하는 옥내저장소
③ 질산염류 5만 킬로그램을 저장하는 옥내저장소

▸ 2015년부터 2023년 최근까지의 소방위·소방장 법령Ⅲ·Ⅳ 공개문제 및 기출유사문제를 수록하였습니다. 여러 기출유사문제를 풀어보며 최근 출제경향을 파악하고 실력을 키워보세요.

소방공무원 승진시험 안내

시험실시권자

❶ **소방청장** : 신규채용 및 승진시험과 소방간부후보생 선발시험(소방공무원법 제11조)
다만, 소방청장이 필요하다고 인정할 때에는 대통령령으로 정하는 바에 따라 그 권한의 일부를 시 · 도지사 또는 소방청 소속기관의 장에게 위임할 수 있다.

❷ **시험실시권의 위임**(소방공무원 승진임용 규정 제29조)
㉠ 소방령 · 소방경 · 소방위로의 시험 : 중앙소방학교장
㉡ 소방청과 그 소속기관 소방공무원의 소방장 이하 계급으로의 시험 : 중앙소방학교장
㉢ 시 · 도 소속 소방공무원의 소방장 이하 계급으로의 시험 : 시 · 도지사

응시자격

다음 각 호의 요건을 갖춘 사람은 그 해당 계급의 승진시험에 응시할 수 있다(소방공무원 승진임용 규정 제30조).

❶ 제1차 시험 실시일 현재 승진소요 최저근무연수에 달할 것
❷ 승진임용의 제한을 받은 자가 아닐 것

시험시행 및 공고

❶ **시험실시권자** : 소방청장, 시 · 도지사, 시험실시권의 위임을 받은 자

❷ **공고** : 일시 · 장소 기타 시험의 실시에 관한 사항을 시험실시 20일 전까지 공고

❸ **응시서류의 제출**(소방공무원 승진임용 규정 시행규칙 제30조)
㉠ 응시하고자 하는 자 : 응시원서(시행규칙 별지 제12호 서식)를 기재하여 소속기관의 장 또는 시험실시권자에게 제출
㉡ 소속기관장 : 승진시험요구서(시행규칙 별지 제12호의2 서식)를 기재하여 시험실시권자에게 제출하여야 함

시험의 실시

❶ **시험의 방법**(소방공무원 승진임용 규정 제32조)
㉠ 제1차 시험 : 선택형 필기시험을 원칙으로 하되, 과목별로 기입형을 포함할 수 있다.
㉡ 제2차 시험 : 면접으로 하되, 직무수행에 필요한 응용능력과 적격성을 검정한다.

❷ **단계별 응시제한**
㉠ 시험실시권자가 필요하다고 인정할 때에는 제2차 시험을 실시하지 아니할 수 있다.
㉡ 제1차 시험에 합격되지 아니하면 제2차 시험에 응시할 수 없다.

필기시험과목

필기시험의 과목은 다음 표와 같다(소방공무원 승진임용 규정 시행규칙 제28조 관련 별표 8).

구 분	과목수	필기시험과목
소방령 및 소방경 승진시험	3	행정법, 소방법령 Ⅰ · Ⅱ · Ⅲ, 선택1(행정학, 조직학, 재정학)
소방위 승진시험	3	행정법, 소방법령Ⅳ, 소방전술
소방장 승진시험	3	소방법령Ⅱ, 소방법령Ⅲ, 소방전술
소방교 승진시험	3	소방법령Ⅰ, 소방법령Ⅱ, 소방전술

※ 비 고

(1) 소방법령 Ⅰ : 소방공무원법(같은 법 시행령 및 시행규칙을 포함한다. 이하 같다)

(2) 소방법령 Ⅱ : 소방기본법, 소방시설 설치 및 관리에 관한 법률 및 화재의 예방 및 안전관리에 관한 법률

(3) 소방법령 Ⅲ : 위험물안전관리법, 다중이용업소의 안전관리에 관한 특별법

(4) 소방법령 Ⅳ : 소방공무원법, 위험물안전관리법

(5) 소방전술 : 화재진압 · 구조 · 구급 관련 업무수행을 위한 지식 · 기술 및 기법 등

※ 소방전술 과목의 출제범위 : 승진시험 시행요강 별표 1과 같고, 세부범위는 시험일 기준 당해 연도 중앙소방학교에서 발행하는 신임교육과정의 공통교재로 함

시험의 합격결정(소방공무원 승진임용 규정 제34조)

❶ **제1차 시험** : 매과목 만점의 40퍼센트 이상, 전과목 만점의 60퍼센트 이상 득점한 자로 한다.

❷ **제2차 시험** : 당해 계급에서의 상벌, 교육훈련성적, 승진할 계급에서의 직무수행능력 등을 고려하여 만점의 60퍼센트 이상 득점한 자 중에서 결정한다.

❸ **최종합격자 결정** : 제1차 시험성적의 50퍼센트, 제2차 시험성적 10퍼센트 및 당해 계급에서 최근 작성된 승진대상자명부의 총평정점 40퍼센트를 합산한 성적의 고득점 순위에 의하여 결정한다. 다만, 제2차 시험을 실시하지 아니한 경우에는 제1차 시험성적을 60퍼센트의 비율로 합산한다.

❹ **동점자의 합격자 결정** : 최종합격자를 결정할 때 시험승진임용예정 인원수를 초과하여 동점자가 있는 경우에는 승진대상자명부 순위가 높은 순서에 따라 최종합격자를 결정한다.

소방공무원 승진시험 안내

⬡ 부정행위자에 대한 조치(소방공무원 승진임용 규정 제36조)

❶ 시험응시 제한

시험에 있어서 부정행위를 한 소방공무원에 대하여는 당해 시험을 정지 또는 무효로 하며, 당해 소방공무원은 5년간 「소방공무원 승진임용 규정」에 의한 시험에 응시할 수 없다.

❷ 징계처분

시험실시권자는 부정행위를 한 자의 명단을 그 임용권자에게 통보하여야 하며, 통보를 받은 임용권자는 관할 징계의결기관에 징계의결을 요구하여야 한다.

⬡ 시험승진후보자의 승진임용(소방공무원 승진임용 규정 제37조)

❶ 승진후보자 명부의 작성

임용권자 또는 임용제청권자는 시험에 합격한 자에 대하여는 각 계급별 시험승진후보자명부(소방공무원 승진 임용 규정 시행규칙 별지 제13호 서식)를 작성하여야 한다.

❷ 승진후보자의 승진임용

시험승진임용은 시험승진후보자명부의 등재순위에 의하여 승진임용하되, 시험승진후보자명부에 등재된 자가 승진임용되기 전에 감봉 이상의 징계처분을 받은 경우에는 시험승진후보자명부에서 이를 삭제하여야 한다.

⬡ 기타 응시자 준비물 등 참고사항

❶ 승진후보자 명부의 작성

㉠ 응시표
㉡ 신분증(공무원증, 주민등록증 또는 운전면허증을 말한다. 이하 같다)
㉢ 필기구(시험실시권자가 지정하는 필기구)
㉣ 기타 공고내용에 따를 것

❷ 출제의뢰(소방공무원 승진시험 시행요강 제8조)

㉠ 출제위원에게 필기시험문제(이하 "시험문제"라 한다)의 출제를 의뢰할 때에는 별지 제4호 서식부터 별지 제6호 서식의 정해진 용지를 사용한다.
㉡ 시험위원이 출제할 문제의 총 수는 실제로 시험에 출제할 문제의 2배 이상이 되도록 각 위원별로 배분하여 출제의뢰하여야 한다.
㉢ ㉠의 출제의뢰는 시험시행 17일 전에 의뢰하고 시험시행 2일 전까지 회수한다.

❸ 시험문제 선정(소방공무원 승진시험 시행요강 제9조)

㉠ 각 출제위원이 제출한 시험문제 중 실제로 출제할 문제는 시험문제 인쇄 직전에 시험실시기관의 장이 지정하는 책임관(이하 "편집책임관"이라 한다)이 선정한다.
㉡ 「소방공무원 승진임용 규정 시행규칙」 제28조에 따른 필기시험과목 중 소방전술 과목의 출제범위는 별표 1과 같고, 세부범위는 시험일 기준 당해 연도 중앙소방학교에서 발행하는 신임교육과정의 공통교재로 한다.

○ 승진시험과목 『소방전술』 세부 출제범위(소방공무원 승진시험 시행요강 제9조 제3항 관련)

분 야	출제범위	비 고
화재분야	화재의 의의 및 성상	
	화재진압의 의의	
	단계별 화재진압활동 및 지휘이론	
	화재진압 전술	
	소방용수 총론 및 시설	
	상수도 소화용수설비 등	
	재난현장 표준작전 절차(화재분야)	소방교 및 소방장 승진시험에서는 제외
	안전관리의 기본	
	소방활동 안전관리	
	재해의 원인, 예방 및 조사	
	안전교육	
	소화약제 및 연소 · 폭발이론	소방교 승진시험에서는 제외
	위험물성상 및 진압이론	
	화재조사실무(관계법령 포함)	
구조분야	구조개론	
	구조활동의 전개요령	
	군중통제, 구조장비개론, 구조장비 조작	
	기본구조훈련(로프 확보, 하강, 등반, 도하 등)	
	응용구조훈련	
	일반(전문) 구조활동(기술)	
	재난현장 표준작전 절차(구조분야)	소방교 및 소방장 승진시험에서는 제외
	안전관리의 기본 및 현장활동 안전관리	
	119구조구급에 관한 법률(시행령 및 시행규칙 포함)	
	재난 및 안전관리 기본법(시행령 및 시행규칙 포함)	소방교 및 소방장 승진시험에서는 제외
구급분야	응급의료개론	
	응급의학총론	
	응급의료장비 운영	
	심폐정지, 순환부전, 의식장해, 출혈, 일반외상, 두부 및 경추손상, 기도 · 소화관이물, 대상이상, 체온이상, 감염증, 면역부전, 급성복통, 화학손상, 산부인과질환, 신생아질환, 정신장해, 창상	소방교 승진시험에서는 제외
소방차량 정비실무	소방자동차 일반	
	소방자동차 점검 · 정비	
	소방자동차 구조 및 원리	
	고가 · 굴절 사다리차	

※ 소방전술 세부범위는 시험일 기준 당해 연도 중앙소방학교에서 발행하는 신임교육과정의 공통교재로 한다.

이 책의 목차

제6장 | 감독 및 조치명령

제7장 | 보 칙

제8장 | 벌 칙

제9장 | 위험물 제조소

제10장 | 위험물 저장소

이 책의 목차

제11장 | 위험물 취급소

제12장 | 소방시설 설치기준

제13장 | 위험물 저장·취급 및 운반기준 등

부 록 | 2024년 위험물안전관리법·령 시행규칙 개정안

빨간키

빨리보는 간단한 키워드

시험장에서 보라

시험 전에 보는 핵심요약 키워드

시험공부 시 교과서나 노트필기, 참고서 등에 흩어져 있는 정보를 하나로 압축해 공부하는 것이 효과적이므로, 열 권의 참고서가 부럽지 않은 나만의 핵심키워드 노트를 만드는 것은 합격으로 가는 지름길입니다. 빨・간・키만은 꼭 점검하고 시험에 응하세요!

제2장 총 칙

1 목 적

(1) 위험물의 저장·취급 및 운반과 이에 따른 안전관리를 규정하여 위험물로 인한 위해 방지

(2) 공공의 안전 확보

2 용어의 정의

(1) **위험물 :** 인화성 또는 발화성 등의 성질을 가지는 것으로서 대통령령이 정하는 물품

(2) **지정수량**

① 위험물의 종류별로 위험성을 고려하여 대통령령이 정하는 수량

② 제조소등의 설치허가 등에 있어서 최저의 기준이 되는 수량

(3) **제조소 :** 위험물을 제조할 목적으로 지정수량 이상의 위험물을 취급하기 위하여 허가받은 장소

(4) **저장소 :** 지정수량 이상의 위험물을 저장하기 위한 대통령령이 정하는 장소로서 허가받은 장소

(5) **취급소 :** 지정수량 이상의 위험물을 제조외의 목적으로 취급하기 위한 대통령령이 정하는 장소

(6) **제조소등 :** 제조소, 저장소, 취급소

3 저장소의 구분

지정수량 이상의 위험물을 저장하기 위한 장소	저장소의 구분
1. 옥내(지붕과 기둥 또는 벽 등에 의하여 둘러싸인 곳을 말한다. 이하 같다)에 저장(위험물을 저장하는 데 따르는 취급을 포함한다. 이하 이 표에서 같다)하는 장소. 다만, 옥내탱크저장소는 제외한다.	옥내저장소
2. 옥외에 있는 탱크(제4호 내지 제6호 및 제8호에 규정된 탱크를 제외한다. 이하 제3호에서 같다)에 위험물을 저장하는 장소	옥외탱크저장소
3. 옥내에 있는 탱크에 위험물을 저장하는 장소	옥내탱크저장소
4. 지하에 매설한 탱크에 위험물을 저장하는 장소	지하탱크저장소
5. 간이탱크에 위험물을 저장하는 장소	간이탱크저장소
6. 차량(피견인자동차에 있어서는 앞차축을 갖지 아니하는 것으로서 해당 피견인자동차의 일부가 견인자동차에 적재되고 해당 피견인자동차와 그 적재물의 중량의 상당부분이 견인자동차에 의하여 지탱되는 구조의 것에 한한다)에 고정된 탱크에 위험물을 저장하는 장소	이동탱크저장소

7. 옥외에 다음 각 목의 1에 해당하는 위험물을 저장하는 장소. 다만, 제2호의(옥외탱크저장소) 장소를 제외한다. 가. 제2류 위험물 중 유황 또는 인화점이 섭씨 0도 이상 인화성고체 나. 제4류 위험물 중 인화점이 섭씨 0도 이상인 제1석유류・알코올류・제2석유류・제3석유류・제4석유류 및 동식물유류 다. 제6류 위험물 라. 보세구역 안에서 저장하는 제2류 위험물 및 제6류 위험물 중 특별시・광역시 또는 도의 조례에서 정하는 위험물 마. 국제해사 기구가 채택한 「국제해상위험물규칙」(IMDG Code)에 적합한 용기에 수납된 위험물	옥외저장소
8. 암반 내의 공간을 이용한 탱크에 액체의 위험물을 저장하는 장소	암반탱크저장소

4 취급소의 구분

(1) **주유취급소** : 고정된 주유설비에 의하여 자동차・항공기 또는 선박 등의 연료탱크에 직접 주유하기 위하여 위험물을 취급하는 장소

- 항공기에 주유하는 경우에는 차량에 설치된 주유설비를 포함한다.
- 가짜석유제품에 해당하는 위험물을 취급하는 장소는 제외한다.
- 위험물을 용기에 옮겨 담거나 차량에 고정된 5천리터 이하의 탱크에 주입하기 위하여 고정된 급유설비를 병설한 장소를 포함한다.

(2) **판매취급소** : 점포에서 위험물을 용기에 담아 판매하기 위하여 지정수량의 40배 이하의 위험물을 취급하는 장소로서 허가받은 장소

- 제1종 판매취급소 : 저장 또는 취급하는 위험물의 수량이 지정수량의 20배 이하인 판매취급소
- 제2종 판매취급소 : 저장 또는 취급하는 위험물의 수량이 지정수량 20배 초과 40배 이하인 판매취급소
- 가짜석유제품에 해당하는 위험물을 취급하는 장소는 제외한다.

(3) **이송취급소** : 배관 및 이에 부속된 설비에 의하여 위험물을 이송하는 장소

(4) **일반취급소** : 주유취급소, 판매취급소, 이송취급소 외의 장소

가짜석유제품에 해당하는 위험물을 취급하는 장소는 제외한다.

5 위험물의 유별 및 지정수량 · 등급

위험물					지정수량
유 별	성 질	등 급	품 명		
제1류	산화성 고체	Ⅰ	1. 아염소산염류, 2. 염소산염류, 3. 과염소산염류, 4. 무기과산화물		50kg
		Ⅱ	5. 브롬산염류, 6. 질산염류, 7. 요오드산염류		300kg
		Ⅲ	8. 과망간산염류, 9. 중크롬산염류		1,000kg
			10. 그 밖의 행정안전부령이 정하는 것 ① 과요오드산염류, ② 과요오드산, ③ 크롬, 납 또는 요오드의 산화물, ④ 아질산염류, ⑤ 차아염소산염류(위험등급 Ⅰ, 50kg), ⑥ 염소화이소시아눌산, ⑦ 퍼옥소이황산염류, ⑧ 퍼옥소붕산염류		50kg, 300kg 또는 1,000kg
			11. 제1호 내지 제10호의1에 해당하는 어느 하나 이상을 함유한 것		
제2류	가연성 고체	Ⅱ	1. 황화린, 2. 적린, 3. 유황(순도 60중량% 이상)		100kg
		Ⅲ	4. 철분(53㎛의 표준체통과 50중량% 미만은 제외), 5. 금속분, 6. 마그네슘		500kg
			9. 인화성고체(고형알코올)		1000kg
			7. 그 밖의 행정안전부령이 정하는 것 8. 제1호 내지 제7호의1에 해당하는 어느 하나 이상을 함유한 것		100kg, 500kg
제3류	자연발화성 물질 및 금수성 물질	Ⅰ	1. 칼륨, 2. 나트륨, 3. 알킬알루미늄, 4. 알킬리튬		10kg
			5. 황린		20kg
		Ⅱ	6. 알칼리금속 및 알칼리토금속, 7. 유기금속화합물		50kg
		Ⅲ	8. 금속의 수소화물, 9. 금속의 인화물, 10. 칼슘 또는 알루미늄의 탄화물		300kg
			11. 그 밖의 행정안전부령이 정하는 것 : 염소화규소화합물 12. 제1호 내지 제11호의1에 해당하는 어느 하나 이상을 함유한 것		10kg, 20kg, 50kg 또는 300kg
제4류	인화성 액체	Ⅰ	1. 특수인화물		50L
		Ⅱ	2. 제1석유류(아세톤, 휘발유 등)	비수용성 액체	200L
				수용성 액체	400L
			3. 알코올류(탄소원자의 수가 1~3개)		400L
		Ⅲ	4. 제2석유류(등유, 경유 등)	비수용성 액체	1,000L
				수용성 액체	2,000L
			5. 제3석유류(중유, 클레오소트유 등)	비수용성 액체	2,000L
				수용성 액체	4,000L
			6. 제4석유류(기어유, 실린더유 등)		6,000L
			7. 동식물유류		10,000L

<table>
<tr><td rowspan="5">제5류</td><td rowspan="5">자기
반응성
물질</td><td>I</td><td>1. 유기과산화물, 2. 질산에스테르류</td><td>10kg</td></tr>
<tr><td rowspan="4">II</td><td>3. 니트로화합물, 4. 니트로소화합물, 5. 아조화합물, 6. 디아조화합물,
7. 히드라진 유도체</td><td>200kg</td></tr>
<tr><td>8. 히드록실아민, 9. 히드록실아민염류</td><td>100kg</td></tr>
<tr><td>10. 그 밖의 행정안전부령이 정하는 것 : 금속의 아지화합물, 질산구아니딘
11. 제1호 내지 제10호의1에 해당하는 어느 하나 이상을 함유한 것</td><td></td></tr>
<tr style="display:none"></tr>
<tr><td rowspan="2">제6류</td><td rowspan="2">산화성
액체</td><td>I</td><td>1. 과염소산, 2. 과산화수소(농도 36중량% 이상), 3. 질산(비중 1.49 이상)</td><td rowspan="2">300kg</td></tr>
<tr><td>I</td><td>4. 그 밖의 행정안전부령이 정하는 것 : 할로겐간화합물
5. 제1호 내지 제4호의1에 해당하는 어느 하나 이상을 함유한 것</td></tr>
</table>

암기 TIP

유 별	성 질	품 명	지정수량	등 급
제1류	1산고	아염과무(50)/브질요(300)/과중(1,000)	오/삼/천	I / II / III
제2류	2기고	황화린이 황건적 100명을/ 무찔러 500kg의 철금마를 인수천 했다	일/오/천	II / III
제3류	3금자	칼나알리(10)황(20)/이 알칼리금속을 유기(50)/하여 300kg의 수소화물, 인, 칼슘을 염소화했다	일이/오/삼	I / II / III
제4류	4인화	특/1알/234동〈특이에/아가/등경/중클/야동〉	오/이사!/ 126만원만 빌려 주게나	I / II / III
제5류	5자기	유기질!/니트로(소) 아조 디아조 버린다. 히/히히/질금(끔)했지	10/200/100	I / II
제6류	6산액	과과 질할할 삼(300)	삼백	I

6 위험물 및 지정수량 관련 용어

(1) 산화성고체

고체(액체 또는 기체 이외의 것)로서 산화력의 잠재적인 위험성 또는 충격에 대한 민감성을 판단하기 위하여 소방청장이 정하여 고시하는 시험에서 고시로 정하는 성질과 상태를 나타내는 것

- 액체 : 1기압 및 섭씨 20도에서 액상인 것 또는 섭씨 20도 초과 섭씨 40도 이하에서 액상인 것
- 기체 : 1기압 및 섭씨 20도에서 기상인 것
- 액상 : 수직으로 된 안지름 30밀리미터, 높이 120밀리미터 원통형 유리시험관에 시료를 55밀리미터까지 채운 다음 해당 시험관을 수평으로 하였을 때 시료액면의 끝부분이 30밀리미터를 이동하는데 걸리는 시간이 90초 이내에 있는 것을 말한다.

(2) 가연성고체

고체로서 화염에 의한 발화의 위험성 또는 인화의 위험성을 판단하기 위하여 고시로 정하는 시험에서 고시로 정하는 성질과 상태를 나타내는 것

품 명	용어내용
유 황	순도가 60중량퍼센트 이상인 것 (순도측정에 있어서 불순물은 활석 등 불연성 물질과 수분에 한함)
철 분	철의 분말로서 53마이크로미터의 표준체를 통과하는 것이 50중량퍼센트 미만인 것을 제외
금속분	알칼리금속・알칼리토류금속・철 및 마그네슘 외의 금속의 분말을 말하며, 구리분・니켈분 및 150마이크로미터의 체를 통과하는 것이 50중량퍼센트 미만인 것은 제외함
마그네슘 및 마그네슘을 함유한 것	다음 해당하는 것은 제외한다. • 2밀리미터의 체를 통과하지 아니하는 덩어리 상태의 것 • 지름 2밀리미터 이상의 막대 모양의 것
황화린・적린・유황 및 철분	가연성고체의 성상이 있는 것으로 봄
인화성고체	고형알코올 그 밖에 1기압에서 인화점이 섭씨 40도 미만인 고체

(3) 자연발화성물질 및 금수성물질

① 고체 또는 액체로서 공기 중에서 발화의 위험성이 있거나 물과 접촉하여 발화하거나 가연성 가스를 발생하는 위험성이 있는 것

② 칼륨・나트륨・알킬알루미늄・알킬리튬 및 황린 : 자연발화성물질 및 금수성물질의 성상이 있는 것으로 본다.

(4) 인화성액체 : 액체(제3석유류, 제4석유류 및 동식물유류에 있어서는 1기압과 섭씨 20도에서 액상인 것만 해당)

품 명	대표적인 품목	인화점
특수인화물	이황화탄소, 디에틸에테르	• 발화점이 섭씨 100도 이하인 것 • 인화점이 섭씨 영하 20도 이하이고 비점이 섭씨 40도 이하인 것
제1석유류	아세톤, 휘발유	인화점이 섭씨 21도 미만인 것
제2석유류	등유, 경유	인화점이 섭씨 21도 이상 70도 미만인 것
제3석유류	중유, 클레오소트유	인화점이 섭씨 70도 이상 섭씨 200도 미만인 것
제4석유류	기어유, 실린더유	인화점이 섭씨 200도 이상 섭씨 250도 미만의 것
동식물유류	동물의 지육 등 또는 식물의 종자나 과육으로부터 추출한 것	인화점이 섭씨 250도 미만인 것
알코올류	메탄올, 에탄올	1분자를 구성하는 탄소원자의 수가 1개부터 3개까지인 포화1가 알코올(변성알코올을 포함한다)을 말함

인화성액체에서 제외
위험물의 운반용기를 사용하여 진열·판매·저장하거나 운반하는 다음의 경우
- 화장품 중 인화성액체를 포함하고 있는 것
- 의약품 중 인화성액체를 포함하고 있는 것
- 의약외품(알코올류에 해당하는 것은 제외한다) 중 수용성인 인화성액체를 50부피퍼센트 이하로 포함하고 있는 것
- 체외진단용 의료기기 중 인화성액체를 포함하고 있는 것
- 안전확인 대상 생활화학제품(알코올류에 해당하는 것은 제외한다) 중 수용성인 인화성액체를 50부피퍼센트 이하로 포함하고 있는 것

(5) 자기반응성물질

고체 또는 액체로서 폭발의 위험성 또는 가열분해의 격렬함을 판단하기 위하여 고시로 정하는 시험에서 고시로 정하는 성질과 상태를 나타내는 것

자기반응성물질의 유기과산화물을 함유하는 것 중에서 불활성고체를 함유하는 것으로서 다음 각 목의 1에 해당하는 것은 제외
① 과산화벤조일의 함유량이 **35.5중량퍼센트 미만**인 것으로서 전분가루, 황산칼슘2수화물 또는 인산1수소칼슘2수화물과의 혼합물
② 비스(4클로로벤조일)퍼옥사이드의 함유량이 **30중량퍼센트 미만**인 것으로서 불활성고체와의 혼합물
③ 과산화지그밀의 함유량이 **40중량퍼센트 미만**인 것으로서 불활성고체와의 혼합물
④ 1·4비스(2-터셔리부틸퍼옥시이소프로필)벤젠의 함유량이 **40중량퍼센트 미만**인 것으로서 불활성고체와의 혼합물
⑤ 사이클로헥산온퍼옥사이드의 함유량이 **30중량퍼센트 미만**인 것으로서 불활성고체와의 혼합물

(6) 산화성액체

액체로서 산화력의 잠재적인 위험성을 판단하기 위하여 고시로 정하는 시험에서 고시로 정하는 성질과 상태를 나타내는 것

품 명	내 용
과산화수소	그 농도가 36중량퍼센트 이상인 것에 한한다.
질 산	그 비중이 1.49 이상인 것에 한한다.

제3장 위험물시설의 설치 및 변경

1 적용제외(법 제3조)

위험물안전관리법은 항공기 · 선박(선박법 제1조의2 제1항에 따른 선박을 말한다) · 철도 및 궤도에 의한 위험물의 저장 · 취급 및 운반에 있어서는 이를 적용하지 아니한다.

2 국가의 책무(법 제3조의2)

(1) 시책수립 · 시행

국가는 위험물에 의한 사고를 예방하기 위하여 다음 각 호의 사항을 포함하는 시책을 수립 · 시행해야 한다.

① 위험물의 유통실태 분석
② 위험물에 의한 사고 유형의 분석
③ 사고 예방을 위한 안전기술 개발
④ 전문인력 양성
⑤ 그 밖에 사고 예방을 위하여 필요한 사항

(2) 행정적 · 재정적 지원

국가는 지방자치단체가 위험물에 의한 사고의 예방 · 대비 및 대응을 위한 시책을 추진하는 데에 필요한 행정적 · 재정적 지원을 해야 한다.

3 지정수량 미만인 위험물의 저장 · 취급

지정수량 미만인 위험물의 저장 또는 취급에 관한 기술상의 기준은 특별시 · 광역시 · 특별자치시 · 도 및 특별자치도(이하 "시 · 도"라 한다)의 조례로 정한다.

4 위험물의 저장 및 취급의 제한

(1) 지정수량 이상의 위험물을 저장소가 아닌 장소에서 저장하거나 제조소등이 아닌 장소에서 취급하여서는 아니 된다.

(2) 제조소등이 아닌 장소에서 지정수량 이상의 위험물을 취급할 수 있는 경우

① 지정수량 이상의 위험물을 90일 이내의 기간 동안 임시로 저장 또는 취급하는 경우

② 군부대가 지정수량 이상의 위험물을 군사목적으로 임시로 저장 또는 취급하는 경우

> • 임시로 저장 또는 취급하는 장소의 위치 구조 및 설비의 기준 : **시 · 도의 조례**
> • 위반내용 : 시 · 도 조례로 정하는 위험물의 임시저장 · 취급을 소방서장의 승인을 받지 아니한 자
> • 적용법규 : 500만원 이하의 과태료(법 제39조 제1항 제1호)

(3) **제조소등의 위치 · 구조 및 설비의 기술기준 :** 행정안전부령

(4) **2품명 이상의 위험물의 지정수량 환산 :** 지정수량에 미달하는 둘 이상의 위험물을 같은 장소에서 저장 또는 취급하는 경우에 있어서 해당 장소에서 저장 또는 취급하는 각 위험물의 수량을 그 위험물의 지정수량으로 각각 나누어 얻은 수의 합계가 1 이상인 경우 해당 위험물은 지정수량 이상의 위험물로 본다.

> **〈계산 방법〉**
>
> $$\text{계산값} = \frac{\text{A품명의 수량}}{\text{A품명의 지정수량}} + \frac{\text{B품명의 수량}}{\text{B품명의 지정수량}} + \frac{\text{C품명의 수량}}{\text{C품명의 지정수량}} + \cdots$$
>
> 계산값 1 이상 ———— 위험물(위험물안전관리법으로 규제)
> 계산값 1 미만 ———— 소량위험물(시 · 도 조례로 규제)

5 위험물시설의 설치 및 변경 등

(1) **제조소등을 설치 · 변경하고자 하는 자 :** 시 · 도지사의 허가를 받아야 한다.

(2) 허가받지 않고 해당 제조소등을 설치하거나 위치, 구조 설비를 변경할 수 있으며, 신고를 하지 않고 품명, 수량, 지정수량의 배수를 변경할 수 있는 제조소등

① 주택의 난방시설(공동주택의 중앙난방시설을 제외한다)을 위한 저장소 또는 취급소

② 농예용 · 축산용 또는 수산용으로 필요한 난방시설 또는 건조시설을 위한 지정수량 20배 이하의 저장소

(3) **위험물의 품명 · 수량 또는 지정수량의 배수 변경하고자 하는 자 : 변경하고자 하는 날의 1일 전**까지 시 · 도지사에게 신고해야 한다.

(4) **제조소등의 변경허가를 받아야 하는 경우 : 세부내용 시행규칙 별표1의2 참조★★★★★**

① 제조소등 위치 이전 등에 따른 변경허가를 받아야 하는 경우

키워드	변경허가를 받아야 하는 경우
이전 또는 신설	주입구의 위치를 이전 또는 신설하는 경우
	이송취급소 주입구 · 토출구 또는 펌프설비의 위치를 이전하거나 신설하는 경우

위치 이전	탱크의 위치를 이전하는 경우
	제조소, 일반취급소, 주유취급소, 이송취급소의 위치를 이전하는 경우
	고정주유설비 또는 고정급유설비의 위치를 이전하는 경우
	상치장소의 위치를 이전하는 경우(같은 사업장 또는 같은 울 안 이전은 제외)
면적 변경	옥외저장소의 면적을 변경하는 경우
	주유취급소 부지의 면적을 변경하는 경우

② 제조소등 설비 또는 장치 등의 변경허가를 받아야 하는 경우

키워드	변경허가를 받아야 하는 경우
신 설	장치(봉입장치, 보냉장치, 냉각장치, 개질장치)
	설비(배출설비, 펌프설비, 누설범위, 온도상승, 철 이온 압력계 등)
변 경	셀프용이 아닌 고정주유설비를 셀프용 고정주유설비로 변경하는 경우
신설 또는 철거	자탐, 물분무설비, 살수설비를 설치 또는 철거하는 경우
	이동탱크저장소 주입설비 또는 주유취급소 고정식 주유(급유)설비
신설·교체 또는 철거	소화설비(옥내소화전, 옥외소화전, 물분무 등 소화설비, 스프링(이송)) (배관·밸브·압력계·소화전 본체·소화약제 탱크·포헤드·포방출구 등 제외)
증 설	위험물의 제조설비 또는 취급설비(펌프설비를 제외한다)를 증설하는 경우

③ 배관길이 등 제조소등의 구조변경에 따른 변경허가를 받아야 하는 경우

키워드	변경허가를 받아야 하는 경우
250mm 초과	탱크의 노즐 또는 맨홀을 신설하는 경우(노즐 또는 맨홀의 지름이 250mm를 초과하는 경우에 한한다)
300m 초과	300m(지상에 설치하지 아니하는 배관의 경우에는 30m)를 초과하는 위험물배관을 신설·교체·철거 또는 보수(배관을 절개하는 경우에 한한다)하는 경우
30% 이상	옥외저장탱크의 지붕판 표면적 30% 이상을 교체하거나 구조·재질 또는 두께를 변경하는 경우
20% 초과	옥외저장탱크의 밑판 또는 옆판의 표면적의 20%를 초과하는 겹침보수공사 또는 육성보수공사를 하는 경우
300mm 초과	옥외저장탱크의 애뉼러 판 또는 밑판이 옆판과 접하는 용접이음부의 겹침보수공사 또는 육성보수공사를 하는 경우(용접길이가 300mm를 초과하는 경우에 한한다)
$4m^2$ 이상	주유취급소 시설과 관계된 공작물(바닥면적이 $4m^2$ 이상인 것에 한한다)을 신설 또는 증축하는 경우
방유제 변경	위험물 취급탱크, 옥외저장탱크의 방유제의 높이 또는 방유제 내의 면적을 변경하는 경우
내용적 변경	이동저장탱크, 암반저장탱크의 내용적을 변경하는 경우
신설 또는 철거	주유취급소의 담 또는 캐노피, 이송취급소 방호구조물
신설, 교체, 철거	옥내탱크, 지하탱크, 간이탱크, 주유취급소 탱크
증설 또는 교체	탱크전용실

신설·철거 또는 이설	제조소, 일반취급소, 옥내저장소 담 또는 토제
정 비	옥외탱크 기초 또는 지반, 암반내벽
교 체	옥외탱크저장소의 수조, 밑판 또는 옆판, 누액방지판, 해상탱크 정치설비
보 수	옥내탱크, 지하탱크, 이동탱크,간이탱크, 주유취급탱크를 보수하는 경우(탱크 본체를 절개하는 경우에 한함)
	옥외저장탱크의 애뉼러 판, 애뉼러판 또는 밑판이 옆판과 접하는 부분(300mm 초과) 겹침보수공사 또는 육성보수공사를 하는 경우, 옆판 또는 밑판의 절개보수공사
	특수누설방지구조의 보수, 주유취급소 탱크전용실의 보수
증설 또는 철거	건축물의 벽·기둥·바닥·보 또는 지붕을 증설 또는 철거하는 경우
추가구획	탱크의 내부에 탱크를 추가로 설치하거나 철판 등을 이용하여 탱크 내부를 구획하는 경우

④ 제조소등에서 변경 허가를 받지 않아도 되는 경우

키워드	변경 허가를 받지 않아도 되는 경우
탱크의 노즐 또는 맨홀의 신설	노즐 또는 맨홀의 지름이 250mm 이하를 신설하는 경우
배관의 신설·교체·철거 또는 보수	300m(지상에 설치하지 아니하는 배관의 경우에는 30m)를 이하의 위험물배관
옥외탱크지붕판	표면적 30% 미만을 교체하거나 구조·재질 또는 두께를 변경하는 경우
주유취급소 시설과 관계된 공작물	바닥면적이 $4m^2$ 미만 신설 또는 증축하는 경우
옥외탱크저장소	옥외저장탱크의 밑판 또는 옆판의 표면적의 20%를 초과하는 겹침보수공사 또는 육성보수공사를 하는 경우
	옥외저장탱크의 애뉼러 판 또는 밑판이 옆판과 접하는 용접이음부의 겹침보수공사 또는 육성보수공사를 하는 경우(용접길이가 300mm 이하인 경우)
소화설비 교체	배관·밸브·압력계·소화전 본체·소화약제탱크·포헤드·포방출구 등
탱 크	탱크청소
건축물	주유취급소 바닥공사, 주입설비를 설치 또는 보수하는 경우, 건축물의 지붕을 보수하는 경우
게시판	교체 또는 정비
품명변경	주유취급소 등유를 경유로 변경
소방시설	자동화재탐지설비 교체
	옥내소화전설비의 배관·밸브·압력계를 교체하는 경우
배출설비	증 설
제조설비 또는 취급설비 중	펌프설비는 증설
이동탱크저장소	같은 사업장 또는 울안에서의 상치장소 이전

(5) 위험물시설의 설치허가와 군용위험물시설의 특례 비교

구 분	일반대상	군용대상
제조소등의 설치, 변경 허가	시・도지사 (소방서장에게 위임)	착공 전 공사의 설계도서와 행정안전부령이 정하는 서류를 시・도지사에게 제출(다만, 국가안보상 중요하거나 국가기밀에 속하는 제조소등을 설치 또는 변경하는 경우에는 당해 공사 설계도서의 제출 생략 가능) → 심사 후 통지 → 허가의제
탱크안전성능검사	시・도지사(소방서장에게 위임), 탱크안전성능시험자, 기술원	자체검사 후 결과서 제출
완공검사	시・도지사 (소방서장에게 위임)	자체실시 후 결과서 제출
임시저장・취급	시・도 조례에서 규정에 따라 관할 소방서장 승인 승인기간 : 90일 이내	시・도 조례에서 규정 (기간 제한 없음)

6 제조소등의 위치・구조 및 설비의 기술기준

시행규칙 제28조 내지 제40조

7 지정수량의 배수산정

같은 장소에서 둘 이상의 위험물을 저장 또는 취급하는 경우에는 각 위험물의 저장・취급량을 해당 위험물의 지정수량으로 나누어 얻은 값의 합이 전체 위험물의 지정수량의 배수가 된다.

8 탱크안전성능검사 기준

(1) 탱크안전성능검사의 내용 : 대통령령

(2) 탱크안전성능검사의 실시 등에 관하여 필요한 사항 : 행정안전부령

(3) 탱크안전성능검사의 대상 및 검사 신청 시기

검사 종류	검사 대상	신청시기
기초・지반검사	100만ℓ 이상인 액체위험물을 저장하는 옥외탱크저장소	위험물탱크의 기초 및 지반에 관한 공사의 개시 전
충수・수압검사	액체위험물을 저장 또는 취급하는 탱크	위험물을 저장 또는 취급하는 탱크에 배관 그 밖의 부속설비를 부착하기 전
용접부 검사	100만ℓ 이상인 액체위험물을 저장하는 옥외탱크저장소	탱크 본체에 관한 공사의 개시 전
암반탱크검사	액체위험물을 저장 또는 취급하는 암반 내의 공간을 이용한 탱크	암반탱크의 본체에 관한 공사의 개시 전

(4) 충수 · 수압검사 제외

① 제조소 또는 일반취급소에 설치된 탱크로서 용량이 지정수량 미만인 것
② 고압가스안전관리법에 따른 특정설비에 관한 검사에 합격한 탱크
③ 산업안전보건법에 따른 안전인증을 받은 탱크

(5) 한국소방산업기술원이 실시하는 탱크안전성능검사 대상이 되는 탱크

① 용량이 100만리터 이상인 액체위험물을 저장하는 탱크
② 암반탱크저장소
③ 지하탱크저장소의 위험물탱크 중 이중벽탱크

9 완공검사

(1) **완공검사권자 :** 시 · 도지사(소방본부장 또는 소방서장에게 위임(일부 한국소방산업기술원 위탁)

(2) 완공검사를 인정받은 후가 아니면 이를 사용하여서는 아니 된다(예외 규정은 생략).

(3) 제조소등의 완공검사 신청시기

제조소등의 구분	신청시기
지하탱크가 있는 제조소등	해당 지하탱크를 매설하기 전
이동탱크저장소	이동탱크를 완공하고 상치장소를 확보한 후
이송취급소	이송배관 공사의 전체 또는 일부를 완료한 후(다만, 지하 · 하천 등에 매설하는 이송배관의 공사의 경우에는 이송배관을 매설하기 전)
전체공사가 완료한 후 완공검사를 실시하기 곤란한 경우	• 위험물설비 또는 배관의 설치가 완료되어 기밀시험 또는 내압시험을 실시하는 시기 • 배관을 지하에 설치하는 경우 소방서장 또는 기술원이 지정하는 부분을 매몰하기 직전 • 기술원이 지정하는 부분의 비파괴시험을 실시하는 시기
위 이외의 제조소등	제조소등의 공사를 완료한 후

(4) 한국소방산업기술원에 완공검사를 신청해야 할 제조소의 경우

① 지정수량의 3,000배 이상의 위험물을 취급하는 제조소 또는 일반취급소의 설치 또는 변경에 따른 완공검사
② 50만리터 이상 옥외탱크저장소의 설치 또는 변경에 따른 완공검사
③ 암반탱크저장소의 설치 또는 변경에 따른 완공검사

10 제조소등의 지위승계, 용도폐지신고

(1) 제조소등의 설치자의 지위를 승계한 자는 승계한 날부터 30일 이내에 시・도지사에게 신고해야 한다.

(2) 제조소등의 용도를 폐지한 때에는 용도를 폐지한 날부터 14일 이내에 시・도지사에게 신고해야 한다.

11 제조소등의 사용중지 등(법 제11조의2)

(1) 제조소등의 사용중지에 따른 안전조치

제조소등의 관계인은 제조소등의 사용을 중지(경영상 형편, 대규모 공사 등의 사유로 3개월 이상 위험물을 저장하지 아니하거나 취급하지 아니하는 것을 말한다. 이하 같다)하려는 경우에는 위험물의 제거 및 제조소등에의 출입통제 등 행정안전부령으로 정하는 안전조치를 해야 한다. 다만, 제조소등의 사용을 중지하는 기간에도 위험물안전관리자가 계속하여 직무를 수행하는 경우에는 안전조치를 아니할 수 있다.

(2) 제조소등의 사용중지 및 재개 신고

제조소등의 관계인은 제조소등의 사용을 중지하거나 중지한 제조소등의 사용을 재개하려는 경우에는 해당 제조소등의 사용을 중지하려는 날 또는 재개하려는 날의 14일 전까지 행정안전부령으로 정하는 바에 따라 제조소등의 사용 중지 또는 재개를 시・도지사에게 신고하여야 한다.

(3) 안전조치 이행명령

시・도지사는 제조소등의 사용중지 신고를 받으면 제조소등의 관계인이 위험물의 제거 및 제조소등에의 출입통제 등 안전조치를 적합하게 하였는지 또는 위험물안전관리자가 직무를 적합하게 수행하는지를 확인하고 위해 방지를 위하여 필요한 안전조치의 이행을 명할 수 있다.

(4) 안전관리자 선임 면제

제조소등의 관계인은 제조소등 사용 중지신고에 따라 제조소등의 사용을 중지하는 기간 동안에는 위험물안전관리자를 선임하지 아니할 수 있다.

12 허가취소 및 사용정지 등

(1) 법적근거(법 제12조)★★★★ 2014년, 2016년, 2017년 소방위 기출

시・도지사는 제조소등의 관계인이 다음 각 호의 1에 해당하는 때에는 행정안전부령이 정하는 바(시행규칙 제25조(허가취소 등의 처분기준))에 따라 제6조 제1항에 따른 허가를 취소하거나 6월 이내의 기간을 정하여 제조소등의 전부 또는 일부의 사용정지를 명할 수 있다.

① 변경허가를 받지 아니하고 제조소등의 위치・구조 또는 설비를 변경한 때
② 완공검사를 받지 아니하고 제조소등을 사용한 때
③ 제조소등 사용중지 대상에 대한 안전조치 이행명령을 따르지 아니한 때
④ 제조소등의 위치, 구조, 설비에 따른 수리・개조 또는 이전의 명령에 위반한 때
⑤ 위험물안전관리자를 선임하지 아니한 때
⑥ 대리자를 지정하지 아니한 때
⑦ 제조소등의 정기점검을 하지 아니한 때
⑧ 제조소등의 정기검사를 받지 아니한 때
⑨ 위험물의 저장・취급기준 준수명령에 위반한 때

(2) 제조소등의 행정처분 및 벌칙

법 제12조에 따른 제조소등에 대한 허가취소 및 사용정지의 처분기준은 별표2와 같다.

위반행위	행정처분			벌 칙
	1차	2차	3차	
정기점검을 하지 아니하거나 점검기록을 허위로 작성한 관계인으로서 제조소등 설치허가(허가 면제 또는 협의로서 허가를 받은 경우 포함)를 받은 자	사용정지 10일	사용정지 30일	허가취소	1년 이하의 징역 또는 1천만원 이하의 벌금
정기검사를 받지 아니한 관계인으로서 제조소등 설치허가를 받은 자	사용정지 10일	사용정지 30일	허가취소	1년 이하의 징역 또는 1천만원 이하의 벌금
위험물안전관리자 대리자를 지정하지 아니한 관계인으로서 위험물 제조소등 설치허가를 받은 자	사용정지 10일	사용정지 30일	허가취소	1천 500만원 이하의 벌금
안전관리자를 선임하지 아니한 관계인으로서 위험물 제조소등 설치허가를 받은 자	사용정지 15일	사용정지 60일	허가취소	1천 500만원 이하의 벌금
위험물 제조소등 변경허가를 받지 아니하고 제조소등을 변경한 자	경고 또는 사용정지 15일	사용정지 60일	허가취소	1천 500만원 이하의 벌금
제조소등의 완공검사를 받지 아니하고 위험물을 저장・취급한 자	사용정지 15일	사용정지 60일	허가취소	1천 500만원 이하의 벌금
위험물 저장・취급기준 준수명령 또는 응급조치명령을 위반한 자	사용정지 30일	사용정지 60일	허가취소	1천 500만원 이하의 벌금
수리・개조 또는 이전의 명령에 따르지 아니한 자	사용정지 30일	사용정지 90일	허가취소	1천 500만원 이하의 벌금
위험물 제조소등 사용중지 대상에 대한 안전조치 이행명령을 따르지 아니한 자	경 고	허가취소		1천 500만원 이하의 벌금

암기 TIP

점검대/안변완/명령(준수,개조)/이행경고

13 과징금 처분

(1) 과징금의 부과요건 및 금액

① 부과징수 : 시 · 도지사(위임 : 소방서장)

② 부과요건 : 제조소등에 대한 사용의 정지가 그 이용자에게 심한 불편을 주거나 그 밖에 공익을 해칠 우려가 있는 때

③ 부과금액 : 2억원 이하

(2) 과징금 징수절차 : 행정안전부령(국고금관리법 시행규칙을 준용)

(3) 체납과징금 징수 절차 : 「지방행정제재 · 부과금의 징수 등에 관한 법률」에 따라 징수

(4) 소방관계법령 과징금 처분 총정리

소방관계법 과징금처분[처분권자 : 소방서장(시 · 도지사 권한 위임)]				
처분대상	요 건	최고처분금액	과징금 산정기준	감 경
위험물 제조소등 설치자	영업(사용)정지가 그 이용자에게 심한 불편을 주거나 그 밖에 공익을 해칠 우려 있을 때 영업정지처분을 갈음하여	2억원 이하	• 1일평균 매출액 × 사용정지 일수 × 0.0574 • 저장 또는 취급하는 위험물의 허가수량(지정수량배수) × 1일당 과징금 금액 ※ 자가발전, 자가난방, 유사목적 : 1/2 금액	없 음
소방시설업자		3천만원 이하	도급(계약)금액	1/2
소방시설관리업자		3천만원 이하	전년도의 연간 매출금액	1/2
방염업 등록업자		3천만원 이하	전년도 연간 매출금액	1/2

제4장 위험물시설의 안전관리

1 위험물시설의 유지 및 관리

(1) 제조소등의 위치 · 구조 및 설비의 수리 · 개조 또는 이전을 명할 수 있는 사람 : 시 · 도지사, 소방본부장, 소방서장

※ 명령위반자 : 1천 500만원 이하의 벌금

(2) 안전관리자 선임 의무자 : 관계인

※ 미선임자 : 1천 500만원 이하의 벌금

(3) 안전관리자 해임, 퇴직 시 선임 : 해임하거나 퇴직한 날부터 30일 이내에 안전관리자 재선임

(4) 안전관리자 선임신고 : 선임한 날부터 14일 이내에 소방본부장 또는 소방서장에게 신고

해임 또는 퇴직사실을 확인 받을 수 있음

(5) 지정사유

안전관리자가 여행·질병 그 밖의 사유로 인하여 일시적으로 직무를 수행할 수 없거나 안전관리자의 해임 또는 퇴직과 동시에 다른 안전관리자를 선임하지 못하는 경우 : 위험물취급자격취득자 또는 행정안전부령이 정하는 자를 대리자로 지정

대리자의 직무 기간 : 30일 이내

(6) 제조소등에 있어서 위험물취급자격자가 아닌 자는 안전관리자 또는 대리자가 참여한 상태에서 위험물을 취급해야 한다.

(7) 다수의 제조소등을 동일인이 설치한 경우에는 1인의 안전관리자를 중복하여 선임할 수 있다(이 경우 대리자는 각 제조소등 별로 지정하여 안전관리자를 보조하게 해야 한다).

(8) 안전관리자의 대리자 자격

① 위험물의 취급에 관한 자격취득자

② 한국소방안전원의 위험물안전관리자 교육과정에서 안전교육을 받은 자

③ 제조소등의 위험물 안전관리업무에 있어서 안전관리자를 지휘·감독하는 직위에 있는 자

(9) 제조소등의 종류 및 규모에 따라 선임해야 하는 안전관리자의 자격

<table>
<tr><th colspan="3">제조소등의 종류 및 규모</th><th>안전관리자의 자격</th></tr>
<tr><td rowspan="2">제조소</td><td colspan="2">1. 제4류 위험물만을 취급하는 것으로서 지정수량 5배 이하의 것</td><td>위험물기능장, 위험물산업기사, 위험물기능사, 안전관리자교육이수자 또는 소방공무원경력자</td></tr>
<tr><td colspan="2">2. 제1호에 해당하지 아니하는 것</td><td>위험물기능장, 위험물산업기사 또는 2년 이상의 실무경력이 있는 위험물기능사</td></tr>
<tr><td rowspan="8">저장소</td><td rowspan="2">1. 옥내저장소</td><td>제4류 위험물만을 저장하는 것으로서 지정수량 5배 이하의 것</td><td rowspan="8">위험물기능장, 위험물산업기사, 위험물기능사, 안전관리자교육이수자, 소방공무원경력자</td></tr>
<tr><td>제4류 위험물 중 알코올류·제2석유류·제3석유류·제4석유류·동식물유류만을 저장하는 것으로서 지정수량 40배 이하의 것</td></tr>
<tr><td rowspan="2">2. 옥외탱크 저장소</td><td>제4류 위험물만을 저장하는 것으로서 지정수량 5배 이하의 것</td></tr>
<tr><td>제4류 위험물 중 제2석유류·제3석유류·제4석유류·동식물유류만을 저장하는 것으로서 지정수량 40배 이하의 것</td></tr>
<tr><td rowspan="2">3. 옥내탱크 저장소</td><td>제4류 위험물만을 저장하는 것으로서 지정수량 5배 이하의 것</td></tr>
<tr><td>제4류 위험물 중 제2석유류·제3석유류·제4석유류·동식물유류만을 저장하는 것</td></tr>
<tr><td rowspan="2">4. 지하탱크 저장소</td><td>제4류 위험물만을 저장하는 것으로서 지정수량 40배 이하의 것</td></tr>
<tr><td>제4류 위험물 중 제1석유류·알코올류·제2석유류·제3석유류·제4석유류·동식물유류만을 저장하는 것으로서 지정수량 250배 이하의 것</td></tr>
</table>

	5. 간이탱크저장소로서 제4류 위험물만을 저장하는 것	
	6. **옥외저장소** 중 제4류 위험물만을 저장하는 것으로서 지정수량 40배 이하의 것	
	7. 보일러, 버너 그 밖에 이와 유사한 장치에 공급하기 위한 위험물을 저장하는 탱크저장소	
	8. 선박주유취급소, 철도주유취급소 또는 항공기주유취급소의 고정주유설비에 공급하기 위한 위험물을 저장하는 탱크저장소로서 지정수량의 250배(제1석유류의 경우에는 지정수량의 100배) 이하의 것	
	9. 제1호 내지 제8호에 해당하지 아니하는 장소	위험물기능장, 위험물산업기사 또는 2년 이상의 실무경력이 있는 위험물기능사
취급소	1. 주유취급소	위험물기능장, 위험물 산업기사 위험물기능사 안전관리자 교육이수자 소방공무원 경력자
	2. 판매취급소 — 제4류 위험물만을 저장하는 것으로서 지정수량 5배 이하의 것	
	2. 판매취급소 — 제4류 위험물 중 제1석유류·알코올류·제2석유류·제3석유류·제4석유류·동식물유류만을 취급하는 것	
	3. 제4류 위험물 중 제1석유류·알코올류·제2석유류·제3석유류·제4석유류·동식물유류만을 지정수량 50배 이하로 취급하는 일반취급소(제1석유류·알코올류의 취급량이 지정수량의 10배 이하인 경우에 한한다)로서 다음 각 목의 어느 하나에 해당하는 것 가. 보일러, 버너 그 밖에 이와 유사한 장치에 의하여 위험물을 소비하는 것 나. 위험물을 용기 또는 차량에 고정된 탱크에 주입하는 것	
	4. 제4류 위험물만을 취급하는 일반취급소로서 지정수량 10배 이하의 것	
	5. 제4류 위험물 중 제2석유류·제3석유류·제4석유류·동식물유류만을 취급하는 일반취급소로서 지정수량 20배 이하의 것	
	6. 자가발전시설에 사용되는 위험물을 취급하는 일반취급소	
	7. 제1호 내지 제6호에 해당하지 아니하는 취급소	위험물기능장, 위험물산업기사 또는 2년 이상의 실무경력이 있는 위험물기능사

(10) 위험물취급자격자의 자격

위험물취급자격자의 구분	취급할 수 있는 위험물
「국가기술자격법」에 따라 위험물기능장, 위험물산업기사, 위험물기능사 자격을 취득한 사람	별표1의 모든 위험물
안전관리자 강습교육을 이수한 자	제4류 위험물
소방공무원경력자(근무경력 3년 이상)	제4류 위험물

(11) 위험물안전관리자의 책무

① 위험물의 취급 작업에 참여하여 저장 또는 취급에 관한 기술기준과 예방규정에 적합하도록 해당 작업자에 대하여 지시 및 감독하는 업무

② 화재 등의 재난이 발생한 경우 응급조치 및 소방관서 등에 대한 연락업무

③ 제조소등의 위치・구조 및 설비를 기술기준에 적합하도록 유지하기 위한 점검과 점검상황의 기록・보존

④ 제조소등의 구조 또는 설비의 이상을 발견한 경우 관계자에 대한 연락 및 응급조치

⑤ 제조소등의 계측장치・제어장치 및 안전장치 등의 적정한 유지・관리

⑥ 제조소등의 위치・구조 및 설비에 관한 설계도서 등의 정비・보존 및 제조소등의 구조 및 설비의 안전에 관한 사무의 관리

⑦ 위험물의 취급에 관한 일지의 작성・기록

(12) 위험물시설의 유지・관리 의무자 : 관계인

(13) 위험물의 운반에 관한 중요기준과 세부기준의 내용 : 용기, 적재방법, 운반방법

(14) 1인의 안전관리자를 중복하여 선임할 수 있는 저장소 등

① 보일러・버너 또는 이와 비슷한 것으로서 위험물을 소비하는 장치로 이루어진 7개 이하의 일반취급소와 그 일반취급소에 공급하기 위한 위험물을 저장하는 저장소를 동일인이 설치한 경우

※ 저장소 : 일반취급소 및 저장소가 모두 동일구내(같은 건물 안 또는 같은 울안에 있는 경우에 한한다. 이하 ②에서 같다)

② 위험물을 차량에 고정된 탱크 또는 운반용기에 옮겨 담기 위한 5개 이하의 일반취급소와 그 일반취급소에 공급하기 위한 위험물을 저장하는 저장소를 동일인이 설치한 경우

※ 일반취급소 간의 거리(보행거리를 말한다. ③ 및 ④에서 같다)가 300미터 이내인 경우에 한한다.

③ 동일구내에 있거나 상호 100미터 이내의 거리에 있는 저장소로서 저장소의 규모, 저장하는 위험물의 종류 등을 고려하여 다음에 해당하는 저장소를 동일인이 설치한 경우

- 30개 이하의 옥외탱크저장소
- 10개 이하의 옥외저장소
- 10개 이하의 옥내저장소
- 10개 이하의 암반탱크저장소
- 지하탱크저장소
- 옥내탱크저장소
- 간이탱크저장소

④ 다음 각 목의 기준에 모두 적합한 5개 이하의 제조소등을 동일인이 설치한 경우

- 각 제조소등이 동일구내에 위치하거나 상호 100미터 이내의 거리에 있을 것
- 각 제조소등에서 저장 또는 취급하는 위험물의 최대수량이 지정수량의 3천배 미만일 것. 다만, 저장소의 경우에는 그러하지 아니하다.

⑤ 그 밖에 ① 또는 ②에 따른 제조소등과 비슷한 것으로서 선박주유취급소의 고정주유설비에 공급하기 위한 위험물을 저장하는 저장소와 해당 선박주유취급소를 동일인이 설치한 경우

※ 위험물안전관리자를 중복하여 선임할 수 있는 제조소등

<table>
<tr><th>위치 · 거리</th><th colspan="2">제조소등 구분</th><th>개 수</th><th>인적조건</th></tr>
<tr><td>동일구내에</td><td>보일러 등의 일반취급소와</td><td rowspan="3">그 일반취급소에 공급하기 위한 위험물을 저장하는 저장소를</td><td>7개 이하</td><td rowspan="12">동일인이 설치한 경우</td></tr>
<tr><td rowspan="2">동일구내에
(일반취급소간 보행거리 300m 이내)</td><td>충전하는 일반취급소와</td><td rowspan="2">5개 이하</td></tr>
<tr><td>옮겨담는 일반취급소와</td></tr>
<tr><td rowspan="7">동일구내에 있거나
상호 보행거리 100미터 이내의
거리에 있는 저장소로서</td><td colspan="2">옥외탱크저장소</td><td>30개 이하</td></tr>
<tr><td colspan="2">옥내저장소</td><td rowspan="3">10개 이하</td></tr>
<tr><td colspan="2">옥외저장소</td></tr>
<tr><td colspan="2">암반탱크저장소</td></tr>
<tr><td colspan="2">지하탱크저장소</td><td rowspan="3">제한 없음</td></tr>
<tr><td colspan="2">옥내탱크저장소</td></tr>
<tr><td colspan="2">간이탱크저장소</td></tr>
<tr><td colspan="3">• 각 제조소등이 동일구내에 위치하거나 상호 보행거리 100미터 이내의 거리에 있고
• 각 제조소등에서 저장 또는 취급하는 위험물의 최대수량이 지정수량의 3천배 미만인 제조소등을 동일인이 설치한 경우. 다만 저장소의 경우에는 그러하지 아니하다.</td><td>5개 이하</td></tr>
<tr><td colspan="3">선박주유취급소의 고정주유설비에 공급하기 위한 위험물을 저장하는 저장소와 해당 선박주유취급소</td><td>제한 없음</td></tr>
</table>

(15) 1인의 안전관리자를 중복선임한 경우 대리자의 자격이 있는 자를 각 제조소등 별로 지정하여 안전관리자를 보조해야 할 대상

① 제조소

② 이송취급소

③ 일반취급소

> **안전관리자를 보조해야 할 대상 중 제외 일반취급소**
> 인화점이 38도 이상인 제4류 위험물만을 지정수량의 30배 이하로 취급하는 다음의 일반취급소
> • 보일러 · 버너 또는 이와 비슷한 것으로서 위험물을 소비하는 장치로 이루어진 일반취급소
> • 위험물을 용기에 옮겨 담거나 차량에 고정된 탱크에 주입하는 일반취급소

2 위험물 탱크안전성능시험자

(1) **탱크안전성능시험자의 등록** : 시 · 도지사

(2) **등록사항** : 기술능력, 시설, 장비

(3) **등록 중요사항 변경 시** : 그 날로부터 30일 이내에 시 · 도지사에게 변경신고

(4) **탱크시험자 등록의 결격사유**

① 피성년후견인

② 금고 이상의 실형의 선고를 받고 그 집행이 끝나거나 집행이 면제된 날부터 2년이 지나지 아니한 자

③ 금고 이상의 형의 집행유예 선고를 받고 그 유예기간 중에 있는 자
④ 탱크시험자의 등록이 취소된 날부터 2년이 지나지 아니한 자
⑤ 법인으로서 그 대표자가 ① 내지 ④에 해당하는 경우

(5) 등록취소나 업무정지권자 : 시 · 도지사

(6) 등록취소 또는 6월 이내의 업무 정지

① 허위 그 밖의 부정한 방법으로 등록을 한 경우(등록취소)
② 등록의 결격사유에 해당하게 된 경우(등록취소)
③ 등록증을 다른 자에게 빌려준 경우(등록취소)
④ 등록기준에 미달하게 된 경우
⑤ 탱크안전성능시험 또는 점검을 허위로 하거나 이 법에 의한 기준에 맞지 아니하게 탱크안전성능시험 또는 점검을 실시하는 경우 등 탱크시험자로서 적합하지 않다고 인정하는 경우

(7) 탱크시험자가 중요사항 변경 시 첨부서류

① 영업소 소재지의 변경 : 사무소의 사용을 증명하는 서류와 위험물탱크안전성능시험자 등록증
② 기술능력의 변경 : 변경하는 기술인력의 자격증과 위험물탱크안전성능시험자 등록증
③ 대표자의 변경 : 위험물탱크안전성능시험자 등록증
④ 상호 또는 명칭의 변경 : 위험물탱크안전성능시험자 등록증

(8) 탱크안전성능검사의 내용 : 대통령령

(9) 탱크안전성능검사의 실시 등에 관하여 필요한 사항 : 행정안전부령

3 예방규정

(1) 작성자 : 위험물 제조소등 관계인

(2) 제출시기 : 제조소등의 사용을 시작하기 전에 시 · 도지사에게 제출(예방규정을 변경 시 동일)

(3) 예방규정을 정해야 할 제조소등

① 지정수량의 10배 이상의 위험물을 취급하는 제조소
② 지정수량의 100배 이상의 위험물을 저장하는 옥외저장소
③ 지정수량의 150배 이상의 위험물을 저장하는 옥내저장소
④ 지정수량의 200배 이상의 위험물을 저장하는 옥외탱크저장소
⑤ 암반탱크저장소
⑥ 이송취급소

⑦ 지정수량의 10배 이상의 위험물을 취급하는 일반취급소

> 제4류 위험물(특수인화물을 제외한다)만을 지정수량의 **50배 이하**로 취급하는 일반취급소(제1석유류·알코올류의 취급량이 지정수량의 10배 이하인 경우에 한한다)로서 다음 각 목의 어느 하나에 해당하는 것을 제외한다.
> ㉠ 보일러·버너 또는 이와 비슷한 것으로서 위험물을 소비하는 장치로 이루어진 일반취급소
> ㉡ 위험물을 용기에 옮겨 담거나 차량에 고정된 탱크에 주입하는 일반취급소

(4) 예방규정에 포함되어야 할 사항(시행규칙 제63조)

① 위험물의 안전관리업무를 담당하는 자의 직무 및 조직에 관한 사항
② 안전관리자가 여행·질병 등으로 인하여 그 직무를 수행할 수 없을 경우 그 직무의 대리자에 관한 사항
③ 자체 소방대의 편성과 화학소방자동차의 배치에 관한 사항
④ 위험물의 안전에 관계된 작업에 종사하는 자에 대한 안전교육 및 훈련에 관한 사항
⑤ 위험물시설 및 작업장에 대한 안전순찰에 관한 사항
⑥ 위험물시설·소방시설 그 밖의 관련시설에 대한 점검 및 정비에 관한 사항
⑦ 위험물시설의 운전 또는 조작에 관한 사항
⑧ 위험물 취급 작업의 기준에 관한 사항
⑨ 위험물의 안전에 관한 기록에 관한 사항
⑩ 제조소등의 위치·구조 및 설비를 명시한 서류와 도면의 정비에 관한 사항
⑪ 이송취급소에 있어서는 배관공사 현장책임자의 조건 등 배관공사 현장에 대한 감독체제에 관한 사항과 배관주위에 있는 이송취급소 시설 외의 공사를 하는 경우 배관의 안전 확보에 관한 사항
⑫ 재난 그 밖의 비상시의 경우에 취해야 하는 조치에 관한 사항
⑬ 그 밖에 위험물의 안전관리에 관하여 필요한 사항

(5) 예방규정 이행실태 평가

소방청장은 대통령령으로 정하는 바에 따라 예방규정 이행실태를 정기적으로 평가할 수 있다. 〈2023.01.03. 신설, 시행 2024.07.04.〉

4 정기점검

(1) 정기점검 대상

① 예방규정을 정해야 하는 제조소등
② 지하탱크저장소
③ 이동탱크저장소
④ 위험물을 취급하는 탱크로서 지하에 매설된 탱크가 있는 제조소, 주유취급소, 일반취급소

(2) 점검내용

제조소등의 위치・구조 및 설비의 기술기준이 이 법에 따른 적합여부 점검

(3) 위험물시설의 정기점검

정기점검의 대상이 되는 제조소등의 관계인 가운데 대통령령으로 정하는 제조소등의 관계인은 행정안전부령으로 정하는 바에 따라 소방본부장 또는 소방서장으로부터 해당 제조소등이 제조소등의 위치・구조 및 설비의 기술기준에 적합하게 유지되고 있는지의 여부에 대하여 정기적으로 검사를 받아야 한다.

(4) 정기점검 횟수 및 시기

정기점검 대상의 제조소등은 연 1회 이상의 정기점검을 실시한다. 그러나 액체위험물을 저장 또는 취급하는 50만리터 이상의 옥외탱크저장소(특정・준특정 옥외탱크저장소)의 탱크는 정기점검 외에 다음 기간 이내에 1회 이상 구조안전점검을 실시해야 한다.

① 특정・준특정 옥외탱크저장소의 설치허가에 따른 완공검사합격확인증을 발급받은 날부터 12년
② 최근의 정밀정기검사를 받은 날부터 11년
③ 구조안전점검시기 연장신청을 하여 해당 안전조치가 적정한 것으로 인정받은 경우 : 최근의 정밀정기검사를 받은 날부터 13년

(5) 정기점검 기록 보존기간(시행규칙 제68조 제2항)★★★

① 옥외저장탱크의 구조안전점검에 관한 기록 : 25년
② 특정 옥외저장탱크에 안전조치를 한 후 기술원에 구조안전점검시기 연장신청하여 구조안전점검에 받은 경우의 점검기록 : 30년
③ 일반 정기점검의 기록 : 3년

(6) 정기점검 기록의 의무내용

제조소등의 관계인은 정기점검 후 다음 사항을 기록해야 한다.

① 점검을 실시한 제조소등의 명칭
② 점검의 방법 및 결과
③ 점검연월일
④ 점검을 한 안전관리자 또는 점검을 한 탱크시험자와 점검에 참관한 안전관리자의 성명

(7) 정기점검의 결과보고★★★

정기점검을 한 제조소등의 관계인은 점검을 한 날부터 30일 이내에 점검결과를 시・도지사에게 제출하여야 한다.

5 정기검사

(1) 관계인은 소방본부장 또는 소방서장(기술원에 권한 위탁)으로부터 해당 제조소등이 위치·구조 및 설비 등 기술기준에 적합하게 유지되고 있는지의 여부에 대하여 정기적으로 검사를 받아야 한다.

(2) **정기검사 대상**

액체위험물을 저장 또는 취급하는 50만리터 이상의 옥외탱크저장소

(3) **정기검사의 시기**

구 분	다음 각 목의 어느 하나에 해당하는 기간 내에 1회
정밀정기검사	• 특정·준특정 옥외탱크저장소의 설치허가에 따른 완공검사합격확인증을 발급받은 날부터 12년 • 최근의 정밀정기검사를 받은 날부터 11년
중간정기검사	• 특정·준특정 옥외탱크저장소의 설치허가에 따른 완공검사합격확인증을 발급받은 날부터 4년 • 최근의 정밀정기검사 또는 중간정기검사를 받은 날부터 4년

6 자체 소방대

(1) **자체 소방대를 두어야 하는 제조소등★★★**

① 취급하는 제4류 위험물의 최대수량의 합이 지정수량의 3천배 이상의 제조소

② 저장하는 제4류 위험물의 최대수량이 지정수량의 50만배 이상의 옥외탱크저장소

③ 취급하는 제4류 위험물의 최대수량의 합이 지정수량의 3천배 이상의 일반취급소(일부제외)

지정수량 3천배 이상이더라도 자체 소방대 설치 제외 일반취급소

① 보일러, 버너 그 밖에 이와 유사한 장치로 위험물을 소비하는 일반취급소

② 이동저장탱크 그 밖에 이와 유사한 것에 위험물을 주입하는 일반취급소

③ 용기에 위험물을 옮겨 담는 일반취급소

④ 유압장치, 윤활유순환장치 그 밖에 이와 유사한 장치로 위험물을 취급하는 일반취급소

⑤ 「광산안전법」의 적용을 받는 일반취급소

(2) **자체 소방대 편성기준★★★★**

자체 소방대 편성에 필요한 화학소방차 및 인원(별표8)

사업소의 구분	화학 소방자동차	자체 소방 대원의 수
1. 제조소 또는 일반취급소에서 취급하는 제4류 위험물의 최대수량의 합이 지정수량의 3천배 이상 12만배 미만인 사업소	1대	5인
2. 제조소 또는 일반취급소에서 취급하는 제4류 위험물의 최대수량의 합이 지정수량의 12만배 이상 24만배 미만인 사업소	2대	10인

3. 제조소 또는 일반취급소에서 취급하는 제4류 위험물의 최대수량의 합이 지정수량의 24만배 이상 48만배 미만인 사업소	3대	15인
4. 제조소 또는 일반취급소에서 취급하는 제4류 위험물의 최대수량의 합이 지정수량의 48만배 이상인 사업소	4대	20인
5. 옥외탱크저장소에 저장하는 제4류 위험물의 최대수량이 지정수량의 50만배 이상인 사업소	2대	10인

(3) 화학소방차의 기준

화학소방자동차의 구분	소화능력 및 설비의 기준
포수용액 방사차	포수용액의 방사능력이 매분 2,000L 이상일 것
	소화약액탱크 및 소화약액혼합장치를 비치할 것
	10만L 이상의 포수용액을 방사할 수 있는 양의 소화약제를 비치할 것
분말 방사차	분말의 방사능력이 매초 35kg 이상일 것
	분말탱크 및 가압용가스설비를 비치할 것
	1,400kg 이상의 분말을 비치할 것
할로겐화합물 방사차	할로겐화합물의 방사능력이 매초 40kg 이상일 것
	할로겐화합물탱크 및 가압용가스설비를 비치할 것
	1,000kg 이상의 할로겐화합물을 비치할 것
이산화탄소 방사차	이산화탄소의 방사능력이 매초 40kg 이상일 것
	이산화탄소저장용기를 비치할 것
	3,000kg 이상의 이산화탄소를 비치할 것
제독차	가성소다 및 규조토를 각각 50kg 이상 비치할 것

이 중에 포수용액을 방사하는 화학소방자동차의 대수는 자체 소방대편성기준에 의한 화학소방자동차의 대수의 3분의 2 이상으로 해야 한다.

제19조의2(제조소등에서 흡연금지)

① 누구든지 제조소등에서는 지정된 장소가 아닌 곳에서 흡연을 하여서는 아니 된다.

② 제조소등의 관계인은 해당 제조소등이 금연구역임을 알리는 표지를 설치하여야 한다.

③ 시・도지사는 제조소등의 관계인이 금연구역임을 알리는 표지를 설치하지 아니하거나 보완이 필요한 경우 일정한 기간을 정하여 그 시정을 명할 수 있다.

④ 지정 기준・방법 등은 대통령령으로 정하고, 표지를 설치하는 기준・방법 등은 행정안전부령으로 정한다.

제5장 위험물의 운반 및 운송

1 위험물의 운반

(1) 위험물의 운반 기준

① 위험물의 운반은 그 용기·적재방법 및 운반방법에 관한 다음 각 호의 중요기준과 세부기준에 따라 행해야 한다.

㉠ 중요기준 : 화재 등 위해의 예방과 응급조치에 있어서 큰 영향을 미치거나 그 기준을 위반하는 경우 직접적으로 화재를 일으킬 가능성이 큰 기준으로서 행정안전부령이 정하는 기준

㉡ 세부기준 : 화재 등 위해의 예방과 응급조치에 있어서 중요기준보다 상대적으로 적은 영향을 미치거나 그 기준을 위반하는 경우 간접적으로 화재를 일으킬 수 있는 기준 및 위험물의 안전관리에 필요한 표시와 서류·기구 등의 비치에 관한 기준으로서 행정안전부령이 정하는 기준

② 위험물의 운반

운반용기에 수납된 위험물을 지정수량 이상으로 차량에 적재하여 운반하는 차량의 운전자(이하 "위험물운반자"라 한다)는 다음 해당하는 어느 하나의 요건을 갖추어야 한다.

㉠ 위험물 분야의 자격을 취득할 것

㉡ 한국소방안전원에서 실시하는 위험물운반자 교육과정을 수료할 것

2 위험물의 운송

(1) 이동탱크저장소에 의하여 위험물을 운송하는 자(운송책임자 및 이동탱크저장소운전자를 말하며, 이하 "위험물운송자"라 한다)는 해당 위험물을 취급할 수 있는 국가기술자격자 또는 한국소방안전원에서 실시하는 위험물운송자 교육을 받은 자이어야 한다.

① 운송책임자

㉠ 정의 : 위험물운송에 있어서 운송의 감독 또는 지원하는 자

㉡ 자격요건(시행규칙 제52조 제1항)

- 해당 위험물의 취급에 관한 국가기술자격을 취득하고 관련 업무에 1년 이상 종사한 경력이 있는 자
- 소방청장(한국소방안전원)이 실시하는 위험물의 운송에 관한 안전교육을 수료하고 관련 업무에 2년 이상 종사한 경력이 있는 자

② 이동탱크저장소운전자

㉠ 자격요건

- 위험물 분야의 자격을 취득할 것
- 한국소방안전원에서 실시하는 위험물운송자 교육과정을 수료할 것

㉡ 의무 : 위험물운송에 관한 기준 준수, 정지지시 수인, 증명서 제시, 신원확인 질문에 답변

(2) 운송책임자의 감독 또는 지원을 받아 운송해야 하는 위험물

① 알킬알루미늄

② 알킬리튬

③ ① 또는 ②의 물질을 함유하는 위험물

(3) 위험물의 운송

① 위험물의 운송자(운송책임자 및 이동탱크저장소운전자) : 국가기술자격자, 안전교육을 받은 자

② 위험물운송자는 이동탱크저장소에 의하여 위험물을 운송하는 때에는 행정안전부령이 정하는 기준을 준수하는 등 해당 위험물의 안전확보를 위하여 세심한 주의를 기울여야 한다.

위험물운송자와 관련한 행정벌 정리

① 주행 중의 이동탱크저장소 정지지시를 거부하거나 국가기술자격증, 교육수료증・신원확인을 위한 증명서의 제시 요구 또는 신원확인을 위한 질문에 응하지 아니한 자 : 1천 500만원 이하의 벌금

② 이동탱크저장소로 위험물을 운송하는 자는 국가기술자격 또는 안전교육을 받은 자이어야 하나 이를 위반한 위험물운전자 또는 위험물운송자 : 1천만원 이하의 벌금

③ 알킬알루미늄, 알킬리튬, 이들을 함유하는 위험물운송에 있어서는 운송책임자의 지도 또는 지원을 받아 운송해야 하나 이를 위반한 위험물운송자 : 1천만원 이하의 벌금

④ 위험물의 저장 또는 취급에 관한 중요기준에 따르지 아니한 자 : 1천 500만원 이하의 벌금

⑤ 위험물의 운반에 관한 중요기준에 따르지 아니한 자 : 1천만원 이하의 벌금

⑥ 이동탱크저장소운전자 중 위험물의 운송에 관한 세부기준을 따르지 아니한 자 : 500만원 이하의 과태료

⑦ 위험물운전자 중 위험물 운반에 관한 세부기준을 따르지 아니한 자 : 500만원 이하의 과태료

⑧ 위험물 저장・취급에 관한 세부기준을 따르지 아니한 자 : 500만원 이하의 과태료

(4) 위험물안전관리자 등 자격정리

<table>
<tr><th colspan="2">구 분</th><th>자격기준</th></tr>
<tr><td colspan="2">위험물안전관리자</td><td>위험물국가기술자격자, 위험물강습교육수료자, 소방공무원 경력자 등</td></tr>
<tr><td colspan="2">위험물안전관리자 여행 등 일시적 부재 시 대리자 자격</td><td rowspan="2">• 위험물 취급에 관한 국가기술자격취득자
• 위험물안전교육을 받은 자
• 제조소등의 위험물 안전관리업무에 있어서 안전관리자를 지휘・감독하는 직위에 있는 자</td></tr>
<tr><td colspan="2">1인 중복선임 시 안전관리자 보조자의 자격(법 제15조 제8항)</td></tr>
<tr><td colspan="2">안전관리대행기관 업무보조자 (시행규칙 제59조 제2항)</td><td>• 위험물의 취급에 관한 국가기술자격자
• 위험물안전교육을 받은 자</td></tr>
<tr><td rowspan="2">위험물운송자 (법 제21조 제1항)</td><td>위험물 운송책임자</td><td>• 해당 위험물의 취급에 관한 국가기술자격을 취득하고 관련 업무에 1년 이상 종사한 경력이 있는 자
• 위험물의 운송에 관한 안전교육을 수료하고 관련 업무에 2년 이상 종사한 경력이 있는 자</td></tr>
<tr><td>이동탱크저장소 운전자</td><td rowspan="2">• 위험물의 취급에 관한 국가기술자격자
• 위험물 안전교육을 받은 자</td></tr>
<tr><td colspan="2">위험물운반자(법 제20조 제2항)</td></tr>
</table>

제6장 감독 및 조치명령

1 출입검사

(1) 소방청장(중앙119구조본부장 및 그 소속기관의 장을 포함한다), 시・도지사, 소방본부장 또는 소방서장은 관계인에 대하여 필요한 보고 또는 자료제출을 명할 수 있으며, 관계공무원으로 하여금 해당 장소에 출입하여 그 장소의 위치・구조・설비 및 위험물의 저장・취급상황에 대하여 검사하게 하거나 관계인에게 질문을 할 수 있다.

보고 또는 자료제출을 하지 아니하거나 허위로 보고 또는 자료제출을 한 자 또는 관계공무원의 출입・검사 또는 수거를 거부・방해 또는 기피한 자의 행정벌 정리
- 위험물 제조소등의 출입・검사 및 위험물 사고조사 시 : 1년 이하의 징역 또는 1천만원 이하의 벌금
- 탱크시험자 감독상 출입・검사 : 1천 500만원 이하의 벌금

(2) 개인의 주거는 관계인의 승낙을 얻은 경우 또는 화재발생의 우려가 커서 긴급한 필요가 있는 경우가 아니면 출입할 수 없다.

(3) **국가기술자격증 또는 교육수료증의 제시 요구권자 :** 소방공무원 또는 경찰공무원

(4) 출입・검사 등은 그 장소의 공개시간이나 근무시간 내 또는 해가 뜬 후부터 해가 지기 전까지의 시간 내에 행해야 한다(다만, 건축물 그 밖의 공작물의 관계인의 승낙을 얻은 경우 또는 화재발생의 우려가 커서 긴급한 필요가 있는 경우에는 예외).

(5) 출입・검사 등을 행하는 관계공무원은 관계인의 정당한 업무를 방해하거나 출입・검사 등을 수행하면서 알게 된 비밀을 다른 자에게 누설하여서는 아니 된다.

(6) 시・도지사, 소방본부장 또는 소방서장은 탱크시험자에게 탱크시험자의 등록 또는 그 업무에 대하여 필요한 보고 또는 자료제출을 명하거나 관계공무원으로 하여금 해당 사무소에 출입하여 업무의 상황・시험기구・장부, 서류와 그 밖의 물건을 검사하게 하거나 관계인에게 질문하게 할 수 있다.

(7) 출입・검사 등을 하는 관계공무원은 그 권한을 표시하는 증표를 지니고 관계인에게 이를 내보여야 한다.

(8) **위험물사고조사**

① 소방청장(중앙119구조본부장 및 그 소속 기관의 장을 포함한다), 소방본부장 또는 소방서장은 위험물의 누출・화재・폭발 등의 사고가 발생한 경우 사고의 원인 및 피해 등을 조사해야 한다.
② 사고조사에 관하여는 제22조 제1항(보고 및 자료제출 요구・출입검사・위험물수거)・제3항(공개시간에 조사)・제4항(업무방해 및 비밀누설금지) 및 제6항(증표의 제시의무)을 준용한다.

③ 소방청장, 소방본부장 또는 소방서장은 위험물사고조사에 필요한 경우 자문을 하기 위하여 관련 분야에 전문지식이 있는 사람으로 구성된 사고조사위원회를 둘 수 있다.
④ 위험물사고조사위원회의 구성과 운영 등에 필요한 사항은 대통령령으로 정한다.

※ 출입 · 검사자의 의무
① 권한을 표시하는 증표의 제시 의무
② 관계인의 정당한 업무방해금지의 의무
③ 출입검사 수행 시 업무상 알게 된 비밀누설금지 의무
④ 개인의 주거에 있어서는 승낙을 받을 의무

(9) 사고조사위원회의 구성 등

구 분		규정 내용
목 적		위험물의 누출·화재·폭발 등의 사고가 발생한 경우 사고의 원인 및 피해 등을 조사를 위함
구성권자		소방청장(중앙119구조본부장 및 그 소속기관의 장을 포함), 소방본부장 또는 소방서장
구 성		위원장 1명을 포함하여 7명 이내의 위원 ※ 위원장을 제외함(×)
임명 또는 위촉	위원장	위원 중에서 소방청장, 소방본부장 또는 소방서장이 임명 또는 위촉
	위 원	소방청장, 소방본부장 또는 소방서장 임명 또는 위촉
위원의 자격		• 소속 소방공무원 • 기술원의 임직원 중 위험물안전관리 관련 업무에 5년 이상 종사한 사람 • 한국소방안전원의 임직원 중 위험물안전관리 관련 업무에 5년 이상 종사한 사람 • 위험물로 인한 사고의 원인·피해 조사 및 위험물안전관리 관련 업무 등에 관한 학식과 경험이 풍부한 사람
임 기		2년, 단 한차례 연임 가능
수당, 여비		위원회에 출석한 위원에게는 예산의 범위에서 수당, 여비, 그 밖에 필요한 경비를 지급할 수 있다. 다만, 공무원인 위원이 그 소관 업무와 직접적으로 관련되어 위원회에 출석하는 경우에는 지급하지 않는다.

(10) 조치명령내용 및 명령권자

명령의 내용	명령권자
출입·검사권자	소방청장(중앙119구조본부장 및 그 소속 기관의 장을 포함), 시·도지사, 소방본부장 또는 소방서장
위험물 누출 등의 사고 조사	소방청장(중앙119구조본부장 및 그 소속 기관의 장을 포함), 소방본부장 또는 소방서장
탱크시험자에 대한 감독상 명령	시·도지사, 소방본부장 또는 소방서장
무허가장소의 위험물에 대한 조치명령	
제조소등에 대한 긴급 사용정지명령 등	
저장·취급기준 준수명령 등	
응급조치·통보 및 조치명령	소방본부장 또는 소방서장

2 청문사유

(1) 제조소등 설치허가의 취소

(2) 탱크시험자의 등록취소

3 권한의 위임 위탁(법 제30조)

(1) 시・도지사의 권한은 소방서장에게 위임

① 제조소등의 설치허가 또는 변경허가

② 위험물의 품명・수량 또는 지정수량의 배수의 변경신고의 수리

③ 군사목적 또는 군부대시설을 위한 제조소등을 설치하거나 그 위치・구조 또는 설비의 변경에 관한 군부대장과의 협의

④ 위험물탱크안전성능검사

> **위험물탱크안전성능검사 제외**
> • 용량이 100만리터 이상인 액체위험물을 저장하는 탱크
> • 암반탱크
> • 지하탱크저장소의 위험물탱크 중 이중벽탱크

⑤ 위험물 제조소등 완공검사

> **위험물 제조소등 완공검사 제외**
> • 지정수량의 3천배 이상의 위험물을 취급하는 제조소 또는 일반취급소의 설치 또는 변경(사용 중인 제조소 또는 일반취급소의 보수 또는 부분적인 증설은 제외한다)에 따른 완공검사
> • 저장용량이 50만리터 이상인 옥외탱크저장소의 설치 또는 변경에 따른 완공검사
> • 암반탱크저장소의 설치 또는 변경에 따른 완공검사

⑥ 제조소등의 설치자의 지위승계신고의 수리

⑦ 제조소등의 용도폐지신고의 수리

⑧ 제조소등의 사용 중지신고 또는 재개신고의 수리

⑨ 제조소등의 안전조치의 이행명령

⑩ 제조소등의 설치허가의 취소와 사용정지

⑪ 과징금처분

⑫ 예방규정의 수리・반려 및 변경명령

⑬ 정기점검결과의 수리

> 동일한 시・도에 있는 2 이상 소방서장의 관할구역에 걸쳐 설치되는 이송취급소에 관련된 권한을 제외한다.

(2) 한국소방산업기술원에 업무위탁

① 시・도지사의 권한 중 다음 각 호의 탱크안전성능검사
　㉠ 용량이 100만리터 이상인 액체위험물을 저장하는 탱크
　㉡ 암반탱크
　㉢ 지하탱크저장소의 위험물탱크 중 이중벽탱크
② 시・도지사의 완공검사에 관한 권한
　㉠ 지정수량의 3천배 이상의 위험물을 취급하는 제조소 또는 일반취급소의 설치 또는 변경에 따른 완공검사(사용 중인 제조소 또는 일반취급소의 보수 또는 부분증설 제외)
　㉡ 저장용량 50만리터 이상의 옥외탱크저장소의 설치 또는 변경에 따른 완공검사
　㉢ 암반탱크저장소의 설치 또는 변경에 따른 완공검사
③ 소방본부장 또는 소방서장의 액체위험물을 저장 또는 취급하는 50만리터 이상의 옥외탱크저장소의 정기검사
④ 시・도지사의 운반용기검사
⑤ 소방청장의 안전교육에 관한 권한 중 탱크시험자의 기술 인력으로 종사하는 자에 대한 안전교육

(3) 한국소방안전원에 위탁

① 소방청장의 안전관리자로 선임된 자에 대한 안전교육
② 소방청장의 위험물운송자로 종사하는 자에 대한 안전교육
③ 소방청장의 위험물운반자로 종사하는 자에 대한 안전교육

4 행정처분 기준

(1) 제조소등에 대한 행정처분기준

위반사항	근거법규	행정처분기준		
		1차	2차	3차
① 법 제6조 제1항의 후단에 따른 변경허가를 받지 아니하고, 제조소등의 위치・구조 또는 설비를 변경한 때	법 제12조	경고 또는 사용정지 15일	사용정지 60일	허가취소
② 법 제9조에 따른 완공검사를 받지 아니하고 제조소등을 사용한 때	법 제12조	사용정지 15일	사용정지 60일	허가취소
③ 법 제11조의2 제3항에 따른 안전조치 이행명령을 따르지 아니한 때	법 제12조	경 고	허가취소	
④ 법 제14조 제2항에 따른 수리・개조 또는 이전의 명령에 위반한 때	법 제12조	사용정지 30일	사용정지 90일	허가취소
⑤ 법 제15조 제1항 및 제2항에 따른 위험물안전관리자를 선임하지 아니한 때	법 제12조	사용정지 15일	사용정지 60일	허가취소

⑥ 법 제15조 제5항의 규정을 위반하여 대리자를 지정하지 아니한 때	법 제12조	사용정지 10일	사용정지 30일	허가취소
⑦ 법 제18조 제1항에 따른 정기점검을 하지 아니한 때	법 제12조	사용정지 10일	사용정지 30일	허가취소
⑧ 법 제18조 제2항에 따른 정기검사를 받지 아니한 때	법 제12조	사용정지 10일	사용정지 30일	허가취소
⑨ 법 제26조에 따른 저장·취급기준 준수명령을 위반한 때	법 제12조	사용정지 30일	사용정지 60일	허가취소

(2) 안전관리대행기관에 대한 행정처분기준

위반사항	근거법규	행정처분기준		
		1차	2차	3차
① 허위 그 밖의 부정한 방법으로 등록을 한 때	제58조	지정취소		
② 탱크시험자의 등록 또는 다른 법령에 의한 안전관리업무대행기관의 지정·승인 등이 취소된 때	제58조	지정취소		
③ 다른 사람에게 지정서를 대여한 때	제58조	지정취소		
④ 별표22에 따른 안전관리대행기관의 지정기준에 미달되는 때	제58조	업무정지 30일	업무정지 60일	지정취소
⑤ 제57조 제4항에 따른 소방청장의 지도·감독에 정당한 이유 없이 따르지 아니한 때	제58조	업무정지 30일	업무정지 60일	지정취소
⑥ 제57조 제5항에 따른 변경 등의 신고를 연간 2회 이상 하지 아니한 때	제58조	경고 또는 업무정지 30일	업무정지 90일	지정취소
⑦ 안전관리대행기관의 기술인력이 제59조에 따른 안전관리업무를 성실하게 수행하지 아니한 때	제58조	경 고	업무정지 90일	지정취소

(3) 탱크시험자에 대한 행정처분기준

위반사항	근거법령	행정처분기준		
		1차	2차	3차
① 허위 그 밖의 부정한 방법으로 등록을 한 경우	법 제16조 제5항	등록취소		
② 법 제16조 제4항 각 호의 어느 하나의 등록의 결격사유에 해당하게 된 경우	법 제16조 제5항	등록취소		
③ 다른 자에게 등록증을 빌려 준 경우	법 제16조 제5항	등록취소		
④ 법 제16조 제2항에 따른 등록기준에 미달하게 된 경우	법 제16조 제5항	업무정지 30일	업무정지 60일	등록취소
⑤ 탱크안전성능시험 또는 점검을 허위로 하거나 이 법에 의한 기준에 맞지 아니하게 탱크안전성능시험 또는 점검을 실시하는 경우 등 탱크시험자로서 적합하지 않다고 인정되는 경우	법 제16조 제5항	업무정지 30일	업무정지 90일	등록취소

제7장 벌칙 및 기간정리

1 행정형벌

(1) 1년 이상 10년 이하의 징역

제조소등 또는 허가를 받지 않고 지정수량 이상의 위험물을 저장 또는 취급하는 장소에서 위험물을 유출·방출 또는 확산시켜 사람의 생명·신체 또는 재산에 대하여 위험을 발생시킨 자

(2) 무기 또는 5년 이상의 징역

제조소등 또는 허가를 받지 않고 지정수량 이상의 위험물을 저장 또는 취급하는 장소에서 위험물을 유출·방출 또는 확산시켜 사람을 사망에 이르게 한 때

(3) 무기 또는 3년 이상의 징역

제조소등 또는 허가를 받지 않고 지정수량 이상의 위험물을 저장 또는 취급하는 장소에서 위험물을 유출·방출 또는 확산시켜 사람을 상해(傷害)에 이르게 한 때

(4) 10년 이하의 징역 또는 금고나 1억원 이하의 벌금

업무상 과실로 제소소등 또는 허가를 받지 않고 지정수량 이상의 위험물을 저장 또는 취급하는 장소에서 위험물을 유출·방출 또는 확산시켜 사람을 사상(死傷)에 이르게 한 자

(5) 7년 이하의 금고 또는 7천만원 이하의 벌금

업무상 과실로 제소소등 또는 허가를 받지 않고 지정수량 이상의 위험물을 저장 또는 취급하는 장소에서 위험물을 유출·방출 또는 확산시켜 사람의 생명·신체 또는 재산에 대하여 위험을 발생시킨 자

(6) 5년 이하의 징역 또는 1억원 이하의 벌금

제조소등의 설치허가를 받지 아니하고 위험물시설을 설치한 자

(7) 3년 이하의 징역 또는 3천만원 이하의 벌금

저장소 또는 제조소등이 아닌 장소에서 지정수량 이상의 위험물을 저장 또는 취급한 자

(8) 1년 이하의 징역 또는 1천만원 이하의 벌금

① 탱크시험자로 등록하지 아니하고 탱크시험자의 업무를 한 자
② 정기점검을 하지 아니하거나 점검기록을 허위로 작성한 관계인으로서 허가를 받은 자
③ 정기검사를 받지 아니한 관계인으로서 허가를 받은 자
④ 자체 소방대를 두지 아니한 관계인으로서 허가를 받은 자
⑤ 위험물 소방검사 또는 위험물 사고조사 시 위험물의 저장 또는 취급에 따른 화재의 예방 또는 진압대책을 위하여 필요한 때에는 위험물을 저장 또는 취급하고 있다고 인정되는 장소의 관

계인에 대하여 필요한 보고 또는 자료제출을 명할 수 있으며, 관계공무원으로 하여금 당해 장소에 출입하여 그 장소의 위치·구조·설비 및 위험물의 저장·취급상황에 대하여 검사하게 하거나 관계인에게 질문하게 하고 시험에 필요한 최소한의 위험물 또는 위험물로 의심되는 물품을 수거하는 것에 따른 보고 또는 자료제출을 하지 아니하거나 허위의 보고 또는 자료제출을 한 자 또는 관계공무원의 출입·검사 또는 수거를 거부·방해 또는 기피한 자

⑥ 제조소등에 대한 긴급 사용정지·제한명령을 위반한 자

⑦ 운반용기에 대한 검사를 받지 아니하고 운반용기를 사용하거나 유통시킨 자

(9) 1천 500만원 이하의 벌금

① 위험물의 저장 또는 취급에 관한 중요기준에 따르지 아니한 자

② 변경허가를 받지 아니하고 제조소등을 변경한 자

③ 제조소등의 완공검사를 받지 아니하고 위험물을 저장·취급한 자

④ 제조소등 사용 중지 대상에 대한 안전조치 이행명령을 따르지 아니한 자

⑤ 안전조치 이행명령을 따르지 아니한 자

⑥ 제조소등의 사용정지명령을 위반한 자

⑦ 수리·개조 또는 이전의 명령에 따르지 아니한 자

⑧ 안전관리자를 선임하지 아니한 관계인으로서 허가를 받은 자

⑨ 대리자를 지정하지 아니한 관계인으로서 허가를 받은 자

⑨ 탱크안전성능시험자에 대한 업무정지명령을 위반한 자

⑩ 탱크안전성능시험 또는 점검에 관한 업무를 허위로 하거나 그 결과를 증명하는 서류를 허위로 교부한 자

⑪ 예방규정을 제출하지 아니하거나 변경명령을 위반한 관계인으로서 허가를 받은 자

⑫ 정지지시를 거부하거나 국가기술자격증, 교육수료증·신원확인을 위한 증명서의 제시 요구 또는 신원확인을 위한 질문에 응하지 아니한 사람

⑬ 정지지시를 거부하거나 국가기술자격증, 교육수료증·신원확인을 위한 증명서의 제시 요구 또는 신원확인을 위한 질문에 응하지 아니한 사람

⑭ 탱크시험자에게 탱크시험자의 등록 또는 그 업무에 관하여 필요한 보고 또는 자료제출을 명하거나 관계공무원으로 하여금 당해 사무소에 출입하여 업무의 상황·시험기구·장부·서류와 그 밖의 물건을 검사하게 하거나 관계인에게 질문에 따른 보고 또는 자료제출을 하지 아니하거나 허위의 보고 또는 자료제출을 한 자 및 관계공무원의 출입 또는 조사·검사를 거부·방해 또는 기피한 자

⑮ 무허가장소의 위험물에 대한 조치명령에 따르지 아니한 자

⑯ 저장·취급기준 준수명령 또는 응급조치명령을 위반한 자

⑰ 탱크시험자에 대한 감독상 명령에 따르지 아니한 자

(10) 1천만원 이하의 벌금

① 위험물의 취급에 관한 안전관리와 감독을 하지 아니한 자
② 안전관리자 또는 그 대리자가 참여하지 아니한 상태에서 위험물을 취급한 자
③ 변경한 예방규정을 제출하지 아니한 관계인으로서 위험물 제조소등 설치 허가를 받은 자
④ 위험물의 운반에 관한 중요기준에 따르지 아니한 자
⑤ 위험물운반자 자격 요건을 갖추지 아니한 위험물운반자
⑥ 이동탱크에 의하여 위험물을 운송하는 자는 국가기술자격 또는 안전교육을 받은 자이어야 하나 이를 위반한 위험물운송자
⑦ 알킬알루미늄, 알킬리튬, 이들을 함유하는 위험물운송에 있어서는 운송책임자의 지도 또는 지원을 받아 운송해야 하나 이를 위반한 위험물운송자
⑧ 소방공무원이 위험물 제조소 등 관계인의 정당한 업무를 방해하거나 출입·검사 등을 수행하면서 알게 된 비밀을 누설한 자

(11) 양벌규정

법인의 대표자나 법인 또는 개인의 대리인, 사용인, 그 밖의 종업원이 그 법인 또는 개인의 업무에 관하여 제조소등에서 위험물을 유출·방출 또는 확산시켜 사람의 생명·신체 또는 재산에 대하여 위험을 발생시킨 위반행위를 하면 그 행위자를 벌하는 외에 그 법인 또는 개인을 5천만원 이하의 벌금에 처하고, 제조소등에서 위험물을 유출·방출 또는 확산시켜 상해(傷害)나 사망에 이르게 하는 위반행위를 하면 그 행위자를 벌하는 외에 그 법인 또는 개인을 1억원 이하의 벌금에 처한다. 다만, 법인 또는 개인이 그 위반행위를 방지하기 위하여 해당 업무에 관하여 상당한 주의와 감독을 게을리하지 아니한 경우에는 그러하지 아니하다.

(12) 과태료부과 개별기준

위반행위	과태료 금액			
	30일 이내	31일 이후	허 위	미신고
제조소등의 허가받은 품명·수량·지정수량배수를 변경신고 1일 전에 신고하지 아니하거나 허위로 한 자	250	350	500	500
제조소등을 승계한 자가 소방서장에게 지위승계신고를 30일 이내에 신고하지 아니하거나 허위로 한 자	250	350	500	500
제조소등 위험물안전관리자의 선임신고를 선임일로부터 14일 이내에 하지 아니하거나 허위로 한 자	250	350	500	500
제조소등의 용도폐지 신고를 14일 이내에 하지 아니하거나 허위로 한 자	250	350	500	500
제조소등의 사용을 중지하려는 경우 사용 중지 신고 또는 재개 신고를 14일 전까지 하지 아니하거나 거짓으로 한 자	250	350	500	500
탱크안전성능시험자가 등록변경사항의 30일 이내 변경신고를 하지 아니하거나 허위로 한 자	250	350	500	500

시・도 조례로 정하는 위험물의 임시저장・취급을 소방서장의 승인을 받지 아니한 자	250	400		500
제조소등의 정기점검결과 보고서를 30일 이내에 점검결과를 제출하지 아니한 자	250	400		500

위반행위	과태료 금액		
	1차	2차	3차
제조소등에서 준수해야 하는 위험물의 저장 또는 취급에 관한 세부기준을 위반한 자	250	400	500
위험물의 운반에 관한 세부기준을 위반한 자	250	400	500
이동탱크저장소운전자가 위험물의 운송에 관한 기준을 따르지 아니한 자	250	400	500
제조소등의 정기점검 결과를 기록・보존하지 아니한 자	250	400	500
누구든지 제조소등에서 지정된 장소가 아닌 곳에서 흡연을 해서는 안 되는데도 불구하고 이를 위반하여 흡연을 한 자	250	400	500
제조소등의 관계인은 해당 제조소등이 금연구역임을 알리는 표지를 설치하지 아니하여 일정기간을 정하여 시정보완명령을 하였음에도 이를 따르지 아니한 자	250	400	500
제조소등의 관계인과 그 종업원이 예방규정을 준수하지 않은 자	250	400	500

2 위험물안전관리법의 기간 정리

구 분	내 용	신고기일 등	주체 및 객체
제조소등의 설치허가	설치허가 처리기간(규칙 별지 제1호 서식)(한국소방산업기술원이 발급한 기술검토서를 첨부하는 경우 : 3일)	5일	관계인이 시・도지사에게
	완공검사 처리기간	5일	
	변경허가 처리기간(한국소방산업기술원이 발급한 기술검토서를 첨부하는 경우 : 3일)	4일	
	품명, 수량, 배수 변경신고(처리기간 : 별지 제19호 서식에 따른 1일)	1일 전	
	임시저장기간	90일 이내	소방서장 승인
	용도폐지신고(처리기간 : 별지 제29호 서식에 따라 5일)	14일 이내	관계인이 시・도지사에게
	지위승계신고(처리기간 : 별지 제28호 서식에 따라 즉시)	30일 이내	
	합격확인증분실 재교부 후 다시 찾았을 때 반납	10일 이내	
사용 중지	사용 중지신고 또는 재개신고(처리기간 : 별지 제29호의2 서식에 따라 5일)	14일 전	관계인이 시・도지사에게

구분	항목	기간	비고
정기점검	정기점검 횟수	연1회 이상	관계인이 자체 또는 의뢰
	정기점검의뢰 시 점검결과 통보	10일 이내	탱크성능시험자가 관계인에게 완료한 날로부터
	정기점검의 기록보존	3년간	
	정기점검결과보고	30일 이내	관계인이 시·도지사에게
구조안전점검 (50만L 이상 옥외탱크)	점검시기	기간 내에 1회	• 완공검사합격확인증교부 받은 날로부터 12년 이내 • 최근 정밀정기검사를 받은 날로부터 11년 이내 • 최근 정밀정기검사를 받은 날로부터 13년 이내(기술원에 구조안전점검시기 연장신청을 공사에 한 경우)
	구조안전점검 기록 보존	25년	
	기술원에게 연장한 경우	30년	
정기검사 (50만L 이상 옥외탱크)	정밀정기검사 시기	• 특정·준특정 옥외탱크저장소의 설치허가에 따른 완공검사합격확인증을 발급받은 날부터 12년에 1회 • 최근의 정밀정기검사를 받은 날부터 11년에 1회	
	중간정기검사 시기	• 특정·준특정 옥외탱크저장소의 설치허가에 따른 완공검사합격확인증을 발급받은 날부터 4년에 1회 • 최근의 정밀정기검사 또는 중간정기검사를 받은 날부터 4년 이내에 1회	
	정기검사합격확인증 교부 및 통보	10일 이내	• 교부 : 검사종료일로부터 관계인 • 통보 : 검사종료일로부터 소방서장
	정기검사결과 보존	차기검사 시까지	관계인 및 공사 스스로
위험물 안전 관리자	신규선임	사용 전	
	해임, 퇴직 시 선임시기	30일 이내	관계인
	선임신고	14일 이내	소방서장
	대리자 지정기간	30일 이내	자 체
안전관리 대행기관	변경신고(변경사유가 있는 날로부터)	14일 이내	소방청장에게(처리기간 3일)
	휴업, 재개업, 폐업 신고	14일 전	소방청장에게 제출
	제조소등 1인의 기술능력자가 대행할 수 있는 제조소등의 수	25개 이하	
탱크시험자 등록	지정처리기간	15일 이내	시·도지사
	변경신고(처리기간 3일 이내)	30일 이내	시·도지사
기술원이 완공검사한 제조소의 완공검사업무대장 보존기간		10년간	한국소방산업기술원
제조소등의 기준의 특례의 안전성 평가 심의 결과		30일 이내	기술원이 신청인에게
예방규정 제출 및 변경		해당 제조소등을 사용하기 전 시·도지사에게	

제8장 위험물 제조소

1 제조소등의 안전거리

(1) 설정목적

① 위험물의 폭발·화재·유출 등 각종 위해로부터 방호대상물(인접건물) 및 거주자를 보호
② 위험물로 인한 재해로부터 방호대상물의 손실의 경감과 환경적 보호
③ 설치 허가 시 안전거리를 법령규정에 따라 엄격히 적용해야 한다.

(2) 안전거리의 적용 위험물 제조소등

구 분	제조소	저장소								취급소			
		옥 내	옥외 탱크	옥내 탱크	지하 탱크	이동 탱크	간이 탱크	암반 탱크	옥 외	주 유	판 매	일 반	이 송
안전거리	○	○	○	×	×	×	×	×	○	×	×	○	○

※ 제6류 위험물을 제조하는 제조소는 안전거리 제외

(3) 대상물별 안전거리

안전거리	해당 대상물
① 50m 이상	• 유형문화재, 기념물 중 지정문화재
② 30m 이상	• 학교, 병원(병원급 의료기관) • 공연장, 영화상영관 및 그 밖에 이와 유사한 시설로서 3백명 이상의 인원을 수용할 수 있는 것 • 아동복지시설, 노인복지시설, 장애인복지시설, 한부모가족복지시설, 어린이집, 성매매피해자 등을 위한 지원시설, 정신건강증진시설, 가정폭력방지 및 피해자보호시설 및 그 밖에 이와 유사한 시설로서 20명 이상의 인원을 수용할 수 있는 것
③ 20m 이상	• 고압가스, 액화석유가스 또는 도시가스를 저장 또는 사용하는 시설 – 고압가스 제조시설, 고압가스 저장시설 – 고압가스 사용시설로서 1일 30m^3 이상의 용적을 취급하는 시설 – 액화산소를 소비하는 시설 – 액화석유가스 제조시설 및 액화석유가스 저장시설 – 도시가스 공급시설
④ 10m 이상	①, ②, ③ 외의 건축물 그 밖의 공작물로서 주거용으로 사용되는 것 • 주거용으로 사용되는 것 : 전용주택 외에 공동주택, 점포 겸용주택, 작업장 겸용주택 등 • 그 밖의 공작물 : 주거용 컨테이너, 주거용 비닐하우스 등 [제조소가 설치된 부지 내에 있는 것을 제외(기숙사는 포함)한다]
⑤ 5m 이상	사용전압 35,000V를 초과하는 특고압가공전선
⑥ 3m 이상	사용전압 7,000V 초과 35,000V 이하의 특고압가공전선

암기 TIP

제조소의 안전거리 기준
- **문**화재 중 유형문화재 및 기념물 중 지정문화재 : 50m 이상
- **병**원 · 학교 · 공연장, 영화상영관 · 다수인의 수용시설 등 : 30m 이상
- **가**스의 제조 · 저장 · 취급 · 사용 또는 공급 시설 등 : 20m 이상
- **주**거용 건축물 또는 공작물 : 10m 이상
- 특**고**압가공전선
  - 사용전압이 35,000V를 초과 : 5m 이상
  - 사용전압이 7,000V 초과 35,000V 이하 : 3m 이상

  ※ 사용전압이 7,000V 이하는 안전거리 기준이 없음에 유의

2 제조소의 보유공지

(1) 보유공지 설정목적

① 위험물 제조소등 화재 시 인접시설 연소확대 방지

② 소화활동의 공간제공 및 확보

③ 피난상 필요한 공간 확보

④ 점검 및 보수 등의 공간 확보

⑤ 방호 및 완충공간 제공

(2) 보유공지 규제대상

구 분	제조소	저장소								취급소			
		옥 내	옥외 탱크	옥내 탱크	지하 탱크	이동 탱크	간이 탱크	암반 탱크	옥 외	주 유	판 매	일 반	이 송
보유 공지	○	○	○	×	×	×	○ (옥외)	×		×	×	○	○

※ 옥내에 설치된 간이탱크저장소는 제외

암기 TIP

보유공지 및 안전거리 적용 제조소등
- 안전거리 : 일이 제일적어 옥내 · 외, 옥외탱(일이 제일적어 내 · 외가 옥외에서 탱탱이)
- 보유공지 : 일이 제일적어 옥내 · 외, 옥외탱, 간이(일이 제일적어 내 · 외가 옥외에서 간탱이)

(3) 제조소의 보유공지설정 기준

취급하는 위험물의 최대수량	공지의 너비
지정수량의 10배 이하	3m 이상
지정수량의 10배 초과	5m 이상

※ 단, 다음과 같이 작업공정상 다른 건축물과의 이격이 불가피한 경우 방화상 유효한 격벽 설치 시 면제
① 방화벽 – 내화구조
② 자동폐쇄식의 60분방화문
③ 양단 및 상단이 외벽 또는 지붕으로부터 50cm 이상 돌출

암기 TIP

저장, 취급하는 최대수량			공지의 너비			
			옥내저장소			
옥내저장소	옥외저장소	옥외탱크 저장소	벽, 기둥, 바닥이 내화구조	그 밖의 건축물	옥외 저장소	옥외탱크 저장소
5배 이하	10배 이하	500배 이하		0.5m 이상	3m 이상	3m 이상
5~10배 이하	10~20배 이하	500~1,000배 이하	1m 이상	1.5m 이상	5m 이상	5m 이상
10~20배 이하	20~50배 이하	1,000~2,000배 이하	2m 이상	3m 이상	9m 이상	9m 이상
20~50배 이하	50~200배 이하	2,000~3,000배 이하	3m 이상	5m 이상	12m 이상	12m 이상
50~200배 이하	200배 초과	3,000~4,000배 이하	5m 이상	10m 이상	15m 이상	15m 이상
200배 초과		4,000배 초과	10m 이상	15m 이상		• 탱크의 수평단면의 최대지름과 높이 중 큰 것과 같은 거리 이상 • 30m 초과 시 30m 이상 가능 • 15m 미만의 경우 15m 이상

3 위험물 제조소등의 표지 및 게시판

(1) 표지 및 게시판

구 분	항 목	표지(게시)내용	크 기	색 상
표지판	제조소등	"위험물 제조소등" 명칭 표시	한 변의 길이 0.3m 이상 다른 한 변의 길이가 0.6m 이상인 직사각형	백색바탕/흑색문자
게시판	방화에 관하여 필요한 사항	• 유별 및 품명 • 저장(취급)최대수량 • 지정수량배수 • 안전관리자 성명 또는 직명		
	주의사항	• 화기엄금, 화기주의 • 물기엄금		• 적색바탕/백색문자 • 청색바탕/백색문자

(2) 주의사항

품 명	주의사항	게시판표시
제1류 위험물(알칼리금속의 과산화물과 이를 함유 포함) 제3류 위험물(금수성물질)	물기엄금	청색바탕에 백색문자
제2류 위험물(인화성고체 제외)	화기주의	적색바탕에 백색문자
제2류 위험물(인화성고체) 제3류 위험물(자연발화성물질) 제4류 위험물 제5류 위험물	화기엄금	적색바탕에 백색문자

(3) 제조소등과 운반용기 주의사항 게시 및 저장 · 취급기준 총정리

유 별	품 명	유별 저장 · 취급 공통기준(별표18)	운반용기 주의사항(별표19)	제조소등 주의사항(별표4)
제1류	알칼리금속의 과산화물	물과의 접촉 금지	화기 · 충격주의, 가연물접촉주의 및 물기엄금	**물기엄금**
	그 밖의 것	가연물과 접촉, 혼합이나 분해를 촉진하는 물품과의 접근 금지, 과열 · 충격 · 마찰 금지	화기 · 충격주의, 가연물접촉주의	
제2류	철분, 금속분, 마그네슘	물이나 산과의 접촉 금지	화기주의 및 물기엄금	**화기주의**
	인화성고체	함부로 증기의 발생 금지	화기엄금	**화기엄금**
	그 밖의 것	산화제와의 접촉 · 혼합 금지, 불티 · 불꽃 · 고온체와의 접근 또는 과열 금지	화기주의	**화기주의**
제3류	자연발화성 물질	불티 · 불꽃 · 고온체와의 접근 또는 과열 금지, 공기와의 접촉 금지	화기엄금 및 공기접촉엄금	**화기엄금**
	금수성물질	물과의 접촉 금지	물기엄금	**물기엄금**
제4류	모든 품명	불티 · 불꽃 · 고온체와의 접근 또는 과열 금지, 함부로 증기의 발생 금지	화기엄금	**화기엄금**
제5류	모든 품명	불티 · 불꽃 · 고온체와의 접근 금지, 과열 · 충격 · 마찰 금지	화기엄금 및 충격주의	**화기엄금**
제6류	모든 품명	가연물과 접촉, 혼합이나 분해를 촉진하는 물품과의 접근 또는 과열 금지	가연물접촉주의	

4 건축물의 구조

(1) 지하층이 없도록 해야 한다.

(2) **벽 · 기둥 · 바닥 · 보 · 서까래 및 계단**
불연재료(연소 우려가 있는 외벽은 개구부가 없는 내화구조의 벽으로 할 것)

(3) 지붕은 폭발력이 위로 방출될 정도의 가벼운 불연재료로 덮어야 한다.

> **지붕을 내화구조로 할 수 있는 경우**
> ① 제2류 위험물(분말상태의 것과 인화성고체는 제외)
> ② 제4류 위험물 중 제4석유류, 동식물유류
> ③ 제6류 위험물

(4) 출입구와 비상구에는 60분방화문 또는 30분방화문을 설치해야 한다.

> 연소우려가 있는 외벽의 출입구 : 수시로 열 수 있는 자동폐쇄식의 60분방화문 설치

(5) **건축물의 창 및 출입구의 유리 :** 망입유리(두꺼운 판유리에 철망을 넣은 것)

(6) **액체의 위험물을 취급하는 건축물의 바닥 :** 적당한 경사를 두고 그 최저부에 집유설비를 할 것

암기 TIP

위험물 제조소 건축물 구조

구 분	벽	기 둥	바 닥	보	계 단	지 붕	서까래	창	출입구
불연재료	○	○	○	○	○	가벼운 불연재료	○	○	○ 60분방화문 또는 30분방화문
내화구조	연소의 우려가 있는 외벽		불침윤 재료			제2류(분말상태 및 인화성고체 제외), 제4석유 · 동식물유류, 제6류, 밀폐형 구조의 건축물			자동폐쇄식 60분방화문
기 타	제6류 경우 부식없는 재료로 피복		경사, 집유 설비			폭발력이 위로 방출될 수 있는 재료		망입 유리	망입유리

5 위험물을 취급하는 건축물의 채광 · 조명 및 환기설비

(1) **채광설비 :** 불연재료로 하고 연소의 우려가 없는 장소에 설치하되 채광면적을 최소로 할 것

(2) **조명설비**

① 가연성가스 등이 체류할 우려가 있는 장소의 조명등 : 방폭등

② 전선 : 내화 · 내열전선

③ 점멸스위치 : 출입구 바깥부분에 설치(단, 화재, 폭발 우려 없으면 실내에 설치가능)

(3) **환기설비**

① 환기 : 자연배기방식

② 급기구

㉠ 해당 급기구가 설치된 실의 바닥면적 $150m^2$마다 1개 이상으로 하되 급기구의 크기는 $800cm^2$ 이상으로 할 것

㉡ 다만 바닥면적 $150m^2$ 미만인 경우에는 다음의 크기로 할 것

바닥면적	급기구의 면적
$60m^2$ 미만	$150cm^2$ 이상
$60m^2$ 이상 $90m^2$ 미만	$300cm^2$ 이상
$90m^2$ 이상 $120m^2$ 미만	$450cm^2$ 이상
$120m^2$ 이상 $150m^2$ 미만	$600cm^2$ 이상

㉢ 급기구는 낮은 곳에 설치하고 가는 눈의 구리망으로 인화방지망을 설치할 것

③ 환기구

지붕 위 또는 지상 2m 이상의 높이에 회전식 고정식벤티레이터 또는 루프팬 방식(지붕에 설치하는 배기장치)으로 설치할 것

(4) **배출설비**

① 설치장소 : 가연성 증기 또는 미분이 체류할 우려가 있는 건축물

② 배출설비 : 국소방식

전역방식으로 할 수 있는 것
- 위험물취급설비가 배관이음 등으로만 된 경우
- 건축물의 구조 · 작업장소의 분포 등의 조건에 의하여 전역방식이 유효한 경우

③ 배출설비 : 배풍기(오염된 공기를 뽑아내는 통풍기), 배출 덕트(공기 배출통로), 후드 등을 이용하여 강제적으로 배출하는 것으로 할 것

④ 배출능력 : 1시간당 배출장소 용적의 20배 이상인 것으로 할 것(전역방출방식 : 바닥면적 $1m^2$ 당 $18m^3$ 이상)

⑤ 급기구 : 높은 곳에 설치하고 가는 눈의 구리망으로 인화방지망을 설치할 것

⑥ 배출구 : 지상 2m 이상으로서 연소 우려가 없는 장소에 설치하고 화재 시 자동으로 폐쇄되는 방화댐퍼(화재 시 연기 등을 차단하는 장치)를 설치할 것

⑦ 배풍기 : 강제배기방식

6 위험물 제조소의 옥외시설의 바닥

(1) 바닥의 둘레에 높이 0.15m 이상의 턱을 설치하는 등 위험물이 외부로 흘러나가지 아니하도록 해야 한다.

(2) 바닥은 콘크리트 등 위험물이 스며들지 아니하는 재료로 하고, 턱이 있는 쪽이 낮게 경사지게 해야 한다.

(3) 바닥의 최저부에 집유설비를 해야 한다.

(4) 위험물(온도 20℃의 물 100g에 용해되는 양이 1g 미만인 것에 한한다)을 취급하는 설비에 있어서는 해당 위험물이 직접 배수구에 흘러들어가지 아니하도록 집유설비에 유분리장치를 설치해야 한다. 유분리장치는 물과 위험물의 비중차이를 이용해서 분리시키는 장치이다.

7 위험물 제조소의 기타설비

(1) 위험물의 누출・비산방지

위험물을 취급하는 기계・기구 그 밖의 설비는 위험물이 새거나 넘치거나 비산하는 것을 방지할 수 있는 구조로 해야 한다.

(2) 가열・냉각설비 등의 온도측정장치

위험물을 가열하거나 냉각하는 설비 또는 위험물의 취급에 수반하여 온도변화가 생기는 설비에는 온도측정장치를 설치해야 한다.

(3) 가열건조설비

위험물을 가열 또는 건조하는 설비는 직접 불을 사용하지 아니하는 구조로 해야 한다. 다만, 해당 설비가 방화상 안전한 장소에 설치되어 있거나 화재를 방지할 수 있는 부대설비를 한 때에는 그러하지 아니하다.

(4) 압력계 및 안전장치

① 설치목적

위험물을 가압하는 설비 또는 취급하는 위험물의 반응 등에 의해 압력이 상승할 우려가 있는 설비는 적정한 압력관리를 하지 않으면 위험물의 분출, 설비의 파괴 등에 의해 화재 등의 사고의 원인이 되기 때문에 이러한 설비에는 압력계 및 안전장치를 설치해야 한다.

② 안전장치의 종류★★★★

㉠ 안전밸브 : 자동적으로 압력의 상승을 정지시키는 장치

㉡ 감압밸브 : 감압측에 안전밸브를 부착한 감압밸브

㉢ 병용밸브 : 안전밸브를 겸하는 경보장치

㉣ 파괴판(위험물의 성질에 따라 안전밸브의 작동이 곤란한 가압설비에 한한다)

(5) 전기설비

제조소에 설치하는 전기설비는 「전기사업법」에 의한 전기설비기술기준에 의해야 한다.

(6) 정전기 제거설비

① 설치목적

㉠ 위험물 취급 시 배관과의 마찰, 유동, 분출, 교반 등의 원인에 의해 정전기가 발생

㉡ 발생된 정전기가 정전유도에 의해 방전불꽃이 발생

㉢ 취급 중이던 위험물에 착화되어 발화 또는 폭발발생 우려 높음

㉣ 따라서 정전기가 발생할 우려가 있는 설비에 정전기 제거설비를 설치

② 정전기 제거방법★★★★

㉠ 접지에 의한 방법

㉡ 공기 중의 상대습도를 70% 이상으로 하는 방법

㉢ 공기를 이온화하는 방법

㉣ 전도체를 사용

(7) 피뢰설비

지정수량의 10배 이상의 위험물을 취급하는 제조소에는 피뢰침을 설치

> **설치제외**
> ① 제6류 위험물을 취급하는 위험물 제조소
> ② 제조소의 주위의 상황에 따라 안전상 지장이 없는 경우

(8) 전동기 등

전동기 및 위험물을 취급하는 설비의 펌프・밸브・스위치 등은 화재예방상 지장이 없는 위치에 부착해야 한다.

8 위험물 제조소의 취급탱크

(1) 위험물 제조소의 옥외에 있는 위험물 취급탱크 방유제 용량

① 하나의 취급탱크 주위에 설치하는 방유제의 용량 : 해당 탱크용량의 50% 이상

② 2 이상의 취급탱크 주위에 하나의 방유제를 설치하는 경우 방유제의 용량 : 해당 탱크 중 용량이 최대인 것의 50%에 나머지 탱크용량 합계의 10%를 가산한 양 이상

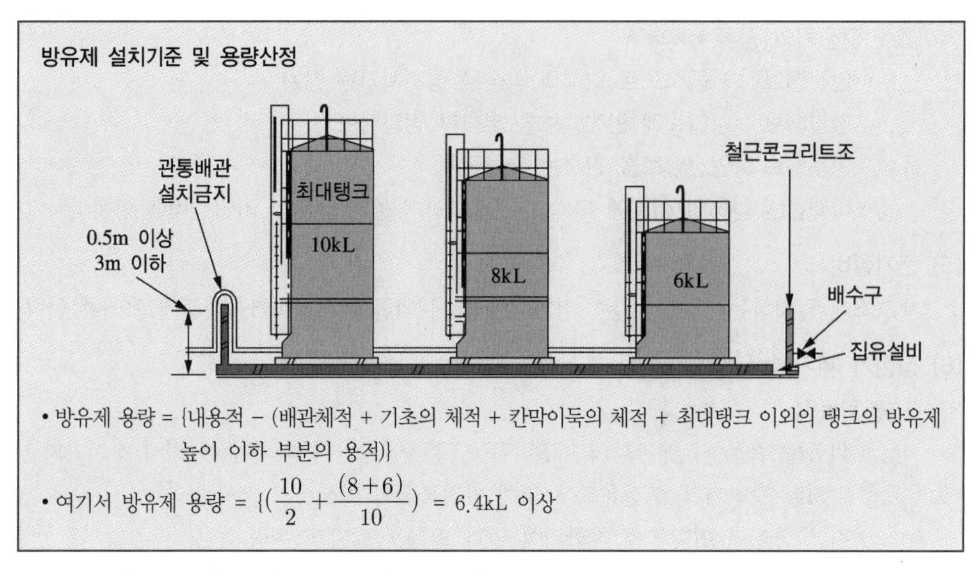

- 방유제 용량 = {내용적 − (배관체적 + 기초의 체적 + 칸막이둑의 체적 + 최대탱크 이외의 탱크의 방유제 높이 이하 부분의 용적)}
- 여기서 방유제 용량 = $\{(\frac{10}{2}+\frac{(8+6)}{10})$ = 6.4kL 이상

(2) 위험물 제조소의 옥내에 있는 위험물 취급탱크 방유턱 용량

① 하나의 취급탱크의 주위에 설치하는 방유턱의 용량 : 해당 탱크용량 이상

② 2 이상의 취급탱크 주위에 설치하는 방유턱의 용량 : 최대 탱크용량 이상

(3) 지하에 있는 위험물 취급탱크

지하탱크저장소의 위험물을 저장 또는 취급하는 탱크의 위치·구조 및 설비의 일부기준에 준용

암기 TIP

방유제 및 방유턱 용량 암기Tip★★★★★

(1) 위험물 제조소의 **옥외에 있는 위험물 취급탱크**의 방유제의 용량

① 1기일 때 : 탱크용량 × 0.5(50%)

② 2기 이상일 때 : 최대탱크용량 × 0.5 + (나머지 탱크 용량합계 × 0.1)

(2) 위험물 제조소의 **옥내에 있는 위험물 취급탱크**의 방유턱의 용량

① 1기일 때 : 탱크용량 이상

② 2기 이상일 때 : 최대 탱크용량 이상

※ 옥내탱크저장소 출입구 문턱 높이도 같음

(3) **위험물 옥외탱크저장소의 방유제의 용량**

① 1기일 때 : 탱크용량 × 1.1(110%)[비인화성 물질 × 100%]

② 2기 이상일 때 : 최대 탱크용량 × 1.1(110%)[비인화성 물질 × 100%]

9 위험물 제조소의 배관

(1) **배관의 재질 :** 강관 그 밖에 이와 유사한 금속성으로 해야 한다.
유리섬유강화플라스틱, 고밀도폴리에틸렌, 폴리우레탄 사용 가능

(2) **내압시험 :** 최대상용압력의 1.5배 이상의 압력에서 실시하여 이상이 없을 것

10 고인화점 위험물 제조소의 특례

(1) **안전거리**
제조소 안전거리 기준을 준용하며, 고압가스시설 중 불활성 가스만을 저장 또는 취급하는 것과 특고압가공선은 안전거리를 적용하지 아니한다.
① 주거용 : 10m 이상
② 가스의 제조·저장·취급·사용 또는 공급 시설 : 20m 이상
③ 학교, 병원, 공연장 등 : 30m 이상
④ 유형문화재, 기념물 중 지정문화재 : 50m 이상

(2) **보유공지 :** 지정수량 배수와 상관없이 3m 이상의 너비의 공지

(3) **위험물 취급건축물의 구조**
① 지붕 : 불연재료
② 창 및 출입구 : 30분방화문·60분방화문 또는 불연재료나 유리로 만든 문
③ 연소의 우려가 있는 외벽에 두는 출입구
㉠ 수시로 열 수 있는 자동폐쇄식의 60분방화문을 설치
㉡ 유리를 이용하는 경우 : 망입유리

11 위험물의 성질에 따른 제조소 특례

(1) 용어의 정의

특례규정 용어의 정의

① **고인화점 위험물 : 인화점**이 **100℃ 이상**인 제4류 위험물
② 알킬알루미늄 등 : 제3류 위험물 중 **알킬알루미늄·알킬리튬** 또는 이 중 어느 **하나 이상을 함유**하는 것
③ 아세트알데히드 등 : 제4류 위험물 중 특수인화물의 **아세트알데히드·산화프로필렌** 또는 이 중 어느 **하나 이상을 함유**하는 것
④ 히드록실아민 등 : 제5류 위험물 중 **히드록실아민·히드록실아민염류** 또는 이 중 어느 **하나 이상을 함유**하는 것

(2) 성질별 제조소 위치·구조 및 설비 기준

① 알킬알루미늄 등을 취급하는 제조소의 시설기준
㉠ 설비의 주위에는 누설범위를 국한하기 위한 설비를 갖출 것
㉡ 누설된 위험물을 안전한 장소에 설치된 저장실에 유입시킬 수 있는 설비를 갖출 것
㉢ 불활성기체(다른 원소와 화학 반응을 일으키기 어려운 기체)를 봉입하는 장치를 갖출 것

② 아세트알데히드 등을 취급하는 제조소의 시설기준
㉠ 동, 마그네슘, 은, 수은 또는 이들을 성분으로 하는 합금으로 만들지 아니할 것
㉡ 연소성 혼합기체의 생성에 의한 폭발을 방지하기 위한 불활성기체 또는 수증기를 봉입하는 장치를 갖출 것
㉢ 냉각장치 또는 저온을 유지하기 위한 장치(이하 "보냉장치"라 한다)를 설치
㉣ 연소성 혼합기체의 생성에 의한 폭발을 방지하기 위한 불활성기체를 봉입하는 장치를 갖출 것. 다만, 지하에 있는 탱크가 아세트알데히드 등의 온도를 저온으로 유지할 수 있는 구조인 경우에는 냉각장치 및 보냉장치를 갖추지 아니할 수 있다.
㉤ 탱크를 지하에 매설하는 경우에는 해당 탱크를 탱크전용실에 설치할 것

③ 히드록실아민 등을 취급하는 제조소의 시설기준

구 분	제조소의 특례기준
안전거리(D:m)	$D=51.1\sqrt[3]{N}$ 식에 의한 안전거리를 둘 것(N : 지정수량 배수)
담 또는 토제	• 제조소의 외벽 또는 이에 상당하는 공작물의 외측으로부터 2m 이상 떨어진 장소에 설치할 것 • 담 또는 토제의 높이는 해당 제조소에 있어서 히드록실아민 등을 취급하는 부분의 높이 이상으로 할 것 • 담은 두께 15cm 이상의 철근콘크리트조·철골철근콘크리트조 또는 두께 20cm 이상의 보강콘크리트블록조로 할 것 • 토제의 경사면의 경사도는 60도 미만으로 할 것
히드록실아민 등을 취급하는 설비	• 히드록실아민 등의 온도 및 농도의 상승에 의한 위험한 반응을 방지하기 위한 조치를 강구할 것
	• 철 이온 등의 혼입에 의한 위험한 반응을 방지하기 위한 조치를 강구할 것

12 방화상 유효한 담의 높이

(1) 안전거리 단축을 위한 방화상 유효한 담의 높이

방화상 유효한 담높이 산정

① $H \leq pD^2 + a$인 경우　h = 2

② $H > pD^2 + a$인 경우　h = H − p(D^2 − d^2)

③ ① 및 ②에서 D, H, a, d, h 및 p는 다음과 같다.

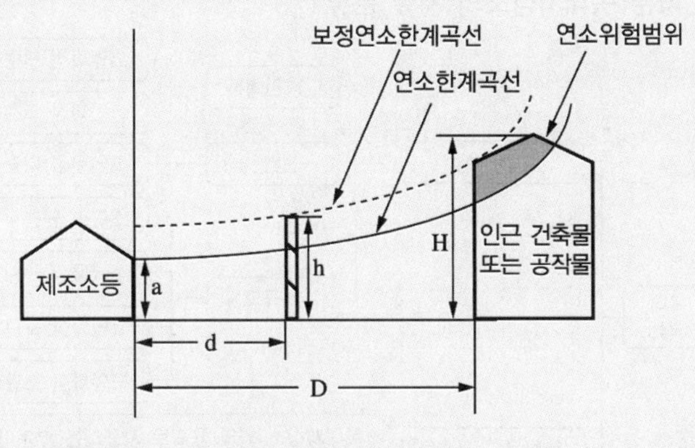

D : 제조소등과 인근건축물 또는 공작물과의 거리(m)
H : 인근건축물 또는 공작물의 높이(m)
a : 제조소등의 외벽의 높이(m)
d : 제조소등과 방화상 유효한 담과의 거리(m)
h : 방화상 유효한 담의 높이(m)
p : 상수

(2) 위에서 산출한 수치가 2 미만일 때에는 담의 높이를 2m로, 4 이상일 때에는 담의 높이를 4m로 하고 다음의 소화설비를 보강해야 한다.

① **해당 제조소등의** 소형소화기 설치 대상**인 것** : 대형소화기를 1개 이상 증설할 것

② **해당 제조소등의** 대형소화기 설치 대상**인 것** : 대형소화기 대신 옥내소화전설비, 옥외소화전설비, 스프링클러설비, 물분무소화설비, 포소화설비, 불활성가스소화설비, 할로겐화합물소화설비, 분말소화설비 중 적응 소화설비를 설치할 것

③ 해당 제조소등이 옥내소화전설비, 옥외소화전설비, 스프링클러설비, 물분무소화설비, 포소화설비, 불활성가스소화설비, 할로겐화합물소화설비, 분말소화설비 설치대상인 것 : 반경 30m마다 대형소화기 1개 이상 증설할 것

(3) 방화상 유효한 담의 구조

① 제조소등으로부터 5m 미만의 거리에 설치하는 경우 : 내화구조

② 5m 이상의 거리에 설치하는 경우 : 불연재료

제9장 위험물 저장소

제1절 옥내저장소의 위치 · 구조 및 설비 기준(별표5)

1 개 요

(1) 건축물 형태에 따른 옥내저장소의 시설 분류

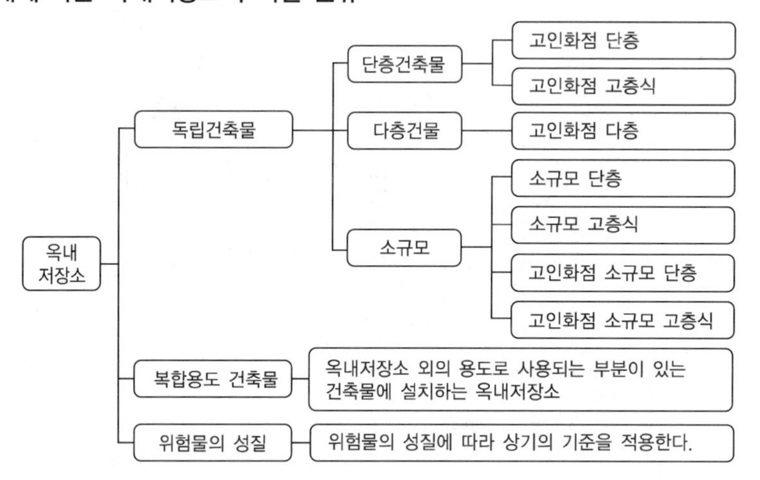

2 시설기준

(1) 안전거리 : 제조소 기준을 준용

(2) 안전거리를 두지 않을 수 있는 옥내저장소

① 최대수량이 지정수량의 20배 미만인 제4석유류 또는 동식물유류의 위험물을 저장 또는 취급하는 옥내저장소

② 제6류 위험물을 저장 또는 취급하는 옥내저장소

③ 지정수량의 20배(하나의 저장창고의 바닥면적이 150m^2 이하인 경우에는 50배) 이하의 위험물을 저장 또는 취급하는 옥내저장소로서 다음의 기준에 적합한 것

㉠ 저장창고의 벽 · 기둥 · 바닥 · 보 및 지붕이 내화구조인 것

㉡ 저장창고의 출입구에 수시로 열 수 있는 자동폐쇄방식의 60분방화문이 설치되어 있을 것

㉢ 저장창고에 창을 설치하지 아니할 것

(3) **표지 및 게시판 :** 제조소 기준을 준용

(4) **보유공지**

저장 또는 취급하는 위험물의 최대수량	공지의 너비	
	벽・기둥 및 바닥이 내화구조로 된 건축물	그 밖의 건축물
지정수량의 5배 이하		0.5m 이상
지정수량의 5배 초과 10배 이하	1m 이상	1.5m 이상
지정수량의 10배 초과 20배 이하	2m 이상	3m 이상
지정수량의 20배 초과 50배 이하	3m 이상	5m 이상
지정수량의 50배 초과 200배 이하	5m 이상	10m 이상
지정수량의 200배 초과	10m 이상	15m 이상

단, 지정수량의 20배를 초과하는 옥내저장소와 동일한 부지 내에 있는 다른 옥내저장소와의 사이에는 동표에 정하는 공지의 너비의 3분의 1(해당 수치가 3m 미만인 경우에는 3m)의 공지를 보유할 수 있다.

3 옥내저장소의 구조

(1) 저장창고는 지면에서 처마까지의 높이(처마높이)가 6m 미만인 단층 건물로 하고 그 바닥을 지반면보다 높게 해야 한다.

> **저장창고**는 위험물의 저장을 전용으로 하는 **독립된 건축물**로 해야 한다.

(2) 제2류 또는 제4류 위험물만을 저장하는 아래 기준에 적합한 창고는 20m 이하로 할 수 있다.
① 벽・기둥・보 및 바닥을 내화구조로 할 것
② 출입구에 60분방화문을 설치할 것
③ 피뢰침을 설치할 것(단, 안전상 지장이 없는 경우에는 예외)

(3) **저장창고의 기준면적**

구 분	위험물을 저장하는 창고	기준면적
가	① 제1류 위험물 중 아염소산염류, 과염소산염류, 무기과산화물, 그 밖에 지정수량 50kg인 위험물 ② 제3류 위험물 중 칼륨, 나트륨, 알킬알루미늄, 알킬리튬, 그 밖에 지정수량 10kg인 위험물 및 황린 ③ 제4류 위험물 중 특수인화물, 제1석유류, 알코올류 ④ 제5류 위험물 중 유기과산화물, 질산에스테르류, 그 밖에 지정수량이 10kg인 위험물 ⑤ 제6류 위험물(과염소산, 과산화수소, 질산) ⑥ “가”의 위험물과 “나”의 위험물을 같은 창고에 저장할 때	1,000m^2 이하

나	위 "가"의 위험물 외의 위험물	2,000m^2 이하
다	"가"의 위험물과 "나"의 위험물을 내화구조의 격벽으로 완전구획된 실에 각각 저장하는 창고("가"의 위험물을 저장하는 실의 면적은 500m^{2}를 초과할 수 없다)	1,500m^2 이하

(4) 저장창고의 벽·기둥 및 바닥은 내화구조로 하고, 보와 서까래는 불연재료로 해야 한다.

> **벽·기둥 및 바닥을 불연재료로 할 수 있는 것**
> ① 지정수량의 10배 이하의 위험물을 저장하는 창고
> ② 제2류 위험물(인화성고체는 제외)을 저장하는 창고
> ③ 인화점이 70℃ 이상인 제4류 위험물을 저장하는 창고

(5) 저장창고는 지붕을 폭발력이 위로 방출될 정도의 가벼운 불연재료로 하고, 천장을 만들지 아니해야 한다.

> **지붕을 내화구조로 할 수 있는 것**
> ① 제2류 위험물(분말 상태의 것과 인화성고체는 제외)을 저장하는 창고
> ② 제6류 위험물을 저장하는 창고
>
> **지붕을 난연재료 또는 불연재료로 할 수 있는 것**
> 제5류 위험물만의 저장창고

(6) 저장창고의 출입구에는 60분방화문 또는 30분방화문을 설치하되, 연소의 우려가 있는 외벽에 있는 출입구에는 수시로 열 수 있는 자동폐쇄식의 60분방화문을 설치해야 한다.

(7) 저장창고의 창 또는 출입구에 유리를 이용하는 경우에는 망입 유리로 해야 한다.

(8) 저장창고의 바닥을 물이 스며 나오거나 스며들지 아니하는 구조로 해야 하는 위험물

① 제1류 위험물 중 알칼리금속의 과산화물 또는 이를 함유한 것
② 제2류 위험물 중 철분, 금속분, 마그네슘 또는 이 중 어느 하나 이상을 함유하는 것
③ 제3류 위험물 중 금수성물질
④ 제4류 위험물 저장창고

(9) 액상 위험물 저장창고의 바닥은 위험물이 스며들지 아니하는 구조로 하고, 적당하게 경사지게 하여 그 최저부에 집유설비를 해야 한다.

> 액상의 위험물 : 제4류 위험물, 보호액을 사용하는 위험물

(10) **피뢰침 설치 :** 지정수량의 10배 이상의 저장창고(제6류 위험물은 제외)

(11) 제5류 위험물 중 셀룰로이드 그 밖에 온도의 상승에 의하여 분해·발화할 우려가 있는 것의 저장창고는 해당 위험물이 발화하는 온도에 달하지 아니하는 온도를 유지하는 구조로 하거나 다음 각목의 기준에 적합한 비상전원을 갖춘 통풍장치 또는 냉방장치 등의 설비를 2 이상 설치하여야 한다.

① 상용전력원이 고장인 경우에 자동으로 비상전원으로 전환되어 가동되도록 할 것

② 비상전원의 용량은 통풍장치 또는 냉방장치 등의 설비를 유효하게 작동할 수 있는 정도일 것

제2절 옥외탱크저장소의 위치·구조 및 설비 기준(별표6)

1 안전거리 : 제조소 기준 준용

2 옥외탱크저장소의 보유공지

저장 또는 취급하는 위험물의 최대수량	공지의 너비
지정수량의 500배 이하	3m 이상
지정수량의 500배 초과 1,000배 이하	5m 이상
지정수량의 1,000배 초과 2,000배 이하	9m 이상
지정수량의 2,000배 초과 3,000배 이하	12m 이상
지정수량의 3,000배 초과 4,000배 이하	15m 이상
지정수량의 **4,000배 초과**	해당 탱크의 수평단면의 최대지름(가로형인 경우에는 긴변)과 높이 중 큰 것과 같은 거리 이상. 다만, 30m 초과의 경우에는 30m 이상으로 할 수 있고, 15m 미만의 경우에는 15m 이상으로 해야 한다.

3 옥외탱크저장소의 표지 및 게시판 : 제조소와 동일함

탱크의 군에 있어서는 그 의미 전달에 지장이 없는 범위 안에서 보기 쉬운 곳에 일괄 설치할 수 있다.

4 특정 옥외탱크저장소 등 정의

(1) **특정 옥외저장탱크** : 액체위험물의 최대수량이 100만L 이상의 옥외저장탱크

(2) **준특정 옥외저장탱크** : 액체위험물의 최대수량이 50만L 이상 100만L 미만의 옥외저장탱크

(3) **압력탱크** : 최대상용압력이 부압 또는 정압 5kPa를 초과하는 탱크

5 옥외탱크저장소의 외부구조 및 설비

(1) 옥외저장탱크

① 특정·준특정 옥외저장탱크 외의 탱크 : 3.2mm 이상의 강철판으로 할 것

② 시험방법

㉠ 압력탱크 : 최대상용압력의 1.5배의 압력으로 10분간 실시하는 수압시험에서 이상이 없을 것

㉡ 압력탱크 외의 탱크 : 충수시험

압력탱크 : 최대상용압력이 대기압을 초과하는 탱크

③ 특정 옥외탱크의 용접부의 검사 : 방사선투과시험, 진공시험 등의 비파괴시험

(2) 통기관 : 제14장 5 저장소별 통기관 설치기준 참조

(3) 액체위험물의 옥외저장탱크의 계량장치

① 기밀부유식 계량장치(위험물의 양을 자동적으로 표시하는 장치)

② 부유식 계량장치(증기가 비산하지 아니하는 구조)

③ 전기압력방식

④ 방사성동위원소를 이용한 자동계량장치

⑤ 유리측정기

(4) 인화점이 21℃ 미만인 위험물의 옥외저장탱크의 주입구

① 게시판의 크기 : 한변이 0.3m 이상, 다른 한변이 0.6m 이상

② 게시판의 기재사항 : 옥외저장탱크 주입구, 위험물의 유별, 품명, 주의사항

③ 게시판의 색상 : 백색바탕에 흑색문자(주의사항은 적색문자)

(5) 옥외저장탱크의 펌프설비

① 펌프설비의 주위에는 너비 3m 이상의 공지를 보유할 것(제6류 위험물 또는 지정수량의 10배 이하 위험물은 제외)

② 펌프설비로부터 옥외저장탱크까지의 사이에는 해당 옥외저장탱크의 보유공지 너비의 1/3 이상의 거리를 유지할 것

③ 펌프실의 벽, 기둥, 바닥, 보 : 불연재료

④ 펌프실의 지붕 : 폭발력이 위로 방출될 정도의 가벼운 불연재료로 할 것

⑤ 펌프실의 창 및 출입구에는 60분방화문 또는 30분방화문을 설치할 것

⑥ 펌프실의 창 및 출입구에 유리를 이용하는 경우에는 망입유리로 할 것

⑦ 펌프실의 바닥의 주위에는 높이 0.2m 이상의 턱을 만들고 그 최저부에는 집유설비를 설치할 것(펌프실 이외는 0.15m 이상의 턱)

⑧ 인화점이 21℃ 미만인 위험물을 취급하는 펌프설비에는 보기 쉬운 곳에 "옥외저장탱크 펌프설비"라는 표시를 한 게시판과 방화에 관하여 필요한 사항을 게시한 게시판을 설치할 것

(6) 기타 설치 기준

① 옥외저장탱크의 배수관 : 탱크의 옆판에 설치

② 피뢰침 설치 : 지정수량의 10배 이상(단, 제6류 위험물은 제외)

③ 이황화탄소의 옥외저장탱크는 벽 및 바닥의 두께가 0.2m 이상이고 철근콘크리트의 수조에 넣어 보관한다.

6 옥외탱크저장소의 방유제★★★★

(1) 방유제의 용량

① **탱크가** 하나일 때 : 탱크 용량의 110% 이상(인화성이 없는 액체위험물은 100%)

② **탱크가** 2기 이상일 때 : 탱크 중 용량이 최대인 것의 용량의 110% 이상(인화성이 없는 액체위험물은 100%)

(2) 방유제의 높이 : 0.5m 이상 3m 이하, 두께 0.2m 이상, 지하매설깊이 1m 이상
다만, 방유제와 옥외저장탱크 사이의 지반면 아래에 불침윤성(不浸潤性) 구조물을 설치하는 경우에는 지하매설깊이를 해당 불침윤성 구조물까지로 할 수 있다.

(3) 방유제 내의 면적 : 80,000m^2 이하

(4) 방유제 내에 설치하는 옥외저장탱크의 수는 10(방유제 내에 설치하는 모든 옥외저장탱크의 용량이 20만L 이하이고, 위험물의 인화점이 70℃ 이상 200℃ 미만인 경우에는 20) 이하로 할 것(단, 인화점이 200℃ 이상인 옥외저장탱크는 제외)

> **방유제 내에 탱크의 설치 개수**
> ① **제1석유류, 제2석유류 : 10기 이하**
> ② **제3석유류(인화점 70℃ 이상 200℃ 미만) : 20기 이하**
> ③ 제4석유류(인화점이 200℃ 이상) : 제한없음

(5) 방유제 외면의 1/2 이상은 자동차 등이 통행할 수 있는 3m 이상의 노면 폭을 확보한 구내도로에 직접 접하도록 할 것

(6) 방유제는 탱크의 옆판으로부터 일정 거리를 유지할 것(단, 인화점이 200℃ 이상인 위험물은 제외)

① 지름이 15m 미만인 경우 : 탱크 높이의 1/3 이상

② 지름이 15m 이상인 경우 : 탱크 높이의 1/2 이상

(7) **방유제의 재질 :** 방유제는 철근콘크리트로 하고, 방유제와 옥외저장탱크 사이의 지표면은 불연성과 불침윤성이 있는 구조(철근콘크리트 등)로 할 것. 다만, 누출된 위험물을 수용할 수 있는 전용유조(專用油槽) 및 펌프 등의 설비를 갖춘 경우에는 방유제와 옥외저장탱크 사이의 지표면을 흙으로 할 수 있다.

(8) **용량이 1,000만L 이상인 옥외저장탱크의 주위에 설치하는 방유제의 규정**

① 간막이 둑의 높이는 0.3m(방유제 내에 설치되는 옥외저장탱크의 용량의 합계가 2억L를 넘는 방유제에 있어서는 1m) 이상으로 하되, 방유제의 높이보다 0.2m 이상 낮게 할 것

② 간막이 둑은 흙 또는 철근콘크리트로 할 것

③ 간막이 둑의 용량은 간막이 둑안에 설치된 탱크의 용량의 10% 이상일 것

(9) 방유제에는 그 내부에 고인 물을 외부로 배출하기 위한 배수구를 설치하고 이를 개폐하는 밸브 등을 방유제의 외부에 설치할 것

(10) 용량이 100만L 이상인 위험물을 저장하는 옥외저장탱크에 있어서는 방유제 내의 배수를 위한 개폐밸브 등에 그 개폐상황을 쉽게 확인할 수 있는 장치를 설치할 것

(11) 높이가 1m 이상이면 계단 또는 경사로를 약 50m마다 설치할 것

(12) 용량이 50만L 이상인 옥외탱크저장소가 해안 또는 강변에 설치되어 방유제 외부로 누출된 위험물이 바다 또는 강으로 유입될 우려가 있는 경우에는 해당 옥외탱크저장소가 설치된 부지 내에 전용유조(專用油槽) 등 누출위험물 수용설비를 설치할 것

(13) 그 밖에 방유제의 기술기준에 관하여 필요한 사항은 소방청장이 정하여 고시한다.

7 특정 옥외저장탱크의 구조

(1) 탱크의 주하중과 종하중의 구분

① 주하중 : 옥외저장탱크 및 부속설비의 자중, 저장하는 위험물의 중량, 탱크와 관련되는 내압, 온도변화, 활하중

② 종하중 : 적설하중, 풍하중(바람으로 인하여 구조물에 발생하는 하중), 지진하중

(2) 특정 옥외저장탱크의 용접(겹침보수 및 육성보수와 관련되는 것은 제외)방법

옆판 (가로 및 세로이음)	옆판과 애뉼러 판 (애뉼러 판이 없는 경우에는 밑판)	애뉼러 판과 애뉼러 판
완전용입 맞대기용접	부분용입 그룹용접 또는 동등 이상 용접강도	뒷면에 재료를 댄 맞대기용접 또는 겹치기용접
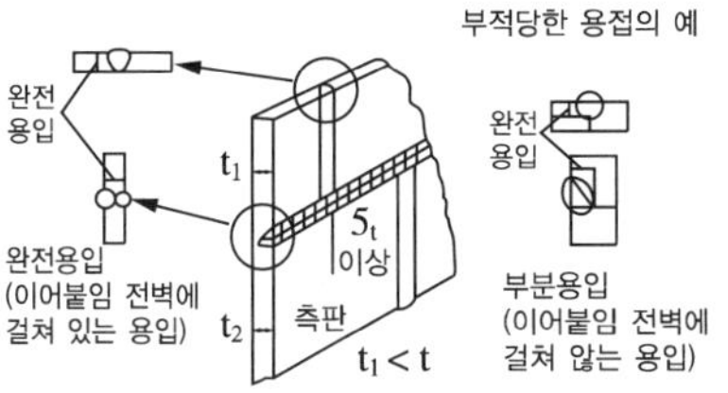 부적당한 용접의 예 완전 용입 완전용입 (이어붙임 전벽에 걸쳐 있는 용입) t_1 t_2 측판 5_t 이상 $t_1 < t$ 완전 용입 부분용입 (이어붙임 전벽에 걸쳐 않는 용입)	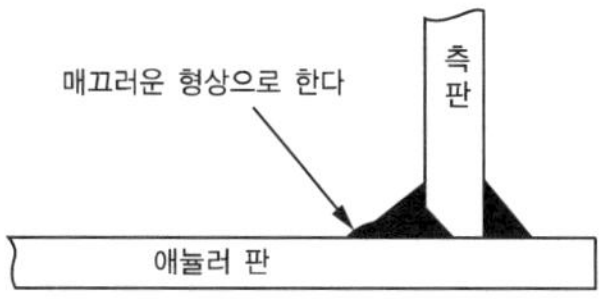 매끄러운 형상으로 한다 측판 애뉼러 판	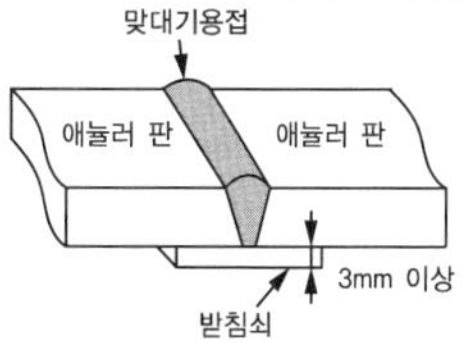 맞대기용접 애뉼러 판 애뉼러 판 3mm 이상 받침쇠 맞대기 이어붙임의 예 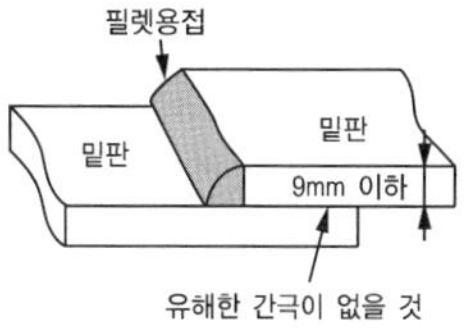 필렛용접 밑판 밑판 9mm 이하 유해한 간극이 없을 것 겹치기 이어붙임의 예
• 옆판의 세로이음은 단을 달리하는 옆판의 각각의 세로이음과 동일선상에 위치하지 아니하도록 할 것 • 해당 세로이음 간의 간격은 서로 접하는 옆판 중 두꺼운 쪽 옆판의 5배 이상으로 해야 한다.	용접 비드(Bead)는 매끄러운 형상을 가져야 한다.	이 경우에 애뉼러 판과 밑판의 용접부의 강도 및 밑판과 밑판의 용접부의 강도에 유해한 영향을 주는 흠이 있어서는 아니된다.

8 옥외탱크저장소 용량별 기준 정리

구 분	설비기준
50만리터 이상	• 기술원의 허가 시 검토대상 • 기술원의 옥외탱크저장소의 설치 또는 변경에 따른 완공검사 대상 • 옥외탱크저장소 정기검사 대상 • 전용유조등 누출위험물 수용설비를 설치대상
100만리터 이상	• 용량이 100만리터 이상인 액체위험물을 저장하는 탱크의 기술원의 탱크안전성능검사 : 기초지반검사, 용접부검사 • 옥외저장탱크저장소의 방유제내에 배수를 위한 개폐 밸브 등에 개폐상황 확인장치 설치대상
1,000만리터 이상	• 옥외저장탱크의 방유제 내 간막이둑 대상 • 옥외탱크저장소로서 특수인화물, 제1석유류 및 알코올류를 저장 또는 취급하는 탱크의 용량이 1,000만리터 이상인 것 : 자동화재탐지설비, 자동화재속보설비

제3절 옥내탱크저장소의 위치·구조 및 설비의 기준(별표7)

1 옥내탱크저장소의 구조

(1) 옥내저장탱크의 탱크전용실은 단층 건축물에 설치할 것

(2) 옥내저장탱크와 탱크전용실의 벽과의 사이 및 옥내저장탱크의 상호 간에는 0.5m 이상의 간격을 유지할 것

(3) 옥내저장탱크의 용량(동일한 탱크전용실에 2 이상 설치하는 경우에는 각 탱크의 용량의 합계)은 지정수량의 40배(제4석유류 및 동식물유류 외의 제4류 위험물 : 20,000L를 초과할 때에는 20,000L) 이하일 것

품명	특수인화물	제1석유류 (비수용성 액체)	알코올류	제2석유류 (비수용성 액체)	제3석유류 (비수용성 액체)	제4석유류	동식물유류
지정수량	50L	200L	400L	1,000L	2,000L	6,000L	10,000L
배수	40배			20배	10배	40배	
탱크용량	2,000L	8,000L	16,000L	20,000L	20,000L	240,000L	400,000L

(4) **옥내저장탱크**

① **압력탱크(최대상용압력이 부압 또는 정압 5kPa를 초과하는 탱크) 외의 탱크** : 밸브 없는 통기관 또는 대기밸브 부착 통기관 설치

② 통기관의 끝부분은 건축물의 창·출입구 등의 개구부로부터 1m 이상 떨어진 옥외의 장소에 지면으로부터 4m 이상의 높이로 설치하되, 인화점이 40℃ 미만인 위험물의 탱크에 설치하는 통기관에 있어서는 부지경계선으로부터 1.5m 이상 거리를 둘 것

③ **압력탱크** : 압력계 및 안전장치(안전밸브, 감압밸브, 안전밸브 경보장치, 파괴판) 설치

④ 위험물의 양을 자동적으로 표시하는 자동계량장치 설치할 것

⑤ **주입구** : 옥외저장탱크의 주입구 기준에 준한다.

⑥ **탱크전용실의 채광, 조명, 환기 및 배출설비** : 옥내저장소(제조소)의 기준에 준한다.

⑦ **탱크전용실을 건축물의 1층 또는 지하층에 설치하는 위험물** : 황화린, 적린, 덩어리 유황, 황린, 질산, 제4류 위험물 중 인화점이 38℃ 이상인 위험물

⑧ **탱크전용실의 벽, 기둥, 바닥** : 내화구조 / **보, 지붕** : 불연재료

⑨ 탱크전용실의 창 및 출입구에는 60분방화문 또는 30분방화문을 설치하는 동시에, 연소의 우려가 있는 외벽에 두는 출입구에는 수시로 열 수 있는 자동폐쇄식의 60분방화문을 설치할 것

⑩ 탱크전용실의 창 또는 출입구에 유리를 이용하는 경우에는 망입유리로 할 것

⑪ 액상의 위험물의 옥내저장탱크를 설치하는 탱크전용실의 바닥은 위험물이 침투하지 아니하는 구조로 하고, 적당한 경사를 두는 한편, 집유설비를 설치할 것

2 옥내탱크저장소의 탱크전용실이 단층 건축물 외에 설치하는 것

(1) 다층 건축물일 때 옥내저장탱크의 설치용량

① 1층 이하의 층의 옥내저장탱크 설치용량(시행규칙 별표 7 Ⅰ-2 차목)

지정수량의 40배(제4석유류 및 동식물유류 외의 제4류 위험물에 있어서 해당 수량이 2만L를 초과할 때에는 2만L) 이하일 것

<table>
<tr><th>품명</th><th>특수인화물</th><th>제1석유류
(비수용성 액체)</th><th>알코올류</th><th>제2석유류
(비수용성 액체)</th><th>제3석유류
(비수용성 액체)</th><th>제4석유류</th><th>동식물유류</th></tr>
<tr><td>지정수량</td><td>50L</td><td>200L</td><td>400L</td><td>1,000L</td><td>2,000L</td><td>6,000L</td><td>10,000L</td></tr>
<tr><td>배수</td><td colspan="3">40배</td><td>20배</td><td>10배</td><td colspan="2">40배</td></tr>
<tr><td>탱크용량</td><td>2,000L</td><td>8,000L</td><td>16,000L</td><td>20,000L</td><td>20,000L</td><td>240,000L</td><td>400,000L</td></tr>
</table>

② 2층 이상의 층 옥내저장탱크의 설치 용량(시행규칙 별표 7 Ⅰ-2 차목)

지정수량의 10배(제4석유류 및 동식물유류 외의 제4류 위험물에 있어서 해당 수량이 5천L를 초과할 때에는 5천L) 이하일 것

<table>
<tr><th>품명</th><th>특수인화물</th><th>제1석유류</th><th>알코올류</th><th>제2석유류
(인화점 38℃ 이상)</th><th>제3석유류</th><th>제4석유류</th><th>동식물유류</th></tr>
<tr><td>지정수량</td><td colspan="3" rowspan="3">저장불가</td><td>1,000L</td><td>2,000L</td><td>6,000L</td><td>10,000L</td></tr>
<tr><td>배수</td><td>5배</td><td>2.5배</td><td>10배</td><td>10배</td></tr>
<tr><td>탱크용량</td><td>5,000L</td><td>5,000L</td><td>60,000L</td><td>100,000L</td></tr>
</table>

(2) 옥내저장탱크저장소의 용량 및 층수제한 사항 정리

<table>
<tr><th rowspan="2">구 분</th><th rowspan="2">단층 건축물</th><th colspan="5">단층건축물 이외의 옥내저장탱크</th></tr>
<tr><th>제2류</th><th>제3류</th><th>제6류</th><th colspan="2">제4류</th></tr>
<tr><td>저장・취급 할 위험물</td><td>제한 없음</td><td>황화린・적린 덩어리 유황</td><td>황 린</td><td>질 산</td><td colspan="2">인화점이 38℃ 이상인 위험물</td></tr>
<tr><td>설치층</td><td>단층으로 해당 없음</td><td colspan="3">1층 또는 지하층</td><td colspan="2">층수 제한 없음</td></tr>
<tr><td rowspan="2">저장용량</td><td rowspan="2">40배 이하</td><td colspan="3" rowspan="2">40배 이하</td><td>1층 이하</td><td>2층 이상</td></tr>
<tr><td>40배 이하</td><td>10배 이하</td></tr>
<tr><td rowspan="2">탱크용량</td><td rowspan="2">제4석유류 및 동식물유류 외의 제4류 위험물에 있어서 해당 수량이 20,000L를 초과할 때에는 20,000L</td><td colspan="3" rowspan="2">탱크의 최대용량 제한 없음</td><td colspan="2">제4석유류 및 동식물 이외 제4류</td></tr>
<tr><td>2만리터</td><td>5천리터</td></tr>
</table>

(3) 옥내탱크저장소에 설치하는 펌프설비 기준

① 단층 건축물 옥내저장탱크 전용실에 설치하는 펌프설비

탱크전용실이 있는 이외의 장소	탱크 전용실 이외의 장소	탱크전용실 내
㉠ 펌프설비는 견고한 기초 위에 고정할 것 ㉡ 펌프실의 벽·기둥·바닥 및 보는 불연재료로 할 것 ㉢ 펌프실의 지붕을 폭발력이 위로 방출될 정도의 가벼운 불연재료로 할 것 ㉣ 펌프실의 창 및 출입구에는 60분방화문 또는 30분방화문을 설치할 것 ㉤ 펌프실의 창 및 출입구에 유리를 이용하는 경우에는 망입유리로 할 것 ㉥ 펌프실의 바닥의 주위에는 높이 0.2m 이상의 턱을 만들고 바닥은 콘크리트 등 위험물이 스며들지 아니하는 재료로 적당히 경사지게 하여 그 최저부에는 집유설비를 설치할 것 ㉦ 펌프실에는 위험물을 취급하는데 필요한 채광, 조명 및 환기의 설비를 설치할 것 ㉧ 가연성 증기가 체류할 우려가 있는 펌프실에는 그 증기를 옥외의 높은 곳으로 배출하는 설비를 설치할 것 ㉨ 펌프실 외의 장소에 설치하는 펌프설비에는 그 직하의 지반면의 주위에 높이 0.15m 이상의 턱을 만들고 해당 지반면은 콘크리트 등 위험물이 스며들지 아니하는 재료로 적당히 경사지게 하여 그 최저부에는 집유설비를 할 것. 이 경우 제4류 위험물(온도 20℃의 물 100g에 용해되는 양이 1g 미만인 것에 한한다)을 취급하는 펌프설비에 있어서는 해당 위험물이 직접 배수구에 유입하지 아니하도록 집유설비에 유분리장치를 설치해야 한다. ㉩ 인화점이 21℃ 미만인 위험물을 취급하는 펌프설비에는 보기 쉬운 곳에 "옥내저장탱크 펌프설비"라는 표시를 한 게시판과 방화에 관하여 필요한 사항을 게시한 게시판을 설치할 것. 다만, 소방본부장 또는 소방서장이 화재예방상 해당 게시판을 설치할 필요가 없다고 인정하는 경우에는 그러하지 아니하다.	좌측 ㉨을 제외한 기준에 따른다. 다만, 펌프실의 지붕은 내화구조 또는 불연재료로 할 수 있다.	㉠ 펌프설비를 견고한 기초 위에 고정시킨다. ㉡ 펌프설비 주위에 불연재료로 된 턱을 탱크전용실의 문턱높이 이상으로 설치할 것. 다만, 펌프설비의 기초를 탱크전용실의 문턱높이 이상으로 하는 경우에는 제외한다.

② 옥내저장탱크 전용실을 단층건물 외의 건축물에 설치한 펌프설비

탱크전용실 이외의 장소	탱크전용실내
㉠ 이 펌프실은 벽・기둥・바닥 및 보를 내화구조로 할 것 ㉡ 펌프실은 상층이 있는 경우에 있어서는 상층의 바닥을 내화구조로 하고, 상층이 없는 경우에 있어서는 지붕을 불연재료로 하며, 천장을 설치하지 아니할 것 ㉢ 펌프실에는 창을 설치하지 아니할 것. 다만, 제6류 위험물의 탱크전용실에 있어서는 60분방화문 또는 30분방화문이 있는 창을 설치할 수 있다. ㉣ 펌프실의 출입구에는 60분방화문을 설치할 것. 다만, 제6류 위험물의 탱크전용실에 있어서는 30분방화문을 설치할 수 있다. ㉤ 펌프실의 환기 및 배출의 설비에는 방화상 유효한 댐퍼 등을 설치할 것 ㉦ 펌프설비는 견고한 기초 위에 고정할 것 ㉧ 펌프실의 바닥의 주위에는 높이 0.2m 이상의 턱을 만들고 바닥은 콘크리트 등 위험물이 스며들지 아니하는 재료로 적당히 경사지게 하여 그 최저부에는 집유설비를 설치할 것 ㉨ 펌프실에는 위험물을 취급하는데 필요한 채광, 조명 및 환기의 설비를 설치할 것 ㉩ 가연성 증기가 체류할 우려가 있는 펌프실에는 그 증기를 옥외의 높은 곳으로 배출하는 설비를 설치할 것 ㉪ 인화점이 21℃ 미만인 위험물을 취급하는 펌프설비에는 보기 쉬운 곳에 "옥내저장탱크 펌프설비"라는 표시를 한 게시판과 방화에 관하여 필요한 사항을 게시한 게시판을 설치할 것. 다만, 소방본부장 또는 소방서장이 화재예방상 해당 게시판을 설치할 필요가 없다고 인정하는 경우에는 그러하지 아니하다.	㉠ 견고한 기초 위에 고정한다. ㉡ 펌프설비 주위에는 불연재료로 된 턱을 0.2m 이상의 높이로 설치하는 등 누설된 위험물이 유출되거나 유입되지 아니하도록 하는 조치를 할 것

제4절 지하탱크저장소의 위치・구조 및 설비의 기준(별표8)

1 지하탱크저장소의 기준

(1) 탱크전용실은 지하의 가장 가까운 벽・피트・가스관 등의 시설물 및 대지경계선으로부터 0.1m 이상 떨어진 곳에 설치하고, 지하저장탱크와 탱크전용실의 안쪽과의 사이는 0.1m 이상의 간격을 유지하도록 하며, 해당 탱크의 주위에 마른 모래 또는 습기 등에 의하여 응고되지 아니하는 입자지름 5mm 이하의 마른 자갈분을 채워야 한다.

(2) 지하저장탱크의 윗 부분은 지면으로부터 0.6m 이상 아래에 있어야 한다.

(3) 지하저장탱크를 2 이상 인접해 설치하는 경우에는 그 상호 간에 1m(해당 2 이상의 지하저장탱크의 용량의 합계가 지정수량의 100배 이하인 때에는 0.5m) 이상의 간격을 유지해야 한다.

(4) 지하저장탱크의 재질은 두께 3.2mm 이상의 강철판으로 할 것

(5) 수압시험

① 압력탱크(최대상용압력이 46.7kPa 이상인 탱크) 외의 탱크 : 70kPa의 압력으로 10분간

② 압력탱크 : 최대상용압력의 1.5배의 압력으로 10분간

(6) 지하저장탱크의 배관은 탱크의 윗부분에 설치해야 한다.

> **예외 규정** : 제2석유류(인화점 40℃ 이상), 제3석유류, 제4석유류, 동식물유류로서 그 직근에 유효한 제어밸브를 설치한 경우

(7) 지하저장탱크의 주위에는 해당 탱크로부터의 액체위험물의 누설을 검사하기 위한 관을 다음의 각 목의 기준에 따라 4개소 이상 적당한 위치에 설치해야 한다.

① 이중관으로 할 것. 다만, 소공이 없는 상부는 단관으로 할 수 있다.

② 재료는 금속관 또는 경질합성수지관으로 할 것

③ 관은 탱크실 또는 탱크의 기초 위에 닿게 할 것

④ 관의 밑부분으로부터 탱크의 중심 높이까지의 부분에는 소공이 뚫려 있을 것. 다만, 지하수위가 높은 장소에 있어서는 지하수위 높이까지의 부분에 소공이 뚫려 있어야 한다.

⑤ 상부는 물이 침투하지 아니하는 구조로 하고, 뚜껑은 검사 시에 쉽게 열 수 있도록 할 것

(8) 탱크전용실의 벽 · 바닥 및 뚜껑 : 두께 0.3m 이상의 콘크리트구조

(9) 지하저장탱크에는 과충전방지장치 설치할 것

① 탱크용량을 초과하는 위험물이 주입될 때 자동으로 그 주입구를 폐쇄하거나 위험물의 공급을 자동으로 차단하는 방법

② 탱크용량의 90%가 찰 때 경보음을 울리는 방법

(10) 맨홀 설치 기준

① 맨홀은 지면까지 올라오지 아니하도록 하되, 가급적 낮게 할 것

② 보호틀을 다음 각 목에 정하는 기준에 따라 설치할 것

㉠ 보호틀을 탱크에 완전히 용접하는 등 보호틀과 탱크를 기밀하게 접합할 것

㉡ 보호틀의 뚜껑에 걸리는 하중이 직접 보호틀에 미치지 아니하도록 설치하고, 빗물 등이 침투하지 아니하도록 할 것

③ 배관이 보호틀을 관통하는 경우에는 해당 부분을 용접하는 등 침수를 방지하는 조치를 할 것

(11) 지하저장탱크 전용실의 설비 및 구조

구 분	주요 제원
주요구성	벽, 바닥, 뚜껑(두께 0.3m 이상)
재 질	철근콘크리트조 또는 이와 동등 이상의 강도가 있는 구조
매설깊이	탱크 윗부분은 지면으로부터 0.6m 이상 아래
탱크간격	1m 이상(용량의 합계가 지정수량의 100배 이하인 때에는 0.5m) (예외 : 벽이나 두께 20cm 이상의 콘크리트 구조물)
탱크와 벽	0.1m 이상
탱크주위	마른 모래 또는 습기 등에 의하여 응고되지 아니하는 입자지름 5mm 이하의 마른 자갈분

2 지하탱크저장소의 표지 및 게시판 : 제조소기준 준용

제5절 간이탱크저장소의 위치 · 구조 및 설비의 기준(별표9)

1 위치 · 구조 및 설비의 기준

(1) 설치장소

위험물을 저장 또는 취급하는 간이탱크는 옥외에 설치해야 한다. 다만, 다음 각 목의 기준에 적합한 전용실 안에 설치하는 경우에는 그러하지 아니하다.

① 전용실의 구조

㉠ 전용실은 벽 · 기둥 및 바닥은 내화구조로 하고, 보는 불연재료로 하며, 연소의 우려가 있는 외벽은 출입구 외에는 개구부가 없도록 할 것. 다만, 인화점이 70℃ 이상인 제4류 위험물만의 간이탱크전용실에 있어서는 연소의 우려가 없는 외벽 · 기둥 및 바닥을 불연재료로 할 수 있다.

㉡ 지붕의 재료는 불연재료로 하고 천장은 설치하지 아니할 것

② 전용실의 창 및 출입구

㉠ 전용실의 창 및 출입구에는 60분방화문 또는 30분방화문을 설치한다.

㉡ 전용실의 창 또는 출입구에 유리를 이용하는 경우 망입유리로 할 것

③ 전용실의 바닥

㉠ 위험물이 침투하지 아니하는 구조(콘크리트 등 불침윤성 재료)할 것

㉡ 적당히 경사지게 하여 그 최저부에 집유설비를 설치할 것

④ 전용실의 채광 · 조명 · 환기 및 배출의 설비는 옥내저장소의 채광 · 조명 · 환기 및 배출의 설비의 기준에 적합할 것

(2) 탱크수

하나의 간이탱크저장소에 설치하는 간이저장탱크는 그 수를 3 이하로 하고, 동일한 품질의 위험물의 간이저장탱크를 2 이상 설치하지 아니해야 한다.

(3) 표지 및 게시판

간이탱크저장소에는 위험물 제조소 표지의 기준에 따라 보기 쉬운 곳에 "위험물 간이탱크저장소"라는 표시를 한 표지와 위험물 제조소 게시판의 기준에 따라 방화에 관하여 필요한 사항을 게시한 게시판을 설치해야 한다.

(4) 간이탱크 설치 및 공지

① 간이저장탱크는 움직이거나 넘어지지 아니하도록 지면 또는 가설대에 견고히 고정

② 옥외에 설치하는 경우 : 탱크의 주위에 너비 1m 이상의 공지를 둔다.

③ 전용실 안에 설치하는 경우 : 탱크와 전용실의 벽과의 사이에 0.5m 이상의 간격을 유지

(5) 탱크의 용량

600L 이하이어야 한다.

(6) 탱크구조

① 간이저장탱크는 두께 3.2mm 이상의 강판으로 흠이 없도록 제작해야 한다.

② 70kPa의 압력으로 10분간의 수압시험을 실시하여 새거나 변형되지 아니해야 한다.

(7) 부식방지조치

① 간이저장탱크의 외면에는 녹을 방지하기 위한 도장을 해야 한다.

② 탱크의 재질이 부식의 우려가 없는 스테인레스 강판 등인 경우에는 그러하지 아니하다.

(8) 간이탱크 통기관 : 제14장 5 저장소별 통기관 설치기준 참조

(9) 고정주유설비 등

간이저장탱크에 고정주유설비 또는 고정급유설비를 설치하는 경우에는 주유취급소 고정주유설비 또는 고정급유설비의 기준에 적합해야 한다.

제6절 이동탱크저장소 위치 · 구조 및 설비 기준

1 이동탱크저장소의 상시주차장소

(1) 옥외에 있는 상시주차장소는 화기를 취급하는 장소 또는 인근의 건축물로부터 5m 이상(인근의 건축물이 1층인 경우에는 3m 이상)의 거리를 확보해야 한다(단, 하천의 공지나 수면, 내화구조 또는 불연재료의 담 또는 벽 그 밖에 이와 유사한 것에 접하는 경우를 제외).

(2) 옥내에 있는 상시주차장소는 벽 · 바닥 · 보 · 서까래 및 지붕이 내화구조 또는 불연재료로 된 건축물의 1층에 설치해야 한다.

2 이동저장탱크의 구조

(1) 탱크의 두께 : 3.2mm 이상의 강철판

(2) 수압시험

① 압력탱크(최대상용압력이 46.7kPa 이상인 탱크) 외의 탱크 : 70kPa의 압력으로 10분간

② 압력탱크 : 최대상용압력의 1.5배의 압력으로 10분간

(3) 이동저장탱크는 그 내부에 4,000L 이하마다 3.2mm 이상의 강철판 또는 이와 동등 이상의 강도·내열성 및 내식성이 있는 금속성의 것으로 칸막이를 설치해야 한다.

(4) 칸막이로 구획된 각 부분에 설치 : 맨홀, 안전장치, 방파판을 설치(용량이 2,000L 미만 : 방파판설치 제외)

① 안전장치의 작동 압력

㉠ 상용압력이 20kPa 이하인 탱크 : 20kPa 이상 24kPa 이하의 압력

㉡ 상용압력이 20kPa을 초과 : 상용압력의 1.1배 이하의 압력

② 방파판

㉠ 두께 : 1.6mm 이상의 강철판

㉡ 하나의 구획부분에 2개 이상의 방파판을 이동탱크저장소의 진행방향과 평행으로 설치하되, 각 방파판은 그 높이 및 칸막이로부터의 거리를 다르게 할 것

(5) 방호틀의 두께 : 2.3mm 이상의 강철판

> **이동탱크저장소의 부속장치 용도**
> ① 방호틀 : 탱크 전복 시 부속장치(주입구, 맨홀, 안전장치) 보호(2.3mm)
> ② 측면틀 : 탱크 전복 시 탱크 본체 파손 방지(3.2mm)
> ③ 방파판 : 위험물운송 중 내부의 위험물의 출렁임, 쏠림 등을 완화하여 차량의 안전 확보(1.6mm)
> ④ 칸막이 : 탱크 전복 시 탱크의 일부가 파손되더라도 전량의 위험물의 누출 및 출렁임 방지(3.2mm)

※ 이동탱크저장소 관련 용량

칸막이 구획	방파판 생략	알킬알루미늄 등 이동저장탱크 용량	항공기주유탱크차 칸막이
4,000L 이하	칸막이 용량 2,000L 미만	1,900L 미만	부피 4천L마다 또는 1.5m 이하 (칸막이에 지름 40cm 이내 구멍 가능)

※ 이동탱크저장소의 두께기준

구 조	탱크(맨홀 및 주입관의 뚜껑 포함)	칸막이	측면틀	방호틀	방파판
일반이동탱크	3.2mm	3.2mm		2.3mm	1.6mm
컨테이너식	6mm (탱크지름 또는 장축이 1.8m 이하인 탱크 : 5mm 이상)	3.2mm			
알킬알루미늄 등	10mm 이상				

3 배출밸브, 폐쇄장치, 결합금속구 등

(1) 이동저장탱크의 아랫부분에 배출구를 설치하는 경우에 해당 탱크의 배출구에 배출밸브를 설치하고 배출밸브를 폐쇄할 수 있는 수동폐쇄장치 또는 자동폐쇄장치를 설치할 것

(2) 수동폐쇄장치를 설치하는 경우에는 수동폐쇄장치를 작동시킬 수 있는 레버 또는 이와 유사한 기능을 하는 것을 설치하고, 그 바로 옆에 해당 장치의 작동방식을 표시해야 한다. 이 경우 레버를 설치하는 경우에는 다음 각 목의 기준에 따라 설치해야 한다.
① 손으로 잡아당겨 수동폐쇄장치를 작동시킬 수 있도록 할 것
② 수동식폐쇄장치에는 길이 15cm 이상의 레버를 설치할 것

(3) 탱크의 배관의 끝부분에는 개폐밸브를 설치할 것

(4) **이동탱크저장소에 주입설비를 설치하는 경우 설치 기준**
① **주입설비의 길이** : 50m 이내로 하고 그 끝부분에 축척되는 정전기 제거장치를 설치할 것
② **분당배출량** : 200L 이하

4 이동탱크저장소의 표지 및 게시판

(1) **표 지**
이동탱크저장소에는 소방청장이 고시하여 정하는 바에 따라 저장하는 위험물의 위험성을 알리는 표지(위험물 표지, UN번호, 그림문자)를 설치해야 한다.

(2) **도장 및 상시주차장소 표시**
이동탱크저장소의 탱크외부에는 소방청장이 정하여 고시하는 바에 따라 도장 등을 하여 쉽게 식별할 수 있도록 하고, 보기 쉬운 곳에 상시주차장소의 위치를 표시해야 한다. 제1류(회색), 제2류(적색), 제3류(청색), 제5류(황색), 제6류(청색)

5 이동탱크저장소의 펌프설비

(1) **동력원을 이용하여 위험물 이송** : 인화점이 40℃ 이상의 것 또는 비인화성의 것

(2) **진공흡입방식의 펌프를 이용하여 위험물 이송** : 인화점이 70℃ 이상인 폐유 또는 비인화성의 것

- 결합금속구 : 놋쇠
- 펌프설비의 감압장치의 배관 및 배관의 이음 : 금속제

6 이동탱크저장소의 접지도선

접지도선 설치 : 특수인화물, 제1석유류, 제2석유류

7 알킬알루미늄 등을 저장 또는 취급하는 이동탱크저장소

(1) **이동저장탱크의 두께 :** 10mm 이상의 강판

(2) **수압시험 :** 1MPa 이상의 압력으로 10분간 실시하여 새거나 변형하지 아니할 것

(3) **이동저장탱크의 용량 :** 1,900L 미만

(4) **안전장치 :** 수압시험의 압력의 2/3를 초과하고 4/5를 넘지 아니하는 범위의 압력에서 작동할 것

(5) **맨홀, 주입구의 뚜껑 두께 :** 10mm 이상의 강판

(6) **이동저장탱크 :** 불활성기체 봉입장치 설치

8 컨테이너식 이동탱크저장소의 특례

(1) **컨테이너식 이동탱크저장소 :** 이동저장탱크를 차량 등에 옮겨 싣는 구조로 된 이동탱크저장소

(2) 컨테이너식 이동탱크저장소에는 이동저장탱크 하중의 4배의 전단하중에 견디는 걸고리체결 금속구 및 모서리체결 금속구를 설치할 것

> 용량이 6,000L 이하인 이동탱크저장소에는 유(U)자 볼트를 설치할 수 있다.

(3) 이동저장탱크 및 부속장치(맨홀, 주입구, 안전장치)는 강재로 된 상자틀에 수납할 것

(4) 이동저장탱크, 맨홀, 주입구의 뚜껑은 두께 6mm 이상의 강판으로 할 것

(5) 이동저장탱크의 칸막이는 두께 3.2mm 이상의 강판으로 할 것

(6) 이동저장탱크에는 맨홀, 안전장치를 설치할 것

(7) 부속장치는 상자틀의 최외각과 50mm 이상의 간격을 유지할 것

(8) **표지판**

표지기재사항	표시위치	표시색상	표시크기
허가청의 명칭 및 완공검사번호	보기 쉬운 곳	백색바탕 흑색문자	가로 0.4m 이상, 세로 0.15m 이상

제7절 옥외저장소 위치 · 구조 및 설비 기준

1 옥외저장소의 안전거리 : 제조소와 동일함

2 옥외저장소의 보유공지

저장 또는 취급하는 위험물의 최대수량	공지의 너비
지정수량의 10배 이하	3m 이상
지정수량의 10배 초과 20배 이하	5m 이상
지정수량의 20배 초과 50배 이하	**9m 이상**
지정수량의 50배 초과 200배 이하	**12m 이상**
지정수량의 200배 초과	15m 이상

※ 제4류 위험물 중 제4석유류와 제6류 위험물 : 보유공지의 1/3로 할 수 있다.

[고인화점 위험물 저장 시 보유공지]

저장 또는 취급하는 위험물의 최대수량	공지의 너비
지정수량의 50배 이하	3m 이상
지정수량의 50배 초과 200배 이하	6m 이상
지정수량의 200배 초과	10m 이상

3 옥외저장소의 표지 및 게시판 : 제조소와 동일함

4 옥외저장소의 시설기준

(1) **선반 :** 불연재료

(2) **선반의 높이 :** 6m를 초과하지 말 것

(3) **과산화수소, 과염소산 저장하는 옥외저장소 :** 불연성 또는 난연성의 천막 등을 설치하여 햇빛을 가릴 것

(4) **덩어리 상태의 유황을 저장 또는 취급하는 경우**

① 하나의 경계표시의 내부의 면적 : $100m^2$ 이하

② 2 이상의 경계표시를 설치하는 경우에 있어서는 각각의 경계표시 내부의 면적을 합산한 면적 : $1,000m^2$ 이하(단, 지정수량의 200배 이상인 경우 : 10m 이상)

③ 경계표시 : 불연재료

④ 경계표시의 높이 : 1.5m 이하
⑤ 유황을 저장 또는 취급하는 장소의 주위에는 배수구와 분리장치를 설치할 것

5 인화성고체, 제1석유류, 알코올류의 옥외저장소의 특례

(1) **인화성고체, 제1석유류, 알코올류를 저장 또는 취급하는 장소** : 살수설비 설치

(2) **제1석유류 또는 알코올류를 저장 또는 취급하는 장소의 주위** : 배수구와 집유설비를 설치할 것
이 경우 제1석유류(온도 20℃의 물 100g에 용해되는 양이 1g 미만의 것에 한한다)를 저장 또는 취급하는 장소에는 집유설비에 유분리장치를 설치할 것

유분리장치를 해야 하는 제1석유류 : 벤젠, 톨루엔, 휘발유

6 옥외저장소에 저장할 수 있는 위험물

(1) 제2류 위험물 중 유황, 인화성고체(인화점이 0℃ 이상인 것에 한함)

(2) 제4류 위험물 중 제1석유류(인화점이 0℃ 이상인 것에 한함), 제2석유류, 제3석유류, 제4석유류, 알코올류, 동식물유류

(3) 제6류 위험물

제8절 암반탱크저장소 위치 · 구조 및 설비 기준(시행규칙 제36조 관련)

1 설치기준

(1) 암반탱크저장소의 암반탱크는 다음 각 목의 기준에 의하여 설치해야 한다.
① 암반탱크는 암반투수계수가 1초당 10만분의 1m 이하인 천연암반 내에 설치할 것
② 암반탱크는 저장할 위험물의 증기압을 억제할 수 있는 지하수면 하에 설치할 것
③ 암반탱크의 내벽은 암반균열에 의한 낙반을 방지할 수 있도록 볼트 · 콘크리트 등으로 보강할 것

(2) 암반탱크는 다음 각 목의 기준에 적합한 수리조건을 갖추어야 한다.
① 암반탱크 내로 유입되는 지하수의 양은 암반 내의 지하수 충전량보다 적을 것
② 암반탱크의 상부로 물을 주입하여 수압을 유지할 필요가 있는 경우에는 수벽공을 설치할 것
③ 암반탱크에 가해지는 지하수압은 저장소의 최대운영압보다 항상 크게 유지할 것

2 지하수위 관측공의 설치

암반탱크저장소 주위에는 지하수위 및 지하수의 흐름 등을 확인·통제할 수 있는 관측공을 설치해야 한다.

3 계량장치

암반탱크저장소에는 위험물의 양과 내부로 유입되는 지하수의 양을 측정할 수 있는 계량구와 자동측정이 가능한 계량장치를 설치해야 한다.

4 배수시설

암반탱크저장소에는 주변 암반으로부터 유입되는 침출수를 자동으로 배출할 수 있는 시설을 설치하고 침출수에 섞인 위험물이 직접 배수구로 흘러 들어가지 아니하도록 유분리장치를 설치해야 한다.

5 펌프설비

암반탱크저장소의 펌프설비(암반탱크 내의 위험물을 출하하거나 침출수를 뽑아내기 위한 용도이다)는 점검 및 보수를 위하여 사람의 출입이 용이한 구조의 전용공동에 설치해야 한다. 다만, 액중펌프(펌프 또는 전동기를 저장탱크 또는 암반탱크 안에 설치하는 것을 말한다. 이하 같다)를 설치한 경우에는 그러하지 아니하다.

6 위험물 제조소 및 옥외탱크저장소에 관한 기준의 준용

(1) 암반탱크지장소에는 보기 쉬운 곳에 "위험물 암반탱크저장소"라는 표시를 한 표지와 방화에 관하여 필요한 사항을 게시한 게시판을 설치해야 한다.

(2) 암반탱크저장소의 압력계·안전장치, 정전기 제거설비, 배관 및 주입구의 설치에 관하여 이를 준용한다.

제10장 위험물 취급소

제1절 주유취급소 위치 · 구조 및 설비 기준

1 주유공지 및 급유공지

(1) 주유공지

주유취급소의 고정주유설비(현수식 포함)의 주위에는 주유를 받으려는 자동차 등이 출입할 수 있도록 너비 15m 이상, 길이 6m 이상의 콘크리트 등으로 포장한 공지를 보유할 것

(2) 급유공지

고정급유설비를 설치하는 경우에는 고정급유설비의 호스기기의 주위에 필요한 공지를 보유해야 한다.

(3) 공지의 바닥

공지의 바닥은 주위 지면보다 높게 하고, 그 표면을 적당하게 경사지게 하여 새어나온 기름 그 밖의 액체가 공지의 외부로 유출되지 아니하도록 배수구 · 집유설비 및 유분리장치를 해야 한다.

2 주유취급소 표지 및 게시판

(1) 표지 및 게시판 : 제조소와 동일함

(2) 주유중엔진정지

황색바탕에 흑색문자로 "주유중엔진정지"라는 표시를 한 게시판을 설치

3 탱크설치

전용탱크 및 간이탱크		전용탱크	• 전용탱크 1기 용량 – 고정주유설비의 5만L 이하 – 고정급유설비의 5만L 이하 • 보일러 등에 직접 접속하는 전용탱크 : 1만L 이하
		폐유탱크 등	폐유탱크 등의 용량의 합계 : 2,000L 이하

전용탱크 및 간이탱크		간이탱크	간이탱크 1기의 용량 : 600L 이하
		이동탱크	• 5천 리터 이하 • 상시주차장소를 주유공지 또는 급유공지 외의 장소에 확보 • 해당 주유취급소의 위험물의 저장·취급에 관계된 것에 한함

4 탱크설치 위치

탱 크	탱크의 용량	설치위치
자동차 주유를 위한 고정주유설비에 직접 접속하는 전용탱크	50,000L 이하	옥외의 지하 또는 캐노피(기둥으로 받치거나 매달아 놓은 덮개) 아래 지하에 매설 (기둥 하부 제외)
고정급유설비에 직접 접속하는 전용탱크	50,000L 이하	
보일러 등에 직접 접속하는 전용탱크	10,000L 이하 (1,000L 초과 한함)	
자동차 등을 점검·정비하는 작업장 등에서 사용하는 폐유·윤활유 등의 위험물을 저장하는 탱크(폐유탱크 등)	2,000L 이하 (1,000L 초과 한함)	
해당 주유취급소의 위험물의 저장·취급에 관계된 이동탱크저장소	상시주차장소를 주유공지 또는 급유공지 외의 장소에 확보	

5 고정주유설비

(1) 주유취급소에는 자동차 등의 연료탱크에 직접 주유하기 위한 고정주유설비를 설치

(2) 고정주유설비 또는 고정급유설비는 탱크 중 하나의 탱크만으로부터 위험물을 공급받을 수 있도록 할 것

(3) 펌프설비의 주유관 끝부분에서의 최대 배출량

유종 구분	배출량
제1석유류	50L/min 이하
등 유	80L/min 이하
경 유	180L/min 이하
이동저장탱크에 주입용 펌프설비의 최대배출량 ※ 분당배출량이 200L 이상인 경우 : 배관의 안지름을 40mm 이상	300L/min 이하

(4) 이동저장탱크의 상부를 통하여 주입하는 고정급유설비의 주유관에는 해당 탱크의 밑부분에 달하는 주입관을 설치하고, 그 배출량이 분당 80L를 초과하는 것은 이동저장탱크에 주입하는 용도로만 사용할 것

(5) 고정주유설비 또는 고정급유설비는 난연성 재료로 만들어진 외장을 설치할 것

(6) 고정주유설비 또는 고정급유설비의 주유관의 길이 5m 이내로 할 것. 다만, 현수식의 경우 지면 위 0.5m의 수평면에서 반경 3m 이내로 한다.

(7) **고정주유설비 또는 고정급유설비의 설치기준**
- 고정주유설비 주유 : 도로경계선까지 4m 이상, 부지경계선 · 담 및 건축물의 벽까지 2m(개구부가 없는 벽 1m) 이상
- 고정급유설비 급유 : 도로경계선까지 4m 이상, 부지경계선 · 담 1m, 건축물의 벽까지 2m(개구부가 없는 벽 1m) 이상

(8) **고정주유설비와 고정급유설비의 사이에는 4m 이상의 거리를 유지할 것**

<table>
<tr><th>구 분</th><th>도로경계선</th><th>부지경계선</th><th>담</th><th>건축물의 벽</th><th>상호 간</th></tr>
<tr><td>고정주유설비</td><td>4m 이상</td><td>2m 이상</td><td>2m 이상</td><td rowspan="2">2m 이상(개구부 없는 벽 1m)</td><td rowspan="2">4m 이상</td></tr>
<tr><td>고정급유설비</td><td>4m 이상</td><td>1m 이상</td><td>1m 이상</td></tr>
</table>

(9) 고정주유설비 또는 고정급유설비의 본체 또는 노즐 손잡이에 주유작업자의 인체에 축적되는 정전기를 유효하게 제거할 수 있는 장치를 설치할 것

6 주유취급소에 설치할 수 있는 건축물

(1) 주유 또는 등유 · 경유를 채우기 위한 작업장

(2) 주유취급소의 업무를 행하기 위한 사무소

(3) 자동차 등의 점검 및 간이정비를 위한 작업장

(4) 자동차 등의 세정을 위한 작업장

(5) 주유취급소에 출입하는 사람을 대상으로 한 점포 · 휴게음식점 또는 전시장

(6) 주유취급소의 관계자가 거주하는 주거시설

(7) 전기자동차용 충전설비(전기를 동력원으로 하는 자동차에 직접 전기를 공급하는 설비를 말한다. 이하 같다)

(8) 그 밖의 소방청장이 정하여 고시하는 건축물 또는 시설

※ 직원 이외의 자가 출입하는 (2), (3), (5) 용도면적의 합은 1,000m^2 이내로 한다.

7 주유취급소의 건축물 구조

구분		건축물의 구조
벽, 기둥, 바닥, 보 및 지붕		내화구조 또는 불연재료 (사무소+점검 및 간이정비를 위한 작업장+점포 · 휴게음식점 · 전시장의 면적의 합이 500m^{2}를 초과하는 경우에는 벽을 내화구조로 해야 함)
창 및 출입구		방화문 또는 불연재료로 된 문을 설치할 것 (사무소+점검 및 간이정비를 위한 작업장+점포 · 휴게음식점 · 전시장의 면적의 합이 500m^{2}를 초과하는 주유취급소로서 하나의 구획실의 면적이 500m^{2}를 초과하거나 2층 이상의 층에 설치한 경우에는 해당 구획실 또는 해당 층의 2면 이상의 벽에 각각 출입구를 설치)
		유리를 사용하는 경우 : 망입유리 또는 강화유리(두께 : 창 8mm, 출입구 12mm)
자동차 점검 · 정비장		고정주유설비로부터 4m 이상, 도로경계선으로부터 2m 이상 떨어지게 할 것
자동차세정 작업장	증기세차기	• 불연재료로 된 높이 1m 이상 담 설치 • 출입구가 고정주유설비에 면하지 않도록 할 것 • 담은 고정주유설비로부터 4m 이상 떨어지게 할 것
	증기세차기 이외의 세차기	고정주유설비로부터 4m 이상, 도로경계선으로부터 2m 이상 떨어지게 할 것
주유원 간이 대기실		• 불연재료로 할 것 • 바퀴가 부착되지 아니한 고정식일 것 • 차량의 출입 및 주유작업에 장애를 주지 아니하는 위치에 설치할 것 • 바닥면적이 2.5m^2 이하일 것. 단, 주유공지 및 급유공지 이외 장소는 해당 없음

8 옥내주유취급소

(1) 건축물 안에 설치하는 주유취급소

(2) 캐노피 · 처마 · 차양 · 부연 · 발코니 및 루버의 수평투영면적이 주유취급소의 공지면적(주유취급소의 부지면적에서 건축물 중 벽 및 바닥으로 구획된 부분의 수평투영면적을 뺀 면적을 말한다)의 3분의 1을 초과하는 주유취급소

9 주유취급소의 담 또는 벽

(1) 주유취급소의 주위에는 자동차 등이 출입하는 쪽 외의 부분에 높이 2m 이상의 내화구조 또는 불연재료의 담 또는 벽을 설치 할 것

(2) 담 또는 벽의 일부분에 방화상 유효한 구조의 유리를 부착할 수 있는 기준
① 유리를 부착하는 위치는 주입구, 고정주유설비 및 고정급유설비로부터 4m 이상 거리를 둘 것
② 유리를 부착하는 방법은 다음의 기준에 모두 적합할 것

㉠ 주유취급소 내의 지반면으로부터 70cm를 초과하는 부분에 한하여 유리를 부착할 것
㉡ 하나의 유리판의 가로의 길이는 2m 이내일 것
㉢ 유리판의 테두리를 금속제의 구조물에 견고하게 고정하고 해당 구조물을 담 또는 벽에 견고하게 부착할 것
㉣ 유리의 구조는 접합유리(두 장의 유리를 두께 0.76mm 이상의 폴리바이닐부티랄 필름으로 접합한 구조를 말한다)로 하되, 「유리구획 부분의 내화시험방법(KS F 2845)」에 따라 시험하여 비차열 30분 이상의 방화성능이 인정될 것

③ 유리를 부착하는 범위는 전체의 담 또는 벽의 길이의 10분의 2를 초과하지 아니할 것

10 캐노피의 설치 기준

(1) 배관이 캐노피 내부를 통과할 경우에는 1개 이상의 점검구를 설치할 것

(2) 캐노피 외부의 점검이 곤란한 장소에 배관을 설치하는 경우에는 용접이음으로 할 것

(3) 캐노피 외부의 배관이 일광열의 영향을 받을 우려가 있는 경우에는 단열재로 피복할 것

11 펌프실 등의 구조

(1) 바닥은 위험물이 침투하지 아니하는 구조로 하고 적당한 경사를 두어 집유설비를 설치할 것

(2) 펌프실 등에는 위험물을 취급하는 데 필요한 채광·조명 및 환기의 설비를 할 것

(3) 가연성증기가 체류할 우려가 있는 펌프실 등에는 그 증기를 옥외에 배출하는 설비를 설치할 것

(4) 고정주유설비 또는 고정급유설비 중 펌프기기를 호스기기와 분리하여 설치하는 경우에는 펌프실의 출입구를 주유공지 또는 급유공지에 접하도록 하고, 자동폐쇄식의 60분방화문을 설치할 것

(5) 펌프실 등의 표지 및 게시판

① "위험물 펌프실", "위험물 취급실"이라는 표지를 설치
㉠ 표지의 크기 : 한변의 길이 0.3m 이상, 다른 한변의 길이 0.6m 이상
㉡ 표지의 색상 : 백색바탕에 흑색 문자

② 방화에 관하여 필요한 사항을 게시한 게시판 : 제조소와 동일함

(6) 출입구에는 바닥으로부터 0.1m 이상의 턱을 설치할 것

12 고속국도 주유취급소의 특례

고속국도의 도로변에 설치된 주유취급소의 탱크의 용량 : 60,000L 이하

13 고객이 직접 주유하는 주유취급소의 특례

(1) 셀프용 고정주유설비의 기준은 다음의 각 목과 같다.

① 주유호스의 끝부분에 수동개폐장치를 부착한 주유노즐을 설치할 것. 다만, 수동개폐장치를 개방한 상태로 고정시키는 장치가 부착된 경우에는 다음의 기준에 적합해야 한다.

㉠ 주유작업을 개시함에 있어서 주유노즐의 수동개폐장치가 개방상태에 있는 때에는 해당 수동개폐장치를 일단 폐쇄시켜야만 다시 주유를 개시할 수 있는 구조로 할 것

㉡ 주유노즐이 자동차 등의 주유구로부터 이탈된 경우 주유를 자동적으로 정지시키는 구조일 것

② 주유노즐은 자동차 등의 연료탱크가 가득 찬 경우 자동적으로 정지시키는 구조일 것

③ 주유호스는 200kg 중 이하의 하중에 의하여 깨져 분리되거나 이탈되어야 하고, 깨져 분리되거나 이탈된 부분으로부터의 위험물 누출을 방지할 수 있는 구조일 것

④ 휘발유와 경유 상호 간의 오인에 의한 주유를 방지할 수 있는 구조일 것

⑤ 1회의 연속주유량 및 주유시간의 상한을 미리 설정할 수 있는 구조일 것. 이 경우 주유량의 상한은 휘발유는 100L 이하, 경유는 200L 이하로 하며, 주유시간의 상한은 4분 이하로 한다.

(2) 셀프용 고정급유설비의 기준은 다음 각 목과 같다.

① 급유호스의 끝부분에 수동개폐장치를 부착한 급유노즐을 설치할 것

② 급유노즐은 용기가 가득찬 경우에 자동적으로 정지시키는 구조일 것

③ 1회의 연속급유량 및 급유시간의 상한을 미리 설정할 수 있는 구조일 것. 이 경우 급유량의 상한은 100L 이하, 급유시간의 상한은 6분 이하로 한다.

(3) 셀프용 고정주유설비 또는 셀프용 고정급유설비의 주위에는 다음 각 목에 의하여 표시를 해야 한다.

① 셀프용 고정주유설비 또는 셀프용 고정급유설비의 주위의 보기 쉬운 곳에 고객이 직접 주유할 수 있다는 의미의 표시를 하고 자동차의 정차위치 또는 용기를 놓는 위치를 표시할 것

② 주유호스 등의 직근에 호스기기 등의 사용방법 및 위험물의 품목을 표시할 것

③ 셀프용 고정주유설비 또는 셀프용 고정급유설비와 셀프용이 아닌 고정주유설비 또는 고정급유설비를 함께 설치하는 경우에는 셀프용이 아닌 것의 주위에 고객이 직접 사용할 수 없다는 의미의 표시를 할 것

(4) 고객에 의한 주유작업을 감시・제어하고 고객에 대한 필요한 지시를 하기 위한 감시대와 필요한 설비를 다음 각 목의 기준에 의하여 설치해야 한다.

① 감시대는 모든 셀프용 고정주유설비 또는 셀프용 고정급유설비에서의 고객의 취급작업을 직접 볼 수 있는 위치에 설치할 것

② 주유 중인 자동차 등에 의하여 고객의 취급작업을 직접 볼 수 없는 부분이 있는 경우에는 해당 부분의 감시를 위한 카메라를 설치할 것

③ 감시대에는 모든 셀프용 고정주유설비 또는 셀프용 고정급유설비로의 위험물 공급을 정지시킬 수 있는 제어장치를 설치할 것

④ 감시대에는 고객에게 필요한 지시를 할 수 있는 방송설비를 설치할 것

14 자가용 주유취급소의 특례

주유취급소의 관계인이 소유・관리 또는 점유한 자동차 등에 대하여만 주유하기 위하여 설치하는 자가용 주유취급소에 대하여는 주유공지 및 급유공지의 규정을 적용하지 아니한다.

제2절 판매취급소 위치・구조・설비 기준

<table>
<tr><th colspan="2">구 분</th><th colspan="2">제1종 판매취급소</th><th colspan="2">제2종 판매취급소</th></tr>
<tr><td colspan="2">분류기준</td><td colspan="2">저장・취급수량이 지정수량 20배 이하</td><td colspan="2">저장・취급수량이 지정수량 20배 초과 40배 이하</td></tr>
<tr><td colspan="2">설치 위치</td><td colspan="4">건축물의 1층</td></tr>
<tr><td colspan="2">표지・게시판</td><td colspan="4">제조소의 기준을 준용</td></tr>
<tr><td rowspan="10">건축물구조</td><td>벽, 기둥</td><td colspan="2">불연재료 또는 내화구조</td><td colspan="2">내화구조</td></tr>
<tr><td>바 닥</td><td colspan="2">내화구조</td><td colspan="2">내화구조</td></tr>
<tr><td>격 벽</td><td colspan="2">내화구조</td><td colspan="2">내화구조</td></tr>
<tr><td>보</td><td colspan="2">불연재료</td><td colspan="2">내화구조</td></tr>
<tr><td rowspan="2">지 붕</td><td>상층이 있는 경우</td><td>상층이 없는 경우</td><td>상층이 있는 경우</td><td>상층이 없는 경우</td></tr>
<tr><td>상층의 바닥을 내화구조</td><td>불연재료 또는 내화구조</td><td>상층의 바닥을 내화구조</td><td>내화구조</td></tr>
<tr><td>천 장</td><td colspan="2">불연재료</td><td colspan="2">불연재료</td></tr>
<tr><td>유 리</td><td colspan="2">망입유리</td><td colspan="2">망입유리</td></tr>
<tr><td>연소우려 있는 벽, 창의 출입구</td><td colspan="2"></td><td colspan="2">자동폐쇄식 60분방화문</td></tr>
</table>

배합실 기준	• 바닥면적은 6m^2 이상 15m^2 이하로 할 것 • 내화구조 또는 불연재료로 된 벽으로 구획할 것 • 바닥은 위험물이 침투하지 아니하는 구조로 하여 적당한 경사를 두고 집유설비를 할 것 • 출입구에는 수시로 열 수 있는 자동폐쇄식의 60분방화문을 설치할 것 • 출입구 문턱의 높이는 바닥면으로부터 0.1m 이상으로 할 것 • 내부에 체류한 가연성의 증기 또는 가연성의 미분을 지붕 위로 방출하는 설비를 할 것
취급기준	• 판매취급소에서는 도료류, 제1류 위험물 중 염소산염류 및 염소산염류만을 함유한 것, 유황 또는 인화점이 38℃ 이상인 제4류 위험물을 배합실에서 배합하는 경우 외에는 위험물을 배합하거나 옮겨 담는 작업을 하지 아니할 것 • 위험물은 위험물의 운반에 관한 기준에 따른 운반용기에 수납한 채로 판매할 것 • 판매취급소에서 위험물을 판매할 때에는 위험물이 넘치거나 비산하는 계량기(액용되를 포함한다)를 사용하지 아니할 것

제3절 이송취급소 위치 · 구조 및 설비 기준

구분	설치장소
설치할 수 없는 장소	• 철도 및 도로의 터널 안 • 고속국도 및 자동차전용도로의 차도 · 갓길 및 중앙분리대 • 호수 · 저수지 등으로서 수리의 수원이 되는 곳 • 급경사지역으로서 붕괴의 위험이 있는 지역
설치장소	• 위 설치할 수 없는 장소 이외의 장소 • 위 설치할 수 없는 장소라도 지형상황 등 부득이한 사유가 있고 안전에 필요한 조치를 하는 경우 • 고속국도 및 자동차전용도로에 횡단하여 설치하는 경우 • 호수 · 저수지 등으로서 수리의 수원이 되는 곳에 횡단하여 설치하는 경우

2 배관설치의 기준

(1) 지하매설

① 다음의 안전거리를 둘 것

안전거리 확보 대상	안전거리
건축물	1.5m 이상
지하가 및 터널(누설확산방지조치를 한 경우 1/2)	10m 이상
수도시설(누설확산방지조치를 한 경우 1/2)	300m 이상

② 배관은 그 외면으로부터 다른 공작물에 대하여 0.3m 이상의 거리를 보유할 것. 다만, 공작물의 보전을 위하여 필요한 조치를 하는 경우 예외

③ 배관의 외면과 지표면과의 거리는 산이나 들에 있어서는 0.9m 이상, 그 밖의 지역에 있어서는 1.2m 이상으로 할 것. 다만, 방호구조물 안에 설치한 경우 예외

④ 배관의 하부에는 사질토 또는 모래로 20cm(자동차 등의 하중이 없는 경우에는 10cm)이상, 배관의 상부에는 사질토 또는 모래로 30cm(자동차 등의 하중에 없는 경우에는 20cm) 이상 채울 것

(2) 지상설치

① 배관[이송기지의 구내에 설치되어진 것을 제외]은 다음의 기준에 의한 안전거리를 둘 것

안전거리 확보 대상	안전거리
철도 또는 도로의 경계선	25m 이상
주택 또는 철도 또는 도로의 경계선, 수도시설과 유사한 시설 중 다수의 사람이 출입하거나 근무하는 곳	
고압가스, 액화석유가스, 도시가스를 저장 또는 취급하는 시설	35m 이상
학교・병원급 의료기관	45m 이상
공연장・영화상영관 및 유사시설로 300명 이상 수용 가능한 시설	
아동복지시설, 노인복지시설, 장애인복지시설, 한부모가족복지시설, 어린이집, 성매매피해자 등을 위한 지원시설, 정신건강증진시설, 그 밖에 이와 유사한 시설로서 20명 이상의 인원을 수용할 수 있는 것	
국토계획법의 공공공지, 도시공원법의 도시공원	
판매시설, 숙박시설, 위락시설 등 불특정 다수인을 수용하는 시설 중 연면적 1,000m^2 이상인 것	
1일 평균 20,000명 이상 이용하는 기차역, 버스터미널	
유형문화재와 기념물 중 지정문화재	65m 이상
수도시설 중 위험물이 유입될 가능성이 있는 것	300m 이상

암기 TIP

제조소의 안전거리 기준 + 15

② 배관(이송기지의 구내에 설치된 것을 제외)의 양측면으로부터 해당 배관의 최대상용압력에 따라 다음 표에 의한 너비의 공지를 보유할 것

배관의 최대상용압력	공지의 너비
0.3MPa 미만	5m 이상
0.3MPa 이상 1MPa 미만	9m 이상
1MPa 이상	15m 이상

③ 철근콘크리트조 또는 이와 동등 이상의 내화성이 있는 지지물에 의하여 지지되도록 할 것

④ 자동차・선박 등의 충돌에 의하여 배관 또는 그 지지물이 손상을 받을 우려가 있는 경우에는 견고하고 내구성이 있는 보호설비를 설치할 것

3 기타 설비 등

(1) 긴급차단밸브 설치 기준

① 배관에는 다음의 기준에 의하여 긴급차단밸브를 설치할 것

밸브 설치장소별	설치위치
시가지에 설치하는 경우	약 4km의 간격
산림지역에 설치하는 경우	약 10km의 간격
해상 또는 해저를 통과하여 설치하는 경우	통과하는 부분의 양 끝
하천·호소 등을 횡단하여 설치하는 경우	횡단하는 부분의 양 끝
도로 또는 철도를 횡단하여 설치하는 경우	횡단하는 부분의 양 끝

② 긴급차단밸브는 다음의 기능이 있을 것

㉠ 원격조작 및 현지조작에 의하여 폐쇄되는 기능

㉡ 누설검지장치에 의하여 이상이 검지된 경우에 자동으로 폐쇄되는 기능

③ 긴급차단밸브는 그 개폐상태가 해당 긴급차단밸브의 설치장소에서 용이하게 확인될 수 있을 것

④ 긴급차단밸브를 지하에 설치하는 경우에는 긴급차단밸브를 점검상자 안에 유지할 것

⑤ 해당 긴급차단밸브의 관리에 관계하지 않는 자가 수동으로 개폐할 수 없도록 할 것

(2) 경보설비

① 이송기지에는 비상벨장치 및 확성장치를 설치할 것

② 가연성증기를 발생하는 위험물을 취급하는 펌프실 등에는 가연성증기 경보설비를 설치할 것

(3) 순찰차의 배치 및 기자재 창고설치기준

구분	설치기준
순찰차	• 배관계의 안전관리상 필요한 장소에 둘 것 • 평면도·종횡단면도 그 밖에 배관 등의 설치상황을 표시한 도면, 가스탐지기, 통신장비, 휴대용조명기구, 응급누설방지기구, 확성기, 방화복(또는 방열복), 소화기, 경계로프, 삽, 곡괭이 등 점검·정비에 필요한 기자재를 비치할 것
기자재창고	• 이송기지, 배관경로(5km 이하 제외)의 5km 이내마다의 방재상 유효한 장소 및 주요한 하천·호소·해상·해저를 횡단하는 장소의 근처에 각각 설치할 것 • 3%로 희석하여 사용하는 포소화약제 400L 이상, 방화복(또는 방열복) 5벌 이상, 삽 및 곡괭이 각 5개 이상 • 유출한 위험물을 처리하기 위한 기자재 및 응급조치를 위한 기자재

제4절 일반취급소 위치 · 구조 및 설비 기준

1 일반취급소 특례기준 정리

일반취급소 특례	용도(건축물에 설치한 것에 한함)	취급 위험물	지정수량 배수
분무도장작업 등의 일반취급소	도장, 인쇄, 도포	제2류, 제4류(특수인화물류 제외)	30배 미만
세정작업의 일반취급소	세 정	40℃ 이상의 제4류	30배 미만
열처리작업 등의 일반취급소	열처리작업 또는 방전가공	70℃ 이상의 제4류	30배 미만
보일러 등으로 위험물을 소비하는 일반취급소	보일러, 버너 등으로 소비	38℃ 이상의 제4류	30배 미만
충전하는 일반취급소	이동저장탱크에 액체위험물을 주입(액체위험물을 용기에 옮겨 담는 취급소 포함)	액체위험물 (알킬알루미늄 등, 아세트알데히드 등, 히드록실아민 등 제외)	제한 없음
옮겨 담는 일반취급소	고정급유설비로 위험물을 용기에 옮겨 담거나 4,000L 이하의 이동탱크에 주입	38℃ 이상의 제4류	40배 미만
유압장치 등을 설치하는 일반취급소	위험물을 이용한 유압장치 또는 윤활유 순환	고인화점 위험물만을 100℃ 미만의 온도로 취급하는 것에 한함	50배 미만
절삭장치 등을 설치하는 일반취급소	절삭유 위험물을 이용한 절삭, 연삭 등	고인화점 위험물만을 100℃ 미만의 온도로 취급하는 것에 한함	30배 미만
열매체유 순환장치를 설치하는 일반취급소	위험물 외의 물건을 가열	고인화점 위험물에 한함	30배 미만
화학실험의 일반취급소	화학실험을 위하여 위험물 취급		30배 미만

암기 TIP

분세열이 유절열에게 보충옮은 화학실험의 일반취급소에서 이루어진다.

제11장 소방시설 설치기준

제1절 소화설비, 경보설비 및 피난설비의 기준

1 소화설비

(1) 소화난이도 등급

<table>
<tr><th>제조소등 구분</th><th>소화난이도 I등급</th><th>소화난이도 II등급</th><th>소화난이도 III등급</th></tr>
<tr><td>제조소
일반취급소</td><td>① **연면적 1,000m² 이상**
② 지정수량 100배 이상
③ 처마의 높이가 6m 이상
④ 일반취급소로 사용되는 부분 이외의 부분을 가진 건축물에 설치된 것</td><td>① 연면적 600m² 이상
② 지정수량 10배 이상 100배 미만
③ 분, 세, 열, 보, 유, 절, 열ㆍ화의 일반취급소로서 I등급에 해당하지 않은 것</td><td rowspan="2">① 염소산염류ㆍ과염소산염류ㆍ질산염류ㆍ유황ㆍ철분ㆍ금속분ㆍ마그네슘ㆍ질산에스테르류ㆍ니트로화합물 중 화약류에 해당하는 위험물을 저장하는 것
② 화약류의 위험물외의 것을 취급하는 것으로 소화난이도 I, II등급 이외의 것</td></tr>
<tr><td>옥내저장소</td><td>① **연면적 150m² 초과**
② **지정수량 150배 이상**
③ 처마의 높이가 6m 이상인 단층건물
④ 옥내저장소로 사용되는 부분 이외의 부분을 가진 건축물에 설치된 것</td><td>① 단층건물 이외의 것
② 다층 및 소규모 옥내저장소
③ 지정수량 10배 이상 150배 미만
④ 연면적 150m² 초과인 것
⑤ 복합용도 옥내저장소로서 소화난이도 I등급 외의 제조소등인 것</td></tr>
<tr><td>옥외저장소</td><td>① 100m² 이상(덩어리(괴상)의 유황을 저장하는 경계표시 내부면적)
② 인화점이 21도 미만인 인화성고체, 제1석유류, 알코올류를 저장하는 것으로 지정수량 100배 이상</td><td>① 경계표시 내부면적 5~100m² (유황)
② 인화점이 21도 미만인 인화성고체, 제1석유류, 알코올류를 저장하는 것으로 지정수량 10배 이상 ~ 100배 미만
③ 지정수량 100배 이상(나머지)</td><td>① 유황 저장하는 경계표시 내부면적 5m² 미만
② 옥내주유취급소 외의 것으로서 소화난이도 I, II등급 이외의 것</td></tr>
<tr><td>옥외탱크
저장소</td><td>① 지중탱크, 해상탱크로서 지정수량 100배 이상
② 고체위험물을 저장하는 것으로 지정수량 100배 이상
③ 탱크상단까지 높이 6m 이상
④ 액표면적 40m² 이상</td><td rowspan="2">소화난이도 I등급 외의 제조소(고인화점위험물을 100℃ 미만으로 저장하는 것 및 6류 위험물만 저장하는 것은 제외)</td><td rowspan="2"></td></tr>
<tr><td>옥내탱크
저장소</td><td>① 탱크상단까지 높이 6m 이상
② 액표면적 40m² 이상
③ 탱크전용실이 단층건물 외의 건축물에 있는 것으로서 인화점이 38℃ 이상 70℃ 미만을 지정수량 5배 이상 저장하는 것</td></tr>
</table>

암반탱크 저장소	① 액표면적 $40m^2$ 이상 ② 고체위험물을 저장하는 것으로 지정수량 100배 이상		
이송취급소	모든 대상		
주유취급소	주유취급소의 업무를 행하기 위한 사무소, 자동차 등의 점검 및 간이정비를 위한 작업장 및 주유취급소에 출입하는 사람을 대상으로 한 점포·휴게음식점 또는 전시장의 면적의 합이 $500m^2$를 초과하는 것	옥내주유취급소로서 소화난이도 Ⅰ등급의 제조소등에 해당하지 아니하는 것	옥내주유취급소 외의 것으로서 소화난이도 Ⅰ등급의 제조소등에 해당하지 아니하는 것
판매취급소		제2종 판매취급소	제1종 판매취급소
지하, 이동, 간이			모든 대상

- 소화난이도 Ⅰ등급 중 지정수량 100배 이상 : 제조소, 일반취급소, 옥외저장소, 옥외탱크저장소, 암반탱크저장소(옥내저장소 – 지정수량 150배 이상)
- 높이 6m 이상 : 제조소, 옥내저장소, 옥내탱크저장소, 옥외탱크저장소
- 알킬알루미늄을 저장, 취급하는 이동탱크저장소는 자동차용 소화기를 설치하는 것 외에 마른모래나 팽창질석 또는 팽창진주암을 추가로 설치한다.

(2) 소화난이도 Ⅰ등급의 제조소등에 설치하는 소화설비

제조소등의 구분		소화설비
제조소, 일반취급소, 옥외저장소, 이송취급소		옥내소화전설비, 옥외소화전설비, 스프링클러설비 또는 물분무 등 소화설비(이동식 이외)
옥내 저장소	처마높이가 6m 이상인 단층 또는 복합용도의 옥내저장소	스프링클러설비 또는 물분무 등 소화설비(이동식 이외)
	그 밖의 것	옥외소화전설비, 스프링클러설비, 이동식 외의 물분무 등 소화설비 또는 이동식 포소화설비
옥외탱크 저장소, 암반탱크 저장소	유황만을 저장 취급하는 것	물분무소화설비
	인화점 70℃ 이상의 제4류 위험물만을 저장 취급하는 것	고정식 포소화설비, 물분무소화설비
	그 밖의 것	고정식 포소화설비(적응성 없는 경우 분말소화설비)
옥내 탱크 저장소	유황만을 저장 취급하는 것	물분무소화설비
	인화점 70℃ 이상의 제4류 위험물	고정식 포소화설비, 물분무소화설비, 이동식 이외의 불활성가스소화설비, 분말소화설비, 할로겐화합물소화설비
	그 밖의 것	고정식 포소화설비, 이동식 이외의 불활성가스소화설비, 분말소화설비, 할로겐화합물소화설비
옥외탱크 저장소	지중탱크	고정식 포소화설비, 이동식 이외의 불활성가스소화설비, 할로겐화합물소화설비
	해상탱크	고정식 포소화설비, 물분무소화설비, 이동식 이외의 불활성가스소화설비, 할로겐화합물소화설비
주유취급소		스프링클러설비(건축물에 한정), 소형수동식소화기 등

(3) 소화난이도 II등급의 제조소등에 설치하는 소화설비

제조소등의 구분	소화설비
제조소 옥내저장소 옥외저장소 주유취급소 판매취급소 일반취급소	방사능력범위 내에 해당 건축물, 그 밖의 공작물 및 위험물이 포함되도록 대형수동식소화기를 설치하고, 해당 위험물의 소요단위의 1/5 이상에 해당되는 능력단위의 소형수동식소화기 등을 설치할 것
옥외탱크저장소 옥내탱크저장소	대형수동식소화기 및 소형수동식소화기 등을 각각 1개 이상 설치할 것

(4) 소화난이도 III등급의 제조소등에 설치하는 소화설비

제조소등의 구분	소화설비	설치기준	
지하탱크 저장소	소형수동식 소화기 등	능력단위의 수치가 3 이상	2개 이상
이동탱크 저장소	자동차용 소화기	무상의 강화액 8L 이상	2개 이상
		이산화탄소 3.2kg 이상	
		일브롬화일염화이플루오르화메탄(CF_2ClBr) 2L 이상	
		일브롬화삼플루오르화메탄(CF_3Br) 2L 이상	
		이브롬화사플루오르화에탄($C_2F_4Br_2$) 1L 이상	
		소화분말 3.3kg 이상	
	마른모래 및 팽창질석 또는 팽창진주암	마른모래 150L 이상(1.5단위)	
		팽창질석 또는 팽창진주암 640L 이상(4단위)	
그 밖의 제조소등	소형수동식 소화기 등	능력단위의 수치가 건축물 그 밖의 공작물 및 위험물의 소요단위의 수치에 이르도록 설치할 것. 다만, 옥내소화전설비, 옥외소화전설비, 스프링클러설비, 물분무 등 소화설비 또는 대형수동식소화기를 설치한 경우에는 해당 소화설비의 방사능력범위 내의 부분에 대하여는 수동식소화기 등을 그 능력단위의 수치가 해당 소요단위의 수치의 1/5 이상이 되도록 하는 것으로 족하다.	

(5) 소화설비 설치기준

① 제조소등에 설치된 전기설비(배선, 조명기구 제외) : 면적 $100m^2$당 소형수동식소화기를 1개 이상 설치

② 소요단위 및 능력단위

㉠ 소요단위 : 소화설비 설치 대상이 되는 건축물 그 밖의 공작물의 규모 또는 위험물 양의 기준단위

㉡ 능력단위 : ㉠ 소요단위에 대응하는 소화설비의 소화능력의 기준 단위

③ 소요단위의 계산방법

구 분	제조소등	건축물의 구조	소요단위
건축물의 규모기준	제조소 또는 취급소의 건축물	외벽이 내화구조	$100m^2$
		외벽이 내화구조가 아닌 것	$50m^2$
	저장소의 건축물	외벽이 내화구조	$150m^2$
		외벽이 내화구조가 아닌 것	$75m^2$
	옥외에 설치된 공작물	내화구조로 간주 (공작물의 최대수평투영면적 기준)	제조소·일반취급소 : $100m^2$ 저장소 : $150m^2$
위험물 기준	지정수량 10배마다 1단위		

④ 소화설비의 능력단위

㉠ 수동식소화기의 능력단위는 수동식소화기의 형식승인 및 검정기술기준에 의하여 형식승인 받은 수치로 할 것

㉡ 기타 소화설비의 능력단위는 다음의 표에 의할 것

소화설비	용 량	능력단위
소화전용(轉用)물통	8L	0.3
수조(소화전용물통 3개 포함)	80L	1.5
수조(소화전용물통 6개 포함)	190L	2.5
마른 모래(삽 1개 포함)	50L	0.5
팽창질석 또는 팽창진주암(삽 1개 포함)	160L	1.0

⑤ 옥내소화전 설치기준

내 용	제조소등 설치기준	특정 소방대상물 설치기준
설치위치 설치개수	• 수평거리 25m 이하 • 각 층의 출입구 부근에 1개 이상 설치	수평거리 25m 이하
수원량	• Q = N(가장 많이 설치된 층의 설치개수 : 최대 5개) × $7.8m^3$ • 최대 = 260L/min × 30분 × 5 = $39m^3$	• Q = N(가장 많이 설치된 층의 설치개수 : 최대 2개) × $2.6m^3$ • 최대 = 130L/min × 20분 × 5 = $13m^3$
방수압력	350kPa 이상	0.17MPa 이상
방수량	260L/min	130L/min
비상전원	• 용량 : 45분 이상 • 자가발전설비 또는 축전지설비	• 용량 : 20분 이상 • 설치대상 – 지하층을 제외한 7층 이상으로서 연면적 $2,000m^2$ 이상 – 지하층의 바닥면적의 합계가 $3,000m^2$ 이상

※ 옥내소화설비 세부기준은 위험물 안전관리에 관한 세부기준 제129조 참조

⑥ 옥외소화전 설치기준 정리

내 용	제조소등 설치기준	특정 소방대상물 설치기준
설치위치 설치개수	• 수평거리 40m 이하마다 설치 • 설치개수가 1개인 경우 2개 설치	수평거리 40m 이하
수원량	• Q = N(설치개수 : 최대 4개) × 13.5m^3 • 최대 = 450L/min × 30분 × 4 = 54m^3	• Q = N(설치개수 : 최대 2개) × 7m^3 • 최대 = 350L/min × 20분 × 2 = 14m^3
방수압력	350kPa 이상	0.25MPa 이상
방수량	450L/min	350L/min
비상전원	용량은 45분 이상	20분 이상

⑦ 스프링클러설비 설치기준

내 용	제조소등 설치기준	특정 소방대상물 설치기준
설치위치 설치개수	• 천장 또는 건축물의 최상부 부근 • 수평거리 1.7m 이하 (살수밀도 기준 충족 : 2.6m 이하)	• 무대부, 특수가연물 : 1.7m 이하 • 랙크식창고 : 2.5m 이하 • 공동주택 : 3.2m 이하 • 이외 : 2.1m 이하(내화구조 : 2.3m 이하)
수원량	• 폐쇄형 Q = 30(30개 미만 : 설치개수) × 2.4m^3 • 최대 = 80L/min × 30분 × 30 = 72m^3	• Q = N(설치개수 : 최대30개) × 1.6m^3 • 최대 = 80L/min × 20분 × 30 = 48m^3
방수압력	100kPa 이상	0.1MPa 이상
방수량	80L/min	80L/min
비상전원	용량은 45분 이상	20분 이상

※ 스프링클러설비 세부기준은 위험물안전관리에 관한 세부기준 제131조 참조

⑧ 물분무소화설비 설치기준

구분	내용
설치헤드의 개수 · 배치	• 방호대상물의 모든 표면을 유효하게 소화할 수 있도록 설치할 것 • 방호대상물의 표면적 1m^2에 1분당 20L의 비율 비율로 계산한 수량을 표준방사량으로 방사할 수 있도록 설치할 것
방사구역	150m^2 이상(방호대상물의 표면적이 150m^2 미만의 경우 해당 표면적)
수원량	헤드개수가 가장 많은 구역 동시 사용할 경우 해당 방사구역의 표면적 1m^2당 20L/min 이상으로 30분 이상 방사가능한 양으로 설치할 것
방수압력 방수량	350kPa 이상으로 표준방사량을 방사할 수 있는 성능이 되도록 할 것
비상전원	비상전원설치(용량은 45분 이상)

※ 물분무소화설비 세부기준은 위험물안전관리에 관한 세부기준 제132조 참조

⑨ 포소화설비의 설치기준

고정식포 방출구 등	방호대상물의 형상, 구조, 성질, 수량 및 취급방법에 따라 표준방사량으로 화재를 유효하게 소화에 필요한 개수를 적당한 위치에 설치
이동포소화전	• 옥내포소화전 : 수평거리 25m 이하 • 옥외포소화전 : 수평거리 40m 이하 • 설치위치 : 화재발생 시 연기가 충만될 우려가 없는 장소 등 화재초기에 접근이 용이하고, 재해의 피해를 받을 우려가 없는 장소
수원의 수량 포소화약제량	• 방호대상물의 유효하게 소화할 수 있는 양 이상의 양으로 할 것 • 옥외공작물 및 옥외에 저장·취급 위험물을 방호하는 것
비상전원	용량 45분 이상

※ 포소화설비 세부기준은 위험물안전관리에 관한 세부기준 제133조 참조

⑩ 불활성가스 소화설비의 설치기준

해드의 개수·배치	• 전역방출방식 : 표준방사량으로 화재를 유효하게 소화에 필요한 개수를 적당한 위치에 설치 • 국소방출방식 : 방호대상물의 형상, 구조, 성질, 수량 및 취급방법에 따라 표준방사량으로 화재를 유효하게 소화에 필요한 개수를 적당한 위치에 설치
이동식의 호스접속구	• 수평거리 : 15m 이내 • 화재발생 시 연기가 충만될 우려가 없는 장소 등 화재초기에 접근이 용이하고, 재해의 피해를 받을 우려가 없는 장소
소화약제량	방호대상물의 화재를 유효하게 소화 가능한 양
예비동력원	전역·국소방출방식의 경우 비상전원 설치

※ 불활성가스소화설비 세부기준은 위험물안전관리에 관한 세부기준 제134조 참조

⑪ 할로겐화합물 소화설비의 설치기준 : 불활성가스소화설비 기준 준용

※ 세부 설치기준은 위험물안전관리에 관한 세부기준 제135조 참조

⑫ 분말소화설비의 설치기준 : 불활성가스소화설비 기준 준용

※ 세부 설치기준은 위험물안전관리에 관한 세부기준 제136조 참조

⑬ 수동식소화기 설치기준

대형 수동식 소화기	• 보행거리 30m 이하 • 옥내·외소화전, s/p, 물분무 등 소화설비와 함께 설치하는 경우에는 그렇지 않다.
소형 수동식 소화기	• 지하·간이·이동탱크저장소, 주유·판매취급소 : 유효하게 소화 가능한 위치에 설치 • 그 밖의 제조소등 : 보행거리 20m 이하 • 옥내·외소화전, s/p, 물분무 등, 대형수동식소화기와 함께 설치하는 경우에는 그렇지 않다.

(6) 경보설비 설치기준

① 제조소등별로 설치해야 하는 경보설비의 종류

제조소등의 구분	규모·저장 또는 취급하는 위험물의 종류 최대 수량 등	경보설비 종류
1. 제조소 일반취급소	• 연면적 500m² 이상인 것 • 옥내에서 지정수량 100배 이상을 취급하는 것 • 일반취급소 사용되는 부분 이외의 건축물에 설치된 일반취급소(복합용도 건축물의 취급소) : 내화구조로 구획된 것 제외	자동화재탐지설비
2. 옥내저장소	• 저장창고의 연면적 150m² 초과하는 것 • 지정수량 100배 이상(고인화점만은 제외) • 처마의 높이가 6m 이상의 단층건물의 것 • 복합용도 건축물의 옥내저장소	
3. 옥내탱크저장소	단층건물 이외의 건축물에 설치된 옥내탱크저장소로서 소화난이도 I 등급에 해당되는 것	
4. 주유취급소	옥내주유취급소	
5. 옥외탱크저장소	특수인화물, 제1석유류 및 알코올류를 저장 또는 취급하는 탱크의 용량이 1,000만리터 이상인 것	• 자동화재탐지설비 • 자동화재속보설비
1~5. 이외의 대상	지정수량 10배 이상 저장·취급하는 것	자동화재탐지설비, 비상경보비, 확성장치 또는 비상방송설비 중 1종 이상

② 자동화재탐지설비의 설치기준

㉠ 자동화재탐지설비의 경계구역은 건축물 그 밖의 공작물의 2 이상의 층에 걸치지 아니하도록 할 것

㉡ 하나의 경계구역의 면적은 600m² 이하로 하고 그 한변의 길이는 50m(광전식분리형 감지기를 설치할 경우에는 100m) 이하로 할 것

㉢ 자동화재탐지설비의 감지기(옥외탱크저장소에 설치하는 자동화재탐지설비의 감지기는 제외한다)는 지붕(상층이 있는 경우에는 상층의 바닥) 또는 벽의 옥내에 면한 부분(천장이 있는 경우에는 천장 또는 벽의 옥내에 면한 부분 및 천장의 뒷 부분)에 유효하게 화재의 발생을 감지할 수 있도록 설치할 것

㉣ 옥외탱크저장소에 설치하는 자동화재탐지설비의 감지기 설치기준

- 불꽃감지기를 설치할 것. 다만, 불꽃을 감지하는 기능이 있는 지능형 폐쇄회로텔레비전(CCTV)을 설치한 경우 불꽃감지기를 설치한 것으로 본다.
- 옥외저장탱크 외측과 별표6 Ⅱ에 따른 보유공지 내에서 발생하는 화재를 유효하게 감지할 수 있는 위치에 설치할 것
- 지지대를 설치하고 그 곳에 감지기를 설치하는 경우 지지대는 벼락에 영향을 받지 않도록 설치할 것

㉤ 자동화재탐지설비에는 비상전원을 설치할 것

ⓑ 옥외탱크저장소가 다음의 어느 하나에 해당하는 경우에는 자동화재탐지설비를 설치하지 않을 수 있다.
- 옥외탱크저장소의 방유제(防油堤)와 옥외저장탱크 사이의 지표면을 불연성 및 불침윤성(수분에 젖지 않는 성질)이 있는 철근콘크리트 구조 등으로 한 경우
- 「화학물질관리법 시행규칙」 별표5 제6호의 화학물질안전원장이 정하는 고시에 따라 가스감지기를 설치한 경우

③ 옥외탱크저장소가 다음 각 목의 어느 하나에 해당하는 경우에는 자동화재속보설비를 설치하지 않을 수 있다.

㉠ 옥외탱크저장소의 방유제(防油堤)와 옥외저장탱크 사이의 지표면을 불연성 및 불침윤성(수분에 젖지 않는 성질)이 있는 철근콘크리트 구조 등으로 한 경우

㉡ 「화학물질관리법 시행규칙」 별표5 제6호의 화학물질안전원장이 정하는 고시에 따라 가스감지기를 설치한 경우

㉢ 자체 소방대를 설치한 경우

㉣ 안전관리자가 해당 사업소에 24시간 상주하는 경우

(7) 피난설비 설치기준

① 설치대상

㉠ 주유취급소 중 건축물의 2층 이상의 부분을 점포・휴게음식점 또는 전시장의 용도로 사용하는 것

㉡ 옥내주유취급소

② 설치기준

㉠ 주유취급소 중 건축물의 2층의 부분을 점포・휴게음식점 또는 전시장의 용도
- 해당 건축물 2층으로부터 부지 밖으로 통하는 출입구 : 피난구유도등
- 해당 피난구로 통하는 통로 : 거실통로유도등 또는 복도통로유도등
- 해당 피난구로 통하는 계단 : 계단통로유도등 설치할 것

㉡ 옥내주유취급소
- 해당 사무소의 출입구 및 피난구 : 피난구유도등
- 해당 피난구로 통하는 통로 : 거실통로유도등 또는 복도통로유도등
- 해당 피난구로 통하는 계단 : 계단통로유도등

제12장 위험물의 저장 · 취급 및 운반기준

제1절 제조소등에서의 위험물의 저장 및 취급에 관한 기준(시행규칙 제49조 관련)

1 위험물의 유별 저장 · 취급의 공통기준(중요기준)

유 별	품 명	유별 저장 · 취급 공통기준(별표18)
1류	알칼리금속의 과산화물	물과의 접촉 금지
2류	철분, 금속분, 마그네슘	물이나 산과의 접촉 금지
3류	금수성물질	물과의 접촉 금지
2류	인화성고체	함부로 증기의 발생 금지
	그 밖의 것	불티 · 불꽃 · 고온체와의 접근 또는 과열 금지, 산화제와의 접촉 · 혼합 금지
3류	자연발화성 물질	불티 · 불꽃 · 고온체와의 접근 또는 과열 금지, 공기와의 접촉 금지
4류	모든 품명	불티 · 불꽃 · 고온체와의 접근 또는 과열 금지, 함부로 증기의 발생 금지
5류	모든 품명	불티 · 불꽃 · 고온체와의 접근 또는 과열 금지, 충격 · 마찰 금지
1류	그 밖의 것	가연물과 접촉, 혼합이나 분해를 촉진하는 물품과의 접근 또는 과열 금지, 충격 · 마찰 금지
6류	모든 품명	가연물과 접촉, 혼합이나 분해를 촉진하는 물품과의 접근 또는 과열 금지

- 물과의 접촉 금지 : 123 알철금
- 충격 · 마찰 금지 : 15충마
- 함부로 증기 발생 금지 : 2인고 4인액
- 공기와의 접촉 금지 : 공자
- 산과의 접촉 금지 : 2류 철금마
- 산화제와의 접촉 · 혼합 금지 : 2류 황화린, 적린, 유황, 이들을 함유한 것
- 불티 · 불꽃 · 고온체와의 접근 또는 과열 금지 : 2그 3자는 45
- 가연물과 접촉, 혼합이나 분해를 촉진하는 물품과의 접근 또는 과열 금지 : 1류 6류

2 위험물 저장기준

(1) 옥내 · 외저장소에서 위험물과 비위험물 저장기준

① 조건 : 위험물과 위험물이 아닌 물품은 각각 모아서 저장하고 상호 간에는 1m 이상의 간격을 두어야 한다.

위험물	비위험물
모든 위험물 (인화성고체, 제4류 위험물 제외)	해당 위험물이 속하는 품명란에 정한 물품을 주성분으로 함유한 것으로서 비위험물(영 별표1 행정안전부령이 정하는 위험물은 제외)

인화성고체	• 위험물에 해당하지 않은 고체 또는 액체로서 인화점을 갖는 것 또는 합성수지류 • 이들 중 어느 하나 이상을 주성분으로 함유한 것으로서 비위험물
제4류 위험물	• 합성수지류 등 • 제4류의 품명란에 정한 물품을 주성분으로 함유한 것으로서 비위험물
제4류 위험물 중 유기과산화물 또는 이를 함유한 것	유기과산화물 또는 유기과산화물만을 함유한 것으로서 비위험물
위험물에 해당하는 화약류	비위험물에 해당되는 화약류
모든 위험물	위험물에 해당하지 아니하는 불연성의 물품(위험한 반응없는 물품에 한함)

② 옥외탱크저장소 등에서 위험물과 비위험물 저장기준

저장소	위험물	비위험물
옥외탱크저장소 옥내탱크저장소 지하탱크저장소 이동탱크저장소	제4류 위험물	• 합성수지류 등 • 제4류의 품명란에 정한 물품을 주성분으로 함유한 것으로서 비위험물 • 위험물에 해당하지 아니하는 불연성 물품
	제6류 위험물	• 제6류의 품명란에 정한 물품을 주성분으로 함유한 것으로서 비위험물 • 위험물에 해당하지 아니하는 불연성 물품

(2) 옥내저장소 또는 옥외저장소에서 유별을 달리하는 위험물을 혼재할 수 있는 저장기준

① 조건 : 유별을 달리하는 위험물은 동일한 저장소(2 이상 있는 저장소에 있어서는 동일한 실)에 저장하지 아니해야 한다. 위험물을 유별로 정리하여 저장하는 한편, 서로 1m 이상의 간격을 두는 다음의 경우에는 그렇지 않다.

제1류 위험물 (알칼리금속의 과산화물 또는 이를 함유한 것을 제외)	제5류 위험물
제1류 위험물	제6류 위험물
제1류 위험물	제3류 위험물 중 황린 또는 이를 함유한 물품
제2류 중 인화성고체	제4류 위험물
제3류 위험물 중 알킬알루미늄 등	제4류 위험물 중 알킬알루미늄 또는 알킬리튬을 함유한 물품
제4류 위험물 중 유기과산화물 또는 이를 함유하는 것	제5류 위험물 중 유기과산화물 또는 이를 함유한 것

(3) 옥내저장소에서 위험물을 저장하는 경우에는 다음 [표] 높이를 초과하여 용기를 겹쳐 쌓지 아니해야 한다.

수납용기의 종류	높 이
기계에 의하여 하역하는 구조로 된 용기만을 겹쳐 쌓는 경우	6m
제3석유류, 제4석유류 및 동식물유류를 수납하는 용기만을 겹쳐 쌓는 경우	4m
그 밖의 용기를 겹쳐 쌓는 경우	3m

3 위험물 취급기준

(1) 위험물의 용기 및 수납 종류별 표시사항

운반용기 종류			표시사항
기계에 의하여 하역하는 구조 이외의 용기			① 위험물의 품명, 위험등급, 화학명 및 수용성(제4류 수용성에 한함) ② 위험물 수량 ③ 위험물에 따른 주의사항
기계에 의하여 하역하는 구조의 운반용기			① 위험물의 품명, 위험등급, 화학명 및 수용성(일반운반용기) ② 위험물 수량(일반운반용기) ③ 위험물에 따른 주의사항(일반용기) ④ 제조년월 및 제조자의 명칭 ⑤ 겹쳐쌓기시험하중 ⑥ 운반용기의 종류에 따른 중량 ㉠ 플렉서블 외의 용기 : 최대총중량 ㉡ 플렉서블 운반용기 : 최대수용중량
제1류, 제2류 및 제4류		1L 이하	• 위험물 품명 : 통칭명 • 주의사항 : 해당 주의사항과 동일한 의미가 있는 다른 표시 가능(위험등급 I 제외)
제4류 위험물 중	화장품	150mL 이하	품명과 주의사항을 표시하지 않을 수 있음
		150mL 초과 300mL 이하	• 위험물 품명 : 불표시가능 • 주의사항 : 해당 주의사항과 동일한 의미가 있는 다른 표시 가능
	에어졸	300mL 이하	• 위험물 품명 : 불표시가능 • 주의사항 : 해당 주의사항과 동일한 의미가 있는 다른 표시 가능
	동식물유류	3L 이하	• 위험물 품명 : 통칭명 • 주의사항 : 해당 주의사항과 동일한 의미가 있는 다른 표시 가능

종 류	최대용적(이하)	품명, 등급, 화학식 및 수용성	수 량	주의사항 동일 의미의 다른 표시
일반용기		○	○	○
기계에 의하여 하역하는 구조의 용기		○	○	○ (앞의 표 ④, ⑤, ⑥ 추가표시)
제1류, 제2류, 제4류 (등급 I 제외)	1L 이하	○(통칭명)	○	○
제4류 해당 화장품	150mL	×	○	×
	150~300mL	×	○	○
제4류 해당 에어졸	300mL 이하	×	○	○
제4류 해당 동식물유류	3L 이하	○(통칭명)	○	○

제2절 위험물의 운반에 관한 기준

1 운반용기의 재질

(1) **재질 :** 강판, 알루미늄판, 양철판, 유리, 금속판, 종이, 플라스틱, 섬유판, 고무류, 합성섬유, 삼, 짚, 나무

(2) 운반용기는 견고하여 쉽게 파손될 우려가 없고, 그 입구로부터 수납된 위험물이 샐 우려가 없도록 해야 한다.

2 운반용기의 적재방법

(1) 위험물은 운반용기에 일반적 기준에 따라 수납하여 적재해야 한다(중요기준).

(2) 기계에 의하여 하역하는 구조로 된 운반용기에 대한 수납은 일반적인 수납적재 기준을 준용하는 외에 시행규칙 별표19 Ⅱ 제2호 기준에 따라야 한다(중요기준).

(3) 위험물은 해당 위험물이 용기 밖으로 쏟아지거나 위험물을 수납한 운반용기가 전도・낙하 또는 파손되지 아니하도록 적재해야 한다(중요기준).

(4) 운반용기는 수납구를 위로 향하게 하여 적재해야 한다(중요기준).

(5) 적재하는 위험물의 성질에 따라 일광의 직사 또는 빗물의 침투를 방지하기 위하여 유효하게 피복하는 등 시행규칙 별표19 Ⅱ 제5호 기준에 따른 조치를 해야 한다(중요기준).

(6) 위험물은 혼재가 금지되고 있는 위험물 또는 고압가스와 종류를 달리하는 그 밖의 위험물 또는 재해를 발생시킬 우려가 있는 물품과 함께 적재하지 아니해야 한다(중요기준).

(7) 위험물을 수납한 운반용기를 겹쳐 쌓는 경우에는 그 높이를 3m 이하로 하고, 용기의 상부에 걸리는 하중은 해당 용기 위에 해당 용기와 동종의 용기를 겹쳐 쌓아 3m의 높이로 하였을 때에 걸리는 하중 이하로 해야 한다(중요기준).

(8) 위험물은 그 운반용기의 외부에는 위험물의 품명, 수량 등을 표시하여 적재해야 한다.

3 적재방법 중 위험물 운반용기의 일반 수납기준

(1) **위험물 운반용기의 다음기준에 따라 수납하여 적재해야 한다(중요기준)**

적용제외
- 덩어리상태의 유황을 운반하기 위하여 적재하는 경우
- 위험물을 동일구내에 있는 제조소등의 상호 간에 운반하기 위하여 적재하는 경우

① 위험물이 온도변화 등에 의하여 누설되지 아니하도록 운반용기를 밀봉하여 수납할 것
② 수납하는 위험물과 위험한 반응을 일으키지 아니하는 등 해당 위험물의 성질에 적합한 재질의 운반용기에 수납할 것

③ 고체위험물은 운반용기 내용적의 95% 이하의 수납률로 수납할 것
④ 액체위험물은 운반용기 내용적의 98% 이하의 수납률로 수납하되, 55도의 온도에서 누설되지 아니하도록 충분한 공간용적을 유지하도록 할 것
⑤ 하나의 외장용기에는 다른 종류의 위험물을 수납하지 아니할 것
⑥ 제3류 위험물은 다음의 기준에 따라 운반용기에 수납할 것
㉠ 자연발화성물질에 있어서는 불활성 기체를 봉입하여 밀봉하는 등 공기와 접하지 아니하도록 할 것
㉡ 자연발화성물질외의 물품에 있어서는 파라핀·경유·등유 등의 보호액으로 채워 밀봉하거나 불활성 기체를 봉입하여 밀봉하는 등 수분과 접하지 아니하도록 할 것
㉢ ④의 규정에 불구하고 자연발화성물질 중 알킬알루미늄 등은 운반용기의 내용적의 90% 이하의 수납율로 수납하되, 50℃의 온도에서 5% 이상의 공간용적을 유지하도록 할 것

4 적재하는 위험물의 성질에 따라 재해방지 조치

(1) **차광성 피복 :** 제1류 위험물, 제3류 위험물 중 자연발화성물품, 제4류 위험물 중 특수인화물, 제5류 위험물, 제6류 위험물

(2) **방수성 피복 :** 제1류 위험물 중 알칼리금속의 과산화물, 제2류 위험물 중 철분, 금속분, 마그네슘, 제3류 위험물 중 금수성물질(이들 함유한 모든 물질 포함)

(3) **보냉 컨테이너에 수납 또는 적정한 온도관리**
제5류 위험물 중 55℃ 이하에서 분해될 우려가 있는 것

5 유별을 달리하는 위험물의 혼재기준

위험물의 구분	제1류	제2류	제3류	제4류	제5류	제6류
제1류		×	×	×	×	○
제2류	×		×	○	○	×
제3류	×	×		○	×	×
제4류	×	○	○		○	×
제5류	×	○	×	○		×
제6류	○	×	×	×	×	

비고
1. "×"표시는 혼재할 수 없음을 표시한다.
2. "○"표시는 혼재할 수 있음을 표시한다.
3. 이 표는 지정수량의 $\frac{1}{10}$ 이하의 위험물에 대하여는 적용하지 아니한다.

암기 TIP

오이사의 오이가 삼사 육하나

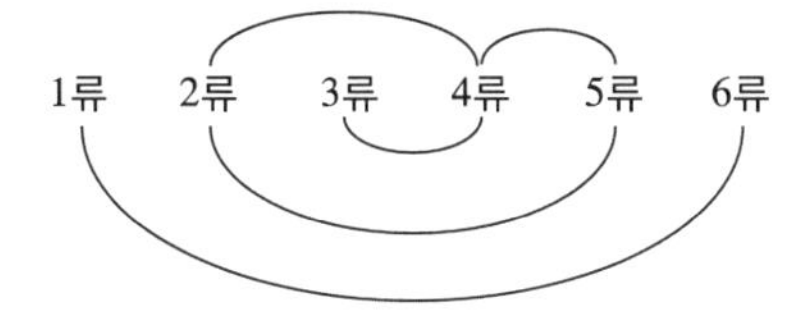

6 운반용기의 외부 표시사항

① 위험물의 품명, 위험등급, 화학명 및 수용성(제4류 수용성에 한함)

② 위험물 수량

③ 수납하는 위험물에 따라 다음 규정에 따른 주의사항

유 별	품 명	운반용기 주의사항(별표19)
제1류	알칼리금속의 과산화물	화기·충격주의, 가연물접촉주의 및 물기엄금
	그 밖의 것	화기·충격주의, 가연물접촉주의
제2류	철분, 금속분, 마그네슘(함유 포함)	화기주의 및 물기엄금
	인화성고체	화기엄금
	그 밖의 것	화기주의
제3류	자연발화성물질	화기엄금 및 공기접촉엄금
	금수성물질	물기엄금
제4류	모든 품명	화기엄금
제5류	모든 품명	화기엄금 및 충격주의
제6류	모든 품명	가연물접촉주의

7 위험물 유별 저장·취급기준 및 주의사항 총정리(별표4, 별표18, 19)

유 별	품 명	유별 저장·취급 공통기준(별표18)	운반용기 주의사항(별표19)	제조소등 주의사항(별표4)
제1류	알칼리금속의 과산화물	물과의 접촉 금지	화기·충격주의, 가연물접촉주의 및 물기엄금	**물기엄금**
	그 밖의 것	가연물과 접촉, 혼합이나 분해를 촉진하는 물품과의 접근 금지, 과열·충격·마찰 금지	화기·충격주의, 가연물접촉주의	
제2류	철분, 금속분, 마그네슘	물이나 산과의 접촉 금지	화기주의 및 물기엄금	**화기주의**
	인화성고체	함부로 증기의 발생 금지	화기엄금	**화기엄금**
	그 밖의 것	산화제와의 접촉·혼합 금지, 불티·불꽃·고온체와의 접근 또는 과열 금지	화기주의	**화기주의**

제3류	자연발화성 물질	불티·불꽃·고온체와의 접근 또는 과열 금지, 공기와의 접촉 금지	화기엄금 및 공기접촉엄금	**화기엄금**
	금수성물질	물과의 접촉 금지	물기엄금	**물기엄금**
제4류	모든 품명	불티·불꽃·고온체와의 접근 또는 과열 금지, 함부로 증기의 발생 금지	화기엄금	**화기엄금**
제5류	모든 품명	불티·불꽃·고온체와의 접근 금지, 과열·충격·마찰 금지	화기엄금 및 충격주의	**화기엄금**
제6류	모든 품명	가연물과 접촉, 혼합이나 분해를 촉진하는 물품과의 접근 또는 과열 금지	가연물접촉주의	

8 위험물 저장·취급방법

물질명	저장·취급방법	이 유
황린(P_4)	PH 9 정도 물속저장	PH_3(포스핀)의 생성을 방지
칼륨, 나트륨(K, Na)	석유, 등유, 유동파라핀	공기 중 수분과의 반응을 통해 수소가 발생하여 자연발화
과산화수소(H_2O_2)	구멍뚫린 마개가 있는 갈색유리병 안정제 : 인산(H_3PO_4), 요산($C_5H_4N_4O_3$)	직사일광 및 상온에서 서서히 분해하여 산소 발생하여 폭발의 위험이 있어 통기하기 위하여
이황화탄소(CS_2)	수조속에 저장	물보다 무겁고 물에 불용 가연성증기 발생방지
질산(HNO_3)	갈색병(냉암소)	직사일광에 분해되어 NO_2 발생 $4HNO_3 \rightarrow 4NO_2 + 2H_2O + O_2$

제13장 위치·구조 등 설비기준 및 저장·취급 및 운반기준

1 제조소등 설비별 각종 턱높이

(1) 제조소

① 옥외설비 바닥 둘레의 턱 높이 : 0.15m 이상

② 옥내 취급탱크 주위의 방유턱 높이

㉠ 탱크 1개 : 탱크용량 이상을 수용할 수 있는 높이

㉡ 탱크 2개 이상 : 최대탱크용량 이상을 수용할 수 있는 높이

(2) 옥외탱크저장소

① 펌프실 바닥의 주위 턱 높이 : 0.2m 이상

② 펌프실 외의 장소에 설치하는 펌프설비 주위의 턱 높이 : 0.15m 이상

(3) 옥내탱크저장소

① 펌프설비를 탱크전용실이 있는 건축물 외의 장소에 설치하는 경우 → 옥외저장탱크의 기준 준용

㉠ 펌프실 바닥의 주위 턱 높이 : 0.2m 이상

㉡ 펌프실 외의 장소에 설치하는 펌프설비 주위의 턱 높이 : 0.15m 이상

② 펌프설비를 탱크전용실이 있는 건축물에 설치하는 경우

㉠ 탱크전용실 외의 장소에 설치하는 경우 펌프실 바닥의 주위 턱 높이 : 0.2m 이상

㉡ 탱크전용실에 설치하는 경우 펌프설비 주위의 턱 높이 : 탱크전용실의 문턱높이 이상(다층건물인 경우는 0.2m 이상)

③ 탱크전용실의 출입구의 턱 높이

㉠ 탱크 1개 : 탱크용량 이상을 수용할 수 있는 높이

㉡ 탱크 2개 이상 : 최대탱크용량 이상(다층건물인 경우는 모든 탱크용량 이상)

(4) 주유취급소

① 사무실 그 밖의 화기를 사용하는 곳의 출입구 또는 사이통로의 문턱높이 : 15cm 이상

② 펌프실 출입구의 턱 높이 : 0.1m 이상

(5) 판매취급소의 배합실의 출입구 문턱 높이 : 0.1m 이상

※ 각종 턱높이 총정리

제조소	옥외탱크		옥내탱크				주 유		판 매
옥외 설비 바닥	펌프실	펌프실 외	전용실이 있는 건축물 외에 펌프설비 설치		전용실이 있는 건축물에 펌프설비 설치		사무실 그 밖의 화기를 사용하는 곳의 출입구 또는 사이통로 문턱높이	펌프실 출입구의 턱 높이	배합실 문턱
			펌프실	펌프실 외	전용실 외	전용실			
0.15	0.2	0.15	0.2	0.15	0.2	문턱 높이 이상	0.15	0.1	0.1

2 알킬알루미늄 등, 아세트알데히드 등 및 디에틸에테르 등 저장기준

저장탱크		저장기준
옥외저장탱크 또는 옥내저장탱크 중	압력탱크에 있어서는	알킬알루미늄 등의 추출에 의하여 해당 탱크 내의 압력이 상용압력 이하로 저하하지 아니하도록 할 것
	압력탱크 외 탱크에 있어서는	알킬알루미늄 등의 추출이나 온도의 저하에 의한 공기의 혼입을 방지할 수 있도록 불활성 기체를 봉입할 것
옥외저장탱크·옥내저장탱크 또는 지하저장탱크 중	압력탱크에 있어서는	아세트알데히드 등의 취출에 의하여 해당 탱크 내의 압력이 상용압력 이하로 저하하지 아니하도록 할 것
	압력탱크 외 탱크에 있어서는	아세트알데히드 등의 취출이나 온도의 저하에 의한 공기의 혼입을 방지할 수 있도록 불활성 기체를 봉입할 것

이동저장탱크에 알킬알루미늄 등을 저장하는 경우	20kPa 이하의 압력으로 불활성 기체를 봉입하여 둘 것
이동저장탱크에 아세트알데히드 등을 저장하는 경우	항상 불활성 기체를 봉입하여 둘 것
위 탱크에 위 각 위험물을 새롭게 주입하는 경우	미리 해당 탱크 안의 공기를 불활성 기체와 치환

저장탱크		저장 온도
옥내저장탱크 · 옥외저장탱크 · 지하저장탱크 중 **압력탱크**에 저장하는	아세트알데히드 등, 디에틸에테르 등의 온도	40℃ 이하
옥내저장탱크 · 옥외저장탱크 · 지하저장탱크 중 **압력탱크 외**에 저장하는	산화프로필렌과 이를 함유한 것 또는 디에틸에테르 등의 온도	30℃ 이하
	아세트알데히드 또는 이를 함유한 것	15℃ 이하
보냉장치가 **있는** 이동저장탱크에 저장하는	아세트알데히드 등, 디에틸에테르 등의 온도	비점 이하
보냉장치가 **없는** 이동저장탱크에 저장하는		40℃ 이하

3 위험물 저장 및 운반에 관한 기준 중 적재방법에 따른 온도기준

(1) 옥내저장소에서는 용기에 수납하여 저장하는 위험물은 온도가 55℃를 넘지 아니하도록 필요한 조치를 강구해야 한다.

(2) 액체위험물은 운반용기 내용적의 98% 이하의 수납률로 수납하되, 55℃의 온도에서 누설되지 아니하도록 충분한 공간용적을 유지하도록 해야 한다.

(3) 자연발화성물질 중 알킬알루미늄 등은 운반용기의 내용적의 90% 이하의 수납률로 수납하되, 50℃의 온도에서 5% 이상의 공간용적을 유지하도록 할 것

(4) 제5류 위험물 중 55℃ 이하의 온도에서 분해 될 우려가 있는 것은 보냉 컨테이너에 수납하는 등 적정한 온도관리를 유지해야 한다.

(5) 기계에 의하여 하역하는 구조로 된 운반용기에 액체위험물을 수납하는 경우에는 55℃의 온도에서의 증기압이 130kPa 이하가 되도록 수납할 것

4 위험물 저장탱크의 충수 · 수압시험 기준

(1) 100만리터 이상의 액체위험물탱크의 경우

탱크의 구분	시험방법
압력탱크 외 (최대상용압력 대기압을 초과하는 탱크)	충수시험
압력탱크 (최대상용압력이 46.7kPa 이상인 탱크)	최대상용압력의 1.5배의 압력으로 10분간 수압시험에서 새거나 변형하지 아니하는 것일 것

(2) 100만리터 미만의 액체위험물탱크의 경우

저장소 구분	탱크구분	시험방법	탱크두께 · 재질
제조소 (위험물 취급탱크) 옥외탱크저장소 옥내탱크저장소	압력탱크 외	충수시험	3.2mm 이상 또는 고시규격
	압력탱크	최대상용압력의 1.5배의 압력으로 10분간 수압시험에서 새거나 변형하지 아니하는 것일 것	
지하탱크저장소	압력탱크 외	70kPa의 압력으로 10분간 수압시험	3.2mm 이상이나 용량에 따라 두께 다름
	압력탱크	최대상용압력의 1.5배의 압력으로 10분간 수압시험에서 새거나 변형하지 아니하는 것일 것 (기밀시험과 비파괴시험으로 대신 가능)	
간이탱크저장소		70kPa의 압력으로 10분간 수압시험	3.2mm 이상
이동탱크저장소	압력탱크 외	70kPa의 압력으로 10분간 수압시험	3.2mm 이상
	압력탱크	최대상용압력의 1.5배의 압력으로 10분간 수압시험에서 새거나 변형하지 아니하는 것일 것 (기밀시험과 비파괴시험으로 대신 가능)	
	알킬알루미늄 등	1MPa 이상의 압력으로 10분간 실시하는 수압시험에서 새거나 변형하지 아니하는 것일 것	10mm 이상의 강판 또는 동등 이상

※ 주유취급소 또는 일반취급소의 취급탱크는 위 표의 기준과 동일하다.

① 압력탱크외 충수시험 : 제조소 취급탱크, 옥외탱크, 옥내탱크(취권 내외)
② 압력탱크외 70kPa의 압력으로 10분간 수압시험 : 이동탱크, 간이탱크, 지하탱크(70킬로로 이간질)
③ 최대상용압력의 1.5배의 압력으로 10분간 수압시험 : 알킬알루미늄 등 저장 · 취급하는 이동탱크 외 모든 압력탱크
④ 1MPa 이상의 압력으로 10분간 실시하는 수압시험 : 알킬알루미늄 등 저장 · 취급하는 이동탱크

5 저장소별 압력탱크 이외의 제4류 위험물 탱크의 통기관 설치기준

구 분	밸브 없는 통기관	대기밸브부착 통기관
옥외탱크 저장소	1) 지름은 30mm 이상일 것 2) 끝부분은 수평면보다 45도 이상 구부려 빗물 등의 침투를 막는 구조로 할 것 3) 가연성의 증기를 회수하기 위한 밸브를 통기관에 설치하는 경우에 있어서는 해당 통기관의 밸브는 저장탱크에 위험물을 주입하는 경우를 제외하고는 항상 개방되어 있는 구조로 하는 한편, 폐쇄하였을 경우에 있어서는 10kPa 이하의 압력에서 개방되는 구조로 할 것. 이 경우 개방된 부분의 유효단면적은 777.15mm^2 이상이어야 한다. 4) 인화점이 38℃ 미만인 위험물만을 저장 또는 취급하는 탱크에 설치하는 통기관에는 화염방지장치를 설치하고, 그 외의 탱크에 설치하는 통기관에는 40메쉬(mesh) 이상의 구리망 또는 동등 이상의 성능을 가진 인화방지장치를 설치할 것. 다만, 인화점이 70℃ 이상인 위험물만을 해당 위험물의 인화점 미만의 온도로 저장 또는 취급하는 탱크에 설치하는 통기관에는 인화방지장치를 설치하지 않을 수 있다.	1) 5kPa 이하의 압력차이로 작동할 수 있을 것 2) 좌측 4)기준에 적합할 것

옥내탱크 저장소	1) 옥외탱크저장소 1) 내지 4)의 기준에 적합할 것 2) 통기관의 끝부분은 건축물의 창·출입구 등의 개구부로부터 1m 이상 떨어진 옥외의 장소에 지면으로부터 4m 이상의 높이로 설치하되, 인화점이 40℃ 미만인 위험물의 탱크에 설치하는 통기관에 있어서는 부지경계선으로부터 1.5m 이상 거리를 둘 것. 다만, 고인화점 위험물만을 100℃ 미만의 온도로 저장 또는 취급하는 탱크에 설치하는 통기관은 그 끝부분을 탱크전용실 내에 설치할 수 있다. 3) 통기관은 가스 등이 체류할 우려가 있는 굴곡이 없도록 할 것	1) 5kPa 이하의 압력차이로 작동할 수 있을 것 2) 좌측 2) 3)의 기준에 적합할 것
지하탱크 저장소	1) 옥내탱크저장소의 1) 내지 3) 기준에 적합할 것 2) 통기관은 지하저장탱크의 윗부분에 연결할 것 3) 통기관 중 지하의 부분은 그 상부의 지면에 걸리는 중량이 직접 해당 부분에 미치지 아니하도록 보호하고, 해당 통기관의 접합부분(용접, 그 밖의 위험물 누설의 우려가 없다고 인정되는 방법에 의하여 접합된 것은 제외한다)에 대하여는 해당 접합부분의 손상유무를 점검할 수 있는 조치를 할 것	1) 5kPa 이하의 압력차이로 작동할 수 있을 것. 다만, 제4류, 제1석유류를 저장하는 탱크는 다음의 압력 차이에서 작동해야 한다. 가) 정압 : 0.6kPa 이상 1.5kPa 이하 나) 부압 : 1.5kPa 이상 3kPa 이하 2) 좌측 2) 3) 및 옥내탱크저장소 2) 3)의 기준에 적합할 것
간이탱크 저장소	1) 통기관의 지름은 25mm 이상으로 할 것 2) 통기관의 끝부분은 수평면에 대하여 아래로 45° 이상 구부려 빗물 등이 침투하지 아니하도록 할 것 3) 통기관은 옥외에 설치하되, 그 끝부분의 높이는 지상 1.5m 이상으로 할 것 4) 가는 눈의 구리망 등으로 인화방지장치를 할 것. 다만, 인화점 70℃ 이상의 위험물만을 해당 위험물의 인화점 미만의 온도로 저장 또는 취급하는 탱크에 설치하는 통기관에 있어서는 그러하지 아니하다.	1) 5kPa 이하의 압력차이로 작동할 수 있을 것 2) 좌 3) 및 4)의 기준에 적합할 것

6 위험물안전관리 법령상 계산식

(1) 제조소의 방화상 유효한 담의 높이

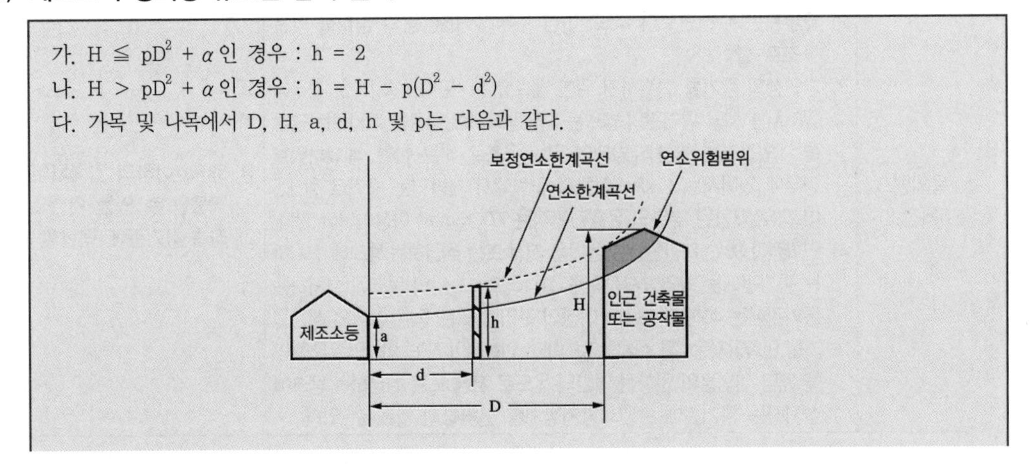

D : 제조소등과 인근 건축물 또는 공작물과의 거리(m)
H : 인근 건축물 또는 공작물의 높이(m)
a : 제조소등의 외벽의 높이(m)
d : 제조소등과 방화상 유효한 담과의 거리(m)
h : 방화상 유효한 담의 높이(m)
p : 상수

(2) 히드록실아민 등을 취급하는 제조소의 안전거리

$$D = 51.1\sqrt[3]{N}$$

(D : 거리(m), N : 해당 제조소에서 취급하는 히드록실아민 등의 지정수량의 배수)

(3) 옥외저장탱크의 필렛용접의 사이즈 구하는 계산식

$$t_1 \geq S \geq \sqrt{2t_2}\ (\text{단, } S \geq 4.5)$$

t_1 : 얇은 쪽의 강판의 두께(mm), t_2 : 두꺼운 쪽의 강판의 두께(mm), S : 사이즈(mm)

(4) 수상에 설치하는 선박주유취급소 유처리제, 유흡착제 또는 유겔화제 계산식

$$20X + 50Y + 15Z = 10,000$$

여기서 X : 유처리제의 양(L), Y : 유흡착제의 양(kg), Z : 유겔화제의 양[액상(L), 분말(kg)]

7 제조소등의 설비별 길이에 대한 기준

(1) **고정주유설비 또는 고정급유설비의 주유관의 길이 :** 5m(현수식 3m) 이내

(2) **이동탱크저장소 주입설비의 길이 :** 50m 이내

(3) **수상에 설치하는 선박주유취급소의 오일펜스 길이 :** 60m 이상

(4) **주유취급소의 급유공지 :** 너비 15m 이상, 길이 6m 이상

(5) **이동탱크저장소 수동개폐장치 레버길이 :** 15cm 이상

(6) **주유취급소의 담 또는 벽을 유리를 설치한 경우 하나의 유리판 길이 :** 가로 2m 이내

(7) **자동화재탐지설비 하나의 경계구역의 길이 :** 50m 이하

8 제조소등의 표지 · 게시판에 관한 기준

구 분	바탕색	글자색	규 격
물기엄금	청 색	백 색	한 변의 길이가 0.3m 이상, 다른 한 변의 길이가 0.6m 이상
화기엄금, 화기주의	적 색	백 색	
주유중 엔진정지	황 색	흑 색	
이동탱크저장소 위험물 표지	흑 색	황 색	
인화점이 21℃ 미만인 위험물을 취급하는 옥외저장탱크의 주입구 및 펌프설비의 주의사항	백 색	적 색	
위험물제조등을 표시한 표지	백 색	흑 색	
방화에 관하여 필요한 사항을 게시한 게시판	백 색	흑 색	
인화점이 21℃ 미만인 위험물을 취급하는 옥외저장탱크의 주입구 및 펌프설비의 게시판	백 색	흑 색	
컨테이너 이동탱크저장소의 허가청의 명칭 및 완공검사번호 표기	백 색	흑 색	가로 0.4m 이상, 세로 0.15m 이상
알킬알루미늄 등을 저장 또는 취급하는 이동저장탱크	적 색	백 색	–

※ 알킬알루미늄 등을 저장 또는 취급하는 이동저장탱크 그 외면을 적색으로 도장하는 한편, 백색문자로서 동판(胴板 : 몸통판)의 양측면 및 경판(鏡板 : 측판)에 "물기엄금 및 자연발화성 물질" 주의사항을 표시할 것

9 제조소등의 설비별 배출량 및 시간

(1) 주유취급소의 고정주유설비 또는 고정급유설비의 구조 기준

① 펌프기기는 주유관 끝부분에서의 최대배출량이 제1석유류의 경우에는 분당 50L 이하, 경유의 경우에는 분당 180L 이하, 등유의 경우에는 분당 80L 이하인 것으로 할 것. 다만, 이동저장탱크에 주입하기 위한 고정급유설비의 펌프기기는 최대배출량이 분당 300L 이하인 것으로 할 수 있으며, 분당 배출량이 200L 이상인 것의 경우에는 주유설비에 관계된 모든 배관의 안지름을 40mm 이상으로 해야 한다.

② 이동저장탱크의 상부를 통하여 주입하는 고정급유설비의 주유관에는 해당 탱크의 밑부분에 달하는 주입관을 설치하고, 그 배출량이 분당 80L를 초과하는 것은 이동저장탱크에 주입하는 용도로만 사용할 것

(2) 셀프용 고정주유설비는 1회의 연속주유량 및 주유시간의 상한을 미리 설정할 수 있는 구조일 것. 이 경우 주유량의 상한은 휘발유는 100L 이하, 경유는 200L 이하로 하며, 주유시간의 상한은 4분 이하로 한다.

(3) 셀프용 고정급유설비는 1회의 연속급유량 및 급유시간의 상한을 미리 설정할 수 있는 구조일 것 이 경우 급유량의 상한은 100L 이하, 급유시간의 상한은 6분 이하로 한다.

(4) 이동탱크저장소 주입설비의 배출량 : 1분당 200L 이하

(5) 옥외저장탱크의 물분무로 방호조치시 표면에 방사하는 물의 양 : 탱크 원주길이 1m에 대하여 1분당 37L 이상

(6) 배출량 및 시간 학습정리

<table>
<tr><th colspan="2">구 분</th><th>고정식 주유설비</th><th>고정식 급유설비</th></tr>
<tr><td rowspan="4">주유
취급소
펌프기기</td><td>제1석유류</td><td>50L/분 이하</td><td>-</td></tr>
<tr><td>등 유</td><td>80L/분 이하</td><td>-</td></tr>
<tr><td>경 유</td><td>180L/분 이하</td><td>-</td></tr>
<tr><td>이동탱크저장소 주입</td><td></td><td>300L/분 이하
(200L/분 이상, 배관 안지름 40mm 이상)</td></tr>
<tr><td rowspan="3">셀프주유
취급소
펌프기기</td><td>주유량 상한</td><td>휘발유 100L 이하
경유 200L 이하</td><td></td></tr>
<tr><td>급유량 상한</td><td></td><td>100L 이하</td></tr>
<tr><td>주(급)유시간 상한</td><td>4분</td><td>6분</td></tr>
<tr><td colspan="2">이동탱크저장소 주입설비 배출량</td><td colspan="2">200L/분 이하</td></tr>
<tr><td colspan="2">옥외탱크저장소 물분무 설비 방수량</td><td colspan="2">탱크 원주길이 1m에 대하여 37L/분 이상</td></tr>
</table>

10 이동저장탱크 등에서의 위험물 저장 · 취급 및 운반 기준

(1) 이동저장탱크에 알킬알루미늄 등을 저장하는 경우에는 20kPa 이하의 압력으로 불활성의 기체를 봉입하여 둘 것

(2) 알킬알루미늄 등의 이동탱크저장소에 있어서 이동저장탱크로부터 알킬알루미늄 등을 꺼낼 때에는 동시에 200kPa 이하의 압력으로 불활성의 기체를 봉입할 것

(3) 아세트알데히드 등의 이동탱크저장소에 있어서 이동저장탱크로부터 아세트알데히드 등을 꺼낼 때에는 동시에 100kPa 이하의 압력으로 불활성의 기체를 봉입할 것

(4) 기계에 의하여 하역하는 구조로 된 운반용기에 액체위험물을 수납하는 경우에는 55℃의 온도에서의 증기압이 130kPa 이하가 되도록 수납할 것

11 위험물 등급

등급 / 유별	I	II	III
제1류	아염소산염류, 염소산염류, 과염소산염류, 무기과산화물, 그 밖에 지정수량이 50kg인 위험물	브롬산염류, 질산염류, 요오드산염류, 그 밖에 지정수량이 300kg인 위험물	과망간산염류, 중크롬산염류
제2류		황화린, 적린, 유황, 그 밖에 지정수량이 100kg인 위험물	철분, 금속분, 마그네슘, 인화성고체
제3류	칼륨, 나트륨, 알킬알루미늄, 알킬리튬, 황린, 그 밖에 지정수량이 10kg 또는 20kg인 위험물	알칼리금속(K 및 Na 제외) 및 알칼리토금속, 유기금속화합물(알킬알루미늄 및 알킬리튬은 제외), 그 밖에 지정수량이 50kg인 위험물	금속의 수소화물, 금속의 인화물, 칼슘 또는 알루미늄탄화물
제4류	특수인화물	제1석유류 및 알코올류	제2석유류, 제3석유류 제4석유류, 동식물유류
제5류	유기과산화물, 질산에스테르류, 그 밖에 지정수량이 10kg인 위험물	니트로화합물, 니트로소화합물, 아조화합물, 디아조화합물, 히드라진유도체, 히드록실아민, 히드록실아민염류	
제6류	전부 (과산화수소, 과염소산, 질산)		

※ 위험 I 등급 내지 위험 III 등급까지 모두 있는 유별 : 제1류, 제3류, 제4류
위험 I 등급만 있는 유별 : 제6류
위험 I 등급이 없는 유별 : 제2류
위험 III 등급이 없는 유별 : 제5류

12 혼동하기 쉬운 제4류 위험물에 대한 설치기준

대상별	제4류 위험물의 종류
옥내저장 창고의 면적을 1,000m^2 이하로 해야 할 제4류 위험물	특수인화물, 제1석유류, 알코올류
옥외탱크의 용량이 1,000만리터 이상으로 자동화재탐지설비, 자동화재속보설비를 설치해야할 제4류 위험물	특수인화물, 제1석유류, 알코올류
이동탱크저장소에서 접지도선을 설치해야 할 제4류 위험물	특수인화물, 제1석유류 또는 제2석유류
이동탱크저장소에서 위험물안전카드를 휴대해야 할 제4류 위험물	특수인화물 및 제1석유류
옥내저장소에서 운반용기 쌓는 높이를 3m 초과할 수 없는 제4류 위험물	특수인화물, 제1석유류, 알코올류, 제2석유류
옥내저장소에서 운반용기 쌓는 높이를 4m 초과할 수 없는 제4류 위험물	제3석유류, 제4석유류, 동식물유류

기 출

최신 기출복원문제

(공개문제 / 소방위 기출유사 / 소방장 기출유사)

지식에 대한 투자가 가장 이윤이 많이 남는 법이다.

– 벤자민 프랭클린 –

01 공개문제

▶ 본 공개문제는 2023년 11월 4일에 시행한 소방장 승진시험 과목 중 제2과목 소방법령 Ⅲ에서 위험물안전관리법령에 관한 문제만 수록하였습니다.

01 위험물안전관리법령상 옥내저장소의 기준에 관한 설명으로 옳지 않은 것은? (다층건물, 복합용도 건축물의 기준은 제외한다) 〈빨간키 51~52P〉

① 저장창고의 벽・기둥 및 바닥은 내화구조로 하여야 한다.
② 제4류 위험물인화점이 70도 미만인 것은 제외한다)만의 저장창고에 있어서는 연소의 우려가 있는 벽・기둥 및 바닥은 불연재료로 할 수 있다.
③ 지붕은 폭발력이 위로 방출될 정도의 가벼운 불연재료로 하고 천장을 만들지 않아야 한다.
④ 제5류 위험물만을 저장하는 창고에 있어서는 당해 저장창고 내의 온도를 저온으로 유지하기 위하여 난연재료 또는 불연재료로 된 천장을 설치할 수 있다.

해설 제4류의 위험물(인화점이 70℃ 미만인 것은 제외한다)만의 저장창고에 있어서는 **연소의 우려가 없는** 벽・기둥 및 바닥은 불연재료로 할 수 있다.

02 안전관리자교육이수자를 안전관리자로 선임할 수 있는 제조소등의 종류 및 규모로 옳은 것은? 〈기본서 141~142P〉

① 제4류 위험물 중 제1석유류・알코올류・제2석유류・제3석유류・제4석유류・동식물유류만을 저장하는 옥내저장소로서 지정수량 40배 이하의 것
② 제4류 위험물 중 제1석유류・알코올류・제2석유류・제3석유류・제4석유류・동식물유류을 저장하는 옥외탱크저장소로서 지정수량 40배 이하의 것
③ 제4류 위험물 중 제1석유류・알코올류・제2석유류・제3석유류・제4석유류・동식물유류을 저장하는 지하탱크저장소로서 지정수량 250배 이하의 것
④ 제4류 위험물 중 제1석유류・알코올류・제2석유류・제3석유류・제4석유류・동식물유류을 취급하는 일반취급소로서 지정수량 20배 이하의 것

정답 01 ② 02 ③

해설 ① 제4류 위험물 중 알코올류 · 제2석유류 · 제3석유류 · 제4석유류 · 동식물유류만을 저장하는 옥내저장소로서 지정수량 40배 이하의 것
② 제4류 위험물 중 제2석유류 · 제3석유류 · 제4석유류 · 동식물유류만을 저장하는 옥외탱크저장소로서 지정수량 40배 이하의 것
④ 제4류 위험물 중 제2석유류 · 제3석유류 · 제4석유류 · 동식물유류만을 취급하는 일반취급소로서 지정수량 20배 이하의 것

03 위험물안전관리법령상 대상물과 적응성 있는 소화설비의 연결로 옳은 것은? 〈기본서 565P〉

① 전기설비 – 물분무소화설비
② 제3류 위험물 – 불활성가스소화설비
③ 제4류 위험물 – 옥내소화전설비
④ 제5류 위험물 – 할로겐화합물소화설비

해설 소화설비의 적응성

소화설비의 구분			대상물 구분											
					제1류 위험물		제2류 위험물			제3류 위험물				
			건축물 · 그 밖의 공작물	전기설비	알칼리금속과산화물 등	그 밖의 것	철분 · 금속분 · 마그네슘 등	인화성고체	그 밖의 것	금수성물품	그 밖의 것	제4류 위험물	제5류 위험물	제6류 위험물
옥내소화전설비 또는 옥외소화전설비			○			○		○	○		○		○	○
스프링클러설비			○			○		○	○		○	△	○	○
물분무 등 소화설비	물분무소화설비		○	○		○		○	○		○	○	○	○
	포소화설비		○			○		○	○		○	○	○	○
	불활성가스소화설비			○				○				○		
	할로겐화합물소화설비			○				○				○		
	분말소화설비	인산염류 등	○	○		○		○	○			○		○
		탄산수소염류 등		○	○		○	○		○		○		
		그 밖의 것			○		○			○				

03 ① **정답**

04 **위험물안전관리법령상 제조소등의 변경허가를 받아야하는 경우로 옳지 않은 것은?**

〈빨간키 9~11P〉

① 제조소 : 위험물취급탱크의 방유제 내의 면적을 변경하는 경우
② 옥외탱크저장소 : 주입구의 위치를 이전하는 경우
③ 이동탱크저장소 : 상치장소의 위치를 같은 사업장 안에서 이전하는 경우
④ 주유취급소 : 유리를 부착하기 위하여 담의 일부를 철거하는 경우

해설 이동탱크저장소 : 상치장소의 위치를 이전하는 경우(같은 사업장 또는 같은 울 안 이전은 제외)

05 **위험물안전관리법령상 시·도지사의 권한 중 소방서장에게 위임한 사항으로 옳지 않은 것은?**

〈빨간키 30P〉

① 제조소등의 설치허가 또는 변경허가
② 예방규정의 수리·반려 및 변경명령
③ 군사목적을 위한 제조소등의 설치에 관한 군부대의 장과의 협의
④ 저장용량이 50만 리터 이상인 옥외탱크저장소의 변경에 따른 완공검사

해설 ④ 옥외탱크저장소(저장용량이 50만 리터 이상인 것만 해당한다) 또는 암반탱크저장소의 설치 또는 변경에 따른 완공검사 → 기술원 위탁

06 **위험물안전관리법령상 주유취급소에 설치할 수 있는 건축물로 옳지 않은 것은?** 〈빨간키 73P〉

① 주유취급소의 업무를 행하기 위한 사무소
② 자동차 등의 점검 및 간이정비를 위한 작업장
③ 주유취급소의 관계자가 거주하는 주거시설
④ 주유취급소에 출입하는 사람을 대상으로 한 점포·일반음식점 또는 전시장

해설 주유취급소에 건축할수 있는 건축물 또는 시설
- 주유 또는 등유·경유를 옮겨 담기 위한 작업장
- 주유취급소의 업무를 행하기 위한 사무소
- 자동차 등의 점검 및 간이정비를 위한 작업장
- 자동차 등의 세정을 위한 작업장
- 주유취급소에 출입하는 사람을 대상으로 한 점포·휴게음식점 또는 전시장
- 주유취급소의 관계자가 거주하는 주거시설
- 전기자동차용 충전설비(전기를 동력원으로 하는 자동차에 직접 전기를 공급하는 설비를 말한다. 이하 같다)
- 그 밖의 소방청장이 정하여 고시하는 건축물 또는 시설

정답 04 ③ 05 ④ 06 ④

07 **제조소등의 정기점검에 대한 설명으로 옳지 않은 것은?** 〈빨간키 22~23P〉

① 정기점검 대상인 제조소등의 관계인은 당해 제조소등에 대하여 연 1회 이상 정기점검을 실시하여야 한다.

② 정기점검 대상인 제조소등의 관계인은 당해 제조소등의 정기점검을 안전관리자 또는 위험물 운송자(이동탱크저장소의 경우에 한한다)로 하여금 실시하도록 하여야 한다.

③ 정기점검을 한 제조소등의 관계인은 점검을 한 날부터 30일 이내에 점검결과를 시・도지사에게 제출해야 한다.

④ 등유 150,000리터를 저장하는 옥외탱크저장소는 정기점검 대상이다.

해설 옥외탱크저장소의 경우 정기점검 대상은 지정수량의 200배 이상의 위험물을 저장하는 옥외탱크저장소가 해당한다. 따라서 지문에서 지정수량 배수는 $\frac{15000\ell}{1000\ell}$ = 15배로 해당 없음

08 **위험물안전관리법령상 위험물의 품명과 지정수량의 연결이 옳은 것은?** 〈빨간키 4P〉

	품 명	지정수량(kg)
①	나트륨, 황린, 적린	10
②	브롬산염류, 중크롬산염류, 철분	500
③	질산염류, 금속의 인화물, 과산화수소	300
④	무기과산화물, 유기금속화합물, 황화린	50

해설

	품명(지정수량)
①	나트륨(10), 황린(20), 적린(100)
②	브롬산염류(300), 중크롬산염류(1000), 철분(300)
③	질산염류(300), 금속의 인화물(300), 과산화수소(300)
④	무기과산화물(50), 유기금속화합물(10), 황화린(100)

07 ④ 08 ③ **정답**

09 위험물안전관리법령상 위험물의 운반용기 외부에 표시하는 주의사항으로 옳은 것은?

〈빨간키 95~96P〉

① 제1류 위험물 중 알칼리금속의 과산화물 또는 이를 함유한 것 : “화기 • 충격주의”, “물기엄금” 및 “가연물접촉주의”

② 제2류 위험물 중 철분 • 금속분 • 마그네슘 또는 이들 중 어느 하나 이상을 함유한 것 : “화기주의” 및 “충격주의”

③ 제3류 위험물 중 자연발화성물질 : “화기주의” 및 “공기접촉엄금”

④ 제5류 위험물 : “화기엄금”, “충격주의” 및 “물기엄금”

해설 운반용기 주의사항

② 제2류 위험물 중 철분 • 금속분 • 마그네슘 또는 이들 중 어느 하나 이상을 함유한 것에 있어서는 “화기주의” 및 “물기엄금”, 인화성고체에 있어서는 “화기엄금”, 그 밖의 것에 있어서는 “화기주의”

③ 제3류 위험물 중 자연발화성물질에 있어서는 “화기엄금” 및 “공기접촉엄금”, 금수성물질에 있어서는 “물기엄금”

④ 제5류 위험물에 있어서는 “화기엄금” 및 “충격주의”

10 위험물안전관리법령상 위험물의 운송 시 운송책임자의 감독 · 지원을 받아 운송하여야 하는 것으로 옳은 것은? 〈빨간키 26P〉

① 과염소산, 질산

② 적린, 마그네슘

③ 염소산염류, 질산염류

④ 알킬알루미늄, 알킬리튬

해설 운송책임자의 감독 · 지원을 받아 운송해야 할 위험물

- 알킬알루미늄
- 알킬리튬
- 알킬알루미늄 또는 알킬리튬을 함유하는 위험물

정답 09 ① 10 ④

11 위험물안전관리법령상 위험물의 품명 및 성질에 관한 설명으로 옳은 것은? 〈빨간키 5~6P〉

① "제3석유류"라 함은 중유, 클레오소트유 그 밖에 1기압에서 인화점이 섭씨 70도 이상 섭씨 200도 미만인 것을 말한다. 다만, 도료류 그 밖의 물품은 가연성 액체량이 40중량퍼센트 이하인 것은 제외한다.

② "금속분"이라 함은 알칼리금속・알칼리토류금속・철 및 마그네슘 외의 금속의 분말을 말하고, 아연분・주석분 및 53마이크로미터의 체를 통과하는 것이 50중량퍼센트 미만인 것은 제외한다.

③ "산화성액체"라 함은 액체로서 산화력의 잠재적인 위험성이 있는 것으로 과산화수소는 그 농도가 36중량퍼센트 이상, 질산은 그 비중이 1.49 미만인 것을 말한다.

④ "동식물유류"라 함은 동물의 지육 등 또는 식물의 종자나 과육으로부터 추출한 것으로서 1기압에서 인화점이 섭씨 300도 미만인 것을 말한다.

해설 ② "금속분"이라 함은 알칼리금속・알칼리토류금속・철 및 마그네슘 외의 금속의 분말을 말하고, 구리분・니켈분 및 150마이크로미터의 체를 통과하는 것이 50중량퍼센트 미만인 것은 제외한다.

③ "산화성액체"라 함은 액체로서 산화력의 잠재적인 위험성을 있는 것으로 과산화수소는 그 농도가 36중량퍼센트 이상, 질산은 그 비중이 1.49 이상인 것을 말한다.

④ "동식물유류"라 함은 동물의 지육 등 또는 식물의 종자나 과육으로부터 추출한 것으로서 1기압에서 인화점이 섭씨 250도 미만인 것을 말한다.

11 ① **정답**

12 위험물안전관리법령상 소화난이도등급 II의 제조소등에 설치하여야 하는 소화설비에 관한 내용이다. 빈칸에 들어갈 내용으로 옳은 것은? (단, 예외 조항은 고려하지 않는다) 〈빨간키 84P〉

제조소등의 구분	소화설비
제조소 옥내저장소 일반취급소	방사능력범위 내에 해당 건축물, 그 밖의 공작물 및 위험물이 포함되도록 (ㄱ)를 설치하고, 해당 위험물의 소요단위의 (ㄴ)에 해당되는 능력단위의 소형수동식소화기등을 설치할 것
옥외탱크저장소 옥내탱크저장소	대형수동식소화기 및 소형수동식소화기등을 각각 (ㄷ) 이상 설치할 것

	ㄱ	ㄴ	ㄷ
①	옥내소화전설비	1/2	1
②	옥내소화전설비	1/5	2
③	대형수동식소화기	1/2	2
④	대형수동식소화기	1/5	1

해설 소화난이도등급 II의 제조소등에 설치하여야 하는 소화설비

제조소등의 구분	소화설비
제조소 옥내저장소 옥외저장소 주유취급소 판매취급소 일반취급소	방사능력범위 내에 해당 건축물, 그 밖의 공작물 및 위험물이 포함되도록 **대형수동식소화기**를 설치하고, 해당 위험물의 소요단위의 **1/5 이상**에 해당되는 능력단위의 소형수동식소화기등을 설치할 것
옥외탱크저장소 옥내탱크저장소	대형수동식소화기 및 소형수동식소화기등을 **각각 1개 이상** 설치할 것

정답 12 ④

13 **위험물안전관리법령상 위험물의 성질에 따른 제조소의 특례에 관한 내용으로 옳은 것은?**

〈빨간키 48P〉

① 히드록실아민 등을 취급하는 설비에는 히드록실아민 등의 온도 및 농도의 상승에 의한 위험한 반응을 방지하기 위한 조치를 강구할 것

② 히드록실아민 등을 취급하는 설비는 은·수은·동·마그네슘 또는 이들을 성분으로 하는 합금으로 만들지 아니할 것

③ 아세트알데히드 등을 취급하는 설비에는 철이온 등의 혼입에 의한 위험한 반응을 방지하기 위한 조치를 강구할 것

④ 알킬알루미늄 등을 취급하는 설비에는 연소성 혼합 기체의 생성에 의한 폭발을 방지하기 위한 불활성기체 또는 수증기를 봉입하는 장치를 갖출 것

해설 ② 아세트알데히드 등을 취급하는 설비는 은·수은·동·마그네슘 또는 이들을 성분으로 하는 합금으로 만들지 아니할 것

③ 히드록실아민 등을 취급하는 설비에는 철이온 등의 혼입에 의한 위험한 반응을 방지하기 위한 조치를 강구할 것

④ 아세트알데히드 등을 취급하는 설비에는 연소성 혼합 기체의 생성에 의한 폭발을 방지하기 위한 불활성기체 또는 수증기를 봉입하는 장치를 갖출 것

13 ① **정답**

02 공개문제

▶ 본 공개문제는 2023년 11월 4일에 시행한 소방위 승진시험 과목 중 제2과목 소방법령 Ⅳ에서 위험물안전관리법령에 관한 문제만 수록하였습니다.

01 **「위험물안전관리법 시행규칙」상 제조소등의 설치허가를 받고자 하는 자가 특별시장, 광역시장 또는 도지사나 소방서장에게 제출하는 설치허가 신청서의 첨부서류로 옳지 않은 것은?**

〈기본서 81~82P〉

① 50만리터 이상의 옥내탱크저장소 : 기초・지반 및 탱크 본체의 설계도서
② 암반탱크저장소 : 탱크본체・갱도 및 배관 그 밖의 설비의 설계도서
③ 지중탱크인 옥외탱크저장소 : 지중탱크의 지반 및 탱크 본체의 설계도서
④ 해상탱크인 옥외탱크저장소 : 공사계획서 및 공사공정표

해설 50만리터 이상의 **옥외탱크저장소**의 경우에는 해당 옥외탱크저장소의 탱크의 기초・지반 및 탱크본체의 설계도서, 공사계획서, 공사공정표, 지질조사자료 등 기초・지반에 관하여 필요한 자료와 용접부에 관한 설명서 등 탱크에 관한 자료

02 **「위험물안전관리법 시행규칙」상 제조소 또는 일반취급소의 위치・구조 또는 설비의 변경허가를 받아야 하는 경우로 옳지 않은 것은?** 〈빨간키 11P〉

① 위험물취급탱크의 노즐 또는 맨홀을 신설하는 경우 노즐 또는 맨홀의 지름이 200mm를 초과하는 경우에 한한다)
② 불활성기체의 봉입장치를 신설하는 경우
③ 위험물취급탱크의 방유제 높이를 변경하는 경우
④ 300m를 초과하는 위험물 배관을 신설・교체・철거 또는 보수(배관을 절개하는 경우에 한한다)하는 경우

해설 위험물취급탱크의 노즐 또는 맨홀을 신설하는 경우(노즐 또는 맨홀의 지름이 **250mm를 초과**하는 경우에 한한다)

정답 01 ① 02 ①

03 **위험물안전관리법령상 완공검사를 받지 않고 제조소등을 사용한 경우 행정처분 기준으로 옳은 것은?** 〈빨간키 15P〉

	1차	2차	3차
①	사용정지 10일	사용정지 30일	허가취소
②	사용정지 10일	사용정지 60일	허가취소
③	사용정지 15일	사용정지 30일	허가취소
④	사용정지 15일	사용정지 60일	허가취소

해설 제조소등의 행정처분 및 벌칙

위반행위	행정처분			벌 칙
	1차	2차	3차	
제조소등의 완공검사를 받지 아니하고 위험물을 저장·취급한 자	사용정지 15일	사용정지 60일	허가취소	1천 500만원 이하의 벌금

04 **「위험물안전관리법 시행규칙」상 특정·준특정옥외탱크저장소의 정기검사 시기로 옳지 않은 것은?** 〈빨간키 24P〉

① 완공검사합격확인증을 발급받은 날부터 12년 이내에 1회 정밀정기검사를 받아야 한다.
② 최근의 정밀정기검사를 받은 날부터 11년 이내에 1회 정밀정기검사를 받아야 한다.
③ 완공검사합격확인증을 발급받은 날부터 10년 이내에 1회 중간정기검사를 받아야 한다.
④ 최근의 정밀정기검사를 받은 날부터 4년 이내에 1회 중간정기검사를 받아야 한다.

해설 특정·준특정옥외탱크저장소의 설치허가에 따른 완공검사합격확인증을 발급받은 날부터 **4년에 1회 중간검사**를 받아야 한다.

05 **「위험물안전관리법 시행규칙」상 자체소방대에 두는 화학소방자동차에 갖추어야 하는 소화능력 및 설비의 기준으로 옳지 않은 것은?** 〈빨간키 25P〉

① 포수용액 방사차 : 포수용액의 방사능력이 매분 2,000ℓ 이상일 것
② 포수용액 방사차 : 10만ℓ 이상의 포수용액을 방사할 수 있는 양의 소화약제를 비치할 것
③ 분말 방사차 : 분말의 방사능력이 매초 35kg 이상일 것
④ 분말 방사차 : 1,200kg 이상의 분말을 비치할 것

03 ④ 04 ③ 05 ④ 정답

해설 화학소방차의 기준

화학소방자동차의 구분	소화능력 및 설비의 기준
포수용액 방사차	포수용액의 방사능력이 **매분 2,000L 이상**일 것
	소화약액탱크 및 소화약액혼합장치를 비치할 것
	10만L 이상의 포수용액을 방사할 수 있는 양의 소화약제를 비치할 것
분말 방사차	분말의 방사능력이 **매초 35kg 이상**일 것
	분말탱크 및 가압용가스설비를 비치할 것
	1,400kg 이상의 분말을 비치할 것
할로겐화합물 방사차	할로겐화합물의 방사능력이 **매초 40kg 이상**일 것
	할로겐화합물탱크 및 가압용가스설비를 비치할 것
	1,000kg 이상의 할로겐화합물을 비치할 것
이산화탄소 방사차	이산화탄소의 방사능력이 **매초 40kg 이상**일 것
	이산화탄소저장용기를 비치할 것
	3,000kg 이상의 이산화탄소를 비치할 것
제독차	**가성소다 및 규조토**를 각각 **50kg 이상** 비치할 것

06 **위험물안전관리법령상 사고조사위원회의 위원으로 임명 또는 위촉할 수 있는 대상자로 옳지 않은 것은?** 〈빨간키 29P〉

① 소속 소방공무원

② 「소방기본법」 제40조에 따른 한국소방안전원의 임직원 중 위험물 안전관리 관련 업무에 5년 이상 종사한 사람

③ 기술원의 임직원 중 위험물 안전관리 관련 업무에 2년 이상 종사한 사람

④ 위험물로 인한 사고의 원인・피해조사 및 위험물 안전관리 관련 업무 등에 관한 학식과 경험이 풍부한 사람

해설 사고조사위원회 위원의 자격

- 소속 소방공무원
- 기술원의 임직원 중 위험물 안전관리 관련 업무에 **5년 이상** 종사한 사람
- 「소방기본법」 제40조에 따른 한국소방안전원(이하 "안전원"이라 한다)의 임직원 중 위험물 안전관리 관련 업무에 **5년 이상** 종사한 사람
- 위험물로 인한 사고의 원인・피해 조사 및 위험물 안전관리 관련 업무 등에 관한 학식과 경험이 풍부한 사람

정답 06 ③

07 위험물안전관리법령상 벌칙규정으로 옳지 않은 것은? 〈빨간키 33P〉

① 제조소등에서 위험물을 유출·방출 또는 확산시켜 사람의 생명, 신체 또는 재산에 대하여 위험을 발생시킨 자는 1년 이상 10년 이하의 징역에 처한다.

② 제조소등에서 위험물을 유출·방출 또는 확산시켜 사람을 상해에 이르게 한 때에는 무기 또는 3년 이상의 징역에 처한다.

③ 저장소 또는 제조소등이 아닌 장소에서 지정수량 이상의 위험물을 저장 또는 취급한 자는 3년 이하의 징역 또는 5천만원 이하의 벌금에 처한다.

④ 탱크시험자로 등록하지 아니하고 탱크시험자의 업무를 한 자는 1년 이하의 징역 또는 1천만원 이하의 벌금에 처한다.

해설 저장소 또는 제조소등이 아닌 장소에서 지정수량 이상의 위험물을 저장 또는 취급한 자는 **3년 이하의 징역 또는 3천만원 이하의 벌금**에 처한다.

08 위험물안전관리법령상 군용 위험물시설의 설치 및 변경에 관한 내용으로 옳지 않은 것은? 〈기본서 88~89P〉

① 군사목적을 위한 제조소등을 설치하고자 하는 군부대의 장은 당해 제조소등의 설치공사를 착수한 후 그 공사의 설계도서 등 관계서류를 시·도지사에게 제출해야 한다.

② 국가안보상 국가기밀에 속하는 제조소등을 설치하는 경우에는 당해 공사의 설계도서의 제출을 생략할 수 있다.

③ 군부대의 장이 설치하려는 제조소등의 소재지를 관할하는 시·도지사와 협의한 경우에는 제조소등에 대한 설치허가를 받은 것으로 본다.

④ 군부대의 장은 시·도지사와 협의한 제조소등에 대하여 탱크안전성능검사와 완공검사를 자체적으로 실시할 수 있다.

해설 군부대의 장은 법 제7조 제1항에 따라 군사목적 또는 군부대시설을 위한 제조소등을 설치하거나 그 위치·구조 또는 설비를 변경하고자 하는 경우에는 해당 제조소등의 **설치공사 또는 변경공사를 착수하기 전**에 그 공사의 설계도서와 행정안전부령이 정하는 서류를 시·도지사에게 제출하여야 한다. 다만, 국가안보상 중요하거나 국가기밀에 속하는 제조소등을 설치 또는 변경하는 경우에는 해당 공사의 설계도서의 제출을 생략할 수 있다.

07 ③ 08 ① 정답

09 **「위험물안전관리법 시행령」상 제조소등 설치자의 지위승계신고를 기간 이내에 하지 않거나 허위로 한 경우 과태료 부과 기준으로 옳지 않은 것은?** 〈빨간키 35P〉

① 신고기한의 다음날을 기산일로 하여 30일 이내에 신고한 경우 : 250만원
② 신고기한의 다음날을 기산일로 하여 31일 이후에 신고한 경우 : 300만원
③ 신고를 하지 않은 경우 : 400만원
④ 허위로 신고한 경우 : 500만원

해설 과태료의 부과 개별기준

라. 지위승계신고를 기간 이내에 하지 않거나 허위로 한 경우	
1) 신고기한(지위승계일의 다음날을 기산일로 하여 30일이 되는 날)의 다음날을 기산일로 하여 30일 이내에 신고한 경우	250
2) 신고기한(지위승계일의 다음날을 기산일로 하여 30일이 되는 날)의 다음날을 기산일로 하여 31일 이후에 신고한 경우	350
3) 허위로 신고한 경우	500
4) 신고를 하지 않은 경우	500

10 **위험물안전관리법령상 위험물안전관리자(이하 "안전관리자"라 한다)에 관한 내용으로 옳지 않은 것은?** 〈빨간키 16~17P〉

① 「위험물안전관리법」에는 다른 법률에 의하여 안전관리 업무를 하는 자로 선임된 자 가운데 대통령령이 정하는 자를 안전관리자로 선임할 수 있음이 명시되어 있다.
② 제조소등의 관계인이 안전관리자를 선임 또는 해임하거나 안전관리자가 퇴직한 때에는 해당 사유가 발생한 날부터 14일 이내에 행정안전부령으로 정하는 바에 따라 소방본부장 또는 소방서장에게 신고해야 한다.
③ 안전관리자를 선임한 제조소등의 관계인은 안전관리자가 퇴직한 때에는 퇴직한 날부터 30일 이내에 다시 안전 관리자를 선임해야 하고, 안전관리자의 퇴직과 동시에 다른 안전관리자를 선임하지 못하는 경우에는 행정안전부령이 정하는 자를 대리자로 지정하여 그 직무를 대행하게 하여야 한다. 이 경우 대리자가 안전관리자의 직무를 대행하는 기간은 30일을 초과할 수 없다.
④ 제조소등에 있어서 위험물취급자격자가 아닌 자는 안전관리자 또는 그 대리자가 참여한 상태에서 위험물을 취급하여야 한다.

해설 위험물안전관리자(법 제15조)

③ 제조소등의 관계인은 신규 및 퇴직 후 30일 이내에 안전관리자를 선임한 경우에는 **선임한 날부터 14일 이내**에 행정안전부령으로 정하는 바에 따라 소방본부장 또는 소방서장에게 신고하여야 한다.
④ 제조소등의 관계인이 안전관리자를 해임하거나 안전관리자가 퇴직한 경우 그 관계인 또는 안전관리자는 소방본부장이나 소방서장에게 그 사실을 알려 해임되거나 퇴직한 사실을 확인받을 수 있다.

정답 09 ②·③ 10 ②

11 **「위험물안전관리법 시행규칙」상 제조소등의 안전거리 또는 보유공지에 관한 내용으로 옳지 않은 것은?** 〈빨간키 38~39P〉

① 제조소는 안전거리를 두어야 하나, 제6류 위험물을 취급하는 경우에는 안전거리를 두지 않을 수 있다.

② 취급하는 위험물의 최대수량이 지정수량의 10배인 제조소가 보유해야 하는 공지의 너비는 5미터 이상이다.

③ 주유취급소 및 판매취급소에는 안전거리를 두지 않을 수 있다.

④ 옥외탱크저장소의 보유공지는 옥외저장탱크의 측면으로부터 보유공지의 너비를 기산한다.

해설 취급하는 위험물의 최대수량이 지정수량의 10배인 제조소가 보유해야 하는 공지의 너비는 3m 이상 5m 미만이다.

12 **「위험물안전관리 시행규칙」상 제조소등의 위치 · 구조 및 설비기준에 관한 내용으로 옳은 것은?** 〈빨간키 42~43P〉

① 위험물을 취급하는 건축물의 창에 유리를 이용하는 경우에는 망입유리 또는 방화유리로 하여야 한다.

② 배출설비의 급기구는 낮은 곳에 설치하고, 가는 눈의 구리망 등으로 인화방지망을 설치해야 한다.

③ 제조소의 위험물취급탱크는 지하에 설치할 수 없다.

④ 복합용도 건축물의 옥내저장소는 벽 · 기둥 · 바닥 및 보가 내화구조인 건축물의 1층 또는 2층의 어느 하나의 층에 설치해야 한다.

해설 ① 망입유리 ② 높은 곳 ③ 제조소의 취급탱크는 지하에도 설치할 수 있다(옥내와 옥외로만 구분됨).

11 ② 12 ④ **정답**

03 공개문제

▶ 본 공개문제는 2022년 9월 3일에 시행한 소방장 승진시험 과목 중 제2과목 소방법령 Ⅲ에서 위험물안전관리법령에 관한 문제만 수록하였습니다.

01 **위험물안전관리법령상 지정수량의 위험물 20배를 취급하고 있는 위험물 판매취급소의 연면적이 80m^{2}인 경우, 소화설비의 설치기준에 의한 위험물 및 건축물의 소요단위의 합으로 옳은 것은? (단, 취급소의 외벽은 내화구조이다)** 〈빨간키 85P〉

① 1 ② 2
③ 3 ④ 4

해설 소요단위의 계산방법

구 분	제조소등	건축물의 구조	소요단위
건축물의 규모기준	제조소 또는 취급소의 건축물	외벽이 내화구조	100m^2
		외벽이 내화구조가 아닌 것	50m^2
	저장소의 건축물	외벽이 내화구조	150m^2
		외벽이 내화구조가 아닌 것	75m^2
	옥외에 설치된 공작물	내화구조로 간주 (공작물의 최대수평투영면적 기준)	제조소・일반취급소 : 100m^2 저장소 : 150m^2
위험물 기준	지정수량 10배마다 1단위		

따라서 위험물 지정수량 기준 20배 : 2단위
위험물 판매취급소 건축물(내화구조) 80m^2 : 0.8단위
소요단위의 합은 2.8로 정답은 ③

정답 01 ③

02 **위험물안전관리법령상 위험물안전관리자의 업무를 위탁받아 수행하는 안전관리대행기관에 관한 설명으로 옳은 것은?** 〈기본서 143P〉

① 위험물탱크시험자로 등록된 법인은 안전관리대행기관이 될 수 없다.
② 전용사무실은 일정 면적기준을 충족하여야 한다.
③ 지정기준을 갖추어 소방청장에게 지정을 받아야 한다.
④ 기술인력은 최소 5인 이상이어야 한다.

해설 안전관리대행기관의 지정 등

① 위험물탱크시험자로 등록된 법인은 안전관리대행기관의 지정기준을 갖추어 소방청장의 지정을 받으면 대행기관이 될 수 있다.
② 전용사무실를 갖추면 되는 것이지 면적기준을 충족할 필요는 없다.
④ 기술인력은 최소 4인 이상이어야 한다.
- 위험물기능장 또는 위험물산업기사 1인 이상
- 위험물산업기사 또는 위험물기능사 2인 이상
- 기계분야 및 전기분야의 소방설비기사 1인 이상

03 **위험물안전관리법령상 위험물 제조소등의 위치·구조 및 설비의 기준 중 각종 턱 높이에 관한 기준으로 옳지 않은 것은?** 〈빨간키 96~97P〉

① 제조소에서 옥외에 액체위험물을 취급하는 설비의 바닥 둘레에는 15cm 이상의 턱을 설치하여야 한다.
② 판매취급소의 배합실 출입구에는 15cm 이상의 문턱을 설치하여야 한다.
③ 주유취급소에 설치하는 건축물 중 사무실의 출입구 또는 사이통로에는 15cm 이상의 문턱을 설치하여야 한다.
④ 옥외저장탱크의 펌프실 바닥의 주위에는 20cm 이상의 턱을 만들어야 한다.

해설 제조소등별 턱 높이 총정리

<table>
<tr><th>제조소</th><th colspan="2">옥외탱크저장소</th><th colspan="4">옥내탱크저장소</th><th colspan="2">주유취급소</th><th>판 매</th></tr>
<tr><td rowspan="2">옥외 설비 바닥</td><td rowspan="2">펌프실</td><td rowspan="2">펌프실 외</td><td colspan="2">전용실이 있는 건축물 외에 펌프설비 설치</td><td colspan="2">전용실이 있는 건축물에 펌프설비 설치</td><td rowspan="2">사무실 그 밖의 화기를 사용하는 곳의 출입구 또는 사이통로 문턱높이</td><td rowspan="2">펌프실 출입구의 턱 높이</td><td rowspan="2">배합실 문턱</td></tr>
<tr><td>펌프실</td><td>펌프실 외</td><td>전용실 외</td><td>전용실</td></tr>
<tr><td>0.15</td><td>0.2</td><td>0.15</td><td>0.2</td><td>0.15</td><td>0.2</td><td>문턱 높이 이상</td><td>0.15</td><td>0.1</td><td>0.1</td></tr>
</table>

02 ③ 03 ② **정답**

04 **위험물안전관리법령상 화재예방과 화재 등 재해발생 시 비상조치를 위하여 예방규정을 당해 제조소등의 사용을 시작하기 전에 시·도지사에게 제출하여야 하는 제조소등에 해당하지 않는 것은?** 〈빨간키 21~22P〉

① 암반탱크저장소

② 지하탱크저장소

③ 지정수량의 100배 이상의 위험물을 저장하는 옥외저장소

④ 지정수량의 150배 이상의 위험물을 저장하는 옥내저장소

해설 예방규정을 정해야 할 제조소등

① 지정수량의 10배 이상의 위험물을 취급하는 제조소
② 지정수량의 100배 이상의 위험물을 저장하는 옥외저장소
③ 지정수량의 150배 이상의 위험물을 저장하는 옥내저장소
④ 지정수량의 200배 이상의 위험물을 저장하는 옥외탱크저장소
⑤ 암반탱크저장소
⑥ 이송취급소
⑦ 지정수량의 10배 이상의 위험물을 취급하는 일반취급소

> 제4류 위험물(특수인화물을 제외한다)만을 지정수량의 50배 이하로 취급하는 일반취급소(제1석유류·알코올류의 취급량이 지정수량의 10배 이하인 경우에 한한다)로서 다음 각 목의 어느 하나에 해당하는 것을 제외한다.
> ㉠ 보일러·버너 또는 이와 비슷한 것으로서 위험물을 소비하는 장치로 이루어진 일반취급소
> ㉡ 위험물을 용기에 옮겨 담거나 차량에 고정된 탱크에 주입하는 일반취급소

05 **위험물안전관리법령상 다량의 위험물을 저장·취급하는 제조소등으로서 대통령령이 정하는 수량 이상의 위험물을 저장 또는 취급하는 경우, 자체 소방대 설치 대상이다. (   ) 안에 들어갈 수치로 옳은 것은?** 〈빨간키 24P〉

> 가. 제조소 또는 일반취급소(일부 제외)에서 취급하는 제4류 위험물의 최대수량의 합이 지정수량의 (㉠)배 이상
> 나. 옥외탱크저장소에 저장하는 제4류 위험물의 최대수량이 지정수량의 (㉡)만배 이상

	㉠	㉡
①	2,000	25
②	2,000	50
③	3,000	25
④	3,000	50

정답 04 ② 05 ④

해설 자체 소방대를 설치하여야 하는 사업소(시행령 제18조)

① 제조소 또는 일반취급소(일부 제외)에서 취급하는 제4류 위험물의 최대수량의 합이 지정수량의 3천배 이상

② 옥외탱크저장소에 저장하는 제4류 위험물의 최대수량이 지정수량의 50만배 이상

> **지정수량 3천배 이상이더라도 자체 소방대 설치 제외 일반취급소**
> ① 보일러, 버너 그 밖에 이와 유사한 장치로 위험물을 소비하는 일반취급소
> ② 이동저장탱크 그 밖에 이와 유사한 것에 위험물을 주입하는 일반취급소
> ③ 용기에 위험물을 옮겨 담는 일반취급소
> ④ 유압장치, 윤활유순환장치 그 밖에 이와 유사한 장치로 위험물을 취급하는 일반취급소
> ⑤ 「광산안전법」의 적용을 받는 일반취급소

06 위험물안전관리법령상 경보설비에 관한 설명이다. ( ) 안에 들어갈 내용으로 옳은 것은?

〈빨간키 88P〉

> 이동탱크저장소를 제외한 지정수량 (㉠)배 이상의 위험물을 저장 또는 취급하는 제조소등에는 화재발생 시 이를 알릴 수 있는 경보설비를 설치하여야 하며, 그 종류에는 자동화재탐지설비, (㉡), 비상경보설비, (㉢), 비상방송설비가 있다.

	㉠	㉡	㉢
①	5	자동화재속보설비	통합감시시설
②	5	자동식사이렌	확성장치
③	10	자동화재속보설비	확성장치
④	10	단독경보형감지기	통합감시시설

해설 경보설비의 기준(시행규칙 제42조)

① 지정수량의 10배 이상의 위험물을 저장 또는 취급하는 제조소등(이동탱크저장소를 제외한다)에는 화재발생 시 이를 알릴 수 있는 경보설비를 설치하여야 한다.

② 경보설비는 자동화재탐지설비 · 자동화재속보설비 · 비상경보설비(비상벨장치 또는 경종을 포함한다) · 확성장치(휴대용확성기를 포함한다) 및 비상방송설비로 구분한다.

06 ③ **정답**

07 **히드록실아민 등을 취급하는 제조소의 안전거리를 구하는 공식은? (D : 거리(m), N : 해당 제조소에서 취급하는 히드록실아민 등의 지정수량의 배수)** 〈빨간키 48P, 101P〉

① $D = \frac{51.1 \cdot N}{3}$

② $D = 51.1\sqrt[3]{N}$

③ $D = \frac{51.1 \cdot \sqrt{N}}{3}$

④ $D = 51.1\sqrt{N}$

해설 지정수량 이상의 히드록실아민 등을 취급하는 제조소의 위치는 건축물의 벽 또는 이에 상당하는 공작물의 외측으로부터 해당 제조소의 외벽 또는 이에 상당하는 공작물의 외측까지의 사이에 다음 식에 의하여 요구되는 거리 이상의 안전거리를 둘 것

$D = 51.1\sqrt[3]{N}$

D : 거리(m)

N : 해당 제조소에서 취급하는 히드록실아민 등 지정수량의 배수

08 **위험물안전관리법령상 "지정수량"에 관한 설명으로 옳지 않은 것은?** 〈빨간키 4P, 기본서 24P〉

① 대통령령으로 정하는 수량이다.

② 위험물의 품명별로 위험성을 고려하여 정하고 있다.

③ 제조소등의 설치허가 등에 있어서 최저의 기준이 되는 수량이다.

④ 지정수량의 단위는 액체는 리터(ℓ), 고체는 킬로그램(kg)이다.

해설 지정수량

① 위험물의 종류별로 위험성을 고려하여 위험물안전관리법 시행령 별표1이 정하는 수량

② 제조소등의 설치허가 등에 있어서 최저의 기준이 되는 수량

㉠ 지정수량 이상 : 위험물안전관리법에 따라 규제

㉡ 지정수량 미만 : 시·도 위험물안전관리조례의 기준으로 규제

③ 지정수량의 표시

㉠ 고체는 "kg"로 표시한다.

㉡ 액체에 대하여는 용량으로 하여 "L"로 나타내고 있다. 액체는 직접 그 질량을 측정하기가 곤란하고 통상 용기에 수납하므로 실용상 편의에 따라 용량으로 표시한 것이다.

㉢ 제6류 위험물은 액체인데도 "kg"로 표시하고 있음은 비중을 고려, 엄격히 규제하려는 하는 의미가 있기 때문이다.

☞ 지정수량의 단위는 액체이더라도 제4류 위험물만 리터(ℓ), 나머지는 킬로그램(kg)이다.

정답 07 ② 08 ④

09 **위험물안전관리법령상 위험물 제조소 옥외취급탱크에 벤젠 $10m^3$와 톨루엔 $1m^3$가 있다. 이를 하나의 방유제 내에 설치하고자 할 때 방유제 용량의 최소 기준으로 옳은 것은? (단, 비중은 1로 한다)** 〈빨간키 45~46P〉

① $1.5m^3$ ② $2.1m^3$
③ $3.1m^3$ ④ $5.1m^3$

해설 위험물 제조소의 옥외에 있는 위험물 취급탱크 방유제 용량
① 하나의 취급탱크 주위에 설치하는 방유제의 용량 : 해당 탱크용량의 50% 이상
② 2 이상의 취급탱크 주위에 하나의 방유제를 설치하는 경우 방유제의 용량 : 해당 탱크 중 용량이 최대인 것의 50%에 나머지 탱크용량 합계의 10%를 가산한 양 이상

따라서 방유제 용량 = $\frac{10m^3}{2} + \frac{1m^3}{10} = 5.1m^3$

10 **위험물안전관리법령상 옥내탱크저장소의 탱크전용실에 하나의 탱크를 설치하고 제2석유류(경유)를 저장하려고 할 때 ( ) 안에 들어갈 내용으로 옳은 것은?** 〈빨간키 58P〉

가. 저장할 수 있는 최대용량은 (㉠)이다.
나. 지정수량의 (㉡)배까지 저장 가능하다.

	㉠	㉡
①	20,000리터	20
②	20,000리터	40
③	40,000리터	20
④	40,000리터	40

해설 옥내저장탱크의 용량(동일한 탱크전용실에 옥내저장탱크를 2 이상 설치하는 경우에는 각 탱크의 용량의 합계를 말한다)은 지정수량의 40배(**제4석유류 및 동식물유류 외의 제4류 위험물에 있어서 당해 수량이 20,000L를 초과할 때에는 20,000L**) 이하일 것

09 ④ 10 ① **정답**

11 **위험물주유취급소의 위치·구조 또는 설비 중 변경허가를 받아야 하는 경우에 해당하는 것은?** 〈빨간키 10P, 기본서 87P〉

① 셀프용이 아닌 고정주유설비를 셀프용 고정주유설비로 변경하는 경우

② 셀프용인 고정주유설비를 셀프용이 아닌 고정주유설비로 변경하는 경우

③ 셀프용인 고정급유설비를 셀프용이 아닌 고정급유설비로 변경하는 경우

④ 셀프용이 아닌 고정급유설비를 셀프용 고정급유설비로 변경하는 경우

해설 주유취급소의 주유설비 변경허가를 받아야 하는 경우

- 고정주유설비 또는 고정급유설비를 신설 또는 철거하는 경우
- 고정주유설비 또는 고정급유설비의 위치를 이전하는 경우
- 셀프용이 아닌 고정주유설비를 셀프용 고정주유설비로 변경하는 경우

12 **위험물안전관리법령상 규정하는 벌칙의 금액이 나머지 셋과 다른 것은?** 〈빨간키 34P〉

① 위험물의 운반에 관한 중요기준에 따르지 아니한 자

② 위험물운반의 자격요건을 갖추지 아니한 위험물운반자

③ 위험물의 취급에 관한 안전관리와 감독을 하지 아니한 자

④ 위험물의 저장 또는 취급에 관한 중요기준에 따르지 아니한 자

해설 ①, ②, ③의 경우 : 1천만원 이하의 벌금에 해당
④의 경우 : 1천 500만원 이하의 벌금에 해당

정답 11 ① 12 ④

13 **위험물안전관리법령상 제조소등에 대한 행정처분기준(1차)으로 옳은 것은?** 〈빨간키 15P〉

① 위험물안전관리자를 선임하지 않은 경우 사용정지 15일

② 저장・취급기준 준수명령을 위반한 경우 사용정지 15일

③ 변경허가 없이 제조소의 위치를 이전한 경우 사용정지 10일

④ 완공검사를 받지 않고 제조소등을 사용한 경우 사용정지 10일

해설 위반행위별 벌칙과 행정처분

위반행위	행정처분		
	1차	2차	3차
정기점검을 하지 아니하거나 점검기록을 허위로 작성한 관계인으로서 제조소등 설치허가(허가 면제 또는 협의로서 허가를 받은 경우 포함)를 받은 자	사용정지 10일	사용정지 30일	허가취소
정기검사를 받지 아니한 관계인으로서 제조소등 설치허가를 받은 자	사용정지 10일	사용정지 30일	허가취소
위험물안전관리자 대리자를 지정하지 아니한 관계인으로서 위험물 제조소등 설치 허가를 받은 자	사용정지 10일	사용정지 30일	허가취소
안전관리자를 선임하지 아니한 관계인으로서 위험물 제조소등 설치허가를 받은 자	사용정지 15일	사용정지 60일	허가취소
위험물 제조소등 변경허가를 받지 아니하고 제조소등을 변경한 자	경고 또는 사용정지 15일	사용정지 60일	허가취소
제조소등의 완공검사를 받지 아니하고 위험물을 저장・취급한 자	사용정지 15일	사용정지 60일	허가취소
위험물 저장・취급기준 준수명령 또는 응급조치명령을 위반한 자	사용정지 30일	사용정지 60일	허가취소
수리・개조 또는 이전의 명령에 따르지 아니한 자	사용정지 30일	사용정지 90일	허가취소
위험물 제조소등 사용중지 대상에 대한 안전조치 이행명령을 따르지 아니한 자	경 고	허가취소	

13 ① **정답**

04 공개문제

▶ 본 공개문제는 2022년 9월 3일에 시행한 소방위 승진시험 과목 중 제2과목 소방법령 Ⅳ에서 위험물안전관리법령에 관한 문제만 수록하였습니다.

01 위험물안전관리법령상 제조소등의 화재예방과 화재 등 재해 발생 시의 비상조치를 위하여 이송취급소의 관계인이 정하는 예방규정에 관한 내용으로 옳지 않은 것은? 〈빨간키 22P, 154P〉

① 「산업안전보건법」 제25조에 따른 안전보건관리규정과 통합하여 예방규정을 작성할 수 있다.
② 이송취급소의 관계인과 종업원은 예방규정을 충분히 잘 익히고 준수하여야 한다.
③ 이송취급소의 관계인은 예방규정을 제정하거나 변경한 경우에는 제정 또는 변경한 예방규정 1부를 예방규정제출서에 첨부하여 소방본부장 또는 소방서장에게 제출하여야 한다.
④ 이송취급소의 예방규정에는 배관공사 현장책임자의 조건 등 배관공사 현장의 감독 체계에 관한 사항과 배관 주위에 있는 이송취급소 시설 외의 공사를 하는 경우 배관의 안전확보에 관한 사항이 포함되어야 한다.

해설 ③ 이송취급소의 관계인은 예방규정을 제정하거나 변경한 경우에는 제정 또는 변경한 예방규정 1부를 예방규정제출서에 첨부하여 시・도지사 또는 소방서장에게 제출하여야 한다.
① 「산업안전보건법」 제25조에 따른 안전보건관리규정과 통합하여 예방규정을 작성할 수 있다.
② 이송취급소의 관계인과 종업원은 예방규정을 충분히 잘 익히고 준수하여야 한다.
④ 이송취급소의 예방규정에는 배관공사 현장책임자의 조건 등 배관공사 현장의 감독 체계에 관한 사항과 배관 주위에 있는 이송취급소 시설 외의 공사를 하는 경우 배관의 안전확보에 관한 사항이 포함되어야 한다.

정답 01 ③

02 **「위험물안전관리법 시행령」상 한국소방산업기술원에 위탁할 수 있는 시 · 도지사의 업무로 옳지 않은 것은?** 〈빨간키 31P〉

① 용량이 100만리터 이상인 액체위험물을 저장하는 탱크에 대한 탱크안전성능검사
② 운반용기를 제작하거나 수입한 자 등의 신청에 따른 운반용기검사
③ 탱크시험자의 기술인력으로 종사하는 자에 대한 안전교육
④ 저장용량이 50만리터 이상인 옥외탱크저장소의 설치 또는 변경에 따른 완공검사

해설 권한의 위임 또는 위탁

구 분	위임 또는 위탁 업무
시도지사 ⇒ 기술원	1. 탱크안전성능검사 중 다음 각 목의 탱크에 대한 탱크안전성능검사 가. 용량이 100만리터 이상인 액체위험물을 저장하는 탱크 나. 암반탱크 다. 지하탱크저장소의 위험물탱크 중 행정안전부령으로 정하는 액체위험물 탱크 2. 완공검사 중 다음 각 목의 완공검사 가. 지정수량의 3천배 이상의 위험물을 취급하는 제조소 또는 일반취급소의 설치 또는 변경에 따른 완공검사 나. 저장 용량이 50만리터 이상의 옥외탱크저장소의 설치 또는 변경에 따른 완공검사 다. 암반탱크저장소의 설치 또는 변경에 따른 완공검사 3. 운반용기검사
소방본부장 또는 서장 ⇒ 기술원	50만리터 이상의 옥외탱저장소의 정기검사
소방청장 ⇒ 안전원	① 안전관리자로 선임된 자에 대한 안전교육 ② 위험물운송자로 종사하는 자에 대한 안전교육 ③ 위험물운반자로 종사하는 자에 대한 안전교육
소방청장 ⇒ 기술원	탱크시험자의 기술 인력으로 종사하는 자에 대한 안전교육

02 ③ 정답

03 다음은 「위험물안전관리법 시행규칙」상 특정·준특정 옥외탱크저장소의 관계인이 소방본부장 또는 소방서장으로부터 받아야 하는 정밀정기검사 및 중간정기검사 시기이다. (　　) 안에 들어갈 수치로 옳은 것은? 〈빨간키 24P〉

> 1. 정밀정기검사는 다음의 어느 하나에 해당하는 기간 내에 1회
>   가. 특정·준특정 옥외탱크저장소의 설치허가에 따른 완공검사필증을 발급받은 날부터 (㉠)년
>   나. 최근의 정밀정기검사를 받은 날부터 (㉡)년
> 2. 중간정기검사는 다음의 어느 하나에 해당하는 기간 내에 1회
>   가. 특정·준특정 옥외탱크저장소의 설치허가에 따른 완공검사필증을 발급받은 날부터 (㉢)년
>   나. 최근의 정밀정기검사 또는 중간정기검사를 받은 날부터 (㉣)

	㉠	㉡	㉢	㉣
①	13	11	6	4
②	13	10	5	5
③	12	10	6	5
④	12	11	4	4

해설 정기검사 핵심정리

점검구분	검사대상	점검자의 자격	점검내용	횟수 등
정밀정기검사	액체위험물을 저장 또는 취급하는 50만리터 이상의 옥외탱크저장소	소방본부장 또는 소방서장 → 한국소방산업기술원에 위탁	제조소등 관계인이 위험물시설에 대한 적정 유지·관리 여부를 확인	• 완공검사합격확인증을 발급받은 날부터 12년 이내에 1회 • 최근의 정밀정기검사를 받은 날부터 11년 이내에 1회
중간정기검사				• 완공검사합격확인증을 발급받은 날부터 4년 이내에 1회 • 최근의 정밀정기검사 또는 중간정기검사를 받은 날부터 4년 이내에 1회

정답 03 ④

04 위험물안전관리법령상 소화설비 중 옥외소화전설비에 관한 내용으로 옳은 것은?

〈빨간키 86P〉

① 옥외소화전설비에는 비상전원을 설치하여야 한다.

② 수원의 수량은 옥외소화전이 4개 설치된 경우 13.5m^3 이상이 되도록 한다.

③ 옥외소화전의 방수압력은 250kPa 이상이고 방수량은 1분당 350ℓ 이상으로 한다.

④ 옥외소화전은 방호대상물의 각 부분에서 하나의 호스접속구까지의 수평거리가 75m 이하가 되도록 하여야 한다.

해설 옥외소화전 설치기준

내 용	제조소등 설치기준
설치위치 설치개수	• 수평거리 40m 이하마다 설치 • 설치개수가 1개인 경우 2개 설치
수원량	• Q = N(설치개수 : 최대 4개) × 13.5m^3 • 최대 = 450L/min × 30분 × 4 = 54m^3
방수압력	350kPa 이상
방수량	450L/min
비상전원	용량은 45분 이상

05 「위험물안전관리법」상 감독 및 조치명령에 관한 내용으로 옳지 않은 것은? 〈기본서 195~196P〉

① 시・도지사, 소방본부장 또는 소방서장은 제조소등의 관계인이 당해 제조소등에서 위험물의 유출 그 밖의 사고가 발생한 때 즉시 그리고 지속적으로 위험물의 유출 및 확산의 방지, 유출된 위험물의 제거 그 밖에 재해의 발생방지를 위한 응급조치를 강구하지 아니하였다고 인정하는 때에는 응급조치를 강구하도록 명할 수 있다.

② 시・도지사, 소방본부장 또는 소방서장은 탱크시험자가 당해 업무를 적정하게 실시하는 데 필요하다고 인정하는 때에는 감독상 필요한 명령을 할 수 있다.

③ 시・도지사, 소방본부장 또는 소방서장은 위험물에 의한 재해를 방지하기 위하여 허가를 받지 아니하고 지정수량 이상의 위험물을 저장 또는 취급하는 자에 대하여 그 위험물 및 시설의 제거 등 필요한 조치를 명할 수 있다.

④ 시・도지사, 소방본부장 또는 소방서장은 공공의 안전을 유지하거나 재해의 발생을 방지하기 위하여 긴급하다고 인정하는 때에는 제조소등의 관계인에 대하여 당해 제조소등의 사용을 일시정지하거나 제한할 것을 명할 수 있다.

04 ① 05 ① **정답**

해설 1. 소방본부장 또는 소방서장은 제조소등의 관계인이 당해 제조소등에서 위험물의 유출 그 밖의 사고가 발생한 때 즉시 그리고 지속적으로 위험물의 유출 및 확산의 방지, 유출된 위험물의 제거 그 밖에 재해의 발생방지를 위한 응급조치를 강구하지 아니하였다고 인정하는 때에는 응급조치를 강구하도록 명할 수 있다.

2. 명령의 내용 및 명령권자

명령의 내용	명령권자
출입·검사권자	소방청장(중앙119구조본부장 및 그 소속 기관의 장을 포함), 시·도지사, 소방본부장 또는 소방서장
위험물 누출 등의 사고 조사	소방청장(중앙119구조본부장 및 그 소속 기관의 장을 포함), 소방본부장 또는 소방서장
탱크시험자에 대한 명령	시·도지사, 소방본부장 또는 소방서장
무허가장소의 위험물에 대한 조치명령	
제조소등에 대한 긴급 사용정지명령 등	
저장·취급기준 준수명령 등	
응급조치·통보 및 조치명령	소방본부장 또는 소방서장

06 **위험물안전관리법령상 위험물을 취급하는 데 필요한 채광·조명 및 환기설비에 관한 내용으로 옳지 않은 것은?** 〈빨간키 43P〉

① 가연성가스 등이 체류할 우려가 있는 장소의 조명등은 방폭등으로 하여야 한다.

② 채광설비는 불연재료로 하고, 연소할 우려가 없는 장소에 설치하되 채광면적을 최대로 하여야 한다.

③ 환기설비의 급기구는 낮은 곳에 설치하고 가는 눈의 구리망 등으로 인화방지망을 설치하여야 한다.

④ 환기는 자연배기방식으로 하고, 급기구는 1개 이상으로 하되, 바닥면적 $60m^2$ 미만일 경우 급기구의 크기는 $150cm^2$ 이상으로 하여야 한다.

해설 ② 채광설비는 불연재료로 하고, 연소할 우려가 없는 장소에 설치하되 채광면적을 최소로 하여야 한다.

정답 06 ②

07 위험물안전관리법령상 소화설비의 능력단위로 옳은 것은? 〈빨간키 85P〉

	소화설비	용 량	능력단위
①	소화전용 물통	8ℓ	0.5
②	수조(소화전용 물통 3개 포함)	80ℓ	1.5
③	수조(소화전용 물통 6개 포함)	190ℓ	2.0
④	마른 모래(삽 1개 포함)	50ℓ	1.0

해설 기타 소화설비의 능력단위

소화설비	용 량	능력단위
소화전용(轉用) 물통	8L	0.3
수조(소화전용 물통 3개 포함)	80L	1.5
수조(소화전용 물통 6개 포함)	190L	2.5
마른 모래(삽 1개 포함)	50L	0.5
팽창질석 또는 팽창진주암(삽 1개 포함)	160L	1.0

08 위험물안전관리법령상 제조소등의 예방규정에 관한 내용으로 옳은 것은? 〈빨간키 22P〉

① 제조소등의 관계인 또는 그 종업원이 예방규정을 준수하지 않았을 때에는 1,500만원 이하의 벌금에 처한다.

② 암반탱크저장소는 그 저장량이 지정수량의 200배 이상인 경우에 한해 예방규정을 제출해야 하는 대상에 해당한다.

③ 「위험물안전관리법」은 소방청장이 제조소등 관계인의 예방규정 이행 실태를 정기적으로 평가할 수 있음을 명시하고 있다.

④ 제4류 위험물(특수인화물을 제외한다)만을 지정수량의 50배 이하로 취급하는 일반취급소(제1석유류・알코올류의 취급량이 지정수량의 10배 이하인 경우에 한한다)로서 위험물을 차량에 고정된 탱크에 주입하는 일반취급소는 예방규정의 작성 및 제출 대상에 해당하지 않는다.

해설 ① 제조소등의 관계인 또는 그 종업원이 예방규정을 준수하지 않았을 때에는 1차 250만원, 2차 400만원, 3차 500만원의 과태료를 부과한다.

② 암반탱크저장소는 지정수량과 관계없이 예방규정을 제출해야 하는 대상에 해당한다.

③ 「위험물안전관리법」은 시・도지사는 제조소등 관계인의 예방규정 이행 실태를 정기적으로 평가할 수 있음을 명시하고 있다.

07 ② 08 ④ **정답**

09 위험물안전관리법령상 제조소등의 변경허가를 받아야 하는 경우로 옳은 것은?

〈빨간키 10P, 기본서 85~87P〉

① 간이탱크저장소 건축물의 벽・기둥・바닥・보 또는 지붕을 증설하는 경우

② 옥외저장소의 위치를 이전하는 경우

③ 옥외탱크저장소의 방유제의 높이, 방유제 내의 면적, 방유제의 매설 깊이 등을 변경하는 경우

④ 암반탱크저장소의 내용적을 변경하고 외벽을 정비하는 경우

해설 ② 옥외저장소의 면적을 변경하는 경우

③ 옥외탱크저장소의 방유제의 높이, 방유제 내의 면적 등을 변경하는 경우

④ 암반탱크저장소의 내용적을 변경하고 내벽을 정비하는 경우

10 위험물안전관리법령상 자체 소방대에 관한 내용으로 옳은 것은? 〈빨간키 24~25P〉

① 보일러로 제4류 위험물을 소비하는 일반취급소가 있는 사업소의 관계인은 해당 사업소에 자체 소방대를 설치해야 한다.

② 제4류 위험물의 최대수량이 지정수량의 50만배 이상인 옥외탱크저장소가 설치된 동일한 사업소의 관계인은 자체 소방대를 설치해야 하고, 해당 자체 소방대에는 화학소방자동차 2대, 자체 소방대원 10인을 두어야 한다.

③ 제조소에서 취급하는 제4류 위험물의 최대수량의 합이 지정수량의 30만배인 경우 해당 사업소의 관계인은 자체 소방대에 화학소방자동차 4대, 자체 소방대원 20인을 두어야 한다.

④ 화학소방자동차 중 포수용액 방사차에는 100만 리터 이상의 포수용액을 방사할 수 있는 양의 소화약제를 비치해야 한다.

해설 자체 소방대 설치기준

① 보일러로 위험물을 소비하는 일반취급소 등 행정안전부령으로 정하는 일반취급소는 제외한다.

③ 제조소에서 취급하는 제4류 위험물의 최대수량의 합이 지정수량의 30만배인 경우 해당 사업소의 관계인은 자체 소방대에 화학소방자동차 3대, 자체 소방대원 15인을 두어야 한다.

④ 화학소방자동차 중 포수용액 방사차에는 10만 리터 이상의 포수용액을 방사할 수 있는 양의 소화약제를 비치해야 한다.

정답 09 ① 10 ②

11 위험물안전관리법령상 제조소등의 완공검사 신청 등에 관한 내용으로 옳지 않은 것은?

〈빨간키 13P〉

① 제조소등에 대한 완공검사를 받고자 하는 자는 시·도지사에게 신청하여야 한다.
② 지정수량의 1천배 이하의 위험물을 취급하는 제조소등의 설치에 따른 완공검사는 한국소방산업기술원에 위탁한다.
③ 저장용량이 50만리터 이상인 옥외탱크저장소의 설치 또는 변경에 따른 완공검사는 한국소방산업기술원에 위탁한다.
④ 한국소방산업기술원은 완공검사를 실시한 경우에는 완공검사결과서를 소방서장에게 송부하고, 완공검사업무대장을 작성하여 10년간 보관하여야 한다.

해설 ② 지정수량의 3천배 이상의 위험물을 취급하는 제조소등의 설치에 따른 완공검사는 한국소방산업기술원에 위탁한다.

12 위험물안전관리법령상 제조소등 설치허가의 취소와 사용정지 등에 관한 내용으로 옳은 것은?

〈빨간키 14P, 기본서 107P〉

① 「위험물안전관리법」 제18조 제1항에 따른 정기점검을 하지 아니한 때에는 경고 처분을 할 수 있다.
② 「위험물안전관리법」 제6조 제1항 후단에 따른 변경허가를 받지 아니하고 제조소등의 위치·구조 및 설비를 변경하여 형사처벌을 받거나 그 절차가 진행 중인 경우에는 사용정지를 명할 수 없다.
③ 「위험물안전관리법」상 사용을 중지하려는 제조소등의 관계인이 실시한 안전조치에 대해 관계공무원이 확인하고 위해 방지를 위하여 필요한 안전조치를 명했으나, 이를 따르지 않는 경우에는 경고 처분을 할 수 있다.
④ 다수의 제조소등을 동일인이 설치하여 1인의 위험물안전관리자를 중복하여 선임하는 경우에는 제조소등마다 해당 위험물안전관리자를 보조하는 자를 지정해야 하는데, 이를 지정하지 않은 경우에는 사용정지를 명할 수 있다.

11 ② 12 ③ **정답**

해설 제조소등에 대한 행정처분기준 및 벌칙

위반행위	행정처분		
	1차	2차	3차
정기점검을 하지 아니하거나 점검기록을 허위로 작성한 관계인으로서 제조소등 설치허가(허가 면제 또는 협의로서 허가를 받은 경우 포함)를 받은 자	사용정지 10일	사용정지 30일	허가취소
정기검사를 받지 아니한 관계인으로서 제조소등 설치허가를 받은 자	사용정지 10일	사용정지 30일	허가취소
위험물안전관리자 대리자를 지정하지 아니한 관계인으로서 위험물 제조소등 설치 허가를 받은 자	사용정지 10일	사용정지 30일	허가취소
안전관리자를 선임하지 아니한 관계인으로서 위험물 제조소등 설치허가를 받은 자	사용정지 15일	사용정지 60일	허가취소
위험물 제조소등 변경허가를 받지 아니하고 제조소등을 변경한 자	경고 또는 사용정지 15일	사용정지 60일	허가취소
제조소등의 완공검사를 받지 아니하고 위험물을 저장·취급한 자	사용정지 15일	사용정지 60일	허가취소
위험물 저장·취급기준 준수명령 또는 응급조치명령을 위반한 자	사용정지 30일	사용정지 60일	허가취소
수리·개조 또는 이전의 명령에 따르지 아니한 자	사용정지 30일	사용정지 90일	허가취소
위험물 제조소등 사용중지 대상에 대한 안전조치 이행명령을 따르지 아니한 자	경 고	허가취소	

13 「위험물안전관리법」이 정하는 사항에 관한 내용으로 옳지 않은 것은? 〈빨간키 2P, 8~9P〉

① 항공기로 위험물을 운반하는 경우에는 「위험물안전관리법」이 적용되지 않는다.

② 지정수량이란 제조소등의 설치허가 등에서 최저기준이 되는 수량을 말한다.

③ 「위험물안전관리법」에는 위험물의 저장, 취급 및 운반에 따른 안전관리에 관한 사항을 규정함으로써 위험물로 인한 위해를 방지하여 공공의 안전을 확보함을 목적으로 한다고 명시되어 있다.

④ 옥내저장소의 위치·구조 또는 설비의 변경 없이 해당 옥내저장소에 저장하는 위험물의 수량을 변경하고자 하는 자는 변경하고자 하는 날의 1일 전까지 소방서장에게 신고해야 한다.

해설 ④ 옥내저장소의 위치·구조 또는 설비의 변경 없이 해당 옥내저장소에 저장하는 위험물의 수량을 변경하고자 하는 자는 변경하고자 하는 날의 1일 전까지 시·도지사에게 신고해야 한다.

정답 13 ④

05 기출유사문제

▶ 본 기출유사문제는 수험자의 기억에 의하여 복원된 것으로 그림, 내용, 출제지문 등이 다를 수 있으니 참고하시기 바랍니다.

01 위험물안전관리법령상 제2류 위험물에 관한 설명으로 옳지 않은 것은?

① 유황은 순도가 60중량퍼센트 이상인 것을 말하며 지정수량은 100kg이다.

② 마그네슘은 지름 1밀리미터 이상의 막대 모양의 것을 말하며 지정수량은 100kg이다.

③ 인화성고체라 함은 고형알코올, 그 밖에 1기압에서 인화점이 섭씨 40도 미만인 고체를 말하며 지정수량은 1,000kg이다.

④ 철분이라 함은 철의 분말로서 53마이크로미터의 표준체를 통과하는 것이 50중량퍼센트 이상이어야 하며 지정수량은 500kg이다.

해설 ② 위험물 품명에서 마그네슘 및 마그네슘을 함유한 것이란 2밀리미터의 체를 통과하는 것과 지름 2밀리미터 미만의 막대 모양의 것을 말한다.

02 다음 중 예방규정을 정하여 제출해야 할 대상에 해당하는 제조소등은 어느 것인가?

① 휘발유 1,000리터를 취급하는 제조소

② 질산 3만 킬로그램을 저장하는 옥내저장소

③ 질산염류 5만 킬로그램을 저장하는 옥내저장소

④ 경유 15만리터를 저장하는 옥외탱크저장소

해설 관계인이 예방규정을 정해야 하는 제조소 구분

구 분	휘발유	질 산	질산염류	경 유
류 별	제1석유류	제6류	제1류	제2석유류
저장수량	1,000ℓ	30,000kg	50,000kg	150,000ℓ
지정수량	200ℓ	300kg	300kg	1,000ℓ
지정수량배수	5배	100배	166.7배	150배
제조소등 구분	제조소	옥내저장소	옥내저장소	옥외탱크저장소
예방규정 기준	10배	150배	150배	200배
예방규정 제출 대상 여부	×	×	○	×

01 ② 02 ③ 정답

03 위험물안전관리법령상 제조소등의 정기점검 대상에 해당하지 않는 것은?

① 알코올을 10배 이상을 제조하는 제조소
② 등유 3,000리터를 저장하는 지하탱크저장소
③ 마그네슘을 지정수량 80배를 저장하는 옥내저장소
④ 등유 220,000리터를 저장하는 옥외탱크저장소

해설 마그네슘을 150배 이상 저장하는 옥내저장소가 예방규정 인가 및 정기점검 대상에 해당한다.

정기점검의 대상인 제조소등(영 제16조)

- 예방규정을 정하는 제조소등
  - 지정수량의 10배 이상의 위험물을 취급하는 제조소
  - 지정수량의 100배 이상의 위험물을 저장하는 옥외저장소
  - 지정수량의 150배 이상의 위험물을 저장하는 옥내저장소
  - 지정수량의 200배 이상의 위험물을 저장하는 옥외탱크저장소
  - 암반탱크저장소
  - 이송취급소
  - 지정수량의 10배 이상의 위험물을 취급하는 일반취급소

> 제4류 위험물(특수인화물을 제외한다)만을 지정수량의 50배 이하로 취급하는 일반취급소(제1석유류·알코올류의 취급량이 지정수량의 10배 이하인 경우에 한한다)로서 다음의 어느 하나에 해당하는 것을 제외한다.
> - 보일러·버너 또는 이와 비슷한 것으로서 위험물을 소비하는 장치로 이루어진 일반취급소
> - 위험물을 용기에 옮겨 담거나 차량에 고정된 탱크에 주입하는 일반취급소

- 지하탱크저장소
- 이동탱크저장소
- 위험물을 취급하는 탱크로서 지하에 매설된 탱크가 있는 제조소·주유취급소 또는 일반취급소

04 위험물안전관리법령상 제조소 또는 일반취급소의 설비 중 변경허가를 받을 필요가 없는 경우는?

① 배출설비를 증설하는 경우
② 건축물의 지붕을 증설하는 경우
③ 위험물 취급탱크를 교체·철거 또는 보수(탱크의 본체를 절개하는 경우에 한한다)하는 경우
④ 방화상 유효한 담을 이설하는 경우

해설 ① 제조소 또는 일반취급소에서 배출설비를 신설하는 경우에 변경허가를 받아야 한다.

정답 03 ③ 04 ①

05 **위험물의 지정수량이 적은 것부터 큰 순서로 나열한 것은?**

① 철분 – 아염소산염류 – 나트륨

② 알킬리튬 – 탄화칼슘 – 유기금속화합물

③ 황린 – 질산 – 유황

④ 칼륨 – 질산염류 – 마그네슘

해설 ④ 칼륨(10kg) – 질산염류(300kg) – 마그네슘(500kg)
① 나트륨(10kg) – 아염소산염류(50kg) – 철분(300kg)
② 알킬리튬(10kg) – 유기금속화합물(50kg) – 탄화칼슘(300kg)
③ 황린(20kg) – 유황(100kg) – 질산(300kg)

06 **화학소방자동차에 갖추어야 하는 소화능력 및 설비의 기준으로 옳지 않은 것은?**

① 포수용액 방사차 – 10만L 이상의 포수용액을 방사할 수 있는 양의 소화약제를 비치할 것

② 분말 방사차 – 1,400kg 이상의 분말을 비치할 것

③ 할로겐화합물 방사차 – 1,000kg 이상의 할로겐화합물을 비치할 것

④ 이산화탄소 방사차 – 2,000kg 이상의 이산화탄소를 비치할 것

해설 ④ 이산화탄소 방사차 – 3,000kg 이상의 이산화탄소를 비치할 것

05 ④ 06 ④ **정답**

07 위험물안전관리법에 따른 수납하는 위험물에 따른 주의사항으로 옳지 않은 것은?

① 제3류 위험물 중 자연발화성물질 : 화기엄금 및 공기접촉엄금
② 제2류 위험물 중 금속분 : 화기주의 및 물기엄금
③ 제5류 위험물 : 화기엄금 및 충격주의
④ 제2류 위험물 중 인화성고체 : 화기주의

해설 수납하는 위험물에 따른 주의사항

유 별	품 명	운반용기 주의사항(별표19)
제1류	알칼리금속의 과산화물	화기·충격주의, 가연물접촉주의 및 물기엄금
	그 밖의 것	화기·충격주의, 가연물접촉주의
제2류	철분, 금속분, 마그네슘(함유 포함)	화기주의 및 물기엄금
	인화성고체	화기엄금
	그 밖의 것	화기주의
제3류	자연발화성물질	화기엄금 및 공기접촉엄금
	금수성물질	물기엄금
제4류	모든 품명	화기엄금
제5류	모든 품명	화기엄금 및 충격주의
제6류	모든 품명	가연물접촉주의

08 위험물안전교육의 과정·기간과 그 밖의 교육의 실시에 관한 사항에 관한 내용으로 틀린 것은?

① 안전관리자 및 위험물운송자의 실무교육 시간 중 4시간 이내를 사이버교육의 방법으로 실시할 수 있다.
② 위험물운송자가 되고자 하는 자의 교육시간은 8시간이다.
③ 위험물운송자는 신규 종사 후 3년마다 1회 8시간의 안전원에서 실시하는 실무교육을 받아야 한다.
④ 안전관리자는 신규 종사 후 2년마다 1회 8시간의 안전원에서 실시하는 실무교육을 받아야 한다.

해설 ② 위험물운송자가 되고자 하는 자의 교육시간은 16시간이다(시행규칙 별표24).

정답 07 ④ 08 ②

09 **위험물로서 "특수인화물"에 속하는 것은?**

① 아세톤
② 휘발유
③ 등 유
④ 디에틸에테르

해설 "특수인화물"이라 함은 이황화탄소, 디에틸에테르 그 밖에 1기압에서 발화점이 섭씨 100도 이하인 것 또는 인화점이 섭씨 영하 20도 이하이고 비점이 섭씨 40도 이하인 것을 말한다.

10 **다음 중 위험물운반에 관한 기준에서 위험물 등급이 다른 것은?**

① 과염소산염류
② 알코올류
③ 특수인화물류
④ 과산화수소

해설 ①·③·④는 위험물 등급Ⅰ, ② 알코올류는 위험물 등급Ⅱ에 해당한다.

11 **탱크저부가 지반면 아래에 있고 상부가 지반면 이상에 있으며 탱크 내 위험물의 최고액면이 지반면 아래에 있는 원통세로형의 위험물 탱크를 무엇이라 하는가?**

① 특정옥외탱크
② 지하탱크
③ 지중탱크
④ 암반탱크

해설 위험물 저장탱크의 구분
① 특정옥외탱크 : 액체위험물을 최대수량이 100만L 이상을 저장하기 위하여 옥외에 설치한 탱크
② 지하탱크 : 위험물을 저장하기 위하여 지하에 매설한 탱크
④ 암반탱크 : 액체의 위험물을 저장하기 위하여 암반 내의 공간을 이용한 탱크

09 ④ 10 ② 11 ③ **정답**

06 기출유사문제

▸ 본 기출유사문제는 수험자의 기억에 의하여 복원된 것으로 그림, 내용, 출제지문 등이 다를 수 있으니 참고하시기 바랍니다. 〈서울, 인천, 부산, 경기, 경남, 경북, 대구, 전북, 충남, 강원〉

01 위험물안전관리법령상 이동탱크저장소의 변경허가를 받아야 할 경우로 옳은 것은?

① 상치장소의 위치를 같은 사업장 안에서 이전하는 경우

② 주입설비를 설치 또는 보수하는 경우

③ 이동저장탱크의 내용적을 변경하기 위하여 구조를 변경하는 경우

④ 펌프설비를 증설하는 경우

해설 이동탱크저장소 변경허가를 받아야 하는 사항

- 상치장소의 위치를 이전하는 경우(같은 사업장 또는 같은 울 안에서 이전하는 경우는 제외한다)
- 이동저장탱크를 보수(탱크 본체를 절개하는 경우에 한한다)하는 경우
- 이동저장탱크의 노즐 또는 맨홀을 신설하는 경우(노즐 또는 맨홀의 지름이 250mm를 초과하는 경우에 한한다)
- 이동저장탱크의 내용적을 변경하기 위하여 구조를 변경하는 경우
- 주입설비를 설치 또는 철거하는 경우
- 펌프설비를 신설하는 경우

02 위험물의 지정수량 합이 가장 적은 것은?

① 유기금속화합물, 적린, 과염소산

② 무기과산화물, 칼륨, 유황

③ 알킬알루미늄, 나트륨, 황린

④ 알킬리튬, 질산염류, 황화린

해설 ③ 알킬알루미늄(10kg) + 나트륨(10kg) + 황린(20kg) = 40kg

① 유기금속화합물(50kg) + 적린(100kg) + 과염소산(300kg) = 450kg

② 무기과산화물(50kg) + 칼륨(10kg) + 유황(100kg) = 160kg

④ 알킬리튬(10kg) + 질산염류(300kg) + 황화린(100kg) = 410kg

정답 01 ③ 02 ③

03 위험물안전관리법상 과징금 처분대상에 해당하지 않는 위반내용으로 옳은 것은?

① 위험물 제조소등 변경허가를 받지 아니하고 제조소등의 위치・구조 또는 설비를 변경한 때

② 위험물 제조소등 완공검사를 받지 않고 제조소등을 사용한 경우

③ 위험물 제조소등 용도폐지신고를 허위로 한 때

④ 위험물 제조소등 정기점검을 하지 아니한 때

해설 위험물 제조소등 용도폐지신고를 태만히 한 경우는 행정처분 기준에 해당하지 않아 과징금 부과처분 대상에 해당하지 않는다.

04 다음 중 예방규정 작성 대상이 아닌 제조소등은 어느 것인가?

① 지정수량 150배의 위험물을 저장하는 옥외탱크저장소

② 지정수량 150배의 위험물을 저장하는 옥내저장소

③ 지정수량 150배의 위험물을 저장하는 옥외저장소

④ 지정수량 150배인 암반탱크저장소

해설 **관계인이 예방규정을 정해야 하는 제조소등**

- 지정수량의 10배 이상의 위험물을 취급하는 제조소
- 지정수량의 100배 이상의 위험물을 저장하는 옥외저장소
- 지정수량의 150배 이상의 위험물을 저장하는 옥내저장소
- 지정수량의 200배 이상의 위험물을 저장하는 옥외탱크저장소
- 암반탱크저장소
- 이송취급소
- 지정수량의 10배 이상의 위험물을 취급하는 일반취급소

> 제4류 위험물(특수인화물을 제외한다)만을 지정수량의 50배 이하로 취급하는 일반취급소(제1석유류・알코올류의 취급량이 지정수량의 10배 이하인 경우에 한한다)로서 다음의 어느 하나에 해당하는 것을 제외한다.
> - 보일러・버너 또는 이와 비슷한 것으로서 위험물을 소비하는 장치로 이루어진 일반취급소
> - 위험물을 용기에 옮겨 담거나 차량에 고정된 탱크에 주입하는 일반취급소

03 ③ 04 ① **정답**

05 위험물 제조소의 배출설비의 설치기준으로 옳은 것은?

① 위험물취급설비가 배관이음 등으로만 된 경우에는 국소방식으로 할 수 있다.
② 급기구는 낮은 곳에 설치하고 가는 눈의 구리망 등으로 인화방지망을 설치해야 한다.
③ 배풍기는 자연배기 방식으로 하고, 옥내덕트의 내압이 대기압 이하가 되지 아니하는 위치에 설치해야 한다.
④ 배출구는 지상 2m 이상으로서 연소의 우려가 없는 장소에 설치하고, 배출덕트가 관통하는 벽부분의 바로 가까이에 화재 시 자동으로 폐쇄되는 방화댐퍼(화재 시 연기 등을 차단하는 장치)를 설치해야 한다.

해설 ① 위험물취급설비가 배관이음 등으로만 된 경우에는 전역방식으로 할 수 있다.
② 급기구는 높은 곳에 설치하고 가는 눈의 구리망 등으로 인화방지망을 설치해야 한다.
③ 배풍기는 강제배기 방식으로 하고, 옥내덕트의 내압이 대기압 이상이 되지 아니하는 위치에 설치해야 한다.

06 제5류 위험물로서 자기반응성 물질에 해당되는 것은?

① 유기과산화물, 질산에스테르류, 니트로화합물
② 히드라진, 아조화합물, 히드록실아민
③ 유기금속화합물, 니트로소화합물, 디아조화합물
④ 금속의 아지화합물, 질산구아니딘, 염소화규소화합물

해설 제5류 위험물 : 자기반응성물질
1. 유기과산화물, 2. 질산에스테르류, 3. 니트로화합물, 4. 니트로소화합물, 5. 아조화합물,
6. 디아조화합물, 7. 히드라진 유도체, 8. 히드록실아민, 9. 히드록실아민염류
10. 그 밖의 행정안전부령이 정하는 것 : 금속의 아지화합물, 질산구아니딘
11. 제1호 내지 제10호의1에 해당하는 어느 하나 이상을 함유한 것

정답 05 ④ 06 ①

07 다음 중 위험물안전관리법에 따른 알코올류가 위험물이 되기 위하여 갖추어야 할 조건에서 알코올류에 해당하지 않는 것은?

① 메틸알코올(CH_3OH)의 함유량이 65중량퍼센트 이상인 것
② 에탄올(C_2H_5OH)의 함유량이 60중량퍼센트 이상인 것
③ 프로필알코올(C_3H_7OH)의 함유량이 70중량퍼센트 이상인 것
④ 부탄올(C_4H_9OH)의 함유량이 90중량퍼센트 이상인 것

해설 알코올류
1분자를 구성하는 탄소원자의 수가 1개부터 3개(메틸알코올, 에틸알코올, 프로필알코올)까지인 포화1가 알코올(변성알코올을 포함한다)을 말하며, 부탄올은 탄소원자가 4개로 알코올류에 해당하지 않는다.

08 위험물 옥외저장탱크의 밸브 없는 통기관의 설치기준으로 옳은 것은?

① 밸브 없는 통기관의 지름은 25mm 이상으로 한다.
② 인화점이 38℃ 미만인 위험물만을 저장 또는 취급하는 탱크에 설치하는 통기관에는 화염방지장치를 설치한다.
③ 밸브 없는 통기관의 끝부분은 수평면보다 45도 이상 구부려 빗물 등의 침투 구조로 한다.
④ 가연성의 증기를 회수하기 위한 밸브를 통기관에 설치하는 경우에 있어서는 해당 통기관의 밸브는 저장탱크에 위험물을 주입하는 경우를 제외하고는 항상 폐쇄되어있는 구조로 할 것

해설 옥외탱크저장소의 밸브 없는 통기관 설치기준
- 지름은 30mm 이상일 것
- 끝부분은 수평면보다 45도 이상 구부려 빗물 등의 침투를 막는 구조로 할 것
- 인화점이 38℃ 미만인 위험물만을 저장 또는 취급하는 탱크에 설치하는 통기관에는 화염방지장치를 설치하고, 그 외의 탱크에 설치하는 통기관에는 40메쉬(mesh) 이상의 구리망 또는 동등 이상의 성능을 가진 인화방지장치를 설치할 것. 다만, 인화점이 70℃ 이상인 위험물만을 해당 위험물의 인화점 미만의 온도로 저장 또는 취급하는 탱크에 설치하는 통기관에는 인화방지장치를 설치하지 않을 수 있다.
- 가연성의 증기를 회수하기 위한 밸브를 통기관에 설치하는 경우에 있어서는 해당 통기관의 밸브는 저장탱크에 위험물을 주입하는 경우를 제외하고는 항상 개방되어있는 구조로 하는 한편, 폐쇄하였을 경우에 있어서는 10kPa 이하의 압력에서 개방되는 구조로 할 것. 이 경우 개방된 부분의 유효단면적은 777.15mm^2 이상이어야 한다.

07 ④ 08 ② **정답**

09 위험물탱크시험자의 등록기준에서 필수장비에 해당하지 않는 것은?

① 진공누설시험기
② 자기탐상시험기
③ 초음파두께측정기
④ 영상초음파시험기

해설 탱크시험자가 갖추어야 할 필수장비
- 자기탐상시험기
- 초음파두께측정기
- 영상초음파시험기 또는 방사선투과시험기 또는 초음파시험기

※ 진공누설시험기, 수직·수평도 측정기, 기밀시험장치는 필요한 경우에 두는 장비에 해당한다.

10 위험물안전관리법령상 제조소의 설비 중 변경허가를 받아야 할 사항으로 옳은 것은?

① 제조소 또는 일반취급소의 위치를 이전하는 경우
② 건축물의 지붕을 보수하는 경우
③ 200m를 초과하는 위험물배관을 신설·교체·철거하는 경우
④ 지름이 200mm를 초과하는 노즐을 신설하는 경우

해설 ② 건축물의 지붕을 증설 또는 철거하는 경우
③ 300m(지상에 설치하지 아니하는 배관의 경우에는 30m)를 초과하는 위험물배관을 신설·교체·철거 또는 보수(배관을 절개하는 경우에 한한다)하는 경우
④ 위험물 취급탱크의 노즐 또는 맨홀을 신설하는 경우(노즐 또는 맨홀의 지름이 250mm를 초과하는 경우에 한한다)

11 다음 중 위험물안전관리법령상 규정하고 있는 인적통제 대상으로 옳지 않은 것은?

① 위험물운송자가 준수해야 할 사항
② 위험물 제조소등 설치 또는 변경허가
③ 위험물의 운반에 관한 기준
④ 위험물의 저장·취급 기준

해설 위험물의 규제방식 중 ②번은 물적규제에 해당한다.

정답 09 ① 10 ① 11 ②

12 위험물안전관리법에서 정하는 위험물질에 대한 설명으로 옳은 것은?

① 인화성고체라 함은 고형알코올 그 밖에 1기압에서 인화점이 40도 미만인 고체를 말한다.

② 과산화수소는 그 농도가 36중량퍼센트 초과한 것에 한한다.

③ 구리분・니켈분은 금속분에 해당한다.

④ 철분이라 함은 철의 분말로서 53마이크로미터의 표준체를 통과하는 것이 60중량퍼센트 미만인 것은 말한다.

해설 ② 과산화수소는 그 농도가 36중량퍼센트 이상인 것에 한한다.
③ 구리분・니켈분 및 150마이크로미터의 체를 통과하는 것이 50중량퍼센트 미만인 것은 금속분에서 제외한다.
④ 철분이라 함은 철의 분말로서 53마이크로미터의 표준체를 통과하는 것이 50중량퍼센트 미만인 것은 제외한다.

13 다음 중 위험물탱크안전성능검사의 검사종류에 해당하지 않는 것은?

① 기초검사

② 지반검사

③ 비파괴검사

④ 용접부검사

해설 탱크안전성능검사의 종류 : 기초・지반검사, 충수・수압검사, 용접부검사, 암반탱크검사

12 ① 13 ③ **정답**

07 기출유사문제

▶ 본 기출유사문제는 수험자의 기억에 의하여 복원된 것으로 그림, 내용, 출제지문 등이 다를 수 있으니 참고하시기 바랍니다.

01 하나의 옥내저장창고의 바닥면적을 1,000m^2 이하로 해야 할 위험물에 해당하지 않는 것은?

① 무기과산화물

② 알코올

③ 니트로소화합물

④ 과염소산

해설 옥내저장창고의 기준면적

구 분	위험물을 저장하는 창고	기준면적
가	① 제1류 위험물 중 아염소산염류, 과염소산염류, 무기과산화물 그 밖에 지정수량 50kg인 위험물 ② 제3류 위험물 중 칼륨, 나트륨, 알킬알루미늄, 알킬리튬, 그 밖에 지정수량 10kg인 위험물 및 황린 ③ 제4류 위험물 중 특수인화물, 제1석유류, 알코올류 ④ 제5류 위험물 중 유기과산화물, 질산에스테르류, 그 밖에 지정수량이 10kg인 위험물 ⑤ 제6류 위험물(과염소산, 과산화수소, 질산) ⑥ "가"의 위험물과 "나"의 위험물을 같은 창고에 저장할 때	1,000m^2 이하
나	위 "가"의 위험물 외의 위험물	2,000m^2 이하
다	"가"의 위험물과 "나"의 위험물을 내화구조의 격벽으로 완전구획된 실에 각각 저장하는 창고("가"의 위험물을 저장하는 실의 면적은 500m^2를 초과할 수 없다)	1,500m^2 이하

정답 01 ③

02 자체 소방대에 대한 설명으로 옳은 것은?

① 지정수량의 3천배 이상인 제4류 위험물을 취급하는 제조소는 자체 소방대 설치 대상이다.
② 포수용액을 방사하는 화학소방자동차의 대수는 화학소방자동차 대수의 3분의 1 이상으로 해야 한다.
③ 일반취급소에서 취급하는 제4류 위험물의 합이 지정수량의 50만배인 사업소에는 최소 15인의 자체 소방대원이 필요하다.
④ 화학소방자동차의 일종인 제독차는 가성소다 및 규조토를 40kg 이상 비치해야 한다.

해설 ② 포수용액을 방사하는 화학소방자동차의 대수는 자체 소방대 편성기준에 의한 화학소방자동차의 대수의 3분의 2 이상으로 해야 한다.
③ 일반취급소에서 취급하는 제4류 위험물의 합이 지정수량의 48만배 이상인 사업소에는 최소 20인의 자체 소방대원이 필요하다.
④ 화학소방자동차의 일종인 제독차는 가성소다 및 규조토를 50kg 이상 비치해야 한다.

03 위험물 제조소 허가를 득한 장소에서 이황화탄소 100리터, 기어유 6,000리터, 경유 2,000리터를 취급하고 있으면 지정수량의 배수는?

① 4
② 5
③ 6
④ 7

해설 지정수량 배수

$$\text{지정수량 배수} = \frac{\text{저장량}}{\text{지정수량}} = \frac{100\text{리터}}{50\text{리터}} + \frac{6{,}000\text{리터}}{6{,}000\text{리터}} + \frac{2{,}000\text{리터}}{1{,}000\text{리터}} = 5$$

04 위험물 제조소의 위치·구조 설비기준에 있어서 위험물을 취급하는 건축물의 구조로 옳지 않은 것은?

① 벽·기둥·바닥·보·서까래 및 계단을 내화구조로 한다.
② 지붕은 폭발력이 위로 방출될 정도의 가벼운 준불연재료로 덮어야 한다.
③ 지하층이 없도록 해야 한다.
④ 액체의 위험물을 취급하는 건축물의 바닥은 위험물이 스며들지 못하는 재료를 사용하고, 적당한 경사를 두어 그 최저부에 집유설비를 해야 한다.

해설 제조소의 건축물 구조

- 지하층이 없도록 해야 한다.
- 벽·기둥·바닥·보·서까래 및 계단은 불연재료(연소 우려가 있는 외벽은 개구부가 없는 내화구조의 벽으로 할 것)로 해야 한다.

02 ① 03 ② 04 ② **정답**

• 지붕은 폭발력이 위로 방출될 정도의 가벼운 불연재료로 덮어야 한다.
• 입구와 비상구에는 60분방화문 또는 30분방화문을 설치해야 한다.
  ※ 연소우려가 있는 외벽의 출입구 : 수시로 열 수 있는 자동폐쇄식의 60분방화문 설치
• 건축물의 창 및 출입구의 유리는 망입유리로 해야 한다.
• 액체의 위험물을 취급하는 건축물의 바닥은 적당한 경사를 두고 그 최저부에 집유설비를 해야 한다.

05 「위험물안전관리법 시행규칙」상 제조소등의 완공검사 신청시기로 옳지 않은 것은?

① 이동탱크저장소에 대한 완공검사는 이동저장탱크를 완공하고 상치장소를 확보한 후
② 지하탱크가 있는 제조소등의 경우 해당 지하탱크를 매설하기 전
③ 배관을 지하에 설치하는 경우 소방서장 또는 기술원이 지정하는 부분을 매몰한 후
④ 제조소등의 경우 제조소등의 공사를 완료한 후

해설 제조소등의 완공검사 신청시기
• 지하탱크가 있는 제조소등의 경우 : 해당 지하탱크를 매설하기 전
• 이동탱크저장소의 경우 : 이동탱크를 완공하고 상치장소를 확보한 후
• 이송취급소의 경우 : 이송배관 공사의 전체 또는 일부를 완료한 후(다만, 지하・하천 등에 매설하는 이송배관의 공사의 경우에는 이송배관을 매설하기 전)
• 전체공사가 완료한 후 완공검사를 실시하기 곤란한 경우
  – 위험물설비 또는 배관의 설치가 완료되어 기밀시험 또는 내압시험을 실시하는 시기
  – 배관을 지하에 설치하는 경우 소방서장 또는 기술원이 지정하는 부분을 매몰하기 직전
  – 기술원이 지정하는 부분의 비파괴시험을 실시하는 시기
• 제조소등의 경우 : 제조소등의 공사를 완료한 후

06 제조소등에 대한 완공검사를 받으려는 자가 시・도지사 또는 소방서장에 제출해야 하는 첨부서류에 해당하지 않은 것은?

① 배관에 관한 내압시험에 합격하였음을 증명하는 서류
② 소방서장, 기술원 또는 탱크시험자가 교부한 탱크검사합격확인증 또는 탱크시험합격확인증(소방서장 또는 기술원이 그 위험물탱크의 탱크안전성능검사를 실시한 경우는 제외)
③ 재료의 성능을 증명하는 서류(옥외탱크에 한한다)
④ 비파괴시험 등에 합격하였음을 증명하는 서류

해설 위험물 제조소등 완공검사 신청서에 첨부할 서류
• 배관에 관한 내압시험, 비파괴시험 등에 합격하였음을 증명하는 서류(내압시험 등을 해야 하는 배관이 있는 경우에 한한다)
• 소방서장, 기술원 또는 탱크시험자가 교부한 탱크검사합격확인증 또는 탱크시험합격확인증(해당 위험물탱크의 완공검사를 실시하는 소방서장 또는 기술원이 그 위험물탱크의 탱크안전성능검사를 실시한 경우는 제외한다)
• 재료의 성능을 증명하는 서류(이중벽탱크에 한한다)

정답 05 ③ 06 ③

07 다음 중 예방규정 작성 대상이 아닌 제조소등은 어느 것인가?

① 휘발유 3,000리터를 취급하는 제조소
② 질산 3만 킬로그램을 저장하는 옥내저장소
③ 과염소산 3만 킬로그램을 저장하는 옥외저장소
④ 경유 30만리터를 저장하는 옥외탱크저장소

해설 관계인이 예방규정을 정해야 하는 제조소 구분

구 분	휘발유	질 산	과염소산	경 유
유 별	제1석유류	제6류	제6류	제2석유류
저장수량	3,000ℓ	30,000kg	30,000kg	300,000ℓ
지정수량	200ℓ	300kg	300kg	1,000ℓ
지정수량배수	15배	100배	100배	300배
제조소등 구분	제조소	옥내저장소	옥외저장소	옥외탱크저장소
예방규정 기준	10배	150배	100배	200배
예방규정 대상여부	○	×	○	○

08 제조소등에서의 위험물의 저장 및 취급에 관한 기준 중 중요기준에 대한 내용으로 옳지 않은 것은?

① 옥내저장소에서 동일 품명의 위험물이더라도 자연발화할 우려가 있는 위험물 또는 재해가 현저하게 증대할 우려가 있는 위험물을 다량 저장하는 경우에는 지정수량의 20배 이하마다 구분하여 상호 간 0.3m 이상의 간격을 두어 저장해야 한다.
② 컨테이너식 이동탱크저장소 외의 이동탱크저장소에 있어서는 위험물을 저장한 상태로 이동저장탱크를 옮겨 싣지 아니해야 한다.
③ 옥내저장소에서는 용기에 수납하여 저장하는 위험물의 온도가 55℃를 넘지 아니하도록 필요한 조치를 강구해야 한다.
④ 제3류 위험물 중 황린 그 밖에 물속에 저장하는 물품과 금수성물질은 동일한 저장소에서 저장하지 아니해야 한다.

해설 ① 옥내저장소에서 동일 품명의 위험물이더라도 자연발화할 우려가 있는 위험물 또는 재해가 현저하게 증대할 우려가 있는 위험물을 다량 저장하는 경우에는 지정수량의 10배 이하마다 구분하여 상호 간 0.3m 이상의 간격을 두어 저장해야 한다.

07 ② 08 ① **정답**

09 위험물안전관리법 위반사항에 관한 벌칙규정 중 벌금이 다른 것은?

① 제조소등에 대한 긴급 사용정지・제한명령을 위반한 사람
② 제조소등의 사용정지명령을 위반한 사람
③ 제조소등 수리・개조 또는 이전의 명령에 따르지 아니한 사람
④ 무허가장소의 위험물에 대한 조치명령에 따르지 아니한 사람

해설 ① 1년 이하의 징역 또는 1천만원 이하의 벌금
②・③・④ 1천 500만원 이하의 벌금

10 제조소에는 보기 쉬운 곳에 방화에 관하여 필요한 사항을 게시한 게시판을 설치해야 한다. 다음 중 기재사항에 해당하지 않는 것은?

① 지정수량의 배수
② 저장최소수량 및 취급최소수량
③ 유별 및 품명
④ 안전관리자의 성명

해설 위험물 제조소등 표지 및 게시판에서 방화에 필요한 사항

게시판 종류	표지(게시)내용	크 기	색 상
방화에 관하여 필요한 사항 게시판	• 유별 및 품명 • 저장(취급)최대수량 • 지정수량배수 • 안전관리자 성명 또는 직명	한 변의 길이가 0.3m 이상, 다른 한 변의 길이가 0.6m 이상인 직사각형	백색바탕/흑색문자

11 위험물안전관리법상 한국소방산업기술원에 업무 위탁하는 내용이다. ( )에 알맞은 것은?

가. 용량이 (ㄱ)리터 이상인 액체위험물을 저장하는 탱크에 대한 탱크안전성능검사를 기술원에 위탁한다.
나. 저장용량 (ㄴ)리터 이상인 옥외탱크저장소 또는 암반탱크저장소의 설치허가 및 변경허가를 받으려는 자는 위험물탱크의 기초・지반, 탱크본체 및 소화설비에 관한 사항에 대하여 기술원의 기술검토를 받고 그 결과가 행정안전부령으로 정하는 기준에 적합한 것으로 인정되는 서류를 첨부해야 한다.

	(ㄱ)	(ㄴ)
①	50만	100만
②	100만	50만
③	100만	100만
④	50만	50만

정답 09 ① 10 ② 11 ②

12 **위험물안전관리법령상 위험물안전관리자를 선임해야 하는 대상 유형으로 옳지 않은 것은?**

① 제조소, 옥내저장소, 지하탱크저장소
② 세정하는 일반취급소, 간이탱크저장소, 옥내탱크저장소
③ 충전하는 일반취급소, 이동탱크저장소, 옥외저장소
④ 주유취급소, 옥내탱크저장소, 옥외저장소

해설 위험물안전관리자 자격
제조소등의 관계인은 위험물의 안전관리에 관한 직무를 수행하게 하기 위하여 제조소등(이동탱크저장소는 제외한다)마다 위험물취급자격자를 위험물안전관리자로 선임해야 한다.

13 **「위험물안전관리법 시행규칙」상 소화설비의 설치대상이 되는 건축물 그 밖의 공작물 또는 위험물의 소요단위의 계산방법으로 옳은 것은?**

① 제조소의 건축물은 외벽이 내화구조인 것은 연면적 $50m^2$를 1소요단위로 한다.
② 저장소의 건축물은 외벽이 내화구조가 아닌 것은 연면적 $75m^2$를 1소요단위로 한다.
③ 취급소의 건축물은 외벽이 내화구조가 아닌 것은 연면적 $150m^2$를 1소요단위로 한다.
④ 위험물은 지정수량의 5배를 1소요단위로 한다.

해설 소화시설의 설치대상이 되는 건축물 등 소요단위의 계산방법

구 분	제조소등	건축물의 구조	소요단위
건축물의 규모기준	제조소 또는 취급소의 건축물	외벽이 내화구조	$100m^2$
		외벽이 내화구조가 아닌 것	$50m^2$
	저장소의 건축물	외벽이 내화구조	$150m^2$
		외벽이 내화구조가 아닌 것	$75m^2$
	옥외에 설치된 공작물	내화구조로 간주 (공작물의 최대수평투영면적 기준)	제조소·일반취급소 : $100m^2$ 저장소 : $150m^2$
위험물 기준	지정수량 **10배**마다 1단위		

12 ③ 13 ② **정답**

08 기출유사문제

▸ 본 기출유사문제는 수험자의 기억에 의하여 복원된 것으로 그림, 내용, 출제지문 등이 다를 수 있으니 참고하시기 바랍니다. 〈서울, 인천, 부산, 경기, 경남, 경북, 대구, 전북, 충남, 강원〉

01 다음에서 옥외저장소 위치·구조 및 설비의 기준에 대하여 옳은 것을 모두 고르시오.

가. 덩어리상태의 유황을 저장하는 경우 경계표시 높이는 1.5m 이상으로 할 것
나. 선반의 높이는 6m를 초과하지 아니할 것
다. 지정수량 25배의 보유공지는 5m 이상으로 할 것(감소규정 없는 경우에 한함)
라. 과산화수소 또는 질산을 저장하는 옥외저장소에는 난연성 천막 등을 설치하여 햇빛을 가릴 것

① 가, 다
② 나
③ 가, 나, 라
④ 상기 다 맞다.

해설 옥외저장소 기준(시행규칙 별표11 Ⅰ)
- 덩어리상태의 유황을 저장하는 경우 경계표시 높이는 1.5m 이하로 할 것
- 선반의 높이는 6m를 초과하지 아니할 것
- 지정수량 25배의 보유공지는 9m 이상으로 할 것(감소규정 없는 경우에 한함)
- 과산화수소 또는 과염소산을 저장하는 옥외저장소에는 불연성 또는 난연성의 천막 등을 설치하여 햇빛을 가릴 것

02 위험물운반에 관한 기준에서 위험물 등급 Ⅰ~Ⅲ의 위험물로 옳은 것은?

	위험물 등급Ⅰ	위험물 등급Ⅱ	위험물 등급Ⅲ
①	아염소산염류	브롬산염류	질산염류
②	황화린	적 린	유 황
③	황 린	알칼리토금속	금속의 인화물
④	특수인화물	제1석유류	알코올류

해설 ① 아염소산염류 : 위험물 등급Ⅰ, 브롬산염류 및 질산염류 : 위험물 등급Ⅱ
② 황화린·적린·유황 : 위험물 등급Ⅱ
④ 특수인화물류 : 위험물 등급Ⅰ, 제1석유류 및 알코올류 : 위험물 등급Ⅱ

정답 01 ② 02 ③

03 화학소방자동차에 갖추어야 하는 소화능력 및 설비의 기준으로 옳은 것은?

① 포수용액 방사차 - 포수용액의 방사능력이 매초 2,000L 이상
② 분말 방사차 - 분말의 방사능력이 매분 35kg 이상
③ 할로겐화합물 방사차 - 할로겐화합물의 방사능력이 매초 30kg 이상
④ 이산화탄소 방사차 - 이산화탄소의 방사능력이 매초 40kg 이상

해설 ① 포수용액 방사차 - 포수용액의 방사능력이 매분 2,000L 이상
② 분말 방사차 - 분말의 방사능력이 매초 35kg 이상
③ 할로겐화합물 방사차 - 할로겐화합물의 방사능력이 매초 40kg 이상

04 제조소등에 대한 설명이다. 빈칸에 들어갈 것을 모두 합하시오.

가. 제조소등의 위치·구조 또는 설비의 변경 없이 해당 제조소등에서 저장하거나 취급하는 위험물의 품명·수량 또는 지정수량의 배수를 변경하려는 자는 변경하려는 날의 (ㄱ)일 전까지 행정안전부령이 정하는 바에 따라 시·도지사에게 신고해야 한다.
나. 제조소등의 설치자의 지위를 승계한 자는 행정안전부령이 정하는 바에 따라 승계한 날부터 (ㄴ)일 이내에 시·도지사에게 그 사실을 신고해야 한다.
다. 제조소등의 관계인은 해당 제조소등의 용도를 폐지한 때에는 행정안전부령이 정하는 바에 따라 제조소등의 용도를 폐지한 날부터 (ㄷ)일 이내에 시·도지사에게 신고해야 한다.

① 51일 ② 61일
③ 29일 ④ 45일

해설 ㄱ : 1, ㄴ : 30, ㄷ : 14

05 바닥면적이 750제곱미터인 내화구조의 옥내저장소에 지정수량 20배인 위험물을 취급하고자 할 때 건축물 및 위험물의 소요단위는 얼마인가?

① 5 ② 7
③ 10 ④ 15

해설 • 옥외저장소의 건축물은 외벽이 내화구조인 것은 연면적 $150m^2$를 1소요단위. 따라서 $750m^2/150m^2$ = 5소요단위
• 위험물은 지정수량의 10배를 1소요단위. 따라서 20배/10배 = 2소요단위

03 ④ 04 ④ 05 ② **정답**

06 **탱크안전성능검사의 신청시기로 옳은 것은?**

① 기초・지반검사 : 위험물탱크의 기초 및 지반에 관한 공사의 개시 전
② 충수・수압검사 : 위험물을 저장 또는 취급하는 탱크에 배관 그 밖의 부속설비를 부착 후
③ 용접부검사 : 탱크본체에 관한 공사 완료 후
④ 암반탱크검사 : 암반탱크의 주변에 관한 공사의 개시 전

해설 **탱크안전성능검사의 신청시기**

- 기초・지반검사 : 위험물탱크의 기초 및 지반에 관한 공사의 개시 전
- 충수・수압검사 : 위험물을 저장 또는 취급하는 탱크에 배관 그 밖의 부속설비를 부착 전
- 용접부검사 : 탱크본체에 관한 공사의 개시 전
- 암반탱크검사 : 암반탱크의 본체에 관한 공사의 개시 전

07 **위험물운송책임자의 감독 또는 지원의 방법과 위험물의 운송 시에 준수해야 하는 사항으로 옳지 않은 것은?**

① 제4류 위험물 중 제2석유류를 운송하는 사람은 위험물안전카드를 위험물운송자로 하여금 휴대하게 해야 한다.
② 위험물운송자는 장거리(고속국도 340km, 그 밖의 도로 200km)에 걸치는 운송을 할 때에는 2명 이상의 운전자로 해야 한다.
③ 위험물운송자는 운송의 개시 전에 이동저장탱크의 배출밸브 등의 밸브와 폐쇄장치, 맨홀 및 주입구의 뚜껑, 소화기 등의 점검을 충분히 실시해야 한다.
④ 위험물을 운송 도중에 2시간 이내마다 20분 이상씩 휴식하는 경우에는 장거리 운송 시에도 1명의 운전자로 할 수 있다.

해설 ① 제4류 위험물 중 특수인화물류 및 제1석유류를 운송하는 사람은 위험물안전카드를 위험물운송자로 하여금 휴대하게 해야 한다.

08 **「위험물안전관리법 시행령」상 위험물의 성질, 품명, 지정수량으로 옳은 것은?**

	유 별	성 질	품 명	지정수량
①	1류	산화성고체	아염소산염류	300킬로그램
②	2류	가연성고체	금속분	100킬로그램
③	3류	자연발화성 및 금수성물질	황 린	10킬로그램
④	5류	자기반응성물질	아조화합물	200킬로그램

해설

	유 별	성 질	품 명	지정수량
①	1류	산화성고체	아염소산염류	50킬로그램
②	2류	가연성고체	금속분	500킬로그램
③	3류	자연발화성 및 금수성물질	황 린	20킬로그램

정답 06 ① 07 ① 08 ④

09 **위험물 제조소의 표지 및 게시판에 기준에 관한 설명으로 옳지 않은 것은?**

① 위험물 제조소에 제1류 위험물 중 알칼리금속의 과산화물 또는 이를 함유한 것에 있어서는 "화기・충격주의", "물기엄금" 및 "가연물접촉주의"의 주의사항 게시판을 설치해야 한다.
② "위험물 제조소" 표지는 한변의 길이가 0.3m 이상, 다른 한변의 길이가 0.6m 이상인 직사각형으로 해야 한다.
③ "화기엄금"을 표시하는 주의사항 게시판은 적색바탕에 백색문자로 해야 한다.
④ 제2류 위험물 중 인화성고체의 주의사항 게시판은 제3류 위험물 중 자연발화성물질과 같다.

해설 위험물 운반용기에 수납하는 위험물 중 제1류 위험물 중 알칼리금속의 과산화물 또는 이를 함유한 것에 있어서는 "화기・충격주의", "물기엄금" 및 "가연물접촉주의", 그 밖의 것에 있어서는 "화기・충격주의" 및 "가연물접촉주의"를 표시하여 적재해야 하는 기준은 위험물 운반용기의 적재방법에 관한 기준에 해당한다.

10 **위험물주유취급소 위치・구조・설비기준에 대한 설명으로 옳은 것은?**

① 고정주유설비의 주위에는 주유를 받으려는 자동차 등이 출입할 수 있도록 너비 15m 이상, 길이 5m 이상의 콘크리트 등으로 포장한 주유공지를 보유해야 한다.
② "주유중엔진정지"라는 표시를 한 게시판은 흑색바탕에 황색문자로 설치해야 한다.
③ 사무실 등의 창 및 출입구에 유리를 사용하는 경우에는 망입유리 또는 강화유리로 할 것. 이 경우 강화유리의 두께는 창에는 8mm 이상, 출입구에는 12mm 이상으로 해야 한다.
④ 고정주유설비와 고정급유설비의 사이에는 3m 이상의 거리를 유지해야 한다.

해설 ① 고정주유설비의 주위에는 주유를 받으려는 자동차 등이 출입할 수 있도록 너비 15m 이상, 길이 6m 이상의 콘크리트 등으로 포장한 주유공지를 보유해야 한다.
② "주유중엔진정지"라는 표시를 한 게시판은 황색바탕에 흑색문자로 설치해야 한다.
④ 고정주유설비와 고정급유설비의 사이에는 4m 이상의 거리를 유지해야 한다.

11 **위험물 옥외탱크저장소의 방유제 설치기준에 관한 설명으로 옳은 것은?**

① 인화성이 없는 위험물을 저장하는 옥외저장탱크의 방유제 용량은 방유제 안에 설치된 탱크가 하나인 때에는 그 탱크용량의 100%로 한다.
② 방유제 내의 면적은 10만m^2 이하로 한다.
③ 방유제는 높이 0.3m 이상 5m 이하, 두께 0.2m 이상, 지하매설깊이 1m 이상으로 한다.
④ 방유제는 흙담 또는 철근콘크리트로 하고, 방유제와 옥외저장탱크 사이의 지표면은 난연성과 불침윤성이 있는 구조(철근콘크리트 등)로 한다.

09 ① 10 ③ 11 ① **정답**

해설 ② 방유제 내의 면적은 8만m^2 이하로 할 것
③ 방유제는 높이 0.5m 이상 3m 이하, 두께 0.2m 이상, 지하매설깊이 1m 이상으로 할 것
④ 방유제는 철근콘크리트로 하고, 방유제와 옥외저장탱크 사이의 지표면은 불연성과 불침윤성이 있는 구조(철근콘크리트 등)로 할 것

12 위험물의 저장 또는 취급에 따른 화재의 예방 또는 진압대책을 위하여 필요한 때에는 위험물을 저장 또는 취급하고 있다고 인정되는 장소의 관계인에 대하여 필요한 보고 또는 자료제출을 명할 수 없는 사람은 누구인가?

① 행정안전부 장관
② 중앙119구조본부장
③ 시・도지사
④ 소방서장

해설 출입・검사 등(법 제22조)
소방청장(중앙119구조본부장 및 그 소속 기관의 장을 포함한다), 시・도지사, 소방본부장 또는 소방서장은 위험물의 저장 또는 취급에 따른 화재의 예방 또는 진압대책을 위하여 필요한 때에는 위험물을 저장 또는 취급하고 있다고 인정되는 장소의 관계인에 대하여 필요한 보고 또는 자료제출을 명할 수 있으며, 관계공무원으로 하여금 해당 장소에 출입하여 그 장소의 위치・구조・설비 및 위험물의 저장・취급상황에 대하여 검사하게 하거나 관계인에게 질문하게 하고 시험에 필요한 최소한의 위험물 또는 위험물로 의심되는 물품을 수거하게 할 수 있다. 다만, 개인의 주거는 관계인의 승낙을 얻은 경우 또는 화재발생의 우려가 커서 긴급한 필요가 있는 경우가 아니면 출입할 수 없다.

13 다음 중 위험물의 저장・취급 및 운반용기에 관한 기준에 관한 설명으로 옳은 것은?

① 고체위험물은 운반용기 내용적의 95% 이하의 수납율로 수납할 것
② 옥내저장소에서는 용기에 수납하여 저장하는 위험물의 온도가 50℃를 넘지 아니하도록 필요한 조치를 강구해야 할 것
③ 제5류 위험물 중 50℃ 이하의 온도에서 분해될 우려가 있는 것은 보냉 컨테이너에 수납하는 등 적정한 온도관리를 할 것
④ 기계에 의하여 하역하는 구조의 금속제의 운반용기에 액체위험물을 수납하는 경우에는 50℃의 온도에서의 증기압이 130kPa 이하가 되도록 수납할 것

해설 ② 옥내저장소에서는 용기에 수납하여 저장하는 위험물의 온도가 55℃를 넘지 아니하도록 필요한 조치를 강구해야 한다.
③ 제5류 위험물 중 55℃ 이하의 온도에서 분해될 우려가 있는 것은 보냉 컨테이너에 수납하는 등 적정한 온도관리를 해야 한다.
④ 기계에 의하여 하역하는 구조의 금속제의 운반용기에 액체위험물을 수납하는 경우에는 55℃의 온도에서의 증기압이 130kPa 이하가 되도록 수납해야 한다.

정답 12 ① 13 ①

09 기출유사문제

▸ 본 기출유사문제는 수험자의 기억에 의하여 복원된 것으로 그림, 내용, 출제지문 등이 다를 수 있으니 참고하시기 바랍니다.

01 다수의 제조소등을 설치한 자가 1인의 위험물 안전관리자를 중복하여 선임할 수 있는 경우로 옳은 것은? (단, 동일구내에 있거나 상호 100미터 이내의 거리에 있는 저장소로서 저장소의 규모, 저장하는 위험물의 종류 등을 고려하여 다음에 해당하는 저장소를 동일인이 설치한 경우)

① 보일러・버너 또는 이와 비슷한 것으로서 위험물을 소비하는 장치로 이루어진 7개 이하의 일반취급소와 그 일반취급소에 공급하기 위한 위험물을 저장하는 저장소를 동일인이 설치한 경우

② 31개 옥외탱크저장소

③ 11개 옥내저장소

④ 21개 옥외저장소

해설 1인의 안전관리자를 중복하여 선임할 수 있는 경우

<table>
<tr><th>위치・거리</th><th colspan="2">제조소등 구분</th><th>개 수</th><th>인적조건</th></tr>
<tr><td>동일구내에</td><td>보일러 등의 일반취급소와</td><td rowspan="3">그 일반취급소에 공급하기 위한 위험물을 저장하는 저장소를</td><td>7개 이하</td><td rowspan="10">동일인이 설치한 경우</td></tr>
<tr><td rowspan="2">동일구내에
(일반취급소간 보행거리 300m 이내)</td><td>충전하는 일반취급소와</td><td rowspan="2">5개 이하</td></tr>
<tr><td>옮겨담는 일반취급소와</td></tr>
<tr><td rowspan="7">동일구내에 있거나 상호 보행거리 100미터 이내의 거리에 있는 저장소로서</td><td colspan="2">옥외탱크저장소</td><td>30개 이하</td></tr>
<tr><td colspan="2">옥내저장소</td><td rowspan="3">10개 이하</td></tr>
<tr><td colspan="2">옥외저장소</td></tr>
<tr><td colspan="2">암반탱크저장소</td></tr>
<tr><td colspan="2">지하탱크저장소</td><td rowspan="3">제한없음</td></tr>
<tr><td colspan="2">옥내탱크저장소</td></tr>
<tr><td colspan="2">간이탱크저장소</td></tr>
</table>

01 ① 정답

02 「위험물안전관리법 시행규칙」상 위험물 운반용기에 표시하는 주의사항으로 옳지 않은 것은?

① 마그네슘 : 화기주의 및 물기엄금
② 황린 : 화기주의 및 공기접촉주의
③ 할로겐간화합물 : 가연물접촉주의
④ 탄화칼슘 : 물기엄금

해설 위험물 운반용기의 수납하는 위험물에 따른 주의사항

품 명	마그네슘	황 린	할로겐간화합물	탄화칼슘
유 별	제2류	제3류 자연발화성	제6류	제3류 금수성
주의사항	화기주의 및 물기엄금	화기엄금 및 공기접촉엄금	가연물접촉주의	물기엄금

03 「위험물안전관리법 시행규칙」상 판매취급소 위치·구조 및 설비의 기준에 대한 설명으로 옳은 것은?

① 제1종 판매취급소는 저장 또는 취급하는 위험물의 수량이 지정수량의 20배 초과 40배 이하인 경우를 말한다.
② 제1종 판매취급소의 용도로 사용하는 부분의 창 또는 출입구에 유리를 이용하는 경우에는 강화유리로 할 것
③ 제1종 판매취급소의 용도로 사용하는 건축물의 부분은 보를 불연재료로 하고, 천장을 설치하는 경우에는 천장을 난연재료로 할 것
④ 제1종 판매취급소의 용도로 사용되는 건축물의 부분은 내화구조 또는 불연재료로 하고, 판매취급소로 사용되는 부분과 다른 부분과의 격벽은 내화구조로 할 것

해설 ① 제2종 판매취급소는 저장 또는 취급하는 위험물의 수량이 지정수량의 20배 초과 40배 이하인 경우를 말한다.
② 제1종 판매취급소의 용도로 사용하는 부분의 창 또는 출입구에 유리를 이용하는 경우에는 망입유리로 할 것
③ 제1종 판매취급소의 용도로 사용하는 건축물의 부분은 보를 불연재료로 하고, 천장을 설치하는 경우에는 천장을 불연재료로 할 것

정답 02 ② 03 ④

04 「위험물안전관리법」 및 같은 법 시행규칙상 건축물의 벽 · 기둥 · 보가 내화구조인 옥내저장소에서 위험물을 저장하는 경우 보유공지를 두지 않아도 되는 위험물로 옳은 것은?

① 글리세린 15,000ℓ
② 아세톤 4,000ℓ
③ 아세트산 15,000ℓ
④ 클로로벤젠 10,000ℓ

해설 옥내저장소에서 벽 · 기둥 및 바닥이 내화구조로 된 건축물에서 보유공지를 두지 않을 수 있는 경우는 저장 또는 취급하는 위험물의 지정수량의 5배 이하인 경우이다.

품 명	글리세린	아세톤	아세트산	클로로벤젠
유 별	제3석유류	제1석유류	제2석유류	제2석유류
수용성	수용성	수용성	수용성	비수용성
지정수량	4,000ℓ	400ℓ	2,000ℓ	1,000ℓ
최대수량	15,000ℓ	4,000ℓ	15,000ℓ	10,000ℓ
지정수량배수	3.75배	10배	7.5배	10배

05 「위험물안전관리법」에 따른 내용이다. 다음 ( )에 들어갈 내용으로 옳은 것은?

가. 제조소등의 관계인은 해당 제조소등의 용도를 폐지한 때에는 행정안전부령이 정하는 바에 따라 제조소등의 용도를 폐지한 날부터 (ㄱ)일 이내에 시 · 도지사에게 신고해야 한다.
나. 시 · 도지사는 제조소등에 대한 사용의 정지가 그 이용자에게 심한 불편을 주거나 그 밖에 공익을 해칠 우려가 있는 때에는 사용정지처분에 갈음하여 (ㄴ)억원 이하의 과징금을 부과할 수 있다.
다. 제조소등의 관계인은 위험물안전관리자를 선임한 경우에는 선임한 날로부터 (ㄷ) 이내에 행정안전부령이 정하는 바에 따라 소방본부장 또는 소방서장에게 신고해야 한다.

	(ㄱ)	(ㄴ)	(ㄷ)
①	14	2	14
②	30	1	14
③	14	1	30
④	30	2	14

04 ① 05 ① 정답

06 「위험물안전관리법 시행규칙」상 제조소등의 완공검사 신청시기로 옳은 것은?

① 지하탱크가 있는 제조소등의 경우 해당 지하탱크를 매설한 후에 신청한다.

② 이동탱크저장소에 대한 완공검사는 이동저장탱크를 완공하고 상치장소를 확보하기 전에 신청한다.

③ 이송취급소에서 지하 · 하천 등에 매설하는 이송배관의 공사의 경우에는 이송배관을 매설한 후에 신청한다.

④ 전체공사가 완료된 후에 검사를 실시하기 곤란할 경우에 있어서, 기술원이 지정하는 부분의 비파괴시험을 실시하는 시기

해설 제조소등의 완공검사 신청시기

- 지하탱크가 있는 제조소등의 경우 : 해당 지하탱크를 매설하기 전
- 이동탱크저장소의 경우 : 이동탱크를 완공하고 상치장소를 확보한 후
- 이송취급소의 경우 : 이송배관 공사의 전체 또는 일부를 완료한 후(다만, 지하 · 하천 등에 매설하는 이송배관의 공사의 경우에는 이송배관을 매설하기 전)
- 전체공사가 완료한 후 완공검사를 실시하기 곤란한 경우
  - 위험물설비 또는 배관의 설치가 완료되어 기밀시험 또는 내압시험을 실시하는 시기
  - 배관을 지하에 설치하는 경우 소방서장 또는 기술원이 지정하는 부분을 매몰하기 직전
  - 기술원이 지정하는 부분의 비파괴시험을 실시하는 시기
- 제조소등의 경우 : 제조소등의 공사를 완료한 후

07 위험물 제조소의 옥외에 위험물 취급탱크(3개)를 다음과 같이 설치하고, 하나의 방유제를 설치할 경우 방유제 용량으로 옳은 것은?

- A탱크 : 60,000ℓ
- B탱크 : 20,000ℓ
- C탱크 : 10,000ℓ

① 66,000ℓ ② 33,000ℓ

③ 60,000ℓ ④ 30,000ℓ

해설 제조소의 방유제 및 방유턱의 용량

(1) 위험물 제조소의 옥외에 있는 위험물 취급탱크의 방유제의 용량
  ① 1기일 때 : 탱크용량 × 0.5(50%)
  ② 2기 이상일 때 : 최대탱크용량 × 0.5 + (나머지 탱크용량합계 × 0.1)

(2) 위험물 제조소의 옥내에 있는 위험물 취급탱크의 방유턱의 용량
  ① 1기일 때 : 탱크용량 이상
  ② 2기 이상일 때 : 최대 탱크용량 이상

※ 따라서, 방유제 용량 = (60,000ℓ × 0.5) + (20,000ℓ × 0.1) + (10,000ℓ × 0.1) = 33,000ℓ

정답 06 ④ 07 ②

08 「위험물안전관리법 시행규칙」상 옥내저장소에서 위험물을 저장하는 경우 수납기준으로 옳지 않은 것은?

① 기계에 의하여 하역하는 구조로 된 용기만을 겹쳐 쌓는 경우에는 6m 이하로 해야 한다.
② 제4류 위험물 중 동식물유류를 수납하는 용기만을 겹쳐 쌓는 경우에는 4m 이하로 해야 한다.
③ 제4류 위험물 중 제2석유류를 수납하는 용기만을 겹쳐 쌓는 경우에는 4m 이하로 해야 한다.
④ 그 밖의 용기를 겹쳐 쌓는 경우에는 3m 이하로 해야 한다.

해설 옥내저장소에서 위험물을 저장하는 경우에는 다음 [표] 높이를 초과하여 용기를 겹쳐 쌓지 아니해야 한다.

수납용기의 종류	높이
기계에 의하여 하역하는 구조로된 용기만을 겹쳐 쌓는 경우	6m
제3석유류, 제4석유류 및 동식물유류를 수납하는 용기만을 겹쳐 쌓는 경우	4m
그 밖의 용기를 겹쳐 쌓는 경우	3m

09 「위험물안전관리법 시행령」상 위험물 품명의 연결이 옳은 것은?

① 산화성고체 : 염소화규소화합물
② 인화성액체 : 과산화수소
③ 자기반응성물질 : 질산구아니딘, 아조화합물
④ 산화성액체 : 과염소산염류

해설 ① 제3류 금수성물질 : 염소화규소화합물
② 제6류 산화성액체 : 과산화수소
④ 제1류 산화성고체 : 과염소산염류

10 위험물안전관리법령상 소방청장이 실시하는 안전교육을 이수해야 할 대상을 모두 고르시오.

가. 안전관리자로 선임된 자
나. 탱크시험자의 기술인력으로 종사하는 자
다. 위험물운반자로 종사하는 자
라. 위험물운송자로 종사하는 자
마. 위험물안전관리대리자

① 가, 나, 다
② 나, 다, 라, 마
③ 가, 나, 다, 라
④ 나, 다, 라

해설 안전교육을 이수해야 할 대상자
가. 안전관리자로 선임된 자
나. 탱크시험자의 기술인력으로 종사하는 자
다. 위험물운반자로 종사하는 자
라. 위험물운송자로 종사하는 자

08 ③ 09 ③ 10 ③ 정답

11 「위험물안전관리법 시행규칙」상 소화설비의 설치대상이 되는 건축물 그 밖의 공작물 또는 위험물의 소요단위의 계산방법으로 옳은 것은?

① 제조소의 건축물은 외벽이 내화구조인 것은 연면적 $150m^2$를 1소요단위로 한다

② 저장소의 건축물은 외벽이 내화구조인 것은 연면적 $150m^2$를 1소요단위로 한다.

③ 취급소의 건축물은 외벽이 내화구조가 아닌 것은 연면적 $75m^2$를 1소요단위로 한다.

④ 위험물은 지정수량의 100배를 1소요단위로 한다.

해설 소화시설의 설치대상이 되는 건축물 등 소요단위의 계산방법

구 분	제조소등이	건축물의 구조	소요단위
건축물의 규모기준	제조소 또는 취급소의 건축물	외벽이 내화구조	$100m^2$
		외벽이 내화구조가 아닌 것	$50m^2$
	저장소의 건축물	외벽이 내화구조	$150m^2$
		외벽이 내화구조가 아닌 것	$75m^2$
	옥외에 설치된 공작물	내화구조로 간주(공작물의 최대수평투영면적 기준)	제조소・일반취급소 : $100m^2$ 저장소 : $150m^2$
위험물 기준	지정수량 10배마다 1단위		

12 「위험물안전관리법」상 제조소등의 설치허가 및 변경허가에 대한 설명으로 옳은 것은?

① 축산용으로 필요한 난방시설 위한 지정수량 20배 이하의 취급소에서는 시・도지사의 허가를 받지 아니하고 해당 시설의 위치・구조 또는 설비를 변경할 수 있다.

② 공동주택 중앙난방시설을 위한 저장소 또는 취급소를 설치하거나 그 위치・구조 또는 설비를 변경하는 경우 시・도지사의 허가를 받아야 한다.

③ 군사목적 또는 군부대시설을 위한 제조소등을 설치하거나 그 위치・구조 또는 설비를 변경하려는 군부대의 장은 대통령령이 정하는 바에 따라 미리 제조소등의 소재지를 관할하는 시・도지사에게 신고해야 한다.

④ 수산용으로 필요한 난방시설 또는 건조시설을 위한 지정수량 20배 이하의 저장소를 설치한 경우에는 시・도지사의 허가를 받아야 한다.

해설 ① 축산용으로 필요한 난방시설 위한 지정수량 20배 이하의 저장소에서는 허가를 받지 아니하고 해당 시설의 위치・구조 또는 설비를 변경할 수 있다.

③ 군사목적 또는 군부대시설을 위한 제조소등을 설치하거나 그 위치・구조 또는 설비를 변경하려는 군부대의 장은 대통령령이 정하는 바에 따라 미리 제조소등의 소재지를 관할하는 시・도지사와 협의해야 한다.

④ 수산용으로 필요한 난방시설 또는 건조시설을 위한 지정수량 20배 이하의 저장소를 설치한 경우에는 시・도지사 허가를 받지 아니하고 해당 시설의 위치・구조 또는 설비를 변경할 수 있다.

정답 11 ② 12 ②

10 기출유사문제

▸ 본 기출유사문제는 수험자의 기억에 의하여 복원된 것으로 그림, 내용, 출제지문 등이 다를 수 있으니 참고하시기 바랍니다.

01 「위험물안전관리법 시행규칙」상 제1류 위험물로 옳지 않은 것은?

① 과요오드산염류
② 염소화규소화합물
③ 염소화이소시아눌산
④ 아질산염류

해설 염소화규소화합물 : 제3류 금수성물질

02 「위험물안전관리법 시행규칙」상 제조소의 건축물 구조에 관한 내용으로 옳지 않은 것은?

① 지하층은 지하 2층 이하로 해야 하고, 벽・기둥・바닥・보・서까래 및 계단은 난연재료, 출입구에 유리를 이용하는 경우에는 강화유리로 한다.
② 액체의 위험물을 취급하는 건축물의 바닥은 위험물이 스며들지 못하는 재료를 사용하고, 적당한 경사를 두어 그 최저부에 집유설비를 설치할 것
③ 지붕(작업공정상 제조기계시설 등이 2층 이상에 연결되어 설치된 경우에는 최상층의 지붕)은 폭발력이 위로 방출될 정도의 가벼운 불연재료로 덮어야 한다.
④ 연소의 우려가 있는 외벽에 설치하는 출입구에는 수시로 열 수 있는 자동폐쇄식의 60분방화문을 설치해야 한다.

해설 ① 지하층이 없도록 해야 하고, 벽・기둥・바닥・보・서까래 및 계단은 불연재료, 출입구에 유리를 이용하는 경우에는 망입유리로 한다.

03 일반취급소에 옥외소화전설비가 5개 설치되어 있는 경우 수원의 수량으로 옳은 것은?

① $13m^3$ 이상
② $27m^3$ 이상
③ $52m^3$ 이상
④ $54m^3$ 이상

해설 수원의 수량은 옥외소화전의 설치개수(설치개수가 4개 이상인 경우는 4개의 옥외소화전)에 $13.5m^3$($450\ell \times 30$분)를 곱한 양 이상이 되도록 설치해야 하므로 $4 \times 13.5m^3 = 54m^3$의 수원을 확보해야 한다.

01 ② 02 ① 03 ④ 정답

04 지정과산화물을 저장 또는 취급하는 옥내저장소에 대한 강화기준으로 옳지 않은 것은?

① 저장창고의 외벽은 두께 15cm 이상의 철근콘크리트조나 철골철근콘크리트조 또는 두께 30cm 이상의 보강콘크리트블록조로 할 것

② 저장창고 지붕의 중도리 또는 서까래의 간격은 30cm 이하로 할 것

③ 저장창고 지붕의 아래쪽 면에 철망을 쳐서 불연재료의 도리・보 또는 서까래에 단단히 결합할 것

④ 저장창고의 지붕은 두께 5cm 이상, 너비 30cm 이상의 목재로 만든 받침대를 설치할 것

해설 ① 저장창고의 외벽은 두께 20cm 이상의 철근콘크리트조나 철골철근콘크리트조 또는 두께 30cm 이상의 보강콘크리트블록조로 할 것

05 지하저장탱크의 주위에 해당 탱크로부터의 액체위험물의 누설을 검사하기 위한 누유검사관을 설치하는 기준으로 옳지 않은 것은?

① 이중관으로 할 것. 다만, 소공이 없는 상부는 단관으로 할 수 있다.

② 재료는 금속관 또는 경질합성수지관으로 할 것

③ 관은 탱크전용실의 바닥 또는 탱크의 기초까지 닿게 할 것

④ 상부는 물이 쉽게 침투되는 구조로 하고, 뚜껑은 검사 시에 쉽게 열 수 있도록 할 것

해설 ①, ②, ③ 설치 기준 이외에 누유검사관 설치기준
- 상부는 물이 침투하지 아니하는 구조로 하고, 뚜껑은 검사 시에 쉽게 열 수 있도록 할 것, 그리고 관의 밑부분으로부터 탱크의 중심 높이까지의 부분에는 소공이 뚫려 있을 것. 다만, 지하수위가 높은 장소에 있어서는 지하수위 높이까지의 부분에 소공이 뚫려 있어야 한다.
- 4개소 이상 적당한 위치에 설치한다.

06 다수의 제조소등을 동일인이 설치한 경우 1인의 안전관리자를 중복하여 선임할 수 있는 경우로 옳지 않은 것은?

① 위험물을 차량에 고정된 탱크 또는 운반용기에 옮겨 담기 위한 7개 이하의 일반취급소(일반취급소 간 보행거리 100m 이내인 경우에 한한다)와 그 일반취급소에 공급하기 위한 위험물을 저장하는 저장소를 동일인이 설치한 경우

② 보일러・버너 또는 이와 비슷한 것으로서 위험물을 소비하는 장치로 이루어진 5개 이하의 일반취급소와 그 일반취급소에 공급하기 위한 위험물을 저장하는 저장소(일반취급소 및 저장소가 모두 같은 건물 안 또는 같은 울 안에 있는 경우에 한한다)를 동일인이 설치한 경우

③ 동일구내에 있거나 상호 100미터 이내의 거리에 있는 저장소로서 저장소의 규모, 저장하는 위험물의 종류 등을 고려하여 9개의 옥외저장소를 동일인이 설치한 경우

④ 동일구내에 위치하거나 상호 100미터 이내의 거리에 있고 저장 또는 취급하는 위험물의 최대수량이 지정수량의 3천배 미만인 4개의 제조소를 동일인이 설치한 경우

정답 04 ① 05 ④ 06 ①

해설 ① 위험물을 차량에 고정된 탱크 또는 운반용기에 옮겨 담기 위한 5개 이하의 일반취급소(일반취급소 간 보행거리 100m 이내인 경우에 한한다)와 그 일반취급소에 공급하기 위한 위험물을 저장하는 저장소를 동일인이 설치한 경우

07 위험물안전관리법상 위험물의 설치 및 변경허가에 대한 설명으로 옳지 않은 것은?

① 제조소등을 설치하려는 자는 대통령령이 정하는 바에 따라 그 설치 장소를 관할하는 시・도지사의 허가를 받아야 한다.

② 제조소등의 위치・구조・설비의 변경없이 해당 제조소등에서 저장하거나 취급하는 위험물의 품명・수량 또는 지정수량의 배수를 변경하려는 자는 변경하려는 날부터 3일 전까지 시・도지사의 허가를 받아야 한다.

③ 농예용으로 필요한 난방시설을 위해 지정수량 10배의 저장소는 허가를 받지 않고 설치할 수 있다.

④ 주택의 난방시설(공동주택 중앙난방시설은 제외)을 위한 허가를 받지 아니하고 위치・구조 또는 설비를 변경할 수 있다.

해설 ② 제조소등의 위치・구조・설비의 변경없이 해당 제조소등에서 저장하거나 취급하는 위험물의 품명・수량 또는 지정수량의 배수를 변경하려는 자는 변경하려는 날부터 1일 전까지 시・도지사에게 신고해야 한다.

08 가연성의 증기 또는 미분이 체류할 우려가 있는 건축물에 그 증기 또는 미분을 옥외의 높은 곳으로 배출하는 설비를 설치하는 기준으로 옳지 않은 것은?

① 전역방식의 경우 배출능력은 바닥면적 $1m^2$당 $18m^3$ 이상으로 할 수 있다.

② 배풍기・배출덕트・후드 등을 이용하여 강제적으로 배출해야 한다.

③ 급기구는 낮은 곳에 설치하고, 가는 눈의 구리망 등으로 인화방지망을 설치한다.

④ 강제배기방식으로 하고, 옥내덕트의 내압이 대기압 이상이 되지 아니하는 위치에 설치해야 한다.

해설 ③ 급기구는 높은 곳에 설치하고, 가는 눈의 구리망 등으로 인화방지망을 설치할 것

09 인화점이 200℃ 미만인 위험물을 저장 또는 취급하는 옥외탱크저장소의 옆판으로부터 방유제와 유지해야 하는 최소 거리는 얼마인가? (단, 탱크의 지름은 10m이고, 높이는 3m)

① 1m　　② 2m

③ 3m　　④ 4m

07 ② 08 ③ 09 ① **정답**

해설 방유제는 옥외저장탱크의 지름에 따라 그 탱크의 옆판으로부터 다음에 정하는 거리를 유지할 것. 다만, 인화점이 200℃ 이상인 위험물을 저장 또는 취급하는 것에 있어서는 그러하지 아니하다.

- 지름이 15m 미만인 경우에는 탱크 높이의 3분의 1 이상
- 지름이 15m 이상인 경우에는 탱크 높이의 2분의 1 이상

$\therefore 3m \times \frac{1}{3} = 1m$

10 위험물탱크를 설치하는 경우 기술기준 적합여부를 확인하기 위하여 실시하는 탱크안전성능검사에 대한 내용으로 옳지 않은 것은?

① 옥외탱크저장소의 액체위험물탱크 중 용량이 100만리터 이상인 탱크는 용접부 검사를 받아야 한다.

② 일반취급소에 설치된 액체위험물을 저장하는 탱크로서 용량이 지정수량 미만인 경우에는 충수·수압검사를 받지 않아도 된다.

③ 암반탱크검사는 암반탱크의 본체에 관한 공사 완료 후 탱크안전성능검사를 한국소방산업기술원에 신청해야 한다.

④ 시·도지사는 한국소방산업기술원으로부터 탱크안전성능시험을 받은 경우에는 충수·수압검사를 면제할 수 있다.

해설 ③ 암반탱크검사는 암반탱크의 본체에 관한 공사 개시 전에 탱크안전성능검사를 한국소방산업기술원에 신청해야 한다.

11 위험물 제조소의 옥외에 위험물 취급탱크(4개)를 다음과 같이 설치하고, 하나의 방유제를 설치할 경우 방유제 용량으로 옳은 것은?

• A탱크 : 20,000ℓ	• B탱크 : 30,000ℓ
• C탱크 : 50,000ℓ	• D탱크 : 100,000ℓ

① 60,000ℓ 이상　② 50,000ℓ 이상

③ 40,000ℓ 이상　④ 30,000ℓ 이상

해설 제조소의 방유제 및 방유턱의 용량

(1) 위험물 제조소의 옥외에 있는 위험물 취급탱크의 방유제의 용량
　① 1기일 때 : 탱크용량 × 0.5(50%)
　② 2기 이상일 때 : 최대탱크용량 × 0.5 + (나머지 탱크용량합계 × 0.1)

(2) 위험물 제조소의 옥내에 있는 위험물 취급탱크의 방유턱의 용량
　① 1기일 때 : 탱크용량 이상
　② 2기 이상일 때 : 최대탱크용량 이상

∴ 방유제 용량 = (100,000ℓ × 0.5) + (20,000ℓ × 0.1) + (30,000ℓ × 0.1) + (50,000ℓ × 0.1)
　　　　　　= 60,000ℓ

정답 10 ③ 11 ①

12 「위험물안전관리법 시행령」상 관계인이 예방규정을 정해야 할 제조소등으로 옳지 않은 것은?

① 지정수량의 150배 이상의 위험물을 저장하는 옥외저장소
② 지정수량의 20배 이상의 위험물을 취급하는 제조소
③ 지정수량의 300배 이상의 위험물을 저장하는 옥내저장소
④ 지정수량의 200배 이상의 위험물을 저장하는 옥내탱크저장소

해설 관계인이 예방규정을 정해야 하는 제조소등
- 지정수량의 10배 이상의 위험물을 취급하는 제조소
- 지정수량의 100배 이상의 위험물을 저장하는 옥외저장소
- 지정수량의 150배 이상의 위험물을 저장하는 옥내저장소
- 지정수량의 200배 이상의 위험물을 저장하는 옥외탱크저장소
- 암반탱크저장소
- 이송취급소
- 지정수량의 10배 이상의 위험물을 취급하는 일반취급소

13 「위험물안전관리법 시행령」상 위험물의 성질, 품명, 지정수량으로 옳은 것은?

	성 질	품 명	지정수량
①	가연성고체	철 분	100킬로그램
②	가연성고체	적 린	100킬로그램
③	가연성고체	과염소산	300킬로그램
④	산화성액체	질 산	1,000킬로그램

해설 위험물의 성질, 품명, 지정수량

	성 질	품 명	지정수량
①	가연성고체	철 분	300킬로그램
③	산화성액체	과염소산	300킬로그램
④	산화성액체	질 산	300킬로그램

12 ④ 13 ② **정답**

11 기출유사문제

▸본 기출유사문제는 수험자의 기억에 의하여 복원된 것으로 그림, 내용, 출제지문 등이 다를 수 있으니 참고하시기 바랍니다.

01 다음 빈칸에 들어갈 단어 또는 숫자가 바르게 연결된 것은?

(ㄱ) 또는 (ㄴ)에서 취급하는 제4류 위험물의 최대수량의 합이 지정수량의 (ㄷ)만배 이상 (ㄹ)만배 미만인 사업소에는 화학소방자동차 3대, 자체 소방대원 15인을 두어야 한다.

	ㄱ	ㄴ	ㄷ	ㄹ
①	제조소	일반취급소	24	48
②	제조소	일반취급소	12	24
③	저장소	일반취급소	24	48
④	저장소	일반취급소	12	24

해설 자체 소방대를 두어야 하는 제조소등
- 제조소 : 제4류 위험물을 지정수량 3천배 이상 취급하는 제조소
- 일반취급소 : 제4류 위험물을 지정수량 3천배 이상 취급하는 일반취급소(일부 제외)
- 저장하는 제4류 위험물의 최대수량이 지정수량의 50만배 이상의 옥외탱크저장소

자체 소방대 편성에 필요한 화학소방차 및 인원

사업소의 구분	화학소방 자동차	자체 소방대원의 수
1. 제조소 또는 일반취급소에서 취급하는 제4류 위험물의 최대수량의 합이 지정수량의 3천배 이상 12만배 미만인 사업소	1대	5인
2. 제조소 또는 일반취급소에서 취급하는 제4류 위험물의 최대수량의 합이 지정수량의 12만배 이상 24만배 미만인 사업소	2대	10인
3. 제조소 또는 일반취급소에서 취급하는 제4류 위험물의 최대수량의 합이 지정수량의 24만배 이상 48만배 미만인 사업소	3대	15인
4. 제조소 또는 일반취급소에서 취급하는 제4류 위험물의 최대수량의 합이 지정수량의 48만배 이상인 사업소	4대	20인
5. 옥외탱크저장소에 저장하는 제4류 위험물의 최대수량이 지정수량의 50만배 이상인 사업소	2대	10인

정답 01 ①

02 **위험물안전관리법상 제조소 또는 일반취급소에서 변경허가를 두어야 하는 경우가 아닌 것은?**

① 위험물 취급탱크의 방유제의 높이 또는 방유제 내의 면적을 변경하는 경우
② 위험물 취급탱크의 탱크전용실을 교체하는 경우
③ 방화상 유효한 담을 신설・철거 또는 이설하는 경우
④ 자동화재탐지설비를 교체하는 경우

해설 자동화재탐지설비를 신설 또는 철거하는 경우에 변경허가 사항이며, 교체는 변경허가 사항에 해당하지 않는다.

03 **위험물안전관리법 제6조(위험물 제조소 시설의 설치 및 변경 등) 제2항이다. (ㄱ), (ㄴ), (ㄷ)에 들어갈 내용이 바르게 연결된 것은?**

> 제조소등의 위치・구조 또는 설비의 변경 없이 해당 제조소등에서 저장하거나 취급하는 위험물의 품명・수량 또는 지정수량의 배수를 변경하려는 자는 변경하려는 날의 (ㄱ) 전까지 (ㄴ)이 정하는 바에 따라 (ㄷ)에게 신고해야 한다.

	ㄱ	ㄴ	ㄷ
①	1일	행정안전부령	시・도지사
②	7일	대통령령	소방서장
③	1일	대통령령	소방서장
④	7일	행정안전부령	시・도지사

해설 제조소등의 위치・구조 또는 설비의 변경 없이 해당 제조소등에서 저장하거나 취급하는 위험물의 품명・수량 또는 지정수량 배수를 변경하려는 자는 변경하려는 1일 전까지 행정안전부령이 정하는 바에 따라 시・도지사에게 신고해야 한다.

04 **위험물 제조소 허가를 득한 장소에서 아세톤 400리터, 실린더유 12,000리터, 경유 20,000리터를 취급하고 있으면 지정수량의 배수는?**

① 13　　② 14
③ 23　　④ 24

해설 지정수량 배수 $= \frac{\text{저장량}}{\text{지정수량}} = \frac{400\text{리터}}{400\text{리터}} + \frac{12{,}000\text{리터}}{6{,}000\text{리터}} + \frac{20{,}000\text{리터}}{1{,}000\text{리터}} = 23\text{배}$

02 ④　03 ①　04 ③ **정답**

05 옥내탱크저장소에서 탱크전용실을 단층 건물 외의 건축물 1층 또는 지하층에 설치해야 할 위험물에 해당하지 않는 것은?

① 제2류 위험물 중 덩어리 유황
② 제4류 위험물 중 경유
③ 제3류 위험물 중 황린
④ 제6류 위험물 중 질산

해설 탱크전용실을 건축물의 1층 또는 지하층에 설치하는 위험물
- 제2류 위험물 중 황화린, 적린, 덩어리 유황
- 제3류 위험물 중 황린
- 제6류 위험물 중 질산

06 제조소등의 설치허가를 받지 아니하고 제조소등을 설치한 자가 받아야 하는 벌칙으로 옳은 것은?

① 1천만원 이하의 벌금
② 1천 500만원 이하의 벌금
③ 5년 이하의 징역 또는 1억원 이하 벌금
④ 3년 이하의 징역 또는 3천만원 이하의 벌금

해설 5년 이하의 징역 또는 1억원 이하의 벌금
제조소등의 설치허가를 받지 아니하고 제조소등을 설치한 자

07 다음 중 관계인이 예방규정을 정하지 않아도 되는 제조소등은 어느 것인가?

① 지정수량 150배 이상의 위험물을 저장하는 옥내저장소
② 암반탱크저장소
③ 이송취급소
④ 지하탱크저장소

해설 예방규정을 정해야 할 제조소등
- 지정수량의 10배 이상의 위험물을 취급하는 제조소
- 지정수량의 100배 이상의 위험물을 저장하는 옥외저장소
- 지정수량의 150배 이상의 위험물을 저장하는 옥내저장소
- 지정수량의 200배 이상의 위험물을 저장하는 옥외탱크저장소
- 암반탱크저장소
- 이송취급소
- 지정수량의 10배 이상의 위험물을 취급하는 일반취급소

정답 05 ② 06 ③ 07 ④

> 제4류 위험물(특수인화물을 제외한다)만을 지정수량의 50배 이하로 취급하는 일반취급소(제1석유류·알코올류의 취급량이 지정수량의 10배 이하인 경우에 한한다)로서 다음 각 목의 어느 하나에 해당하는 것을 제외한다.
> • 보일러·버너 또는 이와 비슷한 것으로서 위험물을 소비하는 장치로 이루어진 일반취급소
> • 위험물을 용기에 옮겨 담거나 차량에 고정된 탱크에 주입하는 일반취급소

08 위험물안전관리법에서 정하는 위험물 종류이다. 유별을 달리하는 하나는 어느 것인가?

① 아질산염류
② 염소화이소시아눌산
③ 할로겐간화합물
④ 크롬, 납 또는 요오드의 산화물

해설 ①, ②, ④는 제1류 위험물이고, ③은 제6류 위험물에 해당한다.

09 다음 중 주유취급소의 사무실 구조로 적합하지 않은 것은?

① 높이 1m 이하의 부분에 있는 창 등은 밀폐시킬 것
② 출입구 또는 사이통로의 문턱의 높이를 15cm 이상으로 할 것
③ 누설한 가연성 증기가 그 내부에 유입되지 아니하도록 할 것
④ 출입구는 건축물의 밖에서 안으로 수시로 개방할 수 있는 자동폐쇄식으로 할 것

해설 ④ 출입구는 건축물의 안에서 밖으로 수시로 개방할 수 있는 자동폐쇄식의 것으로 할 것

10 다음은 위험물안전관리법에 규정된 감독 및 조치명령권 중 일부인데 이 중에서 소방청장이 행사할 수 있는 것은?

① 위험물 누출 등의 사고 조사
② 탱크시험자에 대한 명령
③ 무허가장소의 위험물에 대한 조치명령
④ 제조소등에 대한 긴급 사용정지명령

해설 위험물사고 조사
소방청장(중앙119구조본부장 및 그 소속 기관의 장을 포함한다), 소방본부장 또는 소방서장은 위험물의 누출·화재·폭발 등의 사고가 발생한 경우 사고의 원인 및 피해 등을 조사해야 한다.

08 ③ 09 ④ 10 ① **정답**

11 **제조소에는 보기 쉬운 곳에 방화에 관하여 필요한 사항을 게시한 게시판을 설치해야 한다. 다음 중 기재사항에 해당하지 않는 것은?**

① 저장최대수량

② 취급최대수량

③ 지정수량의 배수

④ 위험물의 성분·함량

해설 위험물 제조소등 표지 및 게시판에서 방화에 필요한 사항

<table>
<tr><th>구 분</th><th>항 목</th><th>표지(게시)내용</th><th>크 기</th><th>색 상</th></tr>
<tr><td>표지판</td><td>제조소등</td><td>"위험물 제조소등" 명칭 표시</td><td rowspan="3">한 변의 길이가 0.3m 이상, 다른 한 변의 길이가 0.6m 이상인 직사각형</td><td rowspan="2">백색바탕/
흑색문자</td></tr>
<tr><td rowspan="2">게시판</td><td>방화에 관하여 필요한 사항</td><td>• 유별 및 품명
• 저장(취급)최대수량
• 지정수량배수
• 안전관리자 성명 또는 직명</td></tr>
<tr><td>주의사항</td><td>• 화기엄금, 화기주의
• 물기엄금</td><td>• 적색바탕/백색문자
• 청색바탕/백색글자</td></tr>
</table>

12 **제조소등의 완공검사 신청시기로 맞지 않는 경우는?**

① 지하탱크가 있는 제조소등의 경우 해당 지하탱크를 매설하기 전

② 이동탱크저장소에 대한 완공검사는 이동저장탱크를 완공하고 상치장소를 확보하기 전

③ 이송취급소에 대한 완공검사는 이송배관공사의 전체 또는 일부를 완료한 후. 다만, 지하·하천 등에 매설하는 이송배관의 공사의 경우에는 이송배관을 매설하기 전

④ 전체공사가 완료된 후에 검사를 실시하기 곤란할 경우에 있어서 기술원이 지정하는 부분의 비파괴 시험을 실시하는 시기

해설 제조소등의 완공검사 신청시기

- 지하탱크가 있는 제조소등의 경우 : 해당 지하탱크를 매설하기 전
- 이동탱크저장소의 경우 : 이동탱크를 완공하고 상치장소를 확보한 후
- 이송취급소의 경우 : 이송배관 공사의 전체 또는 일부를 완료한 후(다만, 지하·하천 등에 매설하는 이송배관의 공사의 경우에는 이송배관을 매설하기 전)
- 전체공사가 완료된 후 완공검사를 실시하기 곤란한 경우
  - 위험물설비 또는 배관의 설치가 완료되어 기밀시험 또는 내압시험을 실시하는 시기
  - 배관을 지하에 설치하는 경우 소방서장 또는 공사가 지정하는 부분을 매몰하기 직전
  - 기술원이 지정하는 부분의 비파괴시험을 실시하는 시기
- 제조소등의 경우 : 제조소등의 공사를 완료한 후

정답 11 ④ 12 ②

12 기출유사문제

▸ 본 기출유사문제는 수험자의 기억에 의하여 복원된 것으로 그림, 내용, 출제지문 등이 다를 수 있으니 참고하시기 바랍니다. 〈서울, 인천, 부산, 경기, 경남, 경북, 대구, 전북, 충남, 강원〉

01 위험물시설로서 존재할 필요성이 없는 경우 장래에 대하여 그 기능을 완전히 상실시키는 제조소등의 폐지에 관한 설명으로 옳지 않은 것은?

① 제조소등의 관계인은 제조소등의 용도를 폐지한 날로부터 14일 이내에 시・도지사에게 신고해야 한다.

② 용도폐지를 신고하려는 사람은 용도폐지신고서에 제조소등의 완공검사합격확인증을 첨부하여 시・도지사에게 제출해야 한다.

③ 용도폐지신고서를 제출받은 시・도지사 또는 소방서장은 10일 이내에 처리해야 한다.

④ 제조소등의 용도폐지신고를 기간 이내에 하지 아니하거나 허위로 신고한 경우에는 500만원 이하의 과태료에 처한다.

해설 ③ 용도폐지신고서를 제출받은 시・도지사 또는 소방서장은 5일 이내에 처리해야 한다.

02 위험물을 취급하는 건축물에 설치하는 채광・조명・환기설비에 대한 설명으로 옳지 않은 것은?

① 조명설비에 설치하는 전선은 내화・내열전선으로 한다.

② 환기설비는 강제배기방식으로 설치하며 국소방식으로 해야 한다.

③ 채광설비는 불연재료로 하고 연소 우려가 없는 장소에 설치하되 채광면적을 최소로 해야 한다.

④ 조명설비가 설치되어 유효하게 조도(밝기)가 확보되는 건축물에는 채광설비를 하지 아니할 수 있다.

해설 ② 환기설비는 자연배기방식으로 설치한다.

01 ③ 02 ② **정답**

03 주유취급소의 위치·구조·설비의 기준에 대한 설명으로 옳지 않은 것은?

① 고정식주유설비 펌프기기는 주유관 끝부분에서의 최대 배출량이 제1석유류의 경우에는 분당 50ℓ 이하, 등유의 경우에는 분당 80ℓ 이하인 것으로 해야 한다.

② 너비 15m 이상, 길이 6m 이상의 콘크리트 등으로 포장한 공지를 보유해야 한다.

③ 주유취급소의 업무를 행하기 위한 사무소, 주유취급소에 출입하는 사람을 대상으로 한 점포·휴게음식점 또는 전시장, 자동차 등의 세정을 위한 작업장의 면적의 합은 1,000m^2를 초과할 수 없다.

④ 주유원 간이대기실은 불연재료로 해야 하고 차량의 출입 및 주유작업에 지장을 주지 아니하는 장소에 설치해야 한다.

해설 ③ 주유취급소의 업무를 행하기 위한 사무소, 주유취급소에 출입하는 사람을 대상으로 한 점포·휴게음식점 또는 전시장, 자동차 등의 점검 및 간이정비를 위한 작업장의 면적의 합은 1,000m^2를 초과할 수 없다.

04 제1종 판매취급소의 위치·구조·설비의 기준에 대한 설명으로 옳지 않은 것은?

① 보기 쉬운 곳에 바탕색은 백색으로 문자는 흑색으로 "위험물판매취급소(제1종)"라는 표지를 설치한다.

② 방화에 관하여 필요한 사항을 게시한 게시판은 한 변의 길이가 0.3m 이상, 다른 한 변의 길이가 0.6m 이상인 직사각형으로 한다.

③ 제1종 판매취급소의 용도로 사용되는 건축물의 부분과 다른 부분과의 격벽은 불연재료로 한다.

④ 제1종 판매취급소의 용도로 사용되는 부분의 창 및 출입구는 60분방화문 또는 30분방화문을 설치한다.

해설 ③ 제1종 판매취급소의 용도로 사용되는 건축물의 부분과 다른 부분과의 격벽은 내화구조로 한다.

05 위험물운반용기의 외부에 표시해야 할 내용으로 옳지 않은 것은?

① 위험물의 품명·위험등급·화학명 및 수용성("수용성" 표시는 제4류 위험물로서 수용성인 것에 한한다)을 표시해야 한다.

② 지정수량배수를 표시해야 한다.

③ 위험물의 수량을 표시해야 한다.

④ 운반하려는 위험물이 제6류 위험물인 경우 운반용기에 "가연물접촉주의"를 표시해야 한다.

정답 03 ③ 04 ③ 05 ②

해설 운반용기의 외부 표시사항
- 위험물의 품명, 위험등급, 화학명 및 수용성(제4류 수용성에 한함)
- 위험물 수량
- 수납하는 위험물에 따라 다음 규정에 따른 주의사항 제6류 위험물의 경우 "가연물접촉주의"

06 위험물안전관리법상 징역형에 처할 수 있는 위법행위로 볼 수 없는 것은?

① 저장소 또는 제조소등이 아닌 장소에서 지정수량 이상의 위험물을 저장 또는 취급하였다.
② 위험물의 저장 또는 취급에 관한 중요기준에 따르지 아니하였다.
③ 제조소등의 설치허가를 받지 아니하고 제조소등을 설치하였다.
④ 운반용기에 대한 검사를 받지 아니하고 운반용기를 사용하였다.

해설 ② 위험물의 저장 또는 취급에 관한 중요기준에 따르지 아니한 자 : 1천 500만원 이하의 벌금
① 저장소 또는 제조소등이 아닌 장소에서 지정수량 이상의 위험물을 저장 또는 취급한 자 : 3년 이하의 징역 또는 3천만원 이하의 벌금
③ 제조소등의 설치허가를 받지 아니하고 제조소등을 설치한 자 : 5년 이하의 징역 또는 1억원 이하의 벌금
④ 운반용기에 대한 검사를 받지 아니하고 운반용기를 사용하거나 유통시킨 자 : 1년 이하의 징역 또는 1천만원 이하의 벌금

07 위험물등급 I 인 위험물 품명의 지정수량 합으로 옳은 것은?

- 과염소산염류
- 황화린
- 과산화수소
- 금속의 인화합물
- 칼 륨

① 350kg ② 360kg
③ 370kg ④ 380kg

해설 위험물 등급 및 지정수량
- 과염소산염류 : 위험등급 I, 50kg
- 금속의 인화합물 : 위험등급 III, 300kg
- 황화린 : 위험등급 II, 100kg
- 칼륨 : 위험등급 I, 10kg
- 과산화수소 : 위험등급 I, 300kg

따라서 50 + 10 + 300 = 360kg

06 ② 07 ② **정답**

08 위험물안전관리법 시행규칙상 소화설비 기준에 관한 설명으로 옳지 않은 것은?

① 옥내저장소는 규모・저장 또는 취급하는 위험물의 품명 및 최대수량 등에 따라 소화 난이도 등급Ⅰ에 해당될 수 있다.

② 연면적 1,500m^2인 일반취급소는 소화 난이도 등급Ⅰ에 해당한다.

③ 제1종 판매취급소는 소화 난이도 등급Ⅱ에 해당되고 제2종 판매취급소는 소화 난이도 등급 Ⅲ에 해당한다.

④ 이동탱크저장소는 규모・저장 또는 취급하는 위험물의 품명 및 최대수량 등과 무관하게 모든 대상이 소화 난이도 등급Ⅲ에 해당한다.

해설 ③ 제1종 판매취급소는 소화 난이도 등급 Ⅲ에 해당되고 제2종 판매취급소는 소화 난이도 등급 Ⅱ에 해당한다.

09 자체 소방대에 대한 설명으로 옳지 않은 것은?

① 지정수량의 3천배 이상인 제4류 위험물을 취급하는 제조소는 자체 소방대 설치대상이다.

② 포수용액을 방사하는 화학소방자동차 대수의 3분의 1 이상으로 해야 한다.

③ 일반취급소에서 취급하는 제4류 위험물의 합이 지정수량의 48만배 이상인 사업소에는 최소 20인의 자체 소방대원이 필요하다.

④ 화학소방자동차의 일종인 제독차는 가성소다 및 규조토를 50kg 이상 비치해야 한다.

해설 ② 포수용액을 방사하는 화학소방자동차의 대수는 자체 소방대 편성기준에 의한 화학소방자동차의 대수의 3분의 2 이상으로 해야 한다.

10 제조소등에서의 위험물의 저장 및 취급에 관한 기준으로 옳지 않은 것은?

① 보냉장치가 없는 이동저장탱크에 저장하는 아세트알데히드 등 또는 디에틸에테르 등의 온도는 해당 위험물을 비점 이하로 유지할 것

② 옥외저장소에서 위험물을 수납한 용기를 선반에 저장하는 경우에는 6m를 초과하여 저장하지 아니할 것

③ 이동저장탱크에 알킬알루미늄 등을 저장하는 경우에는 20kPa 이하의 압력으로 불활성의 기체를 봉입하여 둘 것

④ 옥내저장소에서는 용기에 수납하여 저장하는 위험물이 55℃를 넘지 아니하도록 필요한 조치를 강구할 것

해설 알킬알루미늄 등, 아세트알데히드 등 및 디에틸에테르 등 저장기준

저장탱크	저장온도
옥내저장탱크・옥외저장탱크・지하저장탱크 중 압력탱크에 아세트알데히드 등, 디에틸에테르 등을 저장하는 경우	40℃ 이하

정답 08 ③ 09 ② 10 ①

옥내저장탱크 · 옥외저장탱크 · 지하저장탱크 중 압력탱크 외에 저장하는 경우	산화프로필렌과 이를 함유한 것, 디에틸에테르 등	30℃ 이하
	아세트알데히드 또는 이를 함유한 것	15℃ 이하
보냉장치가 있는 이동저장탱크에 아세트알데히드 등, 디에틸에테르 등을 저장하는 경우		비점 이하
보냉장치가 없는 이동저장탱크에 아세트알데히드 등, 디에틸에테르 등을 저장하는 경우		40℃ 이하

11 위험물 제조소등에 대한 정기점검 대상으로 옳지 않은 것은?

① 암반탱크저장소

② 지정수량 20배인 위험물을 취급하는 제조소

③ 위험물을 취급하는 탱크로서 지하에 매설된 탱크가 있는 주유취급소

④ 지정수량 150배 이상의 탱크로서 위험물을 취급하는 옥내탱크저장소

해설 정기점검 대상
- 예방규정을 정해야 하는 제조소등
- 지하탱크저장소
- 이동탱크저장소
- 위험물을 취급하는 탱크로서 지하에 매설된 탱크가 있는 제조소, 주유취급소, 일반취급소

12 위험물운송자가 위험물안전관리카드를 휴대해야 하는 위험물질명 또는 품명으로 옳은 것은?

① 황화린, 나트륨, 디에틸에테르 ② 철분, 경유, 과산화수소

③ 적린, 중유, 칼륨 ④ 황린, 기어유, 질산

해설 1~6류 위험물(제4류 위험물에 있어서는 특수인화물 및 제1석유류에 한한다)을 운송하게 하는 자는 위험물안전카드를 위험물운송자로 하여금 휴대하게 할 것

13 위험물안전관리자 대리자 자격으로 옳지 않은 것은?

① 위험물기능장 자격 취득자

② 의용소방대원으로 근무한 경력이 5년 이상인 자

③ 위험물안전에 관한 기본지식과 경험이 있는 자로서 위험물안전관리자를 지휘 · 감독하는 직위에 있는 자

④ 위험물안전에 관한 기본지식과 경험이 있는 자로 소방청장이 실시하는 안전교육을 받은 자

해설 안전관리자의 대리자 자격
- 국가기술자격법에 따른 위험물의 취급에 관한 자격취득자
- 소방청장이 실시하는 안전교육을 받은 자
- 제조소등의 위험물 안전관리업무에 있어서 안전관리자를 지휘 · 감독하는 직위에 있는 자

11 ④ 12 ① 13 ② **정답**

13 기출유사문제

▸ 본 기출 유사문제는 수험자의 기억에 의하여 복원된 것으로 그림, 내용, 출제지문 등이 다를 수 있으니 참고하시기 바랍니다(복원에 협조해 주신 분 : 황정순, 이병철, 조성진, 오진수, 허선집, 신상범, 황은경 등).

01 옥내탱크저장소 중 탱크전용실을 단층건물 외의 건축물에 설치하는 경우에 저장할 수 없는 위험물은 무엇인가?

① 황화린　　② 황 린
③ 질 산　　④ 아세톤

해설 옥내탱크저장소 중 탱크전용실을 단층건물 외의 건축물에 설치하는 것
- 제2류 위험물 중 황화린・적린 및 덩어리 유황
- 제3류 위험물 중 황린
- 제6류 위험물 중 질산
- 제4류 위험물 중 인화점이 38℃ 이상인 위험물만을 저장 또는 취급하는 것에 한한다.

따라서 아세톤은 인화점이 21℃ 미만인 제1석유류 수용성에 해당되므로 저장할 수 없다.

02 다음 중 위험물 제조소등의 허가취소 또는 사용정지 사유로 맞는 것은?

① 정기점검대상인 제조소등의 정기점검기록을 허위로 작성한 때
② 위험물의 저장・취급에 관한 중요기준을 위반한 때
③ 위험물안전관리자의 대리자를 지정하지 아니한 때
④ 위험물안전관리자를 선임신고 하지 아니한 때

해설 제조소등 설치허가의 취소와 사용정지 등(법 제12조)
시・도지사는 제조소등의 관계인이 다음의 어느 하나에 해당하는 때에는 행정안전부령이 정하는 바에 따라 제6조 제1항에 따른 허가를 취소하거나 6월 이내의 기간을 정하여 제조소등의 전부 또는 일부의 사용정지를 명할 수 있다.
- 위험물 제조소등 변경허가를 받지 아니하고 제조소등의 위치・구조 또는 설비를 변경한 때
- 위험물 제조소등 완공검사를 받지 아니하고 제조소등을 사용한 때
- 제조소등에의 사용중지 대상에 대한 안전조치 이행명령을 따르지 아니한 때
- 소방본부장・소방서장의 수리・개조 또는 이전의 명령을 위반한 때
- 위험물안전관리자를 선임하지 아니한 때
- 위험물안전관리 대리자를 지정하지 아니한 때
- 위험물 제조소등 정기점검을 하지 아니한 때
- 정기검사를 받지 아니한 때
- 저장・취급기준 준수명령을 위반한 때

정답 01 ④　02 ③

03 옥내저장소에 위험물을 유별로 정리하여 저장하는 한편, 서로 1m 이상의 간격을 두는 경우 다음 〈보기〉의 위험물 중 함께 저장할 수 있는 위험물을 모두 고른 것은?

㉠ 질산염류	㉡ 고형알코올
㉢ 제1석유류	㉣ 칼슘의 탄화물류
㉤ 특수인화물류	

① ㉠, ㉡, ㉢
② ㉡, ㉢, ㉣
③ ㉢, ㉣, ㉤
④ ㉡, ㉢, ㉤

해설 영 별표1의 유별을 달리하는 위험물은 동일한 저장소(내화구조의 격벽으로 완전히 구획된 실이 2 이상 있는 저장소에 있어서는 동일한 실. 이하 제3호에서 같다)에 저장하지 아니해야 한다. 다만, 옥내저장소 또는 옥외저장소에 있어서 다음에 따른 위험물을 저장하는 경우로서 위험물을 유별로 정리하여 저장하는 한편, 서로 1m 이상의 간격을 두는 경우에는 그러하지 아니하다(중요기준).

- 제1류 위험물(알칼리금속의 과산화물 또는 이를 함유한 것을 제외한다)과 제5류 위험물을 저장하는 경우
- 제1류 위험물과 제6류 위험물을 저장하는 경우
- 제1류 위험물과 제3류 위험물 중 자연발화성물질(황린 또는 이를 함유한 것에 한한다)을 저장하는 경우
- 제2류 위험물 중 인화성고체와 제4류 위험물을 저장하는 경우
- 제3류 위험물 중 알킬알루미늄 등과 제4류 위험물(알킬알루미늄 또는 알킬리튬을 함유한 것에 한한다)을 저장하는 경우
- 제4류 위험물 중 유기과산화물 또는 이를 함유하는 것과 제5류 위험물 중 유기과산화물 또는 이를 함유한 것을 저장하는 경우

04 주유취급소의 관계인이 소유·관리 또는 점유한 자동차 등에 대하여만 주유하기 위하여 설치하는 자가용 주유취급소의 특례로 옳은 것은?

① 안전거리와 보유공지
② 건축물의 구조
③ 주유공지와 급유공지
④ 담 또는 벽

해설 자가용 주유취급소의 특례
주유취급소의 관계인이 소유·관리 또는 점유한 자동차 등에 대하여만 주유하기 위하여 설치하는 자가용 주유취급소에 대하여는 Ⅰ 제1호(주유공지 및 급유공지)의 규정을 적용하지 아니한다.

03 ④ 04 ③ **정답**

05 다음의 위험물안전관리법에 따른 벌칙규정 중 양형기준이 다른 하나로 옳은 것은?

> ㉠ 위험물의 운반에 관한 중요기준에 따르지 아니한 자
> ㉡ 위험물의 취급에 관한 안전관리와 감독을 하지 아니한 자
> ㉢ 위험물 저장·취급장소에 대한 출입·검사 등을 수행하면서 알게 된 비밀을 누설한 자
> ㉣ 탱크시험자에 대한 감독상 명령에 따르지 아니한 자

① ㉠　　② ㉡
③ ㉢　　④ ㉣

해설 ㉠·㉡·㉢은 위반 시 1천만원 이하의 벌금에 처하고 ㉣은 위반 시 1천 500만원의 벌금에 처한다.
벌칙(법 제37조)
다음의 어느 하나에 해당하는 자는 1천만원 이하의 벌금에 처한다.
- 위험물의 취급에 관한 안전관리와 감독을 하지 아니한 자
- 안전관리자 또는 그 대리자가 참여하지 아니한 상태에서 위험물을 취급한 자
- 변경한 예방규정을 제출하지 아니한 관계인으로서 제6조 제1항에 따른 허가를 받은 자
- 위험물의 운반에 관한 중요기준에 따르지 아니한 자
- 이동탱크저장소에 의하여 위험물을 운송하는 자로서 해당 위험물을 취급할 수 있는 국가기술자격증이 없거나 안전교육을 받지 않고 위험물을 운송한 자
- 알킬알루미늄, 알킬리튬, 이들을 함유한 위험물의 운송에 있어서는 운송책임자의 감독 또는 지원을 받지 않고 운송한 자
- 관계인의 정당한 업무를 방해하거나 출입·검사 등을 수행하면서 알게 된 비밀을 누설한 자

06 위험물 제조소의 변경허가를 받아야 하는 것으로 맞는 것은?

① 위험물 취급탱크의 지름 150mm를 초과하는 노즐 또는 맨홀을 신설하는 경우
② 위험물의 제조설비 또는 취급설비 중 펌프설비를 증설하는 경우
③ 30m를 초과하는 지하에 매설된 위험물배관을 보수(배관을 절개하는 경우)하는 경우
④ 옥내소화전설비의 배관·밸브·압력계를 교체하는 경우

해설 제조소 또는 일반취급소의 변경허가를 받아야 하는 경우
- 제조소 또는 일반취급소의 위치를 이전하는 경우
- 건축물의 벽·기둥·바닥·보 또는 지붕을 증설 또는 철거하는 경우
- 배출설비를 신설하는 경우
- 위험물 취급탱크를 신설·교체·철거 또는 보수(탱크의 본체를 절개하는 경우에 한한다)하는 경우
- 위험물 취급탱크의 노즐 또는 맨홀을 신설하는 경우(노즐 또는 맨홀의 지름이 250mm를 초과하는 경우에 한한다)
- 위험물 취급탱크의 방유제의 높이 또는 방유제 내의 면적을 변경하는 경우
- 위험물 취급탱크의 탱크전용실을 증설 또는 교체하는 경우
- 300m(지상에 설치하지 아니하는 배관의 경우에는 30m)를 초과하는 위험물배관을 신설·교체·철거 또는 보수(배관을 절개하는 경우에 한한다)하는 경우
- 불활성기체의 봉입장치를 신설하는 경우
- 별표 4 XII 제2호 가목에 따른 누설범위를 국한하기 위한 설비를 신설하는 경우

정답 05 ④ 06 ③

- 별표 4 XII 제3호 다목에 따른 냉각장치 또는 보냉장치를 신설하는 경우
- 별표 4 XII 제3호 마목에 따른 탱크전용실을 증설 또는 교체하는 경우
- 별표 4 XII 제4호 나목에 따른 담 또는 토제를 신설·철거 또는 이설하는 경우
- 별표 4 XII 제4호 다목에 따른 온도 및 농도의 상승에 의한 위험한 반응을 방지하기 위한 설비를 신설하는 경우
- 별표 4 XII 제4호 라목에 따른 철 이온 등의 혼입에 의한 위험한 반응을 방지하기 위한 설비를 신설하는 경우
- 방화상 유효한 담을 신설·철거 또는 이설하는 경우
- 위험물의 제조설비 또는 취급설비(펌프설비를 제외한다)를 증설하는 경우
- 옥내소화전설비·옥외소화전설비·스프링클러설비·물분무 등 소화설비를 신설·교체(배관·밸브·압력계·소화전 본체·소화약제탱크·포헤드·포방출구 등의 교체는 제외한다) 또는 철거하는 경우
- 자동화재탐지설비를 신설 또는 철거하는 경우

07 위험물안전관리자의 대리자에 대한 설명으로 옳은 것은?

① 위험물취급자격자라 하더라도 위험물안전관리자 또는 대리자 참여 없이는 위험물을 취급하여서는 아니 된다.

② 대리자를 지정하지 아니한 경우와 위험물안전관리자를 선임하지 않은 경우는 벌칙 및 행정처분 기준이 같다.

③ 다수의 제조소등에 1인의 안전관리자를 중복 선임한 경우에 두는 보조자의 자격이 있는 자는 대리자가 될 수 있다.

④ 소방공무원으로 근무한 경력이 3년 이상인 사람은 대리자가 될 수 있는 자격이 있다.

해설 ③ 다수의 제조소등을 동일인이 설치한 경우에는 관계인은 대통령령이 정하는 바에 따라 1인의 안전관리자를 중복하여 선임할 수 있다. 이 경우 대통령령이 정하는 제조소등의 관계인은 대리자의 자격이 있는 자를 각 제조소등별로 지정하여 안전관리자를 보조하게 해야 한다(법 제15조 제8항).

① 제조소등에 있어서 위험물취급자격자가 아닌 자는 안전관리자 또는 대리자가 참여한 상태에서 위험물을 취급해야 한다는 규정에 따라 위험물산업기사 등 위험물취급자격자는 위험물 취급이 가능하다(법 제15조 제7항).

② 대리자를 지정하지 아니한 경우와 위험물안전관리자를 선임하지 않은 경우 벌칙규정은 1천 500만원 이하의 벌금으로 같으나 행정처분 기준은 다음과 같이 일치하지 않는다.

위반사항	행정처분기준		
	1차	2차	3차
위험물안전관리자를 선임하지 아니한 때	사용정지 15일	사용정지 60일	허가취소
대리자를 지정하지 아니한 때	사용정지 10일	사용정지 30일	허가취소

④ 대리자의 자격은 다음과 같으므로 소방공무원으로 근무하였더라도 아래의 자격이 있어야 한다.

㉠ 위험물취급자격자

㉡ 법 제28조 제1항에 따라 안전관리자·탱크시험자·위험물운반자·위험물운송자 등 위험물의 안전관리와 관련된 업무를 수행하는 자로서 대통령령(안전관리자로 선임된 자, 탱크시험자의 기술인력으로 종사하는 자, 위험물운송자로 종사하는 자)이 정하는 자는 해당 업무에 관한 능력의 습득 또는 향상을 위하여 소방청장이 실시하는 교육을 받은 자

㉢ 제조소등의 위험물 안전관리업무에 있어서 안전관리자를 지휘·감독하는 직위에 있는 자

07 ③ **정답**

08 위험물 제조소등의 위치 · 구조 · 설비기준 중 위험물의 유출을 방지하기 위한 턱과 문턱 높이 기준을 맞게 설명하고 있는 것은?

① 제조소에서 옥외에 액체위험물을 취급하는 설비의 바닥둘레에는 0.15m 이상의 턱을 설치해야 한다.

② 판매취급소 배합실의 출입구에는 0.15m 이상의 문턱을 설치해야 한다.

③ 옥외저장탱크의 펌프실 바닥주위에는 0.15m 이상의 턱을 만들어야 한다.

④ 주유취급소에 설치하는 건축물 중 사무실 출입구에는 0.2m 이상의 문턱을 설치해야 한다.

해설 ① 제조소의 옥외에서 액체위험물을 취급하는 설비의 바닥의 둘레에 높이 0.15m 이상의 턱을 설치하는 등 위험물이 외부로 흘러나가지 아니하도록 해야 한다.
② 옥외저장탱크의 펌프실 바닥주위에는 0.2m 이상의 턱을 만들어야 한다.
③ 주유취급소에 설치하는 건축물 중 사무실 출입구에는 15cm 이상의 문턱을 설치해야 한다.
④ 판매취급소 배합실의 출입구에는 0.1m 이상의 문턱을 설치해야 한다.

제조소	옥외탱크		옥내탱크				주 유		판 매
옥외설비 바닥	펌프실	펌프실 외	전용실이 있는 건축물 외에 펌프설비 설치		전용실이 있는 건축물에 펌프설비 설치		사무실 그 밖의 화기를 사용하는 곳의 출입구 또는 사이 통로 문턱높이	펌프실 출입구의 턱 높이	배합실 문턱
			펌프실	펌프실 외	전용실 외	전용실			
0.15	0.2	0.15	0.2	0.15	0.2	문턱높이 이상	0.15	0.1	0.1

09 위험물안전관리법령에서 규정하고 있는 준특정 옥외저장탱크와 특정 옥외저장탱크의 주하중과 종하중의 구분에 있어서 주하중에 해당하는 것은?

① 지진의 영향
② 적설하중
③ 풍하중
④ 온도의 변화

해설 특정 옥외저장탱크의 주하중과 종하중 구분
위험물안전관리법 시행규칙 별표6 Ⅶ. 특정 옥외저장탱크의 구조
• 주하중 : 탱크하중, 탱크와 관련되는 내압, 온도변화의 영향 등
• 종하중 : 적설하중, 풍하중, 지진의 영향 등

정답 08 ① 09 ④

10 특정 옥외저장탱크의 용접(겹침보수 및 육성보수와 관련된 것은 제외)방법 중 옆판과 애뉼러 판(애뉼러 판이 없는 경우에는 밑판)과의 용접방법으로 옳은 것은?

① 겹치기 용접

② 부분용입 그룹용접

③ 뒷면에 재료를 댄 맞대기 용접

④ 완전용입 맞대기 용접

해설 특정 옥외저장탱크의 용접(겹침보수 및 육성보수와 관련되는 것은 제외)방법

시행규칙 별표6 Ⅶ. 특정 옥외저장탱크의 구조 3호 나목

옆판 (가로 및 세로이음)	옆판과 애뉼러 판 (애뉼러 판이 없는 경우에는 밑판)	애뉼러 판과 애뉼러 판	애뉼러 판과 밑판 및 밑판과 밑판
완전용입 맞대기용접	• 부분용입 그룹용접 • 동등 이상 용접강도	뒷면에 재료를 댄 맞대기용접	뒷면에 재료를 댄 맞대기용접 또는 겹치기용접
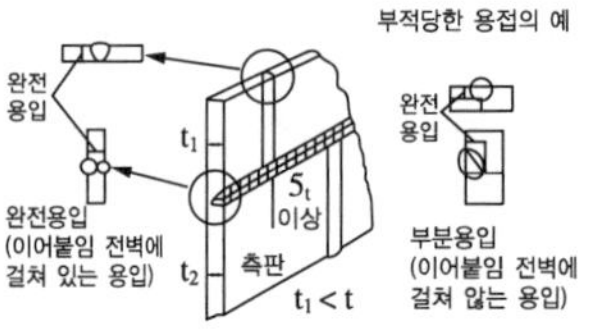	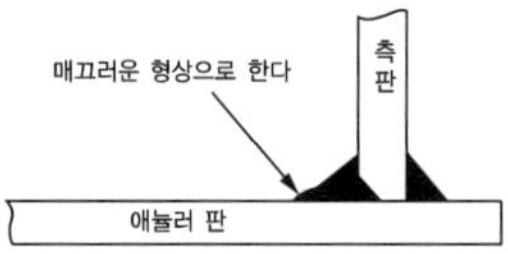	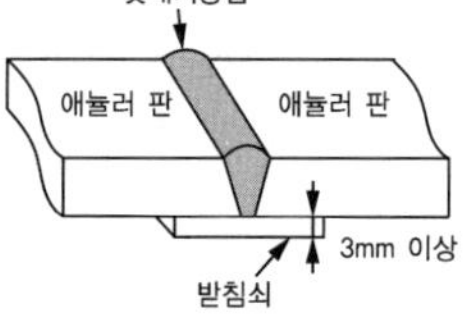 맞대기 이어붙임의 예 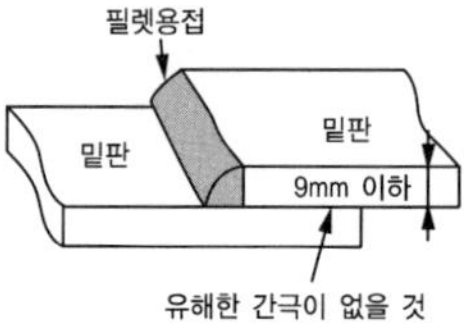 겹치기 이어붙임의 예	
• 옆판의 세로이음은 단을 달리하는 옆판의 각각의 세로이음과 동일선상에 위치하지 아니하도록 할 것 • 해당 세로이음 간의 간격은 서로 접하는 옆판 중 두꺼운 쪽 옆판의 5배 이상으로 해야 한다.	용접 비드(Bead)는 매끄러운 형상을 가져야 한다.	이 경우에 애뉼러 판과 밑판의 용접부의 강도 및 밑판과 밑판의 용접부의 강도에 유해한 영향을 주는 흠이 있어서는 아니 된다.	

10 ② **정답**

11 **위험물 제조소의 취급탱크 주변에 설치하는 방유제 및 방유턱에 대한 설명으로 옳은 것은? (용량이 지정수량 1/5 미만인 것은 제외)**

① 옥내에 취급하는 탱크가 하나인 경우에는 그 취급탱크의 용량을 전부 수용할 수 있어야 한다.
② 옥내에 취급하는 탱크가 여러 개 있는 경우 모든 취급탱크의 용량을 합한 양을 전부 수용할 수 있어야 한다.
③ 옥외 또는 옥내에 있는 취급탱크에 설치하는 방유제를 둘다 방유턱이라 한다.
④ 옥외탱크저장소와 제조소의 옥내에 있는 취급탱크의 방유제 용량 계산식은 같다.

해설 방유제 및 방유턱 용량
(1) 위험물 제조소의 옥외에 있는 위험물 취급탱크의 방유제의 용량
① 1기일 때 : 탱크용량 × 0.5(50%)
② 2기 이상일 때 : 최대탱크용량 × 0.5 + (나머지 탱크용량합계 × 0.1)
(2) 위험물 제조소의 옥내에 있는 위험물 취급탱크의 방유턱의 용량
① 1기일 때 : 탱크용량 이상
② 2기 이상일 때 : 최대탱크용량 이상
※ 옥내탱크저장소 출입구 문턱 높이도 같음
(3) 위험물 옥외탱크저장소의 방유제의 용량
① 1기일 때 : 탱크용량 × 1.1(110%)[비인화성 물질 × 100%]
② 2기 이상일 때 : 최대탱크용량 × 1.1(110%)[비인화성 물질 × 100%]

12 **제3류 위험물인 황린을 옥내저장소에 저장하면서 주위에 보유공지로 3m를 확보하였다. 이 옥내저장소(단, 옥내저장소의 구조는 벽 · 기둥 및 바닥이 내화구조로 된 건축물임)에 저장할 수 있는 황린의 최대수량은 얼마인가?**

① 4,000kg ② 1,000kg
③ 400kg ④ 200kg

해설 옥내저장소의 최대수량에 따른 보유공지

저장 또는 취급하는 위험물의 최대수량	공지의 너비	
	벽 · 기둥 및 바닥이 내화구조로 된 건축물	그 밖의 건축물
지정수량의 5배 이하		0.5m 이상
지정수량의 5배 초과 10배 이하	1m 이상	1.5m 이상
지정수량의 10배 초과 20배 이하	2m 이상	3m 이상
지정수량의 20배 초과 50배 이하	3m 이상	5m 이상
지정수량의 50배 초과 200배 이하	5m 이상	10m 이상
지정수량의 200배 초과	10m 이상	15m 이상

황린의 지정수량은 20kg이며 벽 · 기둥 및 바닥이 내화구조로 된 옥내저장소 건축물에 보유공지를 3m를 확보한 경우 위 표에서 저장위험물의 최대수량은 지정수량 50배이므로 20kg × 50배 = 1,000kg

정답 11 ① 12 ②

13 다음 중 지정수량 이상의 위험물을 옥외저장소에 저장할 수 있는 위험물로 옳은 것은?

㉠ 유 황	㉡ 알칼리토금속
㉢ 알코올류	㉣ 제2석유류
㉤ 질산염류	㉥ 니트로화합물

① ㉠, ㉢, ㉣　　② ㉠, ㉣, ㉤

③ ㉢, ㉤, ㉥　　④ ㉡, ㉢, ㉤

해설 위험물안전관리법 시행령 별표2 저장소의 구분에서 옥외저장소에 저장할 수 있는 위험물

- 제2류 위험물 중 유황 또는 인화성고체(인화점이 섭씨 0도 이상인 것에 한한다)
- 제4류 위험물 중 제1석유류(인화점이 섭씨 0도 이상인 것에 한한다) · 알코올류 · 제2석유류 · 제3석유류 · 제4석유류 및 동식물유류
- 제6류 위험물
- 보세구역 안에 저장하는 제2류 위험물 및 제4류 위험물 중 특별시 · 광역시 또는 도의 조례에서 정하는 위험물
- 「국제해상위험물규칙」(IMDG Code)에 적합한 용기에 수납된 위험물

13 ① 정답

14 기출유사문제

▸ 본 기출유사문제는 수험자의 기억에 의하여 복원된 것으로 그림, 내용, 출제지문 등이 다를 수 있으니 참고하시기 바랍니다(복원에 협조해 주신 분 : 정수민, 문기석, 나진석, 박상현 등).

01 위험물안전관리법상 위험물의 성질과 상태를 설명한 내용이다. 다음 〈보기〉의 ( ) 안에 들어갈 말로 옳은 것은?

> "자기반응성물질"이라 함은 고체 또는 액체로서 (㉠) 또는 (㉡)을 판단하기 위하여 고시로 정하는 시험에서 고시로 정하는 성질과 상태를 나타내는 것을 말한다.

① ㉠ 폭발의 위험성, ㉡ 발화의 위험성
② ㉠ 발화의 위험성, ㉡ 폭발의 위험성
③ ㉠ 폭발의 위험성, ㉡ 가열분해의 격렬함
④ ㉠ 폭발의 위험성, ㉡ 충격에 대한 민감성

해설 위험물의 성질과 상태
- "산화성고체"라 함은 고체로서 산화력의 잠재적인 위험성 또는 충격에 대한 민감성을 판단하기 위하여 소방청장이 정하여 고시(이하 "고시"라 한다)하는 시험에서 고시로 정하는 성질과 상태를 나타내는 것을 말한다.
- "가연성고체"라 함은 고체로서 화염에 의한 발화의 위험성 또는 인화의 위험성을 판단하기 위하여 고시로 정하는 시험에서 고시로 정하는 성질과 상태를 나타내는 것을 말한다.
- "자연발화성물질 및 금수성물질"이라 함은 고체 또는 액체로서 공기 중에서 발화의 위험성이 있거나 물과 접촉하여 발화하거나 가연성가스를 발생하는 위험성이 있는 것을 말한다.
- "인화성액체"라 함은 액체로서 인화의 위험성이 있는 것을 말한다.
- "자기반응성물질"이라 함은 고체 또는 액체로서 폭발의 위험성 또는 가열분해의 격렬함을 판단하기 위하여 고시로 정하는 시험에서 고시로 정하는 성질과 상태를 나타내는 것을 말한다.
- "산화성액체"라 함은 액체로서 산화력의 잠재적인 위험성을 판단하기 위하여 고시로 정하는 시험에서 고시로 정하는 성질과 상태를 나타내는 것을 말한다.

정답 01 ③

02 위험물안전관리법령상 옥외저장소에 저장 가능한 위험물로 옳지 않은 것은?

① 인화점이 섭씨 10도 이상인 인화성고체

② 위험물에 해당하는 질산염류

③ 위험물에 해당하는 과염소산

④ 인화점이 섭씨 5도 이상인 제1석유류

해설 위험물안전관리법 시행령 별표2 저장소의 구분에서 옥외저장소에 저장할 수 있는 위험물

- 제2류 위험물 중 유황 또는 인화성고체(인화점이 섭씨 0도 이상인 것에 한한다)
- 제4류 위험물 중 제1석유류(인화점이 섭씨 0도 이상인 것에 한한다)・알코올류・제2석유류・제3석유류・제4석유류 및 동식물유류
- 제6류 위험물
- 보세구역 안에 저장하는 제2류 위험물 및 제4류 위험물 중 특별시・광역시 또는 도의 조례에서 정하는 위험물
- 「국제해상위험물규칙」(IMDG Code)에 적합한 용기에 수납된 위험물

03 다음 〈보기〉에 있는 위험물의 지정수량배수를 계산한 합은 얼마인가?

- 알루미늄의 탄화물류 900kg
- 무기과산화물 400kg
- 유황 500kg
- 알코올류 2,000리터
- 질산 600kg
- 적린 1,000kg

① 33배

② 34배

③ 35배

④ 36배

해설 2품목 이상의 지정수량의 배수 산정

$$계산값 = \frac{A품명의\ 수량}{A품명의\ 지정수량} + \frac{B품명의\ 수량}{B품명의\ 지정수량} + \frac{C품명의\ 수량}{C품명의\ 지정수량} + \cdots$$

종 류	알루미늄 탄화물류	알코올	무기 과산화물	질 산	유 황	적 린
지정수량	300kg	400L	50kg	300kg	100kg	100kg

$$\therefore\ 지정수량의\ 배수 = \frac{900kg}{300kg} + \frac{2,000L}{400L} + \frac{400kg}{50kg} + \frac{600kg}{300kg} + \frac{500kg}{100kg} + \frac{1,000kg}{100kg} = 33배$$

02 ② 03 ① **정답**

04 **제조소등에서의 위험물의 저장 및 취급에 관한 기준 중 중요기준에 해당하지 않는 것은?**

① 이동저장탱크에 아세트알데히드 등을 저장하는 경우에는 항상 불활성의 기체를 봉입하여 두어야 한다.

② 옥내저장소에서는 용기에 수납하여 저장하는 위험물의 온도가 55℃를 넘지 아니하도록 필요한 조치를 강구해야 한다.

③ 옥외저장소에서 위험물을 수납한 용기를 선반에 저장하는 경우에는 6m를 초과하여 저장하지 아니해야 한다.

④ 컨테이너식 이동탱크저장소 외의 이동탱크저장소에 있어서는 위험물을 저장한 상태로 이동저장탱크를 옮겨 싣지 아니해야 한다.

해설 ③은 위험물안전관리법 시행규칙 별표18 Ⅲ 저장기준에 따른 세부기준에 해당한다.

05 **다음 중 위험물탱크안전성능검사의 대상이 되는 탱크에 대한 설명으로 옳은 것은?**

① 용접부 검사 : 용량이 50만리터 이상인 옥외탱크저장소

② 기초・지반검사 : 옥외탱크저장소의 액체위험물탱크 중 용량이 100만리터 이상인 탱크

③ 충수・수압검사 : 액체 또는 고체위험물을 저장 또는 취급하는 탱크

④ 암반탱크검사 : 액체 또는 고체위험물을 저장 또는 취급하는 암반 내의 공간을 이용한 탱크

해설 탱크안전성능검사의 대상 및 검사 신청 시기

검사 종류	검사 대상
기초・지반검사	100만L 이상인 액체위험물을 저장하는 옥외탱크저장소
충수・수압검사	액체위험물을 저장 또는 취급하는 탱크
용접부 검사	100만L 이상인 액체위험물을 저장하는 옥외탱크저장소
암반탱크검사	액체위험물을 저장 또는 취급하는 암반 내의 공간을 이용한 탱크

06 **예방규정을 정해야 하는 위험물 제조소등으로 옳지 않은 것은?**

① 지정수량의 140배인 옥내저장소

② 지정수량의 150배인 옥외저장소

③ 지정수량의 210배인 옥외탱크저장소

④ 지정수량의 15배인 제조소

해설 예방규정을 정해야 하는 제조소

- 지정수량의 10배 이상의 위험물을 취급하는 제조소
- 지정수량의 10배 이상의 위험물을 취급하는 일반취급소

정답 04 ③ 05 ② 06 ①

• 지정수량의 100배 이상의 위험물을 저장하는 옥외저장소
• 지정수량의 150배 이상의 위험물을 저장하는 옥내저장소
• 지정수량의 200배 이상의 위험물을 저장하는 옥외탱크저장소
• 암반탱크저장소
• 이송취급소

07 자체 소방대를 두어야 하는 일반취급소 중에서 제외되는 일정용도의 대상으로 맞지 않는 것은?

① 이동저장탱크 그 밖에 이와 유사한 것에 위험물을 주입하는 일반취급소
② 용기에 위험물을 옮겨 담는 일반취급소
③ 유압장치, 윤활유순환장치 그 밖에 이와 유사한 장치로 위험물을 취급하는 일반취급소
④ 분무도장 작업 등의 일반취급소

해설 **지정수량 3천배 이상이더라도 자체 소방대 설치 제외 일반취급소**
• 보일러, 버너 그 밖에 이와 유사한 장치로 위험물을 소비하는 일반취급소
• 이동저장탱크 그 밖에 이와 유사한 것에 위험물을 주입하는 일반취급소
• 용기에 위험물을 옮겨 담는 일반취급소
• 유압장치, 윤활유순환장치 그 밖에 이와 유사한 장치로 위험물을 취급하는 일반취급소
• 「광산안전법」의 적용을 받는 일반취급소

08 다음 중 위험물 제조소의 안전거리를 설정하기 위한 기준요소로 맞지 않는 것은?

① 위험물의 종류
② 위험물 제조소에 설치된 소방시설
③ 위험물 제조소의 위험도
④ 방호대상물의 위험도

해설 • 설정목적
 – 위험물의 폭발·화재·유출 등 각종 위해로부터 방호대상물(인접건물) 및 거주자를 보호
 – 위험물로 인한 재해로부터 방호대상물의 손실의 경감과 환경적 보호
 – 설치 허가 시 안전거리를 법령에 따라 엄격히 적용해야 한다.
• 설정기준 요소
 – 방호대상물의 위험도
 – 저장·취급하는 위험물의 종류와 양 등 위험물 제조소의 위험도
 – 각 요소들의 총합이 크면 안전거리는 길어지고 작으면 그 반대이다.

07 ④ 08 ② **정답**

09 **위험물 제조소등의 보유공지에 대한 설명으로 옳지 않은 것은? (단, 벽 · 기둥 및 바닥이 있는 구조의 것은 내화구조의 건축물로 본다)**

① 주유취급소에 지정수량의 20배를 저장할 경우 보유공지는 3m 이상 확보해야 한다.
② 옥외탱크저장소에서 지정수량의 3,500배를 저장할 경우 보유공지는 15m 이상 확보해야 한다.
③ 옥내저장소의 경우 지정수량의 25배를 저장할 경우 보유공지는 3m 이상 확보해야 한다.
④ 옥외저장소 지정수량의 15배를 저장할 경우 보유공지는 5m 이상 확보해야 한다.

해설 위험물 제조소등의 보유공지

저장, 취급하는 최대수량			공지의 너비			
옥내저장소	옥외저장소	옥외탱크 저장소	옥내저장소		옥외 저장소	옥외탱크 저장소
			벽, 기둥, 바닥이 내화구조	그 밖의 건축물		
5배 이하	10배 이하	500배 이하		0.5m 이상	3m 이상	3m 이상
5~10배 이하	10~20배 이하	500~1,000배 이하	1m 이상	1.5m 이상	5m 이상	5m 이상
10~20배 이하	20~50배 이하	1,000~2,000배 이하	2m 이상	3m 이상	9m 이상	9m 이상
20~50배 이하	50~200배 이하	2,000~3,000배 이하	3m 이상	5m 이상	12m 이상	12m 이상
50~200배 이하	200배 초과	3,000~4,000배 이하	5m 이상	10m 이상	15m 이상	15m 이상
200배 초과		4,000배 초과	10m 이상	15m 이상		• 탱크의 수평단면의 최대 지름과 높이 중 큰 것과 같은 거리 이상 • 30m 초과 시 30m 이상 가능 • 15m 미만의 경우 15m 이상

정답 09 ①

10 **위험물주유취급소의 담 또는 벽의 일부분에 방화상 유효한 유리로 부착할 수 있는데, 부착기준에 대한 설명으로 옳지 않은 것은?**

① 유리를 부착하는 범위는 전체의 담 또는 벽의 길이의 10분의 2를 초과할 수 없다.

② 유리를 부착하는 위치는 주입구, 고정주유설비 및 고정급유설비로부터 4m 이상 이격되어야 한다.

③ 주유취급소 내의 지반면으로부터 70cm를 초과하는 부분에 한하여 유리를 부착해야 한다.

④ 유리의 구조는 접합유리로 하되, 유리구획부분의 내화시험방법에 따라 시험하여 비차열 1시간 이상의 방화성능이 인정되어야 한다.

해설 **주유취급소의 담 또는 벽의 기준**

(1) 주유취급소의 주위에는 자동차 등이 출입하는 쪽 외의 부분에 높이 2m 이상의 내화구조 또는 불연재료의 담 또는 벽을 설치하되, 주유취급소의 인근에 연소의 우려가 있는 건축물이 있는 경우에는 소방청장이 정하여 고시하는 바에 따라 방화상 유효한 높이로 해야 한다.

(2) (1)에도 불구하고 다음의 기준에 모두 적합한 경우에는 담 또는 벽의 일부분에 방화상 유효한 구조의 유리를 부착할 수 있다.

① 유리를 부착하는 위치는 주입구, 고정주유설비 및 고정급유설비로부터 4m 이상 거리를 둘 것

② 유리를 부착하는 방법은 다음의 기준에 모두 적합할 것

㉠ 주유취급소 내의 지반면으로부터 70cm를 초과하는 부분에 한하여 유리를 부착할 것

㉡ 하나의 유리판의 가로의 길이는 2m 이내일 것

㉢ 유리판의 테두리를 금속제의 구조물에 견고하게 고정하고 해당 구조물을 담 또는 벽에 견고하게 부착할 것

㉣ 유리의 구조는 접합유리(두 장의 유리를 두께 0.76mm 이상의 폴리비닐부티랄 필름으로 접합한 구조를 말한다)로 하되, 「유리구획 부분의 내화시험방법(KS F 2845)」에 따라 시험하여 비차열 30분 이상의 방화성능이 인정될 것

③ 유리를 부착하는 범위는 전체의 담 또는 벽의 길이의 10분의 2를 초과하지 아니할 것

10 ④ **정답**

11 위험물안전관리법에 따른 수납하는 위험물에 따른 주의사항으로 옳은 것은?

① 제3류 위험물 중 자연발화성물질 : 화기엄금 및 물기엄금

② 제2류 위험물 중 금속분 : 화기주의 및 물기엄금

③ 제5류 위험물 : 화기·충격주의

④ 제2류 위험물 중 인화성고체 : 화기주의

해설 수납하는 위험물에 따른 주의사항

유 별	품 명	운반용기 주의사항(별표19)
제1류	알칼리금속의 과산화물	화기·충격주의, 가연물 접촉주의 및 물기엄금
	그밖의 것	화기·충격주의, 가연물접촉주의
제2류	철분, 금속분, 마그네슘(함유 포함)	화기주의 및 물기엄금
	인화성고체	화기엄금
	그밖의 것	화기주의
제3류	자연발화성물질	화기엄금 및 공기접촉엄금
	금수성물질	물기엄금
제4류	모든 품명	화기엄금
제5류	모든 품명	화기엄금 및 충격주의
제6류	모든 품명	가연물접촉주의

12 위험물 제조소의 위치·구조 설비기준에 있어서 위험물을 취급하는 건축물의 구조로 옳지 않은 것은?

① 연소의 우려가 있는 외벽에 설치하는 출입구에는 수시로 열 수 있는 자동폐쇄식의 60분방화문을 설치해야 한다.

② 벽·기둥·바닥·보·서까래 및 계단을 내화구조로 한다.

③ 지하층이 없도록 해야 한다.

④ 지붕은 폭발력이 위로 방출될 정도의 가벼운 불연재료로 덮어야 한다.

해설 제조소의 건축물 구조

- 지하층이 없도록 해야 한다.
- 벽·기둥·바닥·보·서까래 및 계단 : 불연재료(연소 우려가 있는 외벽은 개구부가 없는 내화구조의 벽으로 할 것)
- 지붕은 폭발력이 위로 방출될 정도의 가벼운 불연재료로 덮어야 한다.
- 입구와 비상구에는 60분방화문 또는 30분방화문을 설치해야 한다.
  ※ 연소우려가 있는 외벽의 출입구 : 수시로 열 수 있는 자동폐쇄식의 60분방화문 설치
- 건축물의 창 및 출입구의 유리 : 망입유리
- 액체의 위험물을 취급하는 건축물의 바닥 : 적당한 경사를 두고 그 최저부에 집유설비를 할 것

정답 11 ② 12 ②

13 **위험물안전관리법령상 한국소방산업기술원에 위탁할 수 있는 시·도지사 업무의 내용으로 옳지 않은 것은?**

① 저장용량이 50만리터 이상인 옥외탱크저장소의 완공검사

② 지정수량의 3천배 이상의 위험물을 취급하는 제조소 또는 일반취급소의 설치 또는 변경(사용 중인 제조소 또는 일반취급소의 보수 또는 부분적인 증설을 제외한다)에 따른 완공검사

③ 암반탱크저장소의 설치 또는 변경에 따른 완공검사

④ 지하탱크저장소의 위험물탱크 중 이중벽탱크의 완공검사

해설 시·도지사의 권한을 한국소방산업기술원에 위탁

- 탱크안전성능검사
  - 용량이 100만리터 이상인 액체위험물을 저장하는 탱크
  - 암반탱크
  - 지하탱크저장소의 위험물탱크 중 이중벽탱크
- 완공검사
  - 지정수량의 3천배 이상의 위험물을 취급하는 제조소 또는 일반취급소의 설치 또는 변경(사용 중인 제조소 또는 일반취급소의 보수 또는 부분적인 증설을 제외한다)에 따른 완공검사
  - 옥외탱크저장소(저장용량이 50만리터 이상인 것만 해당한다) 또는 암반탱크저장소의 설치 또는 변경에 따른 완공검사
- 소방본부장 또는 소방서장의 정기검사
- 시·도지사의 운반용기검사
- 소방청장의 안전교육에 관한 권한 중 탱크안전성능시험자에 대한 안전교육

14 **위험물안전관리법령상 특수인화물에 대한 설명으로 옳은 것은?**

① 인화점이 섭씨 영하 40도 이하이고 비점이 섭씨 20도 이하인 것

② 1기압 섭씨 20도에서 발화점이 섭씨 40도 이하인 것이다.

③ 비점이 섭씨 20도 이하이고 인화점이 섭씨 40도 이하인 것

④ 이황화탄소, 디에틸에테르가 해당된다.

해설 "특수인화물"이라 함은 이황화탄소, 디에틸에테르 그 밖에 1기압에서 발화점이 섭씨 100도 이하인 것 또는 인화점이 섭씨 영하 20도 이하이고 비점이 섭씨 40도 이하인 것

13 ④ 14 ④ **정답**

15 기출유사문제

▸ 본 기출유사문제는 수험자의 기억에 의하여 복원된 것으로 그림, 내용, 출제지문 등이 다를 수 있으니 참고하시기 바랍니다. 〈서울, 경기, 경남, 경북, 대구, 전북, 충남, 강원〉

01 이동탱크저장소의 주입설비 설치기준에 따른 주입설비의 길이와 분당 배출량으로 옳은 것은?

① 50m 이내, 200L
② 5m 이내, 300L
③ 50m 이내, 300L
④ 5m 이내, 200L

해설 이동탱크저장소에 주입설비(주입호스의 끝부분에 개폐밸브를 설치한 것을 말한다) 설치 기준
- 위험물이 샐 우려가 없고 화재예방상 안전한 구조로 할 것
- 주입설비의 길이는 50m 이내로 하고, 그 끝부분에 축적되는 정전기를 유효하게 제거할 수 있는 장치를 할 것
- 분당 배출량은 200L 이하로 할 것

02 다음 〈보기〉 중에서 위험물 제조소의 건축물 구조에 관한 설명으로 옳은 것을 모두 고르시오.

ㄱ. 지붕은 폭발력이 위로 방출될 정도의 가벼운 불연재료로 덮여야 한다.
ㄴ. 출입구 및 비상구는 60분방화문 또는 30분방화문으로 설치해야 한다.
ㄷ. 창에 유리를 사용하는 경우 강화유리를 사용해야 한다.
ㄹ. 밀폐형 구조의 건축물인 경우의 지붕은 내부의 과압 또는 부압에 견딜 수 있는 철근콘크리트조이고, 외부화재에 90분 이상 견딜 수 있는 구조일 때에는 내화구조로 할 수 있다.

① ㄱ, ㄴ
② ㄱ, ㄷ, ㄹ
③ ㄱ, ㄴ, ㄹ
④ ㄴ, ㄷ, ㄹ

해설 위험물을 취급하는 건축물의 창 및 출입구에 유리를 이용하는 경우에는 망입유리로 해야 한다.

정답 01 ① 02 ③

03 **벽 · 기둥 및 바닥은 내화구조이고 보와 서까래가 불연재료인 옥내저장소의 저장창고 2층에 적린을 저장한 경우 저장창고의 바닥면적의 기준으로 옳은 것은?**

① 1,000m^2 ② 2,000m^2
③ 1,500m^2 ④ 500m^2

해설 다층건물의 옥내저장소의 기준에서 하나의 저장창고의 바닥면적 합계는 1,000m^2 이하로 해야 한다.

04 **위험물안전관리법에 따른 제4류 위험물에 대한 설명 중 옳지 않은 것은?**

① "동식물유류"라 함은 동물의 지육 등 또는 식물의 종자나 과육으로부터 추출한 것으로서 1기압에서 인화점이 섭씨 200도 미만인 것을 말한다.
② "제2석유류"라 함은 등유, 경유 그 밖에 1기압에서 인화점이 섭씨 21도 이상 70도 미만인 것을 말한다.
③ "제3석유류"라 함은 중유, 클레오소트유 그 밖에 1기압에서 인화점이 섭씨 70도 이상 섭씨 200도 미만인 것을 말한다.
④ "인화성액체"라 함은 액체(제3석유류, 제4석유류 및 동식물유류에 있어서는 1기압과 섭씨 20도에서 액상인 것에 한한다)로서 인화의 위험성이 있는 것을 말한다.

해설 ① "동식물유류"라 함은 동물의 지육 등 또는 식물의 종자나 과육으로부터 추출한 것으로서 1기압에서 인화점이 섭씨 250도 미만인 것을 말한다.

05 **다음 중 위험물안전관리법에 따른 제1류 위험물이 아닌 것은?**

① 과염소산 ② 염소화이소시아눌산
③ 염소화규소화합물 ④ 퍼옥소이황산염류

해설 **제1류 위험물의 품명 · 등급 및 지정수량**

유별(성질)	등 급	품 명	지정수량
제1류 위험물 (산화성고체)	Ⅰ	1. 아염소산염류, 2. 염소산염류, 3. 과염소산염류, 4. 무기과산화물	50kg
	Ⅱ	5. 브롬산염류, 6. 질산염류, 7. 요오드산염류	300kg
	Ⅲ	8. 과망간산염류, 9. 다이크롬산염류	1000kg
		10. 그 밖의 행정안전부령이 정하는 것 ① 과요오드산염류 ② 과요오드산 ③ 크롬, 납 또는 요오드의 산화물 ④ 아질산염류 ⑤ 차아염소산염류(위험등급 Ⅰ, 50kg) ⑥ 염소화이소시아눌산 ⑦ 퍼옥소이황산염류 ⑧ 퍼옥소붕산염류	50kg, 300kg 또는 1000kg
		11. 제1호 내지 제10호의1에 해당하는 어느 하나 이상을 함유한 것	

03 ① 04 ① 05 ③ 정답

06 다음 중 1인의 안전관리자를 중복하여 선임할 수 있는 저장소 중 탱크 기수가 한정된 저장소로 옳은 것은?

① 암반탱크저장소
② 간이탱크저장소
③ 지하탱크저장소
④ 옥내탱크저장소

해설 동일구내에 있거나 상호 100미터 이내의 거리에 있는 저장소로서 저장소의 규모, 저장하는 위험물의 종류 등을 고려하여 다음에 해당하는 저장소를 동일인이 설치한 경우에 1인의 안전관리자를 중복하여 선임할 수 있다.

- 30개 이하의 옥외탱크저장소
- 10개 이하의 옥내저장소
- 지하탱크저장소
- 간이탱크저장소
- 10개 이하의 옥외저장소
- 10개 이하의 암반탱크저장소
- 옥내탱크저장소

07 위험물안전관리 대행기관 지정기준 중 갖추어야 할 장비로 옳지 않은 것은?

① 저항계
② 영상초음파시험기
③ 접지저항측정기
④ 정전기 전위측정기

해설 안전관리대행기관의 지정기준

구분	기준
기술인력	• 위험물기능장 또는 위험물산업기사 1인 이상 • 위험물산업기사 또는 위험물기능사 2인 이상 • 기계분야 및 전기분야의 소방설비기사 1인 이상
시 설	전용사무실을 갖출 것
장 비	• 저항계(절연저항측정기) • 접지저항측정기(최소눈금 0.1Ω 이하) • 가스농도측정기 • 정전기 전위측정기 • 진동시험기 • 안전밸브시험기 • 표면온도계(−10℃~300℃) • 두께측정기(1.5mm~99.9mm) • 토크렌치(Torque Wrench : 볼트와 너트를 규정된 회전력에 맞춰 조이는데 사용하는 도구) • 유량계, 압력계 • 안전용구(안전모, 안전화, 손전등, 안전로프 등) • 소화설비점검기구(소화전밸브압력계, 방수압력측정계, 포콜렉터, 헤드렌치, 포콘테이너)
비고 : 기술인력란의 각 호에 정한 2 이상의 기술인력을 동일인이 겸할 수 없다.	

※ 영상초음파시험기는 탱크성능시험자 등록기준에서 필수장비에 해당된다.

정답 06 ① 07 ②

08 위험물이동탱크저장소에서의 위험물 취급기준에 대한 설명으로 옳은 것은?

① 건설공사를 하는 장소에서 인화점 40℃ 이상의 위험물을 주입설비를 부착한 이동탱크저장소로부터 콘크리트믹서트럭에 직접 연료탱크에 주입할 수 있다.

② 중유를 주입할 때에는 이동탱크저장소의 원동기를 정지해야 한다.

③ 이동저장탱크로부터 액체위험물을 용기에 절대로 옮겨 담을 수 없다.

④ 이동저장탱크의 상부로부터 위험물을 주입할 때에는 위험물의 액표면이 주입관의 정상부분을 넘는 높이가 될 때까지 그 주입배관 내의 유속을 초당 2m 이하로 할 것

해설 위험물이동탱크저장소에서의 위험물 취급기준

- 이동저장탱크로부터 직접 위험물을 자동차 및 덤프트럭 및 콘크리트믹서트럭의 연료탱크에 주입하지 말 것. 다만, 건설공사를 하는 장소에서 주입설비를 부착한 이동탱크저장소로부터 해당 건설공사와 관련된 덤프트럭과 콘크리트믹서트럭의 연료탱크에 인화점 40℃ 이상의 위험물을 주입하는 경우에는 그러하지 아니하다.
- 이동저장탱크로부터 위험물을 저장 또는 취급하는 탱크에 인화점이 40℃ 미만인 위험물을 주입할 때에는 이동탱크저장소의 원동기를 정지시킬 것
- 이동저장탱크로부터 액체위험물을 용기에 옮겨 담지 아니할 것. 다만, 주입호스의 끝부분에 수동개폐장치를 한 주입노즐(수동개폐장치를 개방상태로 고정하는 장치를 한 것을 제외한다)을 사용하여 운반용기 규정에 적합한 운반용기에 인화점 40℃ 이상의 제4류 위험물을 옮겨 담는 경우에는 그러하지 아니하다.
- 휘발유를 저장하던 이동저장탱크에 등유나 경유를 주입할 때 또는 등유나 경유를 저장하던 이동저장탱크에 휘발유를 주입할 때에는 다음의 기준에 따라 정전기 등에 의한 재해를 방지하기 위한 조치를 할 것
  - 이동저장탱크의 상부로부터 위험물을 주입할 때에는 위험물의 액표면이 주입관의 끝부분을 넘는 높이가 될 때까지 그 주입관 내의 유속을 초당 1m 이하로 할 것
  - 이동저장탱크의 밑부분으로부터 위험물을 주입할 때에는 위험물의 액표면이 주입관의 정상부분을 넘는 높이가 될 때까지 그 주입배관 내의 유속을 초당 1m 이하로 할 것
  - 그 밖의 방법에 의한 위험물의 주입은 이동저장탱크에 가연성증기가 잔류하지 아니하도록 조치하고 안전한 상태로 있음을 확인한 후에 할 것

09 다음 〈보기〉 중에서 허가수량을 제한하는 위험물 저장소로 옳은 것은?

ㄱ. 옥내저장소	ㄴ. 옥내탱크저장소
ㄷ. 판매취급소	ㄹ. 간이탱크저장소

① ㄱ, ㄷ　　② ㄷ, ㄹ

③ ㄱ, ㄷ, ㄹ　　④ ㄴ, ㄷ, ㄹ

해설
- 옥내탱크저장소 : 용량은 지정수량 40배 이하일 것
- 판매취급소 : 점포에서 위험물을 용기에 담아 판매하기 위하여 지정수량의 40배 이하의 위험물을 취급하는 장소
- 간이탱크저장소 : 1기의 탱크용량은 600L 이하

08 ① 09 ④ 정답

10 인화성 액체위험물을 저장하는 옥외탱크저장소에 있는 방유제 구조 및 설비기준으로 옳지 않은 것은?

① 방유제 내의 면적은 8만m^2 이하로 해야 한다.

② 방유제의 높이는 0.5m 이상 3m 이하, 두께 0.2m 이상, 지하매설깊이 1m 이상으로 해야 한다.

③ 용량이 100만L 이상인 옥외저장탱크의 주위에는 해당 탱크마다 간막이 둑을 설치해야 한다.

④ 방유제는 철근콘크리트로 해야 한다.

해설 옥외탱크저장소 주위의 방유제 설치기준에서 용량이 1,000만L 이상인 옥외저장탱크의 주위에 설치하는 방유제에는 다음에 따라 해당 탱크마다 간막이 둑을 설치할 것

- 간막이 둑의 높이는 0.3m(방유제 내에 설치되는 옥외저장탱크의 용량의 합계가 2억L를 넘는 방유제에 있어서는 1m) 이상으로 하되, 방유제의 높이보다 0.2m 이상 낮게 할 것
- 간막이 둑은 흙 또는 철근콘크리트로 할 것
- 간막이 둑의 용량은 간막이 둑 안에 설치된 탱크이 용량의 10% 이상일 것

11 주유취급소의 위치·구조 및 설비기준에 대한 설명으로 옳지 않은 것은?

① 주유 및 급유공지의 바닥은 주위 지면보다 낮게 하고, 그 표면을 적당하게 경사지게 하여 새어나온 기름 그 밖의 액체가 공지의 외부로 유출되지 아니하도록 배수구·집유설비 및 유분리장치를 해야 한다.

② 주유취급소의 고정주유설비의 주위에는 주유를 받으려는 자동차 등이 출입할 수 있도록 너비 15m 이상, 길이 6m 이상의 콘크리트 등으로 포장한 공지를 보유해야 한다.

③ 황색바탕에 흑색문자로 "주유중엔진정지"라는 표시를 한 게시판을 설치해야 한다.

④ 고정주유설비 또는 고정급유설비의 본체 또는 노즐 손잡이에 주유작업자의 인체에 축적되는 정전기를 유효하게 제거할 수 있는 장치를 설치할 것

해설 ① 주유 및 급유공지의 바닥은 주위 지면보다 높게 하고, 그 표면을 적당하게 경사지게 하여 새어나온 기름 그 밖의 액체가 공지의 외부로 유출되지 아니하도록 배수구·집유설비 및 유분리장치를 해야 한다.

12 휘발유, 등유, 중유를 같은 장소에 저장할 경우 지정수량 이상인 것은?

① 휘발유 100L, 경유 300L, 중유 200L

② 휘발유 100L, 경유 200L, 등유 300L

③ 휘발유 50L, 경유 400L, 등유 200L

④ 휘발유 70L, 경유 200L, 중유 400L

해설 지정수량 이상을 저장·취급할 경우에 관할 소방서장의 허가를 득해야 한다. 따라서 여러 가지의 품목을 저장할 경우 저장·취급량을 품목별 지정수량으로 나누어 그 합계가 정수 1이 넘은 경우 허가수량에 해당된다.

구 분	휘발유	경 유	등 유	중 유
품 명	제1석유류	제2석유류	제2석유류	제3석유류
지정수량	200ℓ	1,000ℓ	1,000ℓ	2,000ℓ

②번의 지정수량 배수 = $\frac{100\ell}{200\ell}+\frac{200\ell}{1,000\ell}+\frac{300\ell}{1,000\ell}=1$로 허가수량에 해당된다.

정답 10 ③ 11 ① 12 ②

13 **소방공무원으로 근무한 경력이 3년 이상이거나 안전관리자 교육이수자 자격이 있는 사람을 안전관리자로 선임할 수 있는 제조소등의 종류 및 규모로 옳지 않은 것은?**

① 제4류 위험물 중 제1석유류 · 알코올류 · 제2석유류 · 제3석유류 · 제4석유류 · 동식물유류만을 지정수량 40배 이하로 취급하는 일반취급소(제1석유류 · 알코올류의 취급량이 지정수량의 10배 이하인 경우에 한한다)로서 위험물을 용기에 옮겨담는 것
② 제4류 위험물만을 저장하는 지하탱크저장소로서 지정수량 40배 이하의 것
③ 선박주유취급소의 고정주유설비에 공급하기 위한 위험물을 저장하는 탱크저장소로서 지정수량의 250배(제1석유류의 경우에는 지정수량의 100배) 이하의 것
④ 제4류 위험물만을 저장하는 옥내저장소로서로서 지정수량 5배 이하의 것

해설 **제조소등의 종류 및 규모에 따라 선임해야 하는 안전관리자의 자격**
제4류 위험물 중 제1석유류 · 알코올류 · 제2석유류 · 제3석유류 · 제4석유류 · 동식물유류만을 지정수량 50배 이하로 취급하는 일반취급소(제1석유류 · 알코올류의 취급량이 지정수량의 10배 이하인 경우에 한한다)로서 다음의 어느 하나에 해당하는 것
• 보일러, 버너 그 밖에 이와 유사한 장치에 의하여 위험물을 소비하는 것
• 위험물을 용기 또는 차량에 고정된 탱크에 주입하는 것

14 **다음 중 위험물안전관리법에 따른 교육주체가 다른 하나는 무엇인가?**

① 위험물운송자로 종사하는 자에 대한 실무교육
② 위험물안전관리자가 되고자 하는 자의 강습교육
③ 안전관리자로 선임된 자에 대한 실무교육
④ 탱크시험자의 기술인력으로 종사하는 자에 대한 안전교육

해설 • 소방청장의 안전교육을 한국소방안전원에 위탁하는 교육
  – 안전관리자로 선임된 사람와 위험물운송자로 종사하는 사람에 대한 안전교육(실무교육 또는 강습교육)
  – 위험물안전관리자 또는 위험물운송자가 되고자 하는 사람에 대한 안전교육(실무교육 또는 강습교육)
• 소방청장이 한국소방산업기술원에 위탁하는 교육
  – 탱크시험자의 기술인력으로 종사하는 사람에 대한 안전교육(실무교육 또는 강습교육)

15 **위험물안전관리법령상 운송책임자의 감독 · 지원을 받아 운송해야 하는 위험물은?**

① 특수인화물
② 알킬리튬
③ 질산구아니딘
④ 히드라진 유도체

해설 운송책임자의 감독 · 지원을 받아 운송하여야 하는 위험물(시행령 제19조)
㉠ 알킬알루미늄
㉡ 알킬리튬
㉢ ㉠ 또는 ㉡의 물질을 함유하는 위험물

13 ① 14 ④ 15 ② **정답**

16 기출유사문제

▸ 본 기출유사문제는 수험자의 기억에 의해 복원된 것으로 내용과 그림, 출제지문 등이 다를 수 있음을 참고하시기 바랍니다.

01 다음 중 이동저장탱크에 접지도선을 설치해야 하는 위험물이 아닌 것은?

시대고시 제1회 모의고사 문제17 유사

① 메탄올 ② 경 유
③ 산화프로필렌 ④ 등 유

해설 접지도선을 해야 하는 위험물 : 특수인화물, 제1석유류, 제2석유류

02 위험물 제조소등 설치허가 및 변경 등에 대한 설명으로 맞지 않은 것은?

시대고시 제10회 모의고사 문제22 유사

① 제조소등의 위치・구조 또는 설비의 변경없이 해당 제조소등에서 저장하거나 취급하는 위험물의 품명・수량 또는 지정수량의 배수를 변경하려는 자는 변경하고자 하는 날의 7일 전까지 행정안전부령이 정하는 바에 따라 시・도지사에게 신고해야 한다.
② 공동주택 중앙난방시설을 위한 저장소 또는 취급소를 설치하거나 그 위치・구조 또는 설비를 변경하는 경우 허가를 받아야 한다.
③ 주택의 난방시설을 위한 저장소 또는 취급소를 설치하고자 하는 경우 시・도지사의 허가를 받지 않아도 된다.
④ 농예용으로 필요한 난방시설 위한 지정수량 20배 이하의 저장소를 설치하고자 하는 경우 허가를 받거나 신고하지 않아도 된다.

해설 위험물시설의 설치 및 변경 등(법 제6조)

① 제조소등을 설치하고자 하려는 대통령령이 정하는 바에 따라 그 설치장소를 관할하는 특별시장・광역시장・특별자치시장・도지사 또는 특별자치도지사(이하 "시・도지사"라 한다)의 허가를 받아야 한다. 제조소등의 위치・구조 또는 설비 가운데 행정안전부령이 정하는 사항을 변경하고자 하는 때에도 또한 같다.
② 제조소등의 위치・구조 또는 설비의 변경없이 해당 제조소등에서 저장하거나 취급하는 위험물의 품명・수량 또는 지정수량의 배수를 변경하고자 하려는 **변경하고자 하는 날의 1일 전**까지 행정안전부령이 정하는 바에 따라 시・도지사에게 신고해야 한다.

정답 01 ① 02 ①

③ 제1항 및 제2항의 규정에 불구하고 다음의 어느 하나에 해당하는 제조소등의 경우에는 허가를 받지 아니하고 해당 제조소등을 설치하거나 그 위치·구조 또는 설비를 변경할 수 있으며, 신고를 하지 아니하고 위험물의 품명·수량 또는 지정수량의 배수를 변경할 수 있다.

1. **주택의 난방시설(공동주택의 중앙난방시설을 제외한다)을 위한 저장소 또는 취급소**
2. **농예용·축산용 또는 수산용으로 필요한 난방시설 또는 건조시설을 위한 지정수량 20배 이하의 저장소**

03 위험물안전관리자 선임 및 해임에 대한 설명으로 옳지 않은 것은?

시대고시 제4회 모의고사 문제21, 제6회 문제3 유사

① 위험물안전관리자를 선임한 제조소등의 관계인은 그 위험물안전관리자를 해임하거나 퇴직하게 한 때에는 해임 또는 퇴직한 날부터 30일 이내에 다시 위험물관리자를 선임해야 한다.

② 제조소등의 관계인은 위험물안전관리자를 선임한 때에는 선임한 날부터 14일 이내에 행정안전부령이 정하는 바에 따라 소방본부장이나 소방서장에게 신고해야 한다.

③ 위험물안전관리자를 해임하거나 퇴임한 때에는 해임하거나 퇴직한 날부터 14일 이내에 소방본부장이나 소방서장에게 신고해야 한다.

④ 위험물안전관리자 대리자 지정기간은 30일을 초과할 수 없다.

해설 ③ 제조소등의 관계인이 안전관리자를 해임하거나 안전관리자가 퇴직한 경우 그 관계인 또는 안전관리자는 소방본부장이나 소방서장에게 그 사실을 알려 **해임되거나 퇴직한 사실을 확인**받을 수 있다.

① 안전관리자를 선임한 제조소등의 관계인은 그 안전관리자를 해임하거나 안전관리자가 퇴직한 때에는 해임하거나 퇴직한 날부터 **30일 이내**에 다시 안전관리자를 선임해야 한다.

② 제조소등의 관계인은 안전관리자를 선임한 경우에는 선임한 날부터 **14일 이내**에 행정안전부령으로 정하는 바에 따라 소방본부장 또는 소방서장에게 신고해야 한다.

④ 안전관리자를 선임한 제조소등의 관계인은 안전관리자가 여행·질병 그 밖의 사유로 인하여 일시적으로 직무를 수행할 수 없거나 안전관리자의 해임 또는 퇴직과 동시에 다른 안전관리자를 선임하지 못하는 경우에는 국가기술자격법에 따른 위험물의 취급에 관한 자격취득자 또는 위험물안전에 관한 기본지식과 경험이 있는 자로서 행정안전부령이 정하는 자를 대리자(代理者)로 지정하여 그 직무를 대행하게 해야 한다. 이 경우 대리자가 안전관리자의 직무를 대행하는 기간은 **30일을 초과**할 수 없다.

04 위험물 누출 등의 사고조사 권한이 있지 않은 사람은 누구인가?

① 소방청장 ② 시·도지사
③ 소방본부장 ④ 소방서장

해설 위험물 누출 등의 사고 조사(법 제22조의2)
소방청장, 소방본부장 또는 소방서장은 위험물의 누출·화재·폭발 등의 사고가 발생한 경우 사고의 원인 및 피해 등을 조사해야 한다.

03 ③ 04 ② **정답**

05 위험물안전관리법령상 운송책임자의 감독 · 지원을 받아 운송해야 하는 위험물은?

시대고시 제11회 모의고사 문제4, 제22회 문제22 유사

① 특수인화물
② 알킬리튬
③ 질산구아니딘
④ 히드라진 유도체

해설 운송책임자의 감독 · 지원을 받아 운송하여야 하는 위험물(시행령 제19조)
㉠ 알킬알루미늄
㉡ 알킬리튬
㉢ ㉠ 또는 ㉡의 물질을 함유하는 위험물

06 위험물안전관리법상 위험물에 대한 감독 및 명령에 대한 설명으로 옳지 않은 것은?

시대고시 제10회 모의고사 문제18 유사

① 시 · 도지사는 제조소등의 관계인이 응급조치를 강구하지 아니하였다고 인정하는 때에는 응급조치를 강구하도록 명할 수 있다.
② 시 · 도지사는 공공의 안전을 유지하거나 재해의 발생을 방지하기 위하여 긴급한 필요가 있다고 인정하는 경우에는 제조소등의 관계인에 대하여 해당 제조소등의 사용을 일시정지하거나 그 사용을 제한할 것을 명할 수 있다.
③ 시 · 도지사, 소방본부장 또는 소방서장은 위험물에 의한 재해를 방지하기 위하여 허가를 받지 아니하고 지정수량 이상의 위험물을 저장 또는 취급하는 자에 대하여 그 위험물 및 시설의 제거 등 필요한 조치를 명할 수 있다.
④ 시 · 도지사는 제조소등에서의 위험물의 저장 또는 취급이 기준에 위반되는 경우 필요한 조치를 명할 수 있다

해설 ① **응급조치 · 통보 및 조치명령(법 제27조)** 제조소등의 관계인은 해당 제조소등에서 위험물의 유출 그 밖의 사고가 발생한 때에는 즉시 그리고 지속적으로 위험물의 유출 및 확산의 방지, 유출된 위험물의 제거 그 밖에 재해의 발생방지를 위한 응급조치를 강구해야 한다. 소방본부장 또는 소방서장은 제조소등의 관계인이 제1항의 응급조치를 강구하지 아니하였다고 인정하는 때에는 응급조치를 강구하도록 명할 수 있다.
② **제조소등에 대한 긴급 사용정지명령 등(법 제25조)** 시 · 도지사, 소방본부장 또는 소방서장은 공공의 안전을 유지하거나 재해의 발생을 방지하기 위하여 긴급한 필요가 있다고 인정하는 때에는 제조소등의 관계인에 대하여 해당 제조소등의 사용을 일시정지하거나 그 사용을 제한할 것을 명할 수 있다.
③ **무허가장소의 위험물에 대한 조치명령(법 제24조)** 시 · 도지사, 소방본부장 또는 소방서장은 위험물에 의한 재해를 방지하기 위하여 허가를 받지 아니하고 지정수량 이상의 위험물을 저장 또는 취급하는 자에 대하여 그 위험물 및 시설의 제거 등 필요한 조치를 명할 수 있다.
④ **저장 · 취급기준 준수명령 등(법 제26조)** 시 · 도지사, 소방본부장 또는 소방서장은 제조소등에서의 위험물의 저장 또는 취급이 제5조 제3항의 규정에 위반된다고 인정하는 때에는 해당 제조소등의 관계인에 대하여 동항의 기준에 따라 위험물을 저장 또는 취급하도록 명할 수 있다.

정답 05 ② 06 ①

07 안전거리를 확보할 필요가 없는 제조소등은?

시대고시 제3회 모의고사 문제16 유사

① 옥내저장소
② 옥외저장소
③ 주유취급소
④ 일반취급소

해설 **안전거리, 보유공지 확보 제외대상** : 지하탱크저장소, 옥내탱크저장소, 암반탱크저장소, 이동탱크저장소, 주유취급소, 판매취급소

08 위험물안전관리법에 따른 2차 행정처분기준이 다른 하나는?

① 위험물 제조소등 변경허가 받지 아니하고 제조소등의 위치・구조 또는 설비를 변경한 때
② 위험물 제조소등 완공검사 받지 않고 제조소등을 사용한 경우
③ 위험물안전관리자 선임하지 아니한 때
④ 위험물 제조소등 정기검사 받지 아니한 때

해설 제조소등에 대한 행정처분기준

위반사항	행정처분기준		
	1차	2차	3차
법 제6조 제1항의 후단에 따른 변경허가를 받지 아니하고, 제조소등의 위치・구조 또는 설비를 변경한 때	경고 또는 사용정지 15일	사용정지 60일	허가취소
법 제9조에 따른 완공검사를 받지 아니하고 제조소등을 사용한 때	사용정지 15일	사용정지 60일	허가취소
법 제11조의2 제3항에 따른 안전조치 이행명령을 따르지 아니한 때	경 고	허가취소	
법 제14조 제2항에 따른 수리・개조 또는 이전의 명령에 위반한 때	사용정지 30일	사용정지 90일	허가취소
법 제15조 제1항 및 제2항에 따른 위험물안전관리자를 선임하지 아니한 때	사용정지 15일	사용정지 60일	허가취소
법 제15조 제5항을 위반하여 대리자를 지정하지 아니한 때	사용정지 10일	사용정지 30일	허가취소
법 제18조 제1항에 따른 정기점검을 하지 아니한 때	사용정지 10일	사용정지 30일	허가취소
법 제18조 제2항에 따른 정기검사를 받지 아니한 때	사용정지 10일	사용정지 30일	허가취소
법 제26조에 따른 저장・취급기준 준수명령을 위반한 때	사용정지 30일	사용정지 60일	허가취소

07 ③ 08 ④ 정답

09 **위험물 제조소의 배출설비의 설치기준으로 맞는 것은?**

① 전역방식으로 하는 경우 배출능력은 1시간당 배출장소 용적의 20배 이상으로 해야 한다.

② 배출설비는 배풍기, 배출덕트, 후드 등을 이용하여 강제로 배출하는 것으로 해야 한다.

③ 배풍기는 강제배기 방식으로 하고, 옥내덕트의 내압이 대기압 이하가 되지 아니하는 위치에 설치해야 한다.

④ 급기구는 낮은 곳에 설치하고 가는 눈의 구리망 등으로 인화방지망을 설치해야 한다.

해설 **배출설비**

- 설치장소 : 가연성 증기 또는 미분이 체류할 우려가 있는 건축물
- 배출설비 : **국소방식**

[전역방출방식으로 할 수 있는 경우]
• 위험물취급설비가 배관이음 등으로만 된 경우 • 건축물의 구조・작업장소의 분포 등의 조건에 의하여 전역방식이 유효한 경우

- 배출설비는 배풍기, 배출덕트, 후드 등을 이용하여 강제적으로 배출하는 것으로 할 것
- 배출능력은 **1시간당 배출장소 용적의 20배 이상인 것으로 할 것(전역방출방식 : 바닥면적** 1m^2**당** 18m^3 **이상)**
- 급기구는 **높은 곳**에 설치하고 가는 눈의 구리망으로 인화방지망을 설치할 것
- 배출구는 **지상 2m 이상**으로서 연소 우려가 없는 장소에 설치하고 화재 시 자동으로 폐쇄되는 방화댐퍼를 설치할 것
- 배풍기 : 강제배기방식으로 하고 옥내덕트의 내압이 **대기압 이상**이 되지 아니하는 위치에 설치해야 한다.

10 **위험물안전관리법상 옥내저장소의 지붕 또는 천정에 관한 설명으로 옳지 않은 것은?**

시대고시 제14회 모의고사 문제3 유사

① 고형알코올을 저장하는 창고의 지붕은 내화구조로 할 수 있다.

② 과산화수소를 저장하는 창고의 지붕은 불연재료로 할 수 있다.

③ 질산메틸을 저장하는 창고의 천정은 난연재료로 할 수 있다.

④ 셀룰로이드를 저장하는 창고의 지붕은 불연재료로 할 수 있다.

해설 저장창고는 지붕을 폭발력이 위로 방출될 정도의 가벼운 불연재료로 하고, 천장을 만들지 아니해야 한다. 다만, 제2류 위험물(분말상태의 것과 인화성고체를 제외한다)과 제6류 위험물만의 저장창고에 있어서는 지붕을 내화구조로 할 수 있고, 제5류 위험물만의 저장창고에 있어서는 해당 저장창고 내의 온도를 저온으로 유지하기 위하여 난연재료 또는 불연재료로 된 천장을 설치할 수 있다.

종 류	고형알코올	과산화수소	질산메틸	셀룰로이드
유 별	제2류 인화성고체	제6류 위험물	제5류 위험물	제5류 위험물

정답 09 ② 10 ①

11 주유취급소의 담 또는 벽에 유리부착방법에 관한 기준으로 맞는 것은?

시대고시 제17회 모의고사 문제2 유사

① 주유취급소 내의 지반면으로부터 70cm를 초과하는 부분에 한하여 유리를 부착할 것
② 유리를 부착하는 위치는 주입구, 고정주유설비 및 고정급유설비로부터 2m 이상 거리를 둘 것
③ 유리를 부착하는 범위는 전체 담 또는 벽의 면적의 10분의 2를 초과하지 아니해야 한다.
④ 하나의 유리판의 세로의 길이는 2m 이내일 것

해설 주유취급소의 담 또는 벽의 기준

(1) 주유취급소의 주위에는 자동차 등이 출입하는 쪽 외의 부분에 **높이 2m 이상**의 내화구조 또는 불연재료의 담 또는 벽을 설치하되, 주유취급소의 인근에 연소의 우려가 있는 건축물이 있는 경우에는 소방청장이 정하여 고시하는 바에 따라 방화상 유효한 높이로 해야 한다.
(2) (1)에도 불구하고 다음의 기준에 모두 적합한 경우에는 담 또는 벽의 일부분에 방화상 유효한 구조의 유리를 부착할 수 있다.
① 유리를 부착하는 위치는 주입구, 고정주유설비 및 고정급유설비로부터 **4m 이상** 거리를 둘 것
② 유리를 부착하는 방법은 다음의 기준에 모두 적합할 것
㉠ 주유취급소 내의 **지반면으로부터 70cm를 초과**하는 부분에 한하여 유리를 부착할 것
㉡ 하나의 유리판의 **가로의 길이는** 2m 이내일 것
㉢ 유리판의 테두리를 금속제의 구조물에 견고하게 고정하고 해당 구조물을 담 또는 벽에 견고하게 부착할 것
㉣ 유리의 구조는 **접합유리**(두 장의 유리를 두께 0.76mm 이상의 폴리바이닐부티랄 필름으로 접합한 구조를 말한다)로 하되, 「유리구획 부분의 내화시험방법(KS F 2845)」에 따라 시험하여 **비차열 30분 이상**의 방화성능이 인정될 것
③ 유리를 부착하는 범위는 전체의 **담 또는 벽의 길이의 10분의 2**를 초과하지 아니할 것

12 위험물 제조소등 표지 및 게시판에 대한 설명으로 옳지 않은 것은?

시대고시 제7회 모의고사 문제5 유사

① 제2류 위험물 중 인화성고체 : 화기주의
② 제5류 위험물 : 화기엄금
③ 제1류 위험물 중 알칼리금속 과산화물 : 물기엄금
④ 제4류 위험물 : 화기엄금

해설 제조소의 주의사항

품 명	주의사항	게시판표시
제1류 위험물(알칼리금속의 과산화물과 이를 함유 포함) 제3류 위험물(금수성물질)	물기엄금	청색바탕에 백색문자
제2류 위험물(인화성고체 제외)	화기주의	적색바탕에 백색문자
제2류 위험물(인화성고체) 제3류 위험물(자연발화성물질) 제4류 위험물 제5류 위험물	화기엄금	적색바탕에 백색문자

11 ① 12 ① 정답

13 위험물 제조소등 용도폐지신고에 관한 설명이다. 다음 보기 중 (　　)에 알맞은 것은?

시대고시 제4회 모의고사 문제21, 제6회 문제3 유사

> 제조소등의 관계인은 해당 제조소등의 용도를 폐지한 때에는 (　가　)이 정하는 바에 따라 제조소등의 용도를 폐지한 날부터 (　나　) 이내에 (　다　)에게 신고해야 한다.

	가	나	다
①	행정안전부령	14일	시·도지사
②	대통령령	14일	소방서장
③	행정안전부령	30일	시·도지사
④	대통령령	30일	소방서장

해설 제조소등의 관계인(소유자·점유자 또는 관리자를 말한다. 이하 같다)은 해당 제조소등의 용도를 폐지(장래에 대하여 위험물시설로서의 기능을 완전히 상실시키는 것을 말한다)한 때에는 행정안전부령이 정하는 바에 따라 제조소등의 용도를 폐지한 날부터 14일 이내에 시·도지사에게 신고해야 한다.

정답 13 ①

17 기출유사문제

▸ 본 기출유사문제는 수험자의 기억에 의해 복원된 것으로 내용과 그림, 출제지문 등이 다를 수 있음을 참고하시기 바랍니다.

01 이동탱크저장소에 설치하는 주입설비의 분당 최대 배출량은 얼마인가?

① 80리터 이하 ② 150리터 이하
③ 200리터 이하 ④ 250리터 이하

해설 이동탱크저장소 주입설비

- 위험물이 샐 우려가 없고 화재예방상 안전한 구조로 할 것
- 주입설비의 길이는 50m 이내로 하고, 그 끝부분에 축적되는 정전기를 유효하게 제거할 수 있는 장치를 할 것
- 분당 배출량은 200L 이하로 할 것

02 소방청장, 시·도지사, 소방본부장 또는 소방서장이 한국소방산업기술원에 위탁할 수 있는 업무에 해당하지 않는 것은?

① 위험물안전관리자, 위험물운송자로 종사하는 자에 대한 안전교육
② 암반탱크저장소의 설치 또는 변경에 따른 완공검사
③ 위험물 운반용기검사
④ 용량이 100만L 이상인 액체위험물을 저장하는 탱크의 탱크안전성능검사

해설 한국소방산업기술원에 업무위탁

- 법 제8조 제1항에 따른 시·도지사의 탱크안전성능검사 중 다음에 해당하는 탱크에 대한 탱크안전성능검사
  - 용량이 100만리터 이상인 액체위험물을 저장하는 탱크
  - 암반탱크
  - 지하탱크저장소의 위험물탱크 중 이중벽탱크
- 법 제9조 제1항에 따른 시·도지사의 완공검사에 관한 권한
  - 지정수량의 3천배 이상의 위험물을 취급하는 제조소 또는 일반취급소의 설치 또는 변경의 완공검사(사용 중인 제조소 또는 일반취급소의 보수 또는 부분증설 제외)
  - 50만리터 이상의 옥외탱크저장소의 설치 또는 변경에 따른 완공검사
  - 암반탱크저장소의 설치 또는 변경에 따른 완공검사
  - 법 제20조제3항에 따른 운반용기 검사

※ 위험물안전관리자, 위험물운송자로 종사하는 자에 대한 안전교육 : 한국소방안전원

01 ③ 02 ① 정답

03 위험물 제조소등에 설치해야 하는 소화설비 중 옥내소화전설비의 설치기준에 관한 설명으로 옳지 않은 것은?

① 옥내소화전은 제조소등의 건축물의 층마다 해당 층의 각 부분에서 하단의 호스 접속구까지의 수평거리 25m 이하가 되도록 설치할 것. 이 경우 옥내소화전은 각 층의 출입구 부근에 1개 이상 설치할 것

② 수원의 수량은 옥내소화전이 가장 많이 설치된 층의 옥내소화전 설치개수(설치개수가 5개 이상인 경우는 5개)에 $5.2m^2$를 곱한 양 이상이 되도록 설치할 것

③ 옥내소화전설비는 각 층을 기준으로 하여 해당 층의 모든 옥내소화전(설치개수가 5개 이상인 경우는 5개)를 동시에 사용할 경우에 각 노즐끝부분의 방수 압력이 350kPa 이상이고 방수량이 1분당 260리터 이상의 성능이 되도록 할 것

④ 옥내소화전설비에는 비상전원을 설치할 것

해설 ② 수원의 수량은 옥내소화전이 가장 많이 설치된 층의 옥내소화전 설치개수(설치개수가 5개 이상인 경우는 5개)에 $7.8m^3$를 곱한 양 이상이 되도록 설치할 것

※ 옥내소화전 설치기준 핵심요약

내 용	제조소등 설치기준	특정 소방대상물 설치기준
설치위치 설치개수	• 수평거리 25m 이하 • 각 층의 출입구 부근에 1개 이상 설치	수평거리 25m 이하
수원량	• Q = N(가장 많이 설치된 층의 설치개수 : 최대 5개) × $7.8m^3$ • 최대 = 260L/min × 30분 × 5 = $39m^3$	• Q = N(가장 많이 설치된 층의 설치개수 : 최대 2개) × $2.6m^3$ • 최대 = 130L/min × 20분 × 5 = $13m^3$
방수압력	350kPa 이상	0.17MPa 이상
방수량	260L/min	130L/min
비상전원	• 용량 : 45분 이상 • 자가발전설비 또는 축전지설비	• 용량 : 20분 이상 • 설치대상 – 지하층을 제외한 7층 이상으로서 연면적 $2,000m^2$ 이상 – 지하층의 바닥면적의 합계가 $3,000m^2$ 이상
※ 옥내소화설비 세부기준은 위험물 안전관리에 관한 세부기준 제129조 참조		

정답 03 ②

04 다음 중 예방규정 작성 대상이 아닌 제조소등은 어느 것인가?

① 지정수량 150배의 위험물을 저장하는 옥외탱크저장소

② 지정수량 150배 이상의 위험물을 저장하는 옥내저장소

③ 지정수량 100배 이상의 위험물을 저장하는 옥외저장소

④ 지정수량 10배 이상의 위험물을 취급하는 제조소

해설 관계인이 예방규정을 정해야 하는 제조소등

- 지정수량의 10배 이상의 위험물을 취급하는 제조소
- 지정수량의 100배 이상의 위험물을 저장하는 옥외저장소
- 지정수량의 150배 이상의 위험물을 저장하는 옥내저장소
- 지정수량의 200배 이상의 위험물을 저장하는 옥외탱크저장소
- 암반탱크저장소
- 이송취급소
- 지정수량의 10배 이상의 위험물을 취급하는 일반취급소

> 제4류 위험물(특수인화물을 제외한다)만을 **지정수량의 50배 이하**로 취급하는 일반취급소(제1석유류 · 알코올류의 취급량이 지정수량의 10배 이하인 경우에 한한다)로서 다음의 어느 하나에 해당하는 것을 제외한다.
> - 보일러 · 버너 또는 이와 비슷한 것으로서 위험물을 소비하는 장치로 이루어진 일반취급소
> - 위험물을 용기에 옮겨 담거나 차량에 고정된 탱크에 주입하는 일반취급소

05 인화성액체위험물을 저장하는 옥외탱크저장소에 설치하는 방유제 설치기준에 관한 설명으로 옳지 않은 것은?

① 높이가 1m를 넘는 방유제 및 간막이 둑의 안팎에는 방유제 안에 출입하기 위한 계단 또는 경사로를 약 50m마다 설치할 것

② 옥외저장탱크의 방유제의 용량은 방유제 안에 설치된 탱크가 하나인 때에는 그 탱크용량의 110% 이상, 2기 이상인 때에는 그 탱크 중 용량이 최대인 것의 용량의 110% 이상으로 한다.

③ 옥외저장탱크의 지름이 15미터 이하인 경우 그 탱크의 옆판으로부터 탱크 높이의 $\frac{1}{3}$ 이상의 거리를 유지해야 한다.

④ 방유제 내 설치하는 옥외저장탱크의 수는 10(방유제 내에 설치하는 모든 옥외저장탱크의 용량이 20만리터 이하이고, 해당 옥외저장탱크에 저장 또는 취급하는 위험물의 인화점이 70℃ 이상 200℃ 미만인 경우 20) 이하로 한다.

해설 방유제는 옥외저장탱크의 지름에 따라 그 탱크의 옆판으로부터 다음에 정하는 거리를 유지할 것. 다만, 인화점이 200℃ 이상인 위험물을 저장 또는 취급하는 것에 있어서는 그러하지 아니하다.

- 지름이 15m 미만인 경우에는 탱크 높이의 3분의 1 이상
- 지름이 15m 이상인 경우에는 탱크 높이의 2분의 1 이상

04 ① 05 ③ 정답

06 위험물안전관리법 위반사항에 관한 벌칙규정 중 벌금액이 다른 것은?

① 위험물의 운반에 관한 중요기준에 따르지 아니한 자
② 제조소등의 변경허가를 받지 아니하고 제조소등을 변경한 자
③ 제조소등의 완공검사를 받지 아니하고 위험물을 저장・취급한 자
④ 탱크안전성능시험 또는 점검에 대한 업무를 허위로 하거나 그 결과를 증명하는 서류를 허위로 교부한 자

해설
- 위험물의 운반에 관한 중요기준에 따르지 아니한 자 : 1천만원 이하의 벌금
- 제조소등의 변경허가를 받지 아니하고 제조소등을 변경한 자 : 1천 500만원 이하의 벌금
- 제조소등의 완공검사를 받지 아니하고 위험물을 저장・취급한 자 : 1천 500만원 이하의 벌금
- 탱크안전성능시험 또는 점검에 대한 업무를 허위로 하거나 그 결과를 증명하는 서류를 허위로 교부한 자 : 1천 500만원 이하의 벌금

07 다음 위험물의 지정수량이 다른 것은?

① 알칼리토금속
② 황 린
③ 아염소산염류
④ 무기과산화물

해설 지정수량

품 목	알칼리토금속	황 린	아염소산염류	무기과산화물
품 명	제3류	제3류	제1류	제1류
지정수량	50kg	20kg	50kg	50kg

08 위험물 제조소의 건축물 구조에 관한 설명으로 옳지 않은 것은?

① 지붕은 폭발력이 위로 방출될 정도의 가벼운 불연재료로 덮어야 한다.
② 출입구 및 비상구는 60분방화문 또는 30분방화문으로 설치해야 한다.
③ 창 및 출입구에 유리를 사용하는 경우 망입유리를 사용해야 한다.
④ 밀폐형 구조의 건축물인 경우의 지붕은 내부의 과압 또는 부압에 견딜 수 있는 철근콘크리트조이고, 외부화재에 60분 이상 견딜 수 있는 구조일 때에는 내화구조로 할 수 있다.

해설 위험물 제조소의 건축물 구조
- 지하층이 없도록 해야 한다.
- 벽・기둥・바닥・보・서까래 및 계단 : 불연재료

정답 06 ① 07 ② 08 ④

• 지붕 : 폭발력이 위로 방출될 정도의 가벼운 불연재료

〈예외〉
※ 지붕을 내화구조로 할 수 있는 경우 ★★★★
㉠ 다음 각 호의 1의 위험물을 취급하는 건축물의 경우
• 제2류 위험물(분말상태의 것과 인화성고체를 제외한다)
• 제4류 위험물 중 제4석유류·동식물유류
• 제6류 위험물
㉡ 다음의 기준에 적합한 밀폐형 구조의 건축물인 경우
• 발생할 수 있는 내부의 과압(過壓) 또는 부압(負壓)에 견딜 수 있는 철근콘크리트조일 것
• 외부화재에 90분 이상 견딜 수 있는 구조일 것

• 출입구와 비상구 : 60분방화문 또는 30분방화문
• 창 및 출입구 : 유리를 이용하는 경우에는 망입유리
• 액체의 위험물을 취급하는 건축물의 바닥 : 불침윤재료, 적당한 경사, 집유설비

09 다수의 제조소등을 설치한 자가 1인의 위험물안전관리자를 중복하여 선임할 수 있는 경우가 아닌 것은?

① 보일러·버너 또는 이와 비슷한 것으로서 위험물을 소비하는 장치로 이루어진 7개 이하의 일반취급소와 그 일반취급소에 공급하기 위한 위험물을 저장하는 저장소(일반취급소 및 저장소의 모두 같은 건물 안 또는 같은 울 안에 있는 경우에 한한다)를 동일인이 설치한 경우
② 동일구내에 있거나 상호 100m 이내의 거리에 있는 저장소로서 저장소의 규모, 저장하는 위험물의 종류 등을 고려하여 10개 이하의 옥내저장소를 동일인이 설치한 경우
③ 위험물을 차량에 고정된 탱크 또는 운반용기에 옮겨 담기 위한 상호 150미터 이내의 거리에 있는 5개 이하의 제조소
④ 300미터 이내에 있는 옮겨 담는 일반취급소 5개 이하를 설치하는 경우

해설 **1인의 안전관리자를 중복하여 선임할 수 있는 경우 등(시행령 제12조) ★★★★★**

㉠ 보일러·버너 또는 이와 비슷한 것으로서 위험물을 소비하는 장치로 이루어진 7개 이하의 일반취급소와 그 일반취급소에 공급하기 위한 위험물을 저장하는 저장소를 동일인이 설치한 경우(영 제12조 제1항 제1호)
※ 저장소 : 일반취급소 및 저장소가 모두 동일구내(같은 건물 안 또는 같은 울 안에 있는 경우에 한한다. 이하 ㉢에서 같다)

㉡ 위험물을 차량에 고정된 탱크 또는 운반용기에 옮겨 담기 위한 5개 이하의 일반취급소와 그 일반취급소에 공급하기 위한 위험물을 저장하는 저장소를 동일인이 설치한 경우(영 제12조 제1항 제2호)
※ 일반취급소 간의 거리(보행거리를 말한다. ㉢에서 같다)가 300미터 이내인 경우에 한한다.

㉢ 동일구내에 있거나 상호 100미터 이내의 거리에 있는 저장소로서 저장소의 규모, 저장하는 위험물의 종류 등을 고려하여 다음에 해당하는 저장소를 동일인이 설치한 경우(영 제12조 제1항 제3호)

• 30개 이하의 옥외탱크저장소
• 10개 이하의 옥외저장소
• 10개 이하의 옥내저장소
• 10개 이하의 암반탱크저장소
• 지하탱크저장소
• 옥내탱크저장소
• 간이탱크저장소

09 ③ 정답

10 위험물이송취급소의 배관에 설치하는 긴급차단밸브에 관한 설명으로 옳지 않은 것은?

① 산림지역에 설치하는 경우에는 약 10km의 간격으로 긴급차단밸브를 설치해야 하나 방호구조물을 설치하여 안전상 필요한 조치를 한 경우는 설치하지 아니할 수 있다.

② 긴급차단밸브는 그 개폐상태가 해당 긴급차단밸브의 설치장소에서 용이하게 확인할 수 있어야 한다.

③ 하천, 호수 등을 횡단하여 설치하는 경우에는 횡단하는 부분의 양 끝에 설치해야 한다.

④ 시가지에 배관을 설치하는 경우 약 8km 간격으로 긴급차단밸브를 설치해야 한다.

해설 ① 배관에는 다음의 기준에 의하여 긴급차단밸브를 설치할 것. 다만, ㉡ 또는 ㉢에 해당하는 경우로서 해당 지역을 횡단하는 부분의 양단의 높이 차이로 인하여 하류측으로부터 상류측으로 역류될 우려가 없는 때에는 하류측에는 설치하지 아니할 수 있으며, ㉣ 또는 ㉤에 해당하는 경우로서 방호구조물을 설치하는 등 안전상 필요한 조치를 하는 경우에는 설치하지 아니할 수 있다.

㉠ 시가지에 설치하는 경우에는 약 4km의 간격

㉡ 하천·호수 등을 횡단하여 설치하는 경우에는 횡단하는 부분의 양 끝

㉢ 해상 또는 해저를 통과하여 설치하는 경우에는 통과하는 부분의 양 끝

㉣ 산림지역에 설치하는 경우에는 약 10km의 간격

㉤ 도로 또는 철도를 횡단하여 설치하는 경우에는 횡단하는 부분의 양 끝

② 긴급차단밸브는 다음의 기능이 있을 것

㉠ 원격조작 및 현지조작에 의하여 폐쇄되는 기능(특정이송취급소에만 적용)

㉡ 누설검지장치에 의하여 이상이 검지된 경우에 자동으로 폐쇄되는 기능

③ 긴급차단밸브는 그 개폐상태가 해당 긴급차단밸브의 설치장소에서 용이하게 확인될 수 있을 것

④ 긴급차단밸브를 지하에 설치하는 경우에는 긴급차단밸브를 점검상자 안에 유지할 것. 다만, 긴급차단밸브를 도로 외의 장소에 설치하고 해당 긴급차단밸브의 점검이 가능하도록 조치하는 경우에는 그러하지 아니하다.

⑤ 긴급차단밸브는 해당 긴급차단밸브의 관리에 관계하는 자 외의 자가 수동으로 개폐할 수 없도록 할 것

11 이동탱크저장소의 위치, 구조 또는 설비의 변경허가를 받아야 하는 경우가 아닌 것은?

① 이동탱크저장소의 본체를 절개하여 보수하는 경우

② 이동탱크저장소의 펌프설비를 신설하는 경우

③ 상치장소의 위치를 이전하는 경우(단, 같은 사업장 또는 같은 울 안에서 이전하는 경우를 포함)

④ 이동탱크저장소의 내용적을 변경하기 위하여 구조를 변경하는 경우

해설 이동탱크저장소 변경허가를 받아야 할 사항

- 상치장소의 위치를 이전하는 경우(같은 사업장 또는 같은 울 안에서 이전하는 경우는 제외한다)
- 이동저장탱크를 보수(탱크 본체를 절개하는 경우에 한한다)하는 경우
- 이동저장탱크의 노즐 또는 맨홀을 신설하는 경우(노즐 또는 맨홀의 지름이 250mm를 초과하는 경우에 한한다)
- 이동저장탱크의 내용적을 변경하기 위하여 구조를 변경하는 경우
- 별표10 Ⅳ 제3호에 따른 주입설비를 설치 또는 철거하는 경우
- 펌프설비를 신설하는 경우

정답 10 ④ 11 ③

12 제조소의 바닥면적과 급기구의 면적이 잘못 짝지어진 것은?

① 바닥면적이 $60m^2$ 미만일 때 급기구 면적 $100cm^2$ 이상
② 바닥면적이 $60m^2$ 이상 $90m^2$ 미만일 때 급기구 면적 $300cm^2$ 이상
③ 바닥면적이 $90m^2$ 이상 $120m^2$ 미만일 때 급기구 면적 $450cm^2$ 이상
④ 바닥면적이 $120m^2$ 이상 $150m^2$ 미만일 때 급기구 면적 $600cm^2$ 이상

해설 제조소의 환기설비의 급기구

- 설치수 : 해당 급기구가 설치된 실의 바닥면적 $150m^2$마다 1개 이상 설치
- 크기 : $800cm^2$ 이상으로 할 것. 다만 바닥면적이 $150m^2$ 미만인 경우에는 다음의 크기로 해야 한다.

바닥면적	급기구의 면적
$60m^2$ 미만	$150cm^2$ 이상
$60m^2$ 이상 $90m^2$ 미만	$300cm^2$ 이상
$90m^2$ 이상 $120m^2$ 미만	$450cm^2$ 이상
$120m^2$ 이상 $150m^2$ 미만	$600cm^2$ 이상

13 위험물안전관리법령상 제1류 위험물 중 알칼리금속의 과산화물 운반용기 외부에 표시해야 할 주의사항으로 옳지 않은 것은? (단, UN의 위험물 운송에 관한 권고(RTDG)에서 정한 기준 또는 소방청장이 정하여 고시하는 기준에 적합한 표시를 한 경우는 제외한다)

① 물기엄금
② 화기・충격주의
③ 공기접촉엄금
④ 가연물접촉주의

해설 수납하는 위험물에 따라 다음에 따른 주의사항

- 제1류 위험물 중 알칼리금속의 과산화물 또는 이를 함유한 것에 있어서는 “화기・충격주의”, “물기엄금” 및 “가연물접촉주의”, 그 밖의 것에 있어서는 “화기・충격주의” 및 “가연물접촉주의”
- 제2류 위험물 중 철분・금속분・마그네슘 또는 이들 중 어느 하나 이상을 함유한 것에 있어서는 “화기주의” 및 “물기엄금”, 인화성고체에 있어서는 “화기엄금”, 그 밖의 것에 있어서는 “화기주의”
- 제3류 위험물 중 자연발화성물질에 있어서는 “화기엄금” 및 “공기접촉엄금”, 금수성물질에 있어서는 “물기엄금”
- 제4류 위험물에 있어서는 “화기엄금”
- 제5류 위험물에 있어서는 “화기엄금” 및 “충격주의”
- 제6류 위험물에 있어서는 “가연물접촉주의”

12 ① 13 ③ **정답**

제1장

서 론

우리 인생의 가장 큰 영광은

결코 넘어지지 않는 데 있는 것이 아니라

넘어질 때마다 일어서는 데 있다.

– 넬슨 만델라 –

CHAPTER

01 서 론

제1절 위험물안전관리법의 제정

01 소방법의 분법화

(1) **내무부령 제10호(1950.03.24.)「소방조사규정」을 제정 :** 임시정부 이후 소방업무 근간

(2) 법률 제485호(1958.03.11.)「소방법」 최초 제정·공포

(3) 타 법령의 개정과 업무내용의 변천에 따라 여러 차례의 개정과정과 변화를 거치면서 그때그때 상황에 따른 개정으로 인하여 체계성이 미흡하고 소방과 관련된 모든 부분을 하나의 단행법인 소방법에 모두 규정하는 한계점이 드러남

(4) 법령의 체계성 확립과 상황변화에 탄력적 대응을 위하여 2003년 5월 29일 "「소방기본법」, 「소방시설공사업법」, 「화재예방, 소방시설 설치유지 및 안전관리에 관한 법률」, 「위험물안전관리법」"의 4개의 법으로 분법함(경과규정을 두어 공포 후 1년이 경과한 날부터 시행)

(5) 그 후 「다중이용업소의 안전관리에 관한 특별법」을 2006.03.24에 제정하여 2007.03.25에 시행

(6) 「소방산업의 진흥에 관한 법률」을 2008.06.05에 제정하여 2008.12.06에 시행

(7) 「119구조·구급에 관한 법률」을 2011.03.08에 제정하여 2011.09.09에 시행

(8) 「소방공무원 보건안전 및 복지기본법」을 2012.02.22에 제정하여 2012.08.23에 시행

(9) 「의용소방대 설치 및 운영에 관한 법률」을 2014.01.28에 제정하여 2014.07.29에 시행하는 등 과거의 소방법은 9개의 소방관계법규로 세분법화 되어 규제하고 있으며, 화재조사에 관한 법률 등도 입법추진 중에 있다.

(10) 「소방장비관리법」을 2019.12.10에 제정하여 2020.04.01에 시행

(11) 「소방의 화재조사에 관한 법률」을 2021.06.08에 제정하여 2022.06.09에 시행

(12) 「화재의 예방 및 안전관리에 관한 법률」을 2021.11.30에 제정하여 2022.12.01에 시행

(13) 「소방시설 설치 및 관리에 관한 법률」을 2021.11.30에 제정하여 2022.12.01에 시행하는 등 과거의 소방법은 12개의 소방관계법규로 세분법화 되어 규제하고 있다.

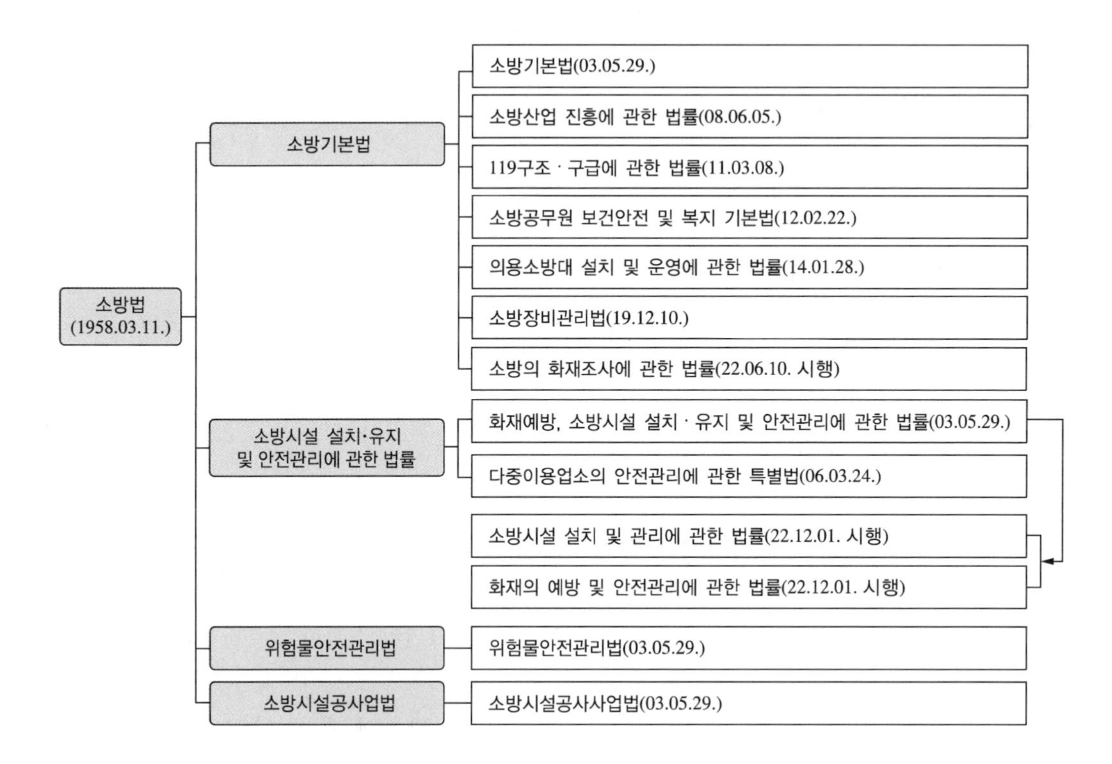

02 위험물안전관리법의 분법화

(1) 개 요

위험물 관리환경의 변화에 적극적으로 대처하고 위험물의 특성에 맞는 안전관리 정책을 효율적으로 추진할 수 있도록 하려는 취지에서 종전의 「소방법」에 규정되어 있던 위험물의 저장 · 취급 및 운반 등의 안전관리에 관한 사항을 분리하여 별도의 법률을 제정

(2) 제정과정

① 2003년 5월 29일 제정(법률 제6896호), 2004년 5월 30일 시행

② 2004년 5월 29일 하위 법령「위험물안전관리법 시행령」제정(대통령령 제18406호)

③ 2004년 7월 7일 하위 법령「위험물안전관리법 시행규칙」제정(행정자치부령 제242호)

(3) 제정 당시 주요골자

기존의 소방법에서 규정하지 않았던 새로운 규정에 대한 주요골자는 다음과 같다.

① 지정수량 이상의 위험물은 제조소등이 아닌 장소에서 저장·취급할 수 없도록 함(법 제5조)

② 제조소등을 설치하거나 변경하려는 경우에는 시·도지사의 허가를 받도록 함(법 제6조)

③ 위험물의 제조 등에서 저장 또는 취급하는 위험물의 품명 또는 수량을 변경하는 경우 허가를 받도록 한 규정을 완화하여 신고하도록 함(법 제6조)

④ 위험물 제조소등에 대한 사용정지의 처분이 그 이용자에게 심한 불편을 주거나 그 밖에 공익을 해칠 우려가 있는 때에는 사용정지처분 대신 2억원 이하의 과징금을 부과할 수 있도록 함(법 제13조)

⑤ 제조소등의 관계인이 화재예방과 화재발생시의 비상조치를 위하여 예방규정을 정한 경우 시·도지사로부터 인가를 받도록 한 규정을 제출하도록 함(법 제17조)

⑥ 종전에는 기계에 의하여 하역하는 구조로 된 대형의 위험물 운반용기는 사용이 금지되었으나, 시·도지사가 실시하는 운반용기에 대한 검사를 받아 이를 사용할 수 있도록 함(법 제20조)

제2절 법률의 구성과 문장

01 법률의 구성

(1) 본칙과 부칙

① 법률은 전체적으로 법률의 제목에 해당하는 제명이 있으며 본칙과 부칙으로 구성된다.

② 본칙은 법률의 본체가 되는 부분이고 부칙은 본칙에 부수하여 법률의 시행일, 적용관계, 기존의 법률관계와 새로운 법률관계 간의 연결 및 조정관계, 새로운 법률과 모순·저촉되는 기존 법률의 개폐 등을 정하는 부대적 부분이다.

③ 본칙부분에 대하여는 본칙이라는 표시를 하지 아니하나 부칙부분은 맨 앞에 반드시 부칙이라고 표시한다.

④ 위험물안전관리법은 기존의「소방법」에서 규정하고 있던 제3장(위험물의 취급)에 규정된 15개 조문을 근간으로 하여 16개의 조문을 신설하고 나머지 조문을 정리하여 전문 7장 39조 및 부칙으로 구성되어 있다.

(2) 제명 및 법령번호

① 일반적으로 법률의 제목에 해당하며 제명은 간결하나 이하 모든 법률의 내용을 함축적이고 간결하게 표현하고 있으며 일반적으로 "○○에 관한 법률"로 표기한다.

② 법령번호는 공포한 날짜와 법률번호를 표시한 것으로서 입법기관인 국회에서 모든 법률을 제정 또는 개정한 순서를 표시한 것이다.

(3) 본칙규정

본칙규정은 법률의 본체가 되는 부분으로서 일반적으로 총칙규정, 실체규정, 보칙규정, 벌칙규정으로 구분하고 있다.

① 총칙규정

㉠ 총칙은 법률의 맨 앞부분에 위치

㉡ 법률 전반에 공통된 일반적·총괄적인 다음사항을 규정

- 법률의 목적 또는 취지
- 법률에서 사용되는 용어의 정의
- 법률해석의 지침에 관한 규정
- 기타 그 법률에 있어서 개괄적·공통적인 사항

㉢ 이 법의 제1장 총칙은 제1조(목적), 제2조(정의), 제3조(적용제외), 제4조(지정수량 미만인 위험물의 저장·취급), 제5조(위험물의 저장 및 취급의 제한)를 규정하고 있다.

Plus one

제1장 총 칙
제1조(목적)
제2조(정의)
제3조(적용제외)
제3조의2(국가의 책무)
제4조(지정수량 미만인 위험물의 저장·취급)
제5조(위험물의 저장 및 취급의 제한)

② 실체규정

㉠ 각 법률의 본질적이고 핵심적인 부분

㉡ 법률이 달성하려는 목적을 구현하기 위하여 필요한 가장 기본적인 사항을 규정

㉢ 실체규정의 기본골격은 목적, 행위대상, 처분행위 등을 규정하고 있음이 일반적이다.

㉣ 위험물안전관리법은 위험물시설의 설치 및 변경(제2장), 위험물시설의 안전관리(제3장), 위험물의 운반 등(제4장), 감독 및 조치명령(제5장)을 규정하고 있다.

⊕ Plus one

제2장 위험물시설의 설치 및 변경
제6조(위험물시설의 설치 및 변경 등)
제7조(군용위험물시설의 설치 및 변경에 대한 특례)
제8조(탱크안전성능검사)
제9조(완공검사)
제10조(제조소등 설치자의 지위승계)
제11조(제조소등의 폐지)
제12조(제조소등 설치허가의 취소와 사용정지 등)
제13조(과징금 처분)
제3장 위험물시설의 안전관리
제14조(위험물시설의 유지・관리)
제15조(위험물안전관리자)
제16조(탱크시험자의 등록 등)
제17조(예방규정)
제18조(정기점검 및 정기검사)
제19조(자체 소방대)
제4장 위험물의 운반 등
제20조(위험물의 운반)
제21조(위험물의 운송)
제5장 감독 및 조치명령
제22조(출입・검사 등)
제22조의2(위험물 사고조사)
제23조(탱크시험자에 대한 명령)
제24조(무허가장소의 위험물에 대한 조치명령)
제25조(제조소등에 대한 긴급 사용정지명령 등)
제26조(저장・취급기준 준수명령 등)
제27조(응급조치・통보 및 조치명령)

③ 보칙규정

㉠ 일반적으로 실체적 규정을 실현하는데 부수하는 절차적 또는 보충적인 사항을 규정

㉡ 법률 중 실체규정과 벌칙규정 사이에 두며, 내용은 일반적 확립된 원칙은 없다.

㉢ 총칙으로 규정하기에는 적합하지 않은 기술적・절차적인 것들을 취합하여 보칙에 규정

㉣ 위험물안전관리법에는 제6장에 안전교육(제28조), 청문(제29조), 권한의 위임・위탁(제30조), 수수료 등(제31조), 벌칙적용에 있어서의 공무원 의제(제32조) 내용을 규정하고 있다.

⊕ Plus one

제6장 보 칙
제28조(안전교육)
제29조(청문)
제30조(권한의 위임・위탁)
제31조(수수료 등)
제32조(벌칙적용에 있어서의 공무원 의제)

④ 벌칙규정

㉠ 형벌 또는 과태료를 과할 것을 정하는 규정을 말함

㉡ 법률상의 의무에 위반한 자에게 일정한 형벌 또는 과태료를 처하게 됨을 예고함으로써 심리적인 압박을 가하여 의무이행을 확보하는 규정이다.

㉢ 국민의 권리와 의무에 중대한 영향을 미치는 규정이라 할 수 있음

㉣ 이 법 제7장 벌칙은 제33조 내지 제37조에서는 행정형벌인 징역, 금고 및 벌금형에 대하여 규정하고 있으며, 제38조는 양벌규정을, 제39조에서는 행정질서벌인 과태료를 규정하여 의무 위반자에게 심리적인 압박을 가하여 위험물로 인한 위해를 방지하여 공공의 안전을 확보하는 간접적 수단을 동시에 지니고 있다.

Plus one

제7장 벌 칙
제33조(벌칙) 내지 제37조(벌칙)
제38조(양벌규정)
제39조(과태료)

(4) 부칙규정

① 본칙에 부수하여 법률의 시행일, 적용관계, 기존의 법률관계와 새로운 법률관계 간의 연결 및 조정관계, 새로운 법률과 모순·저촉되는 기존법률의 개폐 등을 정하는 부대적 부분이다.

② 위험물안전관리법에서는 시행일, 다른 법령과의 관계 등을 규정하고 있다.

(5) 장(章)·절(節) 등의 구분

① 법률 본칙의 조문수가 많고, 이를 그 성질에 따라 몇 개의 군(群)으로 나누는 것이 법문의 이해에 편리한 때에는 이를 몇 개의 장(章)으로 구분할 수 있다.

② 장은 다시 절(節)·관(款)의 순서로 세분할 수 있다.

③ 법률에 장·절 등을 둘 경우에는 그 장·절 등의 내용을 대표할 수 있는 장명(章名) 또는 절명(節名)을 붙인다.

④ 특히, 본칙의 내용이 길고 나눌 필요가 있을 때는 장(章) 위에 편(編)을 두어 「編, 章, 節, 款」순으로 나눈다.

(6) 조(條)·항(項)

① 조문 제목의 표시

㉠ 각 조에는 해당 조의 내용을 쉽게 이해할 수 있도록 조의 제목을 붙인다.

㉡ 조의 제목은 제6조(위험물시설의 설치 및 변경 등), 제7조(군용위험물시설의 설치 및 변경에 대한 특례), 제8조(탱크안전성능검사), 제9조(완공검사) 등과 같이 조 다음에 괄호를 해서 표시한다.

㉢ 해당 조문이 여러 가지 사항을 규정하고 있어 대표용어를 정하기 어려울 경우에는 그 조의 중심이 되는 용어 다음에 "등"자를 붙여 제6조(위험물시설의 설치 및 변경 등)와 같이 표시한다.

② 조·항의 구분

㉠ 법률의 본칙은 "조"로 구분한다. 다만, 법률의 내용이 아주 간단하여 "조"로 구분할 필요가 없을 때에는 구분하지 아니할 수 있다.

㉡ 어떤 "조"의 내용을 다시 세부적으로 구분하고자 할 때에는 이를 "항"으로 구분하며, "항"의 표시는 "①, ② ……" 등과 같이 아라비아 숫자에 둥근 테를 둘러 표시한다.

③ 호 · 목의 구분

㉠ "조" 또는 "항"에서 어떤 사항을 열거할 필요가 있는 때에는 "호"로 구분하여 열거하며, "호"의 표시는 "1., 2., 3., ……"으로 표시하고, 반드시 아라비아 숫자 다음에 온점(.)을 표기해야 한다.

㉡ "호"를 다시 세분하고자 할 때에는 "목"으로 구분하며, 그 표시는 "가., 나., 다., ……"로 표시한다. "목"을 다시 세분할 때에는 "(1), (2), ……"로 표시하며 별칭은 없다.

02 법 문

(1) 개 요

① 법문(法文)이란 법률의 조 · 항 · 호 등의 내용이 되는 문장을 말한다.

② 법문은 그 적용대상이 되는 모든 사람에게 해당 법률의 내용이 제대로 전달되고 이해될 수 있어야 한다.

③ 따라서 법문은 간결한 문장구조로 작성되며 주어와 술어의 관계를 논리적으로 서술하여 법률적용의 주체 · 대상을 명확하게 하고 있다.

(2) 법문의 구조

법문의 구조는 각 조 · 항 · 호별로 하나의 문장으로 형성하는 것이 일반적인 원칙이며, 필요한 경우 두 개 또는 세 개의 문장으로 이루어지는 경우도 있다.

① **한 개의 문장으로 이루어진 법문구조** : 하나의 주어와 서술어로 이루어지는 단문으로 작성하여 그 내용을 명확하게 하는 것이 일반적이다.

② **두 개의 문장으로 이루어지는 법문의 구조**

㉠ 전단 · 후단의 구조

이러한 문장구조는 두 번째 문장이 첫 번째 문장을 보완하여 설명할 필요가 있는 경우에 작성된다. 이 경우 첫 번째 문장을 "전단"이라 하고, 두 번째 문장을 "후단"이라 한다. 후단의 표현방식은 "이 경우"라는 용어를 많이 사용하고 있다.

㉡ 본문 · 단서의 구조

이러한 문장구조는 두 번째 문장이 첫 번째 문장에 대하여 대립 또는 예외의 의미를 가지는 경우에 작성된다. 이 경우 첫 번째 문장을 "본문"이라 하고, 두 번째 문장을 "단서"라 한다. 일반적으로 단서의 표현방식은 "다만", "단" 또는 "그러나"라는 용어를 사용하고 있다.

03 법률의 용자 · 용어

(1) 한글 · 한자의 표기

① 한글 · 한자의 사용 원칙

한글사용이 원칙이지만, 일반적으로 법률문(法律文)은 아직까지 한글 · 한자를 혼용한다.

② 숫자의 사용

㉠ 아라비아 숫자사용의 원칙 : 천 단위 이상일 경우에는 예외적으로 한자 또는 한글로 표시

㉡ 수의 표현에 있어서 $1,000m^2$, $10,000m^2$ 등(cf : $200m^2$)

㉢ 단위 구분으로서의 '배'는 40배, 3천배, 2만배 등으로 표현한다.

㉣ 분수를 문장 중에 사용하는 경우에는 '2분의 1', '3분의 2' 등으로 표현한다.

㉤ 기일 또는 기간을 나타내는 숫자는 '1월', '2년' 등으로 표시한다.

③ 문장부호의 사용

㉠ 온점(.)

- 온점은 문장 끝에 써서 1개의 법문을 완결 짓는다.
- 괄호 속에서는 온점을 쓰지 않는 것을 원칙으로 한다.
- '각 호'(各號)에서는 문장 끝에 온점을 쓰지 않는 것을 원칙으로 한다. 그러나 각 호가 문장으로 끝나는 경우에는 온점을 사용하며, 각 호가 단어로 끝나는 경우에도 뒷부분에 단서나 후단이 있으면 단어의 끝에 온점을 쓴다.

㉡ 가운뎃점(·)

- 단어를 열거할 때 : 건축물 · 차량 · 선박 · 선거 · 산림 그 밖의 공작물 또는 물건
- 유사한 의미를 가진 단어를 연결할 때 : 소유자 · 관리자, 소방대상물의 위치 · 구조 · 설비
- 업무상 선후관계 등 연관성을 갖는 단어 : 구급대의 편성 · 운영

㉢ 반점(,)

- 어구를 열거할 때 : 자체점검에 필요한 점검자의 자격 · 인원, 점검장비, 점검방법 및...
- 대등절 또는 종속절이 이어질 때 절과 절 사이를 연결하기 위해 반점을 쓴다.

㉣ 따옴표(" ")

- 법문에서 용어정의 · 약칭 · 총칭 · 준용용어 · 인용 등에 사용 : "관계인"이란… (정의)
- 개정법률 안에 있어서 개정사항의 인용 시에도 사용한다.

④ 단위의 사용

㉠ "kg"은 "킬로그램"으로, "m"는 "미터"로, "cm"는 "센티미터"로 한다.

㉡ 별표 및 별지 서식에서는 단위기호인 kg, m, cm를 그대로 사용할 수 있다.

04 법률용어의 해설 및 의미

(1) "본다(간주한다)"와 "추정한다"

① "본다(간주한다)"고 함은 사실은 그렇지 않을 가능성이 있는 경우에도 분쟁을 방지하고 법률적용을 명확히 하기 위하여 법률로써 그렇다고 의제하여 버리는 것을 말한다. 간주되는 것에 대하여는 법률상 확정된 것이므로 반대증거를 제출하더라도 번복되지 아니한다.

② "추정한다"고 하는 것은 어느 쪽인지 증거가 분명하지 않은 경우에 잠정적인 판단을 내려놓는 것을 말한다. 추정된 것에 대하여는 당사자가 반대증거를 제출하면 번복이 가능하다.

(2) "적용(適用)한다"와 "준용(準用)한다"

① "적용한다"고 함은 어떤 "가" 사항에 관한 규정이 조금도 수정됨이 없이 그대로 "나" 사항에 적용되는 경우에 사용한다.

② "준용한다"고 함은 어떤 "가" 사항에 관한 규정이 "가"와는 다르지만 대체로 유사한 "나" 사항에 대해 다소 수정되어 적용되는 경우에 사용된다.

(3) "예(例)에 따른다(정하는 바에 따른다)"와 "준용한다"

① 어떠한 법률상의 제도라든가 법률 규정을 포괄적으로 다른 동종의 것에 적용하려고 하는 경우에는 "예(例)에 따른다(정하는 바에 따른다)"를 사용한다.

② 법률의 개별 규정에 한정하여 다른 사항에 적용할 경우에는 "준용한다"를 사용한다.

(4) "과(科)한다", "처(處)한다"와 "과(課)한다"

① "과(科)한다"는 표현은 일정한 경우 어떤 사람에 대하여 형벌 또는 과태료를 부담시킬 것인가를 추상적으로 규정할 때 사용된다.

② "처(處)한다"는 표현은 각 법률에서 죄가 될 수 있는 행위와 이에 대한 형벌이나 과태료를 구체적으로 규정할 때 사용한다.

③ "과(課)한다"는 국가나 지방자치단체가 국민 또는 주민에 대하여 공권력으로 조세·금전 기타 부역이나 현품 등을 부담시킬 때에 사용한다. 즉, 국민이나 주민이 부담하는 내용에 따라 용어가 다르게 쓰여 진다.

(5) "… 내"와 "… 안"

① "내"는 시간(時間)을 표시할 때 사용 : "… 기간 내에"

② "안"은 지역(地域)이나 범위(範圍)를 표시할 때 사용 : "… 범위 안에서"

(6) "다음 각 호에 해당하는 경우"와 "다음 각 호의 어느 하나에 해당하는 경우"

① "다음 각 호에 해당하는 경우"는 각 호의 모든 요건을 갖추어야 할 경우에 사용

② "다음 각 호의 어느 하나에 해당하는 경우"는 각 호 중 어느 하나의 요건만을 갖추면 되는 경우에 사용

(7) "기일(期日)", "기간(期間)", "기한(期限)"

① "기일"이란 어떤 행위나 사실이 발생하는 일정한 시점 또는 시기를 말한다.

② "기간"은 일정 시점부터 다른 시점까지라고 하는 시간적인 간격을 의미한다.

③ "기한"은 법률효과의 발생 또는 소멸을 일정한 시점의 도달에 의존하게 하는 경우에 쓴다.

㉠ 실무상으로는 "기간"과 "기한"의 개념이 이론상의 개념과는 다른 기준으로 구별되어 사용되는 경우가 많다.

㉡ 어떤 행위나 사실이 발생하는 시점과 종점이 정하여져 있는 경우를 "기간"으로 표현

예 허가기간, 면허기간

㉢ 종점만이 정하여져 있는 경우를 "기한"으로 표현

예 납부기한, 제출기한

④ 그 기간이나 기한을 확대하는 경우에도 이를 구별하여 "기간"은 연장으로, "기한"은 연기라는 용어를 사용하고 있다.

(8) "경우"와 "때"

① "경우"는 가정적 조건을 가리키는 용어이다.

② "때"는 시점 또는 시간이 문제로 된 경우에 사용한다.

(9) "즉시"와 "지체 없이"

① "즉시"는 시간적 즉시성이 보다 강한 것이다.

② "지체 없이"는 시간적 즉시성이 강하게 요구되지만 정당하고 합리적인 이유가 있는 지체는 허용된다고 해석되고, 사정이 허락하는 한 가장 신속하게 해야 한다는 것을 뜻한다.

(10) "및"과 "그리고"

① "및"은 2 이상의 용어를 병합적으로 연결하여 게기할 때 사용하며 3 이상을 게기할 때 같은 뜻을 서술하는 경우이면 쉼표(,) 또는 중간점(・)으로 연결하되 마지막 어구 앞에 "및"으로 연결한다.

② "그리고"는 단계를 짓는 문구끼리를 연결하는 병합적 연결로서 사용하며 "및"의 병합적 조건보다 큰 뜻에 쓰인다.

(11) "또는"과 "이거나"

① 둘 다 선택적으로 연결할 때 쓰이는데 3 이상을 연결할 때에는 쉼표(,) 또는 중간점(·)으로 연결하되 마지막 어구 앞에 "또는"으로 연결한다.

② "이거나"는 "또는"의 선택적 조건보다 큰 뜻에 쓰인다.

예 층수가 6층 이상이거나 연면적이 1만 제곱미터 이상인 건축물 또는 행정안전부령이 정하는 특정 소방대상물에 설치된 소방시설의 성능을 함께 확인해야 한다.

(12) "이상"과 "이하", "초과"와 "미만"

① "이상"과 "이하"는 기준점을 포함하여 그보다 많거나 적은 경우를 표시

② "초과"와 "미만"은 기준점을 포함하지 아니하고 그보다 많거나 적은 경우를 표시

예 200제곱미터 이상이라 하면 200제곱미터를 포함하고 그 이상의 면적을 의미

예 층수가 7층 미만이라 하면 7층을 포함하지 않고 6층, 5층을 의미

(13) "이전(以前)"과 "전", "이후(以後)"와 "후"

① "이전"과 "이후"는 기준시점을 포함하는 것이다.

② "전"과 "후"는 기준시점을 포함하지 않는 것이다.

예 기간계산에 있어서 "5월 1일 이후 15일간"이라 하면 5월 1일부터 5월 15일까지를 의미

예 "5월 1일 후 15일간"이라 하면 5월 2일부터 5월 16일까지를 의미

※「以」라는 문자가 붙은 경우에는 이의 기준점이 되는 수량 또는 시간을 포함하고,「以」라는 문자가 붙지 않은 경우에는 이의 기준점이 되는 수량 또는 시간을 포함하지 않는다는 의미로 사용됨

(14) "乃至(내지)" : ~에서 ~까지를 의미

05 인용조문의 표현

(1) 같은 법률 내의 다른 조항 인용

① "이 법" 등의 문구를 사용하지 아니한다.

② "제○조 제△항, 제○조 제□호, 제○조 제△항" 등과 같이 인용되는 조항만을 표기

(2) 법률 중 타법 조항 인용

① 다른 법률의 제명과 조항을 함께 표기

② 둘 이상의 조항을 인용할 경우에는 "○○법 제△조 및 (내지) 제□조"와 같이 표기

(3) 법률 내의 조항과 타법 조항 동시인용

혼동을 일으키지 않도록 "○○법 제△조 및 제□조와 이 법 제×조"라고 표기

06 위험물안전관리법령의 체계도

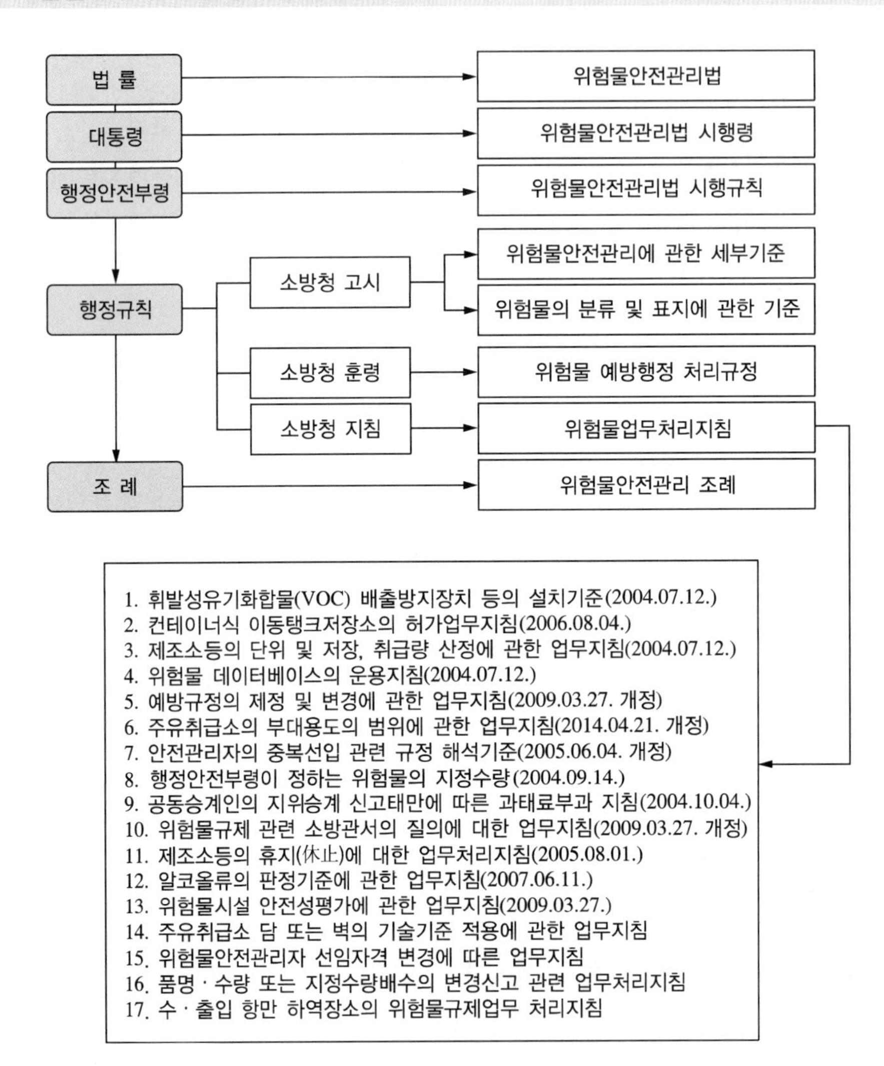

07 위험물에 대한 규제의 흐름도

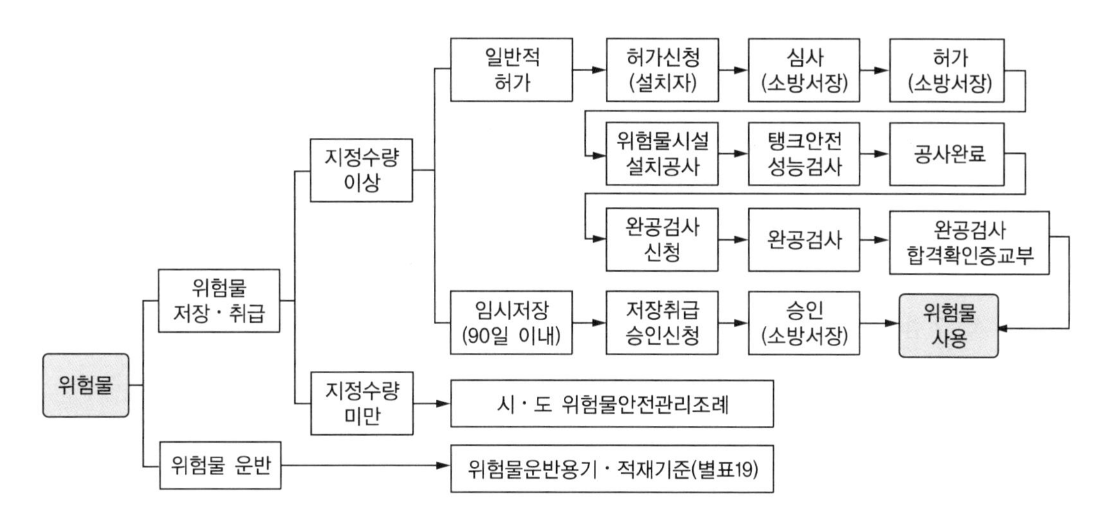

08 위험물에 대한 규제방식

이 법에 있어서 위험물에 대한 규제방식을 개괄하면 전체적으로 물적(物的)규제와 인적(人的)규제를 균형 있게 사용하고 있으며, 좀 더 세분화하면 관리적 규제방식이 사용된다.

[위험물 규제방식]

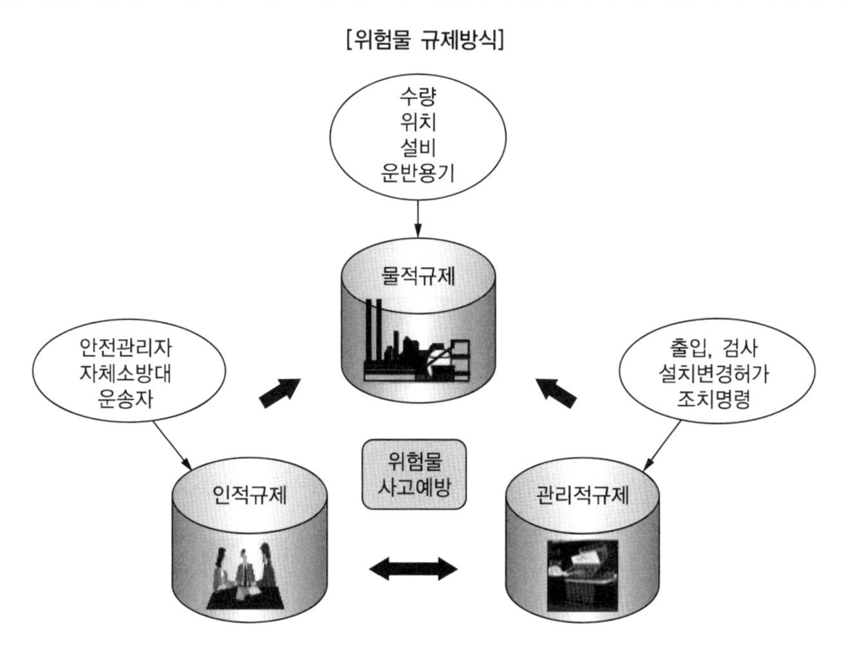

(1) 인적규제 2021년 소방장 기출

① 위험물안전관리에 관한 책임과 권한이 있는 조직이나 지위를 구성하는 방법
- ㉠ 위험물안전관리자(법 제15조)
- ㉡ 위험물운송자, 위험물운반자(법 제21조)
- ㉢ 자체 소방대(법 제19조)

② 안전관리 행위자체를 직접 규제하는 방법
- ㉠ 위험물의 저장·취급기준(규칙 별표18)
- ㉡ 위험물의 운반에 관한 기준(규칙 별표19)
- ㉢ 위험물운송자 준수해야 할 사항(규칙 별표21)
- ㉣ 정기점검의 강제 등(법 제18조)

(2) 물적규제

물적규제로는 수량규제, 위치·구조 규제, 시설규제, 운반용기 규제 등이 있다.

① 수량규제
- ㉠ 위험물의 종류와 품명에 따라 지정수량을 정하여 위험물을 허가할 때 허가량에 대한 규제를 통해 위험물의 양에 대한 통제를 하고 있다.
- ㉡ 제조소등에 있어서도 저장 또는 취급량에 대한 규제가 이루어지고 있다.

② 위치규제
- ㉠ 법령과도 연관되어 위험물시설의 위치·거리제한
- ㉡ 제조소등 주변의 보호대상물과의 안전거리
- ㉢ 제조소등 자체를 보호하기 위한 보유 공지

③ 시설규제
- ㉠ 위험물 제조소등(13가지)에 대한 각각의 세부적인 별도의 기술기준
- ㉡ 제조소등 별로 규정된 구조·설비 기준
- ㉢ 특정 소방대상물에 설치되는 소방설비보다 더욱 강화된 소화설비, 경보설비 및 피난설비에 관하여 규정
- ㉣ 임시 저장·취급 장소의 시설기준
- ㉤ 지정수량 미만을 저장·취급하는 장소의 시설기준

④ 위험물 운반용기 규제
- ㉠ 고정된 위험물시설에서 벗어난 위험물시설 간에 혹은 위험물시설과 사용처 간의 이동과정에서 위험물의 규제에 해당된다.
- ㉡ 운반하는 위험물의 성질에 따라 재질, 구조, 최대용적 또는 중량 등에 대한 제한을 두고 있다.

(3) 관리적 규제

위험물시설의 사용자나 관계인이 아닌 법을 집행하는 공무원의 입장에서 법 목적 달성을 위해 실시하는 제조소등의 관계인에 대한 통제라 할 수 있다.

① 위험물 제조소등 설치 허가제도

절 차	항 목	내 용	근거조항
승 인	임시 저장・취급	지정수량 이상의 위험물을 90일 이내(군용위험물은 기간제한 없음)에 임시저장 또는 취급하는 경우	법 제5조 제2항
허 가	설 치	제조소등을 설치하는 경우	법 제6조 제1항
	변 경	제조소등의 위치・구조 및 설비를 변경하는 경우	
검 사	탱크안전성능	지정수량 이상의 액체위험물탱크를 설치・변경하는 경우	법 제8조 제1항
	완 공	설치・변경허가를 받은 위험물 제조소등이 완공된 경우	법 제9조 제1항
등 록	탱크시험자	탱크시험자로 등록하려는 경우	법 제16조
지 정	대행기관	위험물안전관리 대행기관으로 지정받으려는 경우	규칙 제57조

② 신고제도 2019년 소방위 기출 2020년 소방장 기출

신고항목	내 용	근거조항
제조소등 지위승계	제조소등의 설치자의 지위를 승계한 자는 30일 이내에 시・도지사에게 신고해야 함	법 제10조
위험물의 품명・수량 또는 지정수량 배수변경	제조소등의 위치・구조・설비를 변경하지 않고 저장 또는 취급하는 위험물의 품명・수량 또는 지정수량 배수를 변경하려고 하는 변경하려는 날 1일 전까지 신고해야 함	법 제6조 제2항
제조소등 용도폐지	제조소등의 용도를 폐지한 경우 관계자는 폐지한 날로부터 14일 이내에 시・도지사에게 신고해야 한다.	법 제11조
위험물안전관리자 선・해임 및 퇴직	제조소등의 안전관리자를 선임한 경우 관계자는 14일 이내에 소방본부장 또는 소방서장에게 신고해야 한다.	법 제15조
예방규정제출	법령에 지정된 제조소등에 있어서 예방규정을 작성 또는 변경하는 경우 관계자는 예방규정을 시・도지사에게 제출해야 한다.	법 제17조
제조소등 사용중지 등	제조소등의 사용을 중지하려는 경우에는 제조소등의 사용을 중지하려는 날 또는 재개하려는 날의 14일 전까지 시・도지사에게 신고해야 함	법 제11조의2
정기점검 결과보고	정기점검을 한 제조소등의 관계인은 점검을 한 날부터 30일 이내에 점검결과를 시・도지사에게 제출해야 한다.	법 제18조

③ 출입・검사제도(법 제22조)

④ 위험물시설의 조치명령(법 제14조 제2항)

아이들이 답이 있는 질문을 하기 시작하면

그들이 성장하고 있음을 알 수 있다.

– 존 J. 플롬프 –

제2장

총 칙

많이 보고 많이 겪고 많이 공부하는

것은 배움의 세 기둥이다.

– 벤자민 디즈라엘리 –

CHAPTER

02 총 칙

01 목 적

(1) 위험물의 저장·취급 및 운반과 이에 따른 안전관리에 관한 사항을 규정함

(2) 위험물로 인한 위해를 방지함

(3) 공공의 안전을 확보함

⊕ Plus one

이 법에서는 위험물과 관련된 모든 사항을 전반적으로 다루는 것이 아니다. 즉, 위험물의 판매와 같은 영업행위나 위험물로 인한 환경상의 위해를 예방하거나 직접적으로 규제하기 위한 내용 등은 포함되어 있지 않다.

02 용어의 정의(법 제2조)★★★★

(1) **위험물 :** 인화성 또는 발화성 등의 성질을 가지는 것으로서 대통령령이 정하는 물품

⊕ Plus one

위험물의 구분 및 물품

이 법에서 규정하고 있는 위험물이라 함은 인화성 또는 발화성 등의 성질을 가지는 물질들 중에서 이를 합리적으로 적절하게 다루지 아니하면 그 위험성이 확대되어 공공에 직·간접적인 위해를 줄 수 있는 것으로서 대통령령으로 정하는 위험물만을 말한다. 대통령령이 정하는 물품이란 시행령 [별표1]의 품명란에 규정하는 물품으로서 동표에 의한 구분에 따라 동표의 성질란에 정하는 성상을 가진 것으로 제1류부터 제6류까지 구분하고 있다.

(2) **지정수량**

① 위험물의 종류별로 위험성을 고려하여 대통령령(별표1)이 정하는 수량

② 제조소등의 설치허가 등에 있어서 최저의 기준이 되는 수량

(3) **제조소 :** 위험물을 제조할 목적으로 지정수량 이상의 위험물을 취급하기 위하여 시·도지사의 허가를 받은 장소

(4) **저장소 :** 지정수량 이상의 위험물을 저장하기 위한 대통령령(별표2)이 정하는 장소로서 시・도지사의 허가를 받은 장소

(5) **취급소 :** 지정수량 이상의 위험물을 제조 외의 목적으로 취급하기 위한 대통령령(별표3)이 정하는 장소로서 시・도지사의 허가를 받은 장소

(6) **제조소등 :** 제조소・저장소 및 취급소

(7) 이 법에서 사용하는 용어의 정의는 (1) 내지 (6)에서 규정하는 것을 제외하고는 「소방기본법」・「화재의 예방 및 안전관리에 관한 법률」, 「소방시설 설치 및 관리에 관한 법률」, 「소방시설공사업법」이 정하는 바에 따른다.

⊕ Plus one

위험물안전관리법 시행규칙 2013년 경남소방장 기출

제2조(정의) 이 규칙에서 사용하는 용어의 뜻은 다음과 같다.

1. "고속국도"라 함은 「도로법」 제10조 제1호에 따른 고속국도를 말한다.
2. "도로"란 다음 각 목의 어느 하나에 해당하는 것을 말한다.
   가. 「도로법」 제2조 제1호에 따른 도로
   나. 「항만법」 제2조 제5호에 따른 항만시설 중 임항교통시설에 해당하는 도로
   다. 「사도법」 제2조에 따라 사도
   라. 그 밖에 일반교통에 이용되는 너비 2미터 이상의 도로로서 자동차의 통행이 가능한 것
3. "하천"이란 「하천법」 제2조 제1호에 따른 하천을 말한다.
4. "내화구조"란 「건축법 시행령」 제2조 제7호에 따른 내화구조를 말한다.
5. "불연재료"란 「건축법 시행령」 제2조 제10호에 따른 불연재료 중 유리 외의 것을 말한다.

03 위험물 및 지정수량 2013년, 2015년 소방위 기출

(1) 위험물

① "위험물"이라 함은 인화성 또는 발화성 등의 성질을 가지는 것으로서 영 제2조의 별표1의 품명란에 게재한 품명, 성질란에 명시한 성상을 갖는 것을 말한다.

② 유별의 지정

㉠ 위험물안전관리법 시행령 [별표1]은 위험물에 대하여 제1류에서 제6류까지 구별하고 각 유별로 품명의 지정수량을 지정하였다.

㉡ 동일류 위험물은 공통적인 화재위험성을 가지고 있다. 따라서 예방상 또는 진압상 동일한 대처방법을 가지게 된다. 예외적으로 특수한 물품도 있다.

③ 품명의 지정

㉠ 화학적 조성에 의한 지정

비슷한 성질을 가진 원소, 비슷한 성분과 조성을 가진 화합물은 각각 유사한 성질을 나타낸다. 따라서 화학적 성질이 유사한 화합물을 동일군으로 지정하였다. 예를 들면 염소산염류($MClO_3$), 알코올류(ROH) 등이 있다. 이러한 품명에 속하는 화합물은 공통적인 화재위험이 예상된다.

㉡ 형태에 의한 지정

동일한 양의 위험한 물품에 있어서도 형태에 따라 위험성에 차이가 있다.

예 Fe, Zn, Al분 등의 금속분은 보통 괴상(槐狀)의 상태는 규제가 없지만 분말상태는 위험물로서 규제의 대상이 된다.

㉢ 농도에 의한 지정(영 별표1 비고 인화성액체와 산화성액체)

위험물에서도 농도가 낮아지면 위험성이 낮아지게 된다. 반대로 농도가 높아지면 위험성이 커진다.

예 H_2O_2(과산화수소)는 수용액 3%의 경우 소독제로서 안전하지만 60wt% 이상의 경우는 화약과 같은 위험성이 있다. 위험물안전관리법에서는 36wt% 이상을 위험물로 본다. HNO_3(질산)은 비중으로 지정되어 있고, ROH(알코올류) 등은 농도로 규제하도록 되어 있다.

㉣ 사용 상태에 의한 지정(영 별표1 비고 동식물유류)

동일 물품에 있어서도 보관상태 등에 있어 위험물에 해당하지 않은 것도 있다. 불연성 용기에 수납밀전되어 저장 보관되어 있는 동식물유류는 위험물안전관리법상 위험물로 보지 않는다.

㉤ 지정에서의 제외와 편입

화학적인 명칭과 위험물안전관리법상의 명칭과는 내용상의 차이가 있는 것도 있다.

예 ROH는 화학적으로 알코올류는 수백 종이 있지만, 위험물안전관리법에서의 알코올류는 특수한 소수의 알코올을 지칭하며, 퓨젤유 같은 물질은 알코올에 포함되며, 니트로화합물의 경우 mono-Nitro화합물은 위험물이 아니다.

㉥ 경합하는 경우의 지정(영 별표1 비고 복수성상위험물품)

어떤 물품은 동시에 2 이상의 유별에 해당하는 것이 있는데 제1류와 제5류, 제4류와 제5류 등의 경우가 있다. 이때는 일반 위험보다도 특수 위험성을 우선하여 지정된다.

예 가연성 액체의 유기과산화물이 있다면 제4류와, 제5류 위험물로 분류될 수 있는 바, 이 경우 유기과산화물의 자기반응성을 중시하여 제5류로 분류한다.

㉦ 행정안전부령이 정하는 위험물 품명(규칙 제4조) 2013년, 2018년 소방위 기출

• 아래 위험물은 각각 다른 품명의 위험물로 본다.

제1류	제3류	제5류	제6류
① 과요오드산염류 ② 과요오드산 ③ 크롬, 납 또는 요오드의 산화물 ④ 아질산염류 ⑤ 차아염소산염류 ⑥ 염소화이소시아눌산 ⑦ 퍼옥소이황산염류 ⑧ 퍼옥소붕산염류	염소화규소화합물	① 금속의 아지화합물 ② 질산구아니딘	할로겐간화합물

• 영 별표1 제1류의 품명란 제11호, 동표 제2류의 품명란 제8호, 동표 제3류의 품명란 제12호, 동표 제5류의 품명란 제11호 또는 동표 제6류의 품명란 제5호의 위험물로서 해당 위험물에 함유된 위험물의 품명이 다른 것은 각각 다른 품명의 위험물로 본다.

(2) 지정수량 2015년 소방위 기출 2021년, 2022년 소방장 기출

① 위험물의 종류별로 위험성을 고려하여 위험물안전관리법 시행령 별표1이 정하는 수량

② 제조소등의 설치허가 등에 있어서 최저의 기준이 되는 수량

㉠ 지정수량 이상 : 위험물안전관리법에 따라 규제

㉡ 지정수량 미만 : 시・도 위험물안전관리조례의 기준으로 규제

③ 지정수량의 표시

㉠ 고체는 "kg"으로 표시한다.

㉡ 액체에 대하여는 용량으로 하여 "L"로 나타내고 있다. 액체는 직접 그 질량을 측정하기가 곤란하고 통상 용기에 수납하므로 실용상 편의에 따라 용량으로 표시한 것이다.

㉢ 제6류 위험물은 액체인데도 "kg"으로 표시하고 있음은 비중을 고려, 엄격히 규제하려는 하는 의미가 있기 때문이다.

④ 지정수량과 위험성

지정수량이 적은 물품은 큰 물품보다 더 위험하고 동량의 것은 대체로 비슷하며 지정수량을 초과했다 하여 갑자기 위험성이 생기는 것은 아니다.

(3) 위험물의 유별 및 지정수량(영 제2조 및 제3조 관련 : 별표1)★★★★

2013년, 2015년, 2019년 소방위 기출 | 2019년, 2020년 통합소방장 기출 | 2023년 소방위 기출

위험물					지정수량
유 별	성 질	등 급	품 명		
제1류	산화성 고체	Ⅰ	1. 아염소산염류, 2. 염소산염류, 3. 과염소산염류, 4. 무기과산화물		50kg
		Ⅱ	5. 브롬산염류, 6. 질산염류, 7. 요오드산염류		300kg
		Ⅲ	8. 과망간산염류, 9. 중크롬산염류		1,000kg
		Ⅱ	10. 그 밖의 행정안전부령이 정하는 것 ① 과요오드산염류 ② 과요오드산 ③ 크롬, 납 또는 요오드의 산화물 ④ 아질산염류 ⑤ 차아염소산염류(50kg) ⑥ 염소화이소시아눌산 ⑦ 퍼옥소이황산염류 ⑧ 퍼옥소붕산염류		300kg
			11. 제1호 내지 제10호의1에 해당하는 어느 하나 이상을 함유한 것		50kg, 300kg 또는 1,000kg
제2류	가연성 고체	Ⅱ	1. 황화린 2. 적린 3. 유황(순도 60중량% 이상)		100kg
		Ⅲ	4. 철분(53㎛의 표준체통과 50중량% 미만은 제외), 5. 금속분, 6. 마그네슘		500kg
			9. 인화성고체(고형알코올)		1,000kg
			7. 그 밖의 행정안전부령이 정하는 것 8. 제1호 내지 제7호의1에 해당하는 어느 하나 이상을 함유한 것		100kg, 500kg
제3류	자연 발화성 물질 및 금수성 물질	Ⅰ	1. 칼륨, 2. 나트륨, 3. 알킬알루미늄, 4. 알킬리튬		10kg
			5. 황린		20kg
		Ⅱ	6. 알칼리금속 및 알칼리토금속, 7. 유기금속화합물		50kg
		Ⅲ	8. 금속의 수소화물, 9. 금속의 인화물, 10. 칼슘 또는 알루미늄의 탄화물		300kg
			11. 그 밖의 행정안전부령이 정하는 것 : 염소화규소화합물(300kg)		300kg
			12. 제1호 내지 제11호의1에 해당하는 어느 하나 이상을 함유한 것		10kg, 20kg, 50kg 또는 300kg
제4류	인화성 액체	Ⅰ	1. 특수인화물		50L
		Ⅱ	2. 제1석유류(아세톤, 휘발유 등)	비수용성 액체	200L
				수용성 액체	400L
			3. 알코올류(탄소원자의 수가 1~3개)		400L
		Ⅲ	4. 제2석유류(등유, 경유 등)	비수용성 액체	1,000L
				수용성 액체	2,000L
			5. 제3석유류(중유, 클레오소트유 등)	비수용성 액체	2,000L
				수용성 액체	4,000L
			6. 제4석유류(기어유, 실린더유 등)		6,000L
			7. 동식물유류		10,000L
제5류	자기 반응성 물질	Ⅰ	1. 유기과산화물, 2. 질산에스테르류		10kg
		Ⅱ	3. 니트로화합물, 4. 니트로소화합물, 5. 아조화합물, 6. 디아조화합물, 7. 히드라진 유도체		200kg
			8. 히드록실아민, 9. 히드록실아민염류		100kg
			10. 그 밖의 행정안전부령이 정하는 것 : 금속의 아지화합물, 질산구아니딘 11. 제1호 내지 제10호의1에 해당하는 어느 하나 이상을 함유한 것		
제6류	산화성 액체	Ⅰ	1. 과염소산, 2. 과산화수소(농도 36중량% 이상), 3. 질산(비중 1.49 이상)		300kg
		Ⅰ	4. 그 밖의 행정안전부령이 정하는 것 : 할로겐간화합물 5. 제1호 내지 제4호의1에 해당하는 어느 하나 이상을 함유한 것		

⊕ Plus one

위험물 유별 및 지정수량 암기 TIP

유 별	성 질	품 명	지정수량	등 급
제1류	1산고	아염과무(50)/브질요(300)/과중(1,000)	오/삼/천	Ⅰ/Ⅱ/Ⅲ
제2류	2기고	황화린이 황건적 100명을/ 무찔러 500kg의 철금마를 인수천 했다	일/오/천	Ⅱ/Ⅲ
제3류	3금자	칼나알리(10)황(20)/이 알칼리금속을 유기(50)/하여 300kg의 수소화물, 인, 칼슘을 염소화했다	일이/오/삼	Ⅰ/Ⅱ/Ⅲ
제4류	4인화	특/1알/234동 〈특이에/아가/등경/중클/야동〉	오/이사!/ 126만원만 빌려 주게나	Ⅰ/Ⅱ/Ⅲ
제5류	5자기	유기질!/니트로(소) 아조 디아조 버린다. 히/히히/질금(끔)했지	10/100/200	Ⅰ/Ⅱ
제6류	6산액	과과 질할할 삼(300)	삼백	Ⅰ

⊕ Plus one

• 각 유별 그 밖의 행정안전부령이 정하는 것

제1류	제3류	제5류	제6류
과요오드산염류 과요오드산 크롬, 납 또는 요오드의 산화물 아질산염류 차아염소산염류 염소화이소시아눌산 퍼옥소이황산염류 퍼옥소붕산염류	염소화규소 화합물	금속의 아지화합물 질산구아니딘	할로겐간화합물

• 행정안전부령이 정하는 위험물의 지정수량(업무지침 2004.09.14.)

위험물안전관리법 시행령 별표1 중 제1류의 품명란 제10호, 제3류의 품명란 제11호 및 제5류의 품명란 제10호의 규정에 따라 행정안전부령(위험물안전관리법 시행규칙 제3조 제1항 내지 제3항)이 정하는 위험물 품명의 지정수량은 다음 표와 같음

유 별	품 명	지정수량	유 별	품 명	지정수량
제1류	과요오드산염류	300kg	제1류	퍼옥소이황산염류	300kg
	과요오드산	300kg		퍼옥소붕산염류	300kg
	크롬, 납 또는 요오드의 산화물	300kg	제3류	염소화규소화합물	300kg
	아질산염류	300kg	제5류	금속의 아지화합물	200kg
	차아염소산염류	50kg		질산구아니딘	200kg
	염소화이소시아눌산	300kg			

주) 동표의 지정수량은 일반적 화학명칭에 근거한 순수물질을 전제로 한 것이며, 불순물이 혼입되거나 제조자의 제법에 따라 성상이 달라질 경우 지정수량이 다를 수 있으며 이 경우에는 위험물안전관리에 관한 세부기준에 정한 위험물의 시험 및 판정기준에 의한 시험결과에 따라 위험물안전관리법 시행령 별표1 비고 제25호에 따른 결정함

(4) 제1류 위험물(산화성고체) **2013년 소방위 기출** **2013년 경남소방장 기출**

① 품명 · 지정수량 및 등급

<table>
<tr><th>품 명</th><th colspan="2">품 목</th><th>지정수량</th><th>등 급</th></tr>
<tr><td>1. 아염소산염류 ($MClO_2$)</td><td colspan="2">아염소산나트륨($NaClO_2$), 아염소산칼륨($KClO_2$)</td><td>50kg</td><td rowspan="5">Ⅰ</td></tr>
<tr><td>2. 염소산염류 ($MClO_3$)</td><td colspan="2">염소산칼륨($KClO_3$), 염소산나트륨($NaClO_3$), 염소산칼슘($Ca(ClO_3)_2$), 염소산암모늄(NH_4ClO_3)</td><td>50kg</td></tr>
<tr><td>3. 과염소산염류 ($MClO_4$)</td><td colspan="2">과염소산칼륨($KClO_4$), 과염소산나트륨($NaClO_4$)
과염소산암모늄(NH_4ClO_4)</td><td>50kg</td></tr>
<tr><td rowspan="2">4. 무기과산화물 (M_2O_2, MO_2)</td><td>알칼리금속 과산화물(M_2O_2)</td><td>과산화나트륨(Na_2O_2), 과산화칼륨(K_2O_2), 과산화리튬(Li_2O_2)</td><td rowspan="2">50kg</td></tr>
<tr><td>알칼리토금속 과산화물(MO_2)</td><td>과산화칼슘(CaO_2), 과산화바륨(BaO_2)</td></tr>
<tr><td>5. 브롬산염류 ($MBrO_3$)</td><td colspan="2">브롬산칼륨($KBrO_3$), 브롬산나트륨($NaBrO_3$), 브롬산암모늄(NH_4BrO_3)</td><td>300kg</td><td rowspan="3">Ⅱ</td></tr>
<tr><td>6. 질산염류 (MNO_3)</td><td colspan="2">질산칼륨(KNO_3), 질산나트륨($NaNO_3$), 질산암모늄(NH_4NO_3)</td><td>300kg</td></tr>
<tr><td>7. 요오드산염류 (MIO_3)</td><td colspan="2">요오드산칼륨(KIO_3), 요오드산나트륨($NaIO_3$), 요오드산암모늄(NH_4IO_3)</td><td>300kg</td></tr>
<tr><td>8. 과망간산염류 ($M'MnO_4$)</td><td colspan="2">과망간산칼륨($KMnO_4$), 과망간산나트륨($NaMnO_4 \cdot 3H_2O$), 과망간산칼슘($Ca(MnO_4)_2$)</td><td>1,000kg</td><td rowspan="2">Ⅲ</td></tr>
<tr><td>9. 다이크롬산 염류(MCr_2O_7)</td><td colspan="2">중크롬산칼륨($K_2Cr_2O_7$), 중크롬산나트륨($Na_2Cr_2O_7 \cdot 2H_2O$), 중크롬산암모늄($(NH_4)_2Cr_2O_7$)</td><td>1,000kg</td></tr>
<tr><td>10. 그밖에 안전 행정안전부령이 정하는 것</td><td colspan="2">① 과요오드산염류(300kg) : KIO_4 $Ca(IO_4)_2$
② 과요오드산(300kg) : HIO_4
③ 크롬, 납 또는 요오드의 산화물(300kg) : CrO_3, PbO_2, Pb_3O_4
④ 아질산염류(300kg) : $NaNO_2$, $ZnNH_4(NO_2)_3$, KNO_2, $Ni(NO_2)_2(CH_3)_2CHCH_2ONO$
⑤ 차아염소산염류(**50kg**) : $LiOCl$, $Ca(OCl)_2$, $Ba(OCl)_2 \cdot 2H_2O$
⑥ 염소화이소시아눌산(300kg) : OCNClONClCONCl
⑦ 퍼옥소이황산염류(300kg) : $K_2S_2O_8$, $Na_2S_2O_8$, $(NH_4)_2S_2O_8$
⑧ 퍼옥소붕산염류(300kg) : $NaBO_3 \cdot 4H_2O$</td><td>50kg,
300kg</td><td>Ⅰ
Ⅲ</td></tr>
<tr><td colspan="3">11. 제1호 내지 제10호의1에 해당하는 어느 하나 이상을 함유한 것</td><td></td><td></td></tr>
</table>

② 산화성고체

㉠ 산화성고체라 함은 고체[액체(1기압 및 섭씨 20도에서 액상인 것 또는 섭씨 20도 초과 섭씨 40도 이하에서 액상인 것을 말한다. 이하 같다) 또는 기체(1기압 및 섭씨 20도에서 기상인 것을 말한다) 외의 것을 말한다. 이하 같다]로서 산화력의 잠재적인 위험성 또는 충격에 대한 민감성을 판단하기 위하여 소방청장이 정하여 고시(이하 "고시"라 한다)하는 시험에서 고시로 정하는 성질과 상태를 나타내는 것

참고 시험방법 및 판정기준 : 위험물안전관리에 관한 세부기준 제4조 내지 제6조

[산화성고체시험]

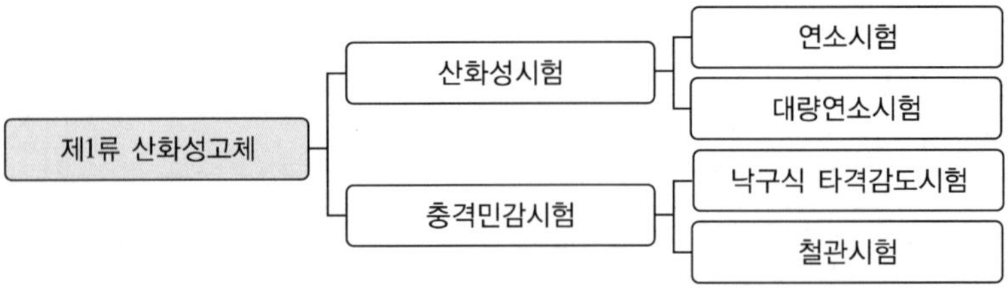

㉡ 이 경우 "액상"이라 함은 수직으로 된 시험관(안지름 30밀리미터, 높이 120밀리미터의 원통형유리관을 말한다)에 시료를 55밀리미터까지 채운 다음 해당 시험관을 수평으로 하였을 때 시료액면의 끝부분이 30밀리미터를 이동하는데 걸리는 시간이 90초 이내에 있는 것

⊕ Plus one

참고 **제1류 산화성고체 위험물의 성질 등**

- 공통성질
  - 불연성, 무기화합물, 강산화제이다. 모두 다량의 산소를 함유하고 있는 강력한 산화제로서 분해하면 산소를 방출한다.
  - 대부분 무색 결정 또는 백색분말로서 비중이 1보다 크고, 대부분 물에 잘 녹으며, 물과 반응하여 열과 산소를 발생시키는 것도 있다.
  - 일반적으로 불연성이며 반응성이 커서 열, 충격, 마찰 또는 분해를 촉진하는 약품과의 접촉으로 인해 폭발 위험성이 있다.
  - 반응성이 풍부하여 열, 타격, 충격, 마찰 및 다른 약품과의 접촉으로 분해하여 많은 산소를 방출하며 다른 가연물의 연소를 돕는다.
  - 무기과산화물은 물과 반응하여 O_2를 발생하고 발열한다.
  - 가열하여 용융된 진한 용액은 가연성 물질과 접촉 시 혼촉발화하는 위험성이 있다.
- 저장 및 취급방법
  - 조해성이 있으므로 습기 등에 주의하여 밀폐하여 저장할 것
  - 환기가 잘 되는 차가운 곳에 저장할 것
  - 용기의 파손에 의한 위험물의 누설에 주의할 것
  - 열원이나 산화되기 쉬운 물질과 산 또는 화재 위험이 있는 곳으로부터 멀리할 것
  - 다른 약품류 및 가연물과의 접촉을 피할 것
- 소화방법 및 진압대책
  - 산소의 분해 방지를 위해 온도를 낮추고 주변 가연물의 소화에 주력한다. 무기과산화물류를 제외하고는 다량의 물을 사용하는 것이 유효하다.
  - 무기과산화물류는 물과 반응하여 산소와 열을 발생하므로 건조분말 약제를 사용한 질식소화가 유효하다.
  - 가연물과 혼합 연소 시 폭발위험이 있으므로 안전확보에 유의한다.
  - 진화 후 생기는 소화잔수는 산화성이 있으므로 여기서 오염건조된 가연물은 연소성이 증가할 위험성이 있다.
  - 소화작업 시 공기호흡기, 보안경 및 방수복 등 보호장구를 착용한다.

(5) 제2류 위험물(가연성고체) 2021년 소방위 기출

① 품명 · 지정수량 및 등급

품 명	품 목	지정수량	등 급
1. 황화린	삼황화린(P_4S_3), 오황화린(P_2S_5), 칠황화린(P_4S_7)	100kg	II
2. 적린(P)	–	100kg	
3. 유황(S)	–	100kg	
4. 철분(Fe)	–	500kg	III
5. 금속분	알루미늄분(Al), 망간분(Mn), 아연분(Zn)	500kg	
6. 마그네슘(Mg)	–	500kg	
7. 그 밖의 행정안전부령이 정하는 것		100kg 또는 500kg	II, III
8. 제1호 내지 제7호의1에 해당하는 어느 하나 이상을 함유한 것			
9. 인화성고체	락카퍼티, 고무풀, 고형알코올, 메타알데히드, 제삼부틸 알코올	1,000kg	III

② 정의(영 별표1 비고) 2021, 2023년 소방위 기출

"가연성고체"라 함은 고체로서 화염에 의한 발화의 위험성 또는 인화의 위험성을 판단하기 위하여 고시로 정하는 시험에서 고시로 정하는 성질과 상태를 나타내는 것

참고 시험방법 및 판정기준 : 위험물안전관리에 관한 세부기준 제7조 내지 제9조

[가연성고체시험]

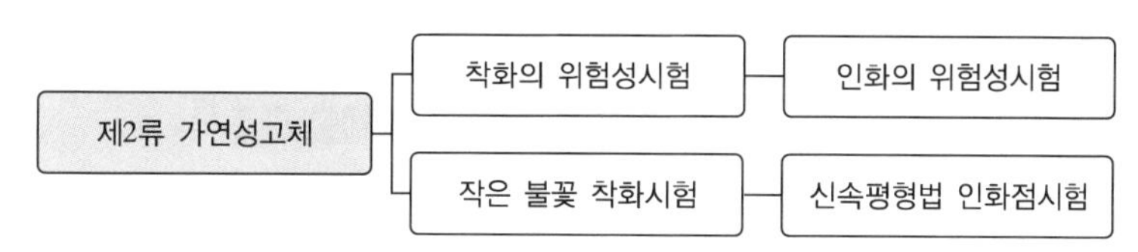

품 명	용어내용
유 황	순도가 60중량퍼센트 이상인 것(순도측정에 있어서 불순물은 활석 등 불연성 물질과 수분에 한함)
철 분	철의 분말로서 53마이크로미터의 표준체를 통과하는 것이 50중량퍼센트 미만인 것을 제외
금속분	알칼리금속 · 알칼리토류금속 · 철 및 마그네슘 외의 금속의 분말을 말하며, 구리분 · 니켈분 및 150마이크로미터의 체를 통과하는 것이 50중량퍼센트 미만인 것은 제외함
마그네슘 및 마그네슘을 함유한 것	다음 해당하는 것은 제외한다. • 2밀리미터의 체를 통과하지 아니하는 덩어리 상태의 것 • 지름 2밀리미터 이상의 막대 모양의 것
황화린 · 적린 · 유황 및 철분	가연성고체의 성상이 있는 것으로 봄
인화성고체	고형알코올 그 밖에 1기압에서 인화점이 섭씨 40도 미만인 고체

Plus one

참고 제2류 가연성고체 위험물의 성질 등

- 공통성질
  - 비교적 낮은 온도에서 착화하기 쉬운 가연성고체로서 이연성, 속연성 물질
  - 대단히 연소속도가 빠른 고체이며, 강환원제로서 비중이 1보다 크다.
  - 유독한 것 또는 연소 시 유독가스를 발생하는 것도 있다.
  - 철분, 마그네슘, 금속분류는 물과 산과 접촉하면 발열한다.
  - 산화제와 접촉, 마찰로 인하여 착화되면 급격히 연소한다.
  - 산소를 함유하고 있지 않기 때문에 강력한 환원제(산소결합용이)연소열이 크고, 연소온도가 높다.
- 저장 및 취급방법
  - 점화원을 멀리하고 가열을 피할 것
  - 용기의 파손으로 위험물의 누설에 주의할 것
  - 산화제와의 접촉을 피할 것
  - 철분, 마그네슘, 금속분류는 산 또는 물과의 접촉을 피할 것
- 소화방법 및 진압대책
  - 금속분, 철분, 마그네슘, 황화린은 건조사, 건조분말 등으로 질식소화하며 적린과 유황은 물에 의한 냉각소화가 적당하다.
  - 금속분, 철분, 마그네슘의 연소 시 주수하면 급격한 수증기 압력이나 분해에 의해 발생된 수소에 의한 폭발위험과 연소 중인 금속의 비산으로 화재면적을 확대시킬 수 있다.
  - 연소 시 발생하는 유독성 가스의 흡입 방지를 위해 공기호흡기를 착용한다.

(6) 제3류 위험물(자연발화성물질 및 금수성물질) **2013년 부산소방장 기출**

① 품명 · 지정수량 및 등급

<table>
<tr><th>품 명</th><th colspan="2">품 목</th><th>지정수량</th><th>등 급</th></tr>
<tr><td>1. 칼륨(K) : 석유속 저장</td><td colspan="2">–</td><td>10kg</td><td rowspan="5">I</td></tr>
<tr><td>2. 나트륨(Na) : 상동</td><td colspan="2">–</td><td>10kg</td></tr>
<tr><td>3. 알킬알루미늄(RAl 또는 RAlX : C_1~C_4) : 희석액은 벤젠 또는 톨루엔</td><td colspan="2">트리에틸알루미늄 $(C_2H_5)_3Al$, 트리메틸알루미늄 $(CH_3)_3Al$</td><td>10kg</td></tr>
<tr><td>4. 알킬리튬(RLi)</td><td colspan="2">부틸리튬(C_4H_9Li), 메틸리튬(CH_3Li), 에틸리튬(C_2H_5Li)</td><td>10kg</td></tr>
<tr><td>5. 황린(P_4) : 보호액은 물</td><td colspan="2">–</td><td>20kg</td></tr>
<tr><td rowspan="2">6. 알칼리금속(K 및 Na 제외) 및 알칼리토금속류</td><td>알칼리금속</td><td>Li, Rb, Cs, Fr</td><td rowspan="2">50kg</td><td rowspan="3">II</td></tr>
<tr><td>알칼리토금속</td><td>Be, Ca, Sr, Ba, Ra</td></tr>
<tr><td>7. 유기금속화합물류(알킬알루미늄 및 알킬리튬 제외)</td><td colspan="2">디에틸텔르륨 $Te(C_2H_5)_2$, 디메틸텔르륨 $Te(CH_3)_2$, 디에틸아연 $Zn(C_2H_5)_2$, 디메틸아연 $Zn(CH_3)_2$, 사에틸연 $(C_2H_5)_4Pb$</td><td>50kg</td></tr>
<tr><td>8. 금속의 수소화물</td><td colspan="2">수소화리튬(LiH), 수소화나트륨(NaH), 수소화칼슘(CaH_2), 수소화알루미늄리튬($LiAlH_4$)</td><td>300kg</td><td rowspan="4">III</td></tr>
<tr><td>9. 금속의 인화물</td><td colspan="2">인화알루미늄(AlP), 인화칼슘(Ca_3P_2)=인화석회</td><td>300kg</td></tr>
<tr><td>10. 칼슘 또는 알루미늄의 탄화물류</td><td colspan="2">탄화칼슘(CaC_2)=카바이드, 탄화알루미늄(Al_4C_3)</td><td>300kg</td></tr>
<tr><td>11. 그 밖에 행정안전부령이 정하는 것</td><td colspan="2">염소화규소화합물 : $SiHCl_3$, SiH_4Cl</td><td>300kg</td></tr>
<tr><td colspan="3">12. 제1호 내지 제11호의1에 해당하는 어느 하나 이상을 함유한 것</td><td></td><td></td></tr>
</table>

⊕ Plus one

참고 알킬알루미늄($RnAlX_{3-n}$) – 10kg

- 알킬기(C_nH_{2n+1})와 알루미늄(Al)의 유기금속화합물을 말한다.
- 트리에틸알루미늄의 경우 미사일 원료, 알루미늄의 도금원료, 유리 합성용 시약, 제트 연료 등으로 이용되며, 상온에서 무색투명한 액체 또는 고체로서 독성이 있으며 자극성인 냄새가 난다. 또한, 공기와 접촉하면 자연발화하며(C_1~C_4까지), 물과 접촉할 경우 폭발적으로 반응하여 에탄(C_2H_6)가스를 발생시킨다.
  - 탄소수가 C_1~C_4까지는 공기와 접촉하여 **자연 발화**된다.
    예 $2(C_2H_5)_3Al + 21O_2 \rightarrow 12CO_2 + Al_2O_3 + 15H_2O + 1470.4kcal$
  - 물과 폭발적 반응을 일으켜 **에탄가스**를 발화, 비산되므로 위험하다.
    예 $(C_2H_5)_3Al + 3H_2O \rightarrow Al(OH)_3 + 3C_2H_6$
- 대표적인 알킬알루미늄의 종류와 일반적 성질은 다음과 같다.

화학명	약 호	화학식	끓는점(bp)	녹는점(mp)	비 중	상 태
트리메틸알루미늄	TMAL	$(CH_3)_3Al$	127.1℃	15.3℃	0.748	무색액체
트리에틸알루미늄	TEAL	$(C_2H_5)_3Al$	186.6℃	–45.5℃	0.832	무색액체
트리프로필알루미늄	TNPA	$(C_3H_7)_3Al$	196.0℃	–60.0℃	0.821	무색액체
트리이소부틸알루미늄	TIBAL	iso–$(C_4H_9)_3Al$	분 해	1.0℃	0.788	무색액체
에틸알루미늄디클로라이드	EDAC	$C_2H_5AlCl_2$	194.0℃	22℃	1.252	무색고체

② 정의(영 별표1 비고) 2013년 소방위 기출 2013년 경남소방장 기출

㉠ 자연발화성물질 및 금수성물질이란 고체 또는 액체로서 공기 중에서 발화의 위험성이 있거나 물과 접촉하여 발화하거나 가연성가스를 발생하는 위험성이 있는 것

㉡ 칼륨 · 나트륨 · 알킬알루미늄 · 알킬리튬 및 황린 : 자연발화성물질 및 금수성물질의 성상이 있는 것으로 본다.

참고 시험방법 및 판정기준 : 위험물안전관리에 관한 세부기준 제10조 내지 제12조

[자연발화성 및 금수성물질시험]

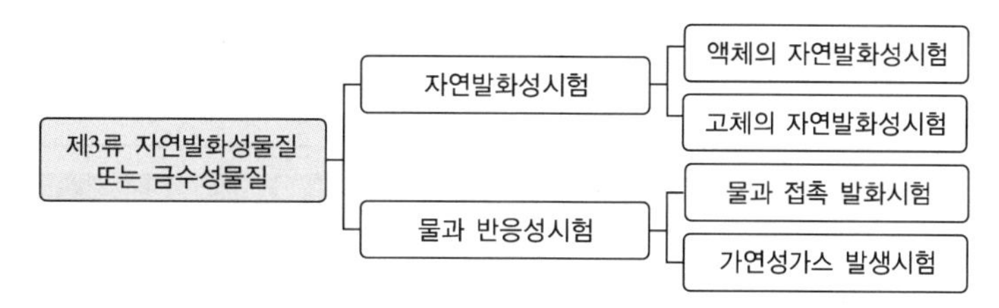

⊕ Plus one

참고 제3류 자연발화성 및 금수성 위험물의 성질 등

- 공통성질
  - 물과 반응하여 화학적으로 활성화된다.
    ⓐ 고체와 액체이며 공기 중에서 발열 발화하는 물질
    ⓑ 물과 접촉하여 발열만 하는 물질
    ⓒ 물과 접촉하여 가연성 가스를 발생하는 물질
    ⓓ 물과 접촉하여 급격히 발화하는 물질
  - 공기 또는 물기와 접촉하면 발열, 발화된다.
  - 황린을 제외한 모든 물질이 물에 대해 위험한 반응을 일으킨다.
  - 자연발화성물질로서 공기와의 접촉으로 자연발화하는 경우도 있다.
- 저장 및 취급방법
  - 용기의 파손 및 부식을 막으며 공기 또는 수분의 접촉을 방지한다.

- 다량을 저장할 경우는 소분하여 저장하며 화재발생에 대비하여 희석제를 혼합하거나 수분의 침입이 없도록 할 것
- 물과 접촉하여 가연성가스를 발생하므로 화기로부터 멀리한다.
- 보호액 속에 위험물을 저장할 경우 위험물이 보호액 표면에 노출되지 않게 한다.

• 소화방법 및 진압대책
- 절대 주수를 엄금하며 어떤 경우든 물에 의한 냉각소화는 불가능하다.
- 상황에 따라 건조분말, 건조사, 팽창질석, 건조석화를 조심스럽게 사용한다.
- K, Na은 격렬히 연소하기 때문에 특별한 소화수단이 없으므로 연소확대 방지에 주력해야 한다.
- 알킬알루미늄, 알킬리튬 및 유기금속화합물은 금속화재와 같은 양상이 되므로 진압 시 각별한 주의를 해야 한다.

※ 건조사, 팽창진주암 및 질석으로 질식소화(물, CO_2, 하론 소화 일체금지)

(7) 제4류 위험물(인화성액체)

① 품명・지정수량 및 등급

품 명	품 목		지정수량	등 급
1. 특수인화물 〈특이에〉	이황화탄소(-30℃), 디에틸에테르(-45℃), 아세트알데히드(-39℃), 산화프로필렌(-37℃)		50리터	Ⅰ
2. 제1석유류 〈아가〉	비수용성액체	가솔린(-20~-43℃), 벤젠(-11℃), 톨루엔(4℃)	200리터	Ⅱ
	수용성액체	아세톤(-20℃), 시안화수소(-18℃)	400리터	
3. 알코올류	메틸알코올(11℃), 에틸알코올(13℃), 프로필알코올(15℃), 이소프로필알코올(12℃)		400리터	
4. 제2석유류 〈등경풍경〉	비수용성액체	등유(43~72℃), 경유(50~70℃), 클로로벤젠(29℃)	1,000리터	
	수용성액체	아세트산(빙초산 40℃), 의산(50℃)	2,000리터	
5. 제3석유류 〈중클뭉클〉	비수용성액체	중유(60~150℃), 클레오소트유(74℃), 니트로벤젠(88℃)	2,000리터	
	수용성액체	글리세린(199℃), 에틸렌글리콜(111℃)	4,000리터	
6. 제4석유류 〈기실비실〉	기어유(200~300℃), 실린더유(230~370℃)		6,000리터	
7. 동식물유류 〈야동〉	야자유(216℃), 올리브유(225℃), 피마자유(229℃)		10,000리터	

② 정의(영 별표1 비고) 2013년, 2021년 소방위 기출 2013년 경남소방장 기출 2017년 통합소방장 기출 2021년 소방장 기출 2023년 소방위 기출

"인화성액체"라 함은 액체(제3석유류, 제4석유류 및 동식물유류에 있어서는 1기압과 섭씨 20도에서 액상인 것에 한한다)로서 인화의 위험성이 있는 것을 말한다.

⊕ Plus one

인화성액체에서 제외

위험물의 운반용기를 사용하여 진열・판매・저장하거나 운반하는 다음의 경우

• 화장품 중 인화성액체를 포함하고 있는 것
• 의약품 중 인화성액체를 포함하고 있는 것
• 의약외품(알코올류에 해당하는 것은 제외한다) 중 수용성인 인화성액체를 50부피퍼센트 이하로 포함하고 있는 것
• 체외진단용 의료기기 중 인화성액체를 포함하고 있는 것
• 안전확인 대상 생활화학제품(알코올류에 해당하는 것은 제외한다) 중 수용성인 인화성액체를 50부피퍼센트 이하로 포함하고 있는 것

참고 시험방법 및 판정기준 : 위험물안전관리에 관한 세부기준 제14조 내지 제16조

[인화성 측정시험]

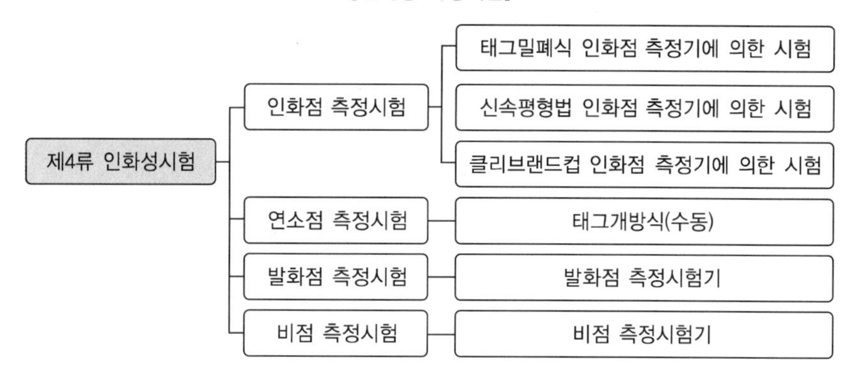

품 명	대표적인 품목	인화점
특수인화물	이황화탄소, 디에틸에테르	• 발화점이 섭씨 100도 이하인 것 • 인화점이 섭씨 영하 20도 이하이고 비점이 섭씨 40도 이하인 것
제1석유류	아세톤, 휘발유	인화점이 섭씨 21도 미만인 것
제2석유류	등유, 경유	인화점이 섭씨 21도 이상 70도 미만인 것
제3석유류	중유, 클레오소트유	인화점이 섭씨 70도 이상 섭씨 200도 미만인 것
제4석유류	기어유, 실린더유	인화점이 섭씨 200도 이상 섭씨 250도 미만의 것
동식물유류	동물의 지육 등 또는 식물의 종자나 과육으로부터 추출한 것	인화점이 섭씨 250도 미만인 것
알코올류	메탄올, 에탄올	1분자를 구성하는 탄소원자의 수가 1개부터 3개까지인 포화1가 알코올(변성알코올을 포함한다)을 말함

Plus one

참고 **제4류 인화성액체위험물의 성질**

• 공통성질
- 상온에서 액체이며 대단히 인화되기 쉽다.
- 물보다 가볍고, 대부분 물에 잘 녹지 않는다.
- 증기는 공기보다 무겁다(단, 시안화수소는 예외).
- 착화온도가 낮은 것은 위험하다.
- 증기는 공기와 약간 혼합되어도 연소한다.

• 저장 및 취급방법
- 용기는 밀전하여 통풍이 잘 되는 냉암소 저장한다.
- 증기 및 액체의 누설에 주의하여 저장한다.
- 인화점 이상 가열하여 취급하지 말아야 한다.
- 화기 및 점화원으로부터 먼 곳에 저장한다.
- 정전기의 발생에 주의하여 저장·취급한다.

• 소화방법 및 진압대책 : **질식소화 및 안개상의 주수소화 가능**
- 소량 위험물의 연소 시는 물을 제외한 소화약제로 질식소화하는 것이 효과적이며 대량인 경우 포에 의한 질식소화가 좋다.
- 수용성 위험물에는 알콜형 포를 사용하거나 다량의 물로 희석시켜 가연성증기의 발생을 억제하여 소화한다.

- 타고 있는 위험물을 제거시킨다.
- 높은 인화점을 가지거나 휘발성이 낮은 위험물의 화재 시 증기발생을 억제한다.

• 제4류 위험물 화재의 특성
- 증발 연소하므로 불티가 나지 않는다.
- 유동성액체이므로 연소의 확대가 빠르다.
- 인화성이므로 풍하의 화재에도 인화된다.
- 소화 후에도 착화점 이상으로 가열된 물체 등에 의하여 재연 내지는 폭발의 위험성이다.

[인화성액체의 분류]

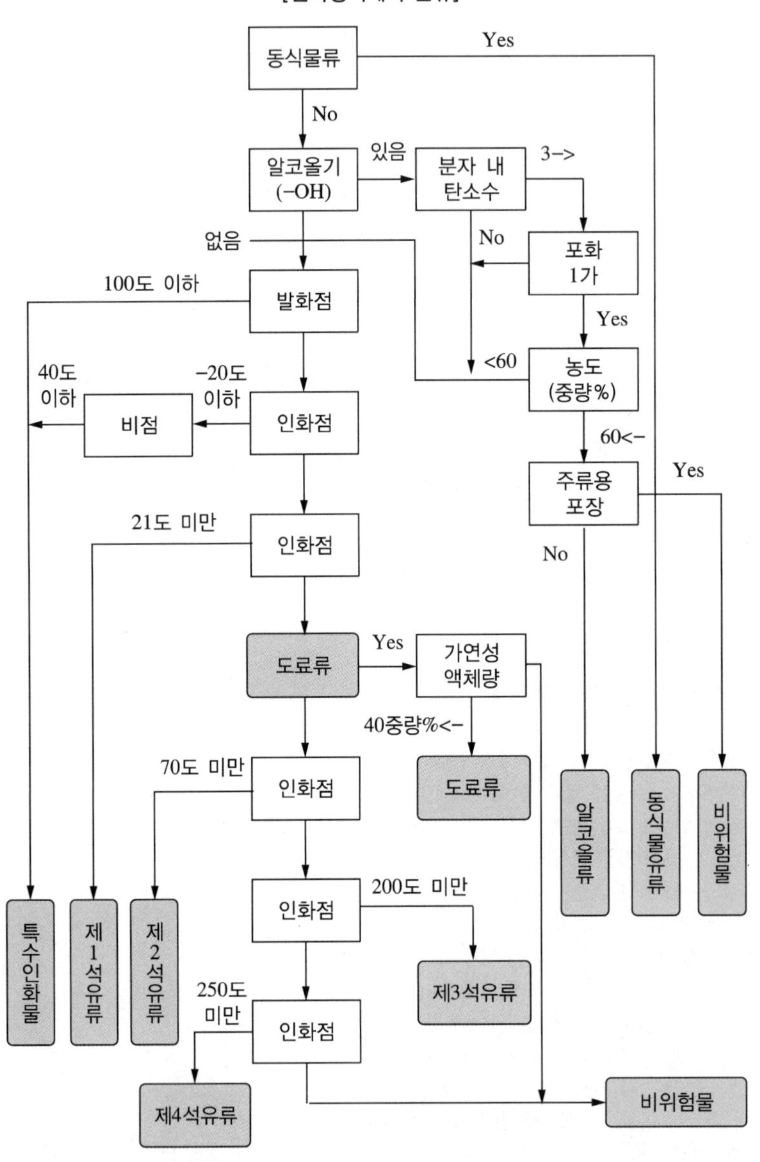

(8) 제5류 위험물(자기반응성물질) 2013년 소방위 기출 2021년 소방장 기출

① 품명 · 지정수량 및 등급

품 명	품 목	지정수량	등 급
1. 유기과산화물(-O-O-)	아세틸퍼옥사이드, 벤조일퍼옥사이드, 메틸에틸케톤퍼옥사이드	10kg	I
2. 질산에스테르류($R-ONO_2$)	니트로셀룰로오스[$C_6H_7O_2(ONO_2)_3$], 니트로글리세린[$C_3H_5(ONO_2)_3$], 질산에틸[$C_2H_5ONO_2$], 질산메틸	10kg	
3. 히드록실아민	NH_2OH	100kg	II
4. 히드록실아민염류	히드록실아민황상염 등	100kg	
5. 니트로화합(R-NO_2)	트리니트로톨루엔(TNT), 디나트로톨루엔(DNT)	200kg	
6. 니트로소화합물(R-NO)	파라디나트로소벤젠	200kg	
7. 아조화합물(-N=N-)	아조디카르본아미드(ADCA)	200kg	
8. 디아조화합물(-N≡N)	디아조디니트로페놀	200kg	
9. 히드라진유도체	염산히드라진(N_2H_4 · HCl), 황산히드라진(N_2H_4 · H_2SO_4)	200kg	
10. 그 밖에 행정안전부령이 정하는 것	금속의 아지화합물 : NaN_3(뇌관, 신관) 질산구아니딘 : $H_2NC(=NH)NH_2$ · HNO_3(폭약제조)	200kg	
11. 제1호 내지 제10호의1에 해당하는 어느 하나 이상을 함유한 것		10kg, 100kg 또는 200kg	

② 정의(영 별표1 비고) 2017년 인천소방장 기출

"자기반응성물질"이라 함은 고체 또는 액체로서 폭발의 위험성 또는 가열분해의 격렬함을 판단하기 위하여 고시로 정하는 시험에서 고시로 정하는 성질과 상태를 나타내는 것

참고 시험방법 및 판정기준 : 위험물안전관리에 관한 세부기준 제18조 내지 제21조

[폭발성시험 등]

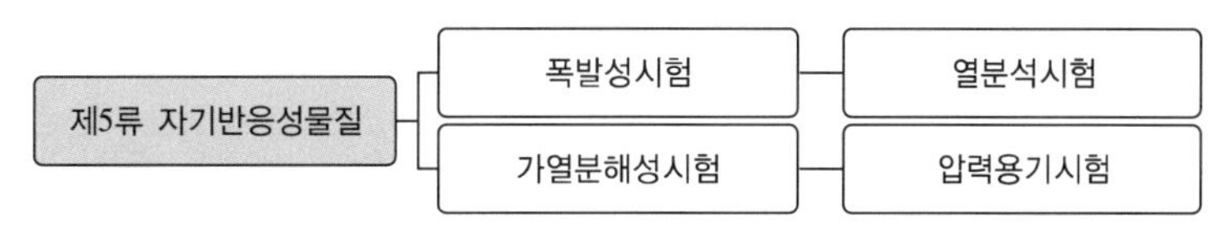

⊕ Plus one

자기반응성물질의 유기과산화물을 함유하는 것 중에서 불활성고체를 함유하는 것으로서 다음 각 목의 1에 해당하는 것은 제외

① 과산화벤조일의 함유량이 35.5중량퍼센트 미만인 것으로서 전분가루, 황산칼슘2수화물 또는 인산1수소칼슘2수화물과의 혼합물

② 비스(4클로로벤조일)퍼옥사이드의 함유량이 30중량퍼센트 미만인 것으로서 불활성고체와의 혼합물

③ 과산화지크밀의 함유량이 40중량퍼센트 미만인 것으로서 불활성고체와의 혼합물

④ 1 · 4비스(2-터셔리부틸퍼옥시이소프로필)벤젠의 함유량이 40중량퍼센트 미만인 것으로서 불활성고체와의 혼합물

⑤ 시이클로헥산온퍼옥사이드의 함유량이 30중량퍼센트 미만인 것으로서 불활성고체와의 혼합물

⊕ Plus one

참고 **제5류 자기반응성 위험물의 성질 등**

- 공통성질
  - 가연성 물질로서 그 자체가 산소를 함유하므로 내부 연소(자기 연소)를 일으키기 쉬운 자기반응성물질이다.
  - 모두 유기질화물이므로 가열, 충격, 마찰 등으로 인한 폭발위험이 있다.
  - 장시간 저장 시 화학 반응이 일어나 열 분해되어 자연 발화한다.
  - 연소 시 연소속도가 매우 빨라 폭발성이 강한 물질이다.
- 저장 및 취급방법
  - 용기의 파손 및 균열에 주의하며 통풍이 잘되는 냉암소 등에 저장할 것
  - 가열, 충격, 마찰 등을 피하고 화기 및 점화원으로부터 멀리 저장할 것
  - 용기는 밀전, 밀봉하고 운반용기 및 포장외부에는 '화기엄금', '충격주의' 등의 주의사항을 게시할 것
  - 화재 시 소화가 곤란하므로 소분하여 저장한다.
- 소화방법 및 진압대책
  - 자기연소성물질이기 때문에 CO_2, 분말, 하론, 포 등에 의한 질식소화는 효과가 없으며, 다량의 물로 냉각하는 것이 적당하다.
  - 초기화재 또는 소량화재 시에는 분말로 일시에 화염을 제거하여 소화할 수 있으나 재발화가 염려되므로 최종적으로는 물로 냉각소화해야 한다.
  - 화재 시 폭발위험이 상존하므로 화재진압 시에는 충분히 안전거리를 유지하고 접근 시에는 엄폐물을 이용하며 방수 시에는 무인방수포 등을 이용한다.

(9) 제6류 위험물(산화성액체)

① 품명 · 지정수량 및 등급

품 명	품 목	지정수량	등 급
1. 과염소산($HClO_4$)	–	300kg	Ⅰ
2. 과산화수소(H_2O_2)	–	300kg	
3. 질산(HNO_3)	–	300kg	
4. 그 밖에 행정안전부령이 정하는 것	할로겐간화합물(ICl, IBr, BrF_3, BrF_5, IF_5 등)	300kg	
5. 제1호 내지 제4호 1에 해당하는 어느 하나 이상을 함유한 것		300kg	

② 정의(영 별표1 비고) 2002, 2023년 소방위 기출

"산화성액체"라 함은 액체로서 산화력의 잠재적인 위험성을 판단하기 위하여 고시로 정하는 시험에서 고시로 정하는 성질과 상태를 나타내는 것을 말한다.

참고 시험방법 및 판정기준 : 위험물안전관리에 관한 세부기준 제23조

[산화성시험방법]

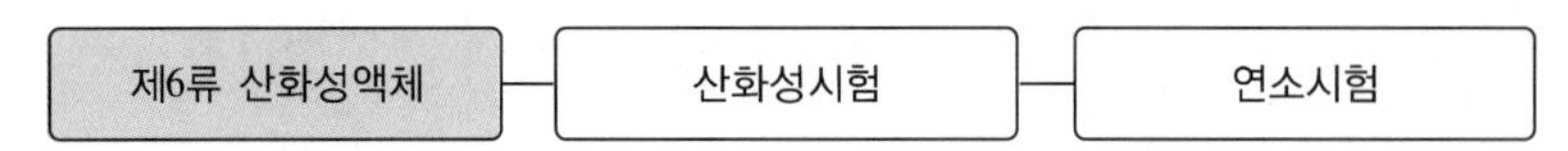

품 명	내 용
과산화수소	그 농도가 36중량퍼센트 이상인 것에 한한다.
질 산	그 비중이 1.49 이상인 것에 한한다.

Plus one

참고 **제6류 산화성액체위험물의 성질 등**

- 공통성질
  - 산소를 많이 포함하여 다른 가연물의 연소를 돕는다.
  - 부식성 및 유독성이 강한 강산화제이다.
  - 비중이 1보다 크며 물에 잘 녹는다.
  - 물과 만나면 발열한다.
  - 가연물 및 분해를 촉진하는 약품과 분해 폭발한다.
- 저장 및 취급방법
  - 물, 유기물, 가연물 및 산화제와의 접촉을 피해야 한다.
  - 저장용기는 내산성 용기를 사용하며, 흡습성이 강하므로 용기는 밀전, 밀봉하여 액체의 누설이 되지 않도록 한다.
  - 증기는 유독하므로 취급 시에는 보호구를 착용한다.
- 소화방법 및 진압대책
  - 자신은 불연성이지만 연소를 돕는 물질이므로 화재 시에는 가연물과 격리하도록 한다.
  - 소량화재 시는 다량의 물로 희석할 수 있지만 원칙적으로 주수는 하지 않아야 한다.
  - 화재진압 시는 공기호흡기, 보호의, 고무장갑, 고무장화 등 보호장구를 반드시 착용한다.

(10) 복수성상물품의 구별

위험물은 하나의 위험성을 가질 경우도 있지만 둘 이상의 위험성을 가질 경우도 있다. 위험물을 구분하는데 위험성 간의 경합이 있어 문제가 될 수 있다. 하나의 위험물이 둘 이상의 위험성을 가질 경우를 위험물안전관리법 시행령 제2조 관련 영 별표1의 성질란에 규정된 성상을 2가지 이상의 물품을 "**복수성상물품**"이라 하며 이러한 경우 품명은 다음과 같이 더 위험한 위험성을 그 위험물의 성상으로 한다.

① 복수성상물품이 산화성고체의 성상 및 가연성고체의 성상을 가지는 경우 : **제2류(가연성고체)** 제8호에 따른 품명

② 복수성상물품이 산화성고체의 성상 및 자기반응성물질의 성상을 가지는 경우 : **제5류(자기반응성물질)** 제11호에 따른 품명

③ 복수성상물품이 가연성고체의 성상과 자연발화성물질의 성상 및 금수성물질의 성상을 가지는 경우 : **제3류**(자연발화성물질의 성상 및 금수성물질) 제12호에 따른 품명

④ 복수성상물품이 자연발화성물질의 성상, 금수성물질의 성상 및 인화성액체의 성상을 가지는 경우 : **제3류**(자연발화성물질의 성상 및 금수성물질) 제12호에 따른 품명

⑤ 복수성상물품이 인화성액체의 성상 및 자기반응성물질의 성상을 가지는 경우 : **제5류(자기반응성물질)** 제11호에 따른 품명

⊕ Plus one

복수성상물품	1류 + 2류	1류 + 5류	2류 + 3류	3류 + 4류	4류 + 5류
품 명	2류 제8호	5류 제11호	3류 제12호	3류 제12호	5류 제11호
비 고	제○호 란 : 제○호 내지 제○호의 에 해당하는 어느 하나 이상을 함유한 것				

(11) 영 별표1에 따른 지정수량 란에 정하는 수량이 복수로 있는 품명에 있어서는 해당 품명이 속하는 유(類)의 품명 가운데 위험성의 정도가 가장 유사한 품명의 지정수량 란에 정하는 수량과 같은 수량을 해당 품명의 지정수량으로 한다. 이 경우 위험물의 위험성을 실험·비교하기 위한 기준은 고시로 정할 수 있다.

(12) 영 별표 1에 따라 위험물을 판정하고 지정수량을 결정하기 위하여 필요한 실험은 「국가표준기본법」 제23조에 따라 인정을 받은 시험·검사기관, 「소방산업의 진흥에 관한 법률」 제14조에 따른 한국소방산업기술원, 국립소방연구원 또는 소방청장이 지정하는 기관에서 실시할 수 있다. 이 경우 실험 결과에는 실험한 위험물에 해당하는 품명과 지정수량이 포함되어야 한다.

⊕ Plus one

참고 위험물안전관리법의 위험물 판정 시험방법

유 별	분 류	시험종류	시험항목		세부기준(고시)
제1류	산화성고체	산화성시험	연소시험, 대량연소시험		제3조, 제4조
		충격민감성시험	낙구식타격감도시험, 철관시험		제5조, 제6조
제2류	가연성고체	착화성시험	작은불꽃착화시험		제8조
		인화성시험	신속평형법인화점시험		제9조
제3류	자연발화성 및 금수성물질	자연발화성시험	자연발화성시험		제11조
		금수성시험	물과의 반응성시험		제12조
제4류	인화성액체	인화성시험	인화점 측정시험	태그밀폐식(자동, 수동)	제14조
				신속평형법 인화점 측정	제15조
				클리브랜드컵(자동, 수동)	제16조
			연소점 측정시험		
			발화점 측정시험		
			비점 측정시험		
제5류	자기반응성 물질	폭발성시험	열분석시험		제18조, 제19조
		가열분해성시험	압력용기시험		제20조, 제21조
제6류	산화성액체	산화성시험	연소시험		제23조

Plus one

• **위험물 성상 판단**

그 물품이 영 별표1에 게재되어 있는 품명 및 성상을 가지고 있는지 여부에 의하며, 성상을 알 수 없는 경우에는 위험물로서의 성상을 가지고 있는지 여부를 시험을 실시하여 판단한다.

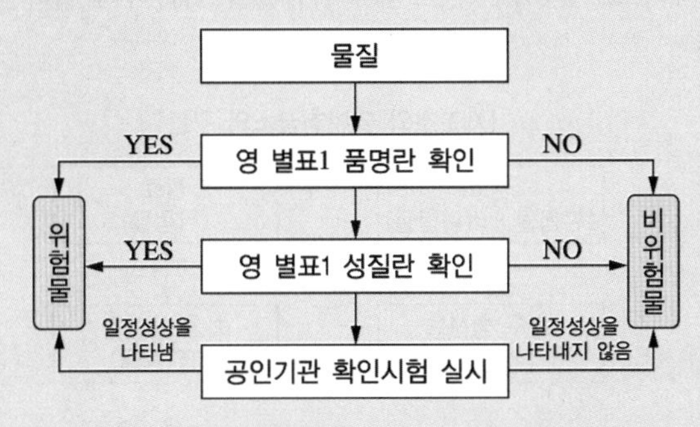

• **위험물 유별 성질 및 소화방법**

유별 (비중)	성 질	공통성질	소화방법
제1류 (>1)	산화성 고체	불연성, 조연성, 무기화합물, 무색결정, 백색분말, 산소다량함유, 수용성, 비중 > 1	냉각소화 (단, 무기과산화물은 모래 또는 소다재)
제2류 (>1)	가연성 고체	이연성, 속연성, 강력한 환원제, 연소열 및 연소온도 높다. 가연성	냉각소화 (단, 철분, 마그네슘, 금속분은 건조사에 의한 피복소화)
제3류 (<1대부분)	자연발화성 및 금수성 물질 (고체, 액체)	공기 중에서 발열 발화하며, 물과 접촉하여 발열, 발화함. 가연성	질식소화 (건조사, 팽창진주암 및 팽창질석) (물, CO2, 하론일체금지)
제4류 (<1대부분)	인화성 액체	대단히 인화되기 쉽다. 착화온도가 낮은 것은 위험. 증기는 공기보다 무겁다. 물보다 가볍고 물에 녹기 어렵다. 증기는 공기와 약간만 혼합되어도 연소의 우려가 있다. 가연성	질식소화 안개상의 주수소화
제5류 (>1)	자기반응성 물질 (고체, 액체)	내부연소가능, 장시간 저장 시 산화반응으로 열 분해되어 자연발화, 가연성	다량의 주수에 의한 냉각소화
제6류 (>1)	산화성 액체	불연성, 조연성, 물과 발열반응, 부식성, 유독성 강한 강산화제, 비중 > 1, 약품류와 분해폭발	적합한 소화 (건조사 및 탄산가스)

04 위험물 제조소

(1) 정 의

위험물을 제조할 목적으로 지정수량 이상의 위험물을 취급하기 위하여 시·도지사(소방서장)의 허가를 받은 장소

[제조소와 일반취급소의 구분]

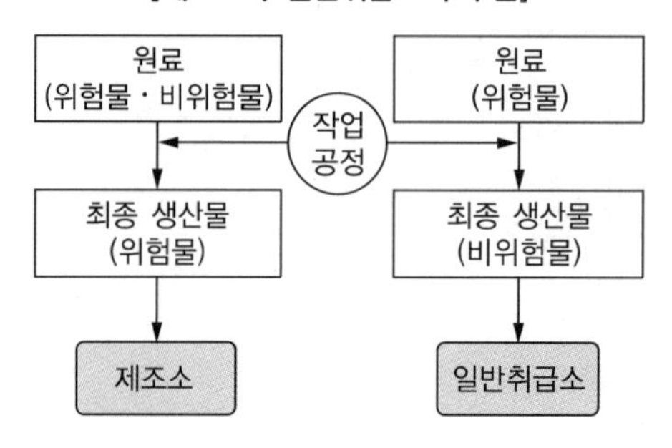

(2) 위험물 제조소 해당사례 및 허가단위

① 위험물을 원료로 하여 위험물을 제조하지 않는 경우는 제조소에 해당하지 아니함
예 지정수량 이상의 위험물을 취급하여 비위험물품을 제조하는 경우

② 비위험물을 원료로 하여 위험물을 제조하는 경우 : 제조소
허가단위 : 1일 최대제조량을 기준

③ 위험물을 원료로 하여 위험물을 제조하는 경우 : 제조소
허가단위 : 원료인 위험물과 제조되는 위험물의 1일 최대량을 비교하여 지정수량의 배수가 큰 것을 기준

④ 위험물을 원료로 중간 위험물을 생산·가공하여 최종 위험물을 제조하는 경우
원료인 위험물, 중간단계의 위험물 및 최종 위험물의 1일 최대량을 비교하여 지정수량의 배수가 큰 것을 기준으로 함

⑤ 위험물을 원료로 하여 제조공정 내에서 정체·순환시킨 후 위험물을 제조하는 경우
원료인 위험물, 정체·순환되는 위험물(정체되는 위험물은 순간최대정체량을 기준으로 하며, 순환되는 위험물의 양은 1회 순환량에 순환횟수를 곱한 값을 기준으로 함)과 제조되는 위험물의 1일 최대량을 비교하여 지정수량의 배수가 큰 것을 기준으로 함

⑥ 1회의 제조공정이 수일에 걸쳐 이루어지는 경우
각 일의 최대취급량을 ① 내지 ⑤의 기준에 의하여 산정한 후 지정수량의 배수가 큰 것을 기준으로 함

⑦ 1일에 수회의 제조공정이 이루어지는 경우
각 회의 최대취급량을 ① 내지 ⑤의 기준에 의하여 산정한 후 지정수량의 배수를 합산함

⑧ 수개의 제조공정이 함께 이루어지는 경우
각 공정의 최대취급량을 ① 내지 ⑤의 기준에 의하여 산정한 후 지정수량의 배수를 합산함

⑨ ① 내지 ⑧의 기준에 의하여 산정함에 있어서 공정 중 취급탱크가 있는 경우에는 취급탱크의 용량의 합과 해당 공정의 최대취급량 중 큰 것을 기준으로 함

⑩ ① 내지 ⑧의 기준에 의하여 산정한 값에 제조공정에 부수한 유압장치, 가열기 등에서 취급하는 위험물의 지정수량의 배수를 합산함

05 위험물 저장소★★★

(1) 정의 : 지정수량 이상의 위험물을 저장하기 위하여 대통령령으로 정하는 장소로서 소방서장의 허가를 받은 장소

(2) 저장소의 구분(시행령 별표2)

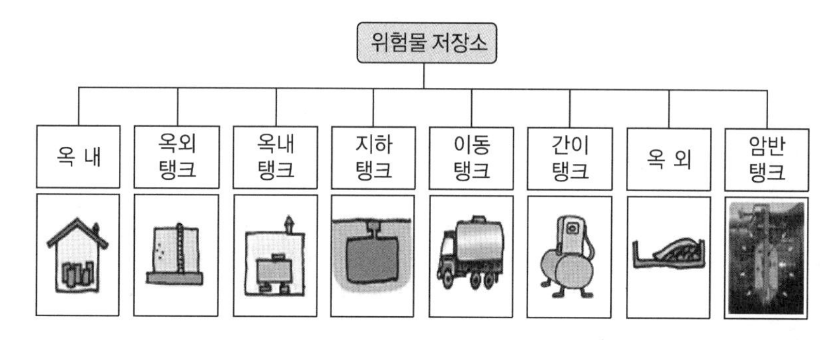

① **옥내저장소** : 옥내(지붕과 기둥 또는 벽 등에 의하여 둘러싸인 곳을 말한다. 이하 같다)에 위험물을 저장(위험물을 저장하는데 따르는 취급을 포함한다. 이하 이 표에서 같다)하는 장소. 다만, 옥내탱크저장소를 제외한다.

② **옥외탱크저장소** : 옥외에 있는 탱크(다음 ④ 내지 ⑥ 및 ⑧에 규정된 탱크를 제외한다)에 위험물을 저장하는 장소

③ **옥내탱크저장소** : 옥내에 있는 탱크에 위험물을 저장하는 장소(④ 내지 ⑥ 및 ⑧에 규정된 탱크를 제외한다)

④ **지하탱크저장소** : 지하에 매설한 탱크에 위험물을 저장하는 장소

⑤ **간이탱크저장소** : 간이탱크에 위험물을 저장하는 장소

⑥ **이동탱크저장소** : 차량(피견인자동차에 있어서는 앞차축을 갖지 아니하는 것으로서 해당 피견인자동차의 일부가 견인자동차에 적재되고 해당 피견인자동차와 그 적재물의 중량의 상당부분이 견인자동차에 의하여 지탱되는 구조의 것에 한한다)에 고정된 탱크에 위험물을 저장하는 장소

⑦ 옥외저장소는 옥외에 다음 각 목의 1에 해당하는 위험물을 저장하는 장소. 다만, 위 ②의 장소를 제외한다. **2017년 소방위 기출** **2017년 인천소방장 기출**

㉠ 제2류 위험물 중 유황 또는 인화성고체(인화점이 섭씨 0도 이상인 것에 한한다)

㉡ 제4류 위험물 중 제1석유류(인화점이 섭씨 0도 이상인 것에 한한다) · 알코올류 · 제2석유류 · 제3석유류 · 제4석유류 및 동식물유류

㉢ 제6류 위험물

㉣ 제2류 위험물 및 제4류 위험물 중 특별시 · 광역시 또는 도의 조례에서 정하는 위험물(「관세법」 제154조에 따른 보세구역 안에 저장하는 경우에 한한다)

Plus one

보세구역 내의 옥외저장소에 저장할 수 있는 위험물

- **인천광역시 위험물안전관리 조례**
  - 제2류 위험물 중 유황, 철분, 금속분, 마그네슘, 인화성고체, **염소화규소화합물**
  - 특수인화물을 제외한 제4류 위험물을 다음 각 호 어느 하나와 같이 저장하는 경우
    - ⓐ 시 · 도지사가 실시하는 운반용기에 대한 검사를 받은 대형운반용기로서 기계에 의하여 하역하는 구조의 용기에 위험물을 저장하는 경우
    - ⓑ 위험물 선박운송 및 저장 규칙에 적합한 컨테이너에 위험물을 저장하는 경우
- **세종, 광주, 대전, 부산, 울산, 대구광역시 위험물안전관리에 관한 조례**
  - 제2류 위험물 중 유황 또는 인화성고체(인화점이 섭씨 0도 이상인 것에 한한다)
  - 제4류 위험물 중 제1석유류(인화점이 섭씨 0도 이상인 것에 한한다) · 알코올류 · 제2석유류 · 제3석유류 · 제4석유류 및 동식물유류
- **경기도 위험물안전관리에 관한 조례**
  - 제2류 위험물 중 유황 또는 인화성고체(인화점이 섭씨 0도 이상인 것에 한한다)
  - 제4류 위험물 중 제1석유류(인화점이 섭씨 0도 이상인 것에 한한다) · 알코올류 · 제2석유류 · 제3석유류 · 제4석유류 및 동식물유류
  - 제6류 위험물
  - 국제해사기구가 채택한「국제해상위험물규칙」(IMDG Code)에 적합한 용기에 수납된 위험물
- **강원도 위험물안전관리에 관한 조례** : 제2류, 제4류 위험물

[보세구역의 구분]

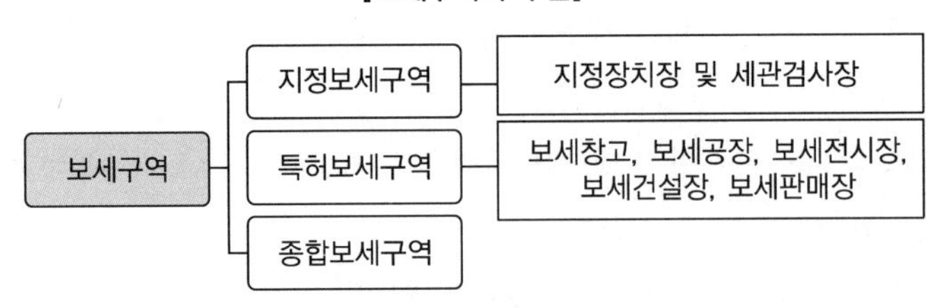

㉤ 「국제해사기구에 관한 협약」에 의하여 설치된 국제해사기구가 채택한 「국제해상위험물규칙」(IMDG Code)에 적합한 용기에 수납된 위험물

참고 IMDG Code : International Maritime Dangerous Goods Code

⑧ 암반탱크저장소 : 암반 내의 공간을 이용한 탱크에 액체의 위험물을 저장하는 장소

06 위험물 취급소★★★

(1) **정의 :** 지정수량 이상의 위험물을 제조 외의 목적으로 취급하기 위하여 대통령령으로 정하는 장소로서 허가를 받은 장소

(2) 취급소의 개관

① 취급소 구분(시행령 별표3)

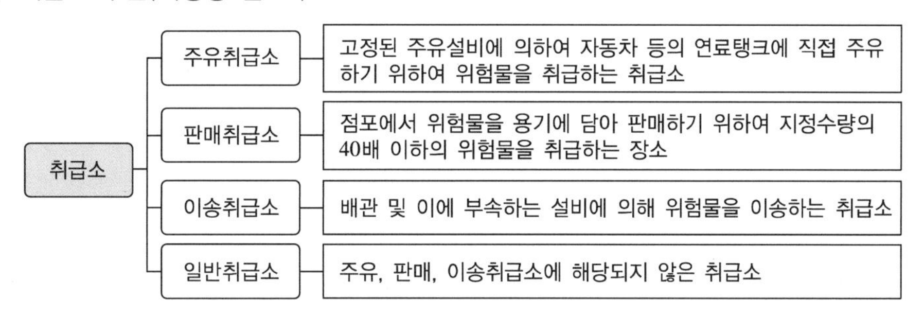

② 취급소 종별(시행령 별표3)

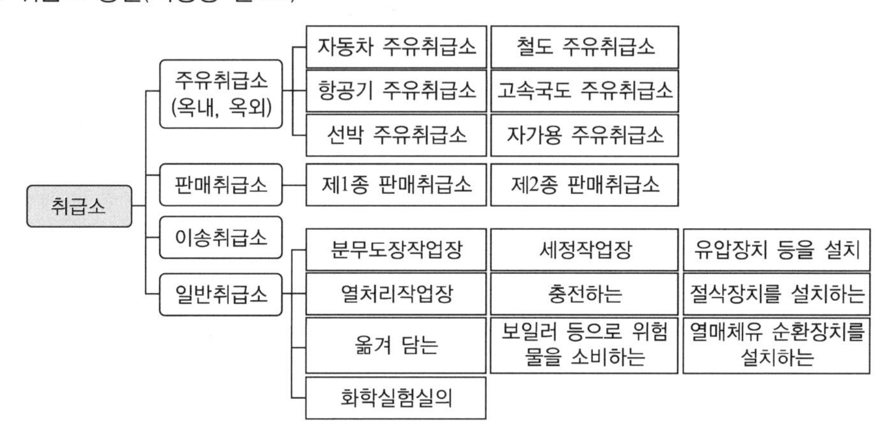

(3) 취급소의 구분

① **주유취급소 :** 고정된 주유설비에 의하여 자동차·항공기 또는 선박 등의 연료탱크에 직접 주유하기 위하여 위험물을 취급하는 장소

㉠ 항공기에 주유하는 경우에는 차량에 설치된 주유설비를 포함

㉡ 자동차·항공기 또는 선박 등의 연료탱크에 직접 주유하기 위하여 가짜 석유제품에 해당하는 위험물 취급하는 장소는 제외

㉢ 위험물을 용기에 옮겨 담거나 차량에 고정된 5천리터 이하의 탱크에 주입하기 위하여 고정된 급유설비를 병설한 장소를 포함

② **판매취급소** : 점포에서 위험물을 용기에 담아 판매하기 위하여 지정수량의 40배 이하의 위험물을 취급하는 장소(가짜석유제품에 해당하는 위험물 취급하는 장소는 제외) **2013년 경기소방장 기출**

㉠ 제1종 판매취급소 : 저장 또는 취급하는 위험물의 수량이 지정수량의 20배 이하인 판매취급소

㉡ 제2종 판매취급소 : 저장 또는 취급하는 위험물의 수량이 지정수량의 40배 이하인 판매취급소

③ **이송취급소** : 배관 및 이에 부속된 설비에 의하여 위험물을 이송하는 장소

Plus one

이송취급소 제외 장소

가. 「송유관안전관리법」에 의한 송유관에 의하여 위험물을 이송하는 경우
나. 제조소등에 관계된 시설(배관을 제외한다) 및 그 부지가 같은 사업소 안에 있고 해당 사업소 안에서만 위험물을 이송하는 경우
다. 사업소와 사업소의 사이에 도로(폭 2미터 이상의 일반교통에 이용되는 도로로서 자동차의 통행이 가능한 것을 말한다)만 있고 사업소와 사업소 사이의 이송배관이 그 도로를 횡단하는 경우
라. 사업소와 사업소 사이의 이송배관이 제3자(해당 사업소와 관련이 있거나 유사한 사업을 하는 자에 한한다)의 토지만을 통과하는 경우로서 해당 배관의 길이가 100미터 이하인 경우
마. 해상구조물에 설치된 배관(이송되는 위험물이 제4류 위험물 중 제1석유류인 경우에는 배관의 안지름이 30센티미터 미만인 것에 한한다)으로서 해당 해상구조물에 설치된 배관이 길이가 30미터 이하인 경우
바. 사업소와 사업소 사이의 이송배관이 다목 내지 마목에 따른 경우 중 2 이상에 해당하는 경우
사. 「농어촌 전기공급사업 촉진법」에 따라 설치된 자가발전시설에 사용되는 위험물을 이송하는 경우

④ **일반취급소** : 주유취급소, 판매취급소, 이송취급소 외의 장소(유사석유제품에 해당하는 위험물을 취급하는 장소는 제외)

07 위험물 제조소등

(1) 정 의

① "제조소등"이라 함은 제조소·저장소 및 취급소를 말한다.

② 이 법에서 위험물을 규정하기 위하여 사용되는 대표적인 개념이다.

(2) 제조소등의 구분

[위험물 제조소등의 구분]

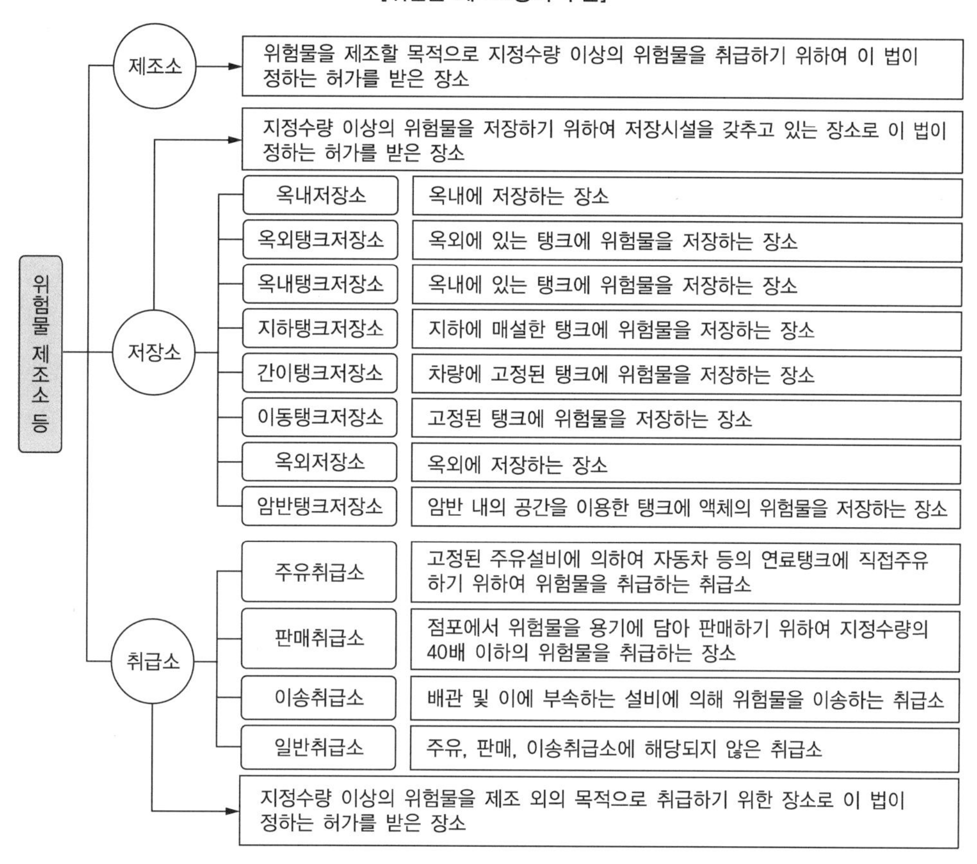

08 적용제외(법 제3조)★★

(1) 위험물안전관리법은 항공기・선박(선박법 제1조의2 제1항에 따른 선박을 말한다)・철도 및 궤도에 의한 위험물의 저장・취급 및 운반에 있어서는 이를 적용하지 아니한다.

⊕ Plus one

선박법 제1조의2(정의) ① 이 법에서 "선박"이란 수상 또는 수중에서 항행용으로 사용하거나 사용할 수 있는 배 종류를 말하며 그 구분은 다음 각 호와 같다.

1. 기선 : 기관(機關)을 사용하여 추진하는 선박[선체(船體) 밖에 기관을 붙인 선박으로서 그 기관을 선체로부터 분리할 수 있는 선박 및 기관과 돛을 모두 사용하는 경우로서 주로 기관을 사용하는 선박을 포함한다]과 수면비행선박(표면효과 작용을 이용하여 수면에 근접하여 비행하는 선박을 말한다)
2. 범선 : 돛을 사용하여 추진하는 선박(기관과 돛을 모두 사용하는 경우로서 주로 돛을 사용하는 것을 포함한다)
3. 부선 : 자력항행능력(自力航行能力)이 없어 다른 선박에 의하여 끌리거나 밀려서 항행되는 선박

(2) 이는 선박법 등 별도의 법률에 의하여 규율 받도록 함으로써 중복규제를 피하고 효율적인 법집행의 달성과 피규제자인 국민의 부담을 줄이고자 함이다.

(3) 그러나 항공기, 선박, 기차 등에 운항, 항해, 운행을 위하여 자체 연료탱크에 주유하거나 위험물을 적재하기 위한 시설은 「위험물안전관리법」이 적용된다.

09 국가의 책무

(1) 시책수립・시행

국가는 위험물에 의한 사고를 예방하기 위하여 다음 각 호의 사항을 포함하는 시책을 수립・시행해야 한다.

① 위험물의 유통실태 분석

② 위험물에 의한 사고 유형의 분석

③ 사고 예방을 위한 안전기술 개발

④ 전문인력 양성

⑤ 그 밖에 사고 예방을 위하여 필요한 사항

(2) 행정적・재정적 지원

국가는 지방자치단체가 위험물에 의한 사고의 예방・대비 및 대응을 위한 시책을 추진하는 데에 필요한 행정적・재정적 지원을 해야 한다.

10 지정수량 미만인 위험물의 저장 · 취급

(1) 지정수량 미만인 위험물의 저장 또는 취급에 관한 기술상의 기준은 특별시 · 광역시 · 특별자치시 · 도 및 특별자치도(이하 "시 · 도"라 한다)의 조례로 정한다(법 제4조).

Plus one

지정수량

- 위험물의 종류별로 위험성을 고려하여 위험물안전관리법 시행령 별표1이 정하는 수량
- 제조소등의 설치허가 등에 있어서 최저의 기준이 되는 수량
  - 지정수량 이상 : 위험물안전관리법에 따라 규제
  - 지정수량 미만 : 시 · 도 위험물안전관리의 기준으로 규제

(2) 「위험물안전관리조례」는 위험물안전관리법령의 범위 안에서 각 시 · 도의 실정을 고려하여 시 · 도 의회에서 제정하는 자치법규로서 주로 지정수량 미만 위험물의 저장 또는 취급에 관한 사항, 위험물의 임시 저장 또는 취급에 관한 사항을 규정하고 있다.

(3) 이는 위험성이 적은 지정수량 미만의 위험물에 대해서도 이 법령을 적용함으로 인하여 과다한 규제 또는 제한으로 위험물 저장 · 취급상의 장애를 배제토록 하는 한편, 지정수량 미만의 위험물이더라도 인화성 · 발화성 등 본질적 특성상 일정한 위해성은 가지고 있는바 이를 통제하기 위하여 위험물안전관리법령보다는 소방업무에 대한 책임이 있는 시 · 도의 위험물안전관리조례로 규정토록 함으로써 상대적 규제의 완화와 이용상에 있어서 현실성을 조화하고자 함에 본 조의 취지가 있다.

[위험물의 규제 흐름도]

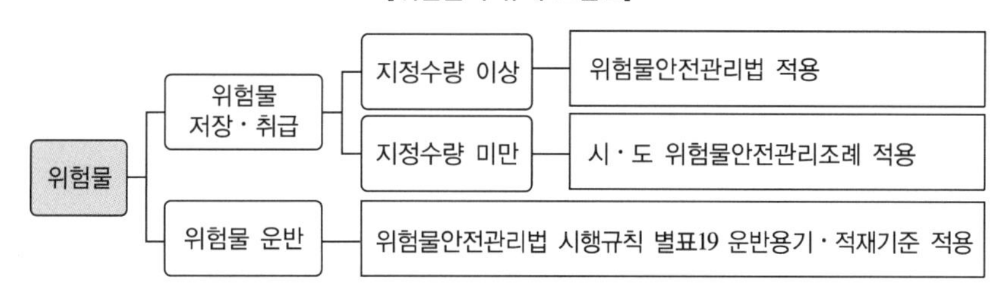

11 위험물의 저장 및 취급의 제한(법 제5조)

(1) 의 의

① 본 규정은 위험물의 위해를 방지하기 위하여 위험물의 제조・저장・취급 등에 대하여 가장 기본적이고 원칙적인 사항을 규정한 법조로 법령 전체에 있어서 물적 통제의 핵심적인 조항이라 할 수 있다.

② 법 제5조 제1항은 지정수량 이상인 위험물의 저장은 반드시 저장소에서만 해야 한다는 것을 의미하며, 반대로 제조소・취급소에서는 지정수량 이상인 위험물을 저장할 수 없다는 것을 의미한다. 또한 지정수량 이상인 위험물의 취급은 제조소・저장소・취급소에서 다 할 수 있다는 것인데 유의할 점은 저장소에서의 취급이라 함은 포괄적 의미의 취급이 아니라 저장을 위한 극히 제한적 취급을 의미한다.

③ 위험물의 안전한 저장・취급을 위하여 위험물의 위치・구조 및 설비를 적정하게 설치하는 것과 더불어 위험물을 저장・취급할 때에도 안전하게 다루어야 한다. 이에 지정수량 이상인 위험물을 저장・취급할 때에는 위험물의 성질과 상태를 고려하여 안전하게 다루도록 이 법에서 규정하고 있다. 저장・취급기준은 중요기준과 세부기준으로 나누어지는데 중요기준을 위반한 경우에는 벌칙을 적용하고 세부기준을 위반한 경우에는 과태료를 부과하도록 하고 있다.

(2) 위험물의 저장・취급

① 지정수량 이상의 위험물을 저장소가 아닌 장소에서 저장하거나 제조소등이 아닌 장소에서 취급하여서는 아니 된다(법 제5조 제1항).

> • 위반내용 : 저장소 또는 제조소등이 아닌 장소에서 지정수량 이상의 위험물을 저장 또는 취급한 자
> • 적용법규 : 3년 이하의 징역 또는 3천만원 이하의 벌금(법 제35조)

② 위험물의 저장・취급은 반드시 이 법령이 정한 기준에 의한 제조소・저장소・취급소에서 해야 한다는 기본원칙을 선언함과 동시에 위험물의 저장은 반드시 저장소에서만 할 것을 요구하고 있다. 따라서 제조소, 취급소에서는 위험물을 저장하는 것이 불가능해 짐에 따라 기존의 제조소, 취급소의 부속시설로 존재하던 저장시설은 별도의 위험물 저장소로 분리되었다.

(3) 제조소등이 아닌 장소에서 위험물을 취급할 수 있는 장소★★★

① (2)의 규정에 불구하고 다음 각 호의 1에 해당하는 경우에는 제조소등이 아닌 장소에서 지정수량 이상의 위험물을 취급할 수 있다. 이 경우 임시로 저장 또는 취급하는 장소에서의 저장 또는 취급의 기준과 임시로 저장 또는 취급하는 장소의 위치・구조 및 설비의 기준은 시・도의 조례로 정한다(법 제5조 제2항).

㉠ 시・도의 조례가 정하는 바에 따라 관할소방서장의 승인을 받아 지정수량 이상의 위험물을 90일 이내의 기간 동안 임시로 저장 또는 취급하는 경우

- 위반내용 : 시 · 도 조례로 정하는 위험물의 임시저장 · 취급을 소방서장의 승인을 받지 아니한 자
- 적용법규 : 500만원 이하의 과태료(법 제39조 제1호)

㉡ 군부대가 지정수량 이상의 위험물을 군사목적으로 임시로 저장 또는 취급하는 경우

② 위험물의 임시 저장 · 취급 승인 **2012년 소방위 기출**

㉠ 이 법 제5조(위험물의 저장 및 취급의 제한)에 의하면 지정수량 이상의 위험물을 저장소가 아닌 장소에서 저장하거나 제조소등이 아닌 장소에서 위험물의 취급을 원칙적으로 금지하고 있다.

㉡ 그러나 공사장, 수 · 출입화물 하역장소, 보관창고업소 등과 같은 곳에서 지정수량 이상의 위험물을 그 필요에 따라 90일 이내의 기간 동안 임시적으로 저장 · 취급하는 것을 위험물의 임시저장 · 취급이라 하며 이에 대해서는 이 법의 규정이 적용되는 것이 아니라 시 · 도의 조례에서 규정하도록 하고 있다.

㉢ 위험물 임시 저장 · 취급소는 지정수량 이상이지만 허가대상이 아니고 관할소방서장에의 승인신청대상이며 이 시설에 대한 기준은 시 · 도의 조례에서 정한 기술기준을 따르도록 하고 있으며 안전관리책임자를 지정하여 위험물의 안전성을 담보하고 있다.

㉣ 이와 같이 예외규정을 둔 것은 임시저장 · 취급대상이 고정되어 영구히 사용되는 시설이 아니라 일시적으로 사용 또는 임시로 저장하는 곳인 관계로 이 법에 의한 규제를 완화하여 위험물의 이용성을 극대화하기 위함이며, 이에 대한 시 · 도 위험물안전관리조례의 규정은 위험물의 위험성을 방지하고자 하는 법령이 요구하는 필요 최소한의 규정이기 때문이다.

㉤ 여기서 90일 이내의 기간에 대해서 조례가 정하는 바에 따라 관할 소방서장의 승인을 얻어 임시사용토록 하고 있는 바, 그 임시사용 기간이 90일을 초과한 경우 반복승인에 대해서는 인정하지 않고 있다. 따라서 90일이 초과되어 계속 사용하고자 하는 경우에는 조례에 의한 승인이 아니라 이 법에 의한 허가를 받아야 하는 것이다.

③ 군사목적으로 임시로 저장 또는 취급

㉠ 군사목적 또는 군부대시설을 위한 제조소등에 있어서는 시 · 도지사의 허가를 받도록 하는 것이 아니라 협의를 하도록 규정하고 있다.

㉡ 본 조에서는 군사목적으로 지정수량 이상의 위험물을 임시로 저장 또는 취급의 경우 시 · 도 조례로 규정하도록 하여 위험물의 사용상의 편익을 도모하고, 이러한 군사목적상 사용하는 위험물의 임시저장 또는 취급은 군 조직체의 특성상 일반적인 위험물 제조소등에 비하여 관리상의 안전성은 높으나, 위험물의 높은 이동성 및 유지관리상 군협조의 필요성 등의 특성을 가지고 있어 새롭게 분법된 「위험물안전관리법」에서 이러한 예외조항을 두고 있다.

(4) 위험물 저장 또는 취급에 관한 중요기준 및 세부기준

제조소등에서의 위험물의 저장 또는 취급에 관하여는 다음 각 호의 중요기준 및 세부기준에 따라야 한다(법 제5조 제3항).

① **중요기준** : 화재 등 위해의 예방과 응급조치에 있어서 큰 영향을 미치거나 그 기준을 위반하는 경우 직접적으로 화재를 일으킬 가능성이 큰 기준으로서 행정안전부령으로 정하는 기준을 말하며 직접적으로 위험물의 위해성을 통제하기 위한 각종 기준을 말한다.

2013년 부산소방장 기출 **2017년 인천소방장 기출** **2019년 소방위 기출**

- 기준법규 : 「위험물안전관리법 시행규칙」 별표18에서 규정
- 적용법규 : 1천 500만원 이하의 **벌금**(법 제36조 제1호)

② **세부기준** : 화재 등 위해의 예방과 응급조치에 있어서 중요기준보다 상대적으로 적은 영향을 미치거나 그 기준을 위반하는 경우 간접적으로 화재를 일으킬 수 있는 기준 및 위험물의 안전관리에 필요한 표시와 서류・기구 등의 비치에 관한 기준으로서 행정안전부령이 정하는 기준을 말한다.

- 기준법규 : 「위험물안전관리법 시행규칙」 별표18에서 규정
- 적용법규 : 500만원 이하의 과태료(법 제39조 제1항 제2호)

⊕ Plus one

위험물의 저장 및 취급제한 간단 정리

- 위험물
  - 저장・취급 기준
    - 지정수량 이상
      - 원칙 : 행정안전부령 — 중요기준 : 1천 500만원 이하 벌금 / 세부기준 : 500만원 이하 과태료
      - 임시 : 시・도 조례 — 관할소방서장의 승인(90일 이내) / 위반시 : 500만원 이하 과태료
    - 지정수량 미만
      - 시・도 위험물안전 관리 조례 — 200만원 이하 과태료
  - 저장・취급
    - 원칙 — 제조소 등에서 지정수량 이상 저장 및 취급 / 위반시 : 3년 이하의 징역 또는 3천만원 이하의 벌금
    - 예외 — 공사장 등에서 90일 이내에 임시 저장・취급 / 군사목적으로 임시 저장・취급(협의)
  - 적용제외 — 항공기・선박・철도 및 궤도

(5) 제조소등의 위치 · 구조 및 설비의 기술기준

① 제조소등의 위치 · 구조 및 설비의 기술기준은 「위험물안전관리법 시행규칙」 제3장(제28조~제40조)에서 규정하고 있다.

[제조소등의 위치 · 구조 및 설비의 기술기준]

위험물 제조소 등	조문	별표
제조소	제28조 제조소의 기준	별표4
저장소	제29조 옥내저장소의 기준	별표5
	제30조 옥외탱크저장소의 기준	별표6
	제31조 옥내탱크저장소의 기준	별표7
	제32조 지하탱크저장소의 기준	별표8
	제33조 간이탱크저장소의 기준	별표9
	제34조 이동탱크저장소의 기준	별표10
	제35조 옥외저장소의 기준	별표11
	제36조 암반탱크저장소의 기준	별표12
취급소	제37조 주유취급소의 기준	별표13
	제38조 판매취급소의 기준	별표14
	제39조 이송취급소의 기준	별표15
	제40조 일반취급소의 기준	별표16

② 또한, 이 규칙 제41조 내지 제48조에서는 해당 제조소등에 설치해야 하는 소화설비, 경보설비, 피난설비의 설치기준, 그리고 이러한 기준의 적용특례도 규정하고 있다.

⊕ Plus one

제41조 소화설비의 기준
제42조 경보설비의 기준
제43조 피난설비의 기준
제44조 소화설비 등의 설치에 관한 세부기준
제45조 소화설비 등의 형식
제46조 화재안전기준 등의 적용
제47조 제조소등의 기준의 특례
제48조 화약류에 해당하는 위험물의 특례

(6) 2품명 이상의 위험물의 지정수량 환산★★★

2013년 부산소방장 기출 | 2016년, 2018년 소방위 기출 | 2017년 인천소방장 기출

지정수량에 미달하는 위험물을 둘 이상의 위험물을 같은 장소에서 저장 또는 취급하는 경우에 있어서 해당 장소에서 저장 또는 취급하는 각 위험물의 수량을 그 위험물의 지정수량으로 각각 나누어 얻은 수의 합계가 1 이상인 경우 해당 위험물은 지정수량 이상의 위험물로 본다.

Plus one

계산 방법

$$\text{계산값} = \frac{\text{A품명의 수량}}{\text{A품명의 지정수량}} + \frac{\text{B품명의 수량}}{\text{B품명의 지정수량}} + \frac{\text{C품명의 수량}}{\text{C품명의 지정수량}} + \cdots$$

계산값 1 이상 ———— 위험물(위험물안전관리법으로 규제)
계산값 1 미만 ———— 소량위험물(시・도 조례로 규제)

(7) 지정수량의 배수산정

2013년 경기소방장 기출 | 2013년 경남소방장 기출 | 2014년, 2020년 소방위 기출

같은 장소에서 둘 이상의 위험물을 저장 또는 취급하는 경우에는 각 위험물의 저장・취급량을 해당 위험물의 지정수량으로 나누어 얻은 값의 합이 전체 위험물의 지정수량의 배수가 된다.

Plus one

계산방법
하나의 옥내저장소 내에 다음과 같이 저장하는 경우

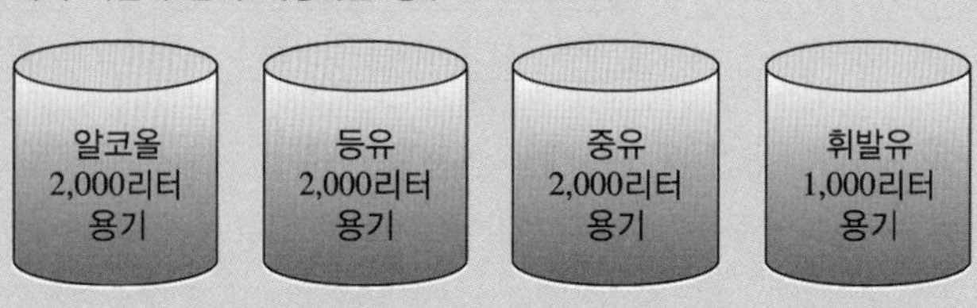

- 알코올 ⇒ 제4류 제1석유류 : 지정수량 400L
- 등 유 ⇒ 제4류 제2석유류 : 지정수량 1,000L(수용성은 2,000)
- 중 유 ⇒ 제4류 제3석유류 : 지정수량 2,000L(수용성은 4,000)
- 휘발유 ⇒ 제4류 제1석유류 : 지정수량 200L(수용성은 400)

$$\text{계산값} = \frac{\text{알코올의 저장량}}{\text{알코올의 지정수량}} + \frac{\text{등유의 저장량}}{\text{제2석유류의 지정수량}} + \frac{\text{중유의 저장량}}{\text{제3석유류의 지정수량}} + \frac{\text{휘발유 저장량}}{\text{제1석유류지정수량}}$$

$$\Rightarrow \text{지정수량의 배수} = \frac{2,000}{400} + \frac{2,000}{1,000} + \frac{2,000}{2,000} + \frac{1,000}{200} = 13\text{배}$$

12 위험물 저장탱크의 용적산정기준(시행규칙 제5조)

(1) 탱크용적 산정기준

① 위험물을 저장 또는 취급하는 탱크의 용량은 해당 탱크의 내용적에서 공간용적을 뺀 용적으로 한다. 이 경우 위험물을 저장 또는 취급하는 영 별표2 제6호에 따른 차량에 고정된 탱크(이하 "이동저장탱크"라 한다)의 용량은 「자동차 및 자동차부품의 성능과 기준에 관한 규칙」에 따른 최대적재량 이하로 해야 한다(시행규칙 제5조 제1항).

② ①에 따른 탱크의 내용적 및 공간용적의 계산방법은 소방청장이 정하여 고시한다(시행규칙 제5조 제2항).

Plus one

참고 **위험물안전관리에 관한 세부기준 제25조(탱크의 내용적 및 공간용적)**

① 「위험물안전관리법 시행규칙」(이하 "규칙"이라 한다) 제5조 제2항에 따른 탱크의 내용적의 계산방법은 별표1과 같다.

② 규칙 제5조 제2항에 따른 탱크의 공간용적은 탱크의 내용적의 100분의 5 이상 100분의 10 이하의 용적으로 한다. 다만, 소화설비(소화약제 방출구를 탱크 안의 윗부분에 설치하는 것에 한한다)를 설치하는 탱크의 공간용적은 해당 소화설비의 소화약제방출구 아래의 0.3미터 이상 1미터 미만 사이의 면으로부터 윗부분의 용적으로 한다.

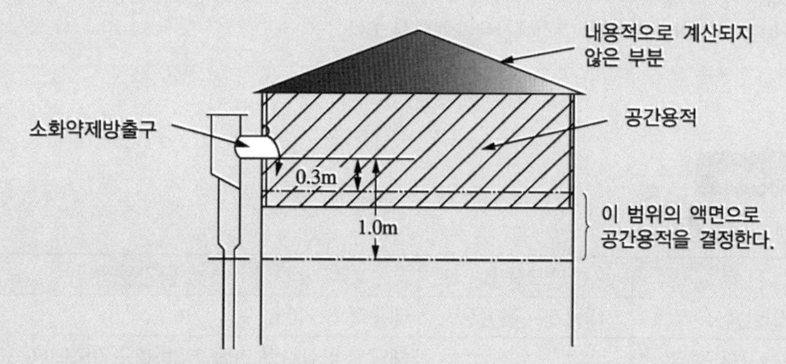

③ 제2항의 규정에 불구하고 암반탱크에 있어서는 해당 탱크 내에 용출하는 7일 간의 지하수의 양에 상당하는 용적과 해당 탱크의 내용적의 100분의 1의 용적 중에서 보다 큰 용적을 공간용적으로 한다.

④ 제1항의 규정에 불구하고 제조소 또는 일반취급소의 위험물을 취급하는 탱크 중 특수한 구조 또는 설비를 이용함에 따라 해당 탱크 내의 위험물의 최대량이 제1항에 따른 용량 이하인 경우에는 **해당 최대량을 용량**으로 한다.

[별표1] 탱크의 내용적 계산방법

1. 타원형 탱크의 내용적

가. 양쪽이 볼록한 것

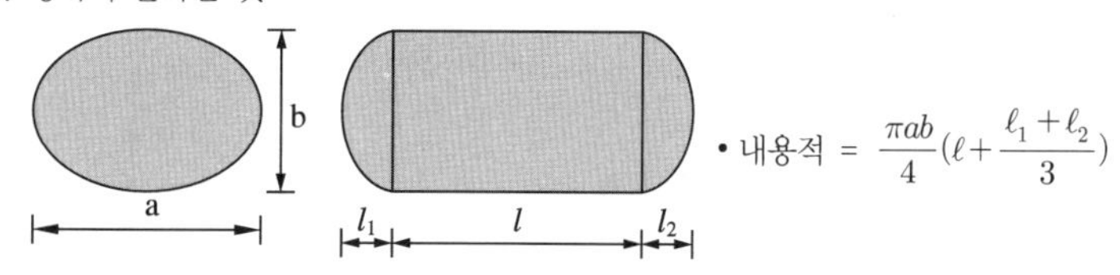

• 내용적 $= \frac{\pi ab}{4}(\ell + \frac{\ell_1 + \ell_2}{3})$

나. 한쪽은 볼록하고 다른 한쪽은 오목한 것

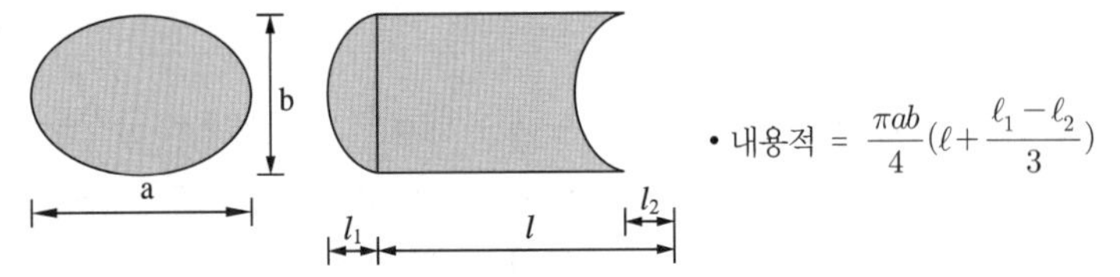

• 내용적 = $\frac{\pi ab}{4}(\ell + \frac{\ell_1 - \ell_2}{3})$

2. 원통형 탱크의 내용적

가. 가로로 설치한 것

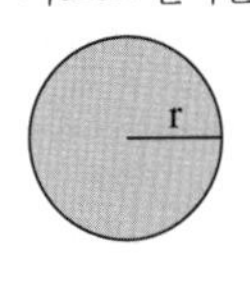

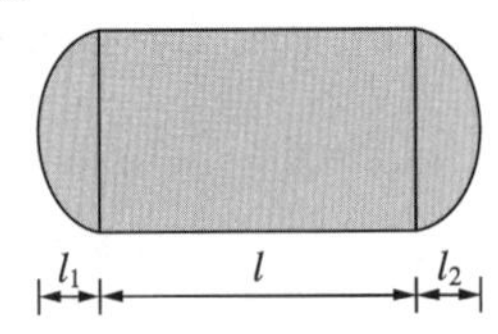

• 내용적 = $\pi r^2(\ell + \frac{\ell_1 + \ell_2}{3})$

나. 세로로 설치한 것

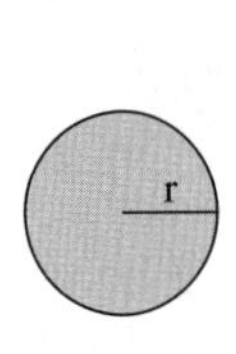

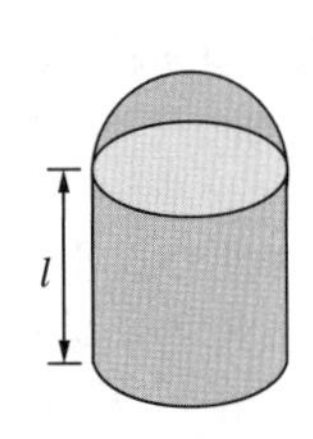

• 내용적 = $\pi r^2 \ell$

3. 그 밖의 탱크 : 통상의 수학적 계산방법에 의할 것. 다만, 쉽게 그 내용적을 계산하기 어려운 탱크에 있어서는 해당 탱크의 내용적의 근사계산에 의할 수 있다.

Plus one

참고 탱크의 용량

구 분	탱크용량	공간용적
일반탱크	내용적-공간용적	내용적 5~10%
포방출구를 탱크 윗부분에 설치한 경우	내용적-공간용적	해당 소화설비의 소화약제방출구 아래의 0.3미터 이상 1미터 미만 사이의 면으로부터 윗부분의 용적
암반탱크	내용적-공간용적	해당 탱크 내에 용출하는 7일간의 지하수의 양에 상당하는 용적과 해당 탱크의 내용적의 100분의 1의 용적 중에서 보다 큰 용적
알킬알루미늄 등 운반용기	90% 이하의 수납률로 보관	50℃에서 5% 이상의 공간용적 유지

참고 탱크의 내용적

• 타원형탱크 및 가로원통형탱크의 경판(측판)부분은 근사계산의 의해 계산하도록 정하고 있다.

• 세로원통형탱크는 우산모양의 지붕이 있는 탱크가 일반적인 형태인데 지붕의 부분은 위험물을 수용하지 않으므로 이 부분을 빼고 계산한다.

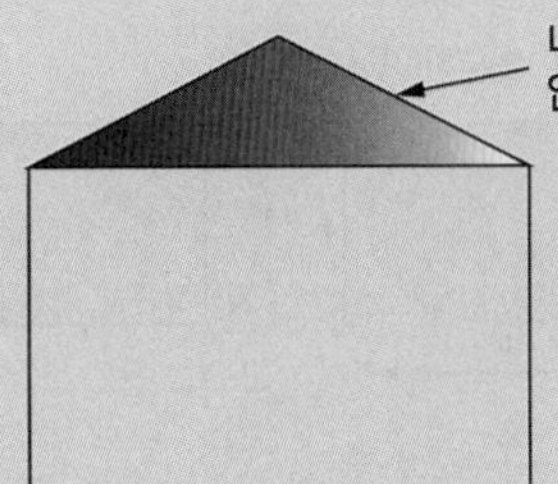

참고 부상식 지붕형(Floating Roof)탱크의 용적

- 부상식 지붕이 부상식 지붕으로서의 기능을 유지할 수 있는 최고 위치에 있을 때의 부상식 지붕 밑면 아래까지가 해당 탱크의 용적이 된다.
- 부상식 지붕이 부상식 지붕으로서의 기능을 유지할 수 있는 최고 위치에는 다음과 같은 제한이 있다.
  - 소화설비의 설치기준으로부터 소화제방출구와 부상식 지붕 상부와는 서큘러판(0.9m 이상) 높이 이상의 거리를 확보할 필요가 있다.
  - 지진 시의 액면요동에 의해 저장액이 측판 최상단을 넘어 탱크 밖으로 흘러넘치지 않도록 전술한 12 (1)의 ②의 계산에 의해 측판 최상단으로부터 부상식 지붕까지의 거리는 아래 그림의 HC 이상으로 할 필요가 있다.

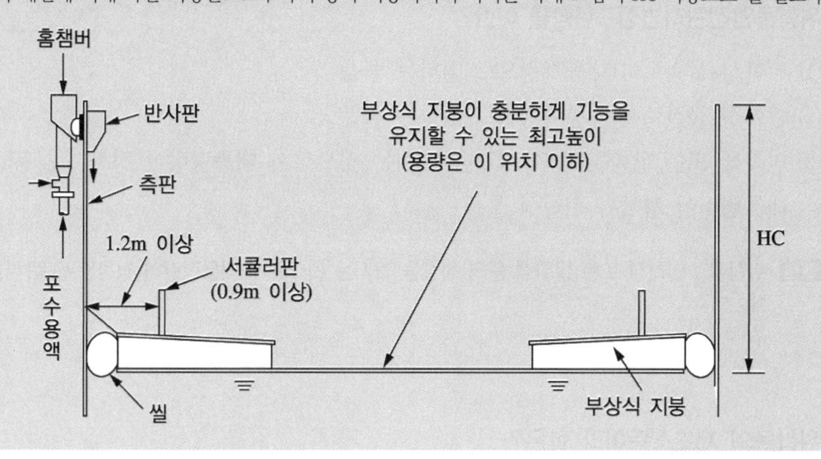

CHAPTER

02 출제예상문제

01 위험물안전관리법상 "위험물"이란?

① 인화성 물질로서 대통령령으로 정하는 물품
② 발화성 물질로서 대통령령으로 정하는 물품
③ 인화성 또는 발화성 등의 성질을 가지는 것으로서 대통령령이 정하는 물품
④ 대통령령이 정하는 위험성 물품

해설 **위험물** : 인화성 또는 발화성 등의 성질을 가지는 것으로서 대통령령이 정하는 물품(위험물안전관리법 제2조)

02 위험물의 제조소등이라 함은?

① 제조만을 목적으로 하는 위험물의 제조소
② 제조소, 저장소 및 취급소
③ 위험물의 저장시설을 갖춘 제조소
④ 제조 및 저장시설을 갖춘 판매취급소

해설 위험물의 제조소등 : 제조소, 저장소 및 취급소(위험물안전관리법 제2조)

03 위험물안전관리법에서 정하는 용어에 대한 정의로 맞는 것은?

① 지정수량이라 함은 제조소등의 설치허가 등에 있어서 최고의 기준이 되는 수량을 말한다.
② 위험물이란 인화성 또는 폭발성 등의 성질을 가지는 것으로서 대통령령이 정하는 물품을 말한다.
③ 제조소라 함은 위험물을 제조할 목적으로 지정수량 이상의 위험물을 취급하기 위하여 시・도지사의 허가받은 장소를 말한다.
④ 제조소등이라 함은 제조소・저장소・일반취급소・이송취급소를 말한다.

해설 용어의 정의(법 제2조)
- 위험물 : 인화성 또는 발화성 등의 성질을 가지는 것으로서 대통령령이 정하는 물품
- 지정수량
  - 위험물의 종류별로 위험성을 고려하여 대통령령(별표1)이 정하는 수량
  - 제조소등의 설치허가 등에 있어서 최저의 기준이 되는 수량

01 ③ 02 ② 03 ③ 정답

- 제조소 : 위험물을 제조할 목적으로 지정수량 이상의 위험물을 취급하기 위하여 시·도지사의 허가를 받은 장소
- 저장소 : 지정수량 이상의 위험물을 저장하기 위한 대통령령(별표2)이 정하는 장소로서 시·도지사의 허가를 받은 장소
- 취급소 : 지정수량 이상의 위험물을 제조외의 목적으로 취급하기 위한 대통령령(별표3)이 정하는 장소로서 시·도지사의 허가를 받은 장소
- 제조소등 : 제조소·저장소 및 취급소

04 **2품명 이상의 위험물을 동일 장소 또는 시설에서 제조·저장 및 취급하는 경우 위험물의 환산 시 합계가 얼마 이상이 될 때 지정수량 이상의 위험물로 보는가?**

① 0.5 ② 1.0
③ 1.5 ④ 2.0

해설 2품명 이상의 위험물을 저장하는 경우 위험물의 환산 시 합계가 1 이상을 위험물로 본다.

05 **위험물취급소의 구분에 해당하지 않는 것은?**

① 주유취급소 ② 저장취급소
③ 일반취급소 ④ 판매취급소

해설 위험물취급소의 구분(위험물안전관리법 시행령 별표3)
- 주유취급소
- 판매취급소
- 이송취급소
- 일반취급소

06 **판매취급소는 점포에서 위험물을 용기에 담아 판매하기 위하여 지정수량의 몇 배 이하의 위험물을 취급하는 장소를 말하는가?**

① 10 ② 20
③ 30 ④ 40

해설 취급소의 구분(위험물안전관리법 시행령 별표3)
(1) 주유취급소 : 고정된 주유설비에 의하여 자동차·항공기 또는 선박 등의 연료탱크에 직접 주유하기 위하여 위험물을 취급하는 장소
(2) **판매취급소** : 점포에서 위험물을 용기에 담아 판매하기 위하여 지정수량의 40배 이하의 위험물을 취급하는 장소
(3) 이송취급소 : 배관 및 이에 부속된 설비에 의하여 위험물을 이송하는 장소
(4) 일반취급소 : (1)~(3) 외의 장소

정답 04 ② 05 ② 06 ④

07 위험물안전관리법에 따른 위험물에 대한 설명으로 옳은 것은?

① 위험물 유별 성질의 성질에 따라 제1등급부터 제9등급까지 분류하고 있다.
② 제1류 위험물은 산화성액체의 성질을 가지고 있다.
③ 제3류 위험물은 자기반응성 및 금수성의 성질을 가지고 있다.
④ 제2류 위험물은 가연성고체로서 고형알코올이 해당되는 위험물이다.

해설 ① 위험물 유별 성질의 성질에 따라 제1류 부터 제6류까지 6가지로 분류하고 있다.
② 제1류 위험물은 산화성고체의 성질을 가지고 있다.
③ 제3류 위험물은 자연발화성 및 금수성의 성질을 가지고 있다.

08 다음 중 위험물 유별에 따른 대표적인 품목의 연결이 옳은 것은?

① 제1류 위험물 : 과염소산
② 제2류 위험물 : 황린
③ 제4류 중 제3석유류 : 경유
④ 제5류 위험물 : 히드록실아민

해설 ① 과염소산 : 제6류 위험물
② 황린 : 제3류 위험물
③ 경유 : 제4류 위험물 중 제2석유류

09 위험물안전관리법에서 정하는 위험물질에 대한 설명으로 다음 중 옳은 것은?

① 철분이라 함은 철의 분말로서 53마이크로미터의 표준체를 통과하는 것이 60중량퍼센트 미만인 것은 제외한다.
② 인화성고체라 함은 고형알코올 그 밖에 1기압에서 인화점이 21℃ 미만인 고체를 말한다.
③ 유황은 순도가 60중량퍼센트 이상인 것을 말한다.
④ 과산화수소는 그 농도가 36중량퍼센트 이하인 것에 한한다.

해설 위험물의 정의
- **철분** : 철의 분말로서 **53마이크로미터**의 표준체를 통과하는 것이 **50중량퍼센트 미만**인 것은 **제외**한다.
- **인화성고체** : **고형알코올** 그 밖에 1기압에서 **인화점**이 **40℃ 미만인 고체**를 말한다.
- **유황** : 순도가 **60중량퍼센트 이상**인 것을 말한다. 이 경우 순도측정에 있어서 불순물은 활석 등 불연성 물질과 수분에 한한다.
- **과산화수소**는 그 농도가 **36중량퍼센트 이상**인 것에 한한다.

10 제1류 위험물로서 산화성고체에 해당되는 것은?

① 아염소산염류
② 적 린
③ 알칼리토금속
④ 철 분

07 ④ 08 ④ 09 ③ 10 ① **정답**

해설 위험물의 유별

종 류	아염소산염류	적 린	알칼리토금속	철 분
유 별	제1류	제2류	제3류	제2류
성 질	산화성고체	가연성고체	자연발화성 및 금수성물질	가연성고체

11 제1류 위험물 중 행정안전부령이 정하는 것이 아닌 것은?

2013년 소방위 기출

① 과요오드산염류

② 크롬, 납 또는 요오드의 산화물

③ 염소화이소시아눌산

④ 질산구아니딘

해설 제1류 위험물 품명란 그 밖의 행정안전부령이 정하는 것

- 과요오드산염류
- 크롬, 납 또는 요오드의 산화물
- 차아염소산염류(50kg)
- 퍼옥소이황산염류
- 과요오드산
- 아질산염류
- 염소화이소시아눌산
- 퍼옥소붕산염

12 형상은 다르지만 모두 "산화성"인 것은?

① 제2류 위험물과 제4류 위험물

② 제3류 위험물과 제5류 위험물

③ 제1류 위험물과 제6류 위험물

④ 제2류 위험물과 제5류 위험물

해설 제1류은 산화성고체 제6류 위험물은 산화성액체로 형상은 다르지만 산화성에 해당된다.

13 위험물(품명)과 그 지정수량의 조합으로 옳은 것은?

① 황린 20kg ② 염소산염류 30kg

③ 과염소산 200kg ④ 질산 100kg

해설 위험물의 지정수량

품 명	황 린	염소산염류	과염소산	질 산
지정수량	20kg	50kg	300kg	300kg

정답 11 ④ 12 ③ 13 ①

14 **인화성액체인 제4류 위험물의 품명별 지정수량이다. 다음 중 옳지 않은 것은?**

① 특수인화물 50리터
② 제1석유류 중 비수용성액체는 200리터, 수용성액체는 400리터
③ 알코올류 300리터
④ 제4석유류 6000리터

해설 제4류 위험물의 종류

유 별	성 질	품 명		위험등급	지정수량
제4류	인화성 액체	1. 특수인화물		I	50ℓ
		2. 제1석유류	비수용성액체	II	200ℓ
			수용성액체	II	400ℓ
		3. 알코올류		II	400ℓ
		4. 제2석유류	비수용성액체	III	1,000ℓ
			수용성액체	III	2,000ℓ
		5. 제3석유류	비수용성액체	III	2,000ℓ
			수용성액체	III	4,000ℓ
		6. 제4석유류		III	6,000ℓ
		7. 동식물유류		III	10,000ℓ

15 **위험물안전관리법령상 제4류 위험물에 속하는 것으로 나열된 것은?** 2013년 소방위 기출

① 특수인화물, 질산염류, 황린
② 알코올, 황화린, 니트로화합물
③ 동식물유류, 알코올류, 특수인화물
④ 알킬알루미늄, 질산, 과산화수소

해설 위험물의 분류

명 칭	분 류	명 칭	분 류
특수인화물	제4류 위험물	니트로화합물	제5류 위험물
질산염류	제1류 위험물	동식물유류	제4류 위험물
황 린	제3류 위험물	알킬알루미늄	제3류 위험물
알코올류	제4류 위험물	질 산	제6류 위험물
황화린	제2류 위험물	과산화수소	제6류 위험물

14 ③ 15 ③ 정답

16 위험물로서 "특수인화물"에 속하지 않는 것은?

① 이황화탄소 ② 휘발유
③ 디에틸에테르 ④ 아세트알데히드

해설 휘발유 : 제4류 제1석유류(인화성액체)

17 다음은 무엇에 관한 성질을 설명한 것인가? 2017년 인천소방장 기출

"고체 또는 액체로서 폭발의 위험성 또는 가열분해의 격렬함을 판단하기 위하여 고시로 정하는 성질과 상태를 나타내는 것을 말한다."

① 특수인화물 ② 자기반응성물질
③ 복수성상물품 ④ 인화성고체

해설 **자기반응성물질** : 고체 또는 액체로서 폭발의 위험성 또는 가열분해의 격렬함을 판단하기 위하여 고시로 정하는 시험에서 고시로 정하는 성질과 상태를 나타내는 것

18 위험물로서 제5류 자기반응성물질에 해당되는 것은? 2013년 소방위 기출

① 니트로소화합물 ② 과염소산염류
③ 금속리튬 ④ 무기과산화물

해설 제5류 위험물(**자기반응성물질**) : 유기과산화물, 질산에스테르류, 니트로화합물, 니트로소화합물 등

19 위험물에 해당되는 질산은 비중이 얼마 이상인 것을 말하는가?

① 1.39 ② 1.49
③ 2.39 ④ 2.49

해설 **질산 : 1.49 이상**을 위험물이라 한다(위험물안전관리법 시행령 별표1의 비고).

정답 16 ② 17 ② 18 ① 19 ②

20 위험물의 저장·취급 및 운반에 있어서 위험물 관련의 법규정에 적용되는 것은?

① 위험물 운반 트럭
② 위험물을 적재한 항공기
③ 위험물 이송선박
④ 위험물 운반 철도차량

해설 위험물의 저장·취급 및 운반 적용 제외(위험물안전관리법 제3조)
- 항공기
- 선 박
- 철도 및 궤도

21 다음은 위험물의 분류에 관한 설명이다. (　) 안에 순서대로 들어갈 숫자로 옳은 것은?

- 유황은 순도가 (　)중량퍼센트 이상인 것을 말한다. 이 경우 순도측정에 있어서 불순물은 활석 등 불연성 물질과 수분에 한한다.
- 철분이라 함은 철의 분말로서 53마이크로미터의 표준체를 통과하는 것이 (　)중량퍼센트 미만인 것은 제외한다.
- 금속분이라 함은 알칼리금속·알칼리토류금속·철 및 마그네슘 외의 금속의 분말을 말하고, 구리분·니켈분 및 150마이크로미터의 체를 통과하는 것이 (　)중량퍼센트 미만인 것은 제외한다.
- 과산화수소는 그 농도가 (　)중량퍼센트 이상인 것에 한하며, 산화성 액체의 성상이 있는 것으로 본다.

① 50, 60, 60, 36
② 60, 50, 50, 36
③ 50, 60, 60, 49
④ 60, 50, 50, 49

22 위험물 저장소에 해당하지 않는 것은?

① 옥외저장소
② 지하탱크저장소
③ 이동탱크저장소
④ 판매저장소

20 ① 21 ② 22 ④ **정답**

해설 위험물 저장소의 구분 : 8개

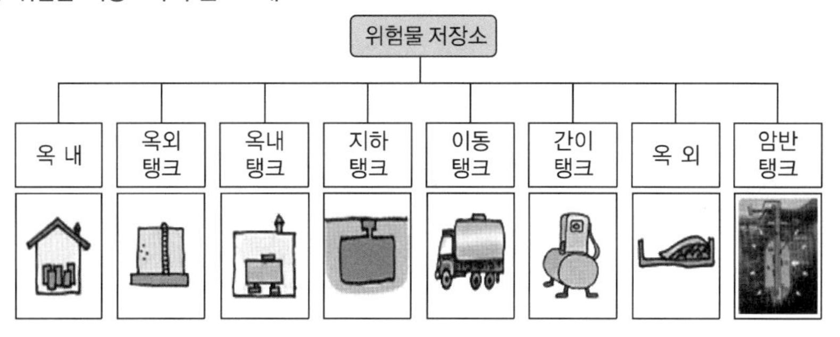

23 위험물 분류에서 제1석유류에 대한 설명으로 옳은 것은?

① 아세톤, 휘발유 그 밖에 1기압에서 인화점이 섭씨 21도 미만인 것

② 등유, 경유 그 밖의 액체로서 인화점이 섭씨 21도 이상 70도 미만의 것

③ 중유, 도료류로서 인화점이 섭씨 70도 이상 200도 미만의 것

④ 기계유, 실린더유 그 밖의 액체로서 인화점이 섭씨 200도 이상 250도 미만인 것

해설 제4류 위험물의 석유류 구분

- **제1석유류**라 함은 아세톤, 휘발유 그 밖에 1기압에서 인화점이 섭씨 21도 미만인 것을 말한다.
- **제2석유류**라 함은 등유, 경유 그 밖에 1기압에서 인화점이 섭씨 21도 이상 70도 미만인 것을 말한다.
- **제3석유류**라 함은 중유, 클레오소트유 그 밖에 1기압에서 인화점이 섭씨 70도 이상 섭씨 200도 미만인 것을 말한다.
- **제4석유류**라 함은 기어유, 실린더유 그 밖에 1기압에서 인화점이 섭씨 200도 이상 섭씨 250도 미만의 것을 말한다.

24 위험물안전관리법령상 동식물유류의 경우 1기압에서 인화점은 섭씨 몇 도 미만으로 규정하고 있는가?

① 150℃ ② 250℃

③ 450℃ ④ 600℃

해설 "**동식물유류**"라 함은 동물의 지육 등 또는 식물의 종자나 과육으로부터 추출한 것으로서 1기압에서 인화점이 섭씨 250도 미만인 것. 다만, 행정안전부령이 정하는 용기기준과 수납·저장기준에 따라 수납되어 저장·보관되고 용기의 외부에 물품의 통칭명, 수량 및 화기엄금(화기엄금과 동일한 의미를 갖는 표시를 포함한다)의 표시가 있는 경우를 제외한다.

정답 23 ① 24 ②

25 다음 중 위험물안전관리법령에서 정한 지정수량이 500kg인 것은?

① 황화린 ② 금속분
③ 인화성고체 ④ 유 황

해설

위험물				지정수량
유 별	성 질	등 급	품 명	
제2류	가연성 고체	II	1. 황화린 2. 적린 3. 유황(순도 60중량% 이상)	100kg
		III	4. 철분 5. 금속분 6. 마그네슘	500kg
			9. 인화성고체(고형알코올)	1000kg
			7. 그 밖의 행정안전부령이 정하는 것 8. 제1호 내지 제7호의1에 해당하는 어느 하나 이상을 함유한 것	100kg, 500kg

26 위험물안전관리법에 따른 제2류 위험물인 가연성고체에 대한 설명으로 틀린 것은?

① 비교적 낮은 온도에서 착화되기 쉬운 가연물이다.
② 대단히 연소 속도가 빠른 고체이다.
③ 인화성고체 운반용기의 외부에는 "화기주의" 표시를 한다.
④ 철분 및 마그네슘은 물과의 접촉을 피해야 한다.

해설 운반용기의 외부에 표시해야 하는 주의사항

유 별	품 명	운반용기 주의사항(별표19)
2류	철분, 금속분, 마그네슘(함유 포함)	화기주의 및 물기엄금
	인화성고체	화기엄금
	그 밖의 것	화기주의

27 다음 중 위험물안전관리법상 위험물 품명이 나머지 셋과 다른 하나는?

① 기어유 ② 중유
③ 클레오소트유 ④ 글리세린

해설 **제4류 위험물 중 제3석유류** : 1기압에서 인화점이 70℃ 이상 200℃ 미만인 것
- 비수용성 : 중유, 클레오소트유, 니트로벤젠, 아닐린, 메타크레졸, 담금질유 등
- 수용성 : 글리세린, 에틸렌글리콜

종 류	기어유	중 유	클레오소트유	글리세린
품 명	제4석유류	제3석유류	제3석유류	제3석유류

25 ② 26 ③ 27 ① 정답

28 위험물 저장 또는 취급하는 탱크용량은 해당탱크의 내용적에서 공간용적을 뺀 용적으로 한다. 다음 중 위험물안전관리법에 따른 공간용적을 바르게 표현한 것은?

① 탱크용적의 1/100~5/100 이하의 용적으로 한다.
② 탱크용적의 5/100~10/100 이하의 용적으로 한다.
③ 탱크용적의 1/100~5/100 이상의 용적으로 한다.
④ 탱크용적의 5/100~10/100 이상의 용적으로 한다.

해설 일반탱크의 공간용적은 탱크의 내용적의 5/100 이상 10/100분 이하의 용적(5~10%)으로 한다. 다만, 소화설비(소화약제 방출구를 탱크 안의 윗부분에 설치하는 것에 한한다)를 설치하는 탱크의 공간용적은 해당 소화설비의 소화약제방출구 아래의 0.3m 이상 1m 미만 사이의 면으로부터 윗부분의 용적으로 한다.

29 옥내저장소에 가솔린 18L 용기 100개, 아세톤 200L 드럼통 10개, 경유 200L 드럼통 8개를 저장하고 있다. 이 저장소에는 지정수량의 몇 배를 저장하고 있는가?

① 10.8배 ② 11.6배
③ 15.6배 ④ 16.6배

해설 지정수량 배수 산정방법

구 분	가솔린	아세톤(수용성)	경 유
저장수량	1,800ℓ	2,000ℓ	1,600ℓ
지정수량	200ℓ	400ℓ	1,000ℓ
배 수	∴ 지정수량 배수 = $\frac{1800}{200}+\frac{2000}{400}+\frac{1600}{1000}$ = 15.6배		

30 위험물안전관리법령에서 정한 제5류 자기반응성물질에 해당하지 않는 것은?

① 유기금속화합물 ② 유기과산화물
③ 금속의 아지화합물 ④ 질산구아니딘

해설 혼동하기 쉬운 품명 구분

유기금속화합물	무기과산화물	유기과산화물
제3류 위험물	제1류 위험물	제5류 위험물

정답 28 ② 29 ③ 30 ①

31 공기 중 약 34℃에서 자연발화의 위험이 있기 때문에 물속에 보관해야 하는 위험물은?

① 황화린 ② 이황화탄소
③ 황 린 ④ 탄화알루미늄

해설 황린 : 물속 저장

32 다음 중 위험물안전관리법령에서 정한 위험물의 지정수량이 가장 적은 것은?

① 브롬산염류 ② 금속의 인화물
③ 니트로소화합물 ④ 과염소산

해설

브롬산염류	금속의 인화물	니트로소화합물	과염소산
300kg	300kg	200kg	300kg

33 알칼리토금속에 속하는 것은?

① 리튬(Li) ② 프란슘(Fr)
③ 세슘(Cs) ④ 스트론튬(Sr)

해설 알칼리금속(1족) : 리튬 · 나트륨 · 칼륨 · 루비늄 · 세슘 · 프란슘
알칼리토금속(2족) : 베릴륨 · 마그네슘 · 칼슘 · **스트론튬** · 바륨 · 라듐

34 다음 중 위험물안전관리법에 따른 지정수량이 다른 물질로 나열된 것은?

① 질산나트륨, 과염소산
② 에틸알코올, 아세톤
③ 벤조일퍼옥사이드, 칼륨
④ 철분, 트리니트로톨루엔

해설 ④ 철분(2류) 500kg, 트리니트로톨루엔(3류) : 200kg
① 질산나트륨(1류), 과염소산(6류) : 300kg
② 에틸알코올(알코올류), 아세톤(수용성) : 400L
③ 벤조일퍼옥사이드(5류), 칼륨(3류) : 10kg

31 ③ 32 ③ 33 ④ 34 ④ **정답**

35 **고형알코올에 대한 설명으로 옳은 것은?**

① 지정수량은 500kg이다.

② 이산화탄소 소화설비에 의해 소화한다.

③ 제4류 위험물 중 알코올류에 해당한다.

④ 운반용기 외부에 "화기주의"라고 표시를 해야 한다.

해설 ① 지정수량은 1000kg이다.
③ 제2류 위험물 중 인화성고체이다.
④ 운반용기 외부에 "화기엄금"라고 표시해야 한다.

36 **위험물안전관리법령에 따른 주유취급소에서 이동저장탱크에 위험물을 주입할 수 있는 용량은 몇 리터인가?**

① 3천리터 이하 ② 4천리터 이하

③ 5천리터 이하 ④ 1만리터 이하

해설 주유취급소 : 고정된 주유설비에 의하여 자동차·항공기 또는 선박 등의 연료탱크에 직접 주유하기 위하여 위험물을 취급하는 장소
- 항공기에 주유하는 경우에는 차량에 설치된 주유설비를 포함
- 자동차·항공기 또는 선박 등의 연료탱크에 직접 주유하기 위하여 가짜석유제품에 해당하는 위험물 취급하는 장소는 제외
- 위험물을 용기에 옮겨 담거나 차량에 고정된 5천리터 이하의 탱크에 주입하기 위하여 고정된 급유설비를 병설한 장소를 포함

37 **다음 물질을 저장하는 저장소로 허가를 받으려고 위험물 저장소 설치허가신청서를 작성하려고 한다. 해당하는 지정수량의 배수는 얼마인가?**

- 염소산칼륨 : 350kg
- 과염소산칼륨 : 200kg
- 과염소산 : 600kg

① 13 ② 12

③ 6 ④ 5

해설 지정수량 배수 선정

구 분	염소산칼륨	과염소산칼륨	과염소산
유별-품명	1류-염소산염류	1류-과염소산염류	6류-과염소산
지정수량	50kg	50kg	300kg
저장수량	350kg	200kg	600kg
지정수량 배수	7	4	2

정답 35 ② 36 ③ 37 ①

38 위험물안전관리법령에 따른 제4석유류의 정의에 대하여 빈칸에 들어갈 알맞은 내용은?

> "제4석유류"라 함은 기어유, 실린더유 그 밖에 1기압에서 인화점이 섭씨 (가)도 이상 섭씨 (나)도 미만의 것을 말한다. 다만, 도료류 그 밖의 물품은 가연성액체량이 (다)중량퍼센트 이하인 것은 제외한다.

	가	나	다
①	200	300	40
②	200	250	60
③	200	250	40
④	250	300	60

해설 "제4석유류"라 함은 기어유, 실린더유 그 밖에 1기압에서 인화점이 섭씨 (200)도 이상 섭씨 (250)도 미만의 것을 말한다. 다만, 도료류 그 밖의 물품은 가연성액체량이 (40)중량퍼센트 이하인 것은 제외한다.

39 다음 중 위험물안전관리법에 따른 지정수량이 나머지 셋과 다른 것은?

① 아조화합물 ② 니트로화합물
③ 히드록실아민 ④ 디아조화합물

해설 제5류 위험물 품명 · 등급 및 지정수량

위험물				지정수량
유 별	성 질	등 급	품 명	
제5류	자기 반응성 물질	제1종 : Ⅰ 제2종 : Ⅱ	1. 유기과산화물, 2. 질산에스테르류, 3. 니트로화합물, 4. 니트로소화합물, 5. 아조화합물, 6. 디아조화합물, 7. 히드라진유도체, 8. 히드록실아민, 9. 히드록실아민염류 10. 그 밖의 행정안전부령이 정하는 것 : 금속의 아지화합물, 질산구아니딘 11. 제1호 내지 제10호의1에 해당하는 어느 하나 이상을 함유한 것	제1종 : 10kg 제2종 : 100kg

38 ③ 39 ③ **정답**

40 「위험물안전관리법 시행령」 별표1 비고에 따른 내용이다. 다음 (   ) 안에 들어갈 내용으로 옳은 것은?

> 가. “가연성고체”라 함은 고체로서 화염에 의한 (ㄱ)의 위험성 또는 (ㄴ)의 위험성을 판단하기 위하여 고시로 정하는 시험에서 고시로 정하는 성질과 상태를 나타내는 것
> 나. “자연발화성물질 및 금수성물질”이라 함은 (ㄷ)로서 공기 중에서 발화의 위험성이 있거나 물과 접촉하여 발화하거나 가연성가스를 발생하는 위험성이 있는 것
> 다. “(ㄹ)”라 함은 산화력의 잠재적인 위험성을 판단하기 위하여 고시로 정하는 시험에서 고시로 정하는 성질과 상태를 나타내는 것

	ㄱ	ㄴ	ㄷ	ㄹ
①	인 화	발 화	고 체	인화성액체
②	인 화	발 화	액 체	인화성액체
③	발 화	인 화	고체 또는 액체	산화성액체
④	발 화	인 화	고체 또는 액체	산화성고체

해설 시행령상의 정의

가. “가연성고체”라 함은 고체로서 화염에 의한 발화의 위험성 또는 인화의 위험성을 판단하기 위하여 고시로 정하는 시험에서 고시로 정하는 성질과 상태를 나타내는 것

나. “자연발화성물질 및 금수성물질”이라 함은 고체 또는 액체로서 공기 중에서 발화의 위험성이 있거나 물과 접촉하여 발화하거나 가연성가스를 발생하는 위험성이 있는 것

다. “산화성액체”라 함은 액체로서 산화력의 잠재적인 위험성을 판단하기 위하여 고시로 정하는 시험에서 고시로 정하는 성질과 상태를 나타내는 것

41 위험물안전관리법에 따른 품명 중 제2석유류가 아닌 것은?

① 등 유　② 경 유
③ 아세톤　④ 클로로벤젠

해설 제4류 위험물의 품명 등

품 명	품 목		지정수량	등급
1. 특수인화물 〈특이에〉	이황화탄소(−30℃), 디에틸에테르(−45℃), 아세트알데히드(−39℃), 산화프로필렌(−37℃)		50리터	I
2. 제1석유류 〈아가〉	비수용성 액체	가솔린(−20∼−43℃), 벤젠(−11℃), 톨루엔(4℃)	200리터	II
	수용성 액체	아세톤(−20℃), 시안화수소(−18℃)	400리터	
3. 알코올류	메틸알코올(11℃), 에틸알코올(13℃), 프로필알코올(15℃), 이소프로필알코올(12℃)		400리터	

4. 제2석유류 〈등경풍경〉	비수용성 액체	등유(43~72℃), 경유(50~70℃), 클로로벤젠(29℃)	1,000 리터
	수용성 액체	아세트산(빙초산 40℃), 의산(50℃)	2,000 리터
5. 제3석유류 〈중클뭉클〉	비수용성 액체	중유(60~150℃), 클레오소트유(74℃), 니트로벤젠(88℃)	2,000 리터
	수용성 액체	글리세린(199℃), 에틸렌글리콜(111℃)	4,000 리터
6. 제4석유류 〈기실비실〉		기어유(200~300℃), 실린더유(230~370℃)	6,000 리터
7. 동식물유류〈야동〉		야자유(216℃), 올리브유(225℃), 피마자유(229℃)	10,000 리터

42 제2종 판매취급소를 허가 받아 운영하고자 하는 사람이 경유 200리터 10개, 아세톤 20리터 100개, 제1석유류(비수용성)에 해당하는 페인트를 20리터 용기에 담아 판매하고자 한다. 허가 받을 수 있는 페인트의 최대수량은 얼마인가?

2018년 소방위 기출

① 28,000L ② 2,800L

③ 68,000L ④ 6,600L

해설 판매취급소 : 점포에서 위험물을 용기에 담아 판매하기 위하여 지정수량의 40배 이하의 위험물을 취급하는 장소(가짜 석유제품에 해당하는 위험물 취급하는 장소는 제외)

- 제1종 판매취급소 : 저장 또는 취급하는 위험물의 수량이 지정수량의 20배 이하인 판매취급소
- 제2종 판매취급소 : 저장 또는 취급하는 위험물의 수량이 지정수량의 40배 이하인 판매취급소

따라서 $\frac{\text{경유 } 2000}{1000} + \frac{\text{아세톤 } 2000}{400} + \frac{\text{페인트 } x}{200} = 40\text{배}$

$x = 200 \times (40 - 7)$

$x = 200 \times 33 =$ **6,600리터**

43 위험물안전관리법에 따른 마그네슘에 대한 설명으로 맞지 않은 것은?

① 위험물안전관리법에 따른 품명은 마그네슘이다.

② 지정수량은 500kg이다.

③ 위험물안전관리법에 따른 제2류 위험물이다.

④ 지름 2밀리미터 이상의 막대 모양의 것을 말한다.

42 ④ 43 ④ 정답

해설 • "금속분"이라 함은 알칼리금속・알칼리토류금속・철 및 마그네슘 외의 금속의 분말을 말하고, 구리분・니켈분 및 150마이크로미터의 체를 통과하는 것이 50중량퍼센트 미만인 것은 제외한다.
• 마그네슘 및 제2류 물품 중 마그네슘을 함유한 것에 있어서는 다음 각 목의 1에 해당하는 것은 제외한다.
  – 2밀리미터의 체를 통과하지 아니하는 덩어리 상태의 것
  – 지름 2밀리미터 이상의 막대 모양의 것

44 위험물안전관리법에 따른 제2석유류가 아닌 것은?

① 가연성액체량이 40wt%이면서 인화점이 39℃, 연소점이 65℃인 도료
② 가연성액체량이 50wt%이면서 인화점이 39℃, 연소점이 65℃인 도료
③ 가연성액체량이 40wt%이면서 인화점이 40℃, 연소점이 65℃인 도료
④ 가연성액체량이 50wt%이면서 인화점이 40℃, 연소점이 65℃인 도료

해설 "제2석유류"라 함은 등유, 경유 그 밖에 1기압에서 인화점이 섭씨 21도 이상 70도 미만인 것을 말한다. 다만, 도료류 그 밖의 물품에 있어서 가연성액체량이 40중량퍼센트 이하이면서 인화점이 섭씨 40도 이상인 동시에 연소점이 섭씨 60도 이상인 것은 제외한다.

45 위험물안전관리법에 따른 히드록실아민(NH_2OH)에 대한 설명으로 틀린 것은?

① 적응성 있는 소화설비는 분말소화설비
② 제5류 위험물
③ 지정수량은 100kg
④ 자기반응성 성질

해설 소화방법은 대량주수로 적응성 있는 소화설비는 물분무소화설비, 포소화설비이다.

46 위험물안전관리법에 따른 위험물의 분류 중 모두 액체위험물만 나열된 것을 고르시오.

① 제3석유류, 특수인화물, 과염소산염류, 과염소산
② 과염소산, 과요오드산, 질산, 과산화수소
③ 동식물유류, 과산화수소, 과염소산, 질산
④ 아질산염류, 특수인화물, 과염소산, 질산

해설 ① 제3석유류, 특수인화물, 과염소산염류(산화성고체), 과염소산
② 과염소산, 과요오드산(산화성고체), 질산, 과산화수소
③ 동식물유류, 과산화수소, 과염소산, 질산
④ 아질산염류(산화성고체), 특수인화물, 과염소산, 질산

정답 44 ③ 45 ① 46 ③

47 다음 중 품목을 달리하는 위험물을 동일 장소에 저장할 경우 위험물의 시설로서 허가를 받아야 할 수량을 저장하고 있는 것은? (단, 제4류 위험물의 경우 비수용성이고 수량 이외의 저장기준은 고려하지 않는다)

① 이황화탄소 10L, 경유 300리터와 칼륨 3kg을 취급하는 곳
② 가솔린 60L, 등유 300L와 중유 950L를 취급하는 곳
③ 경유 600L, 나트륨 1kg과 무기과산화물 10kg을 취급하는 곳
④ 유황 10kg, 등유 300L와 황린 10kg을 취급하는 곳

해설 ② 가솔린 60L, 등유 300L와 중유 950L : $\frac{60}{200}+\frac{300}{1000}+\frac{950}{2000}=1.075$

① 이황화탄소 10L, 경유 300L와 칼륨 3kg : $\frac{10}{50}+\frac{300}{1000}+\frac{3}{10}=0.8$

③ 경유 600L, 나트륨 1kg과 무기과산화물 10kg : $\frac{600}{1000}+\frac{1}{10}+\frac{10}{50}=0.9$

④ 유황 10kg, 등유 300L와 황린 10kg : $\frac{10}{100}+\frac{300}{1000}+\frac{10}{20}=0.9$

48 다음 중 위험물안전관리법에 따른 알코올류가 위험물이 되기 위한 조건으로 맞는 것은?

① 1분자를 구성하는 탄소원자의 수가 1개부터 2개까지일 것
② 변성알코올을 제외한 포화1가 알코올일 것
③ 분자를 구성하는 탄소원자의 수가 1개 내지 2개의 포화1가 알코올의 함유량이 60중량퍼센트 미만인 수용액일 것
④ 가연성액체량이 60중량퍼센트 미만이고 인화점 및 연소점(태그개방식인화점측정기에 의한 연소점을 말한다. 이하 같다)이 에틸알코올 60중량퍼센트 수용액의 인화점 및 연소점을 초과하는 것은 제외한다.

해설 "알코올류"라 함은 1분자를 구성하는 탄소원자의 수가 1개부터 3개까지인 포화1가 알코올(변성알코올을 포함한다)을 말한다. 다음 각 목의 1에 해당하는 것은 제외한다.
- 1분자를 구성하는 탄소원자의 수가 1개 내지 3개의 포화1가 알코올의 함유량이 60중량퍼센트 미만인 수용액
- 가연성액체량이 60중량퍼센트 미만이고 인화점 및 연소점(태그개방식인화점측정기에 의한 연소점을 말한다. 이하 같다)이 에틸알코올 60중량퍼센트 수용액의 인화점 및 연소점을 초과하는 것

47 ② 48 ④ **정답**

49 다음 중 위험물안전관리법에 따른 지정수량의 연결이 잘못된 것은?

① 과요오드산염류 - 300kg

② 아질산염류 - 300kg

③ 차아염소산염류 - 300kg

④ 퍼옥소붕산염류 - 300kg

해설 행정안전부령이 정하는 제1류 위험물의 지정수량

- 과요오드산염류 - 300kg
- 과요오드산 - 300kg
- 크롬, 납 또는 요오드의 산화물 - 300kg
- 아질산염류(300kg) - 300kg
- 차아염소산염류 - 50kg
- 염소화이소시아눌산 - 300kg
- 퍼옥소이황산염류 - 300kg
- 퍼옥소붕산염류 - 300kg

50 위험물안전관리법에 따라 국가가 위험물에 의한 사고를 예방하기 위하여 시책을 수립 · 시행해야 할 내용으로 옳지 않은 것은?

① 위험물에 의한 사고 유형의 분석

② 사고 예방을 위한 안전기술 개발

③ 전문인력 양성

④ 소방업무에 필요한 기반조성

해설 국가의 책무(법 제3조의2)

① 국가는 위험물에 의한 사고를 예방하기 위하여 다음 각 호의 사항을 포함하는 시책을 수립 · 시행해야 한다.
1. 위험물의 유통실태 분석
2. 위험물에 의한 사고 유형의 분석
3. 사고 예방을 위한 안전기술 개발
4. 전문인력 양성
5. 그 밖에 사고 예방을 위하여 필요한 사항

② 국가는 지방자치단체가 위험물에 의한 사고의 예방 · 대비 및 대응을 위한 시책을 추진하는 데에 필요한 행정적 · 재정적 지원을 해야 한다.

정답 49 ③ 50 ④

배우기만 하고 생각하지 않으면 얻는 것이 없고,
생각만 하고 배우지 않으면 위태롭다.

-공자-

제3장

위험물 시설의 설치 및 변경

우리가 해야할 일은 끊임없이
호기심을 갖고 새로운 생각을 시험해보고
새로운 인상을 받는 것이다.

– 월터 페이터 –

CHAPTER

03 위험물시설의 설치 및 변경

01 위험물시설의 설치허가

(1) 허가제의 취지

① 제조소등을 설치하고자 하는 사람은 시·도지사의 허가를 받도록 규정함은 위험물을 제조·저장 및 취급하는 장소에 대한 각종 위해를 방지하여 공공의 안전을 확보하는 데 있음

② 또한 다른 측면으로는 위험물의 적정 관리·감독이 위험물의 누출·비산 등으로 인한 환경오염을 미연에 방지하는 환경안전을 확보하는 간접적인 기능도 있다.

※ 허가제란 국가가 사회·경제활동을 규제 또는 조정하기 위한 행정제도를 의미하며, 허가란 법령에 의하여 일반적으로 금지되어 있는 행위를 특정의 경우에 특정인에 대하여 해제하는 행정처분이다.

(2) 주요 규정내용

① 위험물 시설을 설치하거나 변경하는 경우 허가 또는 신고사항, 군용위험물 시설 등에 대한 특례, 위험물탱크의 안전성능검사, 설치·변경 공사를 마친 때에 받아야하는 완공검사, 제조소등의 지위승계 및 용도폐지에 관한 사항 등 위험물시설에 대한 물적 통제의 전반적 내용을 다루고 있다.

② 이 외에 이 법령과 법령에 따른 명령에 위반한 때에 적용되는 설치허가의 취소와 사용정지, 과징금처분에 대해서도 규정하고 있다.

⊕ Plus one

- 제6조 위험물시설의 설치 및 변경 등
- 제7조 군용위험물시설의 설치 및 변경에 대한 특례
- 제8조 탱크안전성능검사
- 제9조 완공검사
- **제10조 제조소등 설치자의 지위승계**
- 제11조 제조소등의 폐지
- 제12조 제조소등 설치허가의 취소와 사용정지 등
- **제13조 과징금처분**

02 위험물시설의 설치 및 변경 등(법 제6조) 2016년 소방위 기출 2019년 통합소방장 기출

(1) 위험물시설의 설치 및 변경(제1항)

① 제조소등을 설치하려는 자는 대통령령이 정하는 바[영 제6조(제조소등의 설치 및 변경의 허가)]에 따라 그 설치장소를 관할하는 특별시장・광역시장・특별자치시장・도지사 또는 특별자치도지사(이하 "시・도지사"라 한다)의 허가를 받아야 한다. 제조소등의 위치・구조 또는 설비 가운데 행정안전부령이 정하는 사항[(시행규칙 별표1의2)]을 변경하고자 하는 때에도 또한 같다.

⊕ Plus one

- 제조소등의 설치허가를 받지 아니하고 제조소등을 설치한 사람(법 제35조)
  - 5년 이하의 징역 또는 1억원 이하의 벌금
- 제조소등의 변경허가를 받지 아니하고 제조소등을 변경한 사람(법 제36조)
  - 1천 500만원 이하의 벌금

※ 위험물 제조소등의 허가에 있어서는 원칙상으로는 위험물 제조소등이 이 법령에 적합하면 특별한 사정이 없는 한 허가해야 함이 원칙이다.

(2) 위험물의 품명・수량 또는 지정수량의 배수를 변경(제2항)★★★ 2018년 소방위 기출

① 제조소등의 위치・구조 또는 설비의 변경 없이 해당 제조소등에서 저장하거나 취급하는 위험물의 품명・수량 또는 지정수량의 배수를 변경하려는 자는 변경하고자 하는 날의 1일 전까지 행정안전부령이 정하는 바에 따라 시・도지사에게 신고해야 한다.

> 위험물의 품명・수량 또는 지정수량의 배수를 변경신고를 기간 내에 하지 아니하거나 허위로 한 자(법 제39조 제1항 제3호) : 500만원 이하의 과태료

② 품명 등의 변경신고서(시행규칙 제10조)

저장 또는 취급하는 위험물의 품명・수량 또는 지정수량의 배수에 관한 변경신고를 하려는 자는 위험물 제조소등 품명, 수량 또는 지정수량배수의 변경신고서(전자문서로 된 신고서를 포함한다)에 제조소등의 완공검사합격확인증을 첨부하여 시・도지사 또는 소방서장에게 제출해야 한다.

(3) 설치허가 및 위험물의 품명·수량 등 변경신고 제외대상(제3항)★★★ 2019년 소방위 기출

① 허가 받지 않고 해당 제조소등을 설치하거나 위치, 구조 설비를 변경할 수 있으며, 신고를 하지 않고 품명, 수량, 지정수량의 배수를 변경할 수 있는 제조소등

㉠ 주택의 난방시설(공동주택의 중앙난방시설을 제외한다)을 위한 저장소 또는 취급소

㉡ 농예용·축산용 또는 수산용으로 필요한 난방시설 또는 건조시설을 위한 지정수량 20배 이하의 저장소

② 그러나 허가 및 신고사항은 아니지만 위험물을 저장 및 취급하는 경우에 있어서는 이 법령이 규정한 제조소등의 설치기준에 적합해야 한다.

③ 이는 위험물의 위해로부터 안전을 보장하되 허가 및 신고 등을 받지 않게 함으로써 불필요한 행정력의 낭비를 없애고 그 이용의 편의성을 극대화하고자 함에 그 취지가 있다.

(4) 제조소등의 설치 및 변경허가(영 제6조 제1항)

제조소등의 설치허가 또는 변경허가를 받으려는 자는 설치허가 또는 변경허가신청서에 행정안전부령으로 정하는 서류[규칙 제6조(제조소등의 설치허가의 신청)]를 첨부하여 특별시장·광역시장 또는 도지사(이하 "시·도지사"라 한다)에게 제출해야 한다.

(5) 제조소등 설치허가 신청 시 검토사항(영 제6조 제2항)★★★★ 2020년 소방위 기출

시·도지사는 (4)에 따른 제조소등의 설치허가 또는 변경허가 신청 내용이 다음 각 호의 기준에 적합하다고 인정하는 경우에는 허가를 해야 한다.

① 제조소등의 위치·구조 및 설비가 법 제5조 제4항에 따른 기술기준에 적합할 것

② 제조소등에서의 위험물의 저장 또는 취급이 공공의 안전유지 또는 재해의 발생방지에 지장을 줄 우려가 없다고 인정될 것

③ 아래 ㉠, ㉡ 제조소등은 한국소방산업기술원의 기술검토를 받고 그 결과가 행정안전부령으로 정하는 기준에 적합한 것으로 인정될 것

㉠ 지정수량의 1천배 이상의 위험물을 취급하는 제조소 또는 일반취급소 : 구조·설비에 관한 사항

㉡ 50만리터 이상의 옥외탱크저장소 또는 암반탱크저장소 : 위험물탱크의 기초·지반, 탱크 본체 및 소화설비에 관한 사항

※ 다만, 보수 등을 위한 부분적인 변경으로서 소방청장이 정하여 고시하는 사항에 대해서는 기술원의 기술검토를 받지 않을 수 있으나 행정안전부령으로 정하는 기준에는 적합해야 한다.

④ 한국소방산업기술원의 검토결과 설치 및 변경허가 시 제출

상기 ③의 각 목의 어느 하나에 해당하는 제조소등에 관한 설치허가 또는 변경허가를 신청하는 자는 그 시설의 설치계획에 관하여 미리 기술원의 기술검토[규칙 제9조(기술검토의 신청 등)]를 받아 그 결과를 설치허가 또는 변경허가신청서류와 함께 제출할 수 있다.

Plus one

규칙 제9조(기술검토의 신청 등)

① 영 제6조 제3항에 따라 기술검토를 미리 받으려는 자는 다음 각 호의 구분에 따른 신청서(전자문서로 된 신청서를 포함한다)와 서류(전자문서를 포함한다)를 기술원에 제출해야 한다. 다만, 「전자정부법」 제36조 제1항에 따른 행정정보의 공동이용을 통하여 제출해야 하는 서류에 대한 정보를 확인할 수 있는 경우에는 그 확인으로 서류의 제출을 갈음할 수 있다.

1. 영 제6조 제2항 제3호 가목의 사항에 대한 기술검토 신청 : 별지 제17호의2 서식의 신청서와 제6조 제1호(가목은 제외한다)부터 제4호까지의 서류 중 해당 서류(변경허가와 관련된 경우에는 변경에 관계된 서류로 한정한다)
2. 영 제6조 제2항 제3호 나목의 사항에 대한 기술검토 신청 : 별지 제18호 서식의 신청서와 제6조 제3호 및 같은 조 제5호부터 제8호까지의 서류 중 해당 서류(변경허가와 관련된 경우에는 변경에 관계된 서류로 한정한다)

② 기술원은 제1항에 따른 신청의 내용이 다음 각 호의 구분에 따른 기준에 적합하다고 인정되는 경우에는 기술검토서를 교부하고, 적합하지 않다고 인정되는 경우에는 신청인에게 서면으로 그 사유를 통보하고 보완을 요구해야 한다.

1. 영 제6조 제2항 제3호 가목의 사항에 대한 기술검토 신청 : 별표4 Ⅳ부터 Ⅻ까지의 기준, 별표16 Ⅰ·Ⅵ·Ⅺ·Ⅻ의 기준 및 별표17의 관련 규정
2. 영 제6조 제2항 제3호 나목의 사항에 대한 기술검토 신청 : 별표6 Ⅳ부터 Ⅷ까지, Ⅻ 및 ⅩⅢ의 기준과 별표12 및 별표17 Ⅰ. 소화설비의 관련 규정

(6) 위험물 설치허가의 흐름도 2014년 소방위 기출

위험물을 설치하려면 먼저 위험물 제조소등 설치허가 신청서 및 첨부서류를 위험물 시설의 소재지를 관할하는 시·도지사 권한을 위임 받은 소방서장에게 제출하여 허가를 받은 후 공사를 실시하고 공사완료 후 시·도지사 권한을 위임 받은 소방서장이 실시하는 완공검사에 합격한 후 위험물시설을 사용해야 한다.

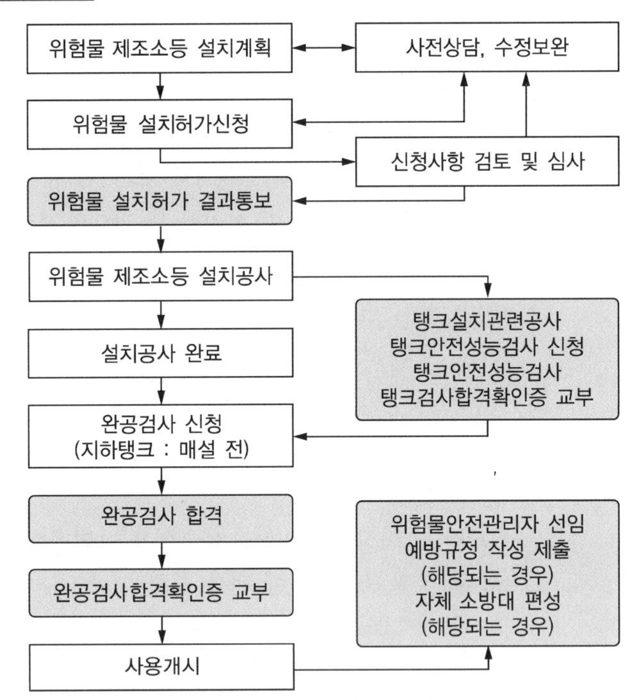

(7) 위험물 제조소등의 설치허가신청

① 설치허가 신청서 제출

제조소등의 설치허가를 받으려는 자는 제조소등 설치허가 신청서(전자문서 포함)에 아래의 서류(전자문서를 포함한다)를 첨부하여 특별시장, 광역시장, 특별자치시장, 도지사 또는 특별자치도지사(이하 '시 · 도지사'라 한다)나 소방서장에게 제출해야 한다. 다만, 「전자정부법」 제36조 제1항에 따른 행정정보의 공동이용을 통하여 첨부서류에 대한 정보를 확인할 수 있는 경우에는 그 확인으로 첨부서류를 갈음할 수 있다(시행규칙 제6조 제1항).

② 설치허가 신청서에 첨부할 서류(시행규칙 제6조)★★★★ 2023년 소방장 기출

㉠ 제조소등의 위치, 구조 및 설비에 관한 도면

ⓐ 해당 제조소등을 포함하는 사업소 안 및 주위의 주요 건축물과 공작물의 배치

ⓑ 해당 제조소등이 설치된 건축물 안에 제조소등의 용도로 사용되지 아니하는 부분이 있는 경우 그 부분의 배치 및 구조

ⓒ 해당 제조소등을 구성하는 건축물, 공작물 및 기계 · 기구 그 밖의 설비의 배치(제조소 또는 일반취급소의 경우에는 공정의 개요를 포함한다)

ⓓ 해당 제조소등에서 위험물을 저장 또는 취급하는 건축물, 공작물 및 기계 · 기구 그 밖의 설비의 구조(주유취급소의 경우에는 별표13 Ⅴ제1호(건축물 등의 제한 등) 각 목에 따른 건축물 및 공작물의 구조를 포함한다)

⊕ Plus one

규칙 별표13 Ⅴ. 건축물 등의 제한 등

1. 주유취급소에는 주유 또는 그에 부대하는 업무를 위하여 사용되는 다음 각 목의 건축물 또는 시설 외에는 다른 건축물 그 밖의 공작물을 설치할 수 없다.
   가. 주유 또는 등유 · 경유를 옮겨 담기 위한 작업장
   나. 주유취급소의 업무를 행하기 위한 사무소
   다. 자동차 등의 점검 및 간이정비를 위한 작업장
   라. 자동차 등의 세정을 위한 작업장
   마. 주유취급소에 출입하는 사람을 대상으로 한 점포 · 휴게음식점 또는 전시장
   바. 주유취급소의 관계자가 거주하는 주거시설
   사. 전기자동차용 충전설비(전기를 동력원으로 하는 자동차에 직접 전기를 공급하는 설비를 말한다. 이하 같다)
   아. 그 밖의 소방청장이 정하여 고시하는 건축물 또는 시설

ⓔ 해당 제조소등에 설치하는 전기설비, 피뢰설비, 소화설비, 경보설비 및 피난설비의 개요

ⓕ 압력안전장치 · 누설점검장치 및 긴급차단밸브 등 긴급대책에 관계된 설비를 설치하는 제조소등의 경우에는 해당 설비의 개요

㉡ 해당 제조소등에 관계된 구조설비명세표

㉢ 소화설비(소화기구 제외)를 설치하는 것에 있어서는 해당 설비의 설계도서

㉣ 화재탐지설비를 설치하는 것에 있어서는 해당 설비의 설계도서

㉤ 50만리터 이상의 옥외탱크저장소에 있어서는 해당 옥외저장탱크의 기초・지반 및 탱크 본체의 설계도서, 공사계획서, 공사공정표, 지질조사자료 등 기초・지반에 관하여 필요한 자료와 용접부에 관한 설명서 등 탱크에 관한 자료

㉥ 암반탱크저장소에 있어서는 해당 암반탱크의 본체・갱도(坑道) 및 배관 그 밖의 설비의 설계도서, 공사계획서, 공사공정표 및 지질・수리(水理)조사서

㉦ 지중탱크(저부가 지반면 아래에 있고 상부가 지반면 이상에 있으며 탱크 내 위험물의 최고액면이 지반면 아래에 있는 원통세로형식의 액체위험물탱크를 말한다)에 관계된 옥외탱크저장소에 있어서는 해당 지중탱크의 지반 및 탱크 본체의 설계도서, 공사계획서, 공사공정표 및 지질조사자료 등 지반에 관한 자료 **2021년 소방위 기출**

㉧ 해상탱크(해상의 동일 장소에 정치(定置)되어, 육상에 설치된 설비와 배관 등에 의하여 접속된 위험물탱크를 말한다)에 관계된 옥외탱크저장소에 있어서는 해당 해상탱크의 본체 및 정치설비(해상탱크를 동일 장소에 정치하기 위한 설비를 말한다), 그 밖의 설비의 설계도서, 공사계획서 및 공사공정표

㉨ 이송취급소에 있어서는 공사계획서, 공사공정표 및 규칙 별표1에 정한 서류

㉩ 「소방산업진흥에 관한 법률」 제14조에 따른 한국소방산업기술원이 발급한 기술검토서(영 제6조 제3항의 규정에 따라 기술원의 기술검토를 받은 경우에 한한다)

(8) 위험물 제조소등 변경허가

① 의 의

㉠ 변경허가란 이 법 시행규칙 별표 제1의2 제조소등에서 변경허가를 받아야 할 경우 그 변경을 인정하는 것이 타당한가에 대하여 행정청의 판단이 요구되는 사항에 있어서 이미 허가된 사항을 변경하고자 할 때 미리 행정청의 허가를 받도록 하는 것이다.

㉡ 이미 허가를 득한 위험물 제조소등의 위치・구조・설비(위치・구조・설비의 변경 개념)에 있어서 법령이 정하는 일정한 사항을 변경할 경우에 시・도지사에게 허가를 득하여 변경토록 하는 제도로서, 무분별한 위험물 시설의 변경으로 인한 위험성을 배제하려는 것이다.

⊕ Plus one

위치・구조・설비의 변경 개념

- 위치의 변경이라 함은 허가받은 제조소등의 시설을 다른 장소로 옮기는 것을 말한다.
- 구조의 변경이라 함은 제조소등의 시설기준에서 정하고 있는 건축물, 공작물 또는 위험물탱크 저장시설의 형태를 바꾸거나 그 주요구조부를 교체하여 고치는 것을 말한다.
- 설비의 변경이라 함은 제조소등의 시설기준에서 정하고 있는 것으로서 제조소등의 건축물, 공작물 또는 위험물탱크 저장시설에 부속된 시설의 형태를 바꾸어 고치는 것을 말한다.

② 변경허가 목적 및 절차의 흐름도

㉠ 제조소등에 있어서의 시설 등의 변경은 해당 장소 전체의 소방상 위험성이 변화되었음을 의미하므로 이때에도 그 위험정도에 따라 위해방지를 위하여 허가라는 사전절차를 두어 적정 통제하기 위함이다.

㉡ 변경허가를 득한 후에 변경시설을 설치한 제조소등은 그 변경공사에 대한 완공검사도 받도록 규정하고 있어 변경허가신청 → 설치허가 → 공사 → 완공검사 → 사용개시에 이르는 안전을 적정 확보하는 데 있다.

[제조소등 변경허가 흐름도]

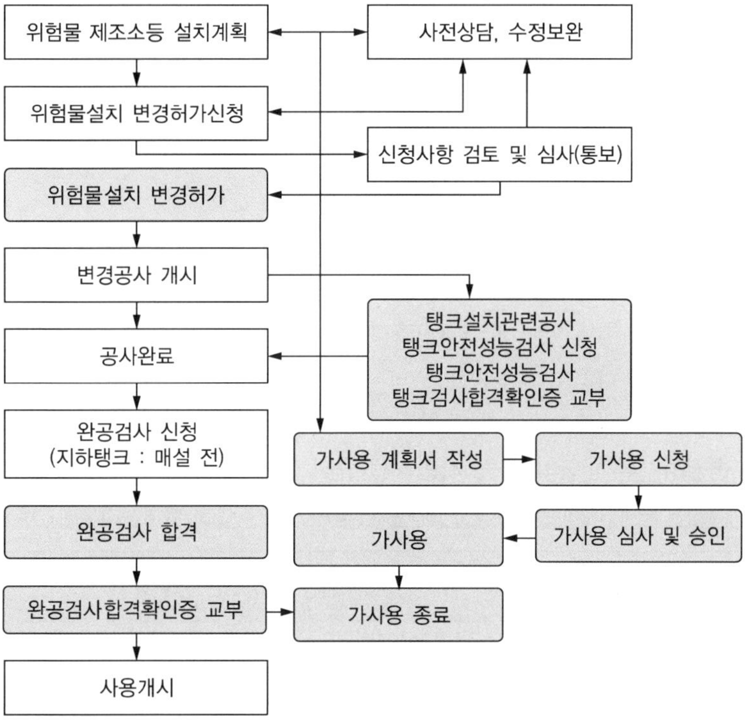

위험물 제조소등 설치계획 ↔ 사전상담, 수정보완
↓
위험물설치 변경허가신청 → 신청사항 검토 및 심사(통보) → 사전상담, 수정보완
↓
위험물설치 변경허가
↓
변경공사 개시 → 탱크설치관련공사 / 탱크안전성능검사 신청 / 탱크안전성능검사 / 탱크검사합격확인증 교부
↓
공사완료
↓
완공검사 신청 (지하탱크 : 매설 전)
↓
완공검사 합격
↓
완공검사합격확인증 교부
↓
사용개시

가사용 계획서 작성 → 가사용 신청 → 가사용 심사 및 승인 → 가사용 → 가사용 종료

(9) 제조소등 변경허가 신청(시행규칙 제7조)

① 변경허가 신청서 제출

㉠ 제조소등의 위치 · 구조 또는 설비의 변경허가를 받으려는 자는 별지 제16호 서식 또는 별지 제17호 서식의 신청서(전자문서로 된 신청서를 포함한다)에 다음 각 호의 서류[시행규칙 제7조](전자문서를 포함한다)를 첨부하여 설치허가를 한 시 · 도지사 또는 소방서장에게 제출해야 한다.

㉡ 다만, 「전자정부법」 제36조 제1항에 따른 행정정보의 공동이용을 통하여 첨부서류를 대한 정보를 확인할 수 있는 경우에는 그 확인으로 첨부서류를 갈음할 수 있다.

② 신청서에 첨부할 서류(시행규칙 제7조)★★★★

㉠ 제조소등의 완공검사합격확인증

㉡ 위 (7) ② ㉠의 서류(위 (7) ② ㉠ ⓓ 내지 ⓕ의 서류는 변경에 관계된 것에 한한다)

㉢ 위 (7) ② ㉡내지 ㉧까지에 따른 서류 중 변경에 관계된 서류

㉣ 법 제9조 제1항의 단서에 의한 화재예방에 관한 조치사항을 기재한 서류(변경공사와 관계가 없는 부분을 완공검사 전에 사용하고자 하는 경우에 한한다)

※ **법 제9조 제1항의 단서**
제조소등의 위치・구조 또는 설비를 변경함에 있어서 변경허가를 신청하는 때에 화재예방에 관한 조치사항을 기재한 서류를 제출하는 경우에는 해당 변경공사와 관계가 없는 부분은 완공검사를 받기 전에 미리 사용할 수 있다.

③ 변경허가 신청 시 검토사항(영 제6조 및 규칙 제7조) ★★★

㉠ 제조소등의 위치・구조 및 설비가 법 제5조 제4항에 따른 기술기준에 적합할 것

㉡ 제조소등에서의 위험물의 저장 또는 취급이 공공의 안전유지 또는 재해의 발생방지에 지장을 줄 우려가 없다고 인정될 것

㉢ 50만리터 이상의 옥외탱크저장소 또는 암반탱크저장소는 한국소방산업기술원의 위험물 탱크의 기초・지반 및 탱크 본체에 대한 기술검토결과 안전성이 확보된다고 인정될 것

㉣ 변경허가의 신청에 있어서 법 제9조 제1항 단서의 화재예방에 관한 조치사항을 기재한 서류가 적합하다고 인정될 것

(10) 제조소등 변경허가를 받아야 하는 사항(시행규칙 제8조 관련 별표1의2)★★★★★

2013년 경기소방장 기출 | 2012년, 2014년, 2015년, 2018년, 2021년, 2022년 소방위 기출 | 2021년, 2022년, 2023년 소방장 기출

제조소등의 구분	변경허가를 받아야 하는 경우
1. 제조소 또는 일반취급소 2013년 경기소방장 기출 2014년, 2017년, 2021년, 소방위 기출 2021년 소방장 기출	가. 제조소 또는 일반취급소의 위치를 이전하는 경우 나. 건축물의 벽・기둥・바닥・보 또는 지붕을 증설 또는 철거하는 경우 다. 배출설비를 신설하는 경우 라. 위험물 취급탱크를 신설・교체・철거 또는 보수(탱크의 본체를 절개하는 경우에 한한다)하는 경우 마. 위험물 취급탱크의 노즐 또는 맨홀을 신설하는 경우(노즐 또는 맨홀의 지름이 250mm를 초과하는 경우에 한한다) 바. 위험물 취급탱크의 방유제의 높이 또는 방유제 내의 면적을 변경하는 경우 사. 위험물 취급탱크의 탱크전용실을 증설 또는 교체하는 경우 아. 300m(지상에 설치하지 아니하는 배관의 경우에는 30m)를 초과하는 위험물배관을 신설・교체・철거 또는 보수(배관을 절개하는 경우에 한한다)하는 경우 자. 불활성기체의 봉입장치를 신설하는 경우 차. 별표4 XII 제2호 가목에 따른 누설범위를 국한하기 위한 설비를 신설하는 경우 카. 별표4 XII 제3호 다목에 따른 냉각장치 또는 보냉장치를 신설하는 경우 타. 별표4 XII 제3호 마목에 따른 탱크전용실을 증설 또는 교체하는 경우 파. 별표4 XII 제4호 나목에 따른 담 또는 토제를 신설・철거 또는 이설하는 경우 하. 별표4 XII 제4호 다목에 따른 온도 및 농도의 상승에 의한 위험한 반응을 방지하기 위한 설비를 신설하는 경우 거. 별표4 XII 제4호 라목에 따른 철 이온 등의 혼입에 의한 위험한 반응을 방지하기 위한 설비를 신설하는 경우

	너. 방화상 유효한 담을 신설·철거 또는 이설하는 경우 더. 위험물의 제조설비 또는 취급설비(펌프설비를 제외한다)를 증설하는 경우 러. 옥내소화전설비·옥외소화전설비·스프링클러설비·물분무 등 소화설비를 신설·교체(배관·밸브·압력계·소화전 본체·소화약제탱크·포헤드·포방출구 등의 교체는 제외한다) 또는 철거하는 경우 머. 자동화재탐지설비를 신설 또는 철거하는 경우
2. 옥내저장소	가. 건축물의 벽·기둥·바닥·보 또는 지붕을 증설 또는 철거하는 경우 나. 배출설비를 신설하는 경우 다. 별표5 Ⅷ 제3호 가목에 따른 누설범위를 국한하기 위한 설비를 신설하는 경우 라. 별표5 Ⅷ 제4호에 따른 온도의 상승에 의한 위험한 반응을 방지하기 위한 설비를 신설하는 경우 마. 별표5 부표1 비고 제1호 또는 같은 별표 부표2 비고 제1호에 따른 담 또는 토제를 신설·철거 또는 이설하는 경우 바. 옥외소화전설비·스프링클러설비·물분무 등 소화설비를 신설·교체(배관·밸브·압력계·소화전 본체·소화약제탱크·포헤드·포방출구 등의 교체는 제외한다) 또는 철거하는 경우 사. 자동화재탐지설비를 신설 또는 철거하는 경우
3. 옥외탱크 저장소	가. 옥외저장탱크의 위치를 이전하는 경우 나. 옥외탱크저장소의 기초·지반을 정비하는 경우 다. 별표6 Ⅱ 제5호에 따른 물분무설비를 신설 또는 철거하는 경우 라. 주입구의 위치를 이전하거나 신설하는 경우 마. 300m(지상에 설치하지 아니하는 배관의 경우에는 30m)를 초과하는 위험물배관을 신설·교체·철거 또는 보수(배관을 절개하는 경우에 한한다)하는 경우 바. 별표6 Ⅵ 제20호에 따른 수조를 교체하는 경우 사. 방유제(간막이 둑을 포함한다)의 높이 또는 방유제 내의 면적을 변경하는 경우 아. 옥외저장탱크의 밑판 또는 옆판을 교체하는 경우 자. 옥외저장탱크의 노즐 또는 맨홀을 신설하는 경우(노즐 또는 맨홀의 지름이 250mm를 초과하는 경우에 한한다) 차. 옥외저장탱크의 밑판 또는 옆판의 표면적의 20%를 초과하는 겹침보수공사 또는 육성보수공사를 하는 경우 카. 옥외저장탱크의 애뉼러 판의 겹침보수공사 또는 육성보수공사를 하는 경우 타. 옥외저장탱크의 애뉼러 판 또는 밑판이 옆판과 접하는 용접이음부의 겹침보수공사 또는 육성보수공사를 하는 경우(용접길이가 300mm를 초과하는 경우에 한한다) 파. 옥외저장탱크의 옆판 또는 밑판(애뉼러 판을 포함한다) 용접부의 절개보수공사를 하는 경우 하. 옥외저장탱크의 지붕판 표면적 30% 이상을 교체하거나 구조·재질 또는 두께를 변경하는 경우 거. 별표6 Ⅺ 제1호 가목에 따른 누설범위를 국한하기 위한 설비를 신설하는 경우 너. 별표6 Ⅺ 제2호 나목에 따른 냉각장치 또는 보냉장치를 신설하는 경우 더. 별표6 Ⅺ 제3호 가목에 따른 온도의 상승에 의한 위험한 반응을 방지하기 위한 설비를 신설하는 경우 러. 별표6 Ⅺ 제3호 나목에 따른 철 이온 등의 혼입에 의한 위험한 반응을 방지하기 위한 설비를 신설하는 경우 머. 불활성기체의 봉입장치를 신설하는 경우 버. 지중탱크의 누액방지판을 교체하는 경우 서. 해상탱크의 정치설비를 교체하는 경우 어. 물분무 등 소화설비를 신설·교체(배관·밸브·압력계·소화전 본체·소화약제탱크·포헤드·포방출구 등의 교체는 제외한다) 또는 철거하는 경우 저. 자동화재탐지설비를 신설 또는 철거하는 경우
4. 옥내탱크 저장소	가. 옥내저장탱크의 위치를 이전하는 경우 나. 주입구의 위치를 이전하거나 신설하는 경우 다. 300m(지상에 설치하지 아니하는 배관의 경우에는 30m)를 초과하는 위험물배관을 신설·교체·철거 또는 보수(배관을 절개하는 경우에 한한다)하는 경우 라. 옥내저장탱크를 신설·교체 또는 철거하는 경우 마. 옥내저장탱크를 보수(탱크 본체를 절개하는 경우에 한한다)하는 경우 바. 옥내저장탱크의 노즐 또는 맨홀을 신설하는 경우(노즐 또는 맨홀의 지름이 250mm를 초과하는 경우에 한한다)

	사. 건축물의 벽·기둥·바닥·보 또는 지붕을 증설 또는 철거하는 경우 아. 배출설비를 신설하는 경우 자. 별표7 Ⅱ에 따른 누설범위를 국한하기 위한 설비·냉각장치·보냉장치·온도의 상승에 의한 위험한 반응을 방지하기 위한 설비 또는 철 이온 등의 혼입에 의한 위험한 반응을 방지하기 위한 설비를 신설하는 경우 차. 불활성기체의 봉입장치를 신설하는 경우 카. 물분무 등 소화설비를 신설·교체(배관·밸브·압력계·소화전 본체·소화약제탱크·포헤드·포방출구 등의 교체는 제외한다) 또는 철거하는 경우 타. 자동화재탐지설비를 신설 또는 철거하는 경우
5. 지하탱크 저장소	가. 지하저장탱크의 위치를 이전하는 경우 나. 탱크전용실을 증설 또는 교체하는 경우 다. 지하저장탱크를 신설·교체 또는 철거하는 경우 라. 지하저장탱크를 보수(탱크 본체를 절개하는 경우에 한한다)하는 경우 마. 지하저장탱크의 노즐 또는 맨홀을 신설하는 경우(노즐 또는 맨홀의 지름이 250mm를 초과하는 경우에 한한다) 바. 주입구의 위치를 이전하거나 신설하는 경우 사. 300m(지상에 설치하지 아니하는 배관의 경우에는 30m)를 초과하는 위험물배관을 신설·교체·철거 또는 보수(배관을 절개하는 경우에 한한다)하는 경우 아. 특수누설방지구조를 보수하는 경우 자. 별표8 Ⅳ 제2호 나목 및 같은 항 제3호에 따른 냉각장치· 보냉장치·온도의 상승에 의한 위험한 반응을 방지하기 위한설비 또는 철 이온 등의 혼입에 의한 위험한 반응을 방지하기 위한 설비를 신설하는 경우 차. 불활성기체의 봉입장치를 신설하는 경우 카. 자동화재탐지설비를 신설 또는 철거하는 경우 타. 지하저장탱크의 내부에 탱크를 추가로 설치하거나 철판 등을 이용하여 탱크 내부를 구획하는 경우
6. 간이탱크 저장소 2022년 소방위 기출	가. 간이저장탱크의 위치를 이전하는 경우 나. 건축물의 벽·기둥·바닥·보 또는 지붕을 증설 또는 철거하는 경우 다. 간이저장탱크를 신설·교체 또는 철거하는 경우 라. 간이저장탱크를 보수(탱크 본체를 절개하는 경우에 한한다)하는 경우 마. 간이저장탱크의 노즐 또는 맨홀을 신설하는 경우(노즐 또는 맨홀의 지름이 250mm를 초과하는 경우에 한한다)
7. 이동탱크 저장소 2015년, 2021년 소방위 기출	가. 상치장소의 위치를 이전하는 경우(같은 사업장 또는 같은 울 안에서 이전하는 경우는 제외한다) 나. 이동저장탱크를 보수(탱크 본체를 절개하는 경우에 한한다)하는 경우 다. 이동저장탱크의 노즐 또는 맨홀을 신설하는 경우(노즐 또는 맨홀의 지름이 250mm를 초과하는 경우에 한한다) 라. 이동저장탱크의 내용적을 변경하기 위하여 구조를 변경하는 경우 마. 별표10 Ⅳ 제3호에 따른 주입설비를 설치 또는 철거하는 경우 바. 펌프설비를 신설하는 경우
8. 옥외저장소	가. 옥외저장소의 면적을 변경하는 경우 나. 별표11 Ⅲ 제1호에 따른 살수설비 등을 신설 또는 철거하는 경우 다. 옥외소화전설비·스프링클러설비·물분무 등 소화설비를 신설·교체(배관·밸브·압력계·소화전 본체·소화약제탱크·포헤드·포방출구 등의 교체는 제외한다) 또는 철거하는 경우
9. 암반탱크 저장소	가. 암반탱크저장소의 내용적을 변경하는 경우 나. 암반탱크의 내벽을 정비하는 경우 다. 배수시설·압력계 또는 안전장치를 신설하는 경우 라. 주입구의 위치를 이전하거나 신설하는 경우 마. 300m(지상에 설치하지 아니하는 배관의 경우에는 30m)를 초과하는 위험물배관을 신설·교체·철거 또는 보수(배관을 절개하는 경우에 한한다)하는 경우 바. 물분무 등 소화설비를 신설·교체(배관·밸브·압력계·소화전 본체·소화약제탱크·포헤드·포방출구 등의 교체는 제외한다) 또는 철거하는 경우 사. 자동화재탐지설비를 신설 또는 철거하는 경우

10. 주유취급소 2012년, 2014년 소방위 기출 2022년 소방장 기출	가. 지하에 매설하는 탱크의 변경 중 다음의 어느 하나에 해당하는 경우 1) 탱크의 위치를 이전하는 경우 2) 탱크전용실을 보수하는 경우 3) 탱크를 신설·교체 또는 철거하는 경우 4) 탱크를 보수(탱크 본체를 절개하는 경우에 한한다)하는 경우 5) 탱크의 노즐 또는 맨홀을 신설하는 경우(노즐 또는 맨홀의 지름이 250mm를 초과하는 경우에 한한다) 6) 특수누설방지구조를 보수하는 경우 나. 옥내에 설치하는 탱크의 변경 중 다음의 어느 하나에 해당하는 경우 1) 탱크의 위치를 이전하는 경우 2) 탱크를 신설·교체 또는 철거하는 경우 3) 탱크를 보수(탱크 본체를 절개하는 경우에 한한다)하는 경우 4) 탱크의 노즐 또는 맨홀을 신설하는 경우(노즐 또는 맨홀의 지름이 250mm를 초과하는 경우에 한한다) 다. 고정주유설비 또는 고정급유설비를 신설 또는 철거하는 경우 라. 고정주유설비 또는 고정급유설비의 위치를 이전하는 경우 마. 건축물의 벽·기둥·바닥·보 또는 지붕을 증설 또는 철거하는 경우 바. 담 또는 캐노피를 신설 또는 철거(유리를 부착하기 위하여 담의 일부를 철거하는 경우를 포함한다)하는 경우 사. 주입구의 위치를 이전하거나 신설하는 경우 아. 별표13 Ⅴ 제1호 각 목에 따른 시설과 관계된 공작물(바닥면적이 4m^2 이상인 것에 한한다)을 신설 또는 증축하는 경우 자. 별표13 ⅩⅥ에 따른 개질장치(改質裝置), 압축기(壓縮機), 충전설비, 축압기(蓄壓器) 또는 수입설비(受入設備)를 신설하는 경우 차. 자동화재탐지설비를 신설 또는 철거하는 경우 카. 셀프용이 아닌 고정주유설비를 셀프용고정주유설비로 변경하는 경우 타. 주유취급소 부지의 면적 또는 위치를 변경하는 경우 파. 300m(지상에 설치하지 않는 배관의 경우에는 30m)를 초과하는 위험물의 배관을 신설·교체·철거 또는 보수(배관을 자르는 경우만 해당한다)하는 경우 하. 탱크의 내부에 탱크를 추가로 설치하거나 철판 등을 이용하여 탱크 내부를 구획하는 경우
11. 판매취급소	가. 건축물의 벽·기둥·바닥·보 또는 지붕을 증설 또는 철거하는 경우 나. 자동화재탐지설비를 신설 또는 철거하는 경우
12. 이송취급소	가. 이송취급소의 위치를 이전하는 경우 나. 300m(지상에 설치하지 아니하는 배관의 경우에는 30m)를 초과하는 위험물배관을 신설·교체·철거 또는 보수(배관을 절개하는 경우에 한한다)하는 경우 다. 방호구조물을 신설 또는 철거하는 경우 라. 누설확산방지조치·운전상태의 감시장치·안전제어장치·압력안전장치·누설검지장치를 신설하는 경우 마. 주입구·배출구 또는 펌프설비의 위치를 이전하거나 신설하는 경우 바. 옥내소화전설비·옥외소화전설비·스프링클러설비·물분무 등 소화설비를 신설·교체(배관·밸브·압력계·소화전 본체·소화약제탱크·포헤드·포방출구 등의 교체는 제외한다) 또는 철거하는 경우 사. 자동화재탐지설비를 신설 또는 철거하는 경우

03 군용위험물시설의 설치 및 변경에 대한 특례

(1) 의의 및 목적

① 특례를 두는 이유는 군사목적 또는 군부대시설을 위한 제조소등은 일반적인 위험물 제조소등에 비하여 위해성이 상대적으로 적을 뿐만 아니라, 현실적으로 군부대의 적극적인 협조 없이는 법적인 시설기준 준수여부 등을 확인할 수 없는 현실적 한계가 있기 때문이다.

② 하지만 군사목적 또는 군부대시설을 위한 위험물 또한 화재·폭발 및 누출 등 각종 위험성이 내재되어 있는 바 이를 법령에서 완전히 배제하지 않고 협의절차를 두어 설치되는 제조소등의 안전을 확보할 필요가 있기 때문에 본 조에서 명확히 이를 규정하고 있다.

(2) 특례규정(법 제7조) 2023년 소방장 기출

① 군사목적 또는 군부대시설을 위한 제조소등을 설치하거나 그 위치·구조 또는 설비를 변경하고자 하는 군부대의 장은 대통령령이 정하는 바[영 제7조(군용위험물시설의 설치 및 변경에 대한 특례)]에 따라 미리 제조소등의 소재지를 관할하는 시·도지사와 협의해야 한다(법 제7조 제1항).

Plus one

시행령 제7조(군용위험물시설의 설치 및 변경에 대한 특례)

① 군부대의 장은 법 제7조 제1항의 규정에 따라 군사목적 또는 군부대시설을 위한 제조소등을 설치하거나 그 위치·구조 또는 설비를 변경하고자 하는 경우에는 해당 제조소등의 설치공사 또는 변경공사를 착수하기 전에 그 공사의 설계도서와 **행정안전부령이 정하는 서류**[시행규칙 제11조]를 시·도지사에게 제출해야 한다. 다만, 국가안보상 중요하거나 국가기밀에 속하는 제조소등을 설치 또는 변경하는 경우에는 해당 공사의 설계도서의 제출을 생략할 수 있다.

> **시행규칙 제11조** ① 군사목적 또는 군부대시설을 위한 제조소등의 설치공사 또는 변경공사에 관한 위험물안전관리법 시행규칙 제6조(설치허가 신청서류) 및 제7조(변경허가 신청서류)에 따른 서류를 말함

② 시·도지사는 제1항의 규정에 따라 제출받은 설계도서와 관계서류를 검토한 후 그 결과를 해당 군부대의 장에게 통지해야 한다. 이 경우 시·도지사는 검토결과를 통지하기 전에 설계도서와 관계서류의 보완요청을 할 수 있고, 보완요청을 받은 군부대의 장은 특별한 사유가 없는 한 이에 응해야 한다.

② 군부대의 장이 ①에 따라 제조소등의 소재지를 관할하는 시·도지사와 협의한 경우에는 제조소등의 설치허가를 받은 것으로 본다(법 제7조 제2항).

③ 군부대의 장은 ①에 따라 협의한 제조소등에 대하여는 탱크안전성능검사와 완공검사를 자체적으로 실시할 수 있다. 이 경우 완공검사를 자체적으로 실시한 군부대의 장은 지체 없이 행정안전부령이 정하는 사항[규칙 제11조 제2항]을 시·도지사에게 통보해야 한다(법 제7조 제3항).

⊕ Plus one

시행규칙 제11조 제2항
1. 제조소등의 완공일 및 사용개시일
2. 탱크안전성능검사의 결과(탱크안전성능검사의 대상이 되는 위험물탱크가 있는 경우에 한한다)
3. 완공검사의 결과
4. 안전관리자 선임계획
5. 예방규정(해당하는 제조소등의 경우에 한한다)

(3) 위험물 제조소등 설치허가와 군용대상 위험물시설의 특례 비교

구 분	일반대상	군용대상
제조소등의 설치, 변경 허가	시・도지사 (소방서장에게 위임)	착공전 공사의 설계도서와 행정안전부령이 정하는 서류를 시・도지사에게 제출(다만, 국가안보상 중요하거나 국가기밀에 속하는 제조소등을 설치 또는 변경하는 경우에는 당해 공사의 설계도서의 제출 생략 가능) → 심사 후 통지 → 허가의제
탱크안전성능검사	시・도지사(소방서장에게 위임), 탱크안전성능시험자, 기술원	자체검사 후 결과서 제출
완공검사	시・도지사 (소방서장에게 위임)	자체실시 후 결과서 제출
임시저장・취급	시・도 조례에서 규정에 따라 관할 소방서장 승인 승인기간 : 90일 이내	시・도 조례에서 규정 (기간 제한 없음)

04 탱크안전성능검사(법 제8조) 2019년 통합소방장 기출

(1) 의 의

탱크안전성능검사라 함은 위험물저장탱크의 안전성을 확인하는 것

(2) 탱크안전성능검사의 목적

제조소등의 허가를 득한 자가 위험물탱크를 설치하거나 탱크의 위치・구조 또는 설비의 변경공사를 한 경우에도 해당 탱크의 안전성능검사를 하도록 규정하여 위험물을 저장하는 용기에 대한 안전성 확보를 위함

(3) 탱크안전성능검사의 종류 2002년 소방위 기출 2021년 소방장 기출

① 기초・지반검사
② 충수・수압검사
③ 용접부검사
④ 암반탱크검사

(4) 탱크안전성능검사 법적기준(법 제8조)

① 탱크안전성능검사의 대상이 되는 탱크

위험물을 저장 또는 취급하는 탱크로서 대통령령이 정하는 탱크시행령 제8조(탱크안전성능검사의 대상이 되는 탱크 등)(이하 "위험물탱크"라 한다)가 있는 제조소등의 설치 또는 그 위치·구조 또는 설비의 변경에 관하여 허가를 받은 자가 위험물탱크의 설치 또는 그 위치·구조 또는 설비의 변경공사를 하는 때에는 완공검사를 받기 전에 위치·구조 또는 설비 기술기준에 적합한지의 여부를 확인하기 위하여 시·도지사가 실시하는 탱크안전성능검사를 받아야 한다(제1항 전단).

Plus one

시행령 제8조(탱크안전성능검사의 대상이 되는 탱크 등) ① 법 제8조 제1항 전단의 규정에 따라 탱크안전성능검사를 받아야 하는 위험물탱크는 제2항에 따른 탱크안전성능검사별로 다음 각 호의 1에 해당하는 탱크로 한다.

1. 기초·지반검사 : 옥외탱크저장소의 액체위험물탱크 중 그 용량이 100만리터 이상인 탱크
2. 충수(充水)·수압검사 : 액체위험물을 저장 또는 취급하는 탱크. 다만, 다음 각 목의 1에 해당하는 탱크를 제외한다.
   가. 제조소 또는 일반취급소에 설치된 탱크로서 용량이 지정수량 미만인 것
   나. 「고압가스안전관리법」 제17조 제1항에 따른 특정설비에 관한 검사에 합격한 탱크
   다. 「산업안전보건법」 제34조 제2항에 따른 성능검사에 합격한 탱크
3. 용접부검사 : 제1호에 따른 탱크. 다만, 탱크의 저부에 관계된 변경공사(탱크의 옆판과 관련되는 공사를 포함하는 것을 제외한다)시에 행하여진 법 제18조 제2항에 따른 정기검사에 의하여 용접부에 관한 사항이 행정안전부령으로 정하는 기준에 적합하다고 인정된 탱크를 제외한다.
4. 암반탱크검사 : 액체위험물을 저장 또는 취급하는 암반 내의 공간을 이용한 탱크

㉠ 탱크안전성능검사의 면제

시·도지사는 허가를 받은 자가 탱크안전성능시험자 또는 한국소방산업기술원(이하 "기술원"이라 한다)으로부터 탱크안전성능시험을 받은 경우에는 대통령령이 정하는 바시행령 제9조(탱크안전성능검사의 면제)에 따라 해당 탱크안전성능검사의 전부 또는 일부를 면제할 수 있다(제8조 제1항 후단).

Plus one

시행령 제9조(탱크안전성능검사의 면제) ① 법 제8조 제1항 후단의 규정에 따라 시·도지사가 면제할 수 있는 탱크안전성능검사는 제8조 제2항 및 별표4에 따른 **충수·수압검사**로 한다.

② 위험물탱크에 대한 충수·수압검사를 면제받으려는 자는 위험물탱크안전성능시험자(이하 "탱크시험자"라 한다) 또는 기술원으로부터 충수·수압검사에 관한 탱크안전성능시험을 받아 법 제9조 제1항에 따른 완공검사를 받기 전(지하에 매설하는 위험물탱크에 있어서는 지하에 매설하기 전)에 해당 시험에 합격하였음을 증명하는 서류(이하 "탱크시험합격확인증"이라 한다)를 시·도지사에게 제출해야 한다.

③ 시·도지사는 제2항의 규정에 따라 제출받은 탱크시험합격확인증과 해당 위험물탱크를 확인한 결과 법 제5조 제4항에 따른 기술기준에 적합하다고 인정되는 때에는 해당 충수·수압검사를 면제한다.

② ①에 따른 탱크안전성능검사의 내용은 대통령령시행령 제8조 제2항으로 정하고, 탱크안전성능검사의 실시 등에 관하여 필요한 사항은 행정안전부령시행규칙 제12조(기초·지반검사에 관한 기준 등)으로 정한다(법 제8조 제2항).

Plus one

(1) 시행령 제8조 제2항 ② 법 제8조 제2항의 규정에 따라 탱크안전성능검사는 기초・지반검사, 충수・수압검사, 용접부검사 및 암반탱크검사로 구분하되, 그 내용은 별표4와 같다.

[탱크안전성능검사 내용(시행령 제8조 제2항 관련 별표4)]

구 분	검사내용
1. 기초・지반 검사	가. 제8조 제1항 제1호에 따른 탱크 중 나목 외의 탱크 : 탱크의 기초 및 지반에 관한 공사에 있어서 해당 탱크의 기초 및 지반이 행정안전부령으로 정하는 기준(규칙 제12조 제1항)에 적합한지 여부를 확인함
	나. 제8조 제1항 제1호에 따른 탱크 중 행정안전부령으로 정하는 탱크(지중탱크 및 해상탱크) : 탱크의 기초 및 지반에 관한 공사에 상당한 것으로서 행정안전부령으로 정하는 공사(지중탱크 : 지반공사, 해상탱크 : 정치설비지반공사)에 있어서 해당 탱크의 기초 및 지반에 상당하는 부분이 행정안전부령으로 정하는 기준(규칙 제12조 제4항)에 적합한지 여부를 확인함
2. 충수・수압 검사	탱크에 배관 그 밖의 부속설비를 부착하기 전에 해당 탱크 본체의 누설 및 변형에 대한 안전성이 행정안전부령으로 정하는 기준(규칙 제13조)에 적합한지 여부를 확인함
3. 용접부 검사	탱크의 배관 그 밖의 부속설비를 부착하기 전에 행하는 해당 탱크의 본체에 관한 공사에 있어서 탱크의 용접부가 행정안전부령으로 정하는 기준(규칙 제14조)에 적합한지 여부를 확인함
4. 암반탱크 검사	탱크의 본체에 관한 공사에 있어서 탱크의 구조가 행정안전부령으로 정하는 기준(규칙 제15조)에 적합한지 여부를 확인함

(2) 탱크안전성능검사의 실시 등에 관하여 필요한 사항

시행규칙 제12조(기초・지반검사에 관한 기준 등) ① 영 별표4 제1호 가목에서 "행정안전부령으로 정하는 기준"이라 함은 해당 위험물탱크의 구조 및 설비에 관한 사항 중 별표6 Ⅳ 및 Ⅴ에 따른 기초 및 지반에 관한 기준을 말한다.

② 영 별표4 제1호 나목에서 "행정안전부령으로 정하는 탱크"라 함은 **지중탱크 및 해상탱크**(이하 "특수액체위험물탱크"라 한다)를 말한다.

③ 영 별표4 제1호 나목에서 "행정안전부령으로 정하는 공사"라 함은 지중탱크의 경우에는 지반에 관한 공사를 말하고, 해상탱크의 경우에는 정치설비의 지반에 관한 공사를 말한다.

④ 영 별표4 제1호 나목에서 "행정안전부령으로 정하는 기준"이라 함은 지중탱크의 경우에는 별표6 Ⅻ 제2호 라목에 따라 기준을 말하고, 해상탱크의 경우에는 별표6 XIII 제3호 라목에 따라 기준을 말한다.

⑤ 법 제8조 제2항에 따라 기술원은 100만리터 이상 옥외탱크저장소의 기초・지반검사를 「엔지니어링산업 진흥법」에 따른 엔지니어링사업자가 실시하는 기초・지반에 관한 시험의 과정 및 결과를 확인하는 방법으로 할 수 있다.

시행규칙 제13조(충수・수압검사에 관한 기준 등) ① 영 별표4 제2호에서 "행정안전부령으로 정하는 기준"이라 함은 다음 각 호의 1에 해당하는 기준을 말한다.

1. 100만리터 이상의 액체위험물탱크의 경우

별표 6 Ⅵ 제1호에 따른 기준[충수시험(물 외의 적당한 액체를 채워서 실시하는 시험을 포함한다. 이하 같다) 또는 수압시험에 관한 부분에 한한다]

압력탱크 외 **(최대상용압력 대기압을 초과하는 탱크)**	충수시험
압력탱크 **(최대상용압력이 46.7kPa 이상인 탱크)**	최대상용압력의 1.5배의 압력으로 10분간 수압시험에서 새거나 변형하지 아니하는 것일 것

2. 100만리터 미만의 액체위험물탱크의 경우
별표 4(**제조소**) Ⅸ 제1호 가목, 별표 6(**옥외탱크저장소**) Ⅵ 제1호, 별표 7(**지하탱크저장소**) Ⅰ 제1호 마목, 별표 8(**간이탱크저장소**) Ⅰ 제6호 · Ⅱ 제1호 · 제4호 · 제6호 · Ⅲ, 별표 9 제6호, 별표 10(**이동탱크저장소**) Ⅱ 제1호 · Ⅹ 제1호 가목, 별표 13(**주유취급소**) Ⅲ 제3호, 별표 16(**일반취급소**) Ⅰ 제1호에 따른 기준(충수시험 · 수압시험 및 그 밖의 탱크의 누설 · 변형에 대한 안전성에 관련된 탱크안전성능시험의 부분에 한한다)
② 법 제8조 제2항의 규정에 따라 기술원은 제18조 제6항에 따른 이중벽탱크에 대하여 제1항 제2호에 따른 수압검사를 법 제16조 제1항에 따른 탱크안전성능시험자(이하 "탱크시험자"라 한다)가 실시하는 수압시험의 과정 및 결과를 확인하는 방법으로 할 수 있다.

저장소 구분	관련 규정	탱크종류	시험기준	탱크두께, 재질
제조소 (위험물 취급탱크)	별표 4 Ⅸ 제1호 가목	옥외탱크저장소 기준 준용		
옥외탱크 저장소	별표 6 Ⅵ 제1호	압력탱크 외 (최대상용압력 대기압을 초과하는 탱크)	충수시험	3.2mm 이상 또는 고시규격
		압력탱크 (최대상용압력이 46.7kPa 이상인 탱크)	최대상용압력의 1.5배의 압력으로 10분간 수압시험에서 새거나 변형하지 아니하는 것일 것	
옥내탱크 저장소	별표 7 Ⅰ 제1호 마목	옥외탱크저장소 기준 준용		
지하탱크 저장소	별표 8 Ⅰ 제6호 · Ⅱ 제1호 · 제4호 · 제6호 · Ⅲ	압력탱크 외	70kPa의 압력으로 10분간 수압시험	3.2mm 이상이나 용량에 따라 두께 다름
		압력탱크	최대상용압력의 1.5배의 압력으로 10분간 수압시험에서 새거나 변형하지 아니하는 것일 것(기밀시험과 비파괴시험으로 대신 가능)	
간이탱크 저장소	별표 9 제6호		70kPa의 압력으로 10분간 수압시험	3.2mm 이상
이동탱크 저장소	별표 10 Ⅹ 제1호 가목	압력탱크 외	70kPa의 압력으로 10분간 수압시험	3.2mm 이상
		압력탱크	최대상용압력의 1.5배의 압력으로 10분간 수압시험에서 새거나 변형하지 아니하는 것일 것(기밀시험과 비파괴시험으로 대신 가능)	
알킬알루미늄 등 이동탱크 저장소	별표 10 Ⅹ 제1호 가목		1MPa 이상의 압력으로 10분간 실시하는 수압시험에서 새거나 변형하지 아니하는 것일 것	10mm 이상의 강판 또는 동등 이상
주유 취급소	별표 13 Ⅲ 제3호	상기 탱크 준용		
일반 취급소	별표 16 Ⅰ 제1호	상기 탱크 준용		

제14조(용접부검사에 관한 기준 등) ① 영 별표4 제3호에서 "행정안전부령으로 정하는 기준"이라 함은 다음 각 호의 1에 해당하는 기준을 말한다.

1. 특수액체위험물탱크 외의 위험물탱크의 경우 : 별표6 Ⅵ 제2호에 따른 기준
2. 지중탱크의 경우 : 별표6 XII 제2호 마목 4) 라)에 따른 기준(용접부에 관련된 부분에 한한다)

② 법 제8조 제2항의 규정에 따라 기술원은 용접부검사를 탱크시험자가 실시하는 용접부에 관한 시험의 과정 및 결과를 확인하는 방법으로 할 수 있다.

제15조(암반탱크검사에 관한 기준 등) ① 영 별표4 제4호에서 "행정안전부령으로 정하는 기준"이라 함은 별표12 Ⅰ에 따른 기준을 말한다.

② 법 제8조 제2항에 따라 기술원은 암반탱크검사를 「엔지니어링산업 진흥법」에 따른 엔지니어링사업자가 실시하는 암반탱크에 관한 시험의 과정 및 결과를 확인하는 방법으로 할 수 있다.

제17조(용접부검사의 제외기준) ① 삭 제

② 영 제8조 제1항 제3호 단서의 규정에 따라 용접부검사 대상에서 제외되는 탱크로 인정되기 위한 기준은 별표6 Ⅵ 제2호에 따른 기준으로 한다.

(5) 탱크안전성능시험 신청 등(규칙 제18조)

① 탱크안전성능시험기관

㉠ 탱크안전성능검사의 주체 : 원칙적으로 시・도지사

㉡ 권한의 위임・위탁 : 소방서장과 한국소방산업기술원

㉢ 탱크안전성능시험자로 등록한 자로부터 성능시험을 받은 경우 : 충수・수압검사 면제

② 탱크안전성능검사 신청(규칙 제18조 제1항)

㉠ 신청의 주체 : 탱크안전성능검사를 받으려는 자

㉡ 제출기관 : 해당 위험물탱크의 설치장소를 관할하는 소방서장 또는 기술원에 제출. 다만, 설치장소에서 제작하지 아니하는 위험물탱크에 대한 탱크안전성능검사(충수・수압검사에 한한다)의 경우에는 별지 제20호 서식의 신청서(전자문서로 된 신청서를 포함한다)에 해당 위험물탱크의 구조명세서 1부를 첨부하여 해당 위험물탱크의 제작지를 관할하는 소방서장에게 신청할 수 있다.

㉢ 제출서류 : 위험물 제조소등 탱크안전성능검사 신청서(별지 제20호 서식)

㉣ 탱크안전성능검사 신청민원 처리절차

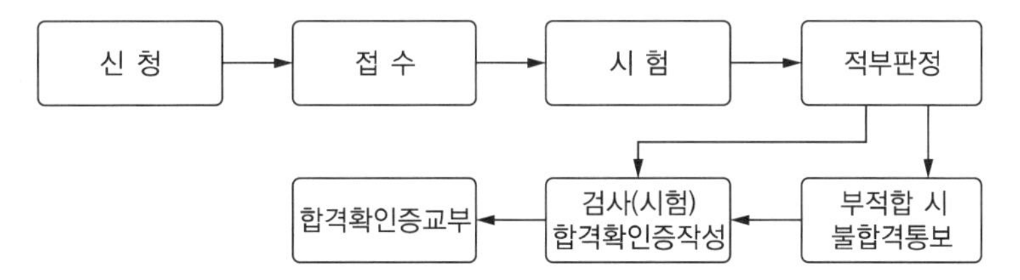

㉤ 탱크안전성능검사 신청민원 처리기간(별지 제20호 서식)

충수 · 수압 · 기밀검사	4일
기초 · 지반검사	실제검사기간 + 10일
용접부검사	
암반탱크검사	
이중벽탱크검사	실제검사기간 + 5일

③ 한국소방산업기술원이 실시하는 탱크안전성능검사 대상이 되는 탱크★★★★

2017년 인천소방장 기출

㉠ 용량이 100만리터 이상인 액체위험물을 저장하는 탱크

㉡ 암반탱크저장소

㉢ 지하탱크저장소의 위험물탱크 중 이중벽탱크

> **시행령 제22조(업무의 위탁)** ② 시 · 도지사는 법 제30조 제2항에 따라 다음 각 호의 업무를 기술원에 위탁한다.
> 1. 법 제8조 제1항에 따른 시 · 도지사의 탱크안전성능검사 중 다음 각 목의 1에 해당하는 탱크에 대한 탱크안전성능검사
>   가. 용량이 100만리터 이상인 액체위험물을 저장하는 탱크
>   나. 암반탱크
>   다. 지하탱크저장소의 위험물탱크 중 행정안전부령이 정하는(이중벽탱크) 액체위험물탱크

④ 해당 탱크안전성능검사의 일부를 면제 받기 위해 기술원 또는 탱크시험자에게 탱크안전성능시험을 받으려는 자는 별지 제20호 서식의 신청서에 해당 위험물탱크의 구조명세서 1부를 첨부하여 기술원 또는 탱크시험자에게 신청할 수 있다(시행규칙 제18조 제2항).

⑤ 충수 · 수압검사를 면제받으려는 자는 탱크시험합격확인증에 탱크시험성적서를 첨부하여 소방서장에게 제출해야 한다(시행규칙 제18조 제3항).

⑥ 탱크안전성능검사의 구분과 신청시기(시행규칙 제18조 제4항)

㉠ 기초 · 지반검사
- 내용 : 위험물탱크의 기초 및 지반에 관한 사항에 대한 탱크안전성능검사
- 신청시기 : 위험물탱크의 기초 및 지반에 관한 공사의 개시 전
- 검사결과 : 검사신청자에게 서면통지
- 해당탱크 : 옥외탱크저장소의 액체위험물탱크 중 그 용량이 100만리터 이상인 탱크

㉡ 충수 · 수압검사
- 내용 : 위험물탱크의 누설 · 변형에 관한 탱크안전성능검사
- 신청시기 : 위험물을 저장 또는 취급하는 탱크에 배관 그 밖의 부속설비를 부착하기 전
- 검사결과 : 탱크검사합격확인증교부
- 해당탱크 : 액체위험물을 저장 또는 취급하는 탱크. 다만, 다음에 해당하는 탱크를 제외한다.
  - 제조소 또는 일반취급소에 설치된 탱크로서 용량이 지정수량 미만인 것

- 「고압가스 안전관리법」 제17조 제1항(용기 등의 검사)에 따른 특정설비에 관한 검사에 합격한 탱크
- 「산업안전보건법」 제34조 제2항(유해 또는 위험한 기계·기구 및 설비의 검사)에 따른 안전인증을 받은 탱크

Plus one

• 고압가스안전관리법 제17조(용기 등의 검사)

① 용기 등을 제조·수리 또는 수입한 자(외국용기 등 제조자를 포함한다)는 해당 용기 등을 판매 또는 사용하기 전에 산업자원부장관, 시장·군수 또는 구청장의 검사를 받아야 한다. 다만, 대통령령이 정하는 용기 등에 대하여는 그 검사의 전부 또는 일부를 생략할 수 있다.

• 산업안전보건법 제34조(유해 또는 위험한 기계·기구 및 설비의 검사)

② 제1항에 따른 기계·기구 및 설비 중 노동부령이 정하는 기계·기구 및 설비를 제조(기계·기구 및 설비의 설치 또는 주요구조부의 변경을 포함한다. 이하 제5항 및 제6항에서 같다) 또는 수입하는 자는 그 기계·기구 및 설비가 제작기준 및 안전기준에 적합한지의 여부를 확인하기 위하여 노동부장관이 실시하는 설계검사·완성검사 또는 성능검사를 받아야 한다.

③ 제2항에 따른 기계·기구 및 설비를 사용하는 자는 그 기계·기구 및 설비에 대하여 노동부장관이 실시하는 정기검사를 받아야 한다.

㉢ 용접부검사
- 내용 : 위험물탱크의 용접부에 관한 사항에 대한 탱크안전성능검사
- 신청시기 : 탱크 본체에 관한 공사개시 전
- 검사결과 : 탱크검사합격확인증교부
- 해당탱크 : 옥외탱크저장소의 액체위험물탱크 중 그 용량이 100만리터 이상인 탱크
  - 다만, 탱크의 저부에 관계된 변경공사(탱크의 옆판과 관련되는 공사를 포함하는 것을 제외한다)시에 행하여진 법 제18조 제2항에 따른 정기검사에 의하여 용접부에 관한 사항이 행정안전부령으로 정하는 기준에 적합하다고 인정된 탱크를 제외한다.

㉣ 암반탱크검사
- 내용 : 암반탱크의 구조에 관한 사항에 대한 탱크안전성능검사
- 검사 신청시기 : 암반탱크의 본체에 관한 공사의 개시 전
- 검사결과 : 검사신청자에게 서면통지
- 해당탱크 : 액체위험물을 저장 또는 취급하는 암반 내의 공간을 이용한 탱크

⑦ 소방서장 또는 기술원은 탱크안전성능검사를 실시한 결과 기준에 적합하다고 인정되는 때에는 해당 탱크안전성능검사를 신청한 자에게 탱크검사합격확인증을 교부하고, 적합하지 않다고 인정되는 때에는 신청인에게 서면으로 그 사유를 통보해야 한다(시행규칙 제18조 제5항).

Plus one

탱크안전성능검사 정리 2020년 소방위 기출 2020년 소방장 기출

- 탱크안전성능검사의 내용 : 대통령령
- 탱크안전성능검사의 실시 등에 관하여 필요한 사항 : 행정안전부령
- 탱크안전성능검사의 대상 및 검사 신청시기 2017년 인천소방장 기출

검사 종류	검사 대상	신청시기
기초·지반 검사	100만L 이상인 액체위험물을 저장하는 옥외 탱크저장소	위험물탱크의 기초 및 지반에 관한 공사의 개시 전
충수·수압 검사	액체위험물을 저장 또는 취급하는 탱크	위험물을 저장 또는 취급하는 탱크에 배관 그 밖의 부속설비를 부착하기 전
용접부 검사	100만L 이상인 액체위험물을 저장하는 옥외 탱크저장소	탱크 본체에 관한 공사의 개시 전
암반탱크 검사	액체위험물을 저장 또는 취급하는 암반 내의 공간을 이용한 탱크	암반탱크의 본체에 관한 공사의 개시 전

- 충수·수압검사 제외
  - 제조소 또는 일반취급소에 설치된 탱크로서 용량이 지정수량 미만인 것
  - 고압가스안전관리법 규정에 의한 특정설비에 관한 검사에 합격한 탱크
  - 산업안전보건법 규정에 의한 안전인증을 받은 탱크

05 완공검사

(1) 의 의

① 완공검사란 위험물 제조소등의 위치·구조 및 설비기준 등에 적합한지 여부를 이 법 제30조 제1항 규정에 따른 시·도지사의 권한을 위임 받은 설치장소 관할소방서장이 현장 확인·검사하는 것을 말한다.

② 또한, 이 법에서 규정하고 있는 각종 규정사항을 종합적으로 점검·확인하여 소방행정의 실효성을 간접적으로 담보하는 기능을 함께 가지고 있다.

③ 완공검사는 위험물의 규제에 있어서 물적인 통제의 마지막 확인과정이라 할 수 있으며 일반적으로 위험물 시설 등은 설치 시에 적법·적정하게 설치하여 두면 그 이후에는 달리 위반사항이 발생할 여지가 거의 없는 것이 일반적이므로 허가 시 및 완공검사 시에 시설의 적정·여부에 대한 면밀한 확인이 필요하다.

④ 특히, 지하탱크·지하매설 배관 등은 지하에 매설되고 나면 지하매설부분에 대해서는 확인할 수 없는 문제가 발생할 수 있어 지하탱크가 있는 제조소등에 있어서는 해당 지하탱크를 매설하기 전에 위치·구조 및 설비의 적정여부를 확인할 필요가 있다.

(2) 완공검사

① 허가를 받은 자가 제조소등의 설치를 마쳤거나 그 위치 · 구조 또는 설비의 변경을 마친 때에는 해당 제조소등마다 시 · 도지사(소방서장)가 행하는 완공검사를 받아 제조소등 위치 · 구조 및 설비기준에 적합하다고 인정받은 후가 아니면 이를 사용하여서는 아니 된다(법 제9조 제1항 전단).

② 다만, 제조소등의 위치 · 구조 또는 설비를 변경함에 있어서 변경허가를 신청하는 때에 화재예방에 관한 조치사항을 기재한 서류를 제출시행규칙 제21조(변경공사 중 가사용의 신청)하는 경우에는 해당 변경공사와 관계가 없는 부분은 완공검사를 받기 전에 미리 사용할 수 있다(법 제9조 제1항 단서).

⊕ Plus one

원칙적으로 제조소등의 설치를 마쳤거나 또는 기존의 제조소등에 있어 변경허가를 받은 자는 공사를 완료하고 완공검사를 신청하여 소방서장의 완공검사를 받은 후 적합 판정이 있어야만 사용할 수 있도록 하고 있다. 그러나 예외적으로 변경허가 신청시 화재예방에 관한 조치사항을 기재한 서류를 제출하는 경우는 가사용 승인을 받아 **변경공사와 관계가 없는 나머지 부분**에 대하여서는 미리 사용할 수 있도록 한 것이다.

[가사용승인의 범위]

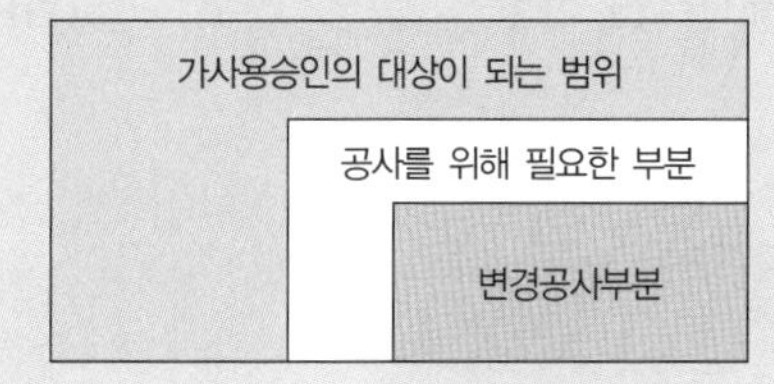

「변경공사와 관계가 있는 부분」이란 실제로 공사가 이루어지는 부분과 해당 공사를 하기 위해 필요한 부분을 말한다.

예 하나의 변경허가에서 변경공사를 2 이상으로 분할하여 실시한 경우

X	B (공사기간 : 6~10일)
C (공사기간 : 11~15일)	A (공사기간 : 1~5일)

- A 부분공사 : B + C + X 가사용 가능
- B 부분공사 : C + X 가사용 가능
- C 부분공사 : X 가사용 가능

⊕ Plus one

시행규칙 제21조(변경공사 중 가사용의 신청) 법 제9조 제1항 단서의 규정에 따라 제조소등의 변경공사 중에 변경공사와 관계없는 부분을 사용하려는 자는 별지 제16호 서식(제조소등 변경허가) 또는 별지 제17호 서식(이송취급소 변경 허가)의 신청서(전자문서로 된 신청서를 포함한다) 또는 별지 제27호 서식의 (가사용승인)신청서(전자문서로 된 신청서를 포함한다)에 변경공사에 따른 화재예방에 관한 조치사항을 기재한 서류(전자문서를 포함한다)를 첨부하여 시 · 도지사 또는 소방서장에게 신청해야 한다.

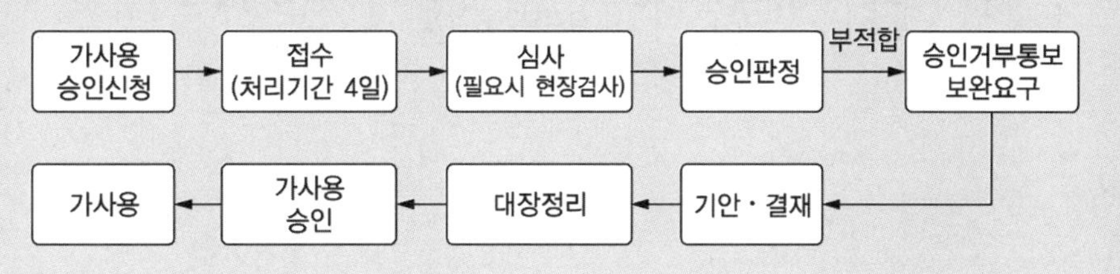

③ 완공검사를 받으려는 자가 제조소등의 일부에 대한 설치 또는 변경을 마친 후 그 일부를 미리 사용하고자 하는 경우에는 해당 제조소등의 일부에 대하여 완공검사를 받을 수 있다(법 제9조 제2항).

(3) 완공검사의 신청(영 제10조)

① 제조소등에 대한 완공검사를 받으려는 자는 이를 시・도지사에게 신청해야 한다(제1항).

② 신청을 받은 시・도지사는 제조소등에 대하여 완공검사를 실시하고, 완공검사를 실시한 결과 해당 제조소등이 위치・구조 및 설비 기술기준(탱크안전성능검사에 관련된 것을 제외한다)에 적합하다고 인정하는 때에는 완공검사합격확인증을 교부(규칙 제19조 제3항)해야 한다(제2항).

⊕ Plus one

시행규칙 제19조 ③ 영 제10조 제2항의 완공검사합격확인증은 별지 제24호 서식 또는 별지 제25호 서식에 따른다.

③ 완공검사합격확인증을 교부받은 자는 완공검사합격확인증을 잃어버리거나 멸실・훼손 또는 파손한 경우에는 이를 교부한 시・도지사에게 재교부를 신청(규칙 제19조 제4항)할 수 있다(제3항).

⊕ Plus one

시행규칙 제19조 ④ 영 제10조 제3항에 따른 완공검사합격확인증의 재교부신청은 별지 제26호 서식의 신청서에 따른다.

④ 완공검사합격확인증을 훼손 또는 파손하여 재교부 신청을 하는 경우에는 신청서에 해당 완공검사합격확인증을 첨부하여 제출해야 한다(제4항).

⑤ 완공검사합격확인증을 잃어버려 재교부를 받은 자는 잃어버린 완공검사합격확인증을 발견하는 경우에는 이를 10일 이내에 완공검사합격확인증을 재교부한 시・도지사에게 제출해야 한다(제5항).

(4) 완공검사 신청민원 처리절차 : 처리기간 5일

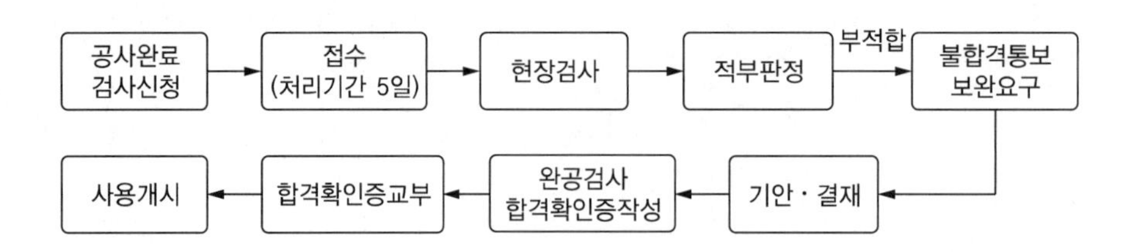

(5) 완공검사 신청서 및 첨부서류(시행규칙 제19조)

① 완공검사

㉠ 신청자 : 완공검사를 받으려는 자

㉡ 제출기관 : 시·도지사, 소방서장, 기술원

㉢ 신청서류

- 위험물[제조소, 저장소, 취급소(전부, 부분)] 완공검사신청서
- 이송취급소 완공검사 신청서

㉣ 첨부서류★★★★ 2020년 소방위 기출

- 배관에 관한 내압시험, 비파괴시험 등에 합격하였음을 증명하는 서류
  - 내압시험 등을 해야 하는 배관이 있는 경우에 한함
- 소방서장, 기술원 또는 탱크시험자가 교부한 탱크검사합격확인증 또는 탱크시험합격확인증
  - 해당 위험물탱크의 완공검사를 실시하는 소방서장 또는 기술원이 그 위험물탱크의 탱크안전성능검사를 실시한 경우는 제외
- 이중벽탱크의 경우 재료의 성능을 증명하는 서류

㉤ 제출시기 : 완공검사를 실시할 때까지 제출

② 기술원의 완공검사 결과서의 소방서장에게 송부

㉠ 송부대상

- 지정수량의 3,000배 이상의 위험물을 취급하는 제조소 또는 일반취급소의 설치 또는 변경
- 저장용량이 50만리터 이상인 옥외탱크저장소의 설치 또는 변경에 따른 완공검사
- 암반탱크저장소의 설치 또는 변경에 따른 완공검사

㉡ 결과서의 보관

검사대상명·접수일시·검사일·검사번호·검사자·검사결과 및 검사결과서 발송일 등을 기재한 완공검사업무대장을 작성하여 10년간 보관해야 한다.

(6) 완공검사 신청시기(시행규칙 제20조)★★★ 2013년 부산소방장 기출 2018년, 2019년, 2020년 소방위 기출

완공검사는 원칙적으로 제조소등의 공사를 완료한 후 각각의 제조소등마다 신청해야 한다. 그러나 몇몇 제조소등은 공사를 완료하게 되면 완공검사의 행정목적을 달성할 수 없는 상황이 될 수 있으므로 「위험물안전관리법 시행규칙」 제20조에서 다음과 같은 완공검사 신청시기의 예외를 규정하고 있다.

제조소등의 구분	신청시기
지하탱크가 있는 제조소등	해당 지하탱크를 매설하기 전
이동탱크저장소	이동탱크를 완공하고 상치장소를 확보한 후
이송취급소	이송배관 공사의 전체 또는 일부를 완료한 후(다만, 지하·하천 등에 매설하는 이송배관의 공사의 경우에는 이송배관을 매설하기 전)
전체공사가 완료한 후 완공검사를 실시하기 곤란한 경우	• 위험물설비 또는 배관의 설치가 완료되어 기밀시험 또는 내압시험을 실시하는 시기 • 배관을 지하에 설치하는 경우 소방서장 또는 기술원이 지정하는 부분을 매몰하기 직전 • 기술원이 지정하는 부분의 비파괴시험을 실시하는 시기
위 이외의 제조소등	제조소등의 공사를 완료한 후

(7) 한국소방산업기술원에 완공검사를 신청해야 할 제조소등의 경우

① 지정수량의 3,000배 이상의 위험물을 취급하는 제조소 또는 일반취급소의 설치 또는 변경에 따른 완공검사

② 저장용량이 50만리터 이상인 옥외탱크저장소의 설치 또는 변경에 따른 완공검사

③ 암반탱크저장소의 설치 또는 변경에 따른 완공검사

[처리절차]

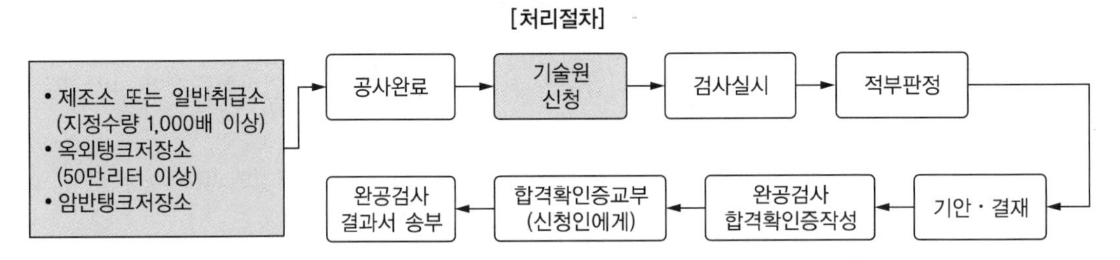

② 일반제조소등에 있어서의 완공검사 신청의 경우

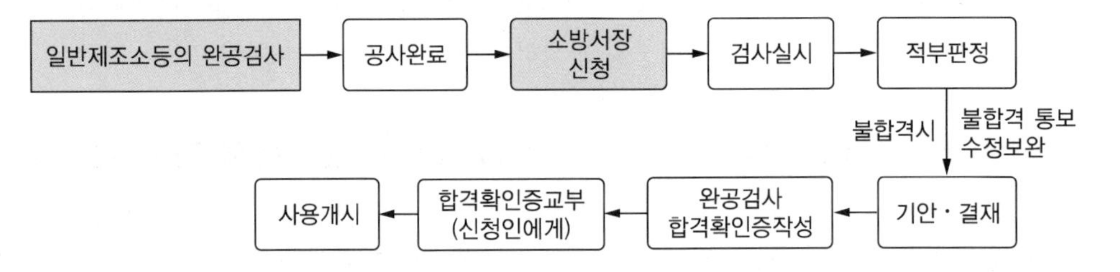

(8) 위반 시 벌칙★★

제조소등의 완공검사를 받지 아니하고 위험물을 저장·취급한 자(법 제36조) - 1천 500만원 이하의 벌금

06 제조소등 설치자의 지위승계(법 제10조)

(1) 제조소등의 설치자(제6조 제1항에 따라 허가를 받아 제조소등을 설치한 자를 말한다. 이하 같다)가 사망하거나 그 제조소등을 양도·인도한 때 또는 법인인 제조소등의 설치자의 합병이 있는 때에는 그 상속인, 제조소등을 양수·인수한 자 또는 합병 후 존속하는 법인이나 합병에 의하여 설립되는 법인은 그 설치자의 지위를 승계한다(제1항).

(2) 「민사집행법」에 의한 경매, 「채무자회생 및 파산에 관한 법률」에 의한 환가, 「국세징수법」·「관세법」 또는 「지방세기본법」에 의한 압류재산의 매각과 그 밖에 이에 준하는 절차에 따라 제조소등의 시설의 전부를 인수한 자는 그 설치자의 지위를 승계한다(제2항).

(3) (1) 또는 (2)에 따라 제조소등의 설치자의 지위를 승계한 자는 행정안전부령이 정하는 바[시행규칙 제22조(지위승계의 신고)①]에 따라 승계한 날부터 30일 이내[②]에 시·도지사에게 그 사실을 신고해야 한다(제3항).

⊕ Plus one

시행규칙 제22조(지위승계의 신고)

① 법 제10조 제3항의 규정에 따라 제조소등의 설치자의 지위승계를 신고하려는 자는 별지 제28호 서식의 위험물[제조소, 저장소, 취급소]설치자의 지위승계신고서(전자문서로 된 신고서를 포함한다)에 제조소등의 완공검사합격확인증과 지위승계를 증명하는 서류(전자문서를 포함한다)를 첨부하여 시·도지사 또는 소방서장에게 제출해야 한다.

② 지위승계 신고기한은 「위험물안전관리법」에서는 지위승계한 날로부터 30일 이내라고 규정하고 있어 초일을 산입하여 처리하는 것 같지만 「위험물안전관리법 시행령」의 제23조 과태료 부과기준과 관련하여 [별표9]의 과태료 부과기준에서 신고기한을 「**지위승계일의 다음 날을 기산일로 하여 30일이 되는 날**」로 명시하고 있다.

(4) 지위승계신고 처리절차

① 지위승계 신고의무자★★

㉠ 설치자의 사망 : 상속인

㉡ 양도, 인도 : 양수자 및 인수자

㉢ 법인의 합병 : 합병에 의해 설립된 법인 또는 합병 후 존속하는 법인

㉣ 경매, 환가, 압류재산의 매각 : 시설의 전부를 인수한 자

② 지위승계 기준일

㉠ 사망에 의한 상속 : 사망일

㉡ 양도(매매, 증여, 교환 등) : 등기신청(접수)일

㉢ 인도(임대차 등 점유이전) : 계약서상의 이전일 또는 의사표시로 이전을 합의한 날(지위승계합의서)

㉣ 합병 : 등기신청(접수)일

㉤ 경매, 환가, 압류재산의 매각 : 대금완납일

㉥ 이동탱크저장소 : 자동차등록일

③ 구비서류

㉠ 지위승계신고서(시행규칙 별지28호 서식)

㉡ 제조소등의 완공검사합격확인증(분실하여 제출할 수 없는 경우 재발급 신청)

㉢ 지위승계를 증명하는 서류

- 사망에 의한 상속 : 사망진단서, 제적등본, 호적등본 등
- 양도 : 계약서, 등기부등본, 등기합격확인증 사본 등
- 인도 : 계약서, 합의서, 지위승계합의서 등
- 경매, 환가, 압류재산의 매각 등 : 대금완납증명서, 납입영수증, 등기부등본 등
- 합병 : 등기부등본, 양해각서 등

㉣ 지위승계합의서(설치자의 지위를 이전한다는 의사표시가 불분명할 경우)

④ 처리절차

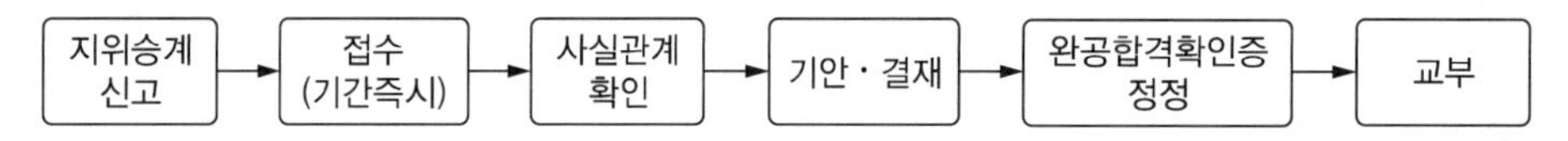

※ 관계기관(시장, 군수, 구청장 등) 지위승계사실 통보

(5) 위반 시 과태료부과★★

① **부과권자** : 시・도지사 또는 소방본부장, 소방서장

② **부과기준** : 500만원 이하의 과태료

(6) 지위승계 처리(위험물 예방행정 처리규정 제5조)

① 제조소등의 설치자의 사망, 제조소등의 양도(의사표시에 의한 소유권의 이전을 말한다), 법인인 제조소등의 설치자의 합병, 민사집행법 등에 의한 경매 등에 의한 지위승계의 경우에는 제조소등의 소유권이 이전된 날을 지위승계일로 본다. 다만, 전소유자에게 제조소등에 대한 안전관리와 관련한 실질적인 지배권(이하 “설치자의 지위”라 한다)을 남겨둔 채 소유권만 이전한 경우에는 그러하지 아니하다.

② 소유권 이전에 따른 지위승계에 있어서 전소유자의 인도거부 등 특별한 사정에 의하여 승계인이 설치자의 지위를 취득할 수 없는 경우에는 해당 사정이 소멸한 날을 지위승계일로 본다.

③ 인도(점유의 이전을 말한다)에 따른 지위승계는 제조소등에 대한 점유의 이전과 함께 설치자의 지위도 이전한다는 취지의 의사표시(묵시적 의사표시를 포함한다. 이하 이 항에서 같다)가 있는 경우에 한하여 인정하며, 점유의 이전이 있은 날을 지위승계일로 본다. 이 경우 점유의 이전과 함께 설치자의 지위도 이전한다는 취지의 의사표시의 존재가 분명하지 아니한 경우에는 지위승계신고시 지위승계신고서에 점유이전의 원인이 되는 서류(임대차계약서 등) 외에 별지 제6호 서식의 지위승계합의서를 첨부하도록 해야 한다.

④ 승계인이 승계한 날부터 30일 이내에 다시 제3자에게 승계시키거나 30일 이내에 용도폐지신고를 하는 경우에는 해당 승계인의 지위승계신고의무를 없는 것으로 본다. 다만, 이 경우의 용도폐지신고를 수리하는 허가청은 승계인의 지위승계를 증명하는 서류를 확인해야 한다.

⑤ 상치장소의 양수 또는 인수 없이 이동탱크저장소만을 승계한 사람이 지위승계신고를 하는 경우 해당 이동탱크저장소의 허가청은 지위승계의 사실을 확인한 후 승계신고서에 수리사실을 표시하여 신고자에게 교부하고, 완공검사합격확인증을 교부받기 전에는 위험물의 저장·취급을 할 수 없음을 통지해야 한다. 이 경우 완공검사합격확인증은 이동탱크저장소의 상치장소를 확보하여 완공검사에 합격한 후에 교부한다.

⑥ 상치장소의 양수 또는 인수 없이 이동탱크저장소만을 승계한 사람이 구허가청의 관할 외에 상치장소를 확보하여 변경허가신청을 하는 경우 제4조 제2항에 따라 처리하되, 구허가청 또는 신허가청(신허가청에 변경허가신청과 지위승계신고를 함께 하는 경우에 한한다)에 지위승계신고를 먼저 이행하도록 해야 한다. 이 경우 신허가청이 지위승계신고를 수리한 경우에는 신허가청은 신고기간 경과에 따른 과태료부과대상에 해당하는지 여부의 확인을 하여 해당하는 경우 과태료부과처분을 하고, 별지 제2호 서식의 이동탱크저장소 관할변경통지서에 의하여 지위승계신고수리 사실을 구허가청에 통보해야 한다.

⑦ 제조소등의 설치자의 지위승계절차와 용도폐지절차가 함께 이행되는 경우에는 용도폐지절차로 일괄 처리하되, 지위승계를 증명하는 서류를 첨부하도록 해야 한다. 이 경우 신고기간 경과에 따른 과태료부과대상에 해당하는지 여부의 확인은 다음 각 호에 따른다.

㉠ 승계인이 승계한 날부터 30일 이내에 용도폐지신고를 한 경우에는 용도폐지신고가 기한 내에 이루어졌는지 확인할 것

㉡ 승계인이 승계한 날부터 30일을 초과하여 용도폐지신고를 한 경우에는 지위승계신고 태만에 대한 과태료를 부과하는 외에 용도폐지신고가 기한 내에 이루어졌는지 확인할 것

⑧ 허가청은 지위승계신고태만에 대한 과태료를 부과하는 경우 등 지위승계사실이 명백하다고 인정하는 경우에는 직권으로 제조소등 관리대장 및 제조소등 허가대장을 정리(설치자 변경)할 수 있다.

⊕ Plus one

지위승계의 의의

① 제조소등의 지위승계라 함은 제조소등의 설치자(최초설치자 또는 적법 지위승계한자를 포함)로서 지위를 승계한다는 것을 의미한다.

② 또한, 설치자로서 그 시설을 안전하게 유지·관리해야 할 의무자 및 허가청의 「행정행위 객체」로서의 지위를 이어 받는 것을 말한다.

지위승계 원인 및 요건

① 설치자의 사망(死亡) → 그 상속인에게 곧바로 승계
  ㉠ 소유권 이전 등기 및 상속권자의 확정여부에 관계없이 설치자의 사망과 동시에 발생
  ㉡ 상속인이 여러 명인 경우 공동으로 설치자의 지위를 승계
  ㉢ 유증, 인정사망, 실종선고 등도 사망과 동일한 지위승계의 효력이 인정
    • 유증(遺贈) : 유언에 의하여 유산의 전부 또는 일부를 무상으로 타인에게 주는 행위
    • 인정사망(認定死亡) : 수난, 화재 기타 사변으로 인하여 사망한 자가 있는 경우에 그를 조사한 관공서의 사망보고에 의하여 사망을 인정하는 제도로써 시체가 발견되지 않아 사망의 신고가 곤란할 때 실익이 있다.
    • 실종선고(失踪宣告) : 부재자의 생사불명 상태가 일정기간 계속된 경우 법원이 실종선고를 하면 사망으로 간주되어 사망과 동일한 효과가 발생한다.

② 양도(讓渡)
  ㉠ 제조소등의 양도란 매매, 증여 등 민법상 채권계약에 의한 권리의 이전하는 것
  ㉡ 매매계약에 의한 양도에 의해 소유권이 이전되었다 하더라도 소유권만 이전되고 제조소등의 실질적 지배권(설치자의 지위)은 전소유자에게 남아 있는 경우는 지위승계 사유에 해당하지 않는다.

③ 인도(引渡) : 물건의 사실상의 지배인 점유를 이전하는 것

④ 법인의 합병(合倂) : 법인의 합병은 2개 이상의 법인이 하나의 법인으로 합쳐지는 것

⑤ 민사집행법에 의한 경매(競買)
  ㉠ 경매 대금을 완납함과 동시에 그 시설에 대한 소유권을 획득하게 된다. 따라서 제조소등의 지위도 이때에 새로운 낙찰자(승계자)에게 승계된다.
  ㉡ 실무상 전소유자와 낙찰자의 분쟁으로 인하여 낙찰자가 소유권은 있으나 점유권을 행사하지 못해 지위승계가 지연되는 경우 그 사정이 소멸한 날을 지위승계일로 보도록 하고 있다.

⑥ 파산법에 의한 환가(換價)
  ㉠ 채무자 스스로 자신을 파산자로 선고해 달라고 법원에 신청하는 것이다.
  ㉡ 파산신청 → 법원이 심리 → 파산선고 및 파산관재인을 선임 → 환가 분배할 재산이 있는 경우 → 환가(換價 : 재산을 금전적 가치로 변경) → 소유권이 변경 → 환가 목적물이 위험물 제조소등인 경우 → 새로운 소유자에게 승계

⑦ 압류재산(押留財産)의 매각(賣却)
  ㉠ 조세채권(세금)을 납부기한 내에 납부하지 않은 경우 체납처분 절차에 의해 발생
  ㉡ 체납처분 절차 : 부과 → 독촉 → 재산압류 → 공매(경매, 입찰)
  ㉢ 그 목적물이 제조소등인 경우 소유권의 변동이 있게 되므로 지위승계 사유가 발생

07 제조소등의 용도폐지 2018년 통합소방장 기출 2019년 소방위 기출

(1) 용도폐지의 의의

용도폐지란 더 이상 위험물시설로서 사용할 필요성이 없는 경우 그 설비 및 시설물을 철거하여 장래에 대하여 위험물시설로서의 기능을 완전히 상실시켜 위험물시설이 방치됨으로써 발생할 수 있는 위험성과 유해성을 사전에 방지하고자 함이다.

(2) 제조소등 폐지(법 제11조) 2016년, 2019년 소방위 기출

제조소등의 관계인(소유자 · 점유자 또는 관리자를 말한다. 이하 같다)은 해당 제조소등의 용도를 폐지(장래에 대하여 위험물시설로서의 기능을 완전히 상실시키는 것을 말한다)한 때에는 행정안전부령이 정하는 바[시행규칙 제23조(용도폐지의 신고)]에 따라 제조소등의 용도를 폐지한 날부터 14일 이내에 시 · 도지사에게 신고해야 한다.

Plus one

시행규칙 제23조(용도폐지의 신고)

① 법 제11조의 규정에 따라 제조소등의 용도폐지신고를 하려는 자는 별지 제29호 서식의 신고서(전자문서로 된 신고서를 포함한다)에 제조소등의 완공검사합격확인증을 첨부하여 시 · 도지사 또는 소방서장에게 제출해야 한다.
② 제1항에 따른 신고서를 접수한 시 · 도지사 또는 소방서장은 해당 제조소등을 확인하여 위험물시설의 철거 등 용도폐지에 필요한 안전조치를 한 것으로 인정하는 경우에는 해당 신고서의 사본에 수리사실을 표시하여 용도폐지신고를 한 자에게 통보해야 한다.

(3) 용도폐지 절차

① 구비서류
㉠ 위험물 제조소등 용도폐지신고서
㉡ 제조소등 완공검사합격확인증
② 신고기한 : 용도를 폐지한 날부터 14일 이내
③ 용도폐지 절차 : 처리기간 5일

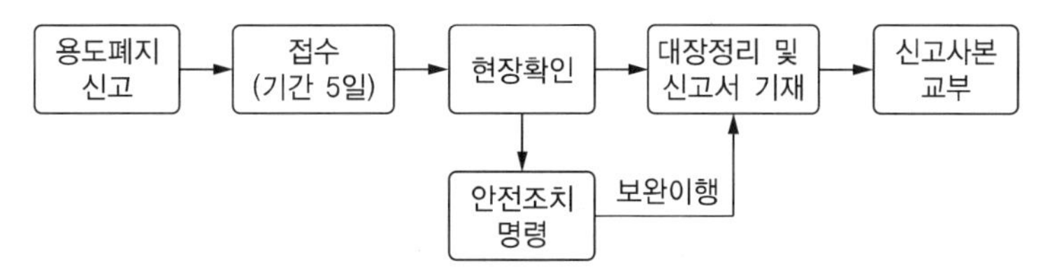

※ 관계기관(시장, 군수, 구청장 등) 용도폐지 사실 통보

(4) 용도폐지 확인(위험물 예방행정 처리규정 제6조)

① 소방본부장 또는 소방서장(이하 "소방관서장"이라 한다)은 제조소등의 용도폐지신고를 접수한 때에는 다음 각 호의 조치를 이행하였는지 확인해야 하며, 적합한 조치가 이행되지 아니한 경우에는 필요한 조치를 하도록 명령해야 한다. 다만, 위험물시설 외의 용도로 계속 사용하는 경우는 그러하지 아니하다.
㉠ 위험물 저장 · 취급시설의 위험물 및 가연성증기를 완전히 제거하는 조치
㉡ 위험물 저장 · 취급시설을 해체 · 철거하거나 해당 시설을 위험물의 저장 · 취급에 사용할 수 없도록 하는 조치

② 허가청은 용도폐지신고태만에 대한 과태료를 부과하는 경우, 위험물시설의 철거 또는 소실 사실을 확인한 경우 등 용도폐지사실이 명백하다고 인정하는 경우에는 직권으로 소방민원정보시스템의 해당 사항을 정리(말소를 포함한다)할 수 있다.

(5) 위반 시 과태료 부과

① **부과권자** : 시・도지사 또는 소방본부장, 소방서장

② **부과기준** : 500만원 이하의 벌금

(6) 지위승계와 용도폐지 동시신고(위험물 예방행정 처리규정 제5조 제7항)

제조소등의 설치자의 지위승계절차와 용도폐지절차가 함께 이행되는 경우에는 용도폐지절차로 일괄 처리하되, 지위승계를 증명하는 서류를 첨부하도록 해야 한다. 이 경우 신고기간 경과에 따른 과태료부과대상에 해당하는지 여부의 확인은 다음 각 호에 따른다.

① **승계한 날부터 30일 이내에 용도폐지신고를 한 경우** : 용도폐지신고가 기한 내인지 확인

② **승계한 날부터 30일을 초과하여 용도폐지신고를 한 경우** : 지위승계신고 태만에 대한 과태료를 부과하는 외에 용도폐지신고가 기한 내에 이루어졌는지 확인

08 제조소등의 사용중지 등(법 제11조의2)

(1) 제조소등의 사용중지에 따른 안전조치

제조소등의 관계인은 제조소등의 사용을 중지(경영상 형편, 대규모 공사 등의 사유로 3개월 이상 위험물을 저장하지 아니하거나 취급하지 아니하는 것을 말한다. 이하 같다)하려는 경우에는 위험물의 제거 및 제조소등에의 출입통제 등 행정안전부령으로 정하는 안전조치를 해야 한다. 다만, 제조소등의 사용을 중지하는 기간에도 위험물안전관리자가 계속하여 직무를 수행하는 경우에는 안전조치를 아니할 수 있다.

Plus one

시행규칙 제23조의2(사용중지신고 또는 재개신고 등)

① 법 제11조의2 제1항에서 "위험물의 제거 및 제조소등에의 출입통제 등 행정안전부령으로 정하는 안전조치"란 다음 각 호의 조치를 말한다.
1. 탱크・배관 등 위험물을 저장 또는 취급하는 설비에서 위험물 및 가연성 증기 등의 제거
2. 관계인이 아닌 사람에 대한 해당 제조소등에의 출입금지 조치
3. 해당 제조소등의 사용중지 사실의 게시
4. 그 밖에 위험물의 사고 예방에 필요한 조치

② 법 제11조의2 제2항에 따라 제조소등의 사용 중지신고 또는 재개신고를 하려는 자는 별지 제29호의2 서식의 신고서(전자문서로 된 신고서를 포함한다)에 해당 제조소등의 완공검사합격확인증을 첨부하여 시・도지사 또는 소방서장에게 제출해야 한다.

> ③ 제2항에 따라 사용중지 신고서를 접수한 시·도지사 또는 소방서장은 해당 제조소등에 대한 법 제11조의2 제1항 본문에 따른 안전조치 또는 같은 항 단서에 따른 위험물안전관리자의 직무수행이 적합하다고 인정되면 해당 신고서의 사본에 수리사실을 표시하여 신고를 한 자에게 통보해야 한다.

(2) 제조소등의 사용중지 및 재개 신고

제조소등의 관계인은 제조소등의 사용을 중지하려는 경우에는 제조소등의 사용을 중지하려는 날 또는 재개하려는 날의 14일 전까지 행정안전부령으로 정하는 바에 따라 제조소등의 사용 중지 또는 재개를 시·도지사에게 신고해야 한다.

(3) 안전조치 이행명령

시·도지사는 제조소등의 사용중지 신고를 받으면 제조소등의 관계인이 위험물의 제거 및 제조소등에의 출입통제 등 안전조치를 적합하게 하였는지 또는 위험물안전관리자가 직무를 적합하게 수행하는지를 확인하고 위해 방지를 위하여 필요한 안전조치의 이행을 명할 수 있다.

(4) 안전관리자 선임 면제

제조소등의 관계인은 제조소등 사용 중지신고에 따라 제조소등의 사용을 중지하는 기간 동안에는 위험물안전관리자를 선임하지 아니할 수 있다.

(5) 위반 시 벌칙★★

> 제조소등 사용중지 대상에 대한 안전조치 이행명령을 따르지 않은 사람 - 1천 500만원 이하의 벌금

09 제조소등 설치허가의 취소와 사용정지 등(법 제12조)

(1) 의 의

① 정당성 및 합법성 확보

이 법은 제조소등의 설치허가, 완공검사 및 각종 위험물안전관리 등의 의무를 부과하고 있으며 이는 위험물의 위해로부터의 안전을 확보하고 공공안전을 달성하고자 하는 이 법의 목적에 의하여 그 정당성과 합법성이 확보된다고 할 수 있다.

② 실효성 확보의 수단

제조소등 관계인이 이 법령이 정하고 있는 일정의 준수사항을 위반한 경우 허가취소·영업정지 등의 행정처분을 통하여 제재하는 것에 대한 규정이며, 일반적으로 이러한 제재조치는 다른 제재수단으로도 위반상태를 시정할 방법이 없을 때 행하는 가장 강력한 최종적인 조치라 할 수 있다.

③ 기 능

이 법의 규제는 위반에 대한 직접적 제재의 수단과 동시에 평상시에 관련법령을 준수토록 하는 간접적인 기능도 가지고 있다.

④ 행정처분 방법

위험물 허가의 취소(강학상의 개념으로는 철회임)나 6월 이내의 기간을 정한 위험물시설의 일부 또는 전부에 대한 사용의 정지를 행정명령으로 발할 수 있도록 규정하고 있다.

(2) 법적근거(법 제12조)★★★ 2014년, 2016년, 2017년 소방위 기출

시・도지사는 제조소등의 관계인이 다음 각 호의 1에 해당하는 때에는 행정안전부령이 정하는 바[시행규칙 제25조(허가취소 등의 처분기준)]에 따라 제6조 제1항에 따른 허가를 취소하거나 6월 이내의 기간을 정하여 제조소등의 전부 또는 일부의 사용정지를 명할 수 있다(법 제12조).

Plus one

시행규칙 제25조(허가취소 등의 처분기준)
법 제12조에 따른 제조소등에 대한 허가취소 및 사용정지의 처분기준은 **별표2**와 같다.

① 위험물 제조소등 변경허가를 받지 아니하고 제조소등의 위치・구조 또는 설비를 변경한 때
② 위험물 제조소등 완공검사를 받지 아니하고 제조소등을 사용한 때
③ 제조소등에의 사용중지 대상에 대한 안전조치 이행명령을 따르지 아니한 때
④ 제조소등에의 수리・개조 또는 이전의 명령을 위반한 때
⑤ 위험물안전관리자를 선임하지 아니한 때
⑥ 위험물안전관리를 위한 대리자를 지정하지 아니한 때
⑦ 위험물 제조소등에 대한 정기점검을 하지 아니한 때
⑧ 위험물 제조소등에 대한 정기검사를 받지 아니한 때
⑨ 위험물 저장・취급기준 준수명령을 위반한 때

Plus one

- **허가의 취소**
  강학상 철회에 해당하는 허가취소라는 행정처분은 가장 강력하고 최종적인 것이므로 그 요건은 명확하게 법률로 규정하고 있으며, 행정청의 무분별한 행정처분 방지 및 처분의 공정성을 담보하기 위하여 허가 취소 처분을 하고자 할 경우 청문을 실시하도록 규정하고 있다. 또한, 8개 항목의 취소처분 사유에 해당되는 위반행위를 하였더라도 1차, 2차에 걸쳐 사용정지를 먼저하고 최근 2년간 같은 위반행위로 3차의 행정처분을 받은 경우에 적용되는 제재이다.
- **사용정지**
  허가취소처분을 할 경우 반드시 청문절차를 거치도록 하고 있는 한편, 사용정지 처분과 관련하여서는 과징금 제도를 두고 있다. 위반행위에 따른 사용정지의 기간은 이 법 시행규칙 [별표2]에서 구체적으로 열거하고 있으며 가중하거나 경감하여 처벌할 수 있도록 하고 있다.

(3) 행정처분기준(시행규칙 별표2)

① 일반기준

㉠ 위반행위가 2 이상인 때에는 그 중 중한 처분기준(중한 처분기준이 동일한 때에는 그 중 하나의 처분기준을 말한다. 이하 이 호에서 같다)에 의하되, 2 이상의 처분기준이 동일한 사용정지이거나 업무정지인 경우에는 중한 처분의 2분의 1까지 가중처분할 수 있다.

㉡ 사용정지 또는 업무정지의 처분기간 중에 사용정지 또는 업무정지에 해당하는 새로운 위반행위가 있는 때에는 종전의 처분기간 만료일의 다음 날부터 새로운 위반행위에 따른 사용정지 또는 업무정지의 행정처분을 한다.

㉢ 위반행위의 횟수에 따른 행정처분기준은 최근 2년간 같은 위반행위로 행정처분을 받은 경우에 적용한다. 이 경우 기간의 계산은 위반행위에 대하여 행정처분을 받은 날과 그 처분 후 다시 같은 위반행위를 하여 적발된 날을 기준으로 한다.

㉣ ㉢에 따라 가중된 행정처분을 하는 경우 가중처분의 적용 차수는 그 위반행위 전 행정처분 차수(다목에 따른 기간 내에 행정처분이 둘 이상 있었던 경우에는 높은 차수를 말한다)의 다음 차수로 한다.

㉤ 사용정지 또는 업무정지의 처분기간이 완료될 때까지 위반행위가 계속되는 경우에는 사용정지 또는 업무정지의 행정처분을 다시 한다.

㉥ 사용정지 또는 업무정지에 해당하는 위반행위로서 위반행위의 동기·내용·횟수 또는 그 결과 등을 고려할 때 제2호 각 목의 기준을 적용하는 것이 불합리하다고 인정되는 경우에는 그 처분기준의 2분의 1기간까지 경감하여 처분할 수 있다.

② 개별기준 2021년, 2022년 소방장 기출 2022년 소방위 기출 2023년 소방장 기출

위반행위	행정처분			벌 칙
	1차	2차	3차	
정기점검을 하지 아니하거나 점검기록을 허위로 작성한 관계인으로서 제조소등 설치허가(허가 면제 또는 협의로서 허가를 받은 경우 포함)를 받은 자	사용정지 10일	사용정지 30일	허가취소	1년 이하의 징역 또는 1천만원 이하의 벌금
정기검사를 받지 아니한 관계인으로서 제조소등 설치허가를 받은 자	사용정지 10일	사용정지 30일	허가취소	1년 이하의 징역 또는 1천만원 이하의 벌금
위험물안전관리자 대리자를 지정하지 아니한 관계인으로서 위험물 제조소등 설치허가를 받은 자	사용정지 10일	사용정지 30일	허가취소	1천 500만원 이하의 벌금
안전관리자를 선임하지 아니한 관계인으로서 위험물 제조소등 설치허가를 받은 자	사용정지 15일	사용정지 60일	허가취소	1천 500만원 이하의 벌금
위험물 제조소등 변경허가를 받지 아니하고 제조소등을 변경한 자	경고 또는 사용정지 15일	사용정지 60일	허가취소	1천 500만원 이하의 벌금
제조소등의 완공검사를 받지 아니하고 위험물을 저장·취급한 자	사용정지 15일	사용정지 60일	허가취소	1천 500만원 이하의 벌금
위험물 저장·취급기준 준수명령 또는 응급조치명령을 위반한 자	사용정지 30일	사용정지 60일	허가취소	1천 500만원 이하의 벌금

수리・개조 또는 이전의 명령에 따르지 아니한 자	사용정지 30일	사용정지 90일	허가취소	1천 500만원 이하의 벌금
위험물 제조소등 사용중지 대상에 대한 안전조치 이행명령을 따르지 아니한 자	경 고	허가취소		1천 500만원 이하의 벌금

Plus one

행정벌과 행정처분

- 행정벌은 행정형벌과 행정질서벌이 있다. 행정형벌과 행정질서벌은 행정벌이라는 동일한 제재의 성격이므로 동일한 사안에 대하여 병과할 수 없다.
- 그러나 이 법 제12조에 의한 취소・정지 등과 같은 행정처분과 행정벌은 병과가 가능하다.
- 행정벌의 적용은 행정상 의무의 위반에 대한 제재로서 가하며 의무위반상태를 해소하는 기능이 있는 것이 아니라 위반에 대한 제재인 관계로 위반된 상태를 바로잡기 위한 행정처분이 일반적으로 함께 이루어진다. 따라서 이 법의 위반행위에 대하여는 행정처분의 해당여부와 과태료처분 및 벌칙규정에 해당하는지의 여부 등을 종합적으로 검토하여 병과해야 한다.

(4) 위반 시 벌칙★★

제조소등의 사용정지명령을 위반한 자(법 제36조 제4호) – 1천 500만원 이하의 벌금

10 과징금 처분(법 제13조)

(1) 의 의

① 과징금 처분은 영업정지를 명해야 하는 경우에 그 영업의 정지가 해당 사업의 이용자 등에게 심한 불편을 주거나 기타 공익을 해할 우려가 있는 때에는 영업정지 처분 대신에 일정한 금전적 부담을 가함으로써 간접적으로 의무 이행을 확보하려는 제도이다.

② 예컨대 제조소등 관계인에 대한 사용정지 처분으로 인하여 해당 제조소등의 이용자에게 심한 불편을 주거나 주유취급소・ 대규모 저장소 또는 정유공장 등이 행정법규 위반으로 사용정지 처분으로 영업을 할 수 없다면 국민의 생활에 불편이나 공공에 영향을 미칠 수 있으므로 사용정지 처분에 갈음하여 2억원 이하의 과징금을 부과하는 금전상의 제재로 과하는 벌이라 할 수 있다.

(2) 과징금의 부과요건 및 금액 2019년, 2021년 소방위 기출

시・도지사는 제조소등에 대한 사용의 정지가 그 이용자에게 심한 불편을 주거나 그 밖에 공익을 해칠 우려가 있는 때에는 사용정지처분에 갈음하여 2억원 이하의 과징금을 부과할 수 있다(법 제13조 제1항).

(3) 과징금 징수절차

(2)에 따른 과징금을 부과하는 위반행위의 종별・정도 등에 따른 과징금의 금액 그 밖의 필요한 사항은 행정안전부령[규칙 제27조(과징금 징수절차)]으로 정한다(법 제13조 제2항).

⊕ Plus one

시행규칙 제27조(과징금 징수절차) 법 제13조 제2항에 따른 과징금의 징수절차에 관하여는 「**국고금관리법 시행규칙**」을 준용한다.

(4) 체납과징금 징수 절차

시・도지사는 제1항에 따른 과징금을 납부해야 하는 자가 납부기한까지 이를 납부하지 아니한 때에는 「지방행정제재・부과금의 징수 등에 관한 법률」에 따라 징수한다(법 제13조 제3항).

(5) 과징금의 부과기준(시행규칙 제26조 관련 별표3의2 과징금 금액)

① 일반기준

㉠ 과징금을 부과하는 위반행위의 종별에 따른 과징금의 금액은 제25조 및 별표2에 따른 사용정지의 기간에 따라 1일 평균 매출액을 기준 또는 저장 또는 취급하는 위험물의 허가수량을 기준에 따라 산정한다.

㉡ 과징금 부과금액은 해당 제조소등의 1일 평균 매출액을 기준으로 하여 ② ㉠목의 기준으로 한 과징금 산정기준에 의하여 산정한다. 이 경우 1일 평균 매출액은 전년도의 1년간의 총 매출액의 1일 평균 매출액을 기준으로 하되 신규사업・휴업 등으로 인하여 1년간의 총 매출액을 산출할 수 없는 경우에는 분기별・월별 또는 일별 매출액을 기준으로 하여 1년간의 총 매출액을 환산한다.

㉢ 연간 매출액이 없거나 연간 매출액의 산출이 곤란한 제조소등의 경우에는 해당 제조소등에서 저장 또는 취급하는 위험물의 허가수량(지정수량의 배수)을 기준으로 하여 저장 또는 취급하는 위험물의 허가수량을 기준에 의하여 산정한다.

② 과징금 산정기준

㉠ 1일 평균 매출액을 기준으로 한 과징금 산정기준

과징금 금액 = 1일 평균 매출액 × 사용정지 일수 × 0.0574

㉡ 저장 또는 취급하는 위험물의 허가수량을 기준으로 한 과징금 산정기준

등 급	저장 또는 취급하는 위험물의 허가수량(지정수량의 배수)		1일당 과징금의 금액 (단위 : 원)
	저장량	취급량	
1	50배 이하	30배 이하	30,000
2	50배 초과~100배 이하	30배 초과~100배 이하	100,000
3	100배 초과~1,000배 이하	100배 초과~500배 이하	400,000
4	1,000배 초과~10,000배 이하	500배 초과~1,000배 이하	600,000
5	10,000배 초과~100,000배 이하	1,000배 초과~2,000배 이하	800,000
6	100,000배 초과	2,000배 초과	1,000,000

비고 1. 저장량과 취급량이 다른 경우에는 둘 중 많은 수량을 기준으로 한다.
2. 자가발전, 자가난방 그 밖의 이와 유사한 목적의 제조소등에 있어서는 이 표에 의한 금액의 **2분의 1을 과징금**의 금액으로 한다.

(6) 소방관계법령 과징금 처분 총정리 2019년 소방위 기출

소방관계법령 과징금 처분[처분권자 : 소방서장(시·도지사 권한 위임)]				
처분대상	요 건	최고처분금액	과징금 산정기준	감 경
위험물 제조소등 설치자	영업(사용)정지가 그 이용자에게 심한 불편을 주거나 그 밖에 공익을 해칠 우려 있을 때 영업정지처분을 갈음하여	2억원 이하	• 1일 평균 매출액 × 사용정지 일수 × 0.0574 • 저장 또는 취급하는 허가수량(지정수량배수) × 1일당 과징금 금액 ※ 자가발전, 자가난방, 유사목적 : 1/2 금액	없 음
소방시설업자		3천만원 이하	도급(계약)금액	1/2
소방시설관리업자		3천만원 이하	전년도의 연간 매출금액	1/2
방염업 등록업자		3천만원 이하	전년도의 연간 매출금액	1/2

CHAPTER

03 출제예상문제

01 **저장 또는 취급하는 위험물의 품명 · 수량 또는 지정수량의 배수에 관한 변경신고를 하려는 하는 자가 위험물 제조소등 품명, 수량 또는 지정수량배수의 변경신고서에 첨부해야 할 서류는 무엇인가?**

① 제조소등의 완공검사합격확인증
② 변경하고자 하는 품명, 수량 또는 지정수량배수 신고와 관련 도면
③ 위험물허가를 받은 자의 사업자등록증
④ 물질안전보건자료

해설 제조소등의 완공검사합격확인증을 첨부하여 시 · 도지사 또는 소방서장에게 제출해야 한다.

02 **위험물의 품명 · 수량 또는 지정수량의 배수를 변경신고를 기간 내에 하지 아니하거나 허위로 한 자의 실효성확보수단으로 맞는 것은?**

① 500만원 이하의 과태료
② 100만원 이하의 과태료
③ 50만원 이하의 과태료
④ 200만원 이하의 벌금

해설 위험물의 품명 · 수량 또는 지정수량의 배수를 변경신고를 기간 내에 하지 아니하거나 허위로 한 자(법 제39조 제1항 제3호) : **500만원 이하의 과태료**

03 **위험물 제조소등 설치장소에서 제작하지 아니하는 위험물탱크에 대한 충수 · 수압검사를 받으려는 자는 누구에게 위험물탱크에 대한 탱크안전성능검사를 신청할 수 있는가?**

① 위험물탱크안전성능 시험자
② 위험물탱크의 설치장소를 관할하는 소방서장
③ 위험물탱크의 제작지를 관할하는 소방서장
④ 한국소방산업기술원

해설 위험물탱크의 제작지를 관할하는 소방서장에게 신청해야 한다.

정답 01 ① 02 ① 03 ③

04 **탱크안전성 검사의 일부를 면제 받기 위해 탱크안전성능시험을 받으려는 자는 신청서에 어떤 서류를 첨부하여 기술원 또는 탱크성능시험자에게 신청할 수 있는가?**

① 위험물 제조소등 허가서류 1부

② 해당 위험물탱크의 구조명세서 1부

③ 옥내저장소 구조명세서 1부

④ 위험물 제조소등 완공검사합격확인증

해설 해당 탱크안전성능검사의 일부를 면제 받기 위해 기술원 또는 탱크시험자에게 탱크안전성능시험을 받으려는 자는 신청서에 해당 위험물탱크의 구조명세서 1부를 첨부하여 기술원 또는 탱크시험자에게 신청할 수 있다(시행규칙 제18조 제2항).

05 **위험물 제조소등 완공검사에 관한 규정 설명이다. 다음 중 옳지 않은 내용은?**

① 완공검사에 합격한 경우가 아니면 위험물 시설 등을 사용할 수 없다.

② 변경허가 신청 후 가사용승인을 받은 경우 완공검사 전에 전부를 사용할 수 있다.

③ 부분완공검사를 인정하고 있다.

④ 완공검사 신청 후 민원처리기간은 5일이다.

해설 변경허가 신청 후 가사용승인을 받은 경우 완공검사 전에 일부에 대해 사용할 수 있다.

06 **제조소등의 위치 · 구조 또는 설비를 변경함에 있어서 변경허가를 신청하는 때에 화재예방에 관한 조치사항을 기재한 서류를 제출하는 경우에는 해당 변경공사와 관계가 없는 부분은 완공검사를 받기 전에 미리 사용할 수 있도록 규정된 제도를 무엇이라 하는가?**

① 부분 사용검사

② 부분 사용승인

③ 가사용 승인

④ 가사용 검사

해설 원칙적으로 제조소등의 설치를 마쳤거나 또는 기존의 제조소등에 있어 변경허가를 받은 자는 공사를 완료하고 완공검사를 신청하여 소방서장의 완공검사를 받은 후 적합 판정이 있어야만 사용할 수 있도록 하고 있다. 그러나 예외적으로 변경허가 신청 시 화재예방에 관한 조치사항을 기재한 서류를 제출하는 경우는 가사용 승인을 받아 변경공사와 관계가 없는 나머지 부분에 대하여서는 미리 사용할 수 있도록 한 것이다.

04 ② 05 ② 06 ③ **정답**

07 **위험물 제조소등 완공검사 처리기관으로 옳지 않은 것은?**

① 시 · 도지사　　② 관할소방서장
③ 한국소방산업기술원　　④ 탱크안전성능시험자

해설 • 제조소등에 대한 완공검사를 받으려는 자는 이를 시 · 도지사(위임규정에 따라 소방서장)에게 신청해야 한다.
• 한국소방산업기술원에 완공검사를 신청해야 할 제조소의 경우
- 지정수량의 3,000배 이상의 위험물을 취급하는 제조소 또는 일반취급소의 완공검사
- 50만리터 이상 옥외탱크저장소
- 암반탱크저장소

08 **제조소등의 위치 · 구조 또는 설비의 변경 없이 해당 제조소등에서 저장하거나 취급하는 위험물의 품명 · 수량 또는 지정수량의 배수를 변경하려는 자가 시 · 도지사에게 신고해야 할 기일로 맞는 것은?**

① 변경하고자 하는 날의 1일 전까지
② 변경하고자 하는 날의 14일 전까지
③ 변경한 날로부터 7일 이내
④ 변경한 날로부터 14일 이내

해설 제조소등의 위치 · 구조 또는 설비의 변경 없이 해당 제조소등에서 저장하거나 취급하는 위험물의 품명 · 수량 또는 지정수량의 배수를 변경하려는 자는 변경하고자 하는 날의 1일 전까지 행정안전부령이 정하는 바에 따라 시 · 도지사에게 신고해야 한다.

09 **다음 중 위험물 제조소등 완공검사 신청서 제출 시 재료의 성능을 증명하는 서류를 첨부해야 할 탱크는 무엇인가?**

① 이중벽탱크　　② 옥외저장탱크
③ 해상탱크　　④ 지중탱크

해설 ① 신청서류
㉠ 위험물[제조소, 저장소, 취급소(전부, 부분)] 완공검사신청서
㉡ 이송취급소 완공검사신청서
② 첨부서류
㉠ 배관에 관한 내압시험, 비파괴시험 등에 합격하였음을 증명하는 서류 : 내압시험 등을 해야 하는 배관이 있는 경우에 한함
㉡ 소방서장, 기술원 또는 탱크시험자가 교부한 탱크검사합격확인증 또는 탱크시험합격확인증 : 해당 위험물탱크의 완공검사를 실시하는 소방서장 또는 기술원이 그 위험물탱크의 탱크안전성능검사를 실시한 경우는 제외
㉢ 이중벽탱크의 경우 재료의 성능을 증명하는 서류
③ 제출시기 : 완공검사를 실시할 때까지 제출

정답 07 ④　08 ①　09 ①

10 **위험물 제조소등 완공검사 신청서 제출 시 첨부서류로 맞지 않는 것은?**

① 배관에 관한 내압시험, 비파괴시험 등에 합격하였음을 증명하는 서류(있는 경우 한함)
② 소방서장, 기술원 또는 탱크시험자가 교부한 탱크검사합격확인증 또는 탱크시험합격확인증
③ 이중벽탱크의 경우 재료의 성능을 증명하는 서류
④ 해당 위험물탱크의 완공검사를 실시하는 소방서장 또는 기술원이 그 위험물탱크의 탱크안전성능검사를 실시한 경우 탱크검사합격확인증

해설 해당 위험물탱크의 완공검사를 실시하는 소방서장 또는 기술원이 그 위험물탱크의 탱크안전성능검사를 실시한 경우 탱크검사합격확인증을 생략한다.

11 **일반적으로 위험물 제조소등(전부, 일부) 완공검사 신청서는 누구에게 제출하는가?**

① 시・도지사
② 소방본부장
③ 소방서장
④ 한국소방산업기술원

해설 완공검사를 받으려는 자가 제조소등의 일부에 대한 설치 또는 변경을 마친 후 그 일부를 미리 사용하려는 경우에는 해당 제조소등의 일부에 대하여 소방서장에게 완공검사를 받을 수 있다.

12 **다음 중 한국소방산업기술원에 완공검사를 신청해야 할 제조소 규정으로 맞는 것을 모두 고르시오.**

㉠ 지정수량의 3,000배 이상의 위험물을 취급하는 일반취급소
㉡ 50만리터 이상 지중탱크저장소
㉢ 지정수량의 1,000배 이상의 암반탱크저장소
㉣ 지정수량의 3,000배 이상의 위험물을 취급하는 이송취급소

① ㉠, ㉡, ㉢, ㉣
② ㉡, ㉢, ㉣
③ ㉠, ㉡, ㉢
④ ㉠, ㉢

10 ④ 11 ③ 12 ④ **정답**

13 제조소등의 완공검사를 받지 아니하고 위험물을 저장·취급한 자의 행정벌로 맞는 것은?

① 1천원 이하의 벌금
② 1천 500만원 이하의 벌금
③ 500만원 이하의 과태료
④ 1,000만원 이하의 벌금

해설 제조소등의 완공검사를 받지 아니하고 위험물을 저장·취급한 자(법 제36조) : 1천 500만원 이하의 벌금

14 제조소등의 설치자의 지위를 승계한 자는 행정안전부령이 정하는 바에 따라 승계한 날부터 며칠 이내에 신고해야 하는가?

① 20일 이내 ② 14일 이내
③ 10일 이내 ④ 30일 이내

해설 제조소등의 설치자의 지위를 승계한 자는 **행정안전부령이 정하는 바**[시행규칙 제22조(지위승계의 신고)]에 따라 승계한 날부터 **30일 이내**에 시·도지사에게 그 사실을 신고해야 한다.

15 위험물 제조소등의 관계인이 위험물안전관리법을 위반하여 사용정지처분이 그 이용자에게 심한 불편을 주거나 그밖에 공익을 해칠 우려가 있을 때 부과하는 금전적 제재는 무엇인가?

① 과태료 ② 과징금
③ 가산금 ④ 가산세

해설 **과징금**(過徵金)이란 일정한 행정법상 의무를 위반하거나 이행하지 않을 때에 행정청이 의무자에게 부과 징수하는 금전적 제재로 행정의 실효성 확보수단이다. 원래 과징금은 「독점규제 및 공정거래에 관한 법률」상 의무 위반으로 인한 경제적 이익을 환수하기 위한 장치로 도입되었다. 재정수입의 확보보다는 위반행위에 대한 제재라는 성격이 강하게 나타난다.

16 위험물 제조소등의 관계인이 위험물안전관리법을 위반하여 사용정지처분이 그 이용자에게 심한 불편을 주거나 그밖에 공익을 해칠 우려가 있을 때 부과하는 과징금의 최고금액은 얼마인가? 2019년 소방위 기출

① 3천만원 이하 ② 7천만원 이하
③ 1억원 이하 ④ 2억원 이하

해설 시·도지사는 제12조 각 호의 1에 해당하는 경우로서 제조소등에 대한 사용의 정지(영 제25조 관련 별표 2 행정처분기준)가 그 이용자에게 심한 불편을 주거나 그 밖에 공익을 해칠 우려가 있는 때에는 사용정지 처분에 갈음하여 2억원 이하의 과징금을 부과할 수 있다(법 제13조 제1항).

정답 13 ② 14 ④ 15 ② 16 ④

소방관계법령 과징금 처분 총정리

<table>
<tr><th colspan="5">소방관계법령 과징금 처분[처분권자 : 소방서장(시·도지사 권한 위임)]</th></tr>
<tr><th>처분대상</th><th>요 건</th><th>최고처분금액</th><th>과징금 산정기준</th><th>감 경</th></tr>
<tr><td>위험물 제조소등 설치자</td><td rowspan="4">영업(사용)정지가 그 이용자에게 심한 불편을 주거나 그 밖에 공익을 해칠 우려 있을 때 영업정지처분을 갈음하여</td><td>2억원 이하</td><td>• 1일 평균 매출액 × 사용정지 일수 × 0.0574
• 저장 또는 취급하는 허가수량(지정수량배수) × 1일당 과징금 금액
※ 자가발전, 자가난방, 유사목적 : 1/2 금액</td><td>없 음</td></tr>
<tr><td>소방시설업자</td><td>3천만원 이하</td><td>도급(계약)금액</td><td>1/2</td></tr>
<tr><td>소방시설 관리업자</td><td>3천만원 이하</td><td>전년도의 연간 매출금액</td><td>1/2</td></tr>
<tr><td>방염업 등록업자</td><td>3천만원 이하</td><td>전년도의 연간 매출금액</td><td>1/2</td></tr>
</table>

17 위험물안전관리법에 따른 과징금에 대한 설명으로 옳지 않은 것은?

① 과징금의 징수절차에 관하여는 국고금관리법 시행규칙을 준용한다.

② 매출액을 기준으로 한 과징금 부과금액은 '1일 평균 매출액 × 사용정지 일수 × 0.574'이다.

③ 과징금 산정기준에는 1일 평균 매출액 또는 저장 또는 취급하는 위험물의 허가수량을 기준으로 산정한다.

④ 과징금을 납부해야 하는 자가 납부기한까지 이를 납부하지 아니한 때에는 지방행정제재·부과금의 징수 등에 관한 법률에 따라 징수한다.

해설 1일 평균 매출액을 기준으로 한 과징금 부과금액
1일 평균 매출액 × 사용정지 일수 × 0.0574

18 위험물안전관리법상 과징금 산정기준 등에 관한 설명으로 옳은 것은?

① 위험물 저장량과 취급량이 다른 경우에는 둘 중 많은 수량을 기준으로 과징금 금액을 산정한다.

② 위험물 취급량이 지정수량 300배인 경우 1일당 과징금의 금액은 300천원으로 산정한다.

③ 과징금을 납부해야 하는 자가 납부기한까지 이를 납부하지 아니한 때에는 지방세법 체납처분 예에 따라 징수한다.

④ 자가발전, 자가난방 그 밖의 이와 유사한 목적의 제조소등에 있어서는 이 표에 의한 금액의 3분의 1을 과징금의 금액으로 한다.

해설 ② 위험물 취급량이 지정수량 300배인 경우 1일당 과징금의 금액은 400천원으로 산정한다.
③ 과징금을 납부해야 하는 자가 납부기한까지 이를 납부하지 아니한 때에는 지방행정제재·부과금의 징수 등에 관한 법률 체납처분 예에 따라 징수한다.
④ 자가발전, 자가난방 그 밖의 이와 유사한 목적의 제조소등에 있어서는 이 표에 의한 금액의 2분의 1을 과징금의 금액으로 한다.

17 ② 18 ① **정답**

19 **제조소등의 설치자의 지위를 승계한 자는 소방서장에게 그 사실을 신고해야 한다. 신고 기일로 옳은 것은?**

① 제조소등의 지위를 승계한 날부터 30일 이내
② 제조소등의 지위를 승계한 날부터 14일 이내
③ 제조소등의 지위를 승계한 날부터 20일 이내
④ 제조소등의 지위를 승계한 날부터 10일 이내

해설 제조소등의 설치자의 지위를 승계한 자는 **행정안전부령이 정하는 바**[시행규칙 제22조(지위승계의 신고)]에 따라 승계한 날부터 **30일 이내**에 시·도지사에게 그 사실을 신고해야 한다.

20 **위험물 제조소등 관계인에게 부과하는 과징금의 실무상 부과·징수권자는 누구인가?**

① 시·도지사
② 소방청장
③ 소방본부장
④ 소방서장

해설 시·도지사는 제조소등에 대한 사용의 정지(영 제25조 관련 별표2 행정처분기준)가 그 이용자에게 심한 불편을 주거나 그 밖에 공익을 해칠 우려가 있는 때에는 사용정지처분에 갈음하여 2억원 이하의 과징금을 부과할 수 있다(법 제13조 제1항). 그러나 실무상 시·도지사의 권한을 시행령 제21조 권한의 위임에 따라 받은 소방서장이 부과·징수한다.

21 **위험물 제조소등 관계인에게 부과하는 과징금 부과기준에 대한 설명이다. 다음 중 틀린 내용은 무엇인가?**

① 위험물의 허가수량을 기준에 따른 과징금 금액은 사용정지 일수 × 1일당 과징금의 금액으로 산정한다.
② 위반행위의 종별·정도 등에 따른 과징금의 금액 그 밖의 필요한 사항은 대통령령으로 정한다.
③ 1일당 과징금의 금액은 저장 또는 취급하는 위험물의 허가수량에 의해 산정한다.
④ 1일 평균 매출액은 전년도의 1년간의 총 매출액의 1일 평균 매출액을 기준으로 한다.

해설
- 위반행위의 종별·정도 등에 따른 과징금의 금액 그 밖의 필요한 사항은 행정안전부령으로 정한다.
- 자가발전, 자가난방 그 밖의 이와 유사한 목적의 제조소등에 있어서는 기준금액의 2분의 1을 과징금의 금액으로 한다.
- 허가수량 기준으로 과징금 금액을 정할 때 저장량과 취급량이 다른 경우에는 둘 중 많은 수량을 기준으로 한다.
- 신규사업·휴업 등으로 인하여 1년간의 총 매출액을 산출할 수 없는 경우에는 분기별·월별 또는 일별 매출액을 기준으로 하여 1년간의 총 매출액을 환산한다.
- 감경기준은 규정되어 있지 않다.

제3장 | 위험물시설의 설치 및 변경

정답 19 ① 20 ④ 21 ②

22 **1일당 과징금의 금액산정에 있어서 1년간의 총 매출액이 없거나 산출이 곤란한 제조소등의 경우의 산정기준으로 맞는 것은?**

① 위험물의 저장수량을 기준으로 산정한다.

② 위험물의 취급수량을 기준으로 산정한다.

③ 위험물의 허가수량을 기준으로 산정한다.

④ 위험물의 저장·취급수량을 기준으로 산정한다.

해설
- 1년간의 총 매출액이 없거나 산출이 곤란한 제조소등의 경우에는 해당 제조소등에서 저장 또는 취급하는 위험물의 허가수량(지정수량의 배수)을 기준으로 하여 사용정지일수 × 1일당 과징금 금액으로 의하여 산정한다.
- 1일당 과징금의 금액은 해당 제조소등의 허가수량 기준(지정수량의 배수)으로 산정한다.

23 **완공검사는 원칙적으로 제조소등의 공사를 완료한 후 각각의 제조소등마다 신청해야 한다. 완공검사 신청시기를 틀리게 설명한 것은?** 2018년, 2019년 소방위 기출

① 지하탱크가 있는 제조소등의 경우 : 해당 지하탱크를 매설하기 전

② 이동탱크저장소의 경우 : 이동저장탱크를 완공하고 상치장소를 확보하기 전

③ 이송취급소의 경우 : 이송배관 공사의 전체 또는 일부를 완료한 후. 다만, 지하·하천 등에 매설하는 이송배관의 공사의 경우에는 이송배관을 매설하기 전

④ 배관을 지하에 설치하는 경우에는 시·도지사, 소방서장 또는 기술원이 지정하는 부분을 매몰한 직전

해설 완공검사는 원칙적으로 제조소등의 공사를 완료한 후 각각의 제조소등마다 신청해야 한다. 그러나 몇몇 제조소등은 공사를 완료하게 되면 완공검사의 행정목적을 달성할 수 없는 상황이 될 수 있으므로 「위험물안전관리법 시행규칙」 제20조에서 다음과 같은 완공검사 신청시기의 예외를 규정하고 있다.

① 지하탱크가 있는 제조소등의 경우 : 해당 지하탱크를 매설하기 전

② 이동탱크저장소의 경우 : 이동저장탱크를 완공하고 상치장소를 확보한 후

③ 이송취급소의 경우 : 이송배관 공사의 전체 또는 일부를 완료한 후. 다만, 지하·하천 등에 매설하는 이송배관의 공사의 경우에는 이송배관을 매설하기 전

④ 전체 공사가 완료된 후에는 완공검사를 실시하기 곤란한 경우 : 다음 각 목에서 정하는 시기

㉠ 위험물설비 또는 배관의 설치가 완료되어 기밀시험 또는 내압시험을 실시하는 시기

㉡ 배관을 지하에 설치하는 경우에는 시·도지사, 소방서장 또는 기술원이 지정하는 부분을 매몰하기 직전

㉢ 기술원이 지정하는 부분의 비파괴시험을 실시하는 시기

㉣ ① 내지 ④에 해당하지 아니하는 제조소등의 경우 : 제조소등의 공사를 완료한 후

22 ③ 23 ② **정답**

24 완공검사는 원칙적으로 제조소등의 공사를 완료한 후 각각의 제조소등마다 신청해야 한다. 완공검사 신청과 관련하여 다음 (   )에 알맞은 것은?

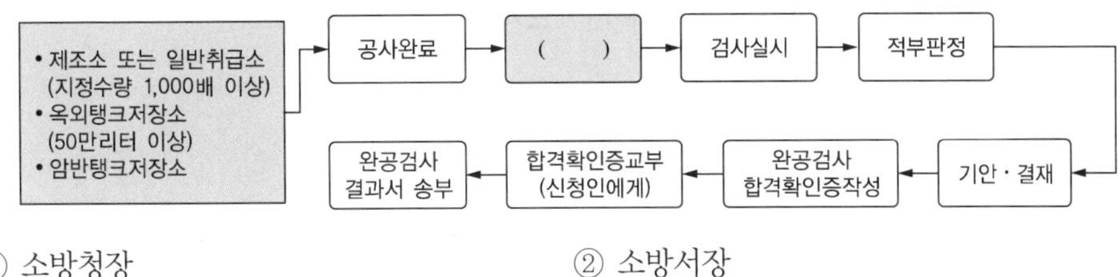

① 소방청장　② 소방서장

③ 한국소방산업기술원　④ 시 · 도지사

해설 상기 완공검사 대상의 신청은 한국소방산업기술원에 신청해야 한다.

25 행정안전부령으로 정하는 제조소등의 기술기준에 포함되지 않는 것은?

① 제조소등의 위치　② 제조소등의 구조

③ 제조소등의 설비　④ 제조소등의 용도

해설 제조소등의 기술기준 : 제조소등의 **위치 · 구조 · 설비**의 기준(위험물안전관리법 제5조)

제조소등 : 위험물의 제조소, 저장소, 취급소

26 제조소등의 설치 및 변경은 누구의 허가를 받아야 하는가?

① 시 · 도지사　② 시장 · 군수

③ 소방청장　④ 한국소방안전원장

해설 제조소등의 설치 및 변경 허가권자 : 시 · 도지사(위험물안전관리법 제6조)

27 제조소등의 위치 · 구조 또는 설비의 변경 없이 해당 제조소등에서 저장하거나 취급하는 위험물의 품명 · 수량 또는 지정수량의 배수를 변경하고자 할 때에는 누구에게 신고해야 하는가?

① 소방청장　② 시 · 도지사

③ 관할소방안전원장　④ 관할 소방서장

해설 제조소등의 위치 · 구조 또는 설비의 변경 없이 해당 제조소등에서 저장하거나 취급하는 **위험물의 품명 · 수량** 또는 **지정수량의 배수**를 **변경하려는 자**는 변경하고자 하는 날의 1일 전까지 행정안전부령이 정하는 바에 따라 **시 · 도지사**에게 **신고**해야 한다.

정답 24 ③　25 ④　26 ①　27 ②

28 제조소등의 위치 · 구조 또는 설비의 변경 없이 해당 제조소등에서 저장하거나 취급하는 위험물의 품명 · 수량 또는 지정수량의 배수를 변경하려는 자는 변경하고자 하는 날의 며칠 전까지 행정안전부령이 정하는 바에 따라 시 · 도지사에게 신고해야 하는가?

① 3일 ② 5일
③ 1일 ④ 14일

해설 위험물의 품명, 수량, 지정수량의 배수 변경 시 : 변경일로부터 **1일 전까지** 시 · 도지사에게 신고

29 위험물 제조소에서 저장 또는 취급하는 위험물의 품명 · 수량 또는 지정수량의 배수를 변경하고자 할 때 변경신고서에 첨부해야 할 서류인 것은?

① 위치, 구조 설비도면 ② 위험물 제조소의 기술능력
③ 제조소등의 완공검사합격확인증 ④ 구조설비명세표

해설 위험물의 품명 · 수량 또는 지정수량의 배수 변경 시 첨부서류 : 제조소등의 완공검사합격확인증(위험물안전관리법 시행규칙 제10조)

30 위험물 제조소등에 대한 설명으로 틀린 것은?

① 제조소등을 설치하려는 자는 대통령령이 정하는 바에 따라 그 설치 장소를 관할하는 시 · 도지사의 허가를 받아야 한다.
② 지정수량의 배수를 변경하려는 자는 변경하고자 하는 날의 1일 전까지 행정안전부령이 정하는 바에 따라 시 · 도지사에게 신고해야 한다.
③ 군사용 위험물시설을 설치하려는 군부대의 장이 관할 시 · 도지사와 협의한 경우에는 규정에 따른 허가를 받은 것으로 본다.
④ 위험물탱크 안전성능시험은 위험물탱크 안전성능시험자만이 할 수 있다.

해설 위험물탱크 안전성능시험 신청서는 한국소방산업기술원, 탱크안전성능시험자에 신청을 해야 하므로 이 기관은 안전성능시험을 할 수 있다(위험물안전관리법 시행규칙 별지 제20호 서식).

31 위험물 제조소에서 변경허가를 받아야 하는 경우가 아닌 것은? 2015년, 2018년 소방위 기출

① 제조소의 위치를 이전하는 경우
② 위험물 취급탱크의 방유제의 높이를 변경하는 경우
③ 불활성기체의 봉입장치를 신설하는 경우
④ 통풍장치, 배출설비를 신설하는 경우

28 ③ 29 ③ 30 ④ 31 ④ 정답

해설 제조소, 일반취급소의 변경허가를 받아야 하는 경우(시행규칙 별표1의2)

- 제조소 또는 일반취급소의 **위치를 이전**하는 경우
- 건축물의 벽·기둥·바닥·보 또는 지붕을 증설 또는 철거하는 경우
- **배출설비**를 **신설**하는 경우
- 위험물 취급탱크를 신설·교체·철거 또는 보수(탱크의 본체를 절개하는 경우에 한한다)하는 경우
- 위험물 취급탱크의 노즐 또는 맨홀을 신설하는 경우(노즐 또는 맨홀의 지름이 250mm를 초과하는 경우에 한한다)
- 위험물 취급탱크의 **방유제의 높이** 또는 방유제 내의 면적을 **변경하는 경우**
- 위험물 취급탱크의 탱크전용실을 증설 또는 교체하는 경우
- 300m(지상에 설치하지 아니하는 배관의 경우에는 30m)를 초과하는 위험물배관을 신설·교체·철거 또는 보수(배관을 절개하는 경우에 한한다)하는 경우
- **불활성기체의 봉입장치**를 신설하는 경우
- 누설범위를 국한하기 위한 설비를 신설하는 경우
- 냉각장치 또는 보냉장치를 신설하는 경우
- 탱크전용실을 증설 또는 교체하는 경우
- 담 또는 토제를 신설·철거 또는 이설하는 경우
- 온도 및 농도의 상승에 의한 위험한 반응을 방지하기 위한 설비를 신설하는 경우
- 철 이온 등의 혼입에 의한 위험한 반응을 방지하기 위한 설비를 신설하는 경우
- 방화상 유효한 담을 신설·철거 또는 이설하는 경우
- 위험물의 제조설비 또는 취급설비(펌프설비를 제외한다)를 증설하는 경우
- 옥내소화전설비·옥외소화전설비·스프링클러설비·물분무 등 소화설비를 신설·교체(배관·밸브·압력계·소화전 본체·소화약제탱크·포헤드·포방출구 등의 교체는 제외한다) 또는 철거하는 경우
- 자동화재탐지설비를 신설 또는 철거하는 경우

32 위험물 제조소의 변경허가를 받지 않아도 되는 경우는?

① 배출설비를 신설하는 경우
② 방화상 유효한 담을 이설하는 경우
③ 자동화재 탐지설비를 신설하는 경우
④ 주입구의 위치를 이전하는 경우

해설 31번 문제 해설 참조

33 위험물 제조소등의 허가에 관계된 설명으로 옳은 것은?

① 제조소등을 변경하고자 하는 경우에는 언제나 허가를 받아야 한다.
② 위험물의 품명을 변경하고자 하는 경우에는 언제나 허가를 받아야 한다.
③ 농예용으로 필요한 난방시설을 위한 지정수량 20배 이하의 저장소는 허가대상이 아니다.
④ 저장하는 위험물의 변경으로 지정수량의 배수가 달라지는 경우는 언제나 허가대상이다.

해설 ① 제조소등을 변경하고자 하는 경우에는 언제나 허가를 받아야 하는 경우는 아니다.
② 위험물의 품명을 변경하고자 하는 경우에는 행정안전부령으로 정한 경우에 한한다.
④ 저장하는 위험물의 변경으로 지정수량의 배수가 달라지는 경우는 신고대상이다.

정답 32 ④ 33 ③

34 위험물시설의 설치 및 변경, 안전관리에 대한 설명으로 옳지 않은 것은?

① 제조소등의 설치자의 지위를 승계한 자는 승계한 날로부터 30일 이내에 시・도지사에게 신고해야 한다.

② 제조소등의 용도를 폐지한 때에는 폐지한 날로부터 30일 이내에 시・도지사에게 신고해야 한다.

③ 위험물안전관리자가 퇴직한 때에는 퇴직한 날부터 30일 이내에 다시 위험물안전관리자를 선임해야 한다.

④ 위험물안전관리자를 선임한 때에는 선임한 날부터 14일 이내에 소방본부장이나 소방서장에게 신고해야 한다.

해설 신고기간
- 위험물 제조소등의 지위 승계 : 승계한 날로부터 30일 이내에 시・도지사에게 신고
- 위험물 제조소등의 **용도 폐지** : 폐지한 날로부터 **14일 이내**에 시・도지사에게 신고
- 위험물안전관리자 퇴직 : 퇴직한 날부터 30일 이내에 다시 위험물안전관리자를 선임
- 위험물안전관리자 선임 : 선임한 날부터 14일 이내에 소방본부장이나 소방서장에게 신고

35 지정수량 이상의 위험물을 ㉠ 임시로 저장・취급할 수 있는 기간과 ㉡ 승인권자는?

	㉠	㉡
①	30일 이내	소방서장
②	60일 이내	소방본부장
③	90일 이내	관할 소방서장
④	120일 이내	소방청장

해설 위험물 임시저장
- 임시저장 **승인권자** : **관할 소방서장**
- 임시저장기간 : **90일 이내**

36 위험물안전관리법에서 규정하고 있는 사항으로 옳지 않은 것은? 2016년, 2019년 소방위 기출

① 위험물 저장소를 경매에 의해 시설의 전부를 인수한 경우에는 30일 이내에, 저장소의 용도를 폐지한 경우에는 14일 이내에 시・도지사에게 그 사실을 신고해야 한다.

② 제조소등의 위치, 구조 및 설비기준을 위반하여 사용한 때에는 시・도지사는 허가취소, 전부 또는 일부의 사용정지를 명할 수 있다.

③ 경유 20,000L를 수산용 건조시설에 사용하는 경우에는 위험물안전관리법의 허가는 받지 아니하고 저장소를 설치할 수 있다.

④ 위치, 구조 또는 설비의 변경 없이 저장소에서 저장하는 위험물 지정수량의 배수를 변경하고자 하는 경우에는 변경하고자 하는 날의 1일 전까지 시・도지사에게 신고해야 한다.

34 ② 35 ③ 36 ② **정답**

해설 시・도지사, 소방본부장 또는 소방서장은 해당 제조소등의 위치・구조 및 설비의 유지・관리의 상황이 제5조 제4항에 따른 기술기준에 부적합하다고 인정하는 때에는 그 기술기준에 적합하도록 제조소등의 위치・구조 및 설비의 수리・개조 또는 이전을 명할 수 있다(법 제14조 제2항).

37 **위험물의 품명・수량 또는 지정수량 배수의 변경신고에 대한 설명으로 옳은 것은?**

① 허가청과 협의하여 설치한 군용위험물시설의 경우에도 적용된다.
② 변경신고는 변경한 날로부터 7일 이내에 완공검사합격확인증을 첨부하여 신고해야 한다.
③ 위험물의 품명이나 수량의 변경을 위해 제조소등의 위치・구조 또는 설비를 변경하는 경우에 신고한다.
④ 위험물의 품명・수량 및 지정수량의 배수를 모두 변경할 때에는 신고를 할 수 없고 허가를 신청해야 한다.

해설 위험물의 품명・수량 또는 지정수량의 배수를 변경
제조소등의 위치・구조 또는 설비의 변경없이 해당 제조소등에서 저장하거나 취급하는 위험물의 품명・수량 또는 지정수량의 배수를 변경하려는 자는 변경하고자 하는 날의 1일 전까지 행정안전부령이 정하는 바에 따라 시・도지사에게 신고해야 하므로 군용위험물 시설의 경우에도 적용한다.

38 **위험물 제조소등 설치허가에 대한 설명 중 틀린 것은?**

① 실무상 설치허가권자는 소방서장이다.
② 품명, 수량, 배수 변경신고는 변경하려는 자는 변경하고자 하는 날의 1일 전까지 한다.
③ 제조소등 설치허가 민원처리기간은 5일이다.
④ 제조소등 완공검사 민원처리기간은 4일이다.

해설

<table>
<tr><th>구 분</th><th>내 용</th><th>기 간</th><th>주체 및 객체</th></tr>
<tr><td rowspan="8">위험물
제조소</td><td>설치허가 처리기간</td><td>5일</td><td rowspan="4">관계인이 소방서장에게</td></tr>
<tr><td>완공검사 처리기간</td><td>5일</td></tr>
<tr><td>변경허가 처리기간</td><td>4일</td></tr>
<tr><td>품명, 수량, 배수 변경신고</td><td>1일 전</td></tr>
<tr><td>임시저장기간</td><td>90일 이내</td><td>소방서장 승인</td></tr>
<tr><td>용도폐지신고</td><td>14일 이내</td><td rowspan="3">관계인이 소방서장에게</td></tr>
<tr><td>지위승계신고</td><td>30일 이내</td></tr>
<tr><td>합격확인증분실 재교부 후 다시 찾았을 때 반납</td><td>10일 이내</td></tr>
</table>

정답 37 ① 38 ④

39 **위험물안전관리법령에 따른 제조소등의 기술검토에 관한 설명으로 옳은 것은?**

① 기술검토는 한국소방산업기술원에서 실시하는 것으로 일정한 제조소등의 설치허가 또는 변경허가와 관련된 것이다.

② 기술검토는 설치허가 또는 변경허가와 관련된 것이나 제조소등의 완공검사 시 설치자가 임의적으로 기술검토를 신청할 수도 있다.

③ 기술검토는 법령상 기술기준과 다르게 설계하는 경우에 그 안전성을 전문적으로 검증하기 위한 절차이다.

④ 기술검토의 필요성이 없으면 변경허가를 받을 필요가 없다.

해설 **한국소방산업기술원의 기술검토 대상**

- 지정수량의 1천배 이상의 위험물을 취급하는 제조소 또는 일반취급소 : 구조 · 설비에 관한 사항
- 50만리터 이상의 옥외탱크저장소 : 위험물탱크의 기초 · 지반, 탱크 본체 및 소화설비에 관한 사항
- 암반탱크저장소 : 위험물탱크의 기초 · 지반, 탱크 본체 및 소화설비에 관한 사항

40 **용량 100만리터 미만의 액체위험물 저장탱크에 실시하는 충수 · 수압시험의 검사기준에 관한 설명이다. 탱크 중 압력탱크 외의 탱크에 대하여 실시해야 하는 검사의 내용에 해당하지 않는 것은?**

① 간이저장탱크는 70kPa의 압력으로 10분간 수압시험을 실시해야 한다.

② 지하저장탱크는 70kPa의 압력으로 10분간 수압시험을 실시해야 한다.

③ 이동저장탱크는 최대상용압력의 1.1배의 압력으로 10분간 수압시험을 실시해야 한다.

④ 이중벽탱크 중 강제강화이중벽탱크는 70kPa의 압력으로 10분간 수압시험을 실시해야 한다.

해설 **저장탱크별 탱크시험 방법**

저장소 구분	탱크종류	시험기준	탱크두께
제조소 (위험물 취급탱크) 옥외탱크저장소 옥내탱크저장소	압력탱크 외 (최대상용압력 대기압을 초과하는 탱크)	충수시험	3.2mm 이상 또는 고시규격
	압력탱크 (최대상용압력이 46.7kPa 이상인 탱크)	최대상용압력의 1.5배의 압력으로 10분간 수압시험에서 새거나 변형하지 아니하는 것일 것	
지하탱크저장소	압력탱크 외	70kPa의 압력으로 10분간 수압시험	3.2mm 이상이나 용량에 따라 두께 다름
	압력탱크	최대상용압력의 1.5배의 압력으로 10분간 수압시험에서 새거나 변형하지 아니하는 것일 것 (기밀시험과 비파괴시험으로 대신 가능)	

39 ① 40 ③ **정답**

간이탱크저장소		70kPa의 압력으로 10분간 수압시험	3.2mm 이상
이동탱크저장소	압력탱크 외	70kPa의 압력으로 10분간 수압시험	3.2mm 이상
	압력탱크	최대상용압력의 1.5배의 압력으로 10분간 수압시험에서 새거나 변형하지 아니하는 것일 것 (기밀시험과 비파괴시험으로 대신 가능)	
알킬알루미늄 등 이동탱크저장소		1MPa 이상의 압력으로 10분간 실시하는 수압시험에서 새거나 변형하지 아니하는 것일 것	10mm 이상

41 용량 100만리터 미만의 액체위험물 저장탱크에 실시하는 충수 · 수압시험의 검사기준에 관한 설명이다. 알킬알루미늄 등의 이동저장탱크의 기준에 대한 설명으로 맞는 것은?

① 최대상용압력의 1kPa 이상의 압력으로 10분간 실시하는 수압시험에서 새거나 변형하지 아니하는 것일 것
② 1MPa 이상의 압력으로 10분간 실시하는 수압시험에서 새거나 변형하지 아니하는 것일 것
③ 최대상용압력의 1MPa 이상의 압력으로 10분간 실시하는 수압시험에서 새거나 변형하지 아니하는 것일 것
④ 1kPa 이상의 압력으로 10분간 실시하는 수압시험에서 새거나 변형하지 아니하는 것일 것

해설 40번 문제 해설 참조

42 위험물저장탱크는 누가 실시하는 탱크안전성능검사를 받아야 하는가?

① 소방청장
② 시 · 도지사
③ 소방서장
④ 한국소방안전원장

해설 탱크안전성능검사 실시권자 : 시 · 도지사

43 다음 중 위험물탱크안전성능검사의 검사종류에 해당하지 않는 것은?

① 기초검사
② 지반검사
③ 비파괴검사
④ 용접부검사

정답 41 ② 42 ② 43 ③

해설 위험물탱크의 탱크안전성능검사(위험물안전관리법 영 제8조)

검사 종류	검사 대상	신청시기
기초・지반 검사	100만ℓ 이상인 액체위험물을 저장하는 옥외탱크저장소	위험물탱크의 기초 및 지반에 관한 공사의 개시 전
충수・수압 검사	액체위험물을 저장 또는 취급하는 탱크	위험물을 저장 또는 취급하는 탱크에 배관 그 밖의 부속설비를 부착하기 전
용접부 검사	100만ℓ 이상인 액체위험물을 저장하는 옥외탱크저장소	탱크 본체에 관한 공사의 개시 전
암반탱크검사	액체위험물을 저장 또는 취급하는 암반 내의 공간을 이용한 탱크	암반탱크의 본체에 관한 공사의 개시 전

44 옥외탱크저장소의 액체위험물탱크 중 그 용량이 얼마 이상인 탱크는 기초・지반검사를 받아야 하는가?

① 10만리터 이상
② 30만리터 이상
③ 50만리터 이상
④ 100만리터 이상

해설 옥외탱크저장소의 액체위험물탱크 중 용량이 100만리터 이상인 탱크는 기초・지반검사를 받아야 한다.

45 위험물 제조소등의 허가취소 또는 사용정지 사유가 아닌 것은? 2017년 소방위 기출

① 변경허가를 받지 아니하고 제조소등의 위치・구조 또는 설비를 변경한 때
② 위험물 시설안전원을 두지 않았을 때
③ 완공검사를 받지 아니하고 제조소등을 사용한 때
④ 위험물안전관리자를 선임하지 아니한 때

해설 제조소등 설치허가의 취소와 사용정지(위험물안전관리법 제12조)
- 변경허가를 받지 아니하고 제조소등의 위치・구조 또는 설비를 변경한 때
- 완공검사를 받지 아니하고 제조소등을 사용한 때
- 제조소등의 위치, 구조, 설비에 따른 수리・개조 또는 이전의 명령에 위반한 때
- 제조소등에의 사용중지 대상에 대한 안전조치 이행명령을 따르지 아니한 때
- 위험물안전관리자를 선임하지 아니한 때
- 대리자를 지정하지 아니한 때
- 제조소등의 정기점검을 하지 아니한 때
- 제조소등의 정기검사를 받지 아니한 때
- 위험물의 저장・취급기준 준수명령에 위반한 때

44 ④ 45 ② 정답

46 제조소등의 사용중지에 관한 설명으로 옳지 않은 것은?

① 제조소등의 사용중지는 경영상 형편, 대규모 공사 등의 사유로 6개월 이상 위험물을 저장하지 아니하거나 취급하지 아니하는 것을 말한다.
② 제조소등의 사용을 중지하는 기간에도 위험물안전관리자가 계속하여 직무를 수행하는 경우에는 안전조치를 아니할 수 있다.
③ 시・도지사는 제조소등의 사용중지 대상에 대하여 안전조치의 이행을 명할 수 있다.
④ 제조소등의 관계인은 제조소등의 사용을 중지하거나 중지한 제조소등의 사용을 재개하려는 경우 시・도지사에게 신고해야 한다.

해설 제조소등의 사용중지는 경영상 형편, 대규모 공사 등의 사유로 3개월 이상 위험물을 저장하지 아니하거나 취급하지 아니하는 것을 말한다.

47 위험물 제조소등 사용중지 및 재개 신고에 관한 설명이다. 다음 보기 중 ( )에 알맞은 것은?

> 제조소등의 관계인은 제조소등의 사용을 중지하려는 경우에는 해당 제조소등의 사용을 중지하려는 날 또는 재개하려는 날의 (가)전까지 행정안전부령으로 정하는 바에 따라 제조소등의 사용중지 또는 재개를 (나)에게 신고해야 한다.

	가	나
①	7일	시・도지사
②	14일	시・도지사
③	7일	소방서장
④	14일	소방서장

해설 제조소등의 사용중지 및 재개 신고
제조소등의 관계인은 제조소등의 사용을 중지하거나 중지한 제조소등의 사용을 재개하려는 경우에는 해당 제조소등의 사용을 중지하려는 날 또는 재개하려는 날의 14일 전까지 행정안전부령으로 정하는 바에 따라 제조소등의 사용 중지 또는 재개를 시・도지사에게 신고하여야 한다.

정답 46 ① 47 ①

인생이란 결코 공평하지 않다.

이 사실에 익숙해져라.

- 빌 게이츠 -

제4장

위험물시설의 안전관리

우리는 삶의 모든 측면에서 항상
'내가 가치있는 사람일까?' '내가 무슨 가치가 있을까?'라는
질문을 끊임없이 던지곤 합니다.
하지만 저는 우리가 날 때부터 가치있다 생각합니다.

- 오프라 윈프리 -

CHAPTER

04 위험물시설의 안전관리

- 이 장은 「위험물안전관리법」 제3장 위험물시설의 안전관리(제14조~제19조)를 다룬다.

제3장 위험물시설의 안전관리	
제14조(위험물시설의 유지·관리)	제15조(위험물안전관리자)
제16조(탱크시험자의 등록 등)	제17조(예방규정)
제18조(정기점검 및 정기검사)	제19조(자체 소방대)

- 상기와 같이 설치허가된 위험물 제조소등의 안전관리에 관한 인적(人的) 통제를 중점적으로 규정하고 있다.
- 제3장은 위험물의 안전을 확보하기 위하여 제조소등이라는 저장시설 및 각종 시설을 설치하여 시설적인 측면에서의 구조적인 안전을 확보하고 있다면, 본교재 제4장은 설치된 위험물시설에 대하여 저장 및 취급의 업무를 행하는 사람에게 지속적인 유지 관리를 하도록 함으로써 위험물 안전의 항상성을 담보하여 위험성을 적정 통제하고자 각종 규정을 두고 있다.
- 제14조에 제조소등의 관계인에 대한 시설유지·관리의무를 두고 있으며, 제15조에 위험물 안전에 관한 전문지식 및 기능을 가진 사람으로 하여금 제조소등을 관리토록 하는 위험물안전관리자에 관한 사항을, 제17조에 안전관리의 전반에 대한 제조소등의 내부규정인 예방규정에 관한 사항을, 제18조에 설치된 위험물 시설의 적정여부를 확인 점검하는 정기점검 및 정기검사에 관한 사항을, 제19조에 다량의 위험물을 저장·취급하는 제조소등이 갖추어야 하는 자체 소방대 등에 대하여 규정하고 있다.

01 위험물시설의 유지·관리(법 제14조) 2013년 소방위 기출

(1) 제조소등의 관계인은 해당 제조소등의 위치·구조 및 설비가 제5조 제4항에 따른 기술기준에 적합하도록 유지·관리해야 한다(법 제14조 제1항).

(2) 시·도지사, 소방본부장 또는 소방서장은 (1)에 따른 유지·관리의 상황이 제5조 제4항에 따른 기술기준에 부적합하다고 인정하는 때에는 그 기술기준에 적합하도록 제조소등의 위치·구조 및 설비의 수리·개조 또는 이전을 명할 수 있다(법 제14조 제2항).

(3) 위반 시 벌칙

제조소등의 위치·구조 및 설비의 수리·개조 또는 이전 명령에 따르지 아니한 자 : 1천 500만 원 이하의 벌금

02 위험물안전관리자

(1) 제도의 의의 및 목적

① 인화성 또는 발화성 등의 성질을 갖은 위험물질은 화재·폭발 등의 위험성이 내포되어 저장·취급에 상당한 주의와 전문성을 요하는 업무로서 사고발생 시 그에 따른 피해가 크므로 위험물에 대한 국가기술자격자로 하여금 위험물시설 등 취급업무를 함으로써 사고를 미연에 예방하고자 함이다.

② 또한, 위험물 누출 등 사고발생 시 신속한 초동조치를 할 수 있는 유자격자로 안전관리자로 선임하여 업무를 수행하게 함으로써 위험물 사고에 적절하게 대응할 수 있는 기능도 동시에 가지고 있다.

(2) 위험물안전관리자 자격(법 제15조 제1항)★★★★ 2002년, 2019년, 2020년 소방위 기출

제조소등의 관계인은 위험물의 안전관리에 관한 직무를 수행하게 하기 위하여 제조소등마다 대통령령이 정하는 위험물의 취급에 관한 자격이 있는 자[시행령 제11조(위험물안전관리자로 선임할 수 있는 위험물취급자격자 등)](이하 "위험물취급자격자"라 한다)를 위험물안전관리자(이하 "안전관리자"라 한다)로 선임해야 한다.

- 제외대상 : 허가를 받지 아니하는 제조소등과 이동탱크저장소

Plus one

시행령 제11조(위험물안전관리자로 선임할 수 있는 위험물취급자격자 등)

① 법 제15조 제1항 본문에서 **대통령령이 정하는 위험물의 취급에 관한 자격이 있는 자**라 함은 **별표5**에 규정된 자를 말한다.

별표5 위험물취급자격자의 자격(영 제11조 제1항 관련)★★★

위험물취급자격자의 구분	취급할 수 있는 위험물
1. 위험물기능장, 위험물산업기사, 위험물기능사의 자격을 취득한 사람	모든 위험물
2. 소방청장(한국소방안전원)이 실시하는 안전관리자 교육이수자	위험물 중 제4류 위험물
3. 소방공무원으로 근무한 경력이 3년 이상인 자	위험물 중 제4류 위험물

다만, 제조소등에서 저장·취급하는 위험물이 「화학물질관리법」에 따른 유독물질에 해당하는 경우 등 대통령령이 정하는 경우에는 해당 제조소등을 설치한 자는 다른 법률에 의하여 안전관리업무를 하는 자로 선임된 자 가운데 대통령령이 정하는 자를 안전관리자로 선임할 수 있다.

⊕ Plus one

시행령 제11조(위험물안전관리자로 선임할 수 있는 위험물취급자격자 등)

② 법 제15조 제1항 단서에서 **"대통령령이 정하는 경우"**란 다음 각 호의 어느 하나에 해당하는 경우를 말한다.

1. 제조소등에서 저장·취급하는 위험물이 「화학물질관리법」 제2조 제2호 규정에 따른 **유독물질**에 해당하는 경우
2. 「소방시설 설치 및 안전관리에 관한 법률」 제2조 제1항 제3호에 따른 특정 소방대상물의 **난방·비상발전 또는 자가발전**에 필요한 위험물을 저장·취급하기 위하여 설치된 저장소 또는 일반취급소가 해당 특정 소방대상물 안에 있거나 인접하여 있는 경우

③ 법 제15조 제1항 단서에서 **"대통령령이 정하는 자"**란 다음 각 호의 어느 하나에 해당하는 자를 말한다.

1. 제2항 제1호의 경우 : 「화학물질관리법」 제31조 제1항에 따라 해당 제조소등의 **유해화학물질관리자로 선임된 자**로서 법 제28조 또는 「화학물질관리법」 제33조의 규정에 따라 위험물의 안전관리에 관한 교육을 받은 자
2. 제2항 제2호의 경우 : 「소방시설 설치 및 안전관리에 관한 법률」 제20조 제2항 또는 「공공기관의 소방안전관리에 관한 규정」 제5조에 따라 **소방안전관리자로 선임된 자**로서 법 제15조 제8항에 따른 **위험물안전관리자(이하 "안전관리자"라 한다)의 자격이 있는 자**

(3) 위험물안전관리자 선임 `2016년 소방위 기출`

(2)에 따라 안전관리자를 선임한 제조소등의 관계인은 그 안전관리자를 해임하거나 안전관리자가 퇴직한 때에는 해임하거나 퇴직한 날부터 30일 이내에 다시 안전관리자를 선임해야 한다(법 제15조 제2항).

안전관리자를 선임하지 아니한 관계인으로서 위험물 제조소등 허가를 받은 자 : 1천 500만원 이하의 벌금

(4) 위험물안전관리자 선임 등 신고 `2019년 소방위 기출` `2023년 소방장 기출`

① (2) 및 (3)에 따라 안전관리자를 선임한 때에는 14일 이내에 행정안전부령이 정하는 바(규칙 제53조(안전관리자의 선임신고 등))에 의하여 소방본부장 또는 소방서장에게 신고해야 한다(법 제15조 제3항).

② 안전관리자 선임 및 신고의 기한

㉠ 해임 또는 퇴직 시 재선임 : 해임 또는 퇴직한 날부터 30일 이내

㉡ 선임 신고 : 선임한 날로부터 14일 이내

③ 해임 또는 퇴직 시 확인(법 제15조 제4항)

제조소등의 관계인은 안전관리자를 해임하거나 안전관리자가 퇴직한 경우 그 관계인 또는 안전관리자는 소방본부장 또는 소방서장에 그 사실을 알려 해임되거나 퇴직한 사실을 확인받을 수 있다.

⊕ Plus one

시행규칙 제53조(안전관리자의 선임신고 등)

① 제조소등의 관계인은 법 제15조 제3항에 따라 안전관리자(「기업활동 규제완화에 관한 특별조치법」 제29조 제1항・제3항 및 제32조 제1항에 따른 안전관리자와 제57조 제1항에 따른 안전관리대행기관을 포함한다)의 선임을 신고하려는 하는 경우에는 별지 제32호 서식의 신고서(전자문서로 된 신고서를 포함한다)에 다음 각 호의 해당 서류(전자문서를 포함한다)를 첨부하여 소방본부장 또는 소방서장에게 제출해야 한다.

1. 위험물안전관리업무대행계약서(제57조 제1항에 따른 안전관리대행기관에 한한다)
2. 위험물안전관리교육 수료증(제78조 제1항 및 별표24에 따른 안전관리자 강습교육을 받은 자에 한한다)
3. 위험물안전관리자를 겸직할 수 있는 관련 안전관리자로 선임된 사실을 증명할 수 있는 서류(「기업활동 규제완화에 관한 특별조치법」 제29조 제1항 제1호부터 제3호까지 및 제3항에 해당하는 안전관리자 또는 영 제11조 제3항 각 호의 어느 하나에 해당하는 사람으로서 위험물의 취급에 관한 국가기술자격자가 아닌 사람으로 한정한다)
4. 소방공무원 경력증명서(소방공무원 경력자에 한한다)

② 제1항에 따라 신고를 받은 담당 공무원은 「전자정부법」 제36조 제1항에 따른 행정정보의 공동이용을 통하여 다음 각 호의 행정정보를 확인해야 한다. 다만, 신고인이 확인에 동의하지 아니하는 경우에는 그 서류(국가기술자격증의 경우에는 그 사본을 말한다)를 제출하도록 해야 한다.

1. 국가기술자격증(위험물의 취급에 관한 국가기술자격자에 한한다)
2. 국가기술자격증(「기업활동 규제완화에 관한 특별조치법」 제29조 제1항 및 제3항에 해당하는 자로서 국가기술자격자에 한한다)

④ 선임 등의 신고 시 제출 서류(규칙 제53조)

㉠ 국가기술자격증(위험물의 취급에 관한 국가기술자격자에 한한다)

㉡ 국가기술자격증(「기업활동 규제완화에 관한 특별조치법」 제29조 제1항 및 제3항의 규정에 해당하는 자로서 국가기술자격자에 한한다) 및 위험물안전관리업무대행계약서(제57조 제1항에 따른 안전관리대행기관에 한한다)

㉢ 위험물안전관리교육수료증(제78조 제1항 및 별표24에 따른 안전관리자 강습교육을 받은 자에 한한다)

㉣ 위험물안전관리자를 겸직할 수 있는 관련 안전관리자로 선임된 사실을 증명할 수 있는 서류(「기업활동 규제완화에 관한 특별조치법」 제29조 제1항 제1호 내지 제3호 및 제3항의 규정에 해당하는 안전관리자 또는 영 제11조 제3항 각 호의 1에 해당하는 사람으로서 위험물의 취급에 관한 국가기술자격자가 아닌 사람으로 한정한다)

㉤ 소방공무원 경력증명서(소방공무원경력자에 한한다)

⑤ 위반 시 과태료(영 제23조 관련 별표9)

안전관리자의 선임신고를 기간 이내에 하지 아니하거나 허위로 한 자 : 500만원 이하 과태료

(5) 안전관리자 대리자(代理者)지정(법 제15조 제5항)★★★ 2017년 소방위 기출 2018년 통합소방장 기출

① 지정요건

㉠ 안전관리자를 선임한 제조소등의 관계인은 안전관리자가 여행・질병 그 밖의 사유로 인하여 일시적으로 직무를 수행할 수 없을 때

㉡ 안전관리자의 해임 또는 퇴직과 동시에 다른 안전관리자를 선임하지 못하는 경우

② 직무를 대행하는 기간 : 30일 이하

③ 대리자 자격★★

㉠ 위험물취급에 관한 국가기술자격취득자

㉡ 위험물안전에 관한 기본지식과 경험이 있는 자로서 다음 각 호의 어느 하나에 해당하는 사람(규칙 제54조)

- 안전관리자・탱크시험자・위험물운반자・위험물운송자 등 위험물의 안전관리와 관련된 업무를 수행하는 자로서 안전교육(강습・실무교육)을 받은 자
- 제조소등의 위험물안전관리업무에 있어서 안전관리자를 지휘・감독하는 직위에 있는 자

④ 대리자 지정 위반시

대리자를 지정하지 아니한 관계인으로서 위험물 제조소등 허가를 받은 자 : 1천 500만원 이하의 벌금

(6) 안전관리자의 위험물의 취급에 관한 안전관리와 감독(법 제15조 제6항)

안전관리자는 위험물을 취급하는 작업을 하는 때에는 작업자에게 안전관리에 관한 필요한 지시를 하는 등 행정안전부령이 정하는 바에 따라 위험물의 취급에 관한 안전관리와 감독을 해야 하고, 제조소등의 관계인과 그 종사자는 안전관리자의 위험물안전관리에 관한 의견을 존중하고 그 권고에 따라야 한다.

위험물의 취급에 관한 안전관리와 감독을 하지 아니한 자 : 1천만원 이하의 벌금

(7) 안전관리자의 책무(규칙 제55조)★★★ 2013년 경기소방장 기출

(6)의 규정에 따라 안전관리자는 위험물의 취급에 관한 안전관리와 감독에 관한 다음 각 호의 업무를 성실하게 수행해야 한다.

① 위험물의 취급작업에 참여하여 해당 작업이 법 제5조 제3항에 따른 저장 또는 취급에 관한 기술기준과 법 제17조에 따른 예방규정에 적합하도록 해당 작업자(해당 작업에 참여하는 위험물취급자격자를 포함한다)에 대하여 지시 및 감독하는 업무

② 화재 등의 재난이 발생한 경우 응급조치 및 소방관서 등에 대한 연락업무

③ 위험물시설의 안전을 담당하는 자를 따로 두는 제조소등의 경우에는 그 담당자에게 다음 각 목에 따른 업무의 지시, 그 밖의 제조소등의 경우에는 다음 각 목에 따른 업무
   ㉠ 제조소등의 위치·구조 및 설비를 기술기준에 적합하도록 유지하기 위한 점검과 점검상황의 기록·보존
   ㉡ 제조소등의 구조 또는 설비의 이상을 발견한 경우 관계자에 대한 연락 및 응급조치
   ㉢ 화재가 발생하거나 화재발생의 위험성이 현저한 경우 소방관서 등에 대한 연락 및 응급조치
   ㉣ 제조소등의 계측장치·제어장치 및 안전장치 등의 적정한 유지·관리
   ㉤ 제조소등의 위치·구조 및 설비에 관한 설계도서 등의 정비·보존 및 제조소등의 구조 및 설비의 안전에 관한 사무의 관리
④ 화재 등의 재해의 방지와 응급조치에 관하여 인접하는 제조소등과 그 밖의 관련되는 시설의 관계자와 협조체제의 유지
⑤ 위험물의 취급에 관한 일지의 작성·기록
⑥ 그 밖에 위험물을 수납한 용기를 차량에 적재하는 작업, 위험물설비를 보수하는 작업 등 위험물의 취급과 관련된 작업의 안전에 관하여 필요한 감독의 수행

(8) 위험물취급 기준(법 제15조 제7항)

제조소등에 있어서 위험물취급자격자가 아닌 자는 안전관리자 또는 대리자가 참여한 상태에서 위험물을 취급해야 한다.

안전관리자 또는 대리자가 참여하지 아니한 상태에서 위험물을 취급한 자 : 1천만원 이하의 벌금

(9) 안전관리자의 중복선임★★★★★ 2014년, 2015년 소방위 기출

① 제조소등을 설치한 경우에 원칙적으로는 각각의 제조소등마다 안전관리자를 선임해야 한다. 이는 1인의 안전관리자만으로 다수의 제조소등을 관리함은 안전관리상 문제점이 발생할 수 있는 관계로 이러한 안전관리상의 장애를 배제하기 위함이다.
② 그러나 다수의 제조소등을 동일인이 설치한 경우에는 제조소등의 규모와 위치·거리 등을 고려하여 1인의 안전관리자를 중복하여 선임할 수 있도록 한 것이다.
③ 다수의 제조소등을 동일인이 설치한 경우에는 제조소등마다 위험물안전관리자를 선임해야 함에도 불구하고 관계인은 대통령령[제12조 제1항 아래④]이 정하는 바에 따라 1인의 안전관리자를 중복하여 선임할 수 있다. 이 경우 대통령령[제12조 제1항 아래⑤]이 정하는 제조소등의 관계인은 (5)에 따른 대리자의 자격이 있는 자를 각 제조소등 별로 지정하여 안전관리자를 보조하게 해야 한다(법 제15조 제8항).

④ 1인의 안전관리자를 중복하여 선임할 수 있는 경우 등(시행령 제12조)★★★★★

2015년, 2019년 소방위 기출 2019년 통합소방장 기출

㉠ 보일러·버너 또는 이와 비슷한 것으로서 위험물을 소비하는 장치로 이루어진 7개 이하의 일반취급소와 그 일반취급소에 공급하기 위한 위험물을 저장하는 저장소를 동일인이 설치한 경우(영 제12조 제1항 제1호)

※ 일반취급소 및 저장소가 모두 동일구내(같은 건물 안 또는 울안을 말함)에 있는 경우에 한한다.

㉡ 위험물을 차량에 고정된 탱크 또는 운반용기에 옮겨 담기 위한 5개 이하의 일반취급소와 그 일반취급소에 공급하기 위한 위험물을 저장하는 저장소를 동일인이 설치한 경우(영 제12조 제1항 제2호)

※ 일반취급소 간의 보행거리 300미터 이내인 경우에 한하며, 일반취급소 및 저장소는 모두 동일구내(같은 건물 안 또는 같은 울안을 말함)에 있는 경우에 한한다.

㉢ 동일구내에 있거나 상호 100미터 이내의 보행거리에 있는 저장소로서 저장소의 규모, 저장하는 위험물의 종류 등을 고려하여 다음에 해당하는 저장소를 동일인이 설치한 경우(영 제12조 제1항 제3호)

- 30개 이하의 옥외탱크저장소
- 10개 이하의 옥내저장소
- 지하탱크저장소
- 간이탱크저장소
- 10개 이하의 옥외저장소
- 10개 이하의 암반탱크저장소
- 옥내탱크저장소

㉣ 다음 각 목의 기준에 모두 적합한 5개 이하의 제조소등을 동일인이 설치한 경우(영 제12조 제1항 제4호)

- 각 제조소등이 동일구내에 위치하거나 상호 100미터 이내의 보행거리에 있을 것
- 각 제조소등에서 저장 또는 취급하는 위험물의 최대수량이 지정수량의 3천배 미만일 것. 다만, 저장소의 경우에는 그러하지 아니하다.

㉤ 그 밖에 ㉠ 또는 ㉡에 따른 제조소등과 비슷한 것으로서 선박주유취급소의 고정주유설비에 공급하기 위한 위험물을 저장하는 저장소와 해당 선박주유취급소를 동일인이 설치한 경우(영 제12조 제1항 제5호)

⊕ Plus one

※ 안전관리자 보조자의 자격 = 대리자 자격

- 위험물취급에 관한 국가기술자격취득자
- 안전관리자·탱크시험자·위험물운송자 등 위험물의 안전관리와 관련된 업무를 수행하는 자로서 안전교육(강습·실무교육)을 받은 자
- 제조소등의 위험물 안전관리업무에 있어서 안전관리자를 지휘·감독하는 직위에 있는 자

⊕ Plus one

<table>
<tr><th>위치 · 거리</th><th colspan="2">제조소등 구분</th><th>개 수</th><th>인적조건</th></tr>
<tr><td>동일구내에</td><td>보일러 등의 일반취급소와</td><td rowspan="3">그 일반취급소에 공급하기 위한 위험물을 저장하는 저장소를</td><td>7개 이하</td><td rowspan="12">동일인이 설치한 경우</td></tr>
<tr><td rowspan="2">동일구내에
(일반취급소 간 보행거리 300m 이내)</td><td>충전하는 일반취급소와</td><td rowspan="2">5개 이하</td></tr>
<tr><td>옮겨 담는 일반취급소와</td></tr>
<tr><td rowspan="7">동일구내에 있거나
상호 보행거리100미터 이내의 거리에 있는 저장소로서</td><td colspan="2">옥외탱크저장소</td><td>30개 이하</td></tr>
<tr><td colspan="2">옥내저장소</td><td rowspan="3">10개 이하</td></tr>
<tr><td colspan="2">옥외저장소</td></tr>
<tr><td colspan="2">암반탱크저장소</td></tr>
<tr><td colspan="2">지하탱크저장소</td><td rowspan="3">제한 없음</td></tr>
<tr><td colspan="2">옥내탱크저장소</td></tr>
<tr><td colspan="2">간이탱크저장소</td></tr>
<tr><td colspan="3">• 각 제조소등이 동일구내에 위치하거나 상호 보행거리 100미터 이내의 거리에 있고
• 각 제조소등에서 저장 또는 취급하는 위험물의 최대수량이 지정수량의 3천배 미만인 제조소등을 동일인이 설치한 경우. 다만 저장소의 경우에는 그러하지 아니하다.</td><td>5개 이하</td></tr>
<tr><td colspan="3">선박주유취급소의 고정주유설비에 공급하기 위한 위험물을 저장하는 저장소와 해당 선박주유취급소</td><td>제한 없음</td></tr>
</table>

⑤ 1인의 안전관리자를 중복선임의 경우 대리자의 자격이 있는 자를 각 제조소등 별로 지정하여 안전관리자를 보조해야 할 대상(시행령 제12조 제2항)★★★

㉠ 제조소

㉡ 이송취급소

㉢ 일반취급소. 다만, 인화점이 38도 이상인 제4류 위험물만을 지정수량의 30배 이하로 취급하는 일반취급소로서 다음 각 목의 어느 하나에 해당하는 일반취급소를 제외한다.

- 보일러 · 버너 또는 이와 비슷한 것으로서 위험물을 소비하는 장치로 이루어진 일반취급소
- 위험물을 용기에 옮겨 담거나 차량에 고정된 탱크에 주입하는 일반취급소

(10) 제조소등의 종류 및 규모에 따라 선임해야 하는 안전관리자의 자격★★★ 2023년 소방위 기출

제조소등의 종류 및 규모에 따라 선임해야 하는 안전관리자의 자격은 대통령령(시행령 제13조 관련 별표6)으로 정한다.

<table>
<tr><th colspan="3">제조소등의 종류 및 규모</th><th>안전관리자의 자격</th></tr>
<tr><td rowspan="2">제조소</td><td colspan="2">1. 제4류 위험물만을 취급하는 것으로서 지정수량 5배 이하의 것</td><td>위험물기능장,
위험물산업기사, 위험물기능사,
안전관리자교육이수자
또는 소방공무원경력자</td></tr>
<tr><td colspan="2">2. 제1호에 해당하지 아니하는 것</td><td>위험물기능장, 위험물산업기사
또는 2년 이상의 실무경력이 있는
위험물기능사</td></tr>
<tr><td rowspan="14">저장소</td><td rowspan="2">1. 옥내 저장소</td><td>제4류 위험물만을 저장하는 것으로서 지정수량 5배 이하의 것</td><td rowspan="10">위험물기능장,
위험물산업기사, 위험물기능사,
안전관리자교육이수자
또는 소방공무원경력자</td></tr>
<tr><td>제4류 위험물 중 알코올류・제2석유류・제3석유류・제4석유류・동식물유류만을 저장하는 것으로서 지정수량 40배 이하의 것</td></tr>
<tr><td rowspan="2">2. 옥외탱크 저장소</td><td>제4류 위험물만 저장하는 것으로서 지정수량 5배 이하의 것</td></tr>
<tr><td>제4류 위험물 중 제2석유류・제3석유류・제4석유류・동식물유류만을 저장하는 것으로서 지정수량 40배 이하의 것</td></tr>
<tr><td rowspan="2">3. 옥내탱크 저장소</td><td>제4류 위험물만을 저장하는 것으로서 지정수량 5배 이하의 것</td></tr>
<tr><td>제4류 위험물 중 제2석유류・제3석유류・제4석유류・동식물유류만을 저장하는 것</td></tr>
<tr><td rowspan="2">4. 지하탱크 저장소</td><td>제4류 위험물만을 저장하는 것으로서 지정수량 40배 이하의 것</td></tr>
<tr><td>제4류 위험물 중 제1석유류・알코올류・제2석유류・제3석유류・제4석유류・동식물유류만을 저장하는 것으로서 지정수량 250배 이하의 것</td></tr>
<tr><td colspan="2">5. 간이탱크저장소로서 제4류 위험물만을 저장하는 것</td></tr>
<tr><td colspan="2">6. 옥외저장소 중 제4류 위험물만을 저장하는 것으로서 지정수량의 40배 이하의 것</td></tr>
<tr><td colspan="2">7. 보일러, 버너 그 밖에 이와 유사한 장치에 공급하기 위한 위험물을 저장하는 탱크저장소</td><td rowspan="2">위험물기능장,
위험물산업기사, 위험물기능사,
안전관리자교육이수자
또는 소방공무원경력자</td></tr>
<tr><td colspan="2">8. 선박주유취급소, 철도주유취급소 또는 항공기 주유취급소의 고정주유설비에 공급하기 위한 위험물을 저장하는 탱크저장소로서 지정수량의 250배(제1석유류의 경우에는 지정수량의 100배) 이하의 것</td></tr>
<tr><td colspan="2">9. 제1호 내지 제8호에 해당하지 아니하는 저장소</td><td>위험물기능장, 위험물산업기사
또는 2년 이상의 실무경력이 있는
위험물기능사</td></tr>
</table>

<table>
<tr><td rowspan="9">취
급
소</td><td colspan="2">1. 주유취급소</td><td rowspan="8">위험물기능장,
위험물산업기사, 위험물기능사,
안전관리자교육이수자
또는 소방공무원경력자</td></tr>
<tr><td rowspan="2">2. 판매
취급소</td><td>제4류 위험물만을 취급하는 것으로서 지정수량 5배 이하의 것</td></tr>
<tr><td>제4류 위험물 중 제1석유류 · 알코올류 · 제2석유류 · 제3석유류 · 제4석유류 · 동식물유류만을 취급하는 것</td></tr>
<tr><td colspan="2">3. 제4류 위험물 중 제1석유류 · 알코올류 · 제2석유류 · 제3석유류 · 제4석유류 · 동식물유류만을 지정수량 50배 이하로 취급하는 일반취급소(제1석유류 · 알코올류의 취급량이 지정수량의 10배 이하인 경우에 한한다)로서 다음 각 목의 어느 하나에 해당하는 것
가. 보일러, 버너 그 밖에 이와 유사한 장치에 의하여 위험물을 소비하는 것
나. 위험물을 용기 또는 차량에 고정된 탱크에 주입하는 것</td></tr>
<tr><td colspan="2">4. 제4류 위험물만을 취급하는 일반취급소로서 지정수량 10배 이하의 것</td></tr>
<tr><td colspan="2">5. 제4류 위험물 중 제2석유류 · 제3석유류 · 제4석유류 · 동식물유류만을 취급하는 일반취급소로서 지정수량 20배 이하의 것</td></tr>
<tr><td colspan="2">6. 「농어촌 전기공급사업 촉진법」에 따라 설치된 자가발전시설에 사용되는 위험물을 취급하는 일반취급소</td></tr>
<tr><td colspan="2">7. 제1호 내지 제6호에 해당하지 아니하는 취급소</td><td>위험물기능장, 위험물산업기사 또는 2년 이상의 실무경력이 있는 위험물기능사</td></tr>
</table>

비고 1. 왼쪽란의 제조소등의 종류 및 규모에 따라 오른쪽란에 규정된 안전관리자의 자격이 있는 위험물취급자격자는 별표5에 따라 해당 제조소등에서 저장 또는 취급하는 위험물을 취급할 수 있는 자격이 있어야 한다.

2. 위험물기능사의 실무경력 기간은 위험물기능사 자격을 취득한 이후 「위험물안전관리법」 제15조에 따른 위험물안전관리자로 선임된 기간 또는 위험물안전관리자를 보조한 기간을 말한다.

[위험물안전관리자 강습교육이수자 선임대상]

구 분	특수인화물	제1석유류	알코올류	제2석유류	제3석유류	제4석유류	동식물유류
제조소	5배 이하	5배 이하	5배 이하	5배 이하	5배 이하	5배 이하	5배 이하
옥내저장소	5배 이하	5배 이하	40배 이하	40배 이하	40배 이하	40배 이하	40배 이하
옥외저장소	40배 이하	40배 이하	40배 이하	40배 이하	40배 이하	40배 이하	40배 이하
옥외탱크저장소	5배 이하	5배 이하	5배 이하	40배 이하	40배 이하	40배 이하	40배 이하
옥내탱크저장소	5배 이하	5배 이하	5배 이하	지정수량 배수와 관계없이 선임가능			
지하탱크저장소	40배 이하	250배 이하	250배 이하	250배 이하	250배 이하	250배 이하	250배 이하
간이탱크저장소	지정수량 배수와 관계없이 선임가능						
보일러등 공급목적의 탱크저장소	지정수량 배수와 관계없이 선임가능						
철도, 항공기, 선박에 공급하기 위한 탱크저장소	-	100배 이하	250배 이하	250배 이하	250배 이하	250배 이하	250배 이하
일반취급소	10배 이하	10배 이하	10배 이하	20배 이하	20배 이하	20배 이하	20배 이하
판매취급소	5배 이하	지정수량 배수와 관계없이 선임가능					
주유취급소		선임 가능		선임가능			
이송취급소	국가기술자격증 대상임(자가 발전용 위험물 이송취급소 = 안전관리자교육이수자대상)						

03 안전관리대행기관

위험물안전관리자의 업무를 위탁하여 수행할 수 있는 대행기관을 지정하게 규정함으로써 규제 완화와 기업의 경쟁력을 강화하는 차원에 있다.

(1) 안전관리대행기관의 자격(규칙 제57조 제1항)★★★

① 「기업활동 규제완화에 관한 특별조치법」 제40조 제1항 제3호[안전관리 등의 외부 위탁]의 규정에 따라 위험물안전관리자의 업무를 위탁받아 수행할 수 있는 관리대행기관(이하 "안전관리대행기관"이라 한다)은 다음 각 호의 1에 해당하는 기관으로서 별표22의 안전관리대행기관의 지정기준을 갖추어 소방청장의 지정을 받아야 한다.

㉠ 법 제16조 제2항에 따른 탱크시험자로 등록한 법인

㉡ 다른 법령에 의하여 안전관리업무를 대행하는 기관으로 지정·승인 등을 받은 법인

② 기업활동 규제완화에 관한 특별조치법 제40조(안전관리 등의 외부 위탁)

Plus one

기업활동 규제완화에 관한 특별조치법 제40조(안전관리 등의 외부 위탁)

① 사업자는 다음 각 호의 법률에도 불구하고 다음 각 호의 어느 하나에 해당하는 사람의 업무를 관계중앙행정기관의 장 또는 시·도지사가 지정하는 관리대행기관에 위탁할 수 있다.

- **「위험물안전관리법」 제15조에 따라 제조소등의 관계인이 선임해야 하는 위험물안전관리자**

② 제1항에서 "관계중앙행정기관의 장 또는 시·도지사"란 다음 각 호의 중앙행정기관의 장 또는 시·도지사를 말한다.

- 제1항 제3호에 따른 사람의 업무를 수탁하는 관리대행기관의 경우에는 소방청장

③ 제1항에 따른 관리대행기관의 지정 요건, 지정신청 절차, 지정의 취소, 업무의 정지 등에 관하여 필요한 사항은 각 호의 구분에 따라 각각 해당 부령으로 정한다.

- **제1항 제3호 및 제4호에 따른 사람의 업무를 수탁하는 관리대행기관에 관한 사항은 행정안전부령**

③ [별표22] 안전관리대행기관의 지정기준(규칙 제57조 제1항 관련)★★★

2017년, 2021년 통합소방장 기출 | 2022년 소방장 기출

구 분	안전관리대행기관 지정기준	탱크시험자 등록기준
기술인력	① 위험물기능장 또는 위험물산업기사 1인 이상 ② 위험물산업기사 또는 위험물기능사 2인 이상 ③ 기계분야 및 전기분야의 소방설비기사 1인 이상 ※ 2 이상의 기술인력은 동일인이 겸직 불가능	① 필수인력 ㉠ 위험물기능장·위험물산업기사 또는 위험물기능사 중 1명 이상 ㉡ 비파괴검사기술사 1명 이상 또는 초음파비파괴검사·자기비파괴검사 및 침투비파괴검사별로 기사 또는 산업기사 각 1명 이상 ② 필요한 경우에 두는 인력 ㉠ 충·수압시험, 진공시험, 기밀시험 또는 내압시험의 경우 : 누설비파괴검사 기사, 산업기사 또는 기능사 ㉡ 수직·수평도시험의 경우 : 측량 및 지형공간정보 기술사, 기사, 산업기사 또는 측량기능사 ㉢ 방사선투과시험의 경우 : 방사선비파괴검사 기사 또는 산업기사 ㉣ 필수 인력의 보조 : 방사선비파괴검사·초음파비파괴검사·자기비파괴검사 또는 침투비파괴검사 기능사

시 설	전용사무실을 갖출 것	전용사무실을 갖출 것
장 비	① 절연저항계(절연저항측정기) ② 접지저항측정기(최소눈금 0.1Ω 이하) ③ 가스농도측정기(탄화수소계 가스의 농도측정이 가능할 것) ④ 정전기 전위측정기 ⑤ 토크렌치(Torque Wrench : 볼트와 너트를 규정된 회전력에 맞춰 조이는데 사용하는 도구) ⑥ 진동시험기 ⑦ 표면온도계(−10℃~300℃) ⑧ 두께측정기(1.5mm~99.9mm) ⑨ 안전용구(안전모, 안전화, 손전등, 안전로프 등) ⑩ 소화설비점검기구(소화전밸브압력계, 방수압력측정계, 포콜렉터, 헤드렌치, 포콘테이너	① 필수장비 : 자기탐상시험기, 초음파두께측정기 및 다음 ㉠ 또는 ㉡ **2021년 소방장 기출** ㉠ 영상초음파시험기 ㉡ 방사선투과시험기 및 초음파시험기 ② 필요한 경우에 두는 장비 ㉠ 충・수압시험, 진공시험, 기밀시험 또는 내압시험의 경우 ⓐ 진공능력 53KPa 이상의 진공누설시험기 ⓑ 기밀시험장치(안전장치가 부착된 것으로서 가압능력 200KPa 이상, 감압의 경우에는 감압능력 10KPa 이상・감도 10Pa 이하의 것으로서 각각의 압력 변화를 스스로 기록할 수 있는 것) ㉡ 수직・수평도 시험의 경우 : 수직・수평도 측정기 ※ 둘 이상의 기능을 함께 가지고 있는 장비를 갖춘 경우에는 각각의 장비를 갖춘 것으로 본다.

(2) 안전관리대행기관 지정신청(규칙 제57조 제2항)

① 등록신청자 : 안전관리대행기관으로 등록하려는 법인

② 신청서 : 위험물안전관리대행기관 지정신청서(규칙 별지 제33호 서식)

③ 첨부서류

신청인 제출서류	1. 기술인력의 연명부 및 기술자격증 2. 사무실의 확보를 증명할 수 있는 서류 3. 장비보유명세서
담당 공무원 확인사항	법인 등기사항 증명서

④ 접수기관 : 소방청장

⑤ 안전관리대행기관 지정서 발급(규칙 제57조 제3항)

지정신청을 받은 소방청장은 자격요건・기술인력 및 시설・장비보유현황 등을 검토하여 적합하다고 인정하는 때에는 위험물안전관리대행기관 지정서(별지 제34호 서식)를 발급하고, 기술인력의 기술자격증에는 그 자격자가 안전관리대행기관의 기술인력자임을 기재하여 교부해야 한다.

[안전관리대행기관 지정서 교부 절차]

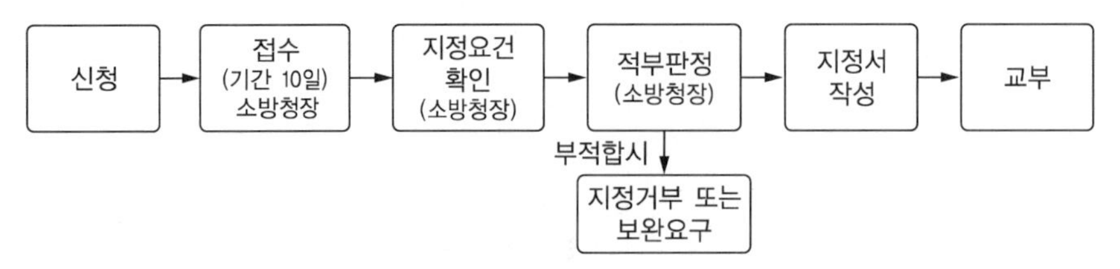

⑥ 소방청장은 안전관리대행기관에 대하여 필요한 지도・감독을 해야 한다(제4항).

(3) 지정사항의 변경신고(규칙 제57조 제5항)★★★ 2012년 소방위 기출

① 신고기간

㉠ 안전관리대행기관은 지정받은 사항의 변경이 있는 때 : 그 사유가 있는 날부터 14일 이내

㉡ 휴업·재개업 또는 폐업을 하고자 하는 때에 : 휴업·재개업 또는 폐업하고자 하는 날의 14일 전

② 신고서 : 별지 제35호 서식의 신고서(전자문서로 된 신고서를 포함한다)

③ 신고기관 : 소방청장

④ 변경구분에 따른 첨부서류(전자문서 포함)

변경사항	영업소 소재지, 법인명칭, 대표자	기술인력	휴업, 재개업, 폐업
신청인 제출서류	위험물안전관리 대행기관지정서	1. 기술인력자의 연명부 2. 변경된 기술인력자의 기술자격증	위험물안전관리 대행기관 지정서
담당 공무원 확인사항	법인 등기사항증명서	없 음	없 음

⑤ 안전관리대행기관 지정변경 신고절차

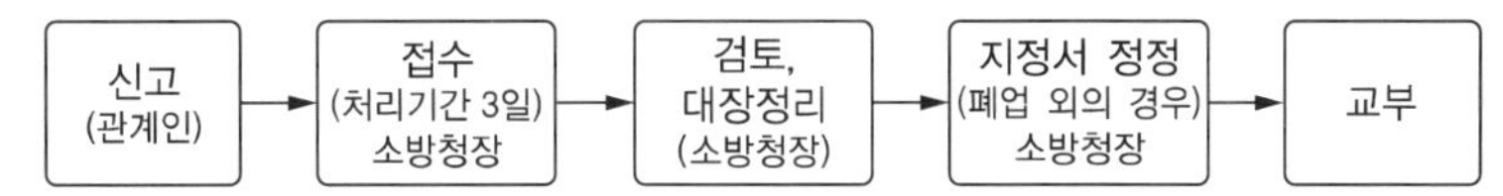

⑥ 관계공무원의 서류확인

지정신청서 또는 지정사항 변경신고서를 제출받은 경우에 담당공무원은 법인 등기사항증명서를 제출받는 것에 갈음하여 그 내용을 「전자정부법」 제36조 제1항에 따른 행정정보의 공동이용을 통하여 확인해야 한다.

(4) 안전관리대행기관의 지정취소 등(규칙 제58조)★★

① 「기업활동 규제완화에 관한 특별조치법」 제40조 제3항의 규정에 따라 소방청장은 안전관리대행기관이 다음 각 호의 1에 해당하는 때에는 별표2의 기준에 따라 그 지정을 취소하거나 6월 이내의 기간을 정하여 그 업무의 정지를 명하거나 시정하게 할 수 있다. 다만, 제1호 내지 제3호의 1에 해당하는 때에는 그 지정을 취소해야 한다(제1항).

㉠ 허위 그 밖의 부정한 방법으로 지정을 받은 때

㉡ 탱크시험자의 등록 또는 다른 법령에 의하여 안전관리업무를 대행하는 기관의 지정·승인 등이 취소된 때

㉢ 다른 사람에게 지정서를 대여한 때

㉣ 별표22의 안전관리대행기관의 지정기준에 미달되는 때

㉤ 제57조 제4항에 따른 소방청장의 지도·감독에 정당한 이유 없이 따르지 아니하는 때

ⓑ 제57조 제5항에 따른 변경·휴업 또는 재개업의 신고를 연간 2회 이상 하지 아니한 때
ⓢ 안전관리대행기관의 기술인력이 제59조에 따른 안전관리업무를 성실하게 수행하지 아니한 때

② 소방청장은 안전관리대행기관의 지정·업무정지 또는 지정취소를 한 때에는 이를 관보에 공고해야 한다(규칙 제58조 제2항).

③ 안전관리대행기관의 지정을 취소한 때에는 지정서를 회수해야 한다(규칙 제58조 제3항).

(5) 안전관리대행기관에 대한 행정처분 기준(규칙 별표2의 기준)★★★

위반사항	근거 법규	행정처분 기준		
		1차	2차	3차
① 허위 그 밖의 부정한 방법으로 지정을 받은 때	제58조	지정취소		
② 탱크시험자의 등록 또는 다른 법령에 의하여 안전관리업무를 대행하는 기관의 지정·승인 등이 취소된 때	제58조	지정취소		
③ 다른 사람에게 지정서를 대여한 때	제58조	지정취소		
④ 안전관리대행기관의 지정기준에 미달되는 때	제58조	업무정지 30일	업무정지 60일	지정취소
⑤ 소방청장의 지도·감독에 정당한 이유 없이 따르지 아니하는 때	제58조	업무정지 30일	업무정지 60일	지정취소
⑥ 변경·휴업 또는 재개업의 신고를 연간 2회 이상 하지 아니한 때	제58조	업무정지 30일	업무정지 90일	지정취소
⑦ 안전관리대행기관의 기술인력이 안전관리업무를 성실하게 수행하지 아니한 때	제58조	경 고	업무정지 90일	지정취소

(6) 안전관리대행기관의 업무수행(규칙 제59조)★★★★

① 안전관리대행기관은 안전관리자의 업무를 위탁받는 경우에는 영 제13조(위험물안전관리자의 자격) 및 영 별표6(제조소등의 종류 및 규모에 따라 선임해야 하는 안전관리자의 자격)의 규정에 적합한 기술인력을 해당 제조소등의 안전관리자로 지정하여 안전관리자의 업무를 하게 해야 한다(규칙 제59조 제1항).

② 안전관리대행기관은 제1항의 규정에 따라 기술인력을 안전관리자로 지정함에 있어서 1인의 기술인력을 다수의 제조소등의 안전관리자로 중복하여 지정하는 경우에는 영 제12조 제1항 및 이 규칙 제56조의 규정에 적합하게 지정하거나 안전관리자의 업무를 성실히 대행할 수 있는 범위 내에서 관리하는 제조소등의 수가 25를 초과하지 아니하도록 지정해야 한다. 이 경우 각 제조소등(지정수량의 20배 이하를 저장하는 저장소는 제외한다)의 관계인은 해당 제조소등마다 위험물의 취급에 관한 국가기술자격자 또는 법 제28조 제1항에 따른 안전교육을 받은 자를 안전관리원으로 지정하여 대행기관이 지정한 안전관리자의 업무를 보조하게 해야 한다(규칙 제59조 제2항).

③ ①에 따라 안전관리자로 지정된 안전관리대행기관의 기술인력(이하 이항에서 "기술인력"이라 한다) 또는 ②에 따라 안전관리원으로 지정된 자는 위험물의 취급작업에 참여하여 법 제15조 및 이 규칙 제55조에 따른 안전관리자의 책무를 성실히 수행해야 하며, 기술인력이 위험물의 취급작업에 참여하지 아니하는 경우에 기술인력은 제조소등의 위치·구조 및 설비를 기술기준에 적합하도록 유지하기 위한 점검과 점검상황의 기록·보존 및 그 밖에 위험물을 수납한 용기를 차량에 적재하는 작업, 위험물설비를 보수하는 작업 등 위험물의 취급과 관련된 작업의 안전에 관하여 필요한 감독의 수행을 **매월 4회(저장소의 경우에는 매월 2회) 이상** 실시해야 한다(규칙 제59조 제3항).

④ 안전관리대행기관은 ①의 규정에 따라 안전관리자로 지정된 안전관리대행기관의 기술인력이 여행·질병 그 밖의 사유로 인하여 일시적으로 직무를 수행할 수 없는 경우에는 안전관리대행기관에 소속된 다른 기술인력을 안전관리자로 지정하여 안전관리자의 책무를 계속 수행하게 해야 한다(규칙 제59조 제4항).

04 탱크안전성능시험자

- 위험물은 저장탱크에 대한 안전성이 최우선으로 확보되어야 만이 제조소등의 안전이 확보되기에 전문적 기술능력과 시설 및 장비를 갖춘 자로 하여금 탱크안전성능시험 및 제조소등의 점검·검사를 하도록 함으로써 탱크의 안전을 확보 및 제조소등에 있어 관리상의 안전을 확보하고자 함이다.
- 제8조(탱크안전성능검사)는 위험물탱크의 안전을 위하여 제조소등에 설치되거나 설치된 탱크의 변경이 있을 때에는 위험물탱크안전성능시험을 하도록 규정하고 있으며, 제18조(정기점검 및 검사)에는 제조소등에 있어 정기점검 및 정기검사에 대한 사항을 규정하고 있다.
- 탱크시험자의 업무범위는 탱크안전성능시험과 점검 및 검사업무의 일부이다.

(1) 탱크시험자의 등록 등(법 제16조)

시·도지사 또는 제조소등의 관계인은 안전관리업무를 전문적이고 효율적으로 수행하기 위하여 탱크안전성능시험자(이하 "탱크시험자"라 한다)로 하여금 이 법에 의한 검사 또는 점검의 일부를 실시하게 할 수 있다(법 제16조 제1항).

(2) 탱크시험자의 등록기준(영 제14조 제1항 관련 별표7)★★★

① 탱크시험자가 되고자 하는 자는 **대통령령**[시행령 제14조(탱크시험자의 등록기준 등)]이 정하는 기술능력·시설 및 장비를 갖추어 **시·도지사**에게 등록해야 한다(법 제16조 제2항).

② 법 제16조 제2항의 규정에 따라 탱크시험자가 갖추어야 하는 기술능력·시설 및 장비는 별표7과 같다.

③ 탱크시험자의 기술능력·시설 및 장비[별표7]★★

Plus one

(1) 기술능력

① 필수인력

㉠ 위험물기능장·위험물산업기사 또는 위험물기능사 중 1명 이상

㉡ 비파괴검사기술사 1명 이상 또는 초음파비파괴검사·자기비파괴검사 및 침투비파괴검사별로 기사 또는 산업기사 각 1명 이상

② 필요한 경우에 두는 인력

㉠ 충·수압시험, 진공시험, 기밀시험 또는 내압시험의 경우 : 누설비파괴검사 기사, 산업기사 또는 기능사

㉡ 수직·수평도시험의 경우 : 측량 및 지형공간정보 기술사, 기사, 산업기사 또는 측량기능사

㉢ 방사선투과시험의 경우 : 방사선비파괴검사 기사 또는 산업기사

㉣ 필수 인력의 보조 : 방사선비파괴검사·초음파비파괴검사·자기비파괴검사 또는 침투비파괴검사 기능사

(2) 시설 : 전용사무실

(3) 장 비

① 필수장비 : 자기탐상시험기, 초음파두께측정기 및 다음 ㉠ 또는 ㉡ 중 어느 하나

㉠ 영상초음파시험기

㉡ 방사선투과시험기 및 초음파시험기

② 필요한 경우에 두는 장비

㉠ 충·수압시험, 진공시험, 기밀시험 또는 내압시험의 경우

- 진공능력 53KPa 이상의 진공누설시험기
- 기밀시험장치(안전장치가 부착된 것으로서 가압능력 200KPa 이상, 감압의 경우에는 감압능력 10KPa 이상·감도 10Pa 이하의 것으로서 각각의 압력 변화를 스스로 기록할 수 있는 것)

㉡ 수직·수평도 시험의 경우 : 수직·수평도 측정기

※ 둘 이상의 기능을 함께 가지고 있는 장비를 갖춘 경우에는 각각의 장비를 갖춘 것으로 본다.

(3) 등록신청 서류★★★

① 탱크시험자로 등록하려는 자는 등록신청서에 **행정안전부령**(규칙 제60조 제1항)이 정하는 서류를 첨부하여 시·도지사에게 제출해야 한다(영 제16조 제2항).

② (2)의 ①에 따라 탱크시험자로 등록하려는 자는 별지 제36호 서식의 신청서(전자문서로 된 신청서를 포함한다)에 다음의 서류(전자문서를 포함한다)를 첨부하여 시·도지사에게 제출해야 한다(규칙 제60조 제1항).

구분	내용
신청인 제출서류	1. 기술능력자 연명부 및 기술자격증 2. 안전성능시험장비의 명세서 3. 보유장비 및 시험방법에 대한 기술검토를 공사로부터 받은 경우에는 그에 대한 자료 4. 원자력법에 따른 방사성동위원소이동사용허가증 또는 방사선발생장치이동사용허가증의 사본 1부 5. 사무실의 확보를 증명할 수 있는 서류
담당 공무원 확인사항	법인 등기사항증명서(법인인 경우에만 해당됩니다)

③ ②에 따른 신청서를 제출받은 경우에 담당공무원은 법인 등기사항증명서를 제출받는 것에 갈음하여 그 내용을 「전자정부법」 제36조 제1항에 따른 행정정보의 공동이용을 통하여 확인해야 한다(규칙 제60조 제2항).

④ 시·도지사는 ②의 신청서를 접수한 때에는 15일 이내에 그 신청이 영 제14조 제1항에 따른 등록기준에 적합하다고 인정하는 때에는 별지 제37호 서식의 위험물탱크안전성능시험자등록증을 교부하고, 제1항의 규정에 따라 제출된 기술인력자의 기술자격증에 그 기술인력자가 해당 탱크시험기관의 기술인력자임을 기재하여 교부해야 한다(규칙 제60조 제3항).

⑤ 탱크시험자 지정절차

시·도지사는 등록신청을 접수한 경우에 다음 각 호의 어느 하나에 해당하는 경우를 제외하고는 등록을 해 주어야 한다.

㉠ 기술능력·시설 및 장비 기준을 갖추지 못한 경우
㉡ 등록을 신청한 자가 등록 결격사유에 해당하는 경우
㉢ 그 밖에 법, 이 영 또는 다른 법령에 따른 제한에 위반되는 경우

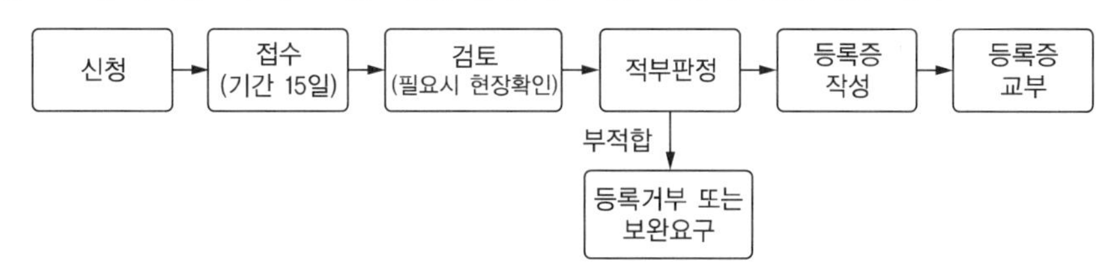

탱크시험자로 등록하지 아니하고 탱크시험자의 업무를 한 자 : 1년 이하의 징역 또는 1천만원 이하의 벌금

(4) 등록사항 변경신고★★★★

① (2)의 ①에 따라 등록한 사항 가운데 행정안전부령이 정하는 중요사항을 변경한 경우에는 그 날부터 30일 이내에 시·도지사에게 변경신고를 해야 한다(법 제16조 제3항).

② 위반 시 행정벌(법 제39조 제6호)

등록사항의 변경신고를 기간 이내에 하지 아니하거나 허위로 한 자 : 500만원 이하의 과태료

③ 변경신고사항 등(규칙 제61조 제1항)★★★

탱크시험자는 (4)의 ①의 규정에 따라 다음 각 호의 1에 해당하는 중요사항을 변경한 경우에는 별지 제38호 서식의 신고서(전자문서로 된 신고서를 포함한다)에 다음 각 호의 구분에 따른 서류(전자문서를 포함한다)를 첨부하여 시·도지사에게 제출해야 한다.

변경사항	영업소 소재지	기술능력	대표자	상호 또는 명칭
신청인 제출서류	1. 사무소의 사용을 증명하는 서류 2. 위험물탱크안전성능시험자등록증	1. 변경하는 기술인력의 자격증 2. 위험물탱크안전성능시험자등록증	위험물탱크안전성능시험자등록증	위험물탱크안전성능시험자등록증
담당공무원 확인사항	없 음	없 음	법인등기사항증명서(법인인 경우)	법인등기사항증명서(법인인 경우)

④ ③에 따른 신고서를 제출받은 경우에 담당공무원은 법인 등기사항증명서를 제출받는 것에 갈음하여 그 내용을 「전자정부법」 제36조 제1항에 따른 행정정보의 공동이용을 통하여 확인해야 한다.

⑤ 시・도지사는 ③의 신고서를 수리한 때에는 등록증을 새로 교부하거나 제출된 등록증에 변경사항을 기재하여 교부하고, 기술자격증에는 그 변경된 사항을 기재하여 교부해야 한다.

⑥ 등록사항 변경신고 절차

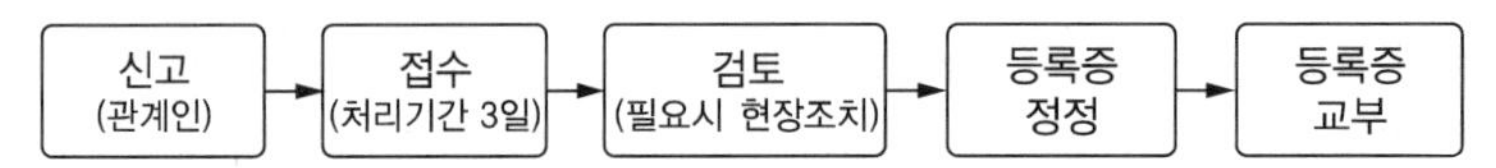

(5) 탱크시험자 등록 결격사유(법 제16조 제4항)★★

다음의 1에 해당하는 자는 탱크시험자로 등록하거나 탱크시험자의 업무에 종사할 수 없다.

① 피성년후견인

② 이 법, 「소방기본법」, 「화재의 예방 및 안전관리에 관한 법률」, 「소방시설 설치 및 관리에 관한 법률」 또는 「소방시설공사업법」에 따른 금고 이상의 실형의 선고를 받고 그 집행이 종료(집행이 종료된 것으로 보는 경우를 포함한다)되거나 집행이 면제된 날부터 2년이 지나지 아니한 자

③ 이 법, 「소방기본법」, 「화재의 예방 및 안전관리에 관한 법률」, 「소방시설 설치 및 관리에 관한 법률」 또는 「소방시설공사업법」에 따른 금고 이상의 형의 집행유예 선고를 받고 그 유예기간 중에 있는 자

④ (7)에 따라 탱크시험자의 등록이 취소(제 ①호에 해당하여 자격이 취소된 경우는 제외한다)된 날부터 2년이 지나지 아니한 자

⑤ 법인으로서 그 대표자가 제1호 내지 제5호의1에 해당하는 경우

⊕ Plus one

피성년후견인 : 질병, 장애, 노령, 그 밖의 사유로 인한 정신적 제약으로 사무를 처리할 능력이 지속적으로 결여된 사람으로서 가정법원으로부터 성년후견개시의 심판을 받은 사람

(6) 탱크시험자에 대한 행정처분(법 제16조 제5항)★★

시・도지사는 탱크시험자가 다음 각 호 어느 하나에 해당하는 경우에는 **행정안전부령**[규칙 제62조(등록취소 및 업무정지 기준)]으로 정하는 바에 따라 그 **등록을 취소하거나 6월 이내의** 기간을 정하여 업무의 정지를 명할 수 있다. 다만, ① 내지 ③에 해당하는 경우에는 그 등록을 취소해야 한다.

① 허위 그 밖의 부정한 방법으로 등록을 한 경우

② (5)의 ①~⑤의 등록의 결격사유에 해당하게 된 경우

③ 등록증을 다른 자에게 빌려준 경우

④ (2)에 따른 등록기준에 미달하게 된 경우

⑤ 탱크안전성능시험 또는 점검을 허위로 하거나 이 법에 의한 기준에 맞지 아니하게 탱크안전성능시험 또는 점검을 실시하는 경우 등 탱크시험자로서 적합하지 않다고 인정하는 경우

업무정지명령을 위반한 자 : 1천 500만원 이하의 벌금(법 제36조 제8호)

(7) 등록취소 및 업무정지 기준(규칙 제62조)★★★

① 법 제16조 제5항에 따라 탱크시험자의 등록취소 및 업무정지의 기준은 별표2[(탱크시험자에 대한 행정처분기준)]와 같다(규칙 제62조 제1항).

② [별표2] 탱크시험자에 대한 행정처분 기준(규칙)

㉠ 위반행위가 2 이상인 때에는 그 중 중한 처분기준(중한 처분기준이 동일한 때에는 그 중 하나의 처분기준을 말한다. 이하 이 호에서 같다)에 의하되, **2 이상의 처분기준이 동일한 사용정지이거나 업무정지인 경우에는 중한 처분의 2분의 1까지 가중처분할 수 있다.**

㉡ 사용정지 또는 업무정지의 처분기간 중에 사용정지 또는 업무정지에 해당하는 새로운 위반행위가 있는 때에는 **종전의 처분기간 만료일의 다음 날부터** 새로운 위반행위에 따른 사용정지 또는 업무정지의 행정처분을 한다.

㉢ 차수에 따른 행정처분기준은 **최근 2년간** 같은 위반행위로 행정처분을 받은 경우에 적용한다. 이 경우 기준적용일은 최근의 위반행위에 대한 행정처분일과 그 처분 후에 같은 위반행위를 한 날을 기준으로 한다.

㉣ 사용정지 또는 업무정지의 처분기간이 완료될 때까지 위반행위가 계속되는 경우에는 사용정지 또는 업무정지의 행정처분을 다시 한다.

㉤ 사용정지 또는 업무정지에 해당하는 위반행위로서 위반행위의 동기・내용・횟수 또는 그 결과 등을 고려할 때 아래 표 기준을 적용하는 것이 불합리하다고 인정되는 경우에는 **그 처분기준의 2분의 1기간까지 경감**하여 처분할 수 있다.

제4장 | 위험물시설의 안전관리

위반사항	근거법령	행정처분기준		
		1차	2차	3차
허위 그 밖의 부정한 방법으로 등록을 한 경우	법 제16조 제5항	등록 취소		
법 제16조 제4항 각 호의 1의 등록의 결격사유에 해당하게 된 경우	법 제16조 제5항	등록 취소		
다른 자에게 등록증을 빌려 준 경우	법 제16조 제5항	등록 취소		
법 제16조 제2항에 따른 등록기준에 미달하게 된 경우	법 제16조 제5항	업무 정지 30일	업무 정지 60일	등록 취소
탱크안전성능시험 또는 점검을 허위로 하거나 이 법에 의한 기준에 맞지 아니하게 탱크안전성능시험 또는 점검을 실시하는 경우 등 탱크시험자로서 적합하지 않다고 인정되는 경우	법 제16조 제5항	업무 정지 30일	업무 정지 90일	등록 취소

③ 시・도지사는 탱크시험자의 등록을 받거나 등록의 취소 또는 업무의 정지를 한 때에는 이를 특별시・광역시・특별자치시・도 또는 특별자치도(이하 "시・도"라 한다)의 공보에 공고해야 한다(규칙 제62조 제2항).

④ 시・도지사는 탱크시험자의 등록을 취소한 때에는 등록증을 회수해야 한다(규칙 제62조 제3항).

(8) 탱크시험자의 책무(법 제16조 제6항)

탱크시험자는 이 법 또는 이 법에 의한 명령에 따라 탱크안전성능시험에 관한 업무를 성실히 수행해야 한다.

> 탱크안전성능시험을 허위로 하거나 그 결과를 증명하는 서류를 허위로 교부한 자 : 1천 500만원 이하의 벌금(법 제36조 제9호)

05 예방규정

- 예방규정은 일정규모 이상의 제조소등에 있어 정하도록 하고 있고 이를 감독하는 시·도지사에게 제출하도록 하여 해당 위험물 제조소등에 적합한 규정인지 여부에 대하여 검토할 수 있도록 하고 있으며 나아가 변경조치 할 수 있도록 하였다.
- 이 규정은 위험물을 제조·저장 및 취급과 운반방법 등에서 화재·폭발·위험물의 누출 등 유사시 비상조치계획을 수립, 해당 위험물 제조소등에서 조치할 수 있도록 함으로써 위험물안전사고를 사전예방 및 조직적으로 대응할 수 있도록 하는 사업장 내부규정이라 할 수 있다.

(1) 예방규정(법 제17조)

① 대통령령[영 제15조(관계인이 예방규정을 정해야 하는 제조소등)]으로 정하는 제조소등의 관계인은 해당 제조소등의 화재예방과 화재 등 재해발생 시의 비상조치를 위하여 행정안전부령이 정하는 바에 따라 예방규정을 정하여 해당 제조소등의 사용을 시작하기 전에 시·도지사에게 제출해야 한다. 예방규정을 변경한 때에도 또한 같다(제1항).

② 시·도지사는 제출한 예방규정이 제조소등에서의 위험물의 저장 또는 취급에 관한 중요기준 및 세부기준에 적합하지 아니하거나 화재예방이나 재해발생 시의 비상조치를 위하여 필요하다고 인정하는 때에는 이를 반려하거나 그 변경을 명할 수 있다(제2항).

③ 제조소등의 관계인과 그 종업원은 예방규정을 충분히 잘 익히고 준수해야 한다(제3항).

④ 소방청장은 대통령령으로 정하는 바에 따라 예방규정 이행실태를 정기적으로 평가할 수 있다. 〈2023.01.03. 신설, 2024.07.04. 시행〉

⑤ 위반 시 행정벌

> - 예방규정을 제출하지 아니하거나 예방규정 변경명령을 위반한 관계인으로서 위험물 제조소등 허가를 받은 자 : 1천 500만원 이하의 벌금
> - 변경한 예방규정을 제출하지 아니한 관계인으로서 위험물 제조소등 허가를 받은 자 : 1천만원 이하의 벌금
> - 제조소등의 관계인과 그 종업원이 예방규정을 충분히 잘 익히고 준수하지 않은 자 : 500만원 이하의 벌금 〈2023.07.04. 시행〉

(2) 관계인이 예방규정을 정해야 하는 제조소등(영 제15조)★★★★★

2013년 경기소방장 기출 | 2015년, 2018년, 2020년, 2021년, 2022년 소방위 기출 | 2017년 인천소방장 기출 | 2019년, 2021년, 2022년 통합소방장 기출

① 지정수량의 10배 이상의 위험물을 취급하는 제조소
② 지정수량의 100배 이상의 위험물을 저장하는 옥외저장소
③ 지정수량의 150배 이상의 위험물을 저장하는 옥내저장소
④ 지정수량의 200배 이상의 위험물을 저장하는 옥외탱크저장소
⑤ 암반탱크저장소

⑥ 이송취급소

⑦ 지정수량의 10배 이상의 위험물을 취급하는 일반취급소

제4류 위험물(특수인화물을 제외한다)만을 지정수량의 50배 이하로 취급하는 일반취급소(제1석유류·알코올류의 취급량이 지정수량의 10배 이하인 경우에 한한다)로서 다음 각 목의 어느 하나에 해당하는 것을 제외한다.

㉠ 보일러·버너 또는 이와 비슷한 것으로서 위험물을 소비하는 장치로 이루어진 일반취급소

㉡ 위험물을 용기에 옮겨 담거나 차량에 고정된 탱크에 주입하는 일반취급소

(3) 예방규정의 제정 등 예방규정에 포함되어야 할 사항(규칙 제63조)★★

① 위험물의 안전관리업무를 담당하는 자의 직무 및 조직에 관한 사항

② 안전관리자가 여행·질병 등으로 인하여 그 직무를 수행할 수 없을 경우 그 직무의 대리자에 관한 사항

③ 자체 소방대를 설치해야 하는 경우에는 자체 소방대의 편성과 화학소방자동차의 배치에 관한 사항

④ 위험물의 안전에 관계된 작업에 종사하는 자에 대한 안전교육 및 훈련에 관한 사항

⑤ 위험물시설 및 작업장에 대한 안전순찰에 관한 사항

⑥ 위험물시설·소방시설 그 밖의 관련시설에 대한 점검 및 정비에 관한 사항

⑦ 위험물시설의 운전 또는 조작에 관한 사항

⑧ 위험물 취급 작업의 기준에 관한 사항

⑨ 이송취급소에 있어서는 배관공사 현장책임자의 조건 등 배관공사 현장에 대한 감독체제에 관한 사항과 배관주위에 있는 이송취급소 시설 외의 공사를 하는 경우 배관의 안전 확보에 관한 사항

⑩ 재난 그 밖의 비상시의 경우에 취해야 하는 조치에 관한 사항

⑪ 위험물의 안전에 관한 기록에 관한 사항

⑫ 제조소등의 위치·구조 및 설비를 명시한 서류와 도면의 정비에 관한 사항

⑬ 그 밖에 위험물의 안전관리에 관하여 필요한 사항

(4) 예방규정의 통합작성

예방규정은 「산업안전보건법」 제20조에 따른 안전보건관리규정과 통합하여 작성할 수 있다.

(5) 예방규정 제출

예방규정을 정해야 하는 제조소등의 관계인은 예방규정을 제정하거나 변경한 경우에는 별지 제39호 서식의 예방규정(제정·변경)제출서에 제정 또는 변경한 예방규정 1부를 첨부하여 시·도지사 또는 소방서장에게 제출해야 한다.

(6) 예방규정을 정하는 절차

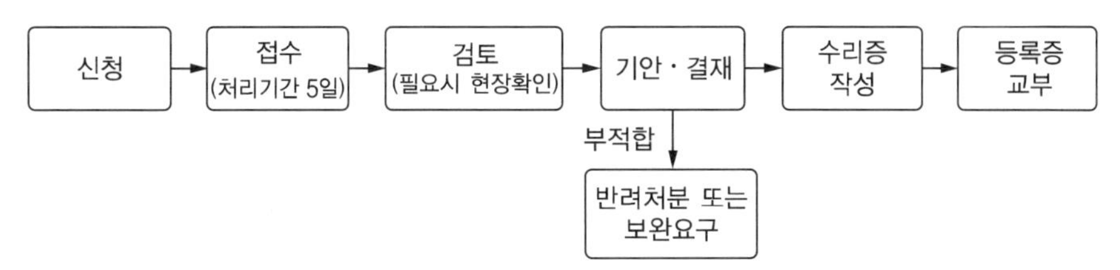

06 정기점검 및 정기검사

정기점검은 예방규정을 정하는 제조소등, 지하탱크저장소, 이동탱크저장소 등 일정 규모 이상의 제조소등의 구조 및 설비의 적정 유지・관리를 위하여 관계인에게 정기적으로 점검을 하도록 하고 나아가 점검의 적정여부 및 유지관리상태의 확인 등은 실무상 소방본부장 또는 소방서장의 정기적인 검사를 받도록 함으로써 위험물 제조소등의 설치허가・완공검사・사용개시・용도폐지 등 위험물 시설의 안전성을 확보하는 데 있다.

(1) 정기점검 2018년 통합소방장 기출

점검이라 함은 관계인이 제조소등에 대하여 이 법령이 정하는 각종 기술기준에 적합여부를 확인・검사하는 관계인 등에 의한 자체점검을 말한다.

① 대통령령이 정하는 제조소등[영 제16조(정기점검의 대상인 제조소등)]의 관계인은 그 제조소등에 대하여 행정안전부령이 정하는 바에 따라 제조소등 위치・구조 및 설비 등 기술기준에 적합한지의 여부를 정기적으로 점검하고 점검결과를 기록하여 보존해야 한다(법 제18조 제1항).

② 정기점검의 대상인 제조소등(영 제16조)★★★★★ 2013년 경기소방장 기출 2013년 경남소방장 기출

㉠ 지정수량의 10배 이상의 위험물을 취급하는 제조소
㉡ 지정수량의 100배 이상의 위험물을 저장하는 옥외저장소
㉢ 지정수량의 150배 이상의 위험물을 저장하는 옥내저장소
㉣ 지정수량의 200배 이상의 위험물을 저장하는 옥외탱크저장소
㉤ 암반탱크저장소
㉥ 이송취급소
㉦ 지정수량의 10배 이상의 위험물을 취급하는 일반취급소(일부 제외)
㉧ 지하탱크저장소
㉨ 이동탱크저장소
㉩ 위험물을 취급하는 탱크로서 지하에 매설된 탱크가 있는 제조소・주유취급소 또는 일반취급소

> **정기점검 제외 제조소등**
> • 간이탱크저장소
> • 판매취급소
> • 제4류 위험물(특수인화물을 제외한다)만을 지정수량의 50배 이하로 보일러 · 버너 또는 이와 비슷한 것으로서 위험물을 소비하는 장치로 이루어진 일반취급소
> • 제4류 위험물(특수인화물을 제외한다)만을 지정수량의 50배 이하로 위험물을 용기에 옮겨 담거나 차량에 고정된 탱크에 주입하는 일반취급소

③ 정기점검의 결과보고

정기점검을 한 제조소등의 관계인은 점검을 한 날부터 30일 이내에 점검결과를 시 · 도지사에게 제출해야 한다.

④ 정기점검 주기 : 연 1회

⑤ 위반 시 벌칙

> 정기점검을 하지 아니하거나 점검기록을 허위로 작성한 관계인으로서 위험물 제조소등 허가(임시저장 면제, 군용위험물 협의 포함)를 받은 자 : 1년 이하의 징역 또는 1천만원 이하의 벌금

(2) 위험물시설의 정기점검

정기점검의 대상이 되는 제조소등의 관계인 가운데 대통령령으로 정하는 제조소등의 관계인은 행정안전부령으로 정하는 바에 따라 소방본부장 또는 소방서장으로부터 해당 제조소등이 제조소등의 위치 · 구조 및 설비의 기술기준에 적합하게 유지되고 있는지의 여부에 대하여 정기적으로 검사를 받아야 한다.

(3) 정기점검 구분과 점검횟수(규칙 제64조 내지 제67조)★★★★ 2022년 소방위 기출

① 옥외탱크저장소 중 저장 또는 취급하는 액체위험물의 최대수량이 50만리터 이상인 것(특정 · 준특정 옥외탱크저장소)에 대해서는 정기점검 외에 다음 각 호의 어느 하나에 해당하는 기간 이내에 1회 이상 특정 · 준특정 옥외저장탱크의 구조안전점검을 실시해야 한다. 다만, 해당 기간 이내에 특정 · 준특정 옥외저장탱크의 사용중단 등으로 구조안전점검을 실시하기가 곤란한 경우에는 관할소방서장에게 구조안전점검의 실시기간 연장신청(전자문서에 의한 신청을 포함한다)을 할 수 있으며, 그 신청을 받은 소방서장은 1년(특정 · 준특정 옥외저장탱크의 사용을 중지한 경우에는 사용중지기간)의 범위에서 실시기간을 연장할 수 있다.

㉠ 특정 · 준특정 옥외탱크저장소의 설치허가에 따른 완공검사합격확인증을 발급받은 날부터 12년

㉡ 최근의 정밀정기검사를 받은 날부터 11년

㉢ 구조안전점검시기 연장신청을 하여 해당 안전조치가 적정한 것으로 인정받은 경우 : 최근의 정밀정기검사를 받은 날부터 13년

점검구분 (보존기간)	점검대상	점검자의 자격	점검내용	횟수 등
일반점검 (3년)	• 예방규정 대상 • 이동탱크저장소 • 지하탱크저장소	• 위험물안전관리자 • 위험물운송자(이동탱크저장소) • 안전관리대행기관, 탱크시험자에 의뢰(안전관리자의 참관)	• 제조소등의 위치·구조 및 설비가 기술기준에 적합한지 여부 • 점검내용·방법상 기준 : 소방청장이 고시(세부기준 제8장)	• 횟수 : 연 1회 이상 • 결과보고 : 점검한 날로부터 30일 이내
	입법 추진 중	위험물시설 점검업자		
구조안전 점검 (25년)	일반점검 대상 중 50만리터 이상의 액체위험물을 저장·취급하는 옥외탱크저장소	탱크시험자(안전관리자 참관) ※ 구조안전점검을 위험물안전관리자가 실시하는 경우에는 점검방법에 대한 지식, 기능 및 인력과 장비를 갖추어야 한다.		• 완공검사합격확인증교부일로부터 12년 이내에 1회 이상 • 최근 정밀정기검사 받은 날로부터 11년(연장 신청시는 13년) 이내에 1회 이상

② 정기점검 기록의 의무내용(규칙 제68조 제1항) : 제조소등의 관계인은 정기점검 후 다음 사항을 기록해야 한다.

㉠ 점검을 실시한 제조소등의 명칭

㉡ 점검의 방법 및 결과

㉢ 점검연월일

㉣ 점검을 한 안전관리자 또는 점검을 한 탱크시험자와 점검에 참관한 안전관리자의 성명

③ 정기점검기록 보존기간(규칙 제68조 제2항)★★★

㉠ 옥외저장탱크의 구조안전점검에 관한 기록 : 25년

㉡ 특정 옥외저장탱크에 안전조치를 한 후 기술원에 구조안전점검시기 연장 신청하여 구조안전점검에 받은 경우의 점검기록 : 30년

㉢ 일반 정기점검의 기록 : 3년

㉣ 위반 시 벌칙 : 500만원 이하의 과태료

(4) 정기점검 의뢰 등(규칙 제69조)

① 제조소등의 관계인은 정기점검을 탱크시험자에게 실시하게 하는 경우에는 별지 제42호 서식의 정기점검의뢰서를 탱크시험자에게 제출해야 한다(제1항).

② 탱크시험자는 정기점검을 실시한 결과 그 탱크 등의 유지관리상황이 적합하다고 인정되는 때에는 점검을 완료한 날부터 10일 이내에 별지 제43호 서식의 정기점검결과서에 위험물탱크안전성능시험자등록증 사본 및 시험성적서를 첨부하여 제조소등의 관계인에게 교부하고, 적합하지 아니한 경우에는 개선해야 하는 사항을 통보해야 한다(제2항).

③ ②의 규정에 따라 개선해야 하는 사항을 통보 받은 제조소등의 관계인은 이를 개선한 후 다시 점검을 의뢰해 한다. 이 경우 탱크시험자는 정기점검결과서에 개선하게 한 사항(탱크시험자가 직접 보수한 경우에는 그 보수한 사항을 포함한다)을 기재해야 한다(제3항).

④ 탱크시험자는 ②에 따른 정기점검결과서를 교부한 때에는 그 내용을 정기점검대장에 기록하고 이를 **정기점검 보존기간동안 보관**해야 한다(제4항).

⑤ 정기점검 의뢰 절차

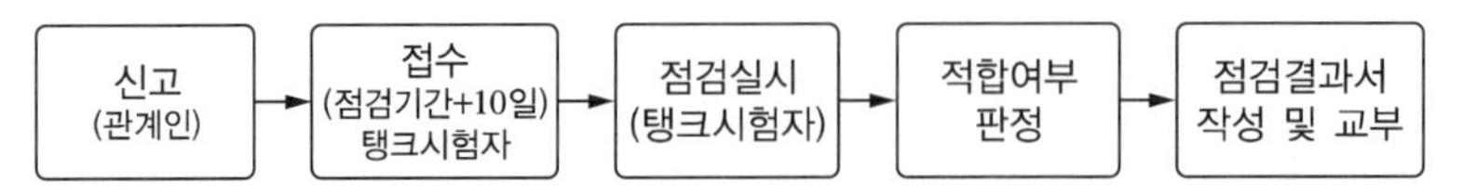

(5) 정기검사(법 제18조 제2항)★★★★

정기검사라 함은 소방본부장 또는 소방서장이 위험물 제조소등 관계인에게 위험물시설에 대한 적정·적법하게 유지·관리하고 있는지 여부를 확인 검사하는 제도이다. 그러나 실무상 정기검사는 영 제22조에 따른 업무의 위탁 규정에 의해 한국소방산업기술원에서 실시하고 있다.

① 위 (1)의 ①에 따라 정기점검의 대상이 되는 제조소등의 관계인 가운데 **대통령령**(영 제17조 정기검사의 대상인 제조소등)이 정하는 제조소등의 관계인은 행정안전부령(규칙 제70조 내지 제72조)이 정하는 바에 따라 소방본부장 또는 소방서장으로부터 해당 제조소등이 위치·구조 및 설비 등 기술기준에 적합하게 유지되고 있는지의 여부에 대하여 정기적으로 검사를 받아야 한다(법 제18조 제2항).

② 정기검사의 대상인 제조소등(영 제17조)
액체위험물을 저장 또는 취급하는 50만리터 이상의 옥외탱크저장소

③ 정기검사의 시기(규칙 제70조 제1항) **2022년 소방위 기출** **2023년 소방장 기출**

㉠ 정기검사의 구분 : 정기검사대상이 되는 관계인은 다음 구분에 따라 정밀정기검사 및 중간정기검사를 받아야 한다.

구 분	다음 각 목의 어느 하나에 해당하는 기간 내에 1회
정밀정기검사	• 특정·준특정 옥외탱크저장소의 설치허가에 따른 완공검사합격확인증을 발급받은 날부터 12년 • 최근의 정밀정기검사를 받은 날부터 11년
중간정기검사	• 특정·준특정 옥외탱크저장소의 설치허가에 따른 완공검사합격확인증을 발급받은 날부터 4년 • 최근의 정밀정기검사 또는 중간정기검사를 받은 날부터 4년

㉡ 비상사태 시 정기검사의 지정
재난 그 밖의 비상사태의 발생, 안전유지상의 필요 또는 사용상황 등의 변경으로 정기검사를 실시하는 것이 적당하지 않다고 인정되는 때에는 소방서장의 직권 또는 관계인의 신청에 따라 소방서장이 따로 지정하는 시기에 정기검사를 받을 수 있다.

㉢ 정밀정기검사와 구조안전점검과 병행(규칙 제70조 제3항)
정밀정기검사를 받아야 하는 특정·준특정 옥외저장탱크저장소의 관계인은 정기검사 시기임에도 불구하고 정밀정기검사를 구조안전점검을 실시하는 때에 함께 받을 수 있다.

④ 정기검사의 신청(규칙 제71조)

㉠ 정기검사를 받아야 하는 특정·준특정 옥외저장탱크저장소의 관계인은 다음의 서류를 첨부하여 기술원에 제출하고 수수료(별표25 제8호 기준)를 기술원에 납부해야 한다(규칙 제71조 제1항).

- 정기검사 신청서(별지 제44호 서식)
- 구조설비명세표(별지 제5호 서식)
- 제조소등의 위치·구조 및 설비에 관한 도면(정기검사를 실시하는 때에 제출가능)
- 완공검사합격확인증
- 밑판, 옆판, 지붕판 및 개구부의 보수이력에 관한 서류(정기검사를 실시하는 때에 제출가능)

㉡ 구조안전점검시기 연장신청을 하여 기간 이내에 구조안전점검을 받으려는 자는 별지 제40호 서식(탱크의 부식방지 등의 상황) 또는 별지 제41호 서식(위험물의 저장관리 등의 상황)의 신청서(전자문서로 된 신청서를 포함한다)를 정기감사를 신청하는 때에 함께 기술원에 제출해야 한다(규칙 제71조 제2항).

㉢ 재난 그 밖의 비상사태의 발생, 안전유지상의 필요 또는 사용상황 등의 변경으로(제70조 제1항 단서 규정) 정기검사 시기를 변경하려는 자는 별지 제45호 서식의(특정 옥외탱크저장소 정기검사 시기 변경승인) 신청서(전자문서로 된 신청서를 포함한다)에 정기검사 시기의 변경을 필요로 하는 사유를 기재한 서류(전자문서를 포함한다)를 첨부하여 소방서장에게 제출해야 한다(규칙 제71조 제3항).

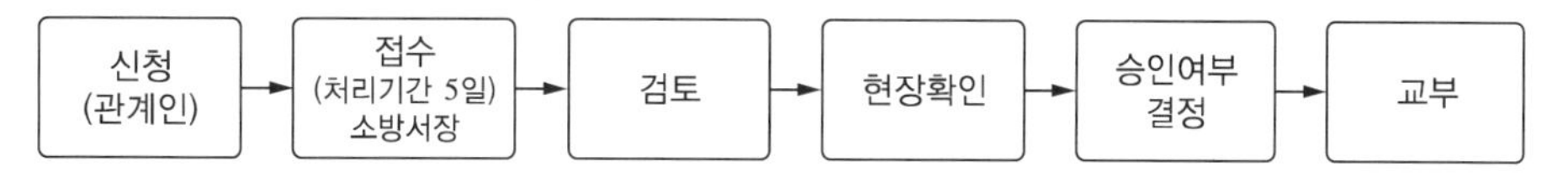

㉣ 정기검사합격확인증의 발급 및 결과보고

기술원은 소방청장이 정하여 고시하는 기준에 따라 정기검사를 실시한 결과 다음 표의 구분에 따른 사항이 적합하다고 인정되면 검사종료일부터 10일 이내에 정기검사합격확인증을 관계인에게 발급하고, 그 결과보고서를 작성하여 소방서장에게 제출해야 한다.

구 분	특정·준특정 옥외저장탱크에 대한 다음 사항
정밀정기검사	• 수직도·수평도에 관한 사항(지중탱크에 대한 것은 제외한다) • 밑판(지중탱크의 경우에는 누액방지판을 말한다)의 두께에 관한 사항 • 용접부에 관한 사항 • 구조·설비의 외관에 관한 사항
중간정기검사	구조·설비의 외관에 관한 사항

㉤ 기술원은 정기검사를 실시한 결과 부적합한 경우에는 개선해야 하는 사항을 신청자 및 소방서장에게 통보하고 개선할 사항을 통보받은 관계인은 개선을 완료한 후 정기검사신청서를 기술원에 다시 제출해야 한다.

㉥ 정기검사를 받은 제조소등의 관계인과 정기검사를 실시한 기술원은 정기검사합격확인증 등 정기검사에 관한 서류를 해당 제조소등에 대한 차기 정기검사시까지 보관해야 한다.

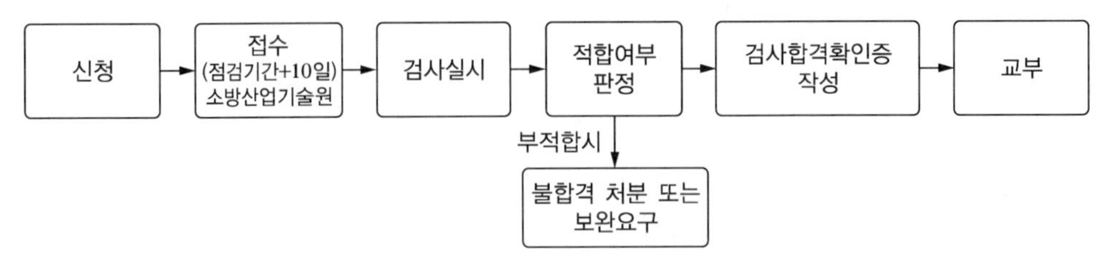

⑤ 정기검사의 방법 등(규칙 제72조)

㉠ 정기검사는 특정·준특정 옥외저장탱크저장소의 위치·구조 및 설비의 특성을 고려하여 안전성 확인에 적합한 검사방법으로 실시해야 한다(규칙 제72조 제1항).

㉡ 특정·준특정 옥외저장탱크저장소의 관계인이 구조안전점검시에 ㉣의 정기검사합격확인증의 발급 및 결과보고서 구분에 따른 사항을 미리 점검한 후에 정밀정기검사를 신청하는 때에는 그 사항에 대한 정밀정기검사는 전체의 검사범위 중 임의의 부위를 발췌하여 검사하는 방법으로 실시한다(규칙 제72조 제2항).

㉢ 특정 옥외저장탱크저장소의 변경허가에 따른 탱크안전성능검사를 하는 때에 정밀정기검사를 같이 실시하는 경우에 있어서 검사범위가 중복되면 해당 검사범위에 대한 어느 하나의 검사를 생략한다(규칙 제72조 제3항).

⑥ 위반 시 행정벌

정기검사를 받지 아니한 관계인으로서 위험물 제조소등 설치허가를 받은 자 : 1년 이하의 징역 또는 1천만원 이하의 벌금

07 자체 소방대 2018년 통합소방장 기출 2020년 소방위 기출

- 자체 소방대라 함은 제4류 위험물을 지정수량 3천배 이상 취급하는 제조소・일반취급소 또는 저장하는 제4류 위험물의 최대수량이 지정수량의 50만배 이상의 옥외탱크저장소의 관계인이 화재・폭발 및 누출 등의 각종 위험물의 재해로부터 그 피해를 최소화하기 위하여 인력과 장비를 갖춘 제조소등 자체 소방조직을 말한다.
- 위험물은 인화성 또는 발화성으로 인하여 화재 등 유사시 즉각적인 초동조치가 적정하게 이루어지지 않으면 탱크의 폭발 등으로 순식간에 주변으로 확대되어 피해가 대형화될 우려가 있는바, 일정 규모 이상 제조소등에 자체 소방대를 두어 유사시 즉각적으로 대처하여 재해의 확산을 방지하고 한편으로는 관설 소방력의 초기대응 공백부분을 보충하는 데 조직목적이 있다.

(1) 자체 소방대를 두어야 하는 제조소등(영 제18조)★★★★★ 2022년 소방장 기출

① 취급하는 제4류 위험물의 최대수량의 합이 지정수량의 3천배 이상의 제조소

② 저장하는 제4류 위험물의 최대수량이 지정수량의 50만배 이상의 옥외탱크저장소

③ 취급하는 제4류 위험물의 최대수량의 합이 지정수량의 3천배 이상의 일반취급소(일부제외)

> **지정수량 3천배 이상이더라도 자체 소방대 설치 제외 일반취급소**
> ① 보일러, 버너 그 밖에 이와 유사한 장치로 위험물을 소비하는 일반취급소
> ② 이동저장탱크 그 밖에 이와 유사한 것에 위험물을 주입하는 일반취급소
> ③ 용기에 위험물을 옮겨 담는 일반취급소
> ④ 유압장치, 윤활유순환장치 그 밖에 이와 유사한 장치로 위험물을 취급하는 일반취급소
> ⑤ 「광산안전법」의 적용을 받는 일반취급소

(2) 자체 소방대 편성기준(영 제18조 제3항 관련 별표8)★★★★ 2018년, 2022년 소방위 기출

① 자체 소방대를 설치하는 사업소의 관계인은 별표8의 규정에 따라 자체 소방대에 화학소방자동차 및 자체 소방대원을 두어야 한다.

② 다만, 화재 그 밖의 재난발생 시 다른 사업소 등과 상호응원에 관한 협정을 체결하고 있는 사업소에 있어서는 행정안전부령[규칙 제74조(자체 소방대 편성의 특례)]이 정하는 규정에 따라 별표8의 범위 안에서 화학소방자동차 및 인원의 수를 달리할 수 있다.

[별표8] 자체 소방대 편성에 필요한 화학소방차 및 인원

사업소의 구분	화학 소방자동차	자체 소방 대원의 수
1. 제조소 또는 일반취급소에서 취급하는 제4류 위험물의 최대수량의 합이 지정수량의 3천배 이상 12만배 미만인 사업소	1대	5인
2. 제조소 또는 일반취급소에서 취급하는 제4류 위험물의 최대수량의 합이 지정수량의 12만배 이상 24만배 미만인 사업소	2대	10인
3. 제조소 또는 일반취급소에서 취급하는 제4류 위험물의 최대수량의 합이 지정수량의 24만배 이상 48만배 미만인 사업소	3대	15인
4. 제조소 또는 일반취급소에서 취급하는 제4류 위험물의 최대수량의 합이 지정수량의 48만배 이상인 사업소	4대	20인
5. 옥외탱크저장소에 저장하는 제4류 위험물의 최대수량이 지정수량의 50만배 이상인 사업소	2대	10인

비고 화학소방자동차에는 **행정안전부령**(규칙 제75조 제1항 관련 별표23)이 정하는 소화능력 및 설비를 갖추어야 하고, 소화활동에 필요한 소화약제 및 기구(방열복 등 개인장구를 포함한다)를 비치해야 한다.

(3) 화학소방차의 기준[규칙 제75조 제1항 관련 별표23]★★★★★ 2020년 소방장 기출 2021년 소방위 기출 2023년 소방장 기출

① 화학소방자동차(내폭화학차 및 제독차를 포함한다)에 갖추어야 하는 소화능력 및 설비의 기준은 다음과 같다(규칙 제75조 제1항 관련 별표23).

화학소방자동차의 구분	소화능력 및 설비의 기준
포수용액 방사차	포수용액의 방사능력이 매분 2,000L 이상일 것
	소화약액탱크 및 소화약액혼합장치를 비치할 것
	10만L 이상의 포수용액을 방사할 수 있는 양의 소화약제를 비치할 것
분말 방사차	분말의 방사능력이 매초 35kg 이상일 것
	분말탱크 및 가압용가스설비를 비치할 것
	1,400kg 이상의 분말을 비치할 것
할로겐화합물 방사차	할로겐화합물의 방사능력이 매초 40kg 이상일 것
	할로겐화합물탱크 및 가압용가스설비를 비치할 것
	1,000kg 이상의 할로겐화합물을 비치할 것
이산화탄소 방사차	이산화탄소의 방사능력이 매초 40kg 이상일 것
	이산화탄소저장용기를 비치할 것
	3,000kg 이상의 이산화탄소를 비치할 것
제독차	가성소다 및 규조토를 각각 50kg 이상 비치할 것

② 이 중에 포수용액을 방사하는 화학소방자동차의 대수는 자체 소방대 편성기준에 의한 화학소방자동차의 대수의 3분의 2 이상으로 해야 한다(규칙 제75조 제1항).

(4) 자체 소방대 편성의 특례(규칙 제74조)

① (3)의 ②의 규정에 따라 둘 이상의 사업소가 상호응원에 관한 협정을 체결하고 있는 경우에는 모든 사업소를 하나의 사업소로 보고 제조소 또는 취급소에서 취급하는 제4류 위험물을 합산한 양을 하나의 사업소에서 취급하는 제4류 위험물의 최대수량으로 간주하여 동항 본문에 따른 화학소방자동차의 대수 및 자체 소방대원을 정할 수 있다.

② 이 경우 상호응원에 관한 협정을 체결하고 있는 각 사업소의 자체 소방대에는 위의 표에 의한 화학소방차 대수의 2분의 1 이상의 대수와 화학소방자동차마다 5인 이상의 자체 소방대원을 두어야 한다.

(5) 위반 시 행정벌

자체 소방대를 두지 아니한 관계인으로서 위험물 제조소등 설치허가를 받은 자 : 1년 이하의 징역 또는 1천만원 이하의 벌금(법 제35조)

08 제조소등에서의 흡연금지(2024.01.30. 신설, 시행 2024.07.31.)

(1) 누구든지 제조소등에서는 지정된 장소가 아닌 곳에서 흡연을 하여서는 아니 된다.

(2) 제조소등의 관계인은 해당 제조소등이 금연구역임을 알리는 표지를 설치하여야 한다.

(3) 시・도지사는 제조소등의 관계인이 금연구역임을 알리는 표지를 설치하지 아니하거나 보완이 필요한 경우 일정한 기간을 정하여 그 시정을 명할 수 있다.

(4) 지정 기준・방법 등은 대통령령으로 정하고, 금연구역 표지를 설치하는 기준・방법 등은 행정안전부령으로 정한다.

CHAPTER

04 출제예상문제

01 위험물안전관리법에서 정하는 제조소등의 기술기준에 적합하도록 유지·관리에 관한 설명으로 옳은 것은?

① 해당 제조소등의 위치·구조 및 설비가 법령에 적합하도록 유지·관리해야 할 의무는 소방서장이다.

② 법령기준에 부적합 경우에는 관할 소방서장만이 제조소등의 위치·구조 및 설비의 수리·개조 또는 이전을 명할 수 있다.

③ 법령기준에 적합하지 않아 소방서장의 수리·개조 또는 이전 명령에 따르지 아니한 사람은 1천만원의 이하의 벌금에 처한다.

④ 허가받은 취급소마다 위험물의 취급에 관한 자격이 있는 자를 안전관리자로 선임해야 한다.

해설 ① 제조소등의 관계인은 해당 제조소등의 위치·구조 및 설비가 법령 기술기준에 적합하도록 유지·관리해야 한다.
② 시·도지사, 소방본부장 또는 소방서장은 법령기준에 부적합 경우에 제조소등의 위치·구조 및 설비의 수리·개조 또는 이전을 명할 수 있다.
③ 법령기준에 적합하지 않아 소방서장의 수리·개조 또는 이전 명령에 따르지 아니한 사람은 1천 500만원의 이하의 벌금에 처한다.

02 다음 중 제조소등의 위험물안전관리에 관한 설명으로 옳은 것은?

① 지정수량 이상의 위험물을 허가를 받지 아니하는 제조소와 이동탱크저장소는 위험물안전관리자를 선임해야 한다.

② 소방안전관리자로 선임된 자로서 위험물안전관리자 자격이 있는 경우 안전관리자로 선임할 수 있다.

③ 안전관리자를 해임하거나 안전관리자가 퇴직한 경우 그 관계인 또는 안전관리자는 소방서장에게 신고해야 한다.

④ 안전관리자를 선임한 때에는 30일 이내에 소방본부장 또는 소방서장에게 신고해야 한다.

해설 ① 지정수량 이상의 위험물을 허가를 받지 아니하는 제조소와 이동탱크저장소는 안전관리자를 선임의무가 없으며 이동탱크저장소의 경우 운송자 자격자가 운송해야 한다.
③ 제조소등의 관계인은 안전관리자를 해임하거나 안전관리자가 퇴직한 경우 그 관계인 또는 안전관리자는 소방본부장 또는 소방서장에 그 사실을 알려 해임되거나 퇴직한 사실을 확인 받을 수 있다.
④ 안전관리자를 선임한 때에는 14일 이내에 소방본부장 또는 소방서장에게 신고해야 한다.

01 ④ 02 ② 정답

03 **위험물 제조소에서 지정수량의 10배를 취급할 때 위험물안전관리자를 선임해야 할 안전관리자의 자격으로 옳지 않은 사람은?**

① 위험물기능장 ② 위험물산업기사
③ 위험물기능사 ④ 소방공무원경력자

해설 지정수량 5배 초과의 제조소에는 위험물기능장, 위험물산업기사 또는 2년 이상의 실무경력이 있는 위험물기능사가 위험물안전관리자의 자격이 있다.

04 **제조소등의 종류 및 규모에 따라 선임해야 하는 안전관리자의 자격에 대한 설명으로 옳지 않은 것은?**

① 위험물기능사의 실무경력 기간은 위험물기능사 자격을 취득한 이후 위험물안전관리자로 선임된 기간을 말한다.
② 위험물안전관리자를 보조한 기간은 위험물기능사의 실무경력 기간에 해당하지 않는다.
③ 지하탱크저장소에 휘발유를 5만리터 저장하는 경우에 소방공무원경력자는 안전관리자 자격이 있다.
④ 소방공무원 근무한 경력이 3년 이상인 자를 안전관리자 자격 소방공무원경력자라고 말한다.

해설 위험물기능사의 실무경력 기간은 위험물기능사 자격을 취득한 이후 「위험물안전관리법」 제15조에 따른 위험물안전관리자로 선임된 기간 또는 위험물안전관리자를 보조한 기간을 말한다.

05 **제조소등의 관계인이 위험물안전관리자를 선임한 때의 선임신고 기간으로 옳은 것은?**

2019년 소방위 기출

① 7일 이내 ② 14일 이내
③ 20일 이내 ④ 30일 이내

해설 위험물안전관리자 선임한 때 : 14일 이내 소방본부장 또는 소방서방에게 신고

06 **위험물안전관리자를 해임 또는 퇴직한 때에는 해임 또는 퇴직 한 날부터 몇 일 이내에 다시 위험물안전관리자를 선임해야 하는가?**

① 7 ② 15
③ 20 ④ 30

해설 안전관리자의 선임 및 신고
- 선임기간 : 안전관리자의 해임 또는 퇴직 시에는 해임 또는 퇴직한 날부터 30일 이내
- 신고기간 : 선임일로부터 14일 이내

정답 03 ④ 04 ② 05 ② 06 ④

07 위험물시설의 설치 및 변경, 안전관리에 대한 설명으로 옳지 않은 것은? 2016년 소방위 기출

① 제조소등의 설치자의 지위를 승계한 자는 승계한 날로부터 30일 이내에 시・도지사에게 신고해야 한다.

② 제조소등의 용도를 폐지한 때에는 폐지한 날부터 30일 이내에 시・도지사에게 신고해야 한다.

③ 위험물안전관리자가 퇴직한 때에는 퇴직한 날부터 30일 이내에 다시 위험물관리자를 선임해야 한다.

④ 위험물안전관리자를 선임한 때에는 선임한 날부터 14일 이내에 소방본부장이나 소방서장에게 신고해야 한다.

해설 위험물의 신고

- 제조소등의 지위승계 : 승계한 날부터 30일 이내에 시・도지사에게 신고
- 제조소등의 **용도폐지** : 폐지한 날부터 **14일 이내**에 **시・도지사에게 신고**
- 위험물안전관리자 재선임 : 퇴직한 날부터 30일 이내에 안전관리자 재선임
- 위험물안전관리자 선임신고 : 선임한 날부터 14일 이내에 소방본부장이나 소방서장에게 신고

08 위험물안전관리법에서 정하는 위험물취급자격자의 자격의 연결이 잘못된 것은?

① 위험물기능장 - 모든 위험물

② 소방청장이 실시하는 안전관리자 교육이수자 - 위험물 중 제4류 위험물

③ 소방공무원으로 근무한 자 - 위험물 중 제4류 위험물

④ 위험물기능사의 자격을 취득한 사람 - 모든 위험물

해설 위험물취급자격자의 자격

위험물취급자격자의 구분	취급할 수 있는 위험물
위험물기능장, 위험물산업기사, 위험물기능사의 자격을 취득한 사람	모든 위험물
소방청장(한국소방안전원)이 실시하는 안전관리자 교육이수자	위험물 중 제4류 위험물
소방공무원으로 근무한 경력이 3년 이상인 자	위험물 중 제4류 위험물

09 위험물안전관리대행기관의 지정기준에 대한 설명으로 틀린 내용은 무엇인가?

① 안전관리대행기관의 지정기준으로 기술인력, 시설, 장비를 갖추어야 한다.

② 기술인력은 위험물기능장 또는 위험물산업기사 1인 이상이다.

③ 시설로는 전용사무실을 갖추어야 한다.

④ 전용사무실은 $33m^2$ 이상이어야 한다.

07 ② 08 ③ 09 ④ 정답

해설 [별표22] 안전관리대행기관의 지정기준

구 분	안전관리대행기관 지정기준
기술인력	① 위험물기능장 또는 위험물산업기사 1인 이상 ② 위험물산업기사 또는 위험물기능사 2인 이상 ③ 기계분야 및 전기분야의 소방설비기사 1인 이상 ※ 2 이상의 기술인력은 동일인이 겸직 불가능
시 설	전용사무실을 갖출 것
장 비	① 절연저항계(절연저항측정기) ② 접지저항측정기(최소눈금 0.1Ω 이하) ③ 가스농도측정기(탄화수소계 가스의 농도측정이 가능할 것) ④ 정전기 전위측정기 ⑤ 토크렌치(Torque Wrench : 볼트와 너트를 규정된 회전력에 맞춰 조이는데 사용하는 도구) ⑥ 진동시험기 ⑦ 표면온도계(−10℃~300℃) ⑧ 두께측정기(1.5mm~99.9mm) ⑨ 안전용구(안전모, 안전화, 손전등, 안전로프 등) ⑩ 소화설비점검기구(소화전밸브압력계, 방수압력측정계, 포콜렉터, 헤드렌치, 포콘테이너)

2 이상의 기술인력은 동일인이 겸직 불가능

10 기업활동 규제완화와 경쟁력강화를 위한 위험물안전관리 대행기관 지정권한이 있는 기관의 장은 누구인가?

① 시・도지사
② 소방청장
③ 행정안전부장관
④ 소방본부장・소방서장

해설 안전관리대행기관의 자격(규칙 제57조 제1항)

「기업활동 규제완화에 관한 특별조치법」 제40조 제1항 제3호의 규정에 따라 위험물안전관리자의 업무를 위탁받아 수행할 수 있는 관리대행기관(이하 "안전관리대행기관"이라 한다)은 다음 각 호의 1에 해당하는 기관으로서 별표22의 안전관리대행기관의 지정기준을 갖추어 소방청장의 지정을 받아야 한다.

- 탱크시험자로 등록한 법인
- 다른 법령에 의하여 안전관리업무를 대행하는 기관으로 지정・승인 등을 받은 법인

11 위험물안전관리자의 업무를 위탁받아 수행할 수 있는 관리대행기관의 자격이 있는 기관으로 옳은 것은?

① 탱크시험자로 등록된 법인
② 중앙소방학교
③ 한국소방안전원
④ 한국소방산업기술원

해설 10번 문제 해설 참조

정답 10 ② 11 ①

12 위험물안전관리대행기관으로 지정받으려는 자의 구비서류가 아닌 것은?

① 위험물안전관리대행기관 지정신청서

② 기술인력 연명부 및 기술자격증

③ 사무실의 확보를 증명할 수 있는 서류

④ 장비임대명세서

해설 안전관리대행기관 지정신청시 제출서류(규칙 제57조 제2항)

- 신청서 : 위험물안전관리대행기관 지정신청서(규칙 별지 제33호 서식)
- 첨부서류

신청인 제출서류	1. 기술인력의 연명부 및 기술자격증 2. 사무실의 확보를 증명할 수 있는 서류 3. 장비보유명세서
담당 공무원 확인사항	법인 등기사항 증명서

13 위험물안전관리대행기관으로의 지정 · 변경신청 절차에 관한 설명 중 틀린 것은?

① 소방청장에게 신청한다.

② 지정받은 사항의 변경이 있는 때는 그 사유가 있는 날부터 14일 이내에 신고해야 한다.

③ 휴업 · 재개업 또는 폐업을 하고자 하는 때에는 휴업 · 재개업 또는 폐업한 후 14일 전에 신고하면 된다.

④ 민원처리기간은 3일이다.

해설 휴업 · 재개업 또는 폐업을 하고자 하는 때 : 휴업 · 재개업 또는 폐업하고자 하는 날의 1일 전

14 안전관리대행기관의 지정받은 사항이 변경된 경우 위험물안전관리대행기관 변경신고서를 민원인이 제출할 경우에 첨부하는 서류로 틀리게 짝지어진 것은?

① 영업소의 소재지 : 위험물안전관리대행기관 지정서

② 법인명칭 또는 대표자를 변경하는 경우 : 위험물안전관리대행기관 지정서

③ 기술인력을 변경하는 경우 : 기술인력자의 연명부, 변경된 기술인력자의 기술자격증

④ 휴업 · 재개업 또는 폐업을 하는 경우 : 휴폐업증명서, 위험물안전관리대행기관지정서

해설 변경구분에 따른 첨부서류(전자문서 포함)

변경사항	영업소 소재지, 법인명칭, 대표자	기술인력	휴업, 재개업, 폐업
신청인 제출서류	위험물안전관리 대행기관지정서	1. 기술인력자의 연명부 2. 변경된 기술인력자의 기술자격증	위험물안전관리 대행기관지정서
담당 공무원 확인사항	법인 등기사항증명서	없 음	없 음

12 ④ 13 ③ 14 ④ 정답

15 위험물 탱크안전성능시험자가 되고자 하는 자는 어디에 등록을 해야 하는가?

① 소방청장에게 등록을 해야 한다.
② 시・도지사에게 등록해야 한다.
③ 한국소방산업기술원에 등록해야 한다.
④ 소방본부장 또는 소방서장에게 등록해야 한다.

해설 탱크시험자가 되고자 하는 자는 대통령령이 정하는 기술능력・시설 및 장비를 갖추어 시・도지사에게 등록해야 한다(법 제16조 제2항).

16 다음 중 위험물탱크 안전성능시험자로 등록하기 위하여 갖추어야 할 사항에 포함되지 않는 것은?

① 자본금
② 기술능력
③ 시 설
④ 장 비

해설 17번 문제 해설 참조

17 위험물탱크시험자가 갖추어야 할 필수장비에 해당하지 않은 것은?

① 자기탐상시험기
② 초음파두께측정기
③ 수직・수평도 측정기
④ 영상초음파시험기 및 초음파시험기

해설 탱크시험자의 기술능력・시설 및 장비

구 분	탱크시험자 등록기준
기술인력	① 필수인력 ㉠ 위험물기능장・위험물산업기사 또는 위험물기능사 중 1명 이상 ㉡ 비파괴검사기술사 1명 이상 또는 초음파비파괴검사・자기비파괴검사 및 침투비파괴검사별로 기사 또는 산업기사 각 1명 이상 ② 필요한 경우에 두는 인력 ㉠ 충・수압시험, 진공시험, 기밀시험 또는 내압시험의 경우 : 누설비파괴검사 기사, 산업기사 또는 기능사 ㉡ 수직・수평도시험의 경우 : 측량 및 지형공간정보 기술사, 기사, 산업기사 또는 측량기능사 ㉢ 방사선투과시험의 경우 : 방사선비파괴검사 기사 또는 산업기사 ㉣ 필수 인력의 보조 : 방사선비파괴검사・초음파비파괴검사・자기비파괴검사 또는 침투비파괴검사 기능사

정답 15 ② 16 ① 17 ③

장 비	① 필수장비 : 자기탐상시험기, 초음파두께측정기 및 다음 ㉠ 또는 ㉡ ㉠ 영상초음파시험기 ㉡ 방사선투과시험기 및 초음파시험기 ② 필요한 경우에 두는 장비 ㉠ 충・수압시험, 진공시험, 기밀시험 또는 내압시험의 경우 ⓐ 진공능력 53KPa 이상의 진공누설시험기 ⓑ 기밀시험장치 (안전장치가 부착된 것으로서 가압능력 200KPa 이상, 감압의 경우에는 감압능력 10KPa 이상・감도 10Pa 이하의 것으로서 각각의 압력 변화를 스스로 기록할 수 있는 것) ㉡ 수직・수평도 시험의 경우 : 수직・수평도 측정기 ※ 둘 이상의 기능을 함께 가지고 있는 장비를 갖춘 경우에는 각각의 장비를 갖춘 것으로 본다.

18 **위험물 탱크안전성능시험자가 필요한 경우에 두는 장비는?**

① 수직・수평도 측정기, 진공누설시험기, 기밀시험장치
② 초음파시험기, 진공누설시험기, 영상초음파시험기
③ 정전기 전위측정기, 자기탐상시험기, 초음파두께측정기
④ 접지저항측정기, 두께측정기, 방사선투과시험기

해설 문제 17번 해설 참조

19 **화재예방과 화재 시 비상조치계획 등 예방규정을 정해야 할 옥외저장소에는 지정수량 몇 배 이상을 저장 취급하는가?**

2013년 경기소방장 기출 | 2015년, 2018년 소방위 기출 | 2017년 인천소방장 기출 | 2019년 통합소방장 기출

① 30배 이상
② 100배 이상
③ 200배 이상
④ 250배 이상

해설 예방규정을 정해야 하는 제조소등
- 지정수량의 **10배 이상**의 위험물을 취급하는 **제조소, 일반취급소**
- 지정수량의 **100배 이상**의 위험물을 저장하는 **옥외저장소**
- 지정수량의 **150배 이상**의 위험물을 저장하는 **옥내저장소**
- 지정수량의 **200배 이상**의 위험물을 저장하는 **옥외탱크저장소**
- **암반탱크저장소, 이송취급소**

18 ① 19 ② **정답**

20 **제조소등의 관계인은 예방규정을 정하고 허가청의 제출해야 한다. 여기서 허가청에 해당되는 것은?**

① 소방청장
② 시·도지사
③ 소방서장
④ 소방본부장

해설 제조소등의 관계인은 해당 제조소등의 화재예방과 화재 등 재해발생 시의 비상조치를 위하여 행정안전부령이 정하는 바에 따라 예방규정을 정하여 해당 제조소등의 사용을 시작하기 전에 **시·도지사**에게 제출해야 한다. 예방규정을 변경한 때에도 또한 같다.

21 **위험물 제조소등의 관계인이 화재 등 재해발생 시의 비상조치를 위하여 정해야 하는 예방규정에 관한 설명으로 바른 것은?**

① 위험물안전관리자가 선임되지 아니하였을 경우에 정하여 시행한다.
② 제출한 예방규정이 화재예방이나 재해발생 시의 비상조치를 위하여 필요하다고 인정한 경우가 아니면 이를 반려하거나 그 변경을 명할 수 없다.
③ 예방규정을 제출하지 아니하거나 변경한 예방규정을 제출하지 아니한 관계인에게 1천 500만원의 벌금을 처한다.
④ 예방규정을 정하고 해당 제조소등의 사용을 시작하기 전에 시·도지사에게 제출한다.

해설
- 제출한 예방규정이 제5조 제3항(제조소등에서의 위험물의 저장 또는 취급에 관한 중요기준 및 세부기준)에 따른 기준에 적합하지 아니하거나 화재예방이나 재해발생 시의 비상조치를 위하여 필요하다고 인정하는 때에는 이를 반려하거나 그 변경을 명할 수 있다.
- 예방규정을 제출하지 아니하거나 예방규정 변경명령을 위반한 관계인으로서 위험물 제조소등 허가를 받은 자 : 1천 500만원 이하의 벌금
- 변경한 예방규정을 제출하지 아니한 관계인으로서 위험물 제조소등 허가를 받은 자 : 1천만원 이하의 벌금
- 대통령령이 정하는 제조소등의 관계인은 예방규정을 정하여 해당 제조소등의 사용을 시작하기 전에 시·도지사에게 제출해야 한다. 예방규정을 변경한 때에도 또한 같다.

22 **다음 중 허가받은 저장소 중 저장량과 관계없이 예방규정을 정해야 할 대상으로 옳은 것은?**

① 제조소, 일반취급소
② 옥외탱크저장소, 옥내저장소
③ 암반탱크저장소, 이송취급소
④ 판매취급소, 이송취급소

해설 19번 문제 해설 참조

정답 20 ② 21 ④ 22 ③

23 위험물안전관리법에서 규정하는 위험물 제조소등 예방규정을 정해야 하는 대상은?

① 칼슘을 400kg 취급하는 제조소

② 칼륨을 400kg 저장하는 옥내저장소

③ 질산을 50,000kg 저장하는 옥외탱크저장소

④ 질산염류를 50,000kg 저장하는 옥내저장소

해설 예방규정 제출대상 여부는 위험물 품목과 지정수량 배수를 산정하여 대상여부를 판단해야 한다.

구 분	칼 슘	칼 륨	질 산	질산염류
유 별	제3류	제3류	제6류	제1류
지정수량	300kg	10kg	300kg	300kg
저장량	400kg	400kg	50,000kg	50,000kg
배 수	1.3배	40배	166.7배	166.7배

24 위험물안전관리법에 따른 정기검사의 대상의 제조소로 옳은 것은?

① 위험물 배관이 지하에 매설된 암반탱크저장소

② 150미터를 초과하는 위험물 배관이 지하에 매설된 제조소, 일반취급소 또는 주유취급소

③ 액체위험물을 저장 또는 취급하는 50만리터 이상의 옥외탱크저장소

④ 5만리터 이상의 위험물 취급탱크가 지하에 매설된 판매취급소

해설 정기검사 대상(영 제17조)

액체위험물을 저장 또는 취급하는 50만리터 이상의 옥외탱크저장소

25 위험물안전관리법령상 제조소등의 정기점검 대상에 해당하지 않는 것은?

2018년 통합소방장 기출

① 지정수량 15배의 제조소

② 지정수량 40배의 옥내탱크저장소

③ 지정수량 50배의 이동탱크저장소

④ 지정수량 20배의 지하탱크저장소

해설 정기점검의 대상인 제조소등(영 제16조)

- 영 제15조에 해당하는 제조소등
- 지하탱크저장소
- 이동탱크저장소
- 위험물을 취급하는 탱크로서 지하에 매설된 탱크가 있는 제조소·주유취급소 또는 일반취급소

23 ④ 24 ③ 25 ② 정답

26 자체 소방대를 두어야 하는 제조소 및 일반취급소에 대한 제4류 위험물의 지정수량 배수기준으로 옳은 것은? 2018년 소방위 기출

① 10배
② 500배
③ 1,000배
④ 3,000배

해설 자체 소방대를 두어야 하는 제조소등(영 제18조)
- 제조소 : 제4류 위험물을 지정수량 3천배 이상 취급하는 제조소
- 일반취급소 : 제4류 위험물을 지정수량 3천배 이상 취급하는 일반취급소(일부 제외)

27 위험물안전관리법에 의하여 자체 소방대를 두는 제조소로서 제4류 위험물의 최대 수량의 합이 지정수량 24만배 이상 48만배 미만인 경우 보유해야 할 화학소방차와 자체 소방대원의 기준으로 옳은 것은?

① 2대, 10인
② 3대, 10인
③ 3대, 15인
④ 4대, 20인

해설 영[별표8] 자체 소방대 편성에 필요한 화학소방차 및 인원

사업소의 구분	화학 소방자동차	자체 소방 대원의 수
제조소 또는 일반취급소에서 취급하는 제4류 위험물의 최대수량의 합이 지정수량의 3천배 이상 12만배 미만인 사업소	1대	5인
제조소 또는 일반취급소에서 취급하는 제4류 위험물의 최대수량의 합이 지정수량의 12만배 이상 24만배 미만인 사업소	2대	10인
제조소 또는 일반취급소에서 취급하는 제4류 위험물의 최대수량의 합이 지정수량의 24만배 이상 48만배 미만인 사업소	3대	15인
제조소 또는 일반취급소에서 취급하는 제4류 위험물의 최대수량의 합이 지정수량의 48만배 이상인 사업소	4대	20인
옥외탱크저장소에 저장하는 제4류 위험물의 최대수량이 지정수량의 50만배 이상인 사업소	2대	10인

28 위험물안전관리법령에서 정하는 자체 소방대에 관한 원칙적인 사항으로 옳지 않은 것은?

① 제4류 위험물을 취급하는 제조소·일반취급소 또는 옥외저장탱크저장소에 대하여 적용한다.
② 저장·취급하는 양이 지정수량의 3만배 이상의 위험물에 한한다.
③ 대상이 되는 관계인은 대통령령의 규정에 따라 화학소방자동차 및 자체 소방대원을 두어야 한다.
④ 자체 소방대를 두지 아니한 허가받은 관계인에 대한 벌칙은 1년 이하의 징역 또는 1천만원 이하의 벌금이다.

해설 자체 소방대 : 지정수량의 3,000배 이상인 제조소 또는 일반취급소

정답 26 ④ 27 ③ 28 ②

29 **위험물안전관리법령에 의하여 자체 소방대에 배치해야 하는 화학소방차의 구분에 속하지 않는 것은?**

① 포수용액 방사차　　② 청정소화액 방사차

③ 제독차　　④ 할로겐화합물 방사차

해설 화학소방자동차(내폭화학차 및 제독차를 포함한다)에 갖추어야 하는 소화능력 및 설비의 기준

화학소방자동차의 구분	소화능력 및 설비의 기준
포수용액 방사차	포수용액의 방사능력이 매분 2,000ℓ 이상일 것
	소화약액탱크 및 소화약액혼합장치를 비치할 것
	10만ℓ 이상의 포수용액을 방사할 수 있는 양의 소화약제를 비치할 것
분말 방사차	분말의 방사능력이 매초 35kg 이상일 것
	분말탱크 및 가압용가스설비를 비치할 것
	1,400kg 이상의 분말을 비치할 것
할로겐화합물 방사차	할로겐화합물의 방사능력이 매초 40kg 이상일 것
	할로겐화합물탱크 및 가압용가스설비를 비치할 것
	1,000kg 이상의 할로겐화합물을 비치할 것
이산화탄소 방사차	이산화탄소의 방사능력이 매초 40kg 이상일 것
	이산화탄소저장용기를 비치할 것
	3,000kg 이상의 이산화탄소를 비치할 것
제독차	가성소다 및 규조토를 각각 50kg 이상 비치할 것

30 **위험물안전관리법령에서 규정하고 있는 사항으로 옳지 않은 것은?**

① 법정의 안전교육을 받아야 하는 사람은 안전관리자로 선임된 자, 탱크시험자의 기술인력으로 종사하는 자, 위험물운송자로 종사하는 자이다.

② 지정수량의 150배 이상의 위험물을 저장하는 옥내저장소는 관계인이 예방규정을 정해야 하는 제조소등에 해당한다.

③ 정기검사의 대상이 되는 것은 액체위험물을 저장 또는 취급하는 10만리터 이상의 옥외탱크저장소, 암반탱크저장소, 이송취급소이다.

④ 법정의 안전관리자교육이수자와 소방공무원으로 근무한 경력이 3년 이상인 자는 제4류 위험물 취급 자격자가 될 수 있다.

해설 정기검사 대상(영 제17조)

액체위험물을 저장 또는 취급하는 50만리터 이상의 옥외탱크저장소

29 ② 30 ③ 정답

31 다수의 제조소등을 동일인이 설치한 경우에는 제조소등마다 위험물안전관리자를 선임해야 함에도 불구하고 1인의 안전관리자를 중복하여 선임할 수 있는 경우가 아닌 것은?

2019년 통합소방장 기출 | 2019년 소방위 기출

① 30개 이하의 옥외탱크저장소
② 10개 이하의 옥외저장소
③ 위험물을 소비하는 장치로 이루어진 5개 이하의 일반취급소
④ 10개 이하의 암반탱크저장소

해설 보일러・버너 또는 이와 비슷한 것으로서 위험물을 소비하는 장치로 이루어진 7개 이하의 일반취급소와 그 일반취급소에 공급하기 위한 위험물을 저장하는 저장소를 동일인이 설치한 경우

32 1인의 안전관리자를 중복선임의 경우 대리자의 자격이 있는 자를 각 제조소등 별로 지정하여 안전관리자를 보조해야 할 대상이 아닌 것은?

① 제조소
② 이송취급소
③ 일반취급소
④ 주유취급소

해설 대리자의 자격이 있는 자를 각 제조소등 별로 지정하여 안전관리자를 보조해야 할 대상
- 제조소
- 이송취급소
- 일반취급소

다만, 인화점이 38도 이상인 제4류 위험물만을 지정수량의 30배 이하로 취급하는 일반취급소로서 다음 각 목의 1에 해당하는 일반취급소를 제외한다.
- 보일러・버너 또는 이와 비슷한 것으로서 위험물을 소비하는 장치로 이루어진 일반취급소
- 위험물을 용기에 옮겨 담거나 차량에 고정된 탱크에 주입하는 일반취급소

33 위험물탱크시험자가 되고자 하는 사람이 갖추어야 하는 장비로 맞는 것은?

① 수평각도측정기
② 기밀시험장치
③ 침투탐상시험기
④ 진공기밀시험기

해설 17번 문제 해설 참조

정답 31 ③ 32 ④ 33 ②

34 **위험물안전관리법령에서 정한 위험물안전관리자의 책무가 아닌 것은?**

① 화재 등의 재난이 발생한 경우 응급조치 및 소방관서 등에 대한 연락 업무
② 화재 등의 재해의 방지에 관하여 인접하는 제조소등과 그 밖의 관련되는 시설의 관계자와 협조체제 유지
③ 위험물의 취급에 관한 일지의 작성・기록
④ 안전관리대행기관에 대하여 필요한 지도・감독

해설 안전관리자의 책무
- 위험물의 취급작업에 참여하여 해당 작업이 법 제5조 제3항에 따른 저장 또는 취급에 관한 기술기준과 법 제17조에 따른 예방규정에 적합하도록 해당 작업자(해당 작업에 참여하는 위험물취급자격자를 포함한다)에 대하여 지시 및 감독하는 업무
- 화재 등의 재난이 발생한 경우 응급조치 및 소방관서 등에 대한 연락업무
- 위험물시설의 안전을 담당하는 자를 따로 두는 제조소등의 경우에는 그 담당자에게 다음 각 목에 따른 업무의 지시, 그 밖의 제조소등의 경우에는 다음 각 목에 따른 업무
  - 제조소등의 위치・구조 및 설비를 기술기준에 적합하도록 유지하기 위한 점검과 점검상황의 기록・보존
  - 제조소등의 구조 또는 설비의 이상을 발견한 경우 관계자에 대한 연락 및 응급조치
  - 화재가 발생하거나 화재발생의 위험성이 현저한 경우 소방관서 등에 대한 연락 및 응급조치
  - 제조소등의 계측장치・제어장치 및 안전장치 등의 적정한 유지・관리
  - 제조소등의 위치・구조 및 설비에 관한 설계도서 등의 정비・보존 및 제조소등의 구조 및 설비의 안전에 관한 사무의 관리
- 화재 등의 재해의 방지와 응급조치에 관하여 인접하는 제조소등과 그 밖의 관련되는 시설의 관계자와 협조체제의 유지
- 위험물의 취급에 관한 일지의 작성・기록
- 그 밖에 위험물을 수납한 용기를 차량에 적재하는 작업, 위험물설비를 보수하는 작업 등 위험물의 취급과 관련된 작업의 안전에 관하여 필요한 감독의 수행

35 **위험물안전관리법령에 따른 위험물안전관리자의 대리자 자격이 될 수 없는 사람은?**

2018년 통합소방장 기출

① 제조소등의 위험물 안전관리업무에 있어서 안전관리자를 지휘・감독하는 직위에 있는 자
② 위험물산업기사 자격을 취득한 사람
③ 한국소방안전원에서 실시하는 위험물안전관리자의 안전교육을 받은 자
④ 위험물안전관리업무에 종사하는 사람

해설 대리자 자격
- 위험물취급에 관한 국가기술자격취득자
- 안전관리자・탱크시험자・위험물운반자・위험물운송자 등 위험물의 안전관리와 관련된 업무를 수행하는 자로서 안전교육(강습・실무교육)을 받은 자
- 제조소등의 위험물안전관리업무에 있어서 안전관리자를 지휘・감독하는 직위에 있는 자

34 ④ 35 ④ 정답

36 위험물안전관리법령에 따르면 다수의 제조소등을 동일인이 설치한 경우에는 제조소등의 규모와 위치 · 거리 등을 고려하여 1인의 안전관리자를 중복하여 선임할 수 있도록 규정하고 있다. 중복하여 선임할 수 있는 경우에 해당하지 않은 것은?

2019년 통합소방장 기출 2019년 소방위 기출

① 동일구내에 보일러 · 버너 또는 이와 비슷한 것으로서 위험물을 소비하는 장치로 이루어진 7개 이하의 일반취급소를 동일인이 설치한 경우
② 동일구내에 20개의 옥외탱크저장소를 동일인이 설치한 경우
③ 상호 100m 이내의 거리에 있는 15개의 옥외저장소를 동일인이 설치한 경우
④ 일반취급소 간의 거리 300m 이내에 운반용기에 옮겨 담기 위한 5개 이하의 일반취급소를 동일인이 설치한 경우

해설 1인의 안전관리자가 저장소의 중복 선임할 수 있는 경우
동일구내에 있거나 상호 100미터 이내의 거리에 있는 저장소로서 저장소의 규모, 저장하는 위험물의 종류 등을 고려하여 다음에 해당하는 저장소를 동일인이 설치한 경우
- 30개 이하의 옥외탱크저장소
- 10개 이하의 옥외저장소
- 10개 이하의 옥내저장소
- 10개 이하의 암반탱크저장소
- 지하탱크저장소
- 옥내탱크저장소
- 간이탱크저장소

37 안전관리자대행기관지정 기준과 탱크성능시험자의 등록기준의 설명으로 옳지 않은 것은?

① 전용사무실을 갖추어야 한다.
② 기술능력 · 시설 및 장비를 갖추어야 한다.
③ 안전관리대행기관과 탱크성능시험자 등록을 동시에 하는 경우 둘 이상의 기능을 함께 가지고 있는 장비를 갖춘 경우에는 각각의 장비를 갖춘 것으로 본다.
④ 정전기 전위측정기는 안전관리대행기관이 갖추어야 할 장비의 일부이다.

해설 탱크시험자의 등록기준과 안전관리대행기관 지정기준의 비교

구 분	탱크시험자 등록기준	안전관리대행기관 지정기준
기술 인력	① 필수인력 ㉠ 위험물기능장 · 위험물산업기사 또는 위험물기능사 중 1명 이상 ㉡ 비파괴검사기술사 1명 이상 또는 초음파비파괴검사 · 자기비파괴검사 및 침투비파괴검사별로 기사 또는 산업기사 각 1명 이상 ② 필요한 경우에 두는 인력 ㉠ 충 · 수압시험, 진공시험, 기밀시험 또는 내압시험의 경우 : 누설비파괴검사 기사, 산업기사 또는 기능사 ㉡ 수직 · 수평도시험의 경우 : 측량 및 지형공간정보 기술사, 기사, 산업기사 또는 측량기능사	① 위험물기능장 또는 위험물산업기사 1인 이상 ② 위험물산업기사 또는 위험물기능사 2인 이상 ③ 기계분야 및 전기분야의 소방설비기사 1인 이상 ※ 2 이상의 기술인력은 동일인이 겸직 불가능

정답 36 ③ 37 ③

	ⓒ 방사선투과시험의 경우 : 방사선비파괴검사 기사 또는 산업기사 ⓔ 필수 인력의 보조 : 방사선비파괴검사·초음파비파괴검사·자기비파괴검사 또는 침투비파괴검사 기능사	
시 설	전용사무실을 갖출 것	전용사무실을 갖출 것
장 비	① 필수장비 : 자기탐상시험기, 초음파두께측정기 및 다음 ㉠ 또는 ㉡ ㉠ 영상초음파시험기 ㉡ 방사선투과시험기 및 초음파시험기 ② 필요한 경우에 두는 장비 ㉠ 충·수압시험, 진공시험, 기밀시험 또는 내압시험의 경우 ⓐ 진공능력 53KPa 이상의 진공누설시험기 ⓑ 기밀시험장치(안전장치가 부착된 것으로서 가압능력 200KPa 이상, 감압의 경우에는 감압능력 10KPa 이상·감도 10Pa 이하의 것으로서 각각의 압력 변화를 스스로 기록할 수 있는 것) ㉡ 수직·수평도 시험의 경우 : 수직·수평도 측정기 ※ 둘 이상의 기능을 함께 가지고 있는 장비를 갖춘 경우에는 각각의 장비를 갖춘 것으로 본다.	① 절연저항계 ② 접지저항측정기(최소눈금 0.1Ω 이하) ③ 가스농도측정기(탄화수소계 가스의 농도측정이 가능할 것) ④ 정전기 전위측정기 ⑤ 토크렌치 ⑥ 진동시험기 ⑦ 표면온도계(−10℃~300℃) ⑧ 두께측정기(1.5mm~99.9mm) ⑨ 안전용구(안전모, 안전화, 손전등, 안전로프 등) ⑩ 소화설비점검기구(소화전밸브압력계, 방수압력측정계, 포콜렉터, 헤드렌치, 포콘테이너)

38 **위험물안전관리대행기관의 업무수행에 관한 규정내용으로 옳지 않은 것은?**

① 1인의 기술인력을 지정할 경우 안전관리자의 업무를 성실히 대행할 수 있는 범위 내에서 관리하는 제조소등의 수가 25를 초과하지 아니하도록 지정해야 한다.

② 안전관리원으로 지정된 자 또는 대행기관의 기술인력은 안전관리자 책무를 성실히 이행해야 한다.

③ 안전관리를 대행의 의뢰한 관계인은 해당 제조소등마다 대행기관의 기술인력을 감독할 수 있는 위치에 있는 사람을 안전관리원으로 지정해야 한다.

④ 기술인력이 위험물의 취급작업에 참여하지 아니하는 경우 매월 4회 이상 점검을 실시하고 기록·보본해야 한다.

해설 안전관리대행기관은 제1항의 규정에 따라 기술인력을 안전관리자로 지정함에 있어서 1인의 기술인력을 다수의 제조소등의 안전관리자로 중복하여 지정하는 경우에는 영 제12조 제1항 및 이 규칙 제56조의 규정에 적합하게 지정하거나 안전관리자의 업무를 성실히 대행할 수 있는 범위 내에서 관리하는 제조소등의 수가 25를 초과하지 아니하도록 지정해야 한다. 이 경우 각 제조소등(지정수량의 20배 이하를 저장하는 저장소는 제외한다)의 관계인은 해당 제조소등마다 위험물의 취급에 관한 국가기술자격자 또는 법 제28조 제1항에 따른 안전교육을 받은 자를 안전관리원으로 지정하여 대행기관이 지정한 안전관리자의 업무를 보조하게 해야 한다(시행규칙 제59조 제2항).

38 ③ **정답**

39 **정기점검 구분과 점검횟수에 대한 내용으로 옳지 않은 것은?**

① 정기점검대상의 제조소등은 연 2회 이상의 정기점검을 실시해야 한다.
② 액체위험물을 저장 또는 취급하는 50만리터 이상의 옥외탱크저장소의 탱크는 추가로 구조안전점검을 실시해야 한다.
③ 구조안전점검은 완공검사합격확인증교부일로부터 12년 이내에 1회 이상 실시해야 한다.
④ 구조안전점검은 받은 날로부터 11년(연장 신청 시는 13년) 이내에 1회 이상 실시해야 한다.

해설 정기점검대상 제조소등은 연 1회 이상의 정기점검을 실시해야 한다.

40 **위험물 제조소등 정기점검 등 서류 보존기간에 대한 설명으로 옳은 것은?**

① 일반 정기점검의 기록보존 기간 : 2년
② 점검 결과를 기록하지 않거나 보존하지 않은 경우 200만원 이하의 벌금에 처한다.
③ 특정 옥외저장탱크에 안전조치를 한 후 기술원에 구조안전점검시기 연장 신청하여 구조안전점검에 받은 경우의 점검기록 : 25년
④ 옥외저장탱크의 구조안전점검에 관한 기록보존기간 : 25년

해설 **정기점검기록 보존기간(시행규칙 제68조 제2항)**

- 옥외저장탱크의 구조안전점검에 관한 기록 : 25년
- 특정 옥외저장탱크에 안전조치를 한 후 기술원에 구조안전점검시기 연장 신청하여 구조안전점검에 받은 경우의 점검기록 : 30년
- 일반 정기점검의 기록 : 3년

41 **자체 소방대를 두어야 하는 제조소등에 해당하지 않은 대상은?**

① 취급하는 제4류 위험물의 최대수량의 합이 지정수량의 3천배 이상의 제조소
② 취급하는 제4류 위험물의 최대수량의 합이 지정수량의 3천배 이상의 일반취급소
③ 경유를 5억리터 이상을 저장하는 옥외탱크저장소
④ 휘발유를 50만리터 이상을 저장하는 옥외탱크저장소

해설 저장하는 제4류 위험물의 최대수량이 지정수량의 50만배 이상인 경우 자체 소방대를 두어야 하는 옥외탱크저장소이다.

따라서 지정수량 배수 $= \frac{\text{최대저장량}}{\text{지정수량}} = \frac{500000}{200} = 2{,}500$배

42 **옥외탱크저장소에 저장하는 제4류 위험물의 최대수량이 지정수량의 50만배 이상인 사업소에 편성된 자체 소방대에 필요한 화학소방차 및 인원으로 옳은 것은?**

① 2대, 10인
② 3대, 10인
③ 3대, 15인
④ 4대, 20인

정답 39 ① 40 ④ 41 ④ 42 ①

해설 자체 소방대 편성에 필요한 화학소방차 및 인원

사업소의 구분	화학 소방자동차	자체소방 대원의 수
옥외탱크저장소에 저장하는 제4류 위험물의 최대수량이 지정수량의 50만배 이상인 사업소	2대	10인

43 위험물 제조소등의 정기점검 및 정기검사에 대한 설명으로 옳은 것은?

① 액체위험물을 저장・취급하는 50만리터 이상의 옥외탱크저장소는 정기점검・구조안전점검・정밀정기검사 및 중간정기검사를 받아야 한다.
② 정기점검 대상과 정기검사 대상은 같다.
③ 정기점검을 한 제조소등의 관계인은 점검을 한 날부터 14일 이내에 점검결과를 시・도지사에게 제출해야 한다.
④ 지하탱크저장소는 정기검사 대상에 해당한다.

해설 ② 정기점검 대상과 정기검사 대상은 일치하지 않는다.

정기점검 대상	정기검사 대상
• 예방규정을 정하는 제조소등 • 지하탱크저장소 • 이동탱크저장소 • 위험물을 취급하는 탱크로서 지하에 매설된 탱크가 있는 제조소・주유취급소 또는 일반취급소	• 액체위험물을 저장 또는 취급하는 50만리터 이상의 옥외탱크저장소 • 위험물 배관이 지하에 매설된 이송취급소 • 300미터를 초과하는 위험물 배관이 지하에 매설된 제조소, 일반취급소 또는 주유취급소 • 5만리터 이상의 위험물 취급탱크가 지하에 매설된 제조소, 일반취급소 또는 주유취급소

③ 정기점검을 한 제조소등의 관계인은 점검을 한 날부터 30일 이내에 점검결과를 시・도지사에게 제출해야 한다.
④ 지하탱크저장소는 정기점검대상에 해당한다.

44 액체위험물을 저장・취급하는 50만리터 이상의 옥외탱크저장소의 정기검사에 대한 설명으로 옳지 않은 것은?

① 정기검사는 정밀정기검사와 중간 검사로 구분한다.
② 중간 검사는 특정・준특정 옥외탱크저장소의 설치허가에 따른 완공검사합격확인증을 발급받은 날부터 4년 내에 1회 이상 받아야 한다.
③ 정밀정기검사를 받은 경우에는 중간정기검사를 받은 것으로 본다.
④ 중간 정기점검사 사항은 특정・준특정 옥외저장탱크의 구조・설비의 외관에 관한 사항에 관한 사항을 점검한다.

해설 정밀정기검사와 중간정기검사는 검사주기에 따라 각각 받아야 한다.

43 ① 44 ③ **정답**

제5장

위험물의 운반 등

작은 기회로부터 종종 위대한 업적이 시작된다.

– 데모스테네스 –

CHAPTER

05 위험물의 운반 등

- 위험물은 사용하는 목적에 따라 위험물 제조소·저장소·취급소에서 고정설비에 사용하는 것과 이동탱크, 운반용기 등으로 이동하면서 사용하는 경우로 대별할 수 있다. 고정된 위험물 설비의 경우에는 정기점검·검사 등으로 유지·관리하여 위험성을 통제할 수 있지만 용기에 적재하여 운반·운송하는 유동적인 위험물의 경우에는 위험물의 누출 등 뜻하지 않은 사고의 위험성이 많이 내포되어 운반·운송의 안정성 확보가 무엇보다 중요하다고 볼 수 있다.
- 이 장은 이러한 위험물의 운반·운송에 관한 기준을 정하여 운반·운송 시 위험물 저장·취급의 전반적인 사항을 준수하게 함으로써 이 법이 정하는 목적을 실현하는 데 있다.

01 위험물의 운반(법 제20조)

(1) 위험물의 운반의 개념

위험물의 운반이라 함은 일정구역 내에서 위험물을 사용 또는 취급하기 위하여 위험물을 용기에 담아 이동시키는 것을 말한다. 위험물의 운반 등과 관련하여 중요기준과 세부기준으로 구분하여 규정하고 이를 적정 준수토록 하여 위험물을 사용하면서 발생될 수 있는 각종 위해를 방지하고자 하는 것이다.

(2) 위험물의 운반에 관한 기준 2013년 경기소방장 기출

① 위험물의 운반은 그 용기·적재방법 및 운반방법에 관한 다음 각 호의 중요기준과 세부기준에 따라 행해야 한다(법 제20조 제1항).

㉠ 중요기준 : 화재 등 위해의 예방과 응급조치에 있어서 큰 영향을 미치거나 그 기준을 위반하는 경우 직접적으로 화재를 일으킬 가능성이 큰 기준으로서 행정안전부령이 정하는 기준(시행규칙 별표19)

위험물 운반에 관한 중요기준을 따르지 아니한 자 : 1천만원 이하의 벌금(법 제37조)

㉡ 세부기준 : 화재 등 위해의 예방과 응급조치에 있어서 중요기준보다 상대적으로 적은 영향을 미치거나 그 기준을 위반하는 경우 간접적으로 화재를 일으킬 수 있는 기준 및

위험물의 안전관리에 필요한 표시와 서류・기구 등의 비치에 관한 기준으로서 행정안전부령이 정하는 기준(시행규칙 별표19)

위험물 운반에 관한 세부기준을 따르지 아니한 자 : 500만원 이하의 과태료

② 위험물의 운반에 관한 기준 : 별표19

(3) 위험물운반자의 자격(법 제20조 제2항)

운반용기에 수납된 위험물을 지정수량 이상으로 차량에 적재하여 운반하는 차량의 운전자(이하 "위험물운반자"라 한다)는 다음 각 호의 어느 하나에 해당하는 요건을 갖추어야 한다.

① 「국가기술자격법」에 따른 위험물 분야의 자격을 취득할 것

② 해당 업무에 관한 능력의 습득 또는 향상을 위하여 소방청장이 실시하는 교육을 수료할 것

(4) 운반용기의 검사(법 제20조 제3항)

① 시・지도사는 운반용기를 제작하거나 수입한 자 등의 신청에 따라 위 (2)의 ①에 따른 운반용기를 검사할 수 있다.

② 다만, 기계에 의하여 하역하는 구조로 된 대형의 운반용기로서 행정안전부령(별표20에 규정한 운반용기)이 정하는 것을 제작하거나 수입한 자 등은 행정안전부령(제51조)이 정하는 바에 따라 해당 용기를 사용하거나 유통시키기 전에 시・도지사가 실시하는 운반용기에 대한 검사를 받아야 한다.

위험물 운반용기에 대한 검사를 받지 아니하고 운반용기를 사용하거나 유통시킨 자 : 1년 이하의 징역 또는 1천만원 이하의 벌금(법 제35조)

(5) 운반용기 검사신청(규칙 제51조 제2항)

① **신청자** : 운반용기의 검사를 받으려는 자

② **제출처** : 한국소방산업기술원

③ **제출서류**

㉠ 위험물용기검사신청서(전자문서 포함) : 별지 제30호 서식

㉡ 용기의 설계도면

㉢ 재료에 관한 설명서

다만, UN의 위험물 운송에 관한 권고(RTDG, Recommendations on the Transport of Dangerous Goods)에서 정한 기준에 따라 관련 검사기관으로부터 검사를 받은 때에는 그러하지 아니하다.

④ 기술원은 검사신청을 한 운반용기가 운반용기에 관한 기준(별표19 Ⅰ)에 적합하고 위험물의 운반상 지장이 없다고 인정되는 때에는 용기검사합격확인증을 교부(별지 제31호 서식)해야 한다.

[운반용기 검사절차]

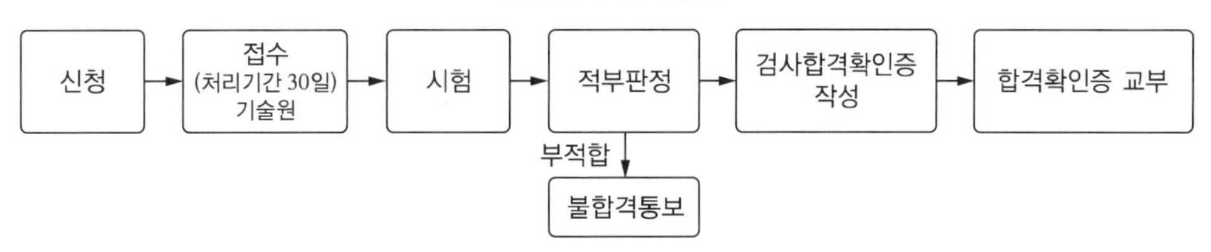

⑤ 기술원의 원장은 운반용기 검사업무의 처리절차와 방법을 정하여 운용해야 한다.

⑥ 기술원의 원장은 전년도의 운반용기 검사업무 처리결과를 매년 1월 31일까지 시·도지사에게 보고해야 하고, 시·도지사는 기술원으로부터 보고받은 운반용기 검사업무 처리결과를 매년 2월 말까지 소방청장에게 제출해야 한다.

02 위험물의 운송(법 제21조)★★★

(1) 이동탱크저장소에 의하여 위험물을 운송하는 자(운송책임자 및 이동탱크저장소운전자를 말하며, 이하 "위험물운송자"라 한다)는 다음 각 호의 어느 하나에 해당하는 요건을 갖추어야 한다.

① 운송책임자★★

㉠ 정의 : 위험물 운송에 있어서 운송을 감독 또는 지원하는 자

㉡ 자격요건(규칙 제52조 제1항)

- 해당 위험물의 취급에 관한 국가기술자격을 취득하고 관련 업무에 1년 이상 종사한 경력이 있는 자
- 소방청장(한국소방안전원)이 실시하는 위험물의 운송에 관한 안전교육을 수료하고 관련 업무에 2년 이상 종사한 경력이 있는 자

② 이동탱크저장소운전자★★

㉠ 자격요건

- 「국가기술자격법」에 따른 위험물 분야의 자격을 취득할 것
- 해당 업무에 관한 능력의 습득 또는 향상을 위하여 소방청장이 실시하는 교육을 수료할 것

㉡ 의무 : 위험물 운송에 관한 기준 준수, 정지지시 수인, 증명서 제시, 신원확인 질문에 답변

> 이동탱크저장소로 위험물을 운송하는 자는 국가기술자격 또는 안전교육을 받은 자이어야 하나 이를 위반한 위험물운송자 : 1천만원 이하의 벌금(법 제37조)

(2) 대통령령[영 제19조]이 정하는 위험물의 운송에 있어서는 운송책임자(위험물 운송의 감독 또는 지원을 하는 자를 말한다. 이하 같다)의 감독 또는 지원을 받아 이를 운송해야 한다. 운송책임자의 범위, 감독 또는 지원의 방법 등에 관한 구체적인 기준은 행정안전부령(규칙 제52조 제1, 2항 별표21)으로 정한다.

(3) 운송책임자의 감독 또는 지원을 받아 운송해야 하는 위험물(영 제19조)★★★★

2016년 소방위 기출 2023년 소방위 기출

① 알킬알루미늄

② 알킬리튬

③ ① 또는 ②의 물질을 함유하는 위험물

운송책임자의 감독 또는 지원을 받지 않고 운송한 위험물운송자 : 1천만원 이하 벌금(법 제37조)

(4) 위험물운송자는 이동탱크저장소에 의하여 위험물을 운송하는 때에는 행정안전부령이 정하는 기준(규칙 제52조 제2항)을 준수하는 등 해당 위험물의 안전확보를 위하여 세심한 주의를 기울여야 한다.

이동탱크저장소운전자가 위험물의 운송에 관한 기준을 따르지 아니한 자 : 500만원 이하의 과태료

(5) 위험물 운송책임자의 감독 또는 지원의 방법과 위험물의 운송 시에 준수해야 하는 사항(제52조 제2항 관련 별표21)★★★

① 운송책임자의 감독 또는 지원의 방법

㉠ 운송책임자가 이동탱크저장소에 동승하여 운송 중인 위험물의 안전확보에 관하여 운전자에게 필요한 감독 또는 지원을 하는 방법. 다만, 운전자가 운송책임자의 자격이 있는 경우에는 운송책임자의 자격이 없는 자가 동승할 수 있다.

㉡ 운송의 감독 또는 지원을 위하여 마련한 별도의 사무실에 운송책임자가 대기하면서 다음의 사항을 이행하는 방법

- 운송경로를 미리 파악하고 관할소방관서 또는 관련업체(비상대응에 관한 협력을 얻을 수 있는 업체를 말한다)에 대한 연락체계를 갖추는 것
- 이동탱크저장소의 운전자에 대하여 수시로 안전확보 상황을 확인하는 것
- 비상시의 응급처치에 관하여 조언을 하는 것
- 그 밖에 위험물의 운송 중 안전확보에 관하여 필요한 정보를 제공하고 감독 또는 지원하는 것

② 이동탱크저장소에 의한 위험물의 운송 시에 준수해야 하는 기준

㉠ 위험물운송자는 운송의 개시 전에 이동저장탱크의 배출밸브 등의 밸브와 폐쇄장치, 맨홀 및 주입구의 뚜껑, 소화기 등의 점검을 충분히 실시할 것

㉡ 위험물운송자는 장거리(고속국도에 있어서는 340km 이상, 그 밖의 도로에 있어서는 200km 이상을 말한다)에 걸치는 운송을 하는 때에는 2명 이상의 운전자로 할 것. 다만, 다음의 1에 해당하는 경우에는 그렇지 않다. **2022년 소방장 기출**

- 운송책임자를 동승시킨 경우
- 운송하는 위험물이 제2류 위험물・제3류 위험물(칼슘 또는 알루미늄의 탄화물과 이것만을 함유한 것에 한한다)또는 제4류 위험물(특수인화물을 제외한다)인 경우
- 운송도중에 2시간 이내마다 20분 이상씩 휴식하는 경우

③ 위험물운송자는 이동탱크저장소를 휴식・고장 등으로 일시 정차시킬 때에는 안전한 장소를 택하고 해당 이동탱크저장소의 안전을 위한 감시를 할 수 있는 위치에 있는 등 운송하는 위험물의 안전확보에 주의할 것

④ 위험물운송자는 이동저장탱크로부터 위험물이 현저하게 새는 등 재해발생의 우려가 있는 경우에는 재난을 방지하기 위한 응급조치를 강구하는 동시에 소방관서 그 밖의 관계기관에 통보할 것

⑤ 위험물(제4류 위험물에 있어서는 특수인화물 및 제1석유류에 한한다)을 운송하게 하는 자는 별지 제48호 서식의 위험물안전카드를 위험물운송자로 하여금 휴대하게 할 것★★★★

2017년, 2018년 소방장 기출

⑥ 위험물운송자는 위험물안전카드를 휴대하고 해당 카드에 기재된 내용에 따를 것. 다만, 재난 그 밖의 불가피한 이유가 있는 경우에는 해당 기재된 내용에 따르지 아니할 수 있다.

(6) 위험물운송자 및 운반자와 관련한 행정벌 정리

① 주행 중의 이동탱크저장소 정지지시를 거부하거나 국가기술자격증 또는 교육수료증의 제시를 거부 또는 기피한 자 : 1천 500만원 이하의 벌금
② 이동탱크저장소로 위험물을 운송하는 자 또는 위험물운반자의 자격요건을 갖추지 아니하고 위험물을 운송 또는 운반한 이동탱크운송책임자, 이동탱크운전자, 위험물운반자 : 1천만원 이하의 벌금
③ 알킬알루미늄, 알킬리튬, 이들을 함유하는 위험물 운송에 있어서는 운송책임자의 지도 또는 지원을 받아 운송해야 하나 이를 위반한 위험물운송자 : 1천만원 이하의 벌금
④ 위험물의 저장 또는 취급에 관한 중요기준에 따르지 아니한 자 : 1천 500만원 이하의 벌금
⑤ 위험물의 운반에 관한 중요기준에 따르지 아니한 자 : 1천만원 이하의 벌금
⑥ 이동탱크저장소운전자 중 위험물의 운송에 관한 세부기준을 따르지 아니한 자 : 500만원 이하의 과태료
⑦ 위험물운전자 중 위험물 운반에 관한 세부기준을 따르지 아니한 자 : 500만원 이하의 과태료
⑧ 위험물 저장・취급에 관한 세부기준을 따르지 아니한 자 : 500만원 이하의 과태료

(7) 위험물안전관리자 등 자격정리

<table>
<tr><th colspan="2">구 분</th><th>자격기준</th></tr>
<tr><td colspan="2">위험물안전관리자</td><td>위험물국가기술자격자, 위험물강습교육수료자, 소방공무원 경력자 등</td></tr>
<tr><td colspan="2">위험물안전관리자 여행 등 일시적 부재 시 대리자 자격</td><td rowspan="2">• 위험물 취급에 관한 국가기술자격취득자
• 위험물안전교육을 받은 자
• 제조소등의 위험물안전관리업무에 있어서 안전관리자를 지휘·감독하는 직위에 있는 자</td></tr>
<tr><td colspan="2">1인 중복선임 시 안전관리자 보조자의 자격(법 제15조 제8항)</td></tr>
<tr><td colspan="2">안전관리대행기관 업무보조자 (시행규칙 제59조 제2항)</td><td>• 위험물의 취급에 관한 국가기술자격자
• 위험물안전교육을 받은 자</td></tr>
<tr><td rowspan="2">위험물운송자 (법 제21조 제1항)</td><td>위험물 운송책임자</td><td>• 해당 위험물의 취급에 관한 국가기술자격을 취득하고 관련 업무에 1년 이상 종사한 경력이 있는 자
• 위험물의 운송에 관한 안전교육을 수료하고 관련 업무에 2년 이상 종사한 경력이 있는 자</td></tr>
<tr><td>이동탱크저장소 운전자</td><td rowspan="2">• 위험물의 취급에 관한 국가기술자격자
• 위험물안전교육을 받은 자</td></tr>
<tr><td colspan="2">위험물운반자(법 제20조 제2항)</td></tr>
</table>

CHAPTER

05 출제예상문제

01 위험물운송책임자와 이동탱크저장소운전자에 대한 설명으로 옳은 것은?

① 운송책임자와 이동탱크저장소운전자의 자격요건은 같다.
② 위험물의 운송에 관한 안전교육을 수료하고 관련 업무에 1년 이상 종사한 경력이 있는 자는 운송책임자의 자격이 있다.
③ 운송책임자 및 이동탱크저장소운전자를 위험물운송자라 한다.
④ 해당 위험물취급에 관한 국가기술자격자는 운송책임자가 될 수 있다.

해설
- 운송책임자 자격요건
  - 해당 위험물의 취급에 관한 국가기술자격을 취득하고 관련 업무에 1년 이상 종사한 경력이 있는 자
  - 위험물의 운송에 관한 안전교육을 수료하고 관련 업무에 2년 이상 종사한 경력이 있는 자
- 이동탱크저장소운전자 자격요건
  - 위험물 분야의 자격을 취득할 것
  - 해당 업무에 관한 능력의 습득 또는 향상을 위하여 소방청장이 실시하는 교육을 수료할 것

02 위험물의 운반 시 용기·적재방법 및 운반방법에 관하여는 화재 등의 위해 예방과 응급조치상의 중요성을 고려하여 중요기준 및 세부기준은 어느 기준에 따라야 하는가?

① 행정안전부령
② 대통령령
③ 소방본부장
④ 시·도의 조례

해설 위험물의 운반 시 중요기준 및 세부기준 : **행정안전부령**(법 제20조)

03 다음 보기 중 운송책임자의 감독 또는 지원을 받아 운송해야 하는 위험물을 모두 고르시오.

㉠ 알킬알루미늄	㉡ 알킬리튬
㉢ 황 린	㉣ 알킬알루미늄 또는 알킬리튬을 함유하는 물질

① ㉠, ㉡, ㉣
② ㉠, ㉡, ㉢
③ ㉠, ㉡
④ 상기 다 맞다.

정답 01 ③ 02 ① 03 ①

해설 운송책임자의 감독 또는 지원을 받아 운송해야 하는 위험물
- 알킬알루미늄
- 알킬리튬
- 알킬알루미늄 또는 알킬리튬을 함유하는 위험물

04 **위험물의 운반에 관한 중요기준 따르지 않은 경우 벌칙 규정으로 옳은 것은?**

① 100만원 이하의 벌금
② 200만원 이하의 벌금
③ 1천만원 이하의 벌금
④ 1천 500만원 이하의 벌금

해설 위험물 운반에 관한 중요기준을 따르지 아니한 자 : 1천만원 이하의 벌금(법 제37조)

05 **위험물의 운반에 관한 세부기준 따르지 않은 경우 행정벌 규정으로 맞는 것은?**

① 500만원 이하의 과태료
② 200만원 이하의 벌금
③ 100만원 이하의 과태료
④ 100만원 이하의 벌금

해설 위험물 운반에 관한 세부기준을 따르지 아니한 자 : 500만원 이하의 과태료

06 **기계에 의하여 하역하는 구조로 된 대형의 운반용기로서 행정안전부령이 정하는 것을 제작하거나 수입한 자 등은 행정안전부령이 정하는 바에 따라 해당 용기를 사용하거나 유통시키기 전에 누구에게 운반용기에 대한 검사를 받아야 하는가?**

① 시・도지사
② 소방본부장
③ 관할 소방서장
④ 소방청장

해설 기계에 의하여 하역하는 구조로 된 대형의 운반용기로서 행정안전부령이 정하는 것(별표20에 규정한 운반용기)을 제작하거나 수입한 자 등은 행정안전부령이 정하는 바에 따라 해당 용기를 사용하거나 유통시키기 전에 **시・도지사**가 실시하는 운반용기에 대한 검사를 받아야 한다(법 제20조 제2항).

04 ③ 05 ① 06 ① 정답

07 **위험물 운반용기에 대한 검사를 받지 아니하고 운반용기를 사용하거나 유통시킨 자의 행정벌은?**

① 1천만원 이하의 벌금

② 500만원 이하의 과태료

③ 1년 이하의 징역 또는 1천만원 이하의 벌금

④ 3년 이하의 징역 또는 1천 5백원 이하의 벌금

해설 위험물 운반용기에 대한 검사를 받지 아니하고 운반용기를 사용하거나 유통시킨 자 : 1년 이하의 징역 또는 1천만원 이하의 벌금(법 제35조)

08 **위험물 운반용기에 대한 검사에 관한 업무의 처리절차와 방법을 정하여 운용할 수 있는 규정을 누가 정하는가?**

① 소방청장

② 소방본부장·소방서장

③ 한국소방산업기술원장

④ 중앙소방본부장

해설 기술원의 원장은 운반용기 검사업무의 처리절차와 방법을 정하여 운용할 수 있다.

09 **위험물 운반용기에 대한 검사신청에 관한 설명이다. 틀린 내용은 무엇인가?**

① 신청자는 운반용기 검사를 받으려는 자이다.

② 운반용기가 운반용기에 관한 기준(별표19 Ⅰ)에 적합하고 위험물의 운반상 지장이 없다고 인정되는 때에는 용기검사합격확인증을 교부(별지 제31호 서식)해야 한다.

③ 운반용기 검사신청은 소방청장에게 제출한다.

④ 용기검사신청서에 용기의 설계도면 및 재료에 관한 설명서를 첨부한다.

해설 권한의 위탁규정에 따라 시·지도사의 운반용기 검사를 기술원에 위탁되어 한국산업기술원장에게 제출해야 한다.

정답 07 ③ 08 ③ 09 ③

10 **위험물 이동탱크저장소운전자가 지켜야 할 사항이다. 이를 위반 시 처벌규정에 대한 설명 중 틀린 것은?**

① 주행 중의 이동탱크저장소 정지지시를 거부하거나 국가기술자격증 또는 교육수료증의 제시를 거부 또는 기피한 자는 50만원 이하의 과태료에 처한다.

② 이동탱크저장소로 위험물을 운송하는 자 또는 위험물운반자의 자격요건을 갖추지 아니하고 위험물을 운송 또는 운반한 이동탱크운송책임자, 이동탱크운전자, 위험물운반자는 1천만원 이하의 벌금에 처한다.

③ 알킬알루미늄, 알킬리튬, 이들을 함유하는 위험물운송에 있어서는 운송책임자의 지도 또는 지원을 받아 운송해야 하나 이를 위반한 위험물운송자 는 1천만원 이하의 벌금에 처한다.

④ 이동탱크저장소운전자 중 위험물의 운송에 관한 기준을 따르지 아니한 자는 500만원 이하의 과태료를 부과한다.

해설 위험물운송자 및 운반자와 관련한 행정벌 정리

- 주행 중의 이동탱크저장소 정지지시를 거부하거나 국가기술자격증, 교육수료증・신원확인을 위한 증명서의 제시 요구 또는 신원확인을 위한 질문에 응하지 아니한 사람 : 1천 500만원 이하의 벌금
- 이동탱크저장소로 위험물을 운송하는 자 또는 위험물운반자의 자격요건을 갖추지 아니하고 위험물을 운송 또는 운반한 이동탱크운송책임자, 이동탱크운전자, 위험물운반자 : 1천만원 이하의 벌금
- 알킬알루미늄, 알킬리튬, 이들을 함유하는 위험물운송에 있어서는 운송책임자의 지도 또는 지원을 받아 운송해야 하나 이를 위반한 위험물운송자 : 1천만원 이하의 벌금
- 위험물의 저장 또는 취급에 관한 중요기준에 따르지 아니한 자 : 1천 500만원 이하의 벌금
- 위험물의 운반에 관한 중요기준에 따르지 아니한 자 : 1천만원 이하의 벌금
- 이동탱크저장소운전자 중 위험물의 운송에 관한 세부기준을 따르지 아니한 자 : 500만원 이하의 과태료
- 위험물운전자 중 위험물 운반에 관한 세부기준을 따르지 아니한 자 : 500만원 이하의 과태료
- 위험물 저장・취급에 관한 세부기준을 따르지 아니한 자 : 500만원 이하의 과태료

10 ① **정답**

제6장

감독 및 조치명령

무언가를 위해 목숨을 버릴 각오가 되어 있지 않는 한
그것이 삶의 목표라는 어떤 확신도 가질 수 없다.

– 체 게바라 –

06 감독 및 조치명령

이 법에 규정된 행정목적 실현을 위한 실효성 확보를 위한 위험물 제조소등 및 관련사항에 대한 각종 명령 및 처분권에 대하여 규정하고 있으며 이 장에서는 소방청장, 시·도지사, 소방본부장 또는 소방서장에게 위험물 제조소등 장소 및 관계인에 대한 출입·검사에 관한 사항, 탱크시험자에 대한 감독권의 행사, 무허가위험물에 대한 조치에 관한 사항, 제조소등에 대한 긴급조치권, 저장·취급기준 준수명령, 위험물의 유출시 응급조치·통보 및 조치명령 등에 대하여 규정하고 있다.

01 출입·검사 등(법 제22조) 2013년, 2016년 소방위 기출 2020년 소방장 기출

(1) 소방청장(중앙119구조본부장 및 그 소속 기관의 장을 포함한다. 제22조의2에서 같다), 시·도지사, 소방본부장 또는 소방서장은 위험물의 저장 또는 취급에 따른 화재의 예방 또는 진압대책을 위하여 필요한 때에는 위험물을 저장 또는 취급하고 있다고 인정되는 장소의 관계인에 대하여 필요한 보고 또는 자료제출을 명할 수 있으며, 관계공무원으로 하여금 해당 장소에 출입하여 그 장소의 위치·구조·설비 및 위험물의 저장·취급상황에 대하여 검사하게 하거나 관계인에게 질문하게 하고 시험에 필요한 최소한의 위험물 또는 위험물로 의심되는 물품을 수거하게 할 수 있다. 다만, 개인의 주거는 관계인의 승낙을 얻은 경우 또는 화재발생의 우려가 커서 긴급한 필요가 있는 경우가 아니면 출입할 수 없다.

① 출입·검사의 수단

㉠ 보고 또는 자료제출 명령

- 명령의 주체 : 소방청장, 시·도지사, 소방본부장 또는 소방서장
- 명령의 성격 : 행정상 작위하명
- 명령의 객체 : 위험물이 있다고 인정되는 장소의 관계인 및 탱크시험자
- 명령의 요건 : 위험물의 저장 또는 취급에 따른 화재의 예방 또는 진압대책을 위하여 필요한 때
- 보고 또는 자료제출 사항 : "화재의 예방 및 진압대책상 필요한" 관계 자료를 말하며 이때 자료라 함은 해당 장소에 있어서 위험물의 저장 및 취급과 관련한 사항에 있어 화재예방 및 진압대책상의 필요한 자료를 말하며 관계인의 하명에 대한 수인 정도를 고려하여 필요한 최소의 범위에서 이루어져야 하며 자료의 요청은 화재와 또는 진압대책과 관련한 사항이어야 한다.

㉡ 출입 · 검사

출입 · 검사란 그 장소의 위치 · 구조 · 설비 및 위험물의 저장 · 취급상황에 대하여 이들이 소유하거나 점유하고 있는 장부, 서류, 기타 물건을 검사(조사)하는 것

- 출입검사의 제한
  - 해당 장소의 공개 또는 근무 시간 내
  - 주간(해뜬 후부터 해지기 전)
  - 예외 : 관계인의 승낙 또는 화재발생우려가 커서 긴급한 필요가 있는 경우
- 개인주거에 있어서 원칙적으로 제한
  - 예외 : 관계인의 승낙 또는 화재발생우려가 커서 긴급한 필요가 있는 경우
- 출입검사와 물품수거
  - 위험물 또는 위험물로 의심되는 물품에 대하여 시험에 필요한 최소한의 양을 수거할 수 있도록 규정하고 있다.

㉢ 질문 : 관계 장소 위치 · 구조 · 설비 및 위험물의 저장 · 취급상황에 관하여 관계인에게 설명을 구하는 행위

② **출입 · 검사의 결과조치**

㉠ 출입 · 검사 등을 행하는 관계공무원은 법 또는 법에 근거한 명령 또는 조례의 규정에 적합하지 아니한 사항을 발견한 때에는 그 내용을 기재한 규칙 별지 제47호 서식(위험물제조소등 소방검사서)의 사본을 검사현장에서 제조소등의 관계인에게 교부해야 한다.

㉡ 다만, 도로상에서 주행 중인 이동탱크저장소를 정지시켜 검사를 한 경우에는 그러하지 아니하다.

③ **출입 · 검사자의 의무★★★★★**

㉠ 권한을 표시하는 증표의 제시의무

㉡ 관계인의 정당한 업무방해금지의 의무

㉢ 출입검사 수행 시 업무상 알게 된 비밀누설금지 의무

㉣ 개인의 주거에 있어서는 승낙을 받을 의무

(2) 소방공무원 또는 경찰공무원은 위험물운반자 또는 위험물운송자의 요건을 확인하기 위하여 필요하다고 인정하는 경우에는 주행 중인 위험물 운반 차량 또는 이동탱크저장소를 정지시켜 해당 위험물운반자 또는 위험물운송자에게 그 자격을 증명할 수 있는 국가기술자격증 또는 교육수료증의 제시를 요구할 수 있으며, 이를 제시하지 아니한 경우에는 주민등록증, 여권, 운전면허증 등 신원확인을 위한 증명서를 제시할 것을 요구하거나 신원확인을 위한 질문을 할 수 있다. 이 직무를 수행하는 경우에 있어서 소방공무원과 경찰공무원은 긴밀히 협력해야 한다.

주행 중의 이동탱크저장소 정지지시를 거부하거나 국가기술자격증, 교육수료증 · 신원확인을 위한 증명서의 제시 요구 또는 신원확인을 위한 질문에 응하지 아니한 사람 : 1천 500만원 이하의 벌금(법 제35조)

(3) 출입 · 검사 등은 그 장소의 공개시간이나 근무시간 내 또는 해가 뜬 후부터 해가 지기 전까지의 시간 내에 행해야 한다. 다만, 건축물 그 밖의 공작물의 관계인의 승낙을 얻은 경우 또는 화재발생의 우려가 커서 긴급한 필요가 있는 경우에는 그러하지 아니하다.

(4) 출입 · 검사 등을 행하는 관계공무원은 관계인의 정당한 업무를 방해하거나 출입 · 검사 등을 수행하면서 알게 된 비밀을 다른 자에게 누설하여서는 아니 된다.

Plus one

소방관계법령에 따른 출입 · 조사 등에서 관계인의 업무방해 및 비밀누설자의 행정벌 정리

- 「위험물안전관리법」에 따른 출입 · 조사업무를 수행하는 관계공무원이 관계인의 정당한 업무를 방해하거나 출입 조사 등을 수행하면서 알게 된 비밀을 누설한 사람 : 1천만원 이하의 벌금
- 「소방의 화재조사에 관한 법률」에 따른 화재조사를 하는 화재조사관이 관계인의 정당한 업무를 방해하거나 화재조사를 수행하면서 알게 된 비밀을 다른 용도로 사용하거나 다른 사람에게 누설한 사람 : 300만원 이하의 벌금
- 「화재의 예방 및 안전관리에 관한 법률」에 따른 화재안전조사 업무를 수행하는 관계 공무원 및 관계 전문가가 관계인의 정당한 업무를 방해하여서는 아니 되며, 조사업무를 수행하면서 취득한 자료나 알게 된 비밀을 다른 사람 또는 기관에 제공 또는 누설하거나 목적 외의 용도로 사용한 사람 : 1년 이하의 징역 또는 1천만원 이하의 벌금

(5) 시 · 도지사, 소방본부장 또는 소방서장은 탱크시험자에게 탱크시험자의 등록 또는 그 업무에 관하여 필요한 보고 또는 자료제출을 명하거나 관계공무원으로 하여금 해당 사무소에 출입하여 업무의 상황 · 시험기구 · 장부 · 서류와 그 밖의 물건을 검사하게 하거나 관계인에게 질문하게 할 수 있다.

Plus one

보고 또는 자료제출을 하지 아니하거나 허위로 보고 또는 자료제출을 한 자 또는 관계공무원의 출입 · 검사 또는 수거를 거부 · 방해 또는 기피한 자의 행정벌 정리

- 위험물 제조소등의 출입 · 검사 및 위험물 사고조사 시 : 1년 이하의 징역 또는 1천만원 이하의 벌금
- 탱크시험자 감독상 출입 · 검사 : 1천 500만원 이하의 벌금
- 화재안전조사를 정당한 사유 없이 거부 · 방해 또는 기피한 자 : 300만원 이하의 벌금

(6) 출입 · 검사 등을 하는 관계공무원은 그 권한을 표시하는 증표를 지니고 관계인에게 이를 내보여야 한다.

02 위험물 누출 등 사고조사(법 제22조의2)

(1) 위험물 누출 등 사고조사 2016년, 2018년 소방위 기출

소방청장(중앙119구조본부장 및 그 소속 기관의 장을 포함한다), 소방본부장 또는 소방서장은 위험물의 누출・화재・폭발 등의 사고가 발생한 경우 사고의 원인 및 피해 등을 조사해야 한다.

(2) 위험물 사고조사자의 권리 및 의무

01 (1)의 보고 및 자료제출 요구・출입검사 및 위험물 수거・01 (3)의 공개시간에 조사・01 (4)의 업무방해 및 비밀누설금지 및 01 (6)의 증표의 제시의무을 준용한다.

(3) 사고조사위원회

① 소방청장, 소방본부장 또는 소방서장은 위험물 사고조사에 필요한 경우 자문을 하기 위하여 관련 분야에 전문지식이 있는 사람으로 구성된 사고조사위원회를 둘 수 있다.

② 사고조사위원회의 구성과 운영 등에 필요한 사항은 대통령령으로 정한다.

(4) 사고조사위원회의 구성 등(시행령 제19조의2) 2023년 소방장 기출

① 위원회의 구성

사고조사위원회(이하 이 조에서 "위원회"라 한다)는 위원장 1명을 포함하여 7명 이내의 위원으로 구성한다.

② 위원의 임명 및 자격

위원회의 위원은 다음 각 호의 어느 하나에 해당하는 사람 중에서 소방청장, 소방본부장 또는 소방서장이 임명하거나 위촉하고, 위원장은 위원 중에서 소방청장, 소방본부장 또는 소방서장이 임명하거나 위촉한다.

㉠ 소속 소방공무원

㉡ 기술원의 임직원 중 위험물안전관리 관련 업무에 5년 이상 종사한 사람

㉢ 한국소방안전원의 임직원 중 위험물안전관리 관련 업무에 5년 이상 종사한 사람

㉣ 위험물로 인한 사고의 원인・피해 조사 및 위험물안전관리 관련 업무 등에 관한 학식과 경험이 풍부한 사람

③ 위원의 임기

소속 소방공무원 이외에 위촉되는 민간위원의 임기는 2년으로 하며, 한 차례만 연임할 수 있다.

④ 위원회의 의결정족수 및 수당 등 지급

출석한 위원에게는 예산의 범위에서 수당, 여비, 그 밖에 필요한 경비를 지급할 수 있다. 다만, 공무원인 위원이 그 소관 업무와 직접적으로 관련되어 위원회에 출석하는 경우에는 지급하지 않는다.

⑤ 위원회의 구성 및 운영에 필요한 사항 : 소방청장이 정하여 고시할 수 있다.

Plus one

사고조사위원회의 구성 등

구 분		규정 내용
목 적		위험물의 누출·화재·폭발 등의 사고가 발생한 경우 사고의 원인 및 피해 등을 조사를 위함
구성권자		소방청장(중앙119구조본부장 및 그 소속기관의 장을 포함), 소방본부장 또는 소방서장
구 성		위원장 1명을 포함하여 7명 이내의 위원 ※ 위원장을 제외함(×)
임명 또는 위촉	위원장	위원 중에서 소방청장, 소방본부장 또는 소방서장이 임명 또는 위촉
	위 원	소방청장, 소방본부장 또는 소방서장 임명 또는 위촉
위원의 자격		• 소속 소방공무원 • 기술원의 임직원 중 위험물안전관리 관련 업무에 5년 이상 종사한 사람 • 한국소방안전원의 임직원 중 위험물안전관리 관련 업무에 5년 이상 종사한 사람 • 위험물로 인한 사고의 원인·피해 조사 및 위험물안전관리 관련 업무 등에 관한 학식과 경험이 풍부한 사람
임 기		2년, 단 한차례 연임 가능
수당, 여비		위원회에 출석한 위원에게는 예산의 범위에서 수당, 여비, 그 밖에 필요한 경비를 지급할 수 있다. 다만, 공무원인 위원이 그 소관 업무와 직접적으로 관련되어 위원회에 출석하는 경우에는 지급하지 않는다.

03 탱크시험자에 대한 명령(법 제23조)

(1) 시·도지사, 소방본부장 또는 소방서장은 탱크시험자에 대하여 해당 업무를 적정하게 실시하게 하기 위하여 필요하다고 인정하는 때에는 감독상 필요한 명령을 할 수 있다(법 제23조).

(2) 위반 시 행정벌

탱크시험자에 대한 감독상 명령에 따르지 아니한 자 : 1천 500만원 이하의 벌금(법 제36조)

(3) 탱크시험자 의무 규정

① 탱크시험자는 이 법 또는 이 법에 의한 명령에 따라 탱크안전성능시험 또는 점검에 관한 업무를 성실히 수행해야 한다(법 제16조 제6항).

② 시·도지사, 소방본부장 또는 소방서장은 탱크시험자에 대하여 필요한 보고 또는 자료제출을 명하거나 관계공무원으로 하여금 해당 사무소에 출입하여 업무의 상황·시험기구·장부·서류와 그 밖의 물건을 검사하게 하거나 관계인에게 질문하게 할 수 있다(법 제22조 제5항).

(4) 입법취지

탱크시험자의 업무수행이 적정하지 않는 경우 또는 감독상 필요할 경우 관할행정기관에서 부적정함을 바로잡고 필요한 사항에 대한 처분을 할 수 있도록 하여 탱크시험자의 적정업무, 이 법에서 규정하고 있는 의무의 적정이행을 담보하고자 함에 그 취지가 있다.

04 무허가장소의 위험물에 대한 조치명령(법 제24조)

(1) 시・도지사, 소방본부장 또는 소방서장은 위험물에 의한 재해를 방지하기 위하여 허가를 받지 아니하고 지정수량 이상의 위험물을 저장 또는 취급하는 자(제6조 제3항에 따라 허가를 받지 아니하는 자를 제외한다)에 대하여 그 위험물 및 시설의 제거 등 필요한 조치를 명할 수 있다(법 제24조).

(2) 위반 시 행정벌

무허가장소의 위험물에 대한 조치명령에 따르지 아니한 자 : 1천 500만원 이하의 벌금(법 제36조)

(3) 입법취지

① 이 법 제5조(위험물의 저장・취급 제한) 규정에 따른 지정수량 이상의 위험물을 저장・또는 취급하고자 하는 경우에는 반드시 시・도지사에게 제조소등의 설치허가를 받은 장소에서 저장・취급하도록 강제하고 있다.

② 무허가장소의 위험물은 지정수량 이상의 위험물을 시・도지사의 허가를 받지 않은 장소에서 저장・취급한 것을 말한다. 아래의 허가면제 대상(주택난방용 및 농예용)은 여기서 말하는 무허가위험물로 보지 아니한다.

⊕ Plus one

무허가위험물로 보지 아니하는 경우
- 주택의 난방시설(공동주택의 중앙난방시설을 제외한다)을 위한 저장소 또는 취급소를 설치한 자
- 농예용・축산용 또는 수산용으로 필요한 난방시설 또는 건조시설을 위한 지정수량 20배 이하의 저장소를 설치한 자

③ 따라서 허가받지 않은 장소에서 저장・취급하는 위험물에 대한 조치권한을 소방서장에게 부여하여 무허가 위험물 및 시설에 대한 제거 등 명령을 통하여 위험물안전사고를 방지하여 행정목적을 실현하기 위한 것이다.

05 제조소등에 대한 긴급 사용정지명령 등(법 제25조)

(1) 시·도지사, 소방본부장 또는 소방서장은 공공의 안전을 유지하거나 재해의 발생을 방지하기 위하여 긴급한 필요가 있다고 인정하는 때에는 제조소등의 관계인에 대하여 해당 제조소등의 사용을 일시정지하거나 그 사용을 제한할 것을 명할 수 있다(법 제25조).

(2) 위반 시 행정벌

제조소등에 대한 긴급 사용정지·제한명령을 위반한 자 : 1년 이하의 징역 또는 1천만원 이하의 벌금(법 제35조)

(3) 입법취지

① 위험물로 인한 재해는 인화성 또는 발화성으로 사회·환경적인 재난으로 확대될 수 있으므로 위험물시설은 유사시 적절하게 관리 및 규제의 필요가 있다. 위험물 재해 현장에서 유독가스의 발생, 위험물의 누출로 인한 주변의 인명과 재산 피해범위가 급속히 확산될 우려가 있으므로 이러한 긴급상황에서 위험물 제조소등에 대하여 사용의 일시정지 또는 사용제한 명령 권한을 부여하여 안전성확보 및 대형 위기상황을 미연에 방지하고자 한 것이다.

② 본 규정은 국민의 재산권에 중대 제한을 가져오는 행정처분에 해당 되므로 공공의 안전유지와 긴급성, 다른 수단의 불가성, 행정목적의 합목적성, 비례원칙 등을 고려하여 필요한 최소한으로 권한을 행사해야 할 것이다.

06 저장·취급기준 준수명령 등(법 제26조)

(1) 시·도지사, 소방본부장 또는 소방서장은 제조소등에서의 위험물의 저장 또는 취급이 저장·취급에 관한 중요기준 또는 세부기준(제5조 제3항의 규정)에 위반된다고 인정하는 때에는 해당 제조소등의 관계인에 대하여 동항의 기준에 따라 위험물을 저장 또는 취급하도록 명할 수 있다(제1항).

(2) 시·도지사, 소방본부장 또는 소방서장은 관할하는 구역에 있는 이동탱크저장소에서의 위험물의 저장 또는 취급이 제5조 제3항의 규정에 위반된다고 인정하는 때에는 해당 이동탱크저장소의 관계인에 대하여 동항의 기준에 따라 위험물을 저장 또는 취급하도록 명할 수 있다(제2항).

2013년 소방위 기출

(3) 위반 시 행정벌

위험물 저장·취급기준 준수명령 위반한 자 : 1천 500만원 이하의 벌금(법 제36조)

(4) 시·도지사, 소방본부장 또는 소방서장은 이동탱크저장소의 관계인에 대하여 명령을 한 경우에는 행정안전부령(규칙 제77조)이 정하는 바에 따라 해당 이동탱크저장소의 허가를 한 시·도지사, 소방본부장 또는 소방서장에게 신속히 그 취지를 통지해야 한다(제3항).

(5) 이동탱크저장소에 관한 통보사항(규칙 제77조)★★★

① 명령을 한 시·도지사, 소방본부장 또는 소방서장

② 명령을 받은 자의 성명·명칭 및 주소

③ 명령에 관계된 이동탱크저장소의 설치자, 상치장소 및 설치 또는 변경의 허가번호

④ 위반내용

⑤ 명령의 내용 및 그 이행사항

⑥ 그 밖에 명령을 한 시·도지사, 소방본부장 또는 소방서장이 통보할 필요가 있다고 인정하는 사항

(6) 입법취지

① 위험물의 저장 또는 취급에 관한 기준 준수의무 이행을 확보하기 위한 규정이다.

② 이 법 제5조 제3항은 제조소등이 위험물의 저장 또는 취급함에 있어서 중요기준과 세부기준으로 구분하여 제조소등 관계인이 위험물을 저장 또는 취급할 때 준수토록 하고 있으며, 이를 위반한 제조소등의 관계인에 대하여 위반사항을 시정할 수 있도록 함으로써 위험물의 저장 또는 취급에 있어서의 안전을 확보하는데 그 취지가 있다.

07 응급조치·통보 및 조치명령(법 제27조) 2016년, 2022년 소방위 기출

(1) 제조소등의 관계인은 해당 제조소등에서 위험물의 유출 그 밖의 사고가 발생한 때에는 즉시 그리고 지속적으로 위험물의 유출 및 확산의 방지, 유출된 위험물의 제거 그 밖에 재해의 발생방지를 위한 응급조치를 강구해야 한다(제1항).

(2) 해당 제조소등에서 위험물의 유출 그 밖의 사고가 발생한 사태를 발견한 자는 즉시 그 사실을 소방서, 경찰서 또는 그 밖의 관계기관에 통보해야 한다.

(3) 소방본부장 또는 소방서장은 제조소등의 관계인이 위험물 사고 시 응급조치를 강구하지 아니 하였다고 인정하는 때에는 (1)의 응급조치를 강구하도록 명할 수 있다.

(4) 소방본부장 또는 소방서장은 그 관할하는 구역에 있는 이동탱크저장소의 관계인에 대하여 위험물 사고 시 응급조치를 강구하지 아니 하였다고 인정하는 때에는 응급조치를 강구하도록 명할 수 있다.

(5) 위반 시 행정벌

응급조치 강구명령 위반한 자 : 1천 500만원 이하의 벌금(법 제36조)

(6) 입법취지

① 제조소등의 관계인은 해당 제조소등에서 위험물의 유출 그 밖의 사고가 발생한 때에는 즉시 그리고 지속적으로 위험물의 유출 및 확산의 방지, 유출된 위험물의 제거 그 밖에 재해의 발생방지를 위한 응급조치를 강구하게 강제함으로써 신속·적정한 응급조치로 대규모 재해로의 확대를 방지하는 데 그 취지가 있다.

② 또한 건전한 시민으로서 이행해야 할 통보의무와 제조소등과 이동탱크저장소 관계인에게 적정한 응급조치를 강구할 수 있는 권한을 소방기관에 부여하여 전문성을 가진 관계인이 신속·적정한 응급조치를 할 수 있게 한 것이다.

Plus one

조치명령 내용 및 명령권자 학습정리

명령의 내용	명령권자
출입·검사권자	소방청장(중앙119구조본부장 및 그 소속 기관의 장을 포함), 시·도지사, 소방본부장 또는 소방서장
위험물 누출 등의 사고조사	소방청장(중앙119구조본부장 및 그 소속 기관의 장을 포함), 소방본부장 또는 소방서장
탱크시험자에 대한 감독상 명령	시·도지사, 소방본부장 또는 소방서장
무허가장소의 위험물에 대한 조치명령	
제조소등에 대한 긴급 사용정지명령 등	
저장·취급기준 준수명령 등	
응급조치·통보 및 조치명령	소방본부장 또는 소방서장

CHAPTER

06 출제예상문제

01 위험물 제조소등의 관계인에 대하여 필요한 자료를 제출하도록 명령하는 허가청의 법상 권한을 무엇이라고 하는가?

① 제조소등의 출입·검사 등
② 위험물시설 허가행위
③ 위험물시설 설치승인
④ 제조소등의 사무관리 행정지도

해설 출입·검사 등(법 제22조) : 소방청장, 시·도지사, 소방본부장, 소방서장은 관계인에게 대하여 필요한 보고 또는 자료 제출을 명할 수 있으며, 관계공무원으로 하여금 관계인에게 검사, 질문 등을 할 수 있다.

02 위험물안전관리법에 따른 감독 및 조치명령에 해당하는 것은?

① 관계인의 소방활동 명령
② 위험시설 등에 대한 긴급조치
③ 강제처분 등
④ 응급조치·통보 및 조치명령

해설 응급조치·통보 및 조치명령은 위험물안전관리법 제 27조에 규정되어 있으며 ①, ②, ③은 소방기본법에 규정된 내용이다.

03 위험물 제조소등의 설치자에 대하여 감독상 필요한 때에 행하는 감독행위로 볼 수 있는 것은?

① 소방교육
② 위험물시설에 대한 예방규정의 작성요구
③ 제조소등의 관계인에 대한 자료제출명령
④ 자체 소방조직의 편성인 확인

해설 **감독(출입·검사 등) : 제조소등**의 관계인에 대한 자료제출명령(법 제22조)

01 ① 02 ④ 03 ③ 정답

04 이동탱크저장소에서의 위험물의 저장 또는 취급 시 중요기준 또는 세부기준에 위반하였을 때 허가관청에 통보사항으로 옳지 않은 것은?

① 명령을 받은 자의 성명·명칭 및 주소

② 명령을 받은 시·도지사, 소방본부장 또는 소방서장

③ 위반내용

④ 명령의 내용 및 그 이행사항

해설 법령 위반 이동탱크저장소에 관한 통보사항

- 명령을 한 시·도지사, 소방본부장 또는 소방서장
- 명령을 받은 자의 성명·명칭 및 주소
- 명령에 관계된 이동탱크저장소의 설치자, 상치장소 및 설치 또는 변경의 허가번호
- 위반내용
- 명령의 내용 및 그 이행사항
- 그 밖에 명령을 한 시·도지사, 소방본부장 또는 소방서장이 통보할 필요가 있다고 인정하는 사항

05 위험물안전관리법령상 제조소등에 대한 긴급 사용정지명령 등을 할 수 있는 권한이 없는 자는?

① 시·도지사 ② 소방본부장

③ 소방서장 ④ 소방청장

해설 **제조소등에 대한 긴급 사용정지명령 등(법 제25조)**

시·도지사, 소방본부장 또는 소방서장은 공공의 안전을 유지하거나 재해의 발생을 방지하기 위하여 긴급한 필요가 있다고 인정하는 때에는 제조소등의 관계인에 대하여 해당 제조소등의 사용을 일시정지하거나 그 사용을 제한할 것을 명할 수 있다.

06 응급조치·통보 및 조치명령에 대한 설명으로 가장 적절하지 않은 것은?

① 제조소등의 관계인은 해당 제조소등에서 위험물의 유출 그 밖의 사고가 발생한 때에는 즉시 그리고 지속적으로 위험물의 유출 및 확산의 방지, 유출된 위험물의 제거 그 밖에 재해의 발생방지를 위한 응급조치를 강구해야 한다.

② 해당 제조소등에서 위험물의 유출 그 밖의 사고가 발생사태를 발견한 자는 즉시 그 사실을 소방서, 경찰서 또는 그 밖의 관계기관에 통보해야 한다.

③ 소방본부장 또는 소방서장은 제조소등의 관계인이 누출된 위험물에 대한 응급조치를 강구하지 아니하였다고 인정하는 때에는 응급조치를 강구하도록 명할 수 있다.

④ 타 지역에서 허가받은 이동탱크가 관할하는 구역에서 위험물이 누출될 경우 허가청에 응급조치하도록 신속히 통보해야 한다.

정답 04 ② 05 ④ 06 ④

해설 소방본부장 또는 소방서장은 그 관할하는 구역에 있는 이동탱크저장소의 관계인에 대하여 누출 등 위험물에 대한 응급조치를 강구하도록 명할 수 있다.

07 소방본부장 또는 소방서장은 제조소등의 관계인이 누출된 위험물에 대한 응급조치를 강구하지 아니하였다고 인정하는 때에는 응급조치를 강구하도록 명할 수 있는데 이 명령을 위반할 시 조치할 수 있는 방법은?

① 100만원 이하의 벌금
② 1천만원 이하의 벌금
③ 1천 500만원 이하의 벌금
④ 500만원 이하의 과태료

해설 응급조치 강구명령을 위반한 자 : 1천 500만원 이하의 벌금(법 제36조)

08 시·도지사, 소방본부장 또는 소방서장은 제조소등에서의 위험물의 저장 또는 취급이 저장·취급에 관한 중요기준 또는 세부기준에 위반된다고 인정하는 때에는 해당 제조소등의 관계인에 대하여 동항의 기준에 따라 위험물을 저장 또는 취급하도록 명할 수 있다. 이 저장·취급기준 준수명령을 위반할 시 조치할 수 있는 방법은?

① 1천 500만원 이하의 벌금
② 1천만원 이하의 벌금
③ 100만원 이하의 벌금
④ 1년 이하의 징역 또는 1천만원 이하의 벌금

해설 저장·취급기준 준수명령을 위반한 자 : 1천 500만원 이하의 벌금(법 제36조)

09 다음 중 시·도지사, 소방본부장 또는 소방서장의 명령위반 시 벌칙 내용이 다른 것은?

① 제조소등에 대한 긴급 사용정지·제한명령을 위반한 자
② 응급조치 강구명령을 위반한 자
③ 저장·취급기준 준수명령을 위반한 자
④ 무허가 위험물 제거명령을 위반한 자

해설 제조소등에 대한 긴급 사용정지·제한명령을 위반한 자 : 1년 이하의 징역 또는 1천만원 이하의 벌금, 나머지는 1천 500만원 이하의 벌금형이다.

07 ③ 08 ① 09 ① **정답**

10 **화재의 예방 및 진압대책상 필요한 경우 위험물 제조소등에 출입검사할 수 있다. 조사자의 의무사항으로 틀린 것은?**

① 권한을 표시하는 증표의 제시의무
② 개인의 주거에 있어서 전화통보 의무
③ 출입검사 수행 시 업무상 알게 된 비밀누설금지 의무
④ 관계인의 정당한 업무방해금지의 의무

해설 개인의 주거에 있어서는 관계인의 승낙을 받아야 한다.

11 **시·도지사, 소방본부장 또는 소방서장의 탱크시험자에 대한 명령에 위반하여 보고 또는 자료제출을 하지 아니하거나 허위의 보고 또는 자료제출을 한 자 및 관계공무원의 출입 또는 조사·검사를 거부·방해 또는 기피한 자의 벌칙은?**

① 1년 이하의 징역 또는 1천만원 이하의 벌금
② 1천 500만원 이하의 벌금
③ 1천만원 이하의 벌금
④ 100만원 이하의 벌금

해설 보고 또는 자료제출을 하지 아니하거나 허위로 보고 또는 자료제출을 한 자 또는 관계공무원의 출입·검사 또는 수거를 거부·방해 또는 기피한 자의 행정벌 정리
- 위험물 제조소등의 출입·검사 및 위험물 사조조사 시 : 1년 이하의 징역 또는 1천만원 이하의 벌금
- 탱크시험자 감독상 출입·검사 : 1천 500만원 이하의 벌금
- 화재안전조사를 정당한 사유 없이 거부·방해 또는 기피한 자 : 300만원 이하의 벌금

12 **위험물 사고조사에 관한 설명으로 맞지 않은 것은?** 2018년 소방위 기출

① 중앙119구조본부장은 위험물의 누출·화재·폭발 등의 사고가 발생한 때에는 사고원인 및 피해 등을 조사해야 한다.
② 소방서장은 위험물의 누출·화재·폭발 등의 사고가 발생한 때에는 사고원인 및 피해 등을 조사해야 한다.
③ 소방본부장은 조사시 권한을 표시한 증표를 제시해야 한다.
④ 위험물 사고조사로 공개시간이나 근무시간 내에 조사할 필요가 없다.

해설 위험물 사고조사(법 제22조의2)
- 소방청장, 소방본부장 또는 소방서장은 위험물의 누출·화재·폭발 등의 사고가 발생한 때에는 사고원인 및 피해 등을 조사해야 한다.
- 위험물 사고조사에 관하여 보고 및 자료제출 요구·출입검사·위험물수거, 공개시간에 조사, 업무방해 및 비밀누설금지 증표의 제시의 출입검사 내용을 준용한다.

정답 10 ② 11 ② 12 ④

13 위험물안전관리법에 따른 다음 내용 무엇에 대한 것인가?

> 시·도지사, 소방본부장 또는 소방서장은 공공의 안전을 유지하거나 재해의 발생을 방지하기 위하여 긴급한 필요가 있다고 인정하는 때에는 제조소등의 관계인에 대하여 해당 제조소등의 사용을 일시정지하거나 그 사용을 제한할 것을 명할 수 있다.

① 위험물에 대한 조치명령
② 위험시설 등에 대한 긴급조치
③ 응급조치·통보 및 조치명령
④ 제조소등에 대한 긴급 사용정지명령 등

해설 제조소등에 대한 긴급 사용정지명령 등(법 제25조)
시·도지사, 소방본부장 또는 소방서장은 공공의 안전을 유지하거나 재해의 발생을 방지하기 위하여 긴급한 필요가 있다고 인정하는 때에는 제조소등의 관계인에 대하여 해당 제조소등의 사용을 일시정지하거나 그 사용을 제한할 것을 명할 수 있다.

14 위험물안전관리법에 따른 다음 내용 무엇에 대한 것인가?

> 제조소등의 관계인은 해당 제조소등에서 위험물의 유출 그 밖의 사고가 발생한 때에는 즉시 그리고 지속적으로 위험물의 유출 및 확산의 방지, 유출된 위험물의 제거 그 밖에 재해의 발생방지를 위한 응급조치를 강구해야 한다.

① 위험시설 등에 대한 긴급조치
② 응급조치·통보 및 조치명령
③ 제조소등에 대한 강제처분
④ 긴급 사용정지명령 등

해설 응급조치·통보 및 조치명령(법 제27조)
제조소등의 관계인은 해당 제조소등에서 위험물의 유출 그 밖의 사고가 발생한 때에는 즉시 그리고 지속적으로 위험물의 유출 및 확산의 방지, 유출된 위험물의 제거 그 밖에 재해의 발생방지를 위한 응급조치를 강구해야 한다.

15 위험물 누출 등 사고조사 및 위원회에 관한 설명으로 옳은 것은?

① 소방청장(중앙119구조본부장 및 그 소속 기관의 장 포함), 시·도지사, 소방본부장 또는 소방서장은 위험물의 누출·화재·폭발 등의 사고가 발생한 경우 사고의 원인 및 피해 등을 조사할 수 있다.
② 위원회의 위원장은 위원 중에서 소방청장, 소방본부장 또는 소방서장이 임명하거나 위촉한다.
③ 위원회는 위원장 1명을 포함하여 9명 이내의 위원으로 구성한다.
④ 위원으로 위촉되는 민간위원의 임기는 3년으로 하며, 한 차례만 연임할 수 있다.

해설 ① 소방청장(중앙119구조본부장 및 그 소속 기관의 장 포함), 소방본부장 또는 소방서장은 위험물의 누출·화재·폭발 등의 사고가 발생한 경우 사고의 원인 및 피해 등을 조사해야 한다.
③ 위원회는 위원장 1명을 포함하여 7명 이내의 위원으로 구성한다.
④ 위원으로 위촉되는 민간위원의 임기는 2년으로 하며, 한 차례만 연임할 수 있다.

13 ④ 14 ② 15 ② 정답

제7장

보 칙

남에게 이기는 방법의 하나는 예의범절로 이기는 것이다.

– 조쉬 빌링스 –

07 보 칙

01 개 요

(1) 총칙으로 규정하기에는 적합하지 아니한 절차적, 기술적인 사항에 대한 규정을 법제상 보칙 규정이라 한다.

(2) 일반적으로 실체적 규정을 실현하는데 부수하는 절차적 또는 보충적인 사항을 규정

(3) 법률 중 실체규정과 벌칙규정 사이에 두며, 내용은 일반적 확립된 원칙은 없다.

(4) 일반적으로 보칙에 규정되는 내용으로는, 보고의무(자료제출의 요청), 출입 · 검사 또는 조사, 청문, 행정심판 · 행정소송, 손실보상, 수수료, 권한의 위임 · 위탁, 벌칙적용에 있어서의 공무원 의제, 유사명칭의 사용금지, 관계행정기관과의 협조 · 조정 등이 있다.

(5) 이 법의 보칙에 규정한 내용은 다음과 같다.

제6장 보 칙

제28조(안전교육)
제29조(청문)
제30조(권한의 위임 · 위탁)
제31조(수수료 등)
제32조(벌칙적용에 있어서의 공무원 의제)

02 안전교육(법 28조)★★★

(1) 안전관리자 · 탱크시험자 · 위험물운반자 · 위험물운송자 등 위험물의 안전관리와 관련된 업무를 수행하는 자(안전관리자 · 위험물운반자 · 위험물운송자가 되려는 자를 포함한다)로서 대통령령(영 제20조)이 정하는 자는 해당 업무에 관한 능력의 습득 또는 향상을 위하여 소방청장이 실시하는 교육을 받아야 한다(제1항).

Plus one

안전교육대상자(영 제20조)

1. 안전관리자로 선임된 자
2. 탱크시험자의 기술인력으로 종사하는 자
3. 위험물운반자
4. 위험물운송자로 종사하는 자

(2) 제조소등의 관계인은 안전관리자 · 탱크시험자 · 위험물운반자 · 위험물운송자 등 교육대상자에 대하여 필요한 안전교육을 받게 해야 한다.

(3) 위험물안전교육의 과정 및 기간과 그 밖에 교육의 실시에 관하여 필요한 사항은 행정안전부령[규칙 제78조(안전교육)]으로 정한다. 2021년 소방위 기출

① 안전교육에 관한 사항(규칙 제78조)

㉠ 소방청장은 안전교육을 강습교육과 실무교육으로 구분하여 실시하며 안전교육의 과정 · 기간과 그 밖의 교육의 실시에 관한 구체적 사항은 시행규칙 [별표24]에서 규정하고 있다(규칙 제78조 제1, 2항).

[별표24] 안전교육의 과정 · 기간과 그 밖의 교육의 실시에 관한 사항 등

1. 교육과정 · 교육대상자 · 교육시간 · 교육시기 및 교육기관

교육과정	교육대상자	교육시간	교육시기	교육기관
강습교육	안전관리자가 되려는 사람	24시간	최초 선임되기 전	안전원
	위험물운반자가 되려는 사람	8시간	최초 종사하기 전	
	위험물운송자가 되려는 사람	16시간	최초 종사하기 전	안전원
실무교육	안전관리자	8시간 이내	가. 제조소등의 안전관리자로 선임된 날부터 6개월 이내 나. 가목에 따른 교육을 받은 후 2년마다 1회	안전원
	위험물운반자	4시간	가. 위험물운반자로 종사한 날부터 6개월 이내 나. 가목에 따른 교육을 받은 후 3년마다 1회	안전원
	위험물운송자	8시간 이내	가. 이동탱크저장소의 위험물 운송자로 종사한 날부터 6개월 이내 나. 가목에 따른 교육을 받은 후 3년마다 1회	안전원
	탱크시험자의 기술인력	8시간 이내	가. 탱크시험자의 기술인력으로 등록한 날부터 6개월 이내 나. 가목에 따른 교육을 받은 후 2년마다 1회	기술원

비고

① 안전관리자, 위험물운반자 및 위험물운송자 강습교육의 공통과목에 대하여 어느 하나의 강습교육 과정에서 교육을 받은 경우에는 나머지 강습교육 과정에서도 교육을 받은 것으로 본다.

② 안전관리자, 위험물운반자 및 위험물운송자 실무교육의 공통과목에 대하여 어느 하나의 실무교육 과정에서 교육을 받은 경우에는 나머지 실무교육 과정에서도 교육을 받은 것으로 본다.

③ 안전관리자 및 위험물운송자의 실무교육 시간 중 일부(4시간 이내)를 사이버교육의 방법으로 실시할 수 있다. 다만, 교육대상자가 사이버교육의 방법으로 수강하는 것에 동의하는 경우에 한정한다.

2. 교육계획의 공고 등
   가. 안전원의 원장은 강습교육을 하고자 하는 때에는 매년 1월 5일까지 일시, 장소, 그 밖의 강습의 실시에 관한 사항을 공고할 것
   나. 기술원 또는 안전원은 실무교육을 하고자 하는 때에는 교육실시 10일 전까지 교육대상자에게 그 내용을 통보할 것
3. 교육신청
   가. 강습교육을 받으려는 안전원이 지정하는 교육일정 전에 교육수강을 신청할 것
   나. 실무교육 대상자는 교육일정 전까지 교육수강을 신청할 것
4. 교육일시 통보
   기술원 또는 안전원은 제3호에 따라 교육신청이 있는 때에는 교육실시 전까지 교육대상자에게 교육장소와 교육일시를 통보해야 한다.
5. 기 타
   기술원 또는 안전원은 교육대상자별 교육의 과목·시간·실습 및 평가, 강사의 자격, 교육의 신청·접수, 교육수료증의 교부·재교부, 교육수료증의 기재사항, 교육수료자명부의 작성·보관 등 교육의 실시에 관하여 필요한 세부사항을 정하여 **소방청장**의 승인을 받아야 한다. 이 경우 안전관리자 강습교육 및 위험물운송자 강습교육의 과목에는 각 강습교육별로 다음 표에 정한 사항을 포함해야 한다.

<table>
<tr><th>교육과정</th><th colspan="2">교육과목</th></tr>
<tr><td>안전관리자 강습교육</td><td>제4류 위험물의 품명별 일반성질, 화재 예방 및 소화의 방법</td><td rowspan="3">• 연소 및 소화에 관한 기초이론
• 모든 위험물의 유별 공통성질과 화재 예방 및 소화의 방법
• 위험물안전관리법령 및 위험물의 안전관리에 관계된 법령</td></tr>
<tr><td>위험물운반자 강습교육</td><td>위험물운반에 관한 안전기준</td></tr>
<tr><td>위험물운송자 강습교육</td><td>• 이동탱크저장소의 구조 및 설비 작동법
• 위험물운송에 관한 안전 기준</td></tr>
</table>

㉡ 기술원 또는 한국소방안전원(이하 "안전원"이라 한다)는 매년 교육실시계획을 수립하여 교육을 실시하는 해의 전년도 말까지 소방청장의 승인을 받아야 하고, 해당 연도 교육실시결과를 교육을 실시한 해의 다음 연도 1월 31일까지 소방청장에게 보고해야 한다(규칙 제78조 제3항).

㉢ 소방본부장은 매년 10월말까지 관할구역 안의 실무교육대상자 현황을 안전원에 통보하고 관할구역 안에서 안전원이 실시하는 안전교육에 관하여 지도·감독해야 한다(규칙 제78조 제4항).

(4) 시·도지사, 소방본부장 또는 소방서장은 안전관리자·탱크시험자·위험물운반자·위험물운송자 등 교육대상자가 교육을 받지 아니한 때에는 그 교육대상자가 교육을 받을 때까지 이 법에 따라 그 자격으로 행하는 행위를 제한할 수 있다.

03 청문(법 제29조)

(1) 청문사유★★★★

시・도지사, 소방본부장 또는 소방서장은 다음 각 호의 1에 해당하는 처분을 하고자 하는 경우에는 청문을 실시해야 한다.

① 제조소등 설치허가의 취소

② 탱크시험자의 등록취소

(2) 청문의 개요

① 의 의

㉠ 행정청이 어떠한 행정처분을 하기 전에 이해당사자 등의 의견을 직접 듣고 증거를 조사하는 절차를 말한다. 이러한 의견청취 절차는 재판절차에 준하는 정식행정절차에 해당된다.

㉡ 청문실시요건으로서 개별법령에 청문을 실시하도록 규정하고 있는 경우와 행정청이 필요하다고 인정하는 경우이다.

② 청문주재자 : 행정청이 소속직원 또는 대통령령이 정하는 자격을 가진 자 중에서 선정

③ 청문의 공개여부 : 비공개를 원칙

④ 청문의 진행 절차

㉠ 구두변론절차를 원칙

㉡ 청문의 병합 분리 : 수개의 것을 비슷하거나 연관성이 있는 경우 직권이나 당사자의 신청에 의해 병합분리하여 조사

㉢ 증거조사 : 직권으로 필요한 조사 가능

㉣ 청문 조서 : 청문결과를 작성 열람・확인의 장소 및 기간을 정하여 당사자 등에게 통지

⑤ 청문의 종결

청문주재자는 당사자 등의 의견진술・증거조사가 충분히 이루어졌다고 인정되는 경우, 당사자 등의 전부 또는 일부가 정당한 사유 없이 청문기일에 출석하지 아니하거나, 의견서를 제출하지 아니한 경우에 다시 의견진술 및 증거제출의 기회를 주지 아니하고 청문을 마칠 수 있다.

⑥ 청문절차의 법적 효과

청문은 개별 법령 등에서 청문을 실시하도록 규정하고 있는 경우와 행정청이 필요하다고 인정하는 경우에 실시할 수 있다. 전자는 청문을 실시하지 않은 경우 해당 행정처분은 위법한 처분에 해당되고, 후자의 경우 행정청의 고유판단 영역으로 청문을 실시하지 않은 처분도 위법한 처분은 아니다.

04 권한의 위임 · 위탁

(1) 권한의 위임

① 개 요

권한의 위임이라 함은 행정관청이 그 권한의 일부를 다른 행정기관에 위양(委讓)하는 것으로 권한의 위임을 받은 기관(受任機關)은 행정관청의 보조기관 · 하급기관임이 통례이다. 이때 위임기관은 그 위임사항을 처리할 권한을 잃고 수임기관이 그 권한을 자기의 이름과 책임으로 행사하며 이는 법이 정하는 권한을 대외적으로 변경하는 일종의 사무 재배분이므로 법의 명시적 근거를 필요로 한다.

② 위임의 법적 근거(법 제30조 제1항)

소방청장 또는 시 · 도지사는 이 법에 따른 권한의 일부를 대통령령[영 제21조(업무의 위임)]이 정하는 바에 따라 시 · 도지사, 소방본부장 또는 소방서장에게 위임할 수 있다.

③ 권한의 위임사항(영 제21조)★★★ **2023년 소방위 기출**

다음 각 호에 해당하는 시 · 도지사의 권한은 소방서장에게 위임한다.

> 동일한 시 · 도에 있는 2 이상 소방서장의 관할구역에 걸쳐 설치되는 이송취급소에 관련된 권한을 제외한다.

㉠ 제조소등의 설치허가 또는 변경허가

㉡ 위험물의 품명 · 수량 또는 지정수량의 배수의 변경신고의 수리

㉢ 군사목적 또는 군부대시설을 위한 제조소등을 설치하거나 그 위치 · 구조 또는 설비의 변경에 관한 군부대장과의 협의

㉣ 위험물탱크안전성능검사

> **위험물탱크안전성능검사 제외**
> - 용량이 100만리터 이상인 액체위험물을 저장하는 탱크
> - 암반탱크
> - 지하탱크저장소의 위험물탱크 중 이중벽탱크

㉤ 위험물 제조소등 완공검사

> **위험물 제조소등 완공검사 제외**
> - 지정수량의 3천배 이상의 위험물을 취급하는 제조소 또는 일반취급소의 설치 또는 변경(사용 중인 제조소 또는 일반취급소의 보수 또는 부분적인 증설은 제외한다)에 따른 완공검사
> - 저장용량이 50만리터 이상인 옥외탱크저장소의 설치 또는 변경에 따른 완공검사
> - 암반탱크저장소의 설치 또는 변경에 따른 완공검사

㉥ 제조소등의 설치자의 지위승계신고의 수리

㉦ 제조소등의 용도폐지신고의 수리

㉧ 제조소등의 사용 중지신고 또는 재개신고의 수리

㉨ 안전조치의 이행명령

㉩ 제조소등의 설치허가의 취소와 사용정지

㉿ 과징금처분

㉾ 예방규정의 수리・반려 및 변경명령

㉽ 정기점검 결과의 수리

(2) 권한의 위탁 2015년 소방위 기출

① 개 요

각종 법률에 규정된 행정기관의 사무 중 일부를 법인・단체 또는 그 기관이나 개인에게 맡겨 그의 명의와 책임으로 행사하도록 하는 것을 말한다. 위탁은 수탁자에게 어느 정도 자유재량의 여지가 있고 위탁을 한 자와의 사이에는 신탁관계가 성립되며 일반적으로 객관성과 경제적 능률성이 중시되는 분야 중 민간전문지식 또는 기술을 활용할 필요가 있을 경우 위탁을 주로 한다. 이러한 위탁도 법적인 근거를 요구하는 바, 본 조에서 이를 규정하고 '한국소방산업기술원'과 '한국소방안전원'을 위탁기관으로 하고 있다.

② 위탁의 법적 근거(법 제30조 제2항)

소방청장, 시・도지사, 소방본부장 또는 소방서장은 이 법에 따른 업무의 일부를 대통령령[영 제22조(업무의 위탁)]이 정하는 바에 따라 한국소방안전원(이하 "안전원"이라 한다) 또는 기술원에 위탁할 수 있다(법 제30조 제2항).

③ 한국소방산업기술원에 업무위탁(영 제22조 제2항)★★★★★

2013년 부산소방장 기출 2015년, 2022년 소방위 기출 2017년 인천소방장 기출 2022년 소방장 기출

㉠ 시・도지사의 탱크안전성능검사 중 다음에 해당하는 탱크에 대한 탱크안전성능검사
- 용량이 100만리터 이상인 액체위험물을 저장하는 탱크
- 암반탱크
- 지하탱크저장소의 위험물탱크 중 이중벽 탱크

㉡ 시・도지사의 완공검사에 관한 권한
- 지정수량의 3천배 이상의 위험물을 취급하는 제조소 또는 일반취급소의 설치 또는 변경에 따른 완공검사(사용 중인 제조소 또는 일반취급소의 보수 또는 부분증설 제외)
- 50만리터 이상의 옥외탱크저장소의 설치 또는 변경에 따른 완공검사
- 암반탱크저장소의 설치 또는 변경에 따른 완공검사

㉢ 소방본부장 또는 소방서장의 액체위험물을 저장 또는 취급하는 50만리터 이상의 옥외탱크저장소의 정기검사

㉣ 시・도지사의 운반용기검사

㉤ 소방청장의 안전교육에 관한 권한 중 탱크시험자의 기술 인력으로 종사하는 자에 대한 안전교육

④ 소방청장의 안전교육을 한국소방안전원에 위탁(영 제22조 제3항)★★★

㉠ 안전관리자로 선임된 자에 대한 안전교육

㉡ 위험물운송자로 종사하는 자에 대한 안전교육

㉢ 위험물운반자로 종사하는 자에 대한 안전교육

05 수수료

(1) 다음 각 호의 어느 하나에 해당하는 승인·허가·검사 또는 교육 등을 받으려는 자나 등록 또는 신고를 하려는 자는 행정안전부령[규칙 제79조(수수료 등)]이 정하는 바에 따라 수수료 또는 교육비를 납부해야 한다(법 제31조).

① 임시저장·취급의 승인 : 2만원

② 제조소등의 설치 또는 변경의 허가

㉠ 제조소등 설치허가 : 별표25 제2호에 따른 수수료

㉡ 제조소등 변경허가 : ㉠ 수수료의 1/2에 해당하는 금액

③ 탱크안전성능검사 : 별표25 제3호

④ 제조소등의 완공검사

㉠ 제조소등의 설치에 따른 완공검사 : 설치허가 수수료의 1/2에 해당하는 금액

㉡ 제조소등의 변경에 따른 완공검사 : 설치허가 수수료의 1/4에 해당하는 금액

⑤ 설치자의 지위승계신고 : 2만원

⑥ 탱크시험자의 등록 : 8만원

⑦ 탱크시험자의 등록사항 변경신고 : 2만원

⑧ 정기검사, 운반용기의 검사, 안전교육 : 별표25 소방청장이 고시하는 금액

(2) 수수료 및 교육비(규칙 제79조)

① 수수료 및 교육비는 별표25와 같다.

② 제1항에 따른 수수료 또는 교육비는 해당 허가 등의 신청 또는 신고 시에 해당 허가 등의 업무를 직접 행하는 기관에 납부하되, 시·도지사 또는 소방서장에게 납부하는 수수료는 해당 시·도의 수입증지로 납부해야 한다. 다만, 시·도지사 또는 소방서장은 정보통신망을 이용하여 전자화폐·전자결제 등의 방법으로 이를 납부하게 할 수 있다.

⊕ Plus one

별표25 수수료 및 교육비

(1) 법 제5조 제2항 제1호에 따른 임시저장 또는 취급의 승인 : 2만원

(2) 법 제6조 제1항에 따른 제조소등의 설치허가 또는 변경허가

① 제조소등의 설치허가 : 제조소등의 구분에 따라 다음 표에서 정하는 금액

<table>
<tr><th colspan="5">구 분</th><th>수수료(원)</th></tr>
<tr><td rowspan="11">제조소</td><td rowspan="5">지정수량의 1천배 미만인 것</td><td colspan="3">지정수량의 10배 이하인 것</td><td>4만원</td></tr>
<tr><td colspan="3">지정수량의 10배 초과 50배 이하인 것</td><td>5만원</td></tr>
<tr><td colspan="3">지정수량의 50배 초과 100배 이하인 것</td><td>6만 5천원</td></tr>
<tr><td colspan="3">지정수량의 100배 초과 200배 이하인 것</td><td>7만 5천원</td></tr>
<tr><td colspan="3">지정수량의 200배 초과 1천배 미만인 것</td><td>9만원</td></tr>
<tr><td rowspan="6">지정수량의 1천배 이상인 것</td><td rowspan="5">구조·설비의 기술검토</td><td>기술인력별 작업구분</td><td>기준공량(지정수량의 1천배 이상 1만배 미만)</td><td rowspan="5">「엔지니어링산업 진흥법」 제31조에 따른 엔지니어링사업 대가의 기준의 실비정액가산방식을 적용하여 산출한 금액</td></tr>
<tr><td>기술협의 및 서류검토(특급기술자)</td><td>0.25</td></tr>
<tr><td>제조·취급시설의 설계심사(고급기술자)</td><td>0.80</td></tr>
<tr><td>소화설비의 설계심사(고급기술자)</td><td>1.32</td></tr>
<tr><td>보고서작성 및 기록관리(중급기술자)</td><td>0.25</td></tr>
<tr><td colspan="3">그 밖의 사항의 심사</td><td>2만원</td></tr>
<tr><td rowspan="5"></td><td rowspan="5">옥내저장소</td><td colspan="3">지정수량의 10배 이하인 것</td><td>2만원</td></tr>
<tr><td colspan="3">지정수량의 10배 초과 50배 이하인 것</td><td>2만 5천원</td></tr>
<tr><td colspan="3">지정수량의 50배 초과 100배 이하인 것</td><td>4만원</td></tr>
<tr><td colspan="3">지정수량의 100배 초과 200배 이하인 것</td><td>5만원</td></tr>
<tr><td colspan="3">지정수량의 200배를 초과하는 것</td><td>6만 5천원</td></tr>
<tr><td rowspan="3">저장소</td><td rowspan="3">옥외탱크저장소</td><td rowspan="3">특정옥외탱크저장소 및 준특정옥외저장탱크저장소 외의 것</td><td colspan="2">지정수량의 100배 이하인 것</td><td>2만원</td></tr>
<tr><td colspan="2">지정수량의 100배 초과 10,000배 이하인 것</td><td>2만 5천원</td></tr>
<tr><td colspan="2">지정수량의 10,000배를 초과하는 것</td><td>4만원</td></tr>
</table>

<table>
<tr><td rowspan="19">저
장
소</td><td rowspan="12">옥
외
탱
크
저
장
소</td><td rowspan="12">특정 옥외저장탱크
저장소 및
준특정 옥외탱크
저장소</td><td rowspan="7">기초·
지반,
탱크 본체
및 소화
설비의
기술 검토</td><td rowspan="2">기술인력별
작업구분</td><td colspan="4">기준공량(1백만L 이상 3백만L 미만)</td><td rowspan="4">「엔지니어링산업
진흥법」 제31조에
따른
엔지니어링사업대
가의 기준의
실비정액가산방식
을 적용하여 산출한
금액</td></tr>
<tr><td>합계</td><td>탱크 본체
심사</td><td>기초 지반
심사</td><td>소화 설비
심사</td></tr>
<tr><td>기술협의 및
서류검토
(특급기술자)</td><td>0.313</td><td>0.125</td><td>0.125</td><td>0.063</td></tr>
<tr><td>기초·지반의
설계심사
(고급기술자)</td><td>1.250</td><td>0</td><td>1.250</td><td>0</td></tr>
<tr><td>탱크구조 등의
설계심사
(고급기술자)</td><td>0.833</td><td>0.833</td><td>0</td><td>0</td><td rowspan="3"></td></tr>
<tr><td>소화설비
설계심사
(고급기술자)</td><td>0.400</td><td>0</td><td>0</td><td>0.400</td></tr>
<tr><td>보고서작성
및 기록관리
(중급기술자)</td><td>0.354</td><td>0.125</td><td>0.166</td><td>0.063</td></tr>
<tr><td rowspan="5">그 밖의
사항의
심사</td><td colspan="5">용량이 50만L 이상 100만L 미만인 것</td><td>6만원</td></tr>
<tr><td colspan="5">용량이 100만L 이상 500만L 미만인 것</td><td>8만원</td></tr>
<tr><td colspan="5">용량이 500만L 이상 1,000만L 미만인 것</td><td>10만원</td></tr>
<tr><td colspan="5">용량이 1,000만L 이상 5,000만L 미만인 것</td><td>12만원</td></tr>
<tr><td colspan="5">용량이 5,000만L 이상 1억L 미만인 것</td><td>14만원</td></tr>
<tr><td colspan="2" rowspan="7">암반탱크저장소</td><td rowspan="7">기초·지
반, 탱크
본체 및
소화설비
의 기술
검토</td><td rowspan="2">기술인력별
작업구분</td><td colspan="4">기준공량(탱크용량이 4억L 미만)</td><td rowspan="3">「엔지니어링산업
진흥법」 제31조에
따른
엔지니어링사업대
가의 기준의
실비정액가산방식
을 적용하여 산출한
금액</td></tr>
<tr><td>합 계</td><td>탱크
본체
심사</td><td>기초
지반
심사</td><td>소화
설비
심사</td></tr>
<tr><td>기술협의 및
서류검토
(특급기술자)</td><td>2.063</td><td>1.000</td><td>1.000</td><td>0.063</td></tr>
<tr><td>기초·지반
의 설계심사
(고급기술자)</td><td>7.541</td><td>0</td><td>7.541</td><td>0</td><td rowspan="4"></td></tr>
<tr><td>탱크구조 등의
설계심사
(고급기술자)</td><td>6.541</td><td>6.541</td><td>0</td><td>0</td></tr>
<tr><td>소화설비
설계심사
(고급기술자)</td><td>0.400</td><td>0</td><td>0</td><td>0.400</td></tr>
<tr><td>보고서작성
및 기록관리
(중급기술자)</td><td>0.563</td><td>0.250</td><td>0.250</td><td>0.063</td></tr>
</table>

구분			내용	수수료
		그 밖의 사항의 심사	용량이 4억L 미만인 것	18만원
			용량이 4억L 이상 5억L 미만인 것	20만원
			용량이 5억L 이상인 것	22만원
	옥내탱크저장소			2만 5천원
	지하탱크저장소		지정수량의 100배 이하인 것	2만 5천원
			지정수량의 100배를 초과하는 것	4만원
	간이탱크저장소			1만 5천원
	이동탱크저장소		컨테이너식이동탱크저장소 · 항공기주유탱크차 외의 것	2만 5천원
			컨테이너식이동탱크저장소, 항공기주유탱크차	4만원
	옥외저장소			1만 5천원
취급소	주유취급소		옥내주유취급소 외의 것	6만원
			옥내주유취급소	7만원
	판매취급소		제1종판매취급소	3만원
			제2종판매취급소	4만원
	이송취급소		특정이송취급소 외의 것으로서 배관의 연장(해당 배관의 기점 또는 종점이 2 이상인 경우에는 임의의 기점에서 임의의 종점까지의 해당 배관의 연장 중 최대의 것을 말한다. 이하 같다)이 15km 이하인 것	2만 5천원
			특정이송취급소로서 배관의 연장이 15km 이하인 것	8만원
			배관의 연장이 15km를 초과하는 것	8만원에 위험물을 이송하기 위한 배관의 연장이 15km 또는 15km 미만의 끝수가 증가할 때마다 2만원을 더한 금액
	일반취급소		제조소의 수수료기준과 동일	

비고 ㉠ 지정수량 1천배 이상의 제조소 또는 일반취급소 · 특정 옥외탱크저장소 · 준특정 옥외저장탱크저장소 · 암반탱크저장소의 설치허가 수수료는 이 표에 정하는 기술검토에 대한 수수료와 기타사항의 심사에 대한 수수료를 합한 금액으로 한다.

㉡ 지정수량 1천배 이상의 제조소 또는 일반취급소 · 특정 옥외탱크저장소 · 준특정 옥외저장탱크저장소 · 암반탱크저장소의 설치허가에 대한 수수료 중 기술검토에 대한 수수료는 이 표의 기준공량에 다음 각 목에 정하는 취급량별 또는 탱크의 용량별 보정계수를 곱하여 얻은 표준공량을 기준으로 하여 산출한 직접인건비 · 직접경비 · 제경비 및 기술료를 합한 금액으로 한다. 다만, 1천원 미만은 버리며, 특정 옥외탱크저장소 및 준특정 옥외저장탱크저장소의 기술검토에 대한 수수료 중 기초 · 지반, 탱크 본체 및 소화설비의 심사에 대한 것은 각각 190만원을 초과할 수 없다.

② 제조소등의 변경허가 : 가목에 정하는 해당 제조소등의 설치허가 수수료의 1/2에 해당하는 금액. 다만, 기술검토에 대한 수수료는 변경이 있는 구조 · 설비 · 기초 · 지반 또는 탱크 본체에 대한 설치허가에 따른 기술검토 수수료의 1/2에 해당하는 금액으로 한다.

(3) 법 제8조에 따른 탱크안전성능검사

① 법 제6조 제1항 전단에 따른 설치허가에 따른 탱크안전성능검사 : 검사의 구분에 따라 다음 표에 정하는 금액

구 분		수수료
충수검사	용량이 1만L 이하인 것	1만원
	용량이 1만L 초과 50만L 이하인 것	2만원
	용량이 50만L 초과 100만L 미만인 것	5만원
	용량이 100만L 이상인 것	35만원에 10만L 또는 10만L 미만의 끝수가 증가할 때마다 2만 1천원을 가산한 금액. 다만, 150만원을 초과할 수 없다.
수압검사	용량이 100L 이하인 것	1만원
	용량이 100L 초과 10,000L 이하인 것	2만원
	용량이 10,000L 초과 2만L 이하인 것	3만원
	용량이 2만L를 초과하는 것	3만원에 10,000L 또는 10,000L 미만의 끝수가 증가할 때마다 1만원을 가산한 금액. 다만, 150만원을 초과할 수 없다.
기초ㆍ지반 검사		제2호에 따른 특정 옥외탱크저장소ㆍ준특정 옥외저장탱크저장소 및 암반탱크저장소의 설치허가에 따른 수수료 중 기술검토에 대한 수수료 산정의 예에 준하여 소방청장이 정하여 고시하는 방법에 따라 산출한 금액
용접부 검사		
암반탱크 검사		
이중벽탱크 검사		

비고 ㉠ 검사에 필요한 충수ㆍ가스충전ㆍ비계설치 등 검사준비에 소요되는 비용은 이 표의 수수료에 포함하지 아니한다.

㉡ 2기 이상의 탱크에 대한 충수검사 또는 수압검사를 같은 날 같은 장소에서 실시하는 경우에 있어서는 1기외에 추가되는 탱크에 대한 수수료는 이 표에 의한 수수료의 1/2에 해당하는 금액으로 한다.

㉢ 이중벽탱크검사는 별표 8 Ⅱ의 이중벽탱크에 대한 탱크안전성능검사를 말한다. 이하 나목에서 같다.

② 법 제6조 제1항 후단에 따른 변경허가에 따른 탱크안전성능검사 : 검사의 구분에 따라 다음 표에 정하는 금액

구 분	수수료
충수검사	가목의 구분에 따른 각 해당 수수료와 동일한 액
수압검사	가목의 구분에 따른 각 해당 수수료와 동일한 액
기초ㆍ지반검사	제2호에 따른 특정 옥외탱크저장소 및 암반탱크저장소의 설치허가에 따른 수수료 중 기술검토에 대한 수수료 산정의 예에 준하여 소방청장이 정하여 고시하는 방법에 따라 산출한 금액
용접부검사	
암반탱크검사	
이중벽탱크검사	

(4) 법 제9조에 따른 제조소등의 완공검사 : 다음 각 목에 정하는 금액. 다만, 기술원이 실시하는 완공검사에 대한 수수료는 제2호에 따른 특정 옥외탱크저장소ㆍ준특정 옥외저장탱크저장소 및 암반탱크저장소의 설치허가에 따른 수수료 중 기술검토에 대한 수수료 산정의 예에 준하여 소방청장이 정하여 고시하는 방법으로 산출한다.

㉠ 제조소등의 설치에 따른 완공검사 : 해당 제조소등의 설치허가 수수료의 1/2에 해당하는 금액

㉡ 제조소등의 변경에 따른 완공검사 : 해당 제조소등의 설치허가 수수료의 1/4에 해당하는 금액

(5) 법 제10조 제3항에 따른 설치자의 지위승계신고 : 2만원

(6) 법 제16조 제2항에 따른 탱크시험자의 등록 : 8만원

(7) 법 제16조 제3항에 따른 탱크시험자의 등록사항 변경신고 : 2만원

(8) 법 제18조 제2항에 따른 정기검사 : 제2호에 따른 특정 옥외탱크저장소ㆍ준특정 옥외저장탱크저장소 및 암반탱크저장소의 설치허가에 따른 수수료 중 기술검토에 대한 수수료 산정의 예에 준하여 소방청장이 정하여 고시하는 방법에 따라 산출한 금액

(9) 법 제20조 제2항에 따른 운반용기의 검사 : 운반용기의 종류 및 크기별로 검사방법에 따른 실비용을 고려하여 소방청장이 정하여 고시하는 금액

(10) 법 제28조에 따른 안전교육 : 교육과정 및 교육대상자별로 교육내용에 따른 실비용을 고려하여 소방청장이 정하여 고시하는 금액

06 벌칙적용에 있어서의 공무원 의제

(1) 개 요

개별법령에서 권한을 위탁받아 사무를 수행하는 법인이나 단체의 임직원과 개인 등에 대하여 금품의 수수(收受) 등 불법행위와 관련하여 형법을 적용함에 있어서 이들을 공무원과 같이 처벌할 수 있도록 하는 규정을 법제상 '벌칙적용에 있어서의 공무원 의제'라 하며, 이 법에 의하여 위탁업무를 수행하는 기술원, 한국소방안전원, 탱크안전성능시험자의 임원 및 직원에 대하여 벌칙적용에 있어서 공무원으로 의제함으로써 위탁업무의 수행에 적법성 및 공정·투명성을 확보하는데 그 취지가 있다.

(2) 이 법의 공무원 의제 대상(법 제32조)

다음 각 호의 자는 형법 제129조 내지 제132조까지(수뢰, 사전수뢰, 제3자에게 뇌물제공, 수뢰후 부정처사, 사후수뢰, 알선수뢰) 적용에 있어서는 이를 공무원으로 본다.

① 검사업무에 종사하는 기술원의 담당 임원 및 직원

② 탱크시험자의 업무에 종사하는 자

③ 위탁받은 업무에 종사하는 안전원 및 기술원의 담당 임원 및 직원

CHAPTER

07 출제예상문제

01 안전관리자 · 탱크시험자 · 위험물운반자 · 위험물운송자 등 위험물의 안전관리와 관련된 업무를 수행하는 자로서 대통령령이 정하는 자의 해당 업무에 관한 능력의 습득 또는 향상을 위하여 소방청장이 실시하는 안전교육에 대한 설명으로 틀린 것은?

① 소방본부장은 매년 10월말까지 관할구역 안의 실무교육대상자 현황을 안전원에 통보하고 관할구역 안에서 안전원이 실시하는 안전교육에 관하여 지도 · 감독해야 한다.

② 기술원 또는 한국소방안전원은 교육을 실시하는 해의 전년도 말까지 강습교육 및 실무교육의 대상자별 및 지역별로 다음 연도의 교육실시계획을 수립하여 소방청장의 승인을 받아야 한다.

③ 소방청장은 안전교육을 강습교육과 실무교육을 병행 실시할 수 있다.

④ 탱크안전성능 기술인력종사자 안전교육은 기술원에서 한다.

해설 소방청장은 안전교육을 강습교육과 실무교육으로 구분하여 실시하며 안전교육의 과정 · 기간과 그 밖의 교육의 실시에 관한 구체적 사항은 시행규칙 [별표24]에서 규정하고 있다.

02 교육대상자가 교육을 받지 아니한 때에는 그 교육대상자가 교육을 받을 때까지 시 · 도지사, 소방본부장 또는 소방서장이 조치할 수 있는 행정처분은?

① 그 자격으로 행하는 행위를 제한할 수 있다.

② 그 자격을 정지할 수 있다.

③ 그 자격을 취소해야 한다.

④ 그 자격을 반납하도록 할 수 있다.

해설 시 · 도지사, 소방본부장 또는 소방서장은 교육대상자가 교육을 받지 아니한 때에는 그 교육대상자가 교육을 받을 때까지 이 법에 따라 그 자격으로 행하는 행위를 제한할 수 있다.

03 위험물의 안전관리와 관련된 업무를 수행하는 자로서 해당 업무에 관한 능력의 습득 또는 향상을 위하여 소방청장이 실시하는 교육을 받아야 하는 교육대상자가 아닌 것은?

① 위험물안전관리자로 선임된 자 또는 선임하려는 자

② 탱크시험자의 기술인력으로 종사하는 자

③ 위험물운송자로 종사하는 자 또는 종사하려는 자

④ 탱크안전성능시험자로 지정된 자 또는 지정받으려는 자

정답 01 ③ 02 ① 03 ④

해설 안전교육대상자(영 제20조)

- 안전관리자로 선임된 자 또는 선임하려는 자
- 탱크시험자의 기술인력으로 종사하는 자
- 위험물운반자 또는 종사하려는 자
- 위험물운송자로 종사하는 자 또는 종사하려는 자

04 위험물안전관리법상 청문사유로 맞는 것은?

① 방염성능시험기관의 지정취소

② 제조소등 설치허가 취소

③ 위험물소방용 기계·기구 형식승인 취소

④ 탱크시험자의 소방기술인정 자격취소

해설 위험물안전관리법상 청문사유

- 제조소등 설치허가의 취소
- 탱크시험자의 등록취소

05 위험물안전관리법상 권한을 위탁받아 사무를 수행하는 법인이나 단체의 임직원과 개인 등에 대하여 금품의 수수(收受) 등 불법행위와 관련하여 형법을 적용함에 있어서 이들을 공무원과 같이 처벌할 수 있도록 규정한 벌칙적용에 있어서의 공무원 의제 대상이 아닌 것은?

① 정기검사업무에 종사하는 기술원의 담당 임원 및 직원

② 탱크시험자의 업무에 종사하는 자

③ 위탁받은 업무에 종사하는 안전원 및 기술원의 담당 임원 및 직원

④ 위험물안전관리자

해설 공무원 의제 대상

다음 각 호의 자는 「형법」 제129조부터 제132조까지(수뢰, 사전수뢰, 제3자에게 뇌물제공, 수뢰 후 부정처사, 사후수뢰, 알선수뢰)의 적용에 있어서는 이를 공무원으로 본다.

① 검사업무에 종사하는 기술원의 담당 임원 및 직원

② 탱크시험자의 업무에 종사하는 자

③ 위탁받은 업무에 종사하는 안전원 및 기술원의 담당 임원 및 직원

04 ② 05 ④ 정답

06 **소방청장, 시・도지사, 소방본부장 또는 소방서장의 업무의 일부를 한국소방안전원(이하 "안전원"이라 한다)에 위탁한 업무로 맞는 것은?**

① 위험물운송자로 종사하는 자에 대한 안전교육
② 탱크시험자의 기술 인력으로 종사하는 자에 대한 안전교육
③ 위험물설치허가 관계인에 대한 안전교육
④ 위험물이동저장탱크 소유자에 대한 안전교육

해설 소방청장의 안전교육을 한국소방안전원에 위탁(영 제22조 제3항)
- 안전관리자로 선임된 자에 대한 안전교육(별표5의 안전관리자교육이수자 포함)
- 위험물운송자로 종사하는 자에 대한 안전교육(별표5 위험물운송자를 위한 안전교육 포함)

07 **소방청장, 시・도지사, 소방본부장 또는 소방서장의 업무의 일부를 한국소방산업기술원에 위탁한 업무의 내용이 아닌 것은?**

① 용량이 100만리터 이상인 액체위험물을 저장하는 탱크안전성능검사
② 50만리터 이상의 옥외탱크저장소의 탱크안전성능검사
③ 탱크시험자의 기술 인력으로 종사하는 자에 대한 안전교육
④ 지하탱크저장소의 위험물탱크 중 이중벽 액체위험물탱크 탱크안전성능검사

해설 시・도지사의 탱크안전성능검사 중 다음에 해당하는 탱크에 대한 탱크안전성능검사는 기술원에 위탁한다.
- 용량이 100만리터 이상인 액체위험물을 저장하는 탱크
- 암반탱크
- 지하탱크저장소의 위험물탱크 중 이중벽탱크 액체위험물탱크

08 **다음 중 한국소방산업기술원의 완공검사 위탁업무로 맞지 않는 것은?**

① 지정수량의 3천배 이상의 위험물을 취급하는 일반취급소의 설치 또는 변경의 완공검사
② 50만리터 이상의 옥외탱크저장소의 설치 또는 변경에 따른 완공검사
③ 이송취급소의 설치 또는 변경에 따른 완공검사
④ 암반탱크저장소의 설치 또는 변경에 따른 완공검사

해설 시・도지사의 완공검사에 관한 권한 중 지정수량의 3천배 이상의 위험물을 취급하는 제조소 또는 일반취급소의 설치 또는 변경의 완공검사(사용 중인 제조소 또는 일반취급소의 보수 또는 부분증설 제외) 및 50만리터 이상의 옥외탱크저장소 또는 암반탱크저장소의 설치 또는 변경에 따른 완공검사를 기술원에 위탁한다.

정답 06 ① 07 ② 08 ③

09 **다음 중 한국소방산업기술원의 위탁업무로 맞지 않는 것은?**

① 액체위험물을 저장 또는 취급하는 100만리터 이상의 옥외탱크저장소의 정기검사
② 암반탱크저장소의 설치 또는 변경에 따른 완공검사
③ 시・도지사의 운반용기검사
④ 위험물안전관리자에 대한 안전교육

해설 **한국소방산업기술원에 업무위탁**

- 용량이 100만리터 이상인 액체위험물을 저장하는 탱크, 암반탱크, 지하탱크저장소의 위험물탱크 중 이중벽탱크의 시・도지사의 탱크안전성능검사
- 시・도지사의 완공검사에 관한 권한 중 지정수량의 3천배 이상의 위험물을 취급하는 제조소 또는 일반취급소의 설치 또는 변경의 완공검사(사용 중인 제조소 또는 일반취급소의 보수 또는 부분증설 제외) 및 50만리터 이상의 옥외탱크저장소 또는 암반탱크저장소의 설치 또는 변경에 따른 완공검사
- 소방본부장 또는 소방서장의 50만리터 이상의 옥외저장탱크 정기검사
- 시・도지사의 운반용기검사
- 소방청장의 안전교육에 관한 권한 중 탱크시험자의 기술 인력으로 종사하는 자에 대한 안전교육

10 **다음 중 시・도지사의 권한을 소방서장에게 위임한 사항을 모두 고르시오.**

㉠ 제조소등의 설치허가 또는 변경허가
㉡ 제조소등의 안전조치 이행 명령
㉢ 제조소등의 사용 중지 또는 재개 신고의 수리
㉣ 과징금처분
㉤ 정기점검 결과의 수리
㉥ 지위승계 및 용도폐지 신고수리

① 상기 모두 맞다.
② ㉡, ㉢, ㉣, ㉤
③ ㉠, ㉡, ㉣, ㉤, ㉥
④ ㉠, ㉡, ㉥

해설 **시・도지사의 권한을 소방서장에게 위임사항**

- 제조소등의 설치허가 또는 변경허가
- 위험물의 품명・수량 또는 지정수량의 배수의 변경신고의 수리
- 군사목적 또는 군부대시설을 위한 제조소등을 설치하거나 그 위치・구조 또는 설비의 변경에 관한 군부대장과의 협의
- 위험물 탱크안전성능검사(기술원의 탱크안전성능검사 제외)
- 위험물 제조소등 완공검사(기술원의 완공검사 대상 제외)
- 제조소등의 설치자의 지위승계신고의 수리
- 제조소등의 용도폐지신고의 수리
- 제조소등의 사용 중지 또는 재개 신고의 수리
- 제조소등의 안전조치 이행명령
- 제조소등의 설치허가의 취소와 사용정지
- 과징금처분
- 예방규정의 수리・반려 및 변경명령
- 정기점검 결과의 수리

09 ④ 10 ① **정답**

11 탱크시험자의 등록취소 처분을 하고자 하는 경우에 청문실시권자가 아닌 것은?

① 시 · 도지사　② 소방서장
③ 소방본부장　④ 소방청장

해설 탱크시험자의 등록 취소 : 시 · 도지사, 소방본부장, 소방서장

12 위험물안전관리자 등 안전교육에 관한 설명으로 옳은 것은?

① 안전관리자 및 위험물운송자의 실무교육 시간 중 2시간 이내를 사이버교육의 방법으로 실시할 수 있다.
② 위험물운송자가 되고자 하는 자의 교육시간은 24시간이다.
③ 위험물운송자는 이동탱크저장소의 위험물운송자로 종사한 날부터 2년마다 1회 8시간 이내의 안전원에서 실시하는 실무교육을 받아야 한다.
④ 안전관리자는 제조소등의 안전관리자로 선임된 날부터 6개월 이내에 1회 8시간 이내의 안전원에서 실시하는 실무교육을 받아야 한다.

해설 ① 안전관리자 및 위험물운송자의 실무교육 시간 중 4시간 이내를 사이버교육의 방법으로 실시할 수 있다.
② 위험물운송자가 되고자 하는 자의 교육시간은 16시간이다.
③ 위험물운송자는 이동탱크저장소의 위험물운송자로 종사한 날부터 6개월 이내에 1회 8시간 이내의 안전원에서 실시하는 실무교육을 받아야 한다.

13 위험물안전관리법에 따른 수수료 및 교육비에 관한 설명으로 옳은 것은?

① 옥외저장소는 지정수량 배수에 따라 설치허가 수수료를 다르게 납부해야 한다.
② 제조소등 변경허가의 수수료는 설치허가 수수료의 1/3에 해당하는 금액을 납부해야 한다.
③ 제조소등 변경허가 수수료와 제조소등 완공검사 수수료 금액은 같다.
④ 제1종 판매취급소와 제2종 판매취급소의 설치허가 수수료는 동일하게 납부한다.

해설 ③ 제조소등 변경허가 수수료와 제조소등 완공검사 수수료는 설치허가 수수료의 1/2에 해당하는 금액을 납부해야 한다.
① 옥외저장소는 지정수량 배수에 관계없이 설치허가 수수료는 1만 5천원을 납부해야 한다.
② 제조소등 변경허가의 수수료는 설치허가 수수료의 1/2에 해당하는 금액을 납부해야 한다.
④ 제1종 판매취급소의 허가 수수료는 3만원, 제2종 판매취급소의 설치허가 수수료는 4만원을 납부해야 한다.

정답 11 ④　12 ④　13 ③

성공한 사람은 대개 지난번 성취한 것 보다 다소 높게,
그러나 과하지 않게 다음 목표를 세운다.
이렇게 꾸준히 자신의 포부를 키워간다.

– 커트 르윈 –

제8장

벌 칙

모든 전사 중 가장 강한 전사는
이 두 가지, 시간과 인내다.

– 레프 톨스토이 –

CHAPTER

08 벌 칙

01 정 의

(1) 법률상 규정하고 있는 의무위반 또는 법령의 위반에 대하여 일반통치권(一般統治權)에 근거하여 의무이행 확보를 위하여 일반사인에게 과하는 제재로서 과하는 벌을 말한다.

(2) 위험물안전관리법 제7장 벌칙은 제33조 내지 제37조에서는 행정형벌인 징역, 금고 및 벌금형에 대하여 규정하고 있으며, 제38조는 양벌규정을, 제39조에서는 행정질서벌인 과태료를 규정하여 의무 위반자에게 심리적인 압박을 가하여 위험물로 인한 위해를 방지하여 공공의 안전을 확보하는 간접적 수단을 동시에 지니고 있다.

[행정벌]

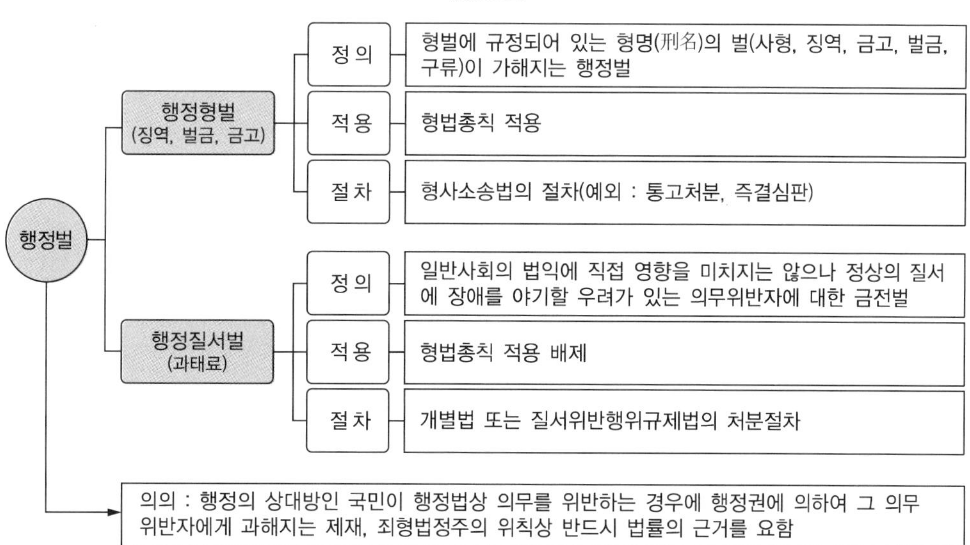

02 행정형벌★★★★

2013년 경남소방장 기출 | 2014년, 2015년, 2017년, 2018년, 2020년 소방위 기출 | 2018년 통합소방장 기출 | 2023년 소방장 기출

(1) 1년 이상 10년 이하의 징역 등

<table>
<tr><th colspan="2">위반내용</th><th>벌 칙</th><th>양벌규정</th></tr>
<tr><td rowspan="3">제조소등 또는 허가를 받지 않고 지정수량 이상의 위험물을 저장 또는 취급하는 장소에서 위험물을 유출·방출 또는 확산시켜</td><td>사람의 생명·신체 또는 재산에 대하여 위험을 발생시킨 자</td><td>1년 이상
10년 이하의 징역</td><td>5천만원 이하
벌금</td></tr>
<tr><td>사람을 상해(傷害)에 이르게 한 때</td><td>무기 또는
3년 이상의 징역</td><td rowspan="2">1억원 이하
벌금</td></tr>
<tr><td>사망에 이르게 한 때</td><td>무기 또는
5년 이상의 징역</td></tr>
<tr><td rowspan="2">업무상 과실로 제조소등 또는 허가를 받지 않고 지정수량 이상의 위험물을 저장 또는 취급하는 장소에서 위험물을 유출·방출 또는 확산시켜</td><td>사람의 생명·신체 또는 재산에 대하여 위험을 발생시킨 자</td><td>7년 이하의 금고
또는 7천만원 이하 벌금</td><td rowspan="2">해당법조의
벌금</td></tr>
<tr><td>사람을 사상(死傷)에 이르게 한 자</td><td>10년 이하의 징역 또는
금고나 1억원 이하 벌금</td></tr>
</table>

Plus one

- 고의로 위험물을 유출·방출 또는 확산시켜 사람의 생명·신체 또는 재산에 대하여 위험을 발생시킨 경우로서 생명·신체 또는 재산에 구체적인 피해결과가 발생하지 않는 경우에도 추상적 위험성이 있으면 범죄가 성립(추상적 위태범)
- 고의로 위험물을 유출·방출 또는 확산시켜 결과적으로 상해에 이르게 한 경우로서 상해에 대한 고의가 없어도 범죄가 성립함(결과적 가중범)
- 업무상 과실이란 위험한 업무를 수행하는 자로서 요구되는 고도의 주의의무를 태만히 한 경우를 말하며, 위험물안전관리자가 주의태만을 한 경우가 이에 해당함

(2) 5년 이하의 징역 또는 1억원 이하의 벌금 2018년 소방위 기출

제조소등의 설치허가를 받지 아니하고 위험물시설을 설치한 자

(3) 3년 이하의 징역 또는 3천만원 이하의 벌금

저장소 또는 제조소등이 아닌 장소에서 지정수량 이상의 위험물을 저장 또는 취급한 자

(4) 1년 이하의 징역 또는 1천만원 이하의 벌금 2013년 소방위 기출

① 탱크시험자로 등록하지 아니하고 탱크시험자의 업무를 한 자

② 정기점검을 하지 아니하거나 점검기록을 허위로 작성한 관계인으로서 제조소등 설치허가(허가 면제 또는 협의로서 허가를 받은 경우 포함)를 받은 자

③ 정기검사를 받지 아니한 관계인으로서 제조소등 설치허가를 받은 자

④ 자체 소방대를 두지 아니한 관계인으로서 제조소등 설치허가를 받은 자

⑤ 운반용기에 대한 검사를 받지 아니하고 운반용기를 사용하거나 유통시킨 자

⑥ 소방청장, 시·도지사, 소방본부장 또는 소방서장의 출입·검사 및 위험물 사고조사 시 보고 또는 자료제출을 하지 아니하거나 허위로 보고 또는 자료제출을 한 자 또는 관계공무원의 출입·검사 또는 수거를 거부·방해 또는 기피한 자

⑦ 제조소등에 대한 긴급 사용정지·제한명령을 위반한 자

(5) 1천 500만원 이하의 벌금 2014년, 2017년, 2020년 소방위 기출

① 위험물의 저장 또는 취급에 관한 중요기준에 따르지 아니한 자

② 변경허가를 받지 아니하고 제조소등을 변경한 자

③ 제조소등의 완공검사를 받지 아니하고 위험물을 저장·취급한 자

④ 제조소등 사용중지 대상에 대한 안전조치 이행명령을 따르지 아니한 자

⑤ 제조소등의 사용정지명령을 위반한 자

⑥ 수리·개조 또는 이전의 명령에 따르지 아니한 자

⑦ 안전관리자를 선임하지 아니한 관계인으로서 허가를 받은 자

⑧ 대리자를 지정하지 아니한 관계인으로서 허가를 받은 자

⑨ 탱크안전성능시험자에 대한 업무정지명령을 위반한 자

⑩ 탱크안전성능시험 또는 점검에 관한 업무를 허위로 하거나 그 결과를 증명하는 서류를 허위로 교부한 자

⑪ 위험물시설 정기점검에 관한 업무를 허위로 하거나 그 결과를 증명하는 서류를 허위로 교부한 자

⑫ 예방규정을 제출하지 아니하거나 변경명령을 위반한 관계인으로서 허가를 받은 자

⑬ 정지지시를 거부하거나 국가기술자격증, 교육수료증·신원확인을 위한 증명서의 제시 요구 또는 신원확인을 위한 질문에 응하지 아니한 사람

⑭ 탱크시험자에 대하여 필요한 보고 또는 자료제출을 하지 아니하거나 허위의 보고 또는 자료제출을 한 자 및 관계공무원의 출입 또는 조사·검사를 거부·방해 또는 기피한 자

⑮ 무허가장소의 위험물에 대한 조치명령에 따르지 아니한 자

⑯ 저장·취급기준 준수명령 또는 응급조치명령을 위반한 자

⑰ 탱크시험자에 대한 감독상 명령에 따르지 아니한 자

⊕ Plus one

보고 또는 자료제출을 하지 아니하거나 허위로 보고 또는 자료제출을 한 자 또는 관계공무원의 출입 · 검사 또는 수거를 거부 · 방해 또는 기피한 자의 행정벌 정리

- 위험물 제조소등의 출입 · 검사 및 위험물 사고조사 시 : 1년 이하의 징역 또는 1천만원 이하의 벌금
- 탱크시험자 감독상 출입 · 검사 : 1천 500만원 이하의 벌금
- 화재안전조사를 정당한 사유 없이 거부 · 방해 또는 기피한 자 : 300만원 이하의 벌금

(6) 1천만원 이하의 벌금

① 위험물의 취급에 관한 안전관리와 감독을 하지 아니한 자

② 안전관리자 또는 그 대리자가 참여하지 아니한 상태에서 위험물을 취급한 자

③ 변경한 예방규정을 제출하지 아니한 관계인으로서 위험물 제조소등 설치 허가를 받은 자

④ 위험물의 운반에 관한 중요기준에 따르지 아니한 자

⑤ 위험물운반자 자격 요건을 갖추지 아니한 위험물운반자

⑥ 이동탱크에 의하여 위험물을 운송하는 자는 국가기술자격 또는 안전교육을 받은 자이어야 하나 이를 위반한 위험물운송자

⑦ 알킬알루미늄, 알킬리튬, 이들을 함유하는 위험물 운송에 있어서는 운송책임자의 지도 또는 지원을 받아 운송해야 하나 이를 위반한 위험물운송자

⑧ 소방공무원이 위험물 제조소등 관계인의 정당한 업무를 방해하거나 출입 · 검사 등을 수행하면서 알게 된 비밀을 누설한 자

⊕ Plus one

위험물운송자 및 운반자와 관련한 행정벌 정리

① 주행 중의 이동탱크저장소 정지지시를 거부하거나 국가기술자격증 또는 교육수료증의 제시를 거부 또는 기피한 자 : 1천 500만원 이하의 벌금

② 위험물운송자 자격을 갖추지 아니하고 위험물운송자 : 1천만원 이하의 벌금

③ 위험물운반자의 자격요건을 갖추지 아니하고 위험물운반자 : 1천만원 이하의 벌금

④ 알킬알루미늄, 알킬리튬, 이들을 함유하는 위험물 운송에 있어서는 운송책임자의 지도 또는 지원을 받아 운송해야 하나 이를 위반한 위험물운송자 : 1천만원 이하의 벌금

⑤ 위험물의 저장 또는 취급에 관한 중요기준에 따르지 아니한 자 : 1천 500만원 이하의 벌금

⑥ 위험물의 운반에 관한 중요기준에 따르지 아니한 자 : 1천만원 이하의 벌금

⑦ 이동탱크저장소운전자 중 위험물의 운송에 관한 세부기준을 따르지 아니한 자 : 500만원 이하의 과태료

⑧ 위험물운전자 중 위험물 운반에 관한 세부기준을 따르지 아니한 자 : 500만원 이하의 과태료

⑨ 위험물 저장 · 취급에 관한 세부기준을 따르지 아니한 자 : 500만원 이하의 과태료

(7) 양벌규정★★★

① 법인의 대표자나 법인 또는 개인의 대리인, 사용인, 그 밖의 종업원이 그 법인 또는 개인의 업무에 관하여 제조소등에서 위험물을 유출·방출 또는 확산시켜 사람의 생명·신체 또는 재산에 대하여 위험을 발생시킨 위반행위를 하면 그 행위자를 벌하는 외에 그 법인 또는 개인을 5천만원 이하의 벌금에 처하고, 제조소등에서 위험물을 유출·방출 또는 확산시켜 상해(傷害)에 이르게 한때, 사망에 이르게 한때에는 위반행위를 하면 그 행위자를 벌하는 외에 그 법인 또는 개인을 1억원 이하의 벌금에 처한다. 다만, 법인 또는 개인이 그 위반행위를 방지하기 위하여 해당 업무에 관하여 상당한 주의와 감독을 게을리하지 아니한 경우에는 그러하지 아니하다.

<table>
<tr><th colspan="2">법 제33조 제1항 내지 제2항</th><th>벌 칙</th><th>양벌규정</th></tr>
<tr><td rowspan="3">제조소등 또는 허가를 받지 않고 지정수량 이상의 위험물을 저장 또는 취급하는 장소에서 위험물을 유출·방출 또는 확산시켜</td><td>사람의 생명·신체 또는 재산에 대하여 위험을 발생시킨 자(제1항)</td><td>1년 이상 10년 이하의 징역</td><td>5천만원 이하의 벌금</td></tr>
<tr><td>사람을 상해(傷害)에 이르게 한 때(제2항)</td><td>무기 또는 3년 이상의 징역</td><td rowspan="2">1억원 이하의 벌금</td></tr>
<tr><td>사망에 이르게 한 때(제2항)</td><td>무기 또는 5년 이상의 징역</td></tr>
</table>

② 법인의 대표자나 법인 또는 개인의 대리인, 사용인, 그 밖에 종업원이 그 법인 또는 개인의 업무에 관하여 02의 (1)(업무상과실 부분만) 내지 (6)까지의 어느 하나에 해당하는 위반행위를 하면 그 행위자를 벌하는 외에 그 법인 또는 개인에게도 해당 조문의 벌금형을 과(科)한다. 다만, 법인 또는 개인이 그 위반행위를 방지하기 위하여 해당 업무에 관하여 상당한 주의와 감독을 게을리 하지 아니한 경우에는 그러하지 아니하다.

⊕ Plus one

양벌규정

- 의 의

  행정법규에서는 법인의 대표자나 법인 또는 개인의 대리인·사용인 기타 종업원이 그 법인 또는 개인의 사무에 관하여 행정상 의무를 위반하는 행위를 한 때에는 그 행위자를 처벌하는 외에 그 법인 또는 개인에 대하여 위반행위의 경중에 따라서 3억원 이하의 벌금을 처하도록 별도로 규정하고 있다. 이와 같이 직접적으로 행위를 한 자연인 외의 법인이나 개인 그 자체를 처벌하는 규정을 양벌규정이라 한다.
- 양벌규정을 두는 이유
  - 실제로 법인 또는 개인을 위하여 행위를 한 법인의 대표자, 개인의 대리인·사용인·종업원 등을 처벌하여서는 실제로 그 법인 또는 개인에 의한 범죄를 예방할 수 없기 때문에 법인이나 개인에게 일정한 형벌을 가하는 양벌규정이 필요하다.
  - 양벌규정은 법인이나 개인 등이 이 법과 관련된 업무를 수행함에 있어서 직원의 관리·감독 등을 강화하는 간접적인 기능도 함께 확보하고자 함에 있다.
  - 법인 또는 개인이 그 위반행위를 방지하기 위하여 상당한 주의와 감독을 다한 경우 책임을 면할 수 있는 면책의 근거가 새롭게 추가되었다.

03 행정질서벌★★★★

(1) 500만원 이하의 과태료(법 제39조)

① 시・도조례로 정하는 위험물의 임시저장・취급을 소방서장의 **승인**을 받지 아니한 자
② 제조소등에서 준수해야 하는 위험물의 저장 또는 취급에 관한 **세부기준**을 위반한 자
③ 제조소등의 허가받은 품명・수량・지정수량배수를 변경신고를 변경일로부터 **1일전**까지 신고하지 아니하거나 허위로 한 자
④ 제조소등을 승계한 자가 소방서장에게 지위승계신고를 **30일 이내**에 신고하지 아니하거나 허위로 한 자
⑤ 제조소등의 용도폐지신고를 **14일 이내**에 하지 아니하거나 허위로 한 자 또는 제조소등 위험물안전관리자의 선임신고를 선임일로부터 **14일 이내**에 하지 아니하거나 허위로 한 자
⑥ 제조소등의 사용을 중지하려는 날 또는 재개하려는 날의 **14일 전**까지 신고를 하지 아니하거나 거짓으로 한 자
⑦ 제조소등의 관계인과 그 종업원이 예방규정을 준수하지 않은 자 〈2023.01.03. 신설〉
⑧ 탱크안전성능시험자 또는 위험물시설 점검업자가 등록변경사항의 **30일 이내** 변경신고를 하지 아니하거나 허위로 한 자
⑨ 제조소등의 정기점검결과를 기록・보존하지 아니한 자
⑩ 제조소등의 정기점검결과 보고서를 **30일 이내**에 점검결과를 제출하지 아니한 자
⑪ 위험물의 운반에 관한 세부기준을 위반한 자
⑫ 이동탱크저장소운전자가 위험물의 운송에 관한 기준을 따르지 아니한 자

(2) 부과권자

위의 과태료는 대통령령이 정하는 바에 따라 **시・도지사, 소방본부장 또는 소방서장**(이하 "부과권자"라 한다)이 부과・징수한다(법 제39조 제2항).

(3) 조례위반

① 제4조(지정수량 미만의 위험물 저장・취급) 및 제5조 제2항(위험물의 임시 저장・취급 기준) 각 호 외의 부분 후단에 따른 조례에는 **200만원 이하**의 과태료를 정할 수 있다. 이 경우 과태료는 부과권자가 부과・징수한다.

04 과태료 부과기준(영 제23조 관련 별표9)★★★★

(1) 일반기준

① 과태료 부과권자는 다음의 어느 하나에 해당하는 경우에는 (2)의 개별기준에 따른 과태료 금액의 **2분의 1까지 그 금액**을 줄일 수 있다. 다만, 과태료를 체납하고 있는 위반행위자에 대해서는 그러하지 아니하다.

㉠ 위반행위자가 「질서위반행위규제법 시행령」 제2조의2 제1항 각 호의 어느 하나에 해당하는 경우

Plus one

질서위반행위규제법 시행령 제2조의2(과태료 감경)

① 행정청은 법 제16조에 따른 사전통지 및 의견 제출 결과 당사자가 다음 각 호의 어느 하나에 해당하는 경우에는 해당 과태료 금액의 100분의 50의 범위에서 과태료를 감경할 수 있다. 다만, 과태료를 체납하고 있는 당사자에 대해서는 그러하지 아니하다.

1. 「국민기초생활 보장법」 제2조에 따른 수급자
2. 「한부모가족 지원법」 제5조 및 제5조의2 제2항·제3항에 따른 보호대상자
3. 「장애인복지법」 제2조에 따른 제1급부터 제3급까지의 장애인
4. 「국가유공자 등 예우 및 지원에 관한 법률」 제6조의4에 따른 1급부터 3급까지의 상이등급 판정을 받은 사람
5. 미성년자

② 법령상 감경할 사유가 여러 개 있는 경우라도 제1항에 따라 감경을 하는 경우에는 법 제18조에 따른 감경을 제외하고는 거듭 감경할 수 없다.

㉡ 위반행위자가 처음 위반행위를 한 경우로서 3년 이상 해당 업종을 모범적으로 경영한 사실이 인정되는 경우

㉢ 위반행위가 사소한 부주의나 오류 등 과실로 인한 것으로 인정되는 경우

㉣ 위반행위자가 같은 위반행위로 다른 법률에 따라 과태료·벌금·영업정지 등의 처분을 받은 경우

㉤ 위반행위자가 위법행위로 인한 결과를 시정하거나 해소한 경우

㉥ 그 밖에 위반행위의 정도, 위반행위의 동기와 그 결과 등을 고려하여 과태료를 줄일 필요가 있다고 인정되는 경우

② 과태료의 부과 기준

㉠ 과태료 부과권자는 다음의 어느 하나에 해당하는 경우에는 제2호의 개별기준에 따른 과태료 금액의 2분의 1까지 그 금액을 줄일 수 있다. 다만, 과태료를 체납하고 있는 위반행위자에 대해서는 그러하지 아니하다.

- 위반행위자가 「질서위반행위규제법 시행령」 제2조의2제1항 각 호의 어느 하나에 해당하는 경우
- 위반행위자가 처음 위반행위를 한 경우로서 3년 이상 해당 업종을 모범적으로 경영한 사실이 인정되는 경우
- 위반행위가 사소한 부주의나 오류 등 과실로 인한 것으로 인정되는 경우

• 위반행위자가 같은 위반행위로 다른 법률에 따라 과태료·벌금·영업정지등의 처분을 받은 경우
• 위반행위자가 위법행위로 인한 결과를 시정하거나 해소한 경우
• 그 밖에 위반행위의 정도, 위반행위의 동기와 그 결과 등을 고려하여 과태료를 줄일 필요가 있다고 인정되는 경우

ⓛ 부과권자는 고의 또는 중과실이 없는 위반행위자가 「소상공인기본법」 제2조에 따른 소상공인에 해당하고, 과태료를 체납하고 있지 않은 경우에는 다음의 사항을 고려하여 제2호의 개별기준에 따른 과태료의 100분의 70 범위에서 그 금액을 줄여 부과할 수 있다. 다만, ㉠에 따른 감경과 중복하여 적용하지 않는다.

• 위반행위자의 현실적인 부담능력
• 경제위기 등으로 위반행위자가 속한 시장·산업 여건이 현저하게 변동되거나 지속적으로 악화된 상태인지 여부

③ 위반행위의 횟수에 따른 과태료의 부과기준은 최근 1년간 같은 위반행위로 과태료 부과처분을 받은 경우에 적용한다. 이 경우 기간의 계산은 위반행위에 대하여 과태료 부과처분을 받은 날과 그 처분 후 다시 같은 위반행위를 하여 적발된 날을 기준으로 한다.

④ 가중된 부과처분을 하는 경우 가중처분의 적용 차수는 그 위반행위 전 부과처분 차수(③에 따른 기간 내에 과태료 부과처분이 둘 이상 있었던 경우에는 높은 차수를 말한다)의 다음 차수로 한다.

(2) 개별기준 2023년 소방장 기출

(단위 : 만원)

위반행위	해당법조문	과태료금액
① 법 제5조 제2항 제1호에 따른 승인을 받지 아니한 자	법 제39조 제1항 제1호	
1) 승인기한(임시저장 또는 취급개시일의 전날)의 다음 날을 기산일로 하여 30일 이내에 승인을 신청한 자		250
2) 승인기한(임시저장 또는 취급개시일의 전날)의 다음 날을 기산일로 하여 31일 이후에 승인을 신청한 자		400
3) 승인을 받지 아니한 자		500
② 법 제5조 제3항 제2호에 따른 위험물의 저장 또는 취급에 관한 세부기준을 위반한 자	법 제39조 제1항 제2호	
1) 1차 위반 시		250
2) 2차 위반 시		400
3) 3차 이상 위반 시		500
③ 법 제6조 제2항에 따른 품명 등의 변경신고를 기간 이내에 하지 아니하거나 허위로 한 자	법 제39조 제1항 제3호	
1) 신고기한(변경하려는 날의 1일 전날)의 다음 날을 기산일로 하여 30일 이내에 신고한 자		250
2) 신고기한(변경하려는 날의 1일 전날)의 다음 날을 기산일로 하여 31일 이후에 신고한 자		350
3) 허위로 신고한 자		500
4) 신고를 하지 아니한 자		500

④ **법 제10조 제3항에 따른 지위승계신고를 기간 이내에 하지 아니하거나 허위로 한 자** 2023년 소방장 기출	법 제39조 제1항 제4호	
1) 신고기한(지위승계일의 다음 날을 기산일로 하여 30일이 되는 날)의 다음 날을 기산일로 하여 30일 이내에 신고한 자		250
2) 신고기한(지위승계일의 다음 날을 기산일로 하여 30일이 되는 날)의 다음 날을 기산일로 하여 31일 이후에 신고한 자		350
3) 허위로 신고한 자		500
4) 신고를 하지 아니한 자		500
⑤ **법 제11조에 따른 폐지신고를 기간 이내에 하지 아니하거나 허위로 한 자**	법 제39조 제1항 제5호	
1) 신고기한(폐지일의 다음 날을 기산일로 하여 14일이 되는 날)의 다음 날을 기산일로 하여 30일 이내에 신고한 자		250
2) 신고기한(폐지일의 다음 날을 기산일로 하여 14일이 되는 날)의 다음 날을 기산일로 하여 31일 이후에 신고한 자		350
3) 허위로 신고한 자		500
4) 신고를 하지 아니한 자		500
⑥ **법 제11조의2 제2항을 위반하여 사용 중지신고 또는 재개신고를 기간 이내에 하지 않거나 거짓으로 한 경우**	법 제39조 제1항 제5호의2	
1) 신고기한(중지 또는 재개한 날의 14일 전날)의 다음날을 기산일로 하여 30일 이내에 신고한 경우		250
2) 신고기한(중지 또는 재개한 날의 14일 전날)의 다음날을 기산일로 하여 31일 이후에 신고한 경우		350
3) 거짓으로 신고한 경우		500
4) 신고를 하지 않은 경우		500
⑦ **법 제15조 제3항에 따른 안전관리자의 선임신고를 기간 이내에 하지 아니하거나 허위로 한 자**	법 제39조 제1항 제5호	
1) 신고기한(선임한 날의 다음 날을 기산일로 하여 14일이 되는 날)의 다음 날을 기산일로 하여 30일 이내에 신고한 자		250
2) 신고기한(선임한 날의 다음 날을 기산일로 하여 14일이 되는 날)의 다음 날을 기산일로 하여 31일 이후에 신고한 자		350
3) 허위로 신고한 자		500
4) 신고를 하지 아니한 자		500
⑧ **법 제16조 제3항을 위반하여 등록사항의 변경신고를 기간 이내에 하지 아니하거나 허위로 한 자**	법 제39조 제1항 제6호	
1) 신고기한(변경일의 다음 날을 기산일로 하여 30일이 되는 날)의 다음 날을 기산일로 하여 30일 이내에 신고한 자		250
2) 신고기한(변경일의 다음 날을 기산일로 하여 30일이 되는 날)의 다음 날을 기산일로 하여 31일 이후에 신고한 자		350
3) 허위로 신고한 자		500
4) 신고를 하지 아니한 자		500
⑨ **법 제17조제3항을 위반하여 예방규정을 준수하지 않은 경우**	법 제39조 제1항 제6호의2	
1) 1차 위반 시		250
2) 2차 위반 시		400
3) 3차 이상 위반 시		500
⑩ **법 제18조 제1항을 위반하여 점검결과를 기록하지 않거나 보존하지 않은 경우**	법 제39조 제1항 제7호	
1) 1차 위반 시		250
2) 2차 위반 시		400
3) 3차 이상 위반 시		500

⑪ 법 제18조 제2항을 위반하여 기간 이내에 점검 결과를 제출하지 않은 경우	법 제39조 제1항 제7호의2	
1) 제출기한(점검일의 다음날을 기산일로 하여 30일이 되는 날)의 다음날을 기산일로 하여 30일 이내에 제출한 경우		250
2) 제출기한(점검일의 다음날을 기산일로 하여 30일이 되는 날)의 다음날을 기산일로 하여 31일 이후에 제출한 경우		400
3) 제출하지 않은 경우		500
⑫ 법 제19조의2 제1항을 위반하여 흡연을 한 자	법 제39조 제1항 제7호의3	
1) 1차 위반 시		250
2) 2차 위반 시		400
3) 3차 이상 위반 시		500
⑬ 법 제19조의2 제3항에 따른 시정명령을 따르지 아니한 자	법 제39조 제1항 제7호의4	
1) 1차 위반 시		250
2) 2차 위반 시		400
3) 3차 이상 위반 시		500
⑭ 법 제20조 제1항 제2호에 따라 위험물의 운반에 관한 세부기준을 위반한 자	법 제39조 제1항 제8호	
1) 1차 위반 시		250
2) 2차 위반 시		400
3) 3차 이상 위반 시		500
⑮ 법 제21조 제3항의 규정을 위반하여 위험물의 운송에 관한 기준을 따르지 아니한 자	법 제39조 제1항 제9호	
1) 1차 위반 시		250
2) 2차 위반 시		400
3) 3차 이상 위반 시		500

05 위험물안전관리법의 기간 정리★★★★

구 분	내 용	기 간	주체 및 객체
제조소등의 허가	설치허가 처리기간(규칙 별지 제1호 서식)(한국소방산업기술원이 발급한 기술검토서를 첨부하는 경우 : 3일)	5일	관계인이 시·도지사에게
	완공검사 처리기간	5일	
	변경허가 처리기간(한국소방산업기술원이 발급한 기술검토서를 첨부하는 경우 : 3일)	4일	
	품명, 수량, 배수 변경신고(처리기간 : 별지 제19호 서식에 따른 1일)	1일 전	
	임시저장기간	90일 이내	소방서장 승인
	용도폐지신고(처리기간 : 별지 제29호 서식에 따라 5일)	14일 이내	관계인이 시·도지사에게
	지위승계신고(처리기간 : 별지 제28호 서식에 따라 즉시)	30일 이내	
	합격확인증분실 재교부 후 다시 찾았을 때 반납	10일 이내	

<table>
<tr><td>사용 중지</td><td>사용 중지신고 또는 재개신고(처리기간 : 별지 제29호의2 서식에 따라 5일)</td><td>14일 전</td><td>관계인이 시·도지사에게</td></tr>
<tr><td rowspan="4">정기점검</td><td>정기점검 횟수</td><td>연 1회 이상</td><td>관계인이 자체 또는 의뢰</td></tr>
<tr><td>정기점검의뢰 시 점검결과 통보</td><td>10일 이내</td><td>탱크성능시험자가 관계인에게 완료한 날로부터</td></tr>
<tr><td>정기점검의 기록보존</td><td>3년간</td><td></td></tr>
<tr><td>정기점검결과 제출</td><td>30일 이내</td><td>관계인이 시·도지사에게</td></tr>
<tr><td rowspan="2">구조안전점검
(50만L 이상 옥외탱크)</td><td>점검시기</td><td>기간 내에 1회</td><td>• 완공검사합격확인증교부 받은 날로부터 12년 이내
• 최근 정기검사를 받은 날로부터 11년 이내
• 최근 정기검사를 받은 날로부터 13년 이내(기술원에 구조안전점검시기 연장신청을 공사에 한 경우)</td></tr>
<tr><td>구조안전점검 기록 보존
기술원에게 연장한 경우</td><td>25년
30년</td><td></td></tr>
<tr><td rowspan="4">정기검사
(50만L 이상 옥외탱크)</td><td>정밀정기검사 시기</td><td colspan="2">• 특정 옥외탱크저장소의 설치허가에 따른 완공검사합격확인증을 발급받은 날부터 12년
• 최근의 정기검사를 받은 날부터 11년</td></tr>
<tr><td>중간정기검사 시기</td><td colspan="2">• 완공검사합격확인증을 발급받은 날부터 4년 이내에 1회
• 최근의 정밀정기검사 또는 중간정기검사를 받은 날부터 4년 이내에 1회</td></tr>
<tr><td>정기검사합격확인증 교부 및 통보</td><td>10일 이내</td><td>• 교부 : 검사종료일로부터 관계인
• 통보 : 검사종료일로부터 소방서장</td></tr>
<tr><td>정기검사결과 보존</td><td>차기검사 시까지</td><td>관계인 및 공사 스스로</td></tr>
<tr><td rowspan="4">위험물 안전관리자</td><td>신규선임시기</td><td>사용 전</td><td></td></tr>
<tr><td>해임, 퇴직 시 선임시기</td><td>30일 이내</td><td>관계인</td></tr>
<tr><td>선임신고</td><td>14일 이내</td><td>소방서장</td></tr>
<tr><td>대리자 지정기간</td><td>30일 이내</td><td>자 체</td></tr>
<tr><td rowspan="3">안전관리 대행기관</td><td>변경신고(변경사유가 있는 날로부터)</td><td>14일 이내</td><td>소방청장에게(처리기간 3일)</td></tr>
<tr><td>휴업, 재개업, 폐업 신고</td><td>14일 전</td><td>소방청장에게 제출</td></tr>
<tr><td>제조소등 1인의 기술능력자가 대행할 수 있는 수</td><td>25개 이하</td><td></td></tr>
<tr><td rowspan="2">탱크시험자 등록</td><td>지정처리기간</td><td>15일 이내</td><td>시·도지사</td></tr>
<tr><td>변경신고(처리기간 3일 이내)</td><td>30일 이내</td><td>시·도지사</td></tr>
<tr><td colspan="2">기술원이 완공검사한 제조소의 완공검사업무대장 보존기간</td><td>10년간</td><td>한국소방산업기술원</td></tr>
<tr><td colspan="2">예방규정 제출 및 변경</td><td colspan="2">해당 제조소등을 사용하기 전 시·도지사에게</td></tr>
</table>

CHAPTER

08 출제예상문제

01 **제조소등에서 위험물을 유출 · 방출 또는 확산시켜 사람의 생명 · 신체 또는 재산에 대하여 위험을 발생시킨 자에 대한 벌칙은?**

① 1년 이상 10년 이하의 징역
② 무기 또는 10년 이상의 징역
③ 7년 이하의 금고
④ 2,000만원 이하의 벌금

해설 제조소등에서 위험물을 유출 · 방출 또는 확산시켜 사람의 생명 · 신체 또는 재산에 대하여 위험을 발생시킨 자는 **1년 이상 10년 이하의 징역**에 처한다.

02 **제조소등에서 위험물을 유출 · 방출 또는 확산시켜 사람을 사망에 이르게 한 때의 벌칙은?**

① 1년 이상 10년 이하의 징역
② 무기 또는 10년 이상의 징역
③ 무기 또는 5년 이상의 징역
④ 무기 또는 3년 이상의 징역

해설 제조소등에서 위험물을 유출 · 방출 또는 확산시켜 사람을 사망에 이르게 한 때 : 무기 또는 5년 이상의 징역

03 **업무상 과실로 제조소등에서 위험물을 유출 · 방출 또는 확산시켜 사람의 생명 · 신체 또는 재산에 대하여 위험을 발생시킨 자에 대한 벌칙으로 맞는 것은?**

① 1년 이상 10년 이하의 징역
② 7년 이하의 금고 또는 7천만원 이하의 벌금
③ 5년 이하의 금고 또는 2천만원 이하의 벌금
④ 5년 이하의 금고 또는 1천만원 이하의 벌금

해설 **업무상 과실**로 제조소등에서 위험물을 유출 · 방출 또는 확산시켜 사람의 생명 · 신체 또는 재산에 대하여 위험을 발생시킨 자는 **7년 이하의 금고** 또는 **7천만원 이하의 벌금**에 처한다.

01 ① 02 ③ 03 ② **정답**

04 저장소 또는 제조소등이 아닌 장소에서 지정수량 이상의 위험물을 저장 또는 취급한 자에 대한 벌칙은?

① 3년 이하 징역 또는 3천만원 이하의 벌금
② 2년 이하 징역 또는 1천만원 이하의 벌금
③ 1년 이하 징역 또는 2천만원 이하의 벌금
④ 2년 이하 징역 또는 2천만원 이하의 벌금

해설 저장소 또는 제조소등이 아닌 장소에서 지정수량 이상의 위험물을 저장 또는 취급한 자는 3년 이하의 징역 또는 3천만원 이하의 벌금에 처한다.

05 위험물 제조소등의 설치허가를 받지 아니하고 위험물시설을 설치한 자의 벌칙은?

2018년 소방위 기출

① 5년 이하 징역 또는 1억원 이하의 벌금
② 3년 이하 징역 또는 1천 5백만원 이하의 벌금
③ 5년 이하 징역 또는 3천만원 이하의 벌금
④ 1천 500만원 이하의 벌금

해설 위험물 제조소등의 설치허가를 받지 아니하고 제조소등을 설치한 자는 5년 이하 징역 또는 1억원 이하의 벌금에 처한다.

06 위험물안전관리자를 선임하지 아니한 관계인에 대한 벌칙은?

① 2천만원 이하의 벌금
② 1천 500만원 이하의 벌금
③ 1천만원 이하의 벌금
④ 200만원 이하의 벌금

해설 위험물안전관리자를 선임하지 아니한 관계인 : 1천 500만원 이하의 벌금

제8장 | 벌 칙

정답 04 ① 05 ① 06 ②

07 **위험물 제조소등의 관계인이 예방 규정을 제출하지 아니하고 위험물 제조소등의 허가를 받은 사람에 대한 벌칙은?**

① 1년 이하의 징역 또는 1000만원 이하의 벌금
② 1천 500만원 이하의 벌금
③ 1천만원 이하의 벌금
④ 500만원 이하의 과태료

해설 **예방규정**의 제출하지 않고 허가받은 사람 : **1천 500만원 이하**의 벌금(법 제17조, 제36조)

08 **위험물 운반과 관련된 사용용기 · 적재방법 또는 운반방법 등의 중요기준을 따르지 아니한 사람은 얼마 이하의 벌금에 처하도록 되어 있는가?**

① 100만원
② 200만원
③ 1천만원
④ 1천 500만원

해설 **위험물운반** 등의 중요기준을 위반 : **1천만원** 이하 벌금(법 제20조, 제37조)

09 **위험물안전관리법 위반자에 대한 실효성확보 수단에 대한 설명으로 맞는 것은?**

① 제조소등에서 위험물을 유출 · 방출 또는 확산시켜 사람의 생명 · 신체 또는 재산에 대하여 위험을 발생시킨 법인에 대한 양벌은 3억원 이하의 벌금에 처한다.
② 제조소등에서 위험물을 유출 · 방출 또는 확산시켜 사람을 상해에 이르게 한 때는 유기 또는 3년 이하의 징역에 처한다.
③ 제조소등에서 위험물을 유출 · 방출 또는 확산시켜 사람을 사망에 이르게 한 때는 유기 또는 5년 이하의 징역에 처한다.
④ 제조소등에서 위험물을 유출 · 방출 또는 확산시켜 사람의 생명 · 신체 또는 재산에 대하여 위험을 발생시킨 자는 1년 이상 또는 10년 이하의 징역에 처한다.

해설

위반내용		벌 칙	양벌규정
제조소등 또는 허가를 받지 않고 지정수량 이상의 위험물을 저장 또는 취급하는 장소에서 위험물을 유출 · 방출 또는 확산시켜	사람의 생명 · 신체 또는 재산에 대하여 위험을 발생시킨 자	1년 이상 10년 이하의 징역	5천만원 이하 벌금
	사람을 상해(傷害)에 이르게 한 때	무기 또는 3년 이상의 징역	1억원 이하 벌금
	사망에 이르게 한 때	무기 또는 5년 이상의 징역	

07 ② 08 ③ 09 ④ **정답**

10 업무상 과실로 제조소등에서 위험물을 유출·방출 또는 확산시켜 사람의 생명·신체 또는 재산에 대하여 위험을 발생시킨 자의 벌칙은?

① 무기 또는 5년 이상의 징역
② 10년 이하의 징역 또는 금고나 1억원 이하의 벌금
③ 7년 이하의 금고 또는 7천만원 이하의 벌금
④ 1년 이상 또는 10년 이하의 징역

해설

위반내용		벌 칙	양벌규정
업무상 과실로 제조소등에서 위험물을 유출·방출 또는 확산시켜	사람의 생명·신체 또는 재산에 대하여 위험을 발생시킨 자	7년 이하의 금고 또는 7천만원 이하 벌금	해당법조의 벌금
	사람을 사상(死傷)에 이르게 한 자	10년 이하의 징역 또는 금고나 1억원 이하 벌금	

11 위험물안전관리법상 규정하고 있는 의무위반에 대한 의무이행 확보를 위하여 위험물관계인에게 과하는 제재로서 과하는 벌칙에 대한 설명으로 틀린 것은?

① 안전관리자를 선임하지 아니한 관계인으로서 위험물 제조소등 설치허가를 받은 자는 1천만원 이하의 벌금에 처한다.
② 제조소등의 완공검사를 받지 아니하고 위험물을 저장·취급한 자는 1천 500만원 이하의 벌금에 처한다.
③ 저장소 또는 제조소등이 아닌 장소에서 지정수량 이상의 위험물을 저장 또는 취급한 자는 3년 이하의 징역 또는 3천만원 이하의 벌금에 처한다.
④ 위험물의 운반에 관한 중요기준에 따르지 아니한 자는 1천만원 이하의 벌금에 처한다.

해설 안전관리자를 선임하지 아니한 관계인으로서 위험물 제조소등 설치허가를 받은 자는 1천 500만원 이하의 벌금에 처한다.

12 위험물안전관리법상 규정하고 있는 의무위반에 대한 벌칙규정 중 1천만원 이하의 벌금형이 아닌 것은?

① 위험물의 취급에 관한 안전관리와 감독을 하지 아니한 자
② 안전관리자 또는 그 대리자가 참여하지 아니한 상태에서 위험물을 취급한 자
③ 위험물의 저장 또는 취급에 관한 중요기준에 따르지 아니한 자
④ 위험물의 운반에 관한 중요기준에 따르지 아니한 자

해설 위험물의 저장 또는 취급에 관한 중요기준에 따르지 아니한 자는 1천 500만원 이하의 벌금이다.

정답 10 ③ 11 ① 12 ③

13 「위험물안전관리법」상 과태료 처분에 해당하는 경우를 모두 고르시오.

> 가. 정기점검결과를 기록 보존하지 아니한 자
> 나. 제조소등의 설치허가를 받지 아니하고 제조소등을 설치한 자
> 다. 안전관리자 또는 그 대리자가 참여하지 아니한 상태에서 위험물을 취급한 자
> 라. 위험물의 운반에 관한 세부기준을 따르지 아니한 자

① 가　　② 나, 라
③ 나, 다　　④ 가, 라

해설 나. 제조소등의 설치허가를 받지 아니하고 제조소등을 설치한 자 : 5년 이하의 징역 또는 1억원 이하의 벌금
다. 안전관리자 또는 그 대리자가 참여하지 아니한 상태에서 위험물을 취급한 자 : 1천 500만원 이하의 벌금

14 위험물안전관리법상 과태료 부과기준에 관한 설명으로 맞는 것은?

① 미성년자는 부과를 면제한다.
② 일정 조건하에 과태료 금액의 2분의 1까지 그 금액을 줄일 수 있다.
③ 질서위반행위 규제법상 감경기준은 없다.
④ 위반행위가 사소한 부주의나 오류 등 과실로 인한 것으로 인정되는 경우에는 20%를 감경할 수 있다.

해설
- 미성년자는 과태료 100분의 50의 범위에서 감경할 수 있다.
- 질서위반행위 규제법상 의견진술기간 내에 자진납부한 경우 20%까지 감경부과한다.
- 위반행위가 사소한 부주의나 오류 등 과실로 인한 것으로 인정되는 경우에는 부과금액의 2분의 1까지 그 금액을 줄일 수 있다.

15 위험물 제조소등 사용중지 대상에 대한 안전조치 이행명령을 따르지 아니한 경우 벌칙은?

① 500만원 이하 과태료
② 1천 5000만원 이하의 벌금
③ 1천만원 이하의 벌금
④ 1년 이하의 징역 또는 1천만원 이하의 벌금

해설 위험물 제조소등 사용중지 대상에 대한 안전조치 이행명령을 따르지 아니한 자 : 1천 500만원 이하의 벌금

13 ④ 14 ② 15 ② **정답**

16 위험물안전관리법에 규정된 내용에 대한 설명으로 틀린 것은?

① 위험물 제조소등 임시저장승인 기간은 90일 이내이다.
② 1인의 기술능력자가 대행할 수 있는 제조소등의 수는 15개를 초과할 수 없다.
③ 위험물안전관리 대리자 지정기간은 30일 이하이다.
④ 기술원이 완공검사한 제조소의 완공검사업무대장 보존기간은 10년이다.

해설 위험물안전관리 대행기관의 1인의 기술능력자가 대행할 수 있는 제조소등의 수는 25개를 초과할 수 없다.

17 다음의 위험물안전관리법에 따른 벌칙규정 중 양형기준이 다른 하나로 옳은 것은?

2017년 소방위 기출유사

㉠ 정기검사를 받지 아니한 관계인으로서 제조소등 설치허가를 받은 자
㉡ 저장소 또는 제조소등이 아닌 장소에서 지정수량 이상의 위험물을 저장 또는 취급한 자
㉢ 운반용기에 대한 검사를 받지 아니하고 운반용기를 사용하거나 유통시킨 자
㉣ 탱크시험자로 등록하지 아니하고 탱크시험자의 업무를 한 자

① ㉠ ② ㉡
③ ㉢ ④ ㉣

해설 ㉠, ㉢, ㉣은 위반 시 1년 이하의 징역 또는 1천만원 이하의 벌금에 처하고 ㉡은 위반 시 3년 이하의 징역 또는 3천만원 이하의 벌금에 처한다.

18 위험물안전관리법 위반사항에 관한 벌칙규정 중 벌금액이 다른 것은?

2015년 소방위 기출유사 2018년 통합소방장 기출유사

① 위험물의 저장 또는 취급에 관한 중요기준에 따르지 아니한 자
② 위험물의 취급에 관한 안전관리와 감독을 하지 아니한 자
③ 위험물의 운반에 관한 중요기준에 따르지 아니한 자
④ 안전관리자 또는 그 대리자가 참여하지 아니한 상태에서 위험물을 취급한 자

해설 ①을 위반할 경우 1천 500만원 이하의 벌금에 해당되며, 나머지의 경우 1천만원 이하의 벌금에 처한다.

정답 16 ② 17 ② 18 ①

19 다음의 위험물안전관리법에 따른 벌칙규정 중 양형기준이 다른 하나로 옳은 것은?

> ㉠ 위험물의 운반에 관한 중요기준에 따르지 아니한 자
> ㉡ 위험물 사용중지 대상에 관한 안전조치 이행명령을 따르지 아니한 자
> ㉢ 안전관리자 또는 그 대리자가 참여하지 아니한 상태에서 위험물을 취급한 자
> ㉣ 위험물운반자가 자격요건을 갖추지 아니한 위험물운반자

① ㉠ ② ㉡

③ ㉢ ④ ㉣

해설 ㉠, ㉢, ㉣의 벌칙 양형은 1천만원 이하의 벌금에 해당되나, ㉡의 경우 1천 500만원 이하의 벌금에 해당한다.

20 위험물안전관리법에 따른 과태료 부과기준에 관한 설명으로 옳지 않은 것은?

① 위반행위의 횟수에 따른 과태료의 부과기준은 최근 1년간 같은 위반행위로 과태료 부과처분을 받은 경우에 적용한다. 이 경우 기간의 계산은 위반행위에 대하여는 과태료 부과처분을 받은 날과 그 처분 후 다시 같은 위반행위를 하여 적발된 날을 기준으로 한다.

② 가중된 부과처분을 하는 경우 가중처분의 적용 차수는 그 위반행위의 전 부과처분 차수의 다음 차수로 한다.

③ 제조소등의 품명변경 신고기한(변경한 날의 1일 전날)의 다음날을 기산일로 하여 31일 이후에 신고한 자에게는 400만원의 과태료를 부과한다.

④ 제조소등의 정기점검 결과를 제출기한(점검일의 다음날을 기산일로 하여 30일이 되는 날의 다음날을 기산일로 하여 30일 이내에 제출한 자에게는 250만원의 과태료를 부과한다.

해설 과태료의 부과기준

위반행위	과태료금액
품명 등의 변경신고를 기간 이내에 하지 않거나 허위로 한 경우	
1) 신고기한(변경한 날의 1일 전날)의 다음날을 기산일로 하여 30일 이내에 신고한 경우	250
2) 신고기한(변경한 날의 1일 전날)의 다음날을 기산일로 하여 31일 이후에 신고한 경우	350
3) 허위로 신고한 경우	500
4) 신고를 하지 않은 경우	500

19 ② 20 ③ 정답

제9장

위험물 제조소

지식에 대한 투자가 가장 이윤이 많이 남는 법이다.

– 벤자민 프랭클린 –

CHAPTER

09 위험물 제조소

제1절 제조소의 위치 · 구조 및 설비의 기준(시행규칙 제28조 관련 별표4)

01 안전거리

(1) 개 요

① 건축물의 외벽 또는 이에 상당하는 공작물의 외측으로부터 해당 제조소의 외벽 또는 이에 상당하는 공작물의 외측까지의 사이에 소방 안전상, 공해 등의 환경안전상 확보해야 할 물리적인 수평거리를 말한다.

② 안전거리 내에 규제대상 외의 건축물, 공작물 등이 있어도 안전거리의 성립에는 영향을 주지 않는다는 의미이다.

③ 기준에 맞는 방화담을 설치하면 안전거리를 짧게 할 수 있다.

④ 안전거리는 위험물 제조소와 방호대상물이 동시에 존재할 때 설정된 개념이다.

(2) 설정목적★★

① 위험물시설에서의 폭발 · 화재 · 유출 등 각종 위해로부터 방호대상물(인접건물) 및 거주자를 보호

② 위험물로 인한 재해로부터 방호대상물의 손실의 경감과 환경적 보호

③ 설치허가 시 안전거리를 법령규정에 따라 엄격히 적용해야 한다.

(3) 설정기준 요소★★ 2017년 인천소방장 기출

아래의 각 요소들의 총합이 크면 안전거리는 길어지고 작으면 그 반대이다.

① 방호대상물의 위험도

② 저장 · 취급하는 위험물의 종류와 양

③ 위험물 제조소의 위험도

(4) 안전거리의 적용 위험물 제조소등★★★★★ 2013년 경남소방장 기출 2016년 소방위 기출

구 분	제조소	저장소								취급소			
		옥 내	옥외 탱크	옥내 탱크	지하 탱크	이동 탱크	간이 탱크	암반 탱크	옥 외	주 유	판 매	일 반	이 송
안전거리	○	○	○	×	×	×	×	×	○	×	×	○	○

※ 제6류 위험물을 제조하는 제조소는 안전거리 제외

(5) 건축물의 안전거리★★★★★ 2012년 소방위 기출

안전거리	해당 대상물
① 50m 이상	유형문화재, 기념물 중 지정문화재
② 30m 이상	• 학교, 병원(병원급 의료기관) • 공연장, 영화상영관 및 그 밖에 이와 유사한 시설로서 3백명 이상의 인원을 수용할 수 있는 것 • 아동복지시설, 노인복지시설, 장애인복지시설, 한부모가족복지시설, 어린이집, 성매매피해자 등을 위한 지원시설, 정신건강증진시설, 가정폭력방지 및 피해자보호시설 및 그 밖에 이와 유사한 시설로서 20명 이상의 인원을 수용할 수 있는 것
③ 20m 이상	• 고압가스, 액화석유가스 또는 도시가스를 저장 또는 사용하는 시설 – 고압가스제조시설, 고압가스저장시설 – 고압가스 사용시설로서 1일 $30m^3$ 이상의 용적을 취급하는 시설 – 액화산소를 소비하는 시설, 액화석유가스제조시설 및 액화석유가스저장시설 – 도시가스 공급시설
④ 10m 이상	①, ②, ③ 외의 건축물 그 밖의 공작물로서 주거용으로 사용되는 것 • 주거용으로 사용되는 것 : 전용주택 외에 공동주택, 점포 겸용주택, 작업장 겸용주택 등 • 그 밖의 공작물 : 주거용 컨테이너, 주거용 비닐하우스 등[제조소가 설치된 부지 내에 있는 것을 제외(기숙사는 포함)한다]
⑤ 5m 이상	사용전압 35,000V를 초과하는 특고압가공전선
⑥ 3m 이상	사용전압 7,000V 초과 35,000V 이하의 특고압가공전선

참고 「관람집회 및 운동시설, 노유자시설, 의료시설 및 학교」란 직접 그 용도에 제공하는 건축물(학교의 경우는 교실, 체육관, 강당 등, 병원의 경우는 병실, 수술실, 진료실 등)을 말한다(부속시설은 제외).

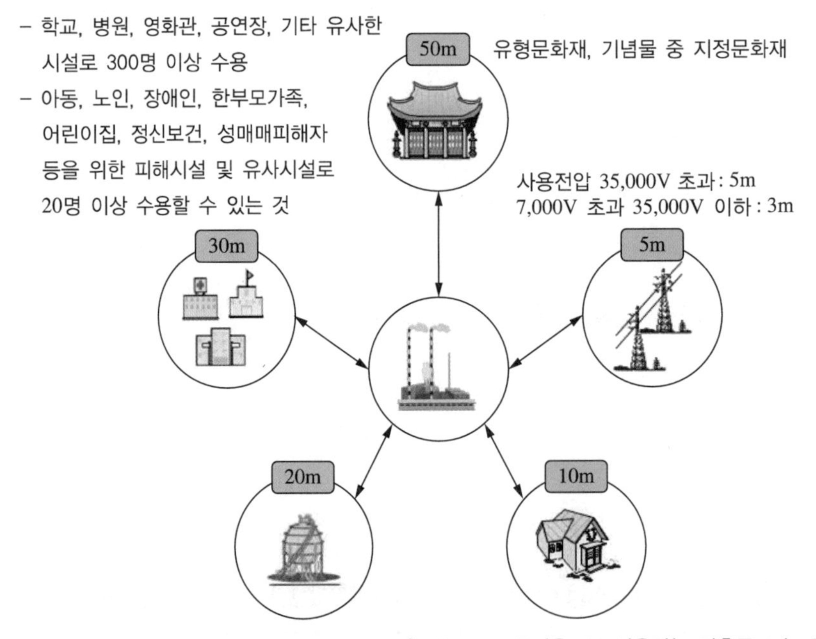

⊕ Plus one

제조소의 안전거리 기준 암기 Tip
- **문**화재 중 유형문화재 및 기념물 중 지정문화재 : 50m 이상
- **병**원·학교·공연장, 영화상영관·다수인의 수용시설 등 : 30m 이상
- **가**스의 제조·저장·취급·사용 또는 공급하는 시설 등 : 20m 이상
- **주**거용 건축물 또는 공작물 : 10m 이상
- 특**고**압가공전선
  - 사용전압이 35,000V를 초과 : 5m 이상
  - 사용전압이 7,000V 초과 35,000V 이하 : 3m 이상

※ 사용전압이 7,000V 이하는 안전거리 기준이 없음에 유의

(6) 안전거리 단축

01 (5) ①, ②, ④ 건축물 등은 **13** 부표 기준에 의하여 불연재료로 된 방화상 유효한 담 또는 벽을 설치한 경우에는 동표의 기준에 의하여 안전거리를 단축할 수 있다.

(7) 안전거리 주의사항

① 위험물 제조소등 설치허가 시 가스관련 법령 등 다른 법령에 안전거리가 규정되어 있는 경우에는 해당 법령에 의한 안전거리도 만족해야 한다.

⊕ Plus one

주택건설기준 등에 관한 규정 제9조의2(소음 등으로부터의 보호)
- 위험물 제조소, 저장소, 취급소는 **공동주택 · 어린이놀이터 · 의료시설(약국은 제외한다) · 유치원 · 어린이집 · 다함께돌봄센터 및 경로당**으로부터 **수평거리 50m 이상** 떨어진 곳에 설치해야 한다.
- 다만, 주유취급소와 판매취급소는 공동주택 · 어린이놀이터 · 의료시설(약국은 제외한다) · 경로당으로부터 **수평거리 25미터 이상** 떨어진 곳에 배치할 수 있다(**유치원 · 어린이집 및 다함께돌봄센터 제외**).

② 안전거리의 기산점★★★

해당 제조소의 외벽 또는 이에 상당하는 공작물의 외측으로부터 방호대상 건축물의 외벽 또는 이에 상당하는 공작물의 외측까지의 수평거리이다.

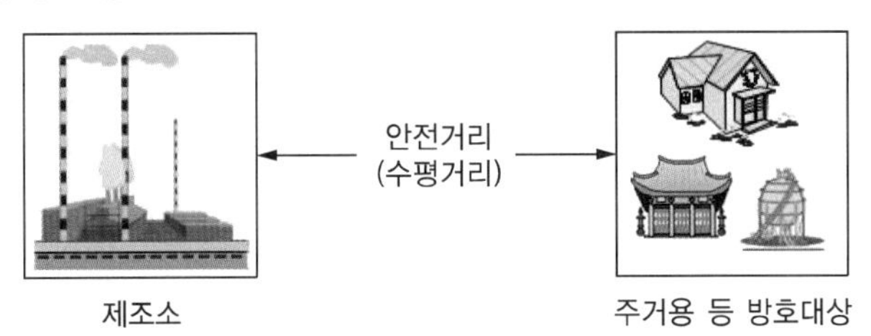

제9장 | 위험물 제조소

02 보유공지

(1) 개 요★★★

① 화재의 예방 또는 진압 차원에서 위험물 제조소의 주변에 확보해야 하는 절대공간을 말한다.

※ 절대공간이란 보유공지 안에는 어떤 물건도 놓여 있어서는 안 되는 공간이라는 의미이다.

② 안전거리가 2차원적인 단순 수평적 거리의 개념이라면 보유공지는 3차원적 공간적 규제 개념이다.

③ 안전거리는 위험물 시설과 보호하고자 하는 대상물이 존재할 때 대두되는 개념인 반면, 보유공지는 위험물 제조소 그 자체의 존재로 인하여 대두되는 개념이다.

(2) 보유공지 설정목적★★★★★

① 위험물 제조소등 화재 시 인접시설 연소확대 방지
② 소화활동의 공간제공 및 확보
③ 피난상 필요한 공간 확보
④ 점검 및 보수 등의 공간 확보
⑤ 방호 및 완충공간 제공

(3) 보유공지 규제대상★★★

구 분	제조소	저장소								취급소			
		옥 내	옥외 탱크	옥내 탱크	지하 탱크	이동 탱크	간이 탱크	암반 탱크	옥 외	주 유	판 매	일 반	이 송
보유 공지	○	○	○	×	×	×	○ (옥외)	×	○	×	×	○	○

※ 옥내에 설치된 간이탱크저장소는 제외

⊕ Plus one

보유공지 및 안전거리 규제 제조소등

구 분	제조소	저장소								취급소			
		옥 내	옥외 탱크	옥내 탱크	지하 탱크	이동 탱크	간이 탱크	암반 탱크	옥 외	주 유	판 매	일 반	이 송
안전 거리	○	○	○	×	×	×	×	×	○	×	×	○	○
보유 공지	○	○	○	×	×	×	○ (옥외)	×	○	×	×	○	○

보유공지 및 안전거리 적용 암기 Tip
- 안전거리 : **제일 적어 옥내・외, 옥외탱(일이 제일 적어 부부 내외가 땡땡이)**
- 보유공지 : 제일 적어 옥내・외, 옥외탱, **간이(일이 제일 적어 부부 내외가 간땡이)**

(4) 제조소의 보유공지설정 기준★★★★

① 위험물을 취급하는 건축물 그 밖의 시설(위험물을 이송하기 위한 배관 그 밖에 이와 유사한 시설을 제외한다)의 주위에는 그 취급하는 위험물의 최대수량에 따라 다음 표에 의한 너비의 공지를 보유해야 한다.

취급하는 위험물의 최대수량	공지의 너비
지정수량의 10배 이하	3m 이상
지정수량의 10배 초과	5m 이상

⊕ Plus one

제조소등별 보유공지 암기 Tip **2017년 인천소방장 기출**

저장, 취급하는 최대수량			공지의 너비			
			옥내저장소			
옥내저장소	옥외저장소	옥외탱크 저장소	벽, 기둥, 바닥이 내화구조	그 밖의 건축물	옥외 저장소	옥외탱크 저장소
5배 이하	10배 이하	500배 이하		0.5m 이상	3m 이상	3m 이상
5~10배 이하	10~20배 이하	500~1,000배 이하	1m 이상	1.5m 이상	5m 이상	5m 이상
10~20배 이하	20~50배 이하	1,000~2,000배 이하	2m 이상	3m 이상	9m 이상	9m 이상
20~50배 이하	50~200배 이하	2,000~3,000배 이하	3m 이상	5m 이상	12m 이상	12m 이상
50~200배 이하	200배 초과	3,000~4,000배 이하	5m 이상	10m 이상	15m 이상	15m 이상
200배 초과		4,000배 초과	10m 이상	15m 이상		• 탱크의 수평단면의 최대지름과 높이 중 큰 것과 같은 거리 이상 • 30m 초과 시 30m 이상 가능 • 15m 미만의 경우 15m 이상

(5) 보유공지 적용 예외★★★

① 전제조건

제조소의 작업공정이 다른 작업장의 **작업공정과 연속**되어 있어, 제조소의 건축물 그 밖의 공작물의 주위에 공지를 두게 되면 그 **제조소의 작업**에 **현저한 지장**이 생길 우려가 있는 경우 해당 제조소와 다른 작업장 사이에 다음 각 목의 기준에 따라 **방화상 유효한 격벽**을 설치한 때에는 해당 제조소와 다른 작업장 사이에 **공지를 보유하지 아니할 수 있다.**

㉠ 방화벽은 내화구조로 할 것, 다만 취급하는 위험물이 제6류 위험물인 경우에는 불연재료로 할 수 있다.

㉡ 방화벽에 설치하는 출입구 및 창 등의 개구부는 가능한 한 최소로 하고, 출입구 및 창에는 자동폐쇄식의 60분방화문을 설치할 것

㉢ 방화벽의 양단 및 상단이 외벽 또는 지붕으로부터 50cm 이상 돌출하도록 할 것

[보유공지 적용 예외]

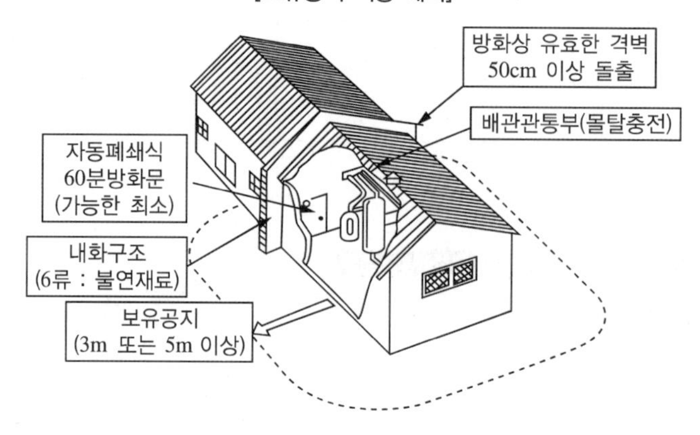

(6) 보유공지 설정 시 유의사항

① 보유공지는 위험물을 취급하는 건축물 기타 공작물의 주위에 연속해서 설치

[보유공지의 설정 예]

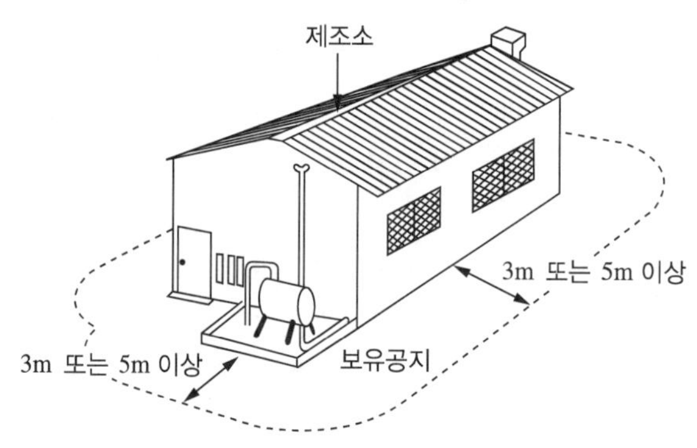

② 보유공지는 수평의 탄탄한 지반이어야 하며 공지 바닥이나 윗부분에는 원칙적으로 다른 물건 등이 없어야 한다.

③ 보유공지도 제조소의 구성 부분으로 원칙적으로 소유권, 지상권, 임차권 등의 권원을 가지고 있는 것으로 한다.

④ 다른 제조소등과 근접해서 설치하는 경우 : 그중 가장 큰 공지의 폭을 보유

[제조소등 연속설치 시 보유공지 중복]

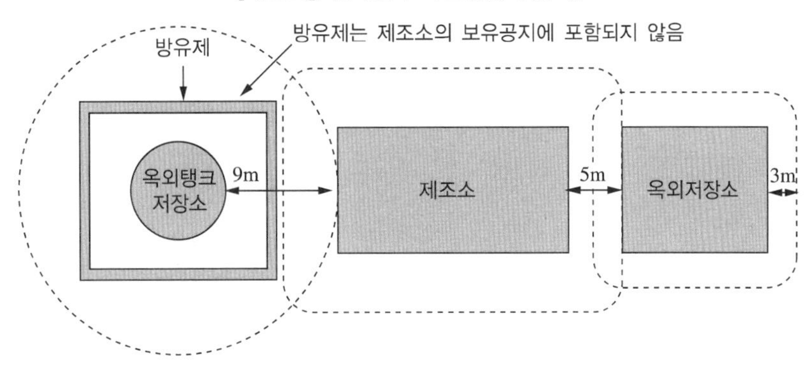

03 표지 및 게시판★★★ 2012년, 2016년, 2018년 소방위 기출 2013년, 2020년 통합소방장 기출

(1) 설치목적★★

화재의 예방 및 화재발생 시 소방활동과 관련하여 유용한 정보를 제공

(2) 위험물 제조소라는 명칭 표지판

① 설치위치 : 제조소에서 보기 쉬운 곳

② 표지의 크기 : 한 변의 길이가 0.3m 이상, 다른 한 변의 길이가 0.6m 이상인 직사각형

③ 표지의 색상 : 백색바탕에 흑색문자

(3) 방화에 관하여 필요한 사항을 게시한 게시판 설치 2018년, 2020년 소방위 기출

① 설치위치 : 제조소에서 보기 쉬운 곳

② 표지의 크기 : 한 변의 길이가 0.3m 이상, 다른 한 변의 길이가 0.6m 이상인 직사각형

③ 표지의 색상 : 백색바탕에 흑색문자

④ 기재내용

㉠ 저장 또는 취급하는 위험물의 유별·품명

㉡ 저장최대수량 또는 취급최대수량

㉢ 지정수량의 배수

㉣ 안전관리자의 성명 또는 직명을 기재

(4) 주의사항을 표시한 게시판★★★★★ 2012년, 2016년 소방위 기출 2013년 소방장 기출

품 명	주의사항	게시판표시
제1류 위험물(알칼리금속의 과산화물과 함유 포함) 제3류 위험물(금수성물질)	물기엄금	청색바탕에 백색문자
제2류 위험물(인화성고체 제외)	화기주의	적색바탕에 백색문자
제2류 위험물(인화성고체) 제3류 위험물(자연발화성물질) 제4류 위험물 제5류 위험물	화기엄금	적색바탕에 백색문자

[위험물 제조소 표지 및 게시판 사례]

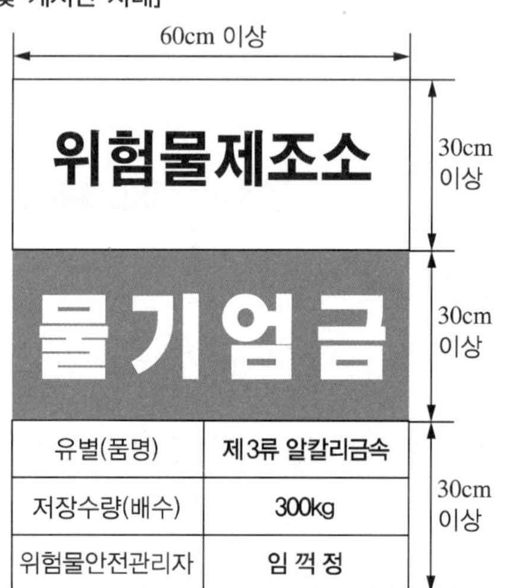

⊕ Plus one

제조소등 표지 및 게시판 암기 Tip

구 분	항 목	표지(게시)내용	크 기	색 상
표지판	제조소등	"위험물 제조소등" 명칭 표시	한 변의 길이 0.3m 이상 다른 한 변의 길이가 0.6m 이상인 직사각형	• 백색바탕/흑색문자
게시판	방화에 관하여 필요한 사항	• 유별 및 품명 • 저장(취급)최대수량 • 지정수량배수 • 안전관리자 성명 또는 직명		
	주의사항	• 화기엄금, 화기주의 • 물기엄금		• 적색바탕/백색문자 • 청색바탕/백색문자

(5) 제조소등의 위험물 · 유해물질 등의 공통표시의 방법

(관련근거 : 위험물안전관리에 관한 세부기준)

> **제164조(제조소등의 통합표시)** 「기업활동 규제완화에 관한 특별조치법」 제52조 제2항에 따라 다음 각 호의 표시 중 제1호를 포함한 둘 이상의 표시를 해야 하는 제조소 · 저장소(이동탱크저장소를 제외한다) 또는 취급소의 표지 및 게시판은 별표3에 따른다.
> 1. 「위험물안전관리법」 제5조 제4항에 따른 제조소등의 표지 및 게시판
> 2. 「화학물질관리법」 제16조에 따른 유해화학물질의 표시
> 3. 「산업안전보건법」 제12조에 따른 안전 · 보건표지

① 제조소 · 저장소(이동탱크저장소 제외) 또는 취급소의 표지 및 게시판(세부기준 별표3)

㉠ 표지 및 게시판의 규격

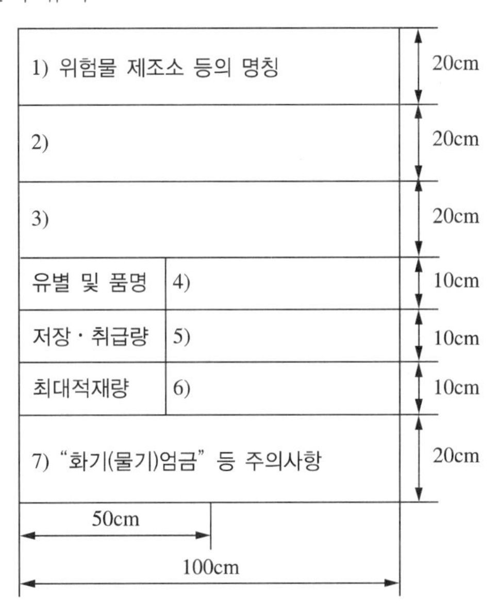

㉡ 표시방법

- 1)란은 법 제2조 제1항 제3호, 영 별표2 각 호 및 별표3 각 호에 따른 제조소, 취급소 또는 저장소의 구분에 따른 제조소등의 명칭을 기재할 것
- 2)란은 「화학물질관리법 시행규칙」 제12조 및 같은 규칙 별표2에 따른 "유해화학물질", 물질명, UN번호 및 그림문자를 기재할 것
- 3)란은 「산업안전보건법」 제12조에 따른 안전 · 보건에 관한 사항을 기재할 것
- 4)란은 "위험물" 및 영 별표1에 따른 유별 및 품명을 기재할 것
- 5)란은 허가받은 위험물의 최대저장 · 취급량을 기재할 것
- 6)란은 위험물안전관리자, 유해화학물관리자 및 산업안전관리자의 성명을 기재할 것
- 7)란은 규칙 별표4 Ⅲ 제2호 라목에 따른 주의사항을 기재할 것

㉢ 문자의 규격은 기재하는 문자의 수에 따라 적당한 크기로 할 것

㉣ 색 상

- 1)란은 백색바탕에 흑색문자로 할 것
- 2)란은 유해그림 및 안전·보건표지의 종류에 따라 해당 법령에서 정하는 색상으로 할 것
- 3) 내지 6)란은 백색바탕에 흑색문자로 할 것
- 7)란은 "화기주의" 또는 "화기엄금"은 적색바탕에 백색문자, "물기엄금"은 청색바탕에 백색문자로 할 것

04 건축물의 구조★★★★★

(1) 위험물을 취급하는 건축물의 구조 2015년, 2020년 소방위 기출 2019년 통합소방장 기출

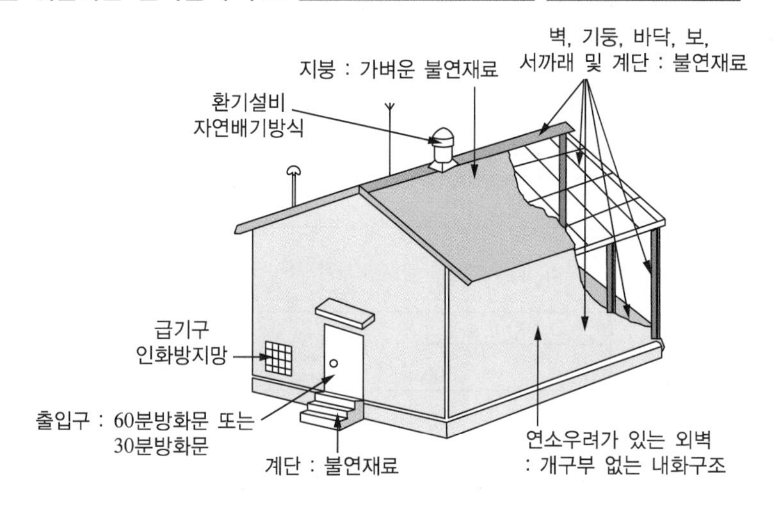

[위험물 제조소의 건축물 구조 및 설치허가 예]

① 지하층이 없도록 해야 한다.

〈예외〉
위험물을 취급하지 아니하는 지하층으로서 위험물의 취급장소에서 새어나온 위험물 또는 가연성의 증기가 흘러 들어갈 우려가 없는 구조로 된 경우에는 그러하지 아니하다.

Plus one

건축법 시행령 제2조(정의) **"지하층"**이란 건축물의 바닥이 지표면 아래에 있는 층으로서 바닥에서 지표면까지 평균 높이가 해당 층 높이의 2분의 1 이상인 것을 말한다.

[지하층에 해당하는 경우(h ≥ H/2)]

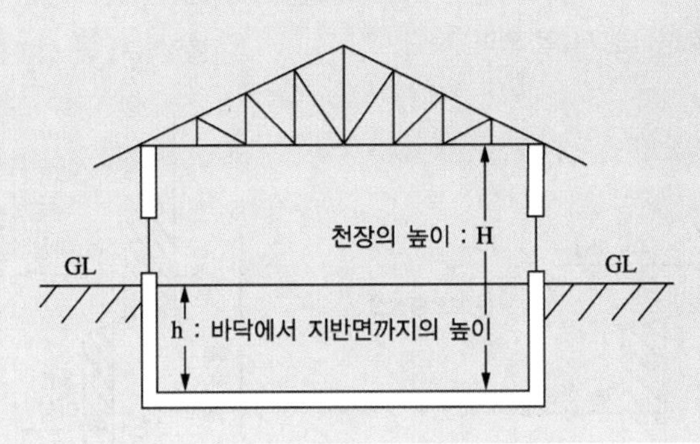

② 벽・기둥・바닥・보・서까래 및 계단 : 불연재료

〈예외〉
- 연소(延燒)의 우려가 있는 외벽 : 출입구 외의 개구부가 없는 **내화구조의 벽** 설치
  이 경우 제6류 위험물을 취급하는 건축물에 있어서 위험물이 스며들 우려가 있는 부분에 대하여는 **아스팔트 그 밖에 부식되지 아니하는 재료로 피복**해야 한다.
- 다만 방화상 유효한 댐퍼 등을 설치한 경우는 환기 및 배출설비에 의한 개구부를 설치할 수 있고 또한 해당 외벽에 배관을 관통시킨 경우는 벽과 배관과의 틈 사이를 몰타르 기타의 불연재료로 메우면 된다.

Plus one

연소의 우려가 있는 외벽이란?
위험물안전관리에 관한 세부기준 제41조(연소의 우려가 있는 외벽)
연소(延燒)의 우려가 있는 외벽은 다음 각 호의 1에 정한 선을 기산점으로 하여 3m(2층 이상의 층에 대해서는 5m) 이내에 있는 제조소등의 외벽을 말한다. 다만, 방화상 유효한 공터, 광장, 하천, 수면 등에 면한 외벽은 제외한다.
① 제조소등이 설치된 부지의 경계선
② 제조소등에 인접한 도로의 중심선
③ 제조소등의 외벽과 동일부지 내의 다른 건축물의 외벽간의 중심선

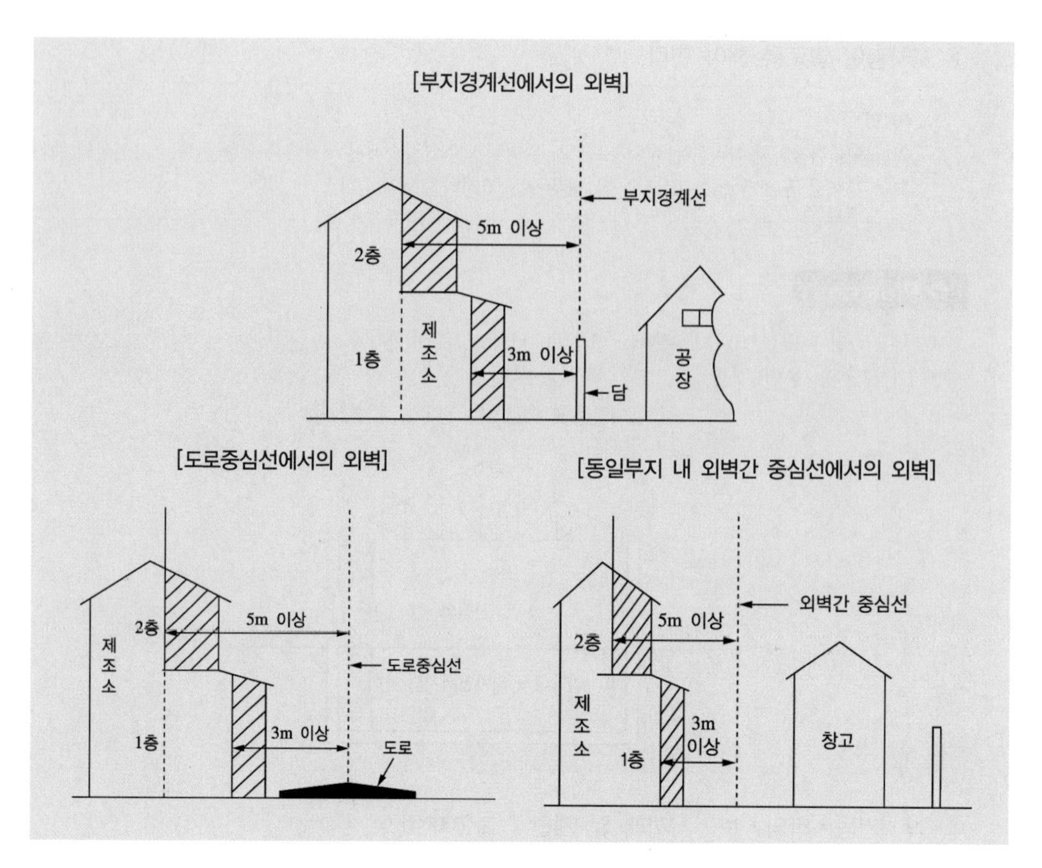

③ 지붕 : 폭발력이 위로 방출될 정도의 가벼운 불연재료

※ 작업공정상 제조기계시설 등이 2층 이상에 연결되어 설치된 경우 최상층의 지붕

〈예외〉

지붕을 내화구조로 할 수 있는 경우★★★★

- 다음 각 호의 1의 위험물을 취급하는 건축물의 경우
  - 제2류 위험물(분말상태의 것과 인화성고체를 제외한다)
  - 제4류 위험물 중 제4석유류 · 동식물유류
  - 제6류 위험물
- 다음의 기준에 적합한 밀폐형 구조의 건축물인 경우
  - 발생할 수 있는 내부의 과압(過壓) 또는 부압(負壓)에 견딜 수 있는 철근콘크리트조일 것
  - 외부화재에 90분 이상 견딜 수 있는 구조일 것

④ 출입구와 비상구 : 60분방화문 또는 30분방화문

〈예외〉

연소의 우려가 있는 외벽에 설치하는 출입구에는 수시로 열 수 있는 **자동폐쇄식의 60분방화문**을 설치해야 한다.

⑤ **창 및 출입구** : 유리를 이용하는 경우에는 **망입유리**(두꺼운 판유리에 철망을 넣은 것)

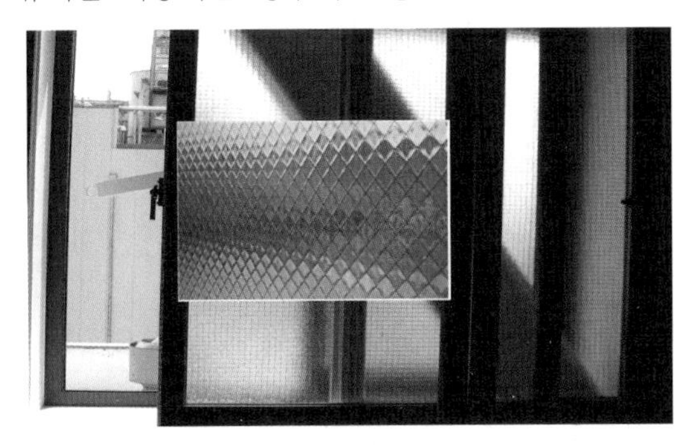

⑥ 액체의 위험물을 취급하는 건축물의 바닥 : 불침윤재료, 적당한 경사, 집유설비

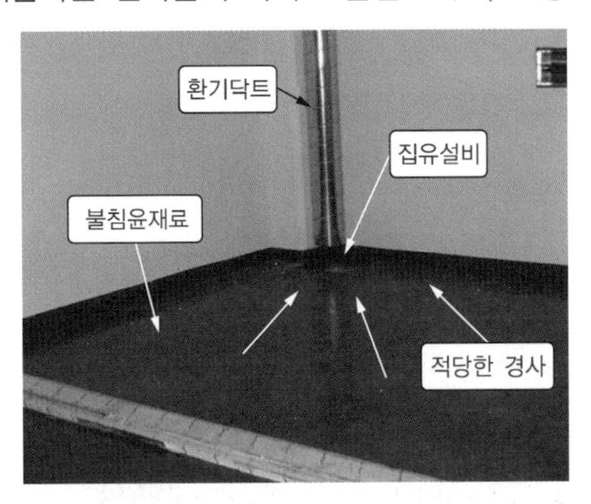

위험물 제조소 건축물 구조 암기 Tip

구 분	벽	기 둥	바 닥	보	계단	지 붕	서까래	창	출입구
불연재료	○	○	○	○	○	가벼운 불연재료	○	○	○ 60분방화문 또는 30분방화문
내화구조	연소의 우려가 있는 외벽		불침윤 재료			제2류(분말상태 및 인화성 고체 제외), 제4석유류 ·동식물유류, 제6류, 밀폐형 구조의 건축물			자동폐쇄식 60분방화문
기 타	제6류 경우 부식없는 재료로 피복		경사, 집유 설비			폭발력이 위로 방출될 수 있는 재료		망입 유리	망입유리

05 위험물을 취급하는 건축물의 채광 · 조명 및 환기설비★★★★ 2018년 통합소방장 기출

[위험물 제조소의 채광, 조명, 환기설비 예]

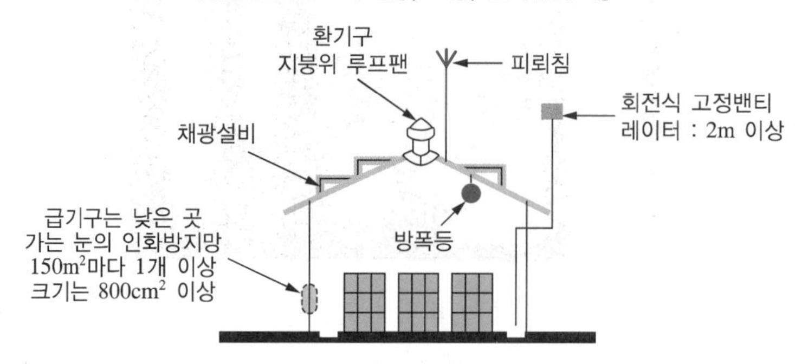

(1) 채광설비★★

위험물 취급 시 어두워서 발생할 수 있는 사고를 미연에 방지하고자 실내 조도(밝기)를 확보하기 위해 설치하는 설비로 다음기준에 적합하게 설치

① 설비재료 : 불연재료

② 설치위치 : 연소의 우려가 없는 장소

③ 크기 : 채광면적을 최소

(2) 조명설비★★★ 2013년 부산소방장 기출

채광설비와 더불어 실내 조도(밝기)를 확보하기 위한 설비이다. 위험물을 취급하는 건축물에서 조명설비는 그 자체가 점화원이 될 수 있기 때문에 아래와 같이 적합하게 설치해야 한다.

① 가연성가스 등이 체류할 우려가 있는 장소 : 방폭등

② 전선 : 내화 · 내열전선

③ 점멸스위치 : 출입구 바깥부분에 설치할 것. 다만, 스위치의 스파크로 인한 화재 · 폭발 등의 우려가 없는 경우에는 그러하지 아니하다.

[방폭등 예]

[출입구 점멸스위치]

[내화 · 열배선]

(3) 환기설비★★★★ 2013년 소방위 기출

실내의 가연성 증기 등 오염된 공기를 환기시켜 사고발생 방지 및 쾌적한 작업환경을 위한 설비로써 아래와 같이 적합하게 설치해야 한다.

① 환기방식 : 자연배기방식

② 급기구 2013년 경기소방장 기출 2015년 소방위 기출

㉠ 설치수 : 해당 급기구가 설치된 실의 바닥면적 150m^2마다 1개 이상 설치

㉡ 크기 : 800cm^2 이상으로 할 것. 다만 바닥면적이 150m^2 미만인 경우에는 다음의 크기로 해야 한다.

바닥면적	급기구의 면적
60m^2 미만	150cm^2 이상
60m^2 이상 90m^2 미만	300cm^2 이상
90m^2 이상 120m^2 미만	450cm^2 이상
120m^2 이상 150m^2 미만	600cm^2 이상

③ 설치위치

㉠ 급기구 : 낮은 곳에 설치하고 가는 눈의 구리망 등으로 인화방지망을 설치

㉡ 환기구 : 지붕 위 또는 지상 2m 이상의 높이에 회전식 고정벤티레이터 또는 루프팬(roof fan ; 지붕에 설치하는 배기장치)방식으로 설치

④ 환기 · 채광설비 설치제외

㉠ 환기설비 제외 : 배출설비가 설치되어 유효하게 환기가 되는 건축물

㉡ 채광설비 제외 : 조명설비가 설치되어 유효하게 조도(밝기)가 확보되는 건축물

06 배출설비★★★ 2013년 소방위 기출 2019년 통합소방장 기출 2021년 소방장 기출

위험물을 취급하는 건축물 내에 가연성의 증기 또는 미분이 체류할 우려가 있는 건축물에는 그 증기 또는 미분을 옥외의 높은 곳으로 강제 배출시키는 설비로 다음 각 호의 기준에 의하여 배출설비를 설치해야 한다.

[위험물 제조소 배출설비]

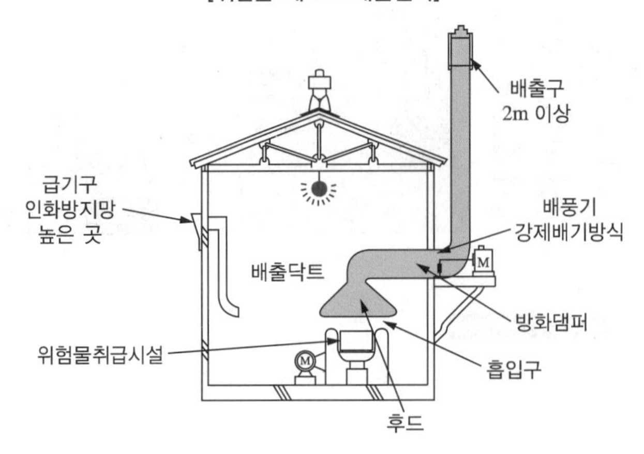

(1) 배출방식 : 국소방식이 원칙

> 〈예외〉
> **전역방식으로 할 수 있는 경우**
> • 위험물취급설비가 배관이음 등으로만 된 경우
> • 건축물의 구조·작업장소의 분포 등의 조건에 의하여 전역방식이 유효한 경우

(2) 배출설비의 구성

배풍기(오염된 공기를 뽑아내는 통풍기) · 배출 덕트(공기 배출통로) · 후드 등을 이용하여 강제적으로 배출해야 한다.

(3) 배출능력

① 국소방식 : 1시간당 배출장소 용적의 20배 이상

② 전역방식 : 바닥면적 $1m^2$당 $18m^3$ 이상

(4) 급기구 및 배출구

① 급기구는 높은 곳에 설치하고, 가는 눈의 구리망 등으로 인화방지망을 설치할 것

② 배출구는 지상 2m 이상으로서 연소의 우려가 없는 장소에 설치하고, 배출덕트가 관통하는 벽부분의 바로 가까이에 화재 시 자동으로 폐쇄되는 방화댐퍼(화재 시 연기 등을 차단하는 장치)를 설치할 것

(5) 배풍기 2016년 소방위 기출

강제배기방식으로 하고, 옥내덕트의 내압이 대기압 이상이 되지 아니하는 위치에 설치해야 한다.

07 옥외설비의 바닥

옥외에서 액체위험물을 취급하는 설비의 바닥은 다음 기준에 따라 설치해야 한다.

[옥외설비의 바닥 설치 예]

[액체위험물 옥외제조소의 바닥]

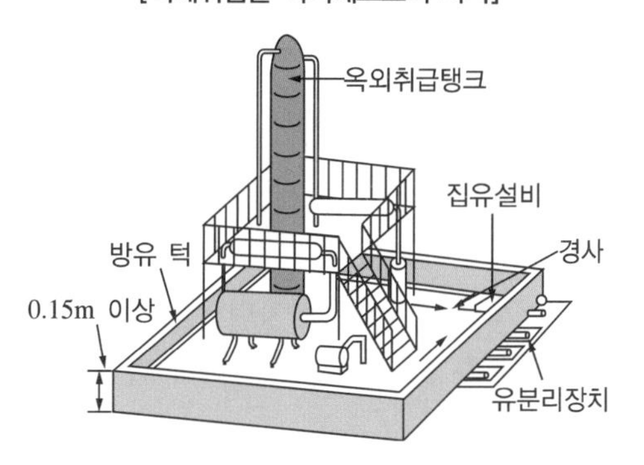

(1) 바닥의 둘레에 높이 0.15m 이상의 턱을 설치하는 등 위험물이 외부로 흘러나가지 아니하도록 해야 한다. 2017년 소방위 기출

(2) 바닥은 콘크리트 등 위험물이 스며들지 아니하는 재료로 하고, 턱이 있는 쪽이 낮게 경사지게 해야 한다.

(3) 바닥의 최저부에 집유설비를 해야 한다.

(4) 위험물(온도 20℃의 물 100g에 용해되는 양이 1g 미만인 것에 한한다)을 취급하는 설비에 있어서는 해당 위험물이 직접 배수구에 흘러들어가지 아니하도록 집유설비에 유분리장치를 설치해야 한다. 유분리장치는 물과 위험물의 비중차이를 이용해서 분리시키는 장치이다.

[제조소 유분리장치]

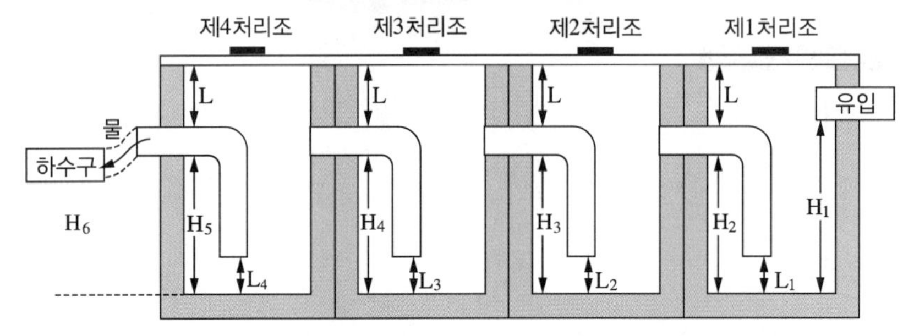

※ L : 15cm 이상으로 하고 $L_1 > L_2 > L_3 > L_4$: 10cm 이상 30cm 미만일 것

08 기타설비

(1) 위험물의 누출·비산방지

① 위험물을 취급하는 기계·기구 그 밖의 설비는 위험물이 새거나 넘치거나 비산하는 것을 방지할 수 있는 구조로 해야 한다.

② 다만, 해당 설비에 위험물의 누출 등으로 인한 재해를 방지할 수 있는 부대설비(되돌림관·수막 등)를 한 때에는 그러하지 아니하다.

[비산방지구조] [되돌림판]

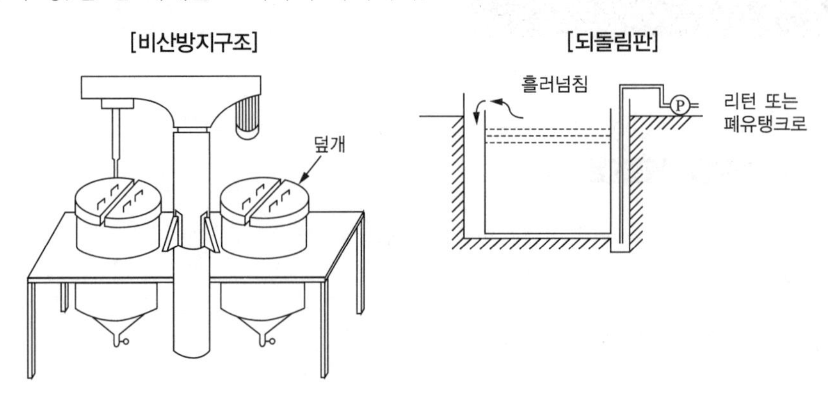

[수막설비]

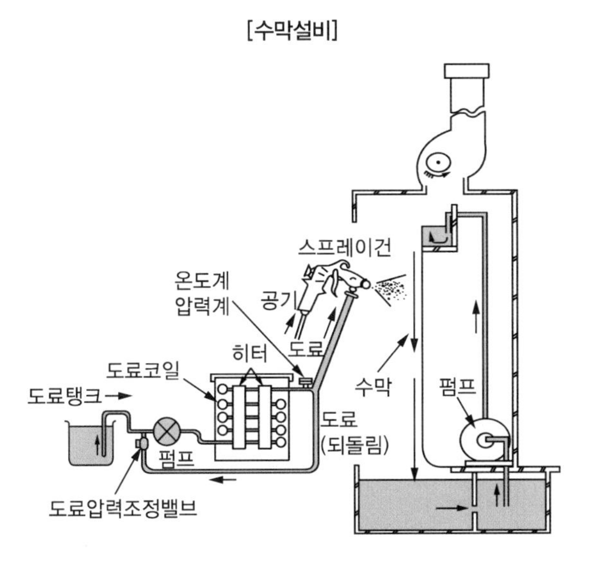

(2) 가열 · 냉각설비 등의 온도측정장치

위험물을 가열하거나 냉각하는 설비 또는 위험물의 취급에 수반하여 온도변화가 생기는 설비에는 온도측정장치를 설치해야 한다.

Plus one

위험물에 온도변화를 주거나, 위험물의 화학반응에 수반해 온도변화가 있게 되면 과열에 의해 분출하거나, 화재 내지는 폭발을 일으킬 수 있다. 따라서 온도변화를 감시 및 조정할 수 있도록 조치를 해야 하며, 온도측정장치로는 바이메탈, 금속팽창 혹은 수은팽창식 등의 서머스위치가 많지만 지시 또는 기록을 필요로 하는 경우에는 팽창식온도계(현장부착형), 열전대식, 저항식(원격표시)이 널리 이용되고 있다.

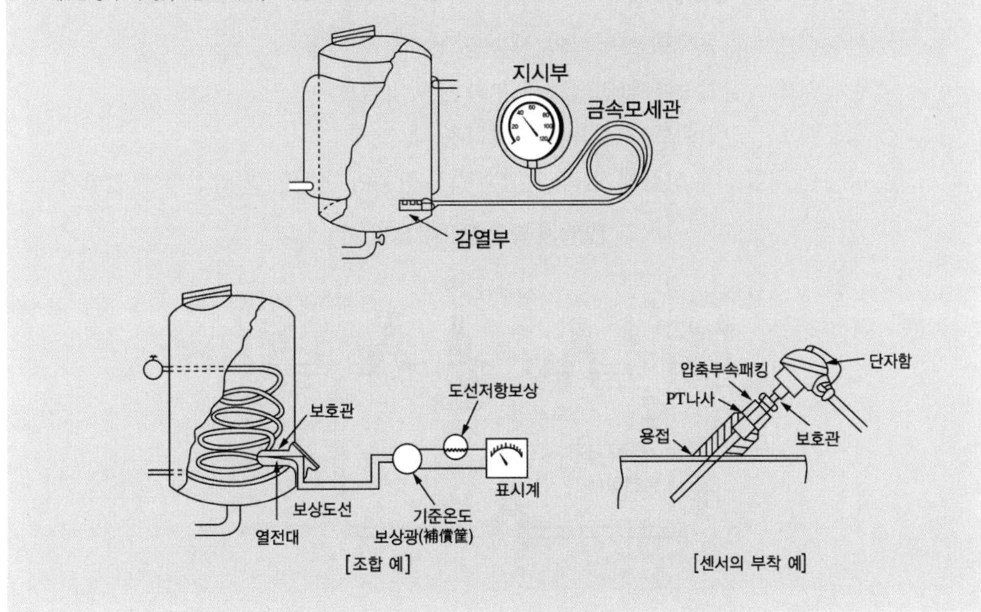

[조합 예]　　[센서의 부착 예]

(3) 가열건조설비

위험물을 가열 또는 건조하는 설비는 직접 불을 사용하지 아니하는 구조로 해야 한다. 다만, 해당 설비가 방화상 안전한 장소에 설치되어 있거나 화재를 방지할 수 있는 부대설비를 한 때에는 그러하지 아니하다.

Plus one

위험물설치장소에 직화(直火) 사용하면 발화의 위험과 국부가열 위험의 증대되므로 통상 스팀, 열매체 또는 열풍을 이용한 간접 가열방식을 이용한다.

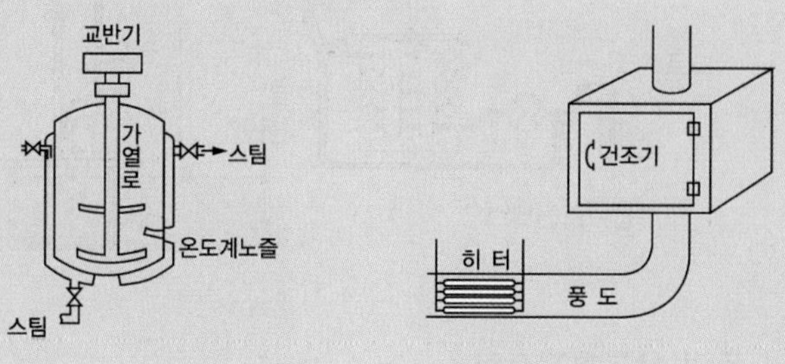

(4) 압력계 및 안전장치

① 설치목적

위험물을 가압 하는 설비 또는 취급하는 위험물의 반응 등에 의해 압력이 상승할 우려가 있는 설비는 적정한 압력관리를 하지 않으면 위험물의 분출, 설비의 파괴 등에 의해 화재 등의 사고의 원인이 되기 때문에 이러한 설비에는 압력계 및 안전장치를 설치해야 한다.

② 안전장치의 종류★★★★★

㉠ 안전밸브 : 자동적으로 압력의 상승을 정지시키는 장치

㉡ 감압밸브 : 감압측에 안전밸브를 부착한 감압밸브

㉢ 병용밸브 : 안전밸브를 겸하는 경보장치

㉣ 파괴판(위험물의 성질에 따라 안전밸브의 작동이 곤란한 가압설비에 한한다)

[압력계 및 안전장치 설치 예]

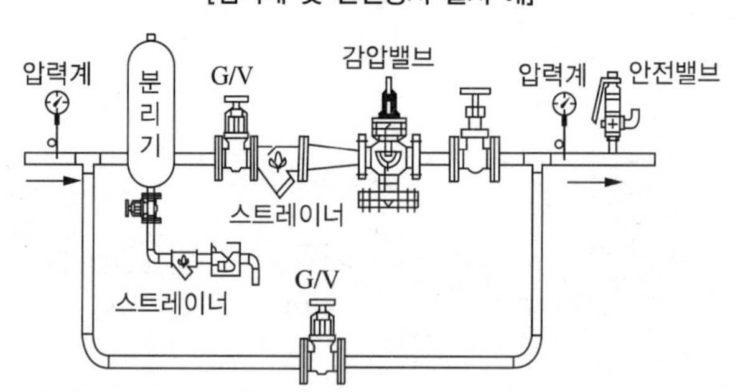

(5) 전기설비

① 제조소에 설치하는 전기설비는 「전기사업법」에 의한 전기설비기술기준에 의해야 한다.

② 위험물시설에서 가연성 증기가 누설되고 체류할 우려가 있는 장소는 그 위험성에 따라 위험장소(0종, 1종, 2종으로 구분함)를 구분하고, 그 위험성에 맞는 방폭구조의 전기기기를 사용해야 한다.

(6) 정전기 제거설비

① 설치목적

㉠ 위험물 취급 시 배관과의 마찰, 유동, 분출, 교반 등의 원인에 의해 정전기가 발생

㉡ 발생된 정전기가 정전유도에 의해 방전불꽃이 발생

㉢ 취급 중이던 위험물에 착화되어 발화 또는 폭발발생 우려 높음

㉣ 따라서 정전기가 발생할 우려가 있는 설비에 정전기 제거설비를 설치

② 정전기 제거방법★★★★★

㉠ 접지에 의한 방법

㉡ 공기 중의 상대습도를 70% 이상으로 하는 방법

㉢ 공기를 이온화하는 방법

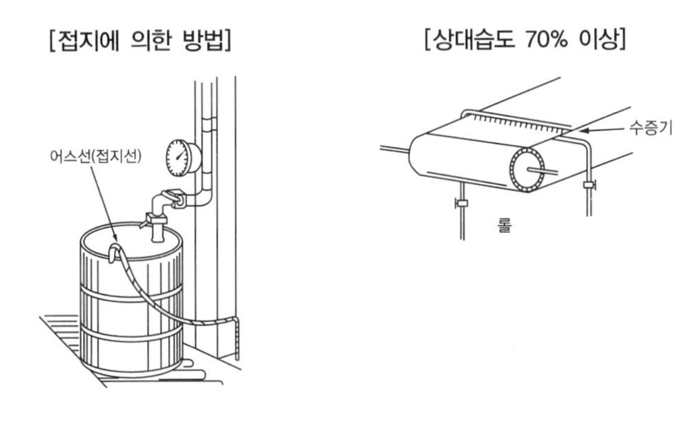

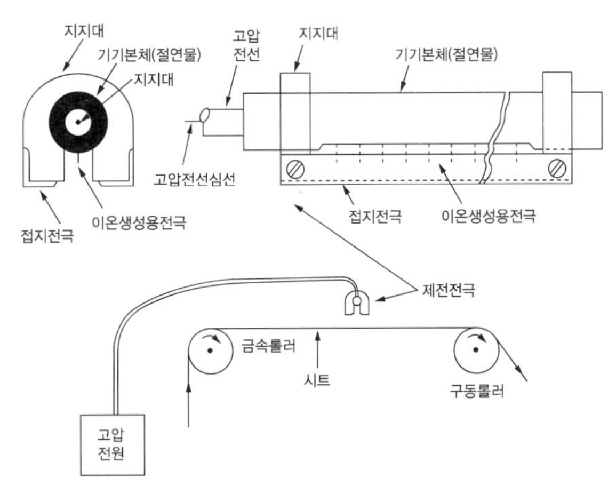

⊕ Plus one

- 접지에 의한 방법
  지면은 전기적으로 그 전위가 0볼트이다. 따라서 전기적 저항이 없이 지면과 접하게 되면 접한 물질의 전위도 0볼트가 된다. 어떤 물질이 전기를 띄고 있을 때, 지면과 물질을 전기가 잘 흐르는 도체로 연결해 주면 그 물질의 전위도 0볼트가 되는데 이를 통상 "전기가 땅으로 흘러 들어간다"고 말한다. 따라서 정전기가 발생할 우려가 있는 위험물시설을 전기적 저항이 매우 적은 도체로 접지하면 정전기가 제거된다. 접지설비는 시설비, 유지비가 저렴하고 반영구적으로 사용되는 시설로서 가장 보편적인 정전기 제거방법이다.
- 공기 중의 상대습도를 70% 이상으로 하는 방법
  공기와 순수한 물은 전기가 잘 흐르지 못하는 부도체이다. 그러나 우리 주위에 있는 통상의 물은 불순물이 많이 섞여 있어 전기가 잘 흐르는 도체이다. 따라서 공기 중에 수증기를 분사하여 습도를 높이면 공기 중의 습기를 타고 전기가 흘러 공기의 도전성이 좋게 되어 정전기가 축적되지 않는다.
- 공기를 이온화하는 방법
  공기는 전기적으로 부도체이지만 전극에 고전압을 인가하든가 방사성물질의 알파선을 이용하면 공기가 전리작용에 의해 이온화되고 이 이온에 의해 공기의 전열차단이 파괴되어 도전성이 좋아지는 원리를 이용한 것이다.

(7) 피뢰설비★★★

① 설치목적

낙뢰에 의한 방전현상을 땅속으로 해소하여 위험물취급장소의 가연성증기에 점화원을 미연에 방지하여 위험물제조시설을 보호하기 위함

② 설치대상

지정수량의 10배 이상의 위험물을 취급하는 제조소

③ 설치제외

㉠ 제6류 위험물을 취급하는 위험물 제조소 제외

㉡ 제조소의 주위의 상황에 따라 안전상 지장이 없는 경우

참고 낙뢰란 구름속의 얼음결정과 물방울이 바람에 의한 마찰에 의해 음전하와 양전하로 분리되고 그 결과 구름 내의 전기와 지면에 유도된 전기 사이에 발생하는 방전현상을 말한다.

[피뢰설비 설치 예]

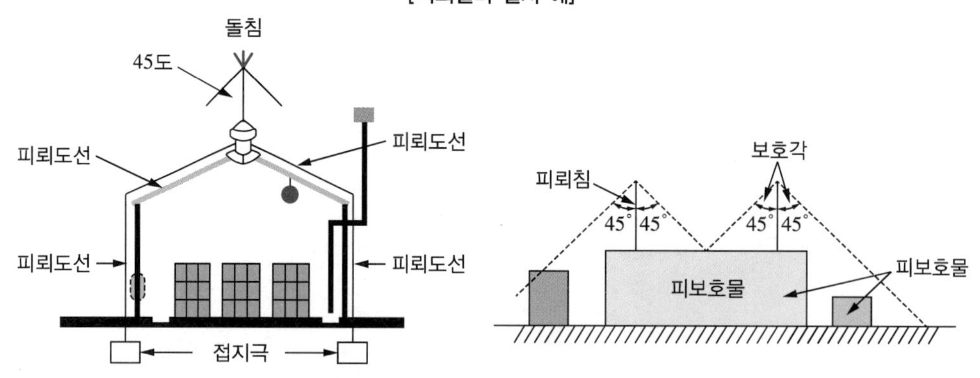

(8) 전동기 등

전동기 및 위험물을 취급하는 설비의 펌프·밸브·스위치 등은 화재예방상 지장이 없는 위치에 부착해야 한다.

09 위험물 취급탱크

(1) 개 요

① 위험물 취급탱크란 위험물을 일시적으로 저장 또는 체류시키는 탱크

② 위험물 저장소에 해당하는 저장탱크와는 다른 개념

(2) 취급탱크의 예

① 위험물의 유량, 유속, 압력 등 물리량의 조정을 실시하는 탱크

예 회수탱크, 계량탱크, 서비스탱크, 유압탱크(공작기계 등과 일체로 한 구조의 것을 제외한다) 등

② 혼합, 분리 등 물리적 조작을 실시하는 탱크

예 혼합(용해를 포함한다)탱크, 정치(靜置)분리탱크 등

③ 중화, 숙성 등 단순한 화학적 처리를 실시하는 탱크

예 저장 또는 체류상태에 있어서 현저한 발열을 동반하지 않는 중화탱크, 숙성탱크 등

(3) 설치기준

① 옥외에 있는 위험물 취급탱크(이황화탄소 제외)

㉠ 구조 및 설비(용량이 지정수량의 5분의 1 미만인 것을 제외)

- 옥외탱크저장소의 탱크의 구조 및 설비의 기준을 준용

㉡ 방유제 용량★★★★★ 2017년, 2019년 소방위 기출 2019년 통합소방장 기출

[방유제 설치기준 및 용량산정]

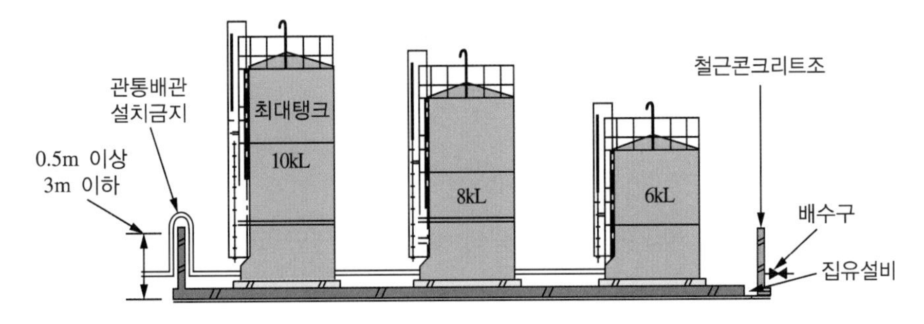

• 하나의 취급탱크 주위에 설치하는 방유제의 용량 : 해당 탱크용량의 50% 이상
• 2 이상의 취급탱크 주위에 하나의 방유제를 설치하는 경우
  - 해당 탱크 중 용량이 최대인 것의 50% + 나머지 탱크용량 합계의 10%
  - 이 경우 방유제의 용량은 해당 방유제의 내용적에서 용량이 최대인 탱크 외의 탱크의 방유제 높이 이하 부분의 용적, 해당 방유제 내에 있는 모든 탱크의 지반면 이상 부분의 기초의 체적, 간막이 둑의 체적 및 해당 방유제 내에 있는 배관 등의 체적을 뺀 것으로 한다.

Plus one

방유제 용량 2019년 소방위 기출 2019년 통합소방장 기출

• 방유제 용량 = {내용적 - (배관체적 + 기초의 체적 + 간막이 둑의 체적 + 최대탱크 이외의 탱크의 방유제 높이 이하 부분의 용적)}

여기서 방유제 필요 용량 = $\{\frac{10}{2}+\frac{(8+6)}{10}\}$ = 6.4kL 이상

㉢ 방유제의 구조 및 설비★★★ : 옥외탱크저장소의 설치기준 중 높이, 구조, 배수구, 둑 및 배관을 준용한다.
• 방유제의 높이는 0.5m 이상 3m 이하, 두께 0.2m 이상, 지하매설깊이 1m 이상으로 할 것. 다만, 방유제와 옥외저장탱크 사이의 지반면 아래에 불침윤성(不浸潤性 : 수분 흡수를 막는 성질) 구조물을 설치하는 경우에는 지하매설깊이를 해당 불침윤성 구조물까지로 할 수 있다.
• 방유제는 철근콘크리트로 하고, 방유제와 옥외저장탱크 사이의 지표면은 불연성과 불침윤성이 있는 구조(철근콘크리트 등)로 할 것. 다만, 누출된 위험물을 수용할 수 있는 전용유조(專用油槽) 및 펌프 등의 설비를 갖춘 경우에는 방유제와 옥외저장탱크 사이의 지표면을 흙으로 할 수 있다.
• 방유제 또는 간막이 둑에는 해당 방유제를 관통하는 배관을 설치하지 아니할 것. 다만, 위험물을 이송하는 배관의 경우에는 배관이 관통하는 지점의 좌우방향으로 각 1m 이상까지의 방유제 또는 간막이 둑의 외면에 두께 0.1m 이상, 지하매설깊이 0.1m 이상의 구조물을 설치하여 방유제 또는 간막이 둑을 이중구조로 하고, 그 사이에 토사를 채운 후, 관통하는 부분을 완충재 등으로 마감하는 방식으로 설치할 수 있다.
• 방유제에는 그 내부에 고인 물을 외부로 배출하기 위한 배수구를 설치하고 이를 개폐하는 밸브 등을 방유제의 외부에 설치할 것
• 높이가 1m를 넘는 방유제 및 간막이 둑의 안팎에는 방유제 내에 출입하기 위한 계단 또는 경사로를 약 50m마다 설치할 것

② 옥내에 있는 위험물 취급탱크(지정수량의 5분의 1 미만인 것을 제외)

㉠ 탱크의 구조 및 설비

옥내탱크저장소의 위험물을 저장 또는 취급하는 탱크의 구조 및 설비의 일부기준을 준용한다.

㉡ 방유턱★★★★★ **2017년 소방위 기출**

위험물 취급탱크의 주위에는 방유턱(이하 "방유턱"이라고 한다)을 설치하여 위험물이 누설된 경우에 그 유출을 방지하기 위한 조치를 할 것

- 하나의 취급탱크의 주위에 설치하는 방유턱 용량 : **해당 탱크용량 이상**
- 하나의 방유턱 안에 2 이상의 탱크가 있는 경우 : **최대인 탱크의 양**

③ 지하에 있는 위험물 취급탱크

위험물 제조소의 지하에 있는 위험물 취급탱크의 위치·구조 및 설비는 지하탱크저장소의 위험물을 저장 또는 취급하는 탱크의 위치·구조 및 설비의 일부기준에 준하여 설치해야 한다.

⊕ Plus one

위험물 제조소의 취급탱크의 방유제 및 방유턱 용량

- 위험물 제조소의 옥외에 있는 위험물 취급탱크의 방유제의 용량
  - 1기 일 때 : 탱크용량 × 0.5(50%)
  - 2기 이상일 때 : 최대탱크용량 × 0.5 + (나머지 탱크 용량합계 × 0.1)
- 위험물 제조소의 옥내에 있는 위험물 취급탱크의 방유턱의 용량
  - 1기 일 때 : 탱크용량 이상
  - 2기 이상일 때 : 최대 탱크용량 이상

10 배 관

(1) 배관의 재질

① 강관 그 밖에 이와 유사한 금속성으로 해야 한다.

② 금속성 이외로 할 수 있는 경우

㉠ 배관의 재질은 한국산업규격의 유리섬유강화플라스틱·고밀도폴리에틸렌 또는 폴리우레탄으로 할 것

㉡ 배관의 구조는 내관 및 외관의 이중으로 하고, 내관과 외관의 사이에는 틈새공간을 두어 누설여부를 외부에서 쉽게 확인할 수 있도록 할 것. 다만, 배관의 재질이 취급하는 위험물에 의해 쉽게 열화될 우려가 없는 경우에는 그러하지 아니하다.

㉢ 국내 또는 국외의 관련 공인시험기관으로부터 안전성에 대한 시험 또는 인증을 받을 것
㉣ 배관은 지하에 매설할 것. 다만, 화재 등 열에 의하여 쉽게 변형될 우려가 없는 재질이거나 화재 등 열에 의한 악영향을 받을 우려가 없는 장소에 설치되는 경우에는 그러하지 아니하다.

(2) 배관시험

다음 각 호의 구분에 따른 압력으로 내압시험(불연성의 액체 또는 기체를 이용하여 실시하는 시험)을 실시하여 누설 그 밖의 이상이 없는 것으로 하여야 한다.

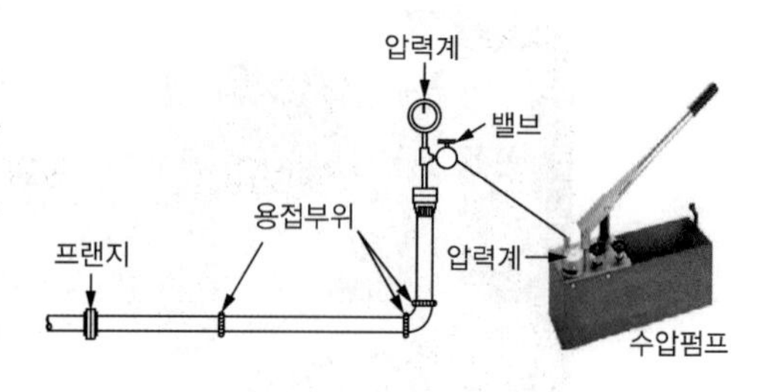

가. 액체를 이용하는 경우에는 최대상용압력의 1.5배 이상

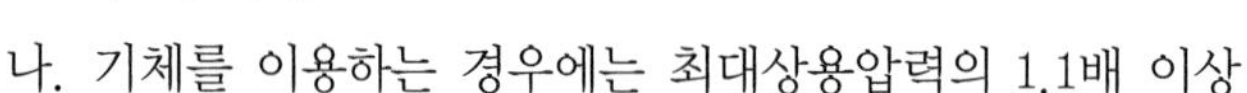

나. 기체를 이용하는 경우에는 최대상용압력의 1.1배 이상

(3) 배관 설치기준

① 배관을 지상에 설치하는 경우
㉠ 지진・풍압・지반침하 및 온도변화에 안전한 구조의 지지물에 설치하되 지면에 닿지 않도록 한다.
㉡ 배관의 외면에 부식방지를 위한 도장을 해야 한다.
㉢ 불변강관 또는 부식의 우려가 없는 재질의 배관의 경우에는 부식방지를 위한 도장을 아니할 수 있다.

② 배관을 지하에 매설하는 경우
㉠ 금속성 배관의 외면에는 부식방지를 위하여 도장・복장・코팅 또는 전기방식 등의 필요한 조치를 할 것

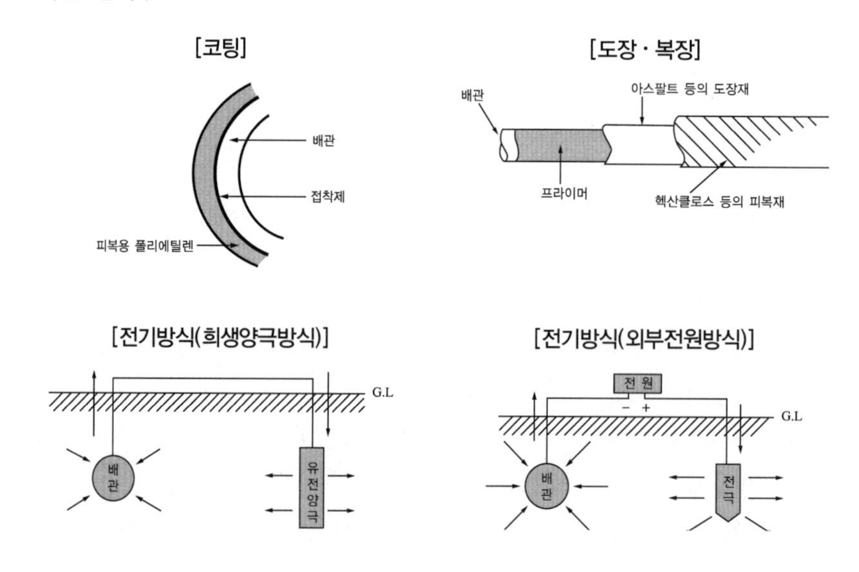

㉡ 배관의 접합부분(용접에 의한 접합부 또는 위험물의 누설의 우려가 없다고 인정되는 방법에 의하여 접합된 부분을 제외한다)에는 위험물의 누설여부를 점검할 수 있는 점검구를 설치할 것

㉢ 지면에 미치는 중량이 해당 배관에 미치지 아니하도록 보호할 것

③ 배관에 가열 또는 보온을 위한 설비를 설치하는 경우에는 화재예방상 안전한 구조로 해야 한다.

11 고인화점 위험물의 제조소의 특례

(1) 개 요

인화점이 100℃ 이상인 제4류 위험물만을 100℃ 미만의 온도에서 취급하는 제조소로서 인화점이 높고 취급하는 주위온도가 낮아 위험성이 적기 때문에 완화된 규정을 적용한다.

(2) 안전거리

① 제조소 안전거리 기준을 준용하며, 고압가스시설 중 불활성 가스만을 저장 또는 취급하는 것과 특고압가공선은 안전거리를 적용하지 아니한다.

② 아래 ㉠, ㉡, ㉣ 건축물 등은 13 부표 기준에 의하여 불연재료로 된 방화상 유효한 담 또는 벽을 설치하여 소방본부장 또는 소방서장이 안전하다고 인정하는 거리로 할 수 있다.

안전거리	해당 대상물
㉠ 50m 이상	• 유형문화재, 기념물 중 지정문화재
㉡ 30m 이상	• 학교, 병원(병원급 의료기관) • 공연장, 영화상영관 및 그 밖에 이와 유사한 시설로서 3백명 이상의 인원을 수용할 수 있는 것 • 아동복지시설, 노인복지시설, 장애인복지시설, 한부모가족복지시설, 어린이집, 성매매피해자 등을 위한 지원시설, 정신건강증진시설, 가정폭력방지 및 피해자보호시설 및 그 밖에 이와 유사한 시설로서 20명 이상의 인원을 수용할 수 있는 것
㉢ 20m 이상	• 고압가스, 액화석유가스 또는 도시가스를 저장 또는 사용하는 시설 – 고압가스 제조시설, 고압가스 저장시설 – 고압가스 사용시설로서 1일 30m^3 이상의 용적을 취급하는 시설 – 액화산소를 소비하는 시설, 액화석유가스 제조시설 및 액화석유가스 저장시설 – 도시가스 공급시설 ※ 불활성 가스만을 저장 또는 취급하는 것은 제외
㉣ 10m 이상	㉠, ㉡, ㉢ 외의 건축물 그 밖의 공작물로서 주거용으로 사용되는 것 • 주거용으로 사용되는 것 : 전용주택 외에 공동주택, 점포 겸용주택, 작업장 겸용주택 등 • 그 밖의 공작물 : 주거용 컨테이너, 주거용 비닐하우스 등[제조소가 설치된 부지 내에 있는 것을 제외(기숙사는 포함)한다]

(3) 보유공지

위험물을 취급하는 건축물 그 밖의 공작물(위험물을 이송하기 위한 배관 그 밖에 이에 준하는 공작물을 제외한다)의 주위에 **지정수량 배수와 상관없이 3m 이상의 너비의 공지를 보유해야 한다.** 다만, 방화상 유효한 격벽(내화구조, 50cm 이상 돌출, 개구부 최소, 자동폐쇄식 60분방화문)을 설치하는 경우에는 그러하지 아니하다.

(4) 위험물 취급건축물의 구조

① **지붕 : 불연재료**

② **창 및 출입구 : 30분방화문 · 60분방화문** 또는 **불연재료나 유리로 만든 문**

③ **연소의 우려가 있는 외벽에 두는 출입구**

㉠ 수시로 열 수 있는 **자동폐쇄식의 60분방화문**을 설치

㉡ 유리를 이용하는 경우 : **망입유리**

(5) 정전기제거설비 및 안전장치 : **08** (6) 내지 (7) 각 목 기준을 준용

(6) 방유제 설치 및 구조 : **09** (3) ① ㉢을 준용하되 높이 기준은 제외

12 위험물의 성질에 따른 제조소의 특례

(1) 용어의 정의

① **알킬알루미늄 등** : 제3류 위험물 중 알킬알루미늄 · 알킬리튬 또는 이 중 어느 하나 이상을 함유하는 것

② **아세트알데히드 등** : 제4류 위험물 중 특수인화물의 아세트알데히드 · 산화프로필렌 또는 이 중 어느 하나 이상을 함유하는 것

③ **히드록실아민 등** : 제5류 위험물 중 히드록실아민 · 히드록실아민염류 또는 이 중 어느 하나 이상을 함유하는 것

(2) 위치 · 구조 및 설비 기준★★★★

위험물을 취급하는 제조소 기준에 의하는 외에 해당 위험물 성질에 따른 특례의 설비기준을 따른다.

① **알킬알루미늄 등을 취급하는 제조소의 시설기준**

㉠ 설비의 주위에는 **누설범위를 국한하기 위한 설비**를 갖출 것

㉡ 누설된 위험물을 안전한 장소에 설치된 **저장실에 유입시킬 수 있는 설비**를 갖출 것

㉢ **불활성기체를 봉입하는 장치**를 갖출 것

② 아세트알데히드 등을 취급하는 제조소의 시설기준

㉠ 설비에 사용하는 금속의 제한

- 동, 마그네슘, 은, 수은 또는 이들을 성분으로 하는 합금으로 만들지 아니할 것

※ 이러한 것을 성분으로 하는 합금을 사용하면 해당 위험물이 이러한 금속 등과 반응해서 폭발성 화합물을 만들 우려가 있기 때문에 제한한다.

㉡ 불활성 기체 또는 수증기 봉입장치

- 연소성 혼합기체의 생성에 의한 폭발을 방지하기 위한 불활성기체 또는 수증기를 봉입하는 장치를 갖출 것

Plus one

이는 아세트알데히드 등은 휘발성이 강하며 비점 및 인화점도 매우 낮고 증기는 공기와 혼합하면 광범위한 폭발성 혼합기체를 만들고, 가압하에 있을 때는 폭발성의 과산화물을 생성할 우려가 있는 등 위험성이 상당히 높기 때문에 위험물을 취급할 경우 사전에 해당 설비 내를 불활성가스로 치환해 두는 것은 물론이고 긴급시는 불연성가스를 봉입하는 장치를 설치할 필요가 있다.

[불활성기체 봉입장치]

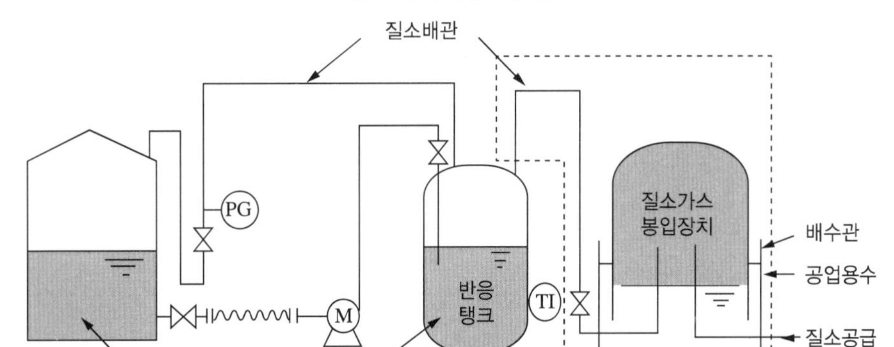

㉢ 취급하는 탱크(옥내・외에 있는 탱크로서 지정수량의 5분의 1 미만의 것을 제외)

- 냉각장치 또는 저온을 유지하기 위한 장치(이하 "보냉장치"라 한다)를 설치
- 연소성 혼합기체의 생성에 의한 폭발을 방지하기 위한 불활성기체를 봉입하는 장치를 갖출 것. 다만, 지하에 있는 탱크가 아세트알데히드 등의 온도를 저온으로 유지할 수 있는 구조인 경우에는 냉각장치 및 보냉장치를 갖추지 아니할 수 있다.

㉣ ㉢에 따른 냉각장치 또는 보냉장치는 2 이상 설치하여 하나의 냉각장치 또는 보냉장치가 고장난 때에도 일정 온도를 유지할 수 있도록 하고, 다음의 기준에 적합한 비상전원을 갖출 것

- 상용전력원이 고장인 경우에 자동으로 비상전원으로 전환되어 가동되도록 할 것
- 비상전원의 용량은 냉각장치 또는 보냉장치를 유효하게 작동할 수 있는 정도일 것

㉤ 탱크를 지하에 매설하는 경우에는 해당 탱크를 탱크전용실에 설치할 것

④ 히드록실아민 등을 취급하는 제조소의 시설기준★★★

구 분	제조소의 특례기준
안전거리(D:m)	$D=51.1\sqrt[3]{N}$식에 의한 안전거리를 둘 것(N:지정수량 배수)
담 또는 토제	• 제조소의 외벽 또는 이에 상당하는 공작물의 외측으로부터 2m 이상 떨어진 장소에 설치할 것 • 담 또는 토제의 높이는 해당 제조소에 있어서 히드록실아민 등을 취급하는 부분의 높이 이상으로 할 것 • 담은 두께 15cm 이상의 철근콘크리트조 · 철골철근콘크리트조 또는 두께 20cm 이상의 보강콘크리트블록조로 할 것 • 토제의 경사면의 경사도는 60도 미만으로 할 것
히드록실아민 등을 취급하는 설비	• 히드록실아민 등의 **온도 및 농도의 상승에 의한 위험한 반응을 방지**하기 위한 조치를 강구할 것
	• **철 이온 등의 혼입에 의한 위험한 반응을 방지**하기 위한 조치를 강구할 것

13 제조소등의 안전거리의 단축기준

(1) 방화상 유효한 담을 설치한 경우의 안전거리

구 분	취급하는 위험물의 최대수량 (지정수량의 배수)	안전거리(단위 : m, 이상)		
		주거용 건축물	학교 · 유치원 등	문화재
제조소 · 일반취급소(취급하는 위험물의 양이 주거지역에 있어서는 30배, 상업지역에 있어서는 35배, 공업지역에 있어서는 50배 이상인 것을 제외한다)	10배 미만	6.5	20	35
	10배 이상	7.0	22	38
옥내저장소(취급하는 위험물의 양이 주거지역에 있어서는 지정수량의 120배, 상업지역에 있어서는 150배, 상업지역에 있어서는 200배 이상인 것을 제외한다)	5배 미만	4.0	12.0	23.0
	5배 이상 10배 미만	4.5	12.0	23.0
	10배 이상 20배 미만	5.0	14.0	26.0
	20배 이상 50배 미만	6.0	18.0	32.0
	50배 이상 200배 미만	7.0	22.0	38.0
옥외탱크저장소(취급하는 위험물의 양이 주거지역에 있어서는 지정수량의 600배, 상업지역에 있어서는 700배, 공업지역에 있어서는 1,000배 이상인 것을 제외한다)	500배 미만	6.0	18.0	32.0
	500배 이상 1,000배 미만	7.0	22.0	38.0
옥외저장소(취급하는 위험물의 양이 주거지역에 있어서는 지정수량의 10배, 상업지역에 있어서는 15배, 공업지역에 있어서는 20배 이상인 것을 제외한다)	10배 미만	6.0	18.0	32.0
	10배 이상 20배 미만	8.5	25.0	44.0

(2) 방화상 유효한 담의 높이★★★★

① $H \leqq PD^2 + a$인 경우 $h = 2$

② $H > PD^2 + a$인 경우 $h = H - P(D^2 - d^2)$

③ ① 및 ②에서 D, H, a, d, h 및 p는 다음과 같다.

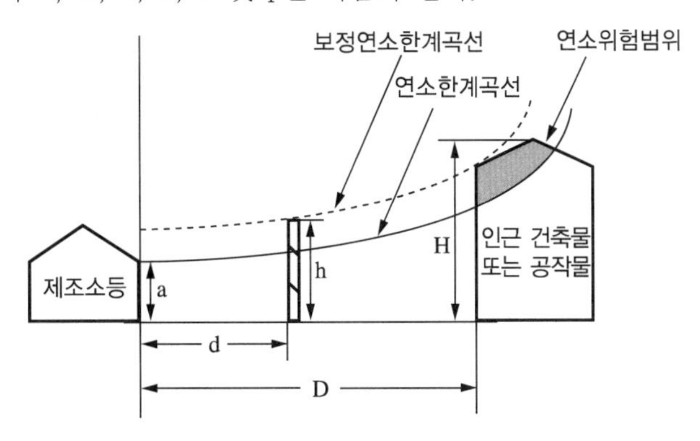

D : 제조소등과 인근 건축물 또는 공작물과의 거리(m)
H : 인근 건축물 또는 공작물의 높이(m)
a : 제조소등의 외벽의 높이(m)
d : 제조소등과 방화상 유효한 담과의 거리(m)
h : 방화상 유효한 담의 높이(m)
p : 상수

④ 제조소등의 높이

구 분	제조소등의 높이(a)	비 고
제조소· 일반취급소· 옥내저장소	a	벽체가 내화구조로 되어 있고, 인접축에 면한 개구부가 없거나, 개구부에 60+방화문이 있는 경우
	a	벽체가 내화구조이고, 개구부에 60+방화문이 없는 경우
	a=0	벽체가 내화구조 외의 것으로 된 경우
	a	옮겨 담는 작업장 그 밖의 공작물
옥외탱크 저장소	a, 방유제	옥외에 있는 세로형탱크
	a	옥외에 있는 가로형탱크. 다만, 탱크 내의 증기를 상부로 방출하는 구조로 된 것은 탱크의 최상단까지의 높이로 한다.
옥외저장소	경계표시, a=0	

⑤ 상수 P값

인근 건축물 또는 공작물의 구분	P의 값
• 학교・주택・문화재 등의 건축물 또는 공작물이 목조인 경우 • 학교・주택・문화재 등의 건축물 또는 공작물이 방화구조 또는 내화구조이고, 제조소등에 면한 부분의 개구부에 방화문이 설치되지 아니한 경우	0.04
• 학교・주택・문화재 등의 건축물 또는 공작물이 방화구조인 경우 • 학교・주택・문화재 등의 건축물 또는 공작물이 방화구조 또는 내화구조이고, 제조소등에 면한 부분의 개구부에 30분방화문이 설치된 경우	0.15
학교・주택・문화재 등의 건축물 또는 공작물이 내화구조이고, 제조소등에 면한 개구부에 60분 방화문이 설치된 경우	∞

⑥ 13 (2) ① 내지 ③에 의하여 산출된 수치가 2 미만일 때에는 담의 높이를 2m로, 4 이상일 때에는 담의 높이를 4m로 하되, 다음의 소화설비를 보강해야 한다.

㉠ 해당 제조소등의 소형소화기 설치대상인 것에 있어서는 대형소화기를 1개 이상 증설을 할 것

㉡ 해당 제조소등이 대형소화기 설치대상인 것에 있어서는 대형소화기 대신 옥내소화전설비・옥외소화전설비・스프링클러설비・물분무소화설비・포소화설비・불활성가스소화설비・할로겐화합물소화설비・분말소화설비 중 적응소화설비를 설치할 것

㉢ 해당 제조소등이 옥내소화전설비・옥외소화전설비・스프링클러설비・물분무소화설비・포소화설비・불활성가스소화설비・할로겐화합물소화설비 또는 분말소화설비 설치대상인 것에 있어서는 반경 30m마다 대형소화기 1개 이상을 증설할 것

(3) 방화상 유효한 담의 길이

제조소등의 외벽의 양단(a1, a2)을 중심으로 안전거리 규제대상 인근 건축물 또는 공작물(이 호에서 "인근 건축물 등"이라 한다)에 따른 안전거리를 반지름으로 한 원을 그려서 해당 원의 내부에 들어오는 인근 건축물 등의 부분 중 최외측 양단(p1, p2)을 구한 다음, a1과 p1을 연결한 선분(L1)과 a2와 p2을 연결한 선분(L2) 상호 간의 간격(L)으로 한다.

[방화상 유효한 담의 길이]

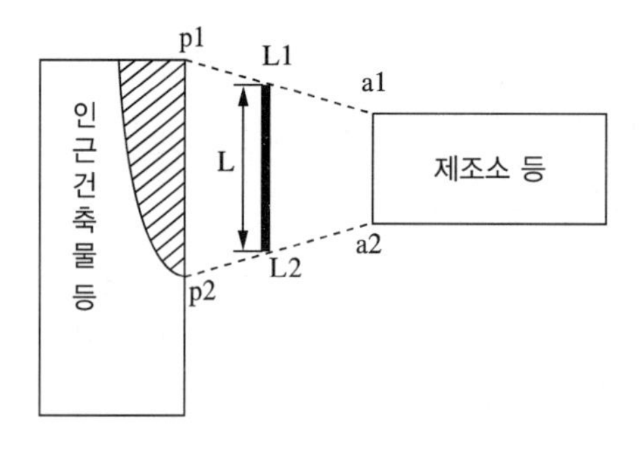

(4) 방화상 유효한 담의 구조★★★

① 제조소등으로부터 5m 미만의 거리에 설치하는 담의 경우 : 내화구조

② 제조소등으로부터 5m 이상의 거리에 설치하는 담의 경우 : 불연재료

③ 제조소등의 벽을 높게 하여 방화상 유효한 담을 갈음하는 경우 : 그 벽을 내화구조로 하고 개구부를 설치하여서는 아니 된다.

CHAPTER

09 출제예상문제

01 제조소의 안전거리에 관한 설명이다. 옳지 않은 설명은?

① 위험물시설에서의 폭발・화재・유출 등 각종 위해로부터 방호대상물(인접건물) 및 거주자를 보호하는데 그 목적이 있다.

② 불연재료로 된 방화상 유효한 담 또는 벽을 설치한 경우에는 안전거리를 단축할 수 있다.

③ 해당 제조소의 외벽으로부터 방호대상 건축물의 외벽까지의 수평거리를 말한다.

④ 위험물 제조소등 설치허가 시 가스관련 법령 등 다른 법령에 안전거리가 규정되어 있는 경우에는 해당 법령에 의한 안전거리는 고려의 대상이 아니다.

해설 위험물 제조소등 설치허가 시 가스관련 법령 등 다른 법령에 안전거리가 규정되어 있는 경우에는 해당 법령에 의한 안전거리도 만족해야 한다.

⊕ Plus one

주택건설기준 등에 관한 규정 제9조의2(소음 등으로부터의 보호)

- 위험물 제조소, 저장소, 취급소는 **공동주택・어린이놀이터・의료시설(약국은 제외한다)・유치원・어린이집・다함께돌봄센터 및 경로당**으로부터 **수평거리 50m 이상** 떨어진 곳에 설치해야 한다.
- 다만, 주유취급소와 판매취급소는 공동주택・어린이놀이터・의료시설(약국은 제외한다)・경로당으로 **수평거리 25미터 이상**에 배치할 수 있다(**유치원・어린이집 및 다함께돌봄센터 제외**).

02 제조소등의 안전거리 기산점에 대한 설명으로 맞는 것은?

① 해당 제조소의 외벽으로부터 방호대상 건축물의 외벽까지의 수평거리

② 공작물의 외측으로부터 방호대상 건축물의 외벽까지의 직선거리

③ 해당 제조소의 외벽으로부터 방호대상 건축물의 외벽까지의 보행거리

④ 건축물에 상당하는 공작물의 외측으로부터 방호공작물의 외측까지의 최단거리

해설 **안전거리의 기산점**

해당 **제조소의 외벽 또는 이에 상당하는 공작물의 외측으로부터 방호대상 건축물의 외벽 또는 이에 상당하는 공작물의 외측까지의 수평거리**이다.

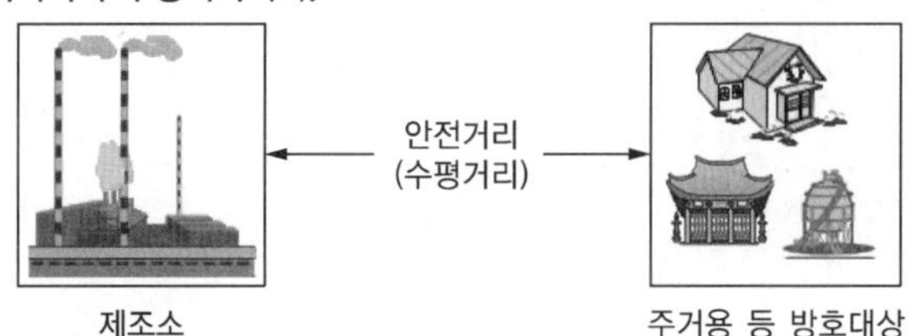

01 ④ 02 ① **정답**

03 제조소의 안전거리를 설정하는 궁극적 목적은 무엇인가?

① 위험물 제조소등 화재 시 인접시설 연소확대 방지
② 소화활동의 공간제공 및 피난상 필요한 공간 확보
③ 위험물로 인한 재해로부터 방호대상물(인접건물) 및 거주자를 보호하여 손실경감
④ 점검 · 보수 및 방호 · 완충 공간 확보

해설 **설정목적**

- 위험물시설에서의 폭발 · 화재 · 유출 등 각종 위해로부터 방호대상물(인접건물) 및 거주자를 보호
- 위험물로 인한 재해로부터 방호대상물의 손실의 경감과 환경적 보호
- 설치허가 시 안전거리를 법령규정에 따라 엄격히 적용해야 한다.

04 제조소와 방호대상물과의 안전거리 기준으로 틀린 것은?

① 기념물 중 지정문화재, 무형문화재 – 50m 이상
② 주거용으로 사용되는 것 – 10m 이상
③ 학교, 병원(병원급 의료기관) – 30m 이상
④ 사용전압 35,000V를 초과하는 특고압가공전선 – 5m 이상

해설 **제조소의 안전거리 기준 암기**

- **문**화재 중 유형문화재 및 지정문화재 : 50m 이상
- **병**원 · 학교 · 공연장, 영화상영관 · 다수의 수용시설 : 30m 이상
- **가**스의 제조 · 저장 또는 취급하는 시설 : 20m 이상
- **주**거용 건축물 또는 공작물 : 10m 이상
- **특고압**가공전선
  - 사용전압이 35,000V 초과 : 5m 이상
  - 사용전압이 7,000V 초과 35,000V 이하 : 3m 이상

05 다음 중 위험물 제조소의 안전거리의 설정하기 위한 기준요소로 맞지 않은 것은?

2017년 인천소방장 기출

① 위험물의 종류
② 위험물 제조소에 설치된 소방시설
③ 위험물 제조소의 위험도
④ 방호대상물의 위험도

해설 **설정기준 요소**

- 방호대상물의 위험도
- 저장 · 취급하는 위험물의 종류와 양 등 위험물 제조소의 위험도
- 각 요소들의 총합이 크면 안전거리는 길어지고 작으면 그 반대

정답 03 ③ 04 ① 05 ②

06 안전거리가 적용되는 위험물 제조소등으로 맞게 짝지어진 것은? 2016년 소방위 기출

① 제조소, 주유취급소, 간이탱크저장소

② 옥외탱크저장소, 옥내저장소, 옥외저장소

③ 제조소, 옥내저장소, 지하탱크저장소

④ 제조소, 일반취급소, 옥내탱크저장소

해설 안전거리의 적용 위험물 제조소등

구 분	제조소	저장소								취급소			
		옥 내	옥외 탱크	옥내 탱크	지하 탱크	이동 탱크	간이 탱크	암반 탱크	옥 외	주 유	판 매	일 반	이 송
안전거리	○	○	○	×	×	×	×	×	○	×	×	○	○

※ 제6류 위험물을 제조하는 제조소는 안전거리 제외

07 위험물 제조소등에서 확보하는 보유공지에 대한 개념으로 맞는 것은 무엇인가?

① 2차원적 수평적 거리 개념이다.

② 안전거리는 3차원적 공간개념인 반면, 보유공지는 2차원적 거리개념이다.

③ 보유공지 안에는 위험물이 적재된 용기 하나 정도는 가능하다.

④ 3차원적 공간적 규제개념이다.

해설 보유공지 개념

- 화재의 예방 또는 진압 차원에서 위험물 제조소의 주변에 확보해야 하는 절대공간을 말한다.
- 안전거리가 2차원적인 단순 수평적 거리의 개념이라면 보유공지는 3차원적 공간적 규제개념이다.
- 안전거리는 위험물 시설과 보호하고자 하는 대상물이 존재할 때 대두되는 개념인 반면, 보유공지는 위험물 제조소 그 자체의 존재로 인하여 대두되는 개념이다.

08 위험물안전관리법령상 히드록실아민 등을 취급하는 제조소의 담 또는 토제 설치기준에 관한 내용이다. ( )에 알맞은 숫자를 순서대로 나열한 것은?

> 제조소 주위에는 공작물 외측으로부터 ( )m 이상 떨어진 장소에 담 또는 토제를 설치하고 담의 두께는 ( )cm 이상의 철근콘크리트조로 하고, 토제의 경우 경사면의 경사도는 ( )도 미만으로 한다.

① 2, 15, 60

② 2, 20, 45

③ 3, 15, 60

④ 3, 20, 45

06 ② 07 ④ 08 ① 정답

해설 히드록실아민 등을 취급하는 제조소의 특례에서 담

- 담 또는 토제는 해당 제조소의 외벽 또는 이에 상당하는 공작물의 외측으로부터 2m 이상 떨어진 장소에 설치할 것
- 담 또는 토제의 높이는 해당 제조소에 있어서 히드록실아민 등을 취급하는 부분의 높이 이상으로 할 것
- 담은 두께 15cm 이상의 철근콘크리트조·철골철근콘크리트조 또는 두께 20cm 이상의 보강콘크리트블록조로 할 것
- 토제의 경사면의 경사도는 60도 미만으로 할 것

09 위험물 제조소의 보유공지 설정목적에 부합되지 않는 것은 무엇인가?

① 위험물 제조소등 화재 시 인접시설 연소확대 방지
② 소화활동의 공간제공 및 확보
③ 절대공간으로 점검 및 보수용으로 사용불가
④ 피난상 필요한 공간 확보

해설 보유공지 설정목적

- 위험물 제조소등 화재 시 인접시설 연소확대 방지
- 소화활동의 공간제공 및 확보
- 피난상 필요한 공간 확보
- 점검 및 보수 등의 공간 확보
- 방호 및 완충공간 제공

10 위험물 제조소등에서 위험물안전관리법상 보유공지 규제 대상이 아닌 것은?

① 제조소　　② 옥내에 설치된 간이탱크저장소
③ 옥외저장소　　④ 옥외탱크저장소

해설 보유공지 규제대상

구 분	제조소	저장소								취급소			
		옥 내	옥외탱크	옥내탱크	지하탱크	이동탱크	간이탱크	암반탱크	옥 외	주 유	판 매	일 반	이 송
보유공지	○	○	○	×	×	×	○ (옥외)	×	○	×	×	○	○

※ 옥내에 설치된 간이탱크저장소는 제외

11 위험물 제조소는 안전거리에 관한 기준에 대한 설명으로 옳은 것은?

① 제6류 위험물을 취급하는 제조소도 안전거리 규제 대상이다.
② 불연재료로 된 방화상 유효한 벽을 설치한 경우에는 안전거리를 단축할 수 있다.
③ 건축물의 외벽과 제조소의 외벽과 보행거리 개념이다.
④ 제조소는 보물 중에서 지정문화재는 50m 이상 안전거리를 두어야 한다.

해설 ① 제6류 위험물을 취급하는 제조소는 제외한다.
③ 건축물의 외벽과 제조소의 외벽과 수평거리 개념이다.
④ 제조소는 기념물 중에서 지정문화재는 50m 이상 안전거리를 두어야 한다.

12 위험물 제조소에 있어서 안전거리가 50m 이상인 것은?

① 문화집회장
② 교육연구시설
③ 지정문화재
④ 의료시설

해설 제조소의 안전거리

건축물	안전거리
사용전압 7000V 초과 35,000V 이하의 특고압 가공전선	3m 이상
사용전압 35,000V 초과의 특고압 가공전선	5m 이상
주거용으로 사용되는 것(제조소가 설치된 부지 내에 있는 것을 제외)	10m 이상
고압가스, 액화석유가스, 도시가스를 저장 또는 취급하는 시설	20m 이상
학교, 병원(종합병원, 병원, 치과병원, 한방병원 및 요양병원) 공연장, 영화상영관, 수용인원 300인 이상 복지시설(아동복지시설, 노인복지시설, 장애인복지시설, 모・부자복지시설) 보육시설, 성매매피해자 등을 의한 지원시설, 정신건강증진시설, 가정폭력피해자보호시설로서 수용인원 20인 이상	30m 이상
유형문화재, 기념물 중 지정문화재	50m 이상

13 위험물 제조소의 건축물의 지붕을 내화구조로 할 수 있는 경우로 옳은 것은?

① 제3석유류를 취급하는 건축물
② 제2류 위험물 중 덩어리 유황을 취급하는 건축물
③ 제2류 중 금속분을 취급하는 건축물
④ 제2류 위험물 중 고형알코올을 취급하는 건축물

11 ② 12 ③ 13 ② **정답**

해설 위험물 제조소의 지붕

- 원칙 : 폭발력이 위로 방출될 정도의 가벼운 불연재료로 덮어야 한다.
- 예외 : 다음 각 목의 1에 해당하는 경우에는 그 지붕을 내화구조로 할 수 있다.
  - 제2류 위험물(분말상태의 것과 인화성고체를 제외한다)
  - 제4류 위험물 중 제4석유류, 동・식물유류
  - 제6류 위험물을 취급하는 건축물인 경우
  - 발생할 수 있는 내부의 과압(過壓) 또는 부압(負壓)에 견딜 수 있는 철근콘크리트조로 외부화재에 90분 이상 견딜 수 있는 밀폐형 구조의 건축물

14 위험물 제조소에 설치하는 방화에 관하여 필요한 사항을 게시한 게시판의 내용으로 옳지 않은 것은?

① 위험물의 유별・품명　② 취급최대수량
③ 지정수량의 배수　④ 긴급시의 연락처

해설 게시판에는 저장 또는 취급하는 위험물의 유별・품명 및 저장최대수량 또는 취급최대수량, 소방안전 및 안전관리자의 성명 또는 직명을 기재할 것

15 위험물 제조소의 보유공지는 지정수량 10배 이하의 위험물을 취급하는 건축물이 보유해야 할 공지는 몇 m 이상인가? (단, 위험물을 이송하기 위한 배관 기타 이와 유사한 시설은 제외)

① 3m　② 5m
③ 7m　④ 10m

해설 제조소의 보유공지

취급하는 위험물의 최대수량	공지의 너비
지정수량의 10배 이하	3m 이상
지정수량의 10배 초과	5m 이상

16 위험물 제조소등에서 경보설비를 설치해야 하는 대상물의 지정수량은 어느 것인가?

① 10배 이상　② 20배 이상
③ 30배 이상　④ 40배 이상

해설 위험물 제조소등에서 지정수량의 **10배 이상**이면 **경보설비**, **피뢰설비**를 설치해야 한다.

정답 14 ④　15 ①　16 ①

17 **지정수량이 10배 이상인 위험물을 저장, 취급하는 제조소에 설치해야 할 설비가 아닌 것은?**

① 휴대용메가폰 ② 비상방송설비
③ 자동화재탐지설비 ④ 무선통신보조설비

해설 **지정수량 10배 이상**이면 **경보설비**를 설치해야 한다.

무선통신보조설비 : 소화활동설비

18 **다음 중 피뢰설비를 반드시 갖출 필요가 없는 곳은?**

① 지정수량이 10배인 제2류 위험물 저장소
② 지정수량이 20배인 제6류 위험물 저장소
③ 지정수량이 30배인 제5류 위험물 저장소
④ 지정수량이 10배인 제4류 위험물 저장소

해설 **피뢰설비** : 지정수량의 **10배 이상(제6류 위험물은 제외)**

19 **제조소 중 연소우려가 있는 위험물을 취급하는 건축물 외벽의 재료는?**

① 불연재료 ② 준불연재료
③ 방화구조 ④ 내화구조

해설 벽 · 기둥 · 바닥 · 보 · 서까래 · 지붕 및 계단 : 불연재료

제조소 중 연소우려가 있는 건축물 **외벽**의 재료 : **내화구조**

20 **다음 위험물을 취급하는 장치가 구리나 마그네슘으로 되어 있을 때 중합 반응을 일으키기 쉬운 것은?**

① 이황화탄소(CS_2) ② 아세톤
③ 산화프로필렌(CH_3CHOCH_2) ④ 벤 젠

해설 산화프로필렌(CH_3CHOCH_2), 아세트알데히드(CH_3CHO)는 구리, 마그네슘, 수은, 은과 반응하면 아세틸레이트를 형성하여 중합반응을 한다.

17 ④ 18 ② 19 ④ 20 ③ **정답**

21 **제4류 위험물의 주의사항 및 게시판 표시내용으로 맞는 것은 무엇인가?**

① 적색바탕에 백색문자의 "화기주의"
② 청색바탕에 백색문자의 "물기엄금"
③ 적색바탕에 백색문자의 "화기엄금"
④ 청색바탕에 백색문자의 "물기주의"

해설 게시판의 주의사항

위험물의 종류	주의사항	게시판의 색상
제1류 위험물 중 **알칼리금속의 과산화물** 제3류 위험물 중 **금수성물질**	**물기엄금**	**청색바탕에 백색문자**
제2류 위험물(인화성고체는 제외)	화기주의	적색바탕에 백색문자
제2류 위험물 중 **인화성고체** 제3류 위험물 중 **자연발화성물질** **제4류 위험물** **제5류 위험물**	**화기엄금**	**적색바탕에 백색문자**

22 **위험물 제조소에서 저장 · 취급하는 위험물에 따른 주의사항 표기가 옳은 것은?**

2012년, 2015년, 2018년 소방위 기출

① 황화린 – 화기엄금
② 과산화나트륨 – 물기엄금
③ 알킬알루미늄 – 공기접촉엄금
④ 니트로글리셀린 – 화기주의

해설 저장 · 취급 위험물의 주의사항

품 명	황화린	과산화나트륨	알킬알루미늄	니트로글리셀린
유 별	제2류	제1류 알칼리금속 과산화물	제3류	제5류
주의사항	화기주의	물기엄금	물기엄금	화기엄금

23 **위험물 제조소등에 있어서 가연성의 증기 또는 미분 등이 체류할 우려가 있는 건축물에는 옥외에 배출설비를 해야 하는데 배출설비의 배출능력은 1시간당 배출장소 용적의 몇 배 이상인 것으로 해야 하는가?**

① 5배
② 10배
③ 15배
④ 20배

해설 **제조소**의 **배출능력**은 1시간당 배출장소 **용적**의 **20배 이상**인 것으로 해야 한다.

정답 21 ③ 22 ② 23 ④

24 다음 <보기> 중 위험물 제조소와 같은 안전거리를 두어야 할 건축물을 모두 고르시오.

> 학교, 공연장, 고압가스 취급시설, 종합병원, 지정문화재, 주거용도, 사용전압 35,000V 초과의 특고압 가공전선, 영화상영관

① 학교, 공연장, 종합병원, 지정문화재
② 학교, 공연장, 고압가스 취급시설, 종합병원
③ 주거용도, 사용전압 35,000V 초과의 특고압 가공전선, 영화상영관
④ 학교, 공연장, 종합병원, 영화상영관

해설 제조소의 안전거리

건축물	안전거리
사용전압 7000V 초과 35,000V 이하의 특고압 가공전선	3m 이상
사용전압 35,000V 초과의 특고압 가공전선	5m 이상
주거용으로 사용되는 것(제조소가 설치된 부지 내에 있는 것을 제외)	10m 이상
고압가스, 액화석유가스, 도시가스를 저장 또는 취급하는 시설	20m 이상
• 학교, 병원(종합병원, 병원, 치과병원, 한방병원 및 요양병원), 공연장, 영화상영관, 수용인원 300인 이상 • 복지시설(아동복지시설, 노인복지시설, 장애인복지시설, 모・부자복지시설) • 보육시설, 성매매피해자 등을 의한 지원시설, 정신건강증진시설, 가정폭력피해자보호시설로서 수용인원 20인 이상	30m 이상
유형문화재, 기념물 중 지정문화재	50m 이상

25 제4류 위험물 제조소의 경우 사용전압이 22kV인 특고압 가공전선이 지나갈 때 제조소의 외벽과 가공전선 사이의 수평거리(안전거리)는 몇 [m] 이상이어야 하는가?

① 3m
② 5m
③ 10m
④ 20m

해설 24번 해설 참조

24 ④ 25 ① **정답**

26 제조소의 작업공정이 다른 작업장의 작업공정과 연속되어 있어, 제조소의 건축물 그 밖의 공작물의 주위에 공지를 두게 되면 그 제조소의 작업에 현저한 지장이 생길 우려가 있는 경우 해당 제조소와 다른 작업장 사이에 방화상 유효한 격벽을 설치한 경우 보유공지를 설치하지 아니할 수 있는 기준으로 옳은 것은?

① 방화벽의 양단은 외벽으로부터 1m 이상 돌출하도록 설치하여 화재확산을 방지해야 한다.

② 방화벽은 불연재료 이상으로 해야 한다. 다만 취급하는 위험물이 제6류 위험물인 경우에는 난연재료로 할 수 있다.

③ 방화벽에 설치하는 출입구 및 창 등의 개구부는 가능한 한 최소로 하고, 출입구 및 창에는 60분방화문 또는 30분방화문을 설치해야 한다.

④ 방화벽의 상단이 지붕으로부터 50cm 이상 돌출하도록 축조해야 한다.

해설 제조소에서 보유공지를 면제 받을 수 있는 방화상 유효한 벽의 기준

- 방화벽은 내화구조로 할 것, 다만 취급하는 위험물이 제6류 위험물인 경우에는 불연재료로 할 수 있다.
- 방화벽에 설치하는 출입구 및 창 등의 개구부는 가능한 한 최소로 하고, 출입구 및 창에는 자동폐쇄식의 60분방화문을 설치할 것
- 방화벽의 양단 및 상단이 외벽 또는 지붕으로부터 50cm 이상 돌출하도록 할 것

27 위험물 제조소의 위험물을 취급하는 건축물의 주위에 보유해야 할 최소 보유공지는?

① 1m 이상 ② 3m 이상

③ 5m 이상 ④ 8m 이상

해설 제조소의 보유공지

- 보유공지의 기능
  - 제조소의 주변을 확보하기 위하여 어떤 물건이 놓여 있어도 안되는 절대공간
  - 연소확대를 방지하기 위한 공간
  - 소방활동을 위한 공간
  - 유사시 피난을 용이하게 하기 위한 공간
  - 평상시 위험물 제조소등의 유지 및 보수를 위한 공간
- 제조소의 보유공지

취급하는 위험물의 최대수량	공지의 너비
지정수량의 10배 이하	3m 이상
지정수량의 10배 초과	5m 이상

정답 26 ④ 27 ②

28 제조소에서 위험물을 취급하는 건축물 그 밖의 시설 주위에는 그 취급하는 위험물의 최대수량에 따라 보유해야 할 공지가 필요하다. 위험물이 지정수량의 20배인 경우 공지의 너비는 몇 m로 해야 하는가?

① 3m　　② 4m
③ 5m　　④ 10m

해설 27번 문제 해설 참조

29 다음 중 위험물 제조소의 위치·구조 및 설비의 기준으로 알맞은 것은?

① 안전거리는 지정문화재에 있어서는 50m 이상 두어야 한다.
② 보유공지의 너비는 취급하는 위험물의 최대수량이 지정수량의 10배 이하일 때는 5m 이상 보유해야 한다.
③ 옥외설비의 바닥의 둘레는 높이 0.1m 이상의 턱을 설치하여 위험물이 외부로 흘러나가지 아니하도록 한다.
④ 배출설비의 1시간당 배출능력은 전역방식의 경우에는 바닥면적 $1m^2$ 당 $16m^3$ 이상으로 할 수 있다.

해설 위험물 제조소등
- 안전거리는 지정문화재 또는 유형문화재에 있어서는 50m 이상 두어야 한다.
- 보유공지

취급하는 위험물의 최대수량	공지의 너비
지정수량의 10배 이하	3m 이상
지정수량의 10배 초과	5m 이상

- 옥외설비의 바닥의 둘레는 높이 0.15m 이상의 턱을 설치하여 위험물이 외부로 흘러나가지 아니하도록 한다.
- 배출능력은 1시간당 배출장소 용적의 20배 이상인 것으로 할 것(전역 방출방식 : 바닥면적 $1m^2$당 $18m^3$ 이상)

30 위험물 제조소에 설치하는 표지 및 게시판의 기준으로 옳은 것은?

① 위험물 제조소 표지와 방화에 관하여 필요한 사항을 게시한 게시판의 크기와 모양기준은 같다.
② 제3류 위험물 중 자연발화성인 황린을 취급하는 제조소의 경우 "공기접촉엄금"의 주의사항을 표시한 표지를 설치해야 한다.
③ 주의사항의 표지한 게시판과 방화에 관하여 필요한 사항을 게시한 게시판의 규격은 같다.
④ 방화에 관하여 필요한 사항을 게시한 게시판에는 위험물의 유별·품명 및 저장최대수량 또는 취급최대수량, 지정수량의 배수 및 소유자의 성명 또는 직명을 표시한다.

28 ③　29 ①　30 ①　정답

해설 ① 위험물 제조소 표지와 방화에 관하여 필요한 사항을 게시한 게시판의 크기는 기준은 한변의 길이가 0.3m 이상, 다른 한변의 길이가 0.6m 이상인 직사각형과 같다.
② 제3류 위험물 중 자연발화성인 황린을 취급하는 제조소의 주의사항 표기는 "화기엄금"이다.
③ 주의사항의 표지한 게시판의 크기는 규정되어 있지 않다.
④ 방화에 관하여 필요한 사항을 게시한 게시판에는 위험물의 유별·품명 및 저장최대수량 또는 취급최대수량, 지정수량의 배수 및 안전관리자의 성명 또는 직명을 표시한다.

31 위험물 제조소의 건축물의 구조로 잘못된 것은? 2017년 인천소방장 기출 2019년 통합소방장 기출

① 벽·기둥·바닥·보·서까래 및 계단을 내화구조로 한다.
② 연소의 우려가 있는 외벽에 설치하는 출입구에는 수시로 열 수 있는 자동폐쇄식의 60분방화문을 설치해야 한다.
③ 지하층이 없도록 해야 한다.
④ 지붕은 폭발력이 위로 방출될 정도의 가벼운 불연재료로 덮어야 한다.

해설 제조소의 건축물 구조
- 지하층이 없도록 해야 한다.
- 벽·기둥·바닥·보·서까래 및 계단 : 불연재료(연소 우려가 있는 외벽은 개구부가 없는 내화구조의 벽으로 할 것)
- 지붕은 폭발력이 위로 방출될 정도의 가벼운 불연재료로 덮어야 한다.
- 출입구와 비상구에는 60분방화문 또는 30분방화문을 설치해야 한다.
  ※ 연소우려가 있는 외벽의 출입구 : 수시로 열 수 있는 자동폐쇄식의 60분방화문 설치
- 건축물의 창 및 출입구의 유리 : 망입유리
- 액체의 위험물을 취급하는 건축물의 바닥 : 적당한 경사를 두고 그 최저부에 집유설비를 할 것

제9장 | 위험물 제조소

32 위험물을 제조소의 지붕을 내화구조로 할 수 있는 밀폐형 구조의 건축물에 대한 설명이다. 아래 ( )에 들어갈 적합한 내용으로 옳은 것은?

발생할 수 있는 내부의 과압(過壓) 또는 (ㄱ)에 견딜 수 있는 (ㄴ)이고 외부화재에 (ㄷ) 이상 견딜 수 있는 밀폐형 구조인 건축물의 경우 지붕을 내화구조로 할 수 있다.

	ㄱ	ㄴ	ㄷ
①	부압(負壓)	철근콘크리트조	90분
②	정압(正壓)	철골콘크리트조	60분
③	부압(負壓)	철근콘크리트조	60분
④	정압(正壓)	철골콘크리트조	90분

정답 31 ① 32 ①

해설 위험물을 취급하는 건축물이 다음 각 목의 1에 해당하는 경우에는 그 지붕을 내화구조로 할 수 있다.

- 제2류 위험물(분말상태의 것과 인화성고체를 제외한다), 제4류 위험물 중 제4석유류, 동・식물유류 또는 제6류 위험물을 취급하는 건축물인 경우
- 다음의 기준에 적합한 밀폐형 구조의 건축물인 경우
  - 발생할 수 있는 내부의 과압(過壓) 또는 부압(負壓)에 견딜 수 있는 철근콘크리트조일 것
  - 외부화재에 90분 이상 견딜 수 있는 구조일 것

33 위험물 제조소의 환기설비 중 급기구의 크기는? (단, 급기구의 바닥면적은 150m^{2}이다)

① 150cm^2 이상으로 한다.

② 300cm^2 이상으로 한다.

③ 450cm^2 이상으로 한다.

④ 800cm^2 이상으로 한다.

해설 제조소의 환기설비 급기구

- 설치수 : 해당 급기구가 설치된 실의 바닥면적 150m^{2}마다 1개 이상 설치
- 크기 : 800cm^2 이상으로 할 것. 다만 바닥면적이 150m^2 미만인 경우는 34번 해설 참조

34 제조소의 바닥면적과 급기구의 면적이 잘못 짝지어진 것은?

2016년 소방위 기출

① 바닥면적이 60m^2 이상 90m^2 미만일 때 급기구 면적 300cm^2 이상

② 바닥면적이 60m^2 미만일 때 급기구 면적 100cm^2 이상

③ 바닥면적이 90m^2 이상 120m^2 미만일 때 급기구 면적 450cm^2 이상

④ 바닥면적이 120m^2 이상 150m^2 미만일 때 급기구 면적 600cm^2 이상

해설 제조소에 설치하는 환기설비의 급기구

- 환기 : 자연배기방식
- 급기구는 해당 급기구가 설치된 실의 바닥면적 150m^{2}마다 1개 이상으로 하되 급기구의 크기는 800cm^2 이상으로 할 것. 다만 바닥면적 150m^2 미만인 경우에는 다음의 크기로 할 것

바닥면적	급기구의 면적
60m^2 미만	150cm^2 이상
60m^2 이상 ~ 90m^2 미만	300cm^2 이상
90m^2 이상 ~ 120m^2 미만	450cm^2 이상
120m^2 이상 ~ 150m^2 미만	600cm^2 이상

- 급기구는 낮은 곳에 설치하고 가는 눈의 구리망으로 인화 방지망을 설치할 것
- 환기구는 지붕위 또는 지상 2m 이상의 높이에 회전식 고정식 벤티레이터 또는 루프팬 방식으로 설치할 것

33 ④ 34 ② **정답**

35 위험물 제조소에서 위험물을 가압하는 설비 또는 그 취급하는 위험물의 압력이 상승할 우려가 있는 설비에 설치하는 것으로 옳은 것은?

① 감압밸브를 겸하는 감압장치
② 수동적으로 압력상승을 정지시키는 장치
③ 압력계
④ 감압축에 안전밸브를 부착한 경보밸브

해설 위험물을 가압 또는 그 위험물의 압력이 상승할 우려가 있는 설비에 설치하는 것
- 압력계
- 자동적으로 압력의 상승을 정지시키는 장치
- 감압측에 안전밸브를 부착한 감압밸브
- 안전밸브를 겸하는 경보장치
- 파괴판(위험물의 성질에 따라 안전밸브의 작동이 곤란한 가압설비에 한함)

36 위험물 제조소의 채광, 환기시설에 대한 설명으로 옳지 않은 것은? 2018년 통합소방장 기출

① 채광설비는 단열재료를 사용하고 연소할 우려가 없는 장소에 설치하고 채광면적을 최대로 할 것
② 환기설비는 자연배기 방식으로 할 것
③ 환기구는 지붕위 또는 지상 2m 이상의 높이에 회전식 고정벤티레이터 또는 루프팬 방식으로 설치할 것
④ 환기설비의 급기구는 낮은 곳에 설치할 것

해설 채광 및 환기설비

설비구분	설치기준
채광설비	불연재료로 하고, 연소의 우려가 없는 장소에 설치하되 채광면적을 최소로 할 것
환기설비	• 환기는 자연배기방식으로 할 것 • 급기구는 해당 급기구가 설치된 실의 바닥면적 150m^2마다 1개 이상으로 하되, 급기구의 크기는 800cm^2 이상으로 할 것 • 급기구는 낮은 곳에 설치하고 가는 눈의 구리망 등으로 인화방지망을 설치할 것 • 환기구는 지붕위 또는 지상 2m 이상의 높이에 회전식 고정벤티레이터 또는 루프팬 방식으로 설치할 것

정답 35 ③ 36 ①

37 **제조소에서 경보설비를 설치해야 하는 대상물의 지정수량은 어느 것인가?**

① 10배 이상
② 20배 이상
③ 30배 이상
④ 40배 이상

해설 제조소에서 지정수량의 **10배 이상**이면 **경보설비, 피뢰설비**를 설치해야 한다.

38 **위험물을 취급하는 장소에서 정전기를 유효하게 제거할 수 있는 방법이 아닌 것은?**

① 상대습도를 70% 이상으로 하는 방법
② 접지에 의한 방법
③ 피뢰침을 설치하는 방법
④ 공기를 이온화하는 방법

해설 **정전기 제거방법**
- 접지에 의한 방법
- 상대습도를 70% 이상으로 하는 방법
- 공기를 이온화하는 방법

39 **위험물 제조소의 옥외에 탱크 용량이 $100m^3$ 및 $180m^3$인 2개의 취급탱크 주위에 하나의 방유제를 설치하고자 하는 경우 방유제의 용량은 몇 [m^3] 이상이어야 하는가?**

① $100m^3$
② $140m^3$
③ $180m^3$
④ $280m^3$

해설 **위험물 제조소의 옥외에 있는 위험물 취급탱크(지정수량의 1/5 미만인 용량은 제외)**
- **하나의 취급탱크** 주위에 설치하는 방유제의 용량 : 해당 **탱크용량의 50% 이상**
- **2 이상의 취급탱크** 주위에 하나의 방유제를 설치하는 경우 방유제의 용량 : 해당 탱크 중 용량이 **최대인 것의 50%**에 **나머지 탱크용량 합계**의 10%를 가산한 양 이상이 되게 할 것(이 경우 방유제의 용량은 해당 방유제의 내용적에서 용량이 최대인 탱크 외의 탱크의 방유제 높이 이하 부분의 용적, 해당 방유제 내에 있는 모든 탱크의 지반면 이상 부분의 기초의 체적, 간막이 둑의 체적 및 해당 방유제 내에 있는 배관 등의 체적을 뺀 것으로 한다)

∴ 방유제 용량 = $(180m^3 \times 0.5) + (100m^3 \times 0.1) = 100m^3$

37 ① 38 ③ 39 ① **정답**

40 위험물 제조소에서 가압설비 위험물의 성질에 따라 안전밸브의 작동이 곤란한 가압설비에 설비하는 안전장치로 맞는 것은?

① 파괴판
② 자동적으로 압력의 상승을 정지시키는 장치
③ 압력계
④ 안전밸브를 겸하는 경보장치

해설 위험물을 가압 또는 그 위험물의 압력이 상승할 우려가 있는 설비에서 위험물의 성질에 따라 안전밸브의 작동이 곤란한 가압설비 설치하는 것 : 파괴판

41 위험물 제조소 내의 위험물을 취급하는 배관은 최대상용압력의 몇 배 이상의 압력으로 내압시험을 실시하여 이상이 없어야 하는가?

① 0.5 ② 1.0
③ 1.5 ④ 2.0

해설 위험물 제조소의 배관
- 배관의 재질 : 강관, 유리섬유강화플라스틱, 고밀도폴리에틸렌, 폴리우레탄
- **내압시험** : 최대상용압력의 **1.5배 이상**의 압력에서 실시하여 이상이 없을 것

42 히드록실아민 200kg을 취급하는 제조소에서 안전거리를 구하시오.

① 34.1 ② 44.1
③ 64.4 ④ 64.1

해설 히드록실아민 등을 취급하는 제조소의 안전거리

$$D = 51.1 \times \sqrt[3]{N}$$

여기서, N : 지정수량의 배수(히드록실아민의 지정수량 : 100kg)

∴ 안전거리 $D = 51.1 \times \sqrt[3]{2} = 51.1 \times 1.26 = 64.4\text{m}$

정답 40 ① 41 ③ 42 ③

43 위험물 제조소의 옥외에 있는 위험물 취급탱크 방유제 구조 및 설비기준으로 옳은 것은?

① 방유제의 높이는 0.5m 이상 3m 이하, 두께 0.2m 이상, 지하매설깊이 1m 이상으로 해야 한다.

② 방유제에는 해당 방유제를 관통하는 배관을 설치할 것

③ 방유제 용량은 옥내취급탱크의 방유턱의 용량 산정방법과 동일하다.

④ 방유제는 철골콘크리트 또는 흙으로 해야 한다.

해설 **위험물 제조소의 옥외취급탱크 주위의 방유제 설치기준**

- 방유제의 높이는 0.5m 이상 3m 이하, 두께 0.2m 이상, 지하매설깊이 1m 이상으로 할 것
- 방유제는 철근콘크리트로 하고, 방유제와 옥외저장탱크 사이의 지표면은 불연성과 불침윤성이 있는 구조(철근콘크리트 등)로 할 것
- 방유제에는 해당 방유제를 관통하는 배관을 설치하지 아니할 것
- 옥내취급탱크의 방유턱의 용량 산정방법은 다르다.

44 위험물 제조소에 대한 설명이다. 옳은 설명을 모두 고른 것은?

2014년 소방위 기출

가. 제조소라 함은 위험물을 제조할 목적으로 지정수량 이상의 위험물을 취급하기 위하여 허가받은 장소를 말한다.
나. 제조소는 안전거리, 보유공지의 적용을 받으며 방화상 유효한 담을 설치하는 경우 안전거리는 단축이 가능하다.
다. 국소방식의 배출설비 배출능력은 1시간당 배출장소용적의 20배 이상으로 해야 한다.
라. 위험물을 취급하는 건축물의 출입구 및 창에 유리를 이용하는 경우에는 망입유리로 해야 한다.

① 가 ② 가, 나

③ 가, 나, 다 ④ 가, 나, 다, 라

해설 가. 제조소 : 위험물을 제조할 목적으로 지정수량 이상의 위험물을 취급하기 위하여 시・도지사의 허가받은 장소

나. 안전거리 및 보유공지의 적용 위험물 제조소등

구 분	제조소	저장소								취급소			
		옥내	옥외탱크	옥내탱크	지하탱크	이동탱크	간이탱크	암반탱크	옥외	주유	판매	일반	이송
안전거리	○	○	○	×	×	×	×	×	○	×	×	○	○
보유공지	○	○	○	×	×	×	○ (옥외)	×	○	×	×	○	○

43 ① 44 ④ 정답

다. 배출설비

㉠ 배풍기・배출덕트・후드 등을 이용하여 강제적으로 배출해야 한다.

㉡ 배출능력

- 국소방식 : 1시간당 배출장소 용적의 20배 이상
- 전역방식 : 바닥면적 $1m^2$당 $18m^3$ 이상

라. 창 및 출입구 : 유리를 이용하는 경우에는 망입유리

45 **위험물 제조소와 시설물 사이에 불연재료로 된 방화상 유효한 담 또는 벽을 설치한 경우에 안전거리를 단축할 수 있는 기준 대상물에 해당하지 않는 것은?**

① 학 교

② 주 택

③ 문화재 보호법에 따른 문화재 중 지정문화재

④ 사용전압이 7,000볼트 초과 35,000볼트 이하의 특고압가공전선

해설 불연재료로 된 방화상 유효한 담 또는 벽을 설치한 경우에는 동표의 기준에 의하여 안전거리를 단축할 수 있다.

구 분	취급하는 위험물의 최대수량 (지정수량의 배수)	안전거리 (단위 : m, 이상)		
		주거용 건축물	학교・유치원 등	문화재
제조소・일반취급소(취급하는 위험물의 양이 주거지역에 있어서는 30배, 상업지역에 있어서는 35배, 공업지역에 있어서는 50배 이상인 것을 제외한다)	10배 미만 10배 이상	6.5 7.0	20 22	35 38

정답 45 ④

46 **위험물 제조소등의 안전거리의 단축기준을 적용함에 있어서 $H \leq pD^2 + a$일 경우 방화상 유효한 담의 높이는 2m 이상으로 한다. 여기서 의미하는 내용으로 맞는 것은?**

① D : 제조소등과 인근 건축물과의 높이(m)

② H : 인근 건축물 또는 공작물의 거리(m)

③ a : 제조소등의 외벽의 높이(m)

④ d : 제조소등과 방화상 유효한 담과의 높이(m)

해설 방화상 유효한 담의 높이

① $H \leqq pD^2 + a$인 경우 : $h = 2$

② $H > pD^2 + a$인 경우 : $h = H - p(D^2 - d^2)$

③ ① 및 ②에서 D, H, a, d, h 및 p는 다음과 같다.

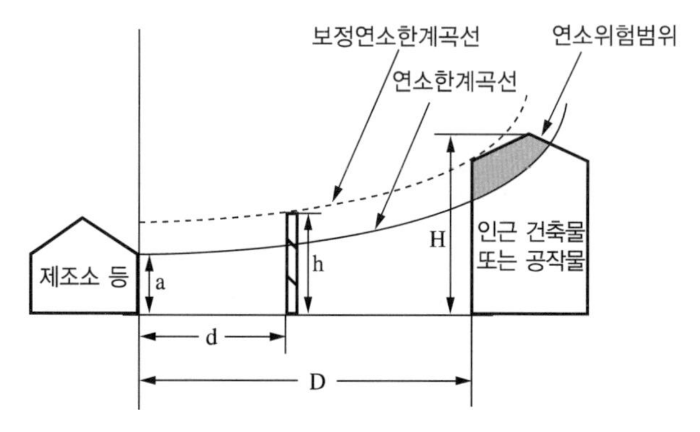

D : 제조소등과 인근 건축물 또는 공작물과의 거리(m)
H : 인근 건축물 또는 공작물의 높이(m)
a : 제조소등의 외벽의 높이(m)
d : 제조소등과 방화상 유효한 담과의 거리(m)
h : 방화상 유효한 담의 높이(m)
p : 상수

47 **위험물안전관리법에 따른 해당 제조소의 외벽 또는 이에 상당하는 공작물의 외측에서 문화재 건축물의 외벽 또는 이에 상당하는 공작물의 외측으로부터의 안전거리 기준으로 맞는 것은?**

① 문화재보호법에 따른 무형문화재와 기념물 중 지정문화재까지 50m 이상 거리를 둘 것

② 문화재보호법에 따른 유형문화재와 기념물 중 지정문화재까지 50m 이상 거리를 둘 것

③ 문화재보호법에 따른 무형문화재와 국보 중 지정문화재까지 50m 이상 거리를 둘 것

④ 문화재보호법에 따른 유형문화재와 국보 중 지정문화재까지 50m 이상 거리를 둘 것

해설 문화재보호법에 따른 유형문화재와 기념물 중 지정문화재까지 50m 이상 거리를 둘 것

46 ③ 47 ② **정답**

48 제조소에서 액체위험물을 취급하는 옥외설비의 바닥 둘레의 턱의 규격으로 맞는 기준은?

2017년 소방위 기출

① 0.1m 이상　　② 0.15m 이상

③ 0.2m 이상　　④ 0.25m 이상

해설 제조소의 옥외설비의 바닥의 둘레는 높이 0.15m 이상의 턱을 설치하여 위험물이 외부로 흘러나가지 아니하도록 한다.

제조소등의 턱 높이 정리

제조소	옥외탱크		옥내탱크				주 유		판 매
옥외 설비 바닥	펌프실	펌프실 외	전용실이 있는 건축물 외에 펌프설비 설치		전용실이 있는 건축물에 펌프설비 설치		사무실 그 밖의 화기를 사용하는 곳의 출입구 또는 사이통로 문턱높이	펌프실 출입구의 턱 높이	배합실 문턱
			펌프실	펌프실 외	전용실 외	전용실			
0.15	0.2	0.15	0.2	0.15	0.2	문턱 높이 이상	0.15	0.1	0.1

49 위험물 제조소 특례에서 "고인화점 위험물"이란 무엇인가?

① 인화점이 200℃ 이상인 위험물

② 인화점이 100℃ 이상인 위험물

③ 인화점이 200℃ 이상인 제4류 위험물

④ 인화점이 100℃ 이상인 제4류 위험물

해설 고인화점 위험물이란 인화점이 **100℃ 이상인 제4류 위험물**을 말한다.

50 위험물 제조소의 환기설비에 대한 기준에 대한 설명 중 옳지 않은 것은?

① 환기는 팬을 사용한 강제배기방식으로 설치해야 한다.

② 급기구는 바닥면적 150m^2마다 1개 이상으로 한다.

③ 급기구는 낮은 곳에 설치하고 가는 눈의 구리망 등으로 인화방지망을 설치해야 한다.

④ 환기구는 회전식 고정벤티레이터 또는 루프팬 방식으로 설치한다.

해설 34번 문제 해설 참조

정답 48 ② 49 ④ 50 ①

우리 인생의 가장 큰 영광은
결코 넘어지지 않는 데 있는 것이 아니라
넘어질 때마다 일어서는 데 있다.

– 넬슨 만델라 –

제10장

위험물 저장소

지식에 대한 투자가 가장 이윤이 많이 남는 법이다.

– 벤자민 프랭클린 –

CHAPTER

10 위험물 저장소

제1절 옥내저장소의 위치 · 구조 및 설비의 기준(시행규칙 별표5)

01 개 요

(1) 정 의

① 옥내(지붕과 기둥 또는 벽 등에 의하여 둘러싸인 곳을 말한다. 이하 같다)에 위험물을 저장(위험물을 저장하는 데 따르는 취급을 포함)하는 장소(옥내탱크저장소를 제외).

(2) 옥내저장소 특징★★ 2014년 소방위 기출

① 위험물을 용기에 담아 저장창고에 저장 또는 취급하는 시설

② 위험물을 대량으로 저장하는 경우 위험성이 증가되지 않도록 저장창고의 층수, 면적, 처마높이 등을 제한하고 있다.

③ 위험물을 저장하는 건축물의 형태는 단층건물, 다층건물, 복합용도 건축물의 옥내저장소로 나누고, 위험물의 위험성을 고려하여 각 시설의 위치, 구조 및 설비의 기술기준을 다르게 정하고 있다.

(3) 건축물 형태에 따른 옥내저장소의 시설 분류

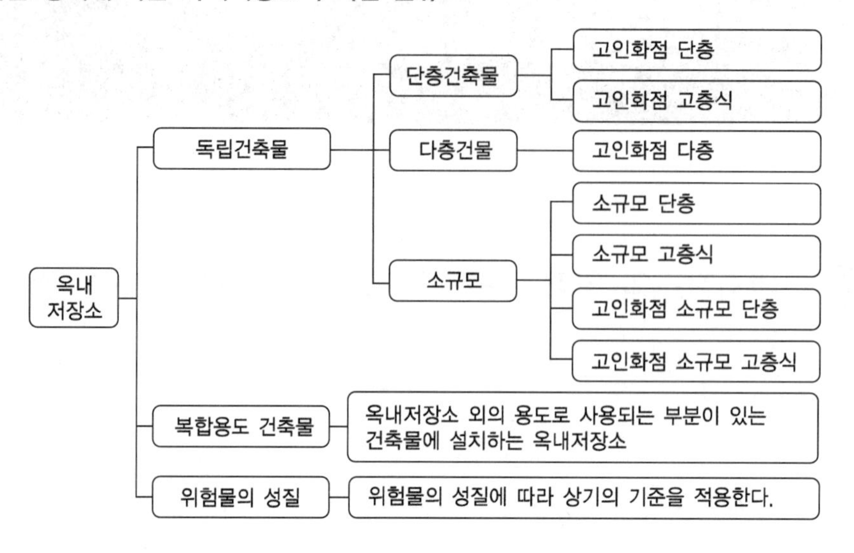

⊕ Plus one

고층식, 다층, 소규모의 의미

- 고층식(高層式) : 독립된 단층의 건물로서 처마높이가 6m 이상인 것
- 다층건물 : 건물의 층수가 2개층 이상으로 된 건축물
- 소규모 : 지정수량 50배 이하인 옥내저장소(건물의 외형적 크기가 아님)

02 옥내저장소의 기준(다층건축물 옥내저장소 및 복합용도 건축물 옥내저장소는 제외)

(1) 안전거리★★★

옥내저장소의 안전거리는 제9장 제1절 01 제조소의 안전거리 기준을 준용한다.

⊕ Plus one

옥내저장소의 안전거리 기준 암기 Tip

- **문**화재 중 유형문화재 및 기념물 중 지정문화재 : 50m 이상
- **병**원 · 학교 · 공연장, 영화상영관 · 다수인의 수용시설 등 : 30m 이상
- **가**스의 제조 · 저장 · 취급 · 사용 또는 공급 시설 등 : 20m 이상
- **주**거용 건축물 또는 공작물 : 10m 이상
- 특**고**압가공전선
  - 사용전압이 35,000V를 초과 : 5m 이상
  - 사용전압이 7,000V 초과 35,000V 이하 : 3m 이상

※ 사용전압이 7,000V 이하는 안전거리 기준이 없음에 유의

(2) 안전거리를 두지 않을 수 있는 옥내저장소★★★★★ 2019년 소방위 기출

① 최대수량이 지정수량의 20배 미만인 제4석유류 또는 동식물유류의 위험물을 저장 또는 취급하는 옥내저장소

② 제6류 위험물을 저장 또는 취급하는 옥내저장소

③ 지정수량의 20배(하나의 저장창고의 바닥면적이 150m^2 이하인 경우에는 50배) 이하의 위험물을 저장 또는 취급하는 옥내저장소로서 다음의 기준에 적합한 것

㉠ 저장창고의 벽·기둥·바닥·보 및 지붕이 내화구조인 것

㉡ 저장창고의 출입구에 수시로 열 수 있는 자동폐쇄방식의 60분방화문이 설치되어 있을 것

㉢ 저장창고에 창을 설치하지 아니할 것

(3) 보유공지★★★ 2013년 경기소방장 기출 2017년 소방위 기출

① 옥내저장소의 주위에는 그 저장 또는 취급하는 위험물의 최대수량에 따라 다음 표에 의한 너비의 공지를 보유해야 한다.

저장 또는 취급하는 위험물의 최대수량	공지의 너비	
	벽·기둥 및 바닥이 내화구조로 된 건축물	그 밖의 건축물
지정수량의 5배 이하		0.5m 이상
지정수량의 5배 초과 10배 이하	1m 이상	1.5m 이상
지정수량의 10배 초과 20배 이하	2m 이상	3m 이상
지정수량의 20배 초과 50배 이하	3m 이상	5m 이상
지정수량의 50배 초과 200배 이하	5m 이상	10m 이상
지정수량의 200배 초과	10m 이상	15m 이상

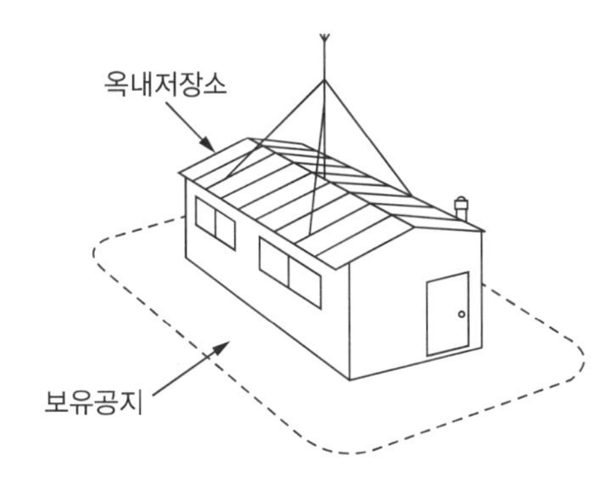

② 다만, 지정수량의 20배를 초과하는 옥내저장소와 동일한 부지 내에 있는 다른 옥내저장소와의 사이에는 동표에 정하는 공지의 너비의 3분의 1(해당 수치가 3m 미만인 경우에는 3m)의 공지를 보유할 수 있다.

[제조소등별 보유공지]

제조소 구분	취급하는 위험물의 최대수량	공지의 너비
제조소	지정수량의 10배 이하	3m 이상
	지정수량의 10배 초과	5m 이상

저장, 취급하는 최대수량			공지의 너비			
옥내저장소	옥외저장소	옥외탱크 저장소	옥내저장소		옥외 저장소	옥외탱크 저장소
			벽, 기둥, 바닥이 내화구조	그 밖의 건축물		
5배 이하	10배 이하	500배 이하		0.5m 이상	3m 이상	3m 이상
5~10배 이하	10~20배 이하	500~1,000배 이하	1m 이상	1.5m 이상	5m 이상	5m 이상
10~20배 이하	20~50배 이하	1,000~2,000배 이하	2m 이상	3m 이상	9m 이상	9m 이상
20~50배 이하	50~200배 이하	2,000~3,000배 이하	3m 이상	5m 이상	12m 이상	12m 이상
50~200배 이하	200배 초과	3,000~4,000배 이하	5m 이상	10m 이상	15m 이상	15m 이상
200배 초과		4,000배 초과	10m 이상	15m 이상		• 탱크의 수평단면의 최대지름과 높이 중 큰 것과 같은 거리 이상 • 30m 초과 시 30m 이상 가능 • 15m 미만의 경우 15m 이상

(4) 표지 및 게시판 2013년 경기소방장 기출

옥내저장소에는 보기 쉬운 곳에 "위험물 옥내저장소"라는 표시를 한 표지와 방화에 관하여 필요한 사항을 게시한 게시판을 제3절 제조소 기준에 준용하여 설치해야 한다.

[옥내저장소의 표지 및 게시판]

구 분	항 목	표지(게시)내용	크 기	색 상
표지판	제조소등	"옥내저장소" 명칭 표시	한 변의 길이 0.3m 이상 다른 한 변의 길이가 0.6m 이상인 직사각형	백색바탕/흑색문자
게시판	방화에 관하여 필요한 사항	• 유별 및 품명 • 저장(취급)최대수량 • 지정수량배수 • 안전관리자 성명 또는 직명		
	주의사항	• 화기엄금, 화기주의 • 물기엄금		• 적색바탕/백색문자 • 청색바탕/백색글자

[주의사항을 표시한 게시판]

품 명	주의사항	게시판 표시
제1류 위험물(알칼리금속의 과산화물과 함유 포함) 제3류 위험물(금수성물질)	물기엄금	청색바탕에 백색문자
제2류 위험물(인화성고체 제외)	화기주의	적색바탕에 백색문자
제2류 위험물(인화성고체) 제3류 위험물(자연발화성물질) 제4류 위험물 제5류 위험물	화기엄금	적색바탕에 백색문자

[옥내저장소 표지 및 게시판 사례]

03 옥내저장소의 구조★★★★

(1) 저장창고의 형태

옥내저장소는 그 주위에 보유공지를 두어야 하기 때문에 위험물의 저장을 전용으로 하는 독립된 건축물로 해야 한다.

(2) 저장창고의 높이

① 지면에서 처마까지의 높이(이하 "처마높이"라 한다)가 6m 미만인 단층건물로 할 것

② 바닥을 지반면보다 높게 할 것

⊕ Plus one

이것은 가연성증기의 체류에 의한 인화, 소화활동의 곤란, 홍수 등에 의한 침수를 고려한 것이며, 화재 등의 사고가 발생한 경우에 그 압력 등을 상부로 방출하여 인근건물에 영향이 적게 하기 위함이다.

(3) 처마의 높이를 20m 이하로 할 수 있는 경우★★★★★

제2류 또는 제4류의 위험물만을 저장하는 창고로서 다음 각 목의 기준에 적합한 창고의 경우에는 20m 이하로 할 수 있다.

① 벽·기둥·보 및 바닥을 내화구조로 할 것

② 출입구에 60분방화문을 설치할 것

③ 피뢰침을 설치할 것. 다만, 주위상황에 의하여 안전상 지장이 없는 경우에는 그러하지 아니하다.

[제2류 또는 제4류 위험물만을 저장하는 고층식 저장창고]

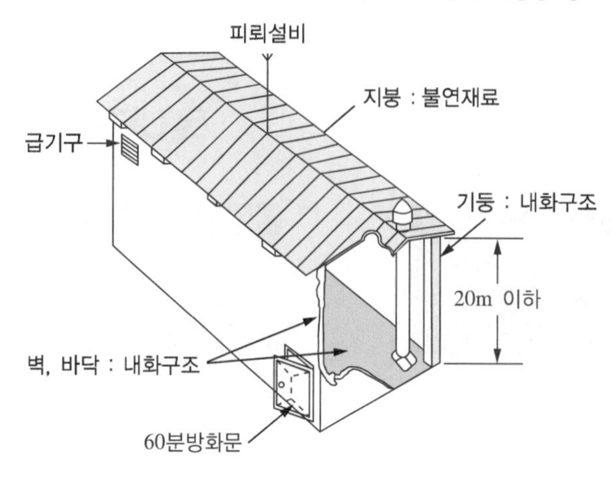

(4) 저장창고의 면적★★★★★ 2020년 소방위 기출

하나의 저장창고의 바닥면적(2 이상의 구획된 실이 있는 경우에는 각 실의 바닥면적의 합계)은 다음 기준면적 이하로 해야 한다.

구 분	위험물을 저장하는 창고	기준면적
㉮	① 제1류 위험물 중 아염소산염류, 과염소산염류, 무기과산화물) 그 밖에 지정수량 50kg인 위험물 ② 제3류 위험물 중 칼륨, 나트륨, 알킬알루미늄, 알킬리튬, 그 밖에 지정수량 10kg인 위험물 및 황린 ③ 제4류 위험물 중 특수인화물, **제1석유류, 알코올류** ④ 제5류 위험물 중 유기과산화물, 질산에스테르류, 그 밖에 지정수량이 10kg인 위험물 ⑤ 제6류 위험물(과염소산, 과산화수소, 질산) ⑥ ㉮의 위험물과 ㉯의 위험물을 같은 창고에 저장할 때	$1,000m^2$ 이하
㉯	위 ㉮의 위험물 외의 위험물	$2,000m^2$ 이하
㉰	㉮의 위험물과 ㉯의 위험물을 내화구조의 격벽으로 완전구획된 실에 각각 저장하는 창고(㉮의 위험물을 저장하는 실의 면적은 $500m^2$를 초과할 수 없다)	$1,500m^2$ 이하

(5) 건축물의 재료 2016년 소방위 기출

① 벽·기둥 및 바닥 : 내화구조

Plus one

연소의 우려가 없는 벽·기둥 및 바닥을 불연재료로 할 수 있는 경우★★★

- 지정수량의 10배 이하의 위험물을 저장하는 창고
- 인화성고체를 제외한 제2류 위험물을 저장하는 창고
- 인화점이 70℃ 이상인 제4류 위험물을 저장하는 창고

② 보와 서까래 : 불연재료

③ 지붕 : 폭발력이 위로 방출될 정도의 가벼운 불연재료로 하고, 천장을 만들지 아니해야 한다.

[옥내저장소 저장창고의 구조]

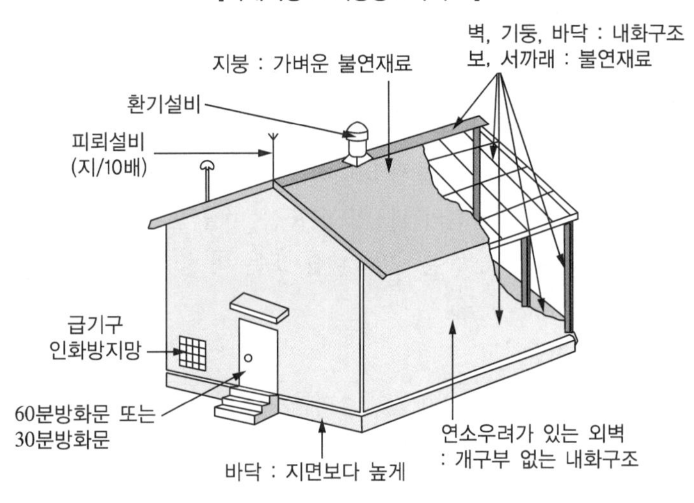

Plus one

- 지붕을 내화구조로 할 수 있는 경우★★★
  - 제2류 위험물(분말상태의 것과 인화성고체를 제외한다)
  - 제6류 위험물만을 저장하는 창고

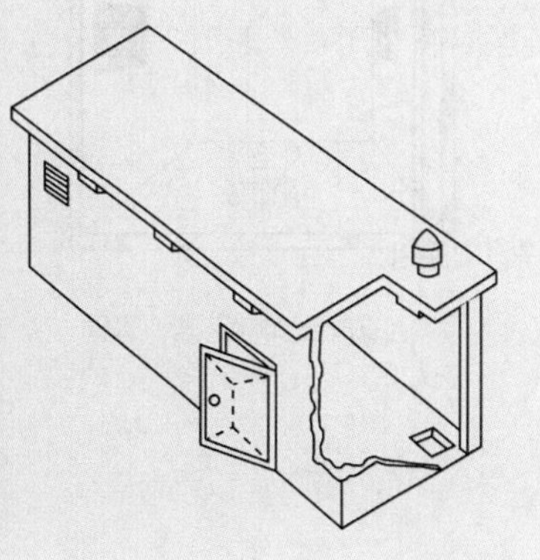

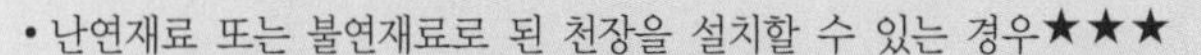

• 난연재료 또는 불연재료로 된 천장을 설치할 수 있는 경우★★★
 - 해당 저장창고 내의 온도를 저온으로 유지하기 위하여 제5류 위험물만을 저장하는 창고

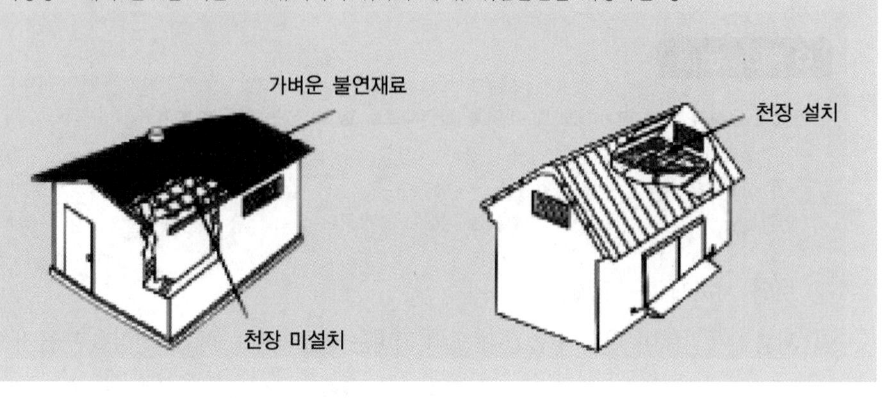

④ 저장창고 출입구 : 60분방화문 또는 30분방화문

⑤ 연소의 우려가 있는 외벽에 있는 출입구 : 수시로 열 수 있는 자동폐쇄식의 60분방화문

⑥ 저장창고의 창 또는 출입구에 유리를 이용하는 경우 : 망입유리(폭발 시 비상방지)

⑦ 바닥을 물이 스며 나오거나 스며들지 아니하는 구조로 해야 하는 경우★★★★★
 ㉠ 제1류 위험물 중 알칼리금속의 과산화물 또는 이를 함유하는 것
 ㉡ 제2류 위험물 중 철분·금속분·마그네슘 또는 이 중 어느 하나 이상을 함유하는 것
 ㉢ 제3류 위험물 중 금수성물질
 ㉣ 제4류 위험물의 저장창고

⑧ 액상 위험물의 저장창고 바닥 : 위험물이 스며들지 아니하는 구조로 하고 적당하게 경사지게 하여 그 최저부에 집유설비를 설치할 것

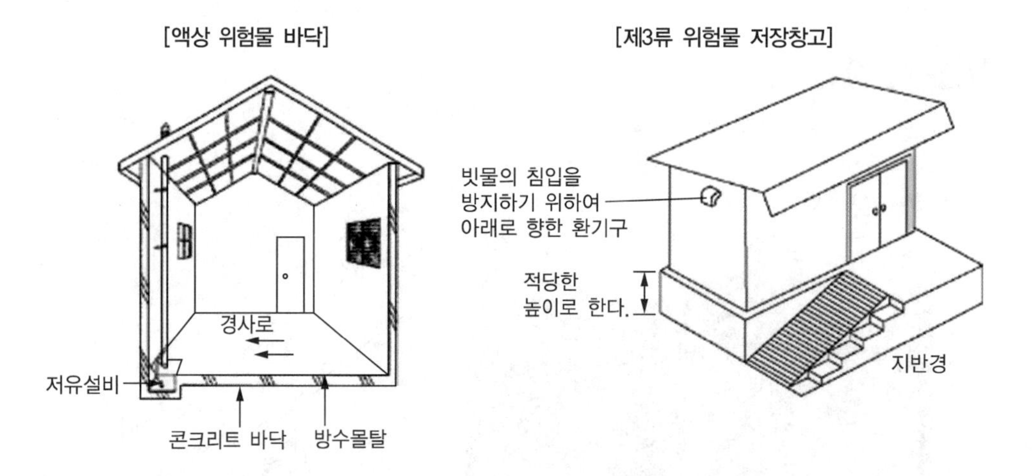

04 옥내저장소의 설비

(1) 저장창고에 선반 등의 수납장 설치기준★★★

① 수납장은 불연재료로 만들어 견고한 기초 위에 고정할 것

② 수납장은 해당 수납장 및 그 부속설비의 자중, 저장하는 위험물의 중량 등의 하중에 의하여 생기는 응력(변형력)에 대하여 안전한 것으로 할 것

③ 수납장에는 위험물을 수납한 용기가 쉽게 떨어지지 아니하게 하는 조치를 할 것

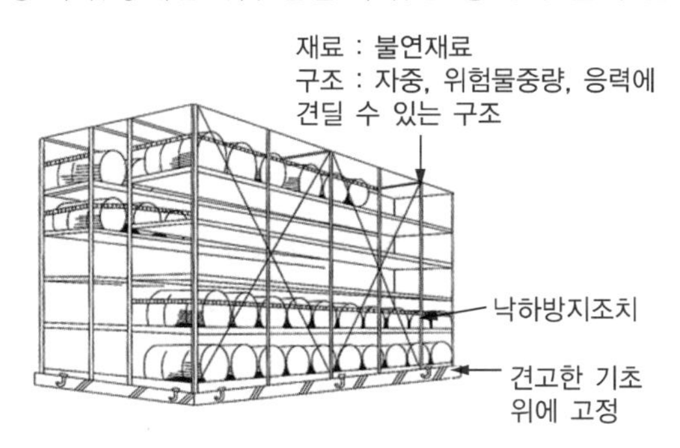

(2) 채광·조명 및 환기의 설비

설비구분	설치기준
채광설비	• 불연재료로 할 것 • 연소의 우려가 없는 장소에 설치하되 채광면적을 최소로 할 것
조명설비	• 가연성가스 등이 체류할 우려가 있는 장소 : 방폭등 • 전선 : 내화·내열전선 • 점멸스위치는 출입구 바깥부분에 설치할 것. 다만, 스위치의 스파크로 인한 화재·폭발의 우려가 없을 경우에는 그러하지 아니하다.
환기설비	• 환기는 자연배기방식으로 할 것 • 급기구는 해당 급기구가 설치된 실의 바닥면적 $150m^2$마다 1개 이상으로 하되, 급기구의 크기는 $800cm^2$ 이상으로 할 것 • 급기구는 낮은 곳에 설치하고 가는 눈의 구리망 등으로 인화방지망을 설치할 것 • 환기구는 지붕위 또는 지상 2m 이상의 높이에 회전식 고정벤티레이터 또는 루프팬방식으로 설치할 것
배출설비	인화점이 70℃ 미만인 위험물의 저장창고에 있어서는 내부에 체류한 가연성의 증기를 지붕위로 배출하는 설비를 갖추어야 한다.

(3) 전기설비

전기설비는 「전기사업법」에 의한 전기설비기술기준에 의해야 한다.

(4) 피뢰설비★★★ 2017년 통합소방장 기출

① 설치목적

낙뢰에 의한 방전현상을 땅속으로 해소하여 위험물취급장소의 가연성증기에 점화원을 미연에 방지하여 위험물제조시설의 보호

참고 낙뢰란 구름속의 얼음결정과 물방울이 바람에 의한 마찰에 의해 음전하와 양전하로 분리되고 그 결과 구름 내의 전기와 지면에 유도된 전기 사이에 발생하는 방전현상을 말한다.

② 설치대상

지정수량의 10배 이상의 위험물을 저장하는 옥내저장소

③ 설치제외

㉠ 제6류 위험물을 취급하는 옥내저장소

㉡ 제조소의 주위의 상황에 따라 안전상 지장이 없는 경우

(5) 온도상승 방지장치

제5류 위험물 중 셀룰로이드 그 밖에 온도의 상승에 의하여 분해・발화할 우려가 있는 것의 저장창고의 경우

① 위험물이 발화하는 온도에 달하지 아니하는 온도를 유지하는 구조로 하거나

② 다음 각 목의 기준에 적합한 비상전원을 갖춘 **통풍장치 또는 냉방장치** 등의 설비를 2 이상 설치해야 한다.

㉠ 상용전력원이 고장인 경우에 자동으로 비상전원으로 전환되어 가동되도록 할 것

㉡ 비상전원의 용량 : 통풍・냉방장치 등의 설비를 유효하게 작동할 수 있는 정도일 것

[온도상승 방지조치 설비예]

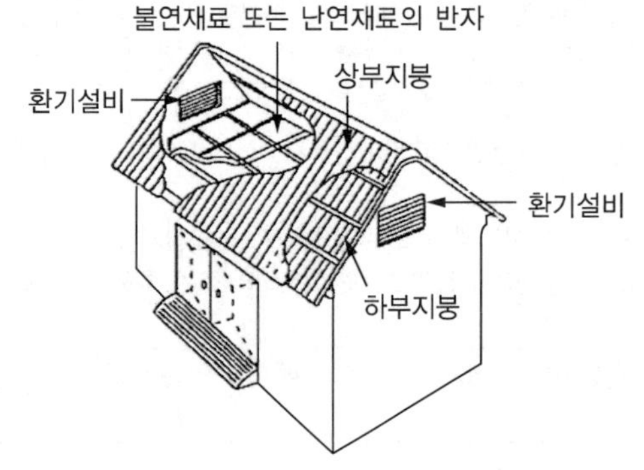

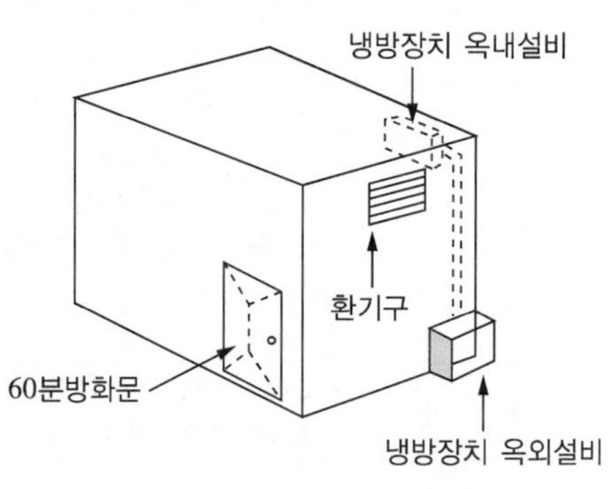

05 다층건물의 옥내저장소의 기준

(1) 개 요

옥내저장소 중 독립된 건축물로서 여러 개의 층이 있는 것

(2) 저장·취급할 수 있는 위험물 2013년 소방위 기출 2013년 경남소방장 기출

① 제2류 위험물(인화성고체를 제외)

② 제4류의 위험물(인화점이 70℃ 미만은 제외)

(3) 단층건물의 옥내저장소의 기준을 준용

① 제조소 기준에 준하여 안전거리를 두어야 한다(예외규정 있음).

② 지정수량에 따른 너비의 공지를 보유해야 한다.

③ 표지와 게시판을 설치해야 한다.

④ 위험물의 저장을 전용으로 하는 독립된 건축물로 해야 한다.

⑤ 지붕을 폭발력이 위로 방출될 정도의 가벼운 불연재료로 하고, 천장을 만들지 아니해야 한다.

⑥ 출입구에는 60분방화문 또는 30분방화문을 설치하되, 연소의 우려가 있는 외벽에 있는 출입구에는 수시로 열 수 있는 자동폐쇄식의 60분방화문을 설치해야 한다.

⑦ 창 또는 출입구에 유리를 이용하는 경우에는 망입유리로 해야 한다.

⑧ 제4류 위험물은 저장창고의 바닥은 물이 스며 나오거나 스며들지 아니하는 구조로 해야 한다.

⑨ 액상 위험물 창고의 바닥은 위험물이 스며들지 아니하는 구조로 하고, 적당하게 경사지게 하여 그 최저부에 집유설비를 해야 한다.

⑩ 저장창고에 선반 등의 수납장을 설치하는 경우에는 불연재료를 사용하고 응력(변형력)에 견디고, 떨어지지 않도록 설치해야 한다.

⑪ 저장창고에는 제조소의 채광·조명 및 환기의 설비에 준하여 설치해야 한다.

⑫ 저장창고에 설치하는 전기설비는 전기설비기술기준에 의해야 한다.

⑬ 지정수량의 10배 이상의 저장창고에는 피뢰침을 설치해야 한다.

(4) 위치 · 구조 및 설비기준★★★

① 저장창고는 각층의 바닥을 지면보다 높게 하고, 바닥면으로부터 상층의 바닥(상층이 없는 경우에는 처마)까지의 높이(이하 "층고"라 한다)를 6m 미만으로 해야 한다.

② 하나의 저장창고의 바닥면적 합계는 1,000m^2 이하로 해야 한다.

③ 저장창고의 구조

㉠ 벽 · 기둥 · 바닥 및 보 : 내화구조

㉡ 계단 : 불연재료

㉢ 연소의 우려가 있는 외벽 : 출입구외의 개구부를 갖지 아니하는 벽으로 할 것

㉣ 2층 이상의 층의 바닥에는 개구부를 두지 아니해야 한다.

다만, 내화구조의 벽과 60분방화문 또는 30분방화문으로 구획된 계단실에 있어서는 그러하지 아니하다.

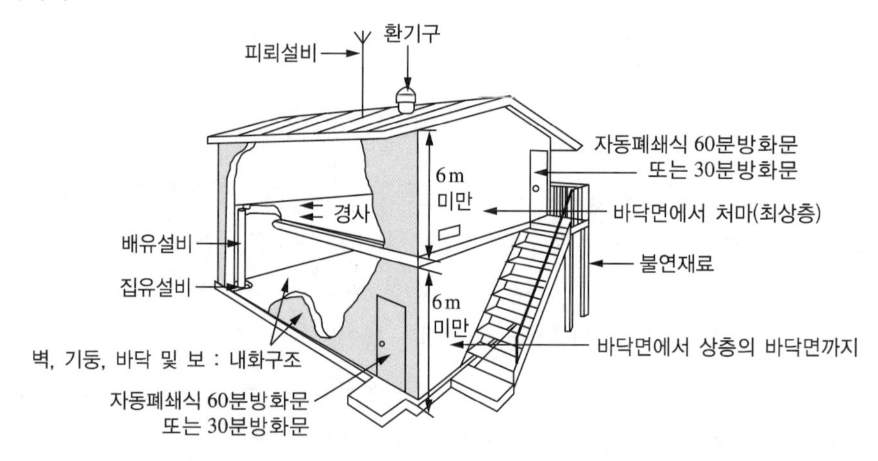

06 복합용도(다른 용도로 사용하는) 건축물의 옥내저장소의 기준

(1) 개 요

복합용도 건축물의 옥내저장소란 다른 용도로 사용하는 것이 있는 건물에 옥내저장소를 설치하는 것으로 안전거리 및 보유공지의 적용이 배제되는 옥내저장소이다.

(2) 저장량의 제한

옥내저장소에 저장할 수 있는 용량 **지정수량의 20배 이하**

(3) 단층건물의 옥내저장소의 기준을 준용

① 옥내저장소 표지와 방화에 필요한 게시판을 설치해야 한다.

② 제4류 위험물 저장창고의 바닥은 물이 스며 나오거나 스며들지 아니하는 구조로 해야 한다.

③ 액상의 위험물 창고의 바닥은 위험물이 스며들지 아니하는 구조로 하고, 적당하게 경사지게 하여 그 최저부에 집유설비를 해야 한다.

④ 저장창고에 선반 등의 수납장을 설치하는 경우에는 불연재료, 응력(변형력)에 견디고, 떨어질지 않도록 설치해야 한다.

⑤ 저장창고에는 제조소의 채광・조명 및 환기의 설비에 준하여 설치해야 한다.

⑥ 저장창고에 설치하는 전기설비는 전기설비기술기준에 의해야 한다.

⑦ 지정수량의 10배 이상의 저장창고에는 피뢰침을 설치해야 한다.

⑧ 제5류 위험물 중 셀룰로이드 그 밖에 온도의 상승에 의하여 분해・발화할 우려가 있는 것의 저장창고는 해당 위험물이 발화하는 온도에 달하지 아니하는 온도를 유지하는 구조로 하거나 비상전원을 갖춘 통풍장치 또는 냉방장치 등의 설비를 2 이상 설치해야 한다.

(4) 위치・구조 및 설비기준★★★

① 옥내저장소는 벽・기둥・바닥 및 보가 내화구조인 **건축물의 1층 또는 2층**의 어느 하나의 층에 설치해야 한다.

② 옥내저장소의 용도에 사용되는 부분의 바닥은 지면보다 높게 설치하고 그 층고를 **6m 미만**으로 해야 한다.

③ 옥내저장소의 용도에 사용되는 부분의 바닥면적은 **$75m^2$** 이하로 해야 한다.

④ 옥내저장소의 용도에 사용되는 부분은 벽・기둥・바닥・보 및 지붕(상층이 있는 경우에는 상층의 바닥)을 **내화구조**로 하고, 출입구 외의 개구부가 없는 **두께 70mm 이상의 철근콘크리트조** 또는 이와 동등 이상의 강도가 있는 구조의 바닥 또는 벽으로 해당 건축물의 다른 부분과 구획되도록 해야 한다.

⑤ 옥내저장소의 용도에 사용되는 부분의 출입구에는 수시로 열 수 있는 **자동폐쇄방식의 60분 방화문**을 설치해야 한다.

⑥ 옥내저장소의 용도에 사용되는 부분에는 **창**을 설치하지 아니해야 한다.

⑦ 옥내저장소의 용도에 사용되는 부분의 환기설비 및 배출설비에는 방화상 유효한 댐퍼 등을 설치해야 한다.

[복합용도 건축물의 옥내저장소]

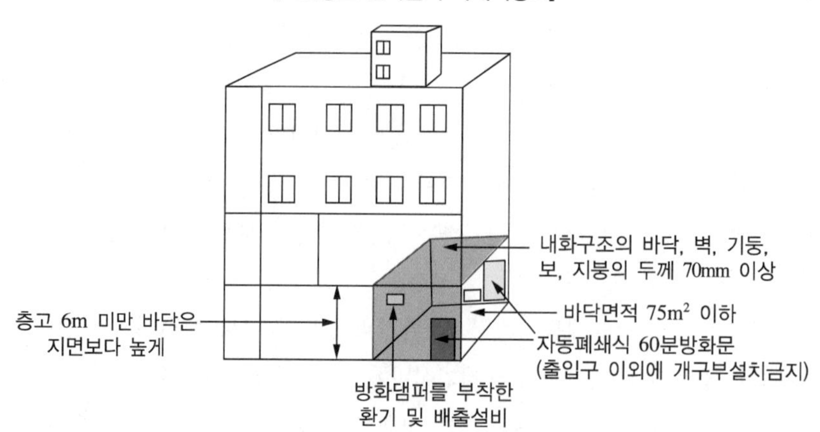

Plus one

다른 용도의 건축물에 설치하는 옥내저장소 기준 정리★★★

- 제3류 알킬알루미늄 등 및 지정유기과산화물을 저장·취급할 수 없다.
- 안전거리 및 보유공지는 필요 없다.
- 동일한 층에 인접하지 않도록 설치하는 경우에 한하여 하나의 건물에 2 이상 설치할 수 있다.
- 복합용도 옥내저장소를 설치한 경우에 있어서, 옥내저장소로 사용되는 부분 외의 부분에 대한 용도 제한은 없다.
- 출입구는 옥외에 면하지 않아도 상관없다. 다만, 출입구가 건축물 내의 다른 용도와 연결되는 경우에는 소화설비가 강화된다.

07 소규모 옥내저장소의 특례

(1) 개 요

옥내저장소라 함은 저장·취급량이 지정수량 50배 이하인 옥내저장소를 말한다. 저장·취급량이 적기 때문에 특례를 적용하여 시설기준을 완화하고 있으며, 처마 높이에 따라 구분하여 규정하고 있다.

(2) 처마높이가 6m 미만인 것으로 지정수량 50배 이하인 소규모 옥내저장소 특례

① 저장창고의 주위에는 다음 표에 정하는 너비의 공지를 보유할 것

저장 또는 취급하는 위험물의 최대수량	공지의 너비
지정수량의 5배 이하	–
지정수량의 5배 초과 20배 이하	1m 이상
지정수량의 20배 초과 50배 이하	2m 이상

② 하나의 저장창고 바닥면적은 150m^2 이하로 할 것

③ 저장창고는 벽・기둥・바닥・보 및 지붕을 내화구조로 할 것

④ 저장창고의 출입구에는 수시로 개방할 수 있는 자동폐쇄방식의 60분방화문을 설치할 것

⑤ 저장창고에는 창을 설치하지 아니할 것

⑥ 옥내저장소인 취지의 표지 및 게시판을 게시한다.

⑦ 위험물의 저장을 전용으로 하는 독립된 건축물로 해야 한다.

⑧ 6m 미만인 단층건물로 하고 그 바닥을 지반면보다 높게 해야 한다.

⑨ 제1류 알칼리금속 과산화물 등, 제2류의 철분, 금속분 마그네슘 등, 제3류 위험물 중 금수성 물질 또는 제4류 위험물은 저장창고의 바닥은 물이 스며 나오거나 스며들지 아니하는 구조로 해야 한다.

⑩ 액상의 위험물 창고의 바닥은 위험물이 스며들지 아니하는 구조로 하고, 적당하게 경사지게 하여 그 최저부에 집유설비를 해야 한다.

⑪ 저장창고에는 제조소(별표4 Ⅴ 및 Ⅵ)에 준하여 채광・조명 및 환기의 설비를 갖추어야 하고, 인화점이 70℃ 미만인 위험물의 저장창고에 있어서는 내부에 체류한 가연성의 증기를 지붕 위로 배출하는 설비를 갖추어야 한다.

⑫ 저장창고에 설치하는 전기설비는 전기설비기술기준에 의해야 한다.

⑬ 지정수량의 10배 이상의 저장창고(제6류 위험물 저장창고는 제외)에는 피뢰침을 설치해야 한다.

⑭ 제5류 위험물 중 셀룰로이드 그 밖에 온도의 상승에 의하여 분해・발화할 우려가 있는 것의 저장창고는 해당 위험물이 발화하는 온도에 달하지 아니하는 온도를 유지하는 구조로 하거나 다음 각 목의 기준에 적합한 비상전원을 갖춘 통풍장치 또는 냉방장치 등의 설비를 2 이상 설치해야 한다.

[처마높이 6m 미만이고 지정수량 10배 이하 소규모 옥내저장소]

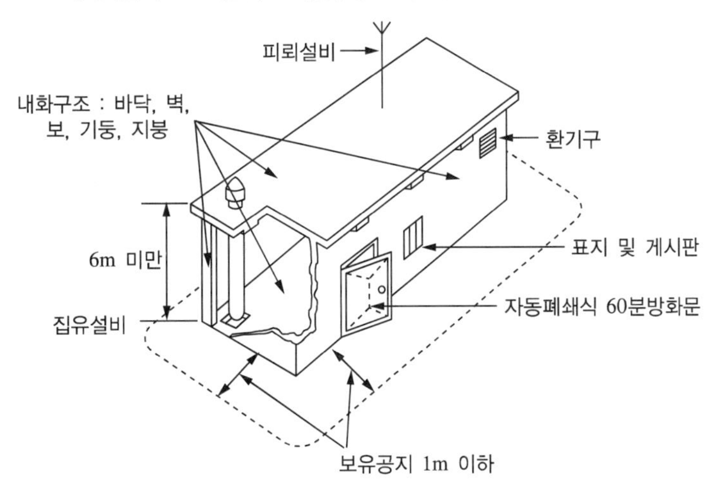

(3) 처마높이가 6m 이상의 것으로 지정수량 50배 이하인 소규모 옥내저장소 특례

① 하나의 저장창고 바닥면적은 150m^2 이하로 할 것

② 저장창고는 벽・기둥・바닥・보 및 지붕을 내화구조로 할 것

③ 저장창고의 출입구에는 수시로 개방할 수 있는 자동폐쇄방식의 60분방화문을 설치할 것

④ 저장창고에는 창을 설치하지 아니할 것

⑤ 저장창고의 주위에는 다음 표에 정하는 너비의 공지를 보유할 것

저장 또는 취급하는 위험물의 최대수량	공지의 너비
지정수량의 5배 이하	-
지정수량의 5배 초과 20배 이하	1m 이상
지정수량의 20배 초과 50배 이하	2m 이상

⑥ 옥내저장소인 취지의 표지 및 게시판을 게시한다.

⑦ 위험물의 저장을 전용으로 하는 독립된 건축물로 해야 한다.

⑧ 옥내저장소에 저장할 수 있는 위험물은 제2류 또는 제4류 위험물에 한한다.

⑨ 제2류의 철분, 금속분 마그네슘 등 제4류 위험물은 저장창고의 바닥은 물이 스며 나오거나 스며들지 아니하는 구조로 해야 한다.

⑩ 액상의 위험물 창고의 바닥은 위험물이 스며들지 아니하는 구조로 하고, 적당하게 경사지게 하여 그 최저부에 집유설비를 해야 한다.

⑪ 저장창고에는 제조소(별표4 Ⅴ 및 Ⅵ)에 준하여 채광・조명 및 환기의 설비를 갖추어야 하고, 인화점이 70℃ 미만인 위험물의 저장창고에 있어서는 내부에 체류한 가연성의 증기를 지붕 위로 배출하는 설비를 갖추어야 한다.

⑫ 저장창고에 설치하는 전기설비는 전기설비기술기준에 의해야 한다.

⑬ 지정수량의 10배 이상의 저장창고에는 피뢰침을 설치해야 한다.

[처마높이 6m 이상인 소규모 옥내저장소]

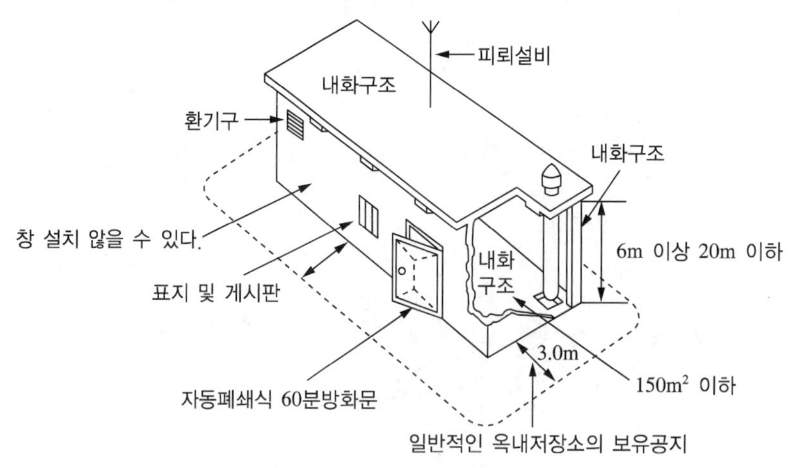

08 고인화점 위험물의 단층건물 옥내저장소의 특례

(1) 개 요

고인화점 위험물이란 인화점이 100℃ 이상인 제4류 위험물을 말하는 것으로 이러한 고인화점 위험물만을 저장 또는 취급하는 옥내저장소에 대해서는 완화된 시설기준을 특례를 규정하고 있다.

(2) 처마의 높이가 6m 미만인 경우

① 지정수량의 20배를 초과하는 옥내저장소에 있어서는 02 (1)규정에 준하여 안전거리를 둘 것(지정수량의 20배 이하의 경우 안전거리 적용 제외)

② 저장창고의 주위에는 다음 표에 정하는 너비의 공지를 보유할 것

저장 또는 취급하는 위험물의 최대수량	공지의 너비	
	해당 건축물의 벽·기둥 및 바닥이 내화구조로 된 경우	왼쪽란에 정하는 경우 외의 경우
20배 이하		0.5m 이상
20배 초과 50배 이하	1m 이상	1.5m 이상
50배 초과 200배 이하	2m 이상	3m 이상
200배 초과	3m 이상	5m 이상

③ 저장창고는 지붕을 불연재료로 할 것

④ 저장창고의 창 및 출입구에는 방화문 또는 불연재료나 유리로 된 문을 달고, 연소의 우려가 있는 외벽에 두는 출입구에는 수시로 열 수 있는 자동폐쇄방식의 60분방화문을 설치할 것

⑤ 저장창고의 연소의 우려가 있는 외벽에 설치하는 출입구에 유리를 이용하는 경우에는 망입유리로 할 것

⑥ 저장창고는 독립한 전용의 건축물로 한다.

⑦ 처마높이는 6미터 미만으로 하고 그 바닥은 지반면보다 높게 설치한다.

⑧ 이와 같은 경우에는 하나의 저장창고의 바닥면적은 2,000m^2를 초과하지 않는 범위까지 가능하다.

⑨ 저장창고는 벽, 기둥, 바닥을 내화구조로 하고, 보와 서까래는 불연재료로 한다. 또한 연소의 우려가 있는 외벽은 출입구 이외의 개구부가 없는 벽으로 해야 하며 연소의 우려가 없는 부분의 외벽, 기둥 및 바닥은 불연재료로 할 수 있다.

⑩ 저장창고의 바닥은 물이 침입 또는 침투하지 않는 구조로 시공을 한다.

⑪ 저장창고의 바닥은 위험물이 스며들지 아니하는 구조로 하고, 적당하게 경사지게 하여 그 최저부에 집유설비를 설치한다.

⑫ 선반(수납장)을 설치할 경우에는 다음과 같이 한다.
㉠ 불연재료로 만들며 견고한 기초에 고정한다.
㉡ 부속설비를 포함하는 자중(自重), 위험물의 중량, 지진 등에 대하여 안전한 구조로 제작한다.
㉢ 선반에는 위험물용기의 낙하방지조치 등이 강구되도록 충분한 조치를 강구한다.
⑬ 채광, 환기 및 조명설비를 설치한다.

(3) 처마높이가 6m 이상 20m 이하인 경우

지정수량의 20배를 초과하는 옥내저장소는 제조소의 안전거리 규정을 준용하고 지정수량의 20배 이하인 경우에는 안전거리를 두지 않을 수 있다.

09 고인화점 위험물의 다층건물 옥내저장소의 특례

(1) 단층건물의 고인화점 위험물의 옥내저장소에 관한 기준을 적용

상기 08 단층건물의 고인화점 위험물의 옥내저장소에 관한 기준을 적용하되 서로 상충하는 다음의 내용은 다층건물에 설치하는 고인화점만을 저장하는 옥내저장소의 기준에 적용한다.

(2) 다층건물에 설치하는 고인화점만을 저장하는 옥내저장소의 기준에 적용

① 저장창고의 각층의 바닥을 지반면 이상으로 설치함과 동시에 바닥면에서 상층의 바닥의 하면(상층이 없는 경우는 처마)까지의 층고는 6미터 미만으로 한다.
② 저장창고의 바닥면적의 합계는 1,000m^2를 초과하지 않아야 한다(위험물안전관리법 시행규칙 별표5 Ⅱ 제2호 참고).
③ 저장창고는 벽, 기둥, 바닥, 보 및 계단을 불연재로 만듦과 동시에 연소의 우려가 있는 외벽은 출입구 이외의 개구부를 갖지 않는 내화구조의 벽으로 한다.
④ 저장창고의 2층 이상의 층의 바닥에는 개구부를 설치하지 않는다. 다만, 내화구조의 벽 또는 60분방화문을 혹은 30분방화문으로 구획된 계단실에 대하여서는 제한하지 않는다.

10 고인화점 위험물의 소규모 옥내저장소의 특례

(1) 처마높이가 6m 미만인 경우

① 하나의 저장창고의 바닥면적은 150m²를 초과할 수 없다.

② 저장창고는 벽, 기둥, 바닥, 보 및 지붕은 내화구조로 한다.

③ 저장창고의 출입구에는 자동폐쇄식의 60분방화문을 설치한다.

④ 저장창고에는 창을 설치하지 않는다.

⑤ 해당 저장소가 위와 ① 내지 ④와 같이 적합하게 설치된 경우에는 다음의 기준에 따라 설치할 수 있다.

㉠ 옥내저장소인 취지의 표지 및 게시판을 설치한다.

㉡ 옥내저장소는 독립한 전용 건축물로 한다.

㉢ 처마높이는 6미터 미만의 단층건물로 한다.

㉣ 바닥면은 물이 침입, 침투하지 않는 구조로 만든다.

㉤ 바닥은 위험물이 침투하지 않는 구조와 함께 적당한 경사를 만들고 집유설비를 설치한다.

㉥ 선반(수납장)을 설치할 경우에는 다음과 같이 한다.

- 불연재료로 만들며, 견고한 기초에 고정시킨다.
- 부속설비를 포함한 자중, 위험물의 중량, 지진동 등에 대하여 안전한 구조로 한다.
- 선반에는 위험물용기의 낙하방지조치 등을 강구한다.

㉦ 환기 및 조명설비를 설치한다.

⑥ 상기에 의하면 안전거리, 보유공지 및 피뢰설비는 설치하지 않을 수 있다.

(2) 처마높이가 6m 이상인 경우

지정수량의 50배 이하의 고인화점 위험물만을 저장하고, 층고(처마높이)가 6m 이상 20m 이하인 옥내저장소에 관한 특례는 다음과 같다. 이 기준은 앞에서 기술한 "(1) 고인화점 위험물의 소규모 옥내저장소의 기준의 특례(처마높이가 6m 미만)" 및 다음 기준에 적합하게 시설을 설치해야 한다.

① 보유공지는 다음의 표에 따라 설치해야 한다.

구 분	공 지
지정수량의 배수가 5 이하의 옥내저장소	-
지정수량의 배수가 5를 초과 20 이하의 옥내저장소	1미터 이상
지정수량의 배수가 20을 초과 50 이하의 옥내저장소	2미터 이상

② 지정수량의 10배 이상의 위험물의 저장창고에는 피뢰설비를 설치한다.

③ 상기에 의하면 안전거리는 적용하지 않을 수 있다.

11 위험물의 성질에 따른 옥내저장소의 특례

(1) 강화된 기준적용 대상★★★

① 제5류 위험물 중 유기과산화물 또는 이를 함유하는 것으로서 지정수량이 10kg인 것(이하 "지정과산화물"이라 한다)

② 알킬알루미늄 등

③ 히드록실아민 등

(2) 지정과산화물을 저장 또는 취급하는 옥내저장소에 대하여 강화되는 기준

① 옥내저장소는 해당 옥내저장소의 외벽으로부터 건축물의 외벽 또는 이에 상당하는 공작물의 외측까지의 사이에 다음 부표1에 정하는 안전거리를 두어야 한다.

[지정수량 10배 이하인 경우 안전거리 기준 예시]

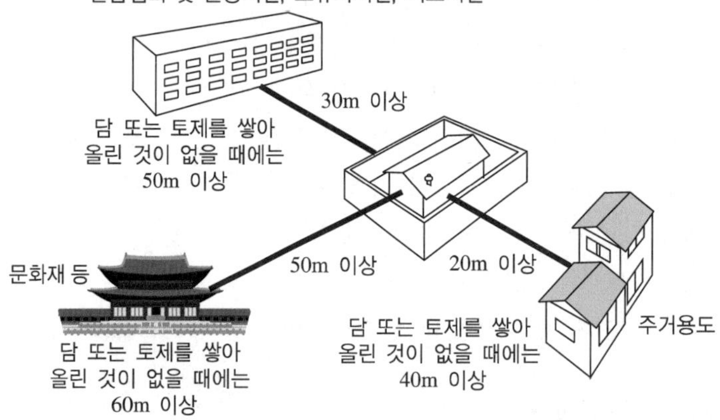

[부표1]

지정과산화물의 옥내저장소의 안전거리(별표5 관련)

저장 또는 취급하는 위험물의 최대수량	안전거리					
	주거용으로 사용되는 것		학교·병원·극장 그 밖에 다수인을 수용하는 시설		유형문화재와 기념물 중 지정문화재	
	저장창고의 주위에 비고 제1호에 정하는 담 또는 토제를 설치한 경우	왼쪽란에서 정하는 경우 외의 경우	저장창고의 주위에 비고 제1호에 정하는 담 또는 토제를 설치한 경우	왼쪽란에서 정하는 경우 외의 경우	저장창고의 주위에 비고 제1호에 정하는 담 또는 토제를 설치한 경우	왼쪽란에서 정하는 경우 외의 경우
10배 이하	20m 이상	40m 이상	30m 이상	50m 이상	50m 이상	60m 이상
10배 초과 20배 이하	22m 이상	45m 이상	33m 이상	55m 이상	54m 이상	65m 이상
20배 초과 40배 이하	24m 이상	50m 이상	36m 이상	60m 이상	58m 이상	70m 이상

40배 초과 60배 이하	27m 이상	55m 이상	39m 이상	65m 이상	62m 이상	75m 이상
60배 초과 90배 이하	32m 이상	65m 이상	45m 이상	75m 이상	70m 이상	85m 이상
90배 초과 150배 이하	37m 이상	75m 이상	51m 이상	85m 이상	79m 이상	95m 이상
150배 초과 300배 이하	42m 이상	85m 이상	57m 이상	95m 이상	87m 이상	105m 이상
300배 초과	47m 이상	95m 이상	66m 이상	110m 이상	100m 이상	120m 이상

비고

1. 담 또는 토제는 다음 각 목에 적합한 것으로 해야 한다. 다만, 지정수량의 5배 이하인 지정과산화물의 옥내저장소에 대하여는 해당 옥내저장소의 저장창고의 외벽을 두께 30cm 이상의 철근콘크리트조 또는 철골철근콘크리트조로 만드는 것으로써 담 또는 토제에 대신할 수 있다.
   가. 담 또는 토제는 저장창고의 외벽으로부터 2m 이상 떨어진 장소에 설치할 것. 다만, 담 또는 토제와 해당 저장창고와의 간격은 해당 옥내저장소의 공지의 너비의 5분의 1을 초과할 수 없다.
   나. 담 또는 토제의 높이는 저장창고의 처마높이 이상으로 할 것
   다. 담은 두께 15cm 이상의 철근콘크리트조나 철골철근콘크리트조 또는 두께 20cm 이상의 보강콘크리트블록조로 할 것
   라. 토제의 경사면의 경사도는 60도 미만으로 할 것
2. 지정수량의 5배 이하인 지정과산화물의 옥내저장소에 해당 옥내저장소의 저장창고의 외벽을 제1호 단서에 따른 구조로 하고 주위에 제1호 각 목에 따른 담 또는 토제를 설치하는 때에는 별표4 I 제1호 가목에 정하는 건축물 등까지의 사이의 거리를 10m 이상으로 할 수 있다.

[지정과산물 옥내저장소의 담 또는 토제]

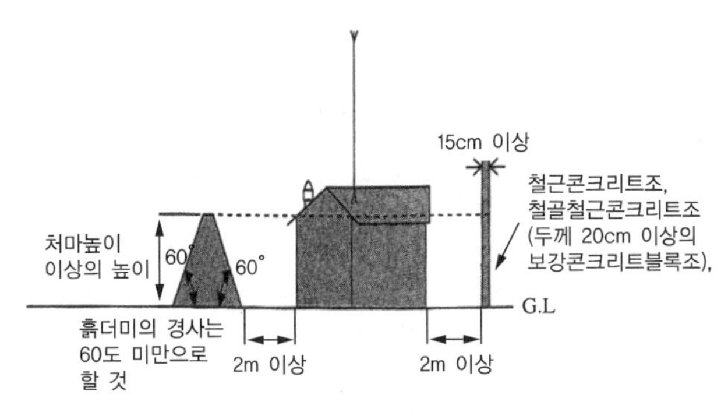

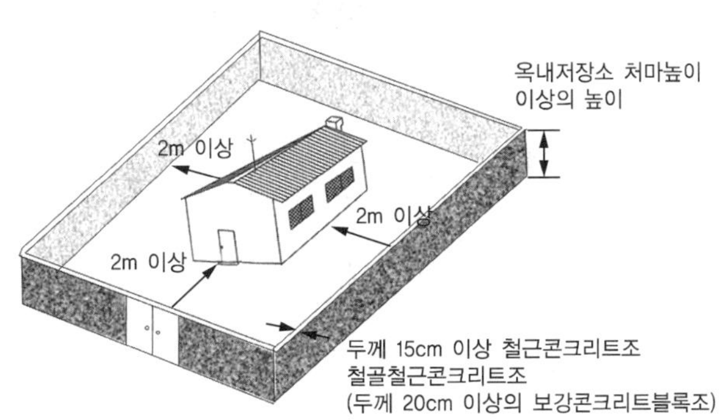

② 옥내저장소의 저장창고 주위에는 다음 부표2에 정하는 너비의 공지를 보유해야 한다. 다만, 2 이상의 옥내저장소를 동일한 부지 내에 인접하여 설치하는 때에는 해당 옥내저장소의 상호 간 공지의 너비를 동표에 정하는 공지 너비의 3분의 2로 할 수 있다.

[부표2]

지정과산화물의 옥내저장소의 보유공지(별표5 관련)

저장 또는 취급하는 위험물의 최대수량	공지의 너비	
	저장창고의 주위에 비고 제1호에 담 또는 토제를 설치하는 경우	왼쪽란에 정하는 경우 외의 경우
5배 이하	3.0m 이상	10m 이상
5배 초과 10배 이하	5.0m 이상	15m 이상
10배 초과 20배 이하	6.5m 이상	20m 이상
20배 초과 40배 이하	8.0m 이상	25m 이상
40배 초과 60배 이하	10.0m 이상	30m 이상
60배 초과 90배 이하	11.5m 이상	35m 이상
90배 초과 150배 이하	13.0m 이상	40m 이상
150배 초과 300배 이하	15.0m 이상	45m 이상
300배 초과	16.5m 이상	50m 이상

비고

1. 담 또는 토제는 다음 각 목에 적합한 것으로 해야 한다. 다만, 지정수량의 5배 이하인 지정과산화물의 옥내저장소에 대하여는 해당 옥내저장소의 저장창고의 외벽을 두께 30cm 이상의 철근콘크리트조 또는 철골철근콘크리트조로 만드는 것으로써 담 또는 토제에 대신할 수 있다.
   가. 담 또는 토제는 저장창고의 외벽으로부터 2m 이상 떨어진 장소에 설치할 것. 다만, 담 또는 토제와 해당 저장창고와의 간격은 해당 옥내저장소의 공지의 너비의 5분의 1을 초과할 수 없다.
   나. 담 또는 토제의 높이는 저장창고의 처마높이 이상으로 할 것
   다. 담은 두께 15cm 이상의 철근콘크리트조나 철골철근콘크리트조 또는 두께 20cm 이상의 보강콘크리트블록조로 할 것
   라. 토제의 경사면의 경사도는 60도 미만으로 할 것
2. 지정수량의 5배 이하인 지정과산화물의 옥내저장소에 해당 옥내저장소의 저장창고의 외벽을 제1호 단서에 따른 구조로 하고 주위에 제1호 각 목에 따른 담 또는 토제를 설치하는 때에는 그 공지의 너비를 2m 이상으로 할 수 있다.

③ 지정과산화물 옥내저장창고 기준 **2019년 통합소장방 기출**

구 분	옥내저장창고 기준
면 적	150m^2 이내마다 격벽으로 완전하게 구획할 것
격 벽	- 150m^2 이내마다 완전하게 구획할 것 - 격벽은 두께 30cm 이상의 철근콘크리트조 또는 철골철근콘크리트조로 할 것 - 두께 40cm 이상의 보강콘크리트블록조로 할 것 - 창고의 양측의 외벽으로부터 1m 이상, 상부의 지붕으로부터 50cm 이상 돌출시킬 것
외 벽	- 두께 20cm 이상의 철근콘크리트조나 철골철근콘크리트조로 할 것 - 두께 30cm 이상의 보강콘크리트블록조로 할 것
출입구	출입구에는 60분방화문을 설치할 것

창	- 설치 높이 : 바닥면으로부터 2m 이상 - 하나의 벽면에 두는 창의 면적 합계 : 해당 벽면적의 80분의 1 이내 - 하나의 창의 면적 : $0.4m^2$ 이내
지 붕	- 중도리 또는 서까래의 간격은 30cm 이하로 할 것 - 지붕의 아래쪽 면에는 한 변의 길이가 45cm 이하의 환강・경량형강 등으로 된 강제의 격자를 설치할 것 - 지붕의 아래쪽 면에 철망을 쳐서 불연재료의 도리・보 또는 서까래에 단단히 결합할 것 - 두께 5cm 이상, 너비 30cm 이상의 목재로 만든 받침대를 설치할 것

[지정과산물 옥내저장 창고의 구조]

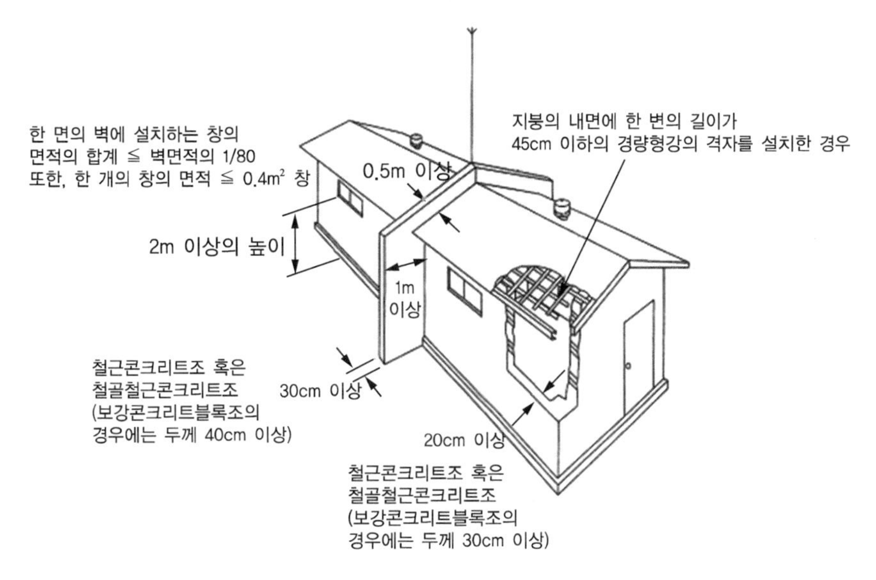

④ **05** 내지 **07**의 규정은 적용하지 아니한다.

(3) 알킬알루미늄 등을 저장 또는 취급하는 옥내저장소에 대하여 강화되는 기준은 다음 각 목과 같다.

① 옥내저장소에는 누설범위를 국한하기 위한 설비 및 누설한 알킬알루미늄 등을 안전한 장소에 설치된 조(槽)로 끌어들일 수 있는 설비를 설치해야 한다.

② **05** 내지 **07**의 규정은 적용하지 아니한다.

(4) 히드록실아민 등을 저장 또는 취급하는 옥내저장소에 대하여 강화되는 기준은 히드록실아민 등의 온도의 상승에 의한 위험한 반응을 방지하기 위한 조치를 강구하는 것으로 한다.

12 수출입 하역장소의 옥내저장소의 특례

보세구역, 항만 또는 항만배후단지 내에서 수출입을 위한 위험물을 저장 또는 취급하는 옥내저장소 중 단층건축물 옥내저장소 규정에 적합하게 설치된 경우 구조상 보유공지를 확보하는 것이 어려워 이를 완화하여 규정하고 있다.

[수출입 하역장소의 옥내저장소 보유공지]

저장 또는 취급하는 위험물의 최대수량	공지의 너비	
	벽 · 기둥 및 바닥이 내화구조로 된 건축물	그 밖의 건축물
지정수량의 5배 이하		0.5m 이상
지정수량의 5배 초과 10배 이하	1m 이상	1.5m 이상
지정수량의 10배 초과 20배 이하	2m 이상	3m 이상
지정수량의 20배 초과 50배 이하	3m 이상	3.3m 이상
지정수량의 50배 초과 200배 이하	3.3m 이상	3.5m 이상
지정수량의 200배 초과	3.5m 이상	5m 이상

제2절 옥외탱크저장소의 위치 · 구조 및 설비의 기준(시행규칙 제30조 관련 별표6)

01 정 의

(1) 옥외탱크저장소란 옥외의 탱크에 위험물을 저장 또는 취급하기 위한 저장소를 말한다.

(2) 대부분의 옥외탱크저장소는 액체위험물을 저장하는데 사용하며 일반적으로 많은 양의 위험물을 저장하는 시설이다. 그러나 옥외에 설치되기 때문에 기타 탱크저장소보다 위험에 노출될 확률이 높다.

02 탱크의 종류 및 특성

원추형 탱크, 부상지붕식 탱크, 구형 탱크, 개방형 탱크, 원통형 탱크가 있으며 그 외에 땅속에 있는 지중탱크와 바다 위의 해상탱크 등으로 구분된다.

(1) 원추형 탱크(CRT ; Cone Roof Tank)

① 평평한 저판, 원통형의 측판 및 원추형의 고정된 지붕으로 구성된다.

② 보통 대기압에 가까운 미세한 증기압을 갖는 등유, 경유, 벙커 C유 등 위험물 저장용으로 사용된다.

③ 증기압이 높은 제품의 저장에는 부적합하다.

④ 가장 일반적으로 사용되고 있으며 유지관리가 쉽고 비교적 시설비가 저렴하다.

⑤ 대량으로 위험물을 저장·취급하는 제조소등에서 흔히 볼 수 있는 탱크이다.

(2) 부상지붕식 탱크(FRT ; Floating Roof Tank)

① 고정식 지붕 대신 저장 위험물의 액위에 따라 상·하로 움직이는 지붕을 갖는 탱크이다.

② 탱크 내부에 증기 공간이 없어 증발억제

③ RVP(증기압)2PSI 이상 제품 저장 사용

④ 원유, 휘발유, 납사, BTX(벤젠, 톨루엔, 자일렌) 등

(3) 구형 탱크(Spherical(Ball) Tank)

① 구형 탱크는 공 모양의 탱크이다.

② 이론적으로 고압/고휘발성 위험물제품 저장에 가장 적합하며, 제조소에서 고압 반응조 등으로 사용되는 경우가 많다.

③ 위험물뿐만 아니라 고압가스(산소, 도시가스, LPG, 암모니아 등) 저장에도 많이 사용된다.

(4) 원통형 탱크(Horizontal Tank)

① 원형의 몸체에 양쪽 또는 지붕판에 볼록하게 마감한 형태의 탱크이다.

② 가로형과 세로형으로 두 가지가 있으며 세로형의 경우는 지붕에 해당되는 부분이 내용적의 계산에서 제외됨에 주의해야 한다.

③ 일반적으로 약간의 압력을 가지는 위험물을 저장하거나, 소규모 제조소나 취급소에서 사용되는 탱크이다.

(5) 개방형 탱크(Open Tank)

① 개방형 탱크는 지붕부분이 없는 탱크이다.

② 빗물, 화기 등의 유입이 예상되어 폭발이나 화재를 일으킬 가능성이 있거나 물과의 반응성이 있는 위험물, 유독가스를 발생할 수 있는 위험물 등은 저장할 수 없다.

03 안전거리★★★★

위험물을 저장 또는 취급하는 옥외탱크(이하 "옥외저장탱크"라 한다)는 안전거리를 두어야 한다.

(1) 안전거리 해당 대상물

안전거리	해당 대상물
① 50m 이상	유형문화재, 기념물 중 지정문화재
② 30m 이상	• 학교, 병원(병원급 의료기관) • 공연장, 영화상영관 및 그 밖에 이와 유사한 시설로서 3백명 이상의 인원을 수용할 수 있는 것 • 아동복지시설, 노인복지시설, 장애인복지시설, 한부모가족복지시설, 어린이집, 성매매피해자 등을 위한 지원시설, 정신건강증진시설, 가정폭력방지 및 피해자보호시설 및 그 밖에 이와 유사한 시설로서 20명 이상의 인원을 수용할 수 있는 것
③ 20m 이상	고압가스, 액화석유가스 또는 도시가스를 저장 또는 사용하는 시설 • 고압가스 제조시설, 고압가스 저장시설 • 고압가스 사용시설로서 1일 $30m^3$ 이상의 용적을 취급하는 시설 • 액화산소를 소비하는 시설, 액화석유가스제조시설 및 액화석유가스 저장시설 • 도시가스 공급시설
④ 10m 이상	①, ②, ③ 외의 건축물 그 밖의 공작물로서 주거용으로 사용되는 것 • 주거용으로 사용되는 것 : 전용주택 외에 공동주택, 점포 겸용주택, 작업장 겸용주택 등 • 그 밖의 공작물 : 주거용 컨테이너, 주거용 비닐하우스 등(제조소가 설치된 부지 내에 있는 것을 제외(기숙사는 포함)한다)
⑤ 5m 이상	사용전압 35,000V를 초과하는 특고압가공전선
⑥ 3m 이상	사용전압 7,000V 초과 35,000V 이하의 특고압가공전선

(2) 안전거리의 적용 위험물 제조소등★★★★★

구 분	제조소	저장소								취급소			
		옥 내	옥외탱크	옥내탱크	지하탱크	이동탱크	간이탱크	암반탱크	옥 외	주 유	판 매	일 반	이 송
안전거리	○	○	○	×	×	×	×	×	○	×	×	○	○

※ 제6류 위험물을 제조하는 제조소는 안전거리 제외

Plus one

제조소의 안전거리 기준 암기 Tip

- **문**화재 중 유형문화재 및 기념물 중 지정문화재 : 50m 이상
- **병**원・학교・공연장, 영화상영관・다수인의 수용시설 등 : 30m 이상
- **가**스의 제조・저장・취급・사용 또는 공급하는 시설 등 : 20m 이상
- **주**거용 건축물 또는 공작물 : 10m 이상
- 특**고**압가공전선
  - 사용전압이 35,000V를 초과 : 5m 이상
  - 사용전압이 7,000V 초과 35,000V 이하 : 3m 이상

※ 사용전압이 7,000V 이하는 안전거리 기준이 없음에 유의

04 보유공지★★★ 2013년 경기소방장 기출

(1) 의 의

① 보유공지는 위험물을 저장하는 탱크 또는 그 주위의 건축물 등에서 화재가 발생된 경우에 상호 간 연소확대를 방지하기 위한 공간이며 또한 소방활동에 필요한 구역이다.

② 보유공지의 형태는 수평에 가까울 것이며, 또한 공지의 지반면 및 윗부분은 물건 등이 방치되지 않도록 해야 한다.

③ 보유공지는 옥외탱크저장소의 구성부분이므로 해당 시설의 소유자 등이 법적으로 권리를 확보해야 할 것이다.

(2) 옥외저장탱크(위험물을 이송하기 위한 배관 그 밖에 이에 준하는 공작물을 제외한다)의 주위에는 그 저장 또는 취급하는 위험물의 최대수량에 따라 옥외저장탱크의 측면으로부터 다음 표에 의한 너비의 공지를 보유해야 한다.

저장 또는 취급하는 위험물의 최대수량	공지의 너비
지정수량의 500배 이하	3m 이상
지정수량의 500배 초과 1,000배 이하	5m 이상
지정수량의 1,000배 초과 2,000배 이하	9m 이상
지정수량의 2,000배 초과 3,000배 이하	12m 이상
지정수량의 3,000배 초과 4,000배 이하	15m 이상
지정수량의 4,000배 초과	해당 탱크의 수평단면의 최대지름(가로형인 경우에는 긴 변)과 높이 중 큰 것과 같은 거리 이상. 다만, 30m 초과의 경우에는 30m 이상으로 할 수 있고, 15m 미만의 경우에는 15m 이상으로 해야 한다.

[보유공지설치 예]

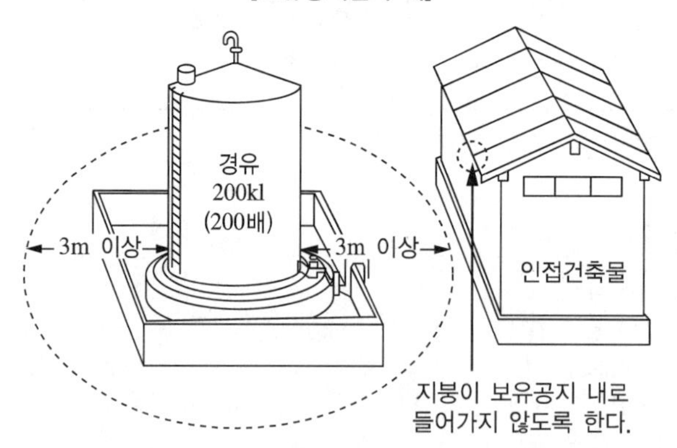

Plus one

제조소등별 보유공지 암기 Tip

저장, 취급하는 최대수량			공지의 너비			
			옥내저장소			
옥내저장소	옥외저장소	옥외탱크 저장소	벽, 기둥, 바닥이 내화구조	그 밖의 건축물	옥외 저장소	옥외탱크 저장소
5배 이하	10배 이하	500배 이하		0.5m 이상	3m 이상	3m 이상
5~10배 이하	10~20배 이하	500~1,000배 이하	1m 이상	1.5m 이상	5m 이상	5m 이상
10~20배 이하	20~50배 이하	1,000~2,000배 이하	2m 이상	3m 이상	9m 이상	9m 이상
20~50배 이하	50~200배 이하	2,000~3,000배 이하	3m 이상	5m 이상	12m 이상	12m 이상
50~200배 이하	200배 초과	3,000~4,000배 이하	5m 이상	10m 이상	15m 이상	15m 이상
200배 초과		4,000배 초과	10m 이상	15m 이상		• 탱크의 수평단면의 최대지름과 높이 중 큰 것과 같은 거리 이상 • 30m 초과 시 30m 이상 가능 • 15m 미만의 경우 15m 이상

Plus one

보유공지 및 안전거리 규제 제조소등

구 분	제조소	저장소								취급소			
		옥 내	옥외 탱크	옥내 탱크	지하 탱크	이동 탱크	간이 탱크	암반 탱크	옥 외	주 유	판 매	일 반	이 송
안전 거리	○	○	○	×	×	×	×	×	○	×	×	○	○
보유 공지	○	○	○	×	×	×	○ (옥외)	×	○	×	×	○	○

〈보유공지 및 안전거리 적용 암기 Tip〉

- 안전거리 : 일이 **제일적어 옥내 · 외, 옥외탱(일이 제일적어 내 · 외가 옥외에서 땡땡이)**
- 보유공지 : 일이 제일적어 옥내 · 외, 옥외탱, **간이(일이 제일적어 내 · 외가 옥외에서 간땡이)**

(3) 제6류 위험물 외의 위험물을 저장 또는 취급하는 옥외저장탱크(지정수량의 4,000배를 초과하여 저장 또는 취급하는 옥외저장탱크를 제외한다)를 동일한 방유제 안에 2개 이상 인접하여 설치하는 경우 그 인접하는 방향의 보유공지는 (2)에 따른 보유공지의 3분의 1 이상의 너비로 할 수 있다. 이 경우 보유공지의 너비는 3m 이상이 되어야 한다.

[보유공지 단축 예]

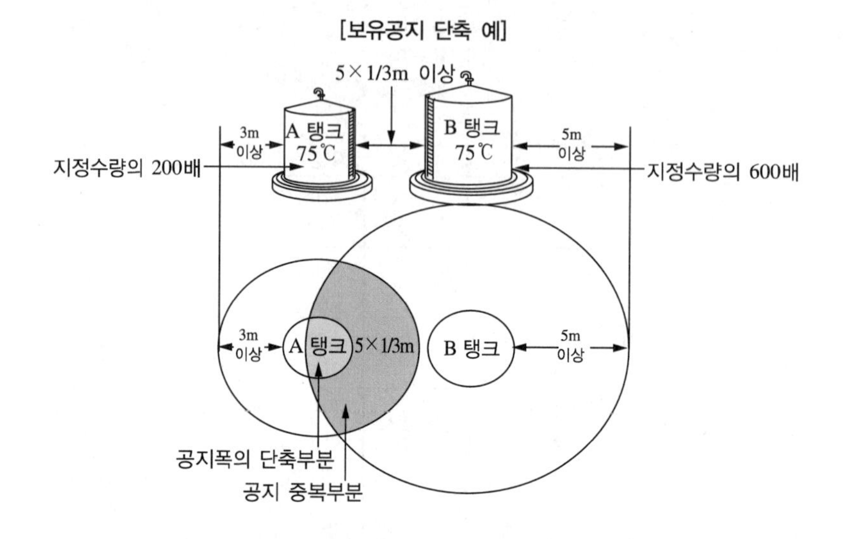

(4) 제6류 위험물을 저장 또는 취급하는 옥외저장탱크는 (2)에 따른 보유공지의 3분의 1 이상의 너비로 할 수 있다. 이 경우 보유공지의 너비는 1.5m 이상이 되어야 한다.

(5) 제6류 위험물을 저장 또는 취급하는 옥외저장탱크를 동일구내에 2개 이상 인접하여 설치하는 경우 그 인접하는 방향의 보유공지는 (4) 규정에 따라 산출된 너비의 3분의 1 이상의 너비로 할 수 있다. 이 경우 보유공지의 너비는 1.5m 이상이 되어야 한다.

(6) (2)의 규정에도 불구하고 옥외저장탱크(이하 이호에서 "공지단축 옥외저장탱크"라 한다)에 다음 각 목의 기준에 적합한 물분무설비로 방호조치를 하는 경우에는 그 보유공지를 (2)에 따른 보유공지의 2분의 1 이상의 너비(최소 3m 이상)로 할 수 있다. 이 경우 공지단축 옥외저장탱크의 화재 시 $1m^2$당 20kW 이상의 복사열에 노출되는 표면을 갖는 인접한 옥외저장탱크가 있으면 해당 표면에도 다음 각 목의 기준에 적합한 물분무설비로 방호조치를 함께 해야 한다.

① 탱크의 표면에 방사하는 물의 양은 탱크의 원주길이 1m에 대하여 분당 37L 이상으로 할 것

② 수원의 양은 가목에 따른 수량으로 20분 이상 방사할 수 있는 수량으로 할 것

③ 탱크에 보강링이 설치된 경우에는 보강링의 아래에 분무헤드를 설치하되, 분무헤드는 탱크의 높이 및 구조를 고려하여 분무가 적정하게 이루어 질 수 있도록 배치할 것

④ 물분무소화설비의 설치기준에 준할 것

[물분무소화설비 설치 예]

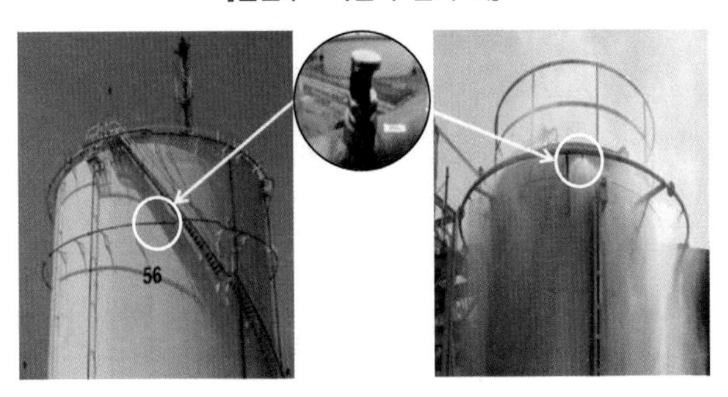

Plus one

공지단축 옥외탱크저장소 보유공지 정리

저장 또는 취급하는 위험물의 최대수량	공지의 너비	동일한 방유제 안에 2개 이상 설치 시 인접방향 공지	제6류 위험물		물분무 설비로 방호조치
			1개 옥외탱크	동일한 방유제 안에 2개 이상 설치 시 인접방향 공지	
		1/3	1/3	1/3에 1/3	1/2
지정수량의 500배 이하	3m 이상	3m 이상	1.5m 이상	1.5m 이상	3m 이상
지정수량의 500배 초과 1,000배 이하	5m 이상	3m 이상	1.7m 이상	1.5m 이상	3m 이상
지정수량의 1,000배 초과 2,000배 이하	9m 이상	3m 이상	3m 이상	1.5m 이상	4.5m 이상
지정수량의 2,000배 초과 3,000배 이하	12m 이상	4m 이상	4m 이상	1.5m 이상	6m 이상
지정수량의 3,000배 초과 4,000배 이하	15m 이상	5m 이상	5m 이상	1.7m 이상	7.5m 이상

05 표지 및 게시판

(1) 옥외탱크저장소에는 보기 쉬운 곳에 "위험물 옥외탱크저장소"라는 표시를 한 표지와 방화에 관하여 필요한 사항을 게시한 게시판을 설치해야 한다.

[표지 및 게시판]

구 분	항 목	표지(게시)내용	크 기	색 상
표지판	제조소등	"위험물 제조소등" 명칭 표시	한변의 길이 0.3m 이상 다른 한변의 길이가 0.6m 이상인 직사각형	백색바탕/흑색문자
게시판	방화에 관하여 필요한 사항	• 유별 및 품명 • 저장(취급)최대수량 • 지정수량배수 • 안전관리자 성명 또는 직명		
	주의사항	• 화기엄금, 화기주의 • 물기엄금		• 적색바탕/백색문자 • 청색바탕/백색글자

[주의사항을 표시한 게시판]★★★★★

품 명	주의사항	게시판표시
제1류 위험물(알칼리금속의 과산화물과 함유 포함) 제3류 위험물(금수성물질)	물기엄금	청색바탕에 백색문자
제2류 위험물(인화성고체 제외)	화기주의	적색바탕에 백색문자
제2류 위험물(인화성고체) 제3류 위험물(자연발화성물질) 제4류 위험물 제5류 위험물	화기엄금	적색바탕에 백색문자

(2) 탱크의 군(群)에 있어서는 (1)의 표지 및 게시판을 그 의미 전달에 지장이 없는 범위 안에서 보기 쉬운 곳에 일괄하여 설치할 수 있다. 이 경우 게시판과 각 탱크가 대응될 수 있도록 하는 조치를 강구해야 한다.

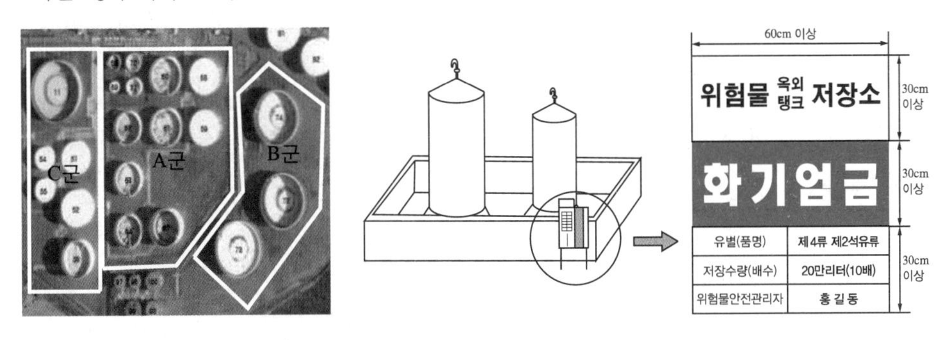

06 특정 옥외저장탱크의 기초 및 지반

옥외탱크저장소에는 탱크뿐만 아니라 건축물 기타 공작물, 공지 등이 포함된다.

또한 옥외탱크저장소에 관한 기준은 세부적으로 액체위험물의 최대수량이 100만L 이상의 것을 저장하는 "특정 옥외탱크저장소", 액체위험물의 최대수량이 50만L 이상에서 100만L 미만의 것을 저장하는 "준특정 옥외저장탱크저장소" 및 50만L 미만의 것을 저장하는 "그 밖의 것"으로 구분하여 규정하고 있다.

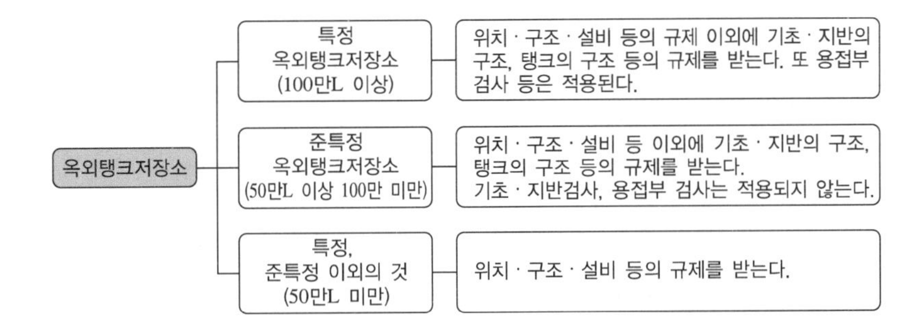

[옥외탱크저장소의 구조 등 비교]

기 준 \ 탱 크		특정 옥외탱크저장소	준특정 옥외탱크저장소	그 밖의 것
탱크용량		100만L 이상	50만L 이상~100만 L 미만	50만L 미만
기초 · 지반		○	○	–
탱크의 본체 구조	구조계산	○	○	–
	판의 두께	(안지름 · 용량에 따라 4.5mm~10mm 이상)	(안지름 · 용량에 따라 4.5mm~10mm 이상)	3.2mm 이상
	재료의 규격	○	○	–
	용접방법 · 시험	○	–	–

(1) 옥외탱크저장소 중 그 저장 또는 취급하는 액체위험물의 최대수량이 100만L 이상의 것(이하 "특정 옥외탱크저장소"라 한다)의 옥외저장탱크(이하 "특정 옥외저장탱크"라 한다)의 기초 및 지반은 해당 기초 및 지반상에 설치하는 특정 옥외저장탱크 및 그 부속설비의 자중, 저장하는 위험물의 중량 등의 하중(이하 "탱크하중"이라 한다)에 의하여 발생하는 응력(변형력)에 대하여 안전한 것으로 해야 한다.

(2) 기초 및 지반은 다음 각 목에 정하는 기준에 적합해야 한다.

① 지반은 암반의 단층, 절토(땅깎기) 및 성토(흙쌓기)에 걸쳐 있는 등 활동(滑動)을 일으킬 우려가 있는 경우가 아닐 것

② 지반은 다음 1에 적합할 것

㉠ 소방청장이 정하여 고시하는 범위 내에 있는 지반이 표준관입시험(標準貫入試驗)에 있어서 시험수치(N)가 20 이상이고 평판재하시험(平板載荷試驗)에 있어서 평판재하시험값[5mm 침하 시에 있어서의 시험치(K30치)로 한다]가 $1m^3$당 100MN 이상의 값일 것

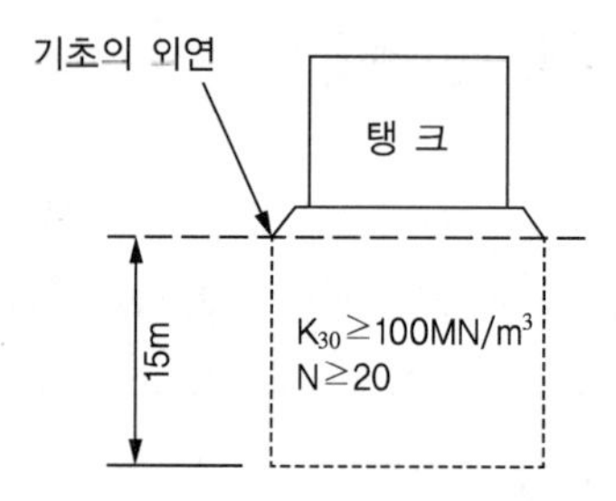

참고 위험물안전관리에 관한 세부기준 제42조(특정 옥외저장탱크의 지반의 범위)

㉡ 소방청장이 정하여 고시하는 범위 내에 있는 지반이 다음의 기준에 적합할 것

ⓐ 탱크하중에 대한 지지력 계산에 있어서의 지지력안전율 및 침하량 계산에 있어서의 계산침하량이 소방청장이 정하여 고시하는 값일 것

참고 위험물안전관리에 관한 세부기준 제43조

ⓑ 기초(소방청장이 정하여 고시하는 것에 한한다. 이하 이 호에서 같다)의 표면으로부터 3m 이내의 기초직하의 지반부분이 기초와 동등 이상의 견고성이 있고, 지표면으로부터의 깊이가 15m까지의 지질(기초의 표면으로부터 3m 이내의 기초직하의 지반부분을 제외한다)이 소방청장이 정하여 고시하는 것 외의 것일 것

참고 위험물안전관리에 관한 세부기준 제44조 내지 제46조

ⓒ 점성토(찰기가 있는 흙) 지반은 압밀도시험에서, 사질토 지반은 표준관입시험에서 각각 압밀하중에 대하여 압밀도가 90%[미소한 침하가 장기간 계속되는 경우에는 10일간(이하 이 호에서 "미소침하측정기간"이라 한다) 계속하여 측정한 침하량의 합의 1일당 평균침하량이 침하의 측정을 개시한 날부터 미소침하측정기간의 최종일까지의 총 침하량의 0.3% 이하인 때에는 해당 지반에서의 압밀도가 90%인 것으로 본다] 이상 또는 표준관입시험치가 평균 15 이상의 값일 것

㉢ ㉠ 또는 ㉡과 동등 이상의 견고함이 있을 것

③ 지반이 바다, 하천, 호수와 늪 등에 접하고 있는 경우에는 활동에 관하여 소방청장이 정하여 고시하는 안전율이 있을 것

참고 위험물안전관리에 관한 세부기준 제47조

④ 기초는 사질토 또는 이와 동등 이상의 견고성이 있는 것을 이용하여 소방청장이 정하여 고시하는 바에 따라 만드는 것으로서 평판재하시험의 평판재하시험값이 $1m^3$당 100MN 이상의 값을 나타내는 것(이하 "성토"라 한다) 또는 이와 동등 이상의 견고함이 있는 것으로 할 것

참고 위험물안전관리에 관한 세부기준 제48조

⑤ 기초(성토인 것에 한한다. 이하 ⑥에서 같다)는 그 윗면이 특정 옥외저장탱크를 설치하는 장소의 지하수위와 2m 이상의 간격을 확보할 것

⑥ 기초 또는 기초의 주위에는 소방청장이 정하여 고시하는 바에 따라 해당 기초를 보강하기 위한 조치를 강구할 것

참고 위험물안전관리에 관한 세부기준 제49조

(3) (1) 및 (2)에 규정하는 것 외에 기초 및 지반에 관하여 필요한 사항은 소방청장이 정하여 고시한다.

(4) 특정 옥외저장탱크의 기초 및 지반은 (2), ②, ㉠에 따른 표준관입시험 및 평판재하시험, ②, ㉡, ⓒ에 따른 압밀도시험 또는 표준관입시험, ④에 따른 평판재하시험 및 그 밖에 소방청장이 정하여 고시하는 시험을 실시하였을 때 해당 시험과 관련되는 규정에 의한 기준에 적합해야 한다.

참고 **위험물안전관리에 관한 세부기준 제54조**

1. 지반의 견고성을 확인하기 위한 시험
2. 기초의 견고성을 확인하기 위한 시험
3. 평판재하시험

07 준특정 옥외저장탱크의 기초 및 지반

(1) 옥외탱크저장소 중 그 저장 또는 취급하는 액체위험물의 최대수량이 50만L 이상 100만L 미만의 것(이하 "준특정 옥외저장탱크저장소"라 한다)의 옥외저장탱크(이하 "준특정 옥외저장탱크"라 한다)의 기초 및 지반은 (2) 및 (3)에서 정하는 바에 따라 견고하게 해야 한다.

(2) 기초 및 지반은 탱크하중에 의하여 발생하는 응력(변형력)에 대하여 안전한 것으로 해야 한다.

(3) 기초 및 지반은 다음의 각 목에 정하는 기준에 적합해야 한다.

① 지반은 암반의 단층, 절토 및 성토에 걸쳐 있는 등 활동을 일으킬 우려가 없을 것

② 지반은 다음의 1에 적합할 것

㉠ 소방청장이 정하여 고시하는 범위 내에 있는 지반이 암반 그 밖의 견고한 것일 것

참고 위험물안전관리에 관한 세부기준 제65조(준특정 옥외저장탱크의 지반의 범위)

㉡ 소방청장이 정하여 고시하는 범위 내에 있는 지반이 다음의 기준에 적합할 것

ⓐ 해당 지반에 설치하는 준특정 옥외저장탱크의 탱크하중에 대한 지지력 계산에 있어서의 지지력안전율(3 이상) 및 침하량 계산에 있어서의 계산침하량이 소방청장이 정하여 고시하는 값일 것

참고 위험물안전관리에 관한 세부기준 제66조 내지 제67조

ⓑ 소방청장이 정하여 고시하는 지질 외의 것일 것(기초가 소방청장이 정하여 고시하는 구조인 경우를 제외한다)

참고 위험물안전관리에 관한 세부기준 제68조 내지 제69조

㉢ ㉡과 동등 이상의 견고함이 있을 것

③ 지반이 바다, 하천, 호수와 늪 등에 접하고 있는 경우에는 활동에 관하여 소방청장이 정하여 고시하는 바에 따라 만들거나 이와 동등 이상의 견고함이 있는 것으로 할 것

참고 위험물안전관리에 관한 세부기준 제47조 및 제70조

④ 기초(사질토 또는 이와 동등 이상의 견고성이 있는 것을 이용하여 소방청장이 정하여 고시하는 바에 따라 만드는 것에 한한다)는 그 윗면이 준특정 옥외저장탱크를 설치하는 장소의 지하수위와 2m 이상의 간격을 확보할 것

(4) (2) 및 (3)에 규정하는 것 외에 기초 및 지반에 관하여 필요한 사항은 소방청장이 정하여 고시한다.

08 옥외저장탱크의 외부구조 및 설비★★★★

(1) 탱크의 재료

① 특정 옥외저장탱크 및 준특정 옥외저장탱크 외의 탱크

㉠ 두께 3.2mm 이상의 강철판

㉡ 또는 소방청장이 정하여 고시하는 규격에 적합한 재료

참고 위험물안전관리에 관한 세부기준 제98조(옥외저장탱크의 탱크재료 등)

② 특정 옥외저장탱크 및 준특정 옥외저장탱크

㉠ **09** 및 **10**에 의하여 소방청장이 정하여 고시하는 규격에 적합한 강철판

㉡ 또는 이와 동등 이상의 기계적 성질 및 용접성이 있는 재료로 틈이 없도록 제작

참고 위험물안전관리에 관한 세부기준 제64조

(2) 탱크의 시험

① 압력탱크(최대상용압력이 대기압을 초과하는 탱크를 말한다) 외의 탱크 : 충수시험

② 압력탱크 : 최대상용압력의 1.5배의 압력으로 10분간 실시하는 수압시험에서 각각 새거나 변형되지 아니해야 한다.

③ 특정 옥외저장탱크의 용접부는 소방청장이 정하여 고시하는 바에 따라 실시하는 방사선투과시험, 진공시험 등의 비파괴시험에 있어서 소방청장이 정하여 고시하는 기준에 적합한 것이어야 한다.

참고 위험물안전관리에 관한 세부기준 32조 내지 제36조

(3) 내지진 및 내풍압 구조★★★★

① 특정 옥외저장탱크 및 준특정 옥외저장탱크외의 탱크는 다음 각 목에 정하는 바에 따라, 특정 옥외저장탱크 및 준특정 옥외저장탱크는 09 및 10 규정에 의한 바에 따라 지진 및 풍압에 견딜 수 있는 구조로 하고 그 기둥은 철근콘크리트조, 철골콘크리트조 그 밖에 이와 동등 이상의 내화성능(불에 견디는 성능)이 있는 것이어야 한다.

㉠ 지진동에 의한 관성력 또는 풍하중(바람으로 인하여 구조물에 발생하는 하중)에 대한 응력(변형력)이 옥외저장탱크의 옆판 또는 기둥의 특정한 점에 집중하지 아니하도록 해당 탱크를 견고한 기초 및 지반 위에 고정할 것

㉡ ㉠의 지진동에 의한 관성력 및 풍하중의 계산방법은 소방청장이 정하여 고시하는 바에 의할 것

참고 위험물안전관리에 관한 세부기준 제74조

(4) 이상내압방출구조

옥외저장탱크는 위험물의 폭발 등에 의하여 탱크 내의 압력이 비정상적으로 상승하는 경우에 내부의 가스 또는 증기를 상부로 방출할 수 있는 구조로 해야 한다.

[이상내압방출구조]

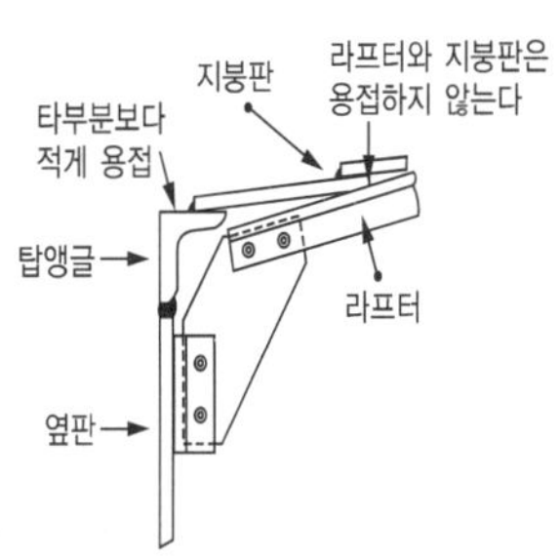

폭발로 지붕판이 날아간 모습

⊕ Plus one

옥외저장탱크는 주위로부터의 가열이나 탱크 내 화재 등에 의한 가스발생으로 탱크 내의 압력이 이상적으로 상승한 경우에 이를 방치하게 되면 탱크의 파괴를 초래하게 된다. 이 때 탱크바닥판 또는 옆판이 파괴되면 그 피해는 막대한 것이 되기 때문에 이러한 경우 피해를 줄이기 위하여 그 압력을 탱크의 위쪽 방향으로 방출할 수 있는 구조로 설치되어야 한다. 일반적으로 종설치원통형탱크에 있어서는 옆판 윗부분의 톱앵글과 지붕판과의 접합부를 탱크의 다른 접합부보다도 약하게 하는 수가 많다. 이 경우 지붕판과 라프터와는 용접하여서는 안 된다. 또한 기타 탱크의 경우에는 일정의 내압이 되면 상부로 방출하도록 파괴판 등의 방식을 생각할 수 있다.

(5) 부식방지조치

① 탱크외면

옥외저장탱크의 외면에는 녹을 방지하기 위한 도장을 해야 한다. 다만, 탱크의 재질이 부식의 우려가 없는 스테인리스 강판 등인 경우에는 그러하지 아니하다.

⊕ Plus one

옥외저장탱크는 강판으로 만들어지고, 그 입지조건으로서는 풍우와 해안부근에서 염분의 영향을 받는 장소에 설치되는 것이 많다. 이 때문에 외면의 부식을 방지하는 목적으로 하는 부식방지도장을 해야 한다. 외면도장의 부가적인 목적으로서는 일조영향의 완화나 사회적 필요성에 의한 주위 경관과의 조화도 고려되어야 한다. 일반적으로 사용되는 도료는 프탈산수지도료, 염화고무도료, 에폭시수지도료, 아연분말도료 등이다.

(6) 밑판 외면의 부식을 방지조치

옥외저장탱크의 밑판(애뉼러 판을 설치하는 특정 옥외저장탱크에 있어서는 애뉼러 판을 포함한다)을 지반면에 접하게 설치하는 경우에는 다음 각 목의 1의 기준에 따라 밑판 외면의 부식을 방지하기 위한 조치를 강구해야 한다.

① 탱크의 밑판 아래에 밑판의 부식을 유효하게 방지할 수 있도록 아스팔트샌드 등의 방식재료를 댈 것

② 탱크의 밑판에 전기방식의 조치를 강구할 것

③ ① 또는 ②에 따른 것과 동등 이상으로 밑판의 부식을 방지할 수 있는 조치를 강구할 것

⊕ Plus one

애뉼러 판(annula plate)

특정 옥외저장탱크의 옆판의 최하단 두께가 15mm를 초과하는 경우, 안지름이 30m를 초과하는 경우 또는 옆판을 고장력강으로 사용하는 경우에 옆판의 직하에 설치해야 판을 말한다.

[코팅작업]

[애뉼러 판 설치]

[아스팔트 샌드]

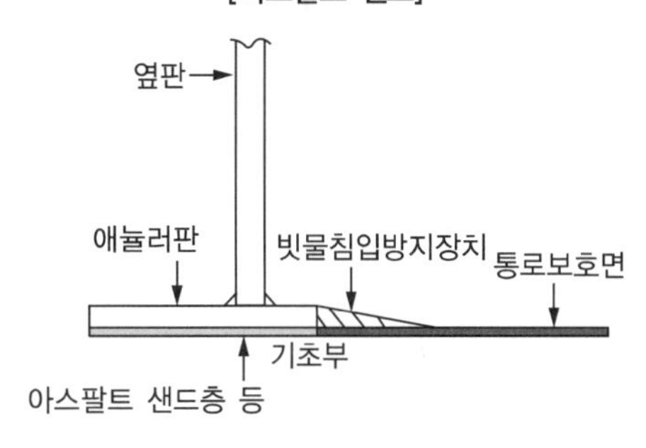

[전기방식 예]

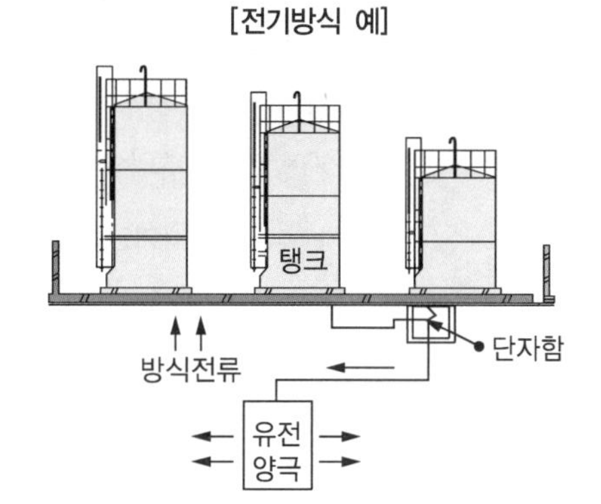

Plus one

옥외저장탱크의 바닥판(애뉼러 판)의 외면은 부식이 되기 쉬운 환경임에도 불구하고 수시로 보수하는 것이 불가능하기 때문에 아스팔트샌드 등에 의한 방법이나 전기방식에 의한 방법 등으로 부식방지조치를 시행하지 않으면 안 된다. 바닥판(애뉼러 판)의 바깥 둘레에 있어서는 특히 빗물 침입에 의한 부식이 조장되는 수가 많으므로 이것을 방지하기 위한 조치가 필요하다.

(7) 통기관 및 안전장치★★★★★

옥외저장탱크 중 압력탱크외의 탱크(제4류 위험물의 옥외저장탱크에 한함)는 밸브 없는 통기관 또는 대기밸브부착 통기관을 다음 각 목의 정하는 기준에 따라 설치

① 밸브 없는 통기관 2021년 소방장 기출

㉠ 지름은 30mm 이상일 것

㉡ 끝부분은 수평면보다 45도 이상 구부려 빗물 등의 침투를 막는 구조로 할 것

㉢ 인화점이 38℃ 미만인 위험물만을 저장 또는 취급하는 탱크에 설치하는 통기관에는 화염방지장치를 설치하고, 그 외의 탱크에 설치하는 통기관에는 40메쉬(Mesh) 이상의 구리망 또는 동등 이상의 성능을 가진 인화방지장치를 설치할 것. 다만, 인화점이 70℃ 이상인 위험물만을 해당 위험물의 인화점 미만의 온도로 저장 또는 취급하는 탱크에 설치하는 통기관에는 인화방지장치를 설치하지 않을 수 있다.

[밸브 없는 통기관]

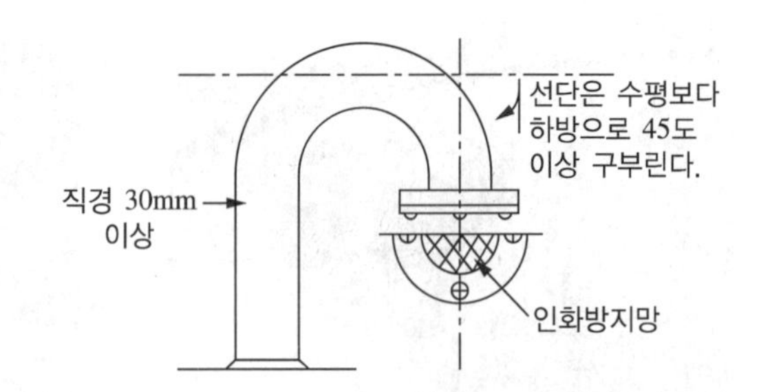

㉣ 가연성의 증기를 회수하기 위한 밸브를 통기관에 설치하는 경우에 있어서는 해당 통기관의 밸브는 저장탱크에 위험물을 주입하는 경우를 제외하고는 항상 개방되어 있는 구조로 하는 한편, 폐쇄하였을 경우에 있어서는 10kPa 이하의 압력에서 개방되는 구조로 할 것. 이 경우 개방된 부분의 유효단면적은 777.15mm^2 이상이어야 한다.

[가연성증기 회수밸브 작동원리]

〈가연성증기 회수장치〉

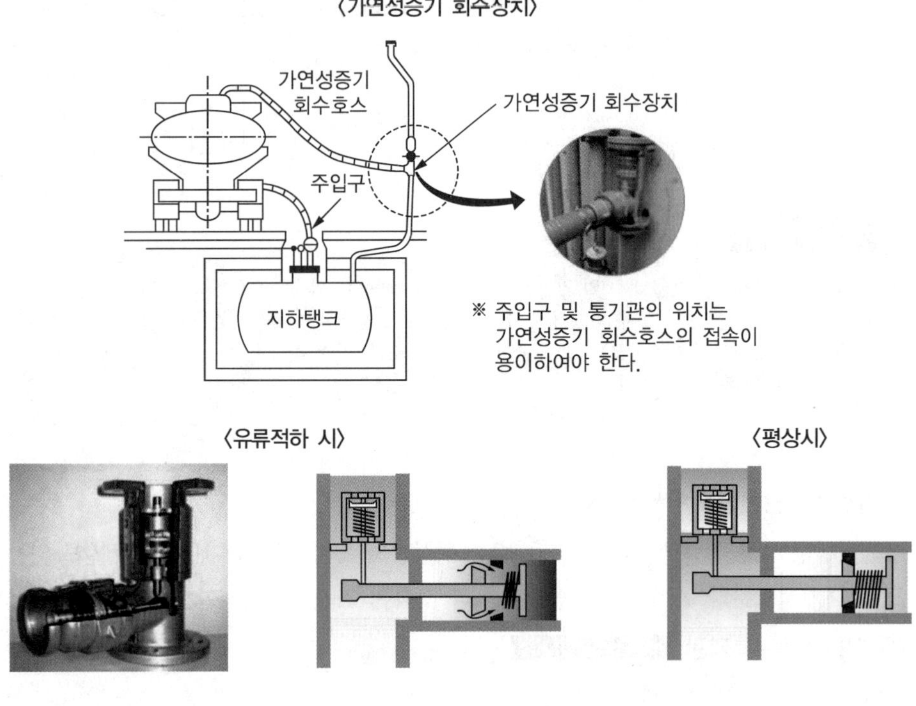

[흡착방식의 배출방지장치 설치 예]

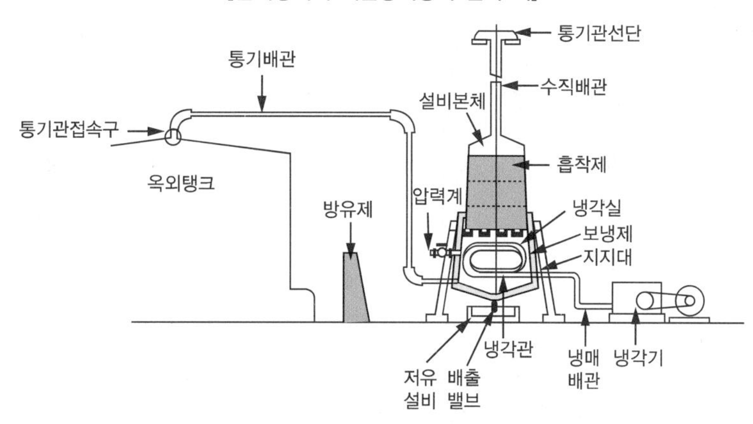

② 대기밸브부착 통기관

㉠ 5kPa 이하의 압력 차이로 작동할 수 있을 것

㉡ 가는 눈의 구리망 등으로 인화방지장치를 할 것. 다만, 인화점 70℃ 이상의 위험물만을 해당 위험물의 인화점 미만의 온도로 저장 또는 취급하는 탱크에 설치하는 통기관에 있어서는 그렇지 않다.

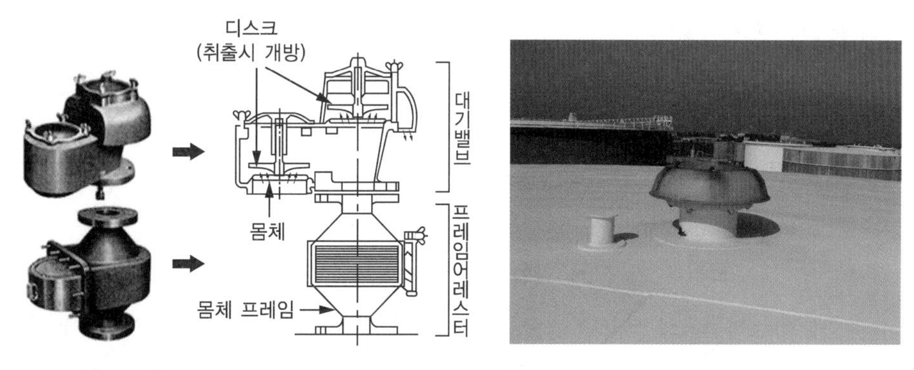

참고 저장할 위험물의 휘발성이 비교적 높은 경우 등에 사용되며 5kPa 이하의 압력차에서 작동하지 않으면 안 된다. 또한 동망(銅網), 프레임어레스터(flame arrester) 등의 인화방지장치를 설치해야 한다.

③ 안전장치

압력탱크(최대상용압력이 부압 또는 정압 5kPa를 초과하는 탱크를 말한다)에는 다음 안전장치를 설치

㉠ 자동적으로 압력의 상승을 정지시키는 장치

㉡ 감압측에 안전밸브를 부착한 감압밸브

㉢ 안전밸브를 겸하는 경보장치

㉣ 파괴판

⊕ Plus one

안전장치를 어떤 장치로 설치하는가에 대해서는 그 설치대상설비에 따라서 적절한 것을 선정해야 하는데 옥외저장탱크의 경우에는 주로 안전밸브가 사용된다. 또한 파괴판에 대하여서는 위험물의 성질에 의해 안전밸브의 작동이 곤란한 가압설비에 한하여 설치할 수 있다. 안전장치는 상승한 압력을 유효하게 방출할 수 있는 능력을 갖춘 것이어야 하지만 설치개수에 대하여서는 설비의 규모, 취급하는 위험물의 성상을 고려하여 적정한 수를 설치한다. 안전장치의 압력방출구 등은 주위에 불씨가 없는 안전한 장소에 설치할 필요가 있다.

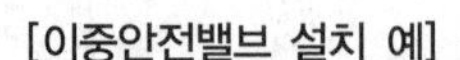
[이중안전밸브 설치 예]

(8) 자동계량장치★★★

액체위험물의 옥외저장탱크에는 위험물의 양을 자동적으로 표시할 수 있도록 다음 계량장치를 설치해야 한다.

① 기밀부유식(밀폐되어 부상하는 방식) 계량장치

② 증기가 비산하지 아니하는 구조의 부유식 계량장치

③ 전기압력자동방식이나 방사성동위원소를 이용한 방식에 의한 자동계량장치

④ 유리측정기(금속관으로 보호된 경질유리 등으로 되어 있고 측정기가 파손되었을 때 위험물의 유출을 자동적으로 정지할 수 있는 장치가 되어 있는 것에 한한다)

(9) 주입구★★★★★

액체위험물의 옥외저장탱크의 주입구는 다음 각 목의 기준에 의해야 한다.

[옥외저장탱크 주입구 및 배관]

① 화재예방상 지장이 없는 장소에 설치할 것

② 주입호스 또는 주입관과 결합할 수 있고, 결합하였을 때 위험물이 새지 아니할 것

③ 주입구에는 밸브 또는 뚜껑을 설치할 것

④ 휘발유, 벤젠 그 밖에 정전기에 의한 재해가 발생할 우려가 있는 액체위험물의 옥외저장탱크의 주입구 부근에는 정전기를 유효하게 제거하기 위한 접지전극을 설치할 것

⑤ 인화점이 21℃ 미만인 위험물의 옥외저장탱크의 주입구의 게시판 설치 기준

설치위치	규 격	표시할 항목	색 상
보기 쉬운 곳	한 변이 0.3m 이상, 다른 한 변이 0.6m 이상인 직사각형	• "옥외저장탱크 주입구" 표시 • 위험물의 유별, 품명, 주의사항	백색바탕에 흑색문자 (주의사항 : 적색문자)

다만, 소방본부장 또는 소방서장이 화재예방상 해당 게시판을 설치할 필요가 없다고 인정하는 경우에는 그러하지 아니하다.

[옥외저장탱크 주입구]

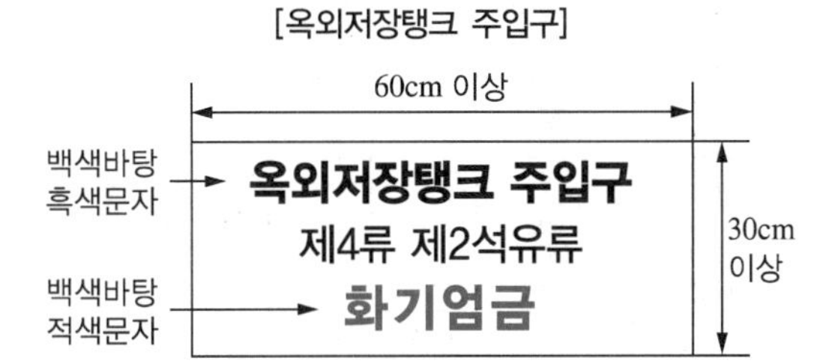

⑥ 주입구 주위에는 새어나온 기름 등 액체가 외부로 유출되지 아니하도록 방유턱을 설치하거나 집유설비 등의 장치를 설치할 것

(10) 옥외저장탱크의 펌프설비★★★

옥외저장탱크의 펌프설비(펌프 및 이에 부속하는 전동기를 말하며, 해당 펌프 및 전동기를 위한 건축물 그 밖의 공작물을 설치하는 경우에는 해당 공작물을 포함한다. 이하 같다)는 다음 각 목에 의해야 한다.

① 보유공지

㉠ 펌프설비의 주위에는 너비 3m 이상의 공지를 보유할 것. 다만, 방화상 유효한 격벽을 설치하는 경우와 제6류 위험물 또는 지정수량의 10배 이하 위험물의 옥외저장탱크의 펌프설비에 있어서는 그러하지 아니하다.

㉡ 펌프설비로부터 옥외저장탱크까지의 사이에는 해당 옥외저장탱크의 보유공지 너비의 3분의 1 이상의 거리를 유지할 것

② 펌프실의 구조

㉠ 펌프설비는 견고한 기초 위에 고정할 것

㉡ 펌프 및 이에 부속하는 전동기를 위한 건축물 그 밖의 공작물(이하 "펌프실"이라 한다)의 벽・기둥・바닥 및 보는 불연재료로 할 것

㉢ 펌프실의 지붕을 폭발력이 위로 방출될 정도의 가벼운 불연재료로 할 것
㉣ 펌프실의 창 및 출입구에는 60분방화문 또는 30분방화문을 설치할 것
㉤ 펌프실의 창 및 출입구에 유리를 이용하는 경우에는 망입유리로 할 것
㉥ 펌프실 바닥의 주위에는 높이 0.2m 이상의 턱을 만들고 바닥은 콘크리트 등 위험물이 스며들지 아니하는 재료로 적당히 경사지게 하여 그 최저부에는 집유설비를 설치할 것
㉦ 펌프실에는 위험물을 취급하는데 필요한 채광, 조명 및 환기의 설비를 설치할 것
㉧ 가연성 증기가 체류할 우려가 있는 펌프실에는 그 증기를 옥외의 높은 곳으로 배출하는 설비를 설치할 것

[옥외저장탱크 펌프실의 구조]

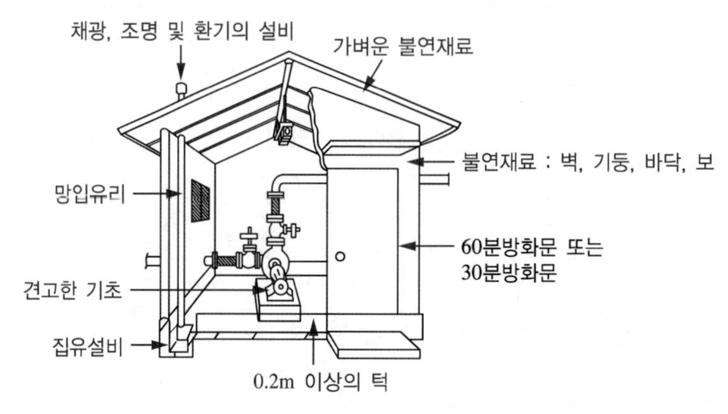

③ 펌프실 외의 장소에 설치하는 펌프설비
㉠ 펌프실 외의 장소에 설치하는 펌프설비에는 그 직하의 지반면의 주위에 높이 0.15m 이상의 턱을 설치
㉡ 해당 지반면은 콘크리트 등 위험물이 스며들지 아니하는 재료로 적당히 경사지게 하여 그 최저부에는 집유설비를 할 것
㉢ 이 경우 제4류 위험물(온도 20℃의 물 100g에 용해되는 양이 1g 미만인 것에 한한다)을 취급하는 펌프설비에 있어서는 해당 위험물이 직접 배수구에 유입하지 아니하도록 집유설비에 유분리장치를 설치해야 한다.

[펌프실 외에 설치된 펌프]

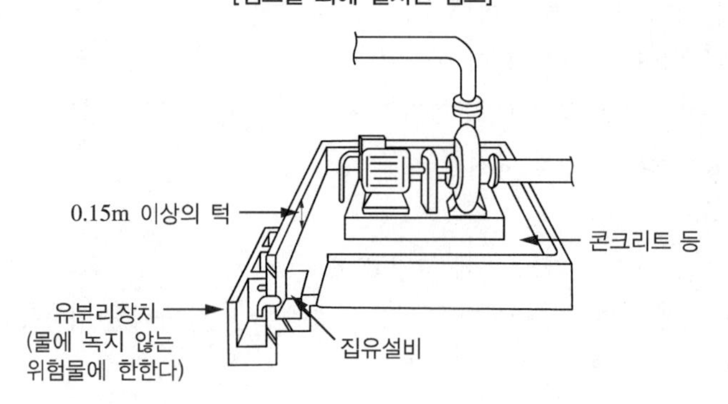

④ 인화점이 21℃ 미만인 위험물의 옥외저장탱크의 펌프설비 게시판 설치 기준

설치위치	규 격	표시할 항목	색 상
보기 쉬운 곳	한 변이 0.3m 이상, 다른 한 변이 0.6m 이상인 직사각형	• "옥외저장탱크 펌프설비" 표시 • 위험물의 유별, 품명, 주의사항	백색바탕에 흑색문자 (주의사항 : 적색문자)

다만, 소방본부장 또는 소방서장이 화재예방상 해당 게시판을 설치할 필요가 없다고 인정하는 경우에는 그러하지 아니하다.

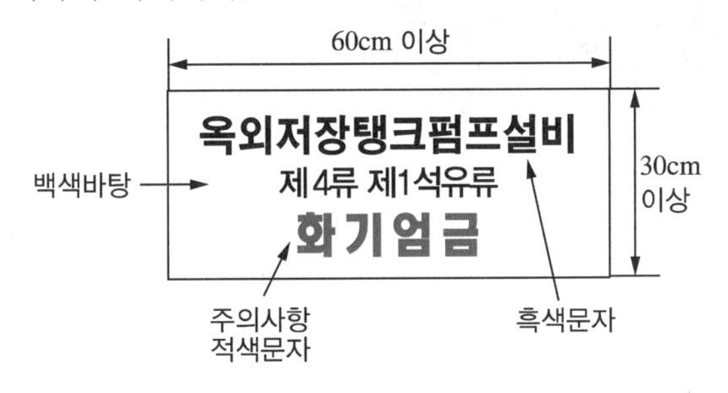

(11) 밸 브

옥외저장탱크의 밸브는 주강 또는 이와 동등 이상의 기계적 성질이 있는 재료로 되어 있고, 위험물이 새지 아니해야 한다.

⊕ Plus one

옥외저장탱크의 밸브는 화재 등의 경우 가열, 급냉 등 매우 위험한 상황에 놓여진다. 이 때문에 비상상황에서도 용융, 균열, 파손 등이 발생하지 않도록 강도상의 신뢰성을 고려하여 주강 또는 이와 동등 이상의 재료를 제조된 것을 설치해야 한다.

(12) 배수관

옥외저장탱크의 배수관은 탱크의 옆판에 설치해야 한다. 다만, 탱크와 배수관과의 결합부분이 지진 등에 의하여 손상을 받을 우려가 없는 방법으로 배수관을 설치하는 경우에는 탱크의 밑판에 설치할 수 있다.

⊕ Plus one

옥외탱크는 탱크 내외부의 온도차에 의한 결로현상, 탱크의 구조, 저장하는 위험물의 종류 및 이송방법 등에 따라 탱크 밑바닥에 물이 고이는 수가 있다. 이것을 배수하기 위해 설치하는 것이 배수관이다. 배수관을 설치하는 경우 그 위치는 원칙적으로 탱크 측판에 설치되어야 한다. 이것은 배수관을 탱크 바닥부분에 설치한 경우, 지진이나 지반침하 등이 발생했을 때 탱크를 파손할 우려가 있기 때문이다. 지진 등에 의해 손상을 받을 우려가 없을 경우에는 탱크의 밑판에 설치할 수 있다.

[배수관의 설치 예(외부, 내부)]

(13) 부상지붕이 있는 옥외저장탱크의 옆판 또는 부상지붕에 설치하는 설비는 지진 등에 의하여 부상지붕 또는 옆판에 손상을 주지 아니하게 설치해야 한다. 다만, 해당 옥외저장탱크에 저장하는 위험물의 안전관리에 필요한 가동(可動)사다리, 회전방지기구, 검척관(檢尺管), 샘플링(Sampling) 설비 및 이에 부속하는 설비에 있어서는 그러하지 아니하다.

[부상지붕 옥외저장탱크]

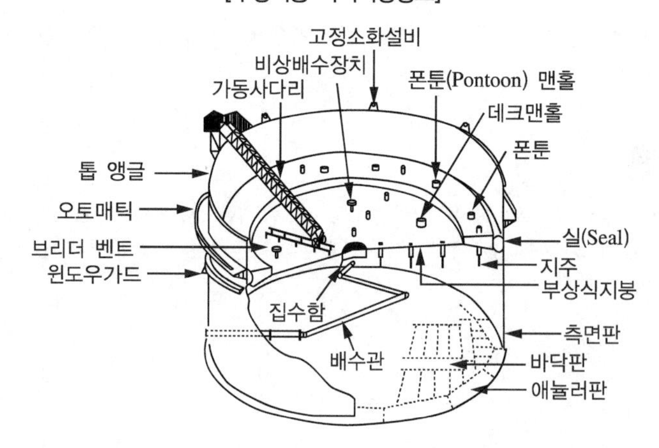

(14) 배 관

옥외저장탱크의 배관의 위치・구조 및 설비는 (15)에 따른 것 외에 제조소의 배관기준을(제9장 10) 준용해야 한다.

(15) 액체위험물을 이송하기 위한 옥외저장탱크의 배관은 지진 등에 의하여 해당 배관과 탱크와의 결합부분에 손상을 주지 아니하게 설치해야 한다.

(16) 옥외저장탱크에 설치하는 전기설비는 전기사업법에 의한 전기설비기술기준에 의해야 한다.

(17) 피뢰설비

① 설치대상 : 지정수량의 10배 이상인 옥외탱크저장소

② 설치제외

㉠ 제6류 위험물의 옥외탱크저장소

㉡ 탱크에 저항이 5Ω 이하인 접지시설을 설치한 것

㉢ 인근 피뢰설비의 보호범위 내에 들어가는 등 주위의 상황에 따라 안전상 지장이 없는 경우

[접지시설에 의한 피뢰설비 생략 예]

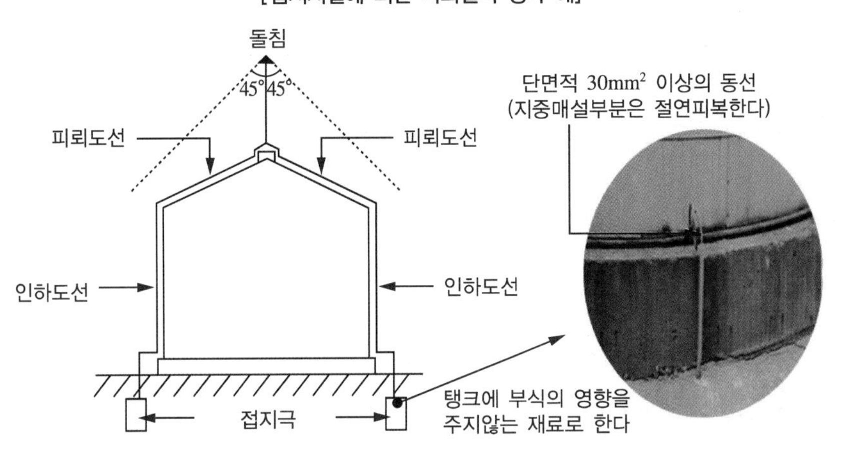

(18) 방유제

액체위험물의 옥외저장탱크의 주위에는 **11**의 기준에 따라 위험물이 새었을 경우에 그 유출을 방지하기 위한 방유제를 설치해야 한다.

(19) 제3류 위험물 중 금수성물질(고체에 한한다)의 옥외저장탱크에는 방수성의 불연재료로 만든 피복설비를 설치해야 한다.

(20) 이황화탄소의 옥외저장탱크는 벽 및 바닥의 두께가 0.2m 이상이고 누수가 되지 아니하는 철근콘크리트의 수조에 넣어 보관해야 한다. 이 경우 보유공지・통기관 및 자동계량장치는 생략할 수 있다.

(21) 옥외저장탱크에 부착되는 부속설비[교반기(휘저어 섞는 장치), 밸브, 폼챔버, 화염방지장치, 통기관대기밸브, 비상압력배출장치를 말한다]는 기술원 또는 소방청장이 정하여 고시하는 국내・외 공인시험기관에서 시험 또는 인증 받은 제품을 사용해야 한다.

09 특정 옥외저장탱크의 구조

(1) 특정 옥외저장탱크는 주하중(탱크하중, 탱크와 관련되는 내압, 온도변화의 영향 등에 의한 것을 말한다. 이하 같다) 및 종하중(적설하중, 풍하중, 지진의 영향 등에 의한 것을 말한다. 이하 같다)에 의하여 발생하는 응력(변형력) 및 변형에 대하여 안전한 것으로 해야 한다. **2017년 소방위 기출**

> **특정 옥외저장탱크의 주하중과 종하중 구분**
> 1. 주하중 : 옥외저장탱크 및 부속설비의 자중, 저장하는 위험물의 중량, 탱크와 관련되는 내압, 온도변화, 활하중
> 2. 종하중 : 적설하중, 풍하중, 지진하중

(2) 특정 옥외저장탱크의 구조는 다음 각 목에 정하는 기준에 적합해야 한다.

① 주하중과 주하중 및 종하중의 조합에 의하여 특정 옥외저장탱크의 본체에 발생하는 응력(변형력)은 소방청장이 정하여 고시하는 허용응력 이하일 것

② 특정 옥외저장탱크의 보유수평내력(保有水平耐力)은 지진의 영향에 의한 필요보유수평내력(必要保有水平耐力) 이상일 것, 이 경우에 있어서의 보유수평내력 및 필요보유수평내력의 계산방법은 소방청장이 정하여 고시한다.

③ 옆판, 밑판 및 지붕의 최소두께와 애뉼러 판의 너비(옆판외면에서 바깥으로 연장하는 최소길이, 옆판내면에서 탱크중심부로 연장하는 최소길이를 말한다) 및 최소두께는 소방청장이 정하여 고시하는 기준에 적합할 것

(3) 특정 옥외저장탱크의 용접(겹침보수 및 육성보수와 관련되는 것을 제외한다)방법은 다음 각 목에 정하는 바에 따른다. 이러한 용접방법은 소방청장이 정하여 고시하는 용접시공방법확인시험의 방법 및 기준에 적합한 것이거나 이와 동등 이상의 것임이 미리 확인되어 있어야 한다. **2017년 소방위 기출**

① 옆판의 용접은 다음에 의할 것

㉠ 세로이음 및 가로이음은 완전용입 맞대기용접으로 할 것

㉡ 옆판의 세로이음은 단을 달리하는 옆판의 각각의 세로이음과 동일선상에 위치하지 아니하도록 할 것. 이 경우 해당 세로이음간의 간격은 서로 접하는 옆판 중 두꺼운 쪽 옆판의 5배 이상으로 해야 한다.

② 옆판과 애뉼러 판(애뉼러 판이 없는 경우에는 밑판)과의 용접은 부분용입그룹용접 또는 이와 동등 이상의 용접강도가 있는 용접방법으로 용접할 것. 이 경우에 있어서 용접 비드(Bead)는 매끄러운 형상을 가져야 한다.

③ 애뉼러 판과 애뉼러 판은 뒷면에 재료를 댄 맞대기용접으로 하고, 애뉼러 판과 밑판 및 밑판과 밑판의 용접은 뒷면에 재료를 댄 맞대기용접 또는 겹치기용접으로 용접할 것. 이 경우에 애뉼러 판과 밑판의 용접부의 강도 및 밑판과 밑판의 용접부의 강도에 유해한 영향을 주는 흠이 있어서는 아니 된다.

⊕ Plus one

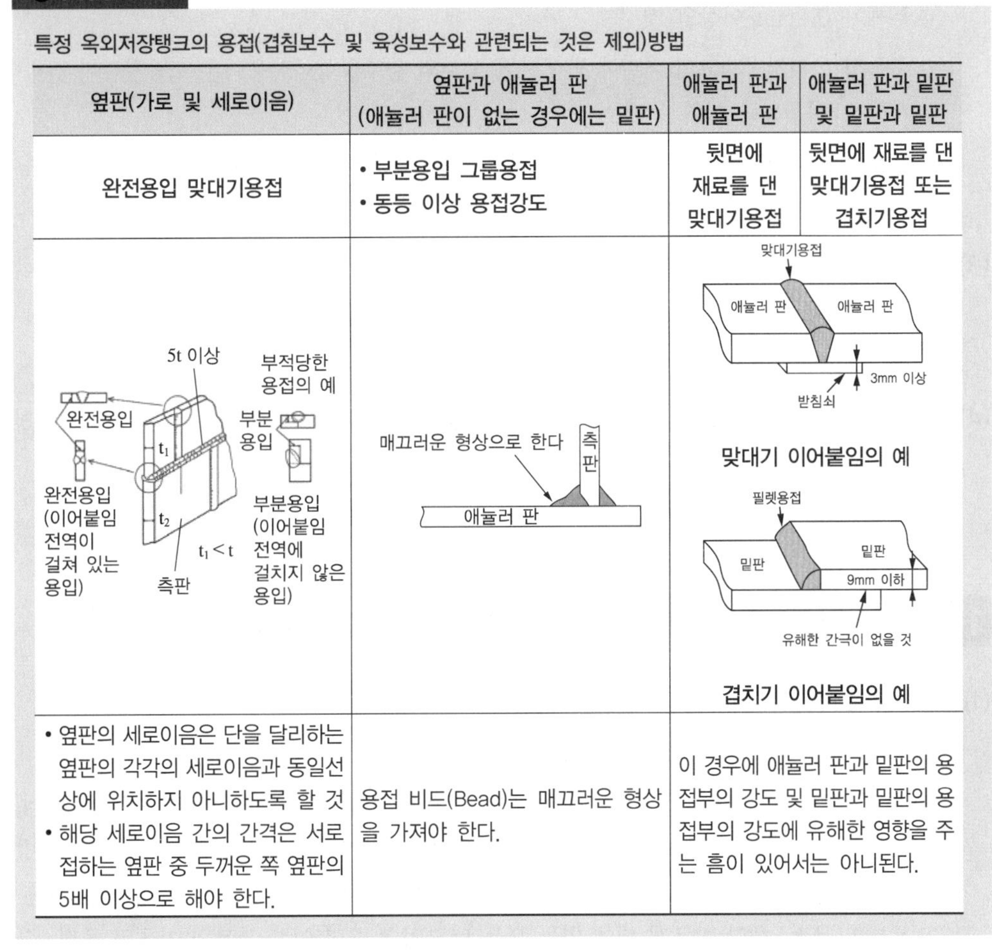

특정 옥외저장탱크의 용접(겹침보수 및 육성보수와 관련되는 것은 제외)방법

옆판(가로 및 세로이음)	옆판과 애뉼러 판 (애뉼러 판이 없는 경우에는 밑판)	애뉼러 판과 애뉼러 판	애뉼러 판과 밑판 및 밑판과 밑판
완전용입 맞대기용접	• 부분용입 그룹용접 • 동등 이상 용접강도	뒷면에 재료를 댄 맞대기용접	뒷면에 재료를 댄 맞대기용접 또는 겹치기용접
		맞대기 이어붙임의 예 겹치기 이어붙임의 예	
• 옆판의 세로이음은 단을 달리하는 옆판의 각각의 세로이음과 동일선상에 위치하지 아니하도록 할 것 • 해당 세로이음 간의 간격은 서로 접하는 옆판 중 두꺼운 쪽 옆판의 5배 이상으로 해야 한다.	용접 비드(Bead)는 매끄러운 형상을 가져야 한다.	이 경우에 애뉼러 판과 밑판의 용접부의 강도 및 밑판과 밑판의 용접부의 강도에 유해한 영향을 주는 흠이 있어서는 아니된다.	

④ 필렛용접(모서리 용접)의 사이즈(부등사이즈가 되는 경우에는 작은 쪽의 사이즈를 말한다)는 다음 식에 의하여 구한 값으로 할 것

$$t_1 \geq S \geq \sqrt{2t_2} \text{ (단, } S \geq 4.5)$$

t_1 : 얇은 쪽의 강판의 두께(mm)
t_2 : 두꺼운 쪽의 강판의 두께(mm)
S : 사이즈(mm)

(4) (1) 내지 (3)의 규정하는 것 외의 특정 옥외저장탱크의 구조에 관하여 필요한 사항은 소방청장이 정하여 고시한다.

10 준특정 옥외저장탱크의 구조

(1) 준특정 옥외저장탱크는 주하중 및 종하중에 의하여 발생하는 응력(변형력) 및 변형에 대하여 안전한 것으로 해야 한다.

(2) 준특정 옥외저장탱크의 구조는 다음 각 목에 정하는 기준에 적합해야 한다.

① 두께가 3.2mm 이상일 것

② 준특정 옥외저장탱크의 옆판에 발생하는 상시의 원주방향인장응력은 소방청장이 정하여 고시하는 허용응력 이하일 것

③ 준특정 옥외저장탱크의 옆판에 발생하는 지진시의 축방향압축응력은 소방청장이 정하여 고시하는 허용응력 이하일 것

(3) 준특정 옥외저장탱크의 보유수평내력은 지진의 영향에 의한 필요보유수평내력 이상이어야 한다. 이 경우에 있어서의 보유수평내력 및 필요보수수평내력의 계산방법은 소방청장이 정하여 고시한다.

(4) (2) 및 (3)에 규정하는 것 외의 준특정 옥외저장탱크의 구조에 관하여 필요한 사항은 소방청장이 정하여 고시한다.

11 방유제★★★★★ 2013년 경남소방장 기출 2015년 소방위 기출 2019년, 2020년 통합소방장 기출

(1) 인화성액체위험물(이황화탄소를 제외한다)의 옥외탱크저장소의 탱크 주위에는 다음 각 목의 기준에 의하여 방유제를 설치해야 한다.

① **방유제의 용량은 방유제 안에 설치된 탱크가 하나인 때에는 그 탱크용량의 110% 이상, 2기 이상인 때에는 그 탱크 중 용량이 최대인 것의 용량의 110% 이상으로** 할 것. 이 경우 방유제의 용량은 해당 방유제의 내용적에서 용량이 최대인 탱크 외의 탱크의 방유제 높이 이하 부분의 용적, 해당 방유제 내에 있는 모든 탱크의 지반면 이상 부분의 기초의 체적, 간막이 둑의 체적 및 해당 방유제 내에 있는 배관 등의 체적을 뺀 것으로 한다. 2013년 경남소방장 기출 2015년 소방위 기출

[방유제 용량으로 산정된 부분(빗금)의 예]

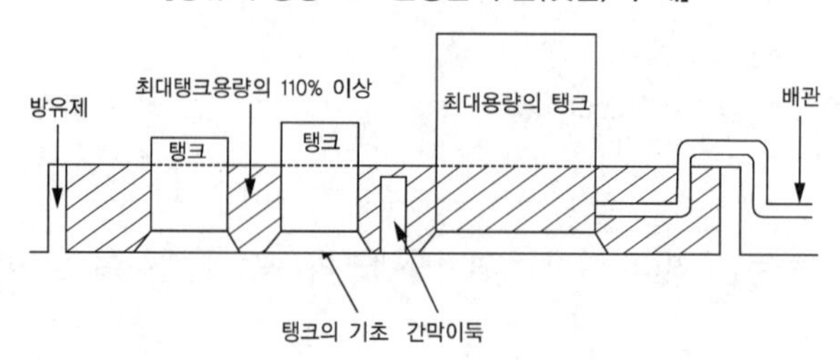

Plus one

방유제, 방유턱의 용량

(1) 위험물 제조소의 옥외에 있는 위험물 취급탱크의 방유제의 용량

① 1기일 때 : 탱크용량 × 0.5(50%)

② 2기 이상일 때 : 최대탱크용량 × 0.5 + (나머지 탱크용량합계 × 0.1)

(2) 위험물 제조소의 옥내에 있는 위험물 취급탱크의 방유턱의 용량

① 1기일 때 : 탱크용량 이상

② 2기 이상일 때 : 최대탱크용량 이상

※ 옥내탱크저장소의 출입구 턱 높이도 같음

(3) 위험물 옥외탱크저장소의 방유제의 용량

① 1기일 때 : 탱크용량 × 1.1(110%)[비인화성 물질 × 100%]

② 2기 이상일 때 : 최대탱크용량 × 1.1(110%)[비인화성 물질 × 100%]

※ 방유제 용량을 탱크용량의 110%로 한 이유
탱크로부터 위험물이 모두 누출된 상태에서 방사된 포소화약제가 액체위험물의 표면에 체류할 수 있도록 하기 위함

② 방유제의 높이는 0.5m 이상 3m 이하, 두께 0.2m 이상, 지하매설깊이 1m 이상으로 할 것. 다만, 방유제와 옥외저장탱크 사이의 지반면 아래에 불침윤성(不浸潤性) 구조물을 설치하는 경우에는 지하매설깊이를 해당 불침윤성 구조물까지로 할 수 있다.

③ 방유제 내의 **면적은** 8만m^2 이하로 할 것

④ 방유제 내의 설치하는 옥외저장탱크의 **수는** 10(방유제 내에 설치하는 모든 옥외저장탱크의 용량이 20만L 이하이고, 해당 옥외저장탱크에 저장 또는 취급하는 위험물의 인화점이 70℃ 이상 200℃ 미만인 경우에는 20) 이하로 할 것. 다만, 인화점이 200℃ 이상인 위험물을 저장 또는 취급하는 옥외저장탱크에 있어서는 그러하지 아니하다.

⑤ 방유제 외면의 2분의 1 이상은 자동차 등이 통행할 수 있는 3m 이상의 노면폭을 확보한 구내도로(옥외저장탱크가 있는 부지 내의 도로를 말한다. 이하 같다)에 직접 접하도록 할 것. 다만, 방유제 내에 설치하는 옥외저장탱크의 용량합계가 20만L 이하인 경우에는 소화활동에 지장이 없다고 인정되는 3m 이상의 노면폭을 확보한 도로 또는 공지에 접하는 것으로 할 수 있다.

⑥ 방유제는 옥외저장탱크의 지름에 따라 그 **탱크의 옆판으로부터** 다음에 정하는 거리를 유지할 것. 다만, 인화점이 200℃ 이상인 위험물을 저장 또는 취급하는 것에 있어서는 그러하지 아니하다. **2019년 통합소방장 기출**

㉠ 지름이 15m 미만인 경우에는 탱크 높이의 3분의 1 이상

㉡ 지름이 15m 이상인 경우에는 탱크 높이의 2분의 1 이상

⑦ 방유제는 **철근콘크리트**로 하고, 방유제와 옥외저장탱크 사이의 지표면은 **불연성과 불침윤성이 있는 구조**(철근콘크리트 등)로 할 것. 다만, 누출된 위험물을 수용할 수 있는 **전용유조(專用油槽)** 및 펌프 등의 설비를 갖춘 경우에는 방유제와 옥외저장탱크 사이의 **지표면을 흙으로** 할 수 있다.

⑧ **용량이 1,000만L 이상**인 옥외저장탱크의 주위에 설치하는 방유제에는 다음에 따라 해당 탱크마다 **간막이** 둑을 설치할 것

㉠ 간막이 둑의 높이는 **0.3m**(방유제 내에 설치되는 옥외저장탱크의 용량의 합계가 2억L를 넘는 방유제에 있어서는 1m) **이상**으로 하되, 방유제의 높이보다 **0.2m 이상 낮게** 할 것

㉡ 간막이 둑은 **흙 또는 철근콘크리트**로 할 것

㉢ 간막이 둑의 용량은 간막이 둑 안에 설치된 **탱크의 용량의 10% 이상**일 것

[방유제 설치 기준]

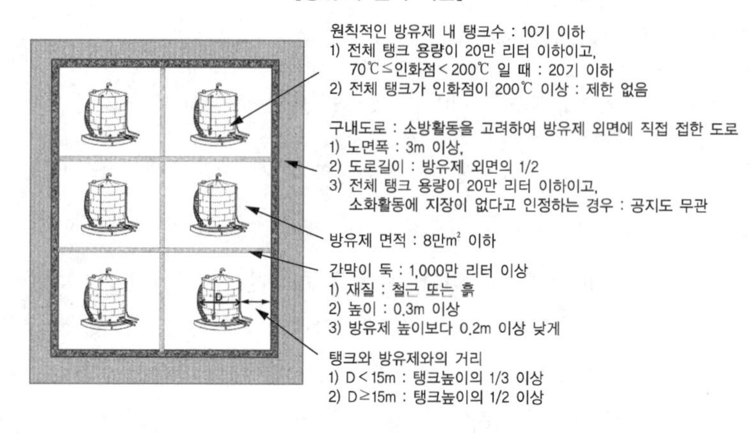

⑨ 방유제 내에는 해당 방유제 내에 설치하는 옥외저장탱크를 위한 배관(해당 옥외저장탱크의 소화설비를 위한 배관을 포함한다), 조명설비 및 계기시스템과 이들에 부속하는 설비 그 밖의 안전확보에 지장이 없는 부속설비 외에는 다른 설비를 설치하지 아니할 것

⑩ 방유제 또는 간막이 둑에는 해당 방유제를 **관통하는 배관을 설치하지 아니할 것**
다만, 위험물을 이송하는 배관의 경우에는 배관이 관통하는 지점의 좌우방향으로 각 1m 이상까지의 방유제 또는 간막이 둑의 외면에 두께 0.1m 이상, 지하매설깊이 0.1m 이상의 구조물을 설치하여 방유제 또는 간막이 둑을 이중구조로 하고, 그 사이에 토사를 채운 후, 관통하는 부분을 완충재 등으로 마감하는 방식으로 설치할 수 있다.

[방유제 및 간막이 둑 배관 관통의 예]

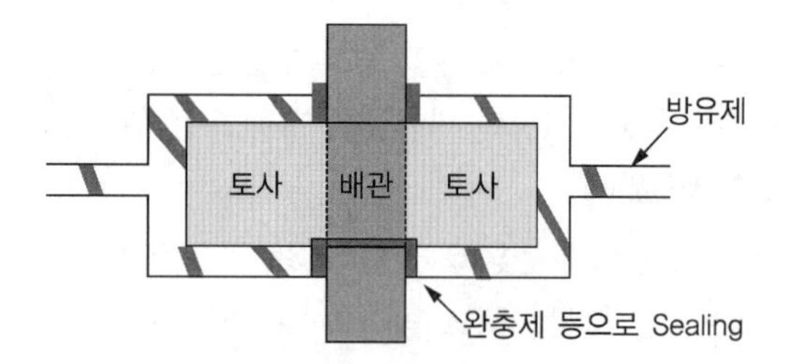

⑪ 방유제에는 그 내부에 고인 물을 외부로 배출하기 위한 배수구를 설치하고 이를 개폐하는 밸브 등을 방유제의 외부에 설치할 것

⑫ 용량이 100만L 이상인 위험물을 저장하는 옥외저장탱크에 있어서는 ⑪의 밸브 등에 그 개폐상황을 쉽게 확인할 수 있는 장치를 설치할 것

⑬ 높이가 1m를 넘는 방유제 및 간막이 둑의 안팎에는 방유제 내에 출입하기 위한 계단 또는 경사로를 약 50m마다 설치할 것

⑭ **용량이 50만리터 이상인** 옥외탱크저장소가 해안 또는 강변에 설치되어 방유제 외부로 누출된 위험물이 바다 또는 강으로 유입될 우려가 있는 경우에는 해당 옥외탱크저장소가 설치된 부지 내에 **전용유조(專用油槽)** 등 **누출위험물 수용설비**를 설치할 것

(2) (1)의 ①・②・⑦ 내지 ⑬의 규정은 인화성이 없는 액체위험물의 옥외저장탱크의 주위에 설치하는 방유제의 기술기준에 대하여 준용한다. 이 경우에 있어서 (1)의 ① 중 "110%"는 "100%"로 본다.

(3) 그 밖에 방유제의 기술기준에 관하여 필요한 사항은 소방청장이 정하여 고시한다.

(4) 옥외탱크저장소 용량별 기준 정리

구 분	자격기준
50만리터 이상	– 기술원의 허가 시 검토대상 – 기술원의 옥외탱크저장소의 설치 또는 변경에 따른 완공검사 대상 – 옥외탱크저장소 정기검사 대상 – 전용유조등 누출위험물 수용설비를 설치대상
100만리터 이상	– 용량이 100만리터 이상인 액체위험물을 저장하는 탱크의 기술원의 탱크안전성능검사 : 기초지반검사, 용접부검사 – 방유제 내의 배수를 위한 개폐밸프 등에 개폐상황 확인장치 설치 대상
1,000만리터 이상	– 옥외저장탱크의 방유제 내 간막이둑 대상 – 옥외탱크저장소로서 특수인화물, 제1석유류 및 알코올류를 저장 또는 취급하는 탱크의 용량이 1,000만리터 이상인 것 : 자동화재탐지설비, 자동화재속보설비

12 고인화점 위험물의 옥외탱크저장소의 특례

고인화점 위험물만을 100℃ 미만의 온도로 저장 또는 취급하는 옥외탱크저장소 중 그 위치・구조 및 설비가 다음 각 목에 정하는 기준에 적합한 경우에는 **03** 안전거리・**04** 보유공지・**08** 특정 옥외탱크저장소의 외부구조 및 설비 (3)(기둥과 관련되는 부분에 한한다)・(10) 옥외저장탱크 펌프설비・(17) 피뢰설비 및 (18) 방유제의 규정은 적용하지 아니한다.

참고 고인화점 위험물 : 인화점이 100℃ 이상인 제4류 위험물

① 옥외탱크저장소는 고인화점 위험물 제조소의 특례(별표4 XI 제1호)의 규정에 준하여 안전거리를 둘 것

안전거리	해당 대상물
① 50m 이상	유형문화재, 기념물 중 지정문화재
② 30m 이상	• 학교, 병원(병원급 의료기관) • 공연장, 영화상영관 및 그 밖에 이와 유사한 시설로서 3백명 이상의 인원을 수용할 수 있는 것 • 아동복지시설, 노인복지시설, 장애인복지시설, 한부모가족복지시설, 어린이집, 성매매피해자 등을 위한 지원시설, 정신건강증진시설, 가정폭력방지 및 피해자보호시설 및 그 밖에 이와 유사한 시설로서 20명 이상의 인원을 수용할 수 있는 것
③ 20m 이상	고압가스, 액화석유가스 또는 도시가스를 저장 또는 사용하는 시설 • 고압가스제조시설, 고압가스저장시설 • 고압가스 사용시설로서 1일 $30m^3$ 이상의 용적을 취급하는 시설 • 액화산소를 소비하는 시설, 액화석유가스제조시설 및 액화석유가스저장시설 • 도시가스 공급시설
④ 10m 이상	①·②·③ 외의 건축물 그 밖의 공작물로서 주거용으로 사용되는 것 • 주거용으로 사용되는 것 : 전용주택 외에 공동주택, 점포 겸용주택, 작업장 겸용주택 등 • 그 밖의 공작물 : 주거용 컨테이너, 주거용 비닐하우스 등(제조소가 설치된 부지 내에 있는 것을 제외(기숙사는 포함)한다)

제조소 안전거리 기준을 준용하며, 고압가스시설 중 불활성 가스만을 저장 또는 취급하는 것과 특고압가공선은 안전거리를 적용하지 아니한다.

② 옥외저장탱크(위험물을 이송하기 위한 배관 그 밖에 이에 준하는 공작물을 제외한다)의 주위에 다음의 표에 정하는 너비의 공지를 보유할 것

저장 또는 취급하는 위험물의 최대수량	공지의 너비
지정수량의 2,000배 이하	3m 이상
지정수량의 2,000배 초과 4,000배 이하	5m 이상
지정수량의 4,000배 초과	해당 탱크의 수평단면의 최대지름(가로형인 경우에는 긴 변)과 높이 중 큰 것의 3분의 1과 같은 거리 이상. 다만, 5m 미만으로 하여서는 아니 된다.

③ 옥외저장탱크의 기둥은 철근콘크리트조, 철골콘크리트구조 그 밖에 이들과 동등 이상의 내화성능이 있을 것. 다만, 하나의 방유제 안에 설치하는 모든 옥외저장탱크가 고인화점 위험물만을 100℃ 미만의 온도로 저장 또는 취급하는 경우에는 기둥을 불연재료로 할 수 있다.

④ 옥외저장탱크의 펌프설비는 **08** (10)호(①의 ㉠·②의 ㉣, ㉤을 제외한다)의 규정에 준하는 것 외에 다음의 기준에 의할 것

> **08** 의 (10)(①의 ㉠·②의 ㉣, ㉤)
> ① 보유공지
> ㉠ 펌프설비의 주위에는 너비 3m 이상의 공지를 보유할 것. 다만, 방화상 유효한 격벽을 설치하는 경우와 제6류 위험물 또는 지정수량의 10배 이하 위험물의 옥외저장탱크의 펌프설비에 있어서는 그러하지 아니하다.
> ② 펌프실의 구조
> ㉣ 펌프실의 창 및 출입구에는 60분방화문 또는 30분방화문을 설치할 것
> ㉤ 펌프실의 창 및 출입구에 유리를 이용하는 경우에는 망입유리로 할 것

㉠ 펌프설비의 주위에 1m 이상의 너비의 공지를 보유할 것. 다만, 내화구조로 된 방화상 유효한 격벽을 설치하는 경우 또는 지정수량의 10배 이하의 위험물을 저장하는 옥외저장탱크의 펌프설비에 있어서는 그러하지 아니하다.

㉡ 펌프실의 창 및 출입구에는 60분방화문 또는 30분방화문을 설치할 것. 다만, 연소의 우려가 없는 외벽에 설치하는 창 및 출입구에는 불연재료 또는 유리로 만든 문을 달 수 있다.

㉢ 펌프실의 연소의 우려가 있는 외벽에 설치하는 창 및 출입구에 유리를 이용하는 경우는 망입유리를 이용할 것

⑤ 옥외저장탱크의 주위에는 위험물이 새었을 경우에 그 유출을 방지하기 위한 방유제를 설치할 것

⑥ **11** 방유제 (1), ① 내지 ③ 및 ⑦ 내지 ⑬의 규정은 **12** ⑤의 방유제의 기준에 대하여 준용한다. 이 경우에 있어서 **11** (1)의 ① 중 "110%"는 "100%"로 본다.

13 위험물의 성질에 따른 옥외탱크저장소의 특례

알킬알루미늄 등, 아세트알데히드 등 및 히드록실아민 등을 저장 또는 취급하는 옥외탱크저장소는 **03** 내지 **11**에 의하는 외에 해당 위험물의 성질에 따라 다음 각 호에 정하는 기준에 의해야 한다.

(1) 알킬알루미늄 등의 옥외탱크저장소

① 옥외저장탱크의 주위에는 누설범위를 국한하기 위한 설비 및 누설된 알킬알루미늄 등을 안전한 장소에 설치된 조에 이끌어 들일 수 있는 설비를 설치할 것

② 옥외저장탱크에는 불활성의 기체를 봉입하는 장치를 설치할 것

(2) 아세트알데히드 등의 옥외탱크저장소

① 옥외저장탱크의 설비는 동·마그네슘·은·수은 또는 이들을 성분으로 하는 합금으로 만들지 아니할 것

② 옥외저장탱크에는 냉각장치 또는 보냉장치, 그리고 연소성 혼합기체의 생성에 의한 폭발을 방지하기 위한 불활성의 기체를 봉입하는 장치를 설치할 것

(3) 히드록실아민 등의 옥외탱크저장소

① 옥외탱크저장소에는 히드록실아민 등의 온도의 상승에 의한 위험한 반응을 방지하기 위한 조치를 강구할 것

② 옥외탱크저장소에는 철 이온 등의 혼입에 의한 위험한 반응을 방지하기 위한 조치를 강구할 것

14 지중탱크에 관계된 옥외탱크저장소의 특례

지중탱크라 함은 옥외저장탱크의 저부가 지반면 아래에 있고 상부가 지반면 이상에 있으며 탱크 내 위험물의 최고액면이 지반면 아래에 있는 원통세로형식의 위험물탱크를 말하는 것으로 본 특례 규정은 **제4류 위험물을 지중탱크에 저장, 취급할 경우의 특례규정**이다.

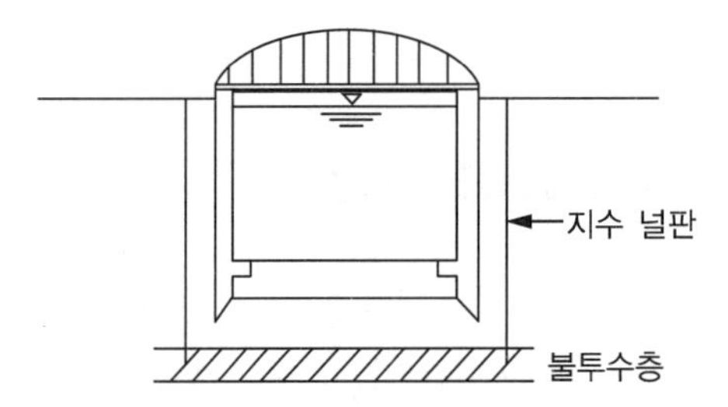

(1) 제4류 위험물을 지중탱크에 저장 또는 취급하는 옥외탱크저장소는 03 내지 11의 기준 중 03 안전거리 · 04 보유공지 · 06 특정 옥외저장탱크의 기초 및 지반 · 07 준특정 옥외저장탱크의 기초 및 지반 · 08 (1) 탱크의 재료 등(단, 수압시험, 충수시험은 제외) · (2) 특정 옥외저장탱크의 용접부 · (3) 내진 · 내풍압구조 등 · (6) 탱크밑판의 부식방지 · (10) 펌프설비 · (12) 배수관 · (16) 전기설비 · (18) 방유제의 규정은 적용하지 아니한다.

(2) (1)에 정하는 것 외에 다음 각 목에 정하는 기준에 적합해야 한다.

① 지중탱크의 옥외탱크저장소는 다음에 정하는 **장소**와 그 밖에 **소방청장 정하여 고시**하는 장소에 설치하지 아니할 것

㉠ 급경사지 등으로서 지반붕괴, 산사태 등의 위험이 있는 장소

㉡ 융기, 침강 등의 지반변동이 생기고 있거나 지중탱크의 구조에 지장을 미치는 지반변동이 발생할 우려가 있는 장소

Plus one

위험물안전관리에 관한 세부기준

제75조(지중탱크의 설치장소의 제한) **14** (2) ① (규칙 별표6 XII 제2호 가목)에 따른 장소는 다음 각 호와 같다.

1. 「수도법」에 의한 수도시설(위험물의 유입의 우려가 있는 것에 한한다)로부터 수평거리 300m의 범위 내의 장소
2. 지하철, 지하터널 또는 지하가 기타 지하공작물(해당 지중탱크에 관계된 갱도 등의 지하공작물을 제외한다)로부터 수평거리가 지중탱크 수평단면의 안지름의 1/2 또는 지중탱크 밑판의 윗면에서 지반면까지의 탱크 높이 중 큰 것과 같은 거리의 범위 내의 장소

② 지중탱크의 옥외탱크저장소의 위치는 **03** 안전거리의 규정에 의하는 것 외에 해당 옥외탱크저장소가 보유하는 부지의 경계선에서 지중탱크의 지반면의 옆판까지의 사이에, 해당 지중탱크 수평단면의 안지름의 수치에 0.5를 곱하여 얻은 수치(해당 수치가 지중탱크의 밑판표면에서 지반면까지 높이의 수치보다 작은 경우에는 해당 높이의 수치) 또는 50m(해당 지중탱크에 저장 또는 취급하는 위험물의 인화점이 21℃ 이상 70℃ 미만의 경우에 있어서는 40m, 70℃ 이상의 경우에 있어서는 30m) 중 큰 것과 동일한 거리 이상의 거리를 유지할 것

③ 지중탱크(위험물을 이송하기 위한 배관 그 밖의 이에 준하는 공작물을 제외한다)의 주위에는 해당 지중탱크 수평단면의 안지름의 수치에 0.5를 곱하여 얻은 수치 또는 지중탱크의 밑판표면에서 지반면까지 높이의 수치 중 큰 것과 동일한 거리 이상의 너비의 공지를 보유할 것

④ 지중탱크의 지반은 다음에 의할 것

㉠ 지반은 해당 지반에 설치하는 지중탱크 및 그 부속설비의 자중, 저장하는 위험물의 중량 등의 하중(이하 "지중탱크하중"이라 한다)에 의하여 발생하는 응력(변형력)에 대하여 안전할 것

㉡ 지반은 다음에 정하는 기준에 적합할 것

ⓐ 지반은 암반의 단층, 절토(땅깎기) 및 성토(흙쌓기)에 걸쳐 있는 등 활동(活動)을 일으킬 우려가 없어야 한다.

ⓑ 소방청장이 정하여 고시하는 범위 내의 지반은 지중탱크하중에 대한 지지력계산에서의 지지력안전율 및 침하량계산에서의 계산침하량이 소방청장이 정하여 고시하는 수치에 적합하고, **06** (2), ②, ㉡, ⓒ의 기준에 적합할 것

Plus one

06 의 (2) ② ㉡ ⓒ

점성토(찰기가 있는 흙) 지반은 압밀도시험에서, 사질토 지반은 표준관입시험에서 각각 압밀하중에 대하여 압밀도가 90%[미소한 침하가 장기간 계속되는 경우에는 10일간(이하 이 호에서 "미소침하측정기간"이라 한다) 계속하여 측정한 침하량의 합의 1일당 평균침하량이 침하의 측정을 개시한 날부터 미소침하측정기간의 최종일까지의 총침하량의 0.3% 이하인 때에는 해당 지반에서의 압밀도가 90%인 것으로 본다] 이상 또는 표준관입시험치가 평균 15 이상의 값일 것

ⓒ 지중탱크 하부의 지반[14의 (2) ⑤ ⓒ에 정하는 양수설비를 설치하는 경우에는 해당 양수설비의 배수층하의 지반]의 표면의 평판재하시험에 있어서 평판재하시험값(극한 지지력의 값으로 한다)이 지중탱크하중에 ⓑ의 안전율을 곱하여 얻은 값 이상의 값일 것

ⓓ 소방청장이 정하여 고시하는 범위 내의 지반의 지질이 소방청장이 정하여 고시하는 것 외의 것일 것

ⓔ 지반이 바다・하천・호소(湖沼)・늪 등에 접하고 있는 경우 또는 인공지반을 조성하는 경우에는 활동(미끄러져 움직임)과 관련하여 소방청장이 정하여 고시하는 기준에 적합할 것

> 〈위험물안전관리에 관한 세부기준〉
> **제81조(지중탱크의 지반의 활동의 안전율)** 규칙 별표6 XII 제2호 라목 2) 마)에 따른 지반의 활동의 안전율은 1.3 이상의 수치로 한다.

ⓕ 인공지반에 있어서는 상기에 정하는 것외에 소방청장이 정하여 고시하는 기준에 적합할 것

Plus one

〈위험물안전관리에 관한 세부기준〉

제82조(지중탱크의 인공지반) 규칙 별표6 XII 제2호 라목 2) 바)에 따른 인공지반의 기준은 다음 각 호와 같다.

1. 인공지반은 사질토 또는 이것과 동등 이상의 견고성을 가진 것을 이용하여 충분히 다질 것
2. 인공지반의 높이는 주변의 재래지반면(지중탱크를 설치하기 이전의 지반을 말한다. 이하 같다)으로부터 10m 이하에 있을 것
3. 인공지반의 경사면의 경사도는 5/9 이하일 것
4. 인공지반의 상부의 폭은 10m와 주변의 재래지반면으로부터 지중탱크의 인공지반까지 높이의 2배의 수치 중 큰 것과 같은 수치로 할 것
5. 인공지반의 경사면에는 높이 7m마다 폭 1m 이상의 소단(소단, 경사면의 붕괴를 방지하기 위하여 경사면에 설치하는 수평영역을 말한다)을 설치할 것

⑤ 지중탱크의 구조는 다음에 의할 것

㉠ 지중탱크는 옆판 및 밑판을 철근콘크리트 또는 프리스트레스트 콘크리트(콘크리트에 미리 압축응력을 주어 인장강도를 높인 것)로 만들고 지붕을 강철판으로 만들며, 옆판 및 밑판의 안쪽에는 누액방지판을 설치하여 틈이 없도록 할 것

㉡ 지중탱크의 재료는 소방청장이 정하여 고시하는 규격에 적합한 것 또는 이와 동등 이상의 강도 등이 있을 것

㉢ 지중탱크는 해당 지중탱크 및 그 부속설비의 자중, 저장하는 위험물의 중량, 토압, 지하수압, 양압력(揚壓力), 콘크리트의 건조수축 및 크립(Creep)의 영향, 온도변화의 영향, 지진의 영향 등의 하중에 의하여 발생하는 응력(변형력) 및 변형에 대해서 안전하게 하고, 유해한 침하 및 부상(浮上)을 일으키지 아니하도록 할 것. 다만, 소방청장이 정하여 고시하는 기준에 적합한 양수설비를 설치하는 경우는 양압력을 고려하지 아니할 수 있다.

㉣ 지중탱크의 구조는 ㉠ 내지 ㉢에 의하는 외에 다음에 정하는 기준에 적합할 것

ⓐ 하중에 의하여 지중탱크 본체(지붕 및 누액방지판을 포함한다)에 발생하는 응력(변형력)은 소방청장이 정하여 고시하는 허용응력 이하일 것

ⓑ 옆판 및 밑판의 최소두께는 소방청장이 정하여 고시하는 기준에 적합한 것으로 할 것

ⓒ 지붕은 2매판 구조의 부상지붕으로 하고, 그 외면에는 녹 방지를 위한 도장을 하는 동시에 소방청장이 정하여 고시하는 기준에 적합하게 할 것

ⓓ 누액방지판은 소방청장이 정하여 고시하는 바에 따라 강철판으로 만들고, 그 용접부는 소방청장이 정하여 고시하는 바에 따라 실시한 자분탐상시험 등의 시험에 있어서 소방청장이 정하여 고시하는 기준에 적합하도록 한 것

⑥ 지중탱크의 펌프설비는 다음의 기준에 적합한 것으로 할 것

㉠ 위험물 중에 설치하는 펌프설비는 그 전동기의 내부에 냉각수를 순환시키는 동시에 금속제의 보호관내에 설치할 것

㉡ ㉠에 해당하지 아니하는 펌프설비는 **08** (10)(갱도에 설치하는 것에 있어서는 ①・②・⑤ 및 ⑪을 제외한다)에 따른 옥외저장탱크의 펌프설비의 기준을 준용할 것

⑦ 지중탱크에는 해당 지중탱크 내의 물을 적절히 배수할 수 있는 설비를 설치할 것

⑧ 지중탱크의 옥외탱크저장소에 갱도를 설치하는 경우에 있어서는 다음에 의할 것

㉠ 갱도의 출입구는 지중탱크 내의 위험물의 최고액면보다 높은 위치에 설치할 것. 다만, 최고액면을 넘는 위치를 경유하는 경우에 있어서는 그러하지 아니하다.

㉡ 가연성의 증기가 체류할 우려가 있는 갱도에는 가연성의 증기를 외부에 배출할 수 있는 설비를 설치할 것

⑨ 지중탱크는 그 주위가 소방청장이 정하여 고시하는 구내도로에 직접 면하도록 설치할 것. 다만, 2기 이상의 지중탱크를 인접하여 설치하는 경우에는 해당 지중탱크 전체가 포위될 수 있도록 하되, 각 탱크의 2 방향 이상이 구내도로에 직접 면하도록 하는 것으로 할 수 있다.

⑩ 지중탱크의 옥외탱크저장소에는 소방청장이 정하여 고시하는 바에 따라 위험물 또는 가연성 증기의 누설을 자동적으로 검지하는 설비 및 지하수위의 변동을 감시하는 설비를 설치할 것

⑪ 지중탱크의 옥외탱크저장소에는 소방청장이 정하여 고시하는 바에 따라 지중벽을 설치할 것. 다만, 주위의 지반상황 등에 의하여 누설된 위험물이 확산할 우려가 없는 경우에는 그러하지 아니하다.

(3) (1) 및 (2)에 규정하는 것 외에 지중탱크의 옥외탱크저장소에 관한 세부기준은 소방청장이 정하여 고시한다.

15 해상탱크에 관계된 옥외탱크저장소의 특례

(1) 원유・등유・경유 또는 중유를 해상탱크에 저장 또는 취급하는 옥외탱크저장소 중 해상탱크를 용량 10만L 이하마다 물로 채운 이중의 격벽으로 완전하게 구분하고, 해상탱크의 옆부분 및 밑부분을 물로 채운 이중벽의 구조로 한 것은 03 내지 11의 규정에 불구하고 (2) 및 (3)의 규정에 의할 수 있다.

⊕ Plus one

해상탱크라 함은 해상의 동일 장소에 정치(定置)되어 육상에 설치된 설비와 배관 등에 의하여 접속된 위험물 탱크를 말한다.

(2) (1)의 옥외탱크저장소에 대하여는 04・06・07・08 (1) 내지 (7) 및 (10) 내지 (18)의 규정은 적용하지 아니한다.

(3) (2)에 정하는 것외에 해상탱크에 관계된 옥외탱크저장소의 특례는 다음 각 목과 같다.

① 해상탱크의 위치는 다음에 의할 것

㉠ 해상탱크는 자연적 또는 인공적으로 거의 폐쇄된 평온한 해역에 설치할 것

㉡ 해상탱크의 위치는 육지, 해저 또는 해당 해상탱크에 관계된 옥외탱크저장소와 관련되는 공작물외의 해양 공작물로부터 해당 해상탱크의 외면까지의 사이에 안전을 확보하는데 필요하다고 인정되는 거리를 유지할 것

② 해상탱크의 구조는 선박안전법에 정하는 바에 의할 것

③ 해상탱크의 정치(定置)설비는 다음에 의할 것

㉠ 정치설비는 해상탱크를 안전하게 보존・유지할 수 있도록 배치할 것

㉡ 정치설비는 해당 정치설비에 작용하는 하중에 의하여 발생하는 응력(변형력) 및 변형에 대하여 안전한 구조로 할 것

④ 정치설비의 직하의 해저면으로부터 정치설비의 자중 및 정치설비에 작용하는 하중에 의한 응력(변형력)에 대하여 정치설비를 안전하게 지지하는데 필요한 깊이까지의 지반은 표준관입시험에서의 표준관입시험치가 평균적으로 15 이상의 값을 나타내는 동시에 정치설비의 자중 및 정치설비에 작용하는 하중에 의한 응력(변형력)에 대하여 안전할 것

⑤ 해상탱크의 펌프설비는 08 (10)에 따른 옥외저장탱크의 펌프설비의 기준을 준용하되, 현장 상황에 따라 동 규정의 기준에 의하는 것이 곤란한 경우에는 안전조치를 강구하여 동 규정의 기준 중 일부를 적용하지 아니 할 수 있다.

⑥ 위험물을 취급하는 배관은 다음의 기준에 의할 것
  ㉠ 해상탱크의 배관의 위치 · 구조 및 설비는 08 (14)에 따른 옥외저장탱크의 배관의 기준을 준용할 것. 다만, 현장상황에 따라 동 규정의 기준에 의하는 것이 곤란한 경우에는 안전조치를 강구하여 동 규정의 기준 중 일부를 적용하지 아니할 수 있다.
  ㉡ 해상탱크에 설치하는 배관과 그 밖의 배관과의 결합부분은 파도 등에 의하여 해당 부분에 손상을 주지 아니하도록 조치할 것
⑦ 전기설비는 「전기사업법」에 의한 전기설비기술기준의 규정에 의하는 외에, 열 및 부식에 대하여 내구성이 있는 동시에 기후의 변화에 내성이 있을 것
⑧ ⑤ 내지 ⑦의 규정에 불구하고 해상탱크에 설치하는 펌프설비, 배관 및 전기설비(⑩에 정하는 설비와 관련되는 전기설비 및 소화설비와 관련되는 전기설비를 제외한다)에 있어서는 「선박안전법」에 정하는 바에 의할 것
⑨ 해상탱크의 주위에는 위험물이 새었을 경우에 그 유출을 방지하기 위한 **방유제**(부유식의 것을 포함한다)를 설치할 것
⑩ 해상탱크에 관계된 옥외탱크저장소에는 위험물 또는 가연성 증기의 누설 또는 위험물의 폭발 등의 재해의 발생 또는 확대를 방지하는 설비를 설치할 것

16 옥외탱크저장소의 충수시험의 특례

옥외탱크저장소의 구조 또는 설비에 관한 변경공사(탱크의 옆판 또는 밑판의 교체공사를 제외한다) 중 탱크 본체에 관한 공사를 포함하는 변경공사로서 해당 탱크 본체에 관한 공사가 다음 각 호[특정 옥외탱크저장소 외의 옥외탱크저장소에 있어서는 (1) · (2) · (3) · (5) · (6) 및 (8)에 정하는 변경공사에 해당하는 경우에는 해당 변경공사에 관계된 옥외탱크저장소에 대하여 08 (1)의 규정(충수시험에 관한 기준과 관련되는 부분에 한한다)은 적용하지 아니한다.

(1) 노즐 · 맨홀 등의 설치공사

(2) 노즐 · 맨홀 등과 관련되는 용접부의 보수공사

(3) 지붕에 관련되는 공사(고정지붕식으로 된 옥외탱크저장소에 내부부상지붕을 설치하는 공사를 포함한다)

(4) 옆판과 관련되는 겹침보수공사

(5) 옆판과 관련되는 육성보수공사(용접부에 대한 열영향이 경미한 것에 한한다)

(6) 최대저장높이 이상의 옆판에 관련되는 용접부의 보수공사

(7) 애뉼러 판 또는 밑판의 겹침보수공사 중 옆판으로부터 600mm 범위 외의 부분에 관련된 것으로서 해당 겹침보수부분이 저부면적(애뉼러 판 및 밑판의 면적을 말한다)의 2분의 1 미만인 것

(8) 애뉼러 판 또는 밑판에 관한 육성보수공사(용접부에 대한 열영향이 경미한 것에 한한다)

(9) 밑판 또는 애뉼러 판이 옆판과 접하는 용접이음부의 겹침보수공사 또는 육성보수공사(용접부에 대한 열영향이 경미한 것에 한한다)

제3절 옥내탱크저장소의 위치 · 구조 및 설비의 기준(시행규칙 제31조 관련)

01 옥내탱크저장소의 정의 및 특징

(1) 정 의

옥내에 있는 탱크에서 위험물을 저장 · 취급하는 저장소

(2) 특 징★★★★★

① 옥내에 있는 탱크라는 의미에서 이중의 안전장치를 가지고 있는 위험물 저장탱크로 안전거리 및 보유공지의 규제를 받지 아니하는 저장소

② 저장용량을 제한하고 있어 비교적 안전한 저장소

③ 탱크의 용량제한 외에 옥내탱크저장소를 설치할 수 있는 건축물의 층수 등에 관한 제한이 있다.

<table>
<tr><th rowspan="2">구 분</th><th rowspan="2">단층 건축물</th><th colspan="5">단층 건축물 이외의 옥내저장탱크</th></tr>
<tr><th>제2류</th><th>제3류</th><th>제6류</th><th colspan="2">제4류</th></tr>
<tr><td>저장 · 취급할 위험물</td><td>제한 없음</td><td>황화린 · 적린 덩어리 유황</td><td>황 린</td><td>질 산</td><td colspan="2">인화점이 38℃ 이상인 위험물</td></tr>
<tr><td>설치층</td><td>단층으로 해당 없음</td><td colspan="3">1층 또는 지하층</td><td colspan="2">층수제한 없음</td></tr>
<tr><td rowspan="2">저장용량</td><td rowspan="2">40배 이하</td><td colspan="3" rowspan="2">40배 이하</td><td>1층 이하</td><td>2층 이상</td></tr>
<tr><td>40배 이하</td><td>10배 이하</td></tr>
<tr><td rowspan="2">탱크용량</td><td rowspan="2">제4석유류 및 동식물유류 외의 제4류 위험물에 있어서 해당 수량이 20,000L를 초과할 때에는 20,000L</td><td colspan="3" rowspan="2">탱크의 최대용량 제한 없음</td><td colspan="2">제4석유류 및 동식물 이외 제4류</td></tr>
<tr><td>2만리터</td><td>5천리터</td></tr>
</table>

(3) 옥내저장탱크에 설치되는 펌프설비 유형

① 탱크전용실이 단층건축물에 설치된 경우

㉠ 펌프설비가 탱크전용실이 설치된 건축물과 별도로 설치된 경우

㉡ 펌프설비가 탱크전용실이 있는 건축물에 설치된 경우

- 탱크전용실이 있는 건축물에 있으나 탱크전용실 외에 설치된 경우
- 탱크저장실 내에 설치된 경우

② 탱크전용실이 단층건축물 이외의 장소에 설치된 경우

㉠ 펌프설비가 탱크전용실이 있는 건축물에 설치된 경우

- 펌프설비를 탱크전용실 이외의 장소에 설치하는 경우
- 펌프설비를 탱크전용실 내에 설치한 경우

02 옥내탱크저장소의 위치★★★★★ 2013년 경남소방장 기출

(1) 옥내저장탱크는 **단층건축물**에 설치된 **탱크전용실**에 설치할 것

[단층건축물의 탱크전용실 설치 사례]

[단층건축물의 탱크전용실 설치 사례]

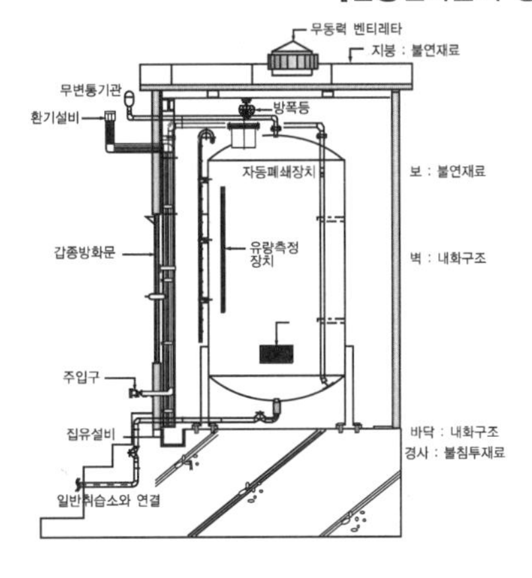

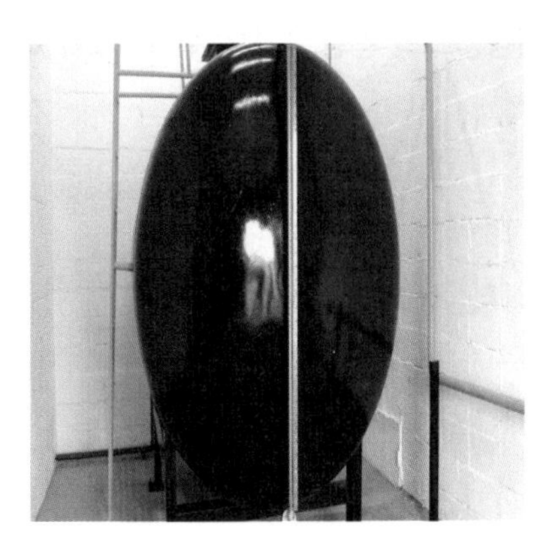

(2) 옥내저장탱크와 탱크전용실의 벽과의 사이 및 옥내저장탱크의 상호 간에는 0.5m 이상의 간격을 유지할 것. 다만, 탱크의 점검 및 보수에 지장이 없는 경우에는 그러하지 아니하다.

[탱크와 전용실 벽간, 탱크상호 간 간격]

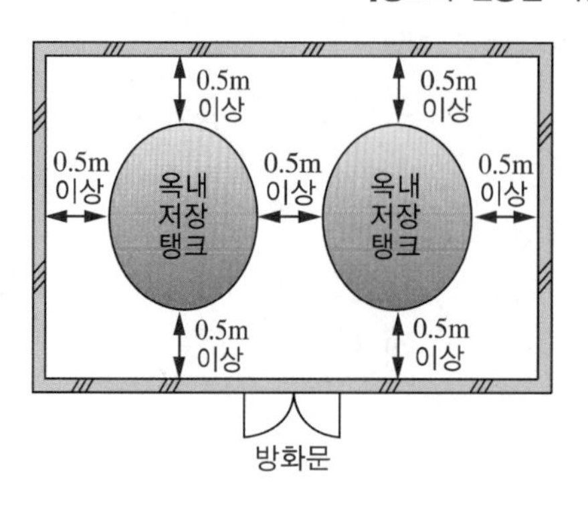

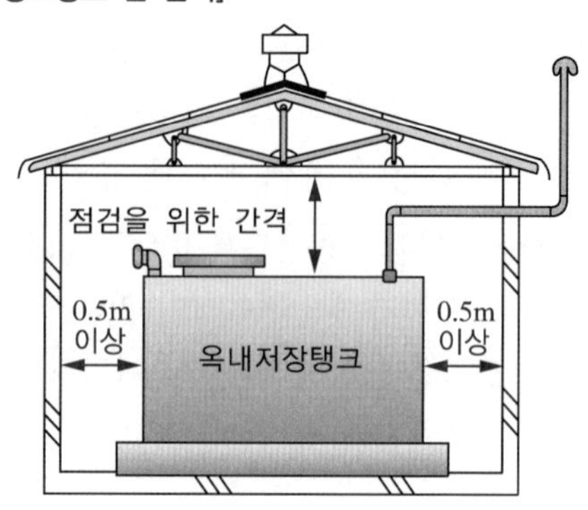

(3) 옥내탱크저장소에는 보기 쉬운 곳에 "위험물 옥내탱크저장소"라는 표시를 한 **표지**와 방화에 관하여 필요한 사항을 게시한 **게시판**을 설치해야 한다.

(4) **옥내저장탱크의 용량은 지정수량 40배 이하일 것** 2022년 소방장 기출

① 용량계산

동일한 탱크전용실에 옥내저장탱크를 2 이상 설치하는 경우에는 각 탱크의 용량의 합계가 지정수량 40배 이하일 것

② 옥내저장탱크 용량

제4석유류 및 동식물유류 외의 제4류 위험물에 있어서 해당 수량이 20,000리터를 초과할 때에는 20,000리터 이하로 할 것

[단층건축물의 탱크전용실 설치 사례]

품 명		지정수량	최대배수	최대용량
특수인화물		50L	40배	2,000L
제1석유류	비수용성	200L	40배	8,000L
	수용성	400L	40배	16,000L
제2석유류	비수용성	1,000L	20배	20,000L
	수용성	2,000L	10배	20,000L
제3석유류	비수용성	2,000L	10배	20,000L
	수용성	4,000L	5배	20,000L
제4석유류		6,000L	40배	240,000L
동식물유류		10,000L	40배	400,000L

[단층건축물의 탱크전용실 설치 사례]

품 명	배 수	합계배수
제1석유류(비수용성) 4,000L	20배	36배
제2석유류(비수용성) 16,000L	16배	
제3석유류(비수용성) 20,000L	10배	40배
제4석유류(비수용성) 180,000L	30배	

03 단층건물 탱크전용실의 구조★★★★ 2013년 경남소방장 기출

(1) 벽 · 기둥 및 바닥은 내화구조로 하고, 보를 불연재료로 하며, 연소의 우려가 있는 외벽은 출입구 외에는 개구부가 없도록 할 것. 다만, 인화점이 70℃ 이상인 제4류 위험물만의 옥내저장탱크를 설치하는 탱크전용실에 있어서는 연소의 우려가 없는 외벽 · 기둥 및 바닥을 불연재료로 할 수 있다.

(2) 지붕은 불연재료로 하고, 천장을 설치하지 아니할 것

(3) 탱크전용실의 **창 및 출입구**에는 **60분방화문 또는 30분방화문**을 설치하는 동시에, 연소의 우려가 있는 외벽에 두는 출입구에는 수시로 열 수 있는 자동폐쇄식의 60분방화문을 설치할 것

(4) 탱크전용실의 창 또는 출입구에 유리를 이용하는 경우에는 **망입유리**로 할 것

(5) 액상의 위험물의 옥내저장탱크를 설치하는 탱크전용실의 바닥은 **위험물이 침투하지 아니하는 구조**로 하고, 적당한 **경사**를 두는 한편, **집유설비**를 설치할 것

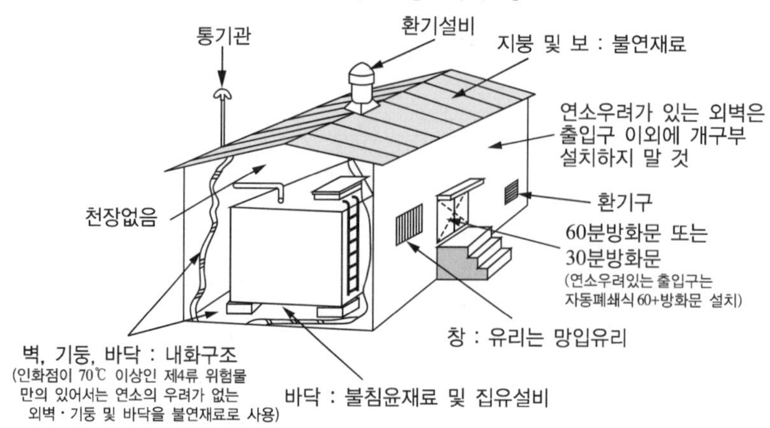

(6) 탱크전용실의 출입구의 턱의 높이를 해당 탱크전용실 내의 옥내저장탱크(옥내저장탱크가 2 이상인 경우에는 최대용량의 탱크)의 용량을 수용할 수 있는 높이 이상으로 하거나 옥내저장탱크로부터 누설된 위험물이 탱크전용실 외의 부분으로 유출하지 아니하는 구조로 할 것

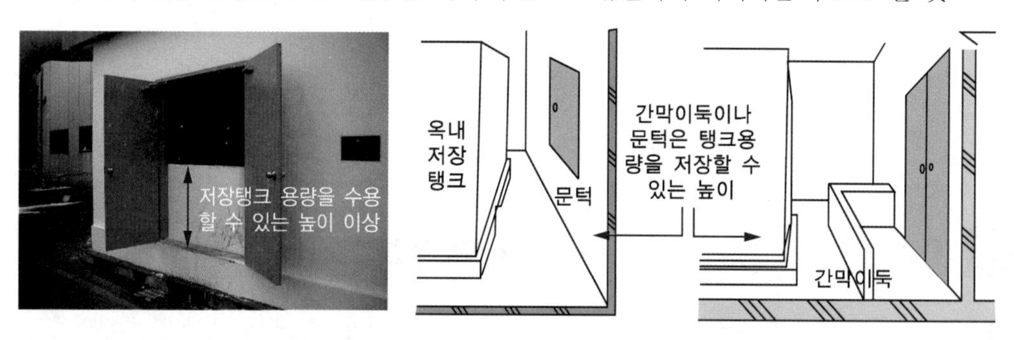

(7) 탱크전용실의 채광 · 조명 · 환기 및 배출의 설비의 기준

설비구분	설치기준
채광설비	• 불연재료로 할 것 • 연소의 우려가 없는 장소에 설치하되 채광면적을 최소로 할 것
조명설비	• 가연성가스 등이 체류할 우려가 있는 장소 : 방폭등 • 전선 : 내화 · 내열전선 • 점멸스위치는 출입구 바깥부분에 설치할 것. 다만, 스위치의 스파크로 인한 화재 · 폭발의 우려가 없을 경우에는 그러하지 아니하다.
환기설비	• 환기는 자연배기방식으로 할 것 • 급기구는 해당 급기구가 설치된 실의 바닥면적 150m^{2}마다 1개 이상으로 하되, 급기구의 크기는 800cm^2 이상으로 할 것 • 급기구는 낮은 곳에 설치하고 가는 눈의 구리망 등으로 인화방지망을 설치할 것 • 환기구는 지붕위 또는 지상 2m 이상의 높이에 회전식 고정벤티레이터 또는 루프팬 방식으로 설치할 것
배출설비	인화점이 70℃ 미만인 위험물의 저장창고에 있어서는 내부에 체류한 가연성의 증기를 지붕 위로 배출하는 설비를 갖추어야 한다.

(8) 전기설비는 「전기사업법」에 의한 전기설비기술기준에 의해야 한다.

04 옥내저장탱크의 구조★★★

(1) 옥내저장탱크의 구조는 옥외저장탱크의 구조의 기준을 준용할 것

① 옥내저장탱크는 두께 3.2mm 이상의 강철판 또는 소방청장이 정하여 고시하는 규격에 적합한 재료로, 틈이 없도록 제작해야 한다.

② 압력탱크(최대상용압력이 대기압을 초과하는 탱크를 말한다) 외의 탱크는 충수시험에서 새거나 변형되지 아니해야 한다.

③ 압력탱크는 최대상용압력의 1.5배의 압력으로 10분간 실시하는 수압시험에서 새거나 변형되지 아니해야 한다.

(2) 옥내탱크저장소의 충수시험의 특례는 제3절 16 옥외탱크저장소 기준을 준용한다.

(3) 옥내저장탱크의 외면에는 녹을 방지하기 위한 도장을 할 것. 다만, 탱크의 재질이 부식의 우려가 없는 스테인리스강판 등인 경우에는 그러하지 아니하다.

05 옥내저장탱크의 설비

[단층건물 탱크전용실의 설비]

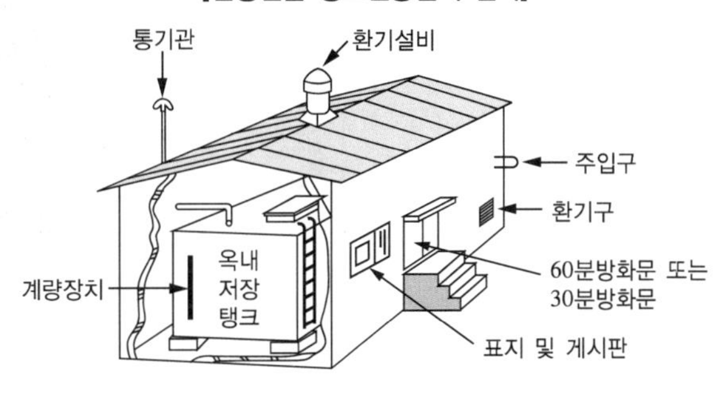

(1) 통기관

압력탱크(최대상용압력이 부압 또는 정압 5kPa을 초과하는 탱크를 말한다) 외의 탱크(제4류 위험물의 옥내저장탱크로 한정한다)에 있어서는 밸브 없는 통기관 또는 대기밸브 부착 통기관을 다음의 기준에 따라 설치한다.

① 밸브 없는 통기관★★★

㉠ 통기관의 끝부분은 건축물의 창·출입구 등의 개구부로부터 1m 이상 떨어진 옥외의 장소에 지면으로부터 4m 이상의 높이로 설치하되, 인화점이 40℃ 미만인 위험물의 탱크에 설치하는 통기관에 있어서는 부지경계선으로부터 1.5m 이상 거리를 둘 것. 다만, 고인화점 위험물만을 100℃ 미만의 온도로 저장 또는 취급하는 탱크에 설치하는 통기관은 그 끝부분을 탱크전용실 내에 설치할 수 있다.

㉡ 통기관은 가스 등이 체류할 우려가 있는 굴곡이 없도록 할 것

㉢ 지름은 30mm 이상일 것

㉣ 끝부분은 수평면보다 45도 이상 구부려 빗물 등의 침투를 막는 구조로 할 것

㉤ 인화점이 38℃ 미만인 위험물만을 저장 또는 취급하는 탱크에 설치하는 통기관에는 화염방지장치를 설치하고, 그 외의 탱크에 설치하는 통기관에는 40메쉬(mesh) 이상의 구리망 또는 동등 이상의 성능을 가진 인화방지장치를 설치할 것. 다만, 인화점이 70℃ 이상인 위험물만을 해당 위험물의 인화점 미만의 온도로 저장 또는 취급하는 탱크에 설치하는 통기관에는 인화방지장치를 설치하지 않을 수 있다.

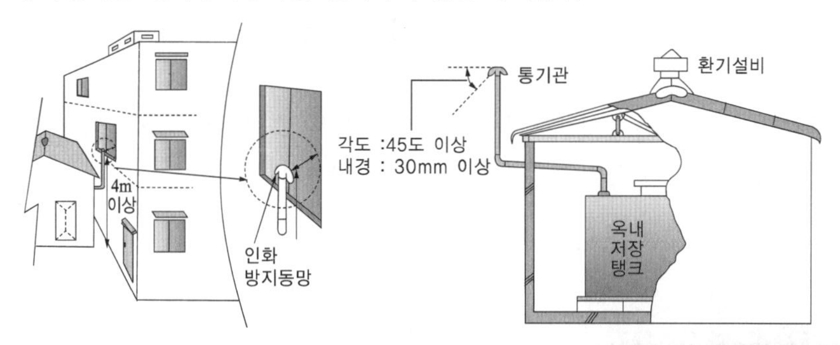

㉥ 가연성의 증기를 회수하기 위한 밸브를 통기관에 설치하는 경우에 있어서는 해당 통기관의 밸브는 저장탱크에 위험물을 주입하는 경우를 제외하고는 항상 개방되어 있는 구조로 하는 한편, 폐쇄하였을 경우에 있어서는 10kPa 이하의 압력에서 개방되는 구조로 할 것. 이 경우 개방된 부분의 유효단면적은 777.15mm^2 이상이어야 한다.

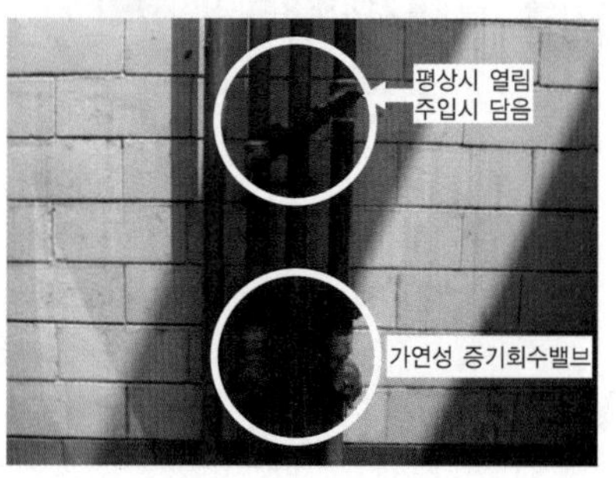

② 대기밸브부착 통기관

㉠ 위 ㉠, ㉡에 따른다.

㉡ 5kPa 이하의 압력차이로 작동할 수 있을 것

㉢ 가는 눈의 구리망 등으로 인화방지장치를 할 것

(2) 안전장치★★★★★

압력탱크에 있어서는 다음의 안전장치를 설치할 것. 다만, ④의 파괴판은 위험물의 성질에 따라 안전밸브의 작동이 곤란한 가압설비에 한한다.

① 자동적으로 압력의 상승을 정지시키는 장치

② 감압측에 안전밸브를 부착한 감압밸브

③ 안전밸브를 겸하는 경보장치

④ 파괴판

[대기밸브부착 통기관]

(3) 자동계량장치

액체위험물의 옥내저장탱크에는 위험물의 양을 자동적으로 표시하는 장치를 설치할 것

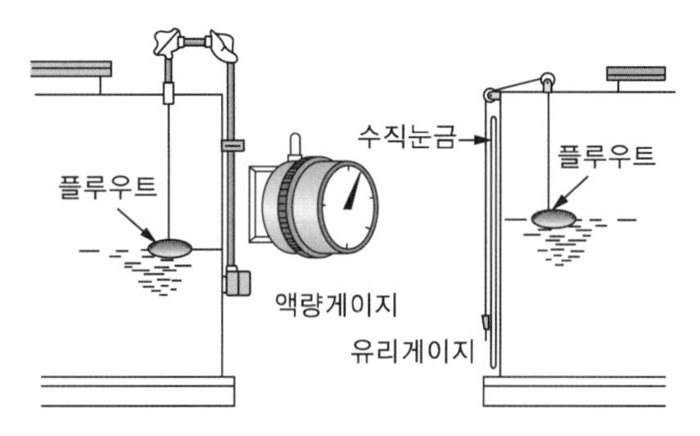

(4) 주입구 설치기준★★★★★

액체위험물의 옥내저장탱크의 주입구의 기준(옥외저장탱크의 주입구의 기준을 준용할 것)

① 화재예방상 지장이 없는 장소에 설치할 것

② 주입호스 또는 주입관과 결합할 수 있고, 결합하였을 때 위험물이 새지 아니할 것

③ 주입구에는 밸브 또는 뚜껑을 설치할 것

④ 휘발유, 벤젠 그 밖에 정전기에 의한 재해가 발생할 우려가 있는 액체위험물의 옥내저장탱크의 주입구 부근에는 정전기를 유효하게 제거하기 위한 접지전극을 설치할 것

⑤ 인화점이 21℃ 미만인 위험물의 옥내저장탱크의 주입구의 게시판 설치 기준

설치위치	규 격	표시할 항목	색 상
보기 쉬운 곳	한 변이 0.3m 이상, 다른 한 변이 0.6m 이상인 직사각형	• "옥내저장탱크 주입구" 표시 • 위험물의 유별, 품명, 주의사항	백색바탕에 흑색문자 (주의사항 : 적색문자)

다만, 소방본부장 또는 소방서장이 화재예방상 해당 게시판을 설치할 필요가 없다고 인정하는 경우에는 그러하지 아니하다.

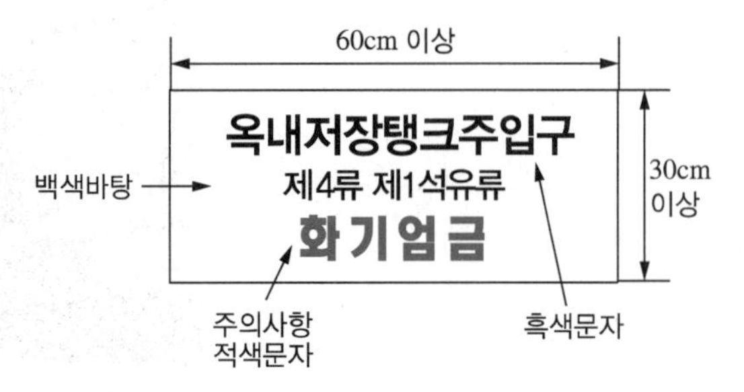

⑥ 주입구 주위에는 새어나온 기름 등 액체가 외부로 유출되지 아니하도록 방유턱을 설치하거나 집유설비 등의 장치를 설치할 것

(5) 옥내저장탱크의 펌프설비★★★

① 단층 건축물 옥내저장탱크 전용실에 설치하는 펌프설비

탱크전용실이 있는 이외의 장소	탱크 전용실 이외의 장소	탱크전용실 내
㉠ 펌프설비는 견고한 기초 위에 고정할 것 ㉡ 펌프실의 벽·기둥·바닥 및 보는 불연재료로 할 것 ㉢ 펌프실의 지붕을 폭발력이 위로 방출될 정도의 가벼운 불연재료로 할 것 ㉣ 펌프실의 창 및 출입구에는 60분방화문 또는 30분방화문을 설치할 것 ㉤ 펌프실의 창 및 출입구에 유리를 이용하는 경우에는 망입유리로 할 것 ㉥ 펌프실의 바닥의 주위에는 높이 0.2m 이상의 턱을 만들고 바닥은 콘크리트 등 위험물이 스며들지 아니하는 재료로 적당히 경사지게 하여 그 최저부에는 집유설비를 설치할 것 ㉦ 펌프실에는 위험물을 취급하는데 필요한 채광, 조명 및 환기의 설비를 설치할 것 ㉧ 가연성 증기가 체류할 우려가 있는 펌프실에는 그 증기를 옥외의 높은 곳으로 배출하는 설비를 설치할 것 ㉨ 펌프실 외의 장소에 설치하는 펌프설비에는 그 직하의 지반면의 주위에 높이 0.15m 이상의 턱을 만들고 해당 지반면은 콘크리트 등 위험물이 스며들지 아니하는 재료로 적당히 경사지게 하여 그 최저부에는 집유설비를 할 것. 이 경우 제4류 위험물(온도 20℃의 물 100g에 용해되는 양이 1g 미만인 것에 한한다)을 취급하는 펌프설비에 있어서는 해당 위험물이 직접 배수구에 유입하지 아니하도록 집유설비에 유분리장치를 설치해야 한다. ㉩ 인화점이 21℃ 미만인 위험물을 취급하는 펌프설비에는 보기 쉬운 곳에 "옥내저장탱크 펌프설비"라는 표시를 한 게시판과 방화에 관하여 필요한 사항을 게시한 게시판을 설치할 것. 다만, 소방본부장 또는 소방서장이 화재예방상 해당 게시판을 설치할 필요가 없다고 인정하는 경우에는 그러하지 아니하다.	좌측 ㉨을 제외한 기준에 따른다. 다만, 펌프실의 지붕은 내화구조 또는 불연재료로 할 수 있다.	㉠ 펌프설비를 견고한 기초 위에 고정시킨다. ㉡ 펌프설비 주위에 불연재료로 된 턱을 탱크전용실의 문턱높이 이상으로 설치할 것. 다만, 펌프설비의 기초를 탱크전용실의 문턱높이 이상으로 하는 경우에는 제외한다.

② 옥내저장탱크 전용실을 단층건물 외의 건축물에 설치한 펌프설비

탱크전용실 이외의 장소	탱크전용실내
㉠ 이 펌프실은 벽·기둥·바닥 및 보를 내화구조로 할 것 ㉡ 펌프실은 상층이 있는 경우에 있어서는 상층의 바닥을 내화구조로 하고, 상층이 없는 경우에 있어서는 지붕을 불연재료로 하며, 천장을 설치하지 아니할 것 ㉢ 펌프실에는 창을 설치하지 아니할 것. 다만, 제6류 위험물의 탱크전용실에 있어서는 60분방화문 또는 30분방화문이 있는 창을 설치할 수 있다. ㉣ 펌프실의 출입구에는 60분방화문을 설치할 것. 다만, 제6류 위험물의 탱크전용실에 있어서는 30분방화문을 설치할 수 있다. ㉤ 펌프실의 환기 및 배출의 설비에는 방화상 유효한 댐퍼 등을 설치할 것 ㉥ 펌프설비는 견고한 기초 위에 고정할 것 ㉦ 펌프실의 바닥의 주위에는 높이 0.2m 이상의 턱을 만들고 바닥은 콘크리트 등 위험물이 스며들지 아니하는 재료로 적당히 경사지게 하여 그 최저부에는 집유설비를 설치할 것 ㉧ 펌프실에는 위험물을 취급하는데 필요한 채광, 조명 및 환기의 설비를 설치할 것 ㉨ 가연성 증기가 체류할 우려가 있는 펌프실에는 그 증기를 옥외의 높은 곳으로 배출하는 설비를 설치할 것 ㉩ 인화점이 21℃ 미만인 위험물을 취급하는 펌프설비에는 보기 쉬운 곳에 "옥내저장탱크 펌프설비"라는 표시를 한 게시판과 방화에 관하여 필요한 사항을 게시한 게시판을 설치할 것. 다만, 소방본부장 또는 소방서장이 화재예방상 해당 게시판을 설치할 필요가 없다고 인정하는 경우에는 그러하지 아니하다.	㉠ 견고한 기초 위에 고정한다. ㉡ 펌프설비 주위에는 불연재료로 된 턱을 0.2m 이상의 높이로 설치하는 등 누설된 위험물이 유출되거나 유입되지 아니하도록 하는 조치를 할 것

[단층건축물 전용실 외의 장소의 펌프설비]

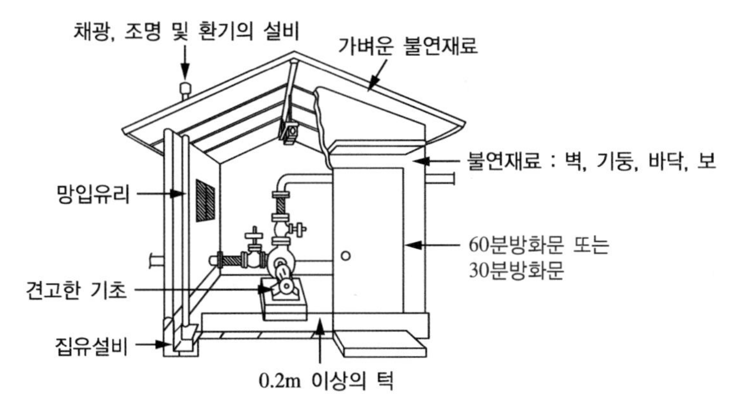

[펌프설비 탱크전용실에 설치된 예]

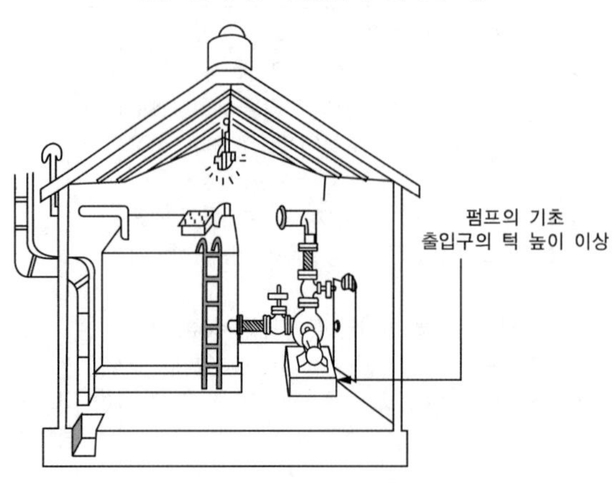

(6) 옥내저장탱크의 밸브

주강 또는 이와 동등 이상의 기계적 성질이 있는 재료로 되어 있고, 위험물이 새지 아니해야 한다.

(7) 옥내저장탱크의 배수관

탱크의 옆판에 설치해야 한다. 다만, 탱크와 배수관과의 결합부분이 지진 등에 의하여 손상을 받을 우려가 없는 방법으로 배수관을 설치하는 경우에는 탱크의 밑판에 설치할 수 있다.

(8) 옥내저장탱크의 배관의 위치 · 구조 및 설비

① 액체위험물을 이송하기 위한 옥내저장탱크의 배관은 지진 등에 의하여 해당 배관과 탱크와의 결합부분에 손상을 주지 아니하게 설치해야 한다.

② 옥내저장탱크의 배관은 제9장 10 제조소의 위험물을 취급하는 배관의 기준을 준용할 것

06 단층건물 외의 건축물에 설치될 경우 시설기준

(1) 특 징

단층 건축물보다는 층이 여러 개 있는 건축물에 설치되는 위험물시설은 위험성이 증가될 수 있으므로 다음과 같이 위험물의 종류, 층수, 저장탱크 용량의 제한을 둔다.

① 저장할 수 있는 위험물의 종류에 제한

② 위험성인 높은 위험물에 대해서는 층수의 제한

③ 저장탱크의 용량도 단층건물의 경우에서도 보다 적게 규정하고 있다.

(2) 저장 또는 취급할 수 있는 위험물 종류 및 층수★★★★★ 2017년, 2018년 소방위 기출

① 제2류 위험물 중 황화린 · 적린 및 덩어리 유황 : 건축물의 1층 또는 지하층

② 제3류 위험물 중 황린 : 건축물의 1층 또는 지하층

③ 제4류 위험물 중 인화점이 38℃ 이상인 위험물 : 층수 제한 없음

④ 제6류 위험물 중 질산 : 건축물의 1층 또는 지하층

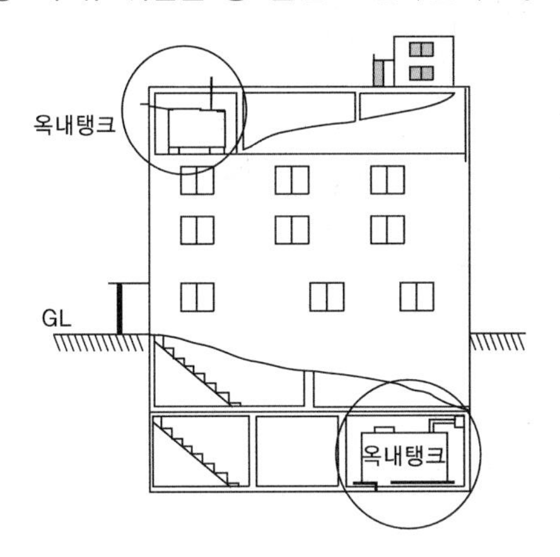

층수제한

1층 또는 지하층 : 황화린 · 적린 및 덩어리 유황, 황린, 질산

용량제한

- 1층 이하 : 지정수량 40배 이하(제4석유류, 동식물유류 이외의 저장탱크 2만L)
- 2층 이상 : 지정수량 10배 이하(제4석유류, 동식물유류 이외의 저장탱크 5천L)

(3) 위치 · 구조 및 설비의 기술기준★★★

① **단층건축물**에 설치된 **탱크전용실의 위치 · 구조 · 설비기준** 중 탱크실 내의 간격, 표지 · 게시판, 저장탱크의 구조, 저장탱크 외면의 부식방지도장, 통기관, 자동계량장치, 저장탱크의 주입구, 펌프설비 중 탱크전용실이 있는 건축물 외의 장소에 설치하는 펌프설비 부분, 저장탱크의 밸브, 저장탱크의 배수관, 저장탱크의 배관, 액체위험물을 이송하기 위한 배관, 탱크전용실의 바닥, 탱크전용실의 채광 · 조명 · 환기 및 배출의 설비, 전기설비 기준을 준용하고 나머지 부분은 자체 기준을 규정하고 있다.

② 옥내저장탱크는 **탱크전용실**에 설치할 것

③ 제2류 위험물 중 황화린 · 적린 및 덩어리 유황, 제3류 위험물 중 황린, 제6류 위험물 중 질산의 탱크전용실은 **건축물의 1층 또는 지하층**에 설치해야 한다.

④ 옥내저장탱크의 주입구 부근에는 해당 옥내저장탱크의 **위험물의 양을 표시하는 장치**를 설치할 것. 다만, 해당 위험물의 양을 쉽게 확인할 수 있는 경우에는 그러하지 아니하다.

⊕ Plus one

이는 단층건물 이외의 건축물에 설치되는 옥내저장탱크는 주입구가 해당 탱크의 설치장소로부터 먼 위치에 설치되는 경우가 예상되므로 위험물 탱크의 주입에 의한 누설, 비산 등을 방지하기 위한 목적에서이다.

[단층건축물 이외의 장소의 탱크전용실 설비]

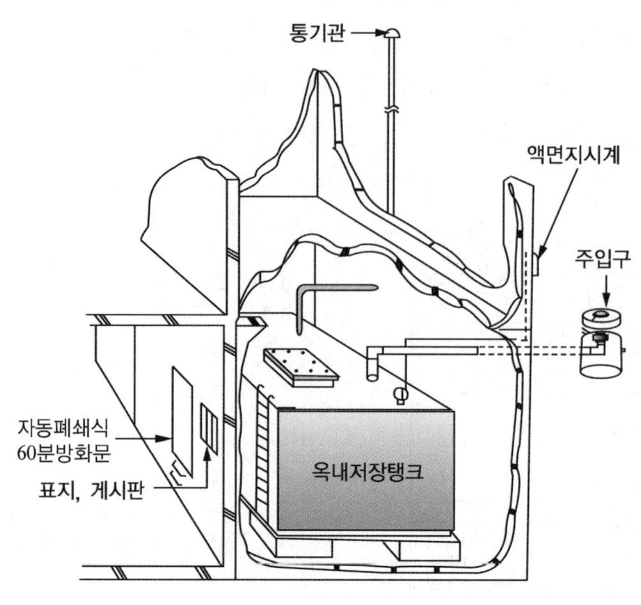

(4) 탱크전용실이 있는 건축물에 설치하는 옥내저장탱크의 펌프설비★★★

위의 05 (5) 표 참조

[펌프를 탱크전용실 외에 설치한 사례]

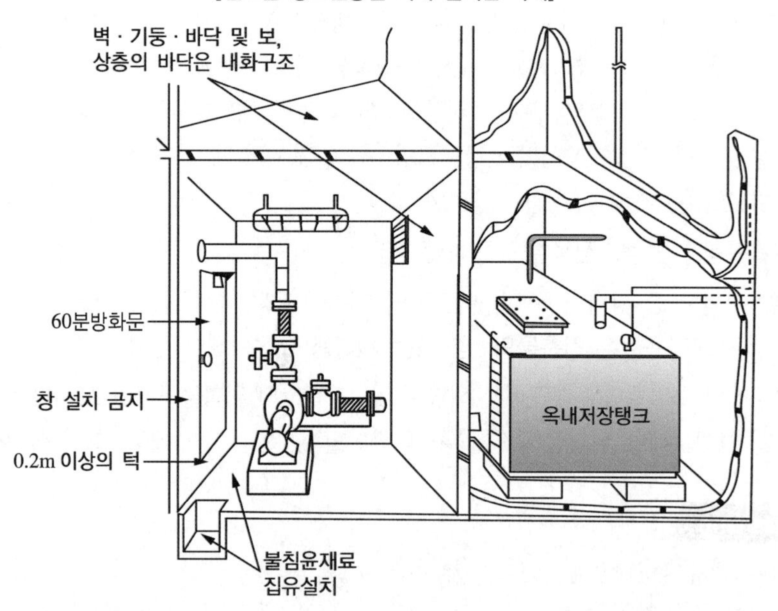

[불연재료로 된 턱설치 사례]

(5) 단층건물과 단층건물 외의 건축물에 설치한 탱크전용실의 구조★★★

단층건물 탱크전용실의 구조 및 설비	단층건물 이외의 탱크전용실의 구조 및 설비
① 탱크전용실은 벽·기둥 및 바닥을 내화구조로 하고, 보를 불연재료로 하며, 연소의 우려가 있는 외벽은 출입구 외에는 개구부가 없도록 할 것. 다만, 인화점이 70℃ 이상인 제4류 위험물만의 옥내저장탱크를 설치하는 탱크전용실에 있어서는 연소의 우려가 없는 외벽·기둥 및 바닥을 불연재료로 할 수 있다. ② 탱크전용실은 지붕을 불연재료로 하고, 천장을 설치하지 아니할 것 ③ 탱크전용실의 창 및 출입구에는 60분방화문 또는 30분방화문을 설치하는 동시에, 연소의 우려가 있는 외벽에 두는 출입구에는 수시로 열 수 있는 자동폐쇄식의 60분방화문을 설치할 것 ④ 탱크전용실의 창 또는 출입구에 유리를 이용하는 경우에는 망입유리로 할 것 ⑤ 액상의 위험물의 옥내저장탱크를 설치하는 탱크전용실의 바닥은 위험물이 침투하지 아니하는 구조로 하고, 적당한 경사를 두는 한편, 집유설비를 설치할 것 ⑥ 탱크전용실의 출입구의 턱의 높이를 해당 탱크전용실내의 옥내저장탱크(옥내저장탱크가 2 이상인 경우에는 최대용량의 탱크)의 용량을 수용할 수 있는 높이 이상으로 하거나 옥내저장탱크로부터 누설된 위험물이 탱크전용실외의 부분으로 유출하지 아니하는 구조로 할 것 ⑦ 탱크전용실의 채광·조명·환기 및 배출의 인화점이 70℃ 미만인 위험물의 저장창고에 있어서는 내부에 체류한 가연성의 증기를 지붕 위로 배출하는 설비를 갖추어야 한다.	① 벽·기둥·바닥 및 보를 내화구조로 할 것 ② 상층이 있는 경우에 있어서는 상층의 바닥을 내화구조로 하고, 상층이 없는 경우에 있어서는 지붕을 불연재료로 하며, 천장을 설치하지 아니할 것 ③ 창을 설치하지 아니할 것 ④ 출입구에는 수시로 열 수 있는 자동폐쇄식의 60분방화문을 설치할 것 ⑤ 환기 및 배출의 설비에는 방화상 유효한 댐퍼 등을 설치할 것 ⑥ 출입구의 턱의 높이를 해당 탱크전용실내의 옥내저장탱크(옥내저장탱크가 2 이상인 경우에는 모든 탱크)의 용량을 수용할 수 있는 높이 이상으로 하거나 옥내저장탱크로부터 누설된 위험물이 탱크전용실 외의 부분으로 유출하지 아니하는 구조로 할 것

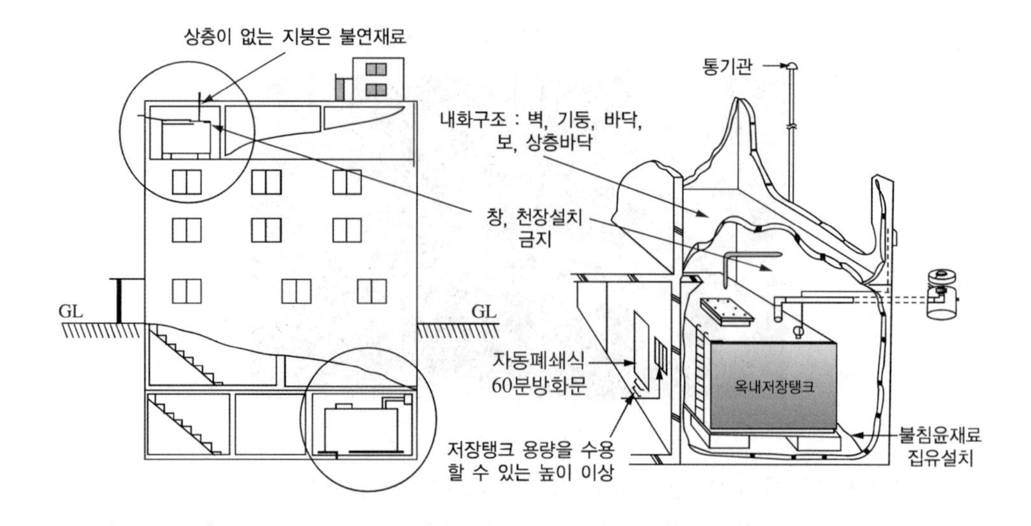

(6) 단층건물 이외의 건축물에 설치하는 저장탱크의 용량

옥내저장탱크의 용량(동일한 탱크전용실에 옥내저장탱크를 2 이상 설치하는 경우에는 각 탱크의 용량의 합계를 말한다)은 1층 이하의 층에 있어서는 지정수량의 40배(제4석유류 및 동식물유류 외의 제4류 위험물에 있어서 해당 수량이 2만L를 초과할 때에는 2만L) 이하, 2층 이상의 층에 있어서는 지정수량의 10배(제4석유류 및 동식물유류 외의 제4류 위험물에 있어서 해당 수량이 5천L를 초과할 때에는 5천L) 이하일 것

① 1층 이하의 층의 옥내저장탱크 설치용량(시행규칙 별표 7 Ⅰ 2 차목)

지정수량의 40배(제4석유류 및 동식물유류 외의 제4류 위험물에 있어서 해당 수량이 2만L를 초과할 때에는 2만L) 이하일 것

품명	특수인화물	제1석유류 (비수용성)	알코올류	제2석유류 (비수용성)	제3석유류 (비수용성)	제4석유류	동식물류
지정수량	50L	200L	400L	1,000L	2,000L	6,000ℓ	10,000L
배수	40배			20배	10배	40배	
탱크용량	2,000L	8,000L	16,000L	20,000L	20,000L	240,000L	400,000L

② 2층 이상의 층 옥내저장탱크의 설치 용량(시행규칙 별표 7 Ⅰ 2 차목)

지정수량의 10배(제4석유류 및 동식물유류 외의 제4류 위험물에 있어서 해당 수량이 5천L를 초과할 때에는 5천L) 이하일 것

품명	특수인화물	제1석유류	알코올류	제2석유류 (인화점 38℃ 이상)	제3석유류	제4석유류	동식물류
지정수량	저장불가			1,000L	2,000L	6,000ℓ	10,000L
배수				5배	2.5배	10배	10배
탱크용량				5,000L	5,000L	60,000L	100,000L

07 위험물의 성질에 따른 옥내탱크저장소의 특례

알킬알루미늄 등, 아세트알데히드 등 및 히드록실아민 등을 저장 또는 취급하는 옥내탱크저장소에 있어서는 단층건축물에 있는 탱크전용실의 위치・구조・설비 기준에 의한 것 외에 다음 기준에 따른다.

(1) 알킬알루미늄 등의 옥내탱크저장소

① 주위에는 누설범위를 국한하기 위한 설비 및 누설된 알킬알루미늄 등을 안전한 장소에 설치된 조에 이끌어 들일 수 있는 설비를 설치할 것

② 불활성의 기체를 봉입하는 장치를 설치할 것

(2) 아세트알데히드 등의 옥내탱크저장소

① 동・마그네슘・은・수은 또는 이들을 성분으로 하는 합금으로 만들지 아니할 것

② 냉각장치 또는 보냉장치, 그리고 연소성 혼합기체의 생성에 의한 폭발을 방지하기 위한 불활성의 기체를 봉입하는 장치를 설치할 것

(3) 히드록실아민 등의 옥내탱크저장소

① 히드록실아민 등의 온도의 상승에 의한 위험한 반응을 방지하기 위한 조치를 강구할 것

② 철 이온 등의 혼입에 의한 위험한 반응을 방지하기 위한 조치를 강구할 것

제4절 지하탱크저장소의 위치 · 구조 및 설비의 기준(제32조 관련 별표8)

01 개 요

(1) 정의(영 제4조 관련 별표2)

지하에 매설되어 있는 탱크에 위험물을 저장하는 장소를 말한다.

(2) 특 징

① 탱크가 지하 땅속에 설치되기 때문에 일반적으로 안전한 시설로 알려져 있으며 따라서 보편적으로 가장 많이 설치되고 있는 시설이다.

② 저장탱크 및 배관 등이 지하에 매설되어 있어 부식의 우려가 있고, 위험물의 누설 등 위험물사고 조기발견 곤란, 정비 · 보수가 어렵고, 지하수에 의한 탱크에 부력이 작용하여 부양 등의 사고를 대비하여 적법하게 안전성이 확보되게 설치하고 적정한 유지 · 관리가 요구된다.

02 지하탱크저장소의 허가 단위

① 전용실 내의 것 : 전용실단위 ② 전용실 외의 것 : 기초 또는 뚜껑단위	• 동일한 기초 또는 뚜껑을 가지고 있는 수기의 지하저장탱크는 하나의 지하탱크저장소임 • 전용실 내에 벽으로 구획된 수개의 실이 있는 경우에도 각 실을 포괄하여 전체가 하나의 전용실임 • 2 이상의 전용실이 연접한 경우에는 해당 2 이상의 전용실을 포괄하여 하나의 전용실로 함

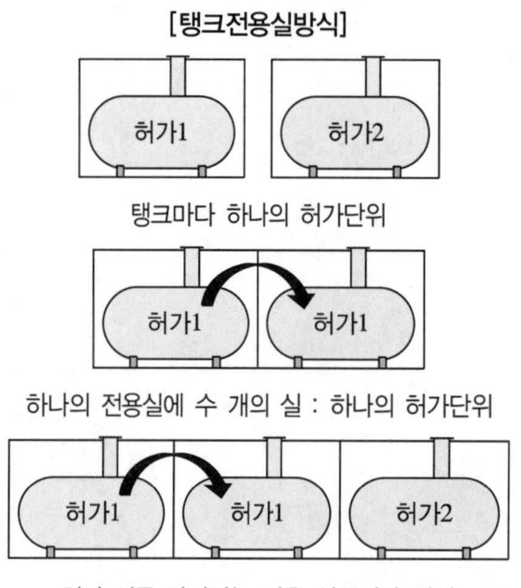

탱크마다 하나의 허가단위

하나의 전용실에 수 개의 실 : 하나의 허가단위

허가 시를 달리하는 경우 신규허가 대상

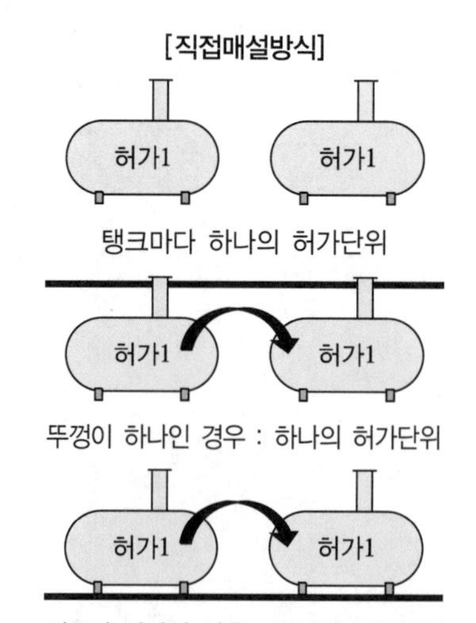

탱크마다 하나의 허가단위

뚜껑이 하나인 경우 : 하나의 허가단위

기초가 하나인 경우 : 하나의 허가단위

03 지하탱크저장소의 기준(04 및 05 에 정하는 것을 제외한다)

(1) 안전거리 및 보유공지

지하탱크저장소는 지하에 매설되어 있는 탱크로서 사고의 위험이 적어 안전거리 및 보유공지의 규제 대상에서 제외되어 있다.

[보유공지 및 안전거리 규제 제조소등]

구 분	제조소	저장소								취급소			
		옥 내	옥외 탱크	옥내 탱크	지하 탱크	이동 탱크	간이 탱크	암반 탱크	옥 외	주 유	판 매	일 반	이 송
안전거리	○	○	○	×	×	×	×	×	○	×	×	○	○
보유공지	○	○	○	×	×	×	○ (옥외)	×	○	×	×	○	○

(2) 지하탱크저장소의 분류

① 탱크의 설치방식에 따른 분류 : 탱크전용실 구조, 이중벽탱크구조(직접매립), 특수누설방지구조

② 탱크재질에 따른 탱크의 종류 : 강제탱크, 이중벽탱크[강제(SS), 강제 강화플라스틱(SF), 강화플라스틱(FF)]

[지하저장탱크의 분류]

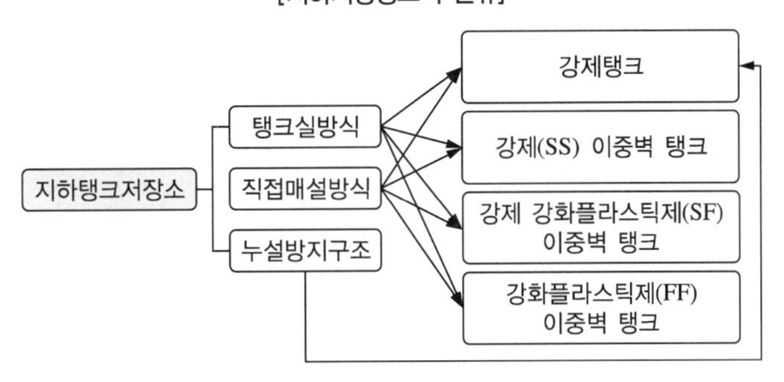

⊕ Plus one

- 강제 강화플라스틱제 이중벽탱크란 내벽이 강판, 외벽이 강화플라스틱으로 만들어진 이중벽탱크를 말한다.
- 강화플라스틱제 이중벽탱크란 내벽, 외벽이 강화플라스틱으로 만들어진 이중벽을 말한다.

(3) 탱크전용실 설치위치★★★

위험물을 저장 또는 취급하는 지하저장탱크는 지면하에 설치된 탱크전용실에 설치해야 한다.

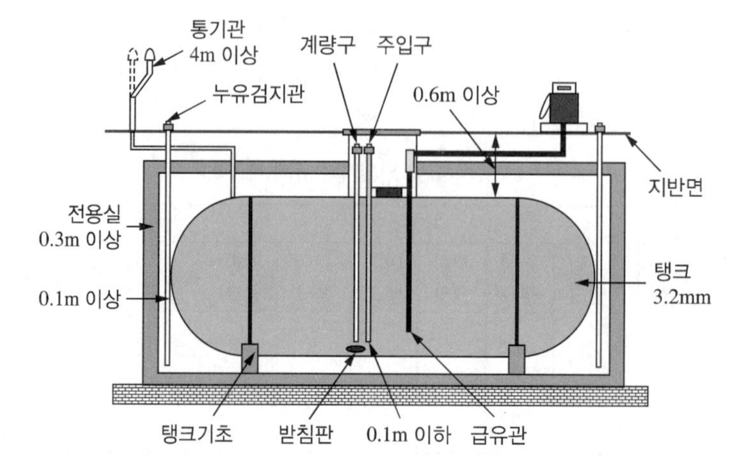

(4) 탱크전용실을 생략하고 직접 지하매설 기준★★★

제4류 위험물을 저장하는 지하저장탱크에 있어 설치위치, 덮개의 구조, 뚜껑의 지지방법, 탱크의 고정에 대하여 다음 기준에 적합할 경우는 지하탱크전용실을 만들지 아니하고 직접 지하에 매설할 수 있다.

① 해당 탱크를 지하철・지하가 또는 지하터널로부터 수평거리 10m 이내의 장소 또는 지하건축물 내의 장소에 설치하지 아니할 것

② 해당 탱크를 그 수평투영의 세로 및 가로보다 각각 0.6m 이상 크고 두께가 0.3m 이상인 철근콘크리트조의 뚜껑으로 덮을 것

③ 뚜껑에 걸리는 중량이 직접 해당 탱크에 걸리지 아니하는 구조일 것

④ 해당 탱크를 견고한 기초 위에 고정할 것

⑤ 해당 탱크를 지하의 가장 가까운 벽・피트(인공지하구조물)・가스관 등의 시설물 및 대지경계선으로부터 0.6m 이상 떨어진 곳에 매설할 것

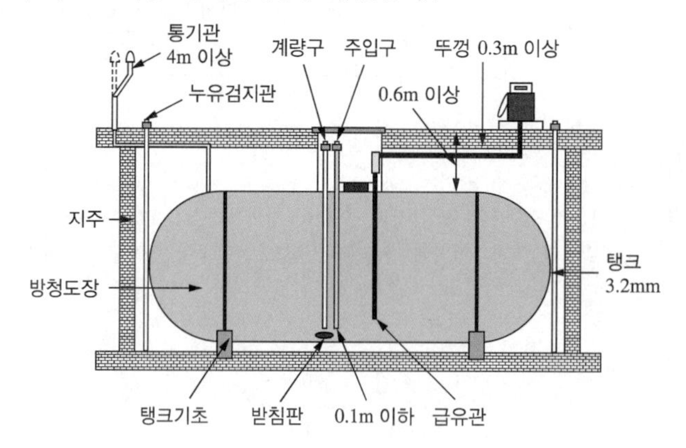

(5) 탱크전용실의 구조★★★★★

① 설치위치

다른 지하시설물로부터 영향을 받지 않도록 탱크전용실은 지하의 가장 가까운 벽·피트·가스관 등의 시설물 및 대지경계선으로부터 0.1m 이상 떨어진 곳에 설치해야 한다.

② 탱크실의 구조 및 탱크설치 기준

㉠ 지하저장탱크와 탱크전용실의 안쪽과의 사이는 0.1m 이상의 간격을 유지하도록 하며, 해당 탱크의 주위에 마른 모래 또는 습기 등에 의하여 응고되지 아니하는 입자지름 5mm 이하의 마른 자갈분을 채워야 한다.

㉡ 지하저장탱크의 윗부분은 지면으로부터 0.6m 이상 아래에 있어야 한다.

㉢ 지하저장탱크를 2 이상 인접해 설치하는 경우에는 그 상호 간에 1m(해당 2 이상의 지하저장탱크의 용량의 합계가 지정수량의 100배 이하인 때에는 0.5m) 이상의 간격을 유지해야 한다. 다만, 그 사이에 탱크전용실의 벽이나 두께 20cm 이상의 콘크리트 구조물이 있는 경우에는 그러하지 아니하다.

[지하저장탱크 설치 예]

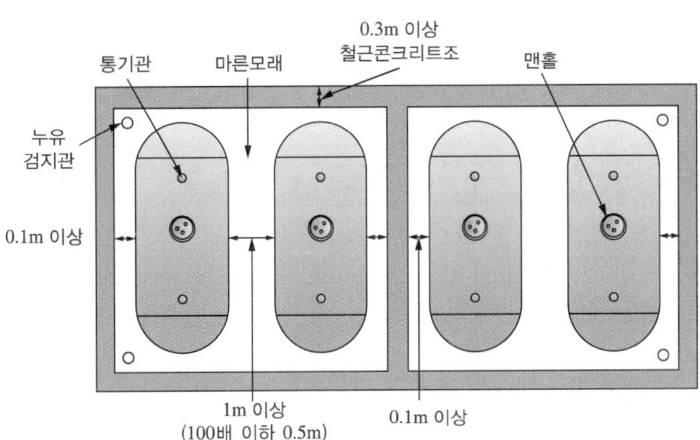

(6) 표지 및 게시판

지하탱크저장소에는 제조소의 기준에 따라 보기 쉬운 곳에 "위험물지하탱크저장소"라는 표시를 한 표지와 방화에 관하여 필요한 사항을 게시한 게시판을 설치해야 한다.

구 분	항 목	표지(게시)내용	크 기	색 상
표지판	제조소등	"위험물지하탱크저장소"	한 변의 길이 0.3m 이상 다른 한 변의 길이가 0.6m 이상인 직사각형	백색바탕/흑색문자
게시판	방화에 관하여 필요한 사항	• 유별 및 품명 • 저장(취급)최대수량 • 지정수량배수 • 안전관리자 성명 또는 직명		
	주의사항	• 화기엄금, 화기주의 • 물기엄금		• 적색바탕/백색문자 • 청색바탕/백색문자

[표지판 및 게시판 설치 예]

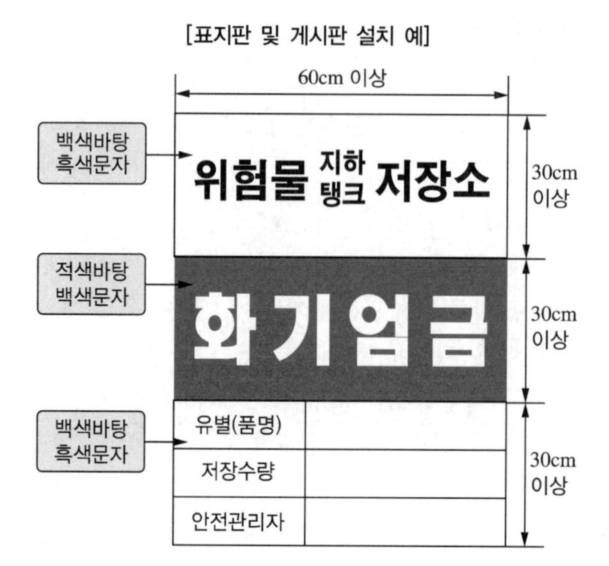

(7) 탱크재질 및 시험

① 지하저장탱크는 용량에 따라 다음 표에 정하는 기준에 적합하게 강철판 또는 동등 이상의 성능이 있는 금속재질로 완전용입용접 또는 양면겹침이음용접으로 틈이 없도록 만들어야 한다.

탱크용량(단위 L)	탱크의 최대지름(단위 mm)	강철판의 최소두께(단위 mm)
1,000 이하	1,067	3.20
1,000 초과 2,000 이하	1,219	3.20
2,000 초과 4,000 이하	1,625	3.20
4,000 초과 15,000 이하	2,450	4.24
15,000 초과 45,000 이하	3,200	6.10
45,000 초과 75,000 이하	3,657	7.67
75,000 초과 189,000 이하	3,657	9.27
189,000 초과	–	10.00

② 탱크시험방법

㉠ 압력탱크 외의 탱크는 70kPa의 압력으로 10분간 수압시험

㉡ 압력탱크에 있어서는 최대상용압력의 1.5배의 압력으로 10분간 수압시험

※ 압력탱크 : 최대상용압력이 46.7kPa 이상인 탱크

㉢ 수압시험은 탱크의 모든 개구부를 완전 폐쇄하고 맨홀 윗면까지 물을 채우고 실시하고, 수압시험은 기밀시험과 비파괴시험을 동시에 실시하는 방법으로 대신할 수 있다.

③ **탱크의 시험합격** : ②의 방법으로 시험 후 새거나 변형되지 아니해야 하며, 변형이란 영구변형을 말하는 것으로 일시적으로 변형되었다가 원상태로 돌아가는 것은 변형에 해당하지 아니한다.

(8) 탱크의 외면 보호

지하저장탱크는 땅속에 매설하기 때문에 부식의 우려가 매우 높다. 따라서 부식을 방지하기 위해 다음과 같은 보호조치를 해야 한다. 다만 탱크의 재질이 부식이 우려가 없는 스테인리스 강판 등인 경우에는 부식방지도장을 생략할 수 있다.

① 탱크전용실에 설치하는 지하탱크저장소 외면보호

㉠ 탱크의 외면에 부식방지도장을 할 것

㉡ 탱크의 외면에 부식방지제 및 아스팔트 프라이머(표면의 부식을 방지하기 위한 도장)의 순으로 도장을 한 후 아스팔트 루핑 및 철망의 순으로 탱크를 피복하고, 그 표면에 두께가 2cm 이상에 이를 때까지 모르타르를 도장할 것. 이 경우에 있어서 다음에 정하는 기준에 적합해야 한다.

- 아스팔트루핑은 아스팔트루핑(KS F 4902)(35kg)의 규격에 의한 것 이상의 성능이 있을 것
- 철망은 와이어라스(KS F 4551)의 규격에 의한 것 이상의 성능이 있을 것
- 모르타르에는 방수제를 혼합할 것. 다만, 모르타르를 도장한 표면에 방수제를 도장하는 경우에는 그러하지 아니하다.

㉢ 탱크의 외면에 부식방지도장을 실시하고, 그 표면에 아스팔트 및 아스팔트루핑에 의한 피복을 두께 1cm에 이를 때까지 교대로 실시할 것. 이 경우 아스팔트루핑은 아스팔트루핑(KS F 4902)(35kg)의 규격에 의한 것 이상의 성능이 있을 것

㉣ 탱크의 외면에 프라이머를 도장하고, 그 표면에 복장재를 휘감은 후 에폭시수지 또는 타르에폭시수지에 의한 피복을 탱크의 외면으로부터 두께 2mm 이상에 이를 때까지 실시할 것. 이 경우에 있어서 복장재는 수도용 강관아스팔트도장·복장방법(KS D 8306)으로 정하는 바이닐론클로스 또는 헤시안클로스에 적합해야 한다.

㉤ 탱크의 외면에 프라이머를 도장하고, 그 표면에 유리섬유 등을 강화재로 한 강화플라스틱에 의한 피복을 두께 3mm 이상에 이를 때까지 실시할 것

② 탱크전용실 외에 설치 시 탱크보호★★★★

탱크전용실 외의 장소에 설치하는 지하저장탱크의 외면은 탱크전용실에 설치하는 탱크의 보호조치 방법 중 ①의 ㉡ 내지 ㉣의 방법 중 하나를 택하여 보호조치를 해야 한다.

[지하저장탱크 외면보호방법]

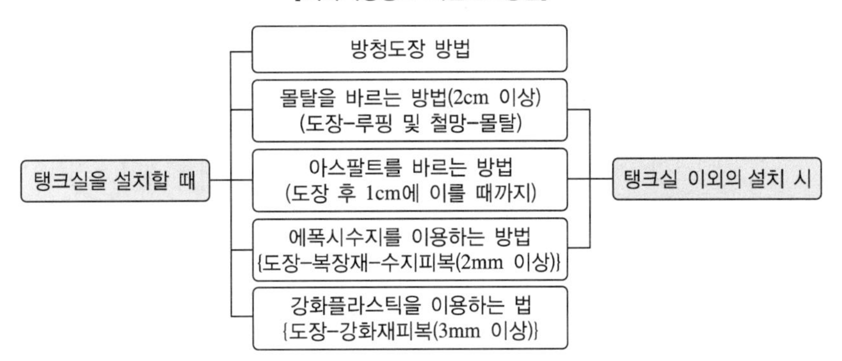

(9) 통기관 및 안전장치

지하저장탱크 중 압력탱크(최대상용압력이 부압 또는 정압 5kPa을 초과하는 탱크를 말한다) 외의 제4류 위험물의 탱크에 있어서는 밸브 없는 통기관 또는 대기밸브 부착 통기관을, 압력탱크에 있어서는 안전장치를 제조소의 기준을 준용하여 설치해야 한다.

① 통기관

구 분	밸브 없는 통기관	대기밸브 부착 통기관
공통사항	• 통기관은 지하저장탱크의 윗 부분에 연결해야 한다. • 통기관 중 지하의 부분은 그 상부의 지면에 걸리는 중량이 직접 해당 부분에 미치지 아니하도록 보호하고, 해당 통기관의 접합부분(용접 그 밖의 위험물의 누설의 우려가 없다고 인정되는 방법에 의하여 접합된 것을 제외한다)에 대하여는 해당 접합부분의 손상유무를 점검할 수 있는 조치를 해야 한다. • 통기관의 끝부분은 건축물의 창·출입구 등의 개구부로부터 1m 이상 떨어진 옥외의 장소에 지면으로부터 4m 이상의 높이로 설치하되, 인화점이 40℃ 미만인 위험물의 탱크에 설치하는 통기관에 있어서는 부지 경계선으로부터 1.5m 이상 이격해야 한다. 다만 고인화점 위험물만을 100℃ 미만의 온도로 저장 또는 취급하는 탱크에 설치하는 통기관은 그 끝부분을 탱크전용실 내에 설치할 수 있다. • 통기관은 가스 등이 체류할 우려가 있는 굴곡이 없도록 설치해야 한다. • 인화점이 38℃ 미만인 위험물만을 저장 또는 취급하는 탱크에 설치하는 통기관에는 화염방지장치를 설치하고, 그 외의 탱크에 설치하는 통기관에는 40메쉬(Mesh) 이상의 구리망 또는 동등 이상의 성능을 가진 인화방지장치를 설치할 것. 다만, 인화점이 70℃ 이상인 위험물만을 해당 위험물의 인화점 미만의 온도로 저장 또는 취급하는 탱크에 설치하는 통기관에는 인화방지장치를 설치하지 않을 수 있다.	
개별항목	• 지름은 30mm 이상으로 해야 한다. • 끝부분은 수평면보다 45도 이상 구부려 빗물 등의 침투를 막는 구조로 해야 한다. • 가연성의 증기를 회수하기 위한 밸브를 통기관에 설치하는 경우에 있어서는 해당 통기관의 밸브는 저장탱크에 위험물을 주입하는 경우를 제외하고는 항상 개방되어 있는 구조로 하는 한편, 폐쇄하였을 경우에 있어서는 10kPa 이하의 압력에서 개방되는 구조로 해야 한다. 이 경우 개방된 부분의 유효단면적은 $777.1mm^2$ 이상이어야 한다.	5kPa 이하의 압력차이로 작동할 수 있어야 한다. 다만, 제4류 제1석유류를 저장하는 탱크는 다음의 압력 차이에서 작동해야 한다. • 정압 : 0.6kPa 이상 1.5kPa 이하 • 부압 : 1.5kPa 이상 3kPa 이하

⊕ Plus one

- 설치목적 : 통기관은 지하저장탱크에 위험물을 주입하거나 지하저장탱크로부터 위험물을 배출할 때에 탱크 내의 압력이 상승 또는 감소하지 않도록 하기 위하여 설치하는 것이다.
- 밸브 없는 통기관 : 밸브가 없는 관으로서 탱크 내의 압력을 대기압과 같게 해준다.
- 대기밸브부착통기관 : 대기압과의 압력차에 의해 작동하는 것으로서, 휘발성이 높은 위험물을 저장하는 경우에 사용된다.

[통기관 지하접합부분 점검구 설치 예]

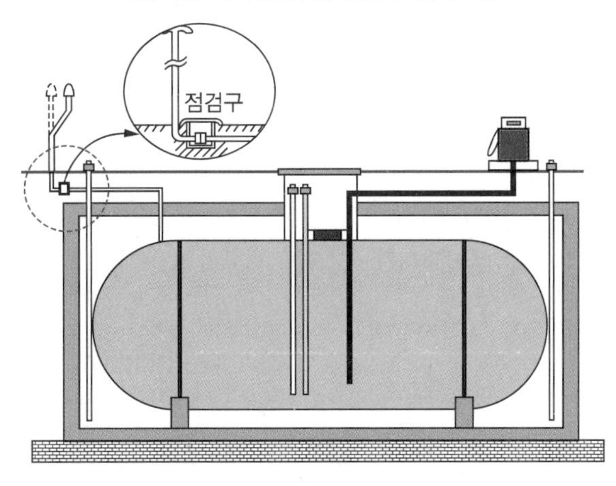

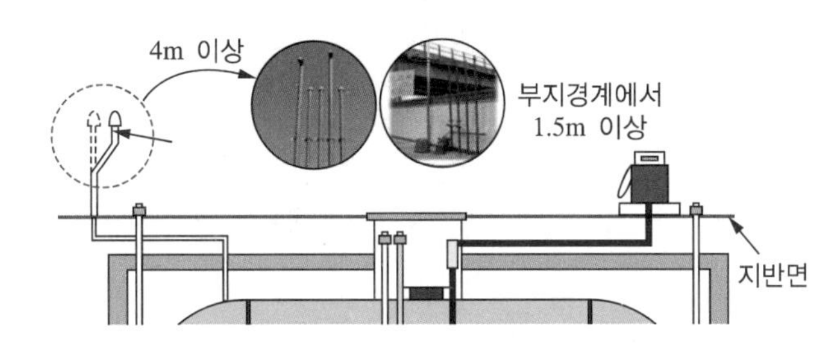

[가연성증기 회수장치]

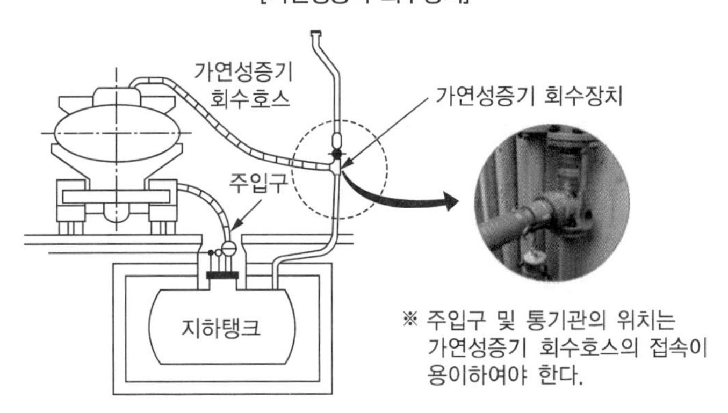

② 안전장치

안전장치는 압력탱크에 있어서 지하저장탱크의 내부 압력이 상승한 경우에 과도한 압력이 걸리지 않도록 설치하는 것으로 제조소의 안전장치 기준을 준용하여 압력탱크(최대상용압력이 부압 또는 정압 5kPa을 초과하는 탱크를 말한다)에는 다음 안전장치를 설치해야 한다.

㉠ 자동적으로 압력의 상승을 정지시키는 장치

㉡ 감압측에 안전밸브를 부착한 감압밸브

㉢ 안전밸브를 겸하는 경보장치

㉣ 파괴판

(10) 액면계 및 계량구

액체위험물의 지하저장탱크에는 위험물의 양을 자동적으로 표시하는 장치 및 계량구를 설치하고, 계량구 직하에 있는 탱크의 밑판에 그 손상을 방지하기 위한 조치를 해야 한다.

⊕ Plus one

- **액면계의 종류**
  - 플로트식 : 액면에 떠있는 플로트(Float)의 위치를 전기적 또는 기계적으로 검출하여 표시하는 계량장치이다.
  - 에어퍼지식 액면계 : 탱크 밑면까지 수직으로 설치된 퍼지관에 외부로부터 공기를 보내 퍼지관 내부로 들어가 있는 액체를 소정의 위치까지 눌러 내리는데 필요한 송기압력을 액면 높이로 환산하여 표시하는 계량장치이다.
  - 정전용량식(靜電容量式) 액면계 공기와 저장하는 액체와의 유전율(誘電率)의 차를 이용하여 액면 높이에 따라 변화하는 이중원통형전극의 정전용량을 검출, 표시하는 계량장치이다. 저장하는 위험물의 종류에 따라 유전율에 차가 있기 때문에 센서하부에 교정용(校正用) 비교 전극이 설치되어 있다.
- **손상방지조치** : 계량봉이 닫는 부분의 탱크 밑변부분에 탱크 본체와 같은 재질로 두께 3.2mm 이상 지름 100mm 이상의 보호판을 용접하는 방법이 권장된다.

(11) 주입구

액체위험물의 지하저장탱크의 주입구는 제10장 제2절 08의 (9) 옥외저장탱크의 주입구의 기준(별표6 Ⅵ 제9호의 규정)을 준용하여 옥외에 설치해야 한다.

① 화재예방상 지장이 없는 장소에 설치할 것

② 주입호스 또는 주입관과 결합할 수 있고, 결합하였을 때 위험물이 새지 아니할 것

③ 주입구에는 밸브 또는 뚜껑을 설치할 것

④ 휘발유, 벤젠 그 밖에 정전기에 의한 재해가 발생할 우려가 있는 액체위험물의 지하저장탱크의 주입구 부근에는 정전기를 유효하게 제거하기 위한 접지전극을 설치할 것

⑤ 인화점이 21℃ 미만인 위험물의 지하저장탱크의 주입구에는 보기 쉬운 곳에 다음의 기준에 의한 게시판을 설치할 것. 다만, 소방본부장 또는 소방서장이 화재예방상 해당 게시판을 설치할 필요가 없다고 인정하는 경우에는 그러하지 아니하다.

㉠ 게시판은 한 변이 0.3m 이상, 다른 한변이 0.6m 이상인 직사각형으로 할 것

㉡ 게시판에는 "지하저장탱크 주입구"라고 표시하는 것 외에 취급하는 위험물의 유별, 품명 및 주의사항을 표시할 것

㉢ 게시판은 백색바탕에 흑색문자(주의사항은 적색문자)로 할 것

⑥ 주입구 주위에는 새어나온 기름 등 액체가 외부로 유출되지 아니하도록 방유턱을 설치하거나 집유설비 등의 장치를 설치할 것

(12) 펌프설비

① 펌프 및 전동기를 지하저장탱크 밖에 설치하는 경우

펌프 및 전동기를 지하저장탱크 밖에 설치하는 펌프설비에 관한 사항은 원칙적으로 제10장 제2절 **08**의 (10) 옥외저장탱크의 펌프설비의 기준[별표6(보유공지는 제외한다)]에 의거한다.

② 펌프 또는 전동기를 지하저장탱크 안에 설치하는 경우

펌프설비(이하 "액중펌프설비"라 한다)에 있어서는 다음의 기준에 따라 설치해야 한다.

㉠ 액중펌프설비 전동기의 구조

- 고정자는 위험물에 침투되지 아니하는 수지가 충전된 금속제의 용기에 수납되어 있을 것
- 운전 중에 고정자가 냉각되는 구조로 할 것
- 전동기의 내부에 공기가 체류하지 아니하는 구조로 할 것

⊕ Plus one

- 운전 중에 고정자가 냉각되는 구조란 고정자의 주위로 펌프에서 배출된 위험물을 통과시키는 구조 또는 냉각수를 순환시키는 구조를 말한다.
- 전동기의 내부에 공기가 체류하지 않는 구조란 공기가 체류하기 어려운 형태이고, 펌프로부터 배출된 위험물을 전동기의 내부로 통과시켜 공기를 배제하는 구조 또는 전동기의 내부에 불활성가스를 봉입하는 구조를 말한다. 이러한 경우에 있어서 전동기의 내부란 전동기의 외면의 내측을 말한다.

㉡ 전동기에 접속되는 전선 : 위험물이 침투되지 아니하는 것으로 하고, 직접 위험물에 접하지 아니하도록 보호할 것

예 침투되지 아니하는 것 : 전열차단물로 피복된 전선사용
직접 위험물에 접하지 아니하도록 보호 : 금속관내부에 전선 설치

㉢ 액중펌프설비는 체절운전에 의한 전동기의 온도상승을 방지하기 위한 조치가 강구될 것

㉣ 액중펌프설비는 다음의 경우에 있어서 전동기를 정지하는 조치가 강구될 것

- 전동기의 온도가 현저하게 상승한 경우
- 펌프의 흡입구가 노출된 경우

㉤ 액중펌프의 설치기준

- 액중펌프설비는 지하저장탱크와 플랜지접합으로 할 것
- 액중펌프설비 중 지하저장탱크 내에 설치되는 부분은 보호관 내에 설치할 것. 다만, 해당 부분이 충분한 강도가 있는 외장에 의하여 보호되어 있는 경우에 있어서는 그러하지 아니하다.
- 액중펌프설비 중 지하저장탱크의 상부에 설치되는 부분은 위험물의 누설을 점검할 수 있는 조치가 강구된 안전상 필요한 강도가 있는 피트 내에 설치할 것

Plus one

- 프랜지접합의 목적 : 액중펌프설비의 유지관리, 점검 등을 용이하게 하기 위함이다. 또한 액중설비 펌프설비의 점검 등은 지상에서 실시한다.
- 보호관 : 액중펌프설비 중 지하저장탱크 내에 설치되는 부분을 위험물이나 외력 등으로부터 보호하기위해 설치되는 지하저장탱크에 고정되는 금속제 관을 말한다.

(13) 배관의 설치기준

지하저장탱크의 배관은 (14)에 따른 것 외에 제9장 **10**의 (14)에 따른 제조소의 배관의 기준을 준용해야 한다.

(14) 배관의 설치위치

지하저장탱크의 배관은 해당 탱크의 윗부분에 설치해야 한다. 다만, 제4류 위험물 중 제2석유류(인화점이 40℃ 이상인 것에 한한다), 제3석유류, 제4석유류 및 동식물유류의 탱크에 있어서 그 직근에 유효한 제어밸브를 설치한 경우에는 그러하지 아니하다.

(15) 전기설비

지하저장탱크에 설치하는 전기설비는 「전기사업법」에 의한 전기설비기술기준에 의해야 한다.

(16) 누유검사관★★★★ 2019년 통합소방장 기출

지하저장탱크의 주위에는 해당 탱크로부터의 액체위험물의 누설을 검사하기 위한 관을 다음의 기준에 따라 4개소 이상 적당한 위치에 설치해야 한다.

① 이중관으로 할 것. 다만, 소공이 없는 상부는 단관으로 할 수 있다.

② 재료는 금속관 또는 경질합성수지관으로 할 것

③ 관은 탱크전용실의 바닥 또는 탱크의 기초까지 닿게 할 것

④ 관의 밑부분으로부터 탱크의 중심 높이까지의 부분에는 소공이 뚫려 있을 것. 다만, 지하수위가 높은 장소에 있어서는 지하수위 높이까지의 부분에 소공이 뚫려 있어야 한다.

⑤ 상부는 물이 침투하지 아니하는 구조로 하고, 뚜껑은 검사 시에 쉽게 열 수 있도록 할 것

(17) 탱크전용실의 재질 및 구조★★★

탱크전용실은 벽 · 바닥 및 뚜껑을 다음에 정한 기준에 적합한 철근콘크리트구조 또는 이와 동등 이상의 강도가 있는 구조로 설치해야 한다.

① 벽 · 바닥 및 뚜껑의 두께는 0.3m 이상일 것

② 벽 · 바닥 및 뚜껑의 내부에는 지름 9mm부터 13mm까지의 철근을 가로 및 세로로 5cm부터 20cm까지의 간격으로 배치할 것

③ 벽 · 바닥 및 뚜껑의 재료에 수밀(액체가 새지 않도록 밀봉되어 있는 상태)콘크리트를 혼입하거나 벽 · 바닥 및 뚜껑의 중간에 아스팔트층을 만드는 방법으로 적정한 방수조치를 할 것

(18) 과충전방지장치

지하저장탱크에는 다음의 1에 해당하는 방법으로 과충전을 방지하는 장치를 설치해야 한다.

① 탱크용량을 초과하는 위험물이 주입될 때 자동으로 그 주입구를 폐쇄하거나 위험물의 공급을 자동으로 차단하는 방법

② 탱크용량의 90%가 찰 때 경보음을 울리는 방법

(19) 맨 홀★★★

① 맨홀은 지면까지 올라오지 아니하도록 하되, 가급적 낮게 할 것

② 보호틀을 다음에 정하는 기준에 따라 설치할 것

㉠ 보호틀을 탱크에 완전히 용접하는 등 보호틀과 탱크를 기밀하게 접합할 것

㉡ 보호틀의 뚜껑에 걸리는 하중이 직접 보호틀에 미치지 아니하도록 설치하고, 빗물 등이 침투하지 아니하도록 할 것

㉢ 배관이 보호틀을 관통하는 경우에는 해당 부분을 용접하는 등 침수를 방지하는 조치를 할 것

[과충전방지장치 및 맨홀 설치 예]

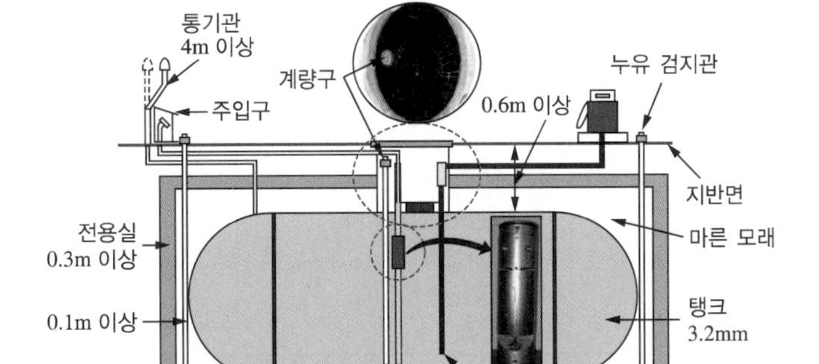

04 이중벽탱크의 지하탱크저장소의 기준

(1) 이중벽방식의 탱크의 종류

① 정 의

이중벽탱크의 지하탱크저장소란 지하저장탱크의 외면에 누설을 감지할 수 있는 틈(감지층)이 생기도록 강판 또는 강화플라스틱 등으로 피복한 것을 설치하는 지하탱크저장소를 말한다.

② 종 류

㉠ 강제(鋼製) 이중벽탱크(SS탱크) : 강철판 + 강철판

㉡ 강제(鋼製) 강화플라스틱제 이중벽탱크(SF탱크) : 강철판 + 강제강화플라스틱제

㉢ 강화플라스틱제 이중벽탱크(FF탱크) : 강화플라스틱제 + 강화플라스틱제

(2) 지하탱크저장소[지하탱크저장소의 외면에 누설을 감지할 수 있는 틈(이하 "감지층"이라 한다)이 생기도록 강판 또는 강화플라스틱 등으로 피복한 것을 설치하는 지하탱크저장소에 한한다]의 위치・구조 및 설비의 기술기준은 다음을 준용하는 외에 (2) 내지 (6)기준에 정하는 바에 따른다.

탱 크	설치위치	공통기준	추가준용기준
이중벽 탱크	탱크전용실에 설치	지하탱크저장소 03 (3) 매설깊이 (5) 탱크상호 간의거리 (6) 표지・게시판 (7) 수압시험 (9) 통기관 (10) 자동표시장치 (11) 주입구 (12) 펌프설비 (13) 배 관 (14) 배관의 설치위치 (15) 전기설비 (18) 과충진방지장치 (19) 맨 홀	지하탱크저장소 03 (2) 탱크전용실의 위치 등 (17) 탱크전용실의 구조
	탱크전용실 이외의 장소에 설치		(4) 매설기준 ② 뚜 껑 ③ 뚜껑에 걸리는 중량 ④ 견고한 기초 위에 고정 ⑤ 탱크와 벽, 피트, 가스관 등과의 거리

(3) 탱크의 위치

지하저장탱크는 다음의 1 이상의 조치를 하여 지반면하에 설치해야 한다.

① 강제 이중벽탱크

두께 3.2mm 이상의 강판으로 만든 지하저장탱크에 다음에 정하는 바에 따라 강판을 피복하고, 위험물의 누설을 상시 감지하기 위한 설비를 갖출 것

㉠ 지하저장탱크에 해당 탱크의 저부로부터 위험물의 최고액면을 넘는 부분까지의 외측에 감지층이 생기도록 두께 3.2mm 이상의 강판을 피복할 것

㉡ ㉠에 따라 피복된 강판과 지하저장탱크 사이의 감지층에는 적당한 액체를 채우고 채워진 액체의 누설을 감지할 수 있는 설비를 갖출 것. 이 경우 감지층에 채워진 액체는 강판의 부식을 방지하는 조치를 강구한 것이어야 한다.

② 강제(鋼製) 강화플라스틱제(SF탱크)·강화플라스틱제(FF탱크) 이중벽탱크

지하저장탱크에 다음에 정하는 바에 따라 강화플라스틱 또는 고밀도폴리에틸렌을 피복하고, 위험물의 누설을 상시 감지하기 위한 설비를 갖출 것

㉠ 지하저장탱크는 다음에 정하는 바에 따라 피복할 것

- 두께 3.2mm 이상의 강판으로 만든 지하저장탱크 : 해당 탱크의 저부로부터 위험물의 최고액면을 넘는 부분까지의 외측에 감지층이 생기도록 두께 3mm 이상의 유리섬유강화플라스틱 또는 고밀도폴리에틸렌을 피복할 것. 이 경우 유리섬유강화플라스틱 또는 고밀도폴리에틸렌의 휨강도, 인장강도 등은 소방청장이 정하여 고시하는 성능이 있어야 한다.
- 수지 및 강화플라스틱으로 만든 지하저장탱크 : 해당 탱크의 외측에 감지층이 생기도록 유리섬유강화플라스틱을 피복할 것

㉡ ㉠에 따라 피복된 강화플라스틱 또는 고밀도폴리에틸렌과 지하저장탱크의 사이의 감지층에는 누설한 위험물을 감지할 수 있는 설비를 갖출 것

(4) 지하저장탱크는 두께 3.2mm 이상의 강판, 저장 또는 취급하는 위험물의 종류에 대응하여 다음 표에 정하는 수지 및 강화재로 만들어진 강화플라스틱으로 기밀하게 만들어야 한다.

저장 또는 취급하는 위험물의 종류	수 지		강화재
	위험물과 접하는 부분	그 밖의 부분	
휘발유(KS M 2612에 규정한 자동차용가솔린), 등유, 경유 또는 중유(KS M 2614에 규정한 것 중 1종에 한한다)	KS M 3305(섬유강화플라스틱용액상불포화폴리에스터수지)(UP-CM, UP-CE 또는 UP-CEE에 관한 규격에 한한다)에 적합한 수지 또는 이와 동등 이상의 내약품성이 있는 바이닐에스터수지	강제(鋼製) 강화플라스틱제의 정하는 수지	강화플라스틱제에 정하는 강화재

(5) 강화플라스틱제 이중벽탱크는 다음에 정하는 하중이 작용하는 경우에 있어서 변형이 해당 지하저장탱크의 지름의 3% 이하이고, 휨응력(휨변형력)도비(휨응력을 허용휨응력으로 나눈 것을 말한다)의 절대치와 축방향 응력도비(인장응력 또는 압축응력을 허용축방향응력으로 나눈 것을 말한다)의 절대치의 합이 1 이하인 구조이어야 한다. 이 경우 허용응력을 산정하는 때의 안전율은 4 이상의 값으로 한다.

① 강화플라스틱제 이중벽탱크의 윗부분이 수면으로부터 0.5m 아래에 있는 경우에 해당 탱크에 작용하는 압력

② 탱크의 종류에 대응하여 다음에 정하는 압력의 내수압

㉠ 압력탱크(최대상용압력이 46.7kPa 이상인 탱크를 말한다) 외의 탱크 : 70kPa

㉡ 압력탱크 : 최대상용압력의 1.5배의 압력

(6) 강제이중벽탱크의 외면보호

① 탱크전용실 내에 설치 시

일반적인 탱크의 보호조치 기준을 준용하여 부식방지도장, 몰탈, 아스팔트, 에폭시수지, 강화플라스틱을 이용한 방법 중 하나를 택하여 보호조치를 해야 한다.

② 탱크전용실 외에 설치 시

일반적인 탱크의 보호조치 기준 중 몰탈, 아스팔트, 에폭시수지, 강화플라스틱을 이용한 방법 중 하나를 택하여 보호조치를 해야 한다.

(7) (2) 내지 (6)에 따른 기준 외에 이중벽탱크의 구조(재질 및 강도를 포함한다)·성능시험·표시사항·운반 및 설치 등에 관한 기준은 소방청장이 정하여 고시한다.

05 특수누설방지구조의 지하탱크저장소의 기준

(1) 특수누설방지구조의 지하탱크저장소

지하저장탱크를 위험물의 누설을 방지할 수 있도록 두께 15cm(측방 및 하부에 있어서는 30cm) 이상의 콘크리트로 피복하는 구조로 하여 지면하에 설치하는 것을 말한다.

[특수누설방지구조의 지하탱크저장소]

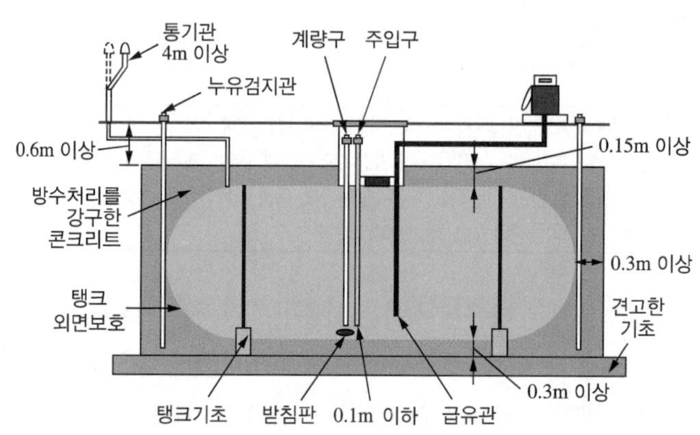

(2) 위치·구조 및 설비기준

지하저장탱크의 시설기준 중 탱크의 뚜껑, 뚜껑이 직접 탱크에 걸리지 아니하는 구조, 탱크의 견고한 기초 위에 고정, 지하탱크와 벽·피트·가스관 등의 시설물과의 거리, 탱크의 매설 깊이, 표지·게시판, 수압시험 부분, 통기관·안전장치, 자동계량장치, 주입구, 펌프설비, 배관, 배관·제어밸브, 전기설비, 누유검사관, 과충전방지장치, 맨홀 기준을 준용하는 외에 몰탈, 아스팔트, 에폭시수지, 강화플라스틱을 이용한 방법 중 하나를 택하여 보호조치를 해야 한다.

06 위험물의 성질에 따른 지하탱크저장소의 특례

(1) 아세트알데히드 등을 저장 또는 취급하는 지하탱크저장소

① 아세트알데히드 등의 지하저장탱크는 반드시 지면하에 있는 탱크전용실에 설치해야 한다.

② 지하저장탱크의 설비에는 동, 마그네슘, 은, 수은 또는 이것들을 성분으로 하는 합금으로 만들어진 것을 사용해서는 안 된다.

③ 지하저장탱크에는 냉각장치, 보냉장치 그리고 연소성 혼합기체의 생성에 의한 폭발을 방지하기 위한 불활성의 기체를 봉입하는 장치를 설치한다.

④ 다만, 지하탱크저장소가 아세트알데히드 등의 온도를 적정온도로 유지할 수 있는 경우에는 냉각 또는 보냉장치를 설치하지 않을 수 있다.

(2) 히드록실아민 등을 저장 또는 취급하는 지하탱크저장소

① 저장 · 취급하는 히드록실아민 등의 온도상승에 의한 위험한 반응을 방지하기 위한 조치를 강구해야 한다.

② 저장탱크설비에는 철 이온 등의 혼입에 의한 위험한 반응을 방지하기 위한 조치를 강구한다.

제5절 간이탱크저장소의 위치 · 구조 및 설비의 기준(제33조 관련 별표9)

01 정의 및 개요

(1) 정 의

간이탱크저장소란 간이탱크에 위험물을 저장하는 저장소를 말한다.

(2) 용 량

간이탱크는 말 그대로 작은 탱크를 말하며 실제로 용량을 600리터 이하로 정하고 있다.

(3) 용 도

원동기 기타 기계설비 등에 주유할 목적으로 사용할 수 있으나 현실적으로 많이 활용되지 않는 실정이다.

02 간이저장탱크의 위치 · 구조 및 설비의 기준

(1) 설치장소★★★★

위험물을 저장 또는 취급하는 간이탱크(이하 Ⅰ, 별표13 Ⅲ 및 별표18 Ⅲ에서 "간이저장탱크"라 한다)는 옥외에 설치해야 한다. 다만, 다음의 기준에 적합한 전용실 안에 설치하는 경우에는 그러하지 아니하다.

① 전용실의 구조

㉠ 전용실은 벽 · 기둥 및 바닥은 내화구조로 하고, 보는 불연재료로 하며, 연소의 우려가 있는 외벽은 출입구 외에는 개구부가 없도록 할 것. 다만, 인화점이 70℃ 이상인 제4류 위험물만의 간이탱크전용실에 있어서는 연소의 우려가 없는 외벽 · 기둥 및 바닥을 불연재료로 할 수 있다.

㉡ 지붕의 재료는 불연재료로 하고 천장은 설치하지 아니할 것

② 전용실의 창 및 출입구

㉠ 전용실의 창 및 출입구에는 60분방화문 또는 30분방화문을 설치한다.

㉡ 전용실의 창 또는 출입구에 유리를 이용하는 경우 망입유리로 할 것

③ 전용실의 바닥

㉠ 위험물이 침투하지 아니하는 구조(콘크리트 등 불침윤성 재료)로 할 것

㉡ 적당히 경사지게 하여 그 최저부에 집유설비를 설치할 것

④ 전용실의 채광 · 조명 · 환기 및 배출의 설비

제9장 제1절 제조소의 위치 · 구조 및 설비기준[위험물을 취급하는 건축물의 배관 · 조명 · 환기의 설비 및 배출설비]의 **05** 및 **06** 각 호 기준을 준용하고 인화점이 70℃ 미만인 위험물의 저장창고에 있어서는 내부에 체류한 가연성의 증기를 지붕 위로 배출하는 설비를 갖추어야 한다.

[간이탱크 전용실의 구조]

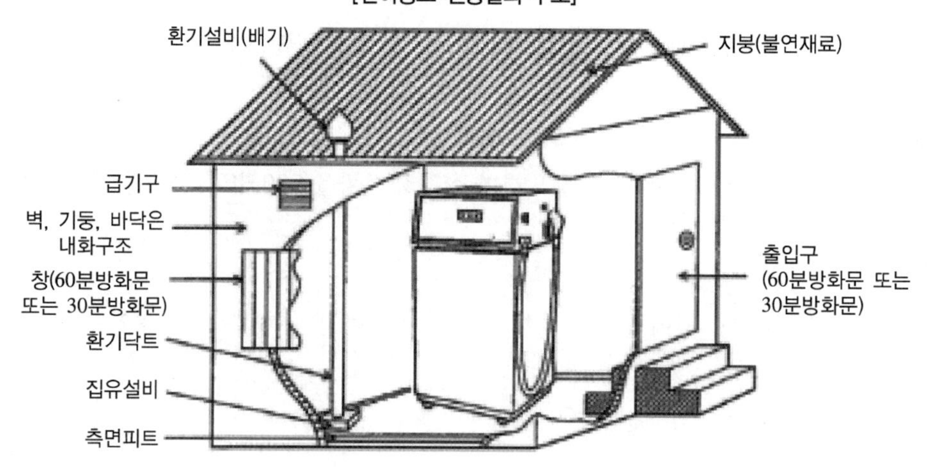

(2) 탱크수★★★★

하나의 간이탱크저장소에 설치하는 간이저장탱크는 그 수를 3 이하로 하고, 동일한 품질의 위험물의 간이저장탱크를 2 이상 설치하지 아니해야 한다.

[설치수 및 설치 가능한 품질]

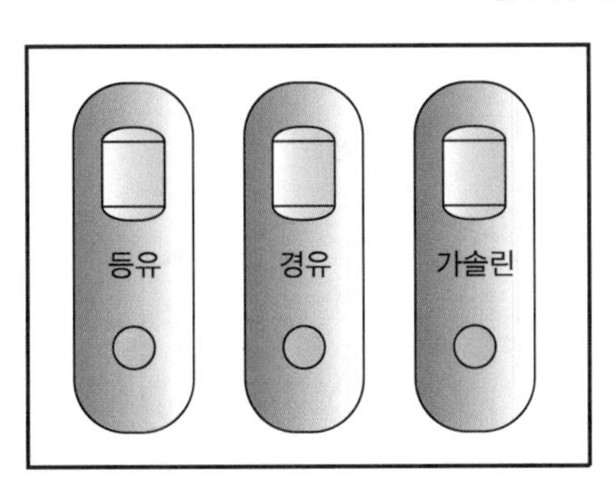

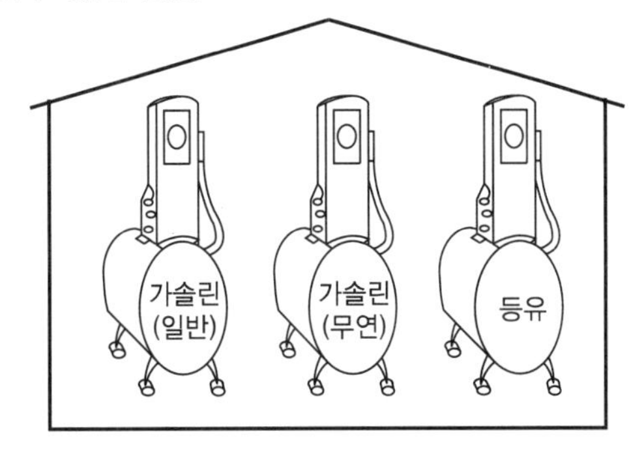

⊕ Plus one

「동일한 품질의 위험물」이란 전적으로 같은 품질을 갖는 것을 말하는데 영 별표1(위험물 및 지정수량)에 게재되어 있는 품명이 동일하여도 품질이 다른 것(예를 들면 옥탄가가 다른 휘발유 등)은 이에 해당하지 않는다.

(3) 표지 및 게시판

간이탱크저장소에는 위험물 제조소 표지의 기준에 따라 보기 쉬운 곳에 "위험물 간이탱크저장소"라는 표시를 한 표지와 위험물 제조소 게시판의 기준에 따라 방화에 관하여 필요한 사항을 게시한 게시판을 설치해야 한다.

[표지 및 게시판의 예]

60cm 이상

백색바탕
흑색문자

간이탱크저장소

30cm
이상

적색바탕
백색문자

화 기 엄 금

30cm
이상

백색바탕
흑색문자

유별(품명)	
저장수량	
안전관리자	

30cm
이상

(4) 간이탱크 설치 및 공지★★★★

① 간이저장탱크는 움직이거나 넘어지지 아니하도록 지면 또는 가설대에 견고히 고정시켜야 한다.

② 옥외에 설치하는 경우 : 탱크의 주위에 너비 1m 이상의 공지를 둔다.

③ 전용실 안에 설치하는 경우 : 탱크와 전용실의 벽과의 사이에 0.5m 이상의 간격을 유지

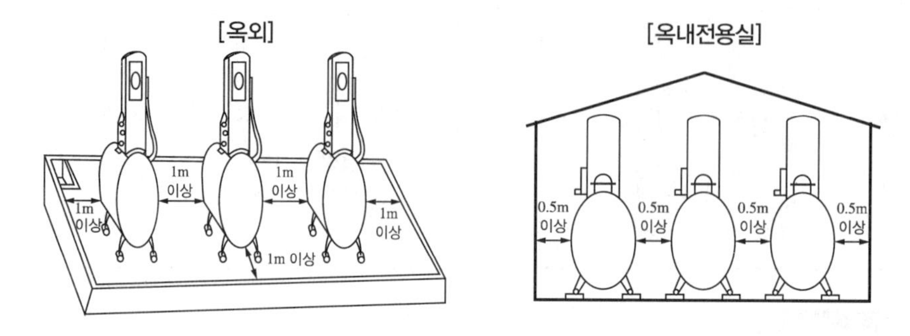

(5) 탱크의 용량

600L 이하이어야 한다.

(6) 탱크구조

① 간이저장탱크는 두께 3.2mm 이상의 강판으로 흠이 없도록 제작해야 한다.

② 70kPa의 압력으로 10분간의 수압시험을 실시하여 새거나 변형되지 아니해야 한다.

(7) 부식방지조치

① 간이저장탱크의 외면에는 녹을 방지하기 위한 도장을 해야 한다.

② 탱크의 재질이 부식의 우려가 없는 스테인리스 강판 등인 경우에는 그렇지 않다.

(8) 간이탱크 통기관★★★★★

구 분	밸브 없는 통기관	대기밸브 부착 통기관
공통사항	• 통기관은 옥외에 설치하되, 그 끝부분의 높이는 지상 1.5m 이상으로 할 것 • 가는 눈의 구리망 등으로 인화방지장치를 설치해야 한다. 다만 인화점 70℃ 이상의 위험물만을 70℃ 미만의 온도로 저장 또는 취급하는 탱크에 설치하는 통기관에 있어서는 그렇지 않다.	
개별항목	• 지름은 25mm 이상으로 해야 한다. • 끝부분은 수평면보다 45도 이상 구부려 빗물 등의 침투를 막는 구조로 해야 한다.	5kPa 이하의 압력차이로 작동할 수 있어야 한다.

[밸브 없는 통기관 설치 예]

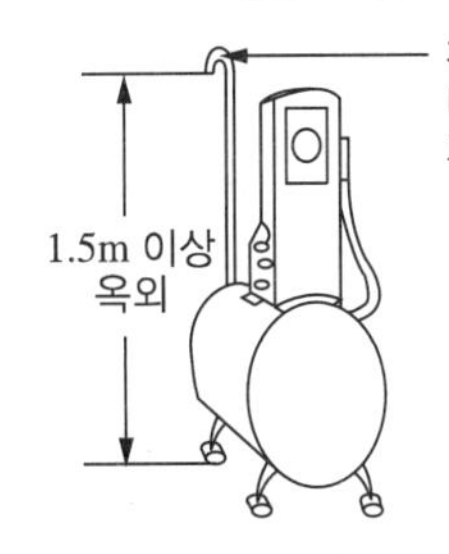

(9) 고정주유설비 등

간이저장탱크에 고정주유설비 또는 고정급유설비를 설치하는 경우에는 주유취급소(별표13 Ⅳ)에 따른 고정주유설비 또는 고정급유설비의 기준에 적합해야 한다.

제6절 이동탱크저장소의 위치 · 구조 및 설비의 기준(제34조 관련 별표)

01 개 요

(1) 정의(영 제4조 관련 별표2)

① 이동탱크저장소

차량(피견인자동차에 있어서는 앞차축을 갖지 아니하는 것으로서 해당 피견인자동차의 일부가 견인자동차에 적재되고 해당 피견인자동차와 그 적재물의 중량의 상당부분이 견인자동차에 의하여 지탱되는 구조의 것에 한한다)에 고정된 탱크에 위험물을 저장하는 장소

(2) 탱크의 종류

① 법규상 저장형태에 따른 종류

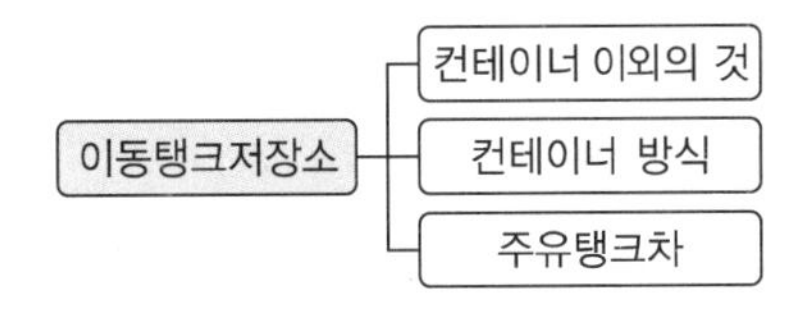

② 형식에 의한 분류

이동탱크저장소의 종류는 단일 형식의 것(일반적으로 "탱크로리"라 호칭) 및 피견인차형식의 것(일반적으로 "세미트레일러"라고 호칭)이 있으며, 또 탱크를 탈착하는 구조인지 여부에 따라 컨테이너방식(탱크컨테이너를 적재하는 것) 및 컨테이너방식 이외의 것으로 구분된다.

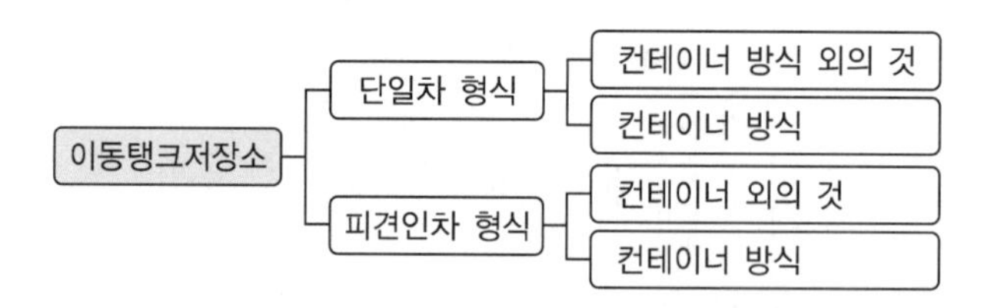

㉠ 단일차 형식의 이동탱크저장소

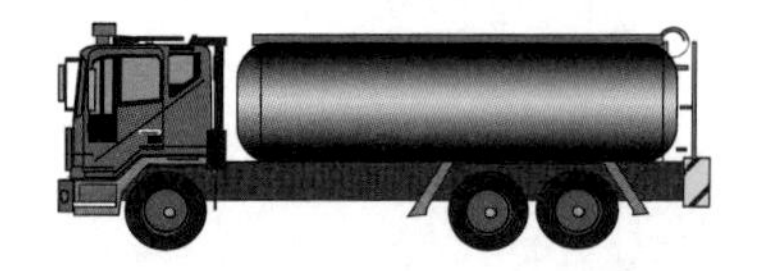

㉡ 피견인차 형식의 이동탱크저장소

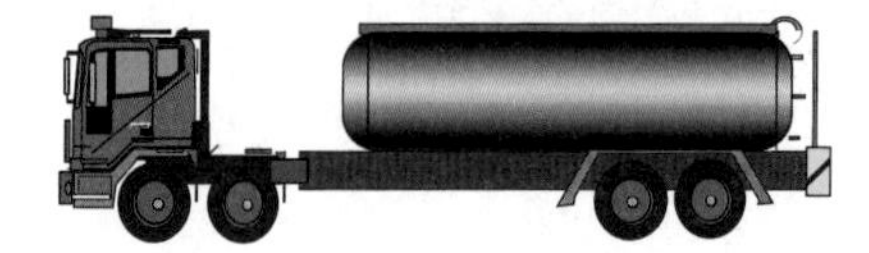
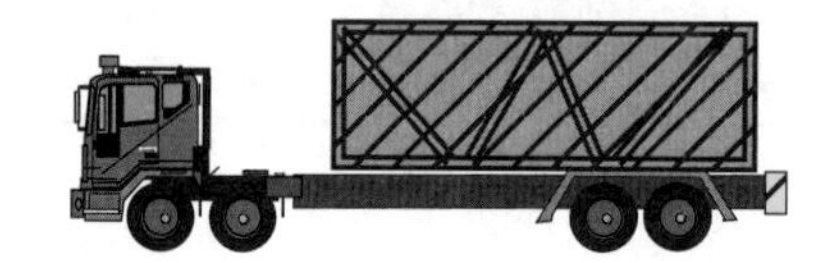

02 상시주차장소★★★

(1) 개 요

① 상시주차장소(이하 "상치장소"라 한다)란 이동탱크저장소를 주차할 수 있는 장소로 옥외 또는 옥내에 둘 수 있다.

② 상치장소는 위험물 이동탱크저장소의 위치에 해당되며, 이동탱크저장소를 설치할 때에는 상치장소도 포함하여 위험물 이동탱크저장소 설치허가를 받아야 한다. 상치장소의 변경도 또한 같다.

③ 위치는 이동탱크저장소가 진출입할 수 있어야 하며, 주차가 가능한 정도의 면적이어야 한다.

④ 상치장소에서는 이동탱크에 위험물을 저장한 채 주차해서는 안 된다.

Plus one

이동탱크저장소 취급기준(제13장 제1절 04 의 ⑧ ◎)

이동탱크저장소는 아래 (2)에 따른 상치장소에 주차할 것. 다만, 원거리 운행 등으로 상치장소에 주차할 수 없는 경우에는 다음의 장소에도 주차할 수 있다.

- 다른 이동탱크저장소의 상치장소
- 화물자동차운수사업법에 의한 일반화물자동차운송사업을 위한 차고로서 아래 (2)의 규정에 적합한 장소
- 화물유통촉진법에 의한 화물터미널의 주차장으로서 아래 (2)의 규정에 적합한 장소
- 주차장법에 의한 주차장 중 노외의 옥외주차장으로서 아래 (2)의 규정에 적합한 장소
- 제조소등이 설치된 사업장 내의 안전한 장소
- 도로(갓길 및 노상주차장을 포함한다) 외의 장소로서 화기취급장소 또는 건축물로부터 10m 이상 거리를 둔 장소

- 벽·기둥·바닥·보·서까래 및 지붕이 내화구조로 된 건축물의 1층으로서 개구부가 없는 내화구조의 격벽 등으로 해당 건축물의 다른 용도의 부분과 구획된 장소
- 소방본부장 또는 소방서장으로부터 승인을 받은 장소

(2) 시설기준★★★

이동탱크저장소의 상치장소는 다음의 기준에 적합해야 한다.

① 옥외에 있는 상치장소

화기를 취급하는 장소 또는 인근의 건축물로부터 **5m 이상**(인근의 건축물이 1층인 경우에는 3m 이상)의 거리를 확보해야 한다. 다만, 하천의 공지나 수면, 내화구조 또는 불연재료의 담 또는 벽 그 밖에 이와 유사한 것에 접하는 경우를 제외한다.

② 옥내에 있는 상치장소

벽·바닥·보·서까래 및 지붕이 **내화구조** 또는 **불연재료**로 된 건축물의 **1층**에 설치해야 한다.

03 이동저장탱크의 구조★★★★★

(1) 탱크의 재질 및 수압시험

이동저장탱크의 구조는 다음의 기준에 의해야 한다.

① 탱크(맨홀 및 주입관의 뚜껑을 포함한다)는 **두께 3.2mm 이상의 강철판** 또는 이와 동등 이상의 강도·내식성 및 내열성이 있다고 인정하여 소방청장이 정하여 고시하는 재료 및 구조로 위험물이 새지 아니하게 제작할 것

② 압력탱크(최대상용압력이 46.7kPa 이상인 탱크를 말한다) 외의 탱크는 **70kPa의 압력**으로, 압력탱크는 최대상용압력의 **1.5배의 압력**으로 각각 10분간의 수압시험을 실시하여 새거나 변형되지 아니할 것. 이 경우 수압시험은 용접부에 대한 비파괴시험과 기밀시험으로 대신할 수 있다.

(2) 칸막이★★★★

① 이동저장탱크는 그 내부에 **4,000L 이하**마다 3.2mm 이상의 강철판 또는 이와 동등 이상의 강도·내열성 및 내식성이 있는 금속성의 것으로 칸막이를 설치해야 한다.

② 다만, 고체인 위험물을 저장하거나 고체인 위험물을 가열하여 액체 상태로 저장하는 경우에는 그러하지 아니하다.

Plus one

칸막이의 설치목적

1. 전복 등 탱크의 일부가 파손되더라도 전량의 위험물 누출방지
2. 위험물을 싣고 이송하는 도중 탱크 내 위험물의 종방향 출렁임 등의 현상으로 인하여 발생할 수 있는 사고를 방지

[칸막이 설치 예]

(3) 맨홀 · 안전장치 및 방파판

칸막이로 구획된 각 부분마다 맨홀과 다음의 기준에 의한 안전장치 및 방파판을 설치해야 한다. 다만, 칸막이로 구획된 부분의 용량이 2,000L 미만인 부분에는 방파판을 설치하지 아니할 수 있다.

① 맨 홀

이동탱크저장소가 운행 중 전복 등의 사고가 발생한 경우 맨홀이나 주입구 뚜껑에 하중이 걸려도 쉽게 파손되지 않도록 **두께 3.2mm 이상**의 강철판으로 제작해야 한다.

② 안전장치

㉠ 안전장치는 이동저장탱크 내부 압력이 상승한 경우 탱크에 과도한 압력이 미치지 않도록 하기 위하여 설치하는 것이다.

㉡ 상용압력이 20kPa 이하인 탱크에 있어서는 **20kPa 이상 24kPa 이하**의 압력에서, 상용압력이 20kPa를 초과하는 탱크에 있어서는 상용압력의 **1.1배 이하**의 압력에서 작동하는 것으로 해야 한다.

[맨홀, 안전장치 및 주입구 설치 예]

③ 방파판★★★

방파판은 주행 중인 이동탱크저장소에 위험물의 횡방향 출렁임을 방지하여 차량의 안전성을 확보하기 위하여 설치하는 것이다.

㉠ 두께 1.6mm 이상의 강철판 또는 이와 동등 이상의 강도·내열성 및 내식성이 있는 금속성의 것으로 할 것

㉡ 하나의 구획부분에 2개 이상의 방파판을 이동탱크저장소의 진행방향과 평행으로 설치하되, 각 방파판은 그 높이 및 칸막이로부터의 거리를 다르게 할 것

㉢ 하나의 구획부분에 설치하는 각 방파판의 면적의 합계는 해당 구획부분의 최대 수직단면적의 50% 이상으로 할 것. 다만, 수직단면이 원형이거나 짧은 지름이 1m 이하의 타원형일 경우에는 40% 이상으로 할 수 있다.

[방파판 설치 예]

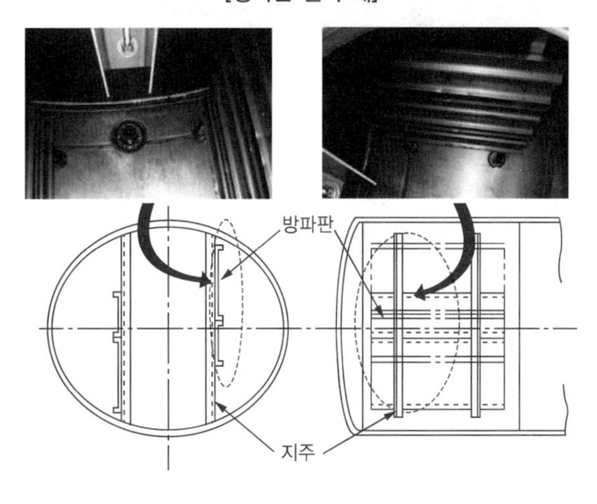

(4) 측면틀 및 방호틀★★★

탱크의 상부에 돌출되어 있는 탱크에 있어서는 다음의 기준에 의하여 부속장치의 손상을 방지하기 위한 측면틀 및 방호틀을 설치해야 한다. 다만, 피견인자동차에 고정된 탱크에는 측면틀을 설치하지 아니할 수 있다.

① 측면틀

㉠ 탱크 뒷부분의 입면도에 있어서 측면틀의 최외측과 탱크의 최외측을 연결하는 직선(이하 여기에서 "최외측선"이라 한다)의 수평면에 대한 **내각이 75도 이상**이 되도록 하고, 최대수량의 위험물을 저장한 상태에 있을 때의 해당 탱크중량의 중심점과 측면틀의 최외측을 연결하는 직선과 그 중심점을 지나는 직선 중 최외측선과 직각을 이루는 직선과의 **내각이 35도 이상**이 되도록 할 것

㉡ 외부로부터 하중에 견딜 수 있는 구조로 할 것

㉢ 탱크상부의 네 모퉁이에 해당 탱크의 전단 또는 후단으로부터 각각 1m 이내의 위치에 설치할 것

㉣ 측면틀에 걸리는 하중에 의하여 탱크가 손상되지 아니하도록 측면틀의 부착부분에 받침판을 설치할 것

[측면틀 설치기준]

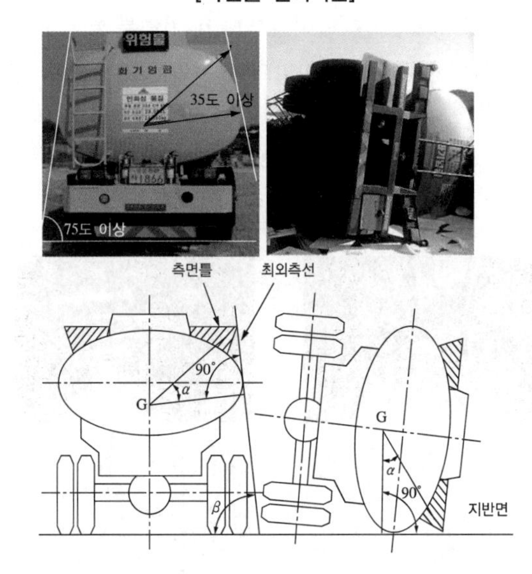

② 방호틀★★★★

㉠ **두께 2.3mm 이상**의 강철판 또는 이와 동등 이상의 기계적 성질이 있는 재료로써 산모양의 형상으로 하거나 이와 동등 이상의 강도가 있는 형상으로 할 것

㉡ 정상부분은 부속장치보다 50mm 이상 높게 하거나 이와 동등 이상의 성능이 있는 것으로 할 것

[측면틀 및 방호틀 설치 예]

(5) 탱크의 외면에는 부식방지도장을 해야 한다. 다만, 탱크의 재질이 부식의 우려가 없는 스테인리스 강판 등인 경우에는 그러하지 아니하다.

Plus one

- 이동탱크저장소의 부속장치의 용도
  - 방호틀 : 탱크 전복 시 부속장치(주입구, 맨홀, 안전장치) 보호(2.3mm)
  - 측면틀 : 탱크 전복 시 탱크 본체 파손 방지(3.2mm)
  - 방파판 : 위험물 운송 중 내부의 위험물의 출렁임, 쏠림 등을 완화하여 차량의 안전 확보(1.6mm)
  - 칸막이 : 탱크 전복 시 탱크의 일부가 파손되더라도 전량의 위험물의 누출 및 출렁임 방지(3.2mm)
- 이동탱크저장소 관련 용량

칸막이 구획	방파판 생략	알킬알루미늄 등 이동저장탱크 용량	항공기주유탱크차 칸막이
4,000L 이하	칸막이 용량이 2,000L 미만	1,900L 미만	부피 4,000L마다 또는 1.5m 이하 (칸막이에 지름 40cm 이내 구멍 가능)

- 이동저장탱크의 두께기준

구 조	이동저장탱크	맨 홀	주입관의 뚜껑	칸막이	측면틀	방호틀	방파판
일반이동탱크	3.2mm			3.2mm		2.3mm	1.6mm
컨테이너식	6mm(탱크지름 또는 장축이 1.8m 이하인 탱크 : 5mm 이상)			3.2mm			
알킬알루미늄 등	10mm 이상						

04 배출밸브 및 폐쇄장치★★★★

(1) 배출밸브

이동저장탱크의 아랫부분에 배출구를 설치하는 경우에는 해당 탱크의 배출구에 밸브(이하 "배출밸브"라 한다)를 설치하고 비상시에 직접 해당 배출밸브를 폐쇄할 수 있는 수동폐쇄장치 또는 자동폐쇄장치를 설치해야 한다.

(2) 비상레버

수동폐쇄장치를 설치하는 경우에는 수동폐쇄장치를 작동시킬 수 있는 레버 또는 이와 유사한 기능을 하는 것을 설치하고, 그 바로 옆에 해당 장치의 작동방식을 표시해야 한다. 이 경우 레버를 설치하는 경우에는 다음 각 목의 기준에 따라 설치해야 한다.

① 손으로 잡아당겨 수동폐쇄장치를 작동시킬 수 있도록 할 것

② 길이는 15cm 이상으로 할 것

(3) (1)의 규정에 따라 배출밸브를 설치하는 경우, 그 배출밸브에 대하여 외부로부터의 충격으로 인한 손상을 방지하기 위하여 필요한 장치를 해야 한다.

① 배관에 의한 방법으로 배출밸브에 직접 충격이 가해지지 않도록 배관 일부에 직각의 굴곡부를 설치하여 충격을 흡수하는 방법

② 완충용 이음에 의한 방법으로 저변에 직접 충격이 가해지지 않도록 배관 중간에 완충이음을 설치하는 방법

③ 탱크 외부를 상자틀 구조로 하는 방법

(4) 탱크 배관의 끝부분에는 개폐밸브를 설치해야 한다.

[비상레버]

[배출밸브]

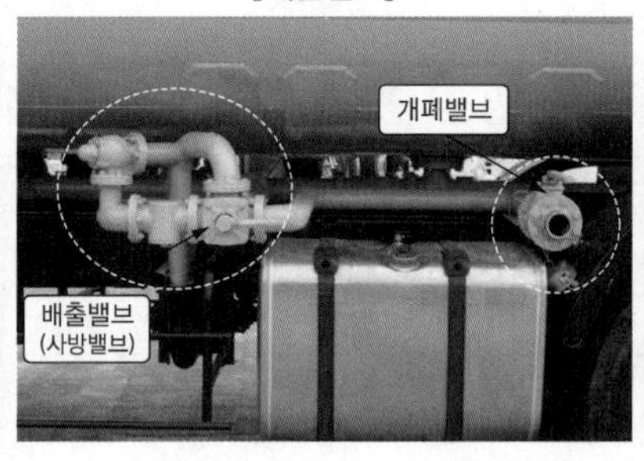

[표지 및 게시판]

05 결합금속구 등

(1) 주입호스 및 결합금속구

액체위험물의 이동탱크저장소의 주입호스(이동저장탱크로부터 위험물을 저장 또는 취급하는 다른 탱크로 위험물을 공급하는 호스를 말한다. (2) 및 (3)에서 같다)는 위험물을 저장 또는 취급하는 탱크의 주입구와 결합할 수 있는 금속구를 사용하되, 그 결합금속구(제6류 위험물의 탱크의 것을 제외한다)는 놋쇠 그 밖에 마찰 등에 의하여 불꽃이 생기지 아니하는 재료로 해야 한다.

(2) 규격기준

주입호스의 재질과 규격 및 결합금속구의 규격은 소방청장이 정하여 고시한다.

참고 위험물안전관리에 관한 세부기준 제108조

(3) 주입설비 2016년 소방위 기출 2017년 통합소방장 기출

① 위험물이 샐 우려가 없고 화재예방상 안전한 구조로 할 것

② 주입설비의 길이는 50m 이내로 하고, 그 끝부분에 축적되는 정전기를 유효하게 제거할 수 있는 장치를 할 것

③ 분당 배출량은 200L 이하로 할 것

06 표지 및 상치장소 표시★★★★

(1) 표 지

이동탱크저장소에는 위험물 운송・운반 시의 위험성 경고표지에 관한 기준에 따른 저장하는 위험물의 위험성을 알리는 표지를 설치해야 한다.

[유종별 경고표지 예시]

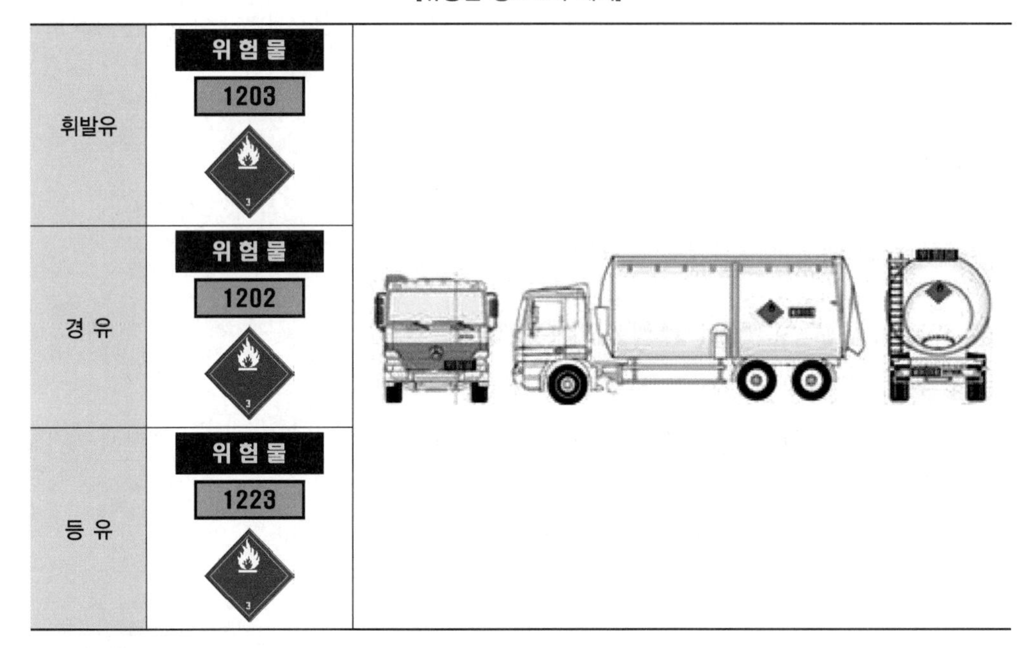

⊕ Plus one

위험물 운송・운반 시의 위험성 경고표지에 관한 기준 요약

- 위험성 경고표지
  - 위험물수송차량의 외부에 위험물 표지, UN번호 및 그림문자를 표시해야 한다.
  - 이동탱크저장소의 각 구획실에 UN번호 또는 그림문자가 다른 위험물을 저장하는 경우에는 해당 위험물의 UN번호 또는 그림문자를 모두 표시해야 한다.
  - 위험물 운반차량에 그림문자가 다른 위험물을 함께 적재하는 경우에는 해당 위험물의 그림문자를 모두 표시해야 한다.
  - 위험물 운반차량에 적재하는 위험물의 총량이 4,000kg 이하이거나 UN번호가 다른 위험물을 함께 적재하는 경우에는 UN번호를 표시하지 아니한다.
- 표지・그림문자 및 UN번호의 세부기준

<table>
<tr><th rowspan="2">구 분</th><th rowspan="2">위험물 표지</th><th colspan="2">UN번호</th><th rowspan="2">그림문자</th></tr>
<tr><th>그림문자 외부표기</th><th>그림문자 내부표기</th></tr>
<tr><td>설치 위치</td><td>이동탱크 : 전・후면 상단
운반차량 : 전면 및 후면</td><td>후면 및 양 측면
(그림문자와 인접한 위치)</td><td>후면 및 양 측면</td><td>후면 및 양 측면</td></tr>
<tr><td>색 상</td><td>흑색바탕 황색문자</td><td>흑색테두리선(1cm)과
오렌지색 바탕에 흑색문자</td><td>백색바탕 흑색문자</td><td>품목별 해당되는 심벌</td></tr>
</table>

규 격	60cm 이상 × 30cm 이상 위험물	1203 12cm 30cm	글자높이 6.5cm 이상	25cm 25cm
모 양	가로형사각형		마름모꼴	

※ 위험물의 분류, 위험물의 품목 및 그 위험성의 분류·구분 등은 소방청장이 정하여 고시[위험물 운송수반 시의 위험성 경고표지에 관한 기준] 참조

(2) 외부도장 등 표시

이동탱크저장소의 탱크외부에는 소방청장이 정하여 고시[위험물안전관리에 관한 세부기준 제109조]하는 바에 따라 도장 등을 하여 쉽게 식별할 수 있도록 하고, 보기 쉬운 곳에 02에 따른 상치장소의 위치를 표시해야 한다.

⊕ Plus one

위험물안전관리에 관한 세부기준 제109조(이동탱크 외부도장)

유 별	도장의 색상	비 고
제1류	회 색	1. 탱크의 앞면과 뒷면을 제외한 면적의 40% 이내의 면적은 다른 유별의 색상 외의 색상으로 도장하는 것이 가능하다. 2. 제4류에 대해서는 도장의 색상 제한이 없으나 적색을 권장한다.
제2류	적 색	
제3류	청 색	
제5류	황 색	
제6류	청 색	

07 펌프설비

(1) 펌프설비

① 이동탱크저장소에 설치하는 펌프설비는 해당 이동탱크저장소의 차량구동용엔진(피견인식 이동탱크저장소의 견인부분에 설치된 것은 제외한다)의 동력원을 이용하여 위험물을 이송해야 한다.

② 다만, 다음의 기준에 의하여 외부로부터 전원을 공급받는 방식의 모터펌프를 설치할 수 있다.

㉠ 저장 또는 취급 가능한 위험물은 인화점 40℃ 이상의 것 또는 비인화성의 것에 한할 것

㉡ 화재예방상 지장이 없는 위치에 고정하여 설치할 것

(2) 피견인식 이동탱크저장소의 견인부분에 설치된 차량구동용 엔진의 동력원을 이용하여 위험물을 이송하는 경우에는 다음의 기준에 적합해야 한다.

① 견인부분에 작동유탱크 및 유압펌프를 설치하고, 피견인부분에 오일모터 및 펌프를 설치할 것

② 트랜스미션(Transmission)으로부터 동력전동축을 경유하여 견인부분의 유압펌프를 작동시키고 그 유압에 의하여 피견인부분의 오일모터를 경유하여 펌프를 작동시키는 구조일 것

(3) 펌프설비 용도

① 이동탱크저장소에 설치하는 펌프설비는 해당 이동저장탱크로부터 위험물을 배출하는 용도에 한한다.

② 다만, 폐유의 회수 등의 용도에 사용되는 이동탱크저장소에는 다음의 기준에 의하여 진공흡입방식의 펌프를 설치할 수 있다.

㉠ 저장 또는 취급 가능한 위험물은 인화점이 70℃ 이상인 폐유 또는 비인화성의 것에 한할 것

㉡ 감압장치의 배관 및 배관의 이음은 금속제일 것. 다만, 완충용이음은 내압 및 내유성이 있는 고무제품을, 배기통의 최상부는 합성수지제품을 사용할 수 있다.

㉢ 호스 끝부분에는 돌 등의 고형물이 혼입되지 아니하도록 망 등을 설치할 것

㉣ 이동저장탱크로부터 위험물을 다른 저장소로 옮겨 담는 경우에는 해당 저장소의 펌프 또는 자연하류의 방식에 의하는 구조일 것

08 접지도선★★★

(1) 용 도

접지도선이란 위험물의 이송 중 배관과의 마찰에 의해 정전기가 발생, 점화원으로 작용할 우려가 높은 때에 이를 제거하여 주는 설비를 말한다.

(2) 접지도선을 설치해야 할 위험물 2013년 부산소방장 기출 2016년 소방위 기출

제4류 위험물 중 특수인화물, 제1석유류, 제2석유류이다.

(3) 설치기준

① 양도체(良導體)의 도선에 바이닐 등의 전열차단재료로 피복하여 끝부분에 접지전극 등을 결착시킬 수 있는 클립(Clip) 등을 부착할 것

② 도선이 손상되지 아니하도록 도선을 수납할 수 있는 장치를 부착할 것

[도선, 접지전극, 수납함 예]

09 컨테이너식 이동탱크저장소의 특례

(1) 정 의

이동저장탱크를 차량 등에 옮겨 싣는 구조로 된 이동탱크저장소를 말한다. 따라서 일반적인 이동탱크저장소와 구조가 다르기 때문에 별도의 특례규정을 두고 있다.

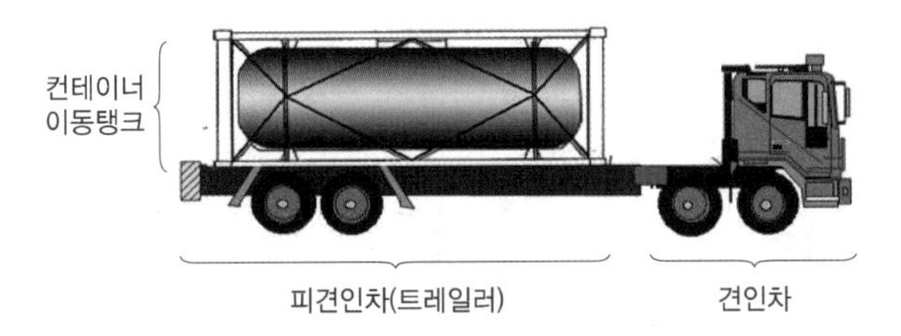

(2) 이동저장탱크를 차량 등에 옮겨 싣는 구조로 된 이동탱크저장소(이하 "컨테이너식 이동탱크저장소"라 한다)에 대하여는 05 결합금속구의 규정을 적용하지 아니하되, 다음의 기준에 적합해야 한다.

① 이동저장탱크는 옮겨 싣는 때에 이동저장탱크하중에 의하여 생기는 응력(변형력) 및 변형에 대하여 안전한 구조로 할 것

상부끌어올리기 긴체 쇠장식

모서리 체결금속구

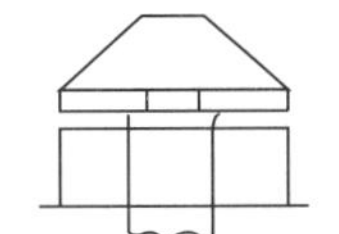

걸고리 체결금속구

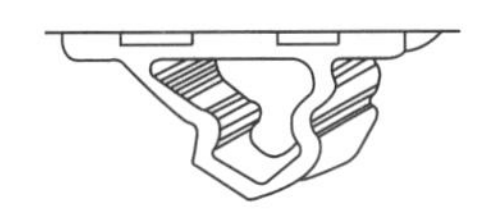

걸고리 체결금속구

② 컨테이너식 이동탱크저장소에는 이동저장탱크하중의 4배의 전단하중에 견디는 걸고리체결금속구 및 모서리체결금속구를 설치할 것. 다만, 용량이 6,000L 이하인 이동저장탱크를 싣는 이동탱크저장소의 경우에는 이동저장탱크를 차량의 섀시프레임(차대 고정틀)에 체결하도록 만든 구조의 유(U)자볼트를 설치할 수 있다.

③ 컨테이너식 이동탱크저장소에 주입호스를 설치하는 경우에는 05 결합금속구의 기준에 의할 것

(3) 상자틀

다음 각 목의 기준에 적합한 이동저장탱크로 된 컨테이너식 이동탱크저장소에 대하여는 칸막이, 방파판, 맨홀·안전장치 및 주입구. 방호틀, 측면틀 규정을 적용하지 아니한다.

① 이동저장탱크 및 부속장치(맨홀·주입구 및 안전장치 등을 말한다)는 강재로 된 **상자형태의** 틀(이하 "상자틀"이라 한다)에 수납할 것

② 상자틀의 구조물 중 이동저장탱크의 이동방향과 평행한 것과 수직인 것은 해당 이동저장탱크·부속장치 및 상자틀의 자중과 저장하는 위험물의 무게를 합한 하중(이하 "이동저장탱크하중"이라 한다)의 2배 이상의 하중에, 그 외 이동저장탱크의 이동방향과 직각인 것은 **이동저장탱크하중** 이상의 하중에 각각 견딜 수 있는 강도가 있는 구조로 할 것

③ 이동저장탱크·맨홀 및 주입구의 뚜껑은 **두께 6mm**(해당 탱크의 지름 또는 장축이 1.8m 이하인 것은 5mm) 이상의 강판 또는 이와 동등 이상의 기계적 성질이 있는 재료로 할 것

④ 이동저장탱크에 칸막이를 설치하는 경우에는 해당 탱크의 내부를 완전히 구획하는 구조로 하고, 두께 3.2mm 이상의 강판 또는 이와 동등 이상의 기계적 성질이 있는 재료로 할 것

⑤ 이동저장탱크에는 맨홀 및 안전장치를 할 것

⑥ 부속장치는 상자틀의 최외측과 50mm 이상의 간격을 유지할 것

(4) 허가청 등 표시★★

컨테이너식 이동탱크저장소에 대하여는 유별 외부도장 및 상치장소 위치 표시 규정을 적용하지 아니하되, 이동저장탱크의 보기 쉬운 곳에 가로 0.4m 이상, 세로 0.15m 이상의 백색바탕에 흑색 문자로 허가청의 명칭 및 완공검사번호를 표시해야 한다.

10 주유탱크차의 특례

(1) 항공기 주유취급소의 이동탱크저장소★★★

항공기주유취급소(주유취급소에 따른 항공기주유취급소를 말한다. 이하 같다)에 있어서 항공기의 연료탱크에 직접 주유하기 위한 주유설비를 갖춘 이동탱크저장소(이하 "주유탱크차"라 한다)에 대하여는 05(결합금속구, 주입호스 등)의 규정을 적용하지 아니하되, 다음의 기준에 적합해야 한다.

① 주유탱크차에는 엔진배기통의 끝부분에 화염의 분출을 방지하는 장치를 설치할 것

② 주유탱크차에는 주유호스 등이 적정하게 격납되지 아니하면 발진되지 아니하는 장치를 설치할 것

③ 주유설비는 다음의 기준에 적합한 구조로 할 것

㉠ 배관은 금속제로서 최대상용압력의 1.5배 이상의 압력으로 10분간 수압시험을 실시하였을 때 누설 그 밖의 이상이 없는 것으로 할 것

㉡ 주유호스의 끝부분에 설치하는 밸브는 위험물의 누설을 방지할 수 있는 구조로 할 것

㉢ 외장은 난연성이 있는 재료로 할 것

㉣ 주유설비에는 해당 주유설비의 펌프기기를 정지하는 등의 방법에 의하여 이동저장탱크로부터의 위험물 이송을 긴급히 정지할 수 있는 장치를 설치할 것

㉤ 주유설비에는 개방 조작 시에만 개방하는 자동폐쇄식의 개폐장치를 설치하고, 주유호스의 끝부분에는 연료탱크의 주입구에 연결하는 결합금속구를 설치할 것. 다만, 주유호스의 끝부분에 수동개폐장치를 설치한 주유노즐(수동개폐장치를 개방상태에서 고정하는 장치를 설치한 것을 제외한다)을 설치한 경우에는 그러하지 아니하다.

㉥ 주유설비에는 주유호스의 끝부분에 축적된 정전기를 유효하게 제거하는 장치를 설치할 것

㉦ 주유호스는 최대상용압력의 2배 이상의 압력으로 수압시험을 실시하여 누설 그 밖의 이상이 없는 것으로 할 것

(2) 공항에서 시속 40km 이하로 운행하도록 된 주유탱크차에는 칸막이와 방파판에 관한 규정을 적용하지 아니하되, 다음의 기준에 적합해야 한다.

① 이동저장탱크는 그 내부에 길이 1.5m 이하 또는 부피 4천L 이하마다 3.2mm 이상의 강철판 또는 이와 같은 수준 이상의 강도·내열성 및 내식성이 있는 금속성의 것으로 칸막이를 설치할 것

② 칸막이에 구멍을 낼 수 있되, 그 지름이 40cm 이내일 것

11 위험물의 성질에 따른 이동탱크저장소의 특례

(1) 알킬알루미늄 등을 저장 또는 취급하는 이동탱크저장소★★★★

알킬알루미늄 등을 저장 또는 취급하는 이동탱크저장소는 일반적인 이동탱크저장소는 02 내지 09 기준에 의하되, 해당 위험물의 성질에 따라 강화되는 기준은 다음과 같다.

① 이동저장탱크는 **두께 10mm 이상의 강판** 또는 이와 동등 이상의 기계적 성질이 있는 재료로 기밀하게 제작되고 1MPa 이상의 압력으로 10분간 실시하는 수압시험에서 새거나 변형하지 아니하는 것일 것

② 이동저장탱크의 용량은 1,900L 미만일 것

③ 안전장치는 이동저장탱크의 수압시험의 압력의 **3분의 2를 초과하고 5분의 4를 넘지 아니하는** 범위의 압력으로 작동할 것

④ 이동저장탱크의 맨홀 및 주입구의 뚜껑은 **두께 10mm 이상**의 강판 또는 이와 동등 이상의 기계적 성질이 있는 재료로 할 것

⑤ 이동저장탱크의 배관 및 밸브 등은 해당 탱크의 **윗부분**에 설치할 것

⑥ 이동탱크저장소에는 이동저장탱크하중의 **4배**의 전단하중에 견딜 수 있는 걸고리체결금속구 및 모서리체결금속구를 설치할 것

⑦ 이동저장탱크는 불활성의 기체를 봉입할 수 있는 구조로 할 것

⑧ 이동저장탱크는 그 외면을 적색으로 도장하는 한편, 백색문자로서 동판(胴板)의 양측면 및 경판(동체의 양 끝부분에 부착하는 판)에 **"물기엄금"** 또는 **"화기엄금"**이라는 주의사항을 표시할 것

(2) 아세트알데히드 등을 저장 또는 취급하는 이동탱크저장소

아세트알데히드 등을 저장 또는 취급하는 이동탱크저장소는 일반적인 이동탱크저장소는 02 내지 09 기준에 의하되, 해당 위험물의 성질에 따라 강화되는 기준은 다음에 의해야 한다.

① 이동저장탱크는 **불활성의 기체를 봉입할 수 있는 구조**로 할 것

② 이동저장탱크 및 그 설비는 **은 · 수은 · 동 · 마그네슘** 또는 **이들을 성분으로 하는 합금**으로 만들지 아니할 것

(3) 히드록실아민 등을 저장 또는 취급하는 이동탱크저장소

히드록실아민 등을 저장 또는 취급하는 이동탱크저장소는 02 내지 09의 기준에 의하되, 강화되는 기준은 다음 각 목에 따른다.

① 이동저장탱크에는 히드록실아민 등의 온도의 상승에 의한 위험한 반응을 방지하기 위한 조치를 강구할 것

② 이동저장탱크에는 철 이온 등의 혼입에 의한 위험한 반응을 방지하기 위한 조치를 강구할 것

제7절 옥외저장소의 위치 · 구조 및 설비의 기준(제35조 관련 별표11)

01 개요 및 정의

(1) 개 요

① 옥외저장소는 옥외의 장소에서 드럼 등 운반용에 위험물을 넣어 저장하는 저장소를 말한다. 옥외에 저장하게 되면 일광 등의 영향으로 화재 내지는 폭발이 발생할 수 있기 때문에 비교적 다른 저장소에 비해서 위험성이 높은 저장소라고 할 수 있다.

② 옥외저장소에 저장 또는 취급할 수 있는 위험물은 위험물을 옥외에 저장, 취급하기 때문에 인화성, 발화성의 위험성이 적은 위험물에 대하여 주로 인정한다.

(2) 정의(위험물안전관리법 시행령 별표2)★★★★ 2012년 소방위 기출 2017년 인천소방장 기출

옥외(옥외탱크저장소는 제외한다)에 다음의 1에 해당하는 위험물을 저장하는 장소

① 제2류 위험물 중 유황 또는 인화성고체(인화점이 섭씨 0도 이상인 것에 한한다)

② 제4류 위험물 중 제1석유류(인화점이 섭씨 0도 이상인 것에 한한다) · 알코올류 · 제2석유류 · 제3석유류 · 제4석유류 및 동식물유류

③ 제6류 위험물

④ 제2류 위험물 및 제4류 위험물 중 특별시 · 광역시 또는 도의 조례에서 정하는 위험물(「관세법」 제154조에 따른 보세구역 안에 저장하는 경우에 한한다)

⑤ 「국제해사기구에 관한 협약」에 의하여 설치된 국제해사기구가 채택한 「국제해상위험물규칙」(IMDG Code)에 적합한 용기에 수납된 위험물

참고 IMDG Code : International Maritime Dangerous Goods Code

02 위치 · 구조 및 설비의 기술기준★★★★ 2020년 통합 소방청 기출

(1) 위험물을 용기에 수납하여 저장 또는 취급하는 것의 위치 · 구조 및 설비의 기술기준

① 옥외저장소는 제조소(별표4 Ⅰ)의 규정에 준하여 안전거리를 둘 것

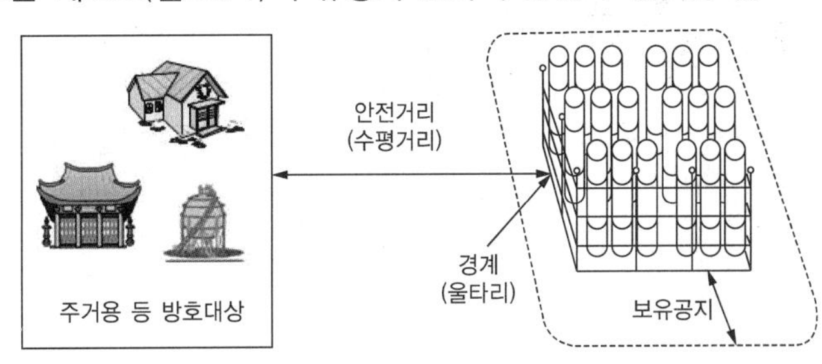

안전거리	해당 대상물
㉠ 50m 이상	• 유형문화재, 기념물 중 지정문화재
㉡ 30m 이상	• 학교, 병원(병원급 의료기관) • 공연장, 영화상영관 및 그 밖에 이와 유사한 시설로서 3백명 이상의 인원을 수용할 수 있는 것 • 아동복지시설, 노인복지시설, 장애인복지시설, 한부모가족복지시설, 어린이집, 성매매피해자 등을 위한 지원시설, 정신건강증진시설, 「가정폭력방지 및 피해자보호시설 및 그 밖에 이와 유사한 시설로서 20명 이상의 인원을 수용할 수 있는 것
㉢ 20m 이상	고압가스, 액화석유가스 또는 도시가스를 저장 또는 사용하는 시설 • 고압가스제조시설, 고압가스저장시설 • 고압가스 사용시설로서 1일 $30m^3$ 이상의 용적을 취급하는 시설 • 액화산소를 소비하는 시설, 액화석유가스제조시설 및 액화석유가스저장시설 • 도시가스 공급시설
㉣ 10m 이상	㉠, ㉡, ㉢ 외의 건축물 그 밖의 공작물로서 주거용으로 사용되는 것 • 주거용으로 사용되는 것 : 전용주택 외에 공동주택, 점포 겸용주택, 작업장 겸용주택 등 • 그 밖의 공작물 : 주거용 컨테이너, 주거용 비닐하우스 등[제조소가 설치된 부지 내에 있는 것을 제외(기숙사는 포함)한다]
㉤ 5m 이상	사용전압 35,000V를 초과하는 특고압가공전선
㉥ 3m 이상	사용전압 7,000V 초과 35,000V 이하의 특고압가공전선

Plus one

제조소의 안전거리 기준 암기 Tip

- **문**화재 중 유형문화재 및 기념물 중 지정문화재 : 50m 이상
- **병**원 · 학교 · 공연장, 영화상영관 · 다수인의 수용시설 등 : 30m 이상
- **가**스의 제조 · 저장 또는 취급하는 시설 등 : 20m 이상
- **주**거용 건축물 또는 공작물 : 10m 이상
- 특**고**압가공전선
  - 사용전압이 35,000V를 초과 : 5m 이상
  - 사용전압이 7,000V 초과 35,000V 이하 : 3m 이상

※ 사용전압이 7,000V 이하는 안전거리 기준이 없음에 유의

② 옥외저장소는 **습기**가 없고 **배수**가 잘 되는 장소에 설치할 것

③ 위험물을 저장 또는 취급하는 장소의 주위에는 **경계표시**(울타리의 기능이 있는 것에 한한다. 이와 같다)를 하여 **명확하게 구분**할 것

④ ③의 경계표시의 주위에는 그 저장 또는 취급하는 위험물의 최대수량에 따라 다음 표에 의한 너비의 **공지를 보유**할 것. 다만, 제4류 위험물 중 **제4석유류와 제6류 위험물**을 저장 또는 취급하는 옥외저장소의 보유공지는 다음 표에 의한 공지의 **너비의 3분의 1 이상**의 너비로 할 수 있다.

저장 또는 취급하는 위험물의 최대수량	공지의 너비
지정수량의 10배 이하	3m 이상
지정수량의 10배 초과 20배 이하	5m 이상
지정수량의 20배 초과 50배 이하	9m 이상
지정수량의 50배 초과 200배 이하	12m 이상
지정수량의 200배 초과	15m 이상

⊕ Plus one

제조소등별 보유공지 암기 Tip **2017년 인천소방장 기출**

저장, 취급하는 최대수량			공지의 너비			
옥내저장소	옥외저장소	옥외탱크 저장소	옥내저장소		옥외 저장소	옥외탱크 저장소
			벽, 기둥, 바닥이 내화구조	그 밖의 건축물		
5배 이하	10배 이하	500배 이하		0.5m 이상	3m 이상	3m 이상
5~10배 이하	10~20배 이하	500~1,000배 이하	1m 이상	1.5m 이상	5m 이상	5m 이상
10~20배 이하	20~50배 이하	1,000~2,000배 이하	2m 이상	3m 이상	9m 이상	9m 이상
20~50배 이하	50~200배 이하	2,000~3,000 배 이하	3m 이상	5m 이상	12m 이상	12m 이상
50~200배 이하	200배 초과	3,000~4,000 배 이하	5m 이상	10m 이상	15m 이상	15m 이상
200배 초과		4,000배 초과	10m 이상	15m 이상		• 탱크의 수평단면의 최대지름과 높이 중 큰 것과 같은 거리 이상 • 30m 초과 시 30m 이상 가능 • 15m 미만의 경우 15m 이상

보유공지 및 안전거리 규제 제조소등

구 분	제조소	저장소								취급소			
		옥 내	옥외 탱크	옥내 탱크	지하 탱크	이동 탱크	간이 탱크	암반 탱크	옥 외	주 유	판 매	일 반	이 송
안전거리	○	○	○	×	×	×	×	×	○	×	×	○	○
보유공지	○	○	○	×	×	×	○ (옥외)	×	○	×	×	○	○

보유공지 및 안전거리 적용 암기 Tip

- 안전거리 : 일이 **제일**적어 **옥내 · 외, 옥외탱(일이 제일적어 부부 내외가 땡땡이)**
- 보유공지 : 일이 제일적어 옥내 · 외, 옥외탱, **간이(일이 제일적어 부부 내외가 간땡이)**

⑤ 옥외저장소에는 제조소(별표4 Ⅲ 제1호)의 표지기준에 따라 보기 쉬운 곳에 "**위험물 옥외저장소**"라는 표시를 한 표지와 제조소(동표 Ⅲ 제2호)의 게시판 기준에 따라 **방화에 관하여** 필요한 사항을 게시한 게시판을 설치해야 한다.

⑥ 옥외저장소에 선반을 설치하는 경우에는 다음의 기준에 의할 것★★★★

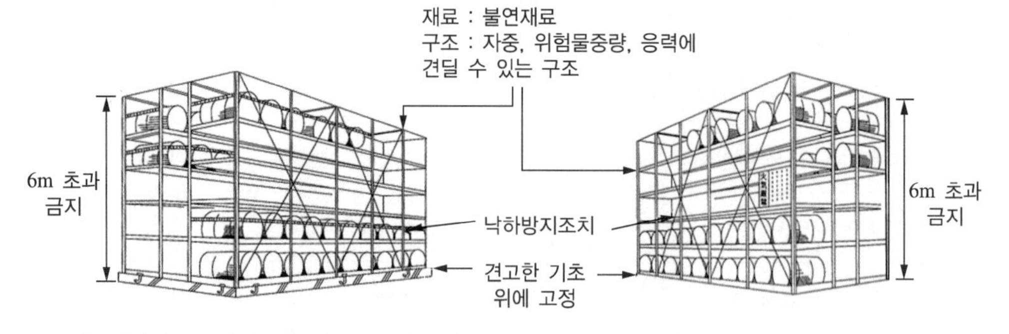

㉠ 선반은 **불연재료**로 만들고 견고한 **지반면**에 **고정**할 것
㉡ 선반은 해당 선반 및 그 부속설비의 **자중** · 저장하는 위험물의 **중량 · 풍하중** · **지진의 영향** 등에 의하여 생기는 응력(변형력)에 대하여 **안전**할 것

㉢ 선반의 **높이는 6m를 초과**하지 아니할 것

㉣ 선반에는 위험물을 수납한 용기가 쉽게 **낙하하지 아니하는 조치**를 강구할 것

⑦ **과산화수소 또는 과염소산**을 저장하는 옥외저장소에는 불연성 또는 난연성의 천막 등을 설치하여 **햇빛**을 가릴 것

⑧ 눈・비 등을 피하거나 차광 등을 위하여 옥외저장소에 캐노피 또는 지붕을 설치하는 경우에는 환기 및 소화활동에 지장을 주지 아니하는 구조로 할 것. 이 경우 **기둥은 내화구조**로 하고, **캐노피 또는 지붕은 불연재료**로 하며, **벽**을 설치하지 아니해야 한다.

(2) 옥외저장소 중 **덩어리 상태의 유황**만을 지반면에 설치한 경계표시의 안쪽에서 저장 또는 취급하는 것(용기에 수납한 것은 제외)의 위치・구조 및 설비의 기술기준은 (1)의 기준 및 다음과 같다.★★★★

① 하나의 경계표시의 내부의 면적은 $100m^2$ 이하일 것

② 2 이상의 경계표시를 설치하는 경우에 있어서는 각각의 경계표시 **내부의 면적을 합산한 면적**은 $1,000m^2$ 이하로 하고, 인접하는 경계표시와 경계표시와의 간격을 (1)의 ④에 따른 공지의 너비의 2분의 1 이상으로 할 것. 다만, 저장 또는 취급하는 위험물의 최대수량이 지정수량의 200배 이상인 경우에는 10m 이상으로 해야 한다.

③ 경계표시는 **불연재료**로 만드는 동시에 유황이 새지 아니하는 구조로 할 것

④ 경계표시의 **높이는 1.5m 이하**로 할 것

⑤ 경계표시에는 유황이 넘치거나 비산하는 것을 방지하기 위한 **천막 등을 고정하는 장치를 설치**하되, 천막 등을 고정하는 장치는 경계표시의 **길이 2m마다 한 개 이상** 설치할 것

⑥ 유황을 저장 또는 취급하는 장소의 주위에는 **배수구와 분리장치**를 설치할 것

[덩어리 유황 옥외저장소 설치 예]

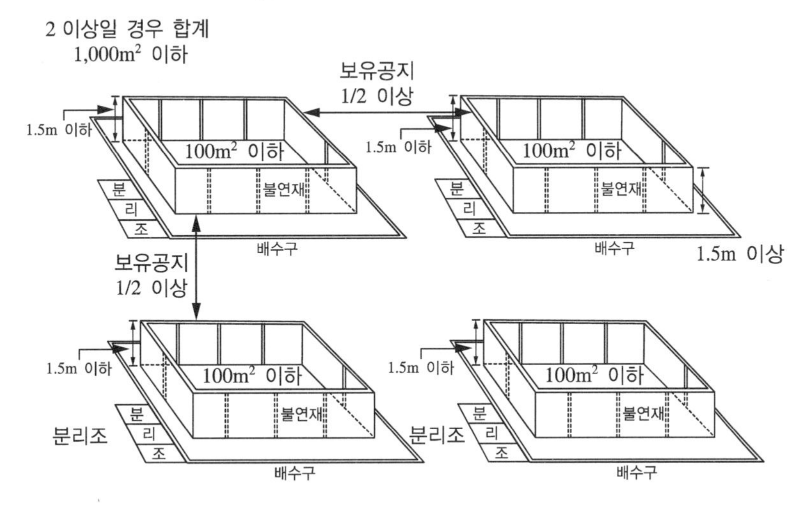

03 고인화점 위험물의 옥외저장소의 특례

고인화점 위험물(인화점이 100℃ 이상인 제4류 위험물)만을 저장 또는 취급하는 옥외저장소 중 그 위치가 다음에 정하는 기준에 적합한 것에 대하여는 02 (1)의 ①(안전거리) 및 ④(보유공지)의 규정을 적용하지 아니한다.

(1) 옥외저장소는 고인화점 위험물의 제조소(별표4 XI 제1호)의 특례 규정에 준하여 안전거리를 둘 것

① 제조소 안전거리 기준을 준용하며, 고압가스시설 중 불활성 가스만을 저장 또는 취급하는 것과 특고압가공선은 안전거리를 적용하지 아니한다.

② 아래 ㉮, ㉯, ㉰ 건축물 등은 9장 13 제조소등의 안전거리단축기준에 의하여 불연재료로 된 방화상 유효한 담 또는 벽을 설치하여 소방본부장 또는 소방서장이 안전하다고 인정하는 거리로 할 수 있다.

안전거리	해당 대상물
㉮ 50m 이상	유형문화재, 기념물 중 지정문화재
㉯ 30m 이상	• 학교, 병원(병원급 의료기관) • 공연장, 영화상영관 및 그 밖에 이와 유사한 시설로서 3백명 이상의 인원을 수용할 수 있는 것 • 아동복지시설, 노인복지시설, 장애인복지시설, 한부모가족복지시설, 어린이집, 성매매피해자 등을 위한 지원시설, 정신건강증진시설, 가정폭력방지 및 피해자보호시설 및 그 밖에 이와 유사한 시설로서 20명 이상의 인원을 수용할 수 있는 것
㉰ 20m 이상	고압가스, 액화석유가스 또는 도시가스를 저장 또는 사용하는 시설 • 고압가스제조시설, 고압가스저장시설 • 고압가스 사용시설로서 1일 $30m^3$ 이상의 용적을 취급하는 시설 • 액화산소를 소비하는 시설, 액화석유가스제조시설 및 액화석유가스저장시설 • 도시가스 공급시설 ★ 불활성 가스만을 저장 또는 취급하는 것은 제외
㉱ 10m 이상	㉮, ㉯, ㉰ 외의 건축물 그 밖의 공작물로서 주거용으로 사용되는 것 • 주거용으로 사용되는 것 : 전용주택 외에 공동주택, 점포 겸용주택, 작업장 겸용주택 등 • 그 밖의 공작물 : 주거용 컨테이너, 주거용 비닐하우스 등[제조소가 설치된 부지 내에 있는 것을 제외(기숙사는 포함)한다]

(2) 02 (1) ③의 경계표시의 주위에는 다음 표에 정하는 너비의 공지를 보유할 것

저장 또는 취급하는 위험물의 최대수량	공지의 너비
지정수량의 50배 이하	3m 이상
지정수량의 50배 초과 200배 이하	6m 이상
지정수량의 200배 초과	10m 이상

⊕ Plus one

고인화점 위험물의 옥외저장소의 특례 암기 Tip

1. 고인화점 위험물 제조소의 특례 규정의 안전거리기준을 준용
   ① 위 ㉮, ㉯, ㉰ 건축물 등은 불연재료로 된 방화상 유효한 담 또는 벽을 설치하여 **소방본부장 또는 소방서장이 안전하다고 인정하는 거리**로 할 수 있다.
   ② **불활성 가스만을 저장 또는 취급**하는 것과 **특고압가공선 제외**
2. 습기가 없고 배수가 잘 되는 장소에 설치할 것
3. 옥외저장소의 주위에는 울타리 기능이 있는 경계표시를 하여 명확하게 구분할 것
4. 일반적 보유공지보다 단축된 공지를 보유할 것
5. 표지 및 게시판 설치할 것

04 인화성고체, 제1석유류 또는 알코올류의 옥외저장소의 특례

제2류 위험물 중 인화성고체(인화점이 21℃ 미만인 것에 한한다. 이하 04에서 같다) 또는 제4류 위험물 중 제1석유류 또는 알코올류를 저장 또는 취급하는 옥외저장소에 있어서는 02 (1)에 따른 기준에 의하는 외에 해당 위험물의 성질에 따라 다음에 정하는 기준에 따른다.

(1) 인화성고체, 제1석유류 또는 알코올류를 저장 또는 취급하는 장소에는 해당 위험물을 적당한 온도로 유지하기 위한 살수설비 등을 설치해야 한다.

(2) 제1석유류 또는 알코올류를 저장 또는 취급하는 장소의 주위에는 배수구 및 집유설비를 설치해야 한다. 이 경우 제1석유류(온도 20℃의 물 100g에 용해되는 양이 1g 미만인 것에 한한다)를 저장 또는 취급하는 장소에 있어서는 집유설비에 유분리장치를 설치해야 한다.

⊕ Plus one

인화성고체, 제1석유류 또는 알코올류 옥외저장소의 특례 암기 Tip

1. 적용 대상 위험물
   ① 제2류 위험물 인화점이 21℃ 미만인 인화성고체
   ② 제4류 위험물 중 제1석유류 및 알코올류
2. 위험물별 적용설비
   ① 살수설비 : 인화점이 21℃ 미만인 인화성고체, 제1석유류 및 알코올류
   ② 배수구 및 집유설비 : 제1석유류 및 알코올류
   ③ 배수구·집유설비 및 유분리장치 : 제1석유류(비수용성)

05 수출입 하역장소의 옥외저장소의 특례

(1) 적용대상

보세구역, 항만배후단지 내에서 수출입을 위한 저장 또는 취급 위험물옥외저장소

(2) 위치 · 구조 및 설비 기준

① 안전거리를 둘 것

② **습기**가 없고 **배수**가 잘 되는 장소에 설치할 것

③ 위험물을 저장 또는 취급하는 장소의 주위에는 **경계표시**(울타리의 기능이 있는 것에 한한다. 이와 같다)를 하여 **명확하게 구분**할 것

④ 다음 공지를 보유할 것

저장 또는 취급하는 위험물의 최대수량	공지의 너비
지정수량의 50배 이하	3m 이상
지정수량의 50배 초과 200배 이하	4m 이상
지정수량의 200배 초과	5m 이상

Plus one

수출입 하역장소의 옥외저장소 특례 암기 Tip

1. 안전거리를 둘 것
2. 습기가 없고 배수가 잘 되는 장소에 설치할 것
3. 옥외저장소의 주위에는 울타리 기능이 있는 경계표시를 하여 명확하게 구분할 것
4. 일반적 보유공지보다 단축된 공지를 보유할 것
5. 표지 및 게시판 설치할 것

제8절 암반탱크저장소의 위치 · 구조 및 설비의 기준(제36조 관련 별표12)

01 개 요

(1) 정 의

암반탱크저장소란 암반 내의 공간을 이용한 탱크에 액체의 위험물을 저장하는 장소를 말한다.

(2) 저장품 및 위치

원유, 휘발유, 경유, 등유 등 석유제품을 일반적으로 대량 저장할 경우에 암반탱크저장소를 이용하며, 대부분 해안가, 호수, 강가 등 수리조건이 좋은 곳에 위치하고 있다.

(3) 저장원리

지하수면 아래의 천연암반을 굴착공사로 공간을 만들고 그 공간에 액체위험물을 저장함으로써 가연성증기의 발생과 위험물의 누출을 지하수압으로 조절하는 저장소로 석유류의 다음과 같은 특징 때문이다.

① 석유제품이 비수용성이기 때문에 물과 섞이지 않는다.

② 석유제품의 비중이 물보다 작다.

③ 지하수압이 탱크 내부 석유의 압력보다 커서 석유가 외부로 누출되는 것을 막을 수 있다.

(4) 일반탱크와 암반탱크 비교

① 장 점

㉠ 일반탱크에 비하여 친환경적

㉡ 준영구적으로 사용

㉢ 건설 및 유지비용이 일반탱크에 비해 경제적

② 단점 : 공사기간(3년 정도)이 길다.

[암반공동 내 구조]

[저장원리]

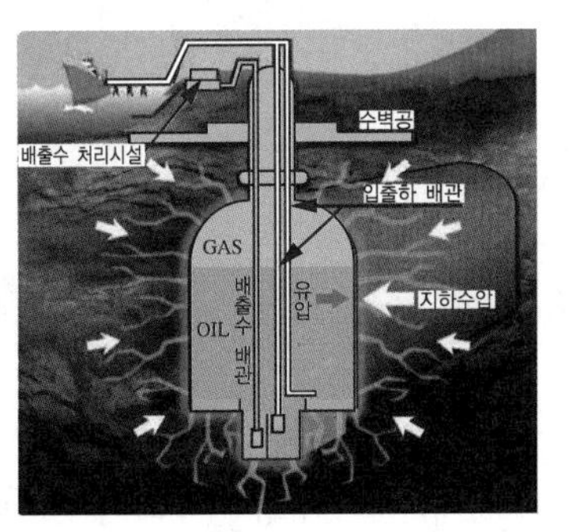

02 설치기준★★★★

(1) 암반탱크저장소의 암반탱크는 다음의 기준에 의하여 설치해야 한다.

① 암반탱크는 암반투수계수가 1초당 10만분의 1m 이하인 천연암반 내에 설치할 것

② 암반탱크는 저장할 위험물의 증기압을 억제할 수 있는 지하수면 하에 설치할 것

③ 암반탱크의 내벽은 암반균열에 의한 낙반(갱내 천장이나 벽의 암석이 떨어지는 것)을 방지할 수 있도록 볼트·콘크리트 등으로 보강할 것

(2) 암반탱크는 다음의 기준에 적합한 수리조건을 갖추어야 한다.

① 암반탱크 내로 유입되는 지하수의 양은 암반 내의 지하수 충전량보다 적을 것

② 암반탱크의 상부로 물을 주입하여 수압을 유지할 필요가 있는 경우에는 수벽공을 설치할 것

③ 암반탱크에 가해지는 지하수압은 저장소의 최대운영압보다 항상 크게 유지할 것

03 지하수위 관측공의 설치

암반탱크저장소 주위에는 지하수위 및 지하수의 흐름 등을 확인·통제할 수 있는 관측공을 설치해야 한다.

04 계량장치

암반탱크저장소에는 위험물의 양과 내부로 유입되는 지하수의 양을 측정할 수 있는 계량구와 자동측정이 가능한 계량장치를 설치해야 한다.

05 배수시설

암반탱크저장소에는 주변 암반으로부터 유입되는 침출수를 자동으로 배출할 수 있는 시설을 설치하고 침출수에 섞인 위험물이 직접 배수구로 흘러 들어가지 아니하도록 유분리장치를 설치해야 한다.

06 펌프설비

암반탱크저장소의 펌프설비(암반탱크 내의 위험물을 출하하거나 침출수를 뽑아내기 위한 용도이다)는 점검 및 보수를 위하여 사람의 출입이 용이한 구조의 전용공동에 설치해야 한다. 다만, 액중펌프(펌프 또는 전동기를 저장탱크 또는 암반탱크 안에 설치하는 것을 말한다. 이하 같다)를 설치한 경우에는 그러하지 아니하다.

07 위험물 제조소 및 옥외탱크저장소에 관한 기준의 준용

(1) 암반탱크저장소에는 보기 쉬운 곳에 "위험물 암반탱크저장소"라는 표시를 한 표지와 방화에 관하여 필요한 사항을 게시한 게시판을 설치해야 한다.

(2) 암반탱크저장소는 제조소의 압력계 · 안전장치, 정전기 제거설비, 배관 및 주입구의 설치에 관하여 이를 준용한다.

10 출제예상문제

옥내저장소

01 옥내저장소의 특징에 대한 설명으로 옳지 않은 것은?

① 위험물을 반드시 용기에 수납하여 저장 · 취급해야 한다.
② 옥내저장창고의 층수, 면적, 처마높이를 제한하고 있다.
③ 위험물을 저장하는 건축물의 형태는 단층독립건물, 다층독립건물, 복합용도 건축물이 있다.
④ 저장창고의 벽 · 기둥 · 바닥 및 보는 내화구조로 하고, 서까래는 불연재료로 해야 한다.

해설 저장창고의 벽 · 기둥 및 바닥은 내화구조로 하고, 보와 서까래는 불연재료로 해야 한다.

02 위험물 옥내저장소의 위치 · 구조 및 설비에 대한 기준으로 옳은 것은?

① 옥내저장소의 주위에는 그 저장 또는 취급하는 위험물의 최대수량에 따라 안전거리를 보유해야 한다.
② 저장창고의 창 또는 출입구에 유리를 이용하는 경우에는 강화유리로 해야 한다.
③ 지정수량의 10배 이상의 저장창고(제6류 위험물의 저장창고를 제외한다)에는 피뢰침을 설치해야 한다.
④ 인화점이 40℃ 미만인 위험물의 저장창고에 있어서는 내부에 체류한 가연성의 증기를 지붕 위로 배출하는 설비를 갖추어야 한다.

해설 ① 옥내저장소의 주위에는 그 저장 또는 취급하는 위험물의 최대수량에 따라 공지를 보유해야 한다.
② 저장창고의 창 또는 출입구에 유리를 이용하는 경우에는 망입유리로 해야 한다.
④ 인화점이 70℃ 미만인 위험물의 저장창고에 있어서는 내부에 체류한 가연성의 증기를 지붕 위로 배출하는 설비를 갖추어야 한다.

01 ④ 02 ③ **정답**

03 **옥내저장소의 저장창고의 구조에 대한 설명으로 옳은 것은?**

① 지면에서 처마까지의 높이가 6m 이상인 단층건물로 해야 한다.

② 특수인화물과 인화성고체를 같은 저장창고에 저장할 경우 옥내저장소의 바닥면적은 1,500m^2 이하로 해야 한다.

③ 제2류 위험물(분말상태의 것과 인화성고체를 제외한다)과 제6류 위험물만의 저장창고의 지붕은 내화구조로 할 수 있다.

④ 저장창고 출입구는 자동폐쇄식 60분방화문을 설치해야 한다.

해설 ① 지면에서 처마까지의 높이가 6m 미만인 단층건물로 해야 한다.
② 특수인화물과 인화성고체를 같은 저장창고에 저장할 경우 옥내저장소의 바닥면적은 1,000m^2 이하로 해야 한다.
④ 저장창고 출입구는 60분방화문 또는 30분방화문을 설치해야 한다.

04 **다음 〈보기〉 중에서 위험물 옥내저장창고에 내부에 체류한 가연성의 증기를 지붕 위로 배출하는 설비를 갖추어야 할 위험물을 모두 고르시오.**

㉠ 디에틸에테르	㉡ 기어유
㉢ 휘발유	㉣ 경 유
㉤ 중 유	㉥ 아세톤

① 상기 다 맞다.
② ㉠, ㉢, ㉣, ㉥
③ ㉠, ㉡, ㉢, ㉣, ㉥
④ ㉠, ㉢, ㉤

해설 제4류 위험물 중 인화점이 40℃ 미만인 위험물의 저장창고에 있어서는 내부에 체류한 가연성의 증기를 지붕 위로 배출하는 설비를 갖추어야 하므로 특수인화물류, 제1석유류, 제2석유류를 저장하는 창고에는 배출설비를 설치해야 한다.

05 **위험물 옥내저장소에서 격벽을 설치하는 이유로 가장 적절한 것은?**

① 도난 등 보안을 위해서

② 정전기 발생을 억제하기 위해서

③ 폭발 시 폭발의 전이를 막기 위해서

④ 건축물의 구조를 보강하기 위해서

해설 위험물 저장소에서 폭발 시 폭발의 전이를 막기 위해서 격벽을 설치한다.

정답 03 ③ 04 ② 05 ③

06 옥내저장소의 보유공지는 지정수량 20배 초과 50배 이하의 위험물을 옥내저장소의 동일부지에 2개 이상 인접할 경우 공지의 너비는 얼마인가?

① 1.5m 이상　② 2m 이상
③ 3m 이상　④ 5m 이상

해설 지정수량의 20배를 초과하는 옥내저장소와 동일부지에 2개 이상 인접할 경우 보유공지 너비를 1/3(해당 수치가 3m 미만인 경우에는 3m)로 공지를 보유할 수 있다.

07 옥내저장소 바닥에 물이 침투하지 못하도록 구조를 해야 할 위험물이 아닌 것은?

① 트리에틸알루미늄　② 톨루엔
③ 제5류 위험물　④ 중 유

해설 물이 침투하지 못하도록 해야 하는 위험물
- 제1류 위험물 중 알칼리금속의 과산화물
- 제2류 위험물 중 철분, 금속분, 마그네슘
- 제3류 위험물 중 금수성물질[트리에틸알루미늄 : $(C_2H_5)_3Al$]
- 제4류 위험물(톨루엔, 중유)

08 벽 · 기둥 및 바닥이 내화구조로 된 건축물에 지정수량의 75배에 달하는 위험물을 옥내저장소에 저장하는 경우에 확보해야 하는 공지의 너비는? **2014년 소방위 기출** **2017년 인천소방장 기출**

① 1m 이상　② 2m 이상
③ 3m 이상　④ 5m 이상

해설 옥내저장소의 보유공지

저장 또는 취급하는 위험물의 최대수량	공지의 너비	
	벽 · 기둥 및 바닥이 내화구조로 된 건축물	그 밖의 건축물
지정수량의 5배 이하	-	0.5m 이상
지정수량의 5배 초과 10배 이하	1m 이상	1.5m 이상
지정수량의 10배 초과 20배 이하	2m 이상	3m 이상
지정수량의 20배 초과 50배 이하	3m 이상	5m 이상
지정수량의 50배 초과 200배 이하	5m 이상	10m 이상
지정수량의 200배 초과	10m 이상	15m 이상

06 ③　07 ③　08 ④ **정답**

09 벽 · 기둥 및 바닥이 내화구조로 된 옥내저장창고에 다음의 위험물을 옥내저장소에 저장하는 경우에 공지를 보유하지 않아도 되는 것으로 옳은 것은?

① 제2석유류 아세트산(수용성) 30,000L
② 아세톤(수용성) 5,000L
③ 제2석유류 클로로벤젠 10,000L
④ 제3석유류 글리세린(수용성) 15,000L

해설 문제 8번 해설에서 벽 · 기둥 및 바닥이 내화구조로 된 옥내저장창고에서 지정수량의 5배 이하를 저장하는 경우에는 공지를 보유하지 않아도 된다. 따라서 상기 위험물의 지정수량의 배수를 보면

종 류	아세트산	아세톤	클로로벤젠	글리세린
분 류	제2석유류(수용성)	제1석유류(수용성)	제2석유류(비수용성)	제3석유류(수용성)
지정수량	2000L	400L	1000L	4000L

① 아세트산의 지정수량배수 = $\frac{30,000L}{2,000L}$ = 15.0배 ⇒ 보유공지 : 2m 이상 확보

② 아세톤의 지정수량배수 = $\frac{50,000L}{400L}$ = 12.5배 ⇒ 보유공지 : 2m 이상 확보

③ 클로로벤젠의 지정수량배수 = $\frac{10,000L}{1,000L}$ = 10.0배 ⇒ 보유공지 : 1m 이상 확보

④ 글리세린의 지정수량배수 = $\frac{15,000L}{4,000L}$ = 3.75배 ⇒ 보유공지 : 필요 없다.

10 위험물안전관리법에 따른 특수인화물, 알코올류를 저장하고자 하는 경우 옥내저장소 바닥면적은 얼마로 해야 하는가?

① 500m^2
② 1,000m^2
③ 1,500m^2
④ 2,000m^2

해설 저장창고의 기준면적(위험물안전관리법 규칙 별표5)

구 분	위험물을 저장하는 창고	기준면적
㉮	① 제1류 위험물 중 아염소산염류, 과염소산염류, 무기과산화물) 그 밖에 지정수량 50kg인 위험물 ② 제3류 위험물 중 칼륨, 나트륨, 알킬알루미늄, 알킬리튬, 그 밖에 지정수량 10kg인 위험물 및 황린 ③ 제4류 위험물 중 특수인화물, 제1석유류, 알코올류 ④ 제5류 위험물 중 유기과산화물, 질산에스테르류, 그 밖에 지정수량이 10kg인 위험물 ⑤ 제6류 위험물(과염소산, 과산화수소, 질산) ⑥ ㉮목의 위험물과 ㉯목의 위험물을 같은 창고에 저장할 때	1000m^2 이하
㉯	위 ㉮의 위험물 외의 위험물	2000m^2 이하
㉰	㉮목의 위험물과 ㉯목의 위험물을 내화구조의 격벽으로 완전 구획된 실에 각각 저장하는 창고(㉮의 위험물을 저장하는 실의 면적은 500m^{2}를 초과할 수 없다)	1500m^2 이하

정답 09 ④ 10 ②

11 다음 〈보기〉 중에서 옥내저장소의 저장창고 바닥면적을 2,000m^2 이하로 해야 할 위험물을 모두 고른 것으로 옳은 것은?

ㄱ. 등유, 경유	ㄴ. 과염소산염류
ㄷ. 인화성고체	ㄹ. 히드록실아민
ㅁ. 유기과산화물	ㅂ. 적 린
ㅅ. 유기금속화합물	ㅇ. 질 산

① 상기 다 맞다.
② ㄱ, ㄴ, ㄷ, ㄹ, ㅁ, ㅂ, ㅅ
③ ㄱ, ㄷ, ㄹ, ㅂ, ㅅ
④ ㄴ, ㄷ, ㄹ, ㅁ, ㅂ, ㅅ, ㅇ

해설 문제 10번 해설 참조

12 위험물 옥내저장소의 구조 및 설비에 대한 설명으로 옳은 것은?

① 과염소산을 저장하고자 하는 창고는 바닥면적 2,000m^2 이하로 해야 한다.
② 과산화수소를 옥내저장소에 10배 이상 저장할 경우 피뢰설비를 설치해야 한다.
③ 등유를 용기에 수납하여 다층건물의 옥내저장소에 저장할 수 있다.
④ 저장창고에 150m^2 이내마다 일정 규격의 격벽을 설치하여 저장해야 하는 위험물은 제5류 위험물 중 지정과산물이다.

해설 ① 제6류 위험물인 과염소산을 저장하고자 하는 창고는 바닥면적 1,000m^2 이하로 해야 한다.
② 제6류 위험물을 저장하는 옥내저장소는 용량에 관계없이 피뢰설비를 설치를 제외하고 있다.
③ 인화점이 70℃ 이상인 제4류 위험물은 다층건물의 옥내저장소에 저장할 수 있으므로 등유는 인화점이 21도 이상 70도 미만인 제2석유류에 해당되어 저장할 수 없다.

13 지정과산화물을 저장 또는 취급하는 위험물을 옥내저장소의 저장창고 기준에 대한 설명으로 틀린 것은?

2019년 통합소방장 기출유사

① 서까래의 간격은 30cm 이하로 할 것
② 저장창고의 출입구에는 60분방화문을 설치할 것
③ 저장창고의 외벽을 철근콘크리트조로 할 경우 두께를 10cm 이상으로 할 것
④ 저장창고의 창은 바닥면으로부터 2m 이상의 높이에 둘 것

해설 **옥내저장소의 저장창고의 기준**
- 저장창고는 150m^2 이내마다 격벽으로 완전하게 구획할 것
- 저장창고의 외벽은 두께 20cm 이상의 철근콘크리트조나 철골철근콘크리트조 또는 두께 30cm 이상의 보강콘크리트블록조로 할 것

11 ③ 12 ④ 13 ③ **정답**

- 저장창고의 지붕은 다음 각 목의 1에 적합할 것
  - 중도리 또는 서까래의 간격은 30cm 이하로 할 것
  - 지붕의 아래쪽 면에는 한 변의 길이가 45cm 이하의 환강(丸鋼)·경량형강(輕量形鋼) 등으로 된 강제(鋼製)의 격자를 설치할 것
  - 지붕의 아래쪽 면에 철망을 쳐서 불연재료의 도리·보 또는 서까래에 단단히 결합할 것
  - 두께 5cm 이상, 너비 30cm 이상의 목재로 만든 받침대를 설치할 것
- 저장창고의 출입구에는 60분방화문을 설치할 것
- 저장창고의 창은 바닥면으로부터 2m 이상의 높이에 두되, 하나의 벽면에 두는 창의 면적의 합계를 해당 벽면의 면적의 80분의 1 이내로 하고, 하나의 창의 면적을 $0.4m^2$ 이내로 할 것

14 다음 그림은 지정 유기과산화물의 저장창고 창의 규정을 나타낸 것이다. 창과 바닥과의 거리 (a), 창의 면적 (b)는 각각 얼마인가? (단, 바닥 면적은 $150m^2$임)

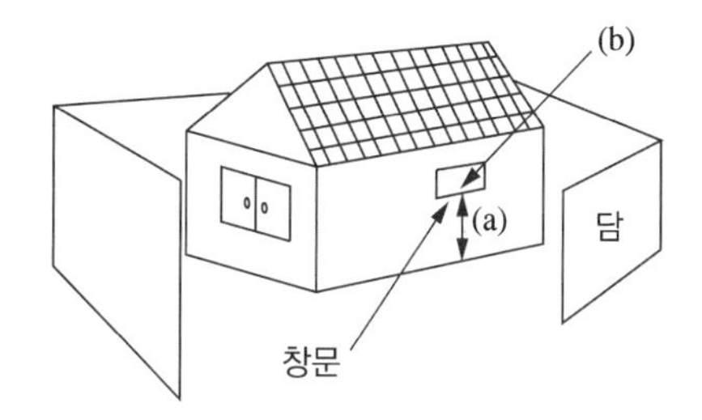

① (a) : 2m 이상, (b) : $8000cm^2$ 이상
② (a) : 3m 이상, (b) : $6000cm^2$ 이상
③ (a) : 2m 이상, (b) : $4000cm^2$ 이상
④ (a) : 3m 이상, (b) : $3000cm^2$ 이상

해설 지정 유기과산화물 저장창고의 창은 바닥면으로부터 2m 이상, 하나의 창의 면적은 $0.4m^2$ 이내로 할 것

15 다음의 위험물을 옥내저장소에 저장할 때 안전거리 기준이 나머지 셋과 다른 것은?

① 질산 1,000kg
② 제3석유류 중 아닐린(비수용성) 50,000L
③ 기어유 100,000L
④ 동식물유류 100,000L

해설 안전거리를 두지 않을 수 있는 옥내저장소
- 제4석유류 또는 동식물유류의 위험물을 저장 또는 취급하는 옥내저장소로서 그 최대수량이 지정수량의 20배 미만인 것
- 제6류 위험물을 저장 또는 취급하는 옥내저장소

정답 14 ③ 15 ②

• 지정수량의 20배(하나의 저장창고의 바닥면적이 150m^2 이하인 경우에는 50배) 이하의 위험물을 저장 또는 취급하는 옥내저장소로서 다음의 기준에 적합한 것
  - 저장창고의 벽・기둥・바닥・보 및 지붕이 내화구조인 것
  - 저장창고의 출입구에 수시로 열 수 있는 자동폐쇄방식의 60분방화문이 설치되어 있을 것
  - 저장창고에 창을 설치하지 아니할 것

위 기준에 의하면 ①, ③, ④는 안전거리를 두지 않아도 됨

① 질산 1,000kg – 제6류 – 지정수량 300kg : 지정수량 배수 3.3배
② 아닐린 50,000L – 제4류 제3석유류(비수용성) – 지정수량 2,000L : 지정수량 25배
③ 기어유 100,000L – 제4류 제4석유류 – 지정수량 6,000L : 지정수량 16배
④ 동식물유류 100,000L – 제4류 제4석유류 – 지정수량 6,000L – 지정수량 16배

16 다층건물의 옥내저장소의 위치・구조 및 설비기준에 관한 설명으로 옳은 것은?

① 층고는 6m 이상으로 할 수 있다.
② 중유를 저장할 경우 저장창고의 바닥면적은 2,000m^2 이하로 해야 한다.
③ 내화구조의 벽과 60분방화문 또는 30분방화문으로 구획된 계단실에 있어서는 2층 이상의 층에 있는 바닥에 개구부를 둘 수 있다.
④ 저장창고의 벽・기둥・바닥은 내화구조로 하고 보와 계단은 불연재료로 해야 한다.

해설 다층건물의 옥내저장소의 기준

• 저장・취급할 수 있는 위험물
  - 인화성고체를 제외한 제2류 위험물
  - 인화점이 70℃ 이상인 제4류의 위험물
• 다층건물인 옥내저장소의 위치・구조 및 설비의 기술기준
  - 안전거리, 보유공지, 표지 및 게시판, 지중 및 천정, 바닥 등 단층건물의 기준에 의하는 외에 다음 기준에 따른다.
  - 저장창고는 각층의 바닥을 지면보다 높게 하고, 바닥면으로부터 상층의 바닥(상층이 없는 경우에는 처마)까지의 높이(이하 "층고"라 한다)를 6m 미만으로 해야 한다.
  - 하나의 저장창고의 바닥면적 합계는 1,000m^2 이하로 해야 한다.
  - 저장창고의 벽・기둥・바닥 및 보를 내화구조로 하고, 계단을 불연재료로 하며, 연소의 우려가 있는 외벽은 출입구외의 개구부를 갖지 아니하는 벽으로 해야 한다.
  - 2층 이상의 층의 바닥에는 개구부를 두지 아니해야 한다. 다만, 내화구조의 벽과 60분방화문 또는 30분방화문으로 구획된 계단실에 있어서는 그러하지 아니하다.

17 복합용도의 옥내저장소의 위치・구조 및 설비기준에 관한 설명으로 옳지 않은 것은?

① 옥내저장소외의 용도로 사용하는 부분이 있는 건축물에 설치하는 것을 말한다.
② 층고・면적 및 저장용량의 제한 없이 설치할 수 있다.
③ 옥내저장소는 벽・기둥・바닥 및 보가 내화구조인 건축물의 1층 또는 2층의 어느 하나의 층에 설치해야 한다.
④ 안전거리 및 보유공지의 적용이 배제된다.

16 ③ 17 ② **정답**

해설 복합용도 건축물 옥내저장소의 기준
- 저장용량의 제한 : 20배 이하
- 면적의 제한 : 바닥면적은 75m^2 이하
- 층고의 제한 : 6m 미만
- 설치위치 제한 : 내화구조 건축물의 1층 또는 2층

옥외탱크저장소

01 옥외탱크저장소의 주위에는 그 저장 또는 취급하는 위험물의 최대수량에 따라 옥외저장탱크의 측면으로부터 보유공지를 보유해야 하는데 다음 중 옳지 않은 것은?

① 지정수량의 500배 이하 – 3m 이상
② 지정수량의 500배 초과 1,000배 이하 – 6m 이상
③ 지정수량의 1,000배 초과 2,000배 이하 – 9m 이상
④ 지정수량의 2,000배 초과 3,000배 이하 – 12m 이상

해설 옥외탱크저장소의 보유공지

저장 또는 취급하는 위험물의 최대수량	공지의 너비
지정수량의 500배 이하	3m 이상
지정수량의 500배 초과 1,000배 이하	5m 이상
지정수량의 1,000배 초과 2,000배 이하	9m 이상
지정수량의 2,000배 초과 3,000배 이하	12m 이상
지정수량의 3,000배 초과 4,000배 이하	15m 이상
지정수량의 4,000배 초과	해당 탱크의 수평단면의 최대지름(가로형인 경우에는 긴변)과 높이 중 큰 것과 같은 거리 이상. 다만, 30m 초과의 경우에는 30m 이상으로 할 수 있고, 15m 미만의 경우에는 15m 이상으로 해야 한다.

02 제6류 위험물인 질산 900,000kg과 과산화수소 450,000kg의 옥외저장탱크를 동일한 방유제 안에 2개 이상 인접하여 저장한 경우 탱크상호 간의 보유공지의 너비로 옳은 것은?

① 1.5m 이상
② 2m 이상
③ 4m 이상
④ 5m 이상

정답 01 ② 02 ①

해설 ① 제6류 위험물을 저장 또는 취급하는 옥외저장탱크는 문제1 해설에 따른 보유공지의 3분의 1 이상의 너비로 할 수 있다. 이 경우 보유공지의 너비는 1.5m 이상이 되어야 한다.
② 제6류 위험물을 저장 또는 취급하는 옥외저장탱크를 동일구내에 2개 이상 인접하여 설치하는 경우 그 인접하는 방향의 보유공지는 ①에 따라 산출된 너비의 3분의 1 이상의 너비로 할 수 있다. 이 경우 보유공지의 너비는 1.5m 이상이 되어야 한다.
③ 따라서 위 규정에 따라 질산 900,000kg의 지정수량 배수는 3,000배로 보유공지는 12m × 1/3 = 4m × 1/3 = 1.33m, 최소너비는 1.5m 이상 보유공지를 확보해야 한다.

03 옥외저장탱크에 저장하는 위험물 중 방유제를 설치하지 않아도 되는 것은?

① 질 산
② 이황화탄소
③ 톨루엔
④ 디에틸에테르

해설 이황화탄소는 물속에 저장하므로 또한 이황화탄소의 옥외저장탱크는 벽 및 바닥의 두께가 0.2m 이상이고 누수가 되지 아니하는 철근콘크리트의 수조에 넣어 보관해야 하기 때문에 방유제를 설치할 필요가 없으며 보유공지 · 통기관 및 자동계량장치는 생략할 수 있다.

04 옥외탱크저장소의 탱크의 종류에 대한 설명으로 옳지 않은 것은?

① 특정 옥외탱크저장소 : 액체위험물로서 최대수량이 100만L 이상
② 준특정 옥외탱크저장소 : 액체위험물로서 최대수량이 50만L 이상 100만L 미만
③ 해상탱크 : 해상의 동일장소에 정치(定置)되어 육상에 설치된 설비와 배관 등에 의하여 접속된 위험물 탱크를 말한다.
④ 지중탱크 : 옥외저장탱크의 저부가 지반면 아래에 있고 상부가 지반면 이상에 있으며 탱크 내 위험물의 최고액면은 지반면 위에 있는 원통세로형 또는 가로형식의 위험물탱크

해설 지중탱크라 함은 옥외저장탱크의 저부가 지반면 아래에 있고 상부가 지반면 이상에 있으며 탱크 내 위험물의 최고액면이 지반면 아래에 있는 원통세로형식의 위험물탱크를 말하는 것이다.

05 위험물 저장탱크의 허가용량은 최대용적에서 얼마의 공간용적을 제외한 것인가?

① 탱크의 최대용적의 $\frac{2}{100} \sim \frac{5}{100}$
② 탱크의 최대용적의 $\frac{1}{100} \sim \frac{50}{100}$
③ 탱크의 최대용적의 $\frac{5}{100} \sim \frac{10}{100}$
④ 탱크의 최대용적의 $\frac{10}{100} \sim \frac{20}{100}$

해설 탱크의 용량 : 최대용적 – 공간용적(5/100~10/100)

03 ② 04 ④ 05 ③ 정답

06 **공지단축 옥외저장탱크의 화재 시 $1m^2$ 당 20kW 이상의 복사열에 노출되는 표면을 갖는 인접한 옥외저장탱크가 있는 경우 방호조치에 대한 설명으로 옳은 것은?**

① 적합한 물분무 등 소화설비로 방호조치를 함께 해야 한다.
② 탱크의 표면에 방사하는 물의 양은 탱크의 원주길이 1m에 대하여 분당 80L 이상으로 할 것
③ 분무헤드는 탱크의 높이 및 구조를 고려하여 분무가 적정하게 이루어 질 수 있도록 배치할 것
④ 수원의 양은 탱크의 원주길이 1m에 대하여 분당 방사량으로 20분 이상 방사할 수 있는 수량으로 해야 한다.

해설 공지단축 옥외저장탱크의 방호조치 기준
- 적합한 물분무설비로 방호조치를 함께 해야 한다.
- 탱크의 표면에 방사하는 물의 양은 탱크의 원주길이 1m에 대하여 분당 37L 이상으로 할 것
- 수원의 양은 ②에 따른 수량으로 20분 이상 방사할 수 있는 수량으로 할 것
- 탱크에 보강링이 설치된 경우에는 보강링의 아래에 분무헤드를 설치하되, 분무헤드는 탱크의 높이 및 구조를 고려하여 분무가 적정하게 이루어 질 수 있도록 배치할 것
- 물분무소화설비의 설치기준에 준할 것

07 **특정 옥외탱크저장소와 준특정 옥외탱크저장소 외의 옥외저장탱크의 강철판의 두께는 몇 mm 이상이어야 하는가?**

① 2.5　　② 2.8
③ 3.2　　③ 4.0

해설 특정 옥외저장탱크 및 준특정 옥외저장탱크 외에는 두께 3.2mm 이상의 강철판 또는 이와 동등 이상의 기계적 성질 및 용접성이 있는 재료로 틈이 없도록 제작해야 한다.

08 **옥외탱크저장소의 펌프설비 설치기준으로 옳지 않은 것은?**

① 펌프실의 지붕은 폭발력이 위로 방출될 정도로 가벼운 불연재료로 덮어야 한다.
② 펌프실의 출입구는 60분방화문 또는 30분방화문을 사용한다.
③ 펌프설비의 주위에는 3m 이상의 공지를 보유해야 한다.
④ 옥외저장탱크의 펌프실은 지정수량 20배 이하의 경우는 주위에 공지를 보유하지 않아도 된다.

해설 옥외저장탱크의 펌프설비 기준
- 펌프설비의 주위에는 너비 3m 이상의 공지를 보유할 것(방화상 유효한 격벽을 설치한 경우, 제6류 위험물, 지정수량의 10배 이하 위험물은 제외)
- 펌프설비로부터 옥외저장탱크까지의 사이에는 해당 옥외저장탱크의 보유공지 너비의 1/3 이상의 거리를 유지할 것

정답 06 ③ 07 ③ 08 ④

- 펌프실의 벽, 기둥, 바닥, 보 : 불연재료
- 펌프실의 지붕 : 폭발력이 위로 방출될 정도의 가벼운 불연재료로 할 것
- 펌프실의 창 및 출입구에는 60분방화문 또는 30분방화문을 설치할 것
- 펌프실의 창 및 출입구에 유리를 이용하는 경우에는 망입유리로 할 것
- 펌프실의 바닥의 주위에는 높이 0.2m 이상의 턱을 만들고 그 최저부에는 집유설비를 설치할 것
- 인화점이 21℃ 미만인 위험물을 취급하는 펌프설비에는 보기 쉬운 곳에 옥외저장탱크 펌프설비라는 표시를 한 게시판과 방화에 관하여 필요한 사항을 게시한 게시판을 설치할 것

09 다음 〈보기〉는 옥외탱크저장소의 위치 · 구조 및 설비에 기준에 관한 설명이다 (　　) 안에 들어 갈 숫자의 합은 얼마인가?

> 가. 펌프설비의 주위에는 너비 (　　)미터 이상의 공지를 보유할 것
> 나. 펌프실의 바닥의 주위에는 높이 (　　)미터 이상의 턱을 만들어야 한다.
> 다. 펌프실 외의 장소에 설치하는 펌프설비에는 그 직하의 지반면의 주위에 높이 (　　)센티미터 이상의 턱을 설치해야 한다.
> 라. 압력탱크 외에 설치하는 밸브 없는 통기관의 지름은 (　　)밀리미터 이상으로 해야 한다.

① 33.35　　② 30.35
③ 48.2　　④ 50

해설 가. 펌프설비의 주위에는 너비 3미터 이상의 공지를 보유할 것
나. 펌프실의 바닥의 주위에는 높이 0.2미터 이상의 턱을 만들어야 한다.
다. 펌프실 외의 장소에 설치하는 펌프설비에는 그 직하의 지반면의 주위에 높이 15센티미터 이상의 턱을 설치해야 한다.
라. 압력탱크 외에 설치하는 밸브 없는 통기관의 지름은 30밀리미터 이상으로 해야 한다.
∴ 3 + 0.2 + 15 + 30 = 48.2

10 옥외탱크저장소의 방유제 설치기준으로 옳지 않는 것은? 2019년 통합소방장 기출유사

① 방유제의 용량은 방유제 안에 설치된 탱크가 하나인 때에는 그 탱크의 용량의 110% 이상으로 한다.
② 방유제의 높이는 0.5m 이상 3m 이하로 해야 한다.
③ 방유제의 면적은 8만m^2 이하로 하고 물을 배출시키기 위한 배수구를 설치한다.
④ 높이가 1m를 넘는 방유제의 안팎에 폭 1.5m 이상의 계단 또는 15° 이하의 경사로를 20m 간격으로 설치한다.

해설 옥외탱크저장소의 방유제
- 방유제의 용량
  - 탱크가 하나일 때 : 탱크용량의 110% 이상(인화성이 없는 액체위험물은 100%)
  - 탱크가 2기 이상일 때 : 탱크 중 용량이 최대인 것의 용량의 110% 이상(인화성이 없는 액체위험물은 100%)

09 ③　10 ④ 정답

- 방유제의 높이 : 0.5m 이상 3m 이하, 두께 0.2m 이상, 지하매설깊이 1m 이상
- 방유제 내의 면적 : 8만m^2 이하
- 방유제 내의 옥외저장탱크 설치 기수
  - 제1석유류, 제2석유류 : 10기 이하로 할 것
  - 방유제 내에 설치하는 모든 옥외저장탱크의 용량이 20만L 이하이고, 위험물의 인화점이 70℃ 이상 200℃(제3석유류) 미만인 경우 : 20기 이하
  - 인화점이 200℃ 이상(제4석유류, 동식물유류) : 기수 제한 없음
- 방유제는 탱크의 옆판으로부터 일정거리를 유지할 것(단, 인화점이 200℃ 이상인 위험물은 제외)
  - 지름이 15m 미만인 경우 : 탱크 높이의 1/3 이상
  - 지름이 15m 이상인 경우 : 탱크 높이의 1/2 이상
- 방유제는 철근콘크리트로 하고, 방유제와 옥외저장탱크 사이의 지표면은 불연성과 불침윤성이 있는 구조(철근콘크리트 등)로 할 것. 다만, 누출된 위험물을 수용할 수 있는 전용유조(專用油槽) 및 펌프 등의 설비를 갖춘 경우에는 방유제와 옥외저장탱크 사이의 지표면을 흙으로 할 수 있다.
- 방유제에는 배수구를 설치하고 개폐밸브를 방유제 밖에 설치할 것
- 높이가 1m를 넘는 방유제 및 간막이 둑의 안팎에는 방유제 내에 출입하기 위한 계단 또는 경사로를 약 50m마다 설치할 것

11 **인화성 액체위험물(이황화탄소는 제외)의 옥외저장탱크 주위에 설치하는 방유제의 설치기준으로 옳은 것은?**

① 방유제 외면의 3분의 1 이상은 자동차 등이 통행할 수 있는 3m 이상의 노면폭을 확보한 구내도로에 직접 접하도록 해야 한다.

② 용량이 1,000만L 이상인 옥외저장탱크의 주위에 설치하는 방유제에는 해당 탱크마다 간막이 둑을 설치해야 한다.

③ 용량이 50만L 이상인 위험물을 저장하는 옥외저장탱크에 있어서는 배수밸브 등에 그 개폐상황을 쉽게 확인할 수 있는 장치를 설치할 것

④ 용량이 100만L 이상인 옥외탱크저장소가 해안 또는 강변에 설치되어 방유제 외부로 누출된 위험물이 바다 또는 강으로 유입될 우려가 있는 경우에는 해당 옥외탱크저장소가 설치된 부지 내에 전용유조(專用油槽) 등 누출위험물 수용설비를 설치할 것

해설 ① 방유제 외면의 2분의 1 이상은 자동차 등이 통행할 수 있는 3m 이상의 노면폭을 확보한 구내도로에 직접 접하도록 해야 한다.

③ 용량이 100만L 이상인 위험물을 저장하는 옥외저장탱크에 있어서는 배수밸브 등에 그 개폐상황을 쉽게 확인할 수 있는 장치를 설치할 것

④ 용량이 50만L 이상인 옥외탱크저장소가 해안 또는 강변에 설치되어 방유제 외부로 누출된 위험물이 바다 또는 강으로 유입될 우려가 있는 경우에는 해당 옥외탱크저장소가 설치된 부지 내에 전용유조(專用油槽) 등 누출위험물 수용설비를 설치할 것

정답 11 ②

12 지름 50m, 높이 50m인 옥외탱크저장소에 방유제를 설치하려고 한다. 이 때 방유제는 탱크 측면으로부터 몇 m 이상의 거리를 확보해야 하는가? (단, 인화점이 180℃의 위험물을 저장・취급한다) 2019년 통합소방장 기출유사

① 50m ② 16.7m

③ 20m ④ 25m

해설 방유제와 옥외저장탱크의 옆판으로부터 거리기준
- 지름이 15m 미만인 경우 : 탱크 높이의 3분의 1 이상
- 지름이 15m 이상인 경우 : 탱크 높이의 2분의 1 이상
- 인화점이 200℃ 이상인 위험물을 저장 또는 취급하는 경우 : 거리제한 없음

∴ 거리 = 탱크 높이의 2분의 1 이상 = 50m × 1/2 = 25m 이상

13 위험물 옥외탱크저장소에서 각각 30,000L, 40,000L, 50,000L의 용량을 갖는 탱크 3기를 설치할 경우 필요한 방유제의 용량은 몇 m^3 이상이어야 하는가?

① 33 ② 44

③ 55 ④ 132

해설 방유제의 용량
- 탱크가 하나일 때 : 탱크용량의 110% 이상(인화성이 없는 액체위험물은 100%)
- 탱크가 2기 이상일 때 : 탱크 중 용량이 최대인 것의 용량의 110% 이상(인화성이 없는 액체위험물은 100%)

∴ 3기의 탱크 중에 가장 큰 것은 50,000L이므로
50,000L × 1.1(110%) = 55,000L = $55m^3$

14 특정 옥외탱크저장소의 칸막이 둑에 대한 설명으로 옳지 않은 것은?

① 용량이 1,000만L 이상인 옥외저장탱크의 주위에 설치하는 방유제에 설치한다.

② 간막이 둑의 높이는 0.3m 이상으로 하되, 방유제의 높이보다 0.2m 이상 낮게 할 것

③ 방유제 내에 설치되는 옥외저장탱크의 용량의 합계가 2억L를 넘는 방유제에 있어서는 높이를 2m 이상으로 할 것

④ 간막이 둑의 용량은 간막이 둑 안에 설치된 탱크이 용량의 10% 이상일 것

해설 방유제 내에 설치되는 옥외저장탱크의 용량의 합계가 2억L를 넘는 방유제에 있어서는 높이를 1m 이상으로 할 것

12 ④ 13 ③ 14 ③ 정답

15 위험물 제조소 및 옥외탱크저장소의 방유제에 관통배관을 설치할 수 있는 기준이다. 다음 〈보기〉 중 ( )에 적합한 내용을 나열하시오.

> 위험물을 이송하는 배관의 경우에는 배관이 관통하는 지점의 좌우방향으로 각 (ㄱ) 이상까지의 방유제의 외면에 두께 (ㄴ) 이상, 지하매설깊이 (ㄷ) 이상의 구조물을 설치하여 방유제를 이중구조로 하고, 그 사이에 (ㄹ)를 채운 후, 관통하는 부분을 완충재 등으로 마감하는 방식으로 설치할 수 있다.

	ㄱ	ㄴ	ㄷ	ㄹ
①	1.0m	0.2m	0.1m	자 갈
②	0.5m	0.2m	1.0m	마른모래
③	1.0m	0.1m	0.1m	토 사
④	0.5m	0.2m	0.1m	모 래

해설 방유제 또는 간막이 둑에는 해당 방유제를 관통하는 배관을 설치하지 아니할 것. 다만, 위험물을 이송하는 배관의 경우에는 배관이 관통하는 지점의 좌우방향으로 각 1m 이상까지의 방유제 또는 간막이 둑의 외면에 두께 0.1m 이상, 지하매설깊이 0.1m 이상의 구조물을 설치하여 방유제 또는 간막이 둑을 이중구조로 하고, 그 사이에 토사를 채운 후, 관통하는 부분을 완충재 등으로 마감하는 방식으로 설치할 수 있다.

16 위험물안전관리법상 아세트알데히드 또는 산화프로필렌 등을 옥외 또는 옥내저장탱크에 저장할 때 설비 기준으로 옳지 않은 것은?

① 보냉장치 또는 냉각장치

② 불활성가스 봉입장치

③ 설비는 동・마그네슘・은・수은 재료 사용금지

④ 철 이온 등의 혼입에 의한 위험한 반응 방지 조치

해설 위험물의 성질에 따른 옥외탱크저장소의 특례

알킬알루미늄 등	아세트알데히드 등	히드록실아민 등
• 누설범위 국한할 수 있는 설비 및 누설된 알킬알루미늄 등을 안전한 장소에 설치된 조에 이끌어 들일 수 있는 설비 • 불활성의 기체 봉입설비	• 설비는 동・마그네슘・은・수은 또는 이들을 성분으로 하는 합금으로 만들지 아니할 것 • 냉각장치 또는 보냉장치 • 불활성의 기체 봉입설비	• 온도의 상승에 의한 위험한 반응을 방지 조치 • 철 이온 등의 혼입에 의한 위험한 반응 방지 조치

정답 15 ③ 16 ④

17 특정 옥외탱크저장소의 필렛용접의 사이즈 구하는 계산식으로 맞는 것은? (단, 사이즈 ≧ 4.5)

① 얇은 쪽의 강판의 두께(mm) ≧ 사이즈(mm) ≧ $\sqrt{2\text{두꺼운 쪽의 강판의 두께}}$ (mm)

② 얇은 쪽의 강판의 두께(mm) ≦ 사이즈(mm) ≦ $\sqrt{2\text{두꺼운 쪽의 강판의 두께}}$ (mm)

③ 얇은 쪽의 강판의 두께(mm) ≧ 사이즈(mm) ≧ $\sqrt{\text{두꺼운 쪽의 강판의 두께}}$ (mm)

④ 얇은 쪽의 강판의 두께(mm) ≦ 사이즈(mm) ≦ $\sqrt{\text{두꺼운 쪽의 강판의 두께}}$ (mm)

해설 필렛용접의 사이즈 구하는 계산식

> $t_1 \geqq S \geqq \sqrt{2t_2}$ (단, S≧4.5)
> t_1 : 얇은 쪽의 강판의 두께(mm), t_2 : 두꺼운 쪽의 강판의 두께(mm) S : 사이즈(mm)

18 인화성 액체위험물(이황화탄소제외)을 저장하는 옥외탱크저장소의 방유제의 용량산정에 대한 설명으로 옳은 것은?

① 방유제 안에 설치된 탱크가 하나인 때에는 그 탱크용량의 50% 이상으로 한다.

② 2기 이상인 때에는 해당 탱크를 합한 용량의 110% 이상으로 해야 한다.

③ 해당 방유제의 내용적에서 용량이 최대인 탱크 방유제 높이 이하 부분의 용적을 뺀 용적으로 한다.

④ 해당 방유제 내에 있는 모든 탱크의 지반면 이상 부분의 기초의 체적, 칸막이 둑 체적 등 뺀 것으로 한다.

해설 방유제의 용량은 방유제 안에 설치된 탱크가 하나인 때에는 그 탱크용량의 110% 이상, 2기 이상인 때에는 그 탱크 중 용량이 최대인 것의 용량의 110% 이상으로 할 것. 이 경우 방유제의 용량은 해당 방유제의 내용적에서 용량이 최대인 탱크 외의 탱크의 방유제 높이 이하 부분의 용적, 해당 방유제 내에 있는 모든 탱크의 지반면 이상 부분의 기초의 체적, 간막이 둑의 체적 및 해당 방유제 내에 있는 배관 등의 체적을 뺀 것으로 한다.

19 위험물안전관리법령에서 규정하고 있는 준특정 옥외저장탱크와 특정 옥외저장탱크의 주하중과 종하중의 구분에 있어서 종하중에 해당하는 것은? 2017년 소방위 기출

ㄱ. 탱크하중　　ㄴ. 풍하중
ㄷ. 탱크와 관련되는 내압　　ㄹ. 지진의 영향
ㅁ. 온도변화의 영향　　ㅂ. 적설하중

① ㄱ, ㄷ, ㅁ　　② ㄴ, ㄹ, ㅁ, ㅂ
③ ㄴ, ㄹ, ㅂ　　④ 상기 다 맞다.

17 ① 18 ④ 19 ③ 정답

해설 특정 옥외저장탱크의 주하중과 종하중 구분 : 위험물안전관리법 시행규칙 별표6 Ⅶ

- 주하중 : 탱크하중, 탱크와 관련되는 내압, 온도변화의 영향 등
- 종하중 : 적설하중, 풍하중, 지진의 영향 등

20 특정 옥외저장탱크의 용접(겹침보수 및 육성보수와 관련된 것은 제외)방법 중 옆판의 세로이음 및 가로이음의 용접방법으로 옳은 것은? 2017년 소방위 기출

① 겹치기 용접
② 부분용입 그룹용접
③ 뒷면에 재료를 댄 맞대기 용접
④ 완전용입 맞대기 용접

해설 특정 옥외저장탱크의 용접(겹침보수 및 육성보수와 관련되는 것은 제외)방법

옆판 (가로 및 세로이음)	옆판과 애뉼러 판 (애뉼러 판이 없는 경우에는 밑판)	애뉼러 판과 애뉼러 판	애뉼러 판과 밑판 및 밑판과 밑판
완전용입 맞대기용접	• 부분용입 그룹용접 • 동등 이상 용접강도	뒷면에 재료를 댄 맞대기용접	뒷면에 재료를 댄 맞대기 용접 또는 겹치기용접
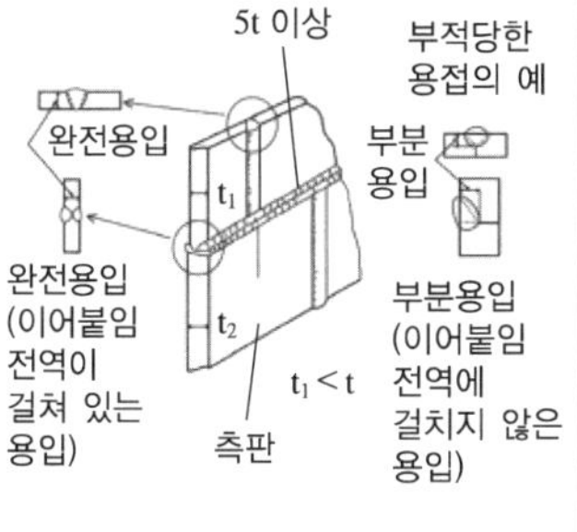 5t 이상 부적당한 용접의 예 완전용입 부분용입 t_1 t_2 완전용입 (이어붙임 전역이 걸쳐 있는 용입) $t_1 < t$ 측판 부분용입 (이어붙임 전역에 걸치지 않은 용입)	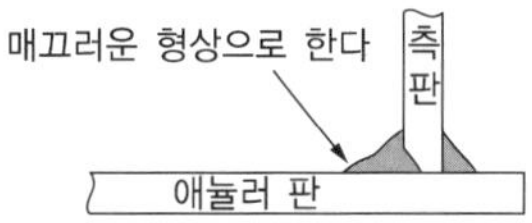 매끄러운 형상으로 한다 측판 애뉼러 판	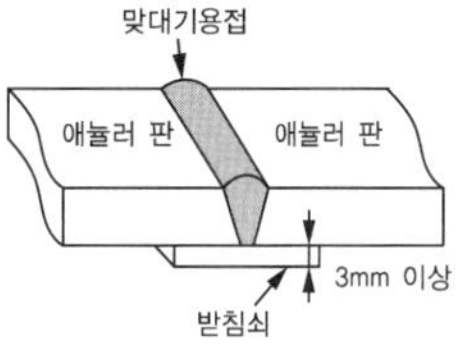 맞대기용접 애뉼러 판 애뉼러 판 3mm 이상 받침쇠 맞대기 이어붙임의 예 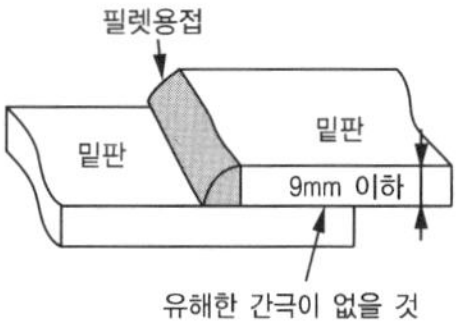 필렛용접 밑판 밑판 9mm 이하 유해한 간극이 없을 것 겹치기 이어붙임의 예	
• 옆판의 세로이음은 단을 달리하는 옆판의 각각의 세로이음과 동일선상에 위치하지 아니하도록 할 것 • 해당 세로이음 간의 간격은 서로 접하는 옆판 중 두꺼운 쪽 옆판의 5배 이상으로 해야 한다.	용접 비드(Bead)는 매끄러운 형상을 가져야 한다.	이 경우에 애뉼러 판과 밑판의 용접부의 강도 및 밑판과 밑판의 용접부의 강도에 유해한 영향을 주는 흠이 있어서는 아니된다.	

21 옥외저장탱크의 방유제 재질에 대한 설명으로 옳은 것은?

① 방유제와 간막이 둑은 흙 또는 철근콘크리트로 해야 한다.
② 방유제와 옥외저장탱크 사이의 지표면은 난연성과 방수성이 있는 구조(철근콘크리트 등)로 할 것
③ 누출된 위험물을 수용할 수 있는 전용유조(專用油槽) 및 펌프 등의 설비를 갖춘 경우에는 방유제와 옥외저장탱크 사이의 지표면을 흙으로 할 수 있다.
④ 방유제 또는 간막이 둑에 관통배관을 설치하는 경우에는 이중구조로 하고, 그 사이에 마른모래를 채운 후, 관통하는 부분을 내화재 등으로 마감하는 방식으로 설치해야 한다.

해설 방유제의 설치 기준
- 간막이 둑은 흙 또는 철근콘크리트로 할 것
- 방유제는 철근콘크리트로 하고, 방유제와 옥외저장탱크 사이의 지표면은 불연성과 불침윤성이 있는 구조(철근콘크리트 등)로 할 것. 다만, 누출된 위험물을 수용할 수 있는 전용유조(專用油槽) 및 펌프 등의 설비를 갖춘 경우에는 방유제와 옥외저장탱크 사이의 지표면을 흙으로 할 수 있다.
- 관통배관을 설치한 경우 방유제 또는 간막이 둑을 이중구조로 하고, 그 사이에 토사를 채운 후, 관통하는 부분을 완충재 등으로 마감하는 방식으로 설치할 수 있다.

22 옥외저장탱크의 외부구조 및 설비에 관한 내용으로 틀린 것은?

① 압력탱크는 최대상용압력의 1.5배의 압력으로 10분간 실시하는 수압시험에서 각각 새거나 변형되지 아니해야 한다.
② 지정수량의 100배 이상인 옥외탱크저장소(제6류 위험물의 옥외탱크저장소를 제외한다)에는 피뢰침을 설치해야 한다.
③ 인화점이 21℃ 미만인 위험물의 옥외저장탱크의 주입구에는 보기 쉬운 곳에는 유별, 품명, 및 주의사항과 주입구라는 표시를 게시해야 한다.
④ 대기밸브 부착 통기관을 설치한 경우 5kPa 이하의 압력차이로 작동할 수 있어야 한다.

해설 지정수량의 10배 이상인 옥외탱크저장소(제6류 위험물의 옥외탱크저장소를 제외한다)에는 피뢰침을 설치해야 한다. 다만, 탱크에 저항이 5Ω 이하인 접지시설을 설치하거나 인근 피뢰설비의 보호범위 내에 들어가는 등 주위의 상황에 따라 안전상 지장이 없는 경우에는 피뢰침을 설치하지 아니할 수 있다.

21 ③ 22 ② **정답**

옥내탱크저장소

01 **옥내저장탱크의 펌프설비가 탱크전용실이 있는 건축물 이외에 설치되어 있는 경우 펌프설비 기준에 대한 설명으로 옳은 것은?**

① 제조소의 펌프설비 기준을 준용한다.
② 옥외탱크저장소의 펌프설비 기준을 준용한다.
③ 지하탱크저장소 펌프설비 기준을 준용한다.
④ 옥내에 있으므로 옥내저장소의 펌프설비 기준을 따른다.

해설 옥내저장탱크의 펌프설비 중 탱크전용실이 있는 건축물 외의 장소에 설치하는 펌프설비에 있어서는 별표 6 Ⅵ 제10호(가목 및 나목을 제외한다)에 따른 옥외저장탱크의 펌프설비의 기준을 준용하고, 탱크전용실이 있는 건축물에 설치하는 펌프설비에 있어서는 다음의 1에 정하는 바에 의할 것

02 **단층건물 외의 건축물에 옥내저장탱크가 설치될 경우 시설기준에 대한 설명이다. 옳지 않은 설명은?**

① 저장할 수 있는 위험물의 종류에 제한이 있다.
② 위험성인 높은 위험물에 대해서는 층수의 제한이 있다.
③ 저장탱크의 용량도 단층건물의 경우에서도 보다 적게 규정하고 있다.
④ 층수제한 및 저장탱크 용량을 제한하나, 저장할 수 있는 위험물의 종류 제한 규정은 없다.

해설 옥내탱크저장소의 특징
단층 건축물보다는 층이 여러 개 있는 건축물에 설치되는 위험물시설은 위험성이 증가될 수 있으므로 다음 각 호 1과 같이 위험물의 종류, 층수, 저장탱크 용량의 제한을 둔다.
① 저장할 수 있는 위험물의 종류에 제한이 있다.
② 위험성인 높은 위험물에 대해서는 층수의 제한이 있다.
③ 저장탱크의 용량도 단층건물의 경우에서도 보다 적게 규정하고 있다.

<table>
<tr><th>구 분</th><th>제2류</th><th>제3류</th><th>제6류</th><th colspan="2">제4류</th></tr>
<tr><td>저장・취급 할 위험물</td><td>황화린・적린 덩어리 유황</td><td>황 린</td><td>질 산</td><td colspan="2">인화점이 38℃ 이상인 위험물</td></tr>
<tr><td>설치층</td><td>1층 또는 지하층</td><td>1층 또는 지하층</td><td>1층 또는 지하층</td><td colspan="2">층수제한 없음</td></tr>
<tr><td rowspan="2">저장용량</td><td rowspan="2">40배 이하</td><td rowspan="2">40배 이하</td><td rowspan="2">40배 이하</td><td>1층 이하</td><td>2층 이상</td></tr>
<tr><td>40배 이하</td><td>10배 이하</td></tr>
<tr><td rowspan="2">탱크용량</td><td colspan="3" rowspan="2">탱크의 최대용량 제한 없음</td><td colspan="2">제4석유류 및 동식물 이외 제4류</td></tr>
<tr><td>2만리터</td><td>5천리터</td></tr>
</table>

정답 01 ② 02 ④

03 **다음 중에서 허가수량을 제한하는 위험물 저장소로 옳지 않은 것은?** 2017년 통합 소방장 기출

① 옥내저장소 ② 옥내탱크저장소

③ 판매취급소 ④ 간이탱크저장소

해설
- 옥내탱크저장소 : 용량은 지정수량 40배 이하일 것
- 판매취급소 : 점포에서 위험물을 용기에 담아 판매하기 위하여 지정수량의 40배 이하의 위험물을 취급하는 장소
- 간이탱크저장소 : 1기의 탱크용량은 600L 이하

04 **비수용성의 제1석유류 위험물을 4,000L까지 저장 · 취급할 수 있도록 허가받은 단층건물의 탱크전용실에 수용성의 제2석유류 위험물을 저장하기 위한 옥내저장탱크를 추가로 설치할 경우 설치할 수 있는 탱크의 최대용량은?**

① 16,000L ② 20,000L

③ 30,000L ④ 60,000L

해설 옥내저장탱크의 용량(동일한 탱크전용실에 옥내저장탱크를 2 이상 설치하는 경우에는 각 탱크의 용량의 합계를 말한다)은 지정수량의 40배(제4석유류 및 동식물유류 외의 제4류 위험물에 있어서 해당 수량이 20,000L를 초과할 때에는 20,000L) 이하일 것

∴ 여기서 용량제한이 2만리터 이하이므로 4000 + X = 20,000리터

X = 16,000리터

05 **다음 그림은 옥내탱크의 간격을 표시한 그림이다. (   )의 간격은 얼마 이상으로 해야 하는가?**

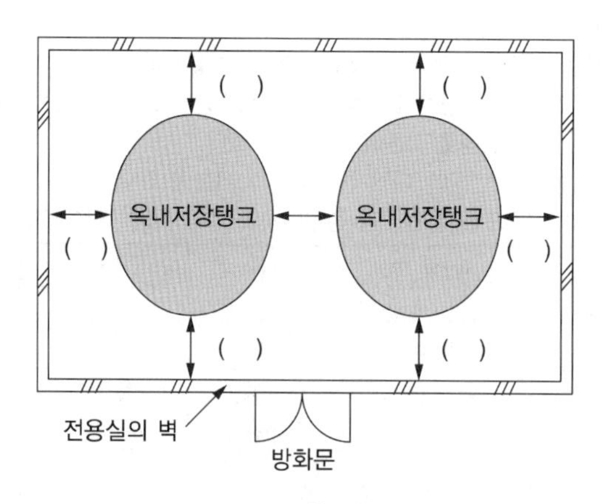

① 30cm ② 40cm

③ 50cm ④ 60cm

해설 옥내탱크저장소의 탱크와 탱크전용실의 벽 및 탱크 상호 간에는 0.5m 이상의 간격을 두어야 한다.

03 ① 04 ① 05 ③ 정답

06 **단층 건축물 옥내탱크전용실에 중유를 저장할 시 허가 받을 수 있는 최대배수로 옳은 것은?**

① 지정수량의 40배 이하

② 지정수량의 20배 이하

③ 지정수량의 30배 이하

④ 지정수량의 10배 이하

해설 • 옥내저장탱크의 용량은 지정수량 40배 이하일 것
• 제4석유류 및 동식물유류 외의 제4류 위험물에 있어서 해당 수량이 20,000리터를 초과할 때에는 20,000리터 이하로 할 것

∴ 중유(비수용성)의 지정수량 2,000L $\times$ x = 20,000L

x = 10배

07 **옥내탱크저장소 중 탱크전용실을 단층건물 외의 건축물에 설치하는 경우 탱크전용실을 건축물의 1층 또는 지하층에만 설치해야 하는 위험물이 아닌 것은?** 2017년 소방위 기출

① 제2류 위험물 중 덩어리 유황

② 제3류 위험물 중 황린

③ 제4류 위험물 중 인화점이 38℃ 이상인 위험물

④ 제6류 위험물 중 질산

해설 옥내저장탱크저장소의 용량 및 층수 제한

<table>
<tr><th rowspan="2">구 분</th><th rowspan="2">단층 건축물</th><th colspan="5">단층건축물 이외의 옥내저장탱크</th></tr>
<tr><th>제2류</th><th>제3류</th><th>제6류</th><th colspan="2">제4류</th></tr>
<tr><td>저장・취급
할 위험물</td><td>제한 없음</td><td>황화린・적린
덩어리 유황</td><td>황 린</td><td>질 산</td><td colspan="2">인화점이 38℃ 이상인
위험물</td></tr>
<tr><td>설치층</td><td>단층으로
해당 없음</td><td colspan="3">1층 또는 지하층</td><td colspan="2">층수제한 없음</td></tr>
<tr><td rowspan="2">저장용량</td><td rowspan="2">40배 이하</td><td colspan="3" rowspan="2">40배 이하</td><td>1층 이하</td><td>2층 이상</td></tr>
<tr><td>40배 이하</td><td>10배 이하</td></tr>
<tr><td rowspan="2">탱크용량</td><td rowspan="2">제4석유류 및
동식물유류 외의
제4류 위험물에
있어서 해당 수량이
20,000L를 초과할
때에는 20,000L</td><td colspan="3" rowspan="2">탱크의 최대용량 제한 없음</td><td colspan="2">제4석유류 및
식물 이외 제4류</td></tr>
<tr><td>2만리터</td><td>5천리터</td></tr>
</table>

정답 06 ④ 07 ③

08 단층 건축물에 옥내탱크의 펌프설비가 탱크전용실이 있는 건축물에 설치된 경우 지붕설치 기준으로 가장 알맞은 것은?

① 불연재료로만 해야 한다.

② 폭발력이 위로 방출될 정도의 가벼운 불연재료로만 해야 한다.

③ 내화구조 또는 불연재료로 할 수 있다.

④ 내화구조로만 해야 한다.

해설 펌프실의 지붕을 폭발력이 위로 방출될 정도의 가벼운 불연재료로 할 것. 다만, 내화구조 또는 불연재료로 할 수 있다.

09 위험물안전관리법에 따른 옥내저장소의 저장창고와 옥내탱크저장소의 탱크전용실에 관한 설명으로 옳지 않은 것은?

2019년 통합소방장 기출유사

① 제4류 위험물 제1석유류를 저장하는 옥내탱크저장소의 탱크전용실은 건축물의 1층 또는 지하층에 설치할 수 있다.

② 제4류 위험물 중 제1석유류를 저장하는 옥내저장소의 하나의 창고 바닥면적은 1,000m^2 이하로 설치해야 한다.

③ 질산을 단독으로 저장하는 경우 옥내탱크전용실을 지하층에 설치할 수 있다.

④ 다층건축물 옥내저장소의 저장창고에서 연소의 우려가 있는 외벽은 출입구 외에 개구부를 갖지 않은 벽으로 해야 한다.

해설 제4류 위험물 제1석유류를 저장하는 옥내탱크저장소의 탱크전용실은 단층 건축물에 저장해야 한다.

10 단층건물 이외의 건축물에 옥내탱크전용실을 설치하는 경우 최대용량을 설명한 것 중 틀린 것은?

① 지하 1층에 경유를 저장하는 탱크의 경우에는 20,000리터

② 지하 3층에 동식물유류를 저장하는 탱크의 경우에는 지정수량의 40배

③ 지상 4층에 제4석유류를 저장하는 탱크의 경우에는 지정수량의 20배

④ 지상 3층에 경유를 저장하는 탱크의 경우에는 5,000리터

해설 문제 7번 해설 참조
지상 2층 이상의 층에 제4석유류를 저장하는 탱크의 경우에는 지정수량의 10배이다.

08 ③ 09 ① 10 ③ **정답**

11 **옥외탱크저장소의 설치하는 주입구에 설치하는 게시판에 대한 설명으로 옳지 않은 것은?**

① 인화점이 21℃ 미만인 위험물의 옥내저장탱크의 주입구에는 보기 쉬운 곳에 게시판을 설치해야 한다.
② 게시판은 소방본부장이 화재예방상 설치할 필요가 없다고 인정하는 경우에는 설치하지 않을 수 있다.
③ 게시판에는 "옥내저장탱크 주입구"라고 표시하는 것외에 취급하는 위험물의 유별, 품명 및 화기엄금, 화기주의 등 주의사항을 표시할 것
④ 게시판은 백색바탕에 흑색문자, 주의사항은 적색바탕에 백색문자로 할 것

해설 게시판은 백색바탕에 흑색문자, 주의사항은 백색바탕에 적색문자로 할 것

12 **옥외탱크저장소의 설치하는 통기관에 관한 설명이다 다음 〈보기〉의 빈칸에 들어갈 알맞은 내용은?**

> 통기관의 끝부분은 건축물의 창·출입구 등의 개구부로부터 (ㄱ) 이상 떨어진 옥외의 장소에 지면으로 부터 (ㄴ) 이상의 높이로 설치하되, 인화점이 (ㄷ) 미만인 위험물의 탱크에 설치하는 통기관에 있어서는 부지경계선으로부터 (ㄹ) 이상 거리를 둘 것

	ㄱ	ㄴ	ㄷ	ㄹ
①	2m	2m	38℃	1m
②	1m	4m	40℃	1.5m
③	2m	1.5m	70℃	2m
④	1m	3m	21℃	1.5m

해설 통기관의 끝부분은 건축물의 창·출입구 등의 개구부로부터 1m 이상 떨어진 옥외의 장소에 지면으로부터 4m 이상의 높이로 설치하되, 인화점이 40℃ 미만인 위험물의 탱크에 설치하는 통기관에 있어서는 부지경계선으로부터 1.5m 이상 거리를 둘 것. 다만, 고인화점 위험물만을 100℃ 미만의 온도로 저장 또는 취급하는 탱크에 설치하는 통기관은 그 끝부분을 탱크전용실 내에 설치할 수 있다.

정답 11 ④ 12 ②

지하탱크저장소

01 **다음 중 안전거리의 규제를 받지 않는 위험물 저장소로 옳은 것은?**

① 옥외탱크저장소　　② 옥내저장소
③ 지하탱크저장소　　④ 옥외저장소

해설 안전거리, 보유공지 확보 제외대상 : 지하탱크저장소, 옥내탱크저장소, 암반탱크저장소, 이동탱크저장소, 주유취급소, 판매취급소

02 **위험물안전관리법에 따른 지하탱크저장소의 설치방식에 따른 분류에 해당하지 않는 것은?**

① 전용탱크실 구조　　② 이중벽탱크 구조
③ 특수누설방지 구조　　④ 특정지하탱크 구조

해설 **지하탱크저장소의 분류**
- 탱크의 설치방식에 따른 분류 : 전용탱크실 구조, 이중벽탱크 구조(직접매립), 특수누설방지 구조
- 탱크재질에 따른 탱크의 종류 : 강제탱크, 이중벽탱크(강제(SS), 강제 강화플라스틱(SF), 강화플라스틱(FF))

03 **위험물 지하저장탱크 전용실의 설치기준에 대한 설명으로 옳은 것은?**

① 전용실은 대지경계선으로부터 10m 이상 떨어진 곳에 설치해야 한다.
② 지하저장탱크와 탱크전용실의 안쪽과의 사이는 0.3m 이상의 간격을 유지해야 한다.
③ 지정수량 100배를 초과하는 지하탱크를 2 이상 인접해 설치하는 경우에는 그 상호 간에 0.5m 이상의 간격을 유지해야 한다.
④ 지하저장탱크의 윗 부분은 지면으로부터 0.6m 이상 아래에 있어야 한다.

해설 **전용탱크실의 구조**
- 다른 지하시설물로부터 영향을 받지 않도록 탱크전용실은 지하의 가장 가까운 벽・피트・가스관 등의 시설물 및 대지경계선으로부터 0.1m 이상 떨어진 곳에 설치해야 한다.
- 지하저장탱크와 탱크전용실의 안쪽과의 사이는 0.1m 이상의 간격을 유지하도록 하며, 해당 탱크의 주위에 마른 모래 또는 습기 등에 의하여 응고되지 아니하는 입자지름 5mm 이하의 마른 자갈분을 채워야 한다.
- 지하저장탱크의 윗부분은 지면으로부터 0.6m 이상 아래에 있어야 한다.
- 지하저장탱크를 2 이상 인접해 설치하는 경우에는 그 상호 간에 1m(해당 2 이상의 지하저장탱크의 용량의 합계가 지정수량의 100배 이하인 때에는 0.5m) 이상의 간격을 유지해야 한다. 다만, 그 사이에 탱크전용실의 벽이나 두께 20cm 이상의 콘크리트 구조물이 있는 경우에는 그러하지 아니하다.

01 ③　02 ④　03 ④ **정답**

04 다음 중 위험물 지하저장탱크의 성능 등에 대한 기준으로 옳지 않은 것은?

① 탱크의 재질은 강철판 또는 동등 이상의 성능이 있는 금속재질로 해야 한다.
② 압력탱크는 최대상용압력의 1.5배의 압력으로 10분간 실시하여 새거나 변형이 없을 것
③ 완전용입용접 또는 양면겹침이음용접으로 틈이 없도록 제작해야 한다.
④ 용량 50,000L의 지하저장탱크는 강철판의 최소두께는 6.1mm 이상으로 만들어야 한다.

해설 위 보기 외의 지하저장탱크의 구조
① 압력탱크(최대상용압력이 46.7kPa 이상인 탱크) 외의 탱크 : 70kPa의 압력으로 10분간
② 용량에 따른 탱크의 지름 또는 두께 : 50,000L 용량의 경우 강철판의 최소두께는 7.67mm

탱크용량(단위 L)	탱크의 최대지름(단위 mm)	강철판의 최소두께(단위 mm)
1,000 이하	1,067	3.20
1,000 초과 2,000 이하	1,219	3.20
2,000 초과 4,000 이하	1,625	3.20
4,000 초과 15,000 이하	2,450	4.24
15,000 초과 45,000 이하	3,200	6.10
45,000 초과 75,000 이하	3,657	7.67
75,000 초과 189,000 이하	3,657	9.27
189,000 초과	–	10.00

05 다음 중 위험물 지하저장탱크 및 전용실 설치 기준으로 옳은 것은?

① 지하탱크전용실은 지하의 가장 가까운 벽, 피트, 가스관 등의 시설물로부터 0.6m 이상 떨어진 곳에 설치해야 한다.
② 제4류 위험물을 지하저장탱크를 전용실이 아닌 장소에 매설할 경우 해당 탱크를 지하의 가장 가까운 벽·피트·가스관 등의 시설물 및 대지경계선으로부터 0.1m 이상 떨어진 곳에 매설해야 한다.
③ 제4류 위험물을 지하저장탱크를 전용실이 아닌 장소에 매설할 경우 해당 탱크를 지하철·지하가 또는 지하터널로부터 수평거리 10m 이내의 장소에 설치하지 아니해야 한다.
④ 제4류 위험물을 지하저장탱크를 전용실이 아닌 장소에 매설할 경우 해당 탱크를 그 수평투영의 세로 및 가로보다 각각 0.3m 이상 크고 두께가 0.6m 이상인 철근콘크리트조의 뚜껑으로 덮어야 한다.

해설 ① 지하탱크전용실은 지하의 가장 가까운 벽, 피트, 가스관 등의 시설물로부터 0.1m 이상 떨어진 곳에 설치해야 한다.
② 제4류 위험물을 지하저장탱크를 전용실이 아닌 장소에 매설할 경우 해당 탱크를 지하의 가장 가까운 벽·피트·가스관 등의 시설물 및 대지경계선으로부터 0.6m 이상 떨어진 곳에 매설해야 한다.
④ 제4류 위험물을 지하저장탱크를 전용실이 아닌 장소에 매설할 경우 해당 탱크를 그 수평투영의 세로 및 가로보다 각각 0.6m 이상 크고 두께가 0.3m 이상인 철근콘크리트조의 뚜껑으로 덮어야 한다.

정답 04 ④ 05 ③

06 다음 중 위험물 지하저장탱크에 설치하는 설비에 규정 내용으로 옳은 것은?

① 통기관은 부지 경계선으로부터 1m 이상 이격하는 한편 지하저장탱크 윗부분에 설치해야 한다.

② 내부 압력이 상승할 우려가 있는 경우 과도한 압력이 걸리지 않도록 안전장치를 설치해야 한다.

③ 탱크용량의 95%가 찰 때 경보음을 울리는 과충전 방지 장치를 설치해야 한다.

④ 맨홀은 지면까지 올라오도록 하고 하되, 빗물의 침투 방지를 위하여 가급적 약간 높게 해야 한다.

해설 ① 통기관은 부지 경계선으로부터 1.5m 이상 이격하는 한편 지하저장탱크 윗부분에 설치해야 한다.
③ 탱크용량의 90%가 찰 때 경보음을 울리는 과충전 방지 장치를 설치해야 한다.
④ 맨홀은 지면까지 올라오지 아니하도록 하되, 가급적 낮게 해야 한다.

07 위험물 지하탱크전용실의 재질과 구조에 관한 설명으로 옳지 않은 것은?

① 바닥의 두께는 0.5m 이상으로 하고 벽 및 뚜껑의 두께는 0.3m 이상으로 제작해야 한다.

② 벽・바닥 및 뚜껑의 재질은 철근콘크리트구조 또는 이와 동등 이상의 강도가 있는 구조로 설치해야 한다.

③ 벽・바닥 및 뚜껑의 내부에는 지름 9mm부터 13mm까지의 철근을 가로 및 세로로 5cm부터 20cm까지의 간격으로 배치하여 설치해야 한다.

④ 벽・바닥 및 뚜껑의 재료에 수밀콘크리트를 혼입하는 등 적정한 방수조치를 해야 한다.

해설 벽・바닥 및 뚜껑의 두께는 0.3m 이상일 것

08 지하탱크저장소에 비치해야 할 수동식 소화기의 능력단위로서 맞는 것은?

① 1단위 이상의 수동식 소화기 3개 이상

② 2단위 이상의 수동식 소화기 3개 이상

③ 3단위 이상의 수동식 소화기 2개 이상

④ 5단위 이상의 수동식 소화기 2개 이상

해설 지하탱크저장소에 비치해야 할 수동식 소화기 : 3단위 이상의 수동식 소화기 2개 이상

06 ② 07 ① 08 ③ **정답**

09 위험물안전관리법에 따른 지하탱크저장소에 설치하는 누유검사관에 대한 설명 중 그 기준으로 맞지 않은 것은?

① 이중관으로 할 것. 다만, 소공이 없는 상부는 단관으로 할 수 있다.
② 관의 밑부분으로부터 탱크의 중심 높이까지의 부분에는 소공이 뚫려 있을 것
③ 재료는 금속관 또는 경질합성수지관으로 할 것
④ 관은 탱크전용실의 바닥 또는 탱크의 기초까지 닿지 않게 할 것

해설 누유검사관
지하저장탱크의 주위에는 해당 탱크로부터의 액체위험물의 누설을 검사하기 위한 관을 다음의 각 목의 기준에 따라 4개소 이상 적당한 위치에 설치해야 한다.
- 이중관으로 할 것. 다만, 소공이 없는 상부는 단관으로 할 수 있다.
- 재료는 금속관 또는 경질합성수지관으로 할 것
- 관은 탱크전용실의 바닥 또는 탱크의 기초까지 닿게 할 것
- 관의 밑부분으로부터 탱크의 중심 높이까지의 부분에는 소공이 뚫려 있을 것. 다만, 지하수위가 높은 장소에 있어서는 지하수위 높이까지의 부분에 소공이 뚫려 있어야 한다.
- 상부는 물이 침투하지 아니하는 구조로 하고, 뚜껑은 검사시에 쉽게 열 수 있도록 할 것

간이탱크저장소

01 위험물 간이탱크저장소의 위치·구조 및 설비의 기준에 대한 설명으로 옳지 않은 것은?

① 간이탱크저장소란 간이탱크에 위험물을 저장하는 저장소를 말한다.
② 간이탱크는 용량이 600리터 이하의 소형 탱크로 옥내에 설치해야 한다.
③ 간이탱크는 말 그대로 소형 탱크를 말하며 실제로 용량을 600리터 이하로 정하고 있다.
④ 간이탱크저장소에 설치하는 간이저장탱크의 기수를 제한하고 있다.

해설 위험물을 저장 또는 취급하는 간이탱크는 옥외에 설치해야 한다. 단, 기준에 적합한 전용실 안에 설치한 경우 옥내에도 설치할 수 있다.

02 간이탱크저장소의 탱크전용실을 설치할 경우 구조에 관한 설명으로 맞지 않은 것은?

① 전용실은 벽·기둥·보 및 바닥은 내화구조로 할 것
② 바닥은 불침윤재료로 하고 적당한 경사를 두고 그 최저부에 집유설비를 설치할 것
③ 지붕의 재료는 불연재료로 하고 천정을 설치하지 아니 할 것
④ 창 또는 출입구에 유리를 이용하는 경우 망입유리로 할 것

정답 09 ④ / 01 ② 02 ①

해설 간이탱크전용실의 구조

- 전용실은 벽·기둥 및 바닥은 내화구조로 하고, 보는 불연재료로 하며, 연소의 우려가 있는 외벽은 출입구 외에는 개구부가 없도록 할 것. 다만, 인화점이 70℃ 이상인 제4류 위험물만의 간이탱크전용실에 있어서는 연소의 우려가 없는 외벽·기둥 및 바닥을 불연재료로 할 수 있다.
- 전용실의 창 및 출입구에는 60분방화문 또는 30분방화문을 설치한다.
- 채광·조명 및 환기설비를 설치하고 인화점이 70℃ 미만인 위험물의 저장창고에 있어서는 내부에 체류한 가연성의 증기를 지붕 위로 배출하는 설비를 갖추어야 한다.

03 간이탱크저장소의 탱크수 및 용량에 대한 설명으로 옳은 것은?

① 하나의 간이탱크저장소에 설치하는 간이저장탱크는 그 수를 5기 이하로 해야 한다.
② 하나의 간이탱크의 용량 500L 이하이어야 한다.
③ 등유와 경유는 제2석유류 동일한 품질로 같은 전용실에 저장할 수 없다.
④ 동일한 품질의 위험물의 간이저장탱크를 2 이상 설치하지 아니해야 한다.

해설 ① 하나의 간이탱크저장소에 설치하는 간이저장탱크는 그 수를 3기 이하로 해야 한다.
② 하나의 간이탱크의 용량 600L 이하이어야 한다.
③ 등유와 경유는 제2석유류 동일한 품질이 아니므로 같은 전용실에 저장할 수 있다.

04 위험물 간이탱크저장소의 위치·구조 및 설비 기준으로 옳은 것은?

① 상용압력의 1.5배 압력으로 10분간의 수압시험을 실시하여 새거나 변형되지 아니해야 한다.
② 탱크의 주위에 너비 1.5m 이상의 공지를 둔다.
③ 탱크를 전용실 안에 설치하는 경우 탱크와 전용실의 벽과의 사이에 0.5m 이상의 간격을 유지해야 한다.
④ 동일한 품명의 위험물의 간이저장탱크를 2 이상 설치하지 아니해야 한다.

해설 ① 70kPa의 압력으로 10분간의 수압시험을 실시하여 새거나 변형되지 아니해야 한다.
② 탱크의 주위에 너비 1m 이상의 공지를 둔다.
④ 동일한 품질의 위험물의 간이저장탱크를 2 이상 설치하지 아니해야 한다.

05 간이저장탱크에는 설치하는 밸브 없는 통기관 적합기준에 대한 설명 중 틀린 내용은?

① 통기관의 지름은 30mm 이상으로 하고 5kPa 이하의 압력차이로 작동할 수 있어야 한다.
② 통기관은 옥외에 설치하되, 그 끝부분의 높이는 지상 1.5m 이상으로 할 것
③ 통기관의 끝부분은 수평면에 대하여 아래로 45° 이상 구부려 빗물 등이 침투하지 아니하도록 할 것
④ 가는 눈의 구리망 등으로 인화방지장치를 할 것

03 ④ 04 ③ 05 ① **정답**

해설 간이저장탱크의 통기관의 지름은 25mm 이상으로 해야 한다. 옥내저장탱크의 통기관이 30mm 이상이다. 5kPa 이하의 압력차이로 작동은 대기밸브 부착 통기관의 설명이다.

06 간이저장탱크에는 설치하는 대기밸브 부착 통기관 적합기준에 대한 설명 중 틀린 내용은?

① 통기관의 끝부분은 수평면에 대하여 아래로 45° 이상 구부려 빗물 등이 침투하지 아니하도록 할 것
② 통기관은 옥외에 설치하되, 그 끝부분의 높이는 지상 1.5m 이상으로 할 것
③ 5kPa 이하의 압력차이로 작동할 수 있어야 할 것
④ 가는 눈의 구리망 등으로 인화방지장치를 할 것

해설 대기밸브 부착 통기관은 통기관의 끝부분은 수평면에 대하여 아래로 45° 이상 구부려 빗물 등이 침투하지 아니하도록 하는 규정은 없다.

07 간이저장탱크의 통기관에 인화방지장치를 설치하지 않아도 되는 적합한 탱크기준으로 옳은 것은?

① 인화점 200℃ 이상의 위험물만을 100℃ 미만의 온도로 저장 또는 취급하는 탱크
② 인화점 100℃ 이상의 위험물만을 해당 위험물의 인화점 미만의 온도로 저장 또는 취급하는 탱크
③ 인화점 70℃ 이상의 위험물만을 해당 위험물의 인화점 미만의 온도로 저장 또는 취급하는 탱크
④ 고인화점 위험물만을 100℃ 미만의 온도로 저장 또는 취급하는 탱크

해설 인화점 70℃ 이상의 위험물만을 해당 위험물의 인화점 미만의 온도로 저장 또는 취급하는 탱크에 설치하는 통기관에 있어서는 가는 눈의 구리망 등 인화방지장치를 설치하지 아니할 수 있다.

08 인화성 위험물질 500L를 하나의 간이탱크저장소에 저장하려고 할 때 필요한 최소 탱크 수는?

① 4개　② 3개
③ 2개　④ 1개

해설 간이저장탱크의 용량은 600L 이하이므로 500L는 하나의 탱크에 저장이 가능하다.

정답 06 ① 07 ③ 08 ④

이동탱크저장소

01 이동탱크저장소의 탱크용량이 얼마 이하마다 그 내부에 3.2mm 이상의 안전칸막이를 설치해야 하는가?

① 2000L 이하
② 3000L 이하
③ 4000L 이하
④ 5000L 이하

해설 이동탱크저장소의 탱크용량이 4000L 이하마다 안전칸막이를 설치하여 운전 시 출렁임을 방지한다.

02 이동탱크저장소의 구조에 대한 설명으로 옳은 것은?

① 컨테이너식 이동저장탱크의 두께 – 10mm 이상의 강철판
② 알킬알루미늄 등 이동저장탱크의 두께 – 6mm 이상의 강철판
③ 방호틀의 두께 – 3.2mm 이상
④ 방파판 – 1.6mm 이상

해설 이동저장탱크의 두께 기준

<table>
<tr><th>구 조</th><th>이동저장
탱크</th><th>맨 홀</th><th>주입관의
뚜껑</th><th>칸막이</th><th>측면틀</th><th>방호틀</th><th>방파판</th></tr>
<tr><td>일반이동탱크</td><td colspan="3">3.2mm</td><td colspan="2">3.2mm</td><td>2.3mm</td><td>1.6mm</td></tr>
<tr><td>컨테이너식</td><td colspan="3">6mm(탱크지름 또는 장축이 1.8m 이하인 탱크 : 5mm 이상)</td><td>3.2mm</td><td></td><td></td><td></td></tr>
<tr><td>알킬알루미늄 등</td><td colspan="3">10mm 이상</td><td></td><td></td><td></td><td></td></tr>
</table>

03 이동탱크저장소의 위치·구조 및 설비 기준에 관한 설명으로 옳은 것은?

① 접지도선은 제4류 위험물 중 특수인화물, 제1석유류, 알코올류, 제2석유류를 저장할 경우 설치해야 한다.
② 상치장소의 위치는 탱크의 양측면에 표시해야 한다.
③ 주입설비의 길이는 50m 이내로 하고, 분당 배출량은 100L 이하로 해야 한다.
④ 상치장소를 옥내에 설치한 경우 벽·바닥·보·서까래 및 지붕이 내화구조 또는 불연재료로 된 건축물의 1층에 설치해야 한다.

해설 ① 접지도선은 제4류 위험물 중 특수인화물, 제1석유류, 제2석유류를 저장할 경우 설치해야 한다.
② 상치장소의 위치는 탱크의 보기 쉬운 곳에 표시해야 한다.
③ 주입설비의 길이는 50m 이내로 하고, 분당 배출량은 200L 이하로 해야 한다.

01 ③ 02 ④ 03 ④ **정답**

04 **위험물 이동탱크저장소에서 맨홀 · 주입구 및 안전장치 등이 탱크의 상부에 돌출되어 있는 경우 부속장치의 손상을 방지하기 위해 설치해야 하는 설비로 옳은 것은?**

① 불연성가스 봉입장치 ② 통기장치
③ 측면틀, 방호틀 ④ 비상레바

해설 이동탱크저장소의 부속장치의 용도 및 두께
- 방호틀 : 탱크 전복 시 부속장치(주입구, 맨홀, 안전장치)를 보호(2.3mm)
- 측면틀 : 탱크 전복 시 탱크 본체 파손 방지(3.2mm)
- 방파판 : 위험물 운송 중 위험물의 출렁임, 쏠림 등을 완화하여 차량의 안전 확보(1.6mm)
- 칸막이 : 탱크 전복 시 탱크의 일부가 파손되더라도 전량의 위험물의 누출 방지(3.2mm)

05 **이동저장탱크에 위험을 알리는 경고 표시사항으로 옳지 않은 것은?**

① 위험물 표지 ② UN번호
③ 그림문자 ④ 유별 · 품명 · 최대수량 및 적재중량

해설 그 외에 상치장소를 표기해야 하며, 유별 · 품명 · 최대수량 및 적재중량은 개정 전의 게시판에 게시할 내용이다.

06 **탱크 뒷부분의 입면도에서 측면틀의 최외측과 탱크의 최외측을 연결하는 직선은 수평면에 대한 내각은 얼마 이상이 되도록 하는가?**

① 50° 이상 ② 65° 이상
③ 75° 이상 ④ 90° 이상

해설 이동탱크저장소의 측면틀의 기준
- 탱크 뒷부분의 입면도에 있어서 측면틀의 최외측과 탱크의 최외측을 연결하는 직선(최외측선)의 수평면에 대한 내각이 75도 이상이 되도록 하고, 최대수량의 위험물을 저장한 상태에 있을 때의 해당 탱크중량의 중심점과 측면틀의 최외측을 연결하는 직선과 그 중심점을 지나는 직선 중 최외측선과 직각을 이루는 직선과의 내각이 35도 이상이 되도록 할 것
- 외부로부터의 하중에 견딜 수 있는 구조로 할 것
- 탱크상부의 네 모퉁이에 해당 탱크의 전단 또는 후단으로부터 각각 1m 이내의 위치에 설치할 것
- 측면틀에 걸리는 하중에 의하여 탱크가 손상되지 아니하도록 측면틀의 부착부분에 받침판을 설치할 것

정답 04 ③ 05 ④ 06 ③

07 **이동탱크저장소에 주입설비를 설치하는 경우 분당 최대배출량은 얼마인가?**

2016년 소방위 기출 | 2017년 통합 소방장 기출

① 80리터 이하 ② 150리터 이하
③ 200리터 이하 ④ 250리터 이하

해설 이동탱크저장소 주입설비
- 위험물이 샐 우려가 없고 화재예방상 안전한 구조로 할 것
- 주입설비의 길이는 50m 이내로 하고, 그 끝부분에 축적되는 정전기를 유효하게 제거할 수 있는 장치를 할 것
- 분당 배출량은 200L 이하로 할 것

08 **아세트알데히드 등을 저장 또는 취급하는 이동저장탱크 및 설비를 제작 시 사용해서는 안되는 금속이 아닌 것은?**

① 은(Ag) ② 수은(Hg)
③ 구리(Cu) ④ 강철(Fe)

해설 이동저장탱크 및 그 설비는 은(Au), 수은(Hg), 동(Cu), 마그네슘(Mg) 또는 이들을 성분으로 하는 합금으로 사용하여서는 아니 된다.

09 **"알킬알루미늄 등"을 저장 또는 취급하는 이동탱크저장소에 관한 기준으로 옳은 것은?**

① 탱크 외면은 적색으로 도장을 하고, 백색문자로 동판의 양 측면 및 경판에 "화기주의"는 "물기주의"라는 주의사항을 표시한다.
② 이동저장탱크로부터 알킬알루미늄 등을 꺼낼 때에는 동시에 200kPa 이하의 압력으로 불활성기체를 봉입해 두어야 한다.
③ 이동저장탱크의 맨홀 및 주입구의 뚜껑은 10mm 이상의 강판으로 제작하고, 용량은 2,000리터 미만이어야 한다.
④ 이동저장탱크는 두께 10mm 이상의 강판으로 제작하고, 1.5MPa 이상의 압력으로 10분간 실시하는 수압시험에서 새거나 변형되지 않아야 한다.

해설 ① 탱크 외면은 적색으로 도장을 하고, 백색문자로 동판의 양 측면 및 경판에 "화기엄금" 또는 "물기엄금"이라는 주의사항을 표시한다.
③ 이동저장탱크의 맨홀 및 주입구의 뚜껑은 10mm 이상의 강판으로 제작하고, 용량은 1,900리터 미만이어야 한다.
④ 이동저장탱크는 두께 10mm 이상의 강판으로 제작하고, 1MPa 이상의 압력으로 10분간 실시하는 수압시험에서 새거나 변형되지 않아야 한다.

07 ③ 08 ④ 09 ② **정답**

10 공항에서 시속 40km 이하로 운행하도록 된 주유탱크차에 대한 설명으로 옳지 않은 것은?

① 칸막이와 방파판의 특례기준을 적용한다.

② 칸막이에 구멍을 낼 수 있되, 그 지름이 30cm 이내일 것

③ 주유탱크차는 그 내부에 길이 1.5m 이하마다 칸막이를 설치할 수 있다.

④ 주유탱크차는 부피 4천L 이하마다 3.2mm 이상의 강철판으로 칸막이를 설치할 수 있다.

해설 공항에서 시속 40km 이하로 운행하도록 된 주유탱크차는 칸막이와 방파판의 규정을 적용하지 아니하되, 다음 각 목의 기준에 적합해야 한다.

- 이동저장탱크는 그 내부에 길이 1.5m 이하 또는 부피 4천L 이하마다 3.2mm 이상의 강철판 또는 이와 같은 수준 이상의 강도·내열성 및 내식성이 있는 금속성의 것으로 칸막이를 설치할 것
- 칸막이에 구멍을 낼 수 있되, 그 지름이 40cm 이내일 것

11 항공기 주유탱크차의 특례규정에 대한 설명이다. 옳은 것은?

① 외장은 불연성이 있는 재료로 할 것

② 주유호스 등이 적정하게 격납되지 아니하면 발진되지 아니하는 장치를 설치할 것

③ 배관은 금속제로서 70kPa의 압력으로 10분간 수압시험을 실시하였을 때 누설 그 밖의 이상이 없는 것으로 할 것

④ 주유호스는 최대상용압력의 1.5배 이상의 압력으로 수압시험을 실시하여 누설 그 밖의 이상이 없는 것으로 할 것

해설 ① 외장은 난연성이 있는 재료로 할 것
③ 배관은 금속제로서 최대상용압력의 1.5배 이상의 압력으로 10분간 수압시험을 실시하였을 때 누설 그 밖의 이상이 없는 것으로 할 것
④ 주유호스는 최대상용압력의 2배 이상의 압력으로 수압시험을 실시하여 누설 그 밖의 이상이 없는 것으로 할 것

12 컨테이너식 이동탱크저장소의 특례규정에 대한 설명이다. 옳은 것은?

① 이동저장탱크하중의 2배의 전단하중에 견디는 걸고리체결금속구 및 모서리체결금속구를 설치할 것

② 이동저장탱크·맨홀 및 주입구의 뚜껑은 두께 10mm(해당 탱크의 지름 또는 장축이 1.8m 이하인 것은 5mm) 이상의 강판으로 제작 할 것

③ 칸막이를 설치하는 경우에는 두께 6mm 이상의 강판으로 완전구획할 것

④ 부속장치는 상자틀의 최외측과 50mm 이상의 간격을 유지할 것

정답 10 ② 11 ② 12 ④

해설 ① 이동저장탱크하중의 4배의 전단하중에 견디는 걸고리체결금속구 및 모서리체결금속구를 설치할 것
② 이동저장탱크 · 맨홀 및 주입구의 뚜껑은 두께 6mm(해당 탱크의 지름 또는 장축이 1.8m 이하인 것은 5mm) 이상의 강판으로 제작 할 것
③ 칸막이를 설치하는 경우에는 해당 탱크의 내부를 완전히 구획하는 구조로 하고, 두께 3.2mm 이상의 강판 또는 이와 동등 이상의 기계적 성질이 있는 재료로 할 것

옥외저장소

01 위험물안전관리법령상 옥외저장소에 저장 가능한 위험물로 옳지 않은 것은?

2012년 소방위 기출 | 2017년 인천소방장 기출

① 인화점이 섭씨 0도 이상인 인화성고체

② 위험물에 해당하는 질산염류

③ 위험물에 해당하는 과염소산

④ 위험물에 해당하는 메틸알코올

해설 위험물안전관리법 시행령 별표2 저장소의 구분에서 옥외저장소에 저장할 수 있는 위험물
- 제2류 위험물 중 유황 또는 인화성고체(인화점이 섭씨 0도 이상인 것에 한한다)
- 제4류 위험물 중 제1석유류(인화점이 섭씨 0도 이상인 것에 한한다) · 알코올류 · 제2석유류 · 제3석유류 · 제4석유류 및 동식물유류
- 제6류 위험물
- 보세구역 안에 저장하는 제2류 위험물 및 제4류 위험물 중 특별시 · 광역시 또는 도의 조례에서 정하는 위험물
- 「국제해상위험물규칙」(IMDG Code)에 적합한 용기에 수납된 위험물

02 제4류 위험물 중 옥외저장소에서 저장할 수 없는 위험물은 무엇인가?

① 등 유 ② 가솔린

③ 메틸알코올 ④ 기계유

해설 문제1번 해설 참조
가솔린은 인화점이 −20~−43℃로 옥외에서 저장할 수 없다.

01 ② 02 ② **정답**

03 **다음 중 옥외저장소의 위치 · 구조 및 설비 기준에 대한 설명으로 옳지 않은 것은?**

① 안전거리를 두어야 하며 제조소 기준을 준용한다.

② 경계표시의 주위에는 그 저장 또는 취급하는 위험물의 최대수량에 따라 보유공지를 두어야 한다.

③ 제4석유류를 저장 또는 취급하는 옥외저장소의 보유공지는 공지의 너비의 3분의 1 이상의 너비로 할 수 있다.

④ 옥외저장소에 캐노피 또는 지붕을 설치하는 경우 기둥은 강철제 등 불연재료로 해야 한다.

해설 눈 · 비 등을 피하거나 차광 등을 위하여 옥외저장소에 캐노피 또는 지붕을 설치하는 경우에는 환기 및 소화활동에 지장을 주지 아니하는 구조로 할 것. 이 경우 기둥은 내화구조로 하고, 캐노피 또는 지붕을 불연재료로 하며, 벽을 설치하지 아니해야 한다.

04 **옥외저장소에 선반을 설치하는 경우에 선반의 설치높이 기준으로 옳은 것은?**

① 3m
② 4m
③ 5m
④ 6m

해설 옥외저장소의 선반의 설치 기준

- 선반은 불연재료로 만들고 견고한 지반면에 고정할 것
- 선반은 해당 선반 및 그 부속설비의 자중 · 저장하는 위험물의 중량 · 풍하중 · 지진의 영향 등에 의하여 생기는 응력(변형력)에 대하여 안전할 것
- 선반의 높이는 6m를 초과하지 아니할 것
- 선반에는 위험물을 수납한 용기가 쉽게 낙하하지 아니하는 조치를 강구할 것

05 **옥외저장소 중 덩어리 상태의 유황만을 지반면에 설치한 경계표시의 안쪽에서 저장 또는 취급하는 것의 위치 · 구조 및 설비의 기술기준으로 옳은 것은?**

① 하나의 경계표시의 내부의 면적은 1,000m^2 이하로 해야 한다.

② 경계표시의 높이는 1.5m 이하로 해야 한다.

③ 경계표시는 난연재료로 만드는 동시에 유황이 새지 아니하는 구조로 해야 한다.

④ 2 이상의 경계표시를 설치하는 경우에 있어서는 각각의 경계표시 내부의 면적을 합산한 면적은 2,000m^2 이하로 해야 한다.

해설 덩어리 상태의 유황만을 저장하는 옥내저장소의 설치 기준

- 하나의 경계표시의 내부의 면적은 100m^2 이하일 것
- 2 이상의 경계표시를 설치하는 경우에 있어서는 각각의 경계표시 내부의 면적을 합산한 면적은 1,000m^2 이하로 하고, 인접하는 경계표시와 경계표시와의 간격을 (1)의 ④목에 따른 공지의 너비의 2분의 1 이상으로 할 것. 다만, 저장 또는 취급하는 위험물의 최대수량이 지정수량의 200배 이상인 경우에는 10m 이상으로 해야 한다.
- 경계표시는 불연재료로 만드는 동시에 유황이 새지 아니하는 구조로 할 것

정답 03 ④ 04 ④ 05 ②

- 경계표시의 높이는 1.5m 이하로 할 것
- 경계표시에는 유황이 넘치거나 비산하는 것을 방지하기 위한 천막 등을 고정하는 장치를 설치하되, 천막 등을 고정하는 장치는 경계표시의 길이 2m마다 한 개 이상 설치할 것
- 유황을 저장 또는 취급하는 장소의 주위에는 배수구와 분리장치를 설치할 것

암반탱크저장소

01 암반 내의 공간을 이용한 탱크에 액체의 위험물을 저장하는 장소를 위험물 제조소등 구분으로 맞는 것은?

① 암반탱크저장소 ② 지하암반저장소

③ 옥내암반저장소 ④ 옥외암반저장소

해설 암반탱크저장소란 암반 내의 공간을 이용한 탱크에 액체의 위험물을 저장하는 장소를 말한다.

02 암반탱크저장소에 대한 설명으로 틀린 것은?

① 원유, 휘발유, 경유, 등유 등 석유제품을 일반적으로 대량 저장할 경우에 이용한다.

② 대부분 해안가, 호수, 강가 등 수리조건이 좋은 곳에 위치하고 있다.

③ 지하수면 위에 천연암반을 굴착공사로 공간을 만들고 그 공간에 액체위험물을 저장한다.

④ 가연성 증기의 발생과 위험물의 누출을 지하수압으로 조절하는 저장소이다.

해설 저장원리는 지하수면 아래의 천연암반을 굴착(땅파기)공사로 공간을 만들고 그 공간에 액체위험물을 저장함으로써 가연성 증기의 발생과 위험물의 누출을 지하수압으로 조절하는 저장소로 석유류의 다음과 같은 특징 때문이다.
- 석유제품이 비수용성이기 때문에 물과 섞이지 않는다.
- 석유제품의 비중이 물보다 작다.
- 지하수압이 탱크 내부 석유의 압력보다 커서 석유가 외부로 누출되는 것을 막을 수 있다.

03 암반탱크저장소 위치 · 구조 및 설비기준에 관한 설명으로 맞는 것은?

① 암반탱크는 암반투수계수가 1초당 100만분의 1m 이하인 천연암반 내에 설치할 것

② 암반탱크는 저장할 위험물의 증기압을 억제할 수 있는 지하수면 위에 설치할 것

③ 암반탱크 내로 유입되는 지하수의 양은 암반 내의 지하수 충전량보다 많을 것

④ 암반탱크에 가해지는 지하수압은 저장소의 최대운영압보다 항상 크게 유지할 것

01 ① 02 ③ 03 ④ 정답

해설 • 암반탱크저장소의 암반탱크는 다음 각 목의 기준에 의하여 설치해야 한다.
- 암반탱크는 암반투수계수가 1초당 10만분의 1m 이하인 천연암반 내에 설치할 것
- 암반탱크는 저장할 위험물의 증기압을 억제할 수 있는 지하수면 하에 설치할 것
- 암반탱크의 내벽은 암반균열에 의한 낙반을 방지할 수 있도록 볼트 · 콘크리크 등으로 보강할 것

• 암반탱크는 다음 각 목의 기준에 적합한 수리조건을 갖추어야 한다.
- 암반탱크 내로 유입되는 지하수의 양은 암반 내의 지하수 충전량보다 적을 것
- 암반탱크의 상부로 물을 주입하여 수압을 유지할 필요가 있는 경우에는 수벽공을 설치할 것
- 암반탱크에 가해지는 지하수압은 저장소의 최대운영압보다 항상 크게 유지할 것

04 **암반탱크저장소의 위치 · 구조 및 설비의 기준에 대한 설명이다. 다음의 (　　)에 들어갈 알맞은 내용은?**

가. 지하수위 및 지하수의 흐름 등을 확인 · 통제할 수 있는 (ㄱ)을 설치해야 한다.
나. 암반탱크의 상부로 물을 주입하여 수압을 유지할 필요가 있는 경우에는 (ㄴ)을 설치해야 한다.
다. 내부로 유입되는 지하수의 양을 측정할 수 있는 (ㄷ)와 자동측정이 가능한 (ㄹ)를 설치해야 한다.
라. 침출수에 섞인 위험물이 직접 배수구로 흘러 들어가지 아니하도록 (ㅁ)를 설치해야 한다.

	ㄱ	ㄴ	ㄷ	ㄹ	ㅁ
①	수벽공	관측공	측정설비	계량구	자동배수장치
②	관측공	관측공	계량구	측정설비	자동배수장치
③	관측공	수벽공	계량구	계량장치	유분리장치
④	수벽공	관측공	계량구	계량장치	유분리장치

해설 암반탱크저장소 위치 · 구조 및 설비 기준
• 암반탱크의 상부로 물을 주입하여 수압을 유지할 필요가 있는 경우에는 수벽공을 설치해야 한다.
• 암반탱크저장소 주위에는 지하수위 및 지하수의 흐름 등을 확인 · 통제할 수 있는 관측공을 설치해야 한다.
• 암반탱크저장소에는 위험물의 양과 내부로 유입되는 지하수의 양을 측정할 수 있는 계량구와 자동측정이 가능한 계량장치를 설치해야 한다.
• 암반탱크저장소에는 주변 암반으로부터 유입되는 침출수를 자동으로 배출할 수 있는 시설을 설치하고 침출수에 섞인 위험물이 직접 배수구로 흘러 들어가지 아니하도록 유분리장치를 설치해야 한다.

정답 04 ③

05 위험물 암반탱크가 다음과 같은 조건일 때 탱크의 용량은 몇 L인가?

- 암반탱크의 내용적 : 400,000L
- 1일간 탱크 내에 용출하는 지하수의 양 : 800L

① 394,400L
② 360,000L
③ 396,000L
④ 384,400L

해설 암반탱크의 용량

(1) 암반탱크에 있어서는 해당 탱크 내에 용출하는 7일간의 지하수의 양에 상당하는 용적과 해당 탱크의 내용적의 100분의 1의 용적 중에서 보다 큰 용적을 공간용적으로 한다.

(2) 공간용적을 구하면

① 7일간의 지하수의 양에 상당하는 용적 = 800L × 7 = 5,600L

② 탱크의 내용적의 1/100의 용적 = 400,000L × 1/100 = 4,000L

∴ 따라서 공간용적은 ①과 ②의 큰 용적이므로 5,600L이다.

(3) 탱크의 용량 = 탱크의 내용적 − 공간용적 = 400,000L − 5,600L = 394,400L

05 ① **정답**

제11장

위험물 취급소

우리 인생의 가장 큰 영광은

결코 넘어지지 않는 데 있는 것이 아니라

넘어질 때마다 일어서는 데 있다

- 넬슨 만델라 -

CHAPTER

11 위험물 취급소

제1절 주유취급소의 위치 · 구조 및 설비의 기준(제37조 관련 별표13)

2018년, 2020년 통합소방장 기출

01 개 요

(1) 정의(영 제5조 관련 별표3)

고정된 주유설비(항공기에 주유하는 경우에는 차량에 설치된 주유설비를 포함한다)에 의하여 자동차 · 항공기 또는 선박 등의 연료탱크에 직접 주유하기 위하여 위험물(「석유 및 석유대체연료 사업법」 제29조에 따른 가짜석유제품에 해당하는 물품을 제외한다)을 취급하는 장소(위험물을 용기에 옮겨 담거나 차량에 고정된 5천리터 이하의 탱크에 주입하기 위하여 고정된 급유설비를 병설한 장소를 포함한다)

(2) 주유취급소의 구분

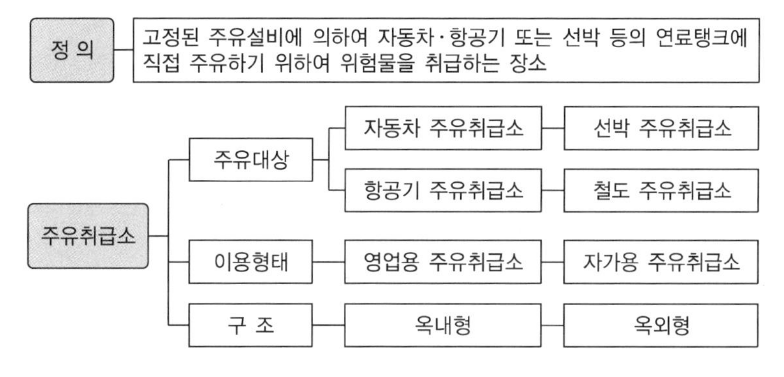

제11장 | 위험물 취급소

02 주유공지 및 급유공지

(1) 주유공지★★★★ 2013년 부산소방장 기출

주유취급소의 고정주유설비(펌프기기 및 호스기기로 되어 위험물을 자동차 등에 직접 주유하기 위한 설비로서 현수식(매달식)의 것을 포함한다. 이하 같다)의 주위에는 주유를 받으려는 자동차 등이 출입할 수 있도록 너비 15m 이상, 길이 6m 이상의 콘크리트 등으로 포장한 공지(이하 "주유공지"라 한다)를 보유해야 한다.

(2) 급유공지

고정급유설비(펌프기기 및 호스기기로 되어 위험물을 용기에 옮겨 담거나 이동저장탱크에 주입하기 위한 설비로서 현수식의 것을 포함한다. 이하 같다)를 설치하는 경우에는 고정급유설비의 호스기기의 주위에 필요한 공지(이하 "**급유공지**"라 한다)를 보유해야 한다.

(3) 주유 및 급유공지의 바닥

주유 및 급유공지의 바닥은 주위 지면보다 **높게** 하고, 그 표면을 적당하게 경사지게 하여 새어나온 기름 그 밖의 액체가 공지의 외부로 유출되지 아니하도록 **배수구 · 집유설비 및 유분리장치**를 해야 한다.

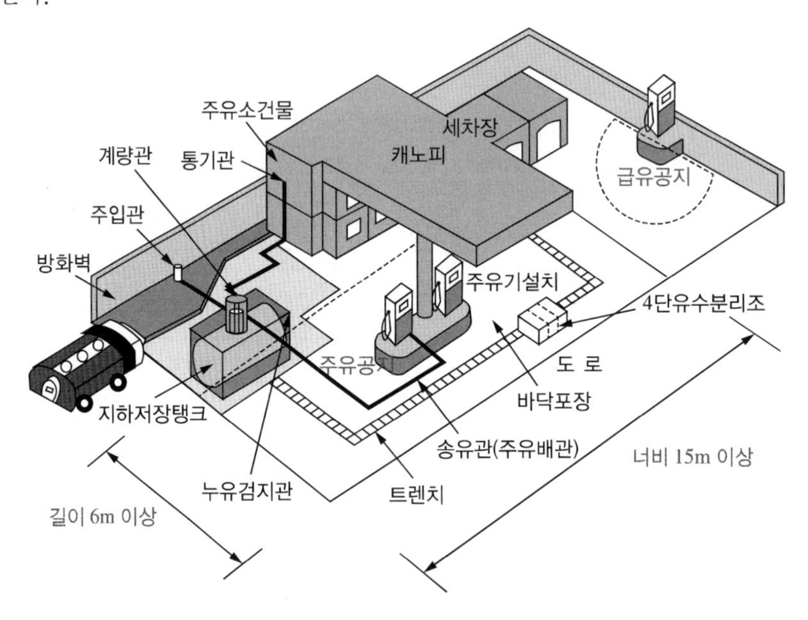

03 표지 및 게시판★★★★

(1) 표 지

주유취급소에는 보기 쉬운 곳에 “위험물 주유취급소”라는 표시를 한 표지를 설치

(2) 게시판

① 방화에 관하여 필요한 사항을 게시한 게시판 설치

② 황색바탕에 흑색문자로 “주유중엔진정지”라는 표시를 한 게시판을 설치

04 탱 크

(1) 탱크의 설치★★★★★

주유취급소에는 다음 각 목의 탱크 외에는 위험물을 저장 또는 취급하는 탱크를 설치할 수 없다. 다만, 이동탱크저장소의 상치장소를 주유공지 또는 급유공지 외의 장소에 확보하여 이동탱크저장소(해당 주유취급소의 위험물의 저장 또는 취급에 관계된 것에 한한다)를 설치하는 경우에는 그러하지 아니하다.

① 자동차 등에 주유하기 위한 고정주유설비에 직접 접속하는 전용탱크로서 50,000L 이하의 것

② 고정급유설비에 직접 접속하는 전용탱크로서 50,000L 이하의 것

③ 보일러 등에 직접 접속하는 전용탱크로서 10,000L 이하의 것

④ 자동차 등을 점검・정비하는 작업장 등(주유취급소 안에 설치된 것에 한한다)에서 사용하는 폐유・윤활유 등의 위험물을 저장하는 탱크로서 용량(2 이상 설치하는 경우에는 각 용량의 합계를 말한다)이 2,000L 이하인 탱크(이하 "폐유탱크 등"이라 한다)

⑤ 고정주유설비 또는 고정급유설비에 직접 접속하는 3기 이하의 간이탱크. 다만, 「국토의 계획 및 이용에 관한 법률」에 의한 방화지구 안에 위치하는 주유취급소의 경우를 제외한다.

구분		탱크	내용
전용 탱크 및 간이 탱크		전용탱크	• 전용탱크 1기 용량 – 고정주유설비의 5만L 이하 – 고정급유설비의 5만L 이하 • 보일러 등에 직접 접속하는 전용탱크 : 1만L 이하
		폐유탱크 등	폐유탱크 등의 용량의 합계 : 2,000L 이하
		간이탱크	간이탱크 1기의 용량 : 600L 이하 (방화지구 안 제외)
		이동탱크	• 5천L 이하 • 상치장소를 주유공지 또는 급유공지 외의 장소에 확보 • 해당 주유취급소의 위험물의 저장・취급에 관계된 것에 한함

(2) 탱크설치 위치★★★

탱 크	탱크의 용량	설치위치
자동차 주유를 위한 고정주유설비에 직접 접속하는 전용탱크	50,000L 이하	옥외의 지하 또는 캐노피 아래 지하에 매설 (기둥하부 제외)
고정급유설비에 직접 접속하는 전용탱크	50,000L 이하	
보일러 등에 직접 접속하는 전용탱크	10,000L 이하 (1,000L 초과 한함)	
자동차 등을 점검・정비하는 작업장 등에서 사용하는 폐유・윤활유 등의 위험물을 저장하는 탱크(폐유탱크 등)	2,000L 이하 (1,000L 초과 한함)	
해당 주유취급소의 위험물의 저장・취급에 관계된 이동탱크저장소	상치장소를 주유공지 또는 급유공지 외의 장소에 확보	

※ 설치탱크 : 지하탱크저장소, 옥내탱크저장소(1,000 이하), 간이탱크저장소(방화지구 안 제외), 이동탱크저장소

(3) 저장탱크 설치기준 준용

① 지하에 매설하는 전용탱크 또는 폐유탱크 등의 위치・구조 및 설비는 지하저장탱크의 위치・구조 및 설비의 기준을 일부를 준용한다.

지하탱크저장소(규칙 별표8)의 설비 준용기준

- Ⅰ 제1호 : 탱크의 설치장소(용량 10,000L를 초과하는 탱크를 설치하는 경우에는 저장위험물이 제4류 위험물일지라도 탱크전용실에 설치해야 한다)
- Ⅰ 제2호 : 지하매설물과의 거리 및 건조사의 충전
- Ⅰ 제3호 : 탱크의 매설깊이
- Ⅰ 제4호 : 탱크 상호간격
- Ⅰ 제6호 : 탱크의 구조 등
- Ⅰ 제7호 : 탱크의 외면보호
- Ⅰ 제8호 : 통기관 · 안전장치
- Ⅰ 제9호 : 자동계량장치
- Ⅰ 제10호 : 주입구(게시판에 관한 사항은 제외)
- Ⅰ 제12호 및 제13호 : 배관 · 제어밸브
- Ⅰ 제15호 : 누유검사관
- Ⅰ 제16호 : 탱크전용실의 구조
- Ⅰ 제17호 : 과충전방지장치
- Ⅰ 제18호 : 맨홀
- Ⅱ 제1호 : 이중벽탱크의 구조
- Ⅱ 제2호 : 이중벽탱크의 누설감지설비
- Ⅱ 제3호 : 이중벽탱크의 재료
- Ⅱ 제4호 : 이중벽탱크의 압력 등
- Ⅱ 제5호 : 이중벽탱크의 외면보호
- Ⅱ 제6호 : 이중벽탱크 기타사항에 대한 소방청장의 고시
- Ⅲ : 특수누설방지 구조의 지하탱크저장소의 기준

② 지하에 매설하지 아니하는 폐유탱크 등의 위치 · 구조 및 설비는 옥내저장탱크의 위치 · 구조 · 설비 또는 시 · 도의 조례에 정하는 지정수량 미만인 탱크의 위치 · 구조 및 설비의 기준을 준용할 것

- **옥내탱크저장소(규칙 별표7)의 준용기준**
  - Ⅰ 제1호 : 옥내탱크저장소의 위치 · 구조 및 설비의 기준(표지 · 게시판부분은 제외)
  - Ⅰ 제2호 : 탱크전용실을 단층건물 외의 건축물에 설치하는 경우
- **각 시 · 도 조례(지정수량 미만인 탱크의 위치 · 구조 및 설비의 기준)**

③ 간이탱크의 구조 및 설비는 간이저장탱크의 구조 및 설비의 기준을 준용하되, 자동차 등과 충돌할 우려가 없도록 설치할 것

간이탱크저장소(규칙 별표9)의 설비 준용기준

- 제4호 : 탱크의 설치방법
- 제5호 : 탱크의 용량
- 제6호 : 탱크의 구조
- 제7호 : 탱크의 부식방지도장
- 제8호 : 탱크의 통기관

05 고정주유설비 등★★★★

(1) 주유취급소에는 자동차 등의 연료탱크에 직접 주유하기 위한 고정주유설비를 설치해야 한다.

(2) 주유취급소의 고정주유설비 또는 고정급유설비는 지하저장탱크・간이저장탱크 중 하나의 탱크만으로부터 위험물을 공급받을 수 있도록 하고, 다음 각 목의 기준에 적합한 구조로 해야 한다.

① 펌프기기는 주유관 끝부분에서의 최대배출량이 **제1석유류의 경우에는 분당 50L 이하**, **경유의 경우에는 분당 180L 이하**, **등유의 경우에는 분당 80L 이하**인 것으로 할 것. 다만, 이동저장탱크에 주입하기 위한 고정급유설비의 펌프기기는 **최대배출량이 분당 300L 이하**인 것으로 할 수 있으며, 분당 배출량이 200L 이상인 것의 경우에는 주유설비에 관계된 모든 배관의 안지름을 40mm 이상으로 해야 한다.

제1석유류	50L/min 이하
등 유	80L/min 이하
경 유	180L/min 이하
이동저장탱크에 주입용 펌프설비의 최대배출량 ※ 분당배출량이 200L 이상인 경우 : 배관의 안지름을 40mm 이상	300L/min 이하

② 이동저장탱크의 상부를 통하여 주입하는 고정급유설비의 주유관에는 **해당 탱크의 밑부분에 달하는 주입관을 설치하고**, 그 배출량이 분당 80L를 초과하는 것은 이동저장탱크에 주입하는 용도로만 사용할 것

③ 고정주유설비 또는 고정급유설비는 **난연성 재료**로 만들어진 외장을 설치할 것. 다만, **10** 펌프실 등의 구조에 따른 기준에 적합한 펌프실에 설치하는 펌프기기 또는 액중펌프에 있어서는 그러하지 아니하다.

④ 고정주유설비 또는 고정급유설비의 본체 또는 노즐 손잡이에 주유작업자의 인체에 **축적되는 정전기를 유효하게 제거할 수 있는 장치를 설치할 것**

(3) **주유관의 길이 및 정전기제거 장치**

① **고정주유설비 또는 고정급유설비**

㉠ 주유관의 길이(끝부분의 개폐밸브를 포함한다)는 5m 이내

㉡ 그 끝부분에는 축적된 정전기를 유효하게 제거할 수 있는 장치를 설치

② **현수식의 경우** : 지면위 0.5m의 수평면에 수직으로 내려 만나는 점을 중심으로 반경 3m 이내

Plus one

주유취급소		이동탱크 저장소	항공기, 선박, 철도 주유취급소
입 식	현수식		
5m 이내	3m 이내	50m 이내	제한 없음

(4) 주유설비 설치기준★★★★★

① 고정주유설비

㉠ 고정주유설비의 중심선을 기점으로 하여 도로경계선까지 4m 이상

㉡ 부지경계선・담 및 건축물의 벽까지 2m(개구부가 없는 벽까지는 1m) 이상의 거리를 유지할 것

② 고정급유설비

㉠ 고정급유설비의 중심선을 기점으로 하여 도로경계선까지 4m 이상

㉡ 부지경계선 및 담까지 1m 이상, 건축물의 벽까지 2m(개구부가 없는 벽까지는 1m) 이상의 거리를 유지할 것

③ 고정주유설비와 고정급유설비의 사이에는 4m 이상의 거리를 유지할 것

[주유설비 설치위치 정리]★★★★★ 2013년 경기소방장 기출

구 분	도로경계선	부지경계선	담	건축물의 벽	상호 간
고정식주유설비	4m 이상	2m 이상	2m 이상	2m 이상 (개구부 없는 벽 1m)	4m 이상
고정식급유설비	4m 이상	1m 이상	1m 이상		

[고정식 주유(급유)설비 설치 위치]

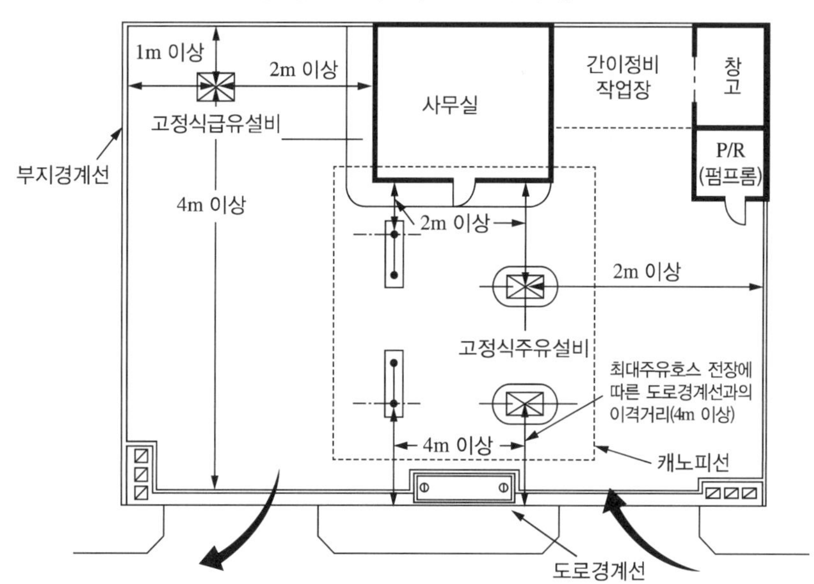

06 건축물 등의 제한 등★★★★

(1) 주유취급소에는 주유 또는 그에 부대하는 업무를 위하여 사용되는 다음 각 목의 건축물 또는 시설 외에는 다른 건축물 그 밖의 공작물을 설치할 수 없다.

① 주유 또는 등유·경유를 옮겨 담기 위한 작업장

② 주유취급소의 업무를 행하기 위한 사무소

③ 자동차 등의 점검 및 간이정비를 위한 작업장

④ 자동차 등의 세정을 위한 작업장

⑤ 주유취급소에 출입하는 사람을 대상으로 한 점포·휴게음식점 또는 전시장

⑥ 주유취급소의 관계자가 거주하는 주거시설

⑦ 전기자동차용 충전설비(전기를 동력원으로 하는 자동차에 직접 전기를 공급하는 설비를 말한다. 이하 같다)

⑧ 그 밖의 소방청장이 정하여 고시(위험물안전관리에 관한 세부기준 제110조 제6항)하는 건축물 또는 시설

> **위험물안전관리에 관한 세부기준 제110조(주유취급소의 건축물 등의 제한)**
> ① 규칙 별표13 V 제1호 사목에 따른 건축물 또는 시설은 다음 각 호와 같다.
> 1. 배터리충전을 위한 작업장
> 2. 농기구부품점 또는 농기구간이정비시설
> 3. 계량증명업을 위한 작업장
> 4. 주유취급소 부지의 토양오염을 복원하기 위한 시설
> 5. 태양광 발전설비로서 다음 각 목에 정한 기준에 모두 적합한 것
>   가. 전기사업법의 관련 기술기준에 적합 할 것
>   나. 집광판 및 그 부속설비는 캐노피의 상부 또는 건축물의 옥상에 설치할 것
>   다. 접속반, 인버터, 분전반 등의 전기설비는 주유를 위한 작업장 등 위험물취급장소에 면하지 않는 방향에 설치할 것
>   라. 가연성의 증기가 체류할 우려가 있는 장소에 설치하는 전기설비는 방폭구조로 할 것

※ 세부적 기준은 주유취급소의 부대용도의 범위에 관한 업무지침 참조

(2) **면적제한★★★**

주유취급소의 직원 외의 자가 출입하는 다음의 용도에 제공하는 부분의 면적의 합은 1,000m^2를 초과할 수 없다.

① 주유취급소의 업무를 행하기 위한 사무소

② 자동차 등의 점검 및 간이정비를 위한 작업장

③ 주유취급소에 출입하는 사람을 대상으로 한 점포·휴게음식점 또는 전시장

※ ① + ② + ③의 면적의 합 ≤ 1,000m^2

(3) 옥내주유취급소

다음 각 목의 1에 해당하는 주유취급소(이하 "옥내주유취급소"라 한다)는 소방청장이 정하여 고시하는 용도(위험물안전관리에 관한 세부기준 제110조 제2항)로 사용하는 부분이 없는 건축물(옥내주유취급소에서 발생한 화재를 옥내주유취급소의 용도로 사용하는 부분 외의 부분에 자동적으로 유효하게 알릴 수 있는 자동화재탐지설비 등을 설치한 건축물에 한한다)에 설치할 수 있다.

① 건축물 안에 설치하는 주유취급소

② 캐노피・처마・차양・부연・발코니 및 루버(통풍이나 빛가림을 위해 폭이 좁은 판을 빗대는 창살)의 수평투영면적이 주유취급소의 공지면적(주유취급소의 부지면적에서 건축물 중 벽 및 바닥으로 구획된 부분의 수평투영면적을 뺀 면적을 말한다)의 3분의 1을 초과하는 주유취급소

> **위험물안전관리에 관한 세부기준 제110조** ② 규칙 별표13 V 제3호의 "소방청장이 정하여 고시하는 용도"라 함은 다음 각 호의 1에 해당하는 것을 말한다.
> 1. 의원・치과 의원・한의원・침술원・접골원・조산소・안마시술소 또는 산후조리원
> 2. 학원, 독서실 및 고시원
> 3. 위락시설
> 4. 판매시설 및 영업시설
> 5. 숙박시설
> 6. 노유자시설
> 7. 의료시설
> 8. 공동주택
> 9. 교육연구시설
> 10. 공 장
> 11. 다중이용업

07 건축물 등의 구조★★★★ 2018년 통합소방장 기출

(1) 주유취급소에 설치하는 건축물 등은 다음 각 목에 따른 위치 및 구조의 기준에 적합해야 한다.

① 건축물, 창 및 출입구의 구조는 다음의 기준에 적합하게 할 것

㉠ 건축물의 벽・기둥・바닥・보・및 지붕을 내화구조 또는 불연재료로 할 것. 다만, 06 (2)(사무소, 카센터, 점포・휴게음식점 또는 전시장)에 따른 면적의 합이 $500m^2$를 초과하는 경우에는 건축물의 벽을 내화구조로 해야 한다.

㉡ 창 및 출입구(06 (1) ③목 및 ④목의 용도에 사용하는 부분에 설치한 자동차 등의 출입구를 제외한다)에는 방화문 또는 불연재료로 된 문을 설치할 것. 이 경우 06 (2)에 따른 면적의 합이 $500m^2$를 초과하는 주유취급소로서 하나의 구획실의 면적이 $500m^2$를 초과하거나 2층 이상의 층에 설치하는 경우에는 해당 구획실 또는 해당 층의 2면 이상의 벽에 각각 출입구를 설치해야 한다.

② 주유취급소의 관계자가 거주하는 거주시설의 용도에 사용하는 부분은 개구부가 없는 내화구조의 바닥 또는 벽으로 해당 건축물의 다른 부분과 구획하고 주유를 위한 작업장 등 위험물 취급장소에 면한 쪽의 벽에는 출입구를 설치하지 아니할 것

③ 사무실 등의 창 및 출입구에 유리를 사용하는 경우에는 망입유리 또는 강화유리로 할 것. 이 경우 강화유리의 두께는 창에는 8mm 이상, 출입구에는 12mm 이상으로 해야 한다.

④ 건축물 중 사무실 그 밖의 화기를 사용하는 곳(간이정비작업장, 자동차 등의 세정을 위한 작업장의 용도에 사용하는 부분을 제외한다)은 누설한 가연성의 증기가 그 내부에 유입되지 아니하도록 다음의 기준에 적합한 구조로 할 것

㉠ 출입구는 건축물의 안에서 밖으로 수시로 개방할 수 있는 **자동폐쇄식**의 것으로 할 것

㉡ 출입구 또는 사이통로의 문턱의 높이를 **15cm 이상**으로 할 것

㉢ **높이 1m 이하**의 부분에 있는 창 등은 밀폐시킬 것

⑤ **자동차 등의 점검·정비를 행하는 설비는 다음의 기준에 적합하게 할 것** 2013년 경기소방장 기출

㉠ 고정주유설비로부터 **4m 이상**, 도로경계선으로부터 **2m 이상** 떨어지게 할 것. 다만, 자동차 등의 점검 및 간이정비를 위한 작업장 중 바닥 및 벽으로 구획된 옥내의 작업장에 설치하는 경우에는 그러하지 아니하다.

㉡ 위험물을 취급하는 설비는 위험물의 누설·넘침 또는 비산을 방지할 수 있는 구조로 할 것

⑥ **자동차 등의 세정을 행하는 설비는 다음의 기준에 적합하게 할 것** 2013년 경기소방장 기출

㉠ 증기세차기를 설치하는 경우에는 그 주위의 불연재료로 된 **높이 1m 이상**의 담을 설치하고 출입구가 고정주유설비에 면하지 아니하도록 할 것. 이 경우 담은 고정주유설비로부터 **4m 이상** 떨어지게 해야 한다.

㉡ 증기세차기 외의 세차기를 설치하는 경우에는 고정주유설비로부터 **4m 이상**, 도로경계선으로부터 **2m 이상** 떨어지게 할 것. 다만, 자동차 등의 세정을 위한 작업장 중 바닥 및 벽으로 구획된 옥내의 작업장에 설치하는 경우에는 그러하지 아니하다.

⑦ **주유원 간이대기실은 다음의 기준에 적합할 것**

㉠ 불연재료로 할 것

㉡ 바퀴가 부착되지 아니한 **고정식**일 것

㉢ 차량의 출입 및 주유작업에 장애를 주지 아니하는 위치에 설치할 것

㉣ 바닥면적이 **$2.5m^2$ 이하**일 것. 다만, 주유공지 및 급유공지 **외의 장소**에 설치하는 것은 그러하지 아니하다.

⑧ **전기자동차용 충전설비는 다음의 기준에 적합할 것**

㉠ 충전기기(충전케이블로 전기자동차에 전기를 직접 공급하는 기기를 말한다. 이하 같다)의 주위에 전기자동차 충전을 위한 전용 공지(주유공지 또는 급유공지 외의 장소를 말하며, 이하 "충전공지"라 한다)를 확보하고, 충전공지 주위를 페인트 등으로 표시하여 그 범위를 알아보기 쉽게 할 것

㉡ 전기자동차용 충전설비를 06 건축물 등의 제한 등의 (1) 각 목의 건축물 밖에 설치하는 경우 폭발위험장소(「산업표준화법」 제12조에 따른 한국산업표준에 정한 폭발성 가스에 의한 폭발위험장소로서 0종, 1종 및 2종의 위험장소의 범위를 말한다. 이하 이 목에서 같다) 외의 장소에 두고, 충전공지를 고정주유설비(제1석유류를 취급하는 고정주유설비만 해당한다)가 설치된 지면보다 10cm 이상 높게 할 것

㉢ 전기자동차용 충전설비를 06 건축물 등의 제한 등의 (1) 각 목의 건축물 안에 설치하는 경우에는 다음의 기준에 적합할 것

• 해당 건축물의 1층에 설치할 것

• 해당 건축물에 가연성 증기가 남아 있을 우려가 없도록 환기설비 또는 배출설비를 설치할 것

㉣ 전기자동차용 충전설비의 전력공급설비[전기자동차에 전원을 공급하기 위한 전기설비로서 전력량계, 인입구(引入口) 배선, 분전반 및 배선용 차단기 등을 말한다]는 다음의 기준에 적합할 것

• 분전반은 방폭성능을 갖출 것. 다만, 분전반을 폭발위험장소 외의 장소에 설치하는 경우에는 방폭성능을 갖추지 않을 수 있다.

• 전력량계, 누전차단기 및 배선용 차단기는 분전반 내에 설치할 것

• 인입구 배선은 지하에 설치할 것

• 「전기사업법」에 따른 전기설비의 기술기준에 적합할 것

㉤ 충전기기와 인터페이스[충전기기에서 전기자동차에 전기를 공급하기 위하여 연결하는 커넥터(Connector), 케이블 등을 말한다. 이하 같다]는 다음의 기준에 적합할 것

• 충전기기는 방폭성능을 갖출 것. 다음의 기준에 모두 적합한 경우에는 방폭성능을 갖추지 아니할 수 있다.

  – 충전기기의 전원공급을 긴급히 차단할 수 있는 장치를 사무소 내부 또는 충전기기 주변에 설치할 것

  – 충전기기를 폭발위험장소 외의 장소에 설치할 것

• 인터페이스의 구성 부품은 「전기용품 및 생활용품 안전관리법」에 따른 기준에 적합할 것

㉥ 충전작업에 필요한 주차장을 설치하는 경우에는 다음의 기준에 적합할 것

• 주유공지, 급유공지 및 충전공지 외의 장소로서 주유를 위한 자동차 등의 진입·출입에 지장을 주지 않는 장소에 설치할 것

• 주차장의 주위를 페인트 등으로 표시하여 그 범위를 알아보기 쉽게 할 것

• 지면에 직접 주차하는 구조로 할 것

(2) 옥내주유취급소 기술기준★★★

옥내주유취급소는 (1)의 기준에 의하는 외에 다음 각 목에 정하는 기준에 적합한 구조로 해야 한다.

① 건축물에서 옥내주유취급소의 용도에 사용하는 부분은 벽·기둥·바닥·보 및 지붕을 내화구조로 하고, 개구부가 없는 내화구조의 바닥 또는 벽으로 해당 건축물의 다른 부분과 구획할 것. 다만, 건축물의 옥내주유취급소의 용도에 사용하는 부분의 상부에 상층이 없는 경우에는 지붕을 불연재료로 할 수 있다.

② 건축물에서 옥내주유취급소(건축물 안에 설치하는 것에 한한다)의 용도에 사용하는 부분의 2 이상의 방면은 자동차 등이 출입하는 측 또는 통풍 및 피난상 필요한 공지에 접하도록 하고 벽을 설치하지 아니할 것

③ 건축물에서 옥내주유취급소의 용도에 사용하는 부분에는 가연성증기가 체류할 우려가 있는 구멍·구덩이 등이 없도록 할 것

④ **건축물에서 옥내주유취급소의 용도에 사용하는 부분에 상층이 있는 경우에는 상층으로의 연소를 방지하기 위하여 다음의 기준에 적합하게 내화구조로 된 캔틸레버를 설치할 것**

㉠ 옥내주유취급소의 용도에 사용하는 부분(고정주유설비와 접하는 방향 및 ②의 규정에 따라 벽이 개방된 부분에 한한다)의 바로 위층의 바닥에 이어서 1.5m 이상 내어 붙일 것. 다만, 바로 위층의 바닥으로부터 높이 7m 이내에 있는 위층의 외벽에 개구부가 없는 경우에는 그러하지 아니하다.

㉡ 캔틸레버 끝부분과 위층의 개구부(열지 못하게 만든 방화문과 연소방지상 필요한 조치를 한 것을 제외한다)까지의 사이에는 7m에서 해당 캔틸레버의 내어 붙인 거리를 뺀 길이 이상의 거리를 보유할 것

[캔틸레버 설치 예]

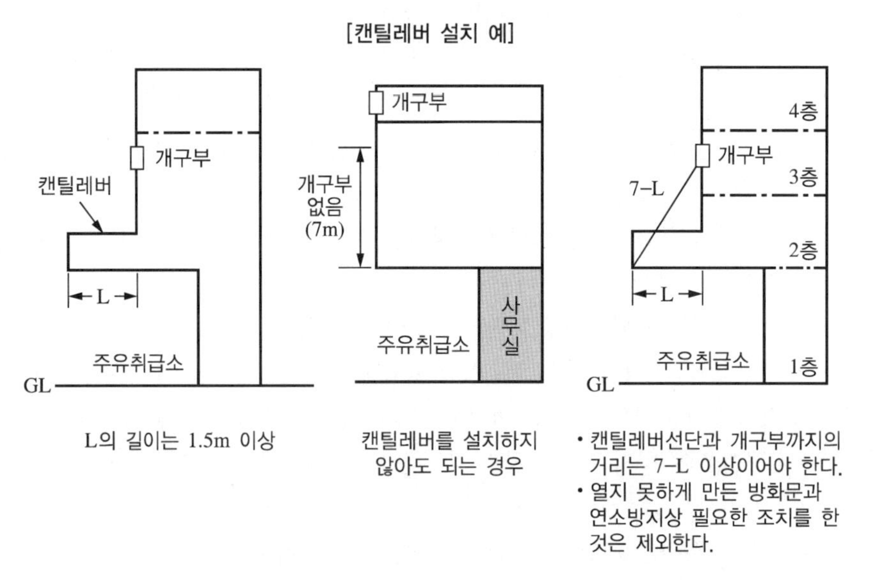

⑤ 건축물 중 옥내주유취급소의 용도에 사용하는 부분외에는 주유를 위한 작업장 등 위험물취급장소와 접하는 외벽에 창(망입유리로 된 붙박이 창을 제외한다) 및 출입구를 설치하지 아니할 것

08 담 또는 벽★★★

(1) 주유취급소의 주위에는 자동차 등이 출입하는 쪽외의 부분에 높이 2m 이상의 내화구조 또는 불연재료의 담 또는 벽을 설치하되, 주유취급소의 인근에 연소의 우려가 있는 건축물이 있는 경우에는 소방청장이 정하여 고시(위험물안전관리에 관한 세부기준 제111조)하는 바에 따라 방화상 유효한 높이로 해야 한다.

위험물안전관리에 관한 세부기준 제111조(주유취급소의 방화상 유효한 담의 높이)

① 규칙 별표13 Ⅷ 제1호에 따른 주유취급소의 인근에 연소의 우려가 있는 건축물의 범위는 다음 각 호와 같다.

1. 주입구에 의한 연소의 우려범위(이하 이 조에서 "제1종 연소범위"라 한다) : 지하탱크의 주입구를 중심으로 한 반경 8m 높이 5m의 가상원통을 설정하고 이 원통을 주유취급소 공지의 지반면 경사를 따라 낮은 방향으로 그 중심을 부지경계선까지 이동하였을 때 가상원통과 접촉 또는 교차되는 담의 부분으로부터 수평거리 2m 내의 범위 중 공지의 지반면으로부터 높이가 1.5m를 초과하고 5m 이하인 범위를 말한다.
2. 고정주유설비 또는 고정급유설비에 의한 연소의 우려범위(이하 이 조에서 "제2종 연소범위"라 한다) : 고정주유설비 또는 고정급유설비를 중심으로 한 반경 5m 높이 3m의 가상원통을 설정하고 이 원통을 주유취급소 공지의 지반면 경사를 따라 낮은 방향으로 그 중심을 부지경계선까지 이동하였을 때 가상원통과 접촉 또는 교차되는 담의 부분으로부터 수평거리 1m 내의 범위 중 공지의 지반면으로부터 높이가 2m를 초과하고 3m 이하인 범위를 말한다.

② 연소의 우려범위 내에 있는 건축물의 부분과 대면하고 있는 담의 부분 및 해당 부분의 양단으로부터 제1종 연소범위에 있어서는 1m, 제2종 연소범위에 있어서는 0.5m를 연장한 부분까지 다음 표에 따라 방화상 유효한 높이로 설치해야 한다. 다만, 연소의 우려범위 내의 건축물이 내화구조(개구부에 방화문을 설치한 것을 포함한다)인 경우에는 그러하지 아니하다.

연소의 우려범위의 구분	연소의 우려범위 내에 있는 건축물 또는 개구부까지 담으로부터의 수평최단거리	연소의 우려범위 내에 있는 건축물의 상단 또는 개구부의 상단까지 공지 지반면으로부터의 높이	방화상 유효한 담의 최소높이
제1종 연소범위	1.0m 이하	1.5m 초과 2.0m 이하	2.5m
		2.0m 초과 3.0m 이하	3.0m
		3.0m 초과	3.5m
	1.0m 초과 1.5m 이하	1.5m 초과 2.0m 이하	2.5m
		2.0m 초과	3.0m
	1.5m 초과 2.0m 이하	1.5m 초과	2.5m
제2종 연소범위	1.0m 이하	2.0m 초과	2.5m

(2) (1)에도 불구하고 다음 각 목의 기준에 모두 적합한 경우에는 담 또는 벽의 일부분에 방화상 유효한 구조의 유리를 부착할 수 있다. **2016년 소방위 기출** **2017년 인천소방장 기출**

① 유리를 부착하는 위치는 주입구, 고정주유설비 및 고정급유설비로부터 4m 이상 거리를 둘 것

② 유리를 부착하는 방법은 다음의 기준에 모두 적합할 것

㉠ 주유취급소 내의 지반면으로부터 70cm를 초과하는 부분에 한하여 유리를 부착할 것

㉡ 하나의 유리판의 가로의 길이는 2m 이내일 것

㉢ 유리판의 테두리를 금속제의 구조물에 견고하게 고정하고 해당 구조물을 담 또는 벽에 견고하게 부착할 것

㉣ 유리의 구조는 접합유리(두장의 유리를 두께 0.76mm 이상의 폴리바이닐부티랄 필름으로 접합한 구조를 말한다)로 하되, 「유리구획 부분의 내화시험방법(KS F 2845)」에 따라 시험하여 비차열 30분 이상의 방화성능이 인정될 것

③ 유리를 부착하는 범위는 전체의 담 또는 벽의 길이의 10분의 2를 초과하지 아니할 것

09 캐노피★★★

주유취급소에 캐노피를 설치하는 경우에는 다음 각 목의 기준에 의해야 한다.

(1) 배관이 캐노피 내부를 통과할 경우에는 **1개 이상의 점검구**를 설치할 것

(2) 캐노피 외부의 점검이 곤란한 장소에 배관을 설치하는 경우에는 **용접이음**으로 할 것

(3) 캐노피 외부의 배관이 일광열의 영향을 받을 우려가 있는 경우에는 **단열재로 피복**할 것

10 펌프실 등의 구조

주유취급소 펌프실 그 밖에 위험물을 취급하는 실(이하 "펌프실 등"이라 한다)을 설치하는 경우에는 다음 각 목의 기준에 적합하게 해야 한다.

(1) 바닥은 위험물이 침투하지 아니하는 구조로 하고 적당한 경사를 두어 **집유설비**를 설치할 것

(2) 펌프실 등에는 위험물을 취급하는데 필요한 **채광・조명 및 환기의 설비**를 할 것

(3) 가연성 증기가 체류할 우려가 있는 펌프실 등에는 그 증기를 옥외에 배출하는 설비를 설치할 것

(4) 고정주유설비 또는 고정급유설비 중 펌프기기를 호스기기와 분리하여 설치하는 경우에는 펌프실의 출입구를 주유공지 또는 급유공지에 접하도록 하고, 자동폐쇄식의 60분방화문을 설치할 것

(5) 펌프실 등에는 보기 쉬운 곳에 "위험물 펌프실", "위험물 취급실" 등의 표시를 한 표지와 방화에 관하여 필요한 사항을 게시한 게시판을 설치해야 한다.

(6) 출입구에는 바닥으로부터 0.1m 이상의 턱을 설치할 것

11 항공기주유취급소의 특례

(1) 일반적 주유취급소기준 적용 제외

비행장에서 항공기, 비행장에 소속된 차량 등에 주유하는 주유취급소에 대하여는 주유공지 및 급유공지, 표지 및 게시판, 설치할 수 있는 탱크의 종류(고정식주유(급유)설비 전용탱크) 및 최대수량, 탱크의 매설 위치, 고정주유설비의 배출량, 주유관의 길이, 건축물 등의 구조, 담 또는 벽, 캐노피에 관한 규정을 적용하지 아니 한다.

(2) (1)에서 규정한 것 외의 항공기주유취급소에 대한 특례는 다음 각 목과 같다.

① 항공기주유취급소에는 항공기 등에 직접 주유하는데 필요한 **공지**를 보유할 것

② (1)에 따른 공지는 그 지면을 **콘크리트 등으로 포장**할 것

③ (1)에 따른 공지에는 누설한 위험물 그 밖의 액체가 공지의 외부로 유출되지 아니하도록 **배수구 및 유분리장치**를 설치할 것. 다만, 누설한 위험물 등의 유출을 방지하기 위한 조치를 한 경우에는 그러하지 아니하다.

④ **지하식**(호스기기가 지하의 상자에 설치된 형식을 말한다. 이하 같다)의 고정주유설비를 사용하여 주유하는 항공기주유취급소의 경우에는 다음의 기준에 의할 것

㉠ 호스기기를 설치한 상자에는 적당한 **방수조치**를 할 것

㉡ 고정주유설비의 펌프기기와 호스기기를 분리하여 설치한 항공기주유취급소의 경우에는 해당 고정주유설비의 펌프기기를 정지하는 등의 방법에 의하여 위험물저장탱크로부터 위험물의 이송을 **긴급히 정지할 수 있는 장치**를 설치할 것

⑤ **연료를 이송하기 위한 배관**(이하 "주유배관"이란 한다) 및 해당 주유배관의 끝부분에 접속하는 **호스기기**를 사용하여 주유하는 항공기주유취급소의 경우에는 다음의 기준에 의할 것

㉠ 주유배관의 끝부분에는 **밸브**를 설치할 것

㉡ 주유배관의 끝부분을 지면 아래의 상자에 설치한 경우에는 해당 상자에 대하여 적당한 **방수조치**를 할 것

㉢ 주유배관의 끝부분에 접속하는 호스기기는 누설우려가 없도록 하는 등 **화재예방상 안전한 구조**로 할 것

㉣ 주유배관의 끝부분에 접속하는 호스기기에는 주유호스의 끝부분에 축적되는 **정전기를 유효하게 제거하는 장치**를 설치할 것

㉤ 항공기주유취급소에는 펌프기기를 정지하는 등의 방법에 의하여 위험물저장탱크로부터 위험물의 이송을 **긴급히 정지할 수 있는 장치**를 설치할 것

⑥ **주유배관의 끝부분에 접속하는 호스기기를 적재한 차량**(이하 "주유호스차"라 한다)을 사용하여 주유하는 항공기주유취급소의 경우에는 ⑤ ㉠(밸브), ㉡(방수조치), ㉤(긴급정지)의 규정에 의하는 외에 다음의 기준에 의할 것

㉠ 주유호스차는 화재예방상 안전한 장소에 **상시주차**할 것

㉡ 주유호스차에는 별표10 Ⅸ 제1호 가목 및 나목에 따른 장치를 설치할 것

> **별표10 Ⅸ 제1호 가목 및 나목**
> 가. 주유탱크차에는 엔진배기통의 끝부분에 화염의 분출을 방지하는 장치를 설치할 것(화염분출방지장치)
> 나. 주유탱크차에는 주유호스 등이 적정하게 격납되지 아니하면 발진되지 아니하는 장치를 설치할 것(미격납시 발진 방지장치)

㉢ 주유호스차의 호스기기는 별표10 Ⅸ 제1호 다목, 마목 본문 및 사목에 따른 주유탱크차의 주유설비의 기준을 준용할 것

> **별표10 Ⅸ 제1호 다목, 마목 본문 및 사목**
> 다. 주유설비는 다음의 기준에 적합한 구조로 할 것
> 1) 배관은 금속제로서 최대상용압력의 1.5배 이상의 압력으로 10분간 수압시험을 실시하였을 때 누설 그 밖의 이상이 없는 것으로 할 것
> 2) 주유호스의 끝부분에 설치하는 밸브는 위험물의 누설을 방지할 수 있는 구조로 할 것
> 3) 외장은 난연성이 있는 재료로 할 것
> 마. 주유설비에는 개방조작 시에만 개방하는 자동폐쇄식의 개폐장치를 설치할 것
> 사. 주유호스는 최대상용압력의 2배 이상의 압력으로 수압시험을 실시하여 누설 그 밖의 이상이 없는 것으로 할 것

㉣ 주유호스차의 호스기기에는 **접지도선**을 설치하고 주유호스의 끝부분에 **축적되는 정전기**를 유효하게 제거할 수 있는 **장치**를 설치할 것

㉤ 항공기주유취급소에는 정전기를 유효하게 제거할 수 있는 **접지전극**을 설치할 것

⑦ 주유탱크차를 사용하여 주유하는 항공기주유취급소에는 정전기를 유효하게 제거할 수 있는 **접지전극**을 설치할 것

주유탱크차

주유호스차

Plus one

항공기주유취급소에서의 취급기준

① 항공기에 주유하는 때에는 **고정주유설비, 주유배관의 끝부분에 접속한 호스기기, 주유호스차 또는 주유탱크차**를 사용하여 직접 주유할 것(중요기준)
② 고정주유설비에는 해당 주유설비에 접속한 전용탱크 또는 위험물을 저장 또는 취급하는 탱크의 **배관 외의 것**을 통하여서는 위험물을 주입하지 아니할 것
③ 주유호스차 또는 주유탱크차에 의하여 주유하는 때에는 주유호스의 끝부분을 항공기의 연료탱크의 급유구에 **긴밀히 결합**할 것. 다만, 주유탱크차에서 주유호스 끝부분에 수동개폐장치를 설치한 주유노즐에 의하여 주유하는 때에는 그러하지 아니하다.
④ 주유호스차 또는 주유탱크차에서 주유하는 때에는 주유호스차의 호스기기 또는 주유탱크차의 주유설비를 **접지하고 항공기와 전기적인 접속을 할 것**

12 철도주유취급소의 특례

(1) 철도주유취급소에 대한 특례는 다음 각 목과 같다.

① 철도 또는 궤도에 의하여 운행하는 차량에 직접 주유하는데 필요한 공지를 보유할 것

② 공지 중 위험물이 누설할 우려가 있는 부분과 고정주유설비 또는 주유배관의 끝부분 주위에 있어서는 그 지면을 콘크리트 등으로 포장할 것

③ 콘크리트 등으로 포장한 부분에는 누설한 위험물 그 밖의 액체가 외부로 유출되지 아니하도록 배수구 및 유분리장치를 설치할 것

④ 지하식의 고정주유설비를 이용하여 주유하는 경우에는 11에 (2)의 ④의 규정을 준용할 것

⑤ 주유배관의 끝부분에 접속한 호스기기를 이용하여 주유하는 경우에는 11에 (2)의 ⑤의 규정을 준용할 것

13 고속국도주유취급소의 특례

고속국도의 도로변에 설치된 주유취급소에 있어서는 고정식주유설비 및 고정식급유설비 전용탱크의 용량을 60,000L까지 할 수 있다.

14 자가용주유취급소의 특례 2017년 소방위 기출

주유취급소의 관계인이 소유·관리 또는 점유한 자동차 등에 대하여만 주유하기 위하여 설치하는 자가용주유취급소에 대하여는 **주유공지 및 급유공지의 규정을 적용하지 아니한다.**

15 선박주유취급소의 특례

(1) 선박에 주유하는 주유취급소에 대하여는 Ⅰ 제1호(주유공지), Ⅲ 제1호(설치할 수 있는 탱크 종류) 및 제2호(탱크 매설장소), Ⅳ 제3호(주유관의 길이에 관한 규정에 한한다) 및 Ⅶ의 규정을 적용하지 아니 한다.

(2) 제(1)호에서 규정한 것 외의 선박주유취급소(고정주유설비를 수상의 구조물에 설치하는 선박주유취급소는 제외한다)에 대한 특례는 다음 각 목과 같다.

① 선박주유취급소에는 선박에 직접 주유하기 위한 공지와 계류시설을 보유할 것

② ①에 따른 공지, 고정주유설비 및 주유배관의 끝부분의 주위에는 그 지반면을 콘크리트 등으로 포장할 것

③ ②에 따른 포장된 부분에는 누설한 위험물 그 밖의 액체가 공지의 외부로 유출되지 아니하도록 배수구 및 유분리장치를 설치할 것. 다만, 누설한 위험물 등의 유출을 방지하기 위한 조치를 한 경우에는 그러하지 아니하다.

④ 지하식의 고정주유설비를 이용하여 주유하는 경우에는 **11**에 (2)의 ④의 규정을 준용할 것

⑤ 주유배관의 끝부분에 접속한 호스기기를 이용하여 주유하는 경우에는 **11**에 (2)의 ⑤의 규정을 준용할 것

⑥ 선박주유취급소에서는 위험물이 유출될 경우 회수 등의 응급조치를 강구할 수 있는 설비를 설치할 것

(3) 수상구조물에 설치하는 선박주유취급소

(1)에서 규정한 것 외의 고정주유설비를 수상의 구조물에 설치하는 선박주유취급소에 대한 특례는 다음 각 목과 같다.

① Ⅰ 제2호 및 Ⅳ 제4호를 적용하지 않을 것

> **Ⅰ. 주유공지 및 급유공지**
> 2. 제1호에 따른 공지의 바닥은 주위 지면보다 높게 하고, 그 표면을 적당하게 경사지게 하여 새어나온 기름 그 밖의 액체가 공지의 외부로 유출되지 아니하도록 배수구・집유설비 및 유분리장치를 해야 한다.
>
> **Ⅳ. 고정주유설비 등**
> 4. 고정주유설비 또는 고정급유설비는 다음 각 목의 기준에 적합한 위치에 설치해야 한다.
>   가. 고정주유설비의 중심선을 기점으로 하여 도로경계선까지 4m 이상, 부지경계선・담 및 건축물의 벽까지 2m(개구부가 없는 벽까지는 1m) 이상의 거리를 유지하고, 고정급유설비의 중심선을 기점으로 하여 도로경계선까지 4m 이상, 부지경계선 및 담까지 1m 이상, 건축물의 벽까지 2m(개구부가 없는 벽까지는 1m) 이상의 거리를 유지할 것
>   나. 고정주유설비와 고정급유설비의 사이에는 4m 이상의 거리를 유지할 것

② 선박주유취급소에는 선박에 직접 주유하는 주유작업과 선박의 계류를 위한 수상구조물을 다음의 기준에 따라 설치할 것

㉠ 수상구조물은 철재・목재 등의 견고한 재질이어야 하며, 그 기둥을 해저 또는 하저에 견고하게 고정시킬 것

㉡ 선박의 충돌로부터 수상구조물의 손상을 방지할 수 있는 철재로 된 보호구조물을 해저 또는 하저에 견고하게 고정시킬 것

③ 수상구조물에 설치하는 고정주유설비의 주유작업 장소의 바닥은 불침윤성・불연성의 재료로 포장을 하고, 그 주위에 새어나온 위험물이 외부로 유출되지 않도록 집유설비를 다음의 기준에 따라 설치할 것

㉠ 새어나온 위험물을 직접 또는 배수구를 통하여 집유설비로 수용할 수 있는 구조로 할 것
㉡ 집유설비는 수시로 용이하게 개방하여 고여 있는 빗물과 위험물을 제거할 수 있는 구조로 할 것

④ 수상구조물에 설치하는 고정주유설비는 다음의 기준에 따라 설치할 것
㉠ 주유호스의 끝부분에 수동개폐장치를 부착한 주유노즐을 설치하고, 개방한 상태로 고정시키는 장치를 부착하지 않을 것
㉡ 주유노즐은 선박의 연료탱크가 가득 찬 경우 자동적으로 정지시키는 구조일 것
㉢ 주유호스는 200kg 중 이하의 하중에 의하여 깨져 분리되거나 이탈되어야 하고, 깨져 분리되거나 이탈된 부분으로부터의 위험물 누출을 방지할 수 있는 구조일 것

⑤ 수상구조물에 설치하는 고정주유설비에 위험물을 공급하는 배관계에 위험물 차단밸브를 다음의 기준에 따라 설치할 것. 다만, 위험물을 공급하는 탱크의 최고 액표면의 높이가 해당 배관계의 높이보다 낮은 경우에는 그렇지 않다.
㉠ 고정주유설비의 인근에서 주유작업자가 직접 위험물의 공급을 차단할 수 있는 수동식의 차단밸브를 설치할 것
㉡ 배관 경로 중 육지 내의 지점에서 위험물의 공급을 차단할 수 있는 수동식의 차단밸브를 설치할 것

⑥ 긴급한 경우에 고정주유설비의 펌프를 정지시킬 수 있는 긴급제어장치를 설치할 것
⑦ 지하식의 고정주유설비를 이용하여 주유하는 경우에는 X 제2호 라목을 준용할 것

X. 항공기주유취급소의 특례

라. 지하식(호스기기가 지하의 상자에 설치된 형식을 말한다. 이하 같다)의 고정주유설비를 사용하여 주유하는 항공기 주유취급소의 경우에는 다음의 기준에 의할 것
1) 호스기기를 설치한 상자에는 적당한 방수조치를 할 것
2) 고정주유설비의 펌프기기와 호스기기를 분리하여 설치한 항공기 주유취급소의 경우에는 해당 고정주유설비의 펌프기기를 정지하는 등의 방법에 의하여 위험물저장탱크로부터 위험물의 이송을 긴급히 정지할 수 있는 장치를 설치할 것

⑧ 주유배관의 끝부분에 접속하는 호스기기를 이용하여 주유하는 경우에는 X 제2호 마목을 준용할 것

X. 항공기주유취급소의 특례

마. 연료를 이송하기 위한 배관(이하 "주유배관"이라 한다) 및 해당 주유배관의 끝부분에 접속하는 호스기기를 사용하여 주유하는 항공기 주유취급소의 경우에는 다음의 기준에 의할 것
1) 주유배관의 끝부분에는 밸브를 설치할 것
2) 주유배관의 끝부분를 지면 아래의 상자에 설치한 경우에는 해당 상자에 대하여 적당한 방수조치를 할 것
3) 주유배관의 끝부분에 접속하는 호스기기는 누설우려가 없도록 하는 등 화재예방상 안전한 구조로 할 것
4) 주유배관의 끝부분에 접속하는 호스기기에는 주유호스의 끝부분에 축적되는 정전기를 유효하게 제거하는 장치를 설치할 것
5) 항공기주유취급소에는 펌프기기를 정지하는 등의 방법에 의하여 위험물저장탱크로부터 위험물의 이송을 긴급히 정지할 수 있는 장치를 설치할 것

⑨ 선박주유취급소에는 위험물이 유출될 경우 회수 등의 응급조치를 강구할 수 있는 설비를 다음의 기준에 따라 준비하여 둘 것

㉠ 오일펜스(기름막이) : 수면 위로 20cm 이상 30cm 미만으로 노출되고, 수면 아래로 30cm 이상 40cm 미만으로 잠기는 것으로서, 60m 이상의 길이일 것

㉡ 유처리제, 유흡착제 또는 유겔화제(기름을 굳게 하는 물질) : 다음의 계산식을 충족하는 양 이상일 것

> $20X + 50Y + 15Z = 10,000$
> X : 유처리제의 양(L)
> Y : 유흡착제의 양(kg)
> Z : 유겔화제의 양[액상(L), 분말(kg)]

16 고객이 직접 주유하는 주유취급소의 특례★★★★

(1) 고객이 직접 자동차 등의 연료탱크 또는 용기에 위험물을 주입하는 고정주유설비 또는 고정급유설비(이하 "셀프용 고정주유설비" 또는 "셀프용 고정급유설비"라 한다)를 설치하는 주유취급소의 특례는 (2) 내지 (5)와 같다.

(2) 셀프용 고정주유설비의 기준은 다음의 각 목과 같다.

① 주유호스의 끝부분에 수동개폐장치를 부착한 주유노즐을 설치할 것. 다만, 수동개폐장치를 개방한 상태로 고정시키는 장치가 부착된 경우에는 다음의 기준에 적합해야 한다.

㉠ 주유작업을 개시함에 있어서 주유노즐의 수동개폐장치가 개방상태에 있는 때에는 해당 수동개폐장치를 일단 폐쇄시켜야만 다시 주유를 개시할 수 있는 구조로 할 것

㉡ 주유노즐이 자동차 등의 주유구로부터 이탈된 경우 주유를 자동적으로 정지시키는 구조일 것

② 주유노즐은 자동차 등의 연료탱크가 가득 찬 경우 자동적으로 정지시키는 구조일 것

③ 주유호스는 200kg 중 이하의 하중에 의하여 깨져 분리되거나 이탈되어야 하고, 깨져 분리되거나 이탈된 부분으로부터의 위험물 누출을 방지할 수 있는 구조일 것

④ 휘발유와 경유 상호 간의 오인에 의한 주유를 방지할 수 있는 구조일 것

⑤ 1회의 연속주유량 및 주유시간의 상한을 미리 설정할 수 있는 구조일 것. 이 경우 주유량의 상한은 휘발유는 100L 이하, 경유는 200L 이하로 하며, 주유시간의 상한은 4분 이하로 한다.

(3) 셀프용 고정급유설비의 기준은 다음 각 목과 같다.★★★★

① 급유호스의 끝부분에 수동개폐장치를 부착한 급유노즐을 설치할 것

② 급유노즐은 용기가 가득찬 경우에 자동적으로 정지시키는 구조일 것

③ 1회의 연속급유량 및 급유시간의 상한을 미리 설정할 수 있는 구조일 것. 이 경우 급유량의 상한은 100L 이하, 급유시간의 상한은 6분 이하로 한다. **2013년 부산소방장 기출**

(4) 셀프용 고정주유설비 또는 셀프용 고정급유설비의 주위에는 다음 각 목에 의하여 표시를 해야 한다.

① 셀프용 고정주유설비 또는 셀프용 고정급유설비의 주위의 보기 쉬운 곳에 고객이 직접 주유할 수 있다는 의미의 표시를 하고 자동차의 정차위치 또는 용기를 놓는 위치를 표시할 것

② 주유호스 등의 직근에 호스기기 등의 사용방법 및 위험물의 품목을 표시할 것

③ 셀프용 고정주유설비 또는 셀프용 고정급유설비와 셀프용이 아닌 고정주유설비 또는 고정급유설비를 함께 설치하는 경우에는 셀프용이 아닌 것의 주위에 고객이 직접 사용할 수 없다는 의미의 표시를 할 것

(5) 고객에 의한 주유작업을 감시・제어하고 고객에 대한 필요한 지시를 하기 위한 감시대와 필요한 설비를 다음 각 목의 기준에 의하여 설치해야 한다.

① 감시대는 모든 셀프용 고정주유설비 또는 셀프용 고정급유설비에서의 고객의 취급작업을 직접 볼 수 있는 위치에 설치할 것

② 주유 중인 자동차 등에 의하여 고객의 취급작업을 직접 볼 수 없는 부분이 있는 경우에는 해당 부분의 감시를 위한 카메라를 설치할 것

③ 감시대에는 모든 셀프용 고정주유설비 또는 셀프용 고정급유설비로의 위험물 공급을 정지시킬 수 있는 제어장치를 설치할 것

④ 감시대에는 고객에게 필요한 지시를 할 수 있는 방송설비를 설치할 것

17 수소충전설비를 설치한 주유취급소의 특례

(1) 전기를 원동력으로 하는 자동차 등에 수소를 충전하기 위한 설비(압축수소를 충전하는 설비에 한정한다)를 설치하는 주유취급소(옥내주유취급소 외의 주유취급소에 한정하며, 이하 "압축수소충전설비 설치 주유취급소"라 한다)의 특례는 (2)부터 (5)까지와 같다.

(2) 압축수소충전설비 설치 주유취급소에는 **04**에 (1)(전용탱크)의 규정에 불구하고 인화성 액체를 원료로 하여 수소를 제조하기 위한 개질장치(改質裝置)(이하 "개질장치"라 한다)에 접속하는 원료탱크(50,000L 이하의 것에 한정한다)를 설치할 수 있다. 이 경우 원료탱크는 지하에 매설하되, 그 위치, 구조 및 설비는 **04**에 (3)의 ①(지하탱크저장소)을 준용한다.

(3) 압축수소충전설비 설치 주유취급소에 설치하는 설비의 기술기준은 다음의 각 목과 같다.

① **개질장치의 위치, 구조 및 설비**는 별표4 Ⅶ, 같은 Ⅷ에 제1호부터 제4호까지, 제6호 및 제8호와 같은 표 Ⅹ에서 정하는 사항 외에 다음의 기준에 적합해야 한다.

㉠ 개질장치는 자동차 등이 충돌할 우려가 없는 옥외에 설치할 것

㉡ 개질원료 및 수소가 누출된 경우에 개질장치의 운전을 자동으로 정지시키는 장치를 설치할 것

㉢ 펌프설비에는 개질원료의 배출압력이 최대상용압력을 초과하여 상승하는 것을 방지하기 위한 장치를 설치할 것

㉣ 개질장치의 위험물 취급량은 지정수량의 10배 미만일 것

② **압축기(壓縮機)는 다음의 기준에 적합해야 한다.**

㉠ 가스의 배출압력이 최대상용압력을 초과하여 상승하는 경우에 압축기의 운전을 자동으로 정지시키는 장치를 설치할 것

㉡ 배출측과 가장 가까운 배관에 역류방지밸브를 설치할 것

㉢ 자동차 등의 충돌을 방지하는 조치를 마련할 것

③ **충전설비는 다음의 기준에 적합해야 한다.**

㉠ 위치는 주유공지 또는 급유공지 외의 장소로 하되, 주유공지 또는 급유공지에서 압축수소를 충전하는 것이 불가능한 장소로 할 것

㉡ 충전호스는 자동차 등의 가스충전구와 정상적으로 접속하지 않는 경우에는 가스가 공급되지 않는 구조로 하고, 200kg중 이하의 하중에 의하여 깨져 분리되거나 이탈되어야 하며, 깨져 분리되거나 이탈된 부분으로부터 가스 누출을 방지할 수 있는 구조일 것

㉢ 자동차 등의 충돌을 방지하는 조치를 마련할 것

㉣ 자동차 등의 충돌을 감지하여 운전을 자동으로 정지시키는 구조일 것

④ **가스배관은 다음의 기준에 적합해야 한다.**

㉠ 위치는 주유공지 또는 급유공지 외의 장소로 하되, 자동차 등이 충돌할 우려가 없는 장소로 하거나 자동차 등의 충돌을 방지하는 조치를 마련할 것

㉡ 가스배관으로부터 화재가 발생한 경우에 주유공지 · 급유공지 및 전용탱크 · 폐유탱크등 · 간이탱크의 주입구로의 연소확대를 방지하는 조치를 마련할 것

㉢ 누출된 가스가 체류할 우려가 있는 장소에 설치하는 경우에는 접속부를 용접할 것. 다만, 해당 접속부의 주위에 가스누출 검지설비를 설치한 경우에는 그러하지 아니하다.

㉣ 축압기(蓄壓器)로부터 충전설비로의 가스 공급을 긴급히 정지시킬 수 있는 장치를 설치할 것. 이 경우 해당 장치의 기동장치는 화재발생 시 신속히 조작할 수 있는 장소에 두어야 한다.

⑤ 압축수소의 수입설비(受入設備)는 다음의 기준에 적합해야 한다.

㉠ 위치는 주유공지 또는 급유공지 외의 장소로 하되, 주유공지 또는 급유공지에서 가스를 수입하는 것이 불가능한 장소로 할 것

㉡ 자동차 등의 충돌을 방지하는 조치를 마련할 것

(4) 압축수소충전설비 설치 주유취급소의 기타 안전조치의 기술기준은 다음 각 목과 같다.

① 압축기, 축압기 및 개질장치가 설치된 장소와 주유공지, 급유공지 및 전용탱크・폐유탱크 등・간이탱크의 주입구가 설치된 장소 사이에는 화재가 발생한 경우에 상호 연소확대를 방지하기 위하여 **높이 1.5m 정도**의 불연재료의 담을 설치할 것

② 고정주유설비・고정급유설비 및 전용탱크・폐유탱크 등・간이탱크의 주입구로부터 누출된 위험물이 충전설비・축압기・개질장치에 도달하지 않도록 **깊이 30cm, 폭 10cm**의 집유 구조물을 설치할 것

③ 고정주유설비(현수식의 것을 제외한다)・고정급유설비(현수식의 것을 제외한다) 및 간이탱크의 주위에는 자동차 등의 충돌을 방지하는 조치를 마련할 것

(5) 압축수소충전설비와 관련된 설비의 기술기준은 (2)부터 (4)까지에서 규정한 사항 외에 「고압가스 안전관리법 시행규칙」 별표5에서 정하는 바에 따른다.

제2절 판매취급소의 위치・구조 및 설비의 기준(제38조 관련 별표14)

01 개 요

(1) 정 의

판매취급소란 점포에서 위험물을 용기에 담아 판매하기 위하여 지정수량의 40배 이하의 위험물을 취급하는 장소를 말한다. 일반적으로 석유가게, 도료류 판매점, 화공약품 상회 등이 판매취급소에 속한다고 할 수 있다. 판매취급소는 국민 생활과 밀접한 관련이 있는 시설로서 안전거리 및 보유공지에 대한 제한이 없다.

(2) 판매취급소의 분류

① **제1종 판매취급소** : 저장 또는 취급하는 위험물의 수량이 지정수량의 20배 이하

② **제2종 판매취급소** : 저장 또는 취급하는 위험물의 수량이 지정수량의 20배 초과 40배 이하의 판매취급소

02 판매취급소의 기준★★★★★

<table>
<tr><th>구 분</th><th colspan="3">제1종 판매취급소</th><th colspan="2">제2종 판매취급소</th></tr>
<tr><td>분류기준</td><td colspan="3">저장·취급수량이 지정수량 20배 이하</td><td colspan="2">저장·취급수량이 지정수량 20배 초과 40배 이하</td></tr>
<tr><td>설치 위치</td><td colspan="3">건축물의 1층</td><td colspan="2">준 용</td></tr>
<tr><td>표지 및 게시판</td><td colspan="3">• 표지 : 위험물판매취급소(제1종)
• 게시판 : 방화에 관하여 필요한 사항</td><td colspan="2">준 용</td></tr>
<tr><td rowspan="9">건축물구조</td><td>벽, 기둥</td><td colspan="2">불연재료 또는 내화구조</td><td colspan="2">내화구조</td></tr>
<tr><td>바 닥</td><td colspan="2">내화구조</td><td colspan="2">내화구조</td></tr>
<tr><td>격 벽</td><td colspan="2">내화구조</td><td colspan="2">내화구조</td></tr>
<tr><td>보</td><td colspan="2">불연재료</td><td colspan="2">내화구조</td></tr>
<tr><td rowspan="2">지 붕</td><td>상층이 있는 경우</td><td>상층이 없는 경우</td><td>상층이 있는 경우</td><td>상층이 없는 경우</td></tr>
<tr><td>상층의 바닥을 내화구조</td><td>불연재료 또는 내화구조</td><td>상층의 바닥을 내화구조</td><td>내화구조</td></tr>
<tr><td>천 장</td><td colspan="2">불연재료</td><td colspan="2">불연재료</td></tr>
<tr><td>유 리</td><td colspan="2">망입유리</td><td colspan="2">망입유리</td></tr>
<tr><td>연소우려 있는 벽, 창의 출입구</td><td colspan="2"></td><td colspan="2">자동폐쇄식 60분방화문</td></tr>
<tr><td>배합실 기준</td><td colspan="3">• 바닥면적 6m² 이상 15m² 이하일 것
• 내화구조 또는 불연재료로 된 벽으로 구획
• 바닥 불침투 구조로 하고 적당한 경사, 집유설비 설치
• 출입구 : 자동폐쇄식 60분방화문
• 출입구 문턱높이 : 0.1m 이상
• 가연성증기 또는 미분 : 지붕 위로 방출하는 설비 설치</td><td colspan="2">준 용</td></tr>
</table>

(1) 제1종 판매취급소의 위치·구조 및 설비의 기준 2018년 통합소방장 기출 2019년 소방위 기출

제1종 판매취급소란 저장 또는 취급하는 위험물의 수량이 지정수량의 20배 이하인 판매취급소로 위치·구조 및 설비의 기준은 다음 각 목과 같다.

① 제1종 판매취급소는 건축물의 1층에 설치할 것

② 제1종 판매취급소에는 보기 쉬운 곳에 "위험물 판매취급소(제1종)"라는 표시를 한 표지와 방화에 관하여 필요한 사항을 게시한 게시판을 설치해야 한다.

③ 제1종 판매취급소의 용도로 사용되는 건축물의 부분은 내화구조 또는 불연재료로 하고, 판매취급소로 사용되는 부분과 다른 부분과의 격벽은 내화구조로 할 것

④ 제1종 판매취급소의 용도로 사용하는 건축물의 부분은 보를 불연재료로 하고, 천장을 설치하는 경우에는 천장을 불연재료로 할 것

⑤ 제1종 판매취급소의 용도로 사용하는 부분에 상층이 있는 경우에 있어서는 그 상층의 바닥을 내화구조로 하고, 상층이 없는 경우에 있어서는 지붕을 내화구조 또는 불연재료로 할 것

⑥ 제1종 판매취급소의 용도로 사용하는 부분의 창 및 출입구에는 60분방화문 또는 30분방화문을 설치할 것

⑦ 제1종 판매취급소의 용도로 사용하는 부분의 창 또는 출입구에 유리를 이용하는 경우에는 망입유리로 할 것

⑧ 제1종 판매취급소의 용도로 사용하는 건축물에 설치하는 전기설비는 전기사업법에 의한 전기설비기술기준에 의할 것

⑨ 위험물을 배합하는 실은 다음에 의할 것

㉠ 바닥면적은 $6m^2$ 이상 $15m^2$ 이하로 할 것

㉡ 내화구조 또는 불연재료로 된 벽으로 구획할 것

㉢ 바닥은 위험물이 침투하지 아니하는 구조로 하여 적당한 경사를 두고 집유설비를 할 것

㉣ 출입구에는 수시로 열 수 있는 자동폐쇄식의 60분방화문을 설치할 것

㉤ 출입구 문턱의 높이는 바닥면으로부터 0.1m 이상으로 할 것

㉥ 내부에 체류한 가연성의 증기 또는 가연성의 미분을 지붕 위로 방출하는 설비를 할 것

(2) 제2종 판매취급소의 위치 · 구조 및 설비의 기준

저장 또는 취급하는 위험물의 수량이 지정수량의 40배 이하인 판매취급소(이하 "제2종 판매취급소"라 한다)의 위치 · 구조 및 설비의 기준은 (1)에 ① · ② 및 ⑦ 내지 ⑨의 규정을 준용하는 외에 다음 각 목의 기준에 따른다.

① 제2종 판매취급소의 용도로 사용하는 부분은 벽 · 기둥 · 바닥 및 보를 내화구조로 하고, 천장이 있는 경우에는 이를 불연재료로 하며, 판매취급소로 사용되는 부분과 다른 부분과의 격벽은 내화구조로 할 것

② 제2종 판매취급소의 용도로 사용하는 부분에 상층이 있는 경우에 있어서는 상층의 바닥을 내화구조로 하는 동시에 상층으로의 연소를 방지하기 위한 조치를 강구하고, 상층이 없는 경우에는 지붕을 내화구조로 할 것

③ 제2종 판매취급소의 용도로 사용하는 부분 중 연소의 우려가 없는 부분에 한하여 창을 두되, 해당 창에는 60분방화문 또는 30분방화문을 설치할 것

④ 제2종 판매취급소의 용도로 사용하는 부분의 출입구에는 60분방화문 또는 30분방화문을 설치할 것. 다만, 해당 부분 중 연소의 우려가 있는 벽 또는 창의 부분에 설치하는 출입구에는 수시로 열 수 있는 자동폐쇄식의 60분방화문을 설치해야 한다.

제3절 이송취급소의 위치 · 구조 및 설비의 기준(제39조 관련 별표15)

01 개 요

(1) 정 의

이송취급소란 배관 및 이에 부속하는 설비에 의하여 위험물을 이송하는 장소를 말한다.

(2) 이송취급소의 제외장소★★★★

① 「송유관안전관리법」에 의한 송유관에 의하여 위험물을 이송하는 경우

② 제조소등에 관계된 시설(배관을 제외한다) 및 그 부지가 같은 사업소 안에 있고 해당 사업소 안에서만 위험물을 이송하는 경우

③ 사업소와 사업소의 사이에 도로(폭 2미터 이상의 일반교통에 이용되는 도로로서 자동차의 통행이 가능한 것을 말한다)만 있고 사업소와 사업소 사이의 이송배관이 그 도로를 횡단하는 경우

④ 사업소와 사업소 사이의 이송배관이 제3자(해당 사업소와 관련이 있거나 유사한 사업을 하는 자에 한한다)의 토지만을 통과하는 경우로서 해당 배관의 길이가 100미터 이하인 경우

⑤ 해상구조물에 설치된 배관(이송되는 위험물이 제4류 위험물 중 제1석유류인 경우에는 배관의 안지름이 30센티미터 미만인 것에 한한다)으로서 해당 해상구조물에 설치된 배관이 길이가 30미터 이하인 경우

⑥ 사업소와 사업소 사이의 이송배관이 ③ 내지 ⑤에 따른 경우 중 2 이상에 해당하는 경우

⑦ 「농어촌 전기공급사업 촉진법」에 따라 설치된 자가발전시설에 사용되는 위험물을 이송하는 경우

02 설치장소★★★★

이송취급소의 배관은 제3자의 부지 등에 설치하기 때문에 사고나 재해가 발생한 경우 그 지역에 주는 영향이 크므로 안전상의 문제, 기술적 측면, 환경보호 등의 이유에 따라 그 설치에 대하여 금지 또는 제한을 한다. 이송취급소를 설치할 수 없는 장소는 다음과 같다.

(1) 이송취급소는 다음 각 목의 장소 외의 장소에 설치해야 한다.

① 철도 및 도로의 터널 안

② 고속국도 및 자동차전용도로(「도로법」 제48조 제1항에 따라 지정된 도로를 말한다)의 차도·갓길 및 중앙분리대

③ 호수·저수지 등으로서 수리의 수원이 되는 곳

④ 급경사지역으로서 붕괴의 위험이 있는 지역

(2) (1)호 각 목의 장소에 이송취급소를 설치할 수 있는 경우

① 지형상황 등 부득이한 사유가 있고 안전에 필요한 조치를 하는 경우

② 고속국도·자동차전용도로·호수 및 저수지를 횡단하여 설치하는 경우

03 배관 등의 재료 및 구조

(1) 배관·관이음쇠 및 밸브(이하 "배관 등"이라 한다)의 재료는 다음 각 목의 규격에 적합한 것으로 하거나 이와 동등 이상의 기계적 성질이 있는 것으로 해야 한다.

배관 등의 구분		규격번호		종 류
① 배 관		KS	D 3564	고압배관용 탄소강관(STPG)
			D 3562	압력배관용 탄소강관(STS)
			D 3570	고온배관용 탄소강관(STPT)
			D 3576	배관용 스텐인레스강관(SUS)
② 관이음쇠	용접식	KS	B 1541	배관용강제 맞대기용접식 관이음쇠
	플랜지식	KS	B 1501	철강재 관플랜지 압력단계
			B 1519	관플랜지의 개스킷자리치수
			B 1502	관플랜지의 치수허용자
			B 1511	철강재 관플랜지의 기본치수
			B 1503	강제용접식 플랜지
③ 밸 브		KS	B 2361	주강 플랜지형 밸브

(2) 배관 등의 구조

배관 등의 구조는 다음 각 목의 하중에 의하여 생기는 응력(변형력)에 대한 안전성이 있어야 한다.

① 위험물의 중량, 배관 등의 내압, 배관 등과 그 부속설비의 자중, 토압, 수압, 열차하중, 자동차하중 및 부력 등의 주하중

② 풍하중, 설하중, 온도변화의 영향, 진동의 영향, 지진의 영향, 배의 닻에 의한 충격의 영향, 파도와 조류의 영향, 설치공정상의 영향 및 다른 공사에 의한 영향 등의 종하중

③ 교량에 설치하는 배관은 교량의 굴곡·신축·진동 등에 대하여 안전한 구조로 해야 한다.

④ 배관의 두께는 배관의 외경에 따라 다음 표에 정한 것 이상으로 해야 한다.

배관의 외경(단위 mm)	배관의 두께(단위 mm)
114.3 미만	4.5
114.3 이상 139.8 미만	4.9
139.8 이상 165.2 미만	5.1
165.2 이상 216.3 미만	5.5
216.3 이상 355.6 미만	6.4
356.6 이상 508.0 미만	7.9
508.0 이상	9.5

⑤ ② 내지 ④의 규정한 것 외에 배관 등의 구조에 관하여 필요한 사항은 소방청장이 정하여 고시(안전관리에 관한 세부기준 제112조 내지 제120조)한다.

⑥ 배관의 안전에 영향을 미칠 수 있는 신축이 생길 우려가 있는 부분에는 그 신축을 흡수하는 조치를 강구해야 한다.

⑦ 배관 등의 이음은 아크용접(방전 시 발생하는 불꽃을 이용한 용접) 또는 이와 동등 이상의 효과를 갖는 용접방법에 의해야 한다. 다만, 용접에 의하는 것이 적당하지 아니한 경우는 안전상 필요한 강도가 있는 플랜지이음으로 할 수 있다.

⑧ 플랜지이음을 하는 경우에는 해당 이음부분의 점검을 하고 위험물의 누설확산을 방지하기 위한 조치를 해야 한다. 다만, 해저 입하배관의 경우에는 누설확산방지조치를 아니할 수 있다.

⑨ 지하 또는 해저에 설치한 배관 등에 다음의 각 목의 기준에 내구성이 있고 전기전열차단저항이 큰 도장·복장 재료를 사용하여 외면부식을 방지하기 위한 조치를 해야 한다.

㉠ 도장재(塗裝材) 및 복장재(覆裝材)는 다음의 기준 또는 이와 동등 이상의 방식효과를 갖는 것으로 할 것

- 도장재는 수도용 강관아스팔트도복장방법(KS D 8306)에 정한 아스팔트 에나멜, 수도용 강관콜타르에나멜도복장방법(KS D 8307)에 정한 콜타르 에나멜
- 복장재는 수도용 강관아스팔트도복장방법(KS D 8306)에 정한 비니론크로즈, 글라스크로즈, 글라스매트 또는 폴리에틸렌, 헤시안크로즈, 타르에폭시, 페트로라튬테이프, 경질염화바이닐라이닝강관, 폴리에틸렌열수축튜브, 나이론12수지

㉡ 방식피복의 방법은 수도용 강관아스팔트도복장방법(KS D 8306)에 정한 방법, 수도용 강관콜타르에나멜도복장방법(KS D 8307)에 정한 방법 또는 이와 동등 이상의 부식방지 효과가 있는 방법에 의할 것

⑩ 지상 또는 해상에 설치한 배관 등에는 외면부식을 방지하기 위한 도장을 실시해야 한다.

⑪ 지하 또는 해저에 설치한 배관 등에는 다음의 각 목의 기준에 의하여 전기방식조치를 해야 한다. 이 경우 근접한 매설물 그 밖의 구조물에 대하여 영향을 미치지 아니하도록 필요한 조치를 해야 한다.

㉠ 방식전위(부식 방지에 필요한 최소 전위)는 포화황산동전극 기준으로 마이너스 0.8V 이하로 할 것
㉡ 적절한 간격(200m 내지 500m)으로 전위측정단자를 설치할 것
㉢ 전기철로 부지 등 전류의 영향을 받는 장소에 배관 등을 매설하는 경우에는 강제배류법 등에 의한 조치를 할 것

⑫ 배관 등에 가열 또는 보온하기 위한 설비를 설치하는 경우에는 화재예방상 안전하고 다른 시설물에 영향을 주지 아니하는 구조로 해야 한다.

04 배관설치의 기준

(1) 지하매설★★

배관을 지하에 매설하는 경우에는 다음 각 목의 기준에 의해야 한다.

① 배관은 그 외면으로부터 건축물·지하가·터널 또는 수도시설까지 각각 다음에 따른 안전거리를 둘 것. 다만, ㉡ 또는 ㉢의 공작물에 있어서는 적절한 누설확산방지조치를 하는 경우에 그 안전거리를 2분의 1의 범위 안에서 단축할 수 있다.
㉠ 건축물(지하가내의 건축물을 제외한다) : 1.5m 이상
㉡ 지하가 및 터널 : 10m 이상
㉢ 「수도법」에 의한 수도시설(위험물의 유입우려가 있는 것에 한한다) : 300m 이상

② 배관은 그 외면으로부터 다른 공작물에 대하여 0.3m 이상의 거리를 보유할 것. 다만, 0.3m 이상의 거리를 보유하기 곤란한 경우로서 해당 공작물의 보전을 위하여 필요한 조치를 하는 경우에는 그러하지 아니하다.

③ 배관의 외면과 지표면과의 거리는 산이나 들에 있어서는 0.9m 이상, 그 밖의 지역에 있어서는 1.2m 이상으로 할 것. 다만, 해당 배관을 각각의 깊이로 매설하는 경우와 동등 이상의 안전성이 확보되는 견고하고 내구성이 있는 구조물(이하 "방호구조물"이라 한다) 안에 설치하는 경우에는 그러하지 아니하다.

④ 배관은 지반의 동결로 인한 손상을 받지 아니하는 적절한 깊이로 매설할 것

⑤ 성토 또는 절토를 한 경사면의 부근에 배관을 매설하는 경우에는 경사면의 붕괴에 의한 피해가 발생하지 아니하도록 매설할 것

⑥ 배관의 입상부, 지반의 급변부 등 지지조건이 급변하는 장소에 있어서는 굽은 관을 사용하거나 지반개량 그 밖에 필요한 조치를 강구할 것

⑦ 배관의 하부에는 사질토 또는 모래로 20cm(자동차 등의 하중이 없는 경우에는 10cm) 이상, 배관의 상부에는 사질토 또는 모래로 30cm(자동차 등의 하중에 없는 경우에는 20cm) 이상 채울 것

(2) 도로 밑 매설★★

배관을 도로 밑에 매설하는 경우에는 (1)(② 및 ③을 제외한다)의 규정에 의하는 외에 다음 각 목의 기준에 의해야 한다.

① 배관은 원칙적으로 자동차하중의 영향이 적은 장소에 매설할 것

② 배관은 그 외면으로부터 도로의 경계에 대하여 1m 이상의 안전거리를 둘 것

③ 시가지(「국토의 계획 및 이용에 관한 법률」 제6조 제1호에 따른 도시지역을 말한다. 다만, 동법 제36조 제1항 제1호 다목에 따른 공업지역을 제외한다. 이하 같다) 도로의 밑에 매설하는 경우에는 배관의 외경보다 10cm 이상 넓은 견고하고 내구성이 있는 재질의 판(이하 "보호판"이라 한다)을 배관의 상부로부터 30cm 이상 위에 설치할 것. 다만, 방호구조물 안에 설치하는 경우에는 그러하지 아니하다.

④ 배관(보호판 또는 방호구조물에 의하여 배관을 보호하는 경우에는 해당 보호판 또는 방호구조물을 말한다. 이하 ⑥ 및 ⑦에서 같다)은 그 외면으로부터 다른 공작물에 대하여 0.3m 이상의 거리를 보유할 것. 다만, 배관의 외면에서 다른 공작물에 대하여 0.3m 이상의 거리를 보유하기 곤란한 경우로서 해당 공작물의 보전을 위하여 필요한 조치를 하는 경우에는 그러하지 아니하다.

⑤ 시가지 도로의 노면 아래에 매설하는 경우에는 배관(방호구조물의 안에 설치된 것을 제외한다)의 외면과 노면과의 거리는 1.5m 이상, 보호판 또는 방호구조물의 외면과 노면과의 거리는 1.2m 이상으로 할 것

⑥ 시가지 외의 도로의 노면 아래에 매설하는 경우에는 배관의 외면과 노면과의 거리는 1.2m 이상으로 할 것

⑦ 포장된 차도에 매설하는 경우에는 포장부분의 토대(차단층이 있는 경우는 해당 차단층을 말한다. 이하 같다)의 밑에 매설하고, 배관의 외면과 토대의 최하부와의 거리는 0.5m 이상으로 할 것

⑧ 노면 밑외의 도로 밑에 매설하는 경우에는 배관의 외면과 지표면과의 거리는 1.2m[보호판 또는 방호구조물에 의하여 보호된 배관에 있어서는 0.6m(시가지의 도로 밑에 매설하는 경우에는 0.9m)] 이상으로 할 것

⑨ 전선·수도관·하수도관·가스관 또는 이와 유사한 것이 매설되어 있거나 매설할 계획이 있는 도로에 매설하는 경우에는 이들의 상부에 매설하지 아니할 것. 다만, 다른 매설물의 깊이가 2m 이상인 때에는 그러하지 아니하다.

(3) 철도부지 밑 매설

배관을 철도부지(철도차량을 운행하기 위한 궤도와 이를 받치는 토대 또는 공작물로 구성된 시설을 설치하거나 설치하기 위한 용지를 말한다. 이하 같다)에 인접하여 매설하는 경우에는 (1)(③을 제외한다)의 규정에 의하는 외에 다음 각 목의 기준에 의해야 한다.

① 배관은 그 외면으로부터 철도 중심선에 대하여는 4m 이상, 해당 철도부지(도로에 인접한 경우를 제외한다)의 용지경계에 대하여는 1m 이상의 거리를 유지할 것. 다만, 열차하중의 영향을 받지 아니하도록 매설하거나 배관의 구조가 열차하중에 견딜 수 있도록 된 경우에는 그러하지 아니하다.

② 배관의 외면과 지표면과의 거리는 1.2m 이상으로 할 것

(4) 하천 홍수관리구역 내 매설

배관을 「하천법」 제12조에 따라 지정된 홍수관리구역 내에 매설하는 경우에는 (1)의 규정을 준용하는 것 외에 둑 또는 호안(기슭·둑 침식 방지시설)이 하천 홍수관리구역의 지반면과 접하는 부분으로부터 하천관리상 필요한 거리를 유지해야 한다.

(5) 지상설치★★

배관을 지상에 설치하는 경우에는 다음 각 목의 기준에 의해야 한다.

① 배관이 지표면에 접하지 아니하도록 할 것

② 배관[이송기지(펌프에 의하여 위험물을 보내거나 받는 작업을 행하는 장소를 말한다. 이하 같다)의 구내에 설치되어진 것을 제외한다]은 다음의 기준에 의한 안전거리를 둘 것

㉠ 철도(화물수송용으로만 쓰이는 것을 제외한다) 또는 도로 (「국토의 계획 및 이용에 관한 법률」에 의한 공업지역 또는 전용공업지역에 있는 것을 제외한다)의 경계선으로부터 25m 이상

㉡ 학교·병원급의료기관·공연장, 영화상영관, 유사시설로 300명 이상 수용 가능한 시설, 정신보건시설 등으로부터 45m 이상

㉢ 유형문화재와 기념물 중 지정문화재 시설로부터 65m 이상

㉣ 고압가스, 액화석유가스 또는 도시가스를 저장 또는 취급하는 시설로부터 35m 이상

㉤ 공공공지 또는 도시공원으로부터 45m 이상

㉥ 판매시설·숙박시설·위락시설 등 불특정다수을 수용하는 시설 중 연면적 1,000m^2 이상인 것으로부터 45m 이상

㉦ 1일 평균 20,000명 이상 이용하는 기차역 또는 버스터미널로부터 45m 이상

㉧ 「수도법」에 의한 수도시설 중 위험물이 유입될 가능성이 있는 것으로부터 300m 이상

㉨ 주택 또는 ㉠ 내지 ㉧과 유사한 시설 중 다수의 사람이 출입하거나 근무하는 것으로부터 25m 이상

③ 이송취급소 배관 지상설치 시 안전거리 총정리★★★★★

안전거리 확보 대상물	안전거리
1) 철도 또는 도로의 경계선	25m 이상
9) 주택 또는 1) 내지 8)과 유사한 시설 중 다수의 사람이 출입하거나 근무하는 곳	
4) 고압가스, 액화석유가스시설 등	35m 이상
2) 학교 · 병원급의료기관	45m 이상
2) 공연장 · 영화상영관 및 유사시설로 300명 이상 수용가능한 시설	
2) 아동복지시설, 노인복지시설, 장애인복지시설, 한부모가족복지시설, 어린이집, 성매매피해자 등을 위한 지원시설, 정신보건시설, 그 밖에 이와 유사한 시설로서 20명 이상의 인원을 수용할 수 있는 것	
5) 도시계획법의 공공용지, 도시공원법의 도시공원	
6) 판매시설, 숙박시설, 위락시설 등 불특정 다수인을 수용하는 시설 중 연면적 1,000m^2 이상인 것	
7) 1일 평균 2만명 이상 이용하는 기차역, 버스터미널	
3) 유형문화재와 기념물 중 지정문화재	65m 이상
8) 수도시설로 위험물 유입될 가능성이 있는 것	300m 이상

※ 암기요령 : 세조소의 안전거리 기준 + 15

④ 배관(이송기지의 구내에 설치된 것을 제외한다)의 양측면으로부터 해당 배관의 최대상용압력에 따라 다음 표에 의한 너비(「국토의 계획 및 이용에 관한 법률」에 의한 공업지역 또는 전용공업지역에 설치한 배관에 있어서는 그 너비의 3분의 1)의 공지를 보유할 것. 다만, 양단을 폐쇄한 밀폐구조의 방호구조물 안에 배관을 설치하거나 위험물의 유출확산을 방지할 수 있는 방화상 유효한 담을 설치하는 등 안전상 필요한 조치를 하는 경우에는 그러하지 아니하다.

배관의 최대상용압력	공지의 너비
0.3MPa 미만	5m 이상
0.3MPa 이상 1MPa 미만	9m 이상
1MPa 이상	15m 이상

⑤ 배관은 지진 · 풍압 · 지반침하 · 온도변화에 의한 신축 등에 대하여 안전성이 있는 철근콘크리트조 또는 이와 동등 이상의 내화성이 있는 지지물에 의하여 지지되도록 할 것. 다만, 화재에 의하여 해당 구조물이 변형될 우려가 없는 지지물에 의하여 지지되는 경우에는 그러하지 아니하다.

⑥ 자동차 · 선박 등의 충돌에 의하여 배관 또는 그 지지물이 손상을 받을 우려가 있는 경우에는 견고하고 내구성이 있는 보호설비를 설치할 것. 이 경우 자동차의 충돌에 의한 충격강도의 계산방법은 소방청장이 정하여 고시한다(공포 후 1년 경과 후 시행).

⑦ 배관은 다른 공작물(해당 배관의 지지물을 제외한다)에 대하여 배관의 유지관리상 필요한 간격을 가질 것

⑧ 단열재 등으로 배관을 감싸는 경우에는 일정구간마다 점검구를 두거나 단열재 등을 쉽게 떼고 붙일 수 있도록 하는 등 점검이 쉬운 구조로 할 것

(6) 해저설치

배관을 해저에 설치하는 경우에는 다음 각 목의 기준에 의해야 한다.

① 배관은 해저면 밑에 매설할 것. 다만, 선박의 닻 내림 등에 의하여 배관이 손상을 받을 우려가 없거나 그 밖에 부득이한 경우에는 그러하지 아니하다.

② 배관은 이미 설치된 배관과 교차하지 말 것. 다만, 교차가 불가피한 경우로서 배관의 손상을 방지하기 위한 방호조치를 하는 경우에는 그러하지 아니하다.

③ 배관은 원칙적으로 이미 설치된 배관에 대하여 30m 이상의 안전거리를 둘 것

④ 2본 이상의 배관을 동시에 설치하는 경우에는 배관이 상호 접촉하지 아니하도록 필요한 조치를 할 것

⑤ 배관의 입상부에는 방호시설물을 설치할 것. 다만, 계선부표(繫船浮標)에 도달하는 입상배관이 강제 외의 재질인 경우에는 그러하지 아니하다.

⑥ 배관을 매설하는 경우에는 배관외면과 해저면(해당 배관을 매설하는 해저에 대한 준설계획이 있는 경우에는 그 계획에 의한 준설 후 해저면의 0.6m 아래를 말한다)과의 거리는 닻 내림의 충격, 토질, 매설하는 재료, 선박교통사정 등을 고려하여 안전한 거리로 할 것

⑦ 패일 우려가 있는 해저면 아래에 매설하는 경우에는 배관의 노출을 방지하기 위한 조치를 할 것

⑧ 배관을 매설하지 아니하고 설치하는 경우에는 배관이 연속적으로 지지되도록 해저면을 고를 것

⑨ 배관이 부양 또는 이동할 우려가 있는 경우에는 이를 방지하기 위한 조치를 할 것

(7) 해상설치

배관을 해상에 설치하는 경우에는 다음 각 목의 기준에 의해야 한다.

① 배관은 지진・풍압・파도 등에 대하여 안전한 구조의 지지물에 의하여 지지할 것

② 배관은 선박 등의 항행에 의하여 손상을 받지 아니하도록 해면과의 사이에 필요한 공간을 확보하여 설치할 것

③ 선박의 충돌 등에 의해서 배관 또는 그 지지물이 손상을 받을 우려가 있는 경우에는 견고하고 내구력이 있는 보호설비를 설치할 것

④ 배관은 다른 공작물(해당 배관의 지지물을 제외한다)에 대하여 배관의 유지관리상 필요한 간격을 보유할 것

(8) 도로횡단설치

도로를 횡단하여 배관을 설치하는 경우에는 다음 각 목의 기준에 의해야 한다.

① 배관을 도로 아래에 매설할 것. 다만, 지형의 상황 그 밖에 특별한 사유에 의하여 도로 상공 외의 적당한 장소가 없는 경우에는 안전상 적절한 조치를 강구하여 도로상공을 횡단하여 설치할 수 있다.

② 배관을 매설하는 경우에는 (2) 도로 밑 매설(① 및 ②을 제외한다)의 규정을 준용하되, 배관을 금속관 또는 방호구조물 안에 설치할 것

③ 배관을 도로상공을 횡단하여 설치하는 경우에는 (5) 지상설치(①을 제외한다)의 규정을 준용하되, 배관 및 해당 배관에 관계된 부속설비는 그 아래의 노면과 5m 이상의 수직거리를 유지할 것

(9) 철도 밑 횡단매설

철도부지를 횡단하여 배관을 매설하는 경우에는 (3) 철도부지 밑 매설(①을 제외한다) 및 (8) 도로횡단 설치 ②의 규정을 준용한다.

(10) 하천 등 횡단설치

하천 또는 수로를 횡단하여 배관을 설치하는 경우에는 다음 각 목의 기준에 의해야 한다.

① 하천 또는 수로를 횡단하여 배관을 설치하는 경우에는 배관에 과대한 응력(변형력)이 생기지 아니하도록 필요한 조치를 하여 교량에 설치할 것. 다만, 교량에 설치하는 것이 적당하지 아니한 경우에는 하천 또는 수로의 밑에 매설할 수 있다.

② 하천 또는 수로를 횡단하여 배관을 매설하는 경우에는 배관을 금속관 또는 방호구조물 안에 설치하고, 해당 금속관 또는 방호구조물의 부양이나 선박의 닻 내림 등에 의한 손상을 방지하기 위한 조치를 할 것

③ 하천 또는 수로의 밑에 배관을 매설하는 경우에는 배관의 외면과 계획하상(계획하상이 최심하상보다 높은 경우에는 최심하상)과의 거리는 다음에 따른 거리 이상으로 하되, 호안 그 밖에 하천관리시설의 기초에 영향을 주지 아니하고 하천바닥의 변동·패임 등에 의한 영향을 받지 아니하는 깊이로 매설해야 한다.

㉠ 하천을 횡단하는 경우 : 4.0m

㉡ 수로를 횡단하는 경우

- 「하수도법」 제2조 제3호에 따른 하수도(상부가 개방되는 구조로 된 것에 한한다) 또는 운하 : 2.5m
- 위 ⓐ에 따른 수로에 해당하지 아니하는 좁은 수로(용수로 그 밖에 유사한 것을 제외한다) : 1.2m

구 분		배관외면과 계획하상과의 거리
하천을 횡단하는 경우		4m
수로를 횡단하는 경우	하수도(상부가 개방) 또는 운하	2.5m
	상기 외 좁은 수로	1.2m

[하천 횡단 시 하천 밑에 매설 사례]

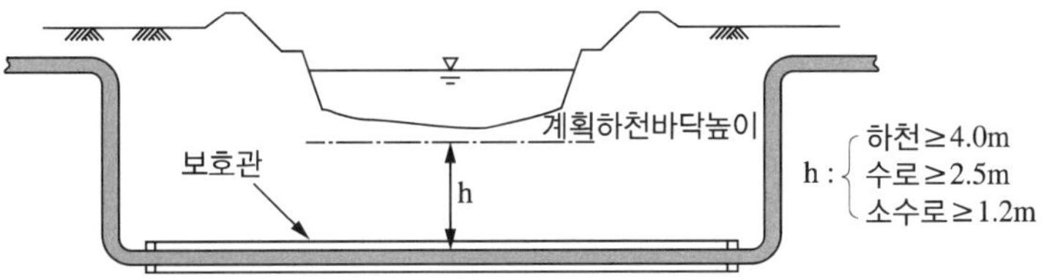

④ 하천 또는 수로를 횡단하여 배관을 설치하는 경우에는 ① 내지 ③의 규정에 의하는 외에 (2) 도로밑 매설기준 (②·③ 및 ⑦을 제외한다) 및 (5) 지상설치 (①을 제외한다)의 규정을 준용할 것

05 기타 설비 등

(1) 누설확산방지조치

배관을 시가지·하천·수로·터널·도로·철도 또는 투수성(透水性) 지반에 설치하는 경우에는 누설된 위험물의 확산을 방지할 수 있는 강철제의 관·철근콘크리트조의 방호구조물 등 견고하고 내구성이 있는 구조물의 안에 설치해야 한다.

(2) 가연성증기의 체류방지조치

배관을 설치하기 위하여 설치하는 터널(높이 1.5m 이상인 것에 한한다)에는 가연성증기의 체류를 방지하는 조치를 해야 한다.

(3) 부등침하 등의 우려가 있는 장소에 설치하는 배관

부등침하 등 지반의 변동이 발생할 우려가 있는 장소에 배관을 설치하는 경우에는 배관이 손상을 받지 아니하도록 필요한 조치를 해야 한다.

(4) 굴착에 의하여 주위가 노출된 배관의 보호

굴착에 의하여 주위가 일시 노출되는 배관은 손상되지 아니하도록 적절한 보호조치를 해야 한다.

(5) 비파괴시험

① 배관 등의 용접부는 비파괴시험을 실시하여 합격할 것. 이 경우 이송기지내의 지상에 설치된 배관 등은 전체 용접부의 20% 이상을 발췌하여 시험할 수 있다.

② ①에 따른 비파괴시험의 방법, 판정기준 등은 소방청장이 정하여 고시(위험물안전관리에 관한 세부기준 제121조 내지 제123조)하는 바에 의할 것

(6) 내압시험

① 배관 등은 최대상용압력의 1.25배 이상의 압력으로 4시간 이상 수압을 가하여 누설 그 밖의 이상이 없을 것. 다만, 수압시험을 실시한 배관 등의 시험구간 상호 간을 연결하는 부분 또는 수압시험을 위하여 배관 등의 내부공기를 뽑아낸 후 폐쇄한 곳의 용접부는 (5)의 비파괴시험으로 갈음할 수 있다.

② ①에 따른 내압시험의 방법, 판정기준 등은 소방청장이 정하여 고시(위험물안전관리에 관한 세부기준 제124조)하는 바에 의할 것

(7) 운전상태의 감시장치

① 배관계(배관 등 및 위험물 이송에 사용되는 일체의 부속설비를 말한다. 이하 같다)에는 펌프 및 밸브의 작동상황 등 배관계의 운전상태를 감시하는 장치를 설치할 것(특정이송취급소에만 적용)

② 배관계에는 압력 또는 유량의 이상변동 등 이상한 상태가 발생하는 경우에 그 상황을 경보하는 장치를 설치할 것

(8) 안전제어장치

배관계에는 다음 각 목에 정한 제어기능이 있는 안전제어장치를 설치해야 한다.

① 압력안전장치 · 누설검지장치 · 긴급차단밸브 그 밖의 안전설비의 제어회로가 정상으로 있지 아니하면 펌프가 작동하지 아니하도록 하는 제어기능(특정이송취급소에만 적용)

② 안전상 이상상태가 발생한 경우에 펌프 · 긴급차단밸브 등이 자동 또는 수동으로 연동하여 신속히 정지 또는 폐쇄되도록 하는 제어기능

(9) 압력안전장치

① 배관계에는 배관 내의 압력이 최대상용압력을 초과하거나 유격작용 등에 의하여 생긴 압력이 최대상용압력의 1.1배를 초과하지 아니하도록 제어하는 장치(이하 "압력안전장치"라 한다)를 설치할 것(특정이송취급소에만 적용)

② 압력안전장치의 재료 및 구조는 03의 (1) 내지 (5)의 기준에 의할 것

③ 압력안전장치는 배관계의 압력변동을 충분히 흡수할 수 있는 용량을 가질 것

(10) 누설검지장치 등

① 배관계에는 다음의 기준에 적합한 누설검지장치를 설치할 것

㉠ 가연성증기를 발생하는 위험물을 이송하는 배관계의 점검상자에는 가연성증기를 검지하는 장치(특정이송취급소에만 적용)

㉡ 배관계 내의 위험물의 양을 측정하는 방법에 의하여 자동적으로 위험물의 누설을 검지하는 장치 또는 이와 동등 이상의 성능이 있는 장치

㉢ 배관계 내의 압력을 측정하는 방법에 의하여 위험물의 누설을 자동적으로 검지하는 장치 또는 이와 동등 이상의 성능이 있는 장치(특정이송취급소에만 적용)

㉣ 배관계 내의 압력을 일정하게 정지시키고 해당 압력을 측정하는 방법에 의하여 위험물의 누설을 검지하는 장치 또는 이와 동등 이상의 성능이 있는 장치

② 배관을 지하에 매설한 경우에는 안전상 필요한 장소(하천 등의 아래에 매설한 경우에는 금속관 또는 방호구조물의 안을 말한다)에 누설검지구를 설치할 것. 다만, 배관을 따라 일정한 간격으로 누설을 검지할 수 있는 장치를 설치하는 경우에는 그러하지 아니하다(특정이송취급소에만 적용).

(11) 긴급차단밸브 2015년 소방위 기출

① 배관에는 다음의 기준에 의하여 긴급차단밸브를 설치할 것. 다만, ㉡ 또는 ㉢에 해당하는 경우로서 해당 지역을 횡단하는 부분의 양단의 높이 차이로 인하여 하류측으로부터 상류측으로 역류될 우려가 없는 때에는 하류측에는 설치하지 아니할 수 있으며, ㉣ 또는 ㉤에 해당하는 경우로서 방호구조물을 설치하는 등 안전상 필요한 조치를 하는 경우에는 설치하지 아니할 수 있다.

㉠ 시가지에 설치하는 경우에는 약 4km의 간격

㉡ 하천・호소 등을 횡단하여 설치하는 경우에는 횡단하는 부분의 양 끝

㉢ 해상 또는 해저를 통과하여 설치하는 경우에는 통과하는 부분의 양 끝

㉣ 산림지역에 설치하는 경우에는 약 10km의 간격

㉤ 도로 또는 철도를 횡단하여 설치하는 경우에는 횡단하는 부분의 양 끝

② 긴급차단밸브는 다음의 기능이 있을 것

㉠ 원격조작 및 현지조작에 의하여 폐쇄되는 기능(특정이송취급소에만 적용)

㉡ (10)에 따른 누설검지장치에 의하여 이상이 검지된 경우에 자동으로 폐쇄되는 기능

③ 긴급차단밸브는 그 개폐상태가 해당 긴급차단밸브의 설치장소에서 용이하게 확인될 수 있을 것

④ 긴급차단밸브를 지하에 설치하는 경우에는 긴급차단밸브를 점검상자 안에 유지할 것. 다만, 긴급차단밸브를 도로 외의 장소에 설치하고 해당 긴급차단밸브의 점검이 가능하도록 조치하는 경우에는 그러하지 아니하다.

⑤ 긴급차단밸브는 해당 긴급차단밸브의 관리에 관계하는 자 외의 자가 수동으로 개폐할 수 없도록 할 것

(12) 위험물 제거조치

배관에는 서로 인접하는 2개의 긴급차단밸브 사이의 구간마다 해당 배관 안의 위험물을 안전하게 물 또는 불연성기체로 치환할 수 있는 조치를 해야 한다.

(13) 지진감지장치 등

배관의 경로에는 안전상 필요한 장소와 25km의 거리마다 지진감지장치 및 강진계를 설치해야 한다(특정이송취급소에만 적용).

(14) 경보설비

이송취급소에는 다음 각 목의 기준에 의하여 경보설비를 설치해야 한다.

① 이송기지에는 비상벨장치 및 확성장치를 설치할 것

② 가연성증기를 발생하는 위험물을 취급하는 펌프실 등에는 가연성증기 경보설비를 설치할 것

(15) 순찰차 등

배관의 경로에는 다음 각 목의 기준에 따라 순찰차를 배치하고 기자재창고를 설치해야 한다.

① 순찰차

㉠ 배관계의 안전관리상 필요한 장소에 둘 것

㉡ 평면도 · 종횡단면도 그 밖에 배관 등의 설치상황을 표시한 도면, 가스탐지기, 통신장비, 휴대용조명기구, 응급누설방지기구, 확성기, 방화복(또는 방열복), 소화기, 경계로프, 삽, 곡괭이 등 점검 · 정비에 필요한 기자재를 비치할 것

② 기자재창고

㉠ 이송기지, 배관경로(5km 이하인 것을 제외한다)의 5km 이내마다의 방재상 유효한 장소 및 주요한 하천 · 호소 · 해상 · 해저를 횡단하는 장소의 근처에 각각 설치할 것. 다만, 특정이송취급소 외의 이송취급소에 있어서는 배관경로에는 설치하지 아니할 수 있다.

㉡ 기자재창고에는 다음의 기자재를 비치할 것

- 3%로 희석하여 사용하는 포소화약제 400L 이상, 방화복(또는 방열복) 5벌 이상, 삽 및 곡괭이 각 5개 이상
- 유출한 위험물을 처리하기 위한 기자재 및 응급조치를 위한 기자재

(16) 비상전원

운전상태의 감시장치 · 안전제어장치 · 압력안전장치 · 누설검지장치 · 긴급차단밸브 · 소화설비 및 경보설비에는 상용전원이 고장인 경우에 자동적으로 작동할 수 있는 비상전원을 설치해야 한다.

(17) 접지 등

① 배관계에는 안전상 필요에 따라 접지 등의 설비를 할 것

② 배관계는 안전상 필요에 따라 지지물 그 밖의 구조물로부터 전열을 차단할 것

③ 배관계에는 안전상 필요에 따라 전열차단용 접속을 할 것

④ 피뢰설비의 접지장소에 근접하여 배관을 설치하는 경우에는 전열차단을 위하여 필요한 조치를 할 것

(18) 피뢰설비

이송취급소(위험물을 이송하는 배관 등의 부분을 제외한다)에는 피뢰설비를 설치해야 한다. 다만, 주위의 상황에 의하여 안전상 지장이 없는 경우에는 그러하지 하지 아니하다.

(19) 전기설비

이송취급소에 설치하는 전기설비는 「전기사업법」에 의한 전기설비기술기준에 의해야 한다.

(20) 표지 및 게시판

① 이송취급소(위험물을 이송하는 배관 등의 부분을 제외한다)에는 보기 쉬운 곳에 "위험물 이송취급소"라는 표시를 한 표지와 방화에 관하여 필요한 사항을 게시한 게시판을 설치해야 한다.

② 배관의 경로에는 소방청장이 정하여 고시(위험물안전관리에 관한 세부기준 제125조)하는 바에 따라 위치표지 · 주의표시 및 주의표지를 설치해야 한다.

(21) 안전설비의 작동시험

안전설비로서 소방청장이 정하여 고시(위험물안전관리에 관한 세부기준 제126조)하는 것은 소방청장이 정하여 고시하는 방법에 따라 시험을 실시하여 정상으로 작동하는 것이어야 한다.

(22) 선박에 관계된 배관계의 안전설비 등

위험물을 선박으로부터 이송하거나 선박에 이송하는 경우의 배관계의 안전설비 등에 있어서 (7) 내지 (21)의 규정에 의하는 것이 현저히 곤란한 경우에는 다른 안전조치를 강구할 수 있다.

(23) 펌프 등

펌프 및 그 부속설비(이하 "펌프 등"이라 한다)를 설치하는 경우에는 다음 각 목의 기준에 의해야 한다.

① 펌프 등(펌프를 펌프실 내에 설치한 경우에는 해당 펌프실을 말한다. 이하 ②에서 같다)은 그 주위에 다음 표에 의한 공지를 보유할 것. 다만, 벽 · 기둥 및 보를 내화구조로 하고 지붕을 폭발력이 위로 방출될 정도의 가벼운 불연재료로 한 펌프실에 펌프를 설치한 경우에는 다음 표에 의한 공지의 너비의 3분의 1로 할 수 있다.

펌프 등의 최대상용압력	공지의 너비
1MPa 미만	3m 이상
1MPa 이상 3MPa 미만	5m 이상
3MPa 이상	15m 이상

② 펌프 등은 04에 (5)의 ②의 규정에 준하여 그 주변에 안전거리를 둘 것. 다만, 위험물의 유출확산을 방지할 수 있는 방화상 유효한 담 등의 공작물을 주위상황에 따라 설치하는 등 안전상 필요한 조치를 하는 경우에는 그러하지 아니하다.

③ 펌프는 견고한 기초 위에 고정하여 설치할 것

④ 펌프를 설치하는 펌프실은 다음의 기준에 적합하게 할 것

㉠ 불연재료의 구조로 할 것. 이 경우 지붕은 폭발력이 위로 방출될 정도의 가벼운 불연재료이어야 한다.

㉡ 창 또는 출입구를 설치하는 경우에는 60분방화문 또는 30분방화문으로 할 것

㉢ 창 또는 출입구에 유리를 이용하는 경우에는 망입유리로 할 것

㉣ 바닥은 위험물이 침투하지 아니하는 구조로 하고 그 주변에 높이 20cm 이상의 턱을 설치할 것

㉤ 누설한 위험물이 외부로 유출되지 아니하도록 바닥은 적당한 경사를 두고 그 최저부에 집유설비를 할 것

㉥ 가연성증기가 체류할 우려가 있는 펌프실에는 배출설비를 할 것

㉦ 펌프실에는 위험물을 취급하는데 필요한 채광・조명 및 환기설비를 할 것

⑤ 펌프 등을 옥외에 설치하는 경우에는 다음의 기준에 의할 것

㉠ 펌프 등을 설치하는 부분의 지반은 위험물이 침투하지 아니하는 구조로 하고 그 주위에는 높이 15cm 이상의 턱을 설치할 것

㉡ 누설한 위험물이 외부로 유출되지 아니하도록 배수구 및 집유설비를 설치할 것

(24) 피그장치

피그장치를 설치하는 경우에는 다음 각 목의 기준에 의해야 한다.

① 피그장치는 배관의 강도와 동등 이상의 강도를 가질 것

② 피그장치는 해당 장치의 내부압력을 안전하게 방출할 수 있고 내부압력을 방출한 후가 아니면 피그를 삽입하거나 배출할 수 없는 구조로 할 것

③ 피그장치는 배관 내에 이상응력이 발생하지 아니하도록 설치할 것

④ 피그장치를 설치한 장소의 바닥은 위험물이 침투하지 아니하는 구조로 하고 누설한 위험물이 외부로 유출되지 아니하도록 배수구 및 집유설비를 설치할 것

⑤ 피그장치의 주변에는 너비 3m 이상의 공지를 보유할 것. 다만, 펌프실내에 설치하는 경우에는 그러하지 아니하다.

※ 피그장치는 여러 종류의 유류수송에 있어서 유류의 혼합을 억제하는 피그(Pig), 배관을 청소하는 피그, 위험물의 제거조치용에 사용하는 피그 등을 보내거나 받는 장치로써 피그에는 구형 피그(스피어 ; Sphere), 우산형 피그, 포탄형 피그 등이 있다.

(25) 밸 브

교체밸브 · 제어밸브 등은 다음 각 목의 기준에 의하여 설치해야 한다.

① 밸브는 원칙적으로 이송기지 또는 전용부지내에 설치할 것

② 밸브는 그 개폐상태가 해당 밸브의 설치장소에서 쉽게 확인할 수 있도록 할 것

③ 밸브를 지하에 설치하는 경우에는 점검상자 안에 설치할 것

④ 밸브는 해당 밸브의 관리에 관계하는 자가 아니면 수동으로 개폐할 수 없도록 할 것

(26) 위험물의 주입구 및 배출구

위험물의 주입구 및 배출구는 다음 각 목의 기준에 의해야 한다.

① 위험물의 주입구 및 배출구는 화재예방상 지장이 없는 장소에 설치할 것

② 위험물의 주입구 및 배출구는 위험물을 주입하거나 배출하는 호스 또는 배관과 결합이 가능하고 위험물의 유출이 없도록 할 것

③ 위험물의 주입구 및 배출구에는 위험물의 주입구 또는 배출구가 있다는 내용과 화재예방과 관련된 주의사항을 표시한 게시판을 설치할 것

④ 위험물의 주입구 및 배출구에는 개폐가 가능한 밸브를 설치할 것

(27) 이송기지의 안전조치

① 이송기지의 구내에는 관계자 외의 자가 함부로 출입할 수 없도록 경계표시를 할 것. 다만, 주위의 상황에 의하여 관계자 외의 자가 출입할 우려가 없는 경우에는 그러하지 아니하다.

② 이송기지에는 다음의 기준에 의하여 해당 이송기지 밖으로 위험물이 유출되는 것을 방지할 수 있는 조치를 할 것

㉠ 위험물을 취급하는 시설(지하에 설치된 것을 제외한다)은 이송기지의 부지경계선으로부터 해당 배관의 최대상용압력에 따라 다음 표에 정한 거리(「국토의 계획 및 이용에 관한 법률」에 의한 전용공업지역 또는 공업지역에 설치하는 경우에는 해당 거리의 3분의 1의 거리)를 둘 것

배관의 최대상용압력	거리
0.3MPa 미만	5m 이상
0.3MPa 이상 1MPa 미만	9m 이상
1MPa 이상	15m 이상

㉡ 제4류 위험물(온도 20℃의 물 100g에 용해되는 양이 1g 미만인 것에 한한다)을 취급하는 장소에는 누설한 위험물이 외부로 유출되지 아니하도록 유분리장치를 설치할 것
㉢ 이송기지의 부지경계선에 높이 50cm 이상의 방유제를 설치할 것

06 이송취급소의 기준의 특례

(1) 위험물을 이송하기 위한 배관의 연장(해당 배관의 기점 또는 종점이 2 이상인 경우에는 임의의 기점에서 임의의 종점까지의 해당 배관의 연장 중 최대의 것을 말한다. 이하 같다)이 15km를 초과하거나 위험물을 이송하기 위한 배관에 관계된 최대상용압력이 950kPa 이상이고 위험물을 이송하기 위한 배관의 연장이 7km 이상인 것(이하 "특정이송취급소"라 한다)이 아닌 이송취급소에 대하여는 05에 (7) 운전상태감시장치의 ①, 05에 (8) 안전제어장치의 ①, 05에 (10) 누설검지장치의 ①의 ㉡ 및 ㉢과 (13) 지진감지장치의 규성은 적용하지 아니한다.

> **05 (7) 운전상태의 감시장치**
> ① 배관계(배관 등 및 위험물 이송에 사용되는 일체의 부속설비를 말한다. 이하 같다)에는 펌프 및 밸브의 작동상황 등 배관계의 운전상태를 감시하는 장치를 설치할 것
>
> **05 (8) 안전제어장치**
> 배관계에는 다음 각 목에 정한 제어기능이 있는 안전제어장치를 설치해야 한다.
> ① 압력안전장치・누설검지장치・긴급차단밸브 그 밖의 안전설비의 제어회로가 정상으로 있지 아니하면 펌프가 작동하지 아니하도록 하는 제어기능
>
> **05 (10) 누설검지장치 등**
> ① 배관계에는 다음의 기준에 적합한 누설검지장치를 설치할 것
> ㉠ 배관계 내의 위험물의 양을 측정하는 방법에 의하여 자동적으로 위험물의 누설을 검지하는 장치 또는 이와 동등 이상의 성능이 있는 장치
> ㉡ 배관계 내의 압력을 측정하는 방법에 의하여 위험물의 누설을 자동적으로 검지하는 장치 또는 이와 동등 이상의 성능이 있는 장치
>
> **(13) 지진감지장치 등**
> 배관의 경로에는 안전상 필요한 장소와 25km의 거리마다 지진감지장치 및 강진계를 설치해야 한다.

(2) 압력안전장치

05에 (9) 압력안전장치의 ①의 규정은 유격작용 등에 의하여 배관에 생긴 응력(변형력)이 주하중에 대한 허용응력도를 초과하지 아니하는 배관계로서 특정이송취급소 외의 이송취급소에 관계된 것에는 적용하지 아니한다.

> **05 (9) 압력안전장치 ①의 규정**
> 배관계에는 배관 내의 압력이 최대상용압력을 초과하거나 유격작용 등에 의하여 생긴 압력이 최대상용압력의 1.1배를 초과하지 아니하도록 제어하는 장치(이하 "압력안전장치"라 한다)를 설치할 것

(3) 누설검지장치 등

05에 (10) 누설검지장치 등의 ②의 규정은 위험물을 이송하기 위한 배관에 관계된 최대상용압력이 1MPa 미만이고 안지름이 100mm 이하인 배관으로서 특정이송취급소 외의 이송취급소에 관계된 것에는 적용하지 아니한다.

> **05 (10) (누설검지장치 등) ②의 규정**
> 배관을 지하에 매설한 경우에는 안전상 필요한 장소(하천 등의 아래에 매설한 경우에는 금속관 또는 방호구조물의 안을 말한다)에 누설검지구를 설치할 것. 다만, 배관을 따라 일정한 간격으로 누설을 검지할 수 있는 장치를 설치하는 경우에는 그러하지 아니하다.

(4) 긴급차단밸브

특정이송취급소 외의 이송취급소에 설치된 배관의 긴급차단밸브는 05에 (11) 긴급차단밸브의 ②의 ㉠의 규정(원격조작 및 현지조작에 의하여 폐쇄되는 기능)에 불구하고 현지조작에 의하여 폐쇄하는 기능이 있는 것으로 할 수 있다. 다만, 긴급차단밸브가 다음 각 목의 1에 해당하는 배관에 설치된 경우에는 그러하지 아니하다.

① 「하천법」 제7조 제2항에 따른 국가하천・하류부근에 「수도법」 제3조 제17호에 따른 수도시설(취수시설에 한한다)이 있는 하천 또는 계획하폭이 50m 이상인 하천으로서 위험물이 유입될 우려가 있는 하천을 횡단하여 설치된 배관

② 해상・해저・호소 등을 횡단하여 설치된 배관

③ 산 등 경사가 있는 지역에 설치된 배관

④ 철도 또는 도로 중 산이나 언덕을 절개하여 만든 부분을 횡단하여 설치된 배관

(5) (1) 내지 (4)에 규정하지 아니한 것으로서 특정이송취급소가 아닌 이송취급소의 기준의 특례에 관하여 필요한 사항은 소방청장이 정하여 고시할 수 있다.

[특정이송취급소 이외의 이송취급소 특례기준 정리]

적용설비	항	호	목	특례기준 내용
(1) 운전상태 감시장치	05	(7)	①	적용하지 않음
(2) 안전제어장치	05	(8)	①	적용하지 않음
(3) 누설검지장치 등 ① 유량차 ② 압력차 ③ 누설검지구	05	(10)	① ㉡	적용하지 않음
			① ㉢	적용하지 않음
			②	배관에 관계된 최대상용압력이 1MPa 미만이고 안지름이 100mm 이하인 배관인 경우에는 적용하지 아니한다.
(4) 지진감지장치 등	05	(13)		적용하지 않음
(5) 압력안전장치	05	(9)	①	유격작용 등에 의하여 배관에 생긴 응력(변형력)이 주하중에 대한 허용능력도를 초과하지 아니한 배관계는 적용하지 아니한다.

(6) 긴급차단밸브	05	(11)	② ㉠	현지조작에 의하여 폐쇄하는 기능이 있는 것으로 할 수 있다. 다만, 다음의 경우에는 특례의 적용을 배제한다. 원격조작 및 현지조작에 의한 폐쇄 기능이 적용된다. ① 「하천법」 제7조 제2항에 따른 국가하천·하류부근에 「수도법」 제3조 제17호에 따른 수도시설(취수시설에 한한다)이 있는 하천 또는 계획하폭이 50m 이상인 하천으로서 위험물이 유입될 우려가 있는 하천을 횡단하여 설치된 배관 ② 해상·해저·호소 등을 횡단하여 설치된 배관 ③ 산 등 경사가 있는 지역에 설치된 배관 ④ 철도 또는 도로 중 산이나 언덕을 절개하여 만든 부분을 횡단하여 설치된 배관

제4절 일반취급소의 위치 · 구조 및 설비의 기준(제40조 관련 별표16)

01 개 요

(1) 정의(영 제5조 관련 별표3)

① 위험물을 취급하기 위한 시설을 설치한 주유취급소, 판매취급소, 이송취급소 외의 장소(유사석유제품에 해당하는 위험물을 취급하는 장소는 제외)를 말한다.

② 일반적으로 제품을 생산하는 공정 중에 위험물을 이용하여 제품을 가공하거나 세척 또는 버너 등을 이용하여 소비하는 취급소가 여기에 해당한다.

③ 제조공정을 가지고 있다고 하더라도 생산제품이 위험물이 아닌 점에서 제조소와 구별된다.

[위험물 취급소의 정의]

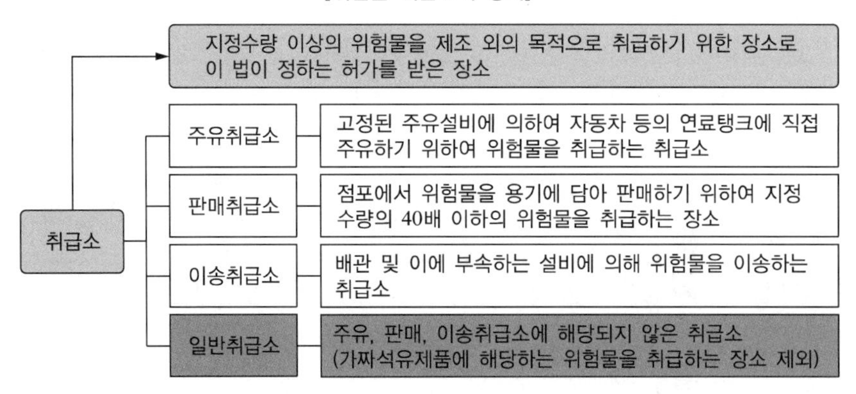

02 일반취급소의 기준★★★★

(1) 제조소 기준 준용

별표4(제조소의 위치·구조 및 설비기준) Ⅰ부터 Ⅹ의 규정은 일반취급소의 위치·구조 및 설비의 기술기준에 대하여 준용한다.

(2) 제1호의 규정에 불구하고 다음 각 목과 같이 그 형태가 다양하여 다음과 같이 그 특성에 따라 각각 03부터 11까지의 규정 및 12에 의한 별도의 특례 규정을 두고 있다.

[일반취급소 특례기준]

일반취급소 특례기준
- 분무도장작업장
- 세정작업장
- 유압장치 등을 설치
- 열처리작업장
- 충전하는
- 절삭장치 등을 설치하는
- 옮겨 담는
- 보일러 등으로 위험물을 소비하는
- 열매체유 순환장치를 설치하는
- 고인화점 위험물만을 취급
- 알킬알루미늄 등 취급
- 발전소, 변전소 등 이에 준하는 장소
- 화학실험실의

① 도장, 인쇄 또는 도포를 위하여 제2류 위험물 또는 제4류 위험물(특수인화물을 제외한다)을 취급하는 일반취급소로서 지정수량의 30배 미만의 것(위험물을 취급하는 설비를 건축물에 설치하는 것에 한하며, 이하 "**분무도장작업 등의 일반취급소**"라 한다)

② 세정을 위하여 위험물(인화점이 40℃ 이상인 제4류 위험물에 한한다)을 취급하는 일반취급소로서 지정수량의 30배 미만의 것(위험물을 취급하는 설비를 건축물에 설치하는 것에 한하며, 이하 "**세정작업의 일반취급소**"라 한다)

③ 열처리작업 또는 방전가공을 위하여 위험물(인화점이 70℃ 이상인 제4류 위험물에 한한다)을 취급하는 일반취급소로서 지정수량의 30배 미만의 것(위험물을 취급하는 설비를 건축물에 설치하는 것에 한하며, 이하 "**열처리작업 등의 일반취급소**"라 한다)

④ 보일러, 버너 그 밖의 이와 유사한 장치로 위험물(인화점이 38℃ 이상인 제4류 위험물에 한한다)을 소비하는 일반취급소로서 지정수량의 30배 미만의 것(위험물을 취급하는 설비를 건축물에 설치하는 것에 한하며, 이하 "**보일러 등으로 위험물을 소비하는 일반취급소**"라 한다)

⑤ 이동저장탱크에 액체위험물(알킬알루미늄 등, 아세트알데히드 등 및 히드록실아민 등을 제외한다. 이하 이 호에서 같다)을 주입하는 일반취급소(액체위험물을 용기에 옮겨 담는 취급소를 포함하며, 이하 "**충전하는 일반취급소**"라 한다)

⑥ 고정급유설비에 의하여 위험물(인화점이 38℃ 이상인 제4류 위험물에 한한다)을 용기에 옮겨 담거나 4,000L 이하의 이동저장탱크(용량이 2,000L를 넘는 탱크에 있어서는 그 내부를 2,000L 이하마다 구획한 것에 한한다)에 주입하는 일반취급소로서 지정수량의 40배 미만인 것(이하 "**옮겨 담는 일반취급소**"라 한다)

⑦ 위험물을 이용한 유압장치 또는 윤활유 순환장치를 설치하는 일반취급소(고인화점 위험물만을 100℃ 미만의 온도로 취급하는 것에 한한다)로서 지정수량의 50배 미만의 것(위험물을 취급하는 설비를 건축물에 설치하는 것에 한하며, 이하 "**유압장치 등을 설치하는 일반취급소**"라 한다)

⑧ 절삭유의 위험물을 이용한 절삭장치, 연삭장치 그 밖의 이와 유사한 장치를 설치하는 일반취급소(고인화점 위험물만을 100℃ 미만의 온도로 취급하는 것에 한한다)로서 지정수량의 30배 미만의 것(위험물을 취급하는 설비를 건축물에 설치하는 것에 한하며, 이하 "**절삭장치 등을 설치하는 일반취급소**"라 한다)

⑨ 위험물 외의 물건을 가열하기 위하여 위험물(고인화점 위험물에 한한다)을 이용한 열매체유 순환장치를 설치하는 일반취급소로서 지정수량의 30배 미만의 것(위험물을 취급하는 설비를 건축물에 설치하는 것에 한하며, 이하 "**열매체유 순환장치를 설치하는 일반취급소**"라 한다)

⑩ 화학실험을 위하여 위험물을 취급하는 일반취급소로서 지정수량의 30배 미만의 것(위험물을 취급하는 설비를 건축물에 설치하는 것만 해당하며, 이하 "**화학실험의 일반취급소**"라 한다)

Plus one

일반취급소 특례	용도(건축물에 설치한 것에 한함)	취급 위험물	지정수량 배수
분무도장작업 등의 일반취급소	도장, 인쇄, 도포	제2류, 제4류 (특수인화물류 제외)	30배 미만
세정작업의 일반취급소	세 정	40℃ 이상의 4류	30배 미만
열처리작업 등의 일반취급소	열처리작업 또는 방전가공	70℃ 이상의 4류	30배 미만
보일러 등으로 위험물을 소비하는 일반취급소	보일러, 버너 등으로 소비	38℃ 이상의 4류	30배 미만
충전하는 일반취급소	이동저장탱크에 액체위험물을 주입하는(용기에 다시 채움 포함)	액체위험물(알킬알루미늄 등, CH_3CHO 등, 히드록실아민 등 제외)	**제한 없음**
옮겨 담는 일반취급소	위험물을 용기에 다시 채우거나 **4,000L 이하의** 이동탱크에 주입	38℃ 이상의 4류	**40배 미만**
유압장치 등을 설치하는 일반취급소	위험물을 이용한 유압장치 또는 윤활유 순환	고인화점 위험물만을 100℃ 미만의 온도로 취급하는 것에 한함	**50배 미만**
절삭장치 등을 설치하는 일반취급소	절삭유 위험물을 이용한 절삭, 연삭 등	고인화점 위험물만을 100℃ 미만의 온도로 취급하는 것에 한함	30배 미만
열매체유 순환장치를 설치하는 일반취급소	위험물 외의 물건을 가열	고인화점 위험물에 한함	30배 미만
화학실험의 일반취급소	화학실험을 위하여 위험물 취급		30배 미만
고인화점 위험물만을 취급하는 일반취급소			

(3) (1) 및 (2)의 규정에 불구하고 고인화점 위험물만을 12 규정에 의한 바에 따라 취급하는 일반취급소에 있어서는 12에 정하는 특례에 의할 수 있다.

(4) 알킬알루미늄 등, 아세트알데히드 등 또는 히드록실아민 등을 취급하는 일반취급소는 (1)의 규정(제조소의 규정 준용)에 의하되, 해당 위험물의 성질에 따라 강화되는 기준은 13 규정에 의해야 한다.

(5) (1)의 규정에 불구하고 발전소・변전소・개폐소 그 밖에 이에 준하는 장소(이하 이 호에서 "발전소 등"이라 한다)에 설치되는 일반취급소에 대하여는 제조소 기술기준에 의하여 준용되는 별표4 Ⅰ(안전거리)・Ⅱ(보유공지)・Ⅳ(건축물 구조) 및 Ⅶ(옥외시설의 바닥)의 규정을 적용하지 아니하며, 발전소 등에 설치되는 변압기・반응기・전압조정기・유입(油入)개폐기・차단기・유입콘덴서・유입케이블 및 이에 부속된 장치로서 기기의 냉각 또는 전열차단을 위한 유류를 내장하여 사용하는 것에 대하여는 제조소의 기준을 적용하지 아니한다.

03 분무도장작업 등의 일반취급소의 특례

(1) 정 의

분무도장작업 등의 일반취급소란 도장, 인쇄 또는 도포를 위하여 지정수량의 30배 미만의 제2류 위험물 또는 제4류 위험물(특수인화물을 제외한다)을 취급하는 설비를 건축물에 설치하는 것을 말한다.

(2) 분무도장작업 등의 일반취급소 중 위치・구조 및 설비가 다음 각 호에 따른 기준에 적합한 것에 대하여는 별표4(제조소의 위치・구조 및 설비기준) Ⅰ(안전거리)・Ⅱ(보유공지)・Ⅳ(건축물의 구조)・Ⅴ(채광・조명환기설비) 및 Ⅵ(배출설비)의 규정은 적용하지 아니한다.

① 건축물 중 일반취급소의 용도로 사용하는 부분에 지하층이 없을 것

② 건축물 중 일반취급소의 용도로 사용하는 부분은 벽・기둥・바닥・보 및 지붕(상층이 있는 경우에는 상층의 바닥)을 내화구조로 하고, 출입구 외의 개구부가 없는 두께 70mm 이상의 철근콘크리트조 또는 이와 동등 이상의 강도가 있는 구조의 바닥 또는 벽으로 해당 건축물의 다른 부분과 구획될 것

③ 건축물 중 일반취급소의 용도로 사용하는 부분에는 창을 설치하지 아니할 것

④ 건축물 중 일반취급소의 용도로 사용하는 부분의 출입구에는 60분방화문을 설치하되, 연소의 우려가 있는 외벽 및 해당 부분 외의 부분과의 격벽에 있는 출입구에는 수시로 열 수 있는 자동폐쇄식의 것으로 할 것

⑤ 액상의 위험물을 취급하는 건축물 중 일반취급소의 용도로 사용하는 부분의 바닥은 위험물이 침투하지 아니하는 구조로 하고, 적당한 경사를 두어 집유설비를 설치할 것

⑥ 건축물 중 일반취급소의 용도로 사용하는 부분에는 위험물을 취급하는데 필요한 채광・조명 및 환기의 설비를 설치할 것

⑦ 가연성의 증기 또는 가연성의 미분이 체류할 우려가 있는 일반취급소의 용도로 사용하는 부분에는 그 증기 또는 미분을 옥외의 높은 곳으로 배출하는 설비를 설치할 것

⑧ 환기설비 및 배출설비에는 방화상 유효한 댐퍼 등을 설치할 것

04 세정작업의 일반취급소의 특례

(1) 정 의

세정작업을 위한 일반취급소란 세정을 위하여 지정수량의 30배 미만의 인화점이 40℃ 이상인 제4류 위험물을 취급하는 설비를 건축물에 설치하는 일반취급소를 말한다.

(2) 지정수량 30배 미만의 세정작업의 일반취급소 시설기준

세정을 위한 일반취급소 중 위치・구조 및 설비가 다음 각 호에 따른 기준에 적합한 것에 대하여는 준용되는 별표4(제조소의 위치・구조 및 설비기준) Ⅰ(안전거리)・Ⅱ(보유공지)・Ⅳ(건축물의 구조)・Ⅴ(채광・조명환기설비) 및 Ⅵ(배출설비)의 규정은 적용하지 아니한다.

① 위험물을 취급하는 탱크(용량이 지정수량의 5분의 1 미만인 것을 제외한다)의 주위에는 별표 4 Ⅸ(위험물 취급탱크) 제1호 나목 1)의 규정을 준용하여 방유턱을 설치할 것

> **위험물 취급탱크의 방유제[별표4 Ⅸ 제1호 나목 1)]**
> ① 하나의 취급탱크 주위에 설치하는 방유제의 용량 : 해당 탱크용량의 50% 이상
> ② 2 이상의 취급탱크 주위에 하나의 방유제를 설치하는 경우
> • **해당 탱크 중 용량이 최대인 것의 50% + 나머지 탱크용량 합계의 10%**
> 이 경우 방유제의 용량은 해당 방유제의 내용적에서 용량이 최대인 탱크 외의 탱크의 방유제 높이 이하 부분의 용적, 해당 방유제 내에 있는 모든 탱크의 지반면 이상 부분의 기초의 체적, 간막이 둑의 체적 및 해당 방유제 내에 있는 배관 등의 체적을 뺀 것으로 한다.

② 위험물을 가열하는 설비에는 위험물의 과열을 방지할 수 있는 장치를 설치할 것

③ **03** 각 호의 기준에 적합할 것

(3) 지정수량 10배 미만의 세정작업의 일반취급소 시설기준

세정작업을 위한 일반취급소 중 지정수량의 10배 미만의 것으로서 그 위치・구조 및 설비가 다음 각 목에 정하는 기준에 적합한 것에 대하여는 제조소 기준 규정에 준용되는 별표4(제조소의 위치・구조 및 설비기준) Ⅰ(안전거리)・Ⅱ(보유공지)・Ⅳ(건축물의 구조)・Ⅴ(채광・조명환기설비) 및 Ⅵ(배출설비)의 규정은 적용하지 아니한다.

① 일반취급소는 벽・기둥・바닥・보 및 지붕이 불연재료로 되어 있고, 천장이 없는 단층 건축물에 설치할 것

② 위험물을 취급하는 설비(위험물을 이송하기 위한 배관을 제외한다)는 바닥에 고정하고, 해당 설비의 주위에 너비 3m 이상의 공지를 보유할 것. 다만, 해당 설비로부터 3m 미만의 거리에 있는 건축물의 벽(수시로 열 수 있는 자동폐쇄식의 60분방화문이 달려 있는 출입구 외의 개구부가 없는 것에 한한다) 및 기둥이 내화구조인 경우에는 해당 설비에서 해당 벽 및 기둥까지의 공지를 보유하는 것으로 할 수 있다.

③ 건축물 중 일반취급소의 용도로 사용하는 부분(②의 공지를 포함한다. 이하 ⑥~⑨에서 같다)의 바닥은 위험물이 침투하지 아니하는 구조로 하고 적당한 경사를 두어 집유설비를 설치하는 한편, 집유설비 및 해당 바닥의 주위에 배수구를 설치할 것

④ 위험물을 취급하는 설비는 해당 설비의 내부에서 발생한 가연성의 증기 또는 가연성의 미분이 해당 설비의 외부에 확산하지 아니하는 구조로 할 것. 다만, 그 증기 또는 미분을 직접 옥외의 높은 곳으로 유효하게 배출할 수 있는 설비를 설치하는 경우에는 그러하지 아니하다.

⑤ ④목 단서의 설비에는 방화상 유효한 댐퍼 등을 설치할 것

⑥ 건축물 중 일반취급소의 용도로 사용하는 부분에는 위험물을 취급하는데 필요한 채광・조명 및 환기의 설비를 설치할 것

⑦ 가연성의 증기 또는 가연성의 미분이 체류할 우려가 있는 일반취급소의 용도로 사용하는 부분에는 그 증기 또는 미분을 옥외의 높은 곳으로 배출하는 설비를 설치할 것

⑧ 환기설비 및 배출설비에는 방화상 유효한 댐퍼 등을 설치할 것

⑨ 위험물을 취급하는 탱크(용량이 지정수량의 5분의 1 미만인 것을 제외한다)의 주위에는 별표 4 Ⅸ(위험물 취급탱크) 제1호 나목 1)의 규정을 준용하여 방유턱을 설치할 것

> **위험물 취급탱크의 방유제[별표4 Ⅸ 제1호 나목 1)]**
> ① 하나의 취급탱크 주위에 설치하는 방유제의 용량 : 해당 탱크용량의 50% 이상
> ② 2 이상의 취급탱크 주위에 하나의 방유제를 설치하는 경우
> • **해당 탱크 중 용량이 최대인 것의 50% + 나머지 탱크용량 합계의 10%**
> 이 경우 방유제의 용량은 해당 방유제의 내용적에서 용량이 최대인 탱크 외의 탱크의 방유제 높이 이하 부분의 용적, 해당 방유제 내에 있는 모든 탱크의 지반면 이상 부분의 기초의 체적, 간막이 둑의 체적 및 해당 방유제 내에 있는 배관 등의 체적을 뺀 것으로 한다.

⑩ 위험물을 가열하는 설비에는 위험물의 과열을 방지할 수 있는 장치를 설치할 것

05 열처리작업 등의 일반취급소의 특례

(1) 정 의

열처리작업 또는 방전가공을 위하여 지정수량의 30배 미만의 인화점이 70℃ 이상인 제4류 위험물을 취급하는 설비를 건축물에 설치하는 일반취급소를 말한다.

Plus one

- 열처리작업이란 주로 철강제 기계부품의 내피로성, 내마찰성의 향상 등을 목적으로 한 공정이며 기름, 가스 전기를 열원으로 하는 가열로와 기름, 물, 용융염을 이용하는 냉각장치에 의해 구성된다.
- 방전가공이란 전극과 가공물과의 적은 간격에 방전을 발생시켜 가공물을 일정의 형태로 가공하는 것으로 방전간격의 전열차단저항을 높이기 위해 주로 기름 속에서 가공을 실시하는 것을 말한다. 특히 금형제작에 이용되고 있다.

(2) 지정수량 30배 미만의 열처리작업 등의 일반취급소 시설기준

열처리작업 등의 일반취급소 중 위치 · 구조 및 설비가 다음 각 호에 따른 기준에 적합한 것에 대하여는 제조소 기준의 준용되는 별표4(제조소의 위치 · 구조 및 설비기준) Ⅰ(안전거리) · Ⅱ(보유공지) · Ⅳ(건축물의 구조) · Ⅴ(채광 · 조명환기설비) 및 Ⅵ(배출설비)의 규정은 적용하지 아니한다.

① 건축물 중 일반취급소의 용도로 사용하는 부분은 벽 · 기둥 · 바닥 및 보를 내화구조로 하고, 출입구 외의 개구부가 없는 두께 70mm 이상의 철근콘크리트조 또는 이와 동등 이상의 강도가 있는 구조의 바닥 또는 벽으로 해당 건축물의 다른 부분과 구획될 것

② 건축물 중 일반취급소의 용도로 사용하는 부분은 상층이 있는 경우에 있어서는 상층의 바닥을 내화구조로 하고, 상층이 없는 경우에 있어서는 지붕을 불연재료로 할 것

③ 건축물 중 일반취급소의 용도로 사용하는 부분에는 위험물이 위험한 온도에 이르는 것을 경보할 수 있는 장치를 설치할 것

④ **03**(②를 제외한다)의 기준에 적합할 것

(3) 지정수량 10배 미만의 열처리작업 등의 일반취급소 시설기준

열처리작업 등의 일반취급소 중 지정수량의 10배 미만의 것으로서 그 위치 · 구조 및 설비가 다음 각 목에 정하는 기준에 적합한 것에 대하여는 제조소 기준의 준용되는 별표4(제조소의 위치 · 구조 및 설비기준) Ⅰ(안전거리) · Ⅱ(보유공지) · Ⅳ(건축물의 구조) · Ⅴ(채광 · 조명환기설비) 및 Ⅵ(배출설비)의 규정은 적용하지 아니한다.

① 위험물을 취급하는 설비(위험물을 이송하기 위한 배관을 제외한다)는 바닥에 고정하고, 해당 설비의 주위에 너비 3m 이상의 공지를 보유할 것. 다만, 해당 설비로부터 3m 미만의 거리에 있는 건축물의 벽(수시로 열 수 있는 자동폐쇄식의 60분방화문이 달려 있는 출입구 외의 개구부가 없는 것에 한한다) 및 기둥이 내화구조인 경우에는 해당 설비에서 해당 벽 및 기둥까지의 공지를 보유하는 것으로 할 수 있다.

② 건축물 중 일반취급소의 용도로 사용하는 부분(①의 공지를 포함한다. 이하 ③~⑦에서 같다)의 바닥은 위험물이 침투하지 아니하는 구조로 하고 적당한 경사를 두어 집유설비를 설치하는 한편, 집유설비 및 해당 바닥의 주위에 배수구를 설치할 것

③ 건축물 중 일반취급소의 용도로 사용하는 부분에는 위험물을 취급하는데 필요한 채광 · 조명 및 환기의 설비를 설치할 것

④ 가연성의 증기 또는 가연성의 미분이 체류할 우려가 있는 일반취급소의 용도로 사용하는 부분에는 그 증기 또는 미분을 옥외의 높은 곳으로 배출하는 설비를 설치할 것

⑤ 환기설비 및 배출설비에는 방화상 유효한 댐퍼 등을 설치할 것

⑥ 일반취급소는 벽 · 기둥 · 바닥 · 보 및 지붕이 불연재료로 되어 있고, 천장이 없는 단층 건축물에 설치할 것

⑦ 건축물 중 일반취급소의 용도로 사용하는 부분에는 위험물이 위험한 온도에 이르는 것을 경보할 수 있는 장치를 설치할 것

06 보일러 등으로 위험물을 소비하는 일반취급소의 특례

(1) 정 의

보일러, 버너 그 밖의 이와 유사한 장치로 소비하기 위하여 지정수량의 30배 미만의 인화점이 38℃ 이상인 제4류 위험물을 취급하는 설비를 건축물에 설치하는 일반취급소를 말한다.

(2) 지정수량 30배 미만의 보일러 등으로 위험물을 소비하는 일반취급소 시설기준

보일러 등으로 위험물을 소비하는 일반취급소 중 그 위치 · 구조 및 설비가 다음 각 목에 정하는 기준에 적합한 것에 대하여는 제조소 기준의 준용되는 별표4(제조소의 위치 · 구조 및 설비기준) Ⅰ(안전거리) · Ⅱ(보유공지) · Ⅳ(건축물의 구조) · Ⅴ(채광 · 조명환기설비) 및 Ⅵ(배출설비)의 규정은 적용하지 아니한다.

① 건축물 중 일반취급소의 용도로 사용하는 부분에는 창을 설치하지 아니할 것

② 건축물 중 일반취급소의 용도로 사용하는 부분의 출입구에는 60분방화문을 설치하되, 연소의 우려가 있는 외벽 및 해당 부분 외의 부분과의 격벽에 있는 출입구에는 수시로 열 수 있는 자동폐쇄식의 것으로 할 것

③ 액상의 위험물을 취급하는 건축물 중 일반취급소의 용도로 사용하는 부분의 바닥은 위험물이 침투하지 아니하는 구조로 하고, 적당한 경사를 두어 집유설비를 설치할 것

④ 건축물 중 일반취급소의 용도로 사용하는 부분에는 위험물을 취급하는데 필요한 채광 · 조명 및 환기의 설비를 설치할 것

⑤ 가연성의 증기 또는 가연성의 미분이 체류할 우려가 있는 일반취급소의 용도로 사용하는 부분에는 그 증기 또는 미분을 옥외의 높은 곳으로 배출하는 설비를 설치할 것

⑥ 환기설비 및 배출설비에는 방화상 유효한 댐퍼 등을 설치할 것

⑦ 건축물 중 일반취급소의 용도로 사용하는 부분은 벽 · 기둥 · 바닥 및 보를 내화구조로 하고, 출입구 외의 개구부가 없는 두께 70mm 이상의 철근콘크리트조 또는 이와 동등 이상의 강도가 있는 구조의 바닥 또는 벽으로 해당 건축물의 다른 부분과 구획될 것

⑧ 건축물 중 일반취급소의 용도로 사용하는 부분은 상층이 있는 경우에 있어서는 상층의 바닥을 내화구조로 하고, 상층이 없는 경우에 있어서는 지붕을 불연재료로 할 것

⑨ 건축물 중 일반취급소의 용도로 제공하는 부분에는 지진 시 및 정전 시 등의 긴급시에 보일러, 버너 그 밖에 이와 유사한 장치(비상용전원과 관련되는 것을 제외한다)에 대한 위험물의 공급을 자동적으로 차단하는 장치를 설치할 것

⑩ 위험물을 취급하는 탱크는 그 용량의 총계를 지정수량 미만으로 하고, 해당 탱크(용량이 지정수량의 5분의 1 미만의 것을 제외한다)의 주위에 별표4 Ⅸ(위험물 취급탱크) 제1호 나목 1)의 규정을 준용하여 방유턱을 설치할 것

> **위험물 취급탱크의 방유제[별표4 Ⅸ 제1호 나목 1)]**
> ① 하나의 취급탱크 주위에 설치하는 방유제의 용량 : 해당 탱크용량의 50% 이상
> ② 2 이상의 취급탱크 주위에 하나의 방유제를 설치하는 경우
> • **해당 탱크 중 용량이 최대인 것의 50% + 나머지 탱크용량 합계의 10%**

(3) 지정수량 10배 미만의 보일러 등으로 위험물을 소비하는 일반취급소 시설기준

보일러 등으로 위험물을 소비하는 일반취급소 중 지정수량의 10배 미만의 것으로서 그 위치・구조 및 설비가 다음 각 목에 정하는 기준에 적합한 것에 대하여는 제조소 기준의 준용되는 별표4(제조소의 위치・구조 및 설비기준) Ⅰ(안전거리)・Ⅱ(보유공지)・Ⅳ(건축물의 구조)・Ⅴ(채광・조명 환기설비) 및 Ⅵ(배출설비)의 규정은 적용하지 아니한다.

① 위험물을 취급하는 설비(위험물을 이송하기 위한 배관을 제외한다)는 바닥에 고정하고, 해당 설비의 주위에 너비 3m 이상의 공지를 보유할 것. 다만, 해당 설비로부터 3m 미만의 거리에 있는 건축물의 벽(수시로 열 수 있는 자동폐쇄식의 60분방화문이 달려 있는 출입구 외의 개구부가 없는 것에 한한다) 및 기둥이 내화구조인 경우에는 해당 설비에서 해당 벽 및 기둥까지의 공지를 보유하는 것으로 할 수 있다.

② 건축물 중 일반취급소의 용도로 사용하는 부분(가목의 공지를 포함한다. 이하 다목에서 같다)의 바닥은 위험물이 침투하지 아니하는 구조로 하고 적당한 경사를 두는 한편, 집유설비 및 해당 바닥의 주위에 배수구를 설치할 것

③ 건축물 중 일반취급소의 용도로 사용하는 부분에는 위험물을 취급하는데 필요한 채광・조명 및 환기의 설비를 설치할 것

④ 가연성의 증기 또는 가연성의 미분이 체류할 우려가 있는 일반취급소의 용도로 사용하는 부분에는 그 증기 또는 미분을 옥외의 높은 곳으로 배출하는 설비를 설치할 것

⑤ 환기설비 및 배출설비에는 방화상 유효한 댐퍼 등을 설치할 것

⑥ 일반취급소는 벽・기둥・바닥・보 및 지붕이 불연재료로 되어 있고, 천장이 없는 단층 건축물에 설치할 것

⑦ 건축물 중 일반취급소의 용도로 제공하는 부분에는 지진 시 및 정전 시 등의 긴급 시에 보일러, 버너 그 밖에 이와 유사한 장치(비상용전원과 관련되는 것을 제외한다)에 대한 위험물의 공급을 자동적으로 차단하는 장치를 설치할 것

⑧ 위험물을 취급하는 탱크는 그 용량의 총계를 지정수량 미만으로 하고, 해당 탱크(용량이 지정수량의 5분의 1 미만의 것을 제외한다)의 주위에 별표4 Ⅸ(위험물 취급탱크) 제1호 나목 1)의 규정을 준용하여 방유턱을 설치할 것

> **위험물 취급탱크의 방유제[별표4 Ⅸ 제1호 나목 1)]**
> ① 하나의 취급탱크 주위에 설치하는 방유제의 용량 : 해당 탱크용량의 50% 이상
> ② 2 이상의 취급탱크 주위에 하나의 방유제를 설치하는 경우
> • **해당 탱크 중 용량이 최대인 것의 50% + 나머지 탱크용량 합계의 10%**

(4) 지정수량 10배 미만의 보일러 등으로 위험물을 소비하는 일반취급소를 옥상에 설치 시 시설기준

보일러 등으로 위험물을 소비하는 일반취급소 중 지정수량의 10배 미만의 것으로서 그 위치·구조 및 설비가 다음 각 목에 따른 기준에 적합한 것에 대하여는 제조소 기준에 준용되는 별표4(제조소의 위치·구조 및 설비기준) Ⅰ(안전거리)·Ⅱ(보유공지)·Ⅳ(건축물의 구조)·Ⅴ(채광·조명환기설비) 및 Ⅵ(배출설비)의 규정은 적용하지 아니한다.

① 일반취급소는 벽·기둥·바닥·보 및 지붕이 내화구조인 건축물의 옥상에 설치할 것

② 위험물을 취급하는 설비(위험물을 이송하기 위한 배관을 제외한다)는 옥상에 고정할 것

③ 위험물을 취급하는 설비(위험물을 취급하는 탱크 및 위험물을 이송하기 위한 배관을 제외한다)는 큐비클식(강판으로 만들어진 보호상자에 수납되어 있는 방식을 말한다)의 것으로 하고, 해당 설비의 주위에 높이 0.15m 이상의 방유턱을 설치할 것

④ ③의 설비의 내부에는 위험물을 취급하는데 필요한 채광·조명 및 환기의 설비를 설치할 것

⑤ 위험물을 취급하는 탱크는 그 용량의 총계를 지정수량 미만으로 할 것

⑥ 옥외에 있는 위험물을 취급하는 탱크의 주위에는 높이 0.15m 이상의 방유턱을 설치할 것

⑦ ③ 및 ⑥의 방유턱의 주위에 너비 3m 이상의 공지를 보유할 것. 다만, 해당 설비로부터 3m 미만의 거리에 있는 건축물의 벽(수시로 열 수 있는 자동폐쇄식의 60분방화문이 달려 있는 출입구 외의 개구부가 없는 것에 한한다) 및 기둥이 내화구조인 경우에는 해당 설비에서 해당 벽 및 기둥까지의 공지를 보유하는 것으로 할 수 있다.

⑧ ③ 및 ⑥의 방유턱의 내부는 위험물이 침투하지 아니하는 구조로 하고, 적당한 경사를 두어 집유설비를 설치할 것. 이 경우 위험물이 직접 배수구에 유입하지 아니하도록 집유설비에 유분리장치를 설치해야 한다.

⑨ 옥내에 있는 위험물을 취급하는 탱크는 다음의 기준에 적합한 탱크전용실에 설치할 것

㉠ 별표7(옥내탱크저장소) Ⅰ 제1호 너목 내지 머목의 기준을 준용할 것

> 너. 탱크전용실은 지붕을 불연재료로 하고, 천장을 설치하지 아니할 것
> 더. 탱크전용실의 창 및 출입구에는 60분방화문 또는 30분방화문을 설치하는 동시에, 연소의 우려가 있는 외벽에 두는 출입구에는 수시로 열 수 있는 자동폐쇄식의 60분방화문을 설치할 것
> 러. 탱크전용실의 창 또는 출입구에 유리를 이용하는 경우에는 망입유리로 할 것
> 머. 액상의 위험물의 옥내저장탱크를 설치하는 탱크전용실의 바닥은 위험물이 침투하지 아니하는 구조로 하고, 적당한 경사를 두는 한편, 집유설비를 설치할 것

㉡ 탱크전용실은 바닥을 내화구조로 하고, 벽·기둥 및 보를 불연재료로 할 것

㉢ 탱크전용실에는 위험물을 취급하는데 필요한 채광·조명 및 환기의 설비를 설치할 것

㉣ 가연성의 증기 또는 가연성의 미분이 체류할 우려가 있는 탱크전용실에는 그 증기 또는 미분을 옥외의 높은 곳으로 배출하는 설비를 설치할 것

㉤ 위험물을 취급하는 탱크의 주위에는 별표4 Ⅸ 제1호 나목 1)의 규정을 준용하여 방유턱을 설치하거나 탱크전용실의 출입구의 턱의 높이를 높게 할 것

> **위험물 취급탱크의 방유제[별표4 Ⅸ 제1호 나목 1)]**
> ① 하나의 취급탱크 주위에 설치하는 방유제의 용량 : 해당 탱크용량의 50% 이상
> ② 2 이상의 취급탱크 주위에 하나의 방유제를 설치하는 경우
> **• 해당 탱크 중 용량이 최대인 것의 50% + 나머지 탱크용량 합계의 10%**

⑩ 환기설비 및 배출설비에는 방화상 유효한 댐퍼 등을 설치할 것

⑪ 건축물 중 일반취급소의 용도로 사용하는 부분의 출입구에는 60분방화문을 설치하되, 연소의 우려가 있는 외벽 및 해당 부분 외의 부분과의 격벽에 있는 출입구에는 수시로 열 수 있는 자동폐쇄식의 것으로 할 것

07 충전하는 일반취급소의 특례

(1) 정 의

이동저장탱크에 액체위험물(알킬알루미늄 등, 아세트알데히드 등 및 히드록실아민 등을 제외한다. 이하 이 호에서 같다)을 주입하는 일반취급소(액체위험물을 용기에 옮겨 담는 취급소를 포함하며, 이하 "충전하는 일반취급소"라 한다)

(2) 충전하는 일반취급소 중 그 위치·구조 및 설비가 다음 각 호에 따른 기준에 적합한 것에 대하여는 제조소 기술기준에 준용되는 별표4 Ⅳ(건축물구조) 제2호 내지 제6호(지하층이 없도록 해야 한다만 적용)·Ⅴ(채광·조명 및 환기설비)·Ⅵ(배출설비) 및 Ⅶ(옥외시설바닥)의 규정은 적용하지 아니한다.

① 건축물을 설치하는 경우에 있어서 해당 건축물은 벽·기둥·바닥·보 및 지붕을 내화구조 또는 불연재료로 하고, 창 및 출입구에 60분방화문 또는 30분방화문을 설치해야 한다.

② ①의 건축물의 창 또는 출입구에 유리를 설치하는 경우에는 망입유리로 해야 한다.

③ ①의 건축물의 2 방향 이상은 통풍을 위하여 벽을 설치하지 아니해야 한다.

④ 위험물을 이동저장탱크에 주입하기 위한 설비(위험물을 이송하는 배관을 제외한다)의 주위에 필요한 공지를 보유해야 한다.

⑤ 위험물을 용기에 옮겨 담기 위한 설비를 설치하는 경우에는 해당 설비(위험물을 이송하는 배관을 제외한다)의 주위에 필요한 공지를 ④의 공지 외의 장소에 보유해야 한다.

⑥ ④ 및 ⑤의 공지는 그 지반면을 주위의 지반면보다 높게 하고, 그 표면에 적당한 경사를 두며, 콘크리트 등으로 포장해야 한다.

⑦ ④ 및 ⑤의 공지에는 누설한 위험물 그 밖의 액체가 해당 공지 외의 부분에 유출하지 아니하도록 집유설비 및 주위에 배수구를 설치해야 한다. 이 경우 제4류 위험물(온도 20℃의 물 100g에 용해되는 양이 1g 미만인 것에 한한다)을 취급하는 공지에 있어서는 집유설비에 유분리장치를 설치해야 한다.

08 옮겨 담는 일반취급소의 특례

(1) 정 의

고정급유설비에 의하여 위험물(인화점이 38℃ 이상인 제4류 위험물에 한한다)을 용기에 옮겨 담거나 4,000L 이하의 이동저장탱크(용량이 2,000L를 넘는 탱크에 있어서는 그 내부를 2,000L 이하마다 구획한 것에 한한다)에 주입하는 일반취급소로서 지정수량의 40배 미만인 것(이하 "옮겨 담는 일반취급소"라 한다)

(2) 옮겨 담는 일반취급소 중 그 위치·구조 및 설비가 다음 각 호에 따른 기준에 적합한 것에 대하여는 제조소 기술기준에 준용되는 별표4(제조소의 위치·구조 및 설비기준) Ⅰ(안전거리)·Ⅱ(보유공지)·Ⅳ(건축물의 구조)·Ⅴ(채광·조명환기설비) 및 Ⅵ(배출설비)·Ⅶ(옥외시설의 바닥)·Ⅷ[기타설비(전기설비 제외한다)] 및 Ⅸ(위험물 취급탱크)의 규정은 적용하지 아니한다.

① 일반취급소에는 고정급유설비 중 호스기기의 주위(현수식의 고정급유설비에 있어서는 호스기기의 아래)에 용기에 옮겨 담거나 탱크에 주입하는데 필요한 공지를 보유해야 한다.

② ①의 규정의 공지는 그 지반면을 주위의 지반면보다 높게 하고, 그 표면에 적당한 경사를 두며, 콘크리트 등으로 포장해야 한다.

③ ①의 규정의 공지에는 누설한 위험물 그 밖의 액체가 해당 공지 외의 부분에 유출하지 아니하도록 배수구 및 유분리장치를 설치해야 한다.

④ 일반취급소에는 고정급유설비에 접속하는 용량 40,000L 이하의 지하의 전용탱크(이하 "지하전용탱크"라 한다)를 지반면하에 매설하는 경우 외에는 위험물을 취급하는 탱크를 설치하지 아니해야 한다.

⑤ 지하전용탱크의 위치·구조 및 설비는 지하저장탱크의 위치·구조 및 설비의 기준을 준용해야 한다.

⑥ 고정급유설비에 위험물을 주입하기 위한 배관은 해당 고정급유설비에 접속하는 지하전용탱크로부터의 배관만으로 해야 한다.

⑦ 고정급유설비는 별표13 Ⅳ(제4호를 제외한다)에 따른 주유취급소의 고정주유설비 또는 고정급유설비의 기준을 준용해야 한다.

별표13 Ⅳ(제4호를 제외한다)

1. 주유취급소에는 자동차 등의 연료탱크에 직접 주유하기 위한 고정주유설비를 설치해야 한다.
2. 주유취급소의 고정주유설비 또는 고정급유설비는 지하탱크 또는 간이탱크 중 하나의 탱크만으로부터 위험물을 공급받을 수 있도록 하고, 다음 각 목의 기준에 적합한 구조로 해야 한다.
   가. 펌프기기는 주유관 끝부분에서의 최대배출량이 제1석유류의 경우에는 분당 50L 이하, 경유의 경우에는 분당 180L 이하, 등유의 경우에는 분당 80L 이하인 것으로 할 것. 다만, 이동저장탱크에 주입하기 위한 고정급유설비의 펌프기기는 최대배출량이 분당 300L 이하인 것으로 할 수 있으며, 분당 배출량이 200L 이상인 것의 경우에는 주유설비에 관계된 모든 배관의 안지름을 40mm 이상으로 해야 한다.
   나. 이동저장탱크의 상부를 통하여 주입하는 고정급유설비의 주유관에는 해당 탱크의 밑부분에 달하는 주입관을 설치하고, 그 배출량이 분당 80L를 초과하는 것은 이동저장탱크에 주입하는 용도로만 사용할 것
   다. 고정주유설비 또는 고정급유설비는 난연성 재료로 만들어진 외장을 설치할 것. 다만, Ⅸ에 따른 기준에 적합한 펌프실에 설치하는 펌프기기 또는 액중펌프에 있어서는 그러하지 아니하다.
3. 고정주유설비 또는 고정급유설비의 주유관의 길이(끝부분의 개폐밸브를 포함한다)는 5m(현수식의 경우에는 지면위 0.5m의 수평면에 수직으로 내려 만나는 점을 중심으로 반경 3m) 이내로 하고 그 끝부분에는 축적된 정전기를 유효하게 제거할 수 있는 장치를 설치해야 한다.

⑧ 고정급유설비는 도로경계선으로부터 다음 표에 정하는 거리 이상, 건축물의 벽으로부터 2m(일반취급소의 건축물의 벽에 개구부가 없는 경우에는 해당 벽으로부터 1m) 이상, 부지경계선으로부터 1m 이상의 간격을 유지해야 한다. 다만, 호스기기와 분리하여 별표13 Ⅸ(위험물 취급탱크)의 기준에 적합하고 벽·기둥·바닥·보 및 지붕(상층이 있는 경우에는 상층의 바닥)이 내화구조인 펌프실에 설치하는 펌프기기 또는 액중펌프기기에 있어서는 그러하지 아니하다.

<table>
<tr><th colspan="2">고정급유설비의 구분</th><th>거 리</th></tr>
<tr><td colspan="2">현수식의 고정급유설비</td><td>4m</td></tr>
<tr><td rowspan="3">그 밖의 고정급유 설비</td><td>고정급유설비에 접속되는 급유호스 중 그 전체길이가 최대인 것의 전체길이(이하 이 표에서 "최대급유호스길이"라 한다)가 3m 이하의 것</td><td>4m</td></tr>
<tr><td>최대급유호스길이가 3m 초과 4m 이하의 것</td><td>5m</td></tr>
<tr><td>최대급유호스길이가 4m 초과 5m 이하의 것</td><td>6m</td></tr>
</table>

⑨ 현수식의 고정급유설비를 설치하는 일반취급소에는 해당 고정급유설비의 펌프기기를 정지하는 등에 의하여 지하전용탱크로부터의 위험물의 이송을 긴급히 중단할 수 있는 장치를 설치해야 한다.

⑩ 일반취급소의 주위에는 높이 2m 이상의 내화구조 또는 불연재료로 된 담 또는 벽을 설치해야 한다. 이 경우 해당 일반취급소에 인접하여 연소의 우려가 있는 건축물이 있을 때에는 담 또는 벽을 별표13(주유취급소) Ⅶ(담 또는 벽)의 제1호의 규정에 준하여 방화상 안전한 높이로 해야 한다.

⑪ 일반취급소의 출입구에는 60분방화문 또는 30분방화문을 설치해야 한다.

⑫ 펌프실 그 밖에 위험물을 취급하는 실은 주유취급소의 펌프실 그 밖에 위험물을 취급하는 실의 기준을 준용해야 한다.

⑬ 일반취급소에 지붕, 캐노피 그 밖에 위험물을 옮겨 담는데 필요한 건축물(이하 이 호 및 ⑭에서 "지붕 등"이라 한다)을 설치하는 경우에는 지붕 등은 불연재료로 해야 한다.

⑭ 지붕 등의 수평투영면적은 일반취급소의 부지면적의 3분의 1 이하이어야 한다.

09 유압장치 등을 설치하는 일반취급소의 특례

(1) 정 의

위험물을 이용한 유압장치 또는 윤활유 순환장치를 설치하는 일반취급소(고인화점 위험물만을 100℃ 미만의 온도로 취급하는 것에 한한다)로서 지정수량의 50배 미만의 것(위험물을 취급하는 설비를 건출물에 설치하는 것에 한하며, 이하 "유압장치 등을 설치하는 일반취급소"라 한다)

※ 고인화점 위험물 일반취급소 : 인화점이 100℃ 이상인 제4류 위험물만을 100℃ 미만의 온도에서 취급하는 일반취급소

(2) 단층건물에 유압장치 등을 설치하는 일반취급소 시설기준

유압장치 등을 설치하는 일반취급소 중 그 위치·구조 및 설비가 다음 각 목에 따른 기준에 적합한 것에 대하여는 제조소 기술기준에 준용되는 별표4(제조소의 위치·구조 및 설비기준) Ⅰ(안전거리)·Ⅱ(보유공지)·Ⅳ(건축물의 구조)·Ⅴ(채광·조명환기설비) 및 Ⅵ(배출설비) 및 Ⅷ(정전기제거설비, 피뢰설비) 규정은 적용하지 아니한다.

① 일반취급소는 벽·기둥·바닥·보 및 지붕이 불연재료로 만들어진 단층의 건축물에 설치할 것

② 건축물 중 일반취급소의 용도로 사용하는 부분은 벽·기둥·바닥·보 및 지붕을 불연재료로 하고, 연소의 우려가 있는 외벽은 출입구 외의 개구부가 없는 내화구조의 벽으로 할 것

③ 건축물 중 일반취급소의 용도로 사용하는 부분의 창 및 출입구에는 60분방화문 또는 30분방화문을 설치하고, 연소의 우려가 있는 외벽에 있는 출입구에는 수시로 열 수 있는 자동폐쇄식의 60분방화문을 설치할 것

④ 건축물 중 일반취급소의 용도로 사용하는 부분의 창 또는 출입구에 유리를 이용하는 경우에는 망입유리로 할 것

⑤ 위험물을 취급하는 설비(위험물을 이송하기 위한 배관을 제외한다. 이하 (4)에서 같다)는 건축물 중 일반취급소의 용도로 사용하는 부분의 바닥에 견고하게 고정할 것

⑥ 위험물을 취급하는 탱크(용량이 지정수량의 5분의 1 미만인 것을 제외한다)의 직하에는 별표 4 Ⅸ 제1호 나목 1)의 규정을 준용하여 방유턱을 설치하거나 건축물 중 일반취급소의 용도로 사용하는 부분의 문턱의 높이를 높게 할 것

> ※ **위험물 취급탱크의 방유제[별표4 Ⅸ 제1호 나목 1)]**
> ① 하나의 취급탱크 주위에 설치하는 방유제의 용량 : 해당 탱크용량의 50% 이상
> ② 2 이상의 취급탱크 주위에 하나의 방유제를 설치하는 경우
> **• 해당 탱크 중 용량이 최대인 것의 50% + 나머지 탱크용량 합계의 10%**

⑦ 액상의 위험물을 취급하는 건축물 중 일반취급소의 용도로 사용하는 부분의 바닥은 위험물이 침투하지 아니하는 구조로 하고, 적당한 경사를 두어 집유설비를 설치할 것

⑧ 건축물 중 일반취급소의 용도로 사용하는 부분에는 위험물을 취급하는데 필요한 채광・조명 및 환기의 설비를 설치할 것

⑨ 가연성의 증기 또는 가연성의 미분이 체류할 우려가 있는 일반취급소의 용도로 사용하는 부분에는 그 증기 또는 미분을 옥외의 높은 곳으로 배출하는 설비를 설치할 것

⑩ 환기설비 및 배출설비에는 방화상 유효한 댐퍼 등을 설치할 것

(3) 다층건물에 유압장치 등을 설치하는 일반취급소 시설 기준

유압장치 등을 설치하는 일반취급소 중 그 위치・구조 및 설비가 다음의 각 목에 따른 기준에 적합한 것에 대하여는 제조소 기술기준에 준용되는 별표4(제조소의 위치・구조 및 설비기준) Ⅰ(안전거리)・Ⅱ(보유공지)・Ⅳ(건축물의 구조)・Ⅴ(채광・조명환기설비) 및 Ⅵ(배출설비) 및 Ⅷ(정전기제거설비, 피뢰설비) 규정은 적용하지 아니한다.

① 건축물 중 일반취급소의 용도로 사용하는 부분은 벽・기둥・바닥 및 보를 내화구조로 할 것

② 건축물 중 일반취급소의 용도로 사용하는 부분에는 창을 설치하지 아니할 것

③ 건축물 중 일반취급소의 용도로 사용하는 부분의 출입구에는 60분방화문을 설치하되, 연소의 우려가 있는 외벽 및 해당 부분 외의 부분과의 격벽에 있는 출입구에는 수시로 열 수 있는 자동폐쇄식의 것으로 할 것

④ 액상의 위험물을 취급하는 건축물 중 일반취급소의 용도로 사용하는 부분의 바닥은 위험물이 침투하지 아니하는 구조로 하고, 적당한 경사를 두어 집유설비를 설치할 것

⑤ 건축물 중 일반취급소의 용도로 사용하는 부분에는 위험물을 취급하는데 필요한 채광・조명 및 환기의 설비를 설치할 것

⑥ 가연성의 증기 또는 가연성의 미분이 체류할 우려가 있는 일반취급소의 용도로 사용하는 부분에는 그 증기 또는 미분을 옥외의 높은 곳으로 배출하는 설비를 설치할 것

⑦ 환기설비 및 배출설비에는 방화상 유효한 댐퍼 등을 설치할 것

⑧ 건축물 중 일반취급소의 용도로 사용하는 부분은 상층이 있는 경우에 있어서는 상층의 바닥을 내화구조로 하고, 상층이 없는 경우에 있어서는 지붕을 불연재료로 할 것

⑨ 위험물을 취급하는 탱크(용량이 지정수량의 5분의 1 미만인 것을 제외한다)의 직하에는 별표 4 Ⅸ 제1호 나목 1)의 규정을 준용하여 방유턱을 설치하거나 건축물 중 일반취급소의 용도로 사용하는 부분의 문턱의 높이를 높게 할 것

> **위험물 취급탱크의 방유제[별표4 Ⅸ 제1호 나목 1)]**
> ① 하나의 취급탱크 주위에 설치하는 방유제의 용량 : 해당 탱크용량의 50% 이상
> ② 2 이상의 취급탱크 주위에 하나의 방유제를 설치하는 경우
> • **해당 탱크 중 용량이 최대인 것의 50% + 나머지 탱크용량 합계의 10%**

(4) 지정수량 30배 미만의 유압장치 등을 설치하는 일반취급소 시설기준

유압장치 등을 설치하는 일반취급소 중 그 위치・구조 및 설비가 다음의 각 목에 따른 기준에 적합한 것에 대하여는 제조소 기술기준에 준용되는 별표4(제조소의 위치・구조 및 설비기준) Ⅰ(안전거리)・Ⅱ(보유공지)・Ⅳ(건축물의 구조)・Ⅴ(채광・조명환기설비) 및 Ⅵ(배출설비) 및 Ⅷ(정전기제거설비, 피뢰설비) 규정은 적용하지 아니한다.

① 위험물을 취급하는 설비는 바닥에 고정하고, 해당 설비의 주위에 너비 3m 이상의 공지를 보유할 것. 다만, 해당 설비로부터 3m 미만의 거리에 있는 건축물의 벽(수시로 열 수 있는 자동폐쇄식의 60분방화문이 달려 있는 출입구 외의 개구부가 없는 것에 한한다) 및 기둥이 내화구조인 경우에는 해당 설비에서 해당 벽 및 기둥까지의 공지를 보유하는 것으로 할 수 있다.

② 건축물 중 일반취급소의 용도로 사용하는 부분(①의 공지를 포함한다. 이하 ④~⑦에서 같다)의 바닥은 위험물이 침투하지 아니하는 구조로 하고, 적당한 경사를 두어 집유설비 및 해당 바닥의 주위에 배수구를 설치할 것

③ 위험물을 취급하는 탱크(용량이 지정수량의 5분의 1 미만의 것을 제외한다)의 직하에는 별표 4 Ⅸ 제1호 나목 1)의 규정을 준용하여 방유턱을 설치할 것

> **위험물 취급탱크의 방유제[별표4 Ⅸ 제1호 나목 1)]**
> ① 하나의 취급탱크 주위에 설치하는 방유제의 용량 : 해당 탱크용량의 50% 이상
> ② 2 이상의 취급탱크 주위에 하나의 방유제를 설치하는 경우
> • **해당 탱크 중 용량이 최대인 것의 50% + 나머지 탱크용량 합계의 10%**

④ 건축물 중 일반취급소의 용도로 사용하는 부분에는 위험물을 취급하는데 필요한 채광・조명 및 환기의 설비를 설치할 것

⑤ 가연성의 증기 또는 가연성의 미분이 체류할 우려가 있는 일반취급소의 용도로 사용하는 부분에는 그 증기 또는 미분을 옥외의 높은 곳으로 배출하는 설비를 설치할 것

⑥ 환기설비 및 배출설비에는 방화상 유효한 댐퍼 등을 설치할 것

⑦ 일반취급소는 벽・기둥・바닥・보 및 지붕이 불연재료로 되어 있고, 천장이 없는 단층 건축물에 설치할 것

10 절삭장치 등을 설치하는 일반취급소의 특례

(1) 정 의

절삭유의 위험물을 이용한 절삭장치, 연삭장치 그 밖의 이와 유사한 장치를 설치하는 일반취급소(고인화점 위험물만을 100℃ 미만의 온도로 취급하는 것에 한한다)로서 지정수량의 30배 미만의 것(위험물을 취급하는 설비를 건축물에 설치하는 것에 한하며, 이하 "절삭장치 등을 설치하는 일반취급소"라 한다)

(2) 지정수량 30배 미만의 절삭장치 등을 설치하는 일반취급소 시설기준

절삭장치 등을 설치하는 일반취급소 중 그 위치・구조 및 설비가 다음 각 목의(03에 (1) 및 (3) 내지 (8), 05에 (1)의 ② 및 09에 (1)의 ⑥・(2) ①에 따른)기준에 적합한 것에 대하여는 제조소 기술기준에 준용되는 별표4(제조소의 위치・구조 및 설비기준) Ⅰ(안전거리)・Ⅱ(보유공지)・Ⅳ(건축물의 구조) 및 Ⅷ(정전기제거설비, 피뢰설비) 규정은 적용하지 아니한다.

① 건축물 중 일반취급소의 용도로 사용하는 부분에 지하층이 없을 것

② 건축물 중 일반취급소의 용도로 사용하는 부분에는 창을 설치하지 아니할 것

③ 건축물 중 일반취급소의 용도로 사용하는 부분의 출입구에는 60분방화문을 설치하되, 연소의 우려가 있는 외벽 및 해당 부분 외의 부분과의 격벽에 있는 출입구에는 수시로 열 수 있는 자동폐쇄식의 것으로 할 것

④ 액상의 위험물을 취급하는 건축물 중 일반취급소의 용도로 사용하는 부분의 바닥은 위험물이 침투하지 아니하는 구조로 하고, 적당한 경사를 두어 집유설비를 설치할 것

⑤ 건축물 중 일반취급소의 용도로 사용하는 부분에는 위험물을 취급하는데 필요한 채광・조명 및 환기의 설비를 설치할 것

⑥ 가연성의 증기 또는 가연성의 미분이 체류할 우려가 있는 일반취급소의 용도로 사용하는 부분에는 그 증기 또는 미분을 옥외의 높은 곳으로 배출하는 설비를 설치할 것

⑦ 환기설비 및 배출설비에는 방화상 유효한 댐퍼 등을 설치할 것

⑧ 건축물 중 일반취급소의 용도로 사용하는 부분은 상층이 있는 경우에 있어서는 상층의 바닥을 내화구조로 하고, 상층이 없는 경우에 있어서는 지붕을 불연재료로 할 것

⑨ 위험물을 취급하는 탱크(용량이 지정수량의 5분의 1 미만인 것을 제외한다)의 직하에는 별표 4 Ⅸ 제1호 나목 1)의 규정을 준용하여 방유턱을 설치하거나 건축물 중 일반취급소의 용도로 사용하는 부분의 문턱의 높이를 높게 할 것

> **위험물 취급탱크의 방유제[별표4 Ⅸ 제1호 나목 1)]**
> ① 하나의 취급탱크 주위에 설치하는 방유제의 용량 : 해당 탱크용량의 50% 이상
> ② 2 이상의 취급탱크 주위에 하나의 방유제를 설치하는 경우
> - **해당 탱크 중 용량이 최대인 것의 50% + 나머지 탱크용량 합계의 10%**

⑩ 건축물 중 일반취급소의 용도로 사용하는 부분은 벽·기둥·바닥 및 보를 내화구조로 할 것

(3) 지정수량 10배 미만의 절삭장치 등을 설치하는 일반취급소 시설기준

절삭장치 등을 설치하는 일반취급소 중 지정수량의 10배 미만의 것으로서 그 위치·구조 및 설비가 다음 각 목에 따른 기준에 적합한 것에 대하여는 제조소 기술기준에 준용되는 별표4(제조소의 위치·구조 및 설비기준) Ⅰ(안전거리)·Ⅱ(보유공지)·Ⅳ(건축물의 구조) 및 Ⅷ(정전기제거설비, 피뢰설비) 규정은 적용하지 아니한다.

① 위험물을 취급하는 설비(위험물을 이송하기 위한 배관을 제외한다)는 바닥에 고정하고, 해당 설비의 주위에 너비 3m 이상의 공지를 보유할 것. 다만, 해당 설비로부터 3m 미만의 거리에 있는 건축물의 벽(수시로 열 수 있는 자동폐쇄식의 60분방화문이 달려 있는 출입구 외의 개구부가 없는 것에 한한다) 및 기둥이 내화구조인 경우에는 해당 설비에서 해당 벽 및 기둥까지의 공지를 보유하는 것으로 할 수 있다.

② 건축물 중 일반취급소의 용도로 사용하는 부분(①의 공지를 포함한다. 이하 ③~⑦에서 같다)의 바닥은 위험물이 침투하지 아니하는 구조로 하고, 적당한 경사를 두어 집유설비 및 해당 바닥의 주위에 배수구를 설치할 것

③ 건축물 중 일반취급소의 용도로 사용하는 부분에는 위험물을 취급하는데 필요한 채광·조명 및 환기의 설비를 설치할 것

④ 가연성의 증기 또는 가연성의 미분이 체류할 우려가 있는 일반취급소의 용도로 사용하는 부분에는 그 증기 또는 미분을 옥외의 높은 곳으로 배출하는 설비를 설치할 것

⑤ 환기설비 및 배출설비에는 방화상 유효한 댐퍼 등을 설치할 것

⑥ 일반취급소는 벽·기둥·바닥·보 및 지붕이 불연재료로 되어 있고, 천장이 없는 단층 건축물에 설치할 것

⑦ 위험물을 취급하는 탱크(용량이 지정수량의 5분의 1 미만의 것을 제외한다)의 직하에는 별표 4 Ⅸ 제1호 나목 1)의 규정을 준용하여 방유턱을 설치할 것

> **위험물 취급탱크의 방유제[별표4 Ⅸ 제1호 나목 1)]**
> ① 하나의 취급탱크 주위에 설치하는 방유제의 용량 : 해당 탱크용량의 50% 이상
> ② 2 이상의 취급탱크 주위에 하나의 방유제를 설치하는 경우
> - **해당 탱크 중 용량이 최대인 것의 50% + 나머지 탱크용량 합계의 10%**

11 열매체유 순환장치를 설치하는 일반취급소의 특례

(1) 정 의

위험물 외의 물건을 가열하기 위하여 위험물(고인화점 위험물에 한한다)을 이용한 열매체유 순환장치를 설치하는 일반취급소로서 지정수량의 30배 미만의 것(위험물을 취급하는 설비를 건축물에 설치하는 것에 한하며, 이하 "열매체유 순환장치를 설치하는 일반취급소"라 한다)

(2) 열매체유 순환장치를 설치하는 일반취급소 중 그 위치・구조 및 설비가 다음 각 호에 따른 기준에 적합한 것에 대하여는 제조소 기술기준에 준용되는 별표4(제조소의 위치・구조 및 설비기준) Ⅰ(안전거리)・Ⅱ(보유공지)・Ⅳ(건축물의 구조)・Ⅴ(채광 및 환기설비) 및 Ⅵ(배출설비)의 규정은 적용하지 아니한다.

① 위험물을 취급하는 설비는 위험물의 체적팽창에 의한 위험물의 누설을 방지할 수 있는 구조의 것으로 해야 한다.

② 건축물 중 일반취급소의 용도로 사용하는 부분에 지하층이 없을 것

③ 건축물 중 일반취급소의 용도로 사용하는 부분에는 창을 설치하지 아니할 것

④ 건축물 중 일반취급소의 용도로 사용하는 부분의 출입구에는 60분방화문을 설치하되, 연소의 우려가 있는 외벽 및 해당 부분 외의 부분과의 격벽에 있는 출입구에는 수시로 열 수 있는 자동폐쇄식의 것으로 할 것

⑤ 액상의 위험물을 취급하는 건축물 중 일반취급소의 용도로 사용하는 부분의 바닥은 위험물이 침투하지 아니하는 구조로 하고, 적당한 경사를 두어 집유설비를 설치할 것

⑥ 건축물 중 일반취급소의 용도로 사용하는 부분에는 위험물을 취급하는데 필요한 채광・조명 및 환기의 설비를 설치할 것

⑦ 가연성의 증기 또는 가연성의 미분이 체류할 우려가 있는 일반취급소의 용도로 사용하는 부분에는 그 증기 또는 미분을 옥외의 높은 곳으로 배출하는 설비를 설치할 것

⑧ 환기설비 및 배출설비에는 방화상 유효한 댐퍼 등을 설치할 것

⑨ 위험물을 취급하는 탱크(용량이 지정수량의 5분의 1 미만인 것을 제외한다)의 주위에는 별표 4 Ⅸ 제1호 나목 1)의 규정을 준용하여 방유턱을 설치할 것

⑩ 위험물을 가열하는 설비에는 위험물의 과열을 방지할 수 있는 장치를 설치 할 것

⑪ 건축물 중 일반취급소의 용도로 사용하는 부분은 벽・기둥・바닥 및 보를 내화구조로 하고, 출입구 외의 개구부가 없는 두께 70mm 이상의 철근콘크리트조 또는 이와 동등 이상의 강도가 있는 구조의 바닥 또는 벽으로 해당 건축물의 다른 부분과 구획될 것

⑫ 건축물 중 일반취급소의 용도로 사용하는 부분은 상층이 있는 경우에 있어서는 상층의 바닥을 내화구조로 하고, 상층이 없는 경우에 있어서는 지붕을 불연재료로 할 것

12 화학실험의 일반취급소의 특례

(1) 정 의

화학실험의 일반취급소는 내화구조인 건축물 내에서 내화구조의 벽 등으로 구획한 실을 설치하고 그 실내에 지정수량 이상 지정수량의 30배 미만의 위험물을 취급하는 '실단위'의 부분규제를 받는 일반취급소이다.

(2) 화학실험의 일반취급소 시설 기준

02 에 (2)의 ⑩의 화학실험의 일반취급소 중 그 위치·구조 및 설비가 다음 각 호에 정한 기준에 적합한 것에 대해서는 제조소 기술기준에 준용되는 규정 중 별표4(제조소의 위치·구조 및 설비 기준) Ⅰ(안전거리)·Ⅱ(보유공지)·Ⅳ(건축물의 구조)·Ⅴ(채광 및 환기설비) 및 Ⅵ(배출설비)·Ⅷ[기타설비(제5호는 제외한다)]·Ⅸ(위험물 취급탱크) 및 Ⅹ(배관)의 규정은 준용하지 아니한다.

① 화학실험의 일반취급소는 벽·기둥·바닥 및 보가 내화구조인 건축물의 지하층 외의 층에 설치할 것

② 건축물 중 화학실험의 일반취급소의 용도로 사용하는 부분은 벽·기둥·바닥·보 및 지붕(상층이 있는 경우에는 상층의 바닥)을 내화구조로 하고, 벽에 설치하는 창 또는 출입구에 관한 기준은 다음 각 목의 기준에 모두 적합할 것

㉠ 해당 건축물의 다른 용도 부분(복도를 제외한다)과 구획하는 벽에는 창 또는 출입구를 설치하지 않을 것

㉡ 해당 건축물의 복도 또는 외부와 구획하는 벽에 설치하는 창은 망입유리 또는 방화유리로 하고, 출입구에는 수시로 열 수 있는 자동폐쇄식의 60분방화문을 설치할 것

③ 건축물 중 화학실험의 일반취급소의 용도로 사용하는 부분에는 위험물을 취급하는데 필요한 채광·조명 및 환기를 위한 설비를 설치할 것

④ 가연성의 증기 또는 가연성의 미분이 체류할 우려가 있는 화학실험의 일반취급소의 용도로 사용하는 부분에는 그 증기 또는 미분을 옥외의 높은 곳으로 배출하는 설비를 설치하고, 배출덕트가 관통하는 벽부분의 바로 가까이에 화재 시 자동으로 폐쇄되는 방화댐퍼를 설치할 것

⑤ 위험물을 보관하는 설비는 외장을 불연재료로 하되, 제3류 위험물 중 자연발화성물질 또는 제5류 위험물을 보관하는 설비는 다음 각 목의 기준에 모두 적합한 것으로 할 것

㉠ 외장을 금속재질로 할 것

㉡ 보냉장치를 갖출 것

㉢ 밀폐형 구조로 할 것

㉣ 문에 유리를 부착하는 경우에는 망입유리 또는 방화유리로 할 것

13 고인화점 위험물의 일반취급소의 특례

(1) 정 의

인화점이 100℃ 이상인 제4류 위험물만을 100℃ 미만의 온도에서 취급하는 일반취급소를 말하는 것으로 인화점이 높아 위험성이 낮은 위험물만을 취급하는 일반취급소에 대해 완화된 규정을 적용하고 있다.

(2) 고인화점의 일반취급소 시설기준

고인화점 위험물의 일반취급소 중 그 위치 및 구조가 별표4(제조소의 위치·구조 및 설비 기준) XI 각 호에 따른 기준에 적합한 것에 대하여는 제조소 기술기준의 규정에 따라 준용되는 별표4 Ⅰ(안전거리)·Ⅱ(보유공지)·Ⅳ(건축물의 구조) 제1호·제3호 내지 제5호·Ⅷ(기타설비) 제6호(정전기 제거설비)·제7호(피뢰설비) 및 Ⅸ제1호 나목 2)(방유제)에 의하여 준용하는 별표6 Ⅸ 제1호 나목(방유제의 높이는 0.5m 이상 3m 이하로 할 것) 방유제의 규정은 적용하지 아니한다.

⊕ Plus one

별표4 XI 고인화점 위험물의 제조소의 특례

(1) 안전거리

① 제조소 안전거리 기준을 준용하며, 고압가스시설 중 불활성 가스만을 저장 또는 취급하는 것과 특고압가공선은 안전거리를 적용하지 아니한다.

〈안전거리 기준 암기 Tip〉
- **문**화재 중 유형문화재 및 지정문화재 : 50m 이상
- **병**원·학교·공연장, 영화상영관·다수의 수용시설 : 30m 이상
- **가**스의 제조·저장 또는 취급하는 시설 : 20m 이상
- **주**거용 건축물 또는 공작물 : 10m 이상

② 아래 ①·②·③ 건축물 등은 제조소 13 부표 기준에 의하여 불연재료로 된 방화상 유효한 담 또는 벽을 설치하여 소방본부장 또는 소방서장이 안전하다고 인정하는 거리로 할 수 있다.

(2) 보유공지

위험물을 취급하는 건축물 그 밖의 공작물(위험물을 이송하기 위한 배관 그 밖에 이에 준하는 공작물을 제외한다)의 주위에 지정수량 배수와 상관없이 3m 이상의 너비의 공지를 보유해야 한다. 다만, 방화상 유효한 격벽(내화구조, 50cm 이상 돌출, 개구부최소, 자동폐쇄식 60분방화문)을 설치하는 경우에는 그러하지 아니하다.

(3) 위험물 취급건축물의 구조

① 지붕 : 불연재료

② 창 및 출입구 : 30분방화문·60분방화문 또는 불연재료나 유리로 만든 문

③ 연소의 우려가 있는 외벽에 두는 출입구

㉠ 수시로 열 수 있는 자동폐쇄식의 60분방화문을 설치

㉡ 유리를 이용하는 경우 : 망입유리

(3) 고인화점 위험물만 취급하는 일반취급소 중 충전하는 일반취급소

고인화점 위험물만 취급하는 일반취급소 중 충전하는 일반취급소로서 그 위치·구조 및 설비가 다음 각 목에 따른 기준에 적합한 것에 대하여는 제조소 기술기준(Ⅰ제1호)의 규정에 따라 준용되는 별표4 Ⅰ(안전거리)·Ⅱ(보유공지)·Ⅳ(건축물릐 구조)·Ⅴ(채광·조명 및 환기설비)·Ⅵ(배출설비)·Ⅶ(옥외설비의 바닥)·Ⅷ(기타설비) 제6호(정전기제거설비)·제7호(피뢰설비) 및 Ⅸ 제1호 나목 2)(방유제)에 의하여 준용하는 별표6 Ⅸ 제1호 나목(방유제의 높이는 0.5m 이상 3m 이하로 할 것)방유제의 규정은 적용하지 아니한다.

① 별표4 XI 제1호·제2호 및 Ⅵ 제3호 내지 제7호에 따른 기준에 적합할 것

㉠ 다음 각 목에 따른 건축물의 외벽 또는 이에 상당하는 공작물의 외측으로부터 해당 제조소의 외벽 또는 이에 상당하는 공작물의 외측까지의 사이에 다음 각 목에 따른 안전거리를 두어야 한다. 다만, 가목 내지 다목에 따른 건축물 등에 부표의 기준에 의하여 불연재료로 된 방화상 유효한 담 또는 벽을 설치하여 소방본부장 또는 소방서장이 안전하다고 인정하는 거리로 할 수 있다.

- 문화재 중 유형문화재 및 지정문화재 : 50m 이상
- 병원·학교·공연장, 영화상영관·다수의 수용시설 : 30m 이상
- 가스의 제조·저장 또는 취급하는 시설 : 20m 이상
- 주거용 건축물 또는 공작물 : 10m 이상

㉡ 위험물을 취급하는 건축물 그 밖의 공작물(위험물을 이송하기 위한 배관 그 밖에 이에 준하는 공작물을 제외한다)의 주위에 3m 이상의 너비의 공지를 보유해야 한다. 다만, Ⅱ 제2호 각 목의 규정에 따라 방화상 유효한 격벽을 설치하는 경우에는 그러하지 아니하다.

② 건축물을 설치하는 경우에 있어서는 해당 건축물은 벽·기둥·바닥·보 및 지붕을 내화구조 또는 불연재료로 하고, 창 및 출입구에는 60분방화문·30분방화문 또는 불연재료나 유리로 된 문을 설치할 것

㉠ 건축물의 2 방향 이상은 통풍을 위하여 벽을 설치하지 아니해야 한다.

㉡ 위험물을 이동저장탱크에 주입하기 위한 설비(위험물을 이송하는 배관을 제외한다)의 주위에 필요한 공지를 보유해야 한다.

㉢ 위험물을 용기에 옮겨 담기 위한 설비를 설치하는 경우에는 해당 설비(위험물을 이송하는 배관을 제외한다)의 주위에 필요한 공지를 ㉡의 공지 외의 장소에 보유해야 한다.

㉣ ㉣ 및 ㉢의 공지는 그 지반면을 주위의 지반면보다 높게 하고, 그 표면에 적당한 경사를 두며, 콘크리트 등으로 포장해야 한다.

㉤ ㉣ 및 ㉢의 공지에는 누설한 위험물 그 밖의 액체가 해당 공지 외의 부분에 유출하지 아니 하도록 집유설비 및 주위에 배수구를 설치해야 한다. 이 경우 제4류 위험물(온도 20℃의 물 100g에 용해되는 양이 1g 미만인 것에 한한다)을 취급하는 공지에 있어서는 집유설비에 유분리장치를 설치해야 한다.

14 위험물의 성질에 따른 일반취급소의 특례

(1) 정 의

① **알킬알루미늄 등** : 제3류 위험물 중 알킬알루미늄 · 알킬리튬 또는 이 중 어느 하나 이상을 함유하는 것

② **아세트알데히드 등** : 제4류 위험물 중 특수인화물의 아세트알데히드 · 산화프로필렌 또는 이 중 어느 하나 이상을 함유하는 것

③ **히드록실아민 등** : 제5류 위험물 중 히드록실아민 · 히드록실아민염류 또는 이 중 어느 하나 이상을 함유하는 것

(2) 성질에 따른 강화된 기준

① **알킬알루미늄 등을 취급하는 일반취급소에 대하여 강화되는 기준(제조소 기준 준용)**

㉠ 설비의 주위에는 누설범위를 국한하기 위한 설비를 갖출 것

㉡ 누설된 위험물을 안전한 장소에 설치된 저장실에 유입시킬 수 있는 설비를 갖출 것

㉢ 불활성기체를 봉입하는 장치를 갖출 것

② **아세트알데히드 등을 취급하는 일반취급소에 대하여 강화되는 기준(제조소 기준 준용)**

㉠ 동, 마그네슘, 은, 수은 또는 이들을 성분으로 하는 합금으로 만들지 아니할 것

㉡ 연소성 혼합기체의 생성에 의한 폭발을 방지하기 위한 불활성기체 또는 수증기를 봉입하는 장치를 갖출 것

㉢ 취급하는 탱크(옥내 · 외에 있는 탱크로서 지정수량의 5분의 1 미만의 것을 제외)

- 냉각장치 또는 저온을 유지하기 위한 장치(이하 "보냉장치"라 한다)를 설치
- 연소성 혼합기체의 생성에 의한 폭발을 방지하기 위한 불활성기체를 봉입하는 장치를 갖출 것. 다만, 지하에 있는 탱크가 아세트알데히드 등의 온도를 저온으로 유지할 수 있는 구조인 경우에는 냉각장치 및 보냉장치를 갖추지 아니할 수 있다.

㉣ ㉢에 따른 냉각장치 또는 보냉장치는 2 이상 설치하여 하나의 냉각장치 또는 보냉장치가 고장난 때에도 일정 온도를 유지할 수 있도록 하고, 다음의 기준에 적합한 비상전원을 갖출 것

- 상용전력원이 고장인 경우에 자동으로 비상전원으로 전환되어 가동되도록 할 것
- 비상전원의 용량은 냉각장치 또는 보냉장치를 유효하게 작동할 수 있는 정도일 것

㉤ 탱크를 **지하에 매설**하는 경우에는 해당 탱크를 **탱크전용실**에 설치할 것

③ **히드록실아민 등을 취급하는 일반취급소에 대하여 강화되는 기준(제조소 기준 준용)**

㉠ 안전거리

지정수량 이상의 히드록실아민 등을 취급하는 제조소의 위치는 건축물의 벽 또는 이에 상당하는 공작물의 외측으로부터 해당 제조소의 외벽 또는 이에 상당하는 공작물의 외측까지의 사이에 다음 식에 의하여 요구되는 거리 이상의 안전거리를 둘 것

히드록실아민 등 취급제조소의 안전거리

$$D = 51.1 \times \sqrt[3]{N}$$

- D : 거리(m)
- N : 해당 제조소에서 취급하는 히드록실아민 등의 지정수량의 배수

㉡ 담 또는 토제

제조소의 주위에는 다음기준에 적합하게 담 또는 토제(土堤)를 설치할 것

- 담 또는 토제는 해당 제조소의 외벽 또는 이에 상당하는 공작물의 외측으로부터 2m 이상 떨어진 장소에 설치할 것
- 담 또는 토제의 높이는 해당 제조소에 있어서 히드록실아민 등을 취급하는 부분의 높이 이상으로 할 것
- 담은 두께 15cm 이상의 철근콘크리트조・철골철근콘크리트조 또는 두께 20cm 이상의 보강콘크리트블록조로 할 것
- 토제의 경사면의 경사도는 60도 미만으로 할 것

㉢ 히드록실아민 등을 취급하는 설비에는 히드록실아민 등의 온도 및 농도 상승에 의한 위험한 반응을 방지하기 위한 조치를 강구할 것

㉣ 히드록실아민 등을 취급하는 설비에는 철 이온 등의 혼입에 의한 위험한 반응을 방지하기 위한 조치를 강구할 것

CHAPTER

11 출제예상문제

주유취급소

01 다음 중 위험물안전관리법상 위험물 취급소에 해당하지 않는 것은?

① 주유취급소 ② 옥내취급소
③ 이송취급소 ④ 판매취급소

해설 취급소 : 주유취급소, 이송취급소, 일반취급소, 판매취급소

02 다음 제조소등 가운데 위치·구조 및 설비의 기준에 공지를 보유해야 하는 것은?

① 옥내탱크저장소 ② 판매취급소
③ 지하탱크저장소 ④ 주유취급소

해설 주유취급소에는 너비 15m 이상 길이 6m 이상의 주유공지를 보유해야 한다.

03 고정주유설비는 도로 경계선으로부터 몇 미터 이상의 거리를 확보해야 하는가?

① 1m 이상 ② 2m 이상
③ 4m 이상 ④ 7m 이상

해설 위험물 주유취급소의 고정주유설비, 고정급유설비와의 거리
- 고정주유설비(중심선을 기점으로 하여)
  - 도로경계선 : 4m 이상
  - 부지경계선, 담, 건축물의 벽 : 2m 이상
  - 개구부가 없는 벽 : 1m 이상
- 고정급유설비(중심선을 기점으로 하여)
  - 도로경계선까지 : 4m 이상
  - 부지경계선·담까지 : 1m 이상
  - 건축물의 벽까지 : 2m(개구부가 없는 벽으로부터는 1m) 이상 거리를 유지할 것

01 ② 02 ④ 03 ③ 정답

04 **주유취급소의 보유공지는 너비 15m 이상, 길이 6m 이상의 콘크리트로 포장되어야 한다. 다음 중 가장 적합한 보유공지라고 할 수 있는 것은?**

①
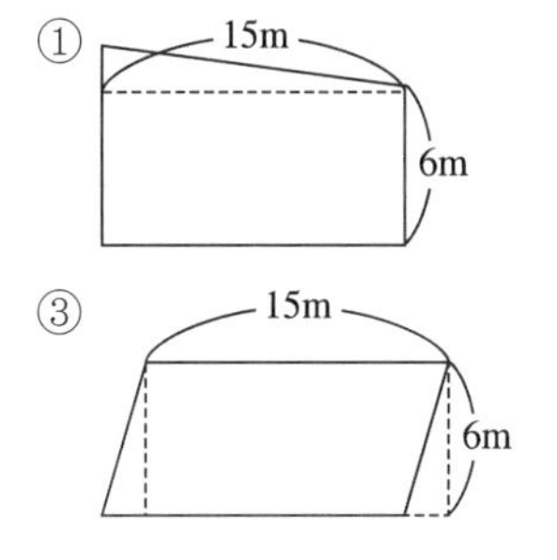

②
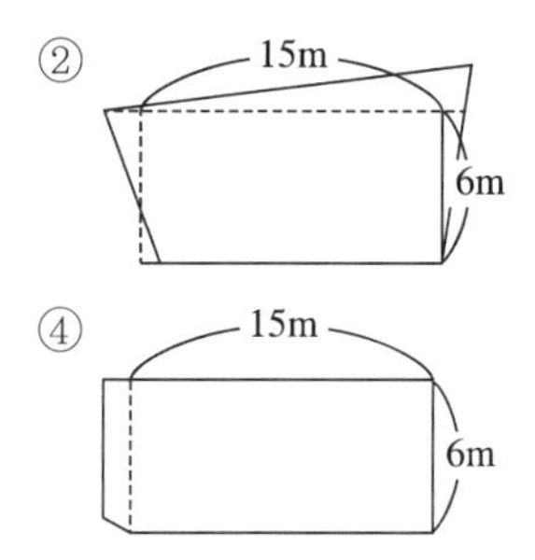

③ 15m 6m

④ 15m 6m

해설 보유공지는 직사각형을 확보해야 한다.

05 **주유소에서 기름을 넣을 때 자동차의 엔진을 끄는 것이 안전하다고 한다. 그러면 주유소에서 게시하는 "주유중엔진정지"라는 게시판의 색깔로 알맞은 것은?**

① 황색바탕에 흑색문자
② 황색바탕에 적색문자
③ 백색바탕에 흑색문자
④ 백색바탕에 적색문자

해설 주유중엔진정지 : 황색바탕에 흑색문자

06 **주유취급소 건축물 중 주유취급소의 직원 외의 자가 출입하는 다음 〈보기〉 중에서 사무소 용도로 제공하는 위한 건축할 수 있는 최대면적은 얼마인가?**

> 가. 주유취급소의 업무를 행하기 위한 사무소 : (　　)
> 나. 자동차 등의 점검 및 간이정비를 위한 작업장 : 250m^2
> 다. 자동차 등의 세정을 위한 작업장 : 250m^2
> 라. 주유취급소에 출입하는 사람을 대상으로 한 휴게음식점 : 250m^2

① 250m^2
② 제한이 없다
③ 1,000m^2
④ 500m^2

해설 주유 또는 그에 부대하는 업무를 위하여 사용되는 건축물 중 주유취급소의 직원 외의 자가 출입하는 위 〈보기〉 가목 · 나목 및 라목의 용도에 제공하는 부분의 면적의 합은 1,000m^{2}를 초과할 수 없으므로 사무소로 제공할 수 있는 최대 면적은 500m^{2}이다.

정답 04 ④ 05 ① 06 ④

07 주유취급소의 공지에 대한 설명으로 옳지 않은 것은?

① 주위는 너비 15m 이상, 길이 6m 이상의 콘크리트 등으로 포장한 공지를 보유해야 한다.
② 공지의 바닥은 주위의 지면보다 높게 해야 한다.
③ 공지바닥 표면은 수평을 유지해야 한다.
④ 공지바닥은 배수구, 집유설비 및 유분리시설을 해야 한다.

해설 주유취급소의 주유공지

- 주유취급소의 고정주유설비(펌프기기 및 호스기기로 되어 위험물을 자동차 등에 직접 주유하기 위한 설비로서 현수식의 것을 포함한다)의 주위에는 주유를 받으려는 자동차 등이 출입할 수 있도록 너비 15m 이상, 길이 6m 이상의 콘크리트 등으로 포장한 공지(이하 "주유공지"라 한다)를 보유해야 한다.
- 공지의 바닥은 주위 지면보다 높게 하고, 그 표면을 적당하게 경사지게 하여 새어나온 기름 그 밖의 액체가 공지의 외부로 유출되지 아니하도록 배수구·집유설비 및 유분리장치를 해야 한다.

08 주유취급소에 설치하는 건축물의 위치 및 구조에 대한 설명으로 옳지 않은 것은?

① 건축물 중 사무실 그 밖의 화기를 사용하는 곳은 누설한 가연성증기가 그 내부에 유입되지 않도록 높이 1m 이하의 부분에 있는 창 등은 밀폐시킬 것
② 건축물 중 사무실 그 밖의 화기를 사용하는 곳의 출입구 또는 사이통로의 문턱 높이는 15cm 이상으로 할 것
③ 주유취급소에 설치하는 건축물의 벽, 기둥, 바닥, 보 및 지붕은 내화구조 또는 불연재료로 할 것
④ 자동차 등의 세정을 행하는 설비는 증기 세차기를 설치하는 경우에는 2m 이상의 담을 설치하고 출입구가 고정주유설비에 면하지 아니하도록 할 것

해설 자동차 등의 세정을 행하는 설비의 기준

- 증기세차기를 설치하는 경우에는 그 주위에 불연재료로 된 높이 1m 이상의 담을 설치하고 출입구가 고정주유설비에 면하지 아니하도록 할 것. 이 경우 담은 고정주유설비로부터 4m 이상 떨어지게 해야 한다.
- 증기세차기 외의 세차기를 설치하는 경우에는 고정주유설비로부터 4m 이상, 도로경계선으로부터 2m 이상 떨어지게 할 것

07 ③ 08 ④ **정답**

09 **주유취급소에서의 위험물의 취급기준으로 옳지 않은 것은?**

① 자동차에 주유 시 고정주유설비를 사용하여 직접 주유해야 한다.

② 고정주유설비에 유류를 공급하는 배관은 전용탱크로부터 고정주유설비에 직접 접결된 것이어야 한다.

③ 유분리장치에 고인 유류는 넘치지 않도록 수시로 퍼내어야 한다.

④ 주유 시 자동차 등의 원동기는 정지시킬 필요는 없으나 자동차의 일부가 주유취급소의 공지 밖에 나와서는 안 된다.

해설 주유 시 자동차의 원동기는 반드시 정지시켜야 한다.

10 **주유취급소의 건축물 중 내화구조를 하지 않아도 되는 곳은?**

① 벽 ② 바 닥

③ 기 둥 ④ 창

해설 주유취급소의 건축물은 벽·기둥·바닥·보 및 지붕을 내화구조 또는 불연재료로 하고, 창 및 출입구에는 방화문 또는 불연재료로 된 문을 설치할 것

11 **주유취급소에 캐노피를 설치하려고 할 때의 기준이 아닌 것은?**

① 배관이 캐노피 내부를 통과할 경우에는 1개 이상의 점검구를 설치할 것

② 캐노피 외부의 배관으로서 점검이 곤란한 장소에는 용접이음으로 할 것

③ 캐노피의 면적은 주유취급 바닥면적의 2분의 1 이하로 할 것

④ 캐노피 외부의 배관이 일광열의 영향을 받을 우려가 있는 경우에는 단열재로 피복할 것

해설 캐노피의 설치 기준

- 배관이 캐노피 내부를 통과할 경우에는 1개 이상의 점검구를 설치할 것
- 캐노피 외부의 점검이 곤란한 장소에 배관을 설치하는 경우에는 용접이음으로 할 것
- 캐노피 외부의 배관이 일광열의 영향을 받을 우려가 있는 경우에는 단열재로 피복할 것

12 **고속국도의 도로변에 설치한 주유취급소의 탱크용량은 얼마까지 할 수 있는가?**

① 100,000L ② 80,000L

③ 60,000L ④ 50,000L

해설 고속국도의 도로변에 설치한 주유취급소의 탱크용량 : 60,000L 이하

정답 09 ④ 10 ④ 11 ③ 12 ③

13 주유취급소 담 또는 벽의 일부분에 유리를 부착하는 경우에 대한 기준으로 맞는 것은?

2016년 소방위 기출 | 2017년 인천소방장 기출

① 유리를 부착하는 범위는 전체의 담 또는 벽의 길이의 10분의 1을 초과하지 아니할 것
② 하나의 유리판의 세로의 길이는 2m 이내일 것
③ 고정급유설비로부터 4m 이상 거리를 둘 것
④ 유리의 구조는 접합유리로 하되, 비차열 60분 이상의 방화성능이 인정될 것

해설 주유취급소의 담 또는 벽의 일부분에 방화상 유효한 구조의 유리를 기준
- 주입구, 고정주유설비 및 고정급유설비로부터 4m 이상 거리를 둘 것
- 주유취급소 내의 지반면으로부터 70cm를 초과하는 부분에 한하여 유리를 부착할 것
- 하나의 유리판의 가로의 길이는 2m 이내일 것
- 유리판의 테두리를 금속제의 구조물에 견고하게 고정하고 해당 구조물을 담 또는 벽에 견고하게 부착할 것
- 유리의 구조는 접합유리(두 장의 유리를 두께 0.76mm 이상의 폴리바이닐부티랄 필름으로 접합한 구조를 말한다)로 하되, 비차열 30분 이상의 방화성능이 인정될 것
- 유리를 부착하는 범위는 전체의 담 또는 벽의 길이의 10분의 2를 초과하지 아니할 것

14 주유취급소의 부지 주위에 위험물안전관리법에 따른 담을 길이 30m를 설치하고자 한다. 이때 차량 출입구 부분에서 주유취급소의 영업장이 보이지 않아 담의 일부분을 규정에 맞는 유리를 설치하고자 할 때 설치 가능한 길이는?

① 3m　　② 6m
③ 9m　　④ 30m

해설 유리를 부착하는 범위는 전체의 담 또는 벽의 길이의 10분의 2를 초과하지 아니할 것

따라서 $30 \times \frac{2}{10} = 6$m를 초과할 수 없다.

15 일반도로와 인접하는 부지에 주유취급소에서 다음과 같은 저장탱크를 설치하고자 할 때 탱크의 용량의 합은 얼마인가?

> 가. 고정식주유설비에 접속하는 전용탱크 3기
> 나. 고정식급유설비에 접속하는 전용탱크 1기
> 다. 폐유 저장탱크 2기
> 라. 윤활유 저장탱크 2기
> 마. 고정식 주유설비에 접속하는 간이탱크 2기

① 201,600　　② 203,200
③ 240,000　　④ 242,000

13 ③ 14 ② 15 ② 정답

해설 가. 고정식주유설비에 접속하는 전용탱크 3기 × 50,000L = 150,000L
나. 고정식급유설비에 접속하는 전용탱크 1기 × 50,000L = 50,000L
다. 폐유·윤활유 저장탱크 3기는 2기 이상의 경우 그 용량의 합계가 2,000L 이하이므로 2,000L
라. 고정식주유설비에 접속하는 간이탱크 2기는 1,200L
따라서 용량의 합계는 150,000 + 50,000 + 2,000 + 1,200 = 203,200L

16 다음 〈보기〉 중 길이(m)의 총 합은?

가. 주유취급소 주유공지 너비와 길이의 합
나. 수상구조물에 설치하는 선박주유취급소 오일펜스 길이
다. 고정급유설비의 주유관의 길이
라. 이동탱크저장소 주유설비의 길이

① 115m
② 130m
③ 126m
④ 136m

해설 가. 주유취급소 주유공지 너비와 길이의 합 : 15m + 6m = 21m
나. 수상구조물에 설치하는 선박주유취급소 오일펜스 길이 : 60m
다. 고정급유설비의 주유관의 길이 : 5m 이내
라. 이동탱크저장소 주유설비의 길이 : 50m

17 수상구조물에 설치하는 선박주유취급소에서 위험물이 유출될 경우 회수 등의 응급조치를 강구할 수 있는 설비에 대한 기준으로 옳은 것은?

① 오일펜스는 수면 아래로 20cm 이상 30cm 미만으로 노출되어야 한다.
② 오일펜스는 수면 위로 30cm 이상 40cm 미만으로 잠겨야 한다.
③ 오일펜스 길이는 50m 이상일 것
④ 유처리제, 유흡착제 또는 유겔화제는 20X(유처리제양) + 50Y(유흡착제양) + 15Z(유겔화제양) = 10,000 계산식을 충족하는 양 이상이어야 한다.

해설 수상구조물에 설치하는 선박주유취급소에는 위험물이 유출될 경우 회수 등의 응급조치를 강구 설비 기준
① 오일펜스 : 수면 위로 20cm 이상 30cm 미만으로 노출되고, 수면 아래로 30cm 이상 40cm 미만으로 잠기는 것으로서, 60m 이상의 길이일 것
② 유처리제, 유흡착제 또는 유겔화제 : 다음의 계산식을 충족하는 양 이상일 것
20X + 50Y + 15Z = 10,000
X : 유처리제의 양(L)
Y : 유흡착제의 양(kg)
Z : 유겔화제의 양[액상(L), 분말(kg)]

정답 16 ④ 17 ④

18 **위험물안전관리법령상 수소충전설비를 설치한 주유취급소의 위치 · 구조 등 설치기준으로 옳지 않은 것은?**

① 개질장치의 위험물 취급량은 지정수량의 10배 미만일 것
② 개질장치는 자동차 등이 충돌할 우려가 없는 옥내에 설치할 것
③ 고정주유설비 · 고정급유설비 및 전용탱크 · 폐유탱크 등 · 간이탱크의 주입구로부터 누출된 위험물이 충전설비 · 축압기 · 개질장치에 도달하지 않도록 깊이 30cm, 폭 10cm의 집유 구조물을 설치할 것
④ 압축기, 축압기 및 개질장치가 설치된 장소와 주유공지, 급유공지 및 전용탱크 · 폐유탱크 등 · 간이탱크의 주입구가 설치된 장소 사이에는 화재가 발생한 경우에 상호 연소확대를 방지하기 위하여 높이 1.5m 정도의 불연재료의 담을 설치할 것

해설 개질장치는 자동차 등이 충돌할 우려가 없는 옥외에 설치할 것

19 **고객이 직접 주유하는 주유취급소의 셀프용 고정주유설비기준에 대한 설명으로 옳은 것은?**

① 급유호스의 끝부분에 자동개폐장치를 부착한 급유노즐을 설치할 것
② 휘발유와 등유 상호 간의 오인에 의한 주유를 방지할 수 있는 구조일 것
③ 1회의 연속주유량 및 주유시간의 상한을 미리 설정할 수 있는 구조일 것 이 경우 급유량의 상한은 100L 이하, 주유시간의 상한은 6분 이하로 한다.
④ 1회의 연속주유량 및 주유시간의 상한을 미리 설정할 수 있는 구조일 것. 이 경우 주유량의 상한은 휘발유는 100L 이하, 경유는 200L 이하로 하며, 주유시간의 상한은 4분 이하로 한다.

해설 셀프용 고정주유설비의 기준

- 주유호스의 끝부분에 수동개폐장치를 부착한 주유노즐을 설치할 것. 다만, 수동개폐장치를 개방한 상태로 고정시키는 장치가 부착된 경우에는 다음의 기준에 적합해야 한다.
  - 주유작업을 개시함에 있어서 주유노즐의 수동개폐장치가 개방상태에 있는 때에는 해당 수동개폐장치를 일단 폐쇄시만 다시 주유를 개시할 수 있는 구조로 할 것
  - 주유노즐이 자동차 등의 주유구로부터 이탈된 경우 주유를 자동적으로 정지시키는 구조일 것
- 주유노즐은 자동차 등의 연료탱크가 가득 찬 경우 자동적으로 정지시키는 구조일 것
- 주유호스는 200kg 중 이하의 하중에 의하여 깨져 분리되거나 이탈되어야 하고, 깨져 분리되거나 이탈된 부분으로부터의 위험물 누출을 방지할 수 있는 구조일 것
- 휘발유와 경유 상호 간의 오인에 의한 주유를 방지할 수 있는 구조일 것
- 1회의 연속주유량 및 주유시간의 상한을 미리 설정할 수 있는 구조일 것. 이 경우 주유량의 상한은 휘발유는 100L 이하, 경유는 200L 이하로 하며, 주유시간의 상한은 4분 이하로 한다.

18 ② 19 ④ **정답**

20 위험물안전관리법에 따른 고객에 의한 주유작업을 감시·제어하고 고객에 대한 필요한 지시를 하기 위한 설비를 모두 고르시오.

ㄱ. 감시대
ㄴ. 정전기제거장치
ㄷ. 방송설비
ㄹ. 주유 음성장치
ㅁ. 사각지대 감시를 위한 카메라
ㅂ. 주유설비의 위험물공급을 정지시킬 수 있는 제어장치

① ㄱ, ㄴ, ㄷ, ㄹ, ㅁ, ㅂ
② ㄴ, ㄷ, ㄹ, ㅁ, ㅂ
③ ㄱ, ㄷ, ㅁ, ㅂ
④ ㄴ, ㄹ, ㅂ

해설 고객에 의한 주유작업을 감시·제어하고 고객에 대한 필요한 지시를 하기 위한 감시대와 필요한 설비를 다음 각 목의 기준에 의하여 설치해야 한다.

가. 감시대는 모든 셀프용 고정주유설비 또는 셀프용 고정급유설비에서의 고객의 취급작업을 직접 볼 수 있는 위치에 설치할 것
나. 주유 중인 자동차 등에 의하여 고객의 취급작업을 직접 볼 수 없는 부분이 있는 경우에는 해당 부분의 감시를 위한 카메라를 설치할 것
다. 감시대에는 모든 셀프용 고정주유설비 또는 셀프용 고정급유설비로의 위험물 공급을 정지시킬 수 있는 제어장치를 설치할 것
라. 감시대에는 고객에게 필요한 지시를 할 수 있는 방송설비를 설치할 것

21 위험물안전관법상 주유취급소에 설치하는 고정식주유설비 등에 대한 설명으로 옳은 것은?

① 주유취급소에는 자동차 등의 연료탱크에 직접 주유하기 위한 고정급유설비를 설치해야 한다.
② 고정주유설비 또는 고정급유설비는 전용탱크, 간이탱크 중 하나의 탱크만으로부터 위험물을 공급받을 수 있도록 해야 한다.
③ 고정주유설비 또는 고정급유설비는 불연성 재료로 만들어진 외장을 설치할 것
④ 펌프기기는 주유관 끝부분에서의 최대배출량이 제1석유류의 경우에는 분당 50L 이하, 경유의 경우에는 분당 80L 이하, 등유의 경우에는 분당 180L 이하인 것으로 할 것

해설 고정주유설비 등 설치 기준

1. 주유취급소에는 자동차 등의 연료탱크에 직접 주유하기 위한 고정주유설비를 설치해야 한다.
2. 주유취급소의 고정주유설비 또는 고정급유설비는 전용탱크, 간이탱크 중 하나의 탱크만으로부터 위험물을 공급받을 수 있도록 하고, 다음 각 목의 기준에 적합한 구조로 해야 한다.
   가. 펌프기기는 주유관 끝부분에서의 최대배출량이 제1석유류의 경우에는 분당 50L 이하, 경유의 경우에는 분당 180L 이하, 등유의 경우에는 분당 80L 이하인 것으로 할 것
   나. 이동저장탱크의 상부를 통하여 주입하는 고정급유설비의 주유관에는 해당 탱크의 밑부분에 달하는 주입관을 설치하고, 그 배출량이 분당 80L를 초과하는 것은 이동저장탱크에 주입하는 용도로만 사용할 것
   다. 고정주유설비 또는 고정급유설비는 난연성 재료로 만들어진 외장을 설치할 것
   라. 고정주유설비 또는 고정급유설비의 본체 또는 노즐 손잡이에 주유작업자의 인체에 축적되는 정전기를 유효하게 제거할 수 있는 장치를 설치할 것

정답 20 ③ 21 ②

22 **위험물안전관리법령에서 규정하고 있는 주유취급소의 특례로 옳지 않은 것은?**

① 자가용주유취급소 - 주유공지 및 급유공지를 적용하지 아니한다.
② 고속국도 주유취급소 - 전용탱크를 60,000L로 할 수 있다.
③ 선박주유취급소 - 주유관의 길이를 적용하지 아니한다.
④ 셀프주유취급소 - 셀프고정주유설비와 셀프고정급유설비의 주유시간 상한은 같다.

해설 셀프고정주유설비의 주유시간 상한은 4분이고 셀프고정급유설비의 주유시간 상한은 6분이다.

23 **주유취급소에 설치하는 주유원 간이대기실의 설치 기준으로 옳은 것은?**

① 불연재료로 하고 바닥면적이 3.3m^2 이하로 설치할 것
② 바퀴를 부착하여 이동이 편리하게 설치할 것
③ 주유공지 및 급유공지 외의 장소에 설치하는 것은 바닥면적의 제한이 없다.
④ 고정식주유설비 사이에 고정식으로 설치해야 한다.

해설 주유원 간이대기실의 설치 기준
- 불연재료로 할 것
- 바퀴가 부착되지 아니한 고정식일 것
- 차량의 출입 및 주유작업에 장애를 주지 아니하는 위치에 설치할 것
- 바닥면적이 2.5m^2 이하일 것. 다만, 주유공지 및 급유공지 외의 장소에 설치하는 것은 그러하지 아니하다.

판매취급소

01 **점포에서 위험물을 용기에 담아 판매하기 위하여 지정수량의 40배 이하의 위험물을 취급하는 장소는?**

① 일반취급소　　② 주유취급소
③ 판매취급소　　④ 이송취급소

해설 판매취급소
- 지정수량 20배 이하인 판매취급소 제1종 판매취급소
- 지정수량 40배 이하인 판매취급소 제2종 판매취급소

22 ④ 23 ③ / 01 ③ **정답**

02 제1종 판매취급소로 위치·구조 및 설비의 기준에서 다음 보기 중 불연재료로 할 수 있는 건축물 구조부가 아닌 것은?

① 판매취급소로 사용되는 부분과 다른 부분과의 격벽
② 판매취급소의 용도로 사용되는 건축물
③ 보 및 천장
④ 판매취급소에 상층이 없는 경우 지붕

해설 제1종이든 제2종이든 판매취급소로 사용되는 부분과 다른 부분과의 격벽은 내화구조로 해야 하며, 제1종 판매취급소의 용도로 사용되는 건축물의 부분은 내화구조 또는 불연재료로 선택할 수 있다.

03 다음 중 제1종 판매취급소의 기준으로 옳지 않은 것은?

2018년 통합소방장 기출 | 2019년 소방위 기출

① 건축물의 1층에 설치할 것
② 위험물을 배합하는 실의 바닥면적은 $6m^2$ 이상 $15m^2$ 이하일 것
③ 위험물을 배합하는 실의 출입구 문턱높이는 바닥으로부터 0.1m 이상으로 할 것
④ 저장 또는 취급하는 위험물의 수량이 40배 이하인 판매취급소에 대하여 적용할 것

해설 판매취급소의 취급 수량
- 지정수량의 20배 이하 제1종 판매취급소
- 지정수량의 40배 이하 제2종 판매취급소

제11장 | 위험물 취급소

04 제1종 판매취급소에 설치하는 위험물 배합실의 기준으로 틀린 것은?

① 바닥면적은 $6m^2$ 이상 $15m^2$ 이하일 것
② 내화구조 또는 불연재료로 된 벽으로 구획할 것
③ 출입구는 수시로 열 수 있는 자동폐쇄식의 60분방화문으로 설치할 것
④ 출입구 문턱의 높이는 바닥면으로부터 0.2m 이상일 것

해설 위험물을 배합하는 실은 다음에 의할 것
- 바닥면적은 $6m^2$ 이상 $15m^2$ 이하로 할 것
- 내화구조 또는 불연재료로 된 벽으로 구획할 것
- 바닥은 위험물이 침투하지 아니하는 구조로 하여 적당한 경사를 두고 집유설비를 할 것
- 출입구에는 수시로 열 수 있는 자동폐쇄식의 60분방화문을 설치할 것
- 출입구 문턱의 높이는 바닥면으로부터 0.1m 이상으로 할 것
- 내부에 체류한 가연성의 증기 또는 가연성의 미분을 지붕 위로 방출하는 설비를 할 것

정답 02 ① 03 ④ 04 ④

05 **제1종과 제2종 판매취급소의 위치 · 구조 및 설비의 기준에 대한 설명으로 맞지 않은 것은?**

① 모두 건축물의 1층에 설치해야 한다.

② 보기 쉬운 곳에 "위험물 판매취급소(제1종 또는 제2종)"표시를 한 표지를 설치해야 한다.

③ 천정을 설치한 경우 제1종 판매취급소의 천정은 불연재료로 하고 제2종 판매취급소의 천장은 내화구조로 해야 한다.

④ 배합실의 설치기준은 제1종 판매취급소와 제2종 판매취급소는 같다.

해설 천장을 설치하는 경우에는 모든 천장을 불연재료로 해야 한다.

06 **다음 중 판매취급소의 건축물 구조에 대한 기준으로 옳은 것은?**

① 제2종 판매취급소의 용도로 사용하는 부분 중 연소의 우려가 없는 부분에 한하여 창을 두되, 해당 창에는 60분방화문을 설치해야 한다.

② 제2종 판매취급소의 용도로 사용하는 부분에 상층이 있는 경우에 있어서는 상층의 바닥을 불연재료로 하고 상층으로의 연소를 방지하기 위한 조치를 강구해야 한다.

③ 제1, 2종 판매취급소의 출입구에는 60분방화문 또는 30분방화문을 설치해야 한다.

④ 제1, 2종 판매취급소의 창은 연소의 우려가 없는 장소에 설치해야 한다.

해설 판매취급소의 건축물의 구조

<table>
<tr><th rowspan="2">구 분</th><th rowspan="2">벽 · 기둥 · 바닥</th><th rowspan="2">보</th><th colspan="2">지 붕</th><th rowspan="2">격 벽</th><th rowspan="2">천 정</th><th rowspan="2">창</th><th rowspan="2">출입구</th><th rowspan="2">유 리</th></tr>
<tr><th>상층(O)</th><th>상층(×)</th></tr>
<tr><td>제1종</td><td>내화구조 또는 불연재료</td><td>불연재료</td><td>내화구조</td><td>불연재료</td><td>내화구조</td><td>불연재료</td><td colspan="2">60분방화문 또는 30분방화문</td><td>망입유리</td></tr>
<tr><td>제2종</td><td>내화구조</td><td>내화구조</td><td>내화구조(연소방지 조치)</td><td>내화구조</td><td>내화구조</td><td>불연재료</td><td colspan="2">연소의 우려가 있는 벽 또는 창의 부분에 설치하는 출입구 : 자동폐쇄식 60분방화문</td><td>망입유리</td></tr>
</table>

※ 제2종 판매취급소의 용도로 사용하는 부분 중 연소의 우려가 없는 부분에 한하여 창을 두되, 해당 창에는 60분방화문 또는 30분방화문을 설치할 것

05 ③ 06 ③ 정답

이송취급소

01 이송취급소를 설치할 수 없는 장소로 다음 중 틀린 것은?

① 철도 및 도로의 터널 안
② 호수·저수지 등으로서 수리의 수원이 되는 곳
③ 급경사지역으로서 붕괴의 위험이 있는 지역
④ 고속국도 및 자동차전용도로의 횡단

해설 이송취급소를 설치할 수 없는 장소는 다음과 같다.
- 철도 및 도로의 터널 안
- 고속국도 및 자동차 전용도로(도로법 제61조 제1항의 규정에 따라 지정된 도로)의 차도·갓길 및 중앙분리대
- 호수·저수지 등으로서 수리의 수원이 되는 곳
- 급경사 지역으로서 붕괴의 위험이 있는 지역. 다만 지형상황 등 부득이한 사유가 있고 안전에 필요한 조치를 한 경우와 고속국도·자동차전용도로·호수 및 저수지를 횡단하여 설치하는 경우에는 이송취급소를 설치할 수 있다.

02 이송취급소는 배관을 제3자의 부지 등에 설치하기 때문에 사고나 재해가 발생한 경우 그 지역에 주는 영향이 크므로 설치장소를 금지 또는 제한하고 있다. 금지장소로 맞지 않은 것은?

① 고속국도 및 자동차전용도로의 갓길
② 급경사지역으로서 붕괴의 위험이 없는 지역
③ 호수·저수지 등으로서 수리의 수원이 되는 곳
④ 철도 및 도로의 터널 안

해설 이송취급소를 설치할 수 없는 장소로는 급경사지역으로서 붕괴의 위험이 있는 지역이다. 다만 지형상황 등 부득이한 사유가 있고 안전에 필요한 조치를 한 경우와 고속국도·자동차전용도로·호수 및 저수지를 횡단하여 설치하는 경우에는 이송취급소를 설치할 수 있다.

03 이송취급소를 설치할 수 없는 장소에 설치 가능한 경우가 아닌 것은?

① 지형상황 등 부득이한 사유가 있는 경우
② 호수·저수지를 횡단하는 경우
③ 지형상 부득이하여 안전에 필요한 조치를 한 경우
④ 고속국도를 횡단하는 경우

정답 01 ④ 02 ② 03 ①

해설 이송취급소를 설치할 수 없는 장소에도 지형상황 등 부득이한 사유가 있고 안전에 필요한 조치를 한 경우와 고속국도 · 자동차전용도로 · 호수 및 저수지를 횡단하여 설치하는 경우에는 이송취급소를 설치할 수 있다.

04 다음은 이송취급소 설치장소에 관한 설명이다. 맞는 설명은 무엇인가?

① 이송취급소 설치장소에 관한 금지 및 제한 규정을 두고 있다.
② 철도에는 설치할 수 없으나 도로의 터널 안 갓길은 설치 가능하다.
③ 설치할 수 없는 장소에는 어떠한 경우라도 설치할 수 없다.
④ 급경사지역으로서 붕괴의 위험이 없는 지역에도 설치할 수 없다.

해설 이송취급소 금지 또는 제한규정을 두고 있으며, 금지 또는 제한 지역이라도 지형상황 등 부득이한 사유가 있고 안전에 필요한 조치를 한 경우와 고속국도 · 자동차전용도로 · 호수 및 저수지를 횡단하여 설치하는 경우에는 이송취급소를 설치할 수 있다.

05 특정이송취급소에 대한 설명이다. 다음 빈칸에 들어갈 알맞은 답은 무엇인가?

> 특정이송취급소란 위험물을 이송하기 위한 배관의 연장(해당 기점 또는 종점이 2 이상인 경우에는 임의의 기점에서 임의의 종점까지의 해당 배관의 연장 중 최대인 것)이 (㉠)를 초과하거나 위험물을 이송하기 위한 배관에 관계된 최대상용압력이 (㉡)이고 위험물을 이송하기 위한 배관의 연장이 (㉢)인 취급소를 말한다.

	㉠	㉡	㉢
①	10km	95MPa 이상	7km 이상
②	15km	950kPa 이상	7km 이상
③	10km	950MPa 이상	5km 이상
④	15km	950kPa 이상	5km 이상

해설 특정이송취급소란 위험물을 이송하기 위한 배관의 연장(해당 기점 또는 종점이 2 이상인 경우에는 임의의 기점에서 임의의 종점까지의 해당 배관의 연장 중 최대인 것)이 15km를 초과하거나 위험물을 이송하기 위한 배관에 관계된 최대상용압력이 950kPa 이상이고 위험물을 이송하기 위한 배관의 연장이 7km 이상인 취급소를 말한다.

04 ① 05 ② **정답**

06 이송취급소의 위치 · 구조 및 설비의 기준에 대한 설명 중 옳지 않은 것은?

① 이송취급소는 철도 및 도로의 터널 안에 설치하여서는 안 된다.
② 배관을 지하에 매설하는 경우 배관의 외면과 지표면과의 거리는 산이나 들에 있어서는 0.9m 이상, 그 밖의 지역에 있어서는 1.2m 이상으로 해야 한다.
③ 가연성증기를 발생하는 위험물을 취급하는 펌프실 등에는 가연성 증기 경보설비를 설치해야 한다.
④ 배관에는 서로 인접하는 2개의 긴급차단밸브 사이의 구간마다 해당 배관안의 위험물을 안전하게 수증기 또는 불활성기체로 치환할 수 있는 조치를 해야 한다.

해설 배관에는 서로 인접하는 2개의 긴급차단밸브 사이의 구간마다 해당 배관안의 위험물을 안전하게 물 또는 불연성기체로 치환할 수 있는 조치를 해야 한다.

07 위험물 이송하기 위한 배관연장이 15km를 초과하거나 위험물을 이송하기 위한 배관에 관계된 최대상용압력이 950kPa이고 위험물을 이송하기 위한 배관연장이 7km 이상인 것이 이송취급소를 "특정이송취급소"라 한다. 특정이송취급소 이외의 이송취급소에 특례를 기준에 따라 적용제외 설비가 있다. 다음 중 적용 제외 설비를 모두 고르시오.

ㄱ. 운전상태 감시장치
ㄴ. 지진감지장치
ㄷ. 안전제어장치
ㄹ. 누설검지장치
ㅁ. 긴급차단밸브

① ㄱ, ㄴ
② ㄱ, ㄹ, ㅁ
③ ㄱ, ㄴ, ㄷ, ㄹ
④ ㄱ, ㄴ, ㄷ, ㅁ

해설 이송취급소 특례기준에 따라 운전상태감시장치, 안전제어장치, 누설검지장치, 지진감지장치의 규정은 적용하지 아니한다.

08 이송취급소의 배관을 지하에 매설하는 경우의 안전거리로 옳지 않은 것은?

① 건축물(지하가 내의 건축물을 제외한다) : 1.5m 이상
② 지하가 및 터널 : 10m 이상
③ 배관의 외면과 지표면과의 거리(산이나 들) : 0.3m 이상
④ 수도법에 의한 수도시설(위험물의 유입우려가 있는 것) : 300m 이상

정답 06 ④ 07 ③ 08 ③

해설 이송취급소의 배관 지하매설 시 안전거리
- 건축물(지하가 내의 건축물을 제외한다) : 1.5m 이상
- 지하가 및 터널 : 10m 이상
- 수도법에 의한 수도시설(위험물의 유입우려가 있는 것에 한한다) : 300m 이상
- 배관은 그 외면으로부터 다른 공작물에 대하여 0.3m 이상의 거리를 보유할 것
- 배관의 외면과 지표면과의 거리는 산이나 들에 있어서는 0.9m 이상, 그 밖의 지역에 있어서는 1.2m 이상으로 할 것

09 **위험물안전관리법애 따른 이송취급소에 설치하는 경보설비에 해당하지 않는 것은?**

① 비상벨장치 ② 확성장치
③ 가연성증기경보설비 ④ 비상방송설비

해설 이송취급소에는 다음 각 목의 기준에 의하여 경보설비를 설치해야 한다.
- 이송기지에는 비상벨장치 및 확성장치를 설치할 것
- 가연성증기를 발생하는 위험물을 취급하는 펌프실 등에는 가연성증기 경보설비를 설치할 것

일반취급소

01 **다음 중 안전거리 및 보유공지 적용을 받는 일반취급소로 맞는 것은 무엇인가?**

① 분무도장작업장의 일반취급소
② 보일러 등으로 위험물을 소비하는 일반취급소
③ 충전하는 일반취급소
④ 옮겨 담는 일반취급소

02 **다음 중 건축물의 외벽 또는 이에 상당하는 공작물의 외측으로부터 해당 제조소의 외벽까지 안전거리 확보해야 할 일반취급소가 아닌 것은 무엇인가?**

① 고인화점의 위험물만을 충전하는 일반취급소
② 히드록실아민 등을 취급하는 일반취급소
③ 충전하는 일반취급소
④ 옮겨 담는 일반취급소

09 ④ / 01 ③ 02 ④ **정답**

해설 옮겨 담는 일반취급소 중 그 위치·구조 및 설비가 다음 각 호에 따른 기준에 적합한 것에 대하여는 제조소 기술기준에 준용되는 별표4(제조소의 위치·구조 및 설비기준) Ⅰ(안전거리)·Ⅱ(보유공지)·Ⅳ(건축물의 구조)·Ⅴ(채광·조명환기설비) 및 Ⅵ(배출설비)·Ⅶ(옥외시설의 바닥)·Ⅷ[기타설비(전기설비 제외한다)] 및 Ⅸ(위험물 취급탱크)의 규정은 적용하지 아니한다.

03 **다음 중 일반취급소 특례기준 대상에서 제조소의 위치·구조 및 설비 기준을 준용하지 않는 일반취급소는?**

① 발전소에 설치하는 일반취급소
② 변전소에 설치하는 일반취급소
③ 변압기의 전열차단을 위한 일반취급소
④ 개폐소에 설치하는 일반취급소

해설 발전소·변전소·개폐소 그 밖에 이에 준하는 장소(이하 이 호에서 "발전소 등"이라 한다)에 설치되는 일반취급소에 대하여는 제조소의 기술기준에 의하여 준용되는 별표4 Ⅰ(안전거리)·Ⅱ(보유공지)·Ⅳ(건축물 구조) 및 Ⅶ(옥외시설의 바닥)의 규정을 적용하지 아니하며, 발전소 등에 설치되는 변압기·반응기·전압조정기·유입(油入)개폐기·차단기·유입콘덴서·유입케이블 및 이에 부속된 장치로서 기기의 냉각 또는 전열차단을 위한 유류를 내장하여 사용하는 것에 대하여는 제조소의 기준을 적용하지 아니한다.

04 **위험물안전관리법에 따른 보일러 등으로 위험물을 소비하는 일반취급소를 건축물의 다른 부분과 구획하지 않고 설비단위로 설치하는 데 필요한 요건이 아닌 것은? (단, 건축물의 옥상에 설치한 경우는 제외한다)**

① 위험물을 취급하는 설비의 주위에는 원칙적으로 너비 3m 이상의 공지를 보유할 것
② 일반취급소에서 취급하는 위험물의 최대수량은 지정수량의 30배 미만일 것
③ 보일러, 버너 그 밖의 이와 유사한 장치로 인화점이 70℃ 이상인 제4류 위험물을 소비하는 취급소일 것
④ 일반취급소의 용도로 사용하는 부분의 바닥은 위험물이 침투하지 아니하는 구조로 하고, 적당한 경사를 두어 집유설비를 설치할 것

해설 보일러 등으로 위험물을 소비하는 일반취급소란 보일러, 버너 그 밖의 이와 유사한 장치로 소비하기 위하여 지정수량의 30배 미만의 인화점이 38℃ 이상인 제4류 위험물을 취급하는 설비를 건축물에 설치하는 일반취급소를 말한다.

정답 03 ③ 04 ③

05 **분무도장작업 등을 하기 위한 일반취급소를 안전거리 및 보유공지에 관한 규정을 적용하지 않고 건축물 내에 구획실 단위로 설치하는 데 필요한 요건으로 맞지 않은 것은?**

① 취급하는 위험물의 수량은 지정수량의 30배 미만일 것

② 건축물 중 일반취급소의 용도로 사용하는 부분에는 창을 설치하지 아니할 것

③ 건축물 중 일반취급소의 용도로 사용하는 부분의 출입구에는 60분방화문 또는 30분방화문을 설치할 것

④ 도장, 인쇄 또는 도포를 위하여 제2류 위험물 또는 제4류 위험물(특수인화물을 제외한다)을 취급하는 설비를 건축물에 설치할 것

해설 분무도장작업 등 일반취급소 특례

- 정 의

  분무도장작업등의 일반취급소란 도장, 인쇄 또는 도포를 위하여 지정수량의 30배 미만의 제2류 위험물 또는 제4류 위험물(특수인화물을 제외한다)을 취급하는 설비를 건축물에 설치하는 것을 말한다.

- 분무도장작업등의 일반취급소 중 위치·구조 및 설비가 다음 각 호에 따른 기준에 적합한 것에 대하여는 별표4(제조소의 위치·구조 및 설비기준) Ⅰ(안전거리)·Ⅱ(보유공지)·Ⅳ(건축물의 구조)·Ⅴ(채광·조명환기설비) 및 Ⅵ(배출설비)의 규정은 적용하지 아니한다.
  - 건축물 중 일반취급소의 용도로 사용하는 부분에 지하층이 없을 것
  - 건축물 중 일반취급소의 용도로 사용하는 부분은 벽·기둥·바닥·보 및 지붕(상층이 있는 경우에는 상층의 바닥)을 내화구조로 하고, 출입구 외의 개구부가 없는 두께 70mm 이상의 철근콘크리트조 또는 이와 동등 이상의 강도가 있는 구조의 바닥 또는 벽으로 해당 건축물의 다른 부분과 구획될 것
  - 건축물 중 일반취급소의 용도로 사용하는 부분에는 창을 설치하지 아니할 것
  - 건축물 중 일반취급소의 용도로 사용하는 부분의 출입구에는 60분방화문을 설치하되, 연소의 우려가 있는 외벽 및 해당 부분 외의 부분과의 격벽에 있는 출입구에는 수시로 열 수 있는 자동폐쇄식의 것으로 할 것
  - 액상의 위험물을 취급하는 건축물 중 일반취급소의 용도로 사용하는 부분의 바닥은 위험물이 침투하지 아니하는 구조로 하고, 적당한 경사를 두어 집유설비를 설치할 것
  - 건축물 중 일반취급소의 용도로 사용하는 부분에는 위험물을 취급하는데 필요한 채광·조명 및 환기의 설비를 설치할 것
  - 가연성의 증기 또는 가연성의 미분이 체류할 우려가 있는 일반취급소의 용도로 사용하는 부분에는 그 증기 또는 미분을 옥외의 높은 곳으로 배출하는 설비를 설치할 것
  - 환기설비 및 배출설비에는 방화상 유효한 댐퍼 등을 설치할 것

05 ③ **정답**

06 위험물안전관리법에 따른 일반취급소 특례규정을 적용받는 구분에 해당하지 않는 것은?

① 화학실험의 일반취급소
② 분무도장작업 등의 일반취급소
③ 보일러 등으로 위험물을 소비하는 일반취급소
④ 보충하는 일반취급소

해설

일반취급소 특례	용도 (건축물에 설치한 것에 한함)	취급 위험물	지정수량 배수
분무도장작업 등의 일반취급소	도장, 인쇄, 도포	제2류, 제4류 (특수인화물류 제외)	30배 미만
세정작업의 일반취급소	세 정	40℃ 이상의 4류	30배 미만
열처리작업 등의 일반취급소	열처리작업 또는 방전가공	70℃ 이상의 4류	30배 미만
보일러 등으로 위험물을 소비하는 일반취급소	보일러, 버너 등으로 소비	38℃ 이상의 4류	30배 미만
충전하는 일반취급소	이동저장탱크에 액체위험물을 주입(액체위험물을 용기에 옮겨 담는 취급소 포함)	액체위험물 (알킬알루미늄 등, CH_3CHO 등, 히드록실아민 등 제외)	제한 없음
옮겨 담는 일반취급소	고정급유설비로 위험물을 용기에 옮겨 담거나 4,000L 이하의 이동탱크에 주입	38℃ 이상의 4류	40배 미만
유압장치 등을 설치하는 일반취급소	위험물을 이용한 유압장치 또는 윤활유 순환	고인화점 위험물만을 100℃ 미만의 온도로 취급하는 것에 한함	50배 미만
절삭장치 등을 설치하는 일반취급소	절삭유 위험물을 이용한 절삭, 연삭 등	고인화점 위험물만을 100℃ 미만의 온도로 취급하는 것에 한함	30배 미만
열매체유 순환장치를 설치하는 일반취급소	위험물 외의 물건을 가열	고인화점 위험물에 한함	30배 미만
화학실험의 일반취급소	화학실험을 위하여 위험물 취급		30배 미만

정답 06 ④

아이들이 답이 있는 질문을 하기 시작하면
그들이 성장하고 있음을 알 수 있다.

- 존 J. 플롬프 -

제12장

소방시설 설치기준

많이 보고 많이 겪고 많이 공부하는
것은 배움의 세 기둥이다.

– 벤자민 디즈라엘리 –

CHAPTER

12 소방시설 설치기준

제1절 소화설비, 경보설비 및 피난설비의 기준

(제41조 제2항 · 제42조 제2항 및 제43조 제2항 관련 별표17)

01 개 요

(1) 위험물 제조소등에 설치해야 할 소방시설

① 소화설비

② 경보설비

③ 피난설비

(2) 소방시설 설치적용 기준

① 저장 · 취급하는 위험물질의 종류

② 저장 · 취급하는 양

③ 저장 및 취급시설의 종류 · 규모 등

(3) 소화설비 적용기준

위험물 제조소등에는 화재발생 시 소화가 곤란한 정도에 따라 그 소화에 적응성이 있는 소화설비를 설치해야 한다.

① 소화가 곤란한 정도의 구분

㉠ 소화 난이도 등급 Ⅰ

㉡ 소화 난이도 등급 Ⅱ

㉢ 소화 난이도 등급 Ⅲ

② 소화의 적응성

소화설비의 종류별 제1류 위험물에서 제6류 위험물까지 소화적응성이 있는 소화설비를 설치해야 한다.

(4) 소화설비 적용

① 위험물 제조소등의 소화 난이도 등급 분류

② 소화 난이도 등급별 설치 가능 소화설비 종류 확인

③ 소화설비 중 저장·취급 위험물 소화적응성 확인

02 소화설비

(1) 소화 난이도 등급 Ⅰ의 제조소등 및 소화설비

① 소화 난이도 등급 Ⅰ에 해당하는 제조소등★★★★ 2013년 경남소방장 기출

제조소 등의 구분	제조소등의 규모, 저장 또는 취급하는 위험물의 품명 및 최대수량 등
제조소 일반취급소	연면적 1,000m² 이상인 것
	지정수량의 100배 이상인 것 (고인화점 위험물만을 100℃ 미만의 온도에서 취급하는 것 및 제48조의 위험물을 취급하는 것은 제외)
	지반면으로부터 6m 이상의 높이에 위험물 취급설비가 있는 것 (고인화점 위험물만을 100℃ 미만의 온도에서 취급하는 것은 제외)
	일반취급소로 사용되는 부분 외의 부분을 갖는 건축물에 설치된 것 (내화구조로 개구부 없이 구획된 것 , 고인화점 위험물만을 100℃ 미만의 온도에서 취급하는 것 및 화학실험의 일반취급소는 제외)
주유취급소	주유취급소의 업무를 행하기 위한 사무소, 자동차 등의 점검 및 간이정비를 위한 작업장 및 주유취급소에 출입하는 사람을 대상으로 한 점포·휴게음식점 또는 전시장의 면적의 합이 500m²를 초과하는 것
옥내 저장소	지정수량의 150배 이상인 것 (고인화점 위험물만을 저장하는 것 및 염소산염류·과염소산염류·질산염류·유황·철분·금속분·마그네슘·질산에스테르류·니트로화합물 중 화약류에 해당하는 위험물을 저장하는 것은 제외)
	연면적 150m²를 초과하는 것 (150m² 이내마다 불연재료로 개구부 없이 구획된 것 및 인화성고체 외의 제2류 위험물 또는 인화점 70℃ 이상의 제4류 위험물만을 저장하는 것은 제외)
	처마높이가 6m 이상인 단층건물의 것
	옥내저장소로 사용되는 부분 외의 부분이 있는 건축물에 설치된 것 (내화구조로 개구부 없이 구획된 것 및 인화성고체 외의 제2류 위험물 또는 인화점 70℃ 이상의 제4류 위험물만을 저장하는 것은 제외)
옥외탱크 저장소	액표면적이 40m² 이상인 것 (제6류 위험물을 저장하는 것 및 고인화점 위험물만을 100℃ 미만의 온도에서 저장하는 것은 제외)
	지반면으로부터 탱크 옆판의 상단까지 높이가 6m 이상인 것 (제6류 위험물을 저장하는 것 및 고인화점 위험물만을 100℃ 미만의 온도에서 저장하는 것은 제외)
	지중탱크 또는 해상탱크로서 지정수량의 100배 이상인 것 (제6류 위험물을 저장하는 것 및 고인화점 위험물만을 100℃ 미만의 온도에서 저장하는 것은 제외)
	고체위험물을 저장하는 것으로서 지정수량의 100배 이상인 것

옥내탱크 저장소	액표면적이 40m² 이상인 것 (제6류 위험물을 저장하는 것 및 고인화점 위험물만을 100℃ 미만의 온도에서 저장하는 것은 제외)
	바닥면으로부터 탱크 옆판의 상단까지 높이가 6m 이상인 것 (제6류 위험물을 저장하는 것 및 고인화점 위험물만을 100℃ 미만의 온도에서 저장하는 것은 제외)
	탱크전용실이 단층건물 외의 건축물에 있는 것으로서 인화점 38℃ 이상 70℃ 미만의 위험물을 지정수량의 5배 이상 저장하는 것(내화구조로 개구부없이 구획된 것은 제외한다)
옥외 저장소	덩어리 상태의 유황을 저장하는 것으로서 경계표시 내부의 면적(2 이상의 경계표시가 있는 경우에는 각 경계표시의 내부의 면적을 합한 면적)이 100m² 이상인 것
	인화점이 21도 미만의 인화성고체, 제1석유류, 알코올류의 위험물을 저장하는 것으로서 지정수량의 100배 이상인 것
암반탱크 저장소	액표면적이 40m² 이상인 것 (제6류 위험물을 저장하는 것 및 고인화점 위험물만을 100℃ 미만의 온도에서 저장하는 것은 제외)
	고체위험물만을 저장하는 것으로서 지정수량의 100배 이상인 것
이송취급소	모든 대상

비고 제조소등의 구분별로 오른쪽란에 정한 제조소등의 규모, 저장 또는 취급하는 위험물의 수량 및 최대수량 등의 어느 하나에 해당하는 제조소등은 소화 난이도 등급 I 에 해당하는 것으로 한다.

⊕ Plus one

소화 난이도 등급의 핵심요약 **2018년 통합소방장 기출**

제조소등 구분	소화난이도 I등급	소화난이도 II등급	소화난이도 III등급
제조소 일반 취급소	① **연면적 1,000m² 이상** ② 지정수량 100배 이상 ③ 처마의 높이가 6m 이상 ④ 일반취급소로 사용되는 부분 이외의 부분을 가진 건축물에 설치된 것	① 연면적 600m² 이상 ② 지정수량 10배 이상 100배 미만 ③ 분, 세, 열, 보, 유, 절, 열 · 화의 일반취급소로서 I등급에 해당하지 않은 것	① 염소산염류 · 과염소산염류 · 질산염류 · 유황 · 철분 · 금속분 · 마그네슘 · 질산에스테르류 · 니트로화합물 중 화약류에 해당하는 위험물을 저장하는 것 ② 화약류의 위험물외의 것을 취급하는 것으로 소화난이도 I, II등급 이외의 것
옥내 저장소	① **연면적 150m² 초과** ② **지정수량 150배 이상** ③ 처마의 높이가 6m 이상인 단층건물 ④ 옥내저장소로 사용되는 부분 이외의 부분을 가진 건축물에 설치된 것	① 단층건물 이외의 것 ② 다층 및 소규모 옥내저장소 ③ 지정수량 10배 이상 150배 미만 ④ 연면적 150m² 초과인 것 ⑤ 복합용도 옥내저장소로서 소화난이도 I등급 외의 제조소등인 것	
옥외 저장소	① 100m² 이상(덩어리(괴상)의 유황을 저장하는 경계표시 내부면적) ② 인화점이 21도 미만인 인화성고체, 제1석유류, 알코올류를 저장하는 것으로 지정수량 100배 이상	① 경계표시 내부면적 5~100m² (유황) ② 인화점이 21도 미만인 인화성고체, 제1석유류, 알코올류를 저장하는 것으로 지정수량 10배 이상 ~ 100배 미만 ③ 지정수량 100배 이상(나머지)	① 유황 저장하는 경계표시 내부면적 5m² 미만 ② 옥내주유취급소 외의 것으로서 소화난이도 I, II등급 이외의 것

옥외탱크저장소	① 지중탱크, 해상탱크로서 지정수량 100배 이상 ② 고체위험물을 저장하는 것으로 지정수량 100배 이상 ③ 탱크상단까지 높이 6m 이상 ④ 액표면적 40m^2 이상	소화난이도 I등급 외의 제조소(고인화점위험물을 100℃ 미만으로 저장하는 것 및 6류 위험물만 저장하는 것은 제외)	
옥내탱크저장소	① 탱크상단까지 높이 6m 이상 ② 액표면적 40m^2 이상 ③ 탱크전용실이 단층건물 외의 건축물에 있는 것으로서 인화점이 38℃ 이상 70℃ 미만을 지정수량 5배 이상 저장하는 것		
암반탱크저장소	① 액표면적 40m^2 이상 ② 고체위험물을 저장하는 것으로 지정수량 100배 이상		
이송취급소	모든 대상		
주유취급소	주유취급소의 업무를 행하기 위한 사무소, 자동차 등의 점검 및 간이정비를 위한 작업장 및 주유취급소에 출입하는 사람을 대상으로 한 점포·휴게음식점 또는 전시장의 면적의 합이 500m^{2}를 초과하는 것	옥내주유취급소로서 소화난이도 I등급의 제조소등에 해당하지 아니하는 것	옥내주유취급소 외의 것으로서 소화난이도 I등급의 제조소등에 해당하지 아니하는 것
판매취급소		제2종 판매취급소	제1종 판매취급소
지하, 이동, 간이			모든 대상

- 소화 난이도 등급 1 중 지정수량 100배 이상 : 제조소, 일반취급소, 옥외저장소, 옥외탱크저장소, 암반탱크저장소(옥내저장소 – 지정수량 150배 이상)
- 높이 6m 이상 : 제조소, 옥내저장소, 옥내탱크저장소, 옥외탱크저장소
- 알킬알루미늄을 저장, 취급하는 이동탱크저장소는 자동차용 소화기를 설치하는 외에 마른모래나 팽창질석 또는 팽창진주암을 추가로 설치한다.

② 소화 난이도 등급 I 의 제조소등에 설치해야 하는 소화설비★★★★

제조소등의 구분		소화설비
제조소 및 일반취급소		옥내소화전설비, 옥외소화전설비, 스프링클러설비 또는 물분무 등 소화설비(화재발생 시 연기가 충만할 우려가 있는 장소에는 스프링클러설비 또는 이동식 외의 물분무 등 소화설비에 한한다)
주유취급소		스프링클러설비(건축물에 한정한다), 소형수동식소화기 등(능력단위의 수치가 건축물 그 밖의 공작물 및 위험물의 소요단위의 수치에 이르도록 설치할 것)
옥내저장소	처마높이가 6m 이상인 단층건물 또는 다른 용도의 부분이 있는 건축물에 설치한 옥내저장소	스프링클러설비 또는 이동식 외의 물분무 등 소화설비
	그 밖의 것	옥외소화전설비, 스프링클러설비, 이동식 외의 물분무 등 소화설비 또는 이동식 포소화설비(포소화전을 옥외에 설치하는 것에 한한다)

옥외탱크저장소	지중탱크 또는 해상탱크 외의 것	유황만을 저장 취급하는 것	물분무소화설비
		인화점 70℃ 이상의 제4류 위험물만을 저장취급하는 것	물분무소화설비 또는 고정식 포소화설비
		그 밖의 것	고정식 포소화설비(포소화설비가 적응성이 없는 경우에는 분말소화설비)
	지중탱크		고정식 포소화설비, 이동식 이외의 불활성가스소화설비 또는 이동식 이외이 할로겐화합물소화설비
	해상탱크		고정식 포소화설비, 물분무포소화설비, 이동식 이외의 불활성가스소화설비 또는 이동식 이외의 할로겐화합물소화설비
옥내탱크저장소	유황만을 저장취급하는 것		물분무소화설비
	인화점 70℃ 이상의 제4류 위험물만을 저장취급하는 것		물분무소화설비, 고정식 포소화설비, 이동식 이외의 불활성가스소화설비, 이동식 이외의 할로겐화합물소화설비 또는 이동식 이외의 분말소화설비
	그 밖의 것		고정식 포소화설비, 이동식 이외의 불활성가스소화설비, 이동식 이외의 할로겐화합물소화설비 또는 이동식 이외의 분말소화설비
옥외저장소 및 이송취급소			옥내소화전설비, 옥외소화전설비, 스프링클러설비 또는 물분무 등 소화설비(화재발생 시 연기가 충만할 우려가 있는 장소에는 스프링클러설비 또는 이동식 이외의 물분무 등 소화설비에 한한다)
암반탱크저장소	유황만을 저장취급하는 것		물분무소화설비
	인화점 70℃ 이상의 제4류 위험물만을 저장취급하는 것		물분무소화설비 또는 고정식 포소화설비
	그 밖의 것		고정식 포소화설비(포소화설비가 적응성이 없는 경우에는 분말소화설비)

비고

1. 위 표 오른쪽란의 소화설비를 설치함에 있어서는 해당 소화설비의 방사범위가 해당 제조소, 일반취급소, 옥내저장소, 옥외탱크저장소, 옥내탱크저장소, 옥외저장소, 암반탱크저장소(암반탱크에 관계되는 부분을 제외한다) 또는 이송취급소(이송기지 내에 한한다)의 건축물, 그 밖의 공작물 및 위험물을 포함하도록 해야 한다. 다만, 고인화점 위험물만을 100℃ 미만의 온도에서 취급하는 제조소 또는 일반취급소의 경우에는 해당 제조소 또는 일반취급소의 건축물 및 그 밖의 공작물만 포함하도록 할 수 있다.
2. 고인화점 위험물만을 100℃ 미만의 온도에서 취급하는 제조소 또는 일반취급소의 위험물에 대해서는 대형수동식소화기 1개 이상과 해당 위험물의 소요단위에 해당하는 능력단위의 소형수동식소화기를 설치해야 한다. 다만, 해당 제조소 또는 일반취급소에 옥내·외소화전설비, 스프링클러설비 또는 물분무 등 소화설비를 설치한 경우에는 해당 소화설비의 방사능력범위 내에는 대형수동식소화기를 설치하지 아니할 수 있다.
3. 가연성증기 또는 가연성미분이 체류할 우려가 있는 건축물 또는 실내에는 대형수동식소화기 1개 이상과 해당 건축물, 그 밖의 공작물 및 위험물의 소요단위에 해당하는 능력단위의 소형수동식소화기 등을 추가로 설치해야 한다.
4. 제4류 위험물을 저장 또는 취급하는 옥외탱크저장소 또는 옥내탱크저장소에는 소형수동식소화기 등을 2개 이상 설치해야 한다.
5. 제조소, 옥내탱크저장소, 이송취급소, 또는 일반취급소의 작업공정상 소화설비의 방사능력범위 내에 해당 제조소등에서 저장 또는 취급하는 위험물의 전부가 포함되지 아니하는 경우에는 해당 위험물에 대하여 대형수동식소화기 1개 이상과 해당 위험물의 소요단위에 해당하는 능력단위의 소형수동식소화기 등을 추가로 설치해야 한다.

⊕ Plus one

소화 난이도 등급 I 의 제조소등에 설치하는 소화설비 핵심요약

<table>
<tr><th colspan="2">제조소등의 구분</th><th>소화설비</th></tr>
<tr><td colspan="2">제조소, 일반취급소, 옥외저장소,
이송취급소</td><td>옥내소화전설비, 옥외소화전설비,
스프링클러설비 또는 물분무 등 소화설비(이동식 이외)</td></tr>
<tr><td rowspan="2">옥내
저장소</td><td>처마높이가 6m 이상인 단층
또는 복합용도의 옥내저장소</td><td>스프링클러설비 또는 물분무 등 소화설비(이동식 이외)</td></tr>
<tr><td>그 밖의 것</td><td>옥외소화전설비, 스프링클러설비, 이동식 외의 물분무 등 소화설비 또는 이동식 포소화설비</td></tr>
<tr><td rowspan="3">옥외탱크
저장소
암반탱크
저장소</td><td>유황만을 저장 취급하는 것</td><td>물분무소화설비</td></tr>
<tr><td>인화점 70℃ 이상의 제4류
위험물</td><td>고정식 포소화설비, 물분무소화설비</td></tr>
<tr><td>그 밖의 것</td><td>고정식 포소화설비(적응성 없는 경우 분말소화설비)</td></tr>
<tr><td rowspan="3">옥내
탱크
저장소</td><td>유황만을 저장 취급하는 것</td><td>물분무소화설비</td></tr>
<tr><td>인화점 70℃ 이상의 제4류
위험물</td><td>고정식 포소화설비, 물분무소화설비, 이동식을 이외의 불, 분, 할</td></tr>
<tr><td>그 밖의 것</td><td>고정식 포소화설비, 이동식을 이외의 불, 분, 할</td></tr>
<tr><td rowspan="2">옥외탱크
저장소</td><td>지중탱크</td><td>고정식 포소화설비, 이동식 이외의 불, 할</td></tr>
<tr><td>해상탱크</td><td>고정식 포소화설비, 물분무소화설비, 이동식 이외의 불, 할</td></tr>
<tr><td colspan="2">주유취급소</td><td>스프링클러설비(건축물에 한정), 소형수동식소화기 등</td></tr>
</table>

(2) 소화 난이도 등급Ⅱ의 제조소등 및 소화설비

① 소화 난이도 등급Ⅱ에 해당하는 제조소등

제조소등의 구분	제조소등의 규모, 저장 또는 취급하는 위험물의 품명 및 최대수량 등
제조소 일반취급소	연면적 600m^2 이상인 것
	지정수량의 10배 이상인 것(고인화점 위험물만을 100℃ 미만의 온도에서 취급하는 것 및 화약류에 해당하는 위험물을 취급하는 것은 제외)
	분무도장, 세정, 열처리, 보일러등, 유압장치, 전열차단유, 열매체유, 화학실험의 일반취급소로서 소화 난이도 등급Ⅰ의 제조소등에 해당하지 아니하는 것(고인화점 위험물만을 100℃ 미만의 온도에서 취급하는 것은 제외)
옥내저장소	단층건물 이외의 것
	다층 또는 소규모 옥내저장소
	지정수량의 10배 이상인 것 (고인화점 위험물만을 저장하는 것 및 화약류에 해당하는 위험물을 취급하는 것은 제외)
	연면적 150m^2 초과인 것
	복합용도의 옥내저장소로서 소화 난이도등급Ⅰ의 제조소등에 해당하지 아니하는 것
옥외・옥내 탱크저장소	소화 난이도 등급Ⅰ의 제조소등 외의 것 (고인화점 위험물만을 100℃ 미만의 온도로 저장하는 것 및 제6류 위험물만을 저장하는 것은 제외)
옥외저장소	덩어리 상태의 유황을 저장하는 것으로서 경계표시 내부의 면적(2 이상의 경계표시가 있는 경우에는 각 경계표시의 내부의 면적을 합한 면적)이 5m^2 이상 100m^2 미만인 것
	인화점이 21도 미만인 인화성고체, 제1석유류, 알코올류를 저장하는 것으로서 지정수량의 10배 이상 100배 미만인 것
	지정수량의 100배 이상인 것 (덩어리 상태의 유황 또는 고인화점 위험물을 저장하는 것은 제외)
주유취급소	옥내주유취급소로서 소화 난이도 등급 Ⅰ의 제조소등에 해당하지 아니하는 것
판매취급소	제2종 판매취급소

비고 제조소등의 구분별로 오른쪽란에 정한 제조소등의 규모, 저장 또는 취급하는 위험물의 수량 및 최대수량 등의 어느 하나에 해당하는 제조소등은 소화 난이도 등급Ⅱ에 해당하는 것으로 한다.

② 소화 난이도 등급Ⅱ의 제조소등에 설치해야 하는 소화설비★★★★

제조소등의 구분	소화설비
제조소 옥내저장소 옥외저장소 주유취급소 판매취급소 일반취급소	방사능력 범위 내에 해당 건축물, 그 밖의 공작물 및 위험물이 포함되도록 대형수동식소화기를 설치하고, 해당 위험물의 소요단위의 1/5 이상에 해당되는 능력단위의 소형수동식소화기 등을 설치할 것
옥외탱크저장소 옥내탱크저장소	대형수동식소화기 및 소형수동식소화기 등을 각각 1개 이상 설치할 것

비고 1. 옥내소화전설비, 옥외소화전설비, 스프링클러설비 또는 물분무 등 소화설비를 설치한 경우에는 해당 소화설비의 방사능력범위 내의 부분에 대해서는 대형수동식소화기를 설치하지 아니할 수 있다.
2. 소형수동식소화기 등이란 소화설비 적응성에 따른 소형수동식소화기 또는 기타 소화설비를 말한다. 이하 같다.

(3) 소화 난이도 등급Ⅲ의 제조소등 및 소화설비

① 소화 난이도 등급Ⅲ에 해당하는 제조소등

제조소등의 구분	제조소등의 규모, 저장 또는 취급하는 위험물의 품명 및 최대수량 등
제조소 일반취급소 옥내저장소	염소산염류・과염소산염류・질산염류・유황・철분・금속분・마그네슘・질산에스테르류・니트로화합물 중 화약류에 해당하는 위험물을 취급하는 것
	염소산염류・과염소산염류・질산염류・유황・철분・금속분・마그네슘・질산에스테르류・니트로화합물 중 화약류에 해당하는 위험물외의 것을 취급하는 것으로서 소화 난이도 등급Ⅰ 또는 소화 난이도 등급Ⅱ의 제조소등에 해당하지 아니하는 것
지하탱크저장소 간이탱크저장소 이동탱크저장소	모든 대상
옥외저장소	덩어리 상태의 유황을 저장하는 것으로서 경계표시 내부의 면적(2 이상의 경계표시가 있는 경우에는 각 경계표시의 내부의 면적을 합한 면적)이 $5m^2$ 미만인 것
	덩어리 상태의 유황 외의 것을 저장하는 것으로서 소화 난이도 등급Ⅰ 또는 소화 난이도 등급Ⅱ의 제조소등에 해당하지 아니하는 것
주유취급소	옥내주유취급소 외의 것으로서 소화 난이도 등급 Ⅰ의 제조소등에 해당하지 아니하는 것
제1종 판매취급소	모든 대상

비고 제조소등의 구분별로 오른쪽란에 정한 제조소등의 규모, 저장 또는 취급하는 위험물의 수량 및 최대수량 등의 어느 하나에 해당하는 제조소등은 소화 난이도 등급Ⅲ에 해당하는 것으로 한다.

② 소화 난이도 등급Ⅲ의 제조소등에 설치해야 하는 소화설비

제조소등의 구분	소화설비	설치기준	
지하탱크 저장소	소형수동식 소화기 등	능력단위의 수치가 3 이상	2개 이상
이동탱크 저장소	자동차용 소화기	무상의 강화액 8L 이상	2개 이상
		이산화탄소 3.2kg 이상	
		일브롬화일염화이플루오르화메탄(CF_2ClBr) 2L 이상	
		일브롬화삼플루오르화메탄(CF_3Br) 2L 이상	
		이브롬화사플루오르화에탄($C_2F_4Br_2$) 1L 이상	
		소화분말 3.3kg 이상	
	마른모래 및 팽창질석 또는 팽창진주암	마른모래 150L 이상(1.5단위)	
		팽창질석 또는 팽창진주암 640L 이상(4단위)	
그 밖의 제조소등	소형수동식 소화기 등	능력단위의 수치가 건축물 그 밖의 공작물 및 위험물의 소요단위의 수치에 이르도록 설치할 것. 다만, 옥내소화전설비, 옥외소화전설비, 스프링클러설비, 물분무 등 소화설비 또는 대형수동식소화기를 설치한 경우에는 해당 소화설비의 방사능력범위 내의 부분에 대하여는 수동식소화기 등을 그 능력단위의 수치가 해당 소요단위의 수치의 1/5 이상이 되도록 하는 것으로 족하다.	

비고 알킬알루미늄 등을 저장 또는 취급하는 이동탱크저장소에 있어서는 자동차용소화기를 설치하는 외에 마른모래나 팽창질석 또는 팽창진주암을 추가로 설치해야 한다.

(4) 위험물별 소화설비의 적응성★★★ 2013년, 2023년 소방위 기출

소화설비의 구분			대상물 구분											
			건축물·그 밖의 공작물	전기설비	제1류 위험물		제2류 위험물			제3류 위험물		제4류 위험물	제5류 위험물	제6류 위험물
					알칼리금속과산화물 등	그 밖의 것	철분·금속분·마그네슘 등	인화성고체	그 밖의 것	금수성물품	그 밖의 것			
옥내소화전설비 또는 옥외소화전설비			○			○		○	○		○		○	○
스프링클러설비			○			○		○	○		○	△	○	○
물분무 등 소화설비	물분무소화설비		○	○		○		○	○		○	○	○	○
	포소화설비		○			○		○	○		○	○	○	○
	불활성가스소화설비			○				○				○		
	할로겐화합물소화설비			○				○				○		
	분말소화설비	인산염류 등	○	○		○		○	○			○		○
		탄산수소염류 등		○	○		○	○		○		○		
		그 밖의 것			○		○			○				
대형·소형 수동식 소화기	봉상수(棒狀水)소화기		○			○		○	○		○		○	○
	무상수(霧狀水)소화기		○	○		○		○	○		○		○	○
	봉상강화액소화기		○			○		○	○		○		○	○
	무상강화액소화기		○	○		○		○	○		○	○	○	○
	포소화기		○			○		○	○		○	○	○	○
	이산화탄소소화기			○				○				○		△
	할로겐화합물소화기			○				○				○		
	분말소화기	인산염류소화기	○	○		○		○	○			○		○
		탄산수소염류소화기		○	○		○	○		○		○		
		그 밖의 것			○		○			○				
기 타	물통 또는 수조		○			○		○	○		○		○	○
	건조사				○	○	○	○	○	○	○	○	○	○
	팽창질석 또는 팽창진주암				○	○	○	○	○	○	○	○	○	○

비고

1. "○" 표시는 해당 소방대상물 및 위험물에 대하여 소화설비가 적응성이 있음을 표시하고, "△" 표시는 제4류 위험물을 저장 또는 취급하는 장소의 살수기준면적에 따라 스프링클러설비의 살수밀도가 다음 표에 정하는 기준 이상인 경우에는 해당 스프링클러설비가 제4류 위험물에 대하여 적응성이 있음을, 제6류 위험물을 저장 또는 취급하는 장소로써 폭발의 위험이 없는 장소에 한하여 이산화탄소소화기가 제6류 위험물에 대하여 적응성이 있음을 각각 표시한다.

살수기준면적(m^2)	방사밀도(L/m^2분)		비 고
	인화점 38℃ 미만	인화점 38℃ 이상	
279 미만 279 이상 372 미만 372 이상 465 미만 465 이상	16.3 이상 15.5 이상 13.9 이상 12.2 이상	12.2 이상 11.8 이상 9.8 이상 8.1 이상	살수기준면적은 내화구조의 벽 및 바닥으로 구획된 하나의 실의 바닥면적을 말하고, 하나의 실의 바닥면적이 465m^2 이상인 경우의 살수기준면적은 465m^2로 한다. 다만, 위험물의 취급을 주된 작업내용으로 하지 아니하고 소량의 위험물을 취급하는 설비 또는 부분이 넓게 분산되어 있는 경우에는 방사밀도는 8.2L/m^2분 이상, 살수기준 면적은 279m^2 이상으로 할 수 있다.

2. 인산염류 등은 인산염류, 황산염류 그 밖에 방염성이 있는 약제를 말한다.
3. 탄산수소염류 등은 탄산수소염류 및 탄산수소염류와 요소의 반응생성물을 말한다.
4. 알칼리금속과산화물 등은 알칼리금속의 과산화물 및 알칼리금속의 과산화물을 함유한 것을 말한다.
5. 철분・금속분・마그네슘 등은 철분・금속분・마그네슘과 철분・금속분 또는 마그네슘을 함유한 것을 말한다.

(5) 소화설비의 설치기준 2013년 소방위 기출 2020년 통합 소방장 기출

① 전기설비의 소화설비

제조소등에 전기설비(전기배선, 조명기구 등은 제외한다)가 설치된 경우에는 해당 장소의 면적 100m^2마다 소형수동식소화기를 1개 이상 설치할 것

② 소요단위 및 능력단위

㉠ 소요단위 : 소화설비의 설치대상이 되는 건축물 그 밖의 공작물의 규모 또는 위험물의 양의 기준단위

㉡ 능력단위 : 소요단위에 대응하는 소화설비의 소화능력의 기준단위

③ 소요단위의 계산방법 2019년, 2020년 소방위 기출

건축물 그 밖의 공작물 또는 위험물의 소요단위의 계산방법은 다음의 기준에 의할 것

㉠ 제조소 또는 취급소의 건축물은 외벽이 내화구조인 것은 연면적(제조소등의 용도로 사용되는 부분 외의 부분이 있는 건축물에 설치된 제조소등에 있어서는 해당 건축물 중 제조소등에 사용되는 부분의 바닥면적의 합계를 말한다. 이하 같다) 100m^2를 1소요단위로 하며, 외벽이 내화구조가 아닌 것은 연면적 50m^2를 1소요단위로 할 것

㉡ 저장소의 건축물은 외벽이 내화구조인 것은 연면적 150m^2를 1소요단위로 하고, 외벽이 내화구조가 아닌 것은 연면적 75m^2를 1소요단위로 할 것

㉢ 제조소등의 옥외에 설치된 공작물은 외벽이 내화구조인 것으로 간주하고 공작물의 최대수평투영면적을 연면적으로 간주하여 ㉠ 및 ㉡의 규정에 따라 소요단위를 산정할 것

㉣ 위험물은 지정수량의 10배를 1소요단위로 할 것

Plus one

소요단위의 계산방법 핵심요약 2019년 소방위 기출

구 분	제조소등	건축물의 구조	소요단위
건축물의 규모기준	제조소 또는 취급소의 건축물	외벽이 내화구조	$100m^2$
		외벽이 내화구조가 아닌 것	$50m^2$
	저장소의 건축물	외벽이 내화구조	$150m^2$
		외벽이 내화구조가 아닌 것	$75m^2$
	옥외에 설치된 공작물	내화구조로 간주 (공작물의 최대수평투영면적 기준)	제조소 · 일반취급소 : $100m^2$ 저장소 : $150m^2$
위험물 기준	지정수량 10배마다 1단위		

④ 소화설비의 능력단위★★★★

㉠ 수동식소화기의 능력단위는 소화기의 형식승인 및 검정기술기준에 의하여 제품검사를 받은 수치로 할 것

㉡ 기타 소화설비의 능력단위는 다음의 표에 의할 것

소화설비	용 량	능력단위
소화전용(轉用)물통	8L	0.3
수조(소화전용물통 3개 포함)	80L	1.5
수조(소화전용물통 6개 포함)	190L	2.5
마른 모래(삽 1개 포함)	50L	0.5
팽창질석 또는 팽창진주암(삽 1개 포함)	160L	1.0

⑤ 옥내소화전설비의 설치기준★★★★ 2002년, 2015년 소방위 기출 2013년 부산소방장 기출

㉠ 옥내소화전은 제조소등의 건축물의 층마다 해당 층의 각 부분에서 하나의 호스 접속구까지의 수평거리가 25m 이하가 되도록 설치할 것. 이 경우 옥내소화전은 각층의 출입구 부근에 1개 이상 설치해야 한다.

㉡ 수원의 수량은 옥내소화전이 가장 많이 설치된 층의 옥내소화전 설치개수(설치개수가 5개 이상인 경우는 5개)에 $7.8m^3$을 곱한 양 이상이 되도록 설치할 것

㉢ 옥내소화전설비는 각층을 기준으로 하여 해당 층의 모든 옥내소화전(설치개수가 5개 이상인 경우는 5개의 옥내소화전)을 동시에 사용할 경우에 각 노즐끝부분의 방수압력이 350kPa 이상이고 방수량이 1분당 260L 이상의 성능이 되도록 할 것

㉣ 옥내소화전설비에는 비상전원을 설치할 것

Plus one

옥내소화전 설치기준 핵심요약

내 용	제조소등 설치기준	특정 소방대상물 설치기준
설치위치 설치개수	• 수평거리 25m 이하 • 각층의 출입구 부근에 1개 이상 설치	수평거리 25m 이하
수원량	• Q = N(가장 많이 설치된 층의 설치개수 : 최대 5개) × 7.8m^3 • 최대 = 260L/min × 30분 × 5 = 39m^3	• Q = N(가장 많이 설치된 층의 설치개수 : 최대 2개) × 2.6m^3 • 최대 = 130L/min × 20분 × 5 = 13m^3
방수압력	350kPa 이상	0.17Mpa 이상
방수량	260L/min	130L/min
비상전원	• 용량 : 45분 이상 • 자가발전설비 또는 축전지설비	• 용량 : 20분 이상 • 설치대상 – 지하층을 제외한 7층 이상으로서 연면적 2,000m^2 이상 – 지하층의 바닥면적의 합계가 3,000m^2 이상

※ 옥내소화설비 세부기준은 위험물 안전관리에 관한 세부기준 제129조 참조

⑥ 옥외소화전설비의 설치기준★★★★ 2019년 통합소방장 기출

㉠ 옥외소화전은 방호대상물(해당 소화설비에 의하여 소화해야 할 제조소등의 건축물, 그 밖의 공작물 및 위험물을 말한다. 이하 같다)의 각 부분(건축물의 경우에는 해당 건축물의 1층 및 2층의 부분에 한한다)에서 하나의 호스 접속구까지의 수평거리가 40m 이하가 되도록 설치할 것. 이 경우 그 설치개수가 1개일 때는 2개로 해야 한다.

㉡ 수원의 수량은 옥외소화전의 설치개수(설치개수가 4개 이상인 경우는 4개의 옥외소화전)에 13.5m^{3}를 곱한 양 이상이 되도록 설치할 것

㉢ 옥외소화전설비는 모든 옥외소화전(설치개수가 4개 이상인 경우는 4개의 옥외소화전)을 동시에 사용할 경우에 각 노즐끝부분의 방수압력이 350kPa 이상이고, 방수량이 1분당 450L 이상의 성능이 되도록 할 것

㉣ 옥외소화전설비에는 비상전원을 설치할 것

Plus one

옥외소화전 설치기준 핵심요약

내 용	제조소등 설치기준	특정 소방대상물 설치기준
설치위치 설치개수	• 수평거리 40m 이하마다 설치 • 설치개수가 1개인 경우 2개 설치	수평거리 40m 이하
수원량	• Q = N(설치개수 : 최대 4개) × 13.5m^3 • 최대 = 450L/min × 30분 × 4 = 54m^3	• Q = N(설치개수 : 최대 2개) × 7m^3 • 최대 = 350L/min × 20분 × 2 = 14m^3
방수압력	350kPa 이상	0.25Mpa 이상
방수량	450L/min	350L/min
비상전원	용량은 45분 이상	20분 이상

※ 옥외소화설비 세부기준은 위험물안전관리에 관한 세부기준 제130조 참조

⑦ 스프링클러설비의 설치기준★★★★

㉠ 스프링클러헤드는 방호대상물의 천장 또는 건축물의 최상부 부근(천장이 설치되지 아니한 경우)에 설치하되, 방호대상물의 각 부분에서 하나의 스프링클러헤드까지의 수평거리가 1.7m(제4호 비고 제1호의 표에 정한 살수밀도의 기준을 충족하는 경우에는 2.6m) 이하가 되도록 설치할 것

㉡ 개방형 스프링클러헤드를 이용한 스프링클러설비의 방사구역(하나의 일제개방밸브에 의하여 동시에 방사되는 구역을 말한다. 이하 같다)은 $150m^2$ 이상(방호대상물의 바닥면적이 $150m^2$ 미만인 경우에는 해당 바닥면적)으로 할 것

㉢ 수원의 수량은 폐쇄형 스프링클러헤드를 사용하는 것은 30(헤드의 설치개수가 30 미만인 방호대상물인 경우에는 해당 설치개수), 개방형 스프링클러헤드를 사용하는 것은 스프링클러헤드가 가장 많이 설치된 방사구역의 스프링클러헤드 설치개수에 $2.4m^3$를 곱한 양 이상이 되도록 설치할 것

㉣ 스프링클러설비는 ㉢에 따른 개수의 스프링클러헤드를 동시에 사용할 경우에 각 끝부분의 방사압력이 100kPa(제4호 비고 제1호의 표에 정한 살수밀도의 기준을 충족하는 경우에는 50kPa) 이상이고, 방수량이 1분당 80L(제4호 비고 제1호의 표에 정한 살수밀도의 기준을 충족하는 경우에는 56L) 이상의 성능이 되도록 할 것

㉤ 스프링클러설비에는 비상전원을 설치할 것

⊕ Plus one

스프링클러설비 설치기준 핵심요약

내 용	제조소등 설치기준	특정 소방대상물 설치기준
설치위치 설치개수	• 천장 또는 건축물의 최상부 부근 • 수평거리 1.7m 이하 (살수밀도 기준 충족 : 2.6m 이하)	• 무대부, 특수가연물 : 1.7m 이하 • 랙크식창고 : 2.5m 이하 • 공동주택 : 3.2m 이하 • 이외 : 2.1m 이하(내화구조 : 2.3m 이하)
수원량	• 폐쇄형 Q = 30(30개 미만 : 설치개수) × $2.4m^3$ • 최대 = 80L/min × 30분 × 30 = $72m^3$	• Q = N(설치갯수 : 최대30개) × $1.6m^3$ • 최대 = 80L/min × 20분 × 30 = $48m^3$
방수압력	100kPa 이상	0.1Mpa 이상
방수량	80L/min	80L/min
비상전원	용량은 45분 이상	20분 이상

※ 스프링클러설비 세부기준은 위험물안전관리에 관한 세부기준 제131조 참조

⑧ 물분무소화설비의 설치기준은 다음의 기준에 의할 것

㉠ 분무헤드의 개수 및 배치는 다음 각 목에 의할 것

• 분무헤드로부터 방사되는 물분무에 의하여 방호대상물의 모든 표면을 유효하게 소화할 수 있도록 설치할 것

• 방호대상물의 표면적(건축물에 있어서는 바닥면적. 이하 이 목에서 같다) $1m^2$당 ㉢에 따른 양의 비율로 계산한 수량을 표준방사량(해당 소화설비의 헤드의 설계압력에 의한 방사량을 말한다. 이하 같다)으로 방사할 수 있도록 설치할 것

㉡ 물분무소화설비의 방사구역은 $150m^2$ 이상(방호대상물의 표면적이 $150m^2$ 미만인 경우에는 해당 표면적)으로 할 것

㉢ 수원의 수량은 분무헤드가 가장 많이 설치된 방사구역의 모든 분무헤드를 동시에 사용할 경우에 해당 방사구역의 표면적 $1m^2$당 1분당 20L의 비율로 계산한 양으로 30분간 방사할 수 있는 양 이상이 되도록 설치할 것

㉣ 물분무소화설비는 ㉢에 따른 분무헤드를 동시에 사용할 경우에 각 끝부분의 방사압력이 350kPa 이상으로 표준방사량을 방사할 수 있는 성능이 되도록 할 것

㉤ 물분무소화설비에는 비상전원을 설치할 것

⊕ Plus one

물분무소화설비 설치기준 핵심요약

설치헤드의 개수 · 배치	• 방호대상물의 모든 표면을 유효하게 소화할 수 있도록 설치할 것 • 방호대상물의 표면적 $1m^2$당 1분당 20L의 비율로 계산한 수량을 표준방사량으로 방사할 수 있도록 설치할 것
방사구역	$150m^2$ 이상(방호대상물의 표면적이 $150m^2$ 미만의 경우 해당 표면적)
수원량	헤드개수가 가장 많은 구역 동시 사용할 경우 해당 방사구역의 표면적 $1m^2$당 20L/min이상으로 30분 이상 방사가능한 양으로 설치할 것
방수압력 방수량	350kPa 이상으로 표준방사량을 방사할 수 있는 성능이 되도록 할 것
비상전원	비상전원설치(용량은 45분 이상)

※ 물분무소화설비 세부기준은 위험물안전관리에 관한 세부기준 제132조 참조

⑨ 포소화설비의 설치기준

㉠ 고정식 포소화설비의 포방출구 등은 방호대상물의 형상, 구조, 성질, 수량 또는 취급방법에 따라 표준방사량으로 해당 방호대상물의 화재를 유효하게 소화할 수 있도록 필요한 개수를 적당한 위치에 설치할 것

㉡ 이동식 포소화설비(포소화전 등 고정된 포수용액 공급장치로부터 호스를 통하여 포수용액을 공급받아 이동식 노즐에 의하여 방사하도록 된 소화설비를 말한다. 이하 같다)의 포소화전은 옥내에 설치하는 것은 ⑤의 ㉠, 옥외에 설치하는 것은 ⑥의 ㉠의 규정을 준용할 것

㉢ 수원의 수량 및 포소화약제의 저장량은 방호대상물의 화재를 유효하게 소화할 수 있는 양 이상이 되도록 할 것

㉣ 포소화설비에는 비상전원을 설치할 것

⊕ Plus one

포소화설비의 설치기준 핵심요약

고정식포 방출구 등	방호대상물의 형상, 구조, 성질, 수량 및 취급방법에 따라 표준방사량으로 화재를 유효하게 소화에 필요한 개수를 적당한 위치에 설치
이동포소화전	• 옥내포소화전 : 수평거리 25m 이하 • 옥외포소화전 : 수평거리 40m 이하 • 설치위치 : 화재발생 시 연기가 충만될 우려가 없는 장소 등 화재초기에 접근이 용이하고, 재해의 피해를 받을 우려가 없는 장소
수원의 수량 포소화약제량	• 방호대상물의 유효하게 소화할 수 있는 양 이상의 양으로 할 것 • 옥외공작물 및 옥외에 저장·취급 위험물을 방호하는 것
비상전원	용량 45분 이상

※ 포소화설비 세부기준은 위험물안전관리에 관한 세부기준 제133조 참조

⑩ 불활성가스소화설비의 설치기준

㉠ 전역방출방식 불활성가스소화설비의 분사헤드는 불연재료의 벽·기둥·바닥·보 및 지붕(천장이 있는 경우에는 천장)으로 구획되고 개구부에 자동폐쇄장치(60분방화문, 30분방화문 또는 불연재료의 문으로 불활성가스소화약제가 방사되기 직전에 개구부를 자동적으로 폐쇄하는 장치를 말한다)가 설치되어 있는 부분(이하 "방호구역"이라 한다)에 해당 부분의 용적 및 방호대상물의 성질에 따라 표준방사량으로 방호대상물의 화재를 유효하게 소화할 수 있도록 필요한 개수를 적당한 위치에 설치할 것. 다만, 해당 부분에서 외부로 누설되는 양 이상의 불활성가스소화약제를 유효하게 추가하여 방출할 수 있는 설비가 있는 경우는 해당 개구부의 자동폐쇄장치를 설치하지 아니할 수 있다.

㉡ 국소방출방식 불활성가스소화설비의 분사헤드는 방호대상물의 형상, 구조, 성질, 수량 또는 취급방법에 따라 방호대상물에 불활성가스소화약제를 직접 방사하여 표준방사량으로 방호대상물의 화재를 유효하게 소화할 수 있도록 필요한 개수를 적당한 위치에 설치할 것

㉢ 이동식 불활성가스소화설비(고정된 불활성가스소화약제 공급장치로부터 호스를 통하여 불활성가스소화약제를 공급받아 이동식 노즐에 의하여 방사하도록 된 소화설비를 말한다. 이하 같다)의 호스접속구는 모든 방호대상물에 대하여 해당 방호 대상물의 각 부분으로부터 하나의 호스접속구까지의 수평거리가 15m 이하가 되도록 설치할 것

㉣ 불활성가스소화약제용기에 저장하는 불활성가스소화약제의 양은 방호대상물의 화재를 유효하게 소화할 수 있는 양 이상이 되도록 할 것

㉤ 전역방출방식 또는 국소방출방식의 불활성가스소화설비에는 비상전원을 설치할 것

⊕ Plus one

불활성가스소화설비의 설치기준 핵심요약

해드의 개수 · 배치	• 전역방출방식 : 표준방사량으로 화재를 유효하게 소화에 필요한 개수를 적당한 위치에 설치 • 국소방출방식 : 방호대상물의 형상, 구조, 성질, 수량 및 취급방법에 따라 표준방사량으로 화재를 유효하게 소화에 필요한 개수를 적당한 위치에 설치
이동식의 호스접속구	• 수평거리 : 15m 이내 • 화재발생 시 연기가 충만될 우려가 없는 장소 등 화재초기에 접근이 용이하고, 재해의 피해를 받을 우려가 없는 장소
소화약제량	방호대상물의 화재를 유효하게 소화 가능한 양
예비동력원	전역 · 국소방출방식의 경우 비상전원 설치

※ 불활성가스소화설비 세부기준은 위험물안전관리에 관한 세부기준 제134조 참조

⑪ 할로겐화합물소화설비의 설치기준 : ⑩의 불활성가스소화설비의 기준을 준용

※ 세부 설치기준은 위험물안전관리에 관한 세부기준 제135조 참조

⑫ 분말소화설비의 설치기준 : ⑩의 불활성가스소화설비의 기준을 준용

※ 세부 설치기준은 위험물안전관리에 관한 세부기준 제136조 참조

⑬ 대형수동식소화기의 설치기준 : 방호대상물의 각 부분으로부터 하나의 대형수동식소화기까지의 보행거리가 30m 이하가 되도록 설치할 것. 다만, 옥내소화전설비, 옥외소화전설비, 스프링클러설비 또는 물분무 등 소화설비와 함께 설치하는 경우에는 그러하지 아니하다.

⑭ 소형수동식소화기 등의 설치기준 : 소형수동식소화기 또는 그 밖의 소화설비는 지하탱크저장소, 간이탱크저장소, 이동탱크저장소, 주유취급소 또는 판매취급소에서는 유효하게 소화할 수 있는 위치에 설치해야 하며, 그 밖의 제조소등에서는 방호대상물의 각 부분으로부터 하나의 소형수동식소화기까지의 보행거리가 20m 이하가 되도록 설치할 것. 다만, 옥내소화전설비, 옥외소화전설비, 스프링클러설비, 물분무 등 소화설비 또는 대형수동식소화기와 함께 설치하는 경우에는 그러하지 아니하다.

⊕ Plus one

수동식소화기 설치기준 핵심요약

대형수동식 소화기	• 보행거리 30m 이하 • 옥내 · 외소화전, s/p, 물분무 등 소화설비와 함께 설치하는 경우에는 그러하지 아니한다.
소형수동식 소화기	• 지하 · 간이 · 이동탱크저장소, 주유 · 판매취급소 : 유효하게 소화 가능한 위치에 설치 • 그 밖의 제조소등 : 보행거리 20m 이하 • 옥내 · 외소화전, s/p, 물분무 등, 대형수동식소화기와 함께 설치하는 경우에는 그러하지 아니한다.

03 경보설비

(1) 개 요

① 설치목적

경보설비란 화재발생시 화재의 발생을 건물내의 사람들에게 통보하는 기능

② 경보설비 종류

자동화재탐지설비, 누전경보기, 자동화재속보설비, 비상방송설비, 비상경보설비, 가스누설경보기 등

③ 설치대상

지정수량의 10배 이상의 위험물을 저장 또는 취급하는 제조소등(이동탱크저장소를 제외)

(2) 이 법에서 제조소등에 설치할 경보설비의 종류 2013년 경남소방장 기출

① 자동화재탐지설비

② 자동화재속보설비

③ 비상경보설비(비상벨장치 또는 경종을 포함)

④ 확성장치(휴대용 확성기를 포함)

⑤ 비상방송설비

(3) 제조소등별로 설치해야 하는 경보설비의 종류

제조소등의 구분	제조소등의 규모, 저장 또는 취급하는 위험물의 종류 및 최대수량 등	경보설비
1. 제조소 및 일반취급소	• 연면적 500m^2 이상인 것 • 옥내에서 지정수량의 100배 이상을 취급하는 것(고인화점 위험물만을 100℃ 미만의 온도에서 취급하는 것을 제외한다) • 일반취급소로 사용되는 부분 외의 부분이 있는 건축물에 설치된 일반취급소(일반취급소와 일반취급소 외의 부분이 내화구조의 바닥 또는 벽으로 개구부 없이 구획된 것을 제외한다)	자동화재 탐지설비
2. 옥내저장소	• 지정수량의 100배 이상을 저장 또는 취급하는 것(고인화점 위험물만을 저장 또는 취급하는 것을 제외한다) • 저장창고의 연면적이 150m^2를 초과하는 것[해당 저장창고가 연면적 150m^2 이내마다 불연재료의 격벽으로 개구부 없이 완전히 구획된 것과 제2류 또는 제4류의 위험물(인화성고체 및 인화점이 70℃ 미만인 제4류 위험물을 제외한다)만을 저장 또는 취급하는 것에 있어서는 저장창고의 연면적이 500m^2 이상의 것에 한한다] • 처마높이가 6m 이상인 단층건물의 것 • 옥내저장소로 사용되는 부분 외의 부분이 있는 건축물에 설치된 옥내저장소[옥내저장소와 옥내저장소 외의 부분이 내화구조의 바닥 또는 벽으로 개구부 없이 구획된 것과 제2류 또는 제4류의 위험물(인화성고체 및 인화점이 70℃ 미만인 제4류 위험물을 제외한다)만을 저장 또는 취급하는 것을 제외한다]	

3. 옥내탱크저장소	단층 건물 외의 건축물에 설치된 옥내탱크저장소로서 소화 난이도 등급 I 에 해당하는 것	자동화재 탐지설비
4. 주유취급소	옥내주유취급소	
5. 옥외탱크저장소	특수인화물, 제1석유류 및 알코올류를 저장 또는 취급하는 탱크의 용량이 1,000만리터 이상인 것	• 자동화재탐지설비 • 자동화재속보설비
6. 제1호 내지 제5호의 자동화재탐지설비 설치대상에 해당하지 아니하는 제조소등	지정수량의 10배 이상을 저장 또는 취급하는 것	자동화재탐지설비, 비상경보설비, 확성장치 또는 비상방송설비 중 1종 이상

비고 이송취급소의 경보설비는 별표15 Ⅳ 제14호에 따른다.

Plus one

이송취급소의 경보설비

- 이송기지에는 비상벨장치 및 확성장치를 설치할 것
- 가연성증기를 발생하는 위험물을 취급하는 펌프실 등에는 가연성증기 경보설비를 설치할 것

(4) 자동화재탐지설비의 설치기준★★★★

① 자동화재탐지설비의 경계구역(화재가 발생한 구역을 다른 구역과 구분하여 식별할 수 있는 최소단위의 구역을 말한다. 이하 이 호에서 같다)은 건축물 그 밖의 공작물의 2 이상의 층에 걸치지 아니하도록 할 것. 다만, 하나의 경계구역의 면적이 500m^2 이하이면서 해당 경계구역이 두개의 층에 걸치는 경우이거나 계단 · 경사로 · 승강기의 승강로 그 밖에 이와 유사한 장소에 연기감지기를 설치하는 경우에는 그러하지 아니하다.

② 하나의 경계구역의 면적은 600m^2 이하로 하고 그 한변의 길이는 50m(광전식분리형 감지기를 설치할 경우에는 100m) 이하로 할 것. 다만, 해당 건축물 그 밖의 공작물의 주요한 출입구에서 그 내부의 전체를 볼 수 있는 경우에 있어서는 그 면적을 1,000m^2 이하로 할 수 있다.

③ 자동화재탐지설비의 감지기(옥외탱크저장소에 설치하는 자동화재탐지설비의 감지기는 제외한다)는 지붕(상층이 있는 경우에는 상층의 바닥) 또는 벽의 옥내에 면한 부분(천장이 있는 경우에는 천장 또는 벽의 옥내에 면한 부분 및 천장의 뒷 부분)에 유효하게 화재의 발생을 감지할 수 있도록 설치할 것

④ 옥외탱크저장소에 설치하는 자동화재탐지설비의 감지기 설치기준

㉠ 불꽃감지기를 설치할 것. 다만, 불꽃을 감지하는 기능이 있는 지능형 폐쇄회로텔레비전(CCTV)을 설치한 경우 불꽃감지기를 설치한 것으로 본다.

㉡ 옥외저장탱크 외측과 별표6 Ⅱ에 따른 보유공지 내에서 발생하는 화재를 유효하게 감지할 수 있는 위치에 설치할 것

㉢ 지지대를 설치하고 그 곳에 감지기를 설치하는 경우 지지대는 벼락에 영향을 받지 않도록 설치할 것

⑤ 자동화재탐지설비에는 비상전원을 설치할 것

⑥ 옥외탱크저장소가 다음의 어느 하나에 해당하는 경우에는 자동화재탐지설비를 설치하지 않을 수 있다.

㉠ 옥외탱크저장소의 방유제(防油堤)와 옥외저장탱크 사이의 지표면을 불연성 및 불침윤성(수분에 젖지 않는 성질)이 있는 철근콘크리트 구조 등으로 한 경우

㉡ 「화학물질관리법 시행규칙」 별표5 제6호의 화학물질안전원장이 정하는 고시에 따라 가스감지기를 설치한 경우

(5) 옥외탱크저장소 자동화재속보설비 설치제외

① 옥외탱크저장소의 방유제(防油堤)와 옥외저장탱크 사이의 지표면을 불연성 및 불침윤성(수분에 젖지 않는 성질)이 있는 철근콘크리트 구조 등으로 한 경우

② 「화학물질관리법 시행규칙」 별표5 제6호의 화학물질안전원장이 정하는 고시에 따라 가스감지기를 설치한 경우

③ 자체소방대를 설치한 경우

④ 안전관리자가 해당 사업소에 24시간 상주하는 경우

⊕ Plus one

경보설비 설치기준 핵심요약

제조소등 별로 설치해야 할 경보설비 종류			자동화재탐지설비 설치기준
제조소등의 구분	규모 · 저장 또는 취급하는 위험물의 종류 최대 수량 등	경보설비	
1. 제조소 일반취급소	• **연면적 500m² 이상인 것** • 옥내에서 **지정수량 100배** 이상을 취급하는 것 • **일반취급소 사용되는 부분 이외의 건축물에 설치된 일반취급소**(복합용도 건축물의 취급소) : 내화구조로 구획된 것 제외	자동화재탐지설비	• 경계구역 – 2개의 층에 걸치지 아니할 것 – 600m² 이하로 할 것 – 한변의 길이는 50m 이하로 할 것 – 광전식분리형 : 100m 이하로 할 것 • 감지기 설치 지붕 또는 벽의 옥내에 면한 부분에 유효하게 화재를 감지할 수 있도록 설치할 것 • 비상전원을 설치
2. 옥내저장소	• 저장창고의 연면적 **150m²** 초과하는 것 • **지정수량 100배** 이상(고인화점만은 제외) • 처마의 높이가 **6m 이상**의 단층건물의 것 • **복합용도 건축물의 옥내저장소**		
3. 옥내탱크저장소	단층건물 이외의 건축물에 설치된 옥내탱크저장소로서 소화 난이도 등급 I 에 해당되는 것		
4. 주유취급소	옥내주유취급소		
5. 옥외탱크저장소	특수인화물, 제1석유류 및 알코올류를 저장 또는 취급하는 탱크의 용량이 1,000만리터 이상인 것	• 자동화재탐지설비 • 자동화재속보설비	
1~4. 이외의 대상	지정수량 10배 이상 저장 · 취급하는 것	자동화재탐지설비, 비상경보비, 확성장치 또는 비상방송설비 중 1종 이상	

04 피난설비

(1) 설치대상

① 주유취급소 중 건축물의 2층 이상의 부분을 점포 · 휴게음식점 또는 전시장의 용도로 사용하는 것

② 옥내주유취급소

(2) 시설기준

① 주유취급소 중 건축물의 2층 이상의 부분을 점포 · 휴게음식점 또는 전시장의 용도로 사용하는 것에 있어서는 해당 건축물의 2층 이상으로부터 주유취급소의 부지 밖으로 통하는 출입구와 해당 출입구로 통하는 통로 · 계단 및 출입구에 유도등을 설치해야 한다.

② 옥내주유취급소에 있어서는 해당 사무소 등의 출입구 및 피난구와 해당 피난구로 통하는 통로 · 계단 및 출입구에 유도등을 설치해야 한다.

③ 유도등에는 비상전원을 설치해야 한다.

Plus one

피난설비 설치기준 핵심요약

(1) 설치대상

① 건축물의 2층 이상의 부분을 점포 · 휴게음식점 또는 전시장의 용도로 사용하는 주유취급소

② 옥내주유취급소

(2) 설치기준

① 주유취급소 중 건축물의 2층의 부분을 점포 · 휴게음식점 또는 전시장의 용도

- 해당 건축물 2층으로부터 부지 밖으로 통하는 출입구 : 피난구유도등
- 해당 피난구로 통하는 통로 : 거실통로유도등 또는 복도통로유도등
- 해당 피난구로 통하는 계단 : 계단통로유도등 설치할 것

② 옥내주유취급소

- 해당 사무소의 출입구 및 피난구 : 피난구유도등
- 해당 피난구로 통하는 통로 : 거실통로유도등 또는 복도통로유도등
- 해당 피난구로 통하는 계단 : 계단통로유도등을 설치할 것

05 포방출구의 종류(위험물안전관리에 관한 세부기준 제133조)

(1) **Ⅰ형 :** 고정지붕구조의 탱크에 **상부포주입법**(고정포방출구를 탱크옆판의 상부에 설치하여 액표면상에 포를 방출하는 방법을 말한다. 이하 같다)을 이용하는 것으로서 방출된 포가 액면 아래로 몰입되거나 액면을 뒤섞지 않고 액면상을 덮을 수 있는 **통계단 또는 미끄럼판** 등의 설비 및 탱크 내의 위험물증기가 외부로 역류되는 것을 저지할 수 있는 구조・기구를 갖는 포방출구

(2) **Ⅱ형 :** 고정지붕구조 또는 부상덮개부착고정지붕구조(옥외저장탱크의 액상에 금속제의 플로팅, 팬 등의 덮개를 부착한 고정지붕구조의 것을 말한다. 이하 같다)의 탱크에 상부포주입법을 이용하는 것으로서 방출된 포가 탱크옆판의 내면을 따라 흘러내려 가면서 액면 아래로 몰입되거나 액면을 뒤섞지 않고 액면상을 덮을 수 있는 **반사판** 및 탱크 내의 위험물증기가 외부로 역류되는 것을 저지할 수 있는 구조・기구를 갖는 포방출구

(3) **특형 :** 부상지붕구조의 탱크에 상부포주입법을 이용하는 것으로서 부상지붕의 부상부분상에 높이 0.9m 이상의 **금속제의 칸막이**(방출된 포의 유출을 막을 수 있고 충분한 배수능력을 갖는 배수구를 설치한 것에 한한다)를 탱크옆판의 내측로부터 1.2m 이상 거리를 두고 설치하고 탱크옆판과 칸막이에 의하여 형성된 환상부분(이하 "환상부분"이라 한다)에 포를 주입하는 것이 가능한 구조의 반사판을 갖는 포방출구

(4) **Ⅲ형 :** 고정지붕구조의 탱크에 **저부포주입법**(탱크의 액면하에 설치된 포방출구로부터 포를 탱크 내에 주입하는 방법을 말한다)을 이용하는 것으로서 **송포관**(발포기 또는 포발생기에 의하여 발생된 포를 보내는 배관을 말한다. 해당 배관으로 탱크 내의 위험물이 역류되는 것을 저지할 수 있는 구조・기구를 갖는 것에 한한다. 이하 같다)으로부터 포를 방출하는 포방출구

(5) **Ⅳ형 :** 고정지붕구조의 탱크에 저부포주입법을 이용하는 것으로서 평상시에는 탱크의 액면하의 저부에 설치된 **격납통**(포를 보내는 것에 의하여 용이하게 이탈되는 캡을 갖는 것을 포함한다)에 수납되어 있는 **특수호스** 등이 송포관의 말단에 접속되어 있다가 포를 보내는 것에 의하여 특수호스 등이 전개되어 그 끝부분이 액면까지 도달한 후 포를 방출하는 포방출구

Plus one

포방출구의 종류 핵심요약(위험물안전관리에 관한 세부기준 제133조)

형 식	지붕구조	주입방식	주요구성	사용소화약제
Ⅰ형	고정지붕구조	상부포주입법	통계단, 미끄럼판	단백포, 수성막포
Ⅱ형	**고정지붕구조 또는 부상덮개부착고정지붕구조**	상부포주입법	반사판	단백포, 수성막포
특형	**부상지붕구조**	상부포주입법	금속제칸막이	단백포, 수성막포
Ⅲ형	고정지붕구조	저부포주입법	송포관	**불화단백포, 수성막포**
Ⅳ형	고정지붕구조	저부포주입법	특수호스 및 격납통	단백포, 수성막포

CHAPTER

12 출제예상문제

01 **인화점 70℃ 이상의 제4류 위험물을 저장하는 암반탱크저장소에 설치해야 하는 소화설비들로만 이루어진 것은? (단, 소화 난이도 등급 I 에 해당한다)**

① 물분무소화설비 또는 고정식 포소화설비

② 불활성가스소화설비 또는 물분무소화설비

③ 할로겐화합물소화설비 또는 불활성가스소화설비

④ 고정식 포소화설비 또는 할로겐화합물소화설비

해설

제조소등의 구분		소화설비
암반탱크저장소	유황만을 저장취급하는 것	물분무소화설비
	인화점 70℃ 이상의 제4류 위험물만을 저장취급하는 것	**물분무소화설비 또는 고정식 포소화설비**
	그 밖의 것	고정식 포소화설비(포소화설비가 적응성이 없는 경우에는 분말소화설비)

02 **제조소등의 소화설비 설치 시 소요단위 산정에 관한 내용으로 다음 (   ) 안에 알맞은 수치를 차례대로 나열한 것은?** 2019년 소방위 기출

> 제조소 또는 취급소의 건축물은 외벽이 내화구조인 것은 연면적 (   )m^2를 1소요단위로 하며, 외벽이 내화구조가 아닌 것은 연면적 (   )m^2를 1소요단위로 한다.

① 200, 100

② 150, 100

③ 150, 50

④ 100, 50

해설 소요단위의 계산방법

구 분	제조소등	건축물의 구조	소요단위
건축물의 규모기준	제조소 또는 취급소의 건축물	외벽이 내화구조	$100m^2$
		외벽이 내화구조가 아닌 것	$50m^2$
	저장소의 건축물	외벽이 내화구조	$150m^2$
		외벽이 내화구조가 아닌 것	$75m^2$
	옥외에 설치된 공작물	내화구조로 간주 (공작물의 최대수평투영면적 기준)	제조소・일반취급소 : $100m^2$ 저장소 : $150m^2$
위험물 기준	지정수량 **10배**마다 1단위		

01 ① 02 ④ 정답

03 **다음 중 제조소등 및 위험물에 대한 소화기구의 1소요단위 산정기준으로 맞는 것은?**

① 위험물의 경우 지정수량의 20배
② 저장소용 건축물로서 외벽이 내화구조인 경우 연면적 100제곱미터
③ 제조소 또는 취급소용 건축물로서 외벽이 내화구조인 경우 연면적 150제곱미터
④ 제조소 또는 취급소용으로서 옥외에 있는 공작물인 경우 연면적 100제곱미터

해설 소요단위 산정 : 문제 2번 해설 참조

04 **소화설비의 설치대상이 되는 건축물 그 밖의 공작물의 규모 또는 위험물의 양의 기준단위는?**

① 능력단위
② 소요단위
③ 지정수량
④ 건축면적

해설 소요단위 및 능력단위
소요단위 : 소화설비의 설치대상이 되는 건축물 그 밖의 공작물의 규모 또는 위험물의 양의 기준단위
능력단위 : 소요단위에 대응하는 소화설비의 소화능력의 기준단위

05 **외벽이 내화 구조인 위험물 저장소용 건축물의 연면적이 1,000m^2인 경우 소화기구의 소요단위는 얼마인가?**

① 6단위
② 7단위
③ 13단위
④ 14단위

해설 외벽이 내화구조인 저장소에는 연면적 150m^2를 1소요단위로 하므로
$1,000m^2 \div 150m^2 = 6.67 \Rightarrow$ 7단위

06 **간이소화 용구의 능력 단위가 1.0인 것은?**

① 삽을 포함한 마른모래 150L 1포
② 삽을 포함한 마른모래 50L 1포
③ 삽을 포함한 팽창질석 100L 1포
④ 삽을 포함한 팽창질석 160L 1포

해설 삽을 포함한 팽창질석 또는 팽창진주암은 160L가 능력단위 1단위이다.

정답 03 ④ 04 ② 05 ② 06 ④

07 **제조소등에 소화기의 능력단위 설치기준으로 옳은 것은?**

① 제4류 위험물을 저장하는 옥외탱크저장소의 능력단위 3단위 이상의 소화기 2개 이상
② 옥외탱크저장소에 있어서는 대형소화기 및 능력단위 3단위 이상의 소형소화기 각각 1개 이상
③ 지하탱크저장소에 있어서는 능력단위 3단위 이상의 소화기 2개 이상
④ 옥내탱크저장소에 있어서는 대형소화기 및 능력단위 2단위 이상의 소형소화기 각각 1개 이상

해설 지하탱크저장소에 있어서는 능력단위 3단위 이상의 소화기 2개 이상을 설치해야 한다.

08 **위험물 1소요 단위는 지정수량의 몇 배인가?**

① 5배 ② 10배
③ 100배 ④ 1,000배

해설 위험물 1소요 단위 : 지정수량의 10배

09 **제4류 알콜류 40,000리터와 제2석유류 경유 20,000L에 대한 소화설비의 소요단위 합은 얼마인가?**

① 5단위 ② 12단위
③ 10단위 ④ 20단위

해설 지정수량은 알코올류가 400L이고 경유가 1,000L이며, 지정수량의 10배를 1소요단위로 한다.

$$\therefore \text{소요단위} = \frac{40,000L}{400L \times 10} + \frac{20,000L}{1000L \times 10} = 12\text{단위}$$

10 **제조소의 어느 층에 있어서도 해당 층의 옥내소화전을 동시에 사용할 경우 각 소화전의 노즐 끝부분에서의 방수압력이 몇 MPa 이상이어야 하는가?** 2013년 소방위 기출유사

① 0.12 ② 0.17
③ 0.35 ④ 0.45

해설 규격 방수압력

구 분	옥내소화전설비	옥외소화전설비	스프링클러설비
방수압력	0.35MPa	0.35MPa	0.1MPa

07 ③ 08 ② 09 ② 10 ③ **정답**

11 위험물 제조소에 옥내소화전을 설치할 경우 수원은 설치 개수가 가장 많은 층의 설치 개수(5개 이상인 경우 5개)에 몇 m^3을 곱한 양 이상으로 확보해야 하는가?

① 1.6　② 2.6
③ 3.6　④ 7.8

해설 수원의 양

종 류	옥내소화전설비	옥외소화전설비	스프링클러설비
방수량	260L/min	450L/min	80L/min
기준 수원량	260L/min × 30min = 7800L = $7.8m^3$	450L/min × 30min = 13,500L = $13.5m^3$	80L/min × 30min = 2400L = $2.4m^3$

12 위험물시설에 고정소화설비를 설치할 때 사용하는 가압송수장치의 종류가 아닌 것은?

① 펌프방식(내연기관 또는 전동기를 이용하는 방식)
② 중력을 이용한 고가수조방식
③ 압력수조방식
④ 소화수조방식

해설 가압송수장치의 종류
- 펌프방식
- 고가수조방식
- 압력수조방식

13 대형 위험물 저장시설에 옥내소화전 2개와 옥외소화전 1개를 설치하였다면 수원의 총수량은?

① $12.2m^3$　② $13.5m^3$
③ $15.6m^3$　④ $29.1m^3$

해설 수원의 총량
- 옥내소화전의 수원 = 소화전의 수(최대 5개) × $7.8m^3$ = 2 × $7.8m^3$ = $15.6m^3$
- 옥외소화전의 수원 = 소화전의 수(최대 4개) × $13.5m^3$ = 1 × $13.5m^3$ = $13.5m^3$

∴ 총 수원의 양 = 15.6 + 13.5 = $29.1m^3$

정답 11 ④ 12 ④ 13 ④

14 펌프를 이용한 가압송수장치에서 옥내소화전이 가장 많이 설치된 층의 소화전의 수가 3개일 경우 20분 동안의 배출량은?

① 2.6m^3 이상
② 5.2m^3 이상
③ 7.8m^3 이상
④ 15.6m^3 이상

해설 옥내소화전의 배출량은 260L/min이므로

배출량 = 260L/min × 소화전수 × 20min

= 260L/min × 3개 × 20min = 15600L = 15.6m^3

> 위험물은 방사시간이 법적으로 30분 이상이다.

15 위험물 제조소등에 옥내소화전설비를 설치할 때 옥내소화전이 가장 많이 설치된 층의 소화전의 개수가 4개일 때 확보해야 할 수원의 수량은?

① 10.4m^3
② 20.8m^3
③ 31.2m^3
④ 41.6m^3

해설 옥내소화전 설치기준

내 용	제조소등 설치기준	특정 소방대상물 설치기준
설치위치 설치개수	• 수평거리 25m 이하 • 각층의 출입구 부근에 1개 이상 설치	수평거리 25m 이하
수원량	• Q = N(가장 많이 설치된 층의 설치개수 : 최대 5개) × 7.8m^3 • 최대 = 260L/min × 30분 × 5 = 39m^3	• Q = N(가장 많이 설치된 층의 설치개수 : 최대 2개) × 2.6m^3 • 최대 = 130L/min × 20분 × 5 = 13m^3
방수압력	350kPa 이상	0.17Mpa 이상
방수량	260L/min	130L/min
비상전원	• 용량 : 45분 이상 • 자가발전설비 또는 축전지설비	• 용량 : 20분 이상 • 설치대상 – 지하층을 제외한 7층 이상으로서 연면적 2,000m^2 이상 – 지하층의 바닥면적의 합계가 3,000m^2 이상

16 위험물 제조소에 옥내소화전을 설치할 경우 비상전원은 몇 분간 작동해야 하는가?

① 20분
② 30분
③ 45분
④ 60분

해설 옥내소화전설비의 비상전원 : 45분 이상 작동

14 ④ 15 ③ 16 ③ 정답

17 위험물안전관리법령에 따른 옥외소화전설비의 설치기준에 대해 다음 (　) 안에 알맞은 수치를 차례대로 나타낸 것은?

> 옥외소화전설비는 모든 옥외소화전(설치개수가 4개 이상인 경우는 4개의 옥외소화전)을 동시에 사용할 경우에 각 노즐끝부분의 방수압력이 (　)kPa 이상이고, 방수량이 1분당 (　)L 이상의 성능이 되도록 할 것

① 350, 260　② 300, 260
③ 350, 450　④ 300, 450

해설 옥외소화전설비의 설치기준은 다음의 기준에 의할 것

- 옥외소화전은 방호대상물(해당 소화설비에 의하여 소화해야 할 제조소등의 건축물, 그 밖의 공작물 및 위험물을 말한다. 이하 같다)의 각 부분(건축물의 경우에는 해당 건축물의 1층 및 2층의 부분에 한한다)에서 하나의 호스접속구까지의 수평거리가 40m 이하가 되도록 설치할 것. 이 경우 그 설치개수가 1개일 때는 2개로 해야 한다.
- 수원의 수량은 옥외소화전의 설치개수(설치개수가 4개 이상인 경우는 4개의 옥외소화전)에 $13.5m^3$를 곱한 양 이상이 되도록 설치할 것
- 옥외소화전설비는 모든 옥외소화전(설치개수가 4개 이상인 경우는 4개의 옥외소화전)을 동시에 사용할 경우에 각 노즐끝부분의 방수압력이 350kPa 이상이고, 방수량이 1분당 450L 이상의 성능이 되도록 할 것
- 옥외소화전설비에는 비상전원을 설치할 것

18 제조소에 옥외소화전이 2개가 설치되어 있다면 확보해야 할 수원의 수량은 얼마인가?

① $8m^3$　② $13.5m^3$
③ $12m^3$　④ $27.0m^3$

해설 옥외소화전설비
수원 = N(최대 4개) × $13.5m^3$(450L/min × 30min = 13,500L = $13.5m^3$)
= 2 × $13.5m^3$ = $27.0m^3$

19 위험물 제조소등에 설치하는 가압송수장치에서 노즐끝부분의 방수량의 연결이 잘못된 것은?

① 옥외소화전 - 450L/min
② 옥내소화전 - 260L/min
③ 스프링클러설비 - 80L/min
④ 옥내소화전 - 130L/min

정답 17 ③ 18 ④ 19 ④

해설 소화설비의 분당 방수량과 방수압력

종 류	옥내소화전설비	옥외소화전설비	스프링클러설비
방수량	260L/min	450L/min	80L/min
방수압력	0.35MPa	0.35MPa	0.1MPa

20 위험물 고정지붕구조 옥외탱크 저장소의 탱크에 설치하는 포방출구가 아닌 것은?

① I형
② II형
③ III형
④ 특형

해설 특형 포방출구 : 부상지붕구조(FRT, Floating Roof Tank)

21 다음 옥내탱크저장소 중 소화 난이도 등급 I 에 해당하지 않는 것은? 2018년 통합소방장 기출

① 액표면적이 $40m^2$ 이상인 것
② 바닥면으로부터 탱크 옆판의 상단까지 높이가 6m 이상인 것
③ 액체위험물을 저장하는 탱크로서 지정수량이 100배 이상인 것
④ 탱크전용실이 단층건물 외에 건축물에 있는 것

해설 소화 난이도 등급 I 에 해당하는 제조소등

제조소등의 구분	제조소등의 규모, 저장 또는 취급하는 위험물의 품명 및 최대수량 등
옥내 탱크 저장소	**액표면적이 $40m^2$ 이상**인 것(제6류 위험물 및 고인화점 위험물만을 100℃ 미만의 온도에서 저장하는 것은 제외)
	바닥면으로부터 탱크 옆판의 상단까지 **높이**가 **6m 이상**인 것(제6류 위험물을 저장하는 것 및 고인화점 위험물만을 100℃ 미만의 온도에서 저장하는 것은 제외)
	탱크전용실이 단층건물 외의 건축물에 있는 것으로서 인화점 38℃ 이상 70℃ 미만의 위험물을 지정수량의 5배 이상 저장하는 것(내화구조로 개구부 없이 구획된 것은 제외한다)

22 소화 난이도 등급 I 의 유황만을 저장 취급하는 옥외탱크저장소에 설치해야 할 소화설비는?

① 물분무소화설비
② 불활성가스소화설비
③ 옥외소화전설비
④ 분말소화설비

20 ④ 21 ③ 22 ① 정답

해설 소화 난이도 등급 Ⅰ의 제조소등에 설치해야 하는 소화설비

<table>
<tr><th colspan="3">제조소등의 구분</th><th>소화설비</th></tr>
<tr><td rowspan="5">옥외
탱크
저장소</td><td rowspan="3">지중탱크
또는
해상탱크
외의 것</td><td>유황만을 저장 취급하는 것</td><td>물분무소화설비</td></tr>
<tr><td>인화점 70℃ 이상의 제4류
위험물만을 저장 취급하는 것</td><td>물분무소화설비 또는 고정식 포소화설비</td></tr>
<tr><td>그 밖의 것</td><td>고정식 포소화설비(포소화설비가 적응성이 없는 경우에는 분말소화설비)</td></tr>
<tr><td colspan="2">지중탱크</td><td>고정식 포소화설비, 이동식 이외의 불활성가스소화설비 또는 이동식 이외의 할로겐화합물소화설비</td></tr>
<tr><td colspan="2">해상탱크</td><td>고정식 포소화설비, 물분무소화설비, 이동식 이외의 불활성가스소화설비 또는 이동식 이외의 할로겐화합물소화설비</td></tr>
</table>

23 다음 보기에서 능력단위를 산출하시오.

> 팽창질석 또는 팽창진주암(삽 1개 포함) : 640L
> 마른 모래(삽 1개 포함) : 150L

① 4.5 ② 5.5
③ 6.5 ④ 7.5

해설 소화설비의 능력단위

소화설비	용 량	능력단위
소화전용(專用)물통	8L	0.3
수조(소화전용물통 3개 포함)	80L	1.5
수조(소화전용물통 6개 포함)	190L	2.5
마른 모래(삽 1개 포함)	50L	0.5
팽창질석 또는 팽창진주암(삽 1개 포함)	160L	1.0

24 소화 난이도 Ⅰ에 해당하는 옥외저장소 및 이송취급소의 소화설비로 적합하지 않은 것은?

① 화재발생 시 연기가 충만할 우려가 있는 장소에는 스프링클러설비
② 옥내소화설비
③ 옥외소화설비
④ 고정식 포소화설비

정답 23 ② 24 ④

해설 옥외저장소 및 이송취급소 : 옥내소화설비, 옥외소화설비, 스프링클러설비 또는 물분무 등 소화설비(화재 발생 시 연기가 충만할 우려가 있는 장소에는 스프링클러설비 또는 이동식 이외의 물분무 등 소화설비에 한한다)

25 위험물을 취급하는 제조소등에서 지정수량의 몇 배 이상인 경우에 경보설비를 설치해야 하는가?

① 1배 이상　　② 5배 이상
③ 10배 이상　　④ 100배 이상

해설 지정수량의 10배 이상이 되면 경보설비를 설치해야 한다.

제조소등의 구분	제조소등의 규모, 저장 또는 취급하는 위험물의 종류 및 최대수량 등	경보설비
1. **제조소 및 일반취급소**	• 연면적 **500m² 이상**인 것 • 옥내에서 지정수량의 **100배 이상**을 취급하는 것(고인화점 위험물만을 100℃ 미만의 온도에서 취급하는 것을 제외한다) • 일반취급소로 사용되는 부분 외의 부분이 있는 건축물에 설치된 일반취급소(일반취급소와 일반취급소 외의 부분이 내화구조의 바닥 또는 벽으로 개구부 없이 구획된 것을 제외한다)	**자동화 재탐지 설비**
2. **옥내저장소**	• 지정수량의 **100배 이상**을 저장 또는 취급하는 것(고인화점 위험물만을 저장 또는 취급하는 것을 제외한다) • 저장창고의 연면적이 **150m²를 초과**하는 것[해당 저장창고가 연면적 150m² 이내마다 불연재료의 격벽으로 개구부 없이 완전히 구획된 것과 제2류 또는 제4류의 위험물(인화성고체 및 인화점이 70℃ 미만인 제4류 위험물을 제외한다)만을 저장 또는 취급하는 것에 있어서는 저장창고의 연면적이 500m² 이상의 것에 한한다] • 처마높이가 **6m 이상**인 단층건물의 것 • 옥내저장소로 사용되는 부분 외의 부분이 있는 건축물에 설치된 옥내저장소[옥내저장소와 옥내저장소 외의 부분이 내화구조의 바닥 또는 벽으로 개구부 없이 구획된 것과 제2류 또는 제4류의 위험물(인화성고체 및 인화점이 70℃ 미만인 제4류 위험물을 제외한다)만을 저장 또는 취급하는 것을 제외한다]	
3. 옥내탱크저장소	단층 건물 외의 건축물에 설치된 옥내탱크저장소로서 소화 난이도 등급 Ⅰ에 해당하는 것	
4. 주유취급소	옥내주유취급소	
5. 제1호 내지 제4호의 자동화 재탐지설비 설치 대상에 해당하지 아니하는 제조소등	지정수량의 10배 이상을 저장 또는 취급하는 것	자동화 재탐지설비, 비상경보설비, **확성장치** 또는 비상방송설비 중 1종 이상

25 ③ **정답**

26 주유취급소 중 건축물의 2층에 휴게음식점의 용도로 사용하는 것에 있어 해당 건축물의 2층으로부터 직접 주유취급소의 부지 밖으로 통하는 출입구와 해당 출입구로 통하는 통로 · 계단에 설치해야 하는 것은?

① 비상경보설비 ② 유도등
③ 비상조명등 ④ 확성장치

해설 주유취급소 중 건축물의 2층 이상의 부분을 점포 · 휴게음식점 또는 전시장의 용도로 사용하는 것에 있어서는 해당 건축물의 2층 이상으로부터 직접 주유취급소의 부지 밖으로 통하는 출입구와 해당 출입구로 통하는 통로 · 계단 및 출입구에 유도등을 설치해야 한다.

27 위험물 제조소등에 설치해야 하는 각 소화설비의 설치기준에 있어서 각 노즐 또는 헤드끝부분의 방사압력 기준이 나머지 셋과 다른 설비는?

① 옥내소화전설비 ② 옥외소화전설비
③ 스프링클러설비 ④ 물분무소화설비

해설 소화설비별 노즐 또는 헤드끝부분 방사압력
① 옥내소화전설비 350kPa
② 옥외소화전설비 350kPa
③ 스프링클러설비 100kPa
④ 물분무소화설비 350kPa

28 위험물 제조소의 연면적이 몇 m^2 이상이 되면 경보설비 중 자동화재탐지설비를 설치해야 하는가?

① $400m^2$ ② $500m^2$
③ $600m^2$ ④ $800m^2$

해설 25번 문제 해설 참조

29 위험물안전관리법령의 소화설비 설치기준에 의하면 옥외소화전설비의 수원의 수량은 옥외소화전 설치개수(설치개수가 4 이상인 경우에는 4)에 몇 m^3을 곱한 양 이상이 되도록 해야 하는가?

2019년 통합소방장 기출

① $7.5m^3$ ② $13.5m^3$
③ $20.5m^3$ ④ $25.5m^3$

제12장 | 소방시설 설치기준

정답 26 ② 27 ③ 28 ② 29 ②

해설 옥외소화전 설치기준

내 용	제조소등 설치기준	특정 소방대상물 설치기준
설치위치 설치개수	• 수평거리 40m 이하마다 설치 • 설치개수가 1개인 경우 2개 설치	수평거리 40m 이하
수원량	• Q = N(설치개수 : 최대 4개) × 13.5m^3 • 최대 = 450L/min × 30분 × 4 = 54m^3	• Q = N(설치개수 : 최대 2개) × 7m^3 • 최대 = 350L/min × 20분 × 2 = 14m^3
방수압력	350kPa 이상	0.25Mpa 이상
방수량	450L/min	350L/min
비상전원	용량은 45분 이상	20분 이상

※ 옥외소화설비 세부기준은 위험물안전관리에 관한 세부기준 제130조 참조

30 위험물안전관리법령상 위험물 제조소등에서 전기설비가 있는 곳에 적응하는 소화설비는?

① 옥내소화전설비
② 스프링클러설비
③ 포소화설비
④ 할로겐화합물소화설비

해설 위험물별 소화설비의 적응성에서 전기설비가 있는 장소에 적응성있는 소화설비는 물분무소화설비, 불활성가스소화설비, 할로겐화합물소화설비, 인산염류 및 탄산수소염류 분말소화설비이다.

31 위험물안전관리법령상 위험물 제조소등에서 전기설비가 있는 곳에 적응하는 소화기가 아닌 것은?

① 무상수소화기
② 이산화탄소소화기
③ 할로겐화합물소화기
④ 봉상강화액소화기

해설 위험물별 소화설비의 적응성표에서 전기설비가 있는 장소에 적응성 있는 소화기는 무상수소화기, 무상강화액소화기, 이산화탄소소화기, 할로겐화합물소화기, 분말소화기이다.

32 위험물안전관리법령상 면적이 500m^2 이하인 옥내주유취급소의 소화 난이도 등급은?

① Ⅰ
② Ⅱ
③ Ⅲ
④ Ⅳ

해설 주유취급소의 소화 난이도 등급

소화 난이도 Ⅰ등급	소화 난이도 Ⅱ등급	소화 난이도 Ⅲ등급
사무소, 간이정비장, 점포・휴게음식점・전시장 면적의 합이 500m^2를 초과하는 것	옥내주유취급소로서 소화 난이도 등급 Ⅰ의 제조소등에 해당하지 아니하는 것	옥내주유취급소 외의 것으로서 소화 난이도 등급 Ⅰ의 제조소등에 해당하지 아니하는 것

30 ④ 31 ④ 32 ② **정답**

33 위험물안전관리법령에 따른 소화 난이도 등급이 다른 하나는?

① 제2종 판매취급소
② 지하탱크저장소
③ 간이탱크저장소
④ 이동탱크저장소

해설 제2종 판매취급소는 소화 난이도 등급 Ⅱ에 해당되고 나머지는 등급 Ⅲ에 해당한다.

34 니트로셀룰로오스를 저장하는 옥내저장소에 적응성 있는 소화설비로 맞는 것은?

① 옥내소화전
② 물분무 등 소화설비
③ 불활성가스소화설비
④ 할로겐화합물 소화설비

해설 소화설비의 적응성(5류 위험물 : 대량주수에 의한 냉각소화)

소화설비의 구분			대상물 구분											
			건축물·그 밖의 공작물	전기설비	제1류 위험물		제2류 위험물			제3류 위험물		제4류 위험물	제5류 위험물	제6류 위험물
					알칼리금속과산화물 등	그 밖의 것	철분·금속분·마그네슘 등	인화성고체	그 밖의 것	금수성물품	그 밖의 것			
옥내소화전설비 또는 옥외소화전설비			○			○		○	○		○		○	○
스프링클러설비			○			○		○	○		○	△	○	○
물분무 등 소화설비	물분무소화설비		○	○		○		○	○		○	○	○	○
	포소화설비		○			○		○	○		○	○	○	○
	불활성가스소화설비			○				○				○		
	할로겐화합물소화설비			○				○				○		
	분말소화설비	인산염류 등	○	○		○		○	○			○		○
		탄산수소염류 등		○	○		○	○		○		○		
		그 밖의 것			○		○			○				

제12장 | 소방시설 설치기준

정답 33 ① 34 ①

35 위험물안전관리법에서 규정하는 제2류 위험물 철분·금속분 및 제3류 위험물 금수성물질을 저장·취급에 장소에서 소화설비 적응성으로 맞지 않은 것은?

① 탄산수소염류 등 분말소화설비
② 인산염류 등 분말소화설비
③ 건조사
④ 팽창질석·팽창진주암

해설 34번 문제 해설 참조

36 소화 난이도 등급의 구분에서 일반취급소로 사용되는 부분 외의 부분을 갖는 건축물에 설치된 일반취급소는 원칙적으로 소화 난이도 Ⅰ에 해당한다. 이 경우 소화 난이도 Ⅰ에서 제외되는 기준으로 맞지 않은 것은?

① 화학실험의 일반취급소
② 고인화점 위험물만을 100℃ 미만의 온도에서 취급하는 것
③ 일반취급소와 다른 부분 사이를 개구부 없이 내화구조로 구획된 경우
④ 일반취급소와 다른 부분 사이를 창문 외에 개구부 없이 내화구조로 구획된 경우

해설 소화 난이도 등급 Ⅰ에 제외되는 일반취급소 기준
- 내화구조로 개구부 없이 구획된 것
- 고인화점 위험물만을 100℃ 미만의 온도에서 취급하는 것
- 화학실험의 일반취급소

37 위험물안전관리법령에서 정하는 소화설비, 경보설비 및 피난설비 기준에 대한 설명으로 맞는 것은?

① 저장소의 건축물은 외벽이 내화구조인 것은 연면적 $75m^2$를 1소요단위로 한다.
② 할로겐화합물소화설비의 설치기준은 불활성가스 소화설비 설치기준을 준용한다.
③ 주유취급소와 연면적이 $500m^2$ 이상인 일반취급소에는 자동화재탐지설비를 설치해야 한다.
④ 옥내소화전은 제조소등의 건축물의 층마다 해당 층의 각 부분에서 하나의 호스접결구까지의 보행거리가 25m 이하가 되도록 설치한다.

해설 ① 저장소의 건축물은 외벽이 내화구조인 것은 연면적 $150m^2$를 1소요단위로 한다.
③ 옥내주유취급소와 연면적이 $500m^2$ 이상인 일반취급소에는 자동화재탐지설비를 설치해야 한다.
④ 옥내소화전은 제조소등의 건축물의 층마다 해당 층의 각 부분에서 하나의 호스접결구까지의 수평거리가 25m 이하가 되도록 설치한다.

35 ② 36 ④ 37 ② **정답**

38 **다음 중 위험물안전관리법령에서 제6류 위험물을 저장 · 취급하는 소방대상물에 적응성이 없는 소화설비는?**

① 탄화수소염류를 사용하는 분말소화설비
② 옥내소화전설비
③ 봉상강화액소화기
④ 스프링클러설비

해설 34번 문제 해설 참조

39 **자동화재탐지설비를 설치해야 하는 옥내저장소가 아닌 것은?**

① 처마의 높이가 7m인 단층 옥내저장소
② 에탄올을 5만리터를 취급하는 옥내저장소
③ 지정수량 50배를 저장하는 저장창고의 연면적이 50m^2인 옥내저장소
④ 가솔린을 5만리터를 취급하는 옥내저장소

해설 자동화재탐지설비를 설치해야 할 옥내저장소의 규모
- 지정수량의 100배 이상을 저장 또는 취급하는 것(고인화점 위험물만을 저장 또는 취급하는 것을 제외한다)
- 저장창고의 연면적이 150m^2를 초과하는 것[해당 저장창고가 연면적 150m^2 이내마다 불연재료의 격벽으로 개구부 없이 완전히 구획된 것과 제2류 또는 제4류의 위험물(인화성고체 및 인화점이 70℃ 미만인 제4류 위험물을 제외한다)만을 저장 또는 취급하는 것에 있어서는 저장창고의 연면적이 500m^2 이상의 것에 한한다]
- 처마높이가 6m 이상인 단층건물의 것
- 옥내저장소로 사용되는 부분 외의 부분이 있는 건축물에 설치된 옥내저장소[옥내저장소와 옥내저장소 외의 부분이 내화구조의 바닥 또는 벽으로 개구부 없이 구획된 것과 제2류 또는 제4류의 위험물(인화성고체 및 인화점이 70℃ 미만인 제4류 위험물을 제외한다)만을 저장 또는 취급하는 것을 제외한다]

40 **옥내저장소에 자동화재탐지설비를 설치하고자 한다. 한변의 길이가 20미터, 다른 한변의 길이는 50미터인 경우, 경계구역은 원칙적으로 몇 개로 해야 하는가? (단, 차동식스포트형 감지기를 설치한다)**

① 1 ② 2
③ 3 ④ 4

해설 자동화재탐지설비 하나의 경계구역 면적은 600m^2 이하로 함으로 바닥면적은 20 × 50 = 1,000m^2이다.
따라서 $\frac{1000m^2}{600m^2}$ = 1.8로 경계구역 수는 2경계구역으로 설정한다.

정답 38 ① 39 ③ 40 ②

41 **위험물 제조소등에 자동화재탐지설비를 설치하고자 할 때 설치기준으로 옳지 않은 것은?**

① 하나의 경계구역 면적은 600m^2 이하로 한다.

② 감지기는 지붕 또는 벽의 옥내에 면한 부분에 유효하게 화재를 감지할 수 있도록 설치할 것

③ 광전식분리형감지기를 설치하는 경우 경계구역의 한변의 길이는 50미터 이하로 할 것

④ 비상전원을 설치해야 한다.

해설 자동화재탐지설비의 설치기준

- 경계구역
  - 2개의 층에 걸치지 아니할 것
  - 면적은 600m^2 이하로 할 것
  - 한변의 길이는 50m 이하로 할 것(광전식분리형 : 100m 이하)
- 감지기는 지붕 또는 벽의 옥내에 면한 부분에 유효하게 화재를 감지할 수 있도록 설치할 것
- 비상전원을 설치한다.

42 **옥내소화전설비, 옥외소화전설비, 스프링클러설비, 물분무 등 소화설비 또는 대형수동식소화기와 함께 설치하는 않은 경우로 소형수동식소화기 등의 설치기준에 따라 방호대상물의 각 부분으로부터 하나의 소형수동식소화기까지의 보행거리가 20m 이하가 되도록 설치해야 하는 제조소등으로 맞는 것은?**

① 지하탱크저장소　　② 주유취급소

③ 판매취급소　　④ 옥내저장소

해설 소형수동식소화기 등의 설치기준은 소형수동식소화기 또는 그 밖의 소화설비는 지하탱크저장소, 간이탱크저장소, 이동탱크저장소, 주유취급소 또는 판매취급소에서는 유효하게 소화할 수 있는 위치에 설치해야 하며, 그 밖의 제조소등에서는 방호대상물의 각 부분으로부터 하나의 소형수동식소화기까지의 보행거리가 20m 이하가 되도록 설치할 것. 다만, 옥내소화전설비, 옥외소화전설비, 스프링클러설비, 물분무 등 소화설비 또는 대형수동식소화기와 함께 설치하는 경우에는 그러하지 아니하다.

41 ③ 42 ④ **정답**

43 위험물이동탱크저장소에 설치하는 자동차용소화기 설치기준으로 틀린 것은?

① 할론 1211(CF_2ClBr) 2L 이상(2개 이상)

② 이산화탄소 3.2킬로그램 이상(2개 이상)

③ 소화분말 3.5kg 이상(2개 이상)

④ 할론 2402($C_2F_4Br_2$) 1L 이상(2개 이상)

해설 이동탱크저장소에 소화설비의 설치기준

제조소등의 구분	소화설비	설치기준	설치개수
이동탱크 저장소	자동차용 소화기	무상의 강화액 **8L** 이상	2개 이상
		이산화탄소 **3.2킬로그램** 이상	
		일브롬화일염화이플루오르화메탄(CF_2ClBr) **2L** 이상	
		일브롬화삼플루오르화메탄(CF_3Br) **2L** 이상	
		이브롬화사플루오르화에탄($C_2F_4Br_2$) **1L** 이상	
		소화분말 **3.3킬로그램** 이상	

44 위험물안전관리법상 위험물 제조소등에 설치하는 소화설비 중 옥내소화전설비에 관한 기준으로 틀린 것은?

① 수원의 수량은 옥내소화전이 가장 많이 설치된 층의 옥내소화전 설치개수(설치개수가 5개 이상인 경우는 5개)에 $7.8m^3$를 곱한 양 이상이 되도록 설치할 것

② 설비의 비상전원은 자가발전설비 또는 축전지설비로 설치하되 용량은 옥내소화전설비를 유효하게 45분 이상 작동시키는 것이 가능할 것

③ 큐비클식 외의 자가발전설비는 자가발전장치(발전기와 원동기를 연결한 것을 말한다. 이하 같다)의 주위에는 0.6m 이상의 공지를 보유할 것

④ 큐비클 외의 축전지설비는 설치된 실의 벽으로부터 0.5m 이상 거리를 둘 것

해설 큐비클 외의 축전지설비는 다음 각 호에 의할 것

- 축전지설비는 설치된 실의 벽으로부터 0.1m 이상 거리를 둘 것
- 축전지설비를 동일실에 2 이상 설치하는 경우에는 축전지설비의 상호간격은 0.6m(높이가 1.6m 이상인 선반 등을 설치한 경우에는 1m) 이상 거리를 둘 것
- 축전지설비는 물이 침투할 우려가 없는 장소에 설치할 것
- 축전지설비를 설치한 실에는 옥외로 통하는 유효한 환기설비를 설치할 것
- 충전장치와 축전지를 동일실에 설치하는 경우에는 충전장치를 강제의 함에 수납하고 해당 함의 전면에 폭 1m 이상의 공지를 보유할 것

정답 43 ③ 44 ④

45 위험물안전관리법에 따른 위험물 제조소등에 설치해야 하는 경보설비의 종류가 아닌 것은?

① 자동화재탐지설비
② 비상경보설비(비상벨장치 또는 경종을 포함)
③ 확성장치(휴대용 확성기를 포함)
④ 누전경보기

해설 경보설비의 종류는 자동화재탐지설비, 자동화재속보설비, 비상경보설비, 확성장치 또는 비상방송설비

46 위험물안전관리법상 옥내저장소에 6개의 옥외소화전을 설치할 때 필요한 수원의 수량은?

2018년 통합소방장 기출

① $28m^3$ 이상
② $39m^3$ 이상
③ $54m^3$ 이상
④ $81m^3$ 이상

47 옥외탱크저장소에 설치해야 하는 경보설비에 대한 설명으로 옳은 것은?

① 특수인화물, 제2석유류, 알코올류를 저장 또는 취급하는 탱크의 용량이 1,000만리터 이상인 경우 설치한다.
② 설치해야 할 경보설비는 자동화재탐지설비, 자동화재속보설비, 비상방송설비가 해당된다.
③ 자동화재탐지설비 감지기는 차동식 분포형을 설치한다.
④ 자동화재탐지설비 감지기는 보유공지 내에서 발생하는 화재를 유효하게 감지할 수 있는 위치에 설치한다.

해설 ① 특수인화물, 제1석유류, 알코올류를 저장 또는 취급하는 탱크의 용량이 1,000만리터 이상인 경우 설치한다.
② 설치해야 할 경보설비는 자동화재탐지설비, 자동화재속보설비가 해당된다.
③ 자동화재탐지설비 감지기는 불꽃감지기를 설치한다.

45 ④ 46 ③ 47 ④ 정답

48 **옥외탱크저장소에 설치해야 하는 자동화재탐지설비 설치 기준으로 옳지 않은 것은?**

① 자동화재탐지설비에는 비상전원을 설치한다.
② 불꽃을 감지하는 기능이 있는 지능형 폐쇄회로텔레비전(CCTV)을 설치한 경우 불꽃감지기를 설치한 것으로 본다.
③ 옥외탱크저장소의 방유제(防油堤)와 옥외저장탱크 사이의 지표면을 난연성 및 침윤성이 있는 철근콘크리트 구조 등으로 한 경우 자동화재탐지설비를 설치하지 않을 수 있다.
④ 화학물질안전원장이 정하는 고시에 따라 가스감지기를 설치한 경우에 자동화재탐지설비를 설치하지 않을 수 있다.

해설 ③ 옥외탱크저장소의 방유제(防油堤)와 옥외저장탱크 사이의 지표면을 불연성 및 불침윤성(수분에 젖지 않는 성질)이 있는 철근콘크리트 구조 등으로 한 경우 자동화재탐지설비를 설치하지 않을 수 있다.

49 **옥외탱크저장소에 자동화재속보설비 설치를 제외할 수 있는 경우를 모두 고르시오.**

가. 옥외탱크저장소의 방유제(防油堤)와 옥외저장탱크 사이의 지표면을 불연성 및 침윤성이 있는 철근콘크리트 구조 등으로 한 경우
나. 화학물질안전원장이 정하는 고시에 따라 가스감지기를 설치한 경우
다. 자위소방대를 설치한 경우
라. 소방안전관리자가 해당 사업소에 24시간 상주하는 경우

① 가, 다 ② 나
③ 가, 다, 라 ④ 상기 다 맞다.

해설 나. 「화학물질관리법 시행규칙」 별표5 제6호의 화학물질안전원장이 정하는 고시에 따라 가스감지기를 설치한 경우
가. 옥외탱크저장소의 방유제(防油堤)와 옥외저장탱크 사이의 지표면을 불연성 및 불침윤성(수분에 젖지 않는 성질)이 있는 철근콘크리트 구조 등으로 한 경우
다. 자체소방대를 설치한 경우
라. 안전관리자가 해당 사업소에 24시간 상주하는 경우

정답 48 ③ 49 ②

배우기만 하고 생각하지 않으면 얻는 것이 없고,
생각만 하고 배우지 않으면 위태롭다.

- 공자 -

제13장

위험물 저장 · 취급 및 운반기준 등

우리가 해야할 일은 끊임없이

호기심을 갖고 새로운 생각을 시험해보고

새로운 인상을 받는 것이다.

– 월터 페이터 –

13 | 위험물 저장 · 취급 및 운반기준 등

제1절 제조소등에서의 위험물의 저장 및 취급에 관한 기준(제49조 관련 별표18)

01 저장 · 취급의 공통기준

(1) 허가품명 및 허가수량

제조소등에서 허가 및 신고와 관련되는 품명 외의 위험물 또는 이러한 허가 및 신고와 관련되는 수량 또는 지정수량의 배수를 초과하는 위험물을 저장 또는 취급하지 아니해야 한다(중요기준).

- 위반내용 : 위험물의 저장 또는 취급에 관한 중요기준에 따르지 아니한 자(법 제5조 제3항)
- 위반벌칙 : 1천 500만원 이하의 벌금

(2) 위험물을 저장 또는 취급하는 건축물 그 밖의 공작물 또는 설비는 해당 위험물의 성질에 따라 차광 또는 환기를 실시해야 한다.

(3) 위험물은 온도계, 습도계, 압력계 그 밖의 계기를 감시하여 해당 위험물의 성질에 맞는 적정한 온도, 습도 또는 압력을 유지하도록 저장 또는 취급해야 한다.

(4) 위험물을 저장 또는 취급하는 경우에는 위험물의 변질, 이물의 혼입 등에 의하여 해당 위험물의 위험성이 증대되지 아니하도록 필요한 조치를 강구해야 한다.

(5) 위험물이 남아 있거나 남아 있을 우려가 있는 설비, 기계 · 기구, 용기 등을 수리하는 경우에는 안전한 장소에서 위험물을 완전하게 제거한 후에 실시해야 한다.

(6) 위험물을 용기에 수납하여 저장 또는 취급할 때에는 그 용기는 해당 위험물의 성질에 적응하고 파손 · 부식 · 균열 등이 없는 것으로 해야 한다.

(7) 가연성의 액체 · 증기 또는 가스가 새거나 체류할 우려가 있는 장소 또는 가연성의 미분이 현저하게 부유할 우려가 있는 장소에서는 전선과 전기기구를 완전히 접속하고 불꽃을 발하는 기계 · 기구 · 공구 · 신발 등을 사용하지 아니해야 한다.

(8) 위험물을 보호액 중에 보존하는 경우에는 해당 위험물이 보호액으로부터 노출되지 아니하도록 해야 한다.

> • 위반내용 : 제조소등에서 준수해야 하는 위험물의 저장 또는 취급에 관한 세부기준[(2) 내지 (8)]을 위반한 자(법 제5조 제3항)
> • 위반 시 행정벌 : 500만원 이하의 과태료(법 제39조)

[위험물 저장 · 취급방법]

물질명	저장 · 취급방법	이 유
황린(P4)	물속저장	PH_3(포스핀)의 생성을 방지
칼륨, 나트륨 (K, Na)	석유, 등유, 유동파라핀	공기 중의 수분과 반응하여 수소 발생하여 자연발화
과산화수소 (H_2O_2)	구멍 뚫린 마개가 있는 갈색유리병	직사일광 및 상온에서 서서히 분해하여 산소 발생하여 폭발의 위험이 있어 통기 위함
이황화탄소 (CS_2)	수조 속에 저장	물보다 무겁고 물에 불용으로 가연성증기 발생방지
질산 (HNO_3)	갈색병(냉암소)	직사일광에 분해되어 O_2발생 $4HNO_3 \rightarrow 4NO_2 + 2H_2O + O_2$
디에틸에테르 ($C_2H_5OC_2H_5$)	2%의 공간용적으로 갈색병 저장	공기와 장시간 접촉 시 과산화물 생성
아세트알데히드 (CH_3CHO) 산화프로필렌 (CH_3CHCH_2O)	은, 수은, 구리, 마그네슘 이들 함유물 접촉 금지 불연성가스 봉입 보냉장치가 있는 것은 비점 이하로 보관	은, 수은, 구리, 마그네슘 반응하여 아세틸레이트 생성 과산화물 생성 및 중합반응
니트로셀룰로오스	물이나 알코올에 습윤하여 저장 통상 이소프로필알코올 30%에 습윤	열분해하여 자연발화 방지
아세틸렌	다공성 물질에 아세톤을 희석시켜 저장	
알킬알루미늄	안정제 : 벤젠, 헥산	

02 위험물의 유별 저장 · 취급의 공통기준(중요기준)

(1) 제1류 위험물

가연물과의 접촉 · 혼합이나 분해를 촉진하는 물품과의 접근 또는 과열 · 충격 · 마찰 등을 피하는 한편, 알칼리금속의 과산화물 및 이를 함유한 것에 있어서는 물과의 접촉을 피해야 한다.

(2) 제2류 위험물

산화제와의 접촉 · 혼합이나 불티 · 불꽃 · 고온체와의 접근 또는 과열을 피하는 한편, 철분 · 금속분 · 마그네슘 및 이를 함유한 것에 있어서는 물이나 산과의 접촉을 피하고 인화성고체에 있어서는 함부로 증기를 발생시키지 아니해야 한다.

(3) 제3류 위험물

자연발화성물질에 있어서는 불티 · 불꽃 또는 고온체와의 접근 · 과열 또는 공기와의 접촉을 피하고, 금수성물질에 있어서는 물과의 접촉을 피해야 한다.

(4) 제4류 위험물

불티 · 불꽃 · 고온체와의 접근 또는 과열을 피하고, 함부로 증기를 발생시키지 아니해야 한다.

(5) 제5류 위험물

불티 · 불꽃 · 고온체와의 접근이나 과열 · 충격 또는 마찰을 피해야 한다.

(6) 제6류 위험물

가연물과의 접촉 · 혼합이나 분해를 촉진하는 물품과의 접근 또는 과열을 피해야 한다.

(7) (1) 내지 (6)의 기준은 위험물을 저장 또는 취급함에 있어서 해당 각 호의 기준에 의하지 아니하는 것이 통상인 경우는 해당 각 호를 적용하지 아니한다. 이 경우 해당 저장 또는 취급에 대하여는 재해의 발생을 방지하기 위한 충분한 조치를 강구해야 한다.

- 위반내용 : 위험물의 유별 저장 또는 취급에 관한 중요기준에 따르지 아니한 자(법 제5조 제3항)
- 위반벌칙 : 1천 500만원 이하의 벌금

⊕ Plus one

위험물 유별 저장 · 취급 공통기준 및 주의사항 총정리

유 별	품 명	유별 저장 · 취급 공통기준(별표18)
제1류	알칼리금속의 과산화물	물과의 접촉 금지
제2류	철분, 금속분, 마그네슘	물이나 산과의 접촉 금지(수소발생)
제3류	금수성물질	물과의 접촉 금지
제2류	인화성고체	함부로 증기의 발생 금지
	그 밖의 것	불티 · 불꽃 · 고온체와의 접근 또는 과열 금지, 산화제와의 접촉 · 혼합 금지
제3류	자연발화성 물질	불티 · 불꽃 · 고온체와의 접근 또는 과열 금지, 공기와의 접촉 금지
제4류	모든 품명	불티 · 불꽃 · 고온체와의 접근 또는 과열 금지, 함부로 증기의 발생 금지
제5류	모든 품명	불티 · 불꽃 · 고온체와의 접근 또는 과열 금지, 충격 · 마찰 금지
제1류	그 밖의 것	가연물과 접촉, 혼합이나 분해를 촉진하는 물품과의 접근 또는 과열 금지, 충격 · 마찰 금지
제6류	모든 품명	가연물과 접촉, 혼합이나 분해를 촉진하는 물품과의 접근 또는 과열 금지

- 물과의 접촉 금지 : 123 알철금
- 충격 · 마찰 금지 : 15충마
- 함부로 증기 발생 금지 : 2인고 4인액
- 공기와의 접촉 금지 : 공자
- 산과의 접촉 금지 : 2류 철금마
- 산화제와의 접촉 · 혼합 금지 : 2류 황화린, 적린, 유황, 이들을 함유한 것
- 불티 · 불꽃 · 고온체와의 접근 또는 과열 금지 : 2그 3자는 45
- 가연물과 접촉, 혼합이나 분해를 촉진하는 물품과의 접근 또는 과열 금지 : 1류 6류

03 저장의 기준 2018년 통합소방장 기출

(1) 저장소에는 위험물 외의 물품을 저장하지 아니해야 한다(중요기준).

① 옥내저장소 또는 옥외저장소에서 다음에 따라 위험물과 위험물이 아닌 물품을 함께 저장하는 경우에는 그러하지 아니한다.

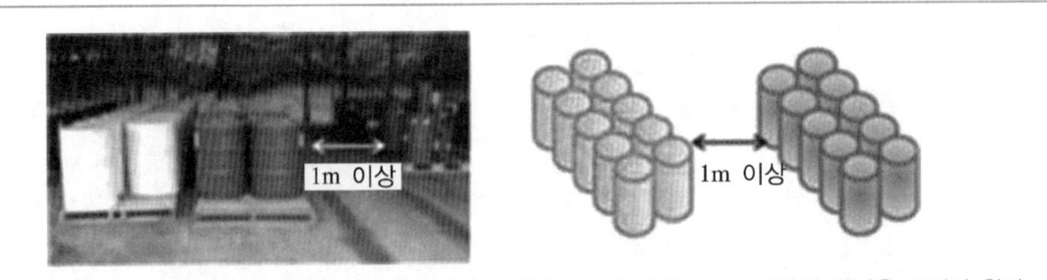

조건 위험물과 위험물이 아닌 물품은 각각 모아서 저장하고 상호 간에는 1m 이상의 간격을 두어야 한다.

㉠ 위험물(인화성고체와 제4류 위험물을 제외)과 영 별표1에서 해당 위험물이 속하는 품명란에 정한 물품(제1류, 제2류, 제3류, 제5류 제6류의 품명란의 행정안전부령이 정하는 물품은 제외)을 주성분으로 함유한 것으로서 위험물에 해당하지 아니하는 물품
㉡ 제2류 위험물 중 인화성고체와 위험물에 해당하지 아니하는 고체 또는 액체로서 인화점을 갖는 것 또는 합성 수지류 또는 이들 중 어느 하나 이상을 주성분으로 함유한 것으로서 위험물에 해당하지 아니하는 물품
㉢ 제4류 위험물과 합성수지류 등 또는 제4류의 품명란에 정한 물품을 주성분으로 함유한 것으로서 위험물에 해당하지 아니하는 물품
㉣ 제4류 위험물 중 유기과산화물 또는 이를 함유한 것과 유기과산화물 또는 유기과산화물만을 함유한 것으로서 위험물에 해당하지 아니하는 물품
㉤ 염소산염류・과염소산염류・질산염류・유황・철분・금속분・마그네슘・질산에스테르류・니트로화합물 중 위험물에 해당하는 화약류와 위험물에 해당하지 아니하는 화약류
㉥ 위험물과 위험물에 해당하지 아니하는 불연성의 물품(위험한 반응없는 물품에 한함)

⊕ Plus one

옥내・옥외저장소에서 위험물과 비위험물 저장기준

조건 : 위험물과 위험물이 아닌 물품은 각각 모아서 저장하고 상호 간에는 1m 이상의 간격을 두어야 한다.

위험물	비위험물
모든 위험물 (인화성고체, 제4류 위험물 제외)	해당 위험물이 속하는 품명란에 정한 물품을 주성분으로 함유한 것으로서 비위험물(영 별표1 행정안전부령이 정하는 위험물은 제외)
인화성고체	위험물에 해당하지 않은 고체 또는 액체로서 인화점을 갖는 것 또는 합성 수지류 또는 이들 중 어느 하나 이상을 주성분으로 함유한 것으로서 비위험물
제4류 위험물	합성수지류 등 또는 제4류의 품명란에 정한 물품을 주성분으로 함유한 것으로서 비위험물
제4류 위험물 중 유기과산화물 또는 이를 함유한 것	유기과산화물 또는 유기과산화물만을 함유한 것으로서 비위험물
위험물에 해당하는 화약류	비위험물에 해당되는 화약류
모든 위험물	위험물에 해당하지 아니하는 불연성의 물품(위험한 반응없는 물품에 한함)

② 옥외탱크저장소・옥내탱크저장소・지하탱크저장소 또는 이동탱크저장소(이하 이 목에서 "옥외탱크저장소 등"이라 한다)에서 해당 옥외탱크저장소 등의 구조 및 설비에 나쁜 영향을 주지 아니하면서 다음에서 정하는 위험물이 아닌 물품을 함께 저장하는 경우에는 그러하지 아니한다.

㉠ 제4류 위험물을 저장 또는 취급하는 옥외탱크저장소 등

- 합성수지류 등
- 제4류의 품명란에 정한 물품을 주성분으로 함유한 것으로서 위험물에 해당하지 아니하는 물품
- 위험물에 해당하지 아니하는 불연성 물품(위험한 반응이 없는 물품에 한함)

㉡ 제6류 위험물을 저장 또는 취급하는 옥외탱크저장소 등

- 제6류의 품명란에 정한 물품(할로겐간화합물은 제외)을 주성분으로 함유한 것으로서 위험물에 해당하지 아니하는 물품
- 위험물에 해당하지 아니하는 불연성 물품(위험한 반응이 없는 물품에 한함)

Plus one

옥외탱크저장소 등에서 위험물과 비위험물 저장기준

저장소	위험물	비위험물
옥외탱크저장소 옥내탱크저장소 지하탱크저장소 이동탱크저장소	제4류 위험물	• 합성수지류 등 • 제4류의 품명란에 정한 물품을 주성분으로 함유한 것으로서 비위험물 • 위험물에 해당하지 아니하는 불연성 물품(위험반응 없는 물품에 한함)
	제6류 위험물	• 제6류의 품명란에 정한 물품을 주성분으로 함유한 것으로서 비위험물 • 위험물에 해당하지 아니하는 불연성 물품(위험반응 없는 물품에 한함)

(2) 유별을 달리하는 위험물은 동일한 저장소 또는 내화구조의 격벽으로 완전히 구획된 실이 2 이상 있는 저장소에 있어서는 동일한 실에 저장하지 아니해야 한다(중요기준).

예외 옥내저장소 또는 옥외저장소에 있어서 다음의 각 목에 따른 위험물을 저장하는 경우로서 위험물을 유별로 정리하여 저장하는 한편, 서로 1m 이상의 간격을 두는 경우에는 그러하지 아니하다(중요기준). **2017년 소방위 기출**

① 제1류 위험물(알칼리금속의 과산화물 또는 이를 함유한 것을 제외한다)과 제5류 위험물을 저장하는 경우

② 제1류 위험물과 제6류 위험물을 저장하는 경우

③ 제1류 위험물과 제3류 위험물 중 황린 또는 이를 함유한 물품을 저장하는 경우

④ 제2류 위험물 중 인화성고체와 제4류 위험물을 저장하는 경우

⑤ 제3류 위험물 중 알킬알루미늄 등과 제4류 위험물 중 알킬알루미늄 또는 알킬리튬을 함유한 물품을 저장하는 경우

⑥ 제4류 위험물 중 유기과산화물 또는 이를 함유하는 것과 제5류 위험물 중 유기과산화물 또는 이를 함유한 것을 저장하는 경우

Plus one

[옥내저장소 또는 옥외저장소에서 유별을 달리하는 위험물을 혼재할 수 있는 저장기준]

유별로 정리한 후 1m 간격을 두고 동일한 저장소 혼재 가능한 경우
㉠ 제1류 위험물(알칼리금속의 과산화물 또는 이를 함유한 것을 제외)과 제5류 위험물을 저장하는 경우
㉡ 제1류 위험물과 제6류 위험물을 저장하는 경우
㉢ 제1류 위험물과 제3류 위험물 중 황린 또는 이를 함유한 것을 저장하는 경우
㉣ 제2류 중 인화성고체와 제4류 위험물을 저장하는 경우
㉤ 제3류 위험물 중 알킬알루미늄 등과 알킬알루미늄 또는 알킬리튬을 함유한 제4류 위험물
㉥ 제4류 위험물 중 유기과산화물 또는 이를 함유하는 것과 제5류 중 유기과산화물 또는 이를 함유한 것

(3) 제3류 위험물 중 황린 그 밖에 물속에 저장하는 물품과 금수성물질은 동일한 저장소에서 저장하지 아니해야 한다(중요기준).

(4) 옥내저장소에 있어서 위험물은 용기에 수납하여 저장해야 한다.

예외 덩어리상태의 유황과 염소산염류・과염소산염류・질산염류・유황・철분・금속분・마그네슘・질산에스테르류・니트로화합물 중 화약류에 해당하는 위험물에 있어서는 그러하지 아니하다.

(5) 옥내저장소에서 동일 품명의 위험물이더라도 자연발화할 우려가 있는 위험물 또는 재해가 현저하게 증대할 우려가 있는 위험물을 다량 저장하는 경우에는 지정수량의 10배 이하마다 구분하여 상호 간 0.3m 이상의 간격을 두어 저장해야 한다(중요기준).

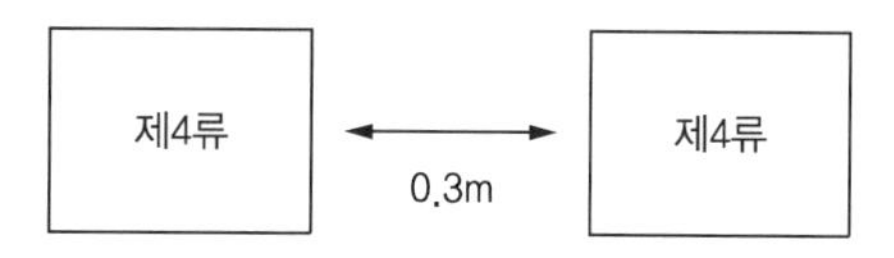

예외 덩어리상태의 유황과 염소산염류・과염소산염류・질산염류・유황・철분・금속분・마그네슘・질산에스테르류・니트로화합물 중 화약류에 해당하는 위험물 또는 기계에 의하여 하역하는 구조로 된 용기에 수납한 위험물에 있어서는 그러하지 아니하다.

(6) 옥내저장소에서 위험물을 저장하는 경우에는 다음 [표] 높이를 초과하여 용기를 겹쳐 쌓지 아니해야 한다.

수납용기의 종류	높 이
기계에 의하여 하역하는 구조로된 용기만을 겹쳐 쌓는 경우	6m
제3석유류, 제4석유류 및 동식물유류를 수납하는 용기만을 겹쳐 쌓는 경우	4m
그 밖의 용기를 겹쳐 쌓는 경우	3m

(7) 옥내저장소에서는 용기에 수납하여 저장하는 위험물의 온도가 55℃를 넘지 아니하도록 필요한 조치를 강구해야 한다(중요기준).

(8) 옥외저장탱크・옥내저장탱크 또는 지하저장탱크의 주된 밸브(액체의 위험물을 이송하기 위한 배관에 설치된 밸브 중 탱크의 바로 옆에 있는 것을 말한다) 및 주입구의 밸브 또는 뚜껑은 위험물을 넣거나 빼낼 때 외에는 폐쇄해야 한다.

(9) 옥외저장탱크의 주위에 방유제가 있는 경우에는 그 배수구를 평상시 폐쇄하여 두고, 해당 방유제의 내부에 유류 또는 물이 괴었을 때에는 지체없이 이를 배출해야 한다.

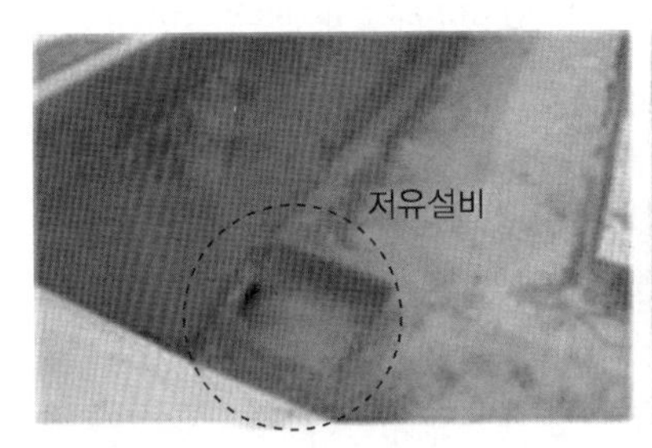

(10) 이동저장탱크에는 해당 탱크에 저장 또는 취급하는 위험물의 위험성을 알리는 표지를 부착하고 잘 보일 수 있도록 관리해야 한다.

구 분	위험물 표지	UN번호		그림문자
		그림문자 외부표기	그림문자 내부표기	
설치위치	이동탱크 : 전・후면 상단 운반차량 : 전면 및 후면	후면 및 양측면 (그림문자와 인접한 위치)	후면 및 양 측면	후면 및 양 측면
색 상	흑색바탕 황색문자	흑색테두리선(1cm)과 오렌지색 바탕에 흑색문자	백색바탕 흑색문자	품목별 해당되는 심벌
규 격	60cm 이상 × 30cm 이상 위험물	1203 12cm 30cm	글자높이 6.5cm 이상	25cm 25cm 25cm 3 25cm
모 양	가로형사각형		마름모꼴	

(11) 이동저장탱크 및 그 안전장치와 그 밖의 부속배관은 균열, 결합불량, 극단적인 변형, 주입호스의 손상 등에 의한 위험물의 누설이 일어나지 아니하도록 하고, 해당 탱크의 배출밸브는 사용시 외에는 완전하게 폐쇄해야 한다.

(12) 피견인자동차에 고정된 이동저장탱크에 위험물을 저장할 때에는 해당 피견인자동차에 견인자동차를 결합한 상태로 두어야 한다.

[피견인차 형식의 이동탱크 저장소]

예외 다음 기준에 따라 피견인자동차를 철도·궤도상의 차량(이하 이 호에서 "차량"이라 한다)에 싣거나 차량으로부터 내리는 경우에는 그러하지 아니하다.

① 피견인자동차를 싣는 작업은 화재예방상 안전한 장소에서 실시하고, 화재가 발생하였을 경우에 그 피해의 확대를 방지할 수 있도록 필요한 조치를 강구할 것
② 피견인자동차를 실을 때에는 이동저장탱크에 변형 또는 손상을 주지 아니하도록 필요한 조치를 강구할 것
③ 피견인자동차를 차량에 싣는 것은 견인자동차를 분리한 즉시 실시하고, 피견인자동차를 차량으로부터 내렸을 때에는 즉시 해당 피견인자동차를 견인자동차에 결합할 것

(13) 컨테이너식 이동탱크저장소외의 이동탱크저장소에 있어서는 위험물을 저장한 상태로 이동저장탱크를 옮겨 싣지 아니해야 한다(중요기준).

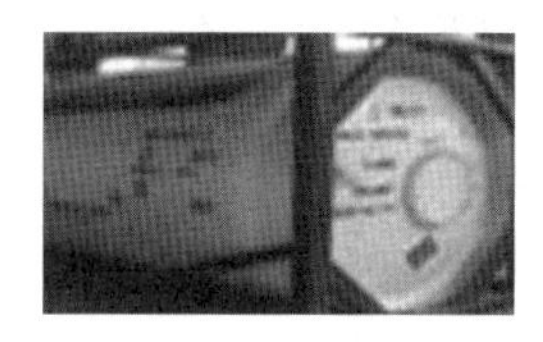

(14) 이동탱크저장소에는 해당 이동탱크저장소의 완공검사합격확인증 및 정기점검기록을 비치해야 한다.

(15) 알킬알루미늄 등을 저장 또는 취급하는 이동탱크저장소에는 긴급시의 연락처, 응급조치에 관하여 필요한 사항을 기재한 서류, 방호복, 고무장갑, 밸브 등을 죄는 결합공구 및 휴대용 확성기를 비치해야 한다.

(16) 옥외저장소(용기에 수납하지 않은 유황은 제외)에 있어서 위험물은 용기에 수납하여 저장해야 한다.

(17) 옥외저장소에서 위험물을 저장하는 경우에 있어서는 다음 [표] 높이를 초과하여 용기를 겹쳐 쌓지 아니해야 한다.

수납용기의 종류	높이
기계에 의하여 하역하는 구조로 된 용기만을 겹쳐 쌓는 경우	6m
제3석유류, 제4석유류 및 동식물유류를 수납하는 용기만을 겹쳐 쌓는 경우	4m
그 밖의 용기를 겹쳐 쌓는 경우	3m

(18) 옥외저장소에서 위험물을 수납한 용기를 선반에 저장하는 경우에는 6m를 초과하여 저장하지 아니해야 한다.

(19) 유황을 용기에 수납하지 아니하고 저장하는 옥외저장소에서는 유황을 경계표시의 높이 이하로 저장하고, 유황이 넘치거나 비산하는 것을 방지할 수 있도록 경계표시 내부의 전체를 난연성 또는 불연성의 천막 등으로 덮고 해당 천막 등을 경계표시에 고정해야 한다.

(20) 알킬알루미늄 등, 아세트알데히드 등 및 디에틸에테르 등(디에틸에테르 또는 이를 함유한 것을 말한다. 이하 같다)의 저장기준은 (1) 내지 (19)의 규정에 의하는 외에 다음 각 목과 같다(중요기준).

① 옥외저장탱크 또는 옥내저장탱크 중 압력탱크(최대상용압력이 대기압을 초과하는 탱크를 말한다. 이하 같다)에 있어서는 알킬알루미늄 등의 취출에 의하여 해당 탱크 내의 압력이 상용압력 이하로 저하하지 아니하도록, 압력탱크 외의 탱크에 있어서는 알킬알루미늄 등의 취출이나 온도의 저하에 의한 공기의 혼입을 방지할 수 있도록 불활성의 기체를 봉입할 것

② 옥외저장탱크・옥내저장탱크 또는 이동저장탱크에 새롭게 알킬알루미늄 등을 주입하는 때에는 미리 해당 탱크안의 공기를 불활성기체와 치환하여 둘 것

③ 이동저장탱크에 알킬알루미늄 등을 저장하는 경우에는 20kPa 이하의 압력으로 불활성의 기체를 봉입하여 둘 것

④ 옥외저장탱크・옥내저장탱크 또는 지하저장탱크 중 압력탱크에 있어서는 아세트알데히드 등의 취출에 의하여 해당 탱크 내의 압력이 상용압력 이하로 저하하지 아니하도록, 압력탱크 외의 탱크에 있어서는 아세트알데히드 등의 취출이나 온도의 저하에 의한 공기의 혼입을 방지할 수 있도록 불활성 기체를 봉입할 것

⑤ 옥외저장탱크・옥내저장탱크・지하저장탱크 또는 이동저장탱크에 새롭게 아세트알데히드 등을 주입하는 때에는 미리 해당 탱크 안의 공기를 불활성 기체와 치환하여 둘 것

⑥ 이동저장탱크에 아세트알데히드 등을 저장하는 경우에는 항상 불활성의 기체를 봉입하여 둘 것

Plus one

알킬알루미늄 등, 아세트알데히드 등 및 디에틸에테르 등 저장기준

저장탱크		저장기준
옥외저장탱크 또는 옥내저장탱크 중	압력탱크에 있어서는	알킬알루미늄 등의 취출에 의하여 해당 탱크 내의 압력이 상용압력 이하로 저하하지 아니하도록 할 것
	압력탱크 외 탱크에 있어서는	알킬알루미늄 등의 취출이나 온도의 저하에 의한 공기의 혼입을 방지할 수 있도록 불활성 기체를 봉입할 것
옥외저장탱크·옥내저장탱크 또는 지하저장탱크 중	압력탱크에 있어서는	아세트알데히드 등의 취출에 의하여 해당 탱크 내의 압력이 상용압력 이하로 저하하지 아니하도록 할 것
	압력탱크 외 탱크에 있어서는	아세트알데히드 등의 취출이나 온도의 저하에 의한 공기의 혼입을 방지할 수 있도록 불활성 기체를 봉입할 것
이동저장탱크에 알킬알루미늄 등을 저장하는 경우		20kPa 이하의 압력으로 불활성 기체를 봉입하여 둘 것
이동저장탱크에 아세트알데히드 등을 저장하는 경우		항상 불활성 기체를 봉입하여 둘 것
위 탱크에 위 각 위험물을 새롭게 주입하는 경우		미리 해당 탱크 안의 공기를 불활성 기체와 치환

참고 특수인화물의 인화점

이황화탄소(-30℃), 산화프로필렌(-37℃), 아세트알데히드(-39℃), 디에틸에테르(-45℃)

⑦ 옥외저장탱크·옥내저장탱크 또는 지하저장탱크 중 압력탱크 외의 탱크에 저장하는 디에틸에테르 등 또는 아세트알데히드 등의 온도는 산화프로필렌과 이를 함유한 것 또는 디에틸에테르 등에 있어서는 30℃ 이하로, 아세트알데히드 또는 이를 함유한 것에 있어서는 15℃ 이하로 각각 유지할 것

⑧ 옥외저장탱크·옥내저장탱크 또는 지하저장탱크 중 압력탱크에 저장하는 아세트알데히드 등 또는 디에틸에테르 등의 온도는 40℃ 이하로 유지할 것

⑨ 보냉장치가 있는 이동저장탱크에 저장하는 아세트알데히드 등 또는 디에틸에테르 등의 온도는 해당 위험물의 비점 이하로 유지할 것

⑩ 보냉장치가 없는 이동저장탱크에 저장하는 아세트알데히드 등 또는 디에틸에테르 등의 온도는 40℃ 이하로 유지할 것

저장탱크		저장 온도
옥내저장탱크·옥외저장탱크·지하저장탱크 중 압력탱크에 저장하는	아세트알데히드 등, 디에틸에테르 등의 온도	40℃ 이하
옥내저장탱크·옥외저장탱크·지하저장탱크 중 압력탱크 외에 저장하는	산화프로필렌과 이를 함유한 것 또는 디에틸에테르 등의 온도	30℃ 이하
	아세트알데히드 또는 이를 함유한 것	15℃ 이하
보냉장치가 있는 이동저장탱크에 저장하는	아세트알데히드 등, 디에틸에테르 등의 온도	비점 이하
보냉장치가 없는 이동저장탱크에 저장하는		40℃ 이하

04 취급의 기준

(1) 위험물의 취급 중 제조에 관한 기준(중요기준)

제조공정	제조에 관한 중요기준
증류공정	위험물을 취급하는 설비의 내부압력의 변동 등에 의하여 액체 또는 증기가 새지 아니하도록 할 것
추출공정	추출관의 내부압력이 비정상으로 상승하지 아니하도록 할 것
건조공정	위험물의 온도가 부분적으로 상승하지 아니하는 방법으로 가열 또는 건조할 것
분쇄공정	위험물의 분말이 현저하게 부유하고 있거나 위험물의 분말이 현저하게 기계・기구 등에 부착하고 있는 상태로 그 기계・기구를 취급하지 아니할 것

(2) 위험물의 취급 중 용기에 옮겨 담는데 대한 기준

위험물을 용기에 옮겨 담는 경우에는 위험물의 용기 및 수납기준에 따라 수납해야 한다.

(3) 위험물의 취급 중 소비에 관한 기준(중요기준)

① 분사도장작업은 방화상 유효한 격벽 등으로 구획된 안전한 장소에서 실시할 것

② 담금질 또는 열처리작업은 위험물이 위험한 온도에 이르지 아니하도록 하여 실시할 것

③ 버너를 사용하는 경우에는 버너의 역화를 방지하고 위험물이 넘치지 아니하도록 할 것

(4) 주유취급소・판매취급소・이송취급소 또는 이동탱크저장소에서의 위험물의 취급기준

① 주유취급소에서의 취급기준(항공기・선박 및 철도주유취급소 제외)

㉠ 자동차 등에 주유할 때에는 고정주유설비를 사용하여 직접 주유할 것(중요기준)

㉡ 자동차 등에 인화점 40℃ 미만의 위험물을 주유할 때에는 자동차 등의 원동기를 정지시킬 것. 다만, 연료탱크에 위험물을 주유하는 동안 방출되는 가연성 증기를 회수하는 설비가 부착된 고정주유설비에 의하여 주유하는 경우에는 그러하지 아니하다.

㉢ 이동저장탱크에 급유할 때에는 고정급유설비를 사용하여 직접 급유할 것

㉣ 고정주유설비 또는 고정급유설비에 접속하는 탱크에 위험물을 주입할 때에는 해당 탱크에 접속된 고정주유설비 또는 고정급유설비의 사용을 중지하고, 자동차 등을 해당 탱크의 주입구에 접근시키지 아니할 것

㉤ 고정주유설비 또는 고정급유설비에는 해당 설비에 접속한 전용탱크 또는 간이탱크의 배관외의 것을 통하여서는 위험물을 공급하지 아니할 것

ⓗ 자동차 등에 주유할 때에는 고정주유설비 또는 고정주유설비에 접속된 탱크의 주입구로부터 4m 이내의 부분(자동차 등의 점검 및 간이정비를 위한 작업장, 자동차 등의 세정을 위한 작업장의 용도에 제공하는 부분 중 바닥 및 벽에서 구획된 것의 내부를 제외한다)에, 이동저장탱크로부터 전용탱크에 위험물을 주입할 때에는 전용탱크의 주입구로부터 3m 이내의 부분 및 전용탱크 통기관의 끝부분으로부터 수평거리 1.5m 이내의 부분에 있어서는 다른 자동차 등의 주차를 금지하고 자동차 등의 점검・정비 또는 세정을 하지 아니할 것

ⓢ 주유원 간이대기실 내에서는 화기를 사용하지 아니할 것

ⓞ 전기자동차 충전설비를 사용하는 때에는 다음의 기준을 준수할 것

- 충전기기와 전기자동차를 연결할 때에는 연장코드를 사용하지 아니할 것
- 전기자동차의 전지・인터페이스 등이 충전기기의 규격에 적합한지 확인한 후 충전을 시작할 것
- 충전 중에는 자동차 등을 작동시키지 아니할 것

② 항공기주유취급소에서의 취급기준

①(ⓐ 및 ⓔ을 제외)의 규정을 준용하는 외에 다음 기준에 의할 것

ⓐ 항공기에 주유하는 때에는 고정주유설비, 주유배관의 끝부분에 접속한 호스기기, 주유호스차 또는 주유탱크차를 사용하여 직접 주유할 것(중요기준)

ⓑ 고정주유설비에는 해당 주유설비에 접속한 전용탱크 또는 위험물을 저장 또는 취급하는 탱크의 배관외의 것을 통하여서는 위험물을 주입하지 아니할 것

ⓒ 주유호스차 또는 주유탱크차에 의하여 주유하는 때에는 주유호스의 끝부분을 항공기의 연료탱크의 급유구에 긴밀히 결합할 것. 다만, 주유탱크차에서 주유호스 끝부분에 수동개폐장치를 설치한 주유노즐에 의하여 주유하는 때에는 그러하지 아니하다.

ⓓ 주유호스차 또는 주유탱크차에서 주유하는 때에는 주유호스차의 호스기기 또는 주유탱크차의 주유설비를 접지하고 항공기와 전기적인 접속을 할 것

③ 철도주유취급소에서의 취급기준

①(ⓐ 및 ⓔ을 제외한다)의 규정 ②에 ⓒ의 규정을 준용하는 외에 다음의 기준에 의할 것

ⓐ 철도 또는 궤도에 의하여 운행하는 차량에 주유하는 때에는 고정주유설비 또는 주유배관의 끝부분에 접속한 호스기기를 사용하여 직접 주유할 것(중요기준)

ⓑ 철도 또는 궤도에 의하여 운행하는 차량에 주유하는 때에는 콘크리트 등으로 포장된 부분에서 주유할 것

④ 선박주유취급소에서의 취급기준

①(ⓐ 및 ⓔ을 제외)의 규정 및 ②에 ⓒ의 규정을 준용하는 외에 다음의 기준에 의할 것

ⓐ 선박에 주유하는 때에는 고정주유설비 또는 주유배관의 끝부분에 접속한 호스기기를 사용하여 직접 주유할 것(중요기준)

ⓑ 선박에 주유하는 때에는 선박이 이동하지 아니하도록 계류시킬 것

㉢ 수상구조물에 설치하는 고정주유설비를 이용하여 주유작업을 할 때에는 5m 이내에 다른 선박의 정박 또는 계류를 금지할 것

㉣ 수상구조물에 설치하는 고정주유설비의 주위에 설치하는 집유설비 내에 고인 빗물 또는 위험물은 넘치지 않도록 수시로 수거하고, 수거물은 유분리장치를 이용하거나 폐기물 처리 방법에 따라 처리할 것

㉤ 수상구조물에 설치하는 고정주유설비를 이용한 주유작업은 위험물을 공급하는 배관・펌프 및 그 부속 설비의 안전을 확인한 후에 시작할 것(중요기준)

㉥ 수상구조물에 설치하는 고정주유설비를 이용한 주유작업이 종료된 후에는 고정식주유설비 인근 및 배관경로 중 육지 내 수동차단밸브를 모두 잠글 것(중요기준)

㉦ 수상구조물에 설치하는 고정주유설비를 이용한 주유작업은 총 톤수가 300 미만인 선박에 대해서만 실시할 것(중요기준)

⑤ 고객이 직접 주유하는 주유취급소에서의 기준

㉠ 셀프용 고정주유설비 및 셀프용 고정급유설비 외의 고정주유설비 또는 고정급유설비를 사용하여 고객에 의한 주유 또는 용기에 옮겨 담는 작업을 행하지 아니할 것(중요기준)

㉡ 감시대에서 고객이 주유하거나 용기에 옮겨 담는 작업을 직시하는 등 적절한 감시를 할 것

㉢ 고객에 의한 주유 또는 용기에 옮겨 담는 작업을 개시할 때에는 안전상 지장이 없음을 확인한 후 제어장치에 의하여 호스기기에 대한 위험물의 공급을 개시할 것

㉣ 고객에 의한 주유 또는 용기에 옮겨 담는 작업을 종료한 때에는 제어장치에 의하여 호스기기에 대한 위험물의 공급을 정지할 것

㉤ 비상시 그 밖에 안전상 지장이 발생한 경우에는 제어장치에 의하여 호스기기에 위험물의 공급을 일제히 정지하고, 주유취급소 내의 모든 고정주유설비 및 고정급유설비에 의한 위험물 취급을 중단할 것

㉥ 감시대의 방송설비를 이용하여 고객에 의한 주유 또는 용기에 옮겨 담는 작업에 대한 필요한 지시를 할 것

㉦ 감시대에서 근무하는 감시원은 안전관리자 또는 위험물안전관리에 관한 전문지식이 있는 자일 것

⑥ 판매취급소에서의 취급기준

㉠ 판매취급소에서는 도료류, 제1류 위험물 중 염소산염류 및 염소산염류만을 함유한 것, 황 또는 인화점이 38℃ 이상인 제4류 위험물을 배합실에서 배합하는 경우 외에는 위험물을 배합하거나 옮겨 담는 작업을 하지 아니할 것

㉡ 판매취급소에서 위험물은 운반용기에 수납한 채로 판매할 것

㉢ 판매취급소에서 위험물을 판매할 때에는 위험물이 넘치거나 비산하는 계량기(액용되를 포함한다)를 사용하지 아니할 것

⑦ 이송취급소에서의 취급기준

㉠ 위험물의 이송은 위험물을 이송하기 위한 배관·펌프 및 그에 부속한 설비(위험물을 운반하는 선박으로부터 육상으로 위험물의 이송취급을 하는 이송취급소에 있어서는 위험물을 이송하기 위한 배관 및 그에 부속된 설비를 말한다. 이하 ②에서 같다)의 안전을 확인한 후에 개시할 것(중요기준)

㉡ 위험물을 이송하기 위한 배관·펌프 및 이에 부속한 설비의 안전을 확인하기 위한 순찰을 행하고, 위험물을 이송하는 중에는 이송하는 위험물의 압력 및 유량을 항상 감시할 것(중요기준)

㉢ 이송취급소를 설치한 지역의 지진을 감지하거나 지진의 정보를 얻은 경우에는 위험물안전관리에 관한 세부기준 제137조(지진 시의 재해방지조치)에 따라 재해의 발생 또는 확대를 방지하기 위한 조치를 강구할 것

⑧ 이동탱크저장소(컨테이너식은 제외)에서의 취급기준 2014년 소방위 기출

㉠ 이동저장탱크로부터 위험물을 저장 또는 취급하는 탱크에 액체의 위험물을 주입할 경우에는 그 탱크의 주입구에 이동저장탱크의 주입호스를 견고하게 결합할 것. 다만, 주입호스의 끝부분에 수동개폐장치를 한 주입노즐(수동개폐장치를 개방상태로 고정하는 장치를 한 것을 제외한다)을 사용하여 지정수량 미만의 양의 위험물을 저장 또는 취급하는 탱크에 인화점이 40℃ 이상인 위험물을 주입하는 경우에는 그러하지 아니하다.

㉡ 이동저장탱크로부터 액체위험물을 용기에 옮겨 담지 아니할 것. 다만, 주입호스의 끝부분에 수동개폐장치를 한 주입노즐(수동개폐장치를 개방상태로 고정하는 장치를 한 것을 제외한다)을 사용하여 운반용기 규정에 적합한 운반용기에 인화점 40℃ 이상의 제4류 위험물을 옮겨 담는 경우에는 그러하지 아니하다.

㉢ 이동저장탱크로부터 위험물을 저장 또는 취급하는 탱크에 인화점이 40℃ 미만인 위험물을 주입할 때에는 이동탱크저장소의 원동기를 정지시킬 것

㉣ 이동저장탱크로부터 직접 위험물을 자동차(자동차관리법 제2조 제1호에 따른 자동차와 「건설기계관리법」 제2조 제1항 제1호에 따른 건설기계 중 덤프트럭 및 콘크리트믹서트럭을 말한다)의 연료탱크에 주입하지 말 것. 다만, 건설공사를 하는 장소에서 주입설비를 부착한 이동탱크저장소로부터 해당 건설공사와 관련된 자동차(건설기계 중 덤프트럭과 콘크리트믹서트럭으로 한정한다)의 연료탱크에 인화점 40℃ 이상의 위험물을 주입하는 경우에는 그러하지 아니하다.

⊕ Plus one

자동차와 건설기계의 정의

- "자동차"란 원동기에 의하여 육상에서 이동할 목적으로 제작한 용구 또는 이에 견인되어 육상을 이동할 목적으로 제작한 용구(이하 "피견인자동차"라 한다)를 말한다. 다만, 건설기계, 농업기계, 군용차량, 궤도 또는 공중선에 의하여 운행되는 차량, 의료기기는 제외한다
- "건설기계"란 건설공사에 사용할 수 있는 기계로서 대통령령[불도저 등 27정]으로 정하는 것을 말한다.
  불도저, 굴삭기, 로더, 지게차, 스크레이퍼, 덤프트럭, 기중기, 모터그레이더, 롤러, 노상안정기 콘크리트뱃칭플랜트, 콘크리트피니셔, 콘크리트살포기, 콘크리트믹서트럭, 콘크리트펌프, 아스팔트믹싱플랜트, 아스팔트피니셔, 아스팔트살포기, 골재살포기, 쇄석기, 공기압축기, 천공기, 항타 및 항발기, 자갈채취기, 준설선, 특수건설기계, 타워크레인

ⓜ 휘발유・벤젠 그 밖에 정전기에 의한 재해발생의 우려가 있는 액체의 위험물을 이동저장탱크에 주입하거나 이동저장탱크로부터 배출하는 때에는 도선으로 이동저장탱크와 접지전극 등과의 사이를 긴밀히 연결하여 해당 이동저장탱크를 접지할 것

ⓑ 휘발유・벤젠・그 밖에 정전기에 의한 재해발생의 우려가 있는 액체의 위험물을 이동저징텡크의 상부로 주입하는 때에는 주입관을 사용하되, 해당 주입관의 끝부분을 이동저장탱크의 밑바닥에 밀착할 것

ⓢ 휘발유를 저장하던 이동저장탱크에 등유나 경유를 주입할 때 또는 등유나 경유를 저장하던 이동저장탱크에 휘발유를 주입할 때에는 다음의 기준에 따라 정전기 등에 의한 재해를 방지하기 위한 조치를 할 것

- 이동저장탱크의 상부로부터 위험물을 주입할 때에는 위험물의 액표면이 주입관의 끝부분을 넘는 높이가 될 때까지 그 주입관내의 유속을 초당 1m 이하로 할 것
- 이동저장탱크의 밑부분으로부터 위험물을 주입할 때에는 위험물의 액표면이 주입관의 정상부분을 넘는 높이가 될 때까지 그 주입배관내의 유속을 초당 1m 이하로 할 것
- 그 밖의 방법에 의한 위험물의 주입은 이동저장탱크에 가연성증기가 잔류하지 아니하도록 조치하고 안전한 상태로 있음을 확인한 후에 할 것

ⓞ 이동탱크저장소는 별표10 I 에 따른 상치장소에 주차할 것. 다만, 원거리 운행 등으로 상치장소에 주차할 수 없는 경우에는 다음의 장소에도 주차할 수 있다.

- 다른 이동탱크저장소의 상치장소
- 일반화물자동차운송사업을 위한 차고로서 별표10 I 의 규정에 적합한 장소
- 물류터미널의 주차장으로서 별표10 I 의 규정에 적합한 장소
- 주차장 중 노외의 옥외주차장으로서 별표10 I 의 규정에 적합한 장소
- 제조소등이 설치된 사업장 내의 안전한 장소
- 도로(갓길 및 노상주차장을 포함한다) 외의 장소로서 화기취급장소 또는 건축물로부터 10m 이상 거리를 둔 장소
- 벽・기둥・바닥・보・서까래 및 지붕이 내화구조로 된 건축물의 1층으로서 개구부가 없는 내화구조의 격벽 등으로 해당 건축물의 다른 용도의 부분과 구획된 장소
- 소방본부장 또는 소방서장으로부터 승인을 받은 장소

⊕ Plus one

별표10 Ⅰ의 규정에 적합한 장소

이동탱크저장소의 상치장소는 다음 각 호의 기준에 적합해야 한다.

① 옥외에 있는 상치장소
화기를 취급하는 장소 또는 인근의 건축물로부터 5m 이상(인근의 건축물이 1층인 경우에는 3m 이상)의 거리를 확보해야 한다. 다만, 하천의 공지나 수면, 내화구조 또는 불연재료의 담 또는 벽 그 밖에 이와 유사한 것에 접하는 경우를 제외한다.

② 옥내에 있는 상치장소
벽·바닥·보·서까래 및 지붕이 내화구조 또는 불연재료로 된 건축물의 1층에 설치해야 한다.

ⓩ 이동저장탱크를 상치장소 등에 주차시킬 때에는 완전히 빈 상태로 할 것. 다만, 해당 장소가 별표6 Ⅰ(안전거리)·Ⅱ(보유공지) 및 Ⅸ(방유제)의 규정에 적합한 경우에는 그러하지 아니하다.

ⓩ 이동저장탱크로부터 직접 위험물을 선박의 연료탱크에 주입하는 경우에는 다음의 기준에 따를 것

- 선박이 이동하지 아니하도록 계류(繫留)시킬 것
- 이동탱크저장소가 움직이지 않도록 조치를 강구할 것
- 이동탱크저장소의 주입호스의 끝부분을 선박의 연료탱크의 급유구에 긴밀히 결합할 것. 다만, 주입호스 끝부분에 수동개폐장치를 설치한 주유노즐로 주입하는 때에는 그러하지 아니하다.
- 이동탱크저장소의 주입설비를 접지할 것. 다만, 인화점 40℃ 이상의 위험물을 주입하는 경우에는 그러하지 아니하다.

⑨ 컨테이너식 이동탱크저장소에서의 위험물취급 기준

㉠ ⑧(㉠은 제외)의 규정을 준용한다.

㉡ 이동저장탱크에서 위험물을 저장 또는 취급하는 탱크에 액체위험물을 주입하는 때에는 주입구에 주입호스를 긴밀히 연결할 것. 다만, 주입호스의 끝부분에 수동개폐장치를 설비한 주입노즐(수동개폐장치를 개방상태로 고정하는 장치를 한 것을 제외한다)에 의하여 지정수량 미만의 탱크에 인화점이 40℃ 이상인 제4류 위험물을 주입하는 때에는 그러하지 아니하다.

㉢ 이동저장탱크를 체결금속구, 변형금속구 또는 섀시프레임(차대 고정틀)에 긴밀히 결합한 구조의 유(U)볼트를 이용하여 차량에 긴밀히 연결할 것

(5) 알킬알루미늄 등 및 아세트알데히드 등의 취급기준

위 (1) 내지 (4)에 정하는 것 외에 해당 위험물의 성질에 따라 다음 각 목에 정하는 바에 따른다(중요기준).

① 알킬알루미늄 등의 제조소 또는 일반취급소에 있어서 알킬알루미늄 등을 취급하는 설비에는 불활성의 기체를 봉입할 것

② 알킬알루미늄 등의 이동탱크저장소에 있어서 이동저장탱크로부터 알킬알루미늄 등을 꺼낼 때에는 동시에 200kPa 이하의 압력으로 불활성의 기체를 봉입할 것

③ 아세트알데히드 등의 제조소 또는 일반취급소에 있어서 아세트알데히드 등을 취급하는 설비에는 연소성 혼합기체의 생성에 의한 폭발의 위험이 생겼을 경우에 불활성의 기체 또는 수증기[아세트알데히드 등을 취급하는 탱크(옥외에 있는 탱크 또는 옥내에 있는 탱크로서 그 용량이 지정수량의 5분의 1 미만의 것을 제외한다)에 있어서는 불활성의 기체]를 봉입할 것

④ 아세트알데히드 등의 이동탱크저장소에 있어서 이동저장탱크로부터 아세트알데히드 등을 꺼낼 때에는 동시에 100kPa 이하의 압력으로 불활성의 기체를 봉입할 것

Plus one

이동탱크저장탱크에 저장·취급 및 운반 기준

- 이동저장탱크에 알킬알루미늄 등을 저장하는 경우에는 20kPa 이하의 압력으로 불활성의 기체를 봉입하여 둘 것
- 알킬알루미늄 등의 이동탱크서장소에 있어서 이동저장탱크로부터 알길알루미늄 등을 꺼낼 때에는 동시에 200kPa 이하의 압력으로 불활성의 기체를 봉입할 것
- 아세트알데히드 등의 이동탱크저장소에 있어서 이동저장탱크로부터 아세트알데히드 등을 꺼낼 때에는 동시에 100kPa 이하의 압력으로 불활성의 기체를 봉입할 것
- 기계에 의하여 하역하는 구조로 된 운반용기에 액체위험물을 수납하는 경우에는 55℃의 온도에서의 증기압이 130kPa 이하가 되도록 수납할 것

05 위험물의 용기 및 수납

(1) 옥내저장소 또는 옥외저장소에서 위험물을 용기에 수납할 때 또는 위험물을 용기에 옮겨 담을 때에는 다음 각 목에 정하는 용기의 구분에 따라 해당 각 목에 정하는 바에 따른다. 다만, 제조소 등이 설치된 부지와 동일한 부지 내에서 위험물을 저장 또는 취급하기 위하여 다음 각 목에 정하는 용기 외의 용기에 수납하거나 옮겨 담는 경우에 있어서 해당 용기의 저장 또는 취급이 화재의 예방상 안전하다고 인정될 때에는 그렇지 않다.

① 기계에 의하여 하역하는 구조 외의 용기

구 분	운반용기	수납기준
고체위험물	고체위험물 운반용기 최대용적 및 중량(부표1 제1호)이 정하는 기준에 적합 내장용기 또는 저장·취급의 안전상 이러한 기준에 적합한 용기와 동등 이상이라고 인정하여 소방청장이 정하여 고시(세부기준 제138조)하는 것	위험물의 운반용기 수납기준 [제2절 위험물의 운반에 관한 기준 02(1)]에 적합할 것
액체위험물	액체위험물 운반용기 최대용적 및 중량(부표1 제2호)이 정하는 기준에 적합 내장용기 또는 저장·취급의 안전상 이러한 기준에 적합한 용기와 동등 이상이라고 인정하여 소방청장이 정하여 고시(세부기준 제138조)하는 것	

② 기계에 의하여 하역하는 구조로 된 용기

㉠ 정의 : 기계에 의하여 들어 올리기 위한 고리 · 기구 · 포크리프트포켓 등이 있는 용기를 말한다.

㉡ 기계에 의하여 하역하는 구조에 적합한 운반용기로서 적재방법에서 정하는 수납의 기준에 적합할 것

(2) 표시원칙

내장용기 등(내장용기 등을 다른 용기에 수납하는 경우에 있어서는 해당 용기를 포함한다) 및 기계에 의하여 하역하는 구조로 된 용기에는 위험물의 운반에 관한 기준에서 정하는 표시를 각각 보기 쉬운 위치에 해야 한다.

① 기계에 의해 하역하는 구조 이외의 용기의 표시 사항(별표19 Ⅱ제8호)

㉠ 위험물의 품명, 위험등급, 화학명 및 수용성(제4류 수용성에 한 함)

㉡ 위험물 수량

㉢ 수납하는 위험물에 따라 다음 규정에 따른 주의사항

② 기계에 의해 하역하는 구조로 된 용기의 표시 사항(별표19 Ⅱ제8호 및 Ⅱ제13호)

㉠ 위험물의 품명, 위험등급, 화학명 및 수용성(제4류 수용성에 한 함)

㉡ 위험물 수량

㉢ 수납하는 위험물에 따라 다음 규정에 따른 주의사항

㉣ 제조년월 및 제조자의 명칭

㉤ 겹쳐쌓기 시험하중

㉥ 운반용기의 종류에 따른 중량

- 플렉시블 외의 용기 : 최대총중량
- 플렉시블 운반용기 : 최대수용중량

(3) 표시원칙 예외

① 제1류 · 제2류 또는 제4류의 위험물(위험등급 I 의 위험물을 제외한다)의 내장용기 등으로서 최대용적이 1L 이하의 것에 있어서는 위험물의 품명, 위험등급, 화학명, 수용성 및 주의사항 표시를 각각 위험물의 통칭명 및 동일한 의미가 있는 다른 표시로 대신할 수 있다.

② 제4류 위험물에 해당하는 화장품(에어졸을 제외한다)의 내장용기 등으로서 최대용적이 150mL 이하의 것에 있어서는 위험물의 품명, 위험등급, 화학명, 수용성 및 주의사항 표시를 아니할 수 있고 최대용적이 150mL 초과 300mL 이하의 것에 있어서는 위험물의 품명, 위험등급, 화학명 및 수용성 표시를 하지 아니할 수 있으며, 수납하는 위험물의 주의사항은 동일한 의미가 있는 다른 표시로 대신할 수 있다.

③ 제4류 위험물에 해당하는 에어졸의 내장용기 등으로서 최대용적이 300mL 이하의 것에 있어서는 위험물의 품명, 위험등급, 화학명 및 수용성 표시를 하지 아니할 수 있고, 수납하는 위험물의 주의사항을 동일한 의미가 있는 다른 표시로 대신할 수 있다.

④ 제4류 위험물 중 동식물유류의 내장용기 등으로서 최대용적이 3L 이하의 것에 있어서는 위험물의 품명, 위험등급, 화학명, 수용성 및 주의사항 표시를 각각 해당 위험물의 통칭명 및 동일한 의미가 있는 다른 표시로 대신할 수 있다.

Plus one

위험물의 용기 및 수납 종류별 표시사항 핵심요약

<table>
<tr><th colspan="3">운반용기</th><th>표시사항</th></tr>
<tr><td colspan="3">기계에 의하여 하역하는
구조 이외의 용기</td><td>① 위험물의 품명, 위험등급, 화학명 및 수용성(제4류 수용성에 한함)
② 위험물 수량
③ 위험물에 따른 주의사항</td></tr>
<tr><td colspan="3">기계에 의하여 하역하는
구조의 운반용기</td><td>① 위험물의 품명, 위험등급, 화학명 및 수용성(일반운반용기)
② 위험물 수량(일반운반용기)
③ 위험물에 따른 주의사항(일반용기)
④ 제조년월 및 제조자의 명칭
⑤ 겹쳐쌓기시험하중
⑥ 운반용기의 종류에 따른 중량
㉠ 플렉시블 외의 용기 : 최대총중량
㉡ 플렉시블 운반용기 : 최대수용중량
※ 일반적인 운반용기 : ①, ②, ③ 표시</td></tr>
<tr><td colspan="2">제1류,
제2류 및 제4류</td><td>1L 이하</td><td>• 위험물 품명 : 통칭명
• 주의사항 : 해당 주의사항과 동일한 의미가 있는 다른 표시 가능
(위험등급 I 제외)</td></tr>
<tr><td rowspan="4">제4류
위험물 중</td><td rowspan="2">화장품</td><td>150ml 이하</td><td>품명과 주의사항을 표시하지 않을 수 있음</td></tr>
<tr><td>150ml 초과
300ml 이하</td><td>• 위험물 품명 : 불표시가능
• 주의사항 : 해당 주의사항과 동일한 의미가 있는 다른 표시 가능</td></tr>
<tr><td>에어졸</td><td>300ml 이하</td><td>• 위험물 품명 : 불표시가능
• 주의사항 : 해당 주의사항과 동일한 의미가 있는 다른 표시 가능</td></tr>
<tr><td>동식물
유류</td><td>3L 이하</td><td>• 위험물 품명 : 통칭명
• 주의사항 : 해당 주의사항과 동일한 의미가 있는 다른 표시 가능</td></tr>
</table>

종 류	최대용적 (이하)	품명, 등급, 화학식 및 수용성	수 량	주의사항 동일의미의 다른표시
일반용기		○	○	○
기계에 의하여 하역하는 구조의 용기		○	○	○ (위표 ④, ⑤, ⑥ 추가표시)
제1류, 제2류, 제4류 (등급 I 제외)	1L 이하	○(통칭명)	○	○
제4류 해당 화장품	150ml	×	○	×
	150~300ml	×	○	○
제4류 해당 에어졸	300ml 이하	×	○	○
제4류 해당 동식물유류	3L 이하	○(통칭명)	○	○

06 위험물 저장 · 취급에 관한 중요기준 및 세부기준의 구분

(1) 위험물저장 · 취급의 공통기준 중 중요기준

① 저장 · 취급의 공통기준

제조소등에서 허가 및 신고와 관련되는 품명 외의 위험물 또는 이러한 허가 및 신고와 관련되는 수량 또는 지정수량의 배수를 초과하는 위험물을 저장 또는 취급하지 아니해야 한다.

② 위험물의 유별 저장 · 취급의 공통기준

유 별	품 명	유별 저장 · 취급 공통기준(별표18)
제1류	알칼리금속의 과산화물	물과의 접촉 금지
제2류	철분, 금속분, 마그네슘	물이나 산과의 접촉 금지
제3류	금수성물질	물과의 접촉 금지
제2류	인화성고체	함부로 증기의 발생 금지
	그 밖의 것	불티 · 불꽃 · 고온체와의 접근 또는 과열 금지, 산화제와의 접촉 · 혼합 금지
제3류	자연발화성물질	불티 · 불꽃 · 고온체와의 접근 또는 과열 금지, 공기와의 접촉 금지
제4류	모든 품명	불티 · 불꽃 · 고온체와의 접근 또는 과열 금지, 함부로 증기의 발생 금지
제5류	모든 품명	불티 · 불꽃 · 고온체와의 접근 또는 과열 금지, 충격 · 마찰 금지
제1류	그 밖의 것	가연물과 접촉,혼합이나 분해를 촉진하는 물품과의 접근 또는 과열 금지, 충격 · 마찰 금지
제6류	모든 품명	가연물과 접촉, 혼합이나 분해를 촉진하는 물품과의 접근 또는 과열 금지

(2) 위험물의 저장기준 중 중요기준과 세부기준 2020년 소방위 기출

중요기준

① 저장소에는 위험물 외의 물품을 저장하지 아니해야 한다.

② 유별을 달리하는 위험물은 동일한 저장소 또는 내화구조의 격벽으로 완전히 구획된 실이 2 이상 있는 저장소에 있어서는 동일한 실에 저장하지 아니해야 한다.

③ 제3류 위험물 중 황린 그 밖에 물속에 저장하는 물품과 금수성물질은 동일한 저장소에서 저장하지 아니해야 한다.

④ 옥내저장소에서 동일 품명의 위험물이더라도 자연발화할 우려가 있는 위험물 또는 재해가 현저하게 증대할 우려가 있는 위험물을 다량 저장하는 경우에는 지정수량의 10배 이하마다 구분하여 상호 간 0.3m 이상의 간격을 두어 저장해야 한다.

⑤ 옥내저장소에서는 용기에 수납하여 저장하는 위험물의 온도가 55℃를 넘지 아니하도록 필요한 조치를 강구해야 한다.

⑥ 컨테이너식 이동탱크저장소외의 이동탱크저장소에 있어서는 위험물을 저장한 상태로 이동저장탱크를 옮겨 싣지 아니해야 한다.

⑦ 알킬알루미늄 등, 아세트알데히드 등 및 디에틸에테르 등의 저장기준

저장탱크		저장온도
옥내저장탱크·옥외저장탱크·지하저장탱크 중 압력탱크에 저장하는	아세트알데히드 등, 디에틸에테르 등의 온도	40℃ 이하
옥내저장탱크·옥외저장탱크·지하저장탱크 중 압력탱크 외에 저장하는	산화프로필렌과 이를 함유한 것 또는 디에틸에테르 등의 온도	30℃ 이하
	아세트알데히드 또는 이를 함유한 것	15℃ 이하
보냉장치가 있는 이동저장탱크에 저장하는	아세트알데히드 등, 디에틸에테르 등의 온도	비점 이하
보냉장치가 없는 이동저장탱크에 저장하는		40℃ 이하

세부기준

① 옥내저장소 및 옥외저장소

㉠ 위험물은 용기에 수납하여 저장해야 한다.

㉡ 위험물을 저장하는 경우에는 다음 [표] 높이를 초과하여 용기를 겹쳐 쌓지 아니해야 한다.

수납용기의 종류	높 이
기계에 의하여 하역하는 구조로된 용기만을 겹쳐 쌓는 경우	6m
제3석유류, 제4석유류 및 동식물유류를 수납하는 용기만을 겹쳐 쌓는 경우	4m
그 밖의 용기를 겹쳐 쌓는 경우	3m

② 옥외저장탱크·옥내저장탱크 또는 지하저장탱크 주된 밸브 및 주입구의 밸브 또는 뚜껑은 위험물을 넣거나 빼낼 때 외에는 폐쇄해야 한다.

③ 옥외저장탱크
주위에 방유제가 있는 경우에는 그 배수구를 평상시 폐쇄하여 두고, 해당 방유제의 내부에 유류 또는 물이 괴었을 때에는 지체없이 이를 배출해야 한다.

④ 이동탱크저장소

㉠ 완공검사합격확인증 및 정기점검기록을 비치해야 한다.

㉡ 알킬알루미늄 등을 저장 또는 취급하는 이동탱크저장소에는 긴급시의 연락처, 응급조치에 관하여 필요한 사항을 기재한 서류, 방호복, 고무장갑, 밸브 등을 죄는 결합공구 및 휴대용 확성기를 비치해야 한다.

⑤ 옥외저장소

㉠ 위험물을 수납한 용기를 선반에 저장하는 경우에는 6m를 초과하여 저장하지 아니해야 한다.

㉡ 유황을 경계표시의 높이 이하로 저장, 비산방지를 위해 천막을 덮고 고정

(3) 위험물의 취급기준 중 중요기준

① 위험물의 취급 중 제조에 관한 기준

제조공정	제조에 관한 기준
증류공정	위험물을 취급하는 설비의 내부압력의 변동 등에 의하여 액체 또는 증기가 새지 아니하도록 할 것
추출공정	추출관의 내부압력이 비정상으로 상승하지 아니하도록 할 것
건조공정	위험물의 온도가 부분적으로 상승하지 아니하는 방법으로 가열 또는 건조할 것
분쇄공정	위험물의 분말이 현저하게 부유하고 있거나 위험물의 분말이 현저하게 기계·기구 등에 부착하고 있는 상태로 그 기계·기구를 취급하지 아니할 것

② 위험물의 취급 중 소비에 관한 기준

㉠ 분사도장작업은 방화상 유효한 격벽 등으로 구획된 안전한 장소에서 실시할 것

㉡ 담금질 또는 열처리작업은 위험물이 위험한 온도에 이르지 아니하도록 하여 실시할 것

㉢ 버너를 사용하는 경우에는 버너의 역화를 방지하고 위험물이 넘침을 방지할 것

③ 주유취급소에서 위험물의 취급기준

㉠ 주유취급소

- 고정주유설비를 사용하여 직접 주유할 것
- 셀프용 고정주유설비 및 셀프용 고정급유설비 외의 고정주유설비 또는 고정급유설비를 사용하여 고객에 의한 주유 또는 용기에 옮겨 담는 작업을 행하지 아니할 것

㉡ 항공기주유취급소 : 고정주유설비, 주유배관의 끝부분에 접속한 호스기기, 주유호스차 또는 주유탱크차를 사용하여 직접 주유할 것

㉢ 철도주유취급소 : 고정주유설비 또는 주유배관의 끝부분에 접속한 호스기기를 사용하여 직접 주유할 것

㉣ 선박주유취급소

- 고정주유설비 또는 주유배관의 끝부분에 접속한 호스기기를 사용하여 직접 주유할 것
- 수상구조물에 설치하는 고정주유설비를 이용한 주유작업은 위험물을 공급하는 배관·펌프 및 그 부속 설비의 안전을 확인한 후에 시작할 것
- 수상구조물에 설치하는 고정주유설비를 이용한 주유작업이 종료된 후에는 고정식주유설비 인근 및 배관경로 중 육지내 수동차단밸브를 모두 잠글 것
- 수상구조물에 설치하는 고정주유설비를 이용한 주유작업은 총 톤수가 300 미만인 선박에 대해서만 실시할 것

④ 이송취급소에서 위험물의 취급기준

㉠ 위험물의 이송은 위험물을 이송하기 위한 배관·펌프 및 그에 부속한 설비(위험물을 운반하는 선박으로부터 육상으로 위험물의 이송취급을 하는 이송취급소에 있어서는 위험물을 이송하기 위한 배관 및 그에 부속된 설비를 말한다. 이하 나목에서 같다)의 안전을 확인한 후에 개시할 것

㉡ 위험물을 이송하기 위한 배관·펌프 및 이에 부속한 설비의 안전을 확인하기 위한 순찰을 행하고, 위험물을 이송하는 중에는 이송하는 위험물의 압력 및 유량을 항상 감시할 것

⑤ 알킬알루미늄 등 및 아세트알데히드 등의 취급기준

㉠ 알킬알루미늄 등의 제조소 또는 일반취급소에 있어서 알킬알루미늄 등을 취급하는 설비에는 불활성의 기체를 봉입할 것

㉡ 알킬알루미늄 등의 이동탱크저장소에 있어서 이동저장탱크로부터 알킬알루미늄 등을 꺼낼 때에는 동시에 200kPa 이하의 압력으로 불활성의 기체를 봉입할 것

㉢ 아세트알데히드 등의 제조소 또는 일반취급소에 있어서 아세트알데히드 등을 취급하는 설비에는 연소성 혼합기체의 생성에 의한 폭발의 위험이 생겼을 경우에 불활성의 기체 또는 수증기[아세트알데히드 등을 취급하는 탱크(옥외에 있는 탱크 또는 옥내에 있는 탱크로서 그 용량이 지정수량의 5분의 1 미만의 것을 제외한다)에 있어서는 불활성의 기체]를 봉입할 것

㉣ 아세트알데히드 등의 이동탱크저장소에 있어서 이동저장탱크로부터 아세트알데히드 등을 꺼낼 때에는 동시에 100kPa 이하의 압력으로 불활성의 기체를 봉입할 것

(2) **세부기준** : 위 (1) 중요기준 외의 것

⊕ Plus one

위험물의 저장·취급기준 위반 시

- 위험물의 저장 또는 취급에 관한 중요기준에 따르지 아니한 자 : 1천 500만원 이하의 벌금(법 제36조)
- 위험물의 저장 또는 취급에 관한 세부기준을 위반한 자 : 500만원 이하의 과태료(법 제39조) (1차 : 250만원, 2차 : 400만원, 3차 : 500만원)

[부표] 운반용기의 최대용적 또는 중량(별표18 관련)

1. 고체위험물

운반 용기				수납 위험물의 종류									
내장 용기		외장 용기		제1류			제2류		제3류			제5류	
용기의 종류	최대용적 또는 중량	용기의 종류	최대용적 또는 중량	I	II	III	II	III	I	II	III	I	II
유리용기 또는 플라스틱 용기	10L	나무상자 또는 플라스틱상자(필요에 따라 불활성의 완충재를 채울 것)	125kg	○	○	○	○	○	○	○	○	○	○
			225kg		○	○		○		○	○		○
		파이버판상자(필요에 따라 불활성의 완충재를 채울 것)	40kg	○	○	○	○	○	○	○	○	○	○
			55kg		○	○		○		○	○		○
금속제용기	30L	나무상자 또는 플라스틱상자	125kg	○	○	○	○	○	○	○	○	○	○
			225kg		○	○		○		○	○		○
		파이버판상자	40kg	○	○	○	○	○	○	○	○	○	○
			55kg		○	○		○		○	○		○
플라스틱 필름포대 또는 종이포대	5kg	나무상자 또는 플라스틱상자	50kg	○	○	○	○	○		○	○	○	○
	50kg		50kg	○	○	○	○	○					○
	125kg		125kg		○	○	○	○					
	225kg		225kg			○		○					
	5kg	파이버판상자	40kg	○	○	○	○	○		○	○	○	○
	40kg		40kg	○	○	○	○	○					○
	55kg		55kg			○		○					
		금속제용기(드럼 제외)	60L	○	○	○	○	○	○	○	○	○	○
		플라스틱용기(드럼 제외)	10L		○	○	○	○		○	○		○
			30L			○		○					○
		금속제드럼	250L	○	○	○	○	○	○	○	○	○	○
		플라스틱드럼 또는 파이버드럼(방수성이 있는 것)	60L	○	○	○	○	○	○	○	○	○	○
			250L		○	○		○		○	○		○
		합성수지포대(방수성이 있는 것), 플라스틱필름포대, 섬유포대(방수성이 있는 것) 또는 종이포대(여러겹으로서 방수성이 있는 것)	50kg		○	○	○	○		○	○		○

비고

1. "○" 표시는 수납위험물의 종류별 각 란에 정한 위험물에 대하여 해당 각란에 정한 운반용기가 적응성이 있음을 표시한다.
2. 내장용기는 외장용기에 수납해야 하는 용기로서 위험물을 직접 수납하기 위한 것을 말한다.
3. 내장용기의 용기의 종류란이 빈칸인 것은 외장용기에 위험물을 직접 수납하거나 유리용기, 플라스틱용기, 금속제용기, 폴리에틸렌포대 또는 종이포대를 내장용기로 할 수 있음을 표시한다.

2. 액체위험물

운반 용기				수납위험물의 종류								
내장 용기		외장 용기		제3류			제4류			제5류		제6류
용기의 종류	최대용적 또는 중량	용기의 종류	최대용적 또는 중량	I	II	III	I	II	III	I	II	I
유리용기	5L	나무 또는 플라스틱상자 (불활성의 완충재를 채울 것)	75kg	○	○	○	○	○	○	○	○	○
	10L		125kg		○	○		○	○		○	
			225kg						○			
	5L	파이버판상자 (불활성의 완충재를 채울 것)	40kg	○	○	○	○	○	○	○	○	○
	10L		55kg						○			
플라스틱 용기	10L	나무 또는 플라스틱상자 (필요에 따라 불활성의 완충재를 채울 것)	75kg	○	○	○	○	○	○	○	○	○
			125kg		○	○		○	○		○	
			225kg						○			
		파이버판상자 (필요에 따라 불활성의 완충재를 채울 것)	40kg	○	○	○	○	○	○	○	○	○
			55kg						○			
금속제 용기	30L	나무 또는 플라스틱상자	125kg	○	○	○	○	○	○	○	○	○
			225kg						○			
		파이버판상자	40kg	○	○	○	○	○	○	○	○	○
			55kg		○	○		○	○		○	
		금속제용기(금속제드럼제외)	60L		○	○		○	○		○	
		플라스틱용기(플라스틱드럼제외)	10L		○	○		○	○		○	
			20L					○	○			
			30L						○		○	
		금속제드럼(뚜껑고정식)	250L	○	○	○	○	○	○	○	○	○
		금속제드럼(뚜껑탈착식)	250L					○	○			
		플라스틱 또는 파이버드럼 (플라스틱내용기부착의 것)	250L		○	○			○		○	

비고

1. "○" 표시는 수납위험물의 종류별 각 란에 정한 위험물에 대하여 해당 각란에 정한 운반용기가 적응성이 있음을 표시한다.
2. 내장용기는 외장용기에 수납해야 하는 용기로서 위험물을 직접 수납하기 위한 것을 말한다.
3. 내장용기의 용기의 종류란이 빈칸인 것은 외장용기에 위험물을 직접 수납하거나 유리용기, 플라스틱용기 또는 금속제용기를 내장용기로 할 수 있음을 표시한다.

제2절 위험물의 운반에 관한 기준(제50조 관련 별표19)

01 운반용기

(1) 운반용기의 재질

강판・알루미늄판・양철판・유리・금속판・종이・플라스틱・섬유판・고무류・합성섬유・삼・짚 또는 나무

(2) 운반용기의 성능

운반용기는 견고하여 쉽게 파손될 우려가 없고, 그 입구로부터 수납된 위험물이 샐 우려가 없도록 해야 한다.

(3) 운반용기의 최대용적 및 구조

① 기계에 의하여 하역하는 구조 이외의 운반용기

㉠ 고체의 위험물을 수납하는 용기 : 부표1 운반용기 최대용적 및 중량에서 고체위험물이 정하는 기준에 적합할 것

㉡ 액체의 위험물을 수납하는 용기 : 부표1 운반용기 최대용적 및 중량에서 액체위험물이 정하는 기준에 적합할 것

㉢ 다만, 운반의 안전상 이러한 기준에 적합한 운반용기와 동등 이상이라고 인정하여 소방청장이 정하여 고시(위험물안전관리에 관한 세부기준 제139조)하는 것에 있어서는 그러하지 아니하다.

② 기계에 의하여 하역하는 구조로 된 운반용기

㉠ 고체의 위험물을 수납하는 용기 : 별표20 제1호 기계에 의하여 하역하는 구조로 된 운반용기의 최대용적에서 고체위험물이 정하는 기준 및 다음 ③의 ㉠ 내지 ㉥에서 정하는 기준에 적합할 것

㉡ 액체의 위험물을 수납하는 용기 : 별표20 제2호 기계에 의하여 하역하는 구조로 된 운반용기의 최대용적에서 액체위험물이 정하는 기준 및 ③의 ㉠ 내지 ㉥에서 정하는 기준에 적합할 것

㉢ 다만, 운반의 안전상 이러한 기준에 적합한 운반용기와 동등 이상이라고 인정하여 소방청장이 정하여 고시(위험물안전관리에 관한 세부기준 제140조)하는 것과 UN의 위험물 운송에 관한 권고(RTDG, Recommendations on the Transport of Dangerous Goods)에서 적합한 것으로 인정된 용기에 있어서는 그러하지 아니하다.

③ 기계에 의하여 하역하는 구조로 된 운반용기의 성능 및 구조

㉠ 운반용기는 부식 등의 열화에 대하여 적절히 보호될 것

㉡ 운반용기는 수납하는 위험물의 내압 및 취급 시와 운반시의 하중에 의하여 해당 용기에 생기는 응력(변형력)에 대하여 안전할 것

㉢ 운반용기의 부속설비에는 수납하는 위험물이 해당 부속설비로부터 누설되지 아니하도록 하는 조치가 강구되어 있을 것

㉣ 용기본체가 틀로 둘러싸인 운반용기는 다음의 요건에 적합할 것

- 용기본체는 항상 틀내에 보호되어 있을 것
- 용기본체는 틀과의 접촉에 의하여 손상을 입을 우려가 없을 것
- 운반용기는 용기본체 또는 틀의 신축 등에 의하여 손상이 생기지 아니할 것

㉤ 하부에 배출구가 있는 운반용기는 다음의 요건에 적합할 것

- 배출구에는 개폐위치에 고정할 수 있는 밸브가 설치되어 있을 것
- 배출을 위한 배관 및 밸브에는 외부로부터의 충격에 의한 손상을 방지하기 위한 조치가 강구되어 있을 것
- 폐지판 등에 의하여 배출구를 이중으로 밀폐할 수 있는 구조일 것. 다만, 고체의 위험물을 수납하는 운반용기에 있어서는 그러하지 아니하다.

㉥ ㉠ 내지 ㉤에 규정하는 것 외의 운반용기의 구조에 관하여 필요한 사항은 소방청장이 정하여 고시(위험물안전관리에 관한 세부기준 제141조)한다.

[부표1] 운반용기의 최대용적 또는 중량(별표19 관련)

1. 고체위험물

운반 용기				수납 위험물의 종류									
내장 용기		외장 용기		제1류			제2류		제3류			제5류	
용기의 종류	최대용적 또는 중량	용기의 종류	최대용적 또는 중량	I	II	III	II	III	I	II	III	I	II
유리용기 또는 플라스틱 용기	10L	나무상자 또는 플라스틱상자(필요에 따라 불활성의 완충재를 채울 것)	125kg	○	○	○	○	○	○	○	○	○	○
			225kg		○	○		○		○	○		○
		파이버판상자(필요에 따라 불활성의 완충재를 채울 것)	40kg	○	○	○	○	○	○	○	○	○	○
			55kg		○	○		○		○	○		○
금속제용기	30L	나무상자 또는 플라스틱상자	125kg	○	○	○	○	○	○	○	○	○	○
			225kg		○	○		○		○	○		○
		파이버판상자	40kg	○	○	○	○	○	○	○	○	○	○
			55kg		○	○		○		○	○		○
플라스틱 필름포대 또는 종이포대	5kg	나무상자 또는 플라스틱상자	50kg	○	○	○	○	○		○	○	○	○
	50kg		50kg	○	○	○	○	○					○
	125kg		125kg		○	○	○	○					
	225kg		225kg			○		○					
	5kg	파이버판상자	40kg	○	○	○	○	○		○	○	○	○
	40kg		40kg	○	○	○	○	○					○
	55kg		55kg			○		○					
		금속제용기(드럼 제외)	60L	○	○	○	○	○	○	○	○	○	○
		플라스틱용기(드럼 제외)	10L		○	○	○	○		○	○		○
			30L			○		○					○
		금속제드럼	250L	○	○	○	○	○	○	○	○	○	○
		플라스틱드럼 또는 파이버드럼(방수성이 있는 것)	60L	○	○	○	○	○	○	○	○	○	○
			250L		○	○		○		○	○		○
		합성수지포대(방수성이 있는 것), 플라스틱필름포대, 섬유포대(방수성이 있는 것) 또는 종이포대(여러겹으로서 방수성이 있는 것)	50kg		○	○	○	○		○	○		○

비고

1. "○" 표시는 수납위험물의 종류별 각란에 정한 위험물에 대하여 해당 각란에 정한 운반용기가 적응성이 있음을 표시한다.
2. 내장용기는 외장용기에 수납해야 하는 용기로서 위험물을 직접 수납하기 위한 것을 말한다.
3. 내장용기의 용기의 종류란이 빈칸인 것은 외장용기에 위험물을 직접 수납하거나 유리용기, 플라스틱용기, 금속제용기, 폴리에틸렌포대 또는 종이포대를 내장용기로 할 수 있음을 표시한다.

2. 액체위험물

운반 용기				수납위험물의 종류								
내장 용기		외장 용기		제3류			제4류			제5류		제6류
용기의 종류	최대용적 또는 중량	용기의 종류	최대용적 또는 중량	I	II	III	I	II	III	I	II	I
유리용기	5L	나무 또는 플라스틱상자 (불활성의 완충재를 채울 것)	75kg	O	O	O	O	O	O	O	O	O
	10L		125kg		O	O		O	O		O	
			225kg						O			
	5L	파이버판상자 (불활성의 완충재를 채울 것)	40kg	O	O	O	O	O	O	O	O	O
	10L		55kg						O			
플라스틱용기	10L	나무 또는 플라스틱상자 (필요에 따라 불활성의 완충재를 채울 것)	75kg	O	O	O	O	O	O	O	O	O
			125kg		O	O		O	O		O	
			225kg						O			
		파이버판상자 (필요에 따라 불활성의 완충재를 채울 것)	40kg	O	O	O	O	O	O	O	O	O
			55kg						O			
금속제용기	30L	나무 또는 플라스틱상자	125kg	O	O	O	O	O	O	O	O	O
			225kg						O			
		파이버판상자	40kg	O	O	O	O	O	O	O	O	O
			55kg		O	O		O	O		O	
		금속제용기(금속제드럼제외)	60L		O	O		O	O		O	
		플라스틱용기 (플라스틱드럼제외)	10L		O	O		O	O		O	
			20L					O	O			
			30L						O		O	
		금속제드럼(뚜껑고정식)	250L	O	O	O	O	O	O	O	O	O
		금속제드럼(뚜껑탈착식)	250L					O	O			
		플라스틱 또는 파이버드럼 (플라스틱내용기부착의 것)	250L		O	O			O		O	

비고

1. "O" 표시는 수납위험물의 종류별 각 란에 정한 위험물에 대하여 해당 각란에 정한 운반용기가 적응성이 있음을 표시한다.
2. 내장용기는 외장용기에 수납해야 하는 용기로서 위험물을 직접 수납하기 위한 것을 말한다.
3. 내장용기의 용기의 종류란이 빈칸인 것은 외장용기에 위험물을 직접 수납하거나 유리용기, 플라스틱용기 또는 금속제용기를 내장용기로 할 수 있음을 표시한다.

〈별표20〉 기계에 의하여 하역하는 구조로 된 운반용기의 최대용적(제51조 제1항 관련)

1. 고체위험물

운반용기		수납위험물의 종류									
종 류	최대 용적	제1류			제2류		제3류			제5류	
		I	II	III	II	III	I	II	III	I	II
금속제	3,000L	O	O	O	O	O	O	O	O		O
플렉시블(Flexible) 합성수지제	3,000L		O	O	O	O		O	O		O
플렉시블(Flexible) 플라스틱필름제	3,000L		O	O	O	O		O	O		O
플렉시블(Flexible) 섬유제	3,000L		O	O	O	O		O	O		O
플렉시블(Flexible) 종이제(여러겹의 것)	3,000L		O	O	O	O		O	O		O
경질플라스틱제	1,500L	O	O	O	O	O		O	O		O
	3,000L		O	O	O	O		O	O		O
플라스틱 내용기 부착	1,500L	O	O	O	O	O		O	O		O
	3,000L		O	O	O	O		O	O		O
파이버판제	3,000L		O	O	O	O		O	O		O
목제(라이닝부착)	3,000L		O	O	O	O		O	O		O

비고

1. "O" 표시는 수납위험물의 종류별 각 란에 정한 위험물에 대하여 해당 각 란에 정한 운반용기가 적응성이 있음을 표시한다.
2. 플렉시블제, 파이버판제 및 목제의 운반용기에 있어서는 수납 및 배출방법을 중력에 의한 것에 한한다.

2. 액체위험물

운반용기		수납위험물의 종류								
종 류	최대용적	제3류			제4류			제5류		제6류
		I	II	III	I	II	III	I	II	I
금속제	3,000L		O	O		O	O		O	
경질플라스틱제	3,000L		O	O		O	O		O	
플라스틱내용기부착	3,000L		O	O		O	O		O	

비고

"O" 표시는 수납위험물의 종류별 각 란에 정한 위험물에 대하여 해당 각 란에 정한 운반용기가 적응성이 있음을 표시한다.

(4) 승용차량(승용으로 제공하는 차실 내에 화물용으로 제공하는 부분이 있는 구조의 것을 포함한다)으로 인화점이 40℃ 미만인 위험물 중 자동차 연료용도로 사용되는 것을 운반하는 운반용기의 구조는 뚜껑고정식의 금속제 드럼 또는 금속제 용기로 하고 최대용적은 각각 22L로 한다.

참고 위험물안전관리 세부기준 제142조(승용차량에 의한 운반 기준)

(5) (3)의 규정에 불구하고 운반의 안전상 제한이 필요하다고 인정되는 경우에는 위험물의 종류, 운반용기의 구조 및 최대용적의 기준을 소방청장이 정하여 고시할 수 있다.

(6) 운반용기의 성능

① 기계에 의하여 하역하는 구조된 용기 이외 용기

㉠ 소방청장이 정하여 고시하는 낙하시험, 기밀시험, 내압시험 및 겹쳐쌓기시험에서 소방청장이 정하여 고시하는 기준에 적합할 것

참고 위험물안전관리 세부기준 제143조(운반용기의 시험)

㉡ 다만, 수납하는 위험물의 품명, 수량, 성질과 상태 등에 따라 소방청장이 정하여 고시하는 용기에 있어서는 그러하지 아니하다.

참고 위험물안전관리 세부기준 제144조(시험기준이 적용되지 않는 운반용기)

② 기계에 의하여 하역하는 구조로 된 용기

㉠ 소방청장이 정하여 고시하는 낙하시험, 기밀시험, 내압시험, 겹쳐쌓기시험, 아랫부분 인상시험, 윗부분 인상시험, 파열전파시험, 넘어뜨리기시험 및 일으키기시험에서 소방청장이 정하여 고시하는 기준에 적합할 것

참고 위험물안전관리 세부기준 제145조(기계에 의하여 하역하는 구조로 된 운반용기의 시험)

㉡ 다만, 수납하는 위험물의 품명, 수량, 성질과 상태 등에 따라 소방청장이 정하여 고시하는 용기에 있어서는 그러하지 아니하다.

참고 위험물안전관리 세부기준 제146조(시험기준이 적용되지 않는 기계에 의하여 하역하는 구조로 된 운반용기)

02 적재방법

(1) 위험물은 운반용기에 다음 각 목의 기준에 따라 수납하여 적재해야 한다. 다만, 덩어리 상태의 유황을 운반하기 위하여 적재하는 경우 또는 위험물을 동일구내에 있는 제조소등의 상호 간에 운반하기 위하여 적재하는 경우에는 그러하지 아니하다(중요기준).

① 위험물이 온도변화 등에 의하여 누설되지 아니하도록 운반용기를 밀봉하여 수납할 것. 다만, 온도변화 등에 의한 위험물로부터의 가스의 발생으로 운반용기안의 압력이 상승할 우려가 있는 경우(발생한 가스가 독성 또는 인화성을 갖는 등 위험성이 있는 경우를 제외한다)에는 가스의 배출구(위험물의 누설 및 다른 물질의 침투를 방지하는 구조로 된 것에 한한다)를 설치한 운반용기에 수납할 수 있다.

② 수납하는 위험물과 위험한 반응을 일으키지 아니하는 등 해당 위험물의 성질에 적합한 재질의 운반용기에 수납할 것

③ 고체위험물은 운반용기 내용적의 95% 이하의 수납율로 수납할 것

④ 액체위험물은 운반용기 내용적의 98% 이하의 수납율로 수납하되, 55도의 온도에서 누설되지 아니하도록 충분한 공간용적을 유지하도록 할 것

⑤ 하나의 외장용기에는 다른 종류의 위험물을 수납하지 아니할 것

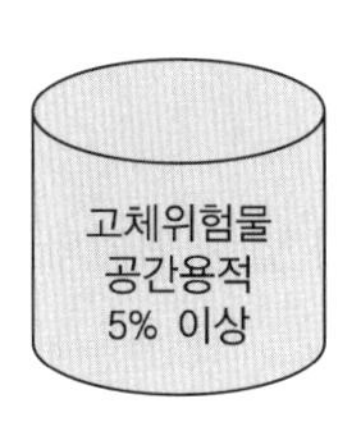

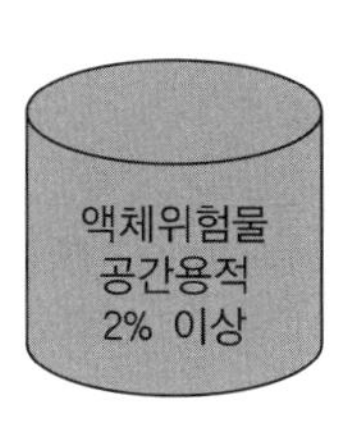

⑥ 제3류 위험물은 다음의 기준에 따라 운반용기에 수납할 것

㉠ 자연발화성물질에 있어서는 불활성 기체를 봉입하여 밀봉하는 등 공기와 접하지 아니하도록 할 것

㉡ 자연발화성물질 외의 물품에 있어서는 파라핀 · 경유 · 등유 등의 보호액으로 채워 밀봉하거나 불활성 기체를 봉입하여 밀봉하는 등 수분과 접하지 아니하도록 할 것

㉢ ④의 규정에 불구하고 자연발화성물질 중 알킬알루미늄 등은 운반용기의 내용적의 90% 이하의 수납율로 수납하되, 50℃의 온도에서 5% 이상의 공간용적을 유지하도록 할 것

2013년 경기소방장 기출

⊕ Plus one

위험물 저장 · 취급 및 운반에 관한 기준에서 온도기준 **2020년 소방장 기출**

- 옥내저장소에서는 용기에 수납하여 저장하는 위험물은 온도가 55℃를 넘지 아니하도록 필요한 조치를 강구해야 한다.
- 액체위험물은 운반용기 내용적의 98% 이하의 수납율로 수납하되, 55℃의 온도에서 누설되지 아니하도록 충분한 공간용적을 유지하도록 해야 한다.
- 자연발화성물질 중 알킬알루미늄 등은 운반용기의 내용적의 90% 이하의 수납율로 수납하되, 50℃의 온도에서 5% 이상의 공간용적을 유지하도록 할 것
- 제5류 위험물 중 55℃ 이하의 온도에서 분해 될 우려가 있는 것은 보냉 컨테이너에 수납하는 등 적정한 온도관리를 유지해야 한다.
- 기계에 의하여 하역하는 구조로 된 운반용기에 액체위험물을 수납하는 경우에는 55℃의 온도에서의 증기압이 130kPa 이하가 되도록 수납해야 한다.

(2) 기계에 의하여 하역하는 구조로 된 운반용기에 대한 수납 기준(중요기준). (1)(③을 제외한다)의 규정을 준용하는 외에 다음 각 목의 기준

① 다음에 따른 요건에 적합한 운반용기에 수납할 것

㉠ 부식, 손상 등 이상이 없을 것

㉡ 금속제의 운반용기, 경질플라스틱제의 운반용기 또는 플라스틱내용기 부착의 운반용기에 있어서는 다음에 정하는 시험 및 점검에서 누설 등 이상이 없을 것

• 2년 6개월 이내에 실시한 기밀시험(액체의 위험물 또는 10kPa 이상의 압력을 가하여 수납 또는 배출하는 고체의 위험물을 수납하는 운반용기에 한한다)
• 2년 6개월 이내에 실시한 운반용기의 외부의 점검 · 부속설비의 기능점검 및 5년 이내의 사이에 실시한 운반용기의 내부의 점검

② 복수의 폐쇄장치가 연속하여 설치되어 있는 운반용기에 위험물을 수납하는 경우에는 용기본체에 가까운 폐쇄장치를 먼저 폐쇄할 것

③ 휘발유, 벤젠 그 밖의 정전기에 의한 재해가 발생할 우려가 있는 액체의 위험물을 운반용기에 수납 또는 배출할 때에는 해당 재해의 발생을 방지하기 위한 조치를 강구할 것

④ 온도변화 등에 의하여 액상이 되는 고체의 위험물은 액상으로 되었을 때 해당 위험물이 새지 아니하는 운반용기에 수납할 것

⑤ 액체위험물을 수납하는 경우에는 55℃의 온도에서의 증기압이 130kPa 이하가 되도록 수납할 것

⑥ 경질플라스틱제의 운반용기 또는 플라스틱내용기 부착의 운반용기에 액체위험물을 수납하는 경우에는 해당 운반용기는 제조된 때로부터 5년 이내의 것으로 할 것

⑦ ① 내지 ⑥에 규정하는 것 외에 운반용기에의 수납에 관하여 필요한 사항은 소방청장이 정하여 고시한다.

참고 위험물안전관리 세부기준 제148조(기계에 의하여 하역하는 구조로 된 운반용기에의 수납)

(3) 위험물은 해당 위험물이 용기 밖으로 쏟아지거나 위험물을 수납한 운반용기가 전도 · 낙하 또는 파손되지 아니하도록 적재해야 한다(중요기준).

(4) 운반용기는 수납구를 위로 향하게 하여 적재해야 한다(중요기준).

(5) 적재하는 위험물의 성질에 따라 일광의 직사 또는 빗물의 침투를 방지하기 위하여 유효하게 피복하는 등 다음 각 목에 정하는 기준에 따른 조치를 해야 한다(중요기준). **2013년 부산소방장 기출**

① 제1류 위험물, 제3류 위험물 중 자연발화성물질, 제4류 위험물 중 특수인화물, 제5류 위험물 또는 제6류 위험물은 **차광성**이 있는 피복으로 가릴 것

② 제1류 위험물 중 알칼리금속의 과산화물 또는 이를 함유한 것, 제2류 위험물 중 철분 · 금속분 · 마그네슘 또는 이들 중 어느 하나 이상을 함유한 것 또는 제3류 위험물 중 금수성물질은 **방수성**이 있는 피복으로 덮을 것

③ 제5류 위험물 중 55℃ 이하의 온도에서 분해될 우려가 있는 것은 보냉 컨테이너에 수납하는 등 적정한 온도관리를 할 것

④ 액체위험물 또는 위험등급Ⅱ의 고체위험물을 기계에 의하여 하역하는 구조로 된 운반용기에 수납하여 적재하는 경우에는 해당 용기에 대한 충격 등을 방지하기 위한 조치를 강구할 것. 다만, 위험등급Ⅱ의 고체위험물을 플렉시블(Flexible)의 운반용기, 파이버판제의 운반용기 및 목제의 운반용기 외의 운반용기에 수납하여 적재하는 경우에는 그러하지 아니하다.

Plus one

적재하는 위험물의 성질에 따라 재해방지 조치

1. 차광성 피복 2013년 부산소방장 기출

제1류 위험물, 제3류 위험물 중 자연발화성물품, 제4류 위험물 중 특수인화물, 제5류 위험물, 제6류 위험물

2. 방수성 피복

제1류 위험물 중 알칼리금속의 과산화물, 제2류 위험물 중 철분, 금속분, 마그네슘, 제3류 위험물 중 금수성물질(이들 함유한 모든 물질 포함)

3. 보냉 컨테이너에 수납 또는 적정한 온도관리

제5류 위험물 중 55℃ 이하에서 분해될 우려가 있는 것

(6) 위험물은 다음 각 목에 따른 바에 따라 종류를 달리하는 그 밖의 위험물 또는 재해를 발생시킬 우려가 있는 물품과 함께 적재하지 아니해야 한다(중요기준).

① 부표2의 규정에서 혼재가 금지되고 있는 위험물

② 「고압가스 안전관리법」에 의한 고압가스(소방청장이 정하여 고시하는 것을 제외한다)

참고 위험물과 혼재가 가능한 고압가스(세부기준 제149조)

① 내용적이 120L 미만의 용기에 충전한 불활성가스

② 내용적이 120L 미만의 용기에 충전한 액화석유가스 또는 압축천연가스(제4류 위험물과 혼재하는 경우에 한한다)

[부표2]

유별을 달리하는 위험물의 혼재기준(별표19 관련) 2012년 소방위 기출

위험물의 구분	제1류	제2류	제3류	제4류	제5류	제6류
제1류		×	×	×	×	○
제2류	×		×	○	○	×
제3류	×	×		○	×	×
제4류	×	○	○		○	×
제5류	×	○	×	○		×
제6류	○	×	×	×	×	

비고

1. "×" 표시는 혼재할 수 없음을 표시한다.
2. "○" 표시는 혼재할 수 있음을 표시한다.
3. 이 표는 지정수량의 $\frac{1}{10}$ 이하의 위험물에 대하여는 적용하지 아니한다.

※ 암기 Tip : 사이삼 오이사 육하나

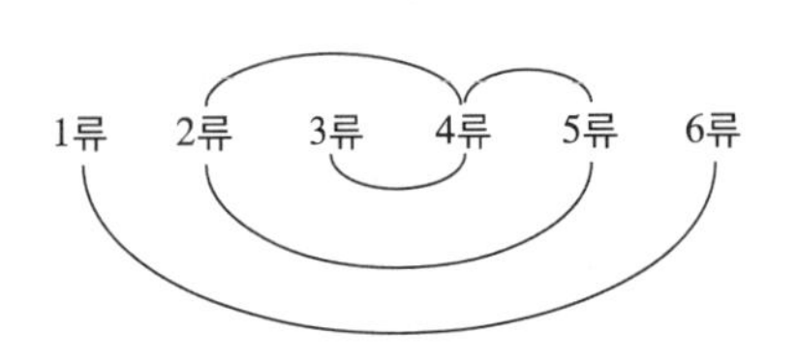

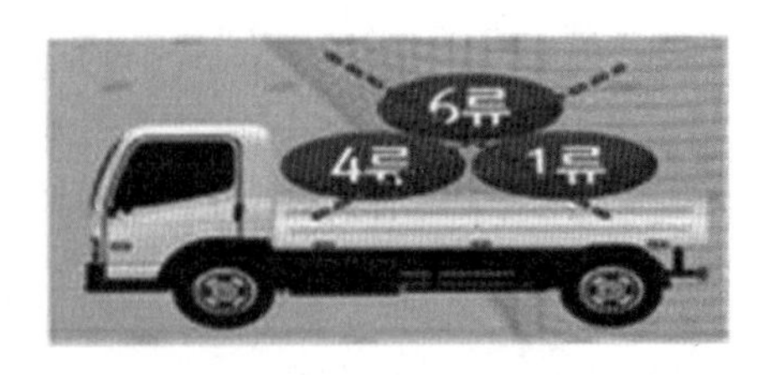

(7) 위험물을 수납한 운반용기를 겹쳐 쌓는 경우에는 그 높이를 3m 이하로 하고, 용기의 상부에 걸리는 하중은 해당 용기 위에 해당 용기와 동종의 용기를 겹쳐 쌓아 3m의 높이로 하였을 때에 걸리는 하중 이하로 해야 한다(중요기준).

(8) 위험물은 그 운반용기의 외부에 다음 각 목에 정하는 바에 따라 위험물의 품명, 수량 등을 표시하여 적재해야 한다. 다만, UN의 위험물 운송에 관한 권고(RTDG, Recommendations on the Transport of Dangerous Goods)에서 정한 기준 또는 소방청장이 정하여 고시하는 기준에 적합한 표시를 한 경우에는 그러하지 아니하다.

2013년, 2015년 소방위 기출 2013년 경기소방장 기출 2017년 인천소방장 기출 2018년 통합소방장 기출

① 위험물의 품명・위험등급・화학명 및 수용성("수용성" 표시는 제4류 위험물로서 수용성인 것에 한한다)

② 위험물의 수량

③ 수납하는 위험물에 따라 다음에 따른 주의사항 2019년, 2021년, 2023년 소방위 기출

㉠ 제1류 위험물 중 알칼리금속의 과산화물 또는 이를 함유한 것에 있어서는 "화기・충격주의", "물기엄금" 및 "가연물접촉주의", 그 밖의 것에 있어서는 "화기・충격주의" 및 "가연물접촉주의"

㉡ 제2류 위험물 중 철분・금속분・마그네슘 또는 이들 중 어느 하나 이상을 함유한 것에 있어서는 "화기주의" 및 "물기엄금", 인화성고체에 있어서는 "화기엄금", 그 밖의 것에 있어서는 "화기주의"

㉢ 제3류 위험물 중 자연발화성물질에 있어서는 "화기엄금" 및 "공기접촉엄금", 금수성물질에 있어서는 "물기엄금"

㉣ 제4류 위험물에 있어서는 "화기엄금"

㉤ 제5류 위험물에 있어서는 "화기엄금" 및 "충격주의"

㉥ 제6류 위험물에 있어서는 "가연물접촉주의"

⊕ Plus one

위험물 운반용기 외부표시 사항
- 위험물의 품명, 위험등급, 화학명 및 수용성(제4류 수용성에 한함)
- 위험물 수량
- 수납하는 위험물에 따라 다음 규정에 따른 주의사항 2013년, 2019년, 2023년 소방위 기출 2017년 인천소방장 기출

유 별	품 명	운반용기 주의사항(별표19)
제1류	알칼리금속의 과산화물	화기·충격주의, 가연물접촉주의 및 물기엄금
	그 밖의 것	화기·충격주의, 가연물접촉주의
제2류	철분, 금속분, 마그네슘(함유 포함)	화기주의 및 물기엄금
	인화성고체	화기엄금
	그 밖의 것	화기주의
제3류	자연발화성물질	화기엄금 및 공기접촉엄금
	금수성물질	물기엄금
제4류	모든 품명	화기엄금
제5류	모든 품명	화기엄금 및 충격주의
제6류	모든 품명	가연물접촉주의

⊕ Plus one

위험물의 저장·취급기준 및 주의사항 총정리

유 별	품 명	유별 저장·취급 공통기준(별표18)	운반용기 주의사항(별표19)	제조소등 주의사항(별표4)
제1류	알칼리금속의 과산화물	물과의 접촉 금지	화기·충격주의, 가연물 접촉주의 및 물기엄금	**물기엄금**
	그 밖의 것	가연물과 접촉, 혼합이나 분해를 촉진하는 물품과의 접근 금지, 과열·충격·마찰 금지	화기·충격주의, 가연물접촉주의	
제2류	철분, 금속분, 마그네슘	물이나 산과의 접촉 금지	화기주의 및 물기엄금	**화기주의**
	인화성고체	함부로 증기의 발생 금지	화기엄금	**화기엄금**
	그 밖의 것	산화제와의 접촉·혼합 금지, 불티·불꽃·고온체와의 접근 또는 과열 금지	화기주의	**화기주의**
제3류	자연발화성 물질	불티·불꽃·고온체와의 접근 또는 과열 금지, 공기와의 접촉 금지	화기엄금 및 공기접촉엄금	**화기엄금**
	금수성물질	물과의 접촉 금지	물기엄금	**물기엄금**

제4류	모든 품명	불티 · 불꽃 · 고온체와의 접근 또는 과열 금지, 함부로 증기의 발생 금지	화기엄금	**화기엄금**
제5류	모든 품명	불티 · 불꽃 · 고온체와의 접근 금지, 과열 · 충격 · 마찰 금지	화기엄금 및 충격주의	**화기엄금**
제6류	모든 품명	가연물과 접촉, 혼합이나 분해를 촉진하는 물품과의 접근 또는 과열 금지	가연물접촉주의	

(9) 제1류 · 제2류 또는 제4류 위험물(위험등급 I 의 위험물을 제외한다)의 운반용기로서 최대용적이 1L 이하인 운반용기의 품명 및 주의사항은 위험물의 통칭명 및 해당 주의사항과 동일한 의미가 있는 다른 표시로 대신할 수 있다.

(10) 제4류 위험물에 해당하는 화장품(에어졸을 제외한다)의 운반용기중 최대용적이 150mL 이하인 것에 대하여는 위험물의 품명 · 등급 · 화학명 및 주의사항 표시를 하지 아니할 수 있고, 최대용적이 150mL 초과 300mL 이하의 것에 대하여는 위험물의 품명 · 등급 · 화학명 표시를 하지 아니할 수 있으며, 주의사항은 동일한 의미가 있는 다른 표시로 대신할 수 있다.

(11) 제4류 위험물에 해당하는 에어졸의 운반용기로서 최대용적이 300mL 이하의 것에 대하여는 위험물의 품명 · 등급 · 화학명 표시를 하지 아니할 수 있으며, 주의사항은 동일한 의미가 있는 다른 표시로 대신할 수 있다.

(12) 제4류 위험물 중 동식물유류의 운반용기로서 최대용적이 3L 이하인 것에 대하여는 위험물의 품명 · 등급 · 화학명 및 주의사항 표시에 대하여 각각 위험물의 통칭명 및 주의사항은 동일한 의미가 있는 다른 표시로 대신할 수 있다.

(13) 기계에 의하여 하역하는 구조로 된 운반용기의 외부에 행하는 표시기준. 다만, UN의 위험물 운송에 관한 권고(RTDG, Recommendations on the Transport of Dangerous Goods)에서 정한 기준 또는 소방청장이 정하여 고시하는 기준에 적합한 표시를 한 경우에는 그러하지 아니하다.

① 위험물의 품명, 위험등급, 화학명 및 수용성

② 위험물 수량

③ 위험물에 따른 주의사항

④ 운반용기의 제조년월 및 제조자의 명칭

⑤ 겹쳐쌓기시험하중

⑥ 운반용기의 종류에 따라 다음에 따른 중량

㉠ 플렉시블 외의 운반용기 : 최대총중량(최대수용중량의 위험물을 수납하였을 경우의 운반용기의 전중량을 말한다)

㉡ 플렉시블 운반용기 : 최대수용중량

⑦ ① 내지 ③에 규정하는 것 외에 운반용기의 외부에 행하는 표시에 관하여 필요한 사항으로서 소방청장이 정하여 고시하는 것

참고 세부기준 제150조(기계에 의하여 하역하는 구조로 된 운반용기의 표시)

[운반용기 종류별 표시사항 총정리]

<table>
<tr><th colspan="3">운반용기 종류</th><th>표시사항</th></tr>
<tr><td colspan="3">기계에 의하여 하역하는 구조 이외의 용기</td><td>① 위험물의 품명, 위험등급, 화학명 및 수용성(제4류 수용성에 한함)
② 위험물 수량
③ 위험물에 따른 주의사항</td></tr>
<tr><td colspan="3">기계에 의하여 하역하는 구조의 운반용기</td><td>① 위험물의 품명, 위험등급, 화학명 및 수용성(일반운반용기)
② 위험물 수량(일반운반용기)
③ 위험물에 따른 주의사항(일반운반용기)
④ 제조년월 및 제조자의 명칭
⑤ 겹쳐쌓기시험
⑥ 운반용기의 종류에 따른 중량
㉠ 플렉시블 외의 용기 : 최대총중량
㉡ 플렉시블 운반용기 : 최대수용중량
※ 일반적인 운반용기 : ①, ②, ③표시</td></tr>
<tr><td colspan="2">제1류, 제2류 및 제4류</td><td>1L 이하</td><td>• 위헌물 품명 : 통칭명
• 주의사항 : 해당 주의사항과 동일한 의미가 있는 다른 표시 가능(위험등급 I 제외)</td></tr>
<tr><td rowspan="4">제4류 위험물 중</td><td rowspan="2">화장품</td><td>150ml 이하</td><td>품명과 주의사항을 표시하지 않을 수 있음</td></tr>
<tr><td>150ml 초과 300ml 이하</td><td>• 위험물 품명 : 불표시가능
• 주의사항 : 해당 주의사항과 동일한 의미가 있는 다른 표시 가능</td></tr>
<tr><td>에어졸</td><td>300ml 이하</td><td>• 위험물 품명 : 불표시가능
• 주의사항 : 해당 주의사항과 동일한 의미가 있는 다른 표시 가능</td></tr>
<tr><td>동식물 유류</td><td>3L 이하</td><td>• 위험물 품명 : 통칭명
• 주의사항 : 해당 주의사항과 동일한 의미가 있는 다른 표시 가능</td></tr>
</table>

03 운반방법

(1) 위험물 또는 위험물을 수납한 운반용기가 현저하게 마찰 또는 동요를 일으키지 아니하도록 운반해야 한다(중요기준).

(2) 지정수량 이상의 위험물을 차량으로 운반하는 경우에는 해당 차량에 위험물 운송·운반 시의 위험성 경고표지에 관한 기준에서 정하는 바에 따라 운반하는 위험물의 위험성을 알리는 표지를 설치해야 한다.

구 분	위험물 표지	UN번호		그림문자
		그림문자 외부표기	그림문자 내부표기	
설치위치	이동탱크 : 전·후면 상단 운반차량 : 전면 및 후면	후면 및 양측면 (그림문자와 인접한 위치)	후면 및 양 측면	후면 및 양 측면
색 상	흑색바탕 황색문자	흑색테두리선(1cm)과 오렌지색 바탕에 흑색문자	백색바탕 흑색문자	품목별 해당되는 심벌
규 격	60cm 이상 × 30cm 이상 위험물	1203 12cm 30cm	글자높이 6.5cm 이상	25cm 25cm 25cm 25cm
모 양	가로형사각형		마름모꼴	

※ 위험물 운반차량에 그림문자가 다른 위험물을 함께 적재하는 경우에는 해당 위험물의 그림문자를 모두 표시해야 한다.

(3) 지정수량 이상의 위험물을 차량으로 운반하는 경우에 있어서 다른 차량에 바꾸어 싣거나 휴식·고장 등으로 차량을 일시 정차시킬 때에는 안전한 장소를 택하고 운반하는 위험물의 안전확보에 주의해야 한다.

(4) 지정수량 이상의 위험물을 차량으로 운반하는 경우에는 해당 위험물에 적응성이 있는 소형수동식소화기를 해당 위험물의 소요단위에 상응하는 능력단위 이상 갖추어야 한다.

(5) 위험물의 운반 도중 위험물이 현저하게 새는 등 재난발생의 우려가 있는 경우에는 응급조치를 강구하는 동시에 가까운 소방관서 그 밖의 관계기관에 통보해야 한다.

(6) 품명 또는 지정수량을 달리하는 2 이상의 위험물을 운반하는 경우에 있어서 운반하는 각각의 위험물의 수량을 해당 위험물의 지정수량으로 나누어 얻은 수의 합이 1 이상인 때에는 지정수량 이상의 위험물을 운반하는 것으로 본다.

04 위험물 운반에 관한 중요기준과 세부기준의 구분

법 제20조 제1항에 따른 중요기준 및 세부기준은 다음 각 호의 구분에 따른다.

(1) **중요기준** : 01 내지 02의 운반기준 중 "중요기준"이라 표기한 것

① **적재방법** : 02의 (1) 내지 (6)

② **운반방법** : 03의 (1)

위험물 또는 위험물을 수납한 운반용기가 현저하게 마찰 또는 동요를 일으키지 아니하도록 운반해야 한다.

(2) **세부기준** : 중요기준 외의 것

① **운반용기** : 01의 (1) 내지 (6)

② **적재방법** : 02의 (7) 내지 (13)

③ **운반방법** : 03의 (2) 내지 (6)

⊕ Plus one

위험물 운반에 관한 기준 위반 시

- 위험물의 운반에 관한 중요기준에 따르지 아니한 자 : 1천만원 이하의 벌금
- 위험물의 운반에 관한 세부기준을 위반한 자 : 1차 250만원, 2차 400만원, 3차 500만원

05 위험물의 위험등급 2013년 경기소방장 기출 2014년, 2021년 소방위 기출 2018년 통합소방장 기출

위험물의 위험등급은 위험등급Ⅰ·위험등급Ⅱ 및 위험등급Ⅲ으로 구분하며, 각 위험등급에 해당하는 위험물은 다음 각 호와 같다.

(1) **위험등급Ⅰ의 위험물**

① 제1류 위험물 중 아염소산염류, 염소산염류, 과염소산염류, 무기과산화물 그 밖에 지정수량이 50kg인 위험물

② 제3류 위험물 중 칼륨, 나트륨, 알킬알루미늄, 알킬리튬, 황린 그 밖에 지정수량이 10kg 또는 20kg인 위험물

③ 제4류 위험물 중 특수인화물

④ 제5류 위험물 중 유기과산화물, 질산에스테르류 그 밖에 지정수량이 10kg인 위험물

⑤ 제6류 위험물

(2) 위험등급 Ⅱ의 위험물

① 제1류 위험물 중 브롬산염류, 질산염류, 요오드산염류 그 밖에 지정수량이 300kg인 위험물

② 제2류 위험물 중 황화린, 적린, 유황 그 밖에 지정수량이 100kg인 위험물

③ 제3류 위험물 중 알칼리금속(칼륨 및 나트륨을 제외한다) 및 알칼리토금속, 유기금속화합물(알킬알루미늄 및 알킬리튬을 제외한다) 그 밖에 지정수량이 50kg인 위험물

④ 제4류 위험물 중 제1석유류 및 알코올류

⑤ 제5류 위험물 중 (1)의 ④에 정하는 위험물 외의 것

(3) 위험등급 Ⅲ의 위험물 : 위험물 등급 Ⅰ 및 위험물 등급 Ⅱ에 해당하지 않은 위험물

Plus one

위험물의 위험등급 총정리 2013년 경기소방장 기출 2020년 소방장 기출

등 급 / 유 별	Ⅰ	Ⅱ	Ⅲ
제1류	아염소산염류, 염소산염류, 과염소산염류, 무기과산화물, 그 밖에 지정수량이 50kg인 위험물	브롬산염류, 질산염류, 요오드산염류 그 밖에 지정수량이 300kg인 위험물	과망간산염류 중크롬산염류
제2류		황화린, 적린, 유황 그 밖에 지정수량이 100kg인 위험물	철분, 금속분 마그네슘, 인화성고체
제3류	칼륨, 나트륨, 알킬알루미늄, 알킬리튬, 황린, 그 밖에 지정수량이 10kg 또는 20kg인 위험물	알칼리금속(K 및 Na 제외) 및 알칼리토금속, 유기금속화합물(알킬알루미늄 및 알킬리튬을 제외) 그 밖에 지정수량이 50kg인 위험물	금속의 수소화물 금속의 인화물 칼슘 또는 알루미늄탄화물
제4류	특수인화물	제1석유류 및 알코올류	제2석유류, 제3석유류 제4석유류, 동식물유류
제5류	유기과산화물, 질산에스테르류 그 밖에 지정수량이 10kg인 위험물	니트로화합물, 니트로소화합물, 아조화합물, 디아조화합물, 히드라진유도체, 히드록실아민, 히드록실아민염류	
제6류	전부(과산화수소, 과염소산, 질산)		

※ 위험 Ⅰ 등급 내지 위험 Ⅲ 등급까지 모두 있는 유별 : 제1류, 제3류, 제4류
위험 Ⅰ 등급만 있는 유별 : 제6류
위험 Ⅰ 등급이 없는 유별 : 제2류
위험 Ⅲ 등급 없는 유별 : 제5류

제3절 위험물 운송책임자의 감독 또는 지원의 방법과 위험물의 운송 시에 준수해야 하는 사항(제52조 제2항 관련 별표21)

(1) 운송책임자의 감독 또는 지원의 방법

① 운송책임자가 이동탱크저장소에 동승하여 운송 중인 위험물의 안전확보에 관하여 운전자에게 필요한 감독 또는 지원을 하는 방법. 다만, 운전자가 운송책임자의 자격이 있는 경우에는 운송책임자의 자격이 없는 자가 동승할 수 있다.

② 운송의 감독 또는 지원을 위하여 마련한 별도의 사무실에 운송책임자가 대기하면서 다음의 사항을 이행하는 방법

㉠ 운송경로를 미리 파악하고 관할소방관서 또는 관련업체(비상대응에 관한 협력을 얻을 수 있는 업체를 말한다)에 대한 연락체계를 갖추는 것

㉡ 이동탱크저장소의 운전자에 대하여 수시로 안전확보 상황을 확인하는 것

㉢ 비상시의 응급처치에 관하여 조언을 하는 것

㉣ 그 밖에 위험물의 운송 중 안전확보에 관하여 필요한 정보를 제공하고 감독 또는 지원하는 것

(2) 이동탱크저장소에 의한 위험물의 운송 시에 준수해야 하는 기준 2020년 소방장 기출

① 위험물운송자는 운송의 개시 전에 이동저장탱크의 배출밸브 등의 밸브와 폐쇄장치, 맨홀 및 주입구의 뚜껑, 소화기 등의 점검을 충분히 실시할 것

② 위험물운송자는 장거리(고속국도에 있어서는 340km 이상, 그 밖의 도로에 있어서는 200km 이상을 말한다)에 걸치는 운송을 하는 때에는 2명 이상의 운전자로 할 것. 다만, 다음의 1에 해당하는 경우에는 그러하지 아니하다.

㉠ 운송책임자를 동승시킨 경우

㉡ 운송하는 위험물이 제2류 위험물·제3류 위험물(칼슘 또는 알루미늄의 탄화물과 이것만을 함유한 것에 한한다)또는 제4류 위험물(특수인화물을 제외한다)인 경우

㉢ 운송 도중에 2시간 이내마다 20분 이상씩 휴식하는 경우

③ 위험물운송자는 이동탱크저장소를 휴식·고장 등으로 일시 정차시킬 때에는 안전한 장소를 택하고 해당 이동탱크저장소의 안전을 위한 감시를 할 수 있는 위치에 있는 등 운송하는 위험물의 안전확보에 주의할 것

④ 위험물운송자는 이동저장탱크로부터 위험물이 현저하게 새는 등 재해발생의 우려가 있는 경우에는 재난을 방지하기 위한 응급조치를 강구하는 동시에 소방관서 그 밖의 관계기관에 통보할 것

⑤ 위험물(제4류 위험물에 있어서는 특수인화물 및 제1석유류에 한한다)을 운송하게 하는 자는 위험물안전카드를 위험물운송자로 하여금 휴대하게 할 것 2018년 통합소방장 기출

⑥ 위험물운송자는 위험물안전카드를 휴대하고 해당 카드에 기재된 내용에 따를 것. 다만, 재난 그 밖의 불가피한 이유가 있는 경우에는 해당 기재된 내용에 따르지 아니할 수 있다.

CHAPTER

13 출제예상문제

01 위험물의 저장 · 취급 및 운반 기준에 대한 설명이다. 옳지 않은 것은?

① 위험물이 남아 있거나 남아 있을 우려가 있는 설비, 기계 · 기구, 용기 등을 수리하는 경우에는 안전한 장소에서 위험물을 완전하게 제거한 후에 실시해야 한다.

② 제조소등의 위험물을 취급하는 곳에는 관계직원 이외의 자가 함부로 출입하여서는 아니 된다.

③ 옥내저장소에 위험물을 저장할 때 유별로 정리하고 0.3m 이상의 간격을 두면 제1류 위험물과 제6류 위험물은 동일한 저장소에 저장할 수 있다.

④ 위험물을 보호액 중에 보존하는 경우에는 해당 위험물이 보호액으로부터 노출되지 아니하도록 해야 한다.

해설 옥내저장소에 위험물을 저장할 때 유별로 정리하고 1m 이상의 간격을 두면 제1류 위험물과 제6류 위험물은 동일한 저장소에 저장할 수 있다.

02 다음 위험물의 취급 시 기준으로 틀린 것은?

① 추출공정에 있어서는 추출관의 내부압력이 정상으로 상승하지 아니하도록 할 것

② 위험물을 용기에 옮겨 담는 경우에는 위험물의 용기 및 수납기준에 따라 수납해야 한다.

③ 고정주유설비 또는 고정급유설비에는 해당 설비에 접속한 전용탱크 또는 간이탱크의 배관외의 것을 통하여서는 위험물을 공급하지 아니할 것

④ 이동저장탱크에 급유할 때에는 고정급유설비를 사용하여 직접 급유할 것

해설 추출공정에 있어서는 추출관의 내부압력이 비정상으로 상승하지 아니하도록 할 것

01 ③ 02 ① 정답

03 위험물의 저장기준으로 틀린 것은?

2018년 통합소방장 기출

① 지하저장탱크의 주된 밸브 및 주입구의 밸브 또는 뚜껑은 위험물을 넣거나 빼낼 때 외에는 폐쇄해야 한다.
② 이동탱크저장소에는 설치허가증을 비치해야 한다.
③ 옥외저장소에 있어서 운반용기에 적합한 용기에 꼭 수납하여 저장해야 한다.
④ 옥외저장탱크 주위에 설치된 방유제의 내부에 물이나 유류가 고였을 경우 지체없이 배출하도록 해야 한다.

해설 이동탱크저장소에는 해당 이동탱크저장소의 완공검사합격확인증 및 정기점검기록을 비치해야 한다.

04 과산화수소의 취급하는 제조소에 설치하는 주의사항을 표시한 게시판으로 맞는 것은?

① 물기엄금
② 가연물접촉주의
③ 산화제와 접촉 금지
④ 표시 규정이 없다.

해설 과산화수소는 제6류 위험물로 취급하는 제조소의 주의사항을 표시한 게시판 규정은 없다.

05 다음 (   ) 안에 알맞는 용어는?

> 위험물의 운반 시 용기, 적재방법 및 운반방법에 관하여는 화재 등의 위해예방과 응급 조치상의 중요성을 고려하여 (ㄱ)이 정하는 (ㄴ) 및 세부기준에 따라야 한다.

	ㄱ	ㄴ
①	대통령령	운송기준
②	행정안전부령	중요기준
③	시・도의 조례	운송기준
④	소방청장	중요기준

해설 위험물 운반의 중요기준 및 세부기준 : 행정안전부령

제13장 | 위험물 저장・취급 및 운반기준 등

정답 03 ② 04 ④ 05 ②

06 제1류 위험물 중 무기과산화물, 과염소산나트륨을 운반 시 운반용기에 표시하는 주의사항에 해당하지 않는 것은? 2015년 소방위 기출

① 화기, 충격주의
② 가연물 접촉주의
③ 물기엄금
④ 화기엄금

해설 위험물 운반용기 외부표시 사항
- 위험물의 품명, 위험등급, 화학명 및 수용성(제4류 수용성에 한함)
- 위험물 수량
- 수납하는 위험물에 따라 다음 규정에 따른 주의사항

유 별	품 명	운반용기 주의사항(별표19)
제1류	알칼리금속의 과산화물	화기·충격주의, 가연물 접촉주의 및 물기엄금
	그 밖의 것	화기·충격주의, 가연물접촉주의
제2류	철분, 금속분, 마그네슘(함유 포함)	화기주의 및 물기엄금
	인화성고체	화기엄금
	그 밖의 것	화기주의
제3류	자연발화성물질	화기엄금 및 공기접촉엄금
	금수성물질	물기엄금
제4류	모든 품명	화기엄금
제5류	모든 품명	화기엄금 및 충격주의
제6류	모든 품명	가연물접촉주의

여기서 무기과산화물은 알칼리금속 과산화물과 알칼리토금속 과산화물로 분류하며 알칼리금속 과산화물은 물기엄금 물질이다.

07 제조소등에서의 위험물의 저장 및 취급에 관한 기준 중 중요기준에 해당하지 않는 것은? 2017년 인천소방장 기출

① 옥외저장소에서 위험물을 수납한 용기를 선반에 저장하는 경우에는 6m를 초과하여 저장하지 아니해야 한다.
② 옥내저장소에서는 용기에 수납하여 저장하는 위험물의 온도가 55℃를 넘지 아니하도록 필요한 조치를 강구해야 한다.
③ 이동저장탱크에 아세트알데히드 등을 저장하는 경우에는 항상 불활성의 기체를 봉입하여 두여야 한다.
④ 컨테이너식 이동탱크저장소외의 이동탱크저장소에 있어서는 위험물을 저장한 상태로 이동저장탱크를 옮겨 싣지 아니해야 한다.

해설 ①은 위험물안전관리법 시행규칙 별표18 Ⅲ 저장기준에 따른 세부기준에 해당한다.

06 ④ 07 ① 정답

08 다음은 위험물의 저장 및 운반에 관한 기준에 관한 설명이다. ( ) 안에 들어갈 온도로 옳은 것은?

> ① 옥내저장소에서는 용기에 수납하여 저장하는 위험물은 온도가 (ㄱ)℃를 넘지 아니하도록 필요한 조치를 강구해야 한다.
> ② 액체위험물은 운반용기 내용적의 98% 이하의 수납율로 수납하되, (ㄴ)℃의 온도에서 누설되지 아니하도록 충분한 공간용적을 유지하도록 해야 한다.
> ③ 자연발화성물질 중 알킬알루미늄 등은 운반용기의 내용적의 90% 이하의 수납율로 수납하되, (ㄷ)℃의 온도에서 5% 이상의 공간용적을 유지하도록 할 것
> ④ 제5류 위험물 중 (ㄹ)℃ 이하의 온도에서 분해 될 우려가 있는 것은 보냉 컨테이너에 수납하는 등 적정한 온도관리를 유지해야 한다.
> ⑤ 액체위험물을 수납하는 경우에는 (ㅁ)℃의 온도에서의 증기압이 130kPa 이하가 되도록 수납할 것

	ㄱ	ㄴ	ㄷ	ㄹ	ㅁ
①	50	40	50	15	55
②	55	55	50	55	55
③	55	40	50	30	50
④	55	50	50	30	50

해설 위험물 저장기준 및 운반에 관한 기준 중 적재방법

- 옥내저장소에서는 용기에 수납하여 저장하는 위험물은 온도가 55℃를 넘지 아니하도록 필요한 조치를 강구해야 한다.
- 액체위험물은 운반용기 내용적의 98% 이하의 수납율로 수납하되, 55℃의 온도에서 누설되지 아니하도록 충분한 공간용적을 유지하도록 해야 한다.
- 자연발화성물질 중 알킬알루미늄 등은 운반용기의 내용적의 90% 이하의 수납율로 수납하되, 50℃의 온도에서 5% 이상의 공간용적을 유지하도록 할 것
- 제5류 위험물 중 55℃ 이하의 온도에서 분해될 우려가 있는 것은 보냉 컨테이너에 수납하는 등 적정한 온도관리를 유지해야 한다.
- 기계에 의하여 하역하는 구조로 된 운반용기에 액체위험물을 수납하는 경우에는 55℃의 온도에서의 증기압이 130kPa 이하가 되도록 수납할 것

정답 08 ②

09 위험물안전관리법령에 따른 위험물을 운반용기에 수납하여 적재하는 기준으로 옳은 것은?

① 고체위험물은 운반용기 내용적의 98% 이하로 수납율로 수납해야 한다.
② 액체위험물은 운반용기 내용적의 95% 이하로 수납율로 수납해야 한다.
③ 알킬알루미늄 등은 운반용기의 내용적의 95% 이하의 수납율로 수납해야 한다.
④ 액체위험물은 55℃에서 누설되지 않도록 충분한 공간용적을 유지해야 한다.

해설 ① 고체위험물은 운반용기 내용적의 95% 이하로 수납한다.
② 액체위험물은 운반용기 내용적의 98% 이하로 수납한다.
③ 알킬알루미늄 등은 운반용기의 내용적의 90% 이하의 수납율로 수납해야 한다.

10 다음은 이동탱크저장탱크의 저장 · 취급 기준에 대한 설명이다. (　　)에 들어갈 숫자의 합은?

> ㉠ 이동저장탱크에 알킬알루미늄 등을 저장하는 경우에는 (　　)kPa 이하의 압력으로 불활성의 기체를 봉입하여 둘 것
> ㉡ 알킬알루미늄 등의 이동탱크저장소에 있어서 이동저장탱크로부터 알킬알루미늄 등을 꺼낼 때에는 동시에 (　　)kPa 이하의 압력으로 불활성의 기체를 봉입할 것
> ㉢ 아세트알데히드 등의 이동탱크저장소에 있어서 이동저장탱크로부터 아세트알데히드 등을 꺼낼 때에는 동시에 (　　)kPa 이하의 압력으로 불활성의 기체를 봉입할 것

① 500　　② 430
③ 320　　④ 330

해설 이동탱크저장탱크에 저장 · 취급 기준
- 이동저장탱크에 알킬알루미늄 등을 저장하는 경우에는 (20)kPa 이하의 압력으로 불활성의 기체를 봉입하여 둘 것
- 알킬알루미늄 등의 이동탱크저장소에 있어서 이동저장탱크로부터 알킬알루미늄 등을 꺼낼 때에는 동시에 (200)kPa 이하의 압력으로 불활성의 기체를 봉입할 것
- 아세트알데히드 등의 이동탱크저장소에 있어서 이동저장탱크로부터 아세트알데히드 등을 꺼낼 때에는 동시에 (100)kPa 이하의 압력으로 불활성의 기체를 봉입할 것

09 ④　10 ③ **정답**

11 **위험물안전관리법에 따른 위험물 운반용기의 수납하여 저장 및 취급 제조소등을 모두 고르시오.**

ㄱ. 옥내저장소	ㄴ. 위험물 제조소
ㄷ. 일반취급소	ㄹ. 옥외저장소
ㅁ. 제1종 판매취급소	ㅂ. 제2종 판매취급소

① ㄱ, ㄴ, ㄷ, ㄹ, ㅁ, ㅂ

② ㄱ, ㄴ, ㄹ, ㅁ, ㅂ

③ ㄴ, ㄷ

④ ㄱ, ㄹ, ㅁ, ㅂ

해설 위험물의 저장 및 취급기준

- 옥내저장소에 있어서 위험물은 용기에 수납하여 저장해야 한다.
- 옥외저장소에 있어서 위험물은 규정에 따른 용기에 수납하여 저장해야 한다.
- 판매취급소에서 위험물은 운반용기에 수납한 채로 판매할 것

12 **이동탱크저장소에 의한 위험물의 운송 시에 준수해야 하는 기준 내용 중 옳지 않은 것은?**

① 위험물운송자는 운송의 개시 전에 이동저장탱크의 배출밸브 등의 밸브와 폐쇄장치 등의 점검을 충분히 실시해야 한다.

② 위험물운송자는 장거리(고속국도에 있어서는 340km 이상, 그 밖의 도로에 있어서는 200km 이상)에 걸치는 운송을 하는 때에는 2명 이상의 운전자로 해야 한다.

③ 특수인화물 및 제1석유류를 운송하게 하는 자는 물질안전보건자료(MSDS)를 위험물운송자로 하여금 휴대하게 할 것

④ 칼슘・알루미늄탄화물과 휘발유를 위험물안전관리법상 장거리 운송 시에는 1명의 운전자로도 가능하다.

해설 특수인화물 및 제1석유류를 운송하게 하는 자는 위험물안전카드를 위험물운송자로 하여금 휴대하게 할 것

정답 11 ④ 12 ③

13 옥내저장소에서 위험물을 용기에 수납하지 않고 저장할 수 있는 위험물은?

① 카바이트
② 금속분
③ 염소산나트륨
④ 덩어리상태의 유황

해설 옥내저장소에 있어서 위험물은 용기에 수납하여 저장해야 한다. 다만, 덩어리상태의 유황과 염소산염류 · 과염소산염류 · 질산염류 · 유황 · 철분 · 금속분 · 마그네슘 · 질산에스테르류 · 니트로화합물 중 「총포 · 도검 · 화약류 등의 안전관리에 관한 법률」에 따른 화약류에 해당하는 위험물에 있어서는 그러하지 아니하다.

14 다음 중 제6류 위험물 중 각 품명의 위험물 운반용기 종류로 가장 적당한 것은?

① 나무상자
② 양철통
③ 금속제드럼(뚜껑고정식)
④ 폴리에틸렌 포대

해설 제6류 위험물 : 금속제 용기, 플라스틱 용기, 유리용기, 금속제드럼(뚜껑고정식)

15 위험물의 저장 또는 취급하는 방법을 설명한 것 중 옳지 않은 것은?

① 산화프로필렌 : 저장시 은으로 제작된 용기에 질소가스와 같은 불연성가스를 충전하여 보관한다.
② 이황화탄소 : 용기나 탱크에 저장 시 물로 덮어서 보관한다.
③ 알킬알루미늄 : 용기는 완전 밀봉하고 질소 등 불활성가스를 충전한다.
④ 아세트알데히드 : 냉암소에 저장한다.

해설 아세트알데히드 · 산화프로필렌 또는 이 중 어느 하나 이상을 함유하는 것(이하 "아세트알데히드 등"이라 한다)을 취급하는 설비는 은 · 수은 · 동 · 마그네슘 또는 이들을 성분으로 하는 합금으로 만들지 아니하며, 연소성 혼합기체의 생성에 의한 폭발을 방지하기 위한 불활성기체 또는 수증기를 봉입하는 장치를 갖출 것

16 위험물의 운반용기 및 포장의 외부에 표시하는 주의사항으로 틀린 것은?

2019년 통합소방장 기출 2019년 소방위 기출

① 염소산암모늄 : 화기 · 충격주의 및 가연물접촉주의
② 철분 : 화기주의 및 물기엄금
③ 셀룰로이드 : 화기엄금 및 충격주의
④ 과염소산 : 물기엄금 및 가연물접촉주의

해설 과염소산 : 가연물접촉주의

13 ④ 14 ③ 15 ① 16 ④ **정답**

17 **위험물의 운반에 대한 설명 중 옳은 것은?**

① 안전한 방법으로 위험물을 운반하면 특별히 규제를 받지 않는다.
② 차량으로 위험물을 운반할 경우 운반의 규제를 받는다.
③ 지정수량 이상의 위험물을 운반하는 경우에만 운반의 규제를 받는다.
④ 위험물을 운반할 경우 그 양의 다소를 불문하고 운반의 규제를 받는다.

해설 차량으로 위험물을 운반할 경우 운반의 규제(위험물안전관리법 시행규칙 별표19)를 받는다.

18 **지정수량 이상의 위험물을 차량으로 운반할 경우 운반방법에 대한 설명 중 옳지 않은 것은?**

① 위험물 또는 위험물을 수납한 용기가 현저하게 마찰 또는 동요되지 않도록 운반한다.
② 운반차량에 운반하는 위험물의 위험성을 알리는 표지를 설치해야 한다.
③ 휴식, 고장 등으로 인하여 차량을 일시 정차시킬 때에는 안전한 장소를 택하고 운반하는 위험물의 보안에 주의해야 한다.
④ 운반하는 위험물에 적응성이 있는 소형수동식소화기를 해당 위험물의 소요단위에 상응하는 능력단위 이상 갖추어야 한다.

해설 지정수량 이상의 위험물을 차량으로 운반하는 경우에 있어서 다른 차량에 바꾸어 싣거나 휴식・고장 등으로 차량을 일시 정차시킬 때에는 안전한 장소를 택하고 운반하는 위험물의 안전확보에 주의해야 한다.

19 **다음은 기계에 의하여 하역하는 구조로 된 운반용기에 대한 수납 기준에 대한 설명이다. (　　)에 들어갈 옳은 설명은?**

> 기계에 의하여 하역하는 구조로 된 경질플라스틱제의 운반용기 또는 플라스틱 내용기 부착의 운반용기에 액체위험물을 수납하는 경우에는 해당 운반용기는 제조된 때로부터 (　　) 이내의 것에 수납할 것

① 2년 6개월　　② 3년
③ 2년　　④ 5년

해설 기계에 의하여 하역하는 구조로 된 경질플라스틱제의 운반용기 또는 플라스틱 내용기 부착의 운반용기에 액체위험물을 수납하는 경우에는 해당 운반용기는 제조된 때로부터 5년 이내의 것에 수납할 것

정답 17 ② 18 ③ 19 ④

20 위험물안전관리법에 따른 수납하는 위험물에 따른 주의사항으로 옳은 것은?

2015년 소방위 기출 2017년 인천소방장 기출

① 제3류 위험물 중 자연발화성물질 : 화기엄금 및 물기엄금
② 제5류 위험물 : 화기·충격주의
③ 제2류 위험물 중 금속분 : 화기주의 및 물기엄금
④ 제2류 위험물 중 인화성고체 : 화기주의

해설 문제 6번 해설 참조

21 유별을 달리하는 지정수량 이상의 위험물을 차량으로 운반할 때 혼재를 할 수 없는 경우는?

① 염소산나트륨과 질산
② 나트륨과 벤젠
③ 과산화수소와 등유
④ 나트륨과 글리셀린

해설 6류와 4류는 혼재할 수 없음

위험물의 구분	제1류	제2류	제3류	제4류	제5류	제6류
제1류		×	×	×	×	○
제2류	×		×	○	○	×
제3류	×	×		○	×	×
제4류	×	○	○		○	×
제5류	×	○	×	○		×
제6류	○	×	×	×	×	

비고

1. "×" 표시는 혼재할 수 없음을 표시한다.
2. "○" 표시는 혼재할 수 있음을 표시한다.
3. 이 표는 지정수량의 $\frac{1}{10}$ 이하의 위험물에 대하여는 적용하지 아니한다.

암기 Tip : 사이삼 오이사 육하나

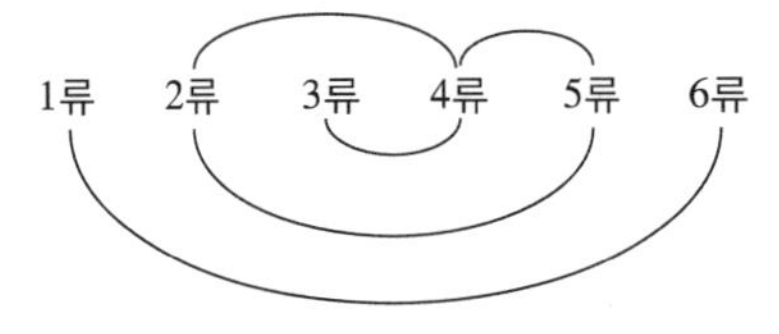

20 ③ 21 ③ 정답

22 다음 중 제5류 위험물을 옥내저장소에 함께 저장할 수 있는 위험물은? (다만, 위험물을 유별로 정리하여 저장하는 한편, 서로 1m 이상의 간격을 둘 것) 2017년 소방위 기출

① 제1류 위험물(알칼리금속의 과산화물 또는 이를 함유한 것을 제외한다)

② 제3류 위험물 중 황린

③ 인화성 고체

④ 제4류 위험물 중 유기과산화물 또는 이를 함유한 이외의 것

해설 옥외 또는 옥내저장소에서 혼재 저장기준

조건 : 위험물을 유별로 정리하여 저장하는 한편, 서로 1m 이상의 간격을 둘 것

제1류 위험물(알칼리금속의 과산화물 또는 이를 함유한 것을 제외)	제5류 위험물
제1류 위험물	제6류 위험물
제1류 위험물	황린 또는 이를 함유한 제3류 위험물
제2류 중 인화성고체	제4류 위험물
제3류 위험물 중 알킬알루미늄 등	알킬알루미늄 또는 알킬리튬을 함유한 제4류 위험물
제4류 위험물 중 유기과산화물 또는 이를 함유하는 것	제5류 위험물 중 유기과산화물 또는 이를 함유한 것

23 다음 위험물 중 위험물의 위험등급이 다른 하나를 고르시오.

① 과요오드산염류 ② 과요오드산

③ 차아염소산염류 ④ 아질산염류

해설 차아염소산염류 행정안전부령이 정하는 제1류 위험물로 지정수량 50kg으로 위험등급 I이다.

정답 22 ① 23 ③

24 위험물 이동탱크저장소에서의 위험물 취급기준에 대한 설명으로 옳은 것은?

① 원거리 운행 등으로 상치장소에 주차할 수 없는 경우에는 위험물을 완전히 빈 상태에서 도로에 주차할 수 있다.

② 위험물을 주입할 때에는 이동탱크저장소의 원동기를 항상 정지시켜야 한다.

③ 이동저장탱크로부터 액체위험물을 용기에 절대로 옮겨 담을 수 없다.

④ 건설공사를 하는 장소에서 인화점 40℃ 이상의 위험물을 주입설비를 부착한 이동탱크저장소로부터 콘크리트믹서트럭에 직접 연료탱크에 주입할 수 있다.

해설 위험물 이동탱크저장소에서의 위험물 취급기준

- 이동저장탱크로부터 직접 위험물을 자동차 및 덤프트럭 및 콘크리트믹서트럭의 연료탱크에 주입하지 말 것. 다만, 건설공사를 하는 장소에서 주입설비를 부착한 이동탱크저장소로부터 해당 건설공사와 관련된 덤프트럭과 콘크리트믹서트럭의 연료탱크에 인화점 40℃ 이상의 위험물을 주입하는 경우에는 그러하지 아니하다.
- 이동저장탱크로부터 위험물을 저장 또는 취급하는 탱크에 인화점이 40℃ 미만인 위험물을 주입할 때에는 이동탱크저장소의 원동기를 정지시킬 것
- 이동저장탱크로부터 액체위험물을 용기에 옮겨 담지 아니할 것. 다만, 주입호스의 끝부분에 수동개폐장치를 한 주입노즐(수동개폐장치를 개방상태로 고정하는 장치를 한 것을 제외한다)을 사용하여 운반용기 규정에 적합한 운반용기에 인화점 40℃ 이상의 제4류 위험물을 옮겨 담는 경우에는 그러하지 아니하다.
- 원거리 운행 등으로 상치장소에 주차할 수 없는 경우에는 도로(갓길 및 노상주차장을 포함한다) 외의 장소로서 화기취급장소 또는 건축물로부터 10m 이상 거리를 둔 장소에 주차할 수 있다.

25 다음에 대한 위험물의 위험등급으로 옳은 것은?

> a. 아염소산염류, 염소산염류, 과염소산염류, 무기과산화물,
> b. 칼륨, 나트륨, 알킬알루미늄, 알킬리튬, 황린
> c. 특수인화물
> d. 유기과산화물, 질산에스터르류

① 위험등급 Ⅰ ② 위험등급 Ⅱ

③ 위험등급 Ⅲ ④ 위험등급 Ⅳ

해설 상기 위험물은 위험등급 Ⅰ 이다

24 ④ 25 ① **정답**

26 다음 중 위험물의 위험등급을 올바르게 구분한 것은?

① 위험등급Ⅰ : 아염소산염류, 염소산염류, 질산염류, 무기과산화물

② 위험등급Ⅱ : 염소화이소시아눌산, 퍼옥소이황산염류, 퍼옥소붕산염류

③ 위험등급Ⅲ : 과요오드산염류, 과요오드산 크롬, 납 또는 요오드의 산화물

④ 위험등급Ⅱ : 과염소산염류, 브롬산염류, 요오드산염류

해설 제1류 위험물 등급

위험물			지정수량
유 별	등 급	품 명	
제1류 (산화성 고체)	Ⅰ	1.아염소산염류, 2.염소산염류, 3.과염소산염류, 4.무기과산화물	50kg
	Ⅱ	5.브롬산염류, 6.질산염류, 7.요오드산염류	300kg
	Ⅲ	8.과망간산염류, 9.중크롬산염류	1000kg
	Ⅱ	10.그 밖의 **행정안전부령**이 정하는 것 ① 과요오드산염류 ② 과요오드산 ③ 크롬, 납 또는 요오드의 산화물 ④ 아질산염류 ⑤ 차아염소산염류(**등급 Ⅰ 50kg**) ⑥ 염소화이소시아눌산 ⑦ 퍼옥소이황산염류 ⑧ 퍼옥소붕산염류	300kg
		11. 제1호 내지 제10호의1에 해당하는 어느 하나 이상을 함유한 것	50kg, 300kg 또는 1000kg

27 다음 중 위험물의 위험등급을 올바르게 구분한 것은?

2018년 통합소방장 기출

① 위험등급Ⅰ : 아염소산염류, 염소산염류, 질산염류, 무기과산화물

② 위험등급Ⅱ : 황화린, 적린, 유황

③ 위험등급Ⅲ : 알칼리금속 및 알칼리토금속, 유기금속화합물

④ 위험등급Ⅱ : 제2석유류, 제3석유류

해설 위험물의 위험등급의 구분

(1) 위험등급Ⅰ의 위험물

① 제1류 위험물 중 아염소산염류, 염소산염류, 과염소산염류, 무기과산화물, 그 밖에 지정수량이 50kg인 위험물(차아염소산염류)

② 제3류 위험물 중 칼륨, 나트륨, 알킬알루미늄, 알킬리튬, 황린 그 밖에 지정수량이 10kg 또는 20kg인 위험물

③ 제4류 위험물 중 특수인화물

④ 제5류 위험물 중 유기과산화물, 질산에스테르류 그 밖에 지정수량이 10kg인 위험물

⑤ 제6류 위험물

(2) 위험등급Ⅱ의 위험물

① 제1류 위험물 중 브롬산염류, 질산염류, 요오드산염류 그 밖에 지정수량이 300kg인 위험물

② 제2류 위험물 중 황화린, 적린, 유황 그 밖에 지정수량이 100kg인 위험물

정답 26 ② 27 ②

③ 제3류 위험물 중 알칼리금속(칼륨 및 나트륨을 제외한다) 및 알칼리토금속, 유기금속화합물(알킬알루미늄 및 알킬리튬을 제외한다) 그 밖에 지정수량이 50kg인 위험물
④ 제4류 위험물 중 제1석유류 및 알코올류
⑤ 제5류 위험물 중 제1호 라목에 정하는 위험물 외의 것
(3) 위험등급Ⅲ의 위험물 : 제(1)호 및 제(2)호에 정하지 아니한 위험물

28 다음의 위험물 중에서 이동탱크저장소에 의하여 위험물을 운송할 때 운송책임자의 감독 · 지원을 받아야 하는 위험물은? 2016년 소방위 기출

① 알킬리튬 ② 아세트알데히드
③ 금속의 수소화물 ④ 마그네슘

해설 운송책임자의 감독 또는 지원을 받아 운송해야 하는 위험물(영 제19조)
① 알킬알루미늄
② 알킬리튬
③ ① 또는 ②의 물질을 함유하는 위험물

29 운반을 위하여 위험물을 적재하는 경우에 차광성이 있는 피복으로 가려주어야 하는 것은? 2013년 부산소방장 기출

① 특수인화물 ② 제1석유류
③ 알코올류 ④ 동식물유류

해설 적재하는 위험물의 성질에 따라 재해방지 조치
- 차광성 피복 : 제1류 위험물, 제3류 위험물 중 자연발화성물품, 제4류 위험물 중 특수인화물, 제5류 위험물, 제6류 위험물
- 방수성 피복 : 제1류 위험물 중 알칼리금속의 과산화물, 제2류 위험물 중 철분, 금속분, 마그네슘, 제3류 위험물 중 금수성물질(이들 함유한 모든 물질 포함)
- 보냉 컨테이너에 수납 또는 적정한 온도관리 : 제5류 위험물 중 55℃ 이하에서 분해될 우려가 있는 것

30 위험물 운송책임자의 감독 또는 지원의 방법으로 운송의 감독 또는 지원을 위하여 마련한 별도의 사무실에 운송책임자가 대기하면서 이행하는 사항에 해당하지 않는 것은?

① 운송 후에 운송경로를 파악하여 관할 경찰관서에 신고하는 것
② 이동탱크저장소의 운전자에 대하여 수시로 안전 확보 상황을 확인하는 것
③ 비상시의 응급처치에 관하여 조언을 하는 것
④ 위험물의 운송 중 안전확보에 관하여 필요한 정보를 제공하고 감독 또는 지원하는 것

해설 운송경로를 미리 파악하고 관할소방관서 또는 관련업체(비상대응에 관한 협력을 얻을 수 있는 업체를 말한다)에 대한 연락체계를 갖추는 것

28 ① 29 ① 30 ① 정답

31 "알킬알루미늄 등"을 저장 또는 취급하는 기준으로 옳은 것은?

① 알킬알루미늄 등의 이동탱크저장소에 있어서 이동저장탱크로부터 알킬알루미늄 등을 꺼낼 때에는 동시에 20kPa 이하의 압력으로 불활성의 기체를 봉입할 것
② 자연발화성물질 중 알킬알루미늄 등은 운반용기의 내용적의 95% 이하의 수납율로 수납한다.
③ 50℃의 온도에서 5% 이상의 공간용적을 유지하도록 할 것
④ 옥내저장소에서 제3류 위험물 중 알킬알루미늄과 알킬알루미늄을 함유한 제4류 위험물을 상호 1m 이상의 간격을 두는 경우에 동일실에 저장할 수 없다.

해설 ① 알킬알루미늄 등의 이동탱크저장소에 있어서 이동저장탱크로부터 알킬알루미늄 등을 꺼낼 때에는 동시에 200kPa 이하의 압력으로 불활성의 기체를 봉입할 것
② 자연발화성물질 중 알킬알루미늄 등은 운반용기의 내용적의 90% 이하의 수납율로 수납하되, 50℃의 온도에서 5% 이상의 공간용적을 유지하도록 할 것
④ 옥내저장소에서 제3류 위험물 중 알킬알루미늄과 알킬알루미늄을 함유한 제4류 위험물을 상호 1m 이상의 간격을 두는 경우 동일실에 저장가능하다.

32 다음 내용을 모두 충족하는 위험물에 해당하는 것은?

- 원칙적으로 옥외저장소에 저장·취급할 수 없는 위험물이다.
- 옥내저장소에 저장하는 경우 창고의 바닥면적은 1,000m^2 이하로 해야 한다.
- 위험등급 I의 위험물이다.

① 칼 륨
② 유 황
③ 히드록실아민
④ 질 산

해설 ② 유황 : 위험물의 위험등급 II, 옥외저장, 창고 바닥면적 2,000m^2
③ 히드록실아민 : 위험물의 위험등급 II, 옥외저장 불가
④ 질산 : 위험물의 위험등급 I, 옥외저장

33 위험물의 위험등급의 구분에 관한 설명으로 틀린 것은?

① 제6류 위험물은 모두 위험등급 I 에 해당된다.
② 제2류 위험물에는 위험물의 위험등급 I 에 해당되는 위험물은 없다.
③ 위험물의 위험등급 I, II, III 모두 있는 유별 위험물은 제1류, 제3류만 해당된다.
④ 제5류 위험물에는 위험등급 III은 없다

해설 위험물의 위험등급 I, II, III 모두 있는 유별 위험물은 제1류, 제3류, 제4류가 해당된다.

정답 31 ③ 32 ① 33 ③

34 위험물안전관리법령에서 정한 위험물의 취급에 관한 기준이 아닌 것은?

① 분사도장작업은 방화상 유효한 격벽 등으로 구획된 안전한 장소에서 실시한다.
② 추출공정에서는 추출관의 내부압력이 비정상으로 상승하지 않도록 한다.
③ 열처리작업은 위험물이 위험한 온도에 도달하지 않도록 한다.
④ 증류공정에 있어서는 위험물을 취급하는 설비의 외부 압력의 변동 등에 의하여 액체 또는 증기가 새지 않도록 한다.

해설 증류공정에 있어서는 위험물을 취급하는 설비의 내부 압력의 변동 등에 의하여 액체 또는 증기가 새지 않도록 한다.

35 위험물안전관리법령에 따르면 기계에 의하여 하역하는 구조로 된 운반용기에 대한 수납기준에 의하면 액체위험물을 수납하는 경우에는 55℃의 온도에서의 증기압이 몇 kPa 이하가 되도록 수납해야 하는가?

① 100　　② 101.3
③ 130　　④ 70

해설 기계에 의하여 하역하는 구조로 된 운반용기에 대한 수납은 위험물운반용기 수납기준에 의해 액체위험물을 수납하는 경우에는 55℃의 온도에서의 증기압이 130kPa 이하가 되도록 수납해야 한다.

36 다음 중 위험물안전관리법에 따른 이동탱크저장소에 의한 위험물의 운송기준에 대한 설명으로 틀린 것은?

① 위험물 운송 시 장거리란 고속국도 340km 이상 그 밖의 도로는 200km 이상을 말한다.
② 특수인화물류 및 제1석유류를 운송하게 하는 자는 위험물안전카드를 운송자로 하여금 휴대하게 한다.
③ 알킬알루미늄을 운송하기 위하여 운송책임자를 동승시킨 경우 반드시 2명 이상이 교대로 운전해야 한다
④ 위험물운송자는 재난 및 그 밖의 불가피한 사정이 있는 경우 위험물안전카드에 기재한 내용에 따르지 아니할 수 있다.

해설 위험물운송자는 장거리(고속국도에 있어서는 340km 이상, 그 밖의 도로에 있어서는 200km 이상을 말한다)에 걸치는 운송을 하는 때에는 2명 이상의 운전자로 할 것. 다만, 다음의 1에 해당하는 경우에는 그러하지 아니하다.
- 운송책임자를 동승시킨 경우
- 운송하는 위험물이 제2류 위험물 · 제3류 위험물(칼슘 또는 알루미늄의 탄화물과 이것만을 함유한 것에 한한다) 또는 제4류 위험물(특수인화물을 제외한다)인 경우
- 운송 도중에 2시간 이내마다 20분 이상씩 휴식하는 경우와 운송책임자를 동승시킨 경우에 반드시 2명 이상이 교대로 운전할 필요는 없다.

34 ④ 35 ③ 36 ③ **정답**

37 다음 중 위험물안전관리법에 따라 옥내저장소에 위험물을 저장하려 할 때 제한높이가 가장 낮은 것은? 2019년 소방위 기출

① 기계에 의하여 하역하는 구조로 된 용기만을 겹쳐 쌓는 경우
② 아세톤을 수납하는 용기만을 겹쳐 쌓는 경우
③ 글리셀린을 수납하는 용기만을 겹쳐 쌓는 경우
④ 아마인유를 수납하는 용기만을 겹쳐 쌓는 경우

해설 옥내저장소에서 위험물을 저장하는 경우에는 다음 [표] 높이를 초과하여 용기를 겹쳐 쌓지 아니해야 한다.

수납용기의 종류	높 이
기계에 의하여 하역하는 구조로된 용기만을 겹쳐 쌓는 경우	6m
제3석유류, 제4석유류 및 동식물유류를 수납하는 용기만을 겹쳐 쌓는 경우	4m
그 밖의 용기를 겹쳐 쌓는 경우	3m

따라서 아세톤은 제1석유류 3m, 글리세린은 제3석유류 4m, 아마인유는 동식물유류로 4m

38 위험물안전관리법에 따르면 위험물운송자는 장거리에 걸치는 운송을 하는 때에는 2명 이상의 운전자로 운송해야 하는데 이때 장거리의 정의로 옳은 것은?

① 고속도로에 있어서는 340km 이상, 그 밖의 도로에 있어서는 150km 이상을 말한다.
② 고속국도에 있어서는 300km 이상, 그 밖의 도로에 있어서는 150km 이상을 말한다.
③ 고속국도에 있어서는 340km 이상, 그 밖의 도로에 있어서는 200km 이상을 말한다.
④ 고속국도에 있어서는 200km 이상, 그 밖의 도로에 있어서는 100km 이상을 말한다.

해설 문제 36번 해설 참조

39 위험물안전관리법에 따른 위험물의 운반에 관한 기준에서 운반용기의 재질로 명시된 것을 모두 고르시오.

ㄱ 강 판　　ㄴ 고무류
ㄷ 양철판　　ㄹ 도자기
ㅁ 종 이　　ㅂ 섬유판
ㅅ 짚　　ㅇ 삼

① 상기 다 맞다.　② ㄱ, ㄴ, ㄷ, ㅁ, ㅂ, ㅅ, ㅇ
③ ㄱ, ㄷ, ㅂ　④ ㄱ, ㄴ, ㄷ, ㄹ

해설 운반용기의 재질은 강판・알루미늄판・양철판・유리・금속판・종이・플라스틱・섬유판・고무류・합성섬유・삼・짚 또는 나무로 한다.

정답 37 ② 38 ③ 39 ②

40 **위험물안전관리법에 따른 위험물의 저장 · 취급에 관한 공통기준에 대한 설명으로 틀린 것은?**

① 제조소등에 있어서는 허가 및 신고와 관련되는 품명 외의 위험물 또는 이러한 허가 및 신고와 관련되는 수량 또는 지정수량의 배수를 초과하는 위험물을 저장 또는 취급하지 아니해야 한다.

② 위험물을 보호액 중에 보존하는 경우에는 해당 위험물이 보호액으로부터 노출되지 아니하도록 해야 한다.

③ 위험물을 저장 또는 취급하는 건축물 그 밖의 공작물 또는 설비는 해당 위험물의 수량에 따라 차광 또는 환기를 실시해야 한다.

④ 위험물을 용기에 수납하여 저장 또는 취급할 때에는 그 용기는 해당 위험물의 성질에 적응하고 파손 · 부식 · 균열 등이 없는 것으로 해야 한다.

해설 위험물을 저장 또는 취급하는 건축물 그 밖의 공작물 또는 설비는 해당 위험물의 성질에 따라 차광 또는 환기를 실시해야 한다.

41 **다음 중 위험물안전관리법에 따른 압력탱크가 아닌 저장탱크에 위험물을 저장할 때 유지해야 할 온도가 가장 낮은 경우는?**

① 디에틸에테르를 옥외저장탱크에 저장하는 경우

② 산화프로프렌을 옥내저장탱크에 저장하는 경우

③ 산화프로프렌을 지하저장탱크에 저장하는 경우

④ 아세트알데히드를 지하저장탱크에 저장하는 경우

해설 옥외저장탱크 · 옥내저장탱크 또는 지하저장탱크 중 압력탱크 외의 탱크에 저장하는 디에틸에테르 등 또는 아세트알데히드 등의 온도는 산화프로필렌과 이를 함유한 것 또는 디에틸에테르 등에 있어서는 30℃ 이하로, 아세트알데히드 또는 이를 함유한 것에 있어서는 15℃ 이하로 각각 유지할 것

42 **지하저장탱크 중 압력탱크에 디에틸에테르를 저장할 경우 유지해야 할 온도는?**

① 50℃ 이하
② 40℃ 이하
③ 30℃ 이하
④ 15℃ 이하

해설 알킬알루미늄 등, 아세트알데히드 등 및 디에틸에테르 등 저장기준

<table>
<tr><th colspan="2">저장탱크</th><th>저장온도</th></tr>
<tr><td colspan="2">옥내저장탱크 · 옥외저장탱크 · 지하저장탱크 중 압력탱크에 아세트알데히드 등, 디에틸에테르 등을 저장하는 경우</td><td>40℃ 이하</td></tr>
<tr><td rowspan="2">옥내저장탱크 · 옥외저장탱크 · 지하저장탱크 중 압력탱크 외에 저장하는 경우</td><td>산화프로필렌과 이를 함유한 것, 디에틸에테르 등</td><td>30℃ 이하</td></tr>
<tr><td>아세트알데히드 또는 이를 함유한 것</td><td>15℃ 이하</td></tr>
<tr><td colspan="2">보냉장치가 있는 이동저장탱크에 아세트알데히드 등, 디에틸에테르 등을 저장하는 경우</td><td>비점 이하</td></tr>
<tr><td colspan="2">보냉장치가 없는 이동저장탱크에 아세트알데히드 등, 디에틸에테르 등을 저장하는 경우</td><td>40℃ 이하</td></tr>
</table>

40 ③ 41 ④ 42 ② 정답

43 **다음 내용을 모두 충족하는 위험물에 해당하는 것은?**

- 원칙적으로 옥외저장소에 저장·취급할 수 없는 위험물이다.
- 과요오드산과 함께 적재하여 운반할 수 없다.
- 위험등급 II의 위험물이다.

① 아염소산염류
② 고형알코올
③ 유기과산화물
④ 금속의 아지화합물

해설 ④ 금속의 아지화합물 : 제5류 위험물 위험등급 II
① 아염소산염류 : 제1류 위험물 위험등급 I
② 고형알코올 : 제2류 위험물 위험등급 III
③ 유기과산화물 : 제5류 위험물 위험등급 I

44 **위험물안전관리법령에 따른 위험물의 저장·취급에 관한 설명으로 옳은 것은?**

① 군부대가 군사목적으로 지정수량 이상의 위험물을 제조소등이 아닌 장소에서 저장·취급하는 경우는 90일 이내의 기간 동안 임시로 저장·취급할 수 있다.
② 옥외저장소에서 위험물과 위험물이 아닌 물품을 함께 저장하는 경우는 물품 간 별도의 이격거리 기준이 없다.
③ 유별을 달리하는 위험물을 동일한 장소에 저장할 수 없는 것이 원칙이지만, 옥내저장소에 제1류 위험물과 황린을 상호 1m 이상의 간격을 유지하여 저장하는 것은 가능하다.
④ 옥내저장소에 제4류 위험물 중 제3석유류 및 제4석유류를 수납하는 용기만을 겹쳐 쌓는 경우에는 6m를 초과하지 않아야 한다.

해설 ① 군부대가 군사목적으로 지정수량 이상의 위험물을 제조소등이 아닌 장소에서 저장·취급하는 경우는 소방서장과 협의하여 저장·취급할 수 있다.
② 옥외저장소에서 위험물과 위험물이 아닌 물품을 함께 저장하는 경우. 이 경우 위험물과 위험물이 아닌 물품은 각각 모아서 저장하고 상호 간에는 1m 이상의 간격을 두어야 한다.
④ 옥내저장소에 제4류 위험물 중 제3석유류 및 제4석유류를 수납하는 용기만을 겹쳐 쌓는 경우에는 4m를 초과하지 않아야 한다.

정답 43 ④ 44 ③

많이 보고 많이 겪고 많이 공부하는

것은 배움의 세 기둥이다.

– 벤자민 디즈라엘리 –

부 록

2024년 위험물안전관리법 · 령 시행규칙 개정안

꿈을 꾸기에 인생은 빛난다.

- 모차르트 -

부록 | 2024년 위험물안전관리법 · 령 시행규칙 개정안 (2024.01.23.입법예고)

다음 입법예고 사항은 입법예고를 한 후 1년 이상의 기간이 경과하여 다시 공고한 개정안으로 2024년에 공포예정이며, 시행되면 승진시험 범위에 해당하므로 유의하시기 바랍니다.

01 위험물안전관리법 일부 개정법안

현 행	개정안
제11조의2(제조소등의 사용 중지 등) ① (생략) ② 제조소등의 관계인은 제조소등의 사용을 중지하거나 중지한 제조소등의 사용을 재개하려는 경우에는 해당 **제조소등의 사용을 중지하려는 날 또는 재개하려는 날의 14일 전**까지 행정안전부령으로 정하는 바에 따라 제조소등의 사용 중지 또는 재개를 시 · 도지사에게 신고하여야 한다.	**제11조의2(제조소등의 사용 중지 등)** ① (생략) ② 제조소등의 관계인은 제조소등의 사용을 중지하거나 중지한 제조소등의 사용을 재개하려는 경우에는 해당 **중지하려는 경우에는 중지하려는 날의 7일 전까지, 재개하려는 경우 재개하려는 날의 3일**까지 행정안전부령으로 정하는 바에 따라 제조소등의 사용 중지 또는 재개를 시 · 도지사에게 신고하여야 한다.
제28조(안전교육) ① 안전관리자 · 탱크시험자 · 위험물운반자 · 위험물운송자 등 위험물의 안전관리와 관련된 업무를 수행하는 자로서 대통령령이 정하는 자는 해당 업무에 관한 능력의 습득 또는 향상을 위하여 소방청장이 실시하는 교육을 받아야 한다.	**제28조(안전교육)** ① 안전관리자 · 탱크시험자 · 위험물운반자 · 위험물운송자 등 위험물의 안전관리와 관련된 업무를 수행하는 자(**안전관리자 · 위험물운반자 · 위험물운송자가 되려는 자를 포함한다**)로서 대통령령으로 정하는 자는 해당 업무에 관한 능력의 습득 또는 향상을 위하여 소방청장이 실시하는 교육을 받아야 한다.
제38조(양벌규정) ① 법인의 대표자나 법인 또는 개인의 대리인, 사용인, 그 밖의 종업원이 그 법인 또는 개인의 업무에 관하여 제33조제1항의 위반행위를 하면 그 행위자를 벌하는 외에 그 법인 또는 개인을 **5천만원 이하**의 벌금에 처하고, 같은 조 제2항의 위반행위를 하면 그 행위자를 벌하는 외에 그 법인 또는 개인을 **1억원 이하의 벌금**에 처한다. 다만, 법인 또는 개인이 그 위반행위를 방지하기 위하여 해당 업무에 관하여 상당한 주의와 감독을 게을리하지 아니한 경우에는 그러하지 아니하다.	**제38조(양벌규정)** ① 법인의 대표자나 법인 또는 개인의 대리인, 사용인, 그 밖의 종업원이 그 법인 또는 개인의 업무에 관하여 제33조제1항의 위반행위를 하면 그 행위자를 벌하는 외에 그 법인 또는 개인을 **1억원 이하**의 벌금에 처하고, 같은 조 제2항의 위반행위를 하면 그 행위자를 벌하는 외에 그 법인 또는 개인을 **3억원 이하의 벌금**에 처한다. 다만, 법인 또는 개인이 그 위반행위를 방지하기 위하여 해당 업무에 관하여 상당한 주의와 감독을 게을리하지 아니한 경우에는 그러하지 아니하다.
제39조(과태료) ⑥ 제4조 및 제5조 제2항 각 호 외의 부분 후단의 규정에 따른 조례에는 **200만원 이하**의 과태료를 정할 수 있다. 이 경우 과태료는 부과권자가 부과 · 징수한다.	**제39조(과태료)** ⑥ 제4조 및 제5조 제2항 각 호 외의 부분 후단의 규정에 따른 조례에는 **500만원 이하**의 과태료를 정할 수 있다. 이 경우 과태료는 부과권자가 부과 · 징수한다.
위험물시설점검업 관련 개정사항 생략함	위험물시설점검업 관련 규정은 공포 후 2년이 경과한 날부터 시행함으로 시행일 기준 2024년 시험범위에 해당하지 않아 관련 규정은 제외함

02 위험물안전관리법 시행령 일부 개정령안

(1) 위험물안전관리법 시행령 일부를 다음과 같이 개정한다.

현 행	개정안
제20조(안전교육대상자) 법 제28조 제1항에서 "대통령령이 정하는 자"란 다음 각 호의 자를 말한다. 1. 안전관리자로 선임된 자 2. 탱크시험자의 기술인력으로 종사하는 자 3. 법 제20조 제2항에 따른 위험물운반자로 종사하는 자 4. 법 제21조 제1항에 따른 위험물운송자로 종사하는 자	**제20조(안전교육대상자)** 법 제28조 제1항에서 "대통령령이 정하는 자"란 다음 각 호의 자를 말한다. 1. 안전관리자로 선임된 자 또는 선임되려는 자 2. 탱크시험자의 기술인력으로 종사하는 자 3. 법 제20조 제2항에 따른 위험물운반자로 종사하는 자 또는 종사하려는 자 4. 법 제21조 제1항에 따른 위험물운송자로 종사하는 자 또는 종사하려는 자
제22조(업무의 위탁) ① (생략) ② 시・도지사는 법 제30조 제2항에 따라 다음 각 호의 업무를 기술원에 위탁한다. 2. 법 제9조 제1항에 따른 완공검사 중 다음 각 목의 완공검사 가. 지정수량의 3천배 이상의 위험물을 취급하는 제조소 또는 일반취급소의 설치 또는 변경(사용 중인 제조소 또는 일반취급소의 보수 또는 부분적인 증설은 제외한다)에 따른 완공검사	**제22조(업무의 위탁)** ① (현행과 같음) ② 시・도지사는 법 제30조 제2항에 따라 다음 각 호의 업무를 기술원에 위탁한다. 2. 법 제9조 제1항에 따른 완공검사 중 다음 각 목의 완공검사 가. 지정수량의 1천배 이상의 위험물을 취급하는 제조소 또는 일반취급소의 설치 또는 변경(사용 중인 제조소 또는 일반취급소의 보수 또는 부분적인 증설은 제외한다)에 따른 완공검사

(2) 별표 1의 표를 다음과 같이 한다.

위험물				지정수량
유 별	성 질	품 명		
		현 행	개 정	
제1류	산화성 고체	5. 브롬산염류	5. 브로민산염류	300킬로그램
		7. 요오드산염류	7. 아이오딘산염류	300킬로그램
		8. 과망간산염류	8. 과망가니즈산염류	1,000킬로그램
		9. 중크롬산염류	9. 다이크로뮴산염류	1,000킬로그램
제2류	가연성 고체	1. 황화린	1. 황화인	100킬로그램
		3. 유황	3. 황	100킬로그램
제5류	자기 반응성 물질	2. 질산에스테르류	2. 질산에스터류	제1종 : 10킬로그램 제2종 : 100킬로그램
		3. 니트로화합물	3. 나이트로화합물	
		4. 니트로소화합물	4. 나이트로소화합물	
		6. 디아조화합물	6. 다이아조화합물	
		7. 히드라진 유도체	7. 하이드라진 유도체	
		8. 히드록실아민	8. 하이드록실아민	
		9. 히드록실아민염류	9. 하이드록실아민염류	

(3) 별표1 비고를 다음과 같이 개정한다.

현 행	개정안
클레오소트유	크레오소트유
비고 제19호 후단을 다음과 같이 신설한다. 이 경우 해당시험 결과에 따라 위험성 유무와 등급을 결정하여 제1종 또는 제2종으로 분류한다.	
인산1수소칼슘2수화물	인산수소칼슘2수화물
비스(4클로로벤조일)퍼옥사이드	비스(4-클로로벤조일)퍼옥사이드
과산화지크밀	과산화다이쿠밀
1・4비스(2-터셔리부틸퍼옥시이소프로필)벤젠	1・4비스(2-터셔리뷰틸퍼옥시아이소프로필)벤젠
시크로헥사놀퍼옥사이드	사이클로헥산온퍼옥사이드

03 위험물안전관리법 시행규칙 일부 개정규칙안

(1) 위험물안전관리법 시행규칙 내용을 다음과 같이 한다.

현 행	개정안
제3조(위험물 품명의 지정) ①「위험물안전관리법 시행령」(이하 "영"이라 한다) 별표 1 제1류의 품명란 제10호에서 "행정안전부령으로 정하는 것"이라 함은 다음 각 호의 1에 해당하는 것을 말한다. 1. 과요오드산염류 2. 과요오드산 3. 크롬, 납 또는 요오드의 산화물 6. 염소화이소시아눌산	제3조(위험물 품명의 지정) ①「위험물안전관리법 시행령」(이하 "영"이라 한다) 별표 1 제1류의 품명란 제10호에서 "행정안전부령으로 정하는 것"이라 함은 다음 각 호의 1에 해당하는 것을 말한다. 1. 과아이오딘산염류 2. 과아이오딘산 3. 크로뮴, 납 또는 아이오딘의 산화물 6. 염소화아이소사이아누르산
④ 영 별표 1 제6류의 품명란 제4호에서 "행정안전부령으로 정하는 것"이라 함은 할로겐간화합물을 말한다.	④ 영 별표 1 제6류의 품명란 제4호에서 "행정안전부령으로 정하는 것"이라 함은 할로젠간화합물을 말한다.
제48조(화약류에 해당하는 위험물의 특례) 염소산염류・과염소산염류・질산염류・유황・철분・금속분・마그네슘・질산에스테르류・니트로화합물 중 「총포・도검・화약류 등의 안전관리에 관한 법률」에 따른 화약류에 해당하는 위험물을 저장 또는 취급하는 제조소 등에 대해서는 별표 4 Ⅱ・Ⅳ・Ⅸ・Ⅹ 및 별표 5 Ⅰ 제1호・제2호・제4호부터 제8호까지・제14호・제16호・Ⅱ・Ⅲ을 적용하지 않는다.	제48조(화약류에 해당하는 위험물의 특례) 염소산염류・과염소산염류・질산염류・황・철분・금속분・마그네슘・질산에스터류・나이트로화합물 「총포・도검・화약류 등의 안전관리에 관한 법률」에 따른 화약류에 해당하는 위험물을 저장 또는 취급하는 제조소 등에 대해서는 별표 4 Ⅱ・Ⅳ・Ⅸ・Ⅹ 및 별표 5 Ⅰ 제1호・제2호・제4호부터 제8호까지・제14호・제16호・Ⅱ・Ⅲ을 적용하지 않는다.
제57조(안전관리대행기관의 지정 등) ①~④ (생략) ⑤ 안전관리대행기관은 지정받은 사항의 변경이 있는 때에는 그 사유가 있는 날부터 14일 이내에, 휴업・재개업 또는 폐업을 하고자 하는 때에는 휴업・재개업 또는 폐업하고자 하는 날의 14일 전에 별지 제35호 서식의 신고서(전자문서로 된 신고서를 포함한다)에 다음 각 호의 구분에 의한 해당 서류(전자문서를 포함한다)를 첨부하여 소방청장에게 제출하여야 한다.	제57조(안전관리대행기관의 지정 등) ①~④ (현행과 같음) ⑤ 안전관리대행기관은 지정받은 사항의 변경이 있는 때에는 그 사유가 있는 날부터 14일 이내에, 휴업・재개업 또는 폐업을 하고자 하는 때에는 휴업・재개업 또는 폐업하고자 하는 날의 1일 전에 별지 제35호 서식의 신고서(전자문서로 된 신고서를 포함한다)에 다음 각 호의 구분에 의한 해당 서류(전자문서를 포함한다)를 첨부하여 소방청장에게 제출하여야 한다.

제71조(정기검사의 신청 등) ①~④ (생략) ⑤ 기술원은 정기검사를 실시한 결과 부적합한 경우에는 개선해야 하는 사항을 신청자에게 통보하고 개선할 사항을 통보받은 관계인은 개선을 완료한 후 별지 제44호 서식의 신청서를 기술원에 다시 제출해야 한다.	제71조(정기검사의 신청 등) ①~④ (현행과 같음) ⑤ 기술원은 정기검사를 실시한 결과 부적합한 경우에는 개선해야 하는 사항을 **신청자 및 소방서장** 보하고 개선할 사항을 통보받은 관계인은 개선을 완료한 후 별지 제44호 서식의 신청서를 기술원에 다시 제출해야 한다.

(2) 위험물안전관리법 시행규칙 별표 내용을 다음과 같이 한다.

<table>
<tr><th>별표구분</th><th colspan="3">현 행</th><th>개정안</th></tr>
<tr><td rowspan="11">별표 공통</td><td colspan="3">갑종방화문</td><td>60분방화문</td></tr>
<tr><td colspan="3">을종방화문</td><td>30분방화문</td></tr>
<tr><td colspan="3">갑종방화문 또는 을종방화문</td><td>60분방화문 또는 30분방화문</td></tr>
<tr><td colspan="3">아세트알데히드</td><td>아세트알데하이드</td></tr>
<tr><td colspan="3">아세트알데히드등</td><td>아세트알데하이드등</td></tr>
<tr><td colspan="3">히드록실아민염류</td><td>하이드록실아민염류</td></tr>
<tr><td colspan="3">히드록실아민등</td><td>하이드록실아민등</td></tr>
<tr><td colspan="3">도는</td><td>또는</td></tr>
<tr><td colspan="3">당해</td><td>해당</td></tr>
<tr><td colspan="3">철이온</td><td>철 이온</td></tr>
<tr><td colspan="3">할로겐화합물소화설비</td><td>할로젠화합물소화설비</td></tr>
<tr><td>별표4
X 제2호</td><td colspan="3">생략</td><td>2. 배관은 다음 각 호의 구분에 따른 압력으로 내압시험(불연성의 액체 또는 기체를 이용하여 실시하는 시험)을 실시하여 누설 그 밖의 이상이 없는 것으로 하여야 한다.
가. 액체를 이용하는 경우에는 최대상용압력의 1.5배 이상
나. 기체를 이용하는 경우에는 최대상용압력의 1.1배 이상</td></tr>
<tr><td rowspan="5">별표4
부표제2호</td><td>구 분</td><td>제조소등의 높이(a)</td><td colspan="2">비 고</td></tr>
<tr><td rowspan="4">제조소 · 일반취급소 · 옥내저장소</td><td> 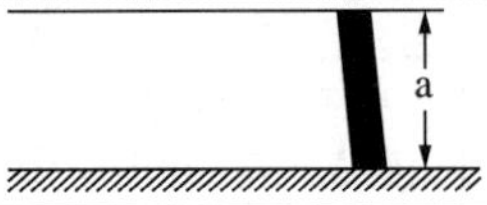a</td><td colspan="2">벽체가 내화구조로 되어 있고, 인접축에 면한 개구부가 없거나, 개구부에 60+방화문이 있는 경우</td></tr>
<tr><td> 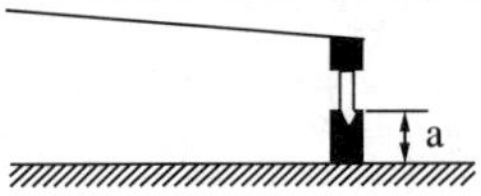a</td><td colspan="2">벽체가 내화구조이고, 개구부에 60+방화문이 없는 경우</td></tr>
<tr><td> 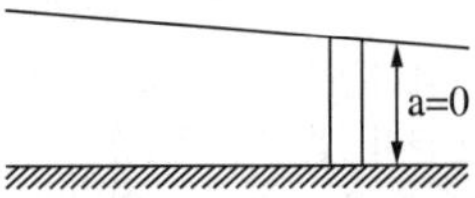a=0</td><td colspan="2">벽체가 내화구조 외의 것으로 된 경우</td></tr>
<tr><td> 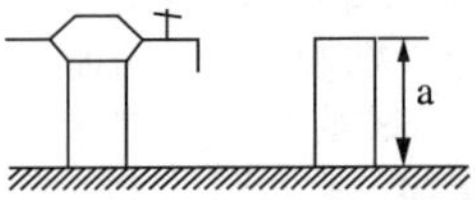a</td><td colspan="2">옮겨 담는 작업장 그 밖의 공작물</td></tr>
</table>

<table>
<tr><td colspan="2">별표5</td><td>질산에스테르류</td><td>질산에스터류</td></tr>
<tr><td colspan="2" rowspan="2">별표7
공통</td><td>황화린 · 적린</td><td>황화인 · 적린</td></tr>
<tr><td>유황</td><td>황</td></tr>
<tr><td rowspan="3">별표
8</td><td>Ⅰ 의74)</td><td>헤시안클래스</td><td>헤시안클로스</td></tr>
<tr><td rowspan="2">Ⅱ 의3나</td><td>(섬유강화프라스틱용액상불포화폴리에스터수지)(UP-CM, UP-CE 또는 UP-CEE에 관한 규격에 한한다)</td><td>(섬유강화플라스틱용액상불포화폴리에스터수지)(UP-CM, UP-CE 또는 UP-CEE에 관한 규격에 한한다)</td></tr>
<tr><td>비닐에스테르수지</td><td>바이닐에스터수지</td></tr>
<tr><td colspan="2" rowspan="6">별표11, 별표17
공통</td><td>유황만</td><td>황만</td></tr>
<tr><td>유황이</td><td>황이</td></tr>
<tr><td>유황을</td><td>황을</td></tr>
<tr><td>덩어리상태의 유황</td><td>덩어리상태의 황</td></tr>
<tr><td>유황을 용기</td><td>황을 용기</td></tr>
<tr><td>유황을 저장하는 것으로서 경계표시~</td><td>황을 저장하는 것으로서 경계표시~</td></tr>
<tr><td colspan="2" rowspan="3">별표13</td><td>전기용품안전 관리법</td><td>전기용품 및 생활용품 안전관리법</td></tr>
<tr><td>폴리비닐부티랄</td><td>폴리바이닐뷰티랄</td></tr>
<tr><td>ⅩⅤ. 고객이 직접 주유하는 주유취급소의 특례
2. 셀프용고정주유설비의 기준은 다음의 각목과 같다.
가.~라. (생략)
마. 1회의 연속주유량 및 주유시간의 상한을 미리 설정할 수 있는 구조일 것. 이 경우 주유량의 상한은 휘발유는 100ℓ 이하, 경유는 200ℓ 이하로 하며, 주유시간의 상한은 4분 이하로 한다.</td><td>ⅩⅤ. 고객이 직접 주유하는 주유취급소의 특례
2. 셀프용고정주유설비의 기준은 다음의 각목과 같다.
가.~라. (현행과 같음)
마. 1회의 연속주유량 및 주유시간의 상한을 미리 설정할 수 있는 구조일 것. 이 경우 주유량 및 주유시간은 다음과 같다.
1) 휘발유는 100ℓ 이하, 4분 이하로 할 것
2) 경유는 600ℓ 이하, 12분 이하로 할 것</td></tr>
<tr><td colspan="2">별표15 Ⅲ
제5호마목</td><td colspan="2">“것”을 “것.”로 하고, 같은 목에 후단을 다음과 같이 신설한다.
이 경우 보호설비는 소방청장이 정하여 고시하는 충격강도의 계산방법에 따른 충격강도로부터 손상을 받을 우려가 없어야 한다.</td></tr>
<tr><td colspan="2" rowspan="2">별표15</td><td>제1호의 규정에 의하되, 당해</td><td>제1호에 따르되, 해당</td></tr>
<tr><td>규정에 의하되</td><td>에 따르되</td></tr>
<tr><td colspan="2" rowspan="3">별표17 Ⅰ
제3호나목</td><td>일브롬화일염화이플루오르화메탄</td><td>브로모클로로다이플루오로메탄</td></tr>
<tr><td>일브롬화삼플루오르화메탄</td><td>브로모트라이플루오로메탄</td></tr>
<tr><td>이브롬화사플루오르화에탄</td><td>다이브로모테트라플루오로에탄</td></tr>
<tr><td colspan="2" rowspan="2">별표17 및 공통</td><td>할로겐화합물소화기</td><td>할로젠화합물소화기</td></tr>
<tr><td>할로겐화합물소화설비</td><td>할로젠화합물소화설비</td></tr>
<tr><td colspan="2">별표18 및 공통</td><td>디에틸에테르</td><td>다이에틸에터</td></tr>
<tr><td colspan="2">별표19
Ⅴ 제1호라목</td><td>유기과산화물, 질산에스테르류 그 밖에 지정수량이 10kg인 위험물</td><td>지정수량이 10kg인 위험물</td></tr>
<tr><td colspan="2" rowspan="2">별표23</td><td>할로겐화합물</td><td>할로젠화합물</td></tr>
<tr><td>가성소오다</td><td>가성소다</td></tr>
</table>

구분		현행			개정안
별표24 1 표	실무교육	안전관리자	8시간 이내	실무교육	안전관리자	8시간
		위험물운반자	4시간		위험물운반자	4시간
		위험물운송자	8시간 이내		위험물운송자	8시간
		탱크시험자의 기술인력	8시간 이내		탱크시험자의 기술인력	8시간

04 위험물안전관리법 입법예고 목록(2024.02.05.기준)

공고번호	입법예고명	주요내용	시작일
2024-13 (1번 참고)	위험물 안전관리법	가. 위험물시설의 사용 중지·재개 신고 기한 현실화 나. 전문기관의 정기점검 제도 도입 다. 양벌규정의 벌금액 상향	24-01-23
2024-14 (2번 참고)	위험물 안전관리법 시행령	가. 제조소·일반취급소의 전문기관 완공검사 확대(안 제22조 제2항 제2호) 나. 제5류 위험물의 지정수량 구분 및 판정기준 개선(안 별표1) 다. 별표1 위험물의 품명등 알기 쉬운 용어로 위 1 (2) (3) 표와 같이 개정	24-01-23
2024-15 (3번 참고)	위험물 안전관리법 시행규칙	가. 위험물시설의 소방시설 내진설계 의무 명시(안 제46조) 나. 관계인의 정기검사 부적합 사항 개선 이행력 제고(안 제71조 제5항) 다. 자동차 충돌대비 이송취급소의 보호설비 기준 구체화 라. 각 별표의 화학물질명등 쉬운 용어 위 2 (2) 표와 같이 개정	24-01-23
2024-16 (4번 참고)	위험물 안전관리법 시행규칙	셀프용 고정주유설비의 1회 연속 주유량 및 주유시간 상한 완화	24-01-23
2023-227	위험물 안전관리법 시행규칙	가. 항공기에 연료를 주입할 때 우려되는 정전기 화재의 예방기준 개선 나. 이차전지를 제조하기 위한 일반취급소의 위치·구조 및 설비기준 신설 다. 대형산불등 재난현장에 동원된 소방자동차등에 대한 이동주유의 허용 근거 신설 라. 옥외탱크저장소의 방유제 및 제조소등 의 설치허가 수수료관련 용어등을 명확히 함	23-11-08
2023-158	위험물 안전관리법 시행규칙	가. 일반취급소의 변경허가 대상 완화 나. 건축물 단위로 허가를 받는 반도체 제조공정의 일반취급소 특례기준 신설 다. 실(室) 단위로 허가를 받는 반도체 제조공정의 일반취급소 특례 기준 신설 라. 소화설비의 설치 기준 완화	23-08-16

※ **개정판 출간 후에 개정 공포 내용은 최대한 빨리 "진격의 소방 카페"에 게시하도록 하겠습니다.**

훌륭한 가정만한 학교가 없고, 덕이 있는 부모만한 스승은 없다.

– 마하트마 간디 –

교육은 우리 자신의 무지를 점차 발견해 가는 과정이다.

– 윌 듀란트 –

2024 SD에듀 소방승진 위험물안전관리법

개정10판1쇄 발행	2024년 03월 15일 (인쇄 2024년 02월 22일)
초 판 발 행	2014년 07월 05일 (인쇄 2014년 06월 02일)
발 행 인	박영일
책 임 편 집	이해욱
편 저	문옥섭
편 집 진 행	박종옥 · 전혜리
표지디자인	조혜령
편집디자인	차성미 · 채현주
발 행 처	(주)시대고시기획
출 판 등 록	제10-1521호
주 소	서울시 마포구 큰우물로 75 [도화동 538 성지 B/D] 9F
전 화	1600-3600
팩 스	02-701-8823
홈 페 이 지	www.sdedu.co.kr
I S B N	979-11-383-6626-7 (13500)
정 가	36,000

SD에듀 소방 도서 LINE UP

소방승진

위험물안전관리법
위험물안전관리법·소방기본법·소방전술·소방공무원법 최종모의고사

소방공무원

문승철 소방학개론
문승철 소방관계법규

화재감식평가기사·산업기사

한권으로 끝내기
실기 필답형
기출문제집

소방시설관리사

소방시설관리사 1차
소방시설관리사 2차 점검실무행정
소방시설관리사 2차 설계 및 시공